Lang · Lockemann Datenbankeinsatz

Stefan M. Lang · Peter C. Lockemann

Datenbankeinsatz

Mit 280 Abbildungen

Springer

Stefan M. Lang
Peter C. Lockemann
Universität Karlsruhe
Institut für Programmstrukturen
und Datenorganisation
Postfach 6980
D-76128 Karlsruhe

CR Subject Classification (1991): H.2.1, H.2.3-5, H.2.7, H.3.3, J.2

ISBN 3-540-58558-3 Springer-Verlag Berlin Heidelberg New York

Die Deutsche Bibliothek – CIP-Einheitsaufnahme
Lang, Stefan M.: Datenbankeinsatz/Stefan M. Lang; Peter C. Lockemann. – Berlin; Heidelberg; New York; London; Paris; Tokyo; Hong Kong; Barcelona; Budapest: Springer, 1995
ISBN 3-540-58558-3
NE: Lockemann, Peter C.:

Einbandgestaltung: MetaDesign, Berlin
Satz: Reproduktionsfertige Vorlage vom Autor
SPIN 10486884 45/3142 – 5 4 3 2 1 0 – Gedruckt auf säurefreiem Papier

Vorwort

Man sagt gemeinhin, daß sich die Menschheit auf dem Weg in die Informationsgesellschaft befindet. Alle Anzeichen deuten aber darauf hin, daß sie dort schon angelangt ist. Man halte sich nur vor Augen, in welchem Umfang sie heute durch das Medium Fernsehen unterrichtet, beeinflußt und manipuliert wird. Das Telefon ist aus unserem täglichen Leben nicht mehr wegzudenken und begleitet uns in seiner mobilen Form alsbald auf allen Wegen. Daß wir zum Telefon greifen und ohne Zwischenschalten eines Vermittlers jeden Winkel der Erde erreichen, gehört für uns zu den Selbstverständlichkeiten. In Reisebüros stellen wir Urlaubs– und Geschäftsreisen aus dem vielfältigen Angebot der unterschiedlichen Flug–, Hotel– und Mietwagengesellschaften individuell zusammen. Die Vernetzung der Reservierungssysteme gestattet dabei einen stets aktuellen Einblick in die Buchungslage und die Verfügbarkeit von Sitzplätzen, Zimmern und Kraftfahrzeugen. Verkehrsströme werden durch Verkehrsleitsysteme gesteuert, die ihrerseits umfassende, durch Sensoren erfaßte Informationen zur aktuellen Belegung der verschiedenen Straßen heranziehen können. Die Position von Flugzeugen, Schiffen und Lastkraftwagen wird dank moderner Ortungstechnik von Satelliten bereits heute auf einige Meter genau bestimmt. Satellitenbilder und ihre Auswertungen über Rechner sind ein wichtiges Mittel zur Beobachtung unzugänglicher Gebiete.

Die technische Entwicklung zu immer mehr Information in immer reichhaltigeren Formen an immer mehr Orten zu allen Zeiten ist ungebrochen. Ihr Ziel ist die vollständige Vernetzung unserer Gesellschaft durch immer breitere Informationsstraßen. Hinter dieser Entwicklung verbergen sich auch heute noch gewaltige technische Herausforderungen. Dieses Buch greift dazu aus der Vielzahl der der Informationsgesellschaft zugrundeliegenden Technologien eine unerläßliche heraus: die Herstellung des Langzeitgedächtnisses einer Gesellschaft, also die Langzeitspeicherung von Informationen über die Datenbanktechnik. Die Anwendung dieser Technologie muß man beherrschen, wenn man ihre Chancen begreifen, ihr Potential nutzen und ihre Grenzen einkalkulieren will.

Datenbanksysteme sind heute Allgemeingut geworden. Einstmals als Exoten auf wenigen Großrechnern bestaunt, gehören sie heute zur — gelegentlich kaum wahrgenommenen — Grundausstattung der Arbeitsplatzrechner. Von einem nur wenigen Spezialisten zugänglichen Instrument haben sie sich heute mehr und mehr auch zu einem Gebrauchsgut entwickelt. Und wie jedes Gebrauchsgut sollte man sie benutzen können, ohne viel über die technische Umsetzung ihrer Funktionen zu wissen. Autos, Fernsehgeräte, Haushaltsgeräte will man schließlich nutzen, um ein gewisses Ziel zu erreichen — von einem Ort zum anderen zu gelangen, Nachrichten über die Vorgänge in der Welt zu empfangen, sich einen Espresso zuzubereiten —, und darauf will man sich dann auch konzentrieren können, ohne durch komplizierte Handgriffe abgelenkt zu werden.

Freilich hat es heute so manches technische Gerät — insbesondere wenn es mit Mikroprozessor-„Intelligenz" ausgestattet ist — an sich, eine so reichhaltige Funktionalität anzubieten, daß der Verbraucher eher verwirrt ist und kaum Nutzen aus ihr zieht. Studien in den Vereinigten Staaten zeigen beispielsweise, daß eine erhebliche Zahl der Besitzer von Videorecordern mit deren Programmierung überfordert ist. Viele unserer modernen Gebrauchsgüter haben also praktisch zwei Benutzergruppen: eine, die sich mit einer gewissen Basisfunktionalität zufrieden gibt und dafür auf jeden Lernaufwand verzichten will, und eine, die die Entwicklung zum Spezialisten nicht scheut, um das volle Funktionspotential ausschöpfen zu können. Und genau das gilt auch für Datenbanksysteme. Ein Benutzer wird nur begrenzten Nutzen aus dieser Technologie ziehen, wenn er es bei einigen wenigen einfach zu erlernenden Handgriffen beläßt. Will er mehr, so verlangt dies eben doch eine intensivere Beschäftigung mit diesen Systemen.

Der Vergleich von Datenbanken mit Gebrauchsgütern hinkt allerdings etwas. Ein Fernseh- oder Haushaltsgerät betreibt man weitgehend unabhängig von anderen Geräten oder Nutzern. Eine Datenbank aber wird in unserer vernetzten Gesellschaft von vielen ihrer Mitglieder mit unterschiedlichen Kenntnissen und Absichten gemeinsam genutzt, verschiedenartige Datenbanken müssen im Netz an gemeinschaftlichen Aufgaben zusammenwirken, und schließlich ist eine Datenbank auch kein Gebrauchsgut beschränkter Lebensdauer, sondern ein langlebiges Investitionsgut. Man denke nur daran, daß viele ältere Bürger ihre Altersrente aus mehreren Quellen beziehen, daß damit die Datenbanken mehrerer Versicherungsträger ins Spiel kommen und daß dabei auf lange zurückliegende Versicherungsunterlagen zurückgegriffen werden muß, gleichgültig ob sie auf technisch überholte Weise abgelegt sind oder nach dem neuesten technischen Stand geführt werden.

Informationsspeicherung in unserer Gesellschaft hat also zugleich alle Aspekte von Gebrauchsgut und Investitionsgut, von isolierter und gemeinschaftlicher Nutzung, von lokalem und über das Netz verteiltem Zugriff. Viele dieser Unterschiede wird der „Normalverbraucher" am liebsten gar nicht zur Kenntnis nehmen wollen. Auf der anderen Seite wird der Spezialist diese Möglichkeiten gelegentlich bewußt nutzen wollen. Beiden gemeinsam ist aber sicherlich, daß sie möglichst wenig von der technischen Realisierung der verwendeten

Systeme wissen wollen. Es müßte ihnen genügen, aus einer Art „Betriebsanleitung“ den Umgang mit der Informationsverwaltung zu entnehmen und zu erlernen.

Dieses Buch wurde als umfassende „Betriebsanleitung“ für den Spezialisten konzipiert. Da ist zum einen der angehende Spezialist — der Student, dem ein nahezu lückenloser Überblick über das Gebiet des Datenbankeinsatzes und der zahlreichen immer noch offenen Fragestellungen gegeben werden soll. Freilich übersteigt der Stoff den Umfang dessen, was in einem Semester behandelt werden kann; jedoch sollte genügend Material für eine anspruchsvolle Auswahl geboten sein. Und da ist zum anderen der erfahrene Spezialist — der anspruchsvolle und vielseitige Praktiker, der über einige Erfahrung in der Datenbankanwendung verfügt, stets auf der Suche nach verbesserten Lösungen ist und die Auswirkungen der modernen Entwicklungen und ihre Herausforderungen in seine Überlegungen einbeziehen muß. Für ihn deckt das Buch einen Großteil des Spektrums an Funktionalität von Datenbanksystemen ab.

Das Buch besteht neben einem Einführungsteil aus drei großen Hauptteilen. Der erste behandelt die grundsätzliche Funktionalität von Datenbanksystemen. Sie legt sozusagen fest, was Datenbanksysteme an Bedienfunktionen anbieten, ohne auch schon anzugeben, wie die Bedienelemente solcher Systeme angeordnet und geformt sind und mit welchen Sprachen man mit ihnen verkehrt. Der zweite Teil geht der Frage nach, wie die Einsatzvorbereitung aussehen muß, damit der Einsatz eines Datenbanksystems letztlich auch zum Erreichen des gewünschten Ziels beiträgt. Der dritte Teil schließlich geht auf alle Fragen ein, die mit dem Aussehen, dem laufenden Betrieb und der Nutzung von Datenbanken zu tun haben, und dies auch in einer vernetzten Welt.

Es gibt viele gute Bücher über Datenbanksysteme. Nach Einschätzung der Autoren konzentriert sich aber keines so konsequent auf reine Nutzungsaspekte und deckt keines einen so breiten Bereich an Aufgabenstellungen ab, denen man sich bei der Nutzung gegenübersieht. Das führt dann aber auch dazu, daß als eigenständig identifizierbare Themen in mehr als dreißig Kapiteln abgehandelt werden müssen. Für die Autoren war es selbst überraschend, daß trotz des Umfangs des Buches bei vielen dieser Themen nicht viel mehr möglich ist, als die Grundsatzproblematik zu skizzieren und Grundsatzlösungen vorzustellen. Dem näher Interessierten wird daher jeweils über Literaturhinweise die Möglichkeit zu einer Vertiefung in die Materie aufgezeigt. Auch klaffen bei einer Reihe von Themen doch noch ganz erhebliche Lücken im Verständnis und bei den geforderten Lösungen. Das Wissen ist noch keineswegs immer so ausgereift und vollständig, wie man sich dies als Benutzer wünschen würde. Spezialisten werden darüber hinaus sogar argumentieren, daß trotz der Vielzahl angesprochener Themen so wichtige wie Werkzeuge für die Anwendungsentwicklung oder Datenwörterbücher immer noch fehlen.

Bei all diesen Einschränkungen gibt das Buch nach Meinung der Autoren doch ein abgerundetes Bild dessen, was heute die Nutzung von Datenbanksystemen in den vielfältigsten Umgebungen an Kenntnis erfordert. Dabei war es wichtig, nicht nur den Stand des Wissens zu präsentieren, sondern auch die Entwicklungen der kommenden Jahre einzufangen, Wissenslücken klar zu kennzeichnen und Ansätze zu ihrer Überwindung anzudeuten. Ein verantwortungsbewußter Nutzer sollte in der Lage sein, die Chancen, aber auch die Grenzen des Einsatzes dieser Technologie realistisch einzuschätzen und in seine Planungen eine Erwartung dessen einzubeziehen, was an Grenzen in der näheren Zukunft überwunden werden kann und was nicht.

Dieses Buch ist aus unserer Lehrtätigkeit am Institut für Programmstrukturen und Datenorganisation der Universität Karlsruhe hervorgegangen. Zu danken ist den Kolleginnen und Kollegen am Lehrstuhl sowie den Mitgliedern der Datenbankgruppe am FZI Karlsruhe, die Teile des Buches vor allem in der Frühphase der Entstehung gelesen und mit kritischen Anmerkungen versehen haben. Danken möchten wir auch den Studenten Robert Clauß und Daniel Müller für ihre Hilfe bei der technischen Gestaltung des Manuskripts. Schließlich danken wir all denjenigen, die dieses Projekt von seiten des Springer-Verlags aus betreut haben, allen voran Dr. Hans Wössner.

Karlsruhe, im Januar 1995

Stefan M. Lang
Peter C. Lockemann

Inhaltsverzeichnis

Prolog

Teil I. Datenmodelle

Prolog

1. Einführung

1.1 Datenhaltung in einer vernetzten Welt

Die Informationslandschaft der Zukunft wird geprägt sein von großflächigen Netzen mit Hunderttausenden von Knoten, an die sich Rechner unterschiedlichsten Leistungsvermögens, vom Großrechner über Hochleistungsarbeitsstationen bis hin zu Desktops, Laptops und Notebooks reichend, anschließen lassen. Diese Netze werden sich in alle Kontinente und zu jedem Ort, vom Büroarbeitsplatz, der Fabrikhalle und der Baustelle bis hin zur Privatwohnung und dem Ferienhotel, verästeln. In diesen Netzen werden die Interessenten auf eine große Vielfalt an Dienstleistungen stoßen — man denke an Reservierungen, Buchungen, Bankanweisungen, Bestellungen oder an die Ausleihe von Software oder Video von zu Hause aus, an die elektronische Post, an elektronische Zeitungen, Bücher und Regelwerke, an den Fernunterricht, an die Direktabbuchung beim Einkauf oder an die Fernbedienung und -überwachung des Hauses vom Urlaubsort aus. Mindestens die gleiche Bedeutung wie diese Inanspruchnahme individueller Dienste wird aber auch die Möglichkeit zur Kooperation verschiedener Teilnehmer über das Netz erlangen — Beispiele sind das Zusammenwirken von Ingenieuren im Feld mit Experten in der Zentrale bei der Lösung technischer Anfragen oder bei der Regulierung von Versicherungs-Schadensfällen beim Kunden, die Betreuung von Schülern durch Lehrer über das Netz, das Lernen in räumlich verstreuten Gruppen, die Beratung zwischen Kunden, Architekten und Bauausführern bei der Gebäudeplanung.

Viele dieser Anwendungen benötigen umfangreiche Mengen an gespeicherten Informationen, Informationen, die das gesammelte Wissen aus Jahren oder Jahrzehnten und von Hunderten oder Tausenden von Personen darstellen ebenso wie Informationen, die kurzfristig entstanden und nur kurzfristig benötigt werden, aber eben gespeichert werden müssen, weil Erzeuger und Verbraucher nicht unmittelbar miteinander verkehren können. Solche Informationen können an einer Stelle konzentriert oder über viele Knoten verteilt sein. Sie mögen nur an einer einzigen Stelle entstehen und benötigt werden — dann tritt das Netz nicht in Erscheinung. Sie können aber auch an anderer Stelle als dem Entstehungsort verarbeitet werden, ja sogar von vielen Stellen in einem Zug oder nach und nach angefordert werden — dann muß der Nutzer an das Netz herantreten und dessen Dienste in Anspruch nehmen. Aufgabe der Datenhaltungstechnik ist es, die diversen zeitlich und/oder räumlich getrennten Aktivitäten zu koordinieren und zu verbinden.

1.2 Technologischer Wandel

Die Entwicklung der Leistungen von Prozessoren und Hintergrundspeichern lassen es heute zu, Datenbanksysteme vollen Funktionsumfangs selbst auf kleineren Arbeitsplatzrechnern und sogar auf tragbaren Rechnern bis (demnächst) hin zu Notebook–Rechnern zu betreiben. Bereits in Kürze werden tragbare Rechner die Leistung heutiger Arbeitsplatzrechner erbringen und dabei mit Hauptspeichern von mehreren Megabyte und Plattenspeichern bis hin in den Gigabyte–Bereich ausgestattet sein. Soweit sie über Batteriebetrieb verfügen, rechnet man schon in Kürze mit Betriebsdauern von bis zu 10 Stunden pro Aufladung. Für das Jahr 2000 erwartet man, daß Mehrprozessorkonfigurationen auf einem Baustein eine Gesamtleistung von über 2000 MIPS bei einer Taktfrequenz von über 250 MHz aufweisen, und daß sich selbst kleinere Rechner mit zusätzlichen Spezialeinheiten für Vektoroperationen sowie für die Eingabe, Verarbeitung und Ausgabe von Graphik, Video und Ton ausstatten lassen.

Bei großen Zentralrechnern wird auf der Grundlage von Parallelrechnerarchitekturen bei mehreren Megabyte Speicher pro Prozessor die Gesamthauptspeichergröße in der Größenordnung bis zu einigen Gigabyte liegen, und auch die Hintergrundspeicher werden nicht mehr zwingend konzentriert an einer Stelle der Architektur zu finden sein, sondern sich über die Prozessoren verteilen.

Der Trend zu kleineren kompakten Einheiten wachsenden Leistungspotentials bei Prozessoren findet seine Fortsetzung bei den Hintergrundspeichern. So erreichen bei Magnetplattenspeichern die 3.5"–Laufwerke Kapazitäten von 1 bis 2 Gigabyte und mittlere Suchzeiten von nur noch zwischen 10 und 15 Millisekunden. Kürzere Rotationswartezeiten in der Größenordnung von 5 bis 10 ms und Übertragungsraten von bis zu 23 Megabit pro Sekunde sind zu erwarten.

Wiederbeschreibbare optische Platten hingegen enttäuschen trotz ihrer Vorteile — hohe Speicherkapazität, leichter Transport und Robustheit — derzeit immer noch durch ihre zu hohen Zugriffszeiten im Bereich von 60 bis 90 Millisekunden. Die Kapazitäten liegen demnächst für 5.25"–Platten bei 650 Megabyte bis 1 Gigabyte, bei 3.5"–Platten bei 128 Megabyte.

Stetig kompakter werden auch Disketten. Die Kapazitäten von Disketten im 3.5"–Format entwickeln sich von 1–4 hin zu 16–40 Megabyte.

Die Rechner werden sich mühelos an Datenübertragungsnetze anschalten können. Im Bereich der leitungsgebundenen Weitverkehrsnetze spielt dabei die vorhandene, durch die Telefonnetze gegebene Infrastruktur die dominierende Rolle. Sie wird zunehmend durch ISDN–Techniken ergänzt, so daß zukünftig ein breites Spektrum an Übertragungsgeschwindigkeiten von wenigen bis zu Hunderten von Kilobit pro Sekunde zur Verfügung stehen wird. Im Laufe der nächsten 10 bis 20 Jahre können sich durch die Verbreitung optischer Übertragungsmedien diese Übertragungsraten vertausendfachen, so daß bei vergleichbaren Kosten die Datenübertragung ihren Engpaßcharakter verlieren wird. Vergleichbare Techniken mit Übertragungsraten im Bereich von 1 bis 100 Megabit pro Sekunde finden sich bereits heute bei den lokalen Netzwerken.

Hinzu kommt auch heute schon die drahtlose Übertragung, die es vor allem tragbaren Rechnern erlaubt, die zellularen Funkverbindungen zu nutzen. Engpässe sind hier das eingeschränkte Frequenzspektrum und die beschränkten Übertragungsraten.

Die Vernetzung führt auf eine Informationsverarbeitungsphilosophie, die sich mit „Rechnen im Netz" („Network Computing") umschreiben läßt. Sie wird durch Konzentration allgemein interessierender Dienste in Diensterbringern („Server") gekennzeichnet, die an bestimmten Netzknoten angesiedelt sind und von denen die im Netz weit verstreuten Dienstnehmer („Klienten") ihre Dienstleistungen abrufen („Client/Server–Modell"). In den Diensterbringern lassen sich aufwendigere Funktionen konzentrieren, über sie können bereits existierende Leistungen einem breiteren Kreis verfügbar werden, sie lassen sich auf hohe Netzleistung und hohe Verfügbarkeit hin spezialisieren.

Der Vernetzung liegt heute die Philosphie der Offenen Netze zugrunde, die es gestattet, Geräte unterschiedlichster Herkunft und Technologie anzuschließen, so daß diese Geräte zwanglos interoperieren können. Daher nehmen sich solche Netze der ISO/OSI–Architektur an, die insbesondere auf der für die Interoperabilität maßgeblichen Schicht 7 eine große Zahl von Normen oder Normvorschlägen anbietet.

1.3 Anwendungsszenarien

Angesichts der technologischen Entwicklung werden Datenbanksysteme einer stetig steigenden Zahl und Breite von Anwendungen zugänglich. Einige wenige Beispiel mögen das Potential im folgenden illustrieren.

1.3.1 Integrierte Buchungs– und Auskunftssysteme

Eine geradezu prototypische Anwendung interoperierender Systeme kann man im Bereich der Buchungs– und Reservierungssysteme von Fluggesellschaften, Hotelketten, Bahnunternehmen, Mietwagenfirmen und Reiseveranstaltern finden. Jede der in diesen Bereichen tätigen Firmen verfügt bereits seit vielen Jahren über Einzelsysteme, die auf ihre Zwecke und Dienstleistungskategorien zugeschnitten sind. Da in ihnen riesige Datenmengen zu führen sind, machen Datenbanksysteme einen wichtigen Teil dieser Systeme aus. Häufig — besonders bei älteren Systemen — handelt es sich dabei um Speziallösungen. Neue Systeme kommen immer wieder hinzu, bei denen die Datenbanklösungen nunmehr auf den heutigen Erkenntnisstand und die bestehenden Normen und Konventionen abheben können.

In letzter Zeit geht es zunehmend darum, interaktive Anwendungen zu entwickeln, die Buchungen und Reservierungen für einen Kunden freizügig über die Systemgrenzen hinweg vornehmen können. Systeme, die diesem Anspruch mehr oder weniger gerecht werden, wurden oder werden derzeit unter Namen wie START, Amadeus, Galileo usw. realisiert. Die Einzelsysteme nehmen dabei für die Anwendungen etwa in den Reisebüros die Rolle von Diensterbringern im Netz ein. Da aber zugleich für die Kunden ein Gesamtpaket aus beispielsweise Flug-, Mietwagen- und Hotelreservierung geschnürt werden soll, müssen sich diese Diensterbringer auch unabhängig von ihrer speziellen Funktionalität durch die Anwendungen kombinieren lassen.

1.3.2 Geographische Informationssysteme

Geographische Informationssysteme (GIS) ist häufig der Sammelbegriff für Landinformationssysteme und räumlich orientierte Informationssysteme. Der GIS-Bereich spannt daher den Bogen von klassischen, bereits existierenden Informationssystemen der kommunalen Verwaltungen bis hin zu den erst entstehenden Umweltinformationssystemen. Anwendungssysteme werden sich häufig mit Daten aus diesen verschiedenen Quellen versorgen müssen. Wie im vorhergehenden Abschnitt werden daher Systeme mit bereits bestehender Funktionalität als Diensterbringer in ein Netz eingebracht, während sich die neu entstehenden Systeme auch des heutigen Erkenntnisstandes in der Datenbanktechnik bedienen können. Die Anwendungen müssen dann in der Lage sein, Daten unterschiedlicher Herkunft und Struktur miteinander zu vereinbaren.

Dies sei etwas ausführlicher illustriert. Ein Grundbuchinformationssystem (GBIS) enthält Daten über Grundstücke, deren Bebauung und Nutzung, über Eigentümer und Grundschulden. Ein Energieversorgungsinformationssystem (EIS) enthält im Leitungskataster Angaben darüber, welche Leitungen wo liegen, wo Verteiler sind, wie und wo die Hausanschlüsse liegen. Dazu kommen Dienste zur Netz- und Auslastungsoptimierung, die auf Daten des Leitungskatasters und auf die Verbrauchsdaten zurückgreifen müssen. Ein ähnliches System dient der Wasserbewirtschaftung (WIS). Ein Topographieinformationssystem (TIS) des Vermessungsamtes verwaltet kleinmaßstäbliche Karten.

Eine Anwendung kann nun darin bestehen, einen elektrischen Anschluß an ein Gebäude zu ändern bei gleichzeitiger Erhöhung seiner Kapazität. Aus dem EIS gewinnt man Angaben darüber, wo der neue Anschluß erfolgen und von welchem Verteiler die gewünschte Kapazität entnommen werden kann. Mit Hilfe des GBIS ist zu klären, welche Grundstückseigner zusätzlich betroffen sind und welches die aktuellen Grenzpunktkoordinaten sind. Bei der Festellung der Linienführung der neuen Leitung muß man die geometrischen Angaben der in der Nähe liegenden Wasser- und Abwasserleitungen kennen, die das WIS liefert. Nach Abschluß müssen die geänderten Daten in das GBIS, EIS und WIS eingebracht werden. Schließlich sollen die Änderungen in verschiedenen Plänen in Kartenform sichtbar gemacht werden, etwa durch Überlagerung verschiedener Daten aus dem TIS, GBIS, EIS und WIS.

1.3.3 Rechnerintegrierte Fertigung

Kurze Durchlaufzeiten von Produkten — seien es hochvolumige Konsum- und Massengüter, niedrigvolumige Investitionsgüter oder Spezial- und Einzelanfertigungen — unter Sicherung einer gleichbleibenden hohen Qualität sind ein unerläßlicher Faktor im internationalen Wettbewerb. Um dieses Ziel zu erreichen, müssen organisatorische, planerische, personelle und technische Maßnahmen in wohlabgestimmter Weise zusammenwirken. Sie müssen sicherstellen, daß die einzelnen Schritte der Produkterstellung von der Ausarbeitung der Angebote über die Konstruktion, Fertigungsvorbereitung, Betriebs-, Personal-, Materialflußplanung, die Fertigungssteuerung, Fertigung, Montage bis hin zur Auslieferung reibungslos ineinandergreifen. Organisatorische Maßnahmen müssen dafür sorgen, daß ein Auftrag diese Funktionskette ohne unnötige Verzögerungen durchläuft, planerische Maßnahmen haben auf die rechtzeitige Bereitstellung der Betriebsmittel zu achten, personelle Maßnahmen kümmern sich um den Einsatz geeignet geschulten Personals im erforderlichen Umfang, und technischen Maßnahmen obliegt es, für jeden Schritt sicherzustellen, daß er volle Kenntnis über die ihn betreffenden Entscheidungen in früheren Schritten besitzt und ebenso ausreichend Kenntnis über die Anforderungen nachfolgender Schritte erlangt.

Maßnahmen und Schritte bedürfen also eines engen Zusammenspiels, das auf Rechtzeitigkeit bei der Bereitstellung, dem Austausch und dem Abruf — kurz der „Integration“ — der benötigten Informationen beruht. Die integrierte Fertigung ist also auf das Vorhandensein einer technischen Infrastruktur angewiesen, die für Informationsaustausch und -verarbeitung sorgt. Diese wird heute durch Rechnernetze — Hierarchien von Rechnern unterschiedlichen Leistungsvermögens, die über lokale und Weitverkehrs-Datenübertragung unterschiedlicher Geschwindigkeiten verbunden sind — angeboten. Aufbauend auf dieser gerätetechnischen Plattform bieten dann Telekommunikations- und Datenhaltungssysteme die erforderlichen Basisdienste. Sie werden durch entsprechend zugeschnittene Werkzeuge an die einzelnen Schritte der Fertigungskette angepaßt.

Der Wettbewerbsdruck zwingt allerdings heute auch immer mehr zu einer „schlanken" Fertigung, die mit einer Verringerung der Fertigungstiefe bei den einzelnen Unternehmen und im Gefolge davon mit einer immer engeren Zusammenarbeit unterschiedlichster Unternehmen führt. Jeder dieser Partner führt seine eigenen Datenbasen unter Datenbanksystemen eigens gewählter Funktionalität. Der Inhalt der Datenbasen muß dann auch zwischen den Partnern ausgetauscht werden, allerdings nur sehr selektiv, da in den Datenbasen auch das Wissen steckt, das die Wettbewerbsvorteile der Beteiligten ausmacht. Die Partner beharren daher trotz der Notwendigkeit des Zusammenwirkens der Datenbanksysteme auf deren Autonomie.

Ein Beispiel soll dies illustrieren. Im Schiffbau wirken eine große Zahl von Partnern mit unterschiedlichsten Aufgabenstellungen und Interessenslagen zusammen: Werften, Versuchsanstalten, Ingenieurbüros, Zulieferer und Reedereien. Zu den Aufgaben zählen Projektieren, Entwurf und Konstruktion, Zertifikation, Produktionsplanung und -steuerung, Fertigung, Schiffsbetrieb mit Wartung, Inspektion, Reparatur und Instandhaltung. Die beteiligten Partner sind zur Sicherung von Qualität und kurzen Fertigungszeiten auf intensiven Datenaustausch angewiesen, wollen aber zugleich auf strikte Unabhängigkeit und Schutz ihres Wissens achten.

1.3.4 Außendienst

Außendienstmitarbeiter verbringen heute einen unverhältnismäßig hohen Anteil ihrer Zeit in wenig produktiver Weise auf Reisen. Daher stattet etwa das Banken- und Versicherungsgewerbe seine Mitarbeiter mit mobilen Rechnern aus. Auf diesen Rechnern lassen sich dann Formulare, Policen oder Finanzierungsmodelle führen. Über Rechneranschlüsse in Hotelzimmern oder sogenannte Teleports kann dann ein Mitarbeiter die im Tagesablauf angefallenen Daten erfassen und unmittelbar an die Zentrale übertragen sowie Daten über die nächsten zu besuchenden Kunden, Spezialangebote, neue Bedingungen oder elektronische Post abrufen.

Viel höhere Anforderungen aber stellt der technische Außendienst, die Einbettung des Außendienstes in CIM-Konzeptionen, die rasche Kommunikation zwischen Wartungs- oder Vertriebsingenieuren in der Fabrik, auf der Baustelle, beim entfernten Kunden. Im einfachsten Fall kann ein Wartungstechniker aus der zentralen Unternehmensdatenbasis den augenblicklichen Bestand an vorhandenen Ersatzteilen abfragen und gegebenenfalls unmittelbar die benötigten Teile anfordern. Interessanter wird es, wenn auf dem lokalen Rechner auch Reparaturanweisungen und technische Zeichnungen geführt werden und wenn der Techniker dort seine Wartungsberichte und Aufwandsdaten unmittelbar vermerken kann. Noch weiter geht ein Szenario, bei dem der

Techniker vor Ort in schwierigen Situationen den Rat eines Fachmannes in der Zentrale einholen kann, indem an beiden Rechnern synchron die gleiche — beispielsweise graphische — Information eingesehen und manipuliert werden kann, wenn sich die beiden also sozusagen gegenseitig über die Schulter blicken können. Hier ist ein besonders enges Zusammenspiel zweier ansonsten unabhängiger Datenbanksysteme erforderlich.

1.3.5 Fazit

Der kleine Ausschnitt denkbarer Datenbank–Anwendungen in diesem Kapitel macht schon deren Diversität deutlich. Man wird also kaum erwarten können, daß es ein einziges hinreichend geschlossenes und überschaubares Angebot an Dienstfunktionen gibt, das all diese diversen Anwendungen in gleicher Weise zu befriedigen vermag. Vielmehr wird der Diversität der Anwendungen durch eine entsprechende Diversität des Dienstangebots Rechnung getragen werden müssen. Dabei kann es durchaus geschehen, daß im Rahmen des Zusammenwirkens in einem Netz auch Datenbanksysteme unterschiedlicher Funktionalität miteinander verkehren können müssen. Es wird auch kaum genügen, sich ausschließlich mit solchen Diensten zu beschäftigen, die dem modernen Stand des Wissens entsprechen. Wie verschiedene Szenarien gezeigt haben, wird man gelegentlich Dienste in Anspruch nehmen wollen, die schon vor vielen Jahren konzipiert wurden und schon seit langer Zeit in dieser Form existieren. Wer „Rechnen im Netz“ will, wird nicht umhin können, sich auch mit solchen veralteten Dienstfunktionen zu beschäftigen.

1.4 Kooperation, Integration und Koordination

1.4.1 Kooperation

In Kapitel 1.3 ist die Vielzahl und Vielfalt bestehender und zukünftig vorstellbarer Anwendungen deutlich geworden. Im Rahmen dieser Anwendungen wirken Nutzer — Personen oder Programme — in vielfältiger Weise zusammen. Gemeinsame Daten, die ja stets das über einen gewissen Zeitraum gesammelte Wissen repräsentieren, stellen das Bindemittel und die Datenbanktechnik das für das Zusammenwirken erforderliche Instrumentarium. Sind die Nutzer räumlich getrennt, so bedienen sie sich zusätzlich der Telekommunikationstechnik.

Das Zusammenwirken über gemeinsame Datenbestände wird technisch mit dem Begriff der Kooperation belegt. Genauer ist damit gemeint, daß Veränderungen, die ein Nutzer vornimmt, potentiell sofort von allen anderen Nutzern wahrgenommen werden können. Offen bleibt, wann ein Nutzer diese Veränderung auch tatsächlich zur Kenntnis nimmt. Da natürlich auch mehrere Nutzer gleichzeitig Veränderungen vornehmen können, tritt das Problem auf, daß beide Nutzer gleichzeitig dieselben Daten manipulieren wollen. Datenbanksysteme müssen dafür Sorge tragen, daß dadurch keine Unsicherheiten in die Kooperation eingeschleppt werden.

1.4.2 Integration und Koordination

Kooperation koppelt zwei oder mehr Benutzer zusammen. Diese Kopplung kann enger oder lockerer gestaltet werden. Von einer engen Kopplung werden wir sprechen, wenn die von den beteiligten Nutzern benutzten Daten sich paarweise in großen Teilen überlappen und ein Zugriff auf diese gemeinsamen Teile häufig zustandekommt. Diese Art der Kooperation bezeichnen wir als *Integration* (der Datenbestände). Von den in Kapitel 1.3 aufgeführten Anwendungen liegt Integration der rechnerintegrierten Fertigung zugrunde, zumindest solange sie sich im selben Unternehmen abspielt. Der Tendenz zur Integration kommt in jüngster Zeit noch die Entwicklung zur Verkürzung der Durchlaufzeiten mittels „Simultaneous Engineering" entgegen. Der technische Außendienst wird sehr stark von Integration leben, und auch der Ausbildungssektor wird verstärkt auf Integration abheben.

Integration war in der Vergangenheit das Leitbild für einen Großteil der Anwendungen, die üblicherweise im betriebswirtschaftlichen, verwaltungs– und banktechnischen Bereich lagen. Unsere Anwendungsszenarien in Kapitel 1.3 scheinen allerdings anzudeuten, daß sich die Integration zukünftig auf die zentralen Diensterbringersysteme konzentrieren und ansonsten einer eher lockeren Kopplung Platz machen wird. Das gilt etwa für die Buchungs– und Auskunftssysteme oder beim Zusammenwirken von Zulieferern im Rahmen der Rechnerintegrierten Fertigung, bei denen die Diensterbringer sich nicht mehr als notwendig in die Karten blicken lassen wollen. Auch bei den Geographischen Informationssystemen werden die beteiligten Informationssysteme überwiegend für sich betrieben.

Eine Kooperation, in der im Normalfall die Datenbestände isoliert betrieben werden und der Umfang der den Nutzern paarweise gemeinsamen Daten zu jedem Zeitpunkt gering bleibt, nennen wir im folgenden *Koordination* (der Datenbestände).

Bild 1.1 soll die beiden Kooperationsformen veranschaulichen. Integration und Koordination werden natürlich häufig nicht in Reinkultur vorkommen, sondern in Mischung. Man nehme dazu wieder das Beispiel der Rechnerintegrierten Fertigung, bei der jeder Zulieferer sein eigenes lokales Datenbanksystem integriert betreibt.

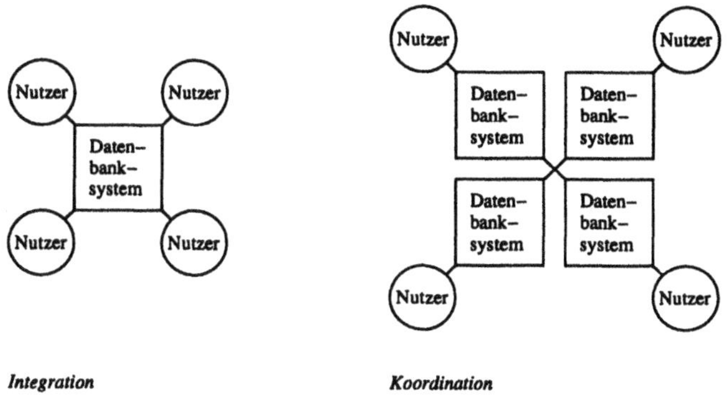

Bild 1.1. Integration und Koordination in Informationssystemen

1.4.3 Homogenität und Heterogenität

Kapitel 1.2 hat begründet, daß die Kooperation maßgeblich durch die technologische Entwicklung im Bereich von Prozessoren, Hintergrundspeichern und Datenübertragungsdiensten begünstigt wird. Damit einher geht allerdings ein Ersatz der bisher eher homogenen Anwendungslandschaft durch eine mit hoher Diversität. Dieser Entwicklung muß auch die Datenbanktechnik folgen. Während es in der Vergangenheit genügte, daß alle Datenbanksysteme in ihrem Dienstangebot einigen wenigen Funktionalitätsprofilen — wir sagen fortan Datenmodellen — folgten, muß sich heute die Datenbanktechnologie bemühen, für jede Anwendung ein dieser gemäßes Profil anzubieten. Neben die althergebrachten Datenmodelle, die zusammen mit denen auf ihnen basierenden Datenbestände weiterhin Bestand haben, treten daher neue, flexiblere Datenmodelle.

Von *Homogenität* (der Datenbestände) in einer Kooperation sprechen wir, wenn die Dienste der beteiligten Datenbanksysteme demselben Datenmodell folgen. *Heterogenität* (der Datenbestände) geht umgekehrt davon aus, daß Datenbanksysteme unterschiedlicher Datenmodelle zusammenwirken.

Homogenität macht natürlich der Kooperation das Leben leicht, da die Deutung gemeinsamer Daten einheitlichen Kriterien folgen kann und Mißverständnisse leichter auszuschließen sind. Integration, bei der die Kopplung eng ist und die Deutung gemeinsamer Daten zum Alltagsgeschäft gehört, wird deshalb immer Homogenität anstreben. Im Wege kann ihr dabei freilich sein, daß sich die Datenbestände über lange Zeiten entwickelt haben. So muß man sich etwa im Bereich der Wartung oder Ersatzteillieferung auf Daten aus Vorzeiten abstützen, die als „Altlasten“ über Systeme verwaltet werden, deren Datenmodelle modernen Ansprüchen oder den gewandelten Ansprüchen der Anwendung nur unzureichend genügen. Integration wird also Homogenität anstreben, aber gelegentlich mit Heterogenität leben müssen.

Koordinierende Systeme sind im allgemeinen unabhängig voneinander entstanden und kooperieren sozusagen „im nachhinein". Bei der Bestimmung ihrer Datenmodelle sind also die Spezifika der Anwendung entscheidend. Heterogenität wird also bei der Koordination dominieren. Aber auch hier gibt es Gegenbeispiele. So werden etwa bei der Rechnerintegrierten Fertigung, bei der es periodisch zum Austausch größerer Datenmengen zwischen den Zulieferern kommt, die Gründe für die Homogenität ein erhebliches Gewicht erlangen.

1.4.4 Ortstransparenz und Ortsmanifestation

Bild 1.1 stellt logische Sichten auf die Integration und Koordination dar. Diese Sichten sagen nichts über den Ort aus, an dem die Datenbankdienste in Anspruch genommen werden. Weder erfordert Integration die Führung der Datenbestände an einem einzigen Ort noch Koordination die Verteilung der einzelnen Datenbasen auf verschiedene Orte. Es ist sogar denkbar, daß sich zu koordinierende Datenbasen auf ein und demselben Rechner befinden und zu integrierende Datenbestände auf viele geographisch weit auseinanderliegende Orte verteilen.

In vielen Fällen ist es Nutzern völlig gleichgültig, an welchem Ort sich die benötigten Daten befinden. Ein Nutzer will die Daten so ansprechen, als ob sie auf seinem eigenen Rechner lägen. Er überläßt es nur zu gerne dem Datenbanksystem, den tatsächlichen Ort ausfindig zu machen und den Transport der Daten zu veranlassen. Er bemerkt sozusagen das darunterliegende Datenübertragungsnetz und Telekommunikationssystem überhaupt nicht. Es ist, wie man sagt, für ihn durchsichtig oder „transparent". Wir sprechen daher von *Ortstransparenz* einer Kooperation, wenn die örtliche Verteilung der Daten vor den Nutzern verborgen bleibt.

Nicht immer ist Transparenz erwünscht. Bei der Rechnerintegrierten Fertigung wird man aus Leistungsgründen die Daten gelegentlich an den Ort befördern wollen, an dem sich der nächste Schritt in der Fertigungskette abspielt. Ähnlich liegen in unseren Szenarien für den technischen Außendienst oder das Ausbildungsnetzwerk mit den kommunizierenden Nutzern (Außendienstmitarbeiter und Fachmann bzw. Lehrer und Schüler) auch die Orte der Daten fest. In derartigen Fällen muß also die Ortsverteilung offenbar oder „manifest" werden, und die Kooperation besitzt die Eigenschaft der *Ortsmanifestation*.

1.5 Was will das Buch?

Wir haben in diesem Kapitel ausschließlich Argumente ins Feld geführt, die mit der Funktionalität von Datenbanksystemen zu tun haben, so wie sie sich einem Nutzer oder einer Gruppe von Nutzern nach außen hin bietet. Genau mit diesem Erscheinungsbild von Datenbanksystemen nach außen beschäftigt sich dieses Buch.

Dieses Erscheinungsbild hat drei Facetten. Da ist zum einen die Funktionalität von Datenbanksystemen, die sich, wie schon erwähnt, in Datenmodellen widerspiegelt. Davon existieren der Anwendungsvielfalt wegen heute eine ganze Reihe. Die neueren sind häufig von Entwicklungen in anderen Zweigen der Informatik beeinflußt und starten deshalb von einer an anderer Stelle schon erprobten Grundlage. Ältere Datenmodelle sind hingegen aus der Datenbanktechnik selbst hervorgegangen, manche davon verfügen aber über eine solide theoretische Grundlage und konnten so ihrerseits tiefgreifenden Einfluß auf andere Zweige der Informatik ausüben. Ein Datenmodell für sich allein zu betrachten ist allerdings nur bei Beschränkung auf Integration gerechtfertigt; bei Koordination sind auch Wechselbeziehungen zwischen den verschiedenen Datenmodellen zu beachten.

Die zweite Facette hat mit der Einsatzvorbereitung für ein Datenbanksystem zu tun. Sie legt fest, wie sich die durch ein Datenmodell bestimmte prinzipielle Funktionalität auf eine vorgegebene Anwendung im einzelnen auswirken soll. Dieser als Datenbankentwurf bezeichnete Prozeß ist ein typischer Arbeitsgang der Systemanalyse.

Die dritte Facette schließlich kommt nach dem Datenbankentwurf ins Spiel: Einsatz und Betrieb des Datenbanksystems. Hierzu gehören Themen wie die spezifische Anfragesprache des Datenbanksystems, mit der man interaktiv die Datenbasis ansprechen oder aus einem Anwendungsprogramm heraus mit der Datenbasis umgehen kann, die Nutzung der Ortsmanifestation, die Sicherung und Wiederherstellung von Datenbasiszuständen oder die Durchsetzung von Regelungen zum Datenschutz.

2. Grundbegriffe

2.1 Datenbankdienste

Nach gängiger Definition sind *Daten* physikalische Repräsentationen (Symbole), denen eine feste Bedeutung unterstellt werden kann. Selbstverständlich lassen sich nur Symbole speichern, aber da wir davon ausgehen können, daß die Verarbeitung dieser Symbole, sei es durch Algorithmen oder durch einen menschlichen Nutzer, stets auf eine Bedeutung der Symbole abhebt, ist die Benutzung des Begriffs „Daten" gerechtfertigt. Hingegen werden wir bewußt nicht von „Informationen" sprechen, da hierbei üblicherweise noch der Zweck der Benutzung der Daten hinzukommt. Von diesem aber muß man abstrahieren, wenn man nicht eine ganz spezifische Anwendung im Auge hat.

Diese Auffassung erlegt uns auch Schranken hinsichtlich der Dienstfunktionen auf, die ein System zur Führung von Datenbeständen nach außen anbietet. Die Dienstfunktionen können dann im wesentlichen nur das Entgegennehmen, Abspeichern, Ändern, Löschen, Auswählen, Wiederauffinden und Bereitstellen von Daten sowie Verwalten von Datenbeständen umfassen. Wir bezeichnen im folgenden ein System dieser Funktionalität als *Datenhaltungssystem*. Es setzt sich zusammen aus der Menge der dort gespeicherten Daten, seiner *Datenbasis*, und einem Programmsystem, das für die Erfüllung der Funktionalität im Zusammenhang mit dieser Datenbasis sorgt, dem *Datenverwaltungssystem*. Die Dienstfunktionen des Systems bezeichnen wir als Datenhaltungsfunktionen. Bild 2.1 illustriert den Sachverhalt.

Nun stellt das in Kapitel 1 geschilderte Umfeld eine Reihe von Qualitätsforderungen an ein Datenhaltungssystem, die wir im folgenden noch kurz präzisieren wollen:

- *Angemessenheit.* Wenngleich wir bei den Dienstfunktionen von der spezifischen Anwendung abstrahieren, verlangen wir doch, daß sich mit den Dienstfunktionen die zu erfassenden Sachverhalte einer Anwendung auf problemangepaßte Weise beschreiben lassen. Dazu müssen sich die Datenhaltungsfunktionen zu der Bedeutung der Daten in Beziehung setzen lassen.

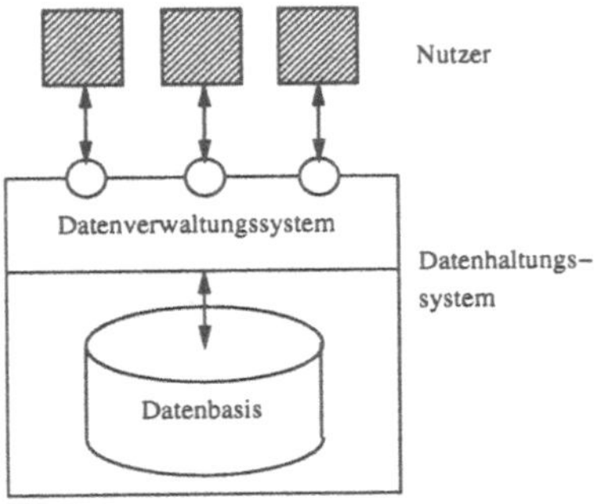

Bild 2.1. Bestandteile eines Datenhaltungssystems

- *Zuverlässigkeit.* Jeder Zustand der Datenbasis sollte die Anwendungswelt möglichst aktuell und realitätsgetreu widerspiegeln (*Modelltreue*). Die Datenbasis sollte angesichts ihrer Langlebigkeit und ihres Investitionswerts nicht durch äußere Einflüsse oder interne Systemfehler verwundet werden können (*Unverletzlichkeit*). Der der Kooperation inhärenten unkontrollierten Wechselwirkung zwischen Nutzern muß begegnet werden (*Konfliktfreiheit*).
- *Realisierungsunabhängigkeit.* Ein Nutzer soll sich nicht darum kümmern müssen, wie das Datenhaltungssystem realisiert ist, und er soll infolgedessen auch nicht (es sei denn durch verbessertes Leistungsverhalten) bemerken, wenn an der Realisierung des Systems Veränderungen vorgenommen werden, z.B. durch veränderte Ablage der Daten auf dem Hintergrundspeicher oder durch Einrichten von Pfaden zum raschen Zugriff auf bestimmte Daten (*Datenunabhängigkeit*). Dazu gehört auch, daß, falls erwünscht, die Ortsverteilung der Daten ignoriert werden kann (*Ortstransparenz*).
- *Technische Leistung.* Wichtige Gesichtspunkte sind aus der Sicht des einzelnen Nutzers die *Antwortzeit*, aus der Sicht einer ganzen Gemeinschaft von Nutzern auch der *Durchsatz*. Datenhaltungssysteme sollten über Parameter verfügen, die man gemäß einem gegebenen Anwendungsprofil so einstellen kann, daß diese Leistungsgrößen möglichst günstig ausfallen. Insoweit sollte ein Nutzer, der dies wünscht, in die Lage versetzt werden, an gezielten Stellen auf die Realisierung Einfluß nehmen zu können. Ähnliches gilt für die Steuerung der Ortsverteilung der Daten.
- *Datenschutz.* Angesichts der Langfristigkeit der Speicherung von Daten steht böswilligen Eindringlingen genügend Zeit für unbefugte Einsichtnahmen und für Sabotageakte mit langfristigen korrumpierenden Auswirkungen auf die Datenbasis zur Verfügung. Datenschutzregelungen müssen daher formulier- und durchsetzbar sein.

Wir werden im folgenden ein Datenhaltungssystem als *Datenbanksystem* (oder auch kürzer als *Datenbank*) bezeichnen, wenn es die geschilderten Qualitätsmerkmale ausreichend berücksichtigt. Ein Datenbanksystem besteht dementsprechend aus einer *Datenbasis* und einem *Datenbasisverwaltungssystem* (DBMS; engl.: Data Base Management System).

2.2 Datenbankstrukturierung

2.2.1 Kongruenz

Jede Datenbasis besitzt eine Interpretation in einer realen oder gedanklichen Anwendungswelt. Umgekehrt gehen die gespeicherten Daten aus Informationen über eine solche Welt hervor. Informationen wiederum sind aber stets gedankliche Abstraktionen (Abbilder, *Modelle*) realer oder gedanklicher Gegenstände. Als solche enthalten sie nur solche Aspekte der betrachteten Welt, die für den Zweck ihrer Verwendung von Bedeutung sind. Man spricht daher von einem solchen Ausschnitt der Welt als einer *Miniwelt*.

Das folgende Szenario möge dies illustrieren. Zur Funktionskette in der rechnerintegrierten Fertigung aus Abschnitt 1.3.3 zählte auch der Materialfluß, und dieser beinhaltet unter anderem eine Lagerverwaltung. In ihr wird es folgende reale, anfaßbare Gegenstände geben:

- Artikelarten mit Nummer, Namen, Mindestliefermenge, Lieferant, Gewicht, Verkaufspreis und Farbe,
- Lagereinheiten (Kisten, Körbe, Schachteln, etc.) mit Aufdrucken oder Aufklebern, Art und Stückzahl der aufgenommenen Artikel sowie dem resultierenden Gewicht,
- Lagerhilfsmittel (meist Paletten) mit aufgestellten Lagereinheiten und ebenfalls einem resultierenden Gewicht,
- Lagerorte mit den abgestellten Lagerhilfsmitteln.

Für Zwecke der Lagerverwaltung interessieren uns allerdings die aufgezählten Eigenschaften nur zum Teil. So spielen bei Artikeln deren Farbe und Verkaufspreis für die Zwecke der Lagerung keine Rolle, ebensowenig die Aufdrucke und Aufkleber bei Lagereinheiten. Diese Charakteristika werden wir daher nicht in die Miniwelt und damit nicht in die Datenbasis übernehmen. Für die dort aufgenommenen Eigenschaften gilt allerdings, daß deren Werte im Modell stets in solchen Kombinationen auftreten müssen, wie dies dem augenblicklichen Stand der Lagerungen entspricht — also etwa für eine bestimmte Lagereinheit ihr Bezeichner zusammen mit der aktuellen Art und Stückzahl ihrer Artikel. Wir fordern daher im Idealfall:

> *Eine Datenbasis muß zu jedem Zeitpunkt ein Abbild (Modell) einer gegebenen Miniwelt sein.*

Ein Datenbasiszustand, der tatsächliches Abbild einer gegebenen Miniwelt ist, wird als *kongruent* bezeichnet. Kongruente Datenbasen erfüllen also das Qualitätsmerkmal der Modelltreue.

2.2.2 Konsistenz

Leider ist die gerade von uns erhobene Forderung unrealistisch. Nur in den seltensten Fällen kann nämlich ein Datenbanksystem eine Kontrolle darüber ausüben, ob die von ihm entgegengenommenen Daten sich mit der Miniwelt decken, ob also etwa die angegebene Stückzahl mit der tatsächlichen übereinstimmt. Dies liegt vielmehr in der Verantwortung des Nutzers.

Die folgende Vorgehensweise erscheint eher praktikabel. Die Vorgänge in der Miniwelt laufen üblicherweise ja nicht nach einem Zufallsprinzip ab, sondern unterliegen gewissen Gesetzmäßigkeiten. Wenn man dem Datenbanksystem über Regeln mitteilt, welche Auswirkungen diese Gesetzmäßigkeiten auf Zustand und Zustandsübergänge der Datenbasis haben können, also welche Zustände und Übergänge als gesetzesgemäß anzusehen sind, kann das System die Einhaltung dieser Regeln überwachen. Zur Abgrenzung gegenüber dem umfassenderen Kongruenzbegriff wollen wir von derartigen Regeln als *Konsistenzregeln* sprechen.

Für die Lagerverwaltungswelt lassen sich mühelos solche Regeln ausmachen. Das beginnt mit Angaben zur Menge der Artikelnummern, für die möglicherweise der europäische Standard zur Produktidentifikation angewandt werden soll. Weiterhin sollen leere Lagereinheiten und Lagerhilfsmittel möglicherweise in der Datenbasis nicht betrachtet werden. Schon etwas komplizierter wäre eine Regel, die sicherstellt, daß bestimmte Artikelarten aus Haltbarkeitsgründen nur an bestimmten Orten gelagert werden dürfen oder daß zur Entnahme einer Lagereinheit das entsprechende Lagerhilfsmittel aus dem Lagerort bewegt (und damit entfernt) werden muß.

Wir schwächen daher die Forderung nach Kongruenz zu einer Forderung nach Konsistenz ab:

> *Eine Datenbasis muß zu jedem Zeitpunkt den Konsistenzregeln für ein Modell einer gegebenen Miniwelt folgen.*

Datenbasiszustände, die diese Forderung erfüllen, nennen wir *konsistent*. Die Forderung läßt sich in eine operationale Forderung umsetzen:

> *Ein Datenbanksystem gewährleistet Konsistenz, wenn seine Dienstfunktionen stets einen konsistenten Zustand seiner Datenbasis wieder in einen konsistenten Zustand überführen.*

2.2.3 Datenmodelle und Modellkonsistenz

Aus den Beispielen des vorigen Abschnittes haben wir bereits ersehen, daß Konsistenzregeln von ganz unterschiedlicher Art sein können. Wir werden deshalb im folgenden so vorgehen, daß wir die Regeln in verschiedene Klassen einteilen und dann die Konsequenzen für jede Klasse studieren.

Als erste Klasse betrachten wir Regeln, die wir als *Strukturierungsregeln* bezeichnen wollen. Artikel können beispielsweise nur dann gelagert werden, wenn die Information über ihre Kategorie — Nummer, Namen, Minimalmenge der Lieferung, Lieferant und Gewicht — vollständig vorliegt. Diese Regel ließe sich dadurch erzwingen, daß man bei Erzeugen eines Datenbasiselements für eine Artikelart automatisch Felder für diese Angaben vorsieht — so wie dies ja auch ein Record–Typ ArtikelArt in Programmiersprachen täte.

Da ähnliche Überlegungen auch auf Lagereinheiten, Lagerhilfsmittel, etc. zutreffen, lohnt es sich, allgemeine *Regelmuster* einzuführen, die die gewünschte Vollständigkeit für beliebige Gegenstände durchsetzen können und aus denen sich im Bedarfsfall die genannten individuellen Regeln gewinnen lassen. Ein solcher Schritt entspricht dem Übergang zum Record–Konzept (oder Typkonstruktor) in einer Programmiersprache. Vorstellbar ist des weiteren ein Regelmuster für Mengen, das sicherstellt, daß ein Gegenstand — z.B. eine bestimmte Lagereinheit — nicht zweimal aufgeführt wird und außerdem eindeutig wiederauffindbar ist. Für ein Muster ist also charakteristisch, daß es Variablen aufweist, für die im konkreten Einzelfall Wertevorräte einzusetzen sind.

Wir setzen im folgenden immer voraus, daß Strukturierungsregeln Muster sind. Unsere Forderung nach Konsistenzerhaltung durch ein Datenhaltungssystem hat nun allerdings zur Folge, daß ein auf die Strukturierungsregeln abgestimmter Satz von Dienstfunktionen angeboten werden muß. Unsere erste Art der Konsistenz verlangt also nach einer funktionellen Einheit aus Strukturierungsregeln und Operatoren (einem generischen Datentyp in der Terminologie der Programmiersprachen).

Wir wollen das Vorgehen kurz in einer programmiersprachlich orientierten Notation verdeutlichen. Man stelle sich dazu die Anordnung record–ähnlicher Strukturen als Menge von Zeilen in Form einer Tabelle vor. Einen entsprechenden Satz von Strukturierungsregeln könnte man dann wie folgt beschreiben:

Wertevorräte
Skalar := Zahlwert ∪ Zeichenfolge

Variablen für Wertevorräte
Bezeichner

```
Strukturierungsregel Zeile
  Struktur
    { Bezeichner × Skalar }
  Operatoren
    Zeile create()
    Zeile assign(Zeile, Bezeichner, Skalar)
    Skalar read(Zeile, Bezeichner)
Ende Strukturierungsregel

Strukturierungsregel Tabelle
  Struktur
    { Zeile }
    Schlüssel: Bezeichner → (Skalar → Zeile)
  Operatoren
    Tabelle create()
    Tabelle insert(Tabelle, Zeile)
    Tabelle delete(Tabelle, Schlüssel)
    Zeile read(Tabelle, Schlüssel)
Ende Strukturierungsregel
```

Offengelassen und daher als Variable formuliert ist der Wertevorrat der Bezeichner für die Felder. Zeilen werden als Menge von Bezeichner/Wert–Paaren aufgebaut; auf sie sind die üblichen Operatoren Erzeugen, komponentenweises Zuweisen und Lesen anwendbar. Tabellen werden als Mengen von Zeilen gebildet (genaugenommen wäre auch noch auszudrücken, daß es sich um Zeilen identischen Aufbaus handelt). Jede Zeile wird durch einen Schlüssel, d.h. einen Wert unter einem vorgegebenen Bezeichner, in der Tabelle eindeutig identifiziert. Naheliegende Operatoren sind das Erzeugen einer Tabelle und das Einfügen, Löschen und Lesen von Zeilen, die unter anderem die Schlüsseleigenschaft durchzusetzen hätten.

Wir könnten es vollständig einer Anwendung überlassen, freizügig ihre Strukturierungsregeln und zugehörigen Dienstfunktionen zu vereinbaren. Das liefe jedoch darauf hinaus, daß jede Anwendung ihr eigenes Datenbasisverwaltungssystem erstellte. Wirtschaftliche Überlegungen zwingen also dazu, dieser Freizügigkeit Grenzen aufzuerlegen und stattdessen eine eingeschränkte Zahl von Datenbankdiensten einer gewissen Anwendungsbreite vorzuhalten. Eine dieserart hinreichend breit akzeptierte Datenbankfunktionalität aus Strukturierungsregeln und Dienstfunktionen nennen wir ein *Datenmodell.* Die auf diese Weise durch das Datenhaltungssystem garantierte Konsistenz bezeichnen wir als modellinhärente Konsistenz oder kürzer *Modellkonsistenz.*

Aus diesen Überlegungen folgt eine weitere zentrale Aussage:

> *Ein Datenbasisverwaltungssystem realisiert ein (einziges) Datenmodell.*

Die zur Beschreibung eines Datenmodells verwendete Notation für die Strukturierungsregeln ist übrigens durch die hier gewählte Notation keineswegs fest bestimmt. Wir werden in den nächsten Kapiteln vielmehr eine Vielzahl von Datenmodellen kennenlernen, für die wir von Fall zu Fall mehr oder weniger formale Darstellungsweisen wählen.

2.2.4 Datenbasisschemata und Schemakonsistenz

Als nächste Klasse betrachten wir Regeln, die wir als *Sortenregeln* bezeichnen wollen. Sie legen fest, welche Wertevorräte für die Variablen der Strukturierungsregeln einzusetzen sind und wie diese Werte durch die Strukturierungsregeln zu weiteren Werten zusammengefaßt werden dürfen. Die so vereinbarten Wertemengen nennen wir *Sorten.*

Zu diesen Regeln zählen im Beispiel alle Angaben zur Bezeichnung eines Feldes und der Menge der für dieses Feld zulässigen Werte sowie alle Angaben zu zulässigen Feldkombinationen in Zeilen. Da die Strukturierungsregeln implizit in die Sortenkonstruktion eingehen, handelt es sich bei der Vorgabe von Sortenregeln um eine Ergänzung und daher Verschärfung der Konsistenzregeln. Oder anders gesehen: Aus Mustern werden konkrete Vorschriften.

Die Überführung läßt sich an unserem Beispiel sehr schön veranschaulichen. Mittels Substitution der Variablen durch Sorten leitet man die weiteren Sorten für die Datenbasis aus dem Datenmodell her. In unserem Beispiel wird man durch Vorgabe diverser Mengen von Feldbezeichnern eine entsprechende Zahl von Zeilensorten vereinbaren. Für jede Zeilensorte könnten wir des weiteren dann eine Tabellensorte vereinbaren. Wir wollen dies am Beispiel der Artikelart demonstrieren:

```
Sorte Zeile EineArtikelArt
  Struktur
    ANr: Zeichenfolge
    AName: Zeichenfolge
    Menge: Zahlwert
    Lieferant: Zeichenfolge
    Gewicht: Zahlwert
Ende Sorte

...

Sorte Tabelle ArtikelArt
  Struktur
    { EineArtikelArt mit Schlüssel ANr }
Ende Sorte
```

Genauso könnte man für die anderen erwähnten Datenelemente geeignete Zeilen– und Tabellensorten entwerfen.

Mit der Übernahme der Strukturierungsregeln aus dem Datenmodell werden auch deren Operatoren auf die Sorten anwendbar. Eine Verbindung aus

Sorte und darauf anwendbaren Operatoren ist in der Terminologie der Programmiersprachen ein Datentyp. Wir bezeichnen daher die Konkretisierung eines Datenmodells durch Sortenregeln als einen *Datenbasistyp*. Ein Datenbasistyp legt also fest, welche Strukturierung die Datenbasis — oder genauer: ihre Zustände — besitzt, mit welchen Werten die Strukturen belegt werden können und welche Operationen sich darauf anwenden lassen. Die Sortenbeschreibung eines Datenbasistyps nennt man ein Datenbasisschema (häufig auch kurz: *Schema*). Die mit dem Datenbasistyp erreichbare Konsistenz heißt *Schemakonsistenz*. Schemakonsistenz schließt also definitionsgemäß Modellkonsistenz mit ein.

Die aus dem Datenmodell übernommenen Operatoren können weiterhin Muster bleiben und sind dann auf jeden der entsprechenden Strukturierungsregel gehorchenden Datentyp anwendbar. Solche Operatoren heißen in der Terminologie der Programmiersprachen *polymorph*. Da in den Datentypen aber natürlich mehr an Wissen über die Anwendungswelt steckt als in den Operatoren des Datenmodells, kann man sich auch deren Konkretisierung zu typgebundenen oder *monomorphen* Operatoren vorstellen, die man ausschließlich einem bestimmten Datentyp zuordnet und die dann die Verantwortung für Schemakonsistenz übernehmen.

Erst mit dem Vorliegen eines Schemas kann eine Datenbasis erzeugt werden. Jede Datenbasis des entsprechenden Typs enthält dann zu jeder im Schema formulierten Sorte eine endliche Menge von Exemplaren (Ausprägungen). In unserem Fall würde die Datenbasis also eine größere Zahl von Artikelarten führen, die ihrerseits in einer oder mehreren Tabellen zusammengefaßt wären.

2.2.5 Konsistenzbedingungen

Strukturierungsregeln und Sortenregeln machen nur einen Teil der denkbaren Konsistenzregeln aus. Die Regel, daß eine Lagereinheit nicht ohne ein Herausfahren des entsprechenden Lagerhilfsmittels aus seinem Lagerort entnommen werden kann, läßt sich nicht strukturell interpretieren und ist auch nicht in eine Sortenregel überführbar. Vielmehr muß sichergestellt sein, daß nach Entnahme sowohl der veränderte Ort also auch die veränderte Bestückung des Lagerhilfsmittels registriert sind.

Konsistenzregeln, die sich nicht über die Mittel der Schemakonsistenz ausdrücken lassen und daher eigener sprachlicher Mittel bedürfen, heißen *Konsistenzbedingungen*.

2.3 Bewertungskriterien für Datenmodelle

Ob sich überhaupt ein Datenmodell für eine gegebene Anwendung eignet, und gegebenenfalls welches, kann nur aus der Anwendung heraus entschieden werden und ist im wesentlichen eine Frage der Angemessenheit. Nützlich für eine objektive Beurteilung von Datenmodelleigenschaften sind aber die folgenden Merkmale:

- *Strukturelle Mächtigkeit* ist ein Maß für die Anzahl unterschiedlicher Strukturierungsregeln und damit für die Vielfalt der Strukturierungsmöglichkeiten in einem Datenmodell. In unserem Tabellenmodell gibt es zwei solche Regeln, Zeilen und Tabellen. Es gibt drei Regeln, wenn man die skalaren Wertevorräte noch hinzunimmt.
- *Strukturelle Orthogonalität* beschreibt die Freizügigkeit, mit der sich diese Strukturierungsregeln kombinieren lassen. In unserem Tabellenmodell ist diese Orthogonalität recht bescheiden, denn man kann lediglich Skalare zu Zeilen und Zeilen zu Tabellen kombinieren, aber beispielsweise Tabellen nicht selbst wieder als Untertabellen zu Komponenten von Zeilen machen.
- *Operationelle Verknüpfbarkeit* ist ein Maß für die Freizügigkeit, mit der sich die aus den Strukturierungsregeln hervorgegangenen Datenstrukturen durch Operatoren ineinander überführen lassen. In unserem Tabellenmodell ist diese Verknüpfbarkeit gering: Tabellen können nur durch zeilenweises Einfügen und Löschen ineinander überführt werden; gelesen werden kann überhaupt nur zeilenweise. Verknüpfbarkeit steht offensichtlich in einem Zusammenhang mit Mächtigkeit und Orthogonalität. Dieser Zusammenhang ist aber keineswegs zu eng, denn man könnte sich durchaus auch noch Operatoren zum Manipulieren ganzer Tabellen, also etwa mehrerer Zeilen in einem Schritt (eine Art Tabellenalgebra), vorstellen.
- *Operationelle Generizität* schließlich besagt, wo in dem Spektrum zwischen Polymorphie und Monomorphie die Operatoren anzusiedeln sind. Ein polymorpher Operator ist ausschließlich an eine Strukturierungsregel gebunden, also gleichermaßen auf alle aus dieser Regel gewonnenen Sorten anwendbar. Er besitzt demnach eine weite Einsatzbreite. Dafür kann er auf keine semantischen Feinheiten einer Sorte eingehen. Wollte man andererseits etwa mit dem Tabellentyp ArtikelArt einen Operator verbinden, der die Verträglichkeit mit bestimmten Lagerorten regelt, so wäre dieser für andere Tabellentypen völlig sinnlos. Am anderen Ende des Spektrums stehen daher sortengebundene (monomorphe) Operatoren.

Bild 2.2. Veranschaulichung von Mächtigkeit und Orthogonalität

Mächtigkeit und Orthogonalität lassen sich graphisch veranschaulichen, wenn man die Strukturierungsregeln als Knoten und die in diesen Regeln verankerten Kombinationsmöglichkeiten in Form von gerichteten Kanten zwischen den Knoten aufträgt. Bild 2.2 zeigt dies beispielhaft für den Aufbau von Tabellen. $X \rightarrow Y$ trägt dabei die Semantik, daß X ein Bestandteil von Y ist, also „zu Y beiträgt“.

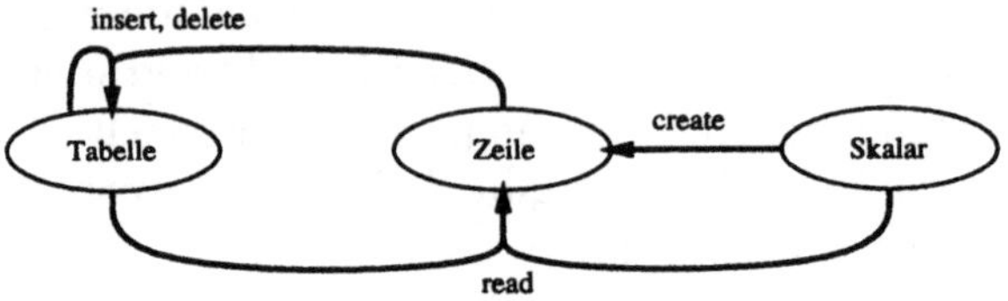

Bild 2.3. Veranschaulichung von Verknüpfbarkeit

Auch die Verknüpfbarkeit läßt sich graphisch veranschaulichen. Bild 2.3 zeigt dabei die Darstellung für das Tabellenmodell. Ein von X und Y ausgehender, zusammengeführter Pfeil nach Z besagt, daß sich Z aus X und Y berechnet. Die Benennung der Operation steht neben dem Pfeil.

2.4 Datenbasistransaktionen

2.4.1 Transaktionsprozeduren

Betrachten wir wieder die Entnahme einer Lagereinheit. Wir müssen dazu sowohl die Zuordnung der Lagereinheit zu einem Lagerhilfsmittel als auch die Zuordnung dieses Lagerhilfsmittels zum Lagerort verändern. Dies ist nur mit einer Folge von einzelnen Funktionsaufrufen möglich. Wir erkennen, daß sich aus Sicht der Anwendung abgeschlossene Manipulationen der Datenbasis, also das Erreichen eines kongruenten Datenbasiszustands, häufig nur über Prozeduren erfassen lassen.

Da Kongruenz Konsistenz einschließt, kann man über diese Prozeduren insbesondere jede beliebige Konsistenzbedingung erfüllen. Und Konsistenz wiederum ist etwas, mit dem ein Datenbanksystem umzugehen vermag. Datenbankprozeduren, nach deren Ausführung Konsistenz zugesichert werden kann, bezeichnen wir im folgenden als *Transaktionsprozeduren*.

Damit das Datenbanksystem um das Vorliegen eines konsistenten Zustands weiß, muß ihm das Ende der Ausführung einer Transaktionsprozedur mitgeteilt werden. Es kann sich dann entweder blindlings auf das Wohlverhalten der Prozedur verlassen, bei Mißtrauen aber auch noch die Einhaltung von Konsistenzbedingungen überprüfen.

Die gerade besprochene Eigenschaft hat freilich eine Kehrseite: Solange die Ausführung der Prozedur noch nicht zu Ende gekommen ist, kann keine Konsistenz und erst recht nicht Kongruenz zugesichert werden. Bricht also die

Ausführung vorzeitig ab, beispielsweise durch einen Fehler, auf Wunsch des Nutzers oder durch einen Eingriff des Datenbanksystems, so muß das System einen früheren Zustand ansteuern, der ihm als konsistent bekannt war. Dies kann beispielsweise dadurch geschehen, daß die bis dahin erfolgte Ausführung rückgängig gemacht wird. Dazu muß dem System also auch der Beginn der Ausführung bekanntgemacht werden.

2.4.2 Unverletzlichkeit

Eine Datenbasis besitzt eine potentiell unbegrenzte Lebensdauer. Das erhöht die Wahrscheinlichkeit des Verlusts von Daten oder von nicht sofort erkennbaren Verfälschungen.

Störungen können zunächst durch Fehlverhalten der Nutzer selbst bedingt sein, etwa durch fehlerhafte Eingaben oder durch Programmierfehler. Auch das System selbst kann die Ursache für Störungen darstellen: Wie jede Systemsoftware wird die Datenbanksoftware nie frei von Programmfehlern sein; darüber hinaus kann auch die Hardware inkorrekt arbeiten bis hin zum Ausfall von Hintergrundspeichern, Datenträgern oder dem Rechner selbst. Schließlich gibt es externe Ereignisse wie Feuer, Wasser, Klima, Alterung, welche die physische Vernichtung von Systemkomponenten einschließlich Datenbasis zur Folge haben können.

Eingangs hatten wir Unverletzlichkeit der Datenbasis gefordert. Wir wollen nun präziser verlangen, daß bei Störungen ein konsistenter Datenbasiszustand angestrebt wird, der mit einem möglichst geringen und schon gar nicht einem irreparablen Verlust an Daten einhergeht. Für den Fall der Störung während der Ausführung einer einzelnen Transaktionsprozedur hatten wir als eine mögliche Maßnahme das Rückgängigmachen der Ausführung kennengelernt. Aber was geschieht mit solchen Ausführungen, die bereits erfolgreich zu Ende kamen? Hier fordern wir, daß die Ergebnisse von Prozedurausführungen, die zum Fehlzeitpunkt vollständig erbracht waren, erhalten bleiben, also dauerhaft sind.

Wir entnehmen daraus die zentrale Rolle der Transaktionsprozedur: An ihr orientiert sich die Definition der Unverletzlichkeit der Datenbasis und damit auch das Bündel an technischen Maßnahmen, das ein Datenbanksystem hierfür vorhält.

2.4.3 Transaktionen

Mit dem Begriff der *Datenbasistransaktion* (wenn Mißverständnisse ausgeschlossen sind, auch kurz: Transaktion) umschreibt man die Durchführung einer Dienstfunktion eines Datenbanksystems. Bei dieser Dienstfunktion kann es sich um eine Transaktionsprozedur handeln oder aber um eine elementare, einer Strukturierungsregel zugeordnete Datenbankfunktion, die nicht innerhalb einer Transaktionsprozedur steht.

Transaktionen beschreiben somit das dynamische Geschehen in und um ein Datenbanksystem. Aus den bisherigen Überlegungen folgen sofort eine Reihe von Eigenschaften:

- Eine Datenbasistransaktion ist die kleinste Einheit, an deren Ende automatisch Dauerhaftigkeit erreicht werden kann. Wenn eine Datenbasistransaktion auf einem konsistenten Datenbasiszustand aufsetzt, bewirkt sie am Ende wieder einen konsistenten Zustand, wie er durch Schemakonsistenz und Konsistenzbedingungen definiert ist.
- Die Ausführung einer elementaren Datenbankfunktion bewirkt Schemakonsistenz unabhängig davon, ob sie selbst Transaktion ist oder nicht. Sie erfüllt jedoch nur dann die Konsistenzbedingungen und hat nur dann dauerhafte Wirkung, wenn sie auch selbst Transaktion ist.

2.5 Sprachen

Ein Nutzer hat bei der Inanspruchnahme von Datenbankfunktionen Konventionen einzuhalten, die sich in der zu verwendenden Sprache niederschlagen.

Da es eines Schemas bedarf, bevor man eine Datenbasis erzeugen und dann mit ihr umgehen kann, benötigen wir als allererstes sprachliche Mittel, mit denen sich ein Schema formulieren läßt. Diese Mittel nennt man *Datendefinitionssprache* (DDL; engl.: data definition language).

Der Umgang mit der Datenbasis erfolgt mit den Dienstfunktionen, die durch die (polymorphen) Operatoren des Datenmodells bestimmt sind. Diese Operatoren werden unter dem Begriff *Datenmanipulationssprache* (DML; engl.: data manipulation language) zusammengefaßt. Zu ihnen können gelegentlich noch monomorphe Operatoren hinzutreten.

Diese Sprachen können natürlich in ganz unterschiedliches syntaktisches Gewand gekleidet werden. Eine Sprachform, die besonders auf den Dialog auch mit weniger geschulten menschlichen Nutzern zugeschnitten ist, stellen *Anfragesprachen* (engl.: query languages) dar. Derartige Sprachen sind freistehend, lassen sich also mit anderen Sprachen nicht oder nur mit vielen Kunstgriffen verbinden. Das kommt der Spontanität zugute, mit der man Anfragen stellen kann, hat aber umgekehrt den Nachteil, daß sich die mit ihnen ausgewählten Daten nicht unmittelbar weiterverarbeiten lassen. Einfache Weiterverarbeitungsfunktionen muß man deshalb in die Anfragesprache integrieren.

Weiterverarbeitung durch Anwendungsprogramme ist aber durchaus üblich. Zu diesem Zweck müssen die Datenbankfunktionen in eine Programmiersprachenumgebung eingebracht werden. Diese Programmiersprache wird dann als

Wirtssprache (engl.: host language) bezeichnet. Das Einbringen kann auf unterschiedliche Weise geschehen. Der einfachste Fall ist der der prozeduralen Einbettung, bei dem die Datenhaltungsfunktionen in Form eines Pakets von DML–Prozeduraufrufen bereitgestellt werden (gegebenenfalls etwas angepaßt an die Syntax der Wirtssprache). Diese Art der Einbettung leidet unter Fehlanpassung, da die DML generisch ist, während die Programmiersprachen häufig streng typisiert sind. Im Fall der vollen Einbettung wird neben der DML auch das Datenbasisschema mit übernommen, so daß es keine Brüche mehr bezüglich der Typisierung gibt. Es zeigt sich dabei allerdings, daß dann auch die Wirtssprache syntaktisch und semantisch angepaßt werden sollte. Die Schemavereinbarung wird weiterhin außerhalb der Programmiersprachenumgebung abgewickelt, die DDL braucht also nicht eingebettet zu werden.

Eine Einbettung, die die DDL mit einschließt, erfordert die vollständige Einbindung des Datenmodells in eine Programmiersprache. Dazu muß man entweder eine vorhandene Programmiersprache in größerem Umfang erweitern oder von Grund auf eine neue Sprache entwerfen. Solche Sprachen bezeichnet man als *Datenbankprogrammiersprachen.*

Alle genannten Sprachformen müssen zudem über Steuerkonstrukte für Transaktionsprozeduren verfügen. Benötigt werden Sprachkonstrukte, die Anfang und Ende der Prozedur bekanntmachen und die dem System den Abbruch der Durchführung der Prozedur vor dem regulären Ende mitteilen. Gelegentlich wird man auch noch Sprachelemente vorsehen, mit denen sich innerhalb einer Transaktion konsistente und dauerhafte Zwischenzustände festlegen lassen.

2.6 Wovon handelt das Buch?

2.6.1 Datenmodelle

Wie bereits früher erwähnt, bestehen der Anwendungsvielfalt wegen heute eine größere Zahl von Datenmodellen, die sich jeweils in kommerziellen Produkten wiederfinden oder doch zumindest den Reifegrad eingehend erprobter Prototypen erreicht haben. Die Entwicklung von Datenmodellen setzte Ende der Sechziger Jahre ein. Sie profitierte davon, daß zu jener Zeit das Problem einer Informationsspeicherung und -verwaltung im großen Stil nur den betriebs- und finanzwirtschaftlichen Anwendungen sowie den Verwaltungen der öffentlichen Hand und großer Unternehmen bewußt war, daß sie also auf ein recht homogenes Anwendungsspektrum stieß. Zu Beginn der Achtziger Jahre war dann jedoch das Anwendungspotential von Datenbanksystemen so breit geworden, daß man immer häufiger an die Grenzen der bis dahin verbreiteten Datenmodelle stieß. So entstanden neue, speziellen Anwendungen besser angepaßte Datenmodelle, von denen sich einige inzwischen in Form eigenständiger Produkte, andere in Form von Ergänzungen der älteren Datenmodelle durchsetzen konnten. Die neueren Datenmodelle besitzen darüber hinaus noch den Vorteil, von den modernen Erkenntnissen und Entwicklungen der Informatik profitiert zu haben. Trotzdem behalten auch manche der älteren Datenmodelle ihre Gültigkeit, sei es weil sie zahlreichen Anwendungen durchaus genügen, sei es weil große Datenbestände existieren, die unter diesen älteren Datenmodellen entstanden sind.

Das älteste — erst nachträglich so bezeichnete — Datenmodell ist das *Hierarchische Datenmodell*. Es liegt als Konzeption der Funktionalität von IMS zugrunde, eines auch heute noch weithin eingesetzten, allerdings auf Großrechner beschränkten Datenbanksystems eines einzelnen Anbieters. Daß wir es trotzdem nicht behandeln werden, liegt an den dürftigen strukturellen und operationellen Merkmalen, die erst durch eine für den Novizen schwer durchschaubare Datenmanipulationssprache etwas verbessert werden.

Behandeln werden wir hingegen das erste bewußt auf die Fähigkeiten von Datenbanksystemen zugeschnittene Datenmodell, das *Netzwerkmodell*. Es wurde um 1970 herum von einem eigens hierfür eingesetzten Komitee, dem CODASYL–Komitee, konzipiert und im Verlaufe der nachfolgenden zehn Jahre mehrfach erweitert. Besonderes Augenmerk wurde auf die Anbindung zu den aktuellen Programmiersprachen jener Zeit für den betriebswirtschaftlichen Bereich, insbesondere also COBOL, gelegt.

1970 wurde durch eine Veröffentlichung von Codd das *relationale Datenmodell* erstmals ins Spiel gebracht. Es hat in der Folgezeit durch das Erarbeiten einer mathematisch fundierten Grundlage und durch prototypische Erprobungen neuer Implementierungstechniken entscheidend zur Entwicklung und Absicherung der modernen Datenbanktechnologie beigetragen. Die mathematische Fundierung gestattete erstmals formale Definitionen und Betrachtungen von Gütekriterien, Transformationen von Schemata und Optimierung von Anfragen. Durch sein einfaches und für viele Anwendungen günstiges Strukturierungsangebot — Daten werden einheitlich in Tabellen gespeichert — und wegen der Verfügbarkeit von Systemen mit einer (im wesentlichen) standardisierten Abfragesprache fand es seit 1980 rasch weite Verbreitung und gilt heute als Stand der Datenbanktechnik in betriebswirtschaftlichen und zum Teil auch technischen Industrieanwendungen.

Mit dem Vordringen der Datenbanktechnik in Anwendungen andersartigen Profils — etwa CAD oder Kartographie — erwies es sich als ungünstig, daß in relationalen Systemen nur das Strukturierungsprinzip der einstufigen Tabelle zu Verfügung steht. Insbesondere erschien die Darstellung von Hierarchien, also beliebig tief geschachtelter Zusammensetzungen von Datenelementen aus Teilelementen, wünschenswert. Dies führte zur Erweiterung des relationalen Datenmodells in Form des *NF^2-Modells*. Heute ist ein deutliches Bestreben festzustellen, auch weitere Eigenschaften, die sich in anderen Datenmodellen bewährt haben — z.B. solche der nachfolgend noch zu erwähnenden Datenmodelle — dem relationalen Datenmodell hinzuzufügen. Derart *erweiterte relationale Datenmodelle* sollen Anwendern eine evolutionäre Weiterentwicklung aus einer bewährten und bekannten Datenbankfunktionalität heraus ermöglichen.

Ein Grundgedanke der Integration ist das einmalige Erfassen und Führen derselben Daten, also Redundanzfreiheit in einer Datenbasis. Nun kann man unter Kenntnis gewisser Regeln häufig neue Fakten aus bereits bekannten ableiten. Redundanzfreiheit würde dann erfordern, daß das Datenbanksystem lediglich gewisse Basisfakten führt und alle weiteren durch Anwendung der ihm bekannt gemachten Ableitungsregeln berechnet. Datenmodelle, die neben der Ablage von Fakten als Speicherelementen auch die Ablage von Regeln gestatten und weiterhin den Prozeß der Ableitung von neuen Daten aus Fakten und Regeln unterstützen, heißen *deduktive Datenmodelle*. Sie können Neuentwicklungen sein, basieren aber sehr häufig — nicht zuletzt wegen dessen formaler Fundierung — auf dem relationalen Datenmodell.

Zur Natürlichkeit in vielen Anwendungen gehört, daß die Vorstellung von in der Miniwelt existierenden, klar abgrenzbaren Objekten mit ihnen eigentümlichen Eigenschaften unmittelbar in die Datenbankfunktionalität umgesetzt werden kann. Dazu zählt dann auch, daß sich diese Eigenschaften in den mit diesen Objekten durchführbaren — dann allerdings monomorphen — Manipulationen wiederfinden. Datenmodelle, die diese Vorstellung umzusetzen gestatten, heißen *objektorientierte Datenmodelle*: Sie sind stark von Entwicklungen im Bereich der objektorientierten Programmiersprachen geprägt. Wie dort auch existiert nicht ein einziges, standardisiertes objektorientiertes Modell. Jedoch beruhen alle objektorientierten Modelle auf einem Konsens über die Modellierungs–Grundprinzipien: dem Objekt als Einheit von Struktur und Verhalten, Typen oder Klassen zur Kategorisierung, der Anordnung der Typen in Vererbungshierarchien und schließlich dem Nachrichtenkonzept zum Datenaustausch. Über diese Konventionen lassen sich die Modelle bedingt miteinander vergleichen und gegeneinander austauschen.

Die längste Tradition in der rechnergestützten Speicherung großer Datenbestände hat nicht die Betriebswirtschaft, sondern das Bibliothekswesen (oder, wie es heute heißt, der Bereich Information und Dokumentation). Das Wiederauffinden von Dokumenten gehorcht einem einfachen Mengenmodell, das sich bei näherem Hinsehen als ein Datenmodell zum Umgang mit unscharfen Mengen herausstellt. Dieses Datenmodell hat über 30 Jahre hinweg bis heute seine Gültigkeit behalten.

Teil I dieses Buchs befaßt sich der Reihe nach mit den hier aufgeführten Datenmodellen (abgesehen von, wie bereits erwähnt, dem hierarchischen Modell). Wir werden diese Modelle stets nach dem gleichen Muster einführen und ausführlich an Beispielen illustrieren. Zu diesem Zweck werden wir auch

Sortenregeln und damit Datenbasisschemata sowie kleine Beispieldatenbasen vorgeben.

In einer Umgebung, die auf Integration zielt, wird man stets versuchen, sich auf eines der genannten Datenmodelle zu beschränken. In Umgebungen, in denen das Prinzip der Koordination vorherrscht, wird man hingegen auf mehrere dieser Datenmodelle stoßen. Dann ist ein Datenaustausch oder ein Zugriff auf gemeinsame Daten nur möglich, wenn man die Wechselbeziehungen zwischen den verschiedenen Datenmodellen kennt, um daraus Regeln zu bestimmen, nach denen eine gegenseitige Überführung erfolgt, und die Grenzen der Überführbarkeit zu ermitteln. Auf diese Wechselbeziehungen gehen wir deshalb zum Abschluß von Teil I noch ein.

2.6.2 Datenbankentwurf

Wie bereits in Abschnitt 1.5 ausgeführt, legt ein Datenmodell zwar die prinzipielle Funktionalität fest, es sagt aber noch nichts darüber aus, wie eine vorgegebene Anwendung diese möglichst gut nutzt. Diese Nutzung schlägt sich im Datenbasisschema nieder. Als erster Schritt der Einsatzvorbereitung für ein Datenbanksystem muß daher im Datenbankentwurf aus dem Datenmodell ein Datenbasisschema gewonnen werden.

Der Datenbankentwurf hat sehr viel Ähnlichkeit mit der Programmentwicklung. Dort hat sich seit langem die Auffassung durchgesetzt, daß Programme mit bestimmter Güte (z.B. Strukturiertheit, Verständlichkeit, Wartbarkeit) einem wohldefinierten Entwicklungszyklus folgen müssen. Einer der bekanntesten Software–Entwicklungszyklen ist das Phasen– oder Wasserfallmodell. Ebenso ist der Entwurf und die Realisierung von Datenbasen mit Gütekriterien und zum Teil mit großer Komplexität verbunden und sollte somit ähnlichen Grundsätzen folgen. Denn jede Datenbankanwendung kann immer nur so „gut“ sein wie der Entwurf, der der Datenbasis zugrundeliegt. Dazu gehört, daß möglichst viele Sachverhalte der Miniwelt in Konsistenzregeln Eingang finden und daß sich diese wiederum zu einem möglichst großen Teil in Strukturierungsregeln und dann Sortenregeln überführen lassen. Aufgaben sind dementsprechend die Auswahl des Datenmodells und die Bestimmung des Datenbasisschemas. Mit Datenbankentwurf bezeichnet man die zweite Aufgabe; sie geht also davon aus, daß das Datenmodell bereits vorbestimmt ist. Weiterhin zählt zur Güte des Entwurfs, daß die Anforderungen bezüglich Zuverlässigkeit, technischer Leistung, Datenschutz und Hardware–Ausstattung erfüllt sind.

Der Datenbankentwurf folgt ebenfalls einem Phasenmodell. Dieses besteht im wesentlichen aus drei Phasen.

Zunächst muß sich der Entwerfer eine Vorstellung über die zu modellierende Diskurswelt verschaffen. Dieser Vorgang resultiert in einem intuitiven Verständnis der Anwendung. Mit dem notwendigen Anwendungswissen vertraut, wird in der *Akquisitionsphase* dann ein *konzeptuelles Schema* (häufig auch als *semantisches Schema* bezeichnet) enwickelt, das einerseits die für die Anwendung einschlägigen Objekte der realen Welt beinhaltet und andererseits deren Beziehungen untereinander beschreibt. Auch diese Beschreibung muß zwangsläufig auf Strukturierungsregeln basieren, benötigt also ein Datenmodell. Dabei wird man, um die Mächtigkeit nicht schon von vornherein unsachgemäß einschränken zu müssen, nicht unbedingt auf eines der in Abschnitt 2.6.1 genannten Datenmodelle abheben, sondern ein sogenanntes *semantisches Datenmodell* mit reichhaltigeren Strukturierungsregeln zugrundelegen. Die in Abschnitt 2.6.1 genannten Datenmodelle bezeichnen wir im folgenden in Abgrenzung zu semantischen Datenmodellen als *logische Datenmodelle*. Heute existieren verschiedene semantische Datenmodelle. Absicht ist es aber stets, ein semantisches Datenmodell für den Entwurf einsetzen zu können, ohne daß man sich bereits zwingend für ein bestimmtes logisches Datenmodell entscheiden muß.

Diese erste Entwurfsphase erschöpft sich keineswegs in einer mehr oder weniger mechanischen Anwendung von Strukturierungs– und Sortenregeln. Wesentlich ist die dieser Phase zugrundeliegende Entwurfsmethodik. Zum Beispiel hat es sich bewährt, die zu integrierenden Anwendungen zunächst getrennt zu analysieren und für sie eigene Schemata, sogenannte *konzeptuelle Sichten*, aufzustellen. In einem zweiten Schritt werden diese dann zu einem gemeinsamen Schema zusammengeführt (*Sichtenkonsolidierung*). Bei zu koordinierenden Anwendungen entfällt diese Konsolidierung. Dann können aber die individuellen konzeptuellen Schemata wichtige Fingerzeige für die fallweise gegenseitige Überführung gemeinsam genutzter Daten geben.

Ist das konzeptuelle Schema fertig entwickelt, so schließt sich als nächstes die *Übersetzungsphase* an. Hierbei werden die formalen, mit den Konstrukten des semantischen Modells beschriebenen Sachverhalte mit den Konstrukten eines logischen Datenmodells in ein *logisches Schema* überführt. An dieser Stelle spielt also zum ersten Mal die Vorentscheidung für ein konkretes Datenbanksystem eine Rolle.

Die Übersetzungsphase läßt sich mit der Phase der Algorithmenentwicklung bei der Softwareerstellung vergleichen. Das konzeptuelle Schema erfüllt die Funktion einer formalen Spezifikation. Gelingt es, die Transformationen weitgehend automatisiert ablaufen zu lassen — und wir werden andeuten, wie dies möglich ist —, so hat die Übersetzungsphase den Charakter einer automatischen Programmgenerierung. Erforderlich sind dazu für jedes Paar von semantischem und logischem Datenmodell ein Satz von *Übersetzungsregeln.*

Die letzte Phase (*Implementierungsphase*) hat die Einrichtung des zuvor erstellten logischen Schemas auf einem konkreten Datenbanksystem zum Gegenstand. Dies führt zu einem *physischen Schema. Der* Entwerfer hat eine Reihe von Entscheidungen zu treffen, mit denen man auf das Leistungsverhalten des Systems Einfluß nehmen kann. Interessant sind dann auch Hilfsmittel, die die Wirkung solcher Entscheidungen vorherzusagen vermögen.

Ähnlich wie Teil I schließt auch Teil II mit den Auswirkungen von Vernetzung und Koordination, hier bezogen auf den Datenbankentwurf. Dabei wird auf die besonderen Maßnahmen eingegangen, die im Zusammenhang mit verteilten und föderierten Datenbasen auftreten.

2.6.3 Datenbankbetrieb

Erst nachdem ein Datenbasisschema vorliegt, kann eine Datenbasis aufgebaut und dann manipuliert werden. Mit dem erfolgreichen Abschluß des Datenbankentwurfs beginnt also die Phase des Datenbankbetriebs, in der das erstellte logische Schema, d.h. Datenstrukturen und Operatoren, von Anwendungsprogrammen oder Dialogbenutzern genutzt werden können. Teil III des Buches wird sich daher als erstes damit beschäftigen, wie der Umgang mit den Daten anhand konkreter Datenmanipulationssprachen aussieht. Es steht zu erwarten, daß für jedes Datenmodell eine eigene Sprache existiert. Oftmals müssen wir sogar davon ausgehen, daß für dasselbe Datenmodell in verschiedenen Datenbanksystemen abweichende Regelungen bestehen. Daher spielen Standards innerhalb eines gegebenen Datenmodells eine große Rolle. Wir werden deshalb auf diese Standards abheben, wo immer sie existieren oder wo zumindest Entwürfe entstanden sind. Weiterhin müssen wir untersuchen, ob und welche Unterschiede es jeweils zwischen Anfragesprache und Einbettung in Wirtssprachen gibt.

Eine Rolle wird dabei auch spielen, ob man einen Benutzer dazu zwingt, sich mit der gesamten Datenbasis auseinanderzusetzen oder ob man ihm die Möglichkeit einräumt, seine individuelle Sicht an die Datenbasis anzulegen, die ihm nur den gewünschten Ausschnitt zeigt, und diesen gegebenenfalls in einer veränderten Struktur.

Mit der reinen Manipulation der Datenbasis erschöpft sich freilich der Datenbankbetrieb nicht. So spielen sich Fragen der Zuverlässigkeit und des Datenschutzes außerhalb des Datenmodells ab. Wir müssen daher untersuchen, welche Konstrukte die diversen Sprachen vorsehen, um Konsistenzbedingungen, Transaktionen und Datenschutzregelungen formulieren und durchsetzen zu können, und welche Hilfen bei der Sicherung und Wiederherstellung von Datenbasiszuständen geboten werden.

Da sich die Diskurswelt im Laufe des Lebens einer Datenbasis ändern kann, alte Anwendungen wegfallen und neue hinzukommen können, ist ein Schema nicht unbedingt eine statische Angelegenheit. Daher wird Teil III noch darauf eingehen, wie Datenbankentwurf zu einem dauerhaften (Betriebs–)Prozeß werden kann.

Auch für den Betrieb werfen Vernetzung und Koordination besondere Probleme auf. Ein Benutzer wird gelegentlich die verschiedenen beteiligten Datenbanksysteme und deren Unterschiede bewußt zur Kenntnis nehmen müssen. Hier ist von besonderem Interesse, welche neuen Entwicklungen im Bereich der Standards aus der Telekommunikationstechnik und der verteilten heterogenen Systeme zur Verfügung stehen.

3. Beispielszenarien

3.1 Beispiel: Lagerverwaltung

Die rechnergestützte Verwaltung von Lägern spielt in vielen Bereichen der Wirtschaft eine wichtige Rolle. Für Handelsunternehmen sind Lagerverwaltung und Logistik der Dreh– und Angelpunkt schlechthin. Auch in der industriellen Fertigung spielen Läger trotz zunehmenden Einsatzes von Just–In–Time–Techniken eine nach wie vor wichtige Rolle. Im Rahmen dieses Buches können wir natürlich nur eine stark vereinfachte Sicht auf eine Lagerverwaltung und die damit verbundenen Probleme geben. Nachfolgend führen wir die in unserem Sinne wichtigen Begriffe und Zusammenhänge ein.

In einem typischen Lager befinden sich zu jeder Zeit Stoffe unterschiedlicher Art. Wir wollen uns in diesem Buch ausschließlich mit der Lagerung von Fertigerzeugnissen befassen und nennen die gelagerten Einzelgegenstände *Artikel*. Dabei werden wir in unserer Welt ausschließlich Kraftfahrzeug–Ersatzteile lagern. Allerdings wird uns nur in den seltensten Fällen ein Einzelgegenstand an sich interessieren, also etwa ein einzelner Anlasser, ein Kolben, eine Zündkerze oder eine Zylinderdichtung. Wir sprechen stattdessen von *Artikelarten* und ihren gemeinsamen Eigenschaften. Das befreit uns natürlich nicht von der Aufgabe, bei Entgegennahme einer Lieferung, der Speicherung im Lager oder dem Weitertransport zum Abnehmer einzelne Artikel bestimmter Arten handzuhaben. Dies können wir allerdings auch indirekt tun, indem wir die Kisten registrieren, in denen sich die Artikel befinden.

Die erwähnten Kisten, in denen Artikel von jeweils einer Art in einer bestimmten Stückzahl verpackt sind, nennt man *Lagereinheiten*. Eine solche Lagereinheit könnte man nun direkt an einem *Lagerort* — ein bestimmter Platz im Lager — abstellen. Dies wird allerdings in der Praxis nicht so gemacht; man stellt eine oder mehrere Lagereinheiten zunächst auf eine Palette — im Fachjargon ein *Lagerhilfsmittel* — und speichert erst diese an einem Ort. Diese Vorgehensweise hat zum einen den Vorteil, daß für Paletten eine gute Transportierfähigkeit mit Transportgeräten wie etwa Gabelstaplern gegeben ist. Daher nennt man ein Lagerhilfsmittel zusammen mit den auf ihm stehenden Lagereinheiten auch oft eine *Transporteinheit*. Zum anderen kann der Platz, den die Lagerorte bieten, im allgemeinen besser ausgenutzt werden als beim direkten Abstellen ganz unterschiedlicher Lagereinheiten. Beide Argumente werden noch verstärkt durch die Eigenschaft, daß die Abmessungen und Tragfähigkeiten von Lagereinheiten, Lagerhilfsmitteln und Lagerorten genormt sind. Demgemäß ist jede Lagereinheit von einer bestimmten *Lagereinheitart*, jedes Lagerhilfsmittel von einer bestimmten *Lagerhilfsmittelart* und jeder Lagerort von einer bestimmten *Lagerortart*.

Die Einordnung der uns besonders interessierenden Begriffe in die für die Lagerverwaltung vorherrschende Terminologie entnimmt man am besten der folgenden Begriffshierarchie (von uns benutzte Begriffe sind kursiv hervorgehoben):

- Lagerobjekt
  - Betriebliche Einsatzstoffe
    - Fertigbestandteile
    - Rohstoffe
    - Betriebsstoffe
    - Hilfsstoffe
  - Unfertige Erzeugnisse
  - Fertige Erzeugnisse (*Artikel*)

- Lagerausstattung
  - Lagereinrichtung
    - Universaleinrichtung
      - *Lagereinheit*
      - *Lagerort*
    - Spezialeinrichtung
  - Lagerhilfsgerät
    - *Lagerhilfsmittel*
    - Transportmittel
    - Zähl-/Meßgerät

Bild 3.1 zeigt schließlich die Elemente eines Lagers in einer schematischen Darstellung.

3.2 Beispiel: Geometrische Objekte

Unser zweites Anwendungsszenario stammt aus der Rechnerintegrierten Fertigung, und hierbei speziell aus dem Konstruktionsbereich. Hierbei fällt unter anderem die Aufgabe der Verwaltung von Konstruktionsdaten an. Da diese Konstruktionsdaten im allgemeinen über einen längeren Zeitraum hinweg verfügbar sein sollen und üblicherweise von mehreren Ingenieuren genutzt werden, bietet sich ein Datenbanksystem für deren Verwaltung an.

Im Konstruktionsbereich werden an CAD/CAM-Systemen im allgemeinen prototypische Objekte unter Angabe ihrer Geometrie und ihrer Materialeigenschaften entworfen. Uns interessiert für diese Konstruktionsobjekte vor

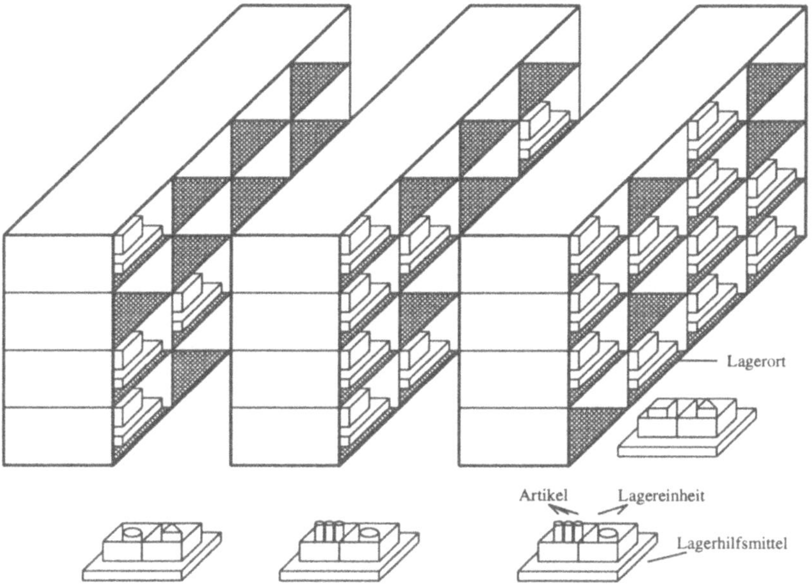

Bild 3.1. Elemente eines Lagers

allem die geometrische Beschreibung. Hierbei haben sich zwei Alternativen bezüglich der möglichen Beschreibungsmodelle herauskristallisiert:

Volumenmodell: Ein geometrisches Objekt wird als *Körper* betrachtet, der sich in mehreren Stufen sukzessive aus *Teilkörpern* zusammensetzt, wobei die Teilkörper eine jeweils einfachere Geometrie besitzen. An jedem Zusammensetzpunkt spielt sich eine Basisoperation ab, die den *Zusammensetzvorgang* — etwa das Schneiden oder Vereinigen der Teilkörper — genau beschreibt. Es entsteht eine Hierarchie mit den Zusammensetzpunkten als Knoten und sehr einfachen, vordefinierten geometrischen Körpern (etwa Quader, Zylinder, Kugeln) als Blättern. Bild 3.2 zeigt eine solche Hierarchie. Der am oberen Bildrand dargestellte Gesamtkörper entsteht durch das Schneiden eines Quaders mit einem Zylinder und anschließendem Vereinigen des Ergebniskörpers mit einem weiteren Quader. Dies ist natürlich nur eine sehr schematische Darstellung; die beiden Operationen müßten sehr viel genauer unter Angabe von Parametern (Positionen, an denen das Schneiden bzw. Vereinigen ansetzt) spezifiziert sein.

Begrenzungsflächenmodell: Diesem Modell liegt die Annahme zugrunde, daß man jedes geometrische Objekt hinreichend genau als *Vielflächner* ansehen kann. Man beschreibt ein solches Objekt durch die Angabe seiner *Außenflächen*. Beschränken wir uns auf Polyeder, so setzen sich die Flächen aus einer Reihe von *Begrenzungskanten* zusammen, welche wiederum durch deren *Endpunkte* beschrieben werden. Mit Hilfe dieses Darstellungsmechanismus können beliebig komplexe Vielflächner dargestellt werden. Bild 3.3 verdeut-

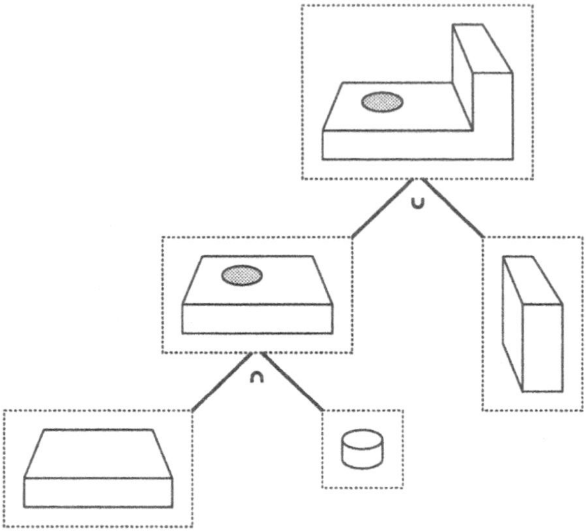

Bild 3.2. Volumendarstellung für ein einfaches geometrisches Objekt

licht die dabei entstehende vierstufige Objekthierarchie beispielhaft anhand eines einfachen Quaders.

Die Prämisse des Begrenzungsflächenmodells — alle Objekte werden als Vielflächner betrachtet — ist übrigens auch mit Nachteilen verbunden. Einige mathematisch sehr einfach zu beschreibende Körper wie Kugeln oder Zylinder können nicht direkt, sondern nur näherungsweise dargestellt werden. Je höher die Anforderungen an diese Näherungen sind, umso mehr Flächen (und damit Kanten und Punkte) müssen beschrieben werden. Als Vorteil gegenüber dem in diesem Falle überlegenen Volumenmodell erweist sich andererseits die fest definierte Höhe der Beschreibungshierarchie.

In der Praxis haben sich beide Modelle bewährt. Beide spielen in kommerziellen CAD/CAM-Systemen eine wichtige Rolle. Für die Zwecke dieses Buchs genügt allerdings die Beschränkung auf ein Modell. Wir orientieren uns bei der Geometriebeschreibung im weiteren an der *Begrenzungsflächendarstellung.*

3.3 Beispiel: Kartographie

Auch die Kartographie modelliert geometrische Gegebenheiten, allerdings im zweidimensionalen Raum. Hier lassen sich topologische und metrische Sachverhalte unterscheiden.

Wir werden die Kartographiewelt vor allem einsetzen, um die möglichen Verkehrswege für Transportvorgänge von Artikeln — modelliert als geometrische

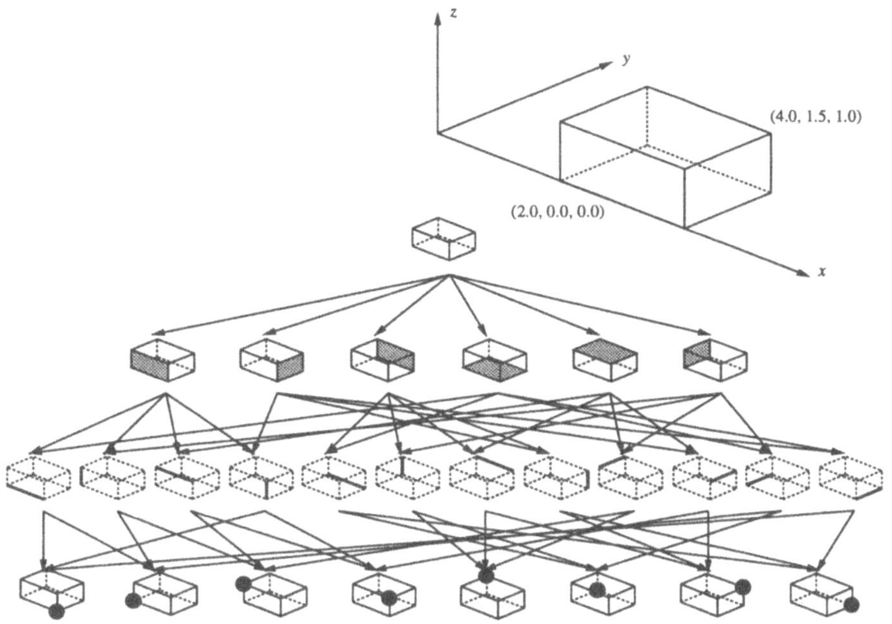

Bild 3.3. Begrenzungsflächendarstellung für einen Quader

Körper — zwischen Herstellern, Lägern und Abnehmern dauerhaft zu speichern. Die kartographischen Objekte unseres Interesses sind *Staaten*, *Städte* und *Gewässer*. An Gewässern unterscheiden wir *Meere*, *Seen* und *Flüsse*.

Bezüglich der Topologie machen wir die folgenden Annahmen. Jede von uns betrachtete Stadt *liegt in* (genau) einem Staat. Städte können *an* Flüssen, Seen und Meeren *liegen*. Jeder Fluß *mündet in* einen anderen Fluß oder ein Meer, in unserem Buch jedoch in vereinfachender Annahme niemals in einen See. Einen See kann ein Fluß lediglich *durchfließen*.

Zur Beschreibung der Metrik geben wir uns verschiedene zweidimensionale Strukturen vor: den Kreis für Städte, das Polygon für Staaten und Seen und den Linienzug für Flüsse und Meere. Für Meere wird der Linienzug gewählt, weil im allgemeinen ein Meer nicht immer vollständig auf einer Karte untergebracht wird. Im Falle von Städten, Staaten und Seen sprechen wir von einer *Begrenzung*, im Falle der Flüsse und Meere von einem *Verlauf*.

Bild 3.4 zeigt schematisch, wie man sich eine mit diesen Angaben erzeugte Darstellung vorzustellen hat. Unterschiedliche Strichelungen bezeichnen unterschiedliche Sachverhalte. So sind Begrenzungen zwischen Staaten gestrichelt gekennzeichnet, Flußverläufe und Seenbegrenzungen in Form dünner durchgezogener Linien notiert, Meerbegrenzungen als dicke Linienzüge dargestellt und Städte durch ausgefüllte Kreise angegeben.

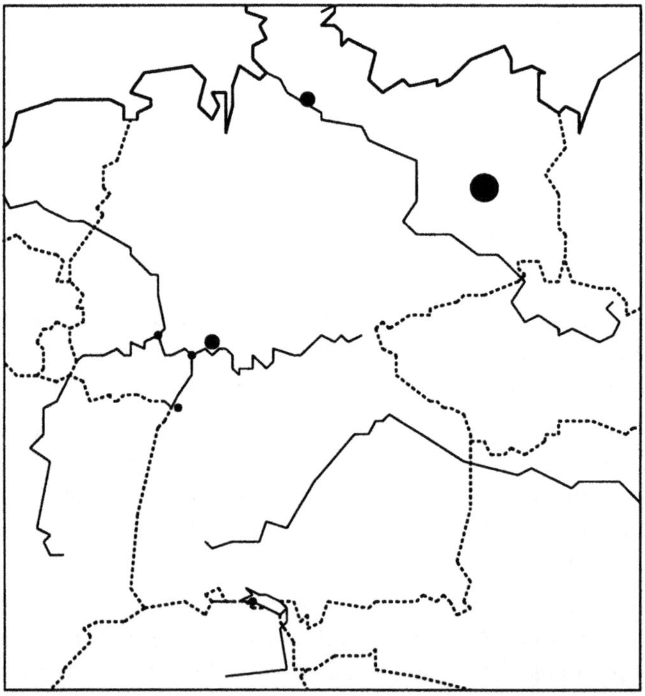

Bild 3.4. Darstellung von Topologie und Metrik in der Kartographie

Teil I

Datenmodelle

4. Das relationale Modell

4.1 Charakterisierung

Vom Blickwinkel der Mächtigkeit aus gesehen zeichnet sich das relationale Datenmodell durch die folgenden Strukturierungsregeln aus: Es können Mengen von Datensätzen (Tupeln) gebildet werden (sogenannte Relationen), deren Komponenten jeweils einem als atomar betrachteten Standardtyp (z.B. Nummer, Zeichen(), usw.) angehören. Bild 4.1 verdeutlicht dies graphisch.

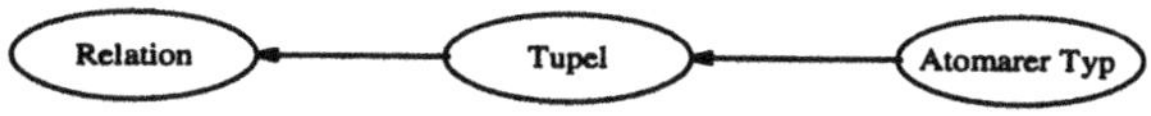

Bild 4.1. Mächtigkeit und Orthogonalität des relationalen Datenmodells

Aus struktureller Sicht ähnelt das relationale Datenmodell also sehr stark dem Tabellenmodell aus Kapitel 2: Die Mächtigkeit ist vergleichweise gering. Dafür ist das Modell aber gut überschaubar und leicht erlernbar. Orthogonalität ist nicht gegeben. Hingegen unterscheidet sich das relationale Modell drastisch vom Tabellenmodell, was die (operationelle) Verknüpfbarkeit angeht. Bild 4.2 zeigt das entsprechende Diagramm.

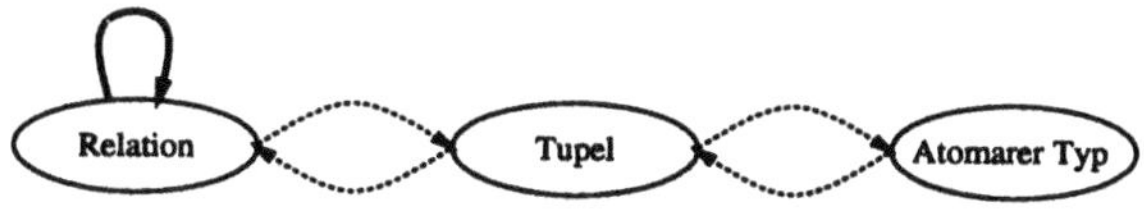

Bild 4.2. Verknüpfbarkeit im relationalen Datenmodell

Die gestrichelten Pfeile sollen andeuten, daß der Zusammenbau von Relationen aus Tupeln und von Tupeln aus atomaren Typen sowie der Zugriff auf einzelne Tupel oder Tupelbestandteile durch außerhalb des Datenmodells liegende Operatoren erfolgen muß. Das relationale Datenmodell selbst sieht nur Verknüpfungen auf Relationen, also auf Mengen, vor. Man spricht daher auch davon, daß es sich beim relationalen Datenmodell um ein mengenorientiertes Datenmodell handelt. Wie wir noch sehen werden, kann man aber die Mengenoperatoren für die Behandlung einzelner Tupel „mißbrauchen".

Hinsichtlich der Generizität verfolgt das relationale Datenmodell eine strikte Philosophie der Polymorphie.

4.2 Struktur der Daten

4.2.1 Relationstypen, Relationen und Tupel

Im relationalen Modell werden Datenbestände durch *Relationen* repräsentiert. Relationen sind Mengen von gleichartig strukturierten *Tupeln*, wobei jedes Tupel ein Objekt oder eine Beziehung in der Miniwelt beschreibt. Jede Komponente eines Tupels enthält dabei eine Merkmalsausprägung des entsprechenden Objekts (oder der Beziehung) bezüglich eines ganz bestimmten Merkmals. Diese Merkmale, die also jedes erfaßte Objekt in irgendeiner Ausprägung tragen muß, nennt man *Attribute*. Die Menge aller möglichen Ausprägungen eines Attributs heißt *Domäne* des Attributs. Diese Begriffe lassen sich als Strukturierungsregeln wie folgt formaler fassen.

Definition: Ein *Relationstyp* T_R ist ein Tupel $(A_{R1}, \ldots, A_{Rn})$. Dabei sind $A_{R1}, \ldots, A_{Rn}$ paarweise verschiedene Attributnamen, und zu jedem A_{Ri} ist eine Menge D_i, die *Domäne* von A_{Ri}, gegeben. Zu jedem Typ T_R existiert eine n–stellige *Relation* R als eine zeitlich veränderliche Untermenge des kartesischen Produkts $D_1 \times \ldots \times D_n$, also eine Menge von *Tupeln* $(d_1, d_2, \ldots, d_n)$ mit $d_i \in D_i$ für $1 \leq i \leq n$.

Relationen lassen sich sehr übersichtlich als Tabellen darstellen, indem man ihre Tupel untereinander anordnet. Jeder der dabei entstehenden Spalten kann dann ein Attribut zugeordnet werden. Die Zeilen der Tabelle, die jeweils ein Objekt darstellen, enthalten in jeder Spalte die Ausprägung dieses Objekts unter dem der Spalte zugeordneten Attribut.

Eine Spezifikation einer Menge von Relationstypen sowie der zugehörigen Domänen (also der atomaren Datentypen) bezeichnet man als *relationales Schema*. Eine *relationale Datenbasis* zu diesem Schema ist eine Menge von Relationen, deren Typen im Schema definiert sind.

4.2.2 Beispiel: Lagerverwaltung

Im folgenden greifen wir auf das Lagerverwaltungsszenario aus Abschnitt 3.1 zurück. Zur Erinnerung: An wichtigen Datenelementen haben wir Artikelarten, Lagereinheiten und –arten, Lagerhilfsmittel und –arten sowie Lagerorte und –arten identifiziert. Wir stellen nun, den Sortenregeln entsprechend, geeignete Domänen und Relationstypen für diese Miniwelt vor:

domain ANr, LeNr, LeaNr, LhNr, LhaNr, LoNr, LoaNr: Zeichen(8);

```
domain AName, LeaName, LhaName, Lieferant: Zeichen(25);
domain Länge, Breite, Höhe, Menge, Stückzahl: Ganzzahl;
domain Gewicht, MaxGewicht: Gleitkommazahl;

relation ArtikelArt(ANr, AName, Menge, Lieferant, Gewicht);
relation Lagereinheit(LeNr, LeaNr, ANr, Stückzahl, Gewicht, LhNr);
relation LagereinheitArt(LeaNr, LeaName,
   Länge, Breite, Höhe, MaxGewicht);
relation Lagerhilfsmittel(LhNr, LhaNr, Gewicht, LoNr);
relation LagerhilfsmittelArt(LhaNr, LhaName,
   Länge, Breite, Höhe, MaxGewicht);
relation Lagerort(LoNr, LoaNr, Gewicht);
relation LagerortArt(LoaNr, Länge, Breite, Höhe, MaxGewicht);
relation Verträglichkeit(ANr, LoNr);
```

Die Bedeutung der Relationstypen sollte im großen und ganzen intuitiv klar sein. Eine Relation vom Typ ArtikelArt wird die prinzipiell lagerbaren Artikelkategorien verwalten, wobei jede Artikelart durch eine Nummer eindeutig identifiziert wird und durch Namen, (minimale Liefer–)Menge, den Lieferanten und das Gewicht beschrieben wird.

Jedes Lagereinheit–Tupel — identifiziert durch LeNr — repräsentiert eine Kiste oder einen Korb von einer Art, die durch LeaNr identifiziert wird. In dieser Einheit befinden sich Stückzahl Artikel der Art ANr. Das resultierende Gewicht ist in Gewicht gespeichert. LhNr identifiziert ein Lagerhilfsmittel (üblicherweise eine Palette), auf dem die Lagereinheit steht. LagereinheitArt–Tupel beschreiben Kategorien von Lagereinheiten. Sie verfügen über Nummern, „umgangssprachliche" Namen sowie Angaben über Maße und Maximalbeladung.

Lagerhilfsmittel lassen sich durch eine Nummer identifizieren; die Art des jeweiligen Hilfsmittels ist durch LhaNr identifiziert. Für jedes Hilfsmittel ist außerdem das aktuelle Gewicht (d.h. die Summe der Gewichte der Lagereinheiten, die auf ihm stehen) sowie die Nummer des Lagerortes gegeben. Analog zu LagereinheitArt beschreibt LagerhilfsmittelArt die Kategorien der zur Verfügung stehenden Hilfsmittel.

Lagerorte besitzen eine Identifikationsnummer, einen Verweis auf die Lagerortkategorie sowie das aktuelle Gewicht. Lagerortarten werden in einer eigenen Relation gespeichert.

Verträglichkeit schließlich schränkt die Wahl der Lagerorte für die Artikelarten ein, beispielsweise weil besonders rasche Zugänglichkeit gefordert ist oder besondere klimatische Bedingungen eingehalten werden müssen. Die Tupel einer Relation dieses Typs repräsentieren die zugelassenen Kombinationen.

Die Definition von Domänen und Attributen muß generell wohlüberlegt sein und sollte den Anforderungen der späteren Nutzer genügen. Beispielsweise sind die einzelnen Attribute eines Relationstyps stets elementar bezüglich des Datenmodells, d.h. sie sind auf Relationen– und Tupelebene später nur als Ganzes zugreif- und manipulierbar. Dies hat wichtige Folgen bei der Modellierung von Sachverhalten: Weil wir annehmen, daß Länge, Breite und Höhe bei Lagereinheitarten getrennt gehandhabt werden sollen, werden drei Attribute dafür eingerichtet. Würde man stattdessen nur ein einzelnes Attribut Platzbedarf vorsehen, das alle drei Angaben (etwa durch Schrägstrich getrennt) enthält, so könnte man diese Darstellung bei der Inspektion der Datenbasis nicht mehr allein mit den sprachlichen Hilfsmitteln des Datenbanksystems in ihre Bestandteile zerlegen. Damit wäre dann beispielsweise eine Volumenberechnung unmöglich gemacht.

ArtikelArt				
ANr	AName	Menge	Lieferant	Gewicht
A-001	Anlasser	1	Bosch	2.00
A-002	Kolben	1	Mahle	0.05
A-003	Kolbenringe	50	Mahle	0.10
A-004	Kurbelwelle	1	Mahle	1.00
A-005	Nockenwelle	1	Mahle	0.50
A-006	Ölwanne	1	Erzberg	1.50
A-007	Pleuel	1	Mahle	0.10
A-008	Ventile	20	Mahle	0.40
A-009	Ventile	20	Bosch	0.40
A-010	Ventilfedern	50	Pohlmann	0.50
A-011	Zündkerzen	20	Bosch	1.00
A-012	Zündkerzen	20	Osram	1.00
A-013	Zündkerzenkabel	10	Siemens	0.80
A-014	Zündkerzenstecker	10	Siemens	0.80
A-015	Zündspule	5	Siemens	2.50
A-016	Zündverteiler	5	Bosch	0.50
A-017	Zylinderdichtung	10	Erzberg	1.00
A-018	Zylinderdichtung	10	Pohlmann	1.00
A-019	Zylinderkopf	1	Mahle	3.00
A-020	Zylinderkurbelgehäuse	1	Erzberg	6.00

Bild 4.3. Beispielrelation ArtikelArt

Die Bilder 4.3 bis 4.10 zeigen beispielhaft *Extensionen*, also Ausprägungen von Relationen dieser Typen. Sie sind in Form von Tabellen dargestellt, auf die wir im folgenden weiter aufsetzen wollen. Die Sortierungen nach Nummern dienen übrigens allein der Anschaulichkeit; sie sind durch das Datenmodell nicht zu erzwingen.

Lagereinheit					
LeNr	LeaNr	ANr	Stückzahl	Gewicht	LhNr
LE-001	LEA-04	A-001	2	4.00	LH-001
LE-002	LEA-02	A-004	20	20.00	LH-002
LE-003	LEA-01	A-005	42	21.00	LH-002
LE-004	LEA-05	A-017	175	175.00	LH-006
LE-005	LEA-02	A-006	3	4.50	LH-004
LE-006	LEA-03	A-002	6	0.30	LH-007
LE-007	LEA-05	A-015	85	212.50	LH-006
LE-008	LEA-01	A-010	30	15.00	LH-003
LE-009	LEA-02	A-020	1	6.00	LH-003
LE-010	LEA-04	A-008	13	5.20	LH-007
LE-011	LEA-01	A-011	16	16.00	LH-005
LE-012	LEA-02	A-019	4	12.00	LH-003
LE-013	LEA-01	A-012	12	12.00	LH-005
LE-014	LEA-04	A-001	1	2.00	LH-001
LE-015	LEA-02	A-006	2	3.00	LH-004
LE-016	LEA-02	A-015	42	105.00	LH-005

Bild 4.4. Beispielrelation Lagereinheit

LagereinheitArt					
LeaNr	LeaName	Länge	Breite	Höhe	MaxGewicht
LEA-01	Stapelkasten	580	380	300	300.00
LEA-02	Stapelkasten	760	580	425	300.00
LEA-03	Drehstapelkasten	580	395	105	250.00
LEA-04	Drehstapelkasten	580	395	356	250.00
LEA-05	Stapelkorb	760	580	530	200.00
LEA-06	Lagerkorb	795	495	460	200.00

Bild 4.5. Beispielrelation LagereinheitArt

Lagerhilfsmittel			
LhNr	LhaNr	Gewicht	LoNr
LH-001	LHA-04	6.00	LO-004
LH-002	LHA-01	41.00	LO-009
LH-003	LHA-01	33.00	LO-005
LH-004	LHA-03	7.50	LO-006
LH-005	LHA-03	133.00	LO-007
LH-006	LHA-03	387.50	LO-007
LH-007	LHA-04	5.50	LO-001

Bild 4.6. Beispielrelation Lagerhilfsmittel

LagerhilfsmittelArt					
LhaNr	LhaName	Länge	Breite	Höhe	MaxGewicht
LHA-01	Holzpalette	1200	800	100	500.00
LHA-02	Holzpalette	1000	800	100	500.00
LHA-03	Leichte Holzpalette	800	600	115	350.00
LHA-04	Displaypalette	600	400	150	300.00
LHA-05	Displaypalette	600	400	150	200.00
LHA-06	Displaypalette	600	400	100	150.00

Bild 4.7. Beispielrelation LagerhilfsmittelArt

Lagerort		
LoNr	LoaNr	Gewicht
LO-001	LOA-01	5.50
LO-002	LOA-01	0.00
LO-003	LOA-01	0.00
LO-004	LOA-02	6.00
LO-005	LOA-02	33.00
LO-006	LOA-02	7.50
LO-007	LOA-02	520.50
LO-008	LOA-02	0.00
LO-009	LOA-03	41.00
LO-010	LOA-03	0.00

Bild 4.8. Beispielrelation Lagerort

LagerortArt				
LoaNr	Länge	Breite	Höhe	MaxGewicht
LOA-01	800	800	800	300.00
LOA-02	1200	800	1200	500.00
LOA-03	1200	1200	2000	1000.00

Bild 4.9. Beispielrelation LagerortArt

Verträglichkeit	
ANr	LoNr
A-001	LO-002
A-011	LO-002
A-012	LO-002
A-013	LO-002
A-014	LO-002
A-015	LO-002
A-016	LO-002
A-001	LO-003
A-011	LO-003
A-012	LO-003
A-013	LO-003
A-014	LO-003
A-015	LO-003
A-016	LO-003
A-001	LO-007
A-011	LO-007
A-012	LO-007
A-013	LO-007
A-014	LO-007
A-015	LO-007
A-016	LO-007
A-001	LO-010
A-011	LO-010
A-012	LO-010
A-013	LO-010
A-014	LO-010
A-015	LO-010
A-016	LO-010
A-002	LO-001
A-002	LO-002
A-002	LO-003
A-002	LO-004
A-002	LO-005
A-002	LO-006
A-002	LO-007
A-002	LO-008
A-002	LO-009
A-002	LO-010
A-003	LO-001
A-003	LO-002
A-003	LO-003
A-003	LO-004
A-003	LO-005
A-003	LO-006
⋮	⋮
⋮	⋮

Bild 4.10. Beispielrelation Verträglichkeit

4.3 Relationale Algebra

4.3.1 Überblick und Notation

Wir befassen uns im folgenden mit der Fragestellung, wie man die in Relationen enthaltene Information abfragen kann. Für die bereitzustellenden Funktionen sollte eine exakte Spezifikation angestrebt werden. Aufgrund der mathematischen Notation für Relationen sollte sich dies auch unschwer bewerkstelligen lassen. Damit können wir uns zudem — zumindest eine Zeitlang — von konkreten Implementierungen von Anfragesprachen mit den damit verbundenen syntaktischen Eigenheiten und Problemen fernhalten und ganz allgemeine Aussagen über die Charakteristika machen, insbesondere über die Vielseitigkeit der Verknüpfbarkeit des Anfragemodells.

Der mathematische Ansatz besteht in einer auf Relationen erklärten Algebra, der *relationalen Algebra*. Bevor wir die einzelnen Operatoren dieses Anfragemodells aufstellen können, müssen wir noch einige Notationen einführen.

Relationen und Attributmengen: Mit $\mathcal{R}_m$ bezeichnen wir die Menge aller m–stelligen Relationen. Zu $R \in \mathcal{R}_m$ vom Typ $T_R = (A_{R1}, \ldots, A_{Rm})$ bezeichnen wir $A_R = \{A_{R1}, \ldots, A_{Rm}\}$ als Attributmenge von R.

Beispielsweise ist für $R =$ ArtikelArt die Stelligkeit $m = 5$, und die Attributmenge ist $A_R = A_{\mathsf{ArtikelArt}} = \{\mathsf{ANr}, \mathsf{AName}, \mathsf{Menge}, \mathsf{Lieferant}, \mathsf{Gewicht}\}$.

Attributfolge: Eine Attributfolge zu R ist ein Tupel $(A_{Rf_1}, \ldots, A_{Rf_m})$ mit $A_{Rf_i} \in A_R$, $f_i \in \{1, \ldots, m\}$, $f_i \neq f_j$ für $i \neq j$. Sie entsteht also durch Auswahl und Permutation von Attributen aus T_R. Die Menge aller Attributfolgen zu R bezeichnen wir mit $\mathcal{A}_R$.

Verkettung von Tupeln: Sei $R \in \mathcal{R}_m$, $S \in \mathcal{R}_n$, $r = (r_1, \ldots r_m) \in R$, $s = (s_1, \ldots s_n) \in S$. Dann soll die Verkettung der Tupel r und s durch $r \circ s = (r_1, \ldots r_m, s_1, \ldots, s_n)$ definiert sein.

Beispiel: Für $r =$ ('A-001', 'Anlasser', 1, 'Bosch', 2.00) $\in$ ArtikelArt und $s =$ ('LEA-01', 'Stapelkasten', 580, 380, 300, 300.00) $\in$ LagereinheitArt ist $r \circ s =$ ('A-001', 'Anlasser', 1, 'Bosch', 2.00, 'LEA-01', 'Stapelkasten', 580, 380, 300, 300.00). Man sieht, daß die Verkettung von Tupeln zunächst eine rein syntaktische Kombination ohne jeden semantischen Hintergrund ist. Zwischen dem Artikel und der Lagereinheitart besteht überhaupt kein erkennbarer Zusammenhang.

Umbenennung: Die Vergabe eines anderen Namens für ein Attribut einer Relation kann notwendig sein, um vor Ausführung relationaler Operationen Gleichheit oder Verschiedenheit von Attributnamen über verschiedene (zu verknüpfende) Relationen hinweg herzustellen. Sie kann aber natürlich auch einfach dazu dienen, eine Attributbezeichnung verständlicher zu machen.

Sei $R \in \mathcal{R}_m$, $A_{Rp} \in A_R$ und X eine Attributbezeichnung, die nicht in A_R enthalten ist. Die Umbenennung von A_{Rp} in X ergibt die Relation $R_{X \leftarrow A_{Rp}} =$

$\{t \mid t \in R\}$ vom Typ $T_{R_{X \leftarrow A_{Rp}}} = (A_{R1}, \ldots, A_{Rp-1}, X, A_{Rp+1}, \ldots A_{Rm})$, wobei X die gleiche Domäne wie A_{Rp} erhält.

Das Ergebnis einer Hintereinanderschaltung von Umbenennungen A_{Rf_1} in X_1, A_{Rf_2} in X_2 usw. bis A_{Rf_n} in X_n bezeichnen wir in abkürzender Weise auch durch $R_{X_1,\ldots,X_n \leftarrow A_{Rf_1},\ldots,A_{Rf_n}} := ((R_{X_1 \leftarrow A_{Rf_1}})\ldots)_{X_n \leftarrow A_{Rf_n}}$

Beispiel: Zur besseren Verständlichkeit wird das Attribut ANr der Relation Artikel in ArtikelNummer umbenannt. Bild 4.11 stellt die Ergebnisrelation $\text{ArtikelArt}_{\text{ArtikelNummer} \leftarrow \text{ANr}}$ dar.

ArtikelNummer	AName	Menge	Lieferant	Gewicht
A-001	Anlasser	1	Bosch	2.00
A-002	Kolben	1	Mahle	0.05
A-003	Kolbenringe	50	Mahle	0.10
A-004	Kurbelwelle	1	Mahle	1.00
A-005	Nockenwelle	1	Mahle	0.50
A-006	Ölwanne	1	Erzberg	1.50
A-007	Pleuel	1	Mahle	0.10
A-008	Ventile	20	Mahle	0.40
A-009	Ventile	20	Bosch	0.40
A-010	Ventilfedern	50	Pohlmann	0.50
A-011	Zündkerzen	20	Bosch	1.00
A-012	Zündkerzen	20	Osram	1.00
A-013	Zündkerzenkabel	10	Siemens	0.80
A-014	Zündkerzenstecker	10	Siemens	0.80
A-015	Zündspule	5	Siemens	2.50
A-016	Zündverteiler	5	Bosch	0.50
A-017	Zylinderdichtung	10	Erzberg	1.00
A-018	Zylinderdichtung	10	Pohlmann	1.00
A-019	Zylinderkopf	1	Mahle	3.00
A-020	Zylinderkurbelgehäuse	1	Erzberg	6.00

Bild 4.11. Ergebnis der Umbenennung

Wir werden im folgenden auch auf Beispiele stoßen, in denen Umbenennung zwingend vonnöten ist.

4.3.2 Vereinigung

Die Vereinigung ist eine Abbildung $\mathcal{R}_m \times \mathcal{R}_m \to \mathcal{R}_m$, die alle Tupel zweier Relationen in einer neuen Relation zusammenfaßt.

Definition: Seien $R, S \in \mathcal{R}_m$ mit $T_R = T_S$. Dann ist $R \cup S := \{r \mid r \in R \vee r \in S\}$ vom Typ $T_{R \cup S} := T_R = T_S$ die Vereinigung von R und S.

Beispiel: Wir führen hier noch kurzzeitig die Relation DurchlaufendeArtikelArt ein, die demselben Relationstyp wie ArtikelArt angehört (siehe Bild 4.12). In der Relation sind Artikel aufgeführt, die direkt, also ohne Zwischenlagerung, kommissioniert werden können. Da manche von ihnen jedoch auch für eine Zwischenlagerung in Frage kommen, gibt es teilweise Überschneidungen mit Artikeln, die bereits in der Relation ArtikelArt aufgeführt sind.

DurchlaufendeArtikelArt				
ANr	AName	Menge	Lieferant	Gewicht
A-003	Kolbenringe	50	Mahle	0.10
A-008	Ventile	20	Mahle	0.40
A-009	Ventile	20	Bosch	0.40
A-010	Ventilfedern	50	Pohlmann	0.50
A-011	Zündkerzen	20	Bosch	1.00
A-012	Zündkerzen	20	Osram	1.00
A-013	Zündkerzenkabel	10	Siemens	0.80
A-014	Zündkerzenstecker	10	Siemens	0.80
A-030	Ölfilter	100	Erzberg	6.00
A-031	Schwungrad	1	Mahle	5.00

Bild 4.12. Beispielrelation DurchlaufendeArtikelArt

Das Ergebnis der Vereinigungsbildung ArtikelArt ∪ DurchlaufendeArtikelArt („alle Artikel") kann man aus Bild 4.13 ablesen.

4.3.3 Differenz

Die Differenzbildung ist eine Abbildung $\mathcal{R}_m \times \mathcal{R}_m \rightarrow \mathcal{R}_m$. Die Tupel zweier Relationen werden miteinander verglichen. Die in der ersten, nicht aber in der zweiten Relation befindlichen Tupel finden Eingang in die Ergebnisrelation.

Definition: Seien $R, S \in \mathcal{R}_m$ mit $T_R = T_S$. Dann ist $R \setminus S := \{r \mid r \in R \wedge r \notin S\}$ vom Typ $T_{R \setminus S} := T_R = T_S$ die Differenz von R und S.

Beispiel: Die Relation ArtikelArt \ DurchlaufendeArtikelArt („alle zwingend zu lagernden Artikel") ist in Bild 4.14 gezeigt. Sie enthält alle Tupel aus ArtikelArt, die nicht gleichzeitig in DurchlaufendeArtikelArt enthalten sind.

4.3.4 Durchschnitt

Die Durchschnittsbildung ist eine Abbildung $\mathcal{R}_m \times \mathcal{R}_m \rightarrow \mathcal{R}_m$. Hierbei werden alle Tupel, die gleichzeitig in zwei verschiedenen Relationen enthalten sind, in einer neuen Relation zusammengefaßt.

Definition: Seien $R, S \in \mathcal{R}_m$ mit $T_R = T_S$. Dann ist $R \cap S := \{r \mid r \in R \wedge r \in S\} = R \setminus (R \setminus S)$ vom Typ $T_{R \cap S} := T_R = T_S$ der Durchschnitt von R und S.

ANr	AName	Menge	Lieferant	Gewicht
A-001	Anlasser	1	Bosch	2.00
A-002	Kolben	1	Mahle	0.05
A-003	Kolbenringe	50	Mahle	0.10
A-004	Kurbelwelle	1	Mahle	1.00
A-005	Nockenwelle	1	Mahle	0.50
A-006	Ölwanne	1	Erzberg	1.50
A-007	Pleuel	1	Mahle	0.10
A-008	Ventile	20	Mahle	0.40
A-009	Ventile	20	Bosch	0.40
A-010	Ventilfedern	50	Pohlmann	0.50
A-011	Zündkerzen	20	Bosch	1.00
A-012	Zündkerzen	20	Osram	1.00
A-013	Zündkerzenkabel	10	Siemens	0.80
A-014	Zündkerzenstecker	10	Siemens	0.80
A-015	Zündspule	5	Siemens	2.50
A-016	Zündverteiler	5	Bosch	0.50
A-017	Zylinderdichtung	10	Erzberg	1.00
A-018	Zylinderdichtung	10	Pohlmann	1.00
A-019	Zylinderkopf	1	Mahle	3.00
A-020	Zylinderkurbelgehäuse	1	Erzberg	6.00
A-030	Ölfilter	100	Erzberg	6.00
A-031	Schwungrad	1	Mahle	5.00

Bild 4.13. Ergebnis der Vereinigungsbildung

ANr	AName	Menge	Lieferant	Gewicht
A-001	Anlasser	1	Bosch	2.00
A-002	Kolben	1	Mahle	0.05
A-004	Kurbelwelle	1	Mahle	1.00
A-005	Nockenwelle	1	Mahle	0.50
A-006	Ölwanne	1	Erzberg	1.50
A-007	Pleuel	1	Mahle	0.10
A-015	Zündspule	5	Siemens	2.50
A-016	Zündverteiler	5	Bosch	0.50
A-017	Zylinderdichtung	10	Erzberg	1.00
A-018	Zylinderdichtung	10	Pohlmann	1.00
A-019	Zylinderkopf	1	Mahle	3.00
A-020	Zylinderkurbelgehäuse	1	Erzberg	6.00

Bild 4.14. Ergebnis der Differenzbildung

Beispiel: Der Durchschnitt ArtikelArt ∩ DurchlaufendeArtikelArt („alle Artikelarten, die man nicht zwingend lagern muß, aber kann") ist in Bild 4.15 dargestellt.

ANr	AName	Menge	Lieferant	Gewicht
A-003	Kolbenringe	50	Mahle	0.10
A-008	Ventile	20	Mahle	0.40
A-009	Ventile	20	Bosch	0.40
A-010	Ventilfedern	50	Pohlmann	0.50
A-011	Zündkerzen	20	Bosch	1.00
A-012	Zündkerzen	20	Osram	1.00
A-013	Zündkerzenkabel	10	Siemens	0.80
A-014	Zündkerzenstecker	10	Siemens	0.80

Bild 4.15. Ergebnis der Durchschnittsbildung

Mit dieser Operation schließen wir die Vorstellung der Operationen ab, deren Arbeitsweise auf dem Vergleich von Tupeln als Ganzes basiert.

4.3.5 Projektion

Projektionen sind Abbildungen $\mathcal{R}_m \to \mathcal{R}_n$ ($n \leq m$), die bestimmte Spalten einer m–stelligen Relation auswählen oder permutieren. Dadurch entsteht eine n–stellige Relation. Projektionen dienen üblicherweise dazu, das Spalten–Angebot einer Relation auf das im konkreten Fall benötigte Maß einzuschränken.

Definition: Sei $X = (A_{Rf_1}, \ldots, A_{Rf_n}) \in \mathcal{A}_R$. Dann ist die Projektion von R auf X definiert als $\pi_X(R) := \{(r_{f_1}, \ldots, r_{f_n}) \mid (r_1, \ldots, r_m) \in R\}$ vom Typ $T_{\pi_X(R)} := X$.

Die Definition erlaubt sowohl die Permutation von Spalten (durch die Indirektion über die Indizes f_i) als auch das Auslassen von Spalten (da $n \leq m$).

Beispiel: Gesucht sind die Nummern und Namen aller Artikelarten. Die entsprechende Ergebnisrelation wird gebildet durch $\pi_{(\text{ANr},\text{AName})}$(ArtikelArt) und ist in Bild 4.16 gezeigt.

Aufgrund der Mengenorientierung des relationalen Modells kann man nicht immer davon ausgehen, daß bei der Projektionsoperation die Zahl der Tupel unverändert bleibt. Betrachten wir dazu die Relation π_{AName}(ArtikelArt), die die in ArtikelArt vorkommenden Namen enthält und in Bild 4.17 gezeigt ist; sie enthält weniger Tupel als die Relation ArtikelArt, aus der sie hervorgegangen ist, da identische Tupel nur einmal geführt werden. Diese Eigenschaft ist wichtig im Zusammenhang mit theoretischen Betrachtungen zum und Folgerungen über das relationale Modell. Nichtsdestoweniger werden wir später

ANr	AName
A-001	Anlasser
A-002	Kolben
A-003	Kolbenringe
A-004	Kurbelwelle
A-005	Nockenwelle
A-006	Ölwanne
A-007	Pleuel
A-008	Ventile
A-009	Ventile
A-010	Ventilfedern
A-011	Zündkerzen
A-012	Zündkerzen
A-013	Zündkerzenkabel
A-014	Zündkerzenstecker
A-015	Zündspule
A-016	Zündverteiler
A-017	Zylinderdichtung
A-018	Zylinderdichtung
A-019	Zylinderkopf
A-020	Zylinderkurbelgehäuse

Bild 4.16. Ergebnis der Projektion

sehen, daß die strikte Mengenorientierung in konkreten Implementierungen des relationalen Modells und seiner Operatoren nicht unbedingt eingehalten wird.

4.3.6 Selektion

Selektionen sind Abbildungen $\mathcal{R}_m \rightarrow \mathcal{R}_m$, die bestimmte Tupel einer Relation $R \in \mathcal{R}_m$ auswählen und in einer neuen Relation vereinigen. Zur Auswahl der zu übernehmenden Tupel dient dabei ein Prädikat $\Theta : R \rightarrow \{true, false\}$, in dem die Attributbezeichner als Eingabevariablen dienen. Dieses Prädikat wird auf jedes Tupel der alten Relation angewendet, indem die Werte des Tupels unter den jeweiligen Attributen für die Variablen eingesetzt werden. In die neue Relation übernommen werden dann alle die Tupel, für die das Prädikat den Wahrheitswert *true* liefert.

Definition: Sei $R \in \mathcal{R}_m$ und $\Theta : R \rightarrow \{true, false\}$ ein Prädikat, das obigen Bedingungen genüge. Dann ist die Selektion von R nach Θ definiert durch $\sigma_\Theta(R) := \{r \in R \mid \Theta(r)\}$, und es ist $T_{\sigma_\Theta(R)} := T_R$.

Man bezeichnet eine Selektion speziell dann auch als Restriktion, wenn das Auswahlprädikat ausschließlich die Werte eines Tupels unter bestimmten Attributen miteinander vergleicht, d.h. wenn Θ keine Konstanten enthält.

AName
Anlasser
Kolben
Kolbenringe
Kurbelwelle
Nockenwelle
Ölwanne
Pleuel
Ventile
Ventilfedern
Zündkerzen
Zündkerzenkabel
Zündkerzenstecker
Zündspule
Zündverteiler
Zylinderdichtung
Zylinderkopf
Zylinderkurbelgehäuse

Bild 4.17. Ergebnis der zweiten Projektion

Beispiel 1: Gesucht sind die Lagerortarten, deren Höhe ihre Breite überschreitet. Hierzu müssen die Werte unter den Attributen Höhe und Breite miteinander verglichen werden. Es liegt also der Spezialfall einer Restriktion vor, mit Θ = (Höhe > Breite). Bild 4.18 zeigt die Ergebnisrelation $\sigma_{\text{Höhe}>\text{Breite}}$(LagerortArt).

LoaNr	Länge	Breite	Höhe	MaxGewicht
LOA-02	1200	800	1200	500.00
LOA-03	1200	1200	2000	1000.00

Bild 4.18. Ergebnis der Restriktionsoperation

Beispiel 2: Nun seien alle Lagerortarten zu bestimmen, deren Tragfähigkeit geringer als 600.00 kg ist. Diesmal muß der Attributwert unter MaxGewicht mit einer Konstanten verglichen werden, das Auswahlprädikat der Selektion ist Θ = (MaxGewicht < 600.00). Die Ergebnisrelation berechnet sich demnach durch $\sigma_{\text{MaxGewicht}<600.00}$(LagerortArt) und ist in Bild 4.19 gezeigt.

LoaNr	Länge	Breite	Höhe	MaxGewicht
LOA-01	800	800	800	300.00
LOA-02	1200	800	1200	500.00

Bild 4.19. Ergebnis der Selektionsoperation

Beispiel 3: Schließlich sollen die Nummern aller Lagerortarten bestimmt werden, deren Höhe ihre Breite überschreitet und deren Tragfähigkeit geringer als 600.00 kg ist. Hierzu können wir entweder auf die Ergebnisrelation der Restriktion aus Beispiel 1 die Selektionsoperation aus Beispiel 2 anwenden und schließlich noch auf die gewünschte Lagerortnummer projizieren oder die beiden Operationen aus den ersten beiden Beispielen gleich zu einer einzigen Selektion zusammenfassen, indem wir ihre Auswahlprädikate konjunktiv verbinden.

Die Ergebnisrelation

$$\pi_{\mathsf{LoaNr}}(\sigma_{\mathsf{MaxGewicht<600.00}}(\sigma_{\mathsf{Höhe>Breite}}(\mathsf{LagerortArt})))$$
$$= \pi_{\mathsf{LoaNr}}(\sigma_{(\mathsf{Höhe>Breite}) \wedge (\mathsf{MaxGewicht<600.00})}(\mathsf{LagerortArt}))$$

zeigt Bild 4.20.

LoaNr
LOA-02

Bild 4.20. Ergebnisrelation der kombinierten Selektion

4.3.7 Kartesisches Produkt

Mit der Projektion und der Selektion haben wir nun Operationen kennengelernt, die Relationen bezüglich ihrer Spalten und Zeilen einschränken können. Charakteristisch für diese Operationen ist der Bezug auf je eine Relation. Bislang ist es jedoch nicht möglich, Werte aus Tupeln verschiedener Relationen in neuen Tupeln zusammenzuführen. Selbst unter Zuhilfenahme der Mengenoperationen Vereinigungs–, Differenz– und Durchschnittsbildung ist dies nicht möglich, da hierbei die Tupel nicht verkettet (d.h. nebeneinander angeordnet) werden, sondern für sich erhalten bleiben. Dieses Defizit wollen wir im folgenden mit der Einführung des Kartesischen Produkts beheben.

Kartesische Produkte sind Abbildungen $\mathcal{R}_m \times \mathcal{R}_n \longrightarrow \mathcal{R}_{m+n}$, die alle Tupel zweier Relationen $R \in \mathcal{R}_m$ und $S \in \mathcal{R}_n$ kombinatorisch miteinander verbinden. Damit die Ergebnisrelation eindeutige Attributbezeichnungen erhält, müssen Attribute, die in R und S gleich bezeichnet sind, vor der Bildung des kartesischen Produkts umbenannt werden. Das kartesische Produkt eignet sich vor allem als Ausgangsoperation, um weitere, z.B. selektierende Operationen auf verknüpften Tupeln aus mehreren Relationen anzuwenden.

Definition: Sei $R \in \mathcal{R}_m$, $S \in \mathcal{R}_n$ mit $A_R \cap A_S = \emptyset$. Dann ist $R \times S := \{r \circ s \mid r \in R, s \in S\}$ vom Typ $T_{R \times S} := (A_{R1}, \ldots, A_{Rm}, A_{S1}, \ldots, A_{Sn})$ das kartesische Produkt von R und S.

Beispiel: Von dem Gedanken ausgehend, den Zusammenhang zwischen Artikeln und den Lagereinheiten herzustellen, die sie aufnehmen, würden wir gerne das kartesische Produkt ArtikelArt × Lagereinheit aufstellen. Dabei bedarf es allerdings zusätzlicher Umbenennungen, da in den beiden Relationen gleiche Attributnamen auftauchen. Der korrekte relationenalgebraische Ausdruck lautet:

$\text{ArtikelArt} \times \text{Lagereinheit}_{\text{ANr2},\text{LeGewicht} \leftarrow \text{ANr},\text{Gewicht}}$

Das Ergebnis ist (aus Platzgründen ausschnittweise) in Bild 4.21 dargestellt.

Die Tabelle zeigt nun leider nicht den geforderten Zusammenhang zwischen Artikelarten und Lagereinheiten. Der Zusammenhang der Tupel über die Artikelnummern wird von der Operation nämlich überhaupt nicht berücksichtigt; vielmehr werden alle möglichen Kombinationen gebildet. Das Beispiel zeigt außerdem, daß das Datenvolumen durch Anwendung des kartesischen Produkts sehr groß wird. Generell ist das kartesische Produkt alleine in den meisten Fällen nur wenig hilfreich. Seine Bedeutung liegt schwerpunktmäßig auf dem kombinatorisch vollständigen „Mischen" zweier Ausgangsrelationen, um dann auf das entstehende Ergebnis weitere Operationen anzuwenden, z.B. Restriktionen oder Projektionen. So ließe sich etwa der Zusammenhang zwischen Artikelarten und den zugehörigen Lagereinheiten herstellen durch

$\sigma_{\text{ANr}=\text{ANr2}}(\text{ArtikelArt} \times \text{Lagereinheit}_{\text{ANr2},\text{LeGewicht} \leftarrow \text{ANr},\text{Gewicht}})$

Das Ergebnis ist (wieder ausschnittweise) in Bild 4.22 zu sehen.

4.3.8 Join (Verbindung)

Die eben gezeigte Kombination von kartesischem Produkt und nachfolgender Selektion dient dazu, eine Verbindung zwischen zwei Relationen herzustellen. Wegen ihrer Bedeutung stellt man hierfür einen eigenen Operator zur Verfügung, der als Join bezeichnet wird.

Theta–Join. Wir betrachten zunächst den allgemeinsten Fall, den sogenannten Theta–Join. Der Theta–Join ist eine Abbildung $\mathcal{R}_m \times \mathcal{R}_n \rightarrow \mathcal{R}_{m+n}$, die bestimmte Tupel aus dem kartesischen Produkt zweier Relationen $R \in \mathcal{R}_m$ und $S \in \mathcal{R}_n$ auswählt und in einer neuen Relation vereinigt. Zur Auswahl dient ähnlich wie bei der Selektion ein Prädikat $\Theta : R \times S \rightarrow \{\mathit{true}, \mathit{false}\}$, in dem wiederum die Attributbezeichner als Eingabevariablen dienen. In die Ergebnisrelation werden alle Tupel des kartesischen Produkts $R \times S$ übernommen, für die das Prädikat bei der Anwendung durch Einsetzen der Werte des Tupels für die entsprechenden Variablen den Wert *true* liefert. Damit der Join auch tatsächlich eine Art Verbindung zwischen den zwei Ausgangsrelationen herstellt, muß das Auswahlprädikat eine Restriktion enthalten, bei der die verglichenen Attribute den beiden unterschiedlichen Ausgangsrelationen entstammen.

ANr	AName	...	LeNr	LeaNr	ANr2	...
A-001	Anlasser	...	LE-001	LEA-04	A-001	...
A-002	Kolben	...	LE-001	LEA-04	A-001	...
A-003	Kolbenringe	...	LE-001	LEA-04	A-001	...
A-004	Kurbelwelle	...	LE-001	LEA-04	A-001	...
A-005	Nockenwelle	...	LE-001	LEA-04	A-001	...
A-006	Ölwanne	...	LE-001	LEA-04	A-001	...
A-007	Pleuel	...	LE-001	LEA-04	A-001	...
A-008	Ventile	...	LE-001	LEA-04	A-001	...
A-009	Ventile	...	LE-001	LEA-04	A-001	...
A-010	Ventilfedern	...	LE-001	LEA-04	A-001	...
A-011	Zündkerzen	...	LE-001	LEA-04	A-001	...
A-012	Zündkerzen	...	LE-001	LEA-04	A-001	...
A-013	Zündkerzenkabel	...	LE-001	LEA-04	A-001	...
A-014	Zündkerzenstecker	...	LE-001	LEA-04	A-001	...
A-015	Zündspule	...	LE-001	LEA-04	A-001	...
A-016	Zündverteiler	...	LE-001	LEA-04	A-001	...
A-017	Zylinderdichtung	...	LE-001	LEA-04	A-001	...
A-018	Zylinderdichtung	...	LE-001	LEA-04	A-001	...
A-019	Zylinderkopf	...	LE-001	LEA-04	A-001	...
A-020	Zylinderkurbelgehäuse	...	LE-001	LEA-04	A-001	...
A-001	Anlasser	...	LE-002	LEA-02	A-004	...
A-002	Kolben	...	LE-002	LEA-02	A-004	...
A-003	Kolbenringe	...	LE-002	LEA-02	A-004	...
A-004	Kurbelwelle	...	LE-002	LEA-02	A-004	...
A-005	Nockenwelle	...	LE-002	LEA-02	A-004	...
A-006	Ölwanne	...	LE-002	LEA-02	A-004	...
A-007	Pleuel	...	LE-002	LEA-02	A-004	...
A-008	Ventile	...	LE-002	LEA-02	A-004	...
A-009	Ventile	...	LE-002	LEA-02	A-004	...
A-010	Ventilfedern	...	LE-002	LEA-02	A-004	...
A-011	Zündkerzen	...	LE-002	LEA-02	A-004	...
A-012	Zündkerzen	...	LE-002	LEA-02	A-004	...
A-013	Zündkerzenkabel	...	LE-002	LEA-02	A-004	...
A-014	Zündkerzenstecker	...	LE-002	LEA-02	A-004	...
A-015	Zündspule	...	LE-002	LEA-02	A-004	...
A-016	Zündverteiler	...	LE-002	LEA-02	A-004	...
A-017	Zylinderdichtung	...	LE-002	LEA-02	A-004	...
A-018	Zylinderdichtung	...	LE-002	LEA-02	A-004	...
A-019	Zylinderkopf	...	LE-002	LEA-02	A-004	...
A-020	Zylinderkurbelgehäuse	...	LE-002	LEA-02	A-004	...
A-001	Anlasser	...	LE-003	LEA-01	A-005	...
A-002	Kolben	...	LE-003	LEA-01	A-005	...
A-003	Kolbenringe	...	LE-003	LEA-01	A-005	...
A-004	Kurbelwelle	...	LE-003	LEA-01	A-005	...
⋮	⋮	⋮	⋮	⋮	⋮	⋮
⋮	⋮	⋮	⋮	⋮	⋮	⋮

Bild 4.21. Ergebnis der Bildung des kartesischen Produkts

ANr	AName	...	LeNr	LeaNr	ANr2	...
A-001	Anlasser	...	LE-001	LEA-04	A-001	...
A-001	Anlasser	...	LE-014	LEA-04	A-001	...
A-002	Kolben	...	LE-006	LEA-03	A-002	...
A-004	Kurbelwelle	...	LE-002	LEA-02	A-004	...
A-005	Nockenwelle	...	LE-003	LEA-01	A-005	...
A-006	Ölwanne	...	LE-005	LEA-02	A-006	...
A-006	Ölwanne	...	LE-015	LEA-02	A-006	...
A-008	Ventile	...	LE-010	LEA-04	A-008	...
A-010	Ventilfedern	...	LE-008	LEA-01	A-010	...
A-011	Zündkerzen	...	LE-011	LEA-01	A-011	...
A-012	Zündkerzen	...	LE-013	LEA-01	A-012	...
A-015	Zündspule	...	LE-007	LEA-05	A-015	...
A-015	Zündspule	...	LE-016	LEA-02	A-015	...
A-017	Zylinderdichtung	...	LE-004	LEA-05	A-017	...
A-019	Zylinderkopf	...	LE-012	LEA-02	A-019	...
A-020	Zylinderkurbelgehäuse	...	LE-009	LEA-02	A-020	...

Bild 4.22. Ergebnis von kartesischem Produkt und Restriktion

Definition: Sei $R \in \mathcal{R}_m$, $S \in \mathcal{R}_n$ und $\Theta : R \times S \rightarrow \{true, false\}$ ein Prädikat, das obigen Bedingungen genüge. Dann ist der Theta–Join von R und S definiert durch $R \bowtie_\Theta S := \sigma_\Theta(R \times S) = \{r \circ s \mid r \in R, s \in S, \Theta(r \circ s)\}$, und es ist $T_{R \bowtie_\Theta S} := T_{R \times S}$.

Falls Θ ausschließlich auf Gleichheit der Werte unter bestimmten Attributen aus A_R und A_S überprüft, wird die Verbindung auch *Equi–Join* oder Gleichverbindung genannt.

Bei der praktischen Implementierung von Join–Operationen in relationalen Datenbanken wird übrigens das speicherplatzaufwendige kartesische Produkt als Zwischenergebnis so gut wie nie gebildet. Stattdessen werden effizientere Abarbeitungsstrategien für die beteiligten Tupel verwendet, auf die wir aber hier nicht näher eingehen.

Beispiel: Alle Lagerorte, deren tatsächliches Gewicht das zulässige Gesamtgewicht überschreitet, die also falsch beladen sind, lassen sich durch das Auswahlprädikat

$\Theta := (\mathsf{LoaNr} = \mathsf{LoaNr2}) \wedge (\mathsf{Gewicht} > \mathsf{MaxGewicht})$

aus dem kartesischen Produkt von Lagerort und $\mathsf{LagerortArt}_{\mathsf{LoaNr2} \leftarrow \mathsf{LoaNr}}$ selektieren. Das Attribut LoaNr muß in der zweiten Relation umbenannt werden, weil es in beiden Relationen auftaucht. Die Restriktion (LoaNr = LoaNr2) im Prädikat bewirkt die eigentliche Verbindung, indem sie gewährleistet, daß nur Tupel betrachtet werden, bei denen jedem Lagerort die richtige Lagerortart zugeordnet wurde. Bild 4.23 zeigt das Ergebnis der Operationsfolge

$$\pi_{\mathsf{LoNr,Gewicht,MaxGewicht}}(\\ \quad \mathsf{Lagerort} \bowtie_{(\mathsf{LoaNr=LoaNr2}) \wedge (\mathsf{Gewicht>MaxGewicht})} \mathsf{LagerortArt}_{\mathsf{LoaNr2} \leftarrow \mathsf{LoaNr}})$$

LoNr	Gewicht	MaxGewicht
LO-007	520.50	500.00

Bild 4.23. Ergebnis des ersten Theta–Join

Minimum– oder Maximumbildung ist mit den in den vorigen Abschnitten eingeführten relationenalgebraischen Mitteln nicht möglich, da der Mengencharakter des relationalen Modells Sortierungen nicht zuläßt. Möglich ist dies jedoch durch trickreiche Verwendung des Theta–Join. Der Ausdruck

$$\pi_{\text{LoaNr}}(\text{LagerortArt}) \setminus \pi_{\text{LoaNr}}(\text{LagerortArt} \bowtie_{\text{MaxGewicht}>\text{MaxGewicht2}} \pi_{\text{MaxGewicht2}}(\text{LagerortArt}_{\text{MaxGewicht2} \leftarrow \text{MaxGewicht}}))$$

ermittelt die Nummer der Lagerortart mit der geringsten Tragfähigkeit, d.h. mit dem kleinsten zulässigen Maximalgewicht. Dazu erfolgt ein Join der Relation „mit sich selbst". Um zu vermeiden, daß im zweiten Auftreten von LagerortArt sämtliche Attribute umbenannt werden müssen, projizieren wir dieses Auftreten gleich auf das einzige benötigte Attribut. Durch den Join werden alle Tupel bestimmt, deren MaxGewicht größer ist als ein beliebiges anderes, also deren MaxGewicht *nicht* das kleinste ist. Durch die Subtraktion der Menge der Nummern dieser nicht–minimal–tragfähigen Lagerortarten von der Menge der Nummern aller Lagerortarten bleibt als einzige die Nummer der Lagerortart mit der minimalen Tragfähigkeit übrig. Das Ergebnis zeigt Bild 4.24.

LoaNr
LOA-01

Bild 4.24. Ergebnis des zweiten Theta–Join

Natural Join. Eine spezielle Kombination eines Equi–Join mit einer nachfolgenden Projektion ist der sogenannte *Natural Join*. Durch das Auswahlprädikat Θ des Join werden dabei zu allen Attributen, die in den beiden zu verbindenden Relationen R und S dieselbe Bezeichnung tragen, die Attributwerte jeweils in R und S auf Gleichheit geprüft und dadurch nur Tupel aus $R \times S$ ausgewählt, die in allen gleich bezeichneten Spalten auch übereinstimmen. Durch eine anschließende Projektion werden nun die doppelt vorkommenden Spalten unter den in R und S gleich bezeichneten Attributen in der Ergebnisrelation eliminiert.

Definition: Seien $R \in \mathcal{R}_m$, $S \in \mathcal{R}_n$ gegeben und Indizes $f_1, \ldots, f_p$, $g_1, \ldots, g_p$ und $h_1, \ldots, h_q$ mit $p+q=n$ so gewählt, daß $A_R \cap A_S = \{A_{Rf_1}, \ldots, A_{Rf_p}\} =$

$\{A_{Sg_1}, \ldots, A_{Sg_p}\}$ mit $A_{Rf_i} = A_{Sg_i}$ und $A_S \setminus A_R = \{A_{Sh_1}, \ldots, A_{Sh_q}\}$ gilt. Dann ist der *Natural Join* von R und S definiert durch

$$R \bowtie S := \pi_{T_{R \bowtie S}}(R \bowtie_{(A_{Rf_1}=A_{Sg_1}) \wedge \ldots \wedge (A_{Rf_p}=A_{Sg_p})} S)$$
$$= \pi_{(A_{R1},\ldots,A_{Rm},A_{Sh_1},\ldots,A_{Sh_q})}(\sigma_{(A_{Rf_1}=A_{Sg_1}) \wedge \ldots \wedge (A_{Rf_p}=A_{Sg_p})}(R \times S)),$$

wobei das Ergebnis vom Typ $T_{R \bowtie S} := (A_{R1}, \ldots, A_{Rm}, A_{Sh_1}, \ldots, A_{Sh_q})$ ist.

Beispiel: Zu ermitteln sind alle Artikel gemeinsam mit den Lagereinheiten, in die sie verpackt sind. Die Verbindung zwischen den Relationen ArtikelArt und Lagereinheit kann über das gemeinsame Attribut ANr durch eine einfache natürliche Verbindung hergestellt werden. Lediglich das Gewicht aus Lagereinheit muß dazu umbenannt werden, da es in beiden Relationen vorkommt, obwohl es (zumindest in diesem Zusammenhang) keine Eigenschaft beschreibt, die die zu verbindenden ArtikelArten und Lagereinheiten gemeinsam haben sollen. Es ergibt sich folgender relationenalgebraischer Ausdruck:

$\pi_{\text{ANr,AName,LeNr}}(\text{ArtikelArt} \bowtie \text{Lagereinheit}_{\text{LeGewicht} \leftarrow \text{Gewicht}})$

Die Ergebnisrelation zeigt Bild 4.25.

ANr	AName	LeNr
A-001	Anlasser	LE-001
A-001	Anlasser	LE-014
A-002	Kolben	LE-006
A-004	Kurbelwelle	LE-002
A-005	Nockenwelle	LE-003
A-006	Ölwanne	LE-005
A-006	Ölwanne	LE-015
A-008	Ventile	LE-010
A-010	Ventilfedern	LE-008
A-011	Zündkerzen	LE-011
A-012	Zündkerzen	LE-013
A-015	Zündspule	LE-007
A-015	Zündspule	LE-016
A-017	Zylinderdichtung	LE-004
A-019	Zylinderkopf	LE-012
A-020	Zylinderkurbelgehäuse	LE-009

Bild 4.25. Ergebnis des ersten Natural Join

Interessieren auch noch die Namen der Lagereinheiten, so muß zusätzlich noch deren jeweilige Lagereinheitart zu Rate gezogen werden. Der Zusammenhang zwischen Artikeln und Lagereinheiten (über ANr) sowie Lagereinheiten und ihren Arten (über LeaNr) wird über zwei natürliche Verbindungen hergestellt. Die gewünschte Ergebnisrelation ist also gegeben durch:

$\pi_{\text{ANr,AName,LeNr,LeaName}}($
$\quad \text{ArtikelArt} \bowtie \text{Lagereinheit}_{\text{LeGewicht} \leftarrow \text{Gewicht}} \bowtie \text{LagereinheitArt})$

Bei dieser Schreibweise verwenden wir übrigens ohne Beweis die Tatsache, daß $\bowtie$ abgesehen von Reihenfolgevertauschungen der Attribute in der Ergebnisrelation assoziativ ist. Das Ergebnis wird in Bild 4.26 gezeigt.

ANr	AName	LeNr	LeaName
A-001	Anlasser	LE-001	Drehstapelkasten
A-001	Anlasser	LE-014	Drehstapelkasten
A-002	Kolben	LE-006	Drehstapelkasten
A-004	Kurbelwelle	LE-002	Stapelkasten
A-005	Nockenwelle	LE-003	Stapelkasten
A-006	Ölwanne	LE-005	Stapelkasten
A-006	Ölwanne	LE-015	Stapelkasten
A-008	Ventile	LE-010	Drehstapelkasten
A-010	Ventilfedern	LE-008	Stapelkasten
A-011	Zündkerzen	LE-011	Stapelkasten
A-012	Zündkerzen	LE-013	Stapelkasten
A-015	Zündspule	LE-016	Stapelkasten
A-015	Zündspule	LE-007	Stapelkorb
A-017	Zylinderdichtung	LE-004	Stapelkorb
A-019	Zylinderkopf	LE-012	Stapelkasten
A-020	Zylinderkurbelgehäuse	LE-009	Stapelkasten

Bild 4.26. Ergebnis des zweiten Natural Join

Semi–Join. Ebenfalls eine Kombination von Join und Projektion ist der *Semi–Join* (Halbverbindung). Formal entspricht er einem Natural Join zweier Relationen R und S, gefolgt von einer Projektion auf die Attribute einer der beiden Relationen. Man benutzt einen Semi–Join dann, wenn nicht die verbundenen Tupel aus $R \bowtie S$ von Interesse sind, sondern lediglich die Information, welche Tupel der einen Relation erfolgreich mit einem Tupel der anderen verbunden werden können. Damit eignet sich der Semi–Join häufig besonders für Anfragen, in denen zwar die Existenz eines „zugehörigen" Tupels in einer zweiten Relation Bedingung ist, dieses aber nicht weiter benötigt wird. Man könnte auch sagen, daß die Tupel der einen Relation aufgrund von — in der Join–Bedingung formulierten — Merkmalen einer zweiten Relation selektiert werden.

Definition: Seien $R \in \mathcal{R}_m$, $S \in \mathcal{R}_n$ zwei Relationen. Dann ist der Semi–Join von R mit S definiert durch $R \ltimes S = S \rtimes R := \pi_{T_R}(R \bowtie S) = \pi_{(A_{R1},\ldots,A_{Rm})}(R \bowtie S)$. Das Ergebnis ist vom Typ $T_{R \ltimes S} := T_R$.

Es gelten folgende Gleichheiten:

$$R \bowtie S = (R \ltimes S) \bowtie S = R \bowtie (S \ltimes R) = (R \ltimes S) \bowtie (S \ltimes R)$$

Beispiel: Alle Lagereinheitarten, für die (mindestens) eine Lagereinheit existiert, können mittels des Semi–Join LagereinheitArt $\ltimes$ Lagereinheit bestimmt werden. Das Ergebnis zeigt Bild 4.27.

LeaNr	LeaName	Länge	Breite	Höhe	MaxGewicht
LEA-01	Stapelkasten	580	380	300	300.00
LEA-02	Stapelkasten	760	580	425	300.00
LEA-03	Drehstapelkasten	580	395	105	250.00
LEA-04	Drehstapelkasten	580	395	356	250.00
LEA-05	Stapelkorb	760	580	530	200.00

Bild 4.27. Ergebnis des Semi–Join

Besondere Merkmale der zweiten Relation, etwa die Beschränkung auf Lagereinheiten mit Kurbelwellen, lassen sich durch folgenden relationenalgebraischen Ausdruck erfassen:

$$\text{LagereinheitArt} \ltimes \text{Lagereinheit}_{\text{LeGewicht} \leftarrow \text{Gewicht}} \ltimes \sigma_{\text{AName}=\text{'Kurbelwelle'}}(\text{ArtikelArt})$$

Hierzu zeigt Bild 4.28 das Ergebnis.

LeaNr	LeaName	Länge	Breite	Höhe	MaxGewicht
LEA-02	Stapelkasten	760	580	425	300.00

Bild 4.28. Ergebnis der Semi–Join–Folge

Outer Join (Äußere Verbindung). Die bisher beschriebenen Join–Operationen liefern im Ergebnis nur Verkettungen von Tupeln aus den beteiligten Relationen, die das verbindende Prädikat erfüllen. Manchmal ist es jedoch sinnvoll, aus dem Ergebnis eines Joins außerdem ablesen zu können, welche Tupel der beiden Relationen sich mit keinem Tupel aus der jeweils anderen Relation verbinden lassen.

Beim sogenannten *Outer Join* (äußere Verbindung) werden zu diesem Zweck solche Tupel aus $R \in \mathcal{R}_m$ und $S \in \mathcal{R}_n$, die sich mit keinem Tupel aus S bzw. R verbinden lassen, stattdessen mit einem n– bzw. m–Tupel $(NULL, \ldots, NULL)$ verkettet. Das so ergänzte Tupel wird in die Ergebnisrelation übernommen. Der sogenannte *Nullwert*, der in sämtlichen Domänen enthalten sein muß, dient hier also zum Auffüllen auf die für die Ergebnisrelation erforderliche Länge und zeigt gleichzeitig durch sein Auftreten in einem Ergebnistupel an, daß der jeweils andere Bestandteil nicht prädikat–erfüllend verbunden werden konnte.

Außer dem allgemeinen Outer Join verwendet man noch den *Left Outer Join* und den *Right Outer Join*, bei denen nur die nicht verbindbaren Tupel der links- bzw. rechtsstehenden Relation aufgefüllt und ins Ergebnis übernommen werden. Nullwerte tauchen also beim Left Outer Join — wenn überhaupt — auf der rechten Seite der Ergebnistupel auf, beim Right Outer Join dagegen auf der linken Seite.

Definition: Sei $R \in \mathcal{R}_m$, $S \in \mathcal{R}_n$, Θ ein Prädikat, das den Bedingungen für einen Join genüge. Dann ist $T_{R ⟕_\Theta S} = T_{R ⟖_\Theta S} = T_{R ⟗_\Theta S} := T_{R\times S}$, und definiert sind

– der *Left Outer Theta–Join* von R mit S durch

$$
\begin{aligned}
R ⟕_\Theta S &:= R \bowtie_\Theta S \;\cup\; (R \setminus \pi_{T_R}(R \bowtie_\Theta S)) \times \{NULL\}^n \\
&= \{r \circ s \mid r \in R, s \in S, \Theta(r \circ s)\} \\
&\quad \cup\; \{r \circ \underbrace{(NULL, \ldots, NULL)}_{n} \mid r \in R, \forall s \in S : \neg\Theta(r \circ s)\},
\end{aligned}
$$

– der *Right Outer Theta–Join* von R mit S durch

$$
\begin{aligned}
R ⟖_\Theta S &:= R \bowtie_\Theta S \;\cup\; \{NULL\}^m \times (S \setminus \pi_{T_S}(R \bowtie_\Theta S)) \\
&= \{r \circ s \mid r \in R, s \in S, \Theta(r \circ s)\} \\
&\quad \cup\; \{\underbrace{(NULL, \ldots, NULL)}_{m} \circ s \mid s \in S, \forall r \in R : \neg\Theta(r \circ s)\},
\end{aligned}
$$

– der *Outer Theta–Join* von R und S durch

$$
\begin{aligned}
R ⟗_\Theta S &:= R \bowtie_\Theta S \;\cup\; (R \setminus \pi_{T_R}(R \bowtie_\Theta S)) \times \{NULL\}^n \\
&\qquad\qquad\quad \cup\; \{NULL\}^m \times (S \setminus \pi_{T_S}(R \bowtie_\Theta S)) \\
&= \{r \circ s \mid r \in R, s \in S, \Theta(r \circ s)\} \\
&\quad \cup\; \{r \circ \underbrace{(NULL, \ldots, NULL)}_{n} \mid r \in R, \forall s \in S : \neg\Theta(r \circ s)\} \\
&\quad \cup\; \{\underbrace{(NULL, \ldots, NULL)}_{m} \circ s \mid s \in S, \forall r \in R : \neg\Theta(r \circ s)\}
\end{aligned}
$$

Entsprechend zum Outer Theta–Join ist auch der Outer Natural Join definiert. In der Definition des Natural Join muß lediglich der Theta–Join durch einen Outer Theta–Join ersetzt werden.

Beispiel: Eine genauere Untersuchung der beiden Relationen Lagereinheit und LagereinheitArt (Bilder 4.4 und 4.5) zeigt, daß Lagereinheitarten definiert sind, für die (derzeit) keine Lagereinheiten existieren. Wir komplettieren mit dem natürlichen Join Lagereinheit $\bowtie$ LagereinheitArt zunächst alle Angaben zu Lagereinheiten (Bild 4.29). Zu welchen Lagereinheitarten keine Lagereinheiten vorhanden sind, ist jedoch daraus nicht direkt ersichtlich, da diese Lagereinheitarten im Join–Ergebnis nicht vorhanden sind.

Zum Vergleich zeigt Bild 4.30 das Ergebnis des Right Outer Natural Join Lagereinheit ⟖ LagereinheitArt. An diesem ist sehr gut ersichtlich, für welche Lagereinheitarten keine Lagereinheiten vorliegen: Für diese Lagereinheitarten sind die Lagereinheit–Attribute der Tupel mit $NULL$ belegt.

LeNr	LeaNr	ANr	...	LeaName	Länge	...
LE-003	LEA-01	A-005	...	Stapelkasten	580	...
LE-008	LEA-01	A-010	...	Stapelkasten	580	...
LE-013	LEA-01	A-012	...	Stapelkasten	580	...
LE-011	LEA-01	A-011	...	Stapelkasten	580	...
LE-002	LEA-02	A-004	...	Stapelkasten	760	...
LE-009	LEA-02	A-020	...	Stapelkasten	760	...
LE-005	LEA-02	A-006	...	Stapelkasten	760	...
LE-012	LEA-02	A-019	...	Stapelkasten	760	...
LE-016	LEA-02	A-015	...	Stapelkasten	760	...
LE-015	LEA-02	A-006	...	Stapelkasten	760	...
LE-006	LEA-03	A-002	...	Drehstapelkasten	580	...
LE-001	LEA-04	A-001	...	Drehstapelkasten	580	...
LE-010	LEA-04	A-008	...	Drehstapelkasten	580	...
LE-014	LEA-04	A-001	...	Drehstapelkasten	580	...
LE-004	LEA-05	A-017	...	Stapelkorb	760	...
LE-007	LEA-05	A-015	...	Stapelkorb	760	...

Bild 4.29. Ergebnis des Natural Join

LeNr	ANr	...	LeaNr	LeaName	Länge	...
LE-003	A-005	...	LEA-01	Stapelkasten	580	...
LE-008	A-010	...	LEA-01	Stapelkasten	580	...
LE-013	A-012	...	LEA-01	Stapelkasten	580	...
LE-011	A-011	...	LEA-01	Stapelkasten	580	...
LE-002	A-004	...	LEA-02	Stapelkasten	760	...
LE-009	A-020	...	LEA-02	Stapelkasten	760	...
LE-005	A-006	...	LEA-02	Stapelkasten	760	...
LE-012	A-019	...	LEA-02	Stapelkasten	760	...
LE-016	A-015	...	LEA-02	Stapelkasten	760	...
LE-015	A-006	...	LEA-02	Stapelkasten	760	...
LE-006	A-002	...	LEA-03	Drehstapelkasten	580	...
LE-001	A-001	...	LEA-04	Drehstapelkasten	580	...
LE-010	A-008	...	LEA-04	Drehstapelkasten	580	...
LE-014	A-001	...	LEA-04	Drehstapelkasten	580	...
LE-004	A-017	...	LEA-05	Stapelkorb	760	...
LE-007	A-015	...	LEA-05	Stapelkorb	760	...
NULL	*NULL*	...	LEA-06	Lagerkorb	795	...

Bild 4.30. Ergebnis des Right Outer Natural Join

Hingegen sollte keine Lagereinheit Verwendung finden, deren Typ nicht bekannt ist. Wir haben diese Bedingung in der Tat bisher auch eingehalten. Daher liefert der Left Outer Natural Join Lagereinheit ⟕ LagereinheitArt dasselbe Ergebnis wie der natürliche Join und der Outer Natural Join Lagereinheit ⟗ LagereinheitArt dasselbe Ergebnis wie der Right Outer Natural Join. Nehmen wir nun aber an, daß entgegen dieser Bedingung ein Tupel ('LE-020', 'LEA-99', 'A-009', 5, 2.00, 'LH-008') in die Relation Lagereinheit eingefügt worden sei. Dann liefern diese beiden Join–Operationen Ergebnisse gemäß der Bilder 4.31 und 4.32. Man kann mit diesen beiden Operationen also auch sehr rasch Verstöße gegen bestimmte Bedingungen aufdecken.

LeNr	LeaNr	ANr	...	LeaName	Länge	...
LE-003	LEA-01	A-005	...	Stapelkasten	580	...
LE-008	LEA-01	A-010	...	Stapelkasten	580	...
LE-013	LEA-01	A-012	...	Stapelkasten	580	...
LE-011	LEA-01	A-011	...	Stapelkasten	580	...
LE-002	LEA-02	A-004	...	Stapelkasten	760	...
LE-009	LEA-02	A-020	...	Stapelkasten	760	...
LE-005	LEA-02	A-006	...	Stapelkasten	760	...
LE-012	LEA-02	A-019	...	Stapelkasten	760	...
LE-016	LEA-02	A-015	...	Stapelkasten	760	...
LE-015	LEA-02	A-006	...	Stapelkasten	760	...
LE-006	LEA-03	A-002	...	Drehstapelkasten	580	...
LE-001	LEA-04	A-001	...	Drehstapelkasten	580	...
LE-010	LEA-04	A-008	...	Drehstapelkasten	580	...
LE-014	LEA-04	A-001	...	Drehstapelkasten	580	...
LE-004	LEA-05	A-017	...	Stapelkorb	760	...
LE-007	LEA-05	A-015	...	Stapelkorb	760	...
LE-020	LEA-99	A-009	...	*NULL*	*NULL*	...

Bild 4.31. Ergebnis des Left Outer Natural Join

4.3.9 Division

Die Division ist eine Operation auf zwei Relationen R und S, wobei die Attributmenge von S in der von R enthalten sein muß. Zunächst wird R in (disjunkte) Teilmengen — sogenannte *Gruppen* — aufgeteilt, von denen jede die Eigenschaft besitzt, daß alle ihre Tupel in den Werten aller Attribute aus $A_R \setminus A_S$ übereinstimmen. Man sagt auch, R werde nach den gemeinsamen Attributen von R und S *gruppiert*. Im zweiten Schritt werden nun diejenigen Gruppen ausgewählt, deren Projektionen auf die Attribute von S jeweils *alle* Tupel aus S enthalten. Nur die so ausgewählten Gruppen liefern schließlich das Ergebnis, indem aus jeder Gruppe durch Projektion auf die Attribute aus $A_R \setminus A_S$ ein einziges Tupel gebildet und dieses in die Ergebnisrelation übernommen wird.

LeNr	ANr	...	LeaNr	LeaName	Länge	...
LE-001	A-001	...	LEA-04	Drehstapelkasten	580	...
LE-002	A-004	...	LEA-02	Stapelkasten	760	...
LE-003	A-005	...	LEA-01	Stapelkasten	580	...
LE-004	A-017	...	LEA-05	Stapelkorb	760	...
LE-005	A-006	...	LEA-02	Stapelkasten	760	...
LE-006	A-002	...	LEA-03	Drehstapelkasten	580	...
LE-007	A-015	...	LEA-05	Stapelkorb	760	...
LE-008	A-010	...	LEA-01	Stapelkasten	580	...
LE-009	A-020	...	LEA-02	Stapelkasten	760	...
LE-010	A-008	...	LEA-04	Drehstapelkasten	580	...
LE-011	A-011	...	LEA-01	Stapelkasten	580	...
LE-012	A-019	...	LEA-02	Stapelkasten	760	...
LE-013	A-012	...	LEA-01	Stapelkasten	580	...
LE-014	A-001	...	LEA-04	Drehstapelkasten	580	...
LE-015	A-006	...	LEA-02	Stapelkasten	760	...
LE-016	A-015	...	LEA-02	Stapelkasten	760	...
LE-020	A-009	...	LEA-99	*NULL*	*NULL*	...
NULL	*NULL*	...	LEA-06	Lagerkorb	795	...

Bild 4.32. Ergebnis des Outer Natural Join

Definition: Seien $R \in \mathcal{R}_m$ und $S \in \mathcal{R}_n$ Relationen mit $A_S \subseteq A_R$. Weiterhin seien Indizes $f_1, \ldots, f_p$ mit $f_i < f_j$ für $i < j$ so gegeben, daß $A_R \setminus A_S = \{A_{Rf_1}, \ldots, A_{Rf_p}\}$ gilt. Dann ist $T_{R \div S} := (A_{Rf_1}, \ldots, A_{Rf_p})$ und die Division von R durch S definiert durch:

$$R \div S := \{t \in \pi_{T_{R \div S}}(R) \mid \exists R_t \subseteq R : \pi_{T_{R \div S}}(R_t) = \{t\}, \pi_{T_S}(R_t) \supseteq S\}.$$

Obwohl die Definition der Division sehr kompliziert wirkt, ermöglicht sie häufig besonders einfache Anfragen nach Attributwerten von Tupeln der ersten Relation, die eine bestimmte Eigenschaft bezüglich *aller* Tupel der zweiten Relation aufweisen sollen.

Beispiel: Die Nummern aller derjenigen Artikelarten, die mit allen Lagerorten verträglich sind, können einfach bestimmt werden als Verträglichkeit $\div$ π_{LoNr}(Lagerort): Die Gruppierung von Verträglichkeit nach dem Attribut LoNr ergibt zunächst Gruppen, deren Tupel jeweils unter ANr eine bestimmte (bei allen Tupeln gleiche) Artikelart und unter LoNr die mit dieser Artikelart verträglichen Lagerorte enthalten. Ausgewählt werden dann die Gruppen, die eben *alle* vorhandenen Lagerorte enthalten. Von den ausgewählten Gruppen wird schließlich jeweils der Wert unter dem Attribut ANr in das (in Bild 4.33 dargestellte) Ergebnis übernommen.

Der Vollständigkeit halber sei erwähnt, daß sich (wie schon Join und Outer Join) auch die Division aus einfacheren relationenalgebraischen Operatoren kombinieren läßt: $R \div S = \pi_{T_{R \div S}}(R) \setminus \pi_{T_{R \div S}}((\pi_{T_{R \div S}}(R) \times S) \setminus R)$.

ANr
A-002
A-003
A-004
A-005
A-006
A-007
A-008
A-009
A-010
A-017
A-018
A-019
A-020

Bild 4.33. Ergebnis der Division

4.3.10 Beurteilung

Mit der relationalen Algebra haben wir eine mengentheoretisch ausgerichtete Möglichkeit vorgestellt, Anfragen an eine bestehende Datenbasis zu richten. Die Leistungsfähigkeit der Operationen haben wir anhand unserer Beispielanfragen gezeigt. Trotzdem kommen an dieser Stelle einige Kritikpunkte auf:

- Die vorgestellten Operatoren reichen für die Behandlung praxisnaher Probleme nicht aus. Mit den vorgestellten Ausdrucksmitteln ist es beispielsweise nicht möglich, die Zahl der Tupel in einer Relation zu ermitteln. Gravierender noch ist, daß die Relationen unserer Beispielanwendung eine Menge numerischer Daten enthalten, die keiner numerischen Behandlung zugänglich gemacht werden können. So ist es nicht möglich, Summen oder Durchschnitte zu berechnen. Auch die Minimum- und Maximumbildung war nur äußerst trickreich zu formulieren. Ebensowenig lassen sich Anfragen bilden, wieviel Gewicht einem Lagerhilfsmittel oder einem Lagerort noch zugeladen werden kann — eine für die Disposition äußerst wichtige Frage — oder alternativ, wie hoch die prozentuale Auslastung ist, da hierfür numerische Subtraktion oder Division erforderlich wäre, und dies auch noch über Relationsgrenzen hinweg.
- Wir haben bislang einen reinen Anfragemechanismus vorgestellt, mit dem neue, temporäre (also *nicht* dauerhafte) Relationen erzeugt werden. Es gibt noch keine Möglichkeit, bestehende Relationen abzuändern (d.h. Tupel einzufügen, zu ändern oder einzelne Attributwerte zu verändern) oder gar das Relationenschema zu verändern, d.h. neue Relationen einzuführen bzw. bestehende zu entfernen.
- Die Relationenalgebra zwingt dem Anwender ein streng prozedurales Vorgehen bei der Abfrage von Datenbeständen auf. Dies bedeutet, daß bei

Datenbankanfragen eine genaue Abfolge von relationalen Operatoren spezifiziert werden muß, die dann vom Datenbanksystem genau so ausgeführt wird. Nun gelten auch bei der relationalen Algebra allerlei Gesetze, z.B. Kommutativität, Assoziativität und Distributivität, so daß sich die gleiche Absicht durchaus auf mehrere Weise ausdrücken läßt. Welche Formulierung mit dem geringsten Aufwand beantwortbar ist, hängt insbesondere vom Volumen der Datenbasis, aber auch den gewählten Implementationstechniken ab. Diese aber kennt das Datenbanksystem am besten, so daß man ihm die Wahl der „besten" Formulierung überlassen sollte. Wünschenswert ist deshalb eine eher deskriptive Formulierung von Datenbankanfragen.

Der erste Problembereich hängt mit der Eigenschaft der Verknüpfbarkeit im relationalen Modell zusammen. Er ist also grundsätzlich nur lösbar, indem man weitere Operatoren einführt. Wie dies systematisch geschehen kann, werden wir in Teil III untersuchen.

Der zweite Problembereich hat seinen Ursprung darin, daß die relationale Algebra eigentlich eine Anfragesprache ist. Sie ist also keine vollständige DML, ganz zu schweigen vom Fehlen der DDL–Eigenschaften. Letztere werden wir ebenfalls erst in Teil III berücksichtigen. Einfügen und Löschen von Tupeln lassen sich hingegen über die Operatoren der Vereinigung und Differenz nachbilden. Diese lassen aufgrund ihres Mengencharakters sogar zu, daß gleichzeitig mehrere Tupel hinzugefügt oder entfernt werden. Die so spezifizierten Tupel müssen allerdings außerhalb des algebraischen Systems konstruiert werden.

Auch der dritte Punkt ist grundsätzlicher Natur. Ein Abgehen von der prozeduralen Schreibweise bedeutet nämlich gleichzeitig ein Abgehen von der relationalen Algebra. Deren Idee ist ja gerade die Operationalisierung des Anfrageprozesses, d.h. die Notwendigkeit, für jede Anfrage eine Operatorfolge zu konstruieren, die streng in der spezifizierten Reihenfolge abgearbeitet wird.

Der Lösung des letzten Problembereichs wollen wir uns nun zuwenden. Um das gewünschte Maß an Deskriptivität zu erreichen, müssen wir zu anderen als algebraischen Mitteln greifen. Hierbei bieten sich logische Kalküle als übliche Beschreibungsinstrumente der mathematischen Logik an. Zwei Kalküle, die auf die Besonderheiten des relationalen Datenmodells abgestimmt sind, werden wir in den folgenden Abschnitten untersuchen.

4.4 Tupelkalkül

4.4.1 Überblick und Notation

Als leistungsfähiges Beschreibungsinstrument logischer Sachverhalte gilt im allgemeinen die Prädikatenlogik erster Stufe. Die spezielle Anwendung dieses Kalküls auf relationale Datenbasen ist als *Relationenkalkül* oder *Tupelkalkül* bekannt. Im folgenden geben wir zunächst die Notation von Formeln in diesem Kalkül.

Tupelvariablen: Tupelvariablen U, V, W usw. bezeichnen jeweils stets ein Tupel einer bestimmten Relation: R_U, R_V, R_W, usw. Es ist erlaubt, mehrere Tupelvariablen für die gleiche Relation zu definieren, d.h. die Variablen U und V mit $R_U = R_V$ sind möglich.

Tupelkomponenten: Eine einzelne Komponente eines Tupels wird durch die Bezeichnung $U.A$ spezifiziert, wobei U Tupelvariable und $A \in A_{R_U}$ Attribut der Relation R_U ist.

Bedingungen: Sind x, y Konstanten oder Tupelkomponenten, so spezifiziert $x \Theta y$ mit $\Theta \in \{=, \neq, <, \leq, >, \geq\}$ eine gültige Bedingung. Wir gehen dabei davon aus, daß x und y Domänen besitzen, deren Elemente mittels Θ vergleichbar sind.

Formeln: Formeln werden durch die folgenden Konstruktionsvorschriften definiert:

1. *Basis*: Jede Bedingung ist eine Formel.
2. *Klammerung und Negation*: Falls f Formel ist, so sind dies auch (f) und $\neg(f)$.
3. *Boolesche Operationen*: Falls f und g Formeln sind, so sind auch $f \wedge g$ und $f \vee g$ Formeln.
4. *Quantoren*: Falls f Formel ist und T als freie (Tupel–)Variable enthält, so sind $\exists T(f)$ und $\forall T(f)$ Formeln.
5. *Abschluß*: Genau die durch die vorigen Vorschriften erzeugbaren Ausdrücke sind Formeln.

Freie und gebundene Variablen: Innerhalb einer Bedingung treten alle Tupelvariablen U frei auf. In (f), $\neg(f)$, $f \wedge g$, $f \vee g$ tritt U frei (gebunden) auf, wenn U in f bzw. g frei (gebunden) auftritt. In f frei auftretendes U ist in $\exists U(f)$ und $\forall U(f)$ gebunden; die Bindung der anderen Tupelvariablen bleibt durch diese Quantifizierung unbeeinflußt.

Ausdrücke: Ein Ausdruck über einer relationalen Datenbasis wird wie folgt definiert: $U.A, V.B, \ldots, W.C$ **where** f. Hierbei sind $U, V, \ldots, W$ Variablen für Tupel aus $R_U, R_V, \ldots, R_W$ und A, B, ..., C (geeignete) Attribute. f

ist Formel. Falls $f = true$ ist, kann die **where**–Klausel auch weggelassen werden. Das Ergebnis der Ausführung des (Such–)Ausdrucks ist eine Teilmenge des kartesischen Produkts $\pi_A(R_U) \times \pi_B(R_V) \times \ldots \times \pi_C(R_W)$.

$U, V, \ldots, W$ sind in f frei und über den Ausdruck automatisch gebunden. Tauchen in f weitere Variablen auf, so müssen diese explizit durch Existenz– oder Allquantoren gebunden werden.

4.4.2 Beispielanfragen im Tupelkalkül

Vorbemerkung: Die Beispielanfragen formulieren wir stets in einer Notation, die dem Suchausdruck die Zuordnung der einzelnen Tupelvariablen zu Relationen in der Form U **in** R_U, V **in** R_V, usw. voranstellt.

Beispiel 1: Gesucht ist die Projektion der Relation ArtikelArt auf die Attribute ANr und AName:

```
A in ArtikelArt;

A.ANr, A.AName
```

Die Anfrage ist äquivalent zu dem in Abschnitt 4.3.5 gegebenen Beispiel. Bild 4.34 zeigt die Ergebnisrelation.

ANr	AName
A-001	Anlasser
A-002	Kolben
A-003	Kolbenringe
A-004	Kurbelwelle
A-005	Nockenwelle
A-006	Ölwanne
A-007	Pleuel
A-008	Ventile
A-009	Ventile
A-010	Ventilfedern
A-011	Zündkerzen
A-012	Zündkerzen
A-013	Zündkerzenkabel
A-014	Zündkerzenstecker
A-015	Zündspule
A-016	Zündverteiler
A-017	Zylinderdichtung
A-018	Zylinderdichtung
A-019	Zylinderkopf
A-020	Zylinderkurbelgehäuse

Bild 4.34. Ergebnis zu Beispiel 1

Beispiel 2: Gesucht sind die Lagerortarten, deren Höhe ihre Breite überschreitet:

```
LOA in LagerortArt;

LOA.LoaNr, LOA.Breite, LOA.Länge, LOA.Höhe, LOA.MaxGewicht
where LOA.Höhe > LOA.Breite
```

Eine äquivalente Anfrage ist bereits in Abschnitt 4.3.6 als Beispiel für eine Restriktion gestellt worden. Bild 4.35 zeigt das Ergebnis.

LoaNr	Länge	Breite	Höhe	MaxGewicht
LOA-02	1200	800	1200	500
LOA-03	1200	1200	2000	1000

Bild 4.35. Ergebnis zu Beispiel 2

Beispiel 3: Gesucht sind die Nummern der Lagerortarten, deren Höhe ihre Breite überschreitet und deren Tragfähigkeit geringer als 600.0 kg ist:

```
LOA in LagerortArt;

LOA.LoaNr
where LOA.Höhe > LOA.Breite
∧ LOA.MaxGewicht < 600.0
```

Dieses Beispiel ergänzt die vorhergehende Anfrage um die Selektion nach den Lagerortarten mit einer Tragfähigkeit von weniger als 600.0 kg (vergleiche die Selektion in Abschnitt 4.3.6). Das Ergebnis zeigt Bild 4.36.

LoaNr
LOA-02

Bild 4.36. Ergebnis zu Beispiel 3

Beispiel 4: Gesucht sind die Nummern und Namen derjenigen Lagereinheitarten, für die eine Lagereinheit existiert, die die Artikelart mit der Nummer 'A – 004' aufnimmt. Wir benutzen für die resultierende Anfrage einen Existenzquantor und visualisieren das Ergebnis in Bild 4.37:

```
LEA in LagereinheitArt, LE in Lagereinheit;

LEA.LeaNr, LEA.LeaName
where ∃ LE
```

```
(LE.LeaNr = LEA.LeaNr
∧ LE.ANr = 'A-004')
```

Hier handelt es sich um die Entsprechung des ersten Semi–Joins aus Abschnitt 4.3.8).

LeaNr	LeaName
LEA-02	Stapelkasten

Bild 4.37. Ergebnis zu Beispiel 4

Beispiel 5: Ausgedrückt durch ihre jeweiligen Nummern und Namen sollen die Artikel von Lieferant 'Mahle' gemeinsam mit den Lagereinheiten, in denen sie verpackt sind, bestimmt werden. Hier sind unterschiedliche Tupelvariablen an der Ausgabe beteiligt:

```
A in ArtikelArt, LE in Lagereinheit, LEA in LagereinheitArt;

A.ANr, A.AName, LE.LeNr, LEA.LeaName
where A.ANr = LE.ANr
   ∧ LE.LeaNr = LEA.LeaNr
   ∧ A.Lieferant = 'Mahle'
```

Bild 4.38 zeigt das Ergebnis. Die Anfrage entspricht der doppelten Join–Anfrage aus Abschnitt 4.3.8, ergänzt um die Selektion nach dem Lieferanten 'Mahle'. Da alle drei Relationen zur Ausgabe beitragen, entfallen für dieses Beispiel jegliche Existenzquantoren, d.h. alle drei Variablen müssen frei bleiben.

ANr	AName	LeNr	LeaName
A-002	Kolben	LE-006	Drehstapelkasten
A-004	Kurbelwelle	LE-002	Stapelkasten
A-005	Nockenwelle	LE-003	Stapelkasten
A-008	Ventile	LE-010	Drehstapelkasten
A-019	Zylinderkopf	LE-012	Stapelkasten

Bild 4.38. Ergebnis zu Beispiel 5

Beispiel 6: Gesucht sind Nummern und Namen der Artikelarten, die in mehr als einer Lagereinheit verpackt sind. Hierfür sind verschiedene Tupelvariablen für die jeweils gleiche Relation erforderlich. Hat man eine Lagereinheit gefunden, so muß man noch eine weitere (für den gleichen Artikel) suchen, dabei aber das erste gefundene Tupel sozusagen „festhalten“:

```
A in ArtikelArt, LE1 in Lagereinheit, LE2 in Lagereinheit;

A.ANr, A.AName
where ∃ LE1
  (A.ANr = LE1.ANr
   ∧ ∃ LE2
    (A.ANr = LE2.ANr
     ∧ LE1.LeNr ≠ LE2.LeNr))
```

Die Ergebnismenge kann man Bild 4.39 entnehmen.

ANr	AName
A-001	Anlasser
A-006	Ölwanne
A-015	Zündspule

Bild 4.39. Ergebnis zu Beispiel 6

Beispiel 7: Demonstriert sei auch noch die Verwendung von Theta–Join und Differenz anhand der Anfrage aus Abschnitt 4.3.8 nach der Nummer der Lagerortart mit der geringsten Tragfähigkeit:

```
LOA1 in LagerortArt, LOA2 in LagerortArt;

LOA1.LoaNr
where ¬∃ LOA2
  (LOA1.MaxGewicht > LOA2.MaxGewicht)
```

Alternativ ergibt Äquivalenzumformung folgende Anfrage:

```
LOA1 in LagerortArt, LOA2 in LagerortArt;

LOA1.LoaNr
where ∀ LOA2
  (LOA1.MaxGewicht ≤ LOA2.MaxGewicht)
```

Dies ist im übrigen ein eindrucksvolles Beispiel dafür, um wieviel einfacher und natürlicher sich gelegentlich eine deklarative Schreibweise darstellt. Das Ergebnis zeigt Bild 4.40.

LoaNr
LOA-01

Bild 4.40. Ergebnis zu Beispiel 7

Beispiel 8: Abschließend zeigen wir die Entsprechung einer Division im Tupelkalkül. Gesucht sind die Nummern derjenigen Artikelarten, die mit allen Lagerorten verträglich sind (siehe auch Abschnitt 4.3.9 zum Vergleich):

```
V1 in Verträglichkeit, V2 in Verträglichkeit, LO in Lagerort;

V1.ANr
where ∀ LO
  (∃ V2
    (V2.ANr = V1.ANr
    ∧ V2.LoNr = LO.LoNr));
```

Bild 4.41 zeigt das Ergebnis.

ANr
A-002
A-003
A-004
A-005
A-006
A-007
A-008
A-009
A-010
A-017
A-018
A-019
A-020

Bild 4.41. Ergebnis zu Beispiel 8

4.5 Domänenkalkül

4.5.1 Überblick und Notation

Auch der Domänenkalkül dient zur formalen Darstellung von Datenbankanfragen auf der Basis der Logik. Im Unterschied zum Tupelkalkül beziehen sich die verwendeten Variablen nicht auf einzelne Tupel einzelner Relationen, sondern auf die Wertebereiche (Domänen) von Attributen; daher die Benennung des Kalküls.

Bereichsvariablen: Dies sind Variablen elementarer Datentypen (Domänen), die als X, Y usw. notiert werden.

Bedingungen: Sind X, Y Bereichsvariablen, so spezifiziert der Ausdruck $X\Theta Y$ mit $\Theta \in \{=, \neq, <, \leq, >, \geq\}$ eine gültige Bedingung im Domänenkalkül. Dabei müssen X und Y Domänen besitzen, deren Elemente mittels Θ vergleichbar sind.

Mitgliedschaftsbedingungen: Diese besitzen die Form $R(A_1 : v_1, \ldots, A_k : v_k)$ mit $A_i \in A_R$ und v_i Bereichsvariable oder Konstante mit der gleichen Domäne wie A_i. Die so formulierte Mitgliedschaftsbedingung evaluiert zu *true*, falls in R ein Tupel existiert mit den angegebenen Werten unter den angegebenen Attributen.

Formeln: Hier gelten die gleichen Konstruktionsvorschriften wie für Formeln im Tupelkalkül.

Ausdrücke: Sie werden beschrieben durch: $X, Y, \ldots, Z$ **where** f.

4.5.2 Beispielanfragen im Domänenkalkül

Vorbemerkungen: Wie für den Tupelkalkül formulieren wir Beispielanfragen auch hier in einer Form, die vor dem eigentlichen Suchausdruck eine Deklaration der verwendeten (Bereichs–)Variablen in bezug auf die Domänen gibt, und zwar in der Form X **as** D_X, Y **as** D_Y, usw.

Die für die Beispiele erzielten Ergebnisse werden in diesem Abschnitt nicht mehr gesondert ausgewiesen, da die Anfragen zu den jeweils im Tupelkalkül gestellten äquivalent sind.

Beispiel 1: Gesucht ist die Projektion der Relation ArtikelArt auf die Attribute ANr und AName:

```
AN as Zeichen(8), BEZ as Zeichen(25);

AN, BEZ
where ArtikelArt(ANr: AN, AName: BEZ)
```

Beispiel 2: Gesucht sind die Lagerortarten, deren Höhe ihre Breite überschreitet:

```
LN as Zeichen(8), B as Ganzzahl, H as Ganzzahl, MG as Gleitkommazahl;

LN, B, H, MG
where LagerortArt(LoNr: LN, Breite: B, Höhe: H, MaxGewicht: MG)
   ∧ H > B
```

Beispiel 3: Gesucht sind die Nummern der Lagerortarten, deren Höhe ihre Breite überschreitet und deren Tragfähigkeit geringer als 600.0 kg ist:

```
LN as Zeichen(8), B as Ganzzahl, H as Ganzzahl, MG as Gleitkommazahl;

LN
where ∃ B ∃ H ∃ MG
```

```
  (LagerortArt(LoNr: LN, Breite: B, Höhe: H, MaxGewicht: MG)
  ∧ H > B
  ∧ MG < 600.0)
```

Im Vergleich zur gleichen Anfrage im Tupelkalkül treten hier mehrere Existenzquantoren auf, da nicht sämtliche Bereichsvariablen das Ergebnis bestimmen.

Beispiel 4: Gesucht sind die Nummern und Namen derjenigen Lagereinheitarten, für die eine Lagereinheit existiert, die die Artikelart mit der Nummer 'A − 004' aufnimmt.

```
LN as Zeichen(8), BEZ as Zeichen(25);

LN, BEZ
where LagereinheitArt(LeaNr: LN, LeaName: BEZ)
  ∧ Lagereinheit(LeaNr: LN, ANr: 'A-004')
```

Im Gegensatz zum Tupelkalkül benötigen wir hier keinen Existenzquantor, da die Lagereinheitarten und Lagereinheiten verbindende Variable LN in der Ausgabe enthalten ist und die Artikelnummer auf Gleichheit geprüft wird.

Beispiel 5: Ausgedrückt durch ihre jeweiligen Nummern und Namen sollen die Artikel von Lieferant 'Mahle' gemeinsam mit den Lagereinheiten, in denen sie verpackt sind, bestimmt werden:

```
AN as Zeichen(8), LN as Zeichen(8), LAN as Zeichen(8),
BZA as Zeichen(25), BZL as Zeichen(25);

AN, BZA, LN, BZL
where ∃ LAN
  (ArtikelArt(ANr: AN, AName: BZA, Lieferant: 'Mahle')
  ∧ Lagereinheit(LeNr: LN, LeaNr: LAN, ANr: AN)
  ∧ LagereinheitArt(LeaNr: LAN, LeaName: BZL))
```

Beispiel 6: Gesucht sind Nummern und Namen der Artikelarten, die in mehr als einer Lagereinheit verpackt sind:

```
AN as Zeichen(8), LN1 as Zeichen(8), LN2 as Zeichen(8), BZ as Zeichen(25);

AN, BZ
where ArtikelArt(ANr: AN, AName: BZ)
  ∧ ∃ LN1 ∃ LN2
    (Lagereinheit(LeNr: LN1, ANr: AN)
    ∧ Lagereinheit(LeNr: LN2, ANr: AN)
    ∧ LN1 ≠ LN2)
```

Nun ist gleich eine ganze Reihe von Existenzquantoren vorhanden, die für verbindende Elemente (Variablen) notwendig sind, die nicht bereits durch die Ergebnisausgabe implizit gebunden sind.

Beispiel 7: Gesucht ist die Nummer der Lagerortart mit der geringsten Tragfähigkeit:

```
LN as Zeichen(8), B as Ganzzahl, H as Ganzzahl,
MG1 as Gleitkommazahl, MG2 as Gleitkommazahl;

LN
where ∃ MG1
  LagerortArt(LoaNr: LN, Breite: B, Höhe: H, MaxGewicht: MG1)
  ∧ ¬∃ MG2
    (LagerortArt(MaxGewicht: MG2)
    ∧ MG1 > MG2))
```

Beispiel 8: Abschließend zeigen wir wieder die Entsprechung einer Division im Domänenkalkül. Gesucht sind — wie schon für den Tupelkalkül — die Nummern derjenigen Artikelarten, die mit allen Lagerorten verträglich sind:

```
AN as Zeichen(8), LN as Zeichen(8);
AN
where ∀ LN
  (Verträglichkeit(LoNr: LN, ANr: AN)
  ∧ Lagerort(LoNr: LN))
```

4.6 Zur Äquivalenz der Anfragemechanismen

Die relationale Algebra, der Tupelkalkül und der Domänenkalkül sind äquivalent im folgenden Sinne:

- Zu jedem Ausdruck der Relationenalgebra gibt es einen Ausdruck des Tupel- bzw. Domänenkalküls, der die gleiche Relation bezeichnet.
- Zu jedem Ausdruck des Tupel- bzw. Domänenkalküls, der eine endliche Relation bezeichnet, gibt es einen gleichwertigen Ausdruck in der Relationenalgebra.

Einem Benutzer steht es demnach frei, welche der Sprachen er für seine Anfrage wählt; es wird ihm stets (bei korrekter Formulierung) dasselbe Ergebnis garantiert. Wichtiger ist die Äquivalenz jedoch für die Implementierung: So werden etwa auf dem Tupelkalkül basierende und damit deskriptiv formulierte Anfragen intern in einen (optimalen) Ausdruck der Algebra übersetzt, der dann abgearbeitet wird.

4.7 Konsistenzbedingungen

Es mag aufgefallen sein, daß wir im Gegensatz zum Tabellenmodell aus Kapitel 2 für das relationale Modell den Begriff des Schlüssels nicht eingeführt haben. In der Tat benötigen die relationale Algebra, der Tupel- und der Domänenkalkül diesen Begriff auch nicht, da es sich bei ihnen um einen reinen Anfragemechanismus handelt. Solange Änderungen von außerhalb des Datenmodells erfolgen, ist daher der Schlüsselbegriff auch außerhalb des Datenmodells angesiedelt. Will man ihn dann dort durchsetzen, bedarf es einer Konsistenzregel, die nur noch die Form von Konsistenzbedingungen annehmen kann.

Schlüsselbedingung: Sei T_R Relationstyp mit zugehöriger Relation R und Attributmenge A_R. Eine Attributmenge $X = \{A_{Rf_1}, \ldots, A_{Rf_p}\} \subseteq A_R$, $X \neq \emptyset$, heißt Schlüssel von T_R, wenn zu *jedem* Zeitpunkt gilt: $\forall r_1, r_2 \in R : \pi_{(A_{Rf_1}, \ldots, A_{Rf_p})}(\{r_1\}) = \pi_{(A_{Rf_1}, \ldots, A_{Rf_p})}(\{r_2\}) \succ r_1 = r_2$.

Der Wert eines Tupels r unter seinem Schlüssel identifiziert dieses Tupel also eindeutig in der Relation R. Diese Bedingung ist offensichtlich gleichwertig mit der Definition einer Schlüssel-Funktion $sf : \pi_{(A_{Rf_1}, \ldots, A_{Rf_p})}(R) \rightarrow R$.

Daß der Schlüssel formal für einen Relationstyp T_R (und nicht für R) definiert ist, bedeutet übrigens nichts anderes, als daß er ins Schema aufgenommen wird. In der Praxis redet man — nicht ganz korrekt — trotzdem häufig von einem Schlüssel einer Relation. Wichtige Folge der Definition ist, daß die Schlüsselbedingung auch nach Veränderungen von R gelten muß, also z.B. nach Einbringen oder Löschen von Tupeln.

Beispiel: Die Schlüssel von Relationen sollen im folgenden durch den Fettdruck der entsprechenden Attribute gekennzeichnet werden. Für die Lagerverwaltungswelt haben wir zur Identifikation von Artikelarten, Lagereinheiten, etc. Nummern eingeführt. Diese Nummern bilden somit die Schlüssel der Relationen:

relation ArtikelArt(**ANr**, AName, Menge, Lieferant, Gewicht);
relation Lagereinheit(**LeNr**, LeaNr, ANr, Stückzahl, Gewicht, LhNr);
relation LagereinheitArt(**LeaNr**, LeaName,
  Länge, Breite, Höhe, MaxGewicht);
relation Lagerhilfsmittel(**LhNr**, LhaNr, Gewicht, LoNr);
relation LagerhilfsmittelArt(**LhaNr**, LhaName,
  Länge, Breite, Höhe, MaxGewicht);
relation Lagerort(**LoNr**, LoaNr, Gewicht);
relation LagerortArt(**LoaNr**, Länge, Breite, Höhe, MaxGewicht);
relation Verträglichkeit(**ANr**, **LoNr**);

Wir beobachten, daß die Relation Verträglichkeit als einzige einen zweiattributigen Schlüssel besitzt. Dies rührt daher, daß sie weniger einen Gegenstand als eine Beziehung zwischen Gegenständen beschreibt. In der Tat wird im allgemeinen ein Artikel mit mehreren Lagerorten, ein Lagerort aber auch mit mehreren Artikeln verträglich sein, so daß erst beide Attribute gemeinsam (und dann trivial) die Eindeutigkeit bestimmen.

Es fällt auf, daß die Schlüssel einiger Relationen in anderen Relationen als Attribute wieder auftauchen, dort jedoch nicht Schlüssel sind, so etwa Schlüssel

ANr aus ArtikelArt in Lagereinheit. Will man diese Tatsache besonders hervorheben, dann spricht man von Fremdschlüsseln.

Fremdschlüsselbedingung: Seien T_R und T_S Relationstypen mit zugehörigen Relationen R und S. Es gelte: X sei Schlüssel von T_R. Weiterhin gelte $X \subseteq A_S$, d.h. X sei auch Teilmenge der Attributmenge von T_S. Dann heißt X Fremdschlüssel in T_S bezüglich T_R.

Analog zur Schlüsselbedingung ist die Fremdschlüsselbedingung an das Schema, also an Relationstypen gebunden, und nicht etwa an deren Ausprägungen.

Beispiel: Wir kennzeichnen Fremdschlüssel bei Bedarf durch Kursivdruck der entsprechenden Attribute. Aus dem oben durch die Schlüssel ergänzten Schema läßt sich dies geradezu mechanisch bewerkstelligen:

relation ArtikelArt(**ANr**, AName, Menge, Lieferant, Gewicht);
relation Lagereinheit(**LeNr**, *LeaNr*, *ANr*, Stückzahl, Gewicht, *LhNr*);
relation LagereinheitArt(**LeaNr**, LeaName,
  Länge, Breite, Höhe, MaxGewicht);
relation Lagerhilfsmittel(**LhNr**, *LhaNr*, Gewicht, *LoNr*);
relation LagerhilfsmittelArt(**LhaNr**, LhaName,
  Länge, Breite, Höhe, MaxGewicht);
relation Lagerort(**LoNr**, *LoaNr*, Gewicht);
relation LagerortArt(**LoaNr**, Länge, Breite, Höhe, MaxGewicht);
relation Verträglichkeit(***ANr***, ***LoNr***);

Wir erkennen, daß eine Relation überhaupt keinen Fremdschlüssel besitzen muß (z.B. ArtikelArt), beliebig viele besitzen kann (z.B. Lagereinheit), und daß sogar Teile von Schlüsseln Fremdschlüssel sein können (z.B. Verträglichkeit).

Bemerkung: Die Fremdschlüsselbedingung kann man abschwächen, indem man keine Namensgleichheit der Attribute in R und S fordert (Gleichheit der Domänen ist jedoch erforderlich). Daß dann aber jeweils noch dasselbe gemeint ist, stellt Zusatzwissen dar; die Fremdschlüssel in einem Schema lassen sich dann jedenfalls nicht mehr mechanisch bestimmen.

Erinnern wir uns nun des Beispiels in Abschnitt 4.3.8. Dort unterstellten wir bei der Diskussion der äußeren Verbindung zunächst, daß keine Lagereinheit Verwendung findet, deren Typ nicht bekannt ist. Dies war gleichbedeutend mit dem Nichtauftreten von *NULL*-Werten im entsprechenden Left Outer Join. Will man diese Eigenschaft erzwingen — und dies unter allen Änderungen —, so bedarf es wieder einer Konsistenzbedingung.

Referentielle Konsistenz: Seien T_R und T_S Relationstypen mit den zugehörigen Relationen R und S sowie den Attributmengen A_R und A_S. Sei $X = \{A_{Rf_1}, \ldots, A_{Rf_p}\} \subseteq A_R$, $Y = \{A_{Sg_1}, \ldots, A_{Sg_p}\} \subseteq A_S$. Dann besteht eine referentielle Konsistenz von Y in T_S bezüglich X in T_R, wenn zu *jedem* Zeitpunkt gilt: $\pi_{(A_{Sg_1}, \ldots, A_{Sg_p})}(S) \subseteq \pi_{(A_{Rf_1}, \ldots, A_{Rf_p})}(R)$.

Auch diese Eigenschaft ist einmal mehr im Schema verankert und nicht an Ausprägungen festgemacht. Es dürfen also in Tupeln $s \in S$ unter den Attributen aus X zu jedem Zeitpunkt nur solche Werte erscheinen, die bereits in einem Tupel $r \in R$ unter den selben Attributen eingetragen sind.

Referentielle Konsistenz hat besondere Bedeutung bei Fremdschlüsseln, d.h. $X = Y$ und X ist Fremdschlüssel in T_S bezüglich T_R.

4.8 Weitere Modellierungen

Wir ergänzen im folgenden unser Beispiel aus der Lagerverwaltung um unsere beiden anderen Anwendungsszenarien. Dies hat zwei Gründe. Zum einen wollen wir die eingeführten Sachverhalte durch Demonstration an etwas andersartigen Miniwelten vertiefen. Zum anderen sollen diese Beispiele dazu dienen, einige Schwierigkeiten aufzuzeigen, die sich bei Modellierungen mit dem relationalen Modell ergeben können.

4.8.1 Beispiel: Geometrische Objekte

Als erstes greifen wir unser Anwendungsszenario der geometrischen Objekte in ihrer Begrenzungsflächendarstellung auf (Abschnitt 3.2). Wir müssen hierzu eine Modellierung wählen, in der die Ebenen des Begrenzungsflächenmodells einzeln repräsentiert werden:

```
domain GeoName: Zeichen(20);
domain FID, KID, PID: Zeichen(8);
domain X, Y, Z: Gleitkommazahl;

relation GeoKörper(GeoName, FID);
relation GeoFläche(FID, KID);
relation GeoKante(KID, PID);
relation GeoPunkt(PID, X, Y, Z);
```

Diese Relationen beschreiben ausschließlich die Topologie und Metrik eines Objekts, weitere Eigenschaften wie etwa Oberflächengüte, Technologie- und Fertigungsangaben sind weggelassen. Bild 4.42 zeigt die Ausprägungen dieser Relationen für den in Bild 3.3 eingeführten Quader, der im folgenden die Bezeichnung Quader77 tragen soll.

Wir wollen noch einen zweiten, von Quader77 disjunkten Quader88 hinzunehmen. Daß die Relationen nun völlig unübersichtlich werden (siehe Bild 4.43), sollte nicht weiter stören, da wir das Zusammenstellen zusammengehöriger Daten getrost dem Datenbanksystem überlassen können, sofern wir nur die entsprechende Anfrage stellen. Diese fällt allerdings sehr umständlich aus, da die Bestandteile des Quaders auf vier verschiedene Relationen aufgeteilt

GeoKörper	
GeoName	FID
Quader77	F-701
Quader77	F-702
Quader77	F-703
Quader77	F-704
Quader77	F-705
Quader77	F-706

GeoPunkt			
PID	X	Y	Z
P-701	4.0	0.0	0.0
P-702	2.0	0.0	0.0
P-703	2.0	0.0	1.0
P-704	4.0	0.0	1.0
P-705	2.0	1.5	1.0
P-706	2.0	1.5	0.0
P-707	4.0	1.5	1.0
P-708	4.0	1.5	0.0

GeoFläche	
FID	KID
F-701	K-701
F-701	K-702
F-701	K-703
F-701	K-704
F-702	K-704
F-702	K-708
F-702	K-710
F-702	K-712
F-703	K-705
F-703	K-706
F-703	K-707
F-703	K-708
F-704	K-701
F-704	K-705
F-704	K-711
F-704	K-712
F-705	K-703
F-705	K-707
F-705	K-709
F-705	K-710
F-706	K-702
F-706	K-706
F-706	K-709
F-706	K-711

GeoKante	
KID	PID
K-701	P-701
K-701	P-702
K-702	P-702
K-702	P-703
K-703	P-703
K-703	P-704
K-704	P-701
K-704	P-704
K-705	P-706
K-705	P-708
K-706	P-705
K-706	P-706
K-707	P-705
K-707	P-707
K-708	P-707
K-708	P-708
K-709	P-703
K-709	P-705
K-710	P-704
K-710	P-707
K-711	P-702
K-711	P-706
K-712	P-701
K-712	P-708

Bild 4.42. Relationsausprägungen zur Modellierung eines geometrischen Körpers

GeoKörper	
GeoName	FID
Quader77	F-701
Quader77	F-702
Quader77	F-703
Quader77	F-704
Quader77	F-705
Quader77	F-706
Quader88	F-801
Quader88	F-802
Quader88	F-803
Quader88	F-804
Quader88	F-805
Quader88	F-806

GeoPunkt			
PID	X	Y	Z
P-701	4.0	0.0	0.0
P-702	2.0	0.0	0.0
P-703	2.0	0.0	1.0
P-704	4.0	0.0	1.0
P-705	2.0	1.5	1.0
P-706	2.0	1.5	0.0
P-707	4.0	1.5	1.0
P-708	4.0	1.5	0.0
P-801	5.0	2.0	4.0
P-802	5.0	2.0	6.0
P-803	5.0	6.5	4.0
P-804	5.0	6.5	6.0
P-805	8.0	2.0	4.0
P-806	8.0	2.0	6.0
P-807	8.0	6.5	4.0
P-808	8.0	6.5	6.0

GeoFläche	
FID	KID
F-701	K-701
F-701	K-702
F-701	K-703
F-701	K-704
F-702	K-704
F-702	K-708
F-702	K-710
F-702	K-712
F-703	K-705
F-703	K-706
F-703	K-707
F-703	K-708
F-704	K-701
F-704	K-705
F-704	K-711
F-704	K-712
F-705	K-703
F-705	K-707
F-705	K-709
F-705	K-710
F-706	K-702
F-706	K-706
F-706	K-709
F-706	K-711
F-801	K-801
F-801	K-802
F-801	K-803
F-801	K-804
F-802	K-804
F-802	K-808
F-802	K-810
F-802	K-812
F-803	K-805
F-803	K-806
F-803	K-807
F-803	K-808
F-804	K-801
F-804	K-805
F-804	K-811
F-804	K-812
F-805	K-803
F-805	K-807
F-805	K-809
F-805	K-810
⋮	⋮

GeoKante	
KID	PID
K-701	P-701
K-701	P-702
K-702	P-702
K-702	P-703
K-703	P-703
K-703	P-704
K-704	P-701
K-704	P-704
K-705	P-706
K-705	P-708
K-706	P-705
K-706	P-706
K-707	P-705
K-707	P-707
K-708	P-707
K-708	P-708
K-709	P-703
K-709	P-705
K-710	P-704
K-710	P-707
K-711	P-702
K-711	P-706
K-712	P-701
K-712	P-708
K-801	P-801
K-801	P-802
K-802	P-802
K-802	P-803
K-803	P-803
K-803	P-804
K-804	P-801
K-804	P-804
K-805	P-806
K-805	P-808
K-806	P-805
K-806	P-806
K-807	P-805
K-807	P-807
K-808	P-807
K-808	P-808
K-809	P-803
K-809	P-805
K-810	P-804
K-810	P-807
⋮	⋮

Bild 4.43. Relationsausprägungen nach Hinzunahme eines Quaders

sind. Ein geometrischer Körper wird somit nicht als (Informations–)Einheit repräsentiert. Es bedarf einer genauen Kenntnis des Relationenschemas, um eine „Rekonstruktion" eines geometrischen Körpers aus den einzelnen Relationen durchzuführen. Die dabei auszuführenden Operationsfolgen sind noch dazu relativ komplex. Zum Beispiel erhält man alle Informationen über den Quader77 durch folgende relationenalgebraische Anfrage:

$\sigma_{\text{GeoName='Quader77'}}(\text{GeoKörper}) \bowtie \text{GeoFläche} \bowtie \text{GeoKante} \bowtie \text{GeoPunkt}.$

Das Ergebnis zeigt Bild 4.44. Es ist wenig attraktiv: Die in der Datenbasis noch vorhandene Flächenbegrenzungsstruktur ist im Ergebnis nicht wiederzuerkennen. Zudem müssen im Rahmen der drei Join–Operationen alle Tupel, also auch die gar nicht den Quader77 betreffenden, inspiziert werden.

Selbst wenn man sich nur für die zum Quader77 gehörenden Eckpunkte interessiert, bleibt die aufwendige Join–Folge nicht erspart:

$\pi_{\text{X,Y,Z}}(\sigma_{\text{GeoName='Quader77'}}(\text{GeoKörper}) \bowtie \text{GeoFläche} \bowtie \text{GeoKante} \bowtie \text{GeoPunkt}).$

Dies gilt auch für die Frage nach allen Quadern, die mit einer Ecke im Nullpunkt liegen. In optimierter Reihenfolge (d.h., unter Erzielen möglichst kleiner Zwischenergebnisse bei Abarbeitung von links nach rechts) lautet sie

$\pi_{\text{GeoName}}(\sigma_{\text{X=0} \wedge \text{Y=0} \wedge \text{Z=0}}(\text{GeoPunkt}) \bowtie \text{GeoKante} \bowtie \text{GeoFläche} \bowtie \text{GeoKörper}).$

Die Unübersichtlichkeit der Relationen kommt vor allem dadurch zustande, daß nicht nur die geometrischen Körper an sich, sondern auch die Flächen, Kanten und Punkte durch eigenständige Tupel repräsentiert und daher eindeutig identifiziert werden müssen. In der vorliegenden Modellierung geschieht dies mittels der Attribute FID, KID und PID. Für die Anwendung sind diese Identifikatoren eigentlich ohne Bedeutung. In der vorliegenden Modellierung muß sich der Anwender beim Einfügen neuer Tupel selbst um sie und ihre Eindeutigkeit kümmern.

Die vorgestellten Relationen sind übrigens in dieser Form keineswegs zwingend. Wir wissen nämlich von unserer Beispielwelt, daß wegen der Disjunktheit der Quader — sie sind die momentan einzig interessierenden geometrischen Objekte — jede Fläche eindeutig zu einem Quader gehört und daß jede Kante durch genau zwei Eckpunkte bestimmt ist. Demzufolge hätten wir auch das folgende Schema vereinbaren können:

```
relation GeoFläche(GeoName, FID, KID);
relation GeoKante(KID, PID1, PID2);
relation GeoPunkt(PID, X, Y, Z);
```

Die Domänen sind die gleichen wie zuvor vereinbart. Bild 4.45 zeigt die Modellierung für diesen Fall. Ein Vergleich mit Bild 4.43 verdeutlicht die einfachere Struktur. Man muß allerdings einwenden, daß für die eigentlich interessierenden geometrischen Objekte gar keine eigene Relation mehr existiert.

GeoName	FID	KID	PID	X	Y	Z
Quader77	F-701	K-701	P-701	4.0	0.0	0.0
Quader77	F-701	K-701	P-702	2.0	0.0	0.0
Quader77	F-701	K-702	P-702	2.0	0.0	0.0
Quader77	F-701	K-702	P-703	2.0	0.0	1.0
Quader77	F-701	K-703	P-703	2.0	0.0	1.0
Quader77	F-701	K-703	P-704	4.0	0.0	1.0
Quader77	F-701	K-704	P-701	4.0	0.0	0.0
Quader77	F-701	K-704	P-704	4.0	0.0	1.0
Quader77	F-702	K-704	P-701	4.0	0.0	0.0
Quader77	F-702	K-704	P-704	4.0	0.0	1.0
Quader77	F-702	K-708	P-707	4.0	1.5	1.0
Quader77	F-702	K-708	P-708	4.0	1.5	0.0
Quader77	F-702	K-710	P-704	4.0	0.0	1.0
Quader77	F-702	K-710	P-707	4.0	1.5	1.0
Quader77	F-702	K-712	P-701	4.0	0.0	0.0
Quader77	F-702	K-712	P-708	4.0	1.5	0.0
Quader77	F-703	K-705	P-706	2.0	1.5	0.0
Quader77	F-703	K-705	P-708	4.0	1.5	0.0
Quader77	F-703	K-706	P-705	2.0	1.5	1.0
Quader77	F-703	K-706	P-706	2.0	1.5	0.0
Quader77	F-703	K-707	P-705	2.0	1.5	1.0
Quader77	F-703	K-707	P-707	4.0	1.5	1.0
Quader77	F-703	K-708	P-707	4.0	1.5	1.0
Quader77	F-703	K-708	P-708	4.0	1.5	0.0
Quader77	F-704	K-701	P-701	4.0	0.0	0.0
Quader77	F-704	K-701	P-702	2.0	0.0	0.0
Quader77	F-704	K-705	P-706	2.0	1.5	0.0
Quader77	F-704	K-705	P-708	4.0	1.5	0.0
Quader77	F-704	K-711	P-702	2.0	0.0	0.0
Quader77	F-704	K-711	P-706	2.0	1.5	0.0
Quader77	F-704	K-712	P-701	4.0	0.0	0.0
Quader77	F-704	K-712	P-708	4.0	1.5	0.0
Quader77	F-705	K-703	P-703	2.0	0.0	1.0
Quader77	F-705	K-703	P-704	4.0	0.0	1.0
Quader77	F-705	K-707	P-705	2.0	1.5	1.0
Quader77	F-705	K-707	P-707	4.0	1.5	1.0
Quader77	F-705	K-709	P-703	2.0	0.0	1.0
Quader77	F-705	K-709	P-705	2.0	1.5	1.0
Quader77	F-705	K-710	P-704	4.0	0.0	1.0
Quader77	F-705	K-710	P-707	4.0	1.5	1.0
Quader77	F-706	K-702	P-702	2.0	0.0	0.0
Quader77	F-706	K-702	P-703	2.0	0.0	1.0
Quader77	F-706	K-706	P-705	2.0	1.5	1.0
Quader77	F-706	K-706	P-706	2.0	1.5	0.0
⋮	⋮	⋮	⋮	⋮	⋮	⋮
⋮	⋮	⋮	⋮	⋮	⋮	⋮

Bild 4.44. Ergebnis zur relationenalgebraischen Anfrage

GeoFläche		
GeoName	FID	KID
Quader77	F-701	K-701
Quader77	F-701	K-702
Quader77	F-701	K-703
Quader77	F-701	K-704
Quader77	F-702	K-704
Quader77	F-702	K-708
Quader77	F-702	K-710
Quader77	F-702	K-712
Quader77	F-703	K-705
Quader77	F-703	K-706
Quader77	F-703	K-707
Quader77	F-703	K-708
Quader77	F-704	K-701
Quader77	F-704	K-705
Quader77	F-704	K-711
Quader77	F-704	K-712
Quader77	F-705	K-703
Quader77	F-705	K-707
Quader77	F-705	K-709
Quader77	F-705	K-710
Quader77	F-706	K-702
Quader77	F-706	K-706
Quader77	F-706	K-709
Quader77	F-706	K-711
Quader88	F-801	K-801
Quader88	F-801	K-802
Quader88	F-801	K-803
Quader88	F-801	K-804
Quader88	F-802	K-804
Quader88	F-802	K-808
Quader88	F-802	K-810
Quader88	F-802	K-812
Quader88	F-803	K-805
Quader88	F-803	K-806
Quader88	F-803	K-807
Quader88	F-803	K-808
Quader88	F-804	K-801
Quader88	F-804	K-805
Quader88	F-804	K-811
Quader88	F-804	K-812
Quader88	F-805	K-803
Quader88	F-805	K-807
Quader88	F-805	K-809
Quader88	F-805	K-810
⋮	⋮	⋮
⋮	⋮	⋮

GeoKante		
KID	PID1	PID2
K-701	P-701	P-702
K-702	P-702	P-703
K-703	P-703	P-704
K-704	P-701	P-704
K-705	P-706	P-708
K-706	P-705	P-706
K-707	P-705	P-707
K-708	P-707	P-708
K-709	P-703	P-705
K-710	P-704	P-707
K-711	P-702	P-706
K-712	P-701	P-708
K-801	P-801	P-802
K-802	P-802	P-803
K-803	P-803	P-804
K-804	P-801	P-804
K-805	P-806	P-808
K-806	P-805	P-806
K-807	P-805	P-807
K-808	P-807	P-808
K-809	P-803	P-805
K-810	P-804	P-807
K-811	P-802	P-806
K-812	P-801	P-808

GeoPunkt			
PID	X	Y	Z
P-701	4.0	0.0	0.0
P-702	2.0	0.0	0.0
P-703	2.0	0.0	1.0
P-704	4.0	0.0	1.0
P-705	2.0	1.5	1.0
P-706	2.0	1.5	0.0
P-707	4.0	1.5	1.0
P-708	4.0	1.5	0.0
P-801	5.0	2.0	4.0
P-802	5.0	2.0	6.0
P-803	5.0	6.5	4.0
P-804	5.0	6.5	6.0
P-805	8.0	2.0	4.0
P-806	8.0	2.0	6.0
P-807	8.0	6.5	4.0
P-808	8.0	6.5	6.0

Bild 4.45. Alternative Modellierung der geometrischen Relationen

Die Anfragen sind leider nicht einfacher geworden. Alle Informationen über den Quader77 erhält man nunmehr mittels

$$\sigma_{\mathsf{GeoName='Quader77'}}(\mathsf{GeoFläche}) \\ \bowtie \mathsf{GeoKante} \bowtie \mathsf{GeoPunkt}_{\mathsf{PID1 \leftarrow PID}} \bowtie \mathsf{GeoPunkt}_{\mathsf{PID2 \leftarrow PID}}.$$

Zwar wird sich im Ergebnis nun die Tupelzahl vermindern, dafür erhöht sich aber die Zahl der Attribute. Die Anfrage nach allen Quadern, die mit einer Ecke im Nullpunkt liegen, lautet nun

$$\pi_{\mathsf{GeoName}}((\sigma_{\mathsf{X=0 \wedge Y=0 \wedge Z=0}}(\mathsf{GeoPunkt}_{\mathsf{PID1 \leftarrow PID}}) \bowtie \mathsf{GeoKante} \cup \\ \sigma_{\mathsf{X=0 \wedge Y=0 \wedge Z=0}}(\mathsf{GeoPunkt}_{\mathsf{PID2 \leftarrow PID}}) \bowtie \mathsf{GeoKante}) \bowtie \mathsf{GeoFläche}).$$

4.8.2 Beispiel: Kartographie

Ein relationales Schema für die in Abschnitt 3.3 vorgestellte Miniwelt „Kartographie" zu erstellen, ist keineswegs eine einfache Aufgabe. Wir wollen daher erst später bei der Betrachtung des Datenbankentwurfs detailliert darauf eingehen. Eines der Probleme besteht beispielsweise darin, daß wir gelegentlich über Gewässer insgesamt sprechen wollen, dann aber auch wieder getrennt über Seen, Meere und Flüsse. Eine Lösung könnte dann sein, daß wir zwar nur eine einzige Relation für Gewässer aufstellen, aber in den Tupeln vermerken, um welche Art Gewässer es sich handelt. Eine andere Lösungsmöglichkeit — und für diese wollen wir uns entscheiden — besteht darin, unterschiedliche Gewässer in jeweils eigenen Relationen abzuspeichern. Demgemäß werden die Relationen Fluß, Meer und See aufgestellt. Ein zweites Problem ähnelt dem aus Abschnitt 4.8.1. Die Zahl der Punkte eines Polygons und Linienzugs ist vorab nicht bekannt, so daß wir beide in einzelne Kanten bzw. in eine geordnete Folge von Punkten auflösen müssen. Da Relationen eine solche Ordnung nicht von sich aus garantieren könenn, müssen wir künstliche Attribute einführen, in denen Reihenfolgepositionen angegeben sind.

Mit diesen Überlegungen ergibt sich das folgende Schema, wobei wir auf die Auflistung der Domänen verzichten:

relation Punkt(PID, X, Y);
relation Kreis(KRID, PID, Radius);
relation Polygon(PGID, PID, Reihenfolge);
relation Linienzug(LZID, PID, Reihenfolge);

relation Staat(StaatName, Begrenzung);
relation Stadt(StadtName, Begrenzung);
relation See(SeeName, Begrenzung);
relation Meer(MeerName, Verlauf);
relation Fluß(FlußName, Verlauf);

Dieses Schema erlaubt nicht, alles Wissen über die Miniwelt im Datenbanksystem auch durchzusetzen. So muß bei der Eingabe durch den Benutzer dafür

Sorge getragen werden, daß ein Polygon ein geschlossener Linienzug ist. Auch fällt auf, daß die Topologie durch keine Relation erfaßt ist. Tatsächlich kann man die topologischen Eigenschaften aus den metrischen berechnen. So kann ermittelt werden, in welchen Fluß oder welches Meer ein Fluß mündet, indem man prüft, an welchem Linienzug oder Polygon der Linienzug dieses Flusses endet. Welcher Fluß welchen See oder welchen Staat durchfließt, stellt man fest, indem man prüft, welche Polygone welche Linienzüge überdecken oder berühren. Und welche Stadt an welchem Gewässer liegt, ist an dem Berühren oder Schneiden von Kreisen mit Linienzügen oder Polygonen zu erkennen.

All dies erfordert jedoch die Möglichkeit, numerische Berechnungen anzustellen. Diese aber bietet das relationale Modell nicht, wie wir bereits in Abschnitt 4.3.10 diskutiert haben. Also bleibt uns nichts anderes übrig, als eigene Relationen für die Topologie aufzustellen:

```
relation MündetIn(Fluß, FlußOderMeer);
relation FließtDurch(Fluß, SeeOderStaat);
relation LiegtAn(Stadt, SeeOderFlußOderMeer);
relation LiegtIn(Stadt, Staat);
```

In den Attributbezeichnungen spiegelt sich wider, daß die entsprechenden Werte aus unterschiedlichen Relationen stammen können. Die Fremdschlüsselbedingung ist also erheblich komplizierter als in Abschnitt 4.7 eingeführt. Die Bilder 4.46 bis 4.54 zeigen eine kleine Beispieldatenbasis (ohne die planimetrischen Strukturen).

Staat	
StaatName	Begrenzung
Belgien	PG-01
Bulgarien	PG-02
Deutschland	PG-03
Frankreich	PG-04
Großbritannien	PG-05
Niederlande	PG-06
Österreich	PG-07
Rumänien	PG-08
Schweden	PG-09
Schweiz	PG-10
Ungarn	PG-11

Bild 4.46. Beispielrelation Staat

Ohne weiteres lassen sich nun verschiedene Anfragen beantworten, beispielsweise nach deutschen Städten, die am Rhein liegen:

$$\pi_{\text{Stadt}}(\sigma_{\text{Staat='Deutschland'}}(\text{LiegtIn}) \bowtie \sigma_{\text{SeeOderFlußOderMeer='Rhein'}}(\text{LiegtAn}))$$

Stadt	
StadtName	Begrenzung
Berlin	KR-01
Budapest	KR-02
Bukarest	KR-03
Brüssel	KR-04
Dresden	KR-05
Frankfurt	KR-06
Genf	KR-07
Gibraltar	KR-08
Hamburg	KR-09
Koblenz	KR-10
Konstanz	KR-11
London	KR-12
Mainz	KR-13
Paris	KR-14
Pilsen	KR-15
Prag	KR-16
Rotterdam	KR-17
Sofia	KR-18
Stockholm	KR-19
Wien	KR-20

Bild 4.47. Beispielrelation Stadt

Meer	
MeerName	Verlauf
Atlantik	LZ-01
Mittelmeer	LZ-02
Nordsee	LZ-03
Ostsee	LZ-04
Schwarzes Meer	LZ-05

Bild 4.48. Beispielrelation Meer

Fluß	
FlußName	Verlauf
Donau	LZ-101
Elbe	LZ-102
Maas	LZ-103
Main	LZ-104
Marne	LZ-105
Moldau	LZ-106
Mosel	LZ-107
Rhein	LZ-108
Rhône	LZ-109
Seine	LZ-110
Themse	LZ-111

Bild 4.49. Beispielrelation Fluß

See	
SeeName	Begrenzung
Bodensee	PG-101
Genfer See	PG-102
Maelarsee	PG-103

Bild 4.50. Beispielrelation See

LiegtIn	
Stadt	Staat
Berlin	Deutschland
Budapest	Ungarn
Bukarest	Rumänien
Dresden	Deutschland
Frankfurt	Deutschland
Genf	Schweiz
Gibraltar	Großbritannien
Hamburg	Deutschland
Koblenz	Deutschland
Konstanz	Deutschland
London	Großbritannien
Mainz	Deutschland
Paris	Frankreich
Prag	Tschechien
Pilsen	Tschechien
Rotterdam	Niederlande
Sofia	Bulgarien
Stockholm	Schweden
Wien	Österreich

Bild 4.51. Beispielrelation LiegtIn

LiegtAn	
Stadt	SeeOderFlußOderMeer
Budapest	Donau
Dresden	Elbe
Frankfurt	Main
Genf	Genfer See
Genf	Rhône
Gibraltar	Atlantik
Gibraltar	Mittelmeer
Hamburg	Elbe
Koblenz	Mosel
Koblenz	Rhein
Konstanz	Bodensee
London	Themse
Mainz	Main
Mainz	Rhein
Paris	Marne
Paris	Seine
Prag	Moldau
Rotterdam	Rhein
Stockholm	Maelarsee
Stockholm	Ostsee
Wien	Donau

Bild 4.52. Beispielrelation LiegtAn

MündetIn	
Fluß	FlußOderMeer
Donau	Schwarzes Meer
Elbe	Nordsee
Maas	Nordsee
Main	Rhein
Marne	Seine
Moldau	Elbe
Mosel	Rhein
Rhein	Nordsee
Rhône	Mittelmeer
Seine	Atlantik
Themse	Nordsee

Bild 4.53. Beispielrelation MündetIn

FließtDurch	
Fluß	SeeOderStaat
Donau	Bulgarien
Donau	Deutschland
Donau	Österreich
Donau	Rumänien
Donau	Ungarn
Elbe	Deutschland
Elbe	Tschechien
Maas	Belgien
Maas	Frankreich
Maas	Niederlande
Main	Deutschland
Marne	Frankreich
Moldau	Tschechien
Mosel	Deutschland
Mosel	Frankreich
Rhein	Bodensee
Rhein	Deutschland
Rhein	Frankreich
Rhein	Niederlande
Rhein	Schweiz
Rhône	Frankreich
Rhône	Genfer See
Rhône	Schweiz
Seine	Frankreich
Themse	Großbritannien

Bild 4.54. Beispielrelation FließtDurch

Stadt
Koblenz
Mainz

Bild 4.55. Ergebnis der relationenalgebraischen Anfrage (siehe Text)

Bild 4.55 zeigt das Ergebnis der Anfrage. Die relationenalgebraische Formulierung für die Frage nach deutschen Flüssen, die in die Nordsee fließen, lautet:

$$\pi_{\text{Fluß}}(\sigma_{\text{SeeOderStaat='Deutschland'}}(\text{FließtDurch}) \ltimes \sigma_{\text{FlußOderMeer='Nordsee'}}(\text{MündetIn}))$$

Fluß
Elbe
Rhein

Bild 4.56. Ergebnis der relationenalgebraischen Anfrage (siehe Text)

Das Ergebnis zeigt Bild 4.56. Übrigens lassen sich beide Anfragen auch als Durchschnittsbildung formulieren. Schließlich betrachten wir noch die Anfrage nach allen deutschen Flüssen, die — direkt und indirekt — ihre Wasser in die Nordsee entleeren. Dazu genügt es nicht, alleine die unmittelbar in die Nordsee mündenden Flüsse zu betrachten. Vielmehr sind auch die in diese mündenden Flüsse zu betrachten, und dann wiederum die in diese mündenden Flüsse, usw. Es handelt sich offensichtlich um eine rekursive Beziehung. Diese läßt sich aber mit den Mitteln der relationalen Algebra (und damit auch der relationalen Kalküle) nicht nachbilden, da die Zahl der algebraischen Operationen pro Anfrage exakt vorgegeben werden muß.

4.9 Grenzen des relationalen Modells

Die letzten Beispiele mögen den Anschein erweckt haben, also ob das relationale Datenmodell bei vielen Anwendungen sehr rasch an seine Grenzen stieße. Das ist aber keineswegs so, wie die große Verbreitung des Datenmodells bezeugt. Im Gegenteil: Seine Operatoren, die in wenigen Schritten und mit kurzen Formulierungen das Herausfiltern und Zusammenstellen von Daten aus einer Datenbasis nach vielfältigen Kriterien gestatten und mit der tabellarischen Darstellung für vertraute Anschaulichkeit sorgen, machen dieses Datenmodell zu einem flexiblen Instrument. Wenn wir nun nochmals die beobachteten Grenzen zusammenstellen, dann geschieht dies in der Absicht, diejenigen Anwendungen zu identifizieren, deren Eigenheiten Schwierigkeiten bei der Anwendung relationaler Datenbanksysteme erwarten lassen:

- Der erste Problembereich, den wir vor allem in den Beispielen aus der Lagerverwaltung und der Kartographie antrafen, bezog sich auf das Fehlen von Funktionen für numerische Berechnungen. Diese Schwierigkeiten überkäme man durch Einführen von Funktionssymbolen in die Kalküle.

Freilich genügte es nicht, nur einen Satz von Standardfunktionen bereitzuhalten. Wie beide genannten Beispiele gezeigt haben, werden darüber hinaus anwendungsspezifisch zu vereinbarende Funktionen benötigt.

- Besonders bei den geometrischen Objekten hat sich die mangelnde Unterstützung der sogenannten *Aggregierung* oder „Besteht–aus"–Beziehung bemerkbar gemacht, in der sich Objekte aus anderen Objekten zusammensetzen, also etwa Kanten aus Punkten, Flächen aus Kanten, und Körper aus Flächen. Was man sich gewünscht hätte, wäre eine Gruppierung der Tupel nach ihrer Objektzugehörigkeit gewesen. Stattdessen wurde jedoch eine sachfremde Gruppierung nach Relationstypen mit einer entsprechenden Durchmischung der Objekte vorgenommen. Zur Rekonstruktion mußten aufwendige Join–Operationen herangezogen werden.
- Im Rahmen unseres Kartographiebeispiels hatten wir Flüsse, Seen und Meere teilweise sehr genau unterschieden (Aufteilung in einzelne Relationen), teilweise aber auch wieder gemeinsam betrachtet (Relation LiegtAn sieht Flüsse, Seen und Meere in ihrer gemeinsamen Eigenschaft als Gewässer). Man sagt dann auch, daß Gewässer eine *Generalisierung* für Fluß ist, ebenso eine für See und Meer. Es steht zu vermuten, daß sich durch ausdrückliches Einführen des Generalisierungsprinzips in ein Datenmodell solche Zusammenhänge zwischen Datenbeständen systematisch erfassen ließen.
- Schließlich hat sich als vierter Problembereich das Fehlen von Rekursion — oder in unserem Beispiel die fehlende Möglichkeit zur Bildung einer transitiven Hülle — herausgestellt.

Da es offenkundig Anwendungsszenarien gibt, bei denen der eine oder andere dieser Problembereiche Kopfschmerzen bereitet, müssen wir

- entweder auf andere, jeweils geeignetere Datenmodelle ausweichen, was Gegenstand des restlichen Teils I ist,
- oder aber das relationale Datenmodell entsprechend erweitern. Für den Fall der Aggregierung werden wir dies im nachfolgenden Kapitel 5 tun, weitere Möglichkeiten diskutieren wir später in Teil III.

4.10 Literatur

Das relationale Datenmodell wurde ursprünglich von Codd in [Cod70] vorgeschlagen, der in [Cod79] und [Dat81] auch Konsistenzbedingungen im Zusammenhang mit Schlüsseln und Fremdschlüsseln diskutiert. Eine ausführliche, durchgehend mathematisch fundierte Diskussion vieler Aspekte des relationalen Modells gibt [Mai83]. Weitere Lehrbücher, in denen das relationale Modell breiten Raum einnimmt, sind [KS91], [GV89], [Dat92] und [Vos94].

5. Das NF^2–Modell

5.1 Charakterisierung

Das relationale Modell ist gekennzeichnet durch die Forderung nach „Atomizität" der Domänen. Das heißt, die Domänen lassen sich (aus der Sicht des Datenbanksystems) nicht als Potenzmenge oder kartesisches Produkt aus einfacheren Wertevorräten darstellen. Im NF^2–Modell wird bei unveränderter Mächtigkeit das relationale Modell nun so erweitert, daß als zusätzliche Orthogonalität „komplexe" Domänen zugelassen werden. Bild 5.1 zeigt die sich ergebenden Strukturierungsregeln, die das „puristische" NF^2–Modell bei der Bildung von Datentypen vorsieht.[1]

Bild 5.1. Mächtigkeit und Orthogonalität des NF^2–Datenmodells

Im Unterschied zum herkömmlichen Relationenmodell können im NF^2–Modell Attribute von Tupeln mengenwertig sein. In diesen Mengen stehen selbst wieder Tupel. Da Mengen von Tupeln bekanntlich selbst wieder als Relationen angesehen werden können, haben wir den Fall vor uns, daß Relationen ineinander geschachtelt sind.

Hinsichtlich der Verknüpfbarkeit unterscheidet sich das NF^2–Modell nicht grundlegend vom relationalen Modell, wenngleich natürlich jetzt der Definitionsbereich und Bildbereich der Operatoren geschachtelte Relationen sind und aufgrund des komplizierteren Aufbaus von Relationen zusätzliche Operatoren zu erwarten sind. Bild 5.2 kann diese Zusätze nicht erfassen und entspricht daher Bild 4.2. Hinsichtlich der Generizität schließlich verfolgt auch das NF^2–Modell eine strikte Philosophie der Polymorphie.

Der NF^2–Ansatz ist gelegentlich zu voller Orthogonalität erweitert worden. Bild 5.3 illustriert dazu das sogenannte ENF^2–Modell („ENF^2" für Exten-

[1] Das Kürzel NF^2 steht für Non First Normal Form. Relationen im NF^2–Modell befinden sich demzufolge nicht in erster Normalform. Ohne hier Kapitel 13 vorgreifen zu wollen, sei an dieser Stelle doch gesagt, daß damit gerade die Aufhebung des Prinzips atomarer Domänen gemeint ist.

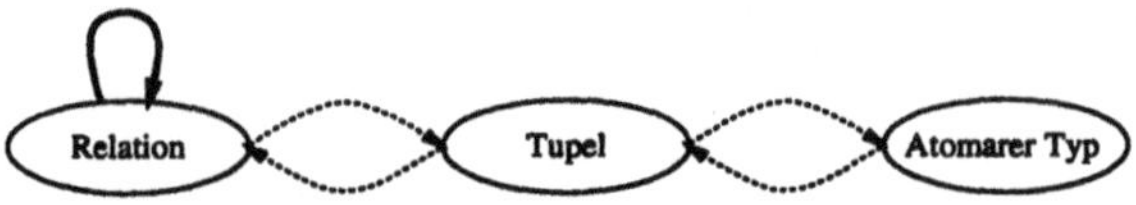

Bild 5.2. Verknüpfbarkeit im NF²-Datenmodell

ded NF²), das zudem den Konstruktor Liste als zusätzliches Element einführt, um Ordnungen erfassen zu können. Hier taucht der Relationenbegriff übrigens nicht mehr eigens auf; eine Relation hat man sich in diesem Diagramm als abkürzende Schreibweise für eine Menge von Tupeln vorzustellen.

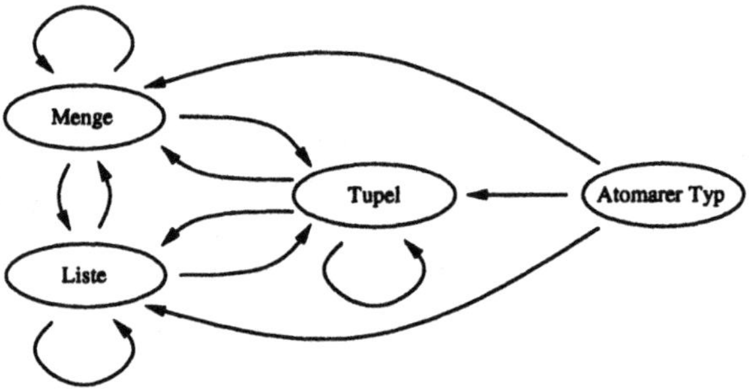

Bild 5.3. Mächtigkeit und Orthogonalität des ENF²-Modells

Für die folgenden Betrachtungen gehen wir aus Übersichtlichkeits- und Einfachheitsgründen von dem weniger mächtigen, „puristischen" NF²-Modell aus, soweit nicht anders erwähnt.

5.2 Struktur der Daten

5.2.1 Beispiel: Geometrische Objekte

Die Strukturierungsregeln des NF²-Ansatzes erzwingen mit der Schachtelung eine Hierarchiebildung. Mit ihr läßt sich also insbesondere das Enthaltensein von Informationselementen in anderen Elementen erfassen, also die in Abschnitt 4.9 erwähnte Aggregierung als Unter-/Oberobjektbeziehung.

Beispiel: Beispielsweise kann man in der Begrenzungsflächendarstellung für Vielflächner (siehe nochmals Bild 3.3) vier Hierarchiestufen klar voneinander unterscheiden: Die oberste Ebene, bei der ein Körper als Einheit sichtbar ist, und drei darunterliegende Ebenen, die seinen Aufbau aus Flächen, Kanten und schließlich Eckpunkten dokumentieren. Diese Hierarchie ist eine Aggregierungshierarchie, da anschaulich gesprochen ein geometrischer Körper seine Flächen „enthält", jede der Flächen wiederum ihre Kanten, usw.

Bild 5.4 zeigt eine Darstellung des bereits eingeführten Quaders 'Quader77' (siehe dazu nochmals die Abbildungen 3.3 und 4.42), die den Anforderungen an die Visualisierung der Hierarchie gerecht wird, ohne das Grundprinzip der tabellarischen Repräsentation zu verletzen. Tupel sind in dieser Abbildung (und auch in den weiteren dieses Kapitels) aus Anschaulichkeitsgründen explizit durch Striche voneinander getrennt.

NF2GeoKörper						
GeoName	GeoFläche					
	FID	GeoKante				
		KID	GeoPunkt			
			PID	X	Y	Z
Quader77	F-701	K-701	P-701	4.0	0.0	0.0
			P-702	2.0	0.0	0.0
		K-702	P-702	2.0	0.0	0.0
			P-703	2.0	0.0	1.0
		K-703	P-703	2.0	0.0	1.0
			P-704	4.0	0.0	1.0
		K-704	P-701	4.0	0.0	0.0
			P-704	4.0	0.0	1.0
	F-702	K-704	P-701	4.0	0.0	0.0
			P-704	4.0	0.0	1.0
		K-708	P-707	4.0	1.5	1.0
			P-708	4.0	1.5	0.0
		K-710	P-704	4.0	0.0	1.0
			P-707	4.0	1.5	1.0
		K-712	P-701	4.0	0.0	0.0
			P-708	4.0	1.5	0.0
	⋮					
	F-706	K-702	P-702	2.0	0.0	0.0
			P-703	2.0	0.0	1.0
		K-706	P-705	2.0	1.5	1.0
			P-706	2.0	1.5	0.0
		K-709	P-703	2.0	0.0	1.0
			P-705	2.0	1.5	1.0
		K-711	P-702	2.0	0.0	0.0
			P-706	2.0	1.5	0.0

Bild 5.4. Geschachtelte tabellarische Darstellung von Quader77

Zum Relationsinhalt: NF2GeoKörper enthält in der gezeigten Ausprägung lediglich *ein* Tupel, das den Quader Quader77 vollständig beschreibt. Dieses Tupel verfügt im Attribut GeoFläche über eine Menge von sechs (Unter–)Tupeln, von denen jedes eine Fläche des Quaders repräsentiert. Ein Flächen–Tupel schachtelt wiederum eine Menge von je vier weiteren Tupeln, die die Kanten der jeweiligen Fläche darstellen (Attribut GeoKante). Und jede Kante verfügt im Attribut GeoPunkt abschließend über eine Menge von zwei Punkten.

Die mit der Schachtelung erzielte bequeme Gruppierung haben wir allerdings mit dem Nachteil erhöhter Redundanz erkauft. Beispielsweise taucht jeder Punkt des beschriebenen Quaders in Form von vier GeoPunkt–Tupeln in der Relation auf.

5.2.2 Begriffe

Im folgenden gilt es nun, die soeben intuitiv entwickelte Vorstellung der Datenbeschreibung in geschachtelten Relationen zu formalisieren und mit den bisher eingeführten Notationen für Relationen abzugleichen. In einem zweiten Schritt werden wir anschließend untersuchen, welche Operationen im NF^2–Modell neu benötigt werden und inwieweit die erweiterten Definitionen Auswirkungen auf die bereits eingeführten Operationen haben.

Domänen: Wie im herkömmlichen Relationenmodell sind die (atomaren) *Domänen* durch Mengen $D_1, \ldots, D_m$ gegeben.

Weiterhin ist die Menge $\mathcal{C}$ der komplexen Domänen unter Zuhilfenahme der atomaren Domänen D_j wie folgt definiert:

1. *Basis*: Für jede atomare Domäne D_j gilt: $D_j \in \mathcal{C}$. Jede atomare Domäne ist also auch eine komplexe Domäne.
2. *Potenzmengenbildung*: Wenn $C_1, C_2, \ldots, C_k \in \mathcal{C}$, so auch $\mathcal{P}(C_1 \times C_2 \times \ldots \times C_k) \in \mathcal{C}$. Mengenwertige Domänen lassen sich aus bestehenden Domänen unter Ausnutzung des Prinzips der Potenzmengenbildung $\mathcal{P}()$ zusammensetzen.
3. *Abschluß*: Genau durch die vorigen Vorschriften ist $\mathcal{C}$ vollständig konstruierbar.

Beispiel: Zur Modellierung geometrischer Körper wie in Bild 5.4 bedienen wir uns folgender Domänen:

```
domain GeoName: Zeichen(20);
domain FID, KID, PID: Zeichen(8);
domain X, Y, Z: Gleitkommazahl;

domain GeoPunkt: P(PID × X × Y × Z);
domain GeoKante: P(KID × GeoPunkt);
domain GeoFläche: P(FID × GeoKante);
```

Hierbei werden durch die ersten drei Zeilen atomare Domänen definiert, die die Basiselemente geometrischer Körper bilden werden. Die anderen Definitionen bestimmen komplexe Domänen: Ausprägungen von GeoPunkt sind Mengen über Punktidentifikator–Koordinaten–Kombinationen; GeoKante kombiniert Kantenidentifikatoren mit Punktmengen, und GeoFläche faßt Flächenidentifikator und Kantenmenge zusammen.

Nach der Definition komplexer Domänen ist es nun möglich, Relationen zu definieren, die die gewünschte Schachtelungseigenschaft aufweisen. Dazu ist es lediglich notwendig, diese neuen Domänen einzusetzen. Der Begriff der Relation ändert sich damit wie folgt.

Relation: Der Begriff der n–stelligen Relation R wird (wie in Abschnitt 4.2.1) als Teilmenge eines kartesischen Produkts von Domänen eingeführt. Der Unterschied besteht darin, daß es sich jetzt um komplexe Domänen handelt: $R \subseteq C_1 \times \ldots \times C_n$ mit *n komplexen Domänen* $C_i \in \mathcal{C}$, $1 \leq i \leq n$.

Man beachte, daß in dieser Definition die Bildung ungeschachtelter, also herkömmlicher Relationen als Spezialfall eingeschlossen ist. Wir haben also Strukturierungsmöglichkeiten hinzugewonnen, ohne den (beispielsweise für die Lagerverwaltung) bewährten Ansatz aufgeben zu müssen.

Beispiel: Wir definieren die Relation NF2GeoKörper so, daß ihre Struktur der Darstellung in Bild 5.4 entspricht. Dazu nutzen wir die gerade definierten Domänen GeoName und GeoFläche direkt, die anderen indirekt aus:

relation NF2GeoKörper(GeoName, GeoFläche);

Zu jeder komplexen Domäne gehört offensichtlich eine Konstruktionsvorschrift, nach der sich für eine gegebene Relation eine Attributfolge zu einem neuen Attribut zusammenfassen läßt.

Komposition einer Attributfolge: Es sei $R \in \mathcal{R}_n$ eine n–stellige Relation, und es sei $X = (X_1, \ldots, X_k) \in \mathcal{A}_R$ Attributfolge der Relation mit den Domänen $C(X_1), C(X_2), \ldots, C(X_k)$ für $X_1, X_2, \ldots, X_k$. Zu jedem solchen X definieren wir ein neues, dazu korrespondierendes Attribut $X\$ = X_1 X_2 \ldots X_k\$$ mit der Domäne $C(X\$) = \mathcal{P}(C(X_1) \times C(X_2) \times \ldots \times C(X_k))$.

$X_1 X_2 \ldots X_k\$$ mit der Konkatenation der einzelnen Attributnamen kann man als spezielle, nicht mit bestehenden Benennungen kollidierende Namensgebung für das neue Attribut auffassen. $X\$$ dient als Kurzschreibweise hierfür, wenn die daran beteiligten X_i aus dem Kontext ersichtlich oder für die Betrachtungen unwichtig sind.

Dekomposition eines Attributs: Nach dem gleichen Prinzip ist für ein gegebenes zusammengesetztes Attribut $X\$ = X_1 X_2 \ldots X_k\$$ mit ausgeschriebener Domäne $C(X\$) = \mathcal{P}(C(X_1) \times C(X_2) \times \ldots \times C(X_k))$ eine Dekomposition in k Attribute $X_1, \ldots, X_k$ definiert.

Beispiel: Gemäß der für das Eingangsbeispiel definierten Domänen bildet PIDXYZ$ das zu der Folge (PID, X, Y, Z) korrespondierende Attribut. Da die Schreibweise PIDXYZ$ umständlich ist, führen wir GeoPunkt als Kurzschreibweise ein.

Auf die Übertragung von Inhalten zwischen den korrespondierenden Attributen in beide Richtungen gehen wir in den nächsten Abschnitten genauer ein.

5.3 Erweiterungen der relationalen Algebra

5.3.1 Unnest–Operator

Oftmals ist es notwendig, gezielt auf einzelne Teilkomponenten eines Attributs mit komplexer Domäne zuzugreifen, sei es weil (nur) diese Angaben in der Ergebnismenge benötigt werden, sei es zur Weiterverarbeitung durch andere Operationen. Dies ermöglicht der Unnest–Operator, der es erlaubt, Attribute mit komplexen Domänen in ihre Bestandteile zu zerlegen und die Tupel der jeweiligen Relation entsprechend anzupassen.

Definition: Sei $R \in \mathcal{R}_m$, $X\$ \in A_R$ und $Y = A_R \setminus \{X\$\}$. Falls die Domäne von $X\$$ atomar ist, d.h. einem D_j entspricht, definieren wir die bezüglich $X\$$ „entschachtelte" Relation $\mu_{X\$}(R)$ als $\mu_{X\$}(R) := R$.

Andernfalls ist $X\$$ also zusammengesetzt, und es existiert eine dazu korrespondierende k–stellige Attributfolge X mit $X = (X_1, X_2, \ldots, X_k)$. Die Benennungen der X_i sind dabei so zu wählen, daß sie nicht in A_R auftauchen. Für jedes Tupel $r \in R$ definieren wir eine Menge von $(m + k - 1)$–Tupeln: $\mu_{X\$}(\{r\}) := \{r' \mid \pi_X(r') \in \pi_{X\$}(r) \wedge \pi_Y(r') = \pi_Y(r)\}$. Diese Tupel sind bezüglich $X\$$ um eine Hierarchiestufe „entschachtelt".

Die bezüglich des Attributs $X\$$ um eine Hierarchiestufe „entschachtelte" Relation $\mu_{X\$}(R) \in \mathcal{R}_{m+k-1}$ wird dann schließlich als Menge der „entschachtelten" Tupel definiert: $\mu_{X\$}(R) := \cup_{r \in R} \mu_{X\$}(\{r\})$.

Veranschaulichung: Bei einer Unnest–Operation bezüglich $X\$$ wird die Schachtelung von $X\$$ aufgehoben, indem für jeden Einzelwert des Attributs $X\$$ innerhalb eines (geschachtelten) Tupels ein eigenes Tupel angelegt wird, dessen andere Attribute mit dem Rest des Originaltupels aufgefüllt werden.

Beispiel: Wir führen für die Relation NF2GeoKörper sukzessive Unnest–Operationen durch. Ausgangspunkt ist die Situation in Bild 5.5. Nach Ausführung der Operation $\mu_{\text{GeoFläche}}$(NF2GeoKörper) entsteht die Relation NF2-GeoKörper'; siehe hierzu Bild 5.6. Die Mengenbildung über die einem Quader gemeinsamen Flächen ist aufgehoben; dementsprechend existiert nun für jede Fläche eines Quaders ein eigenes Tupel in der Relation NF2GeoKörper'.

Wird der Unnest μ_{GeoKante}(NF2GeoKörper') auf die so entstandene Ergebnisrelation NF2GeoKörper' angewendet, so entsteht die Relation NF2GeoKörper''. Diese ist in Bild 5.7 dargestellt.

Zuletzt können wir noch μ_{GeoPunkt}(NF2GeoKörper'') anwenden. Dabei entsteht mit NF2GeoKörper''' schließlich eine klassische, ungeschachtelte Relation; siehe Bild 5.8. Diese Relation entspricht gerade der Relation, die man erhalten würde, wenn die Relationen aus Abschnitt 4.9 durch Join miteinander kombiniert würden und die wir schon aus Bild 4.44 kennen:

$$\text{NF2GeoKörper}''' = \text{GeoKörper} \bowtie \text{GeoFläche} \bowtie \text{GeoKante} \bowtie \text{GeoPunkt}.$$

NF2GeoKörper						
GeoName	GeoFläche					
	FID	GeoKante				
		KID	GeoPunkt			
			PID	X	Y	Z
Quader77	F-701	K-701	P-701	4.0	0.0	0.0
			P-702	2.0	0.0	0.0
		K-702	P-702	2.0	0.0	0.0
			P-703	2.0	0.0	1.0
		K-703	P-703	2.0	0.0	1.0
			P-704	4.0	0.0	1.0
		K-704	P-701	4.0	0.0	0.0
			P-704	4.0	0.0	1.0
	F-702	K-704	P-701	4.0	0.0	0.0
			P-704	4.0	0.0	1.0
		K-708	P-707	4.0	1.5	1.0
			P-708	4.0	1.5	0.0
		K-710	P-704	4.0	0.0	1.0
			P-707	4.0	1.5	1.0
		K-712	P-701	4.0	0.0	0.0
			P-708	4.0	1.5	0.0
	⋮					
	F-706	K-702	P-702	2.0	0.0	0.0
			P-703	2.0	0.0	1.0
		K-706	P-705	2.0	1.5	1.0
			P-706	2.0	1.5	0.0
		K-709	P-703	2.0	0.0	1.0
			P-705	2.0	1.5	1.0
		K-711	P-702	2.0	0.0	0.0
			P-706	2.0	1.5	0.0

Bild 5.5. Ausgangsrelation für die Unnest-Operationen

NF2GeoKörper'						
GeoName	FID	GeoKante				
		KID	GeoPunkt			
			PID	X	Y	Z
Quader77	F-701	K-701	P-701	4.0	0.0	0.0
			P-702	2.0	0.0	0.0
		K-702	P-702	2.0	0.0	0.0
			P-703	2.0	0.0	1.0
		K-703	P-703	2.0	0.0	1.0
			P-704	4.0	0.0	1.0
		K-704	P-701	4.0	0.0	0.0
			P-704	4.0	0.0	1.0
Quader77	F-702	K-704	P-701	4.0	0.0	0.0
			P-704	4.0	0.0	1.0
		K-708	P-707	4.0	1.5	1.0
			P-708	4.0	1.5	0.0
		K-710	P-704	4.0	0.0	1.0
			P-707	4.0	1.5	1.0
		K-712	P-701	4.0	0.0	0.0
			P-708	4.0	1.5	0.0
		⋮				
Quader77	F-706	K-702	P-702	2.0	0.0	0.0
			P-703	2.0	0.0	1.0
		K-706	P-705	2.0	1.5	1.0
			P-706	2.0	1.5	0.0
		K-709	P-703	2.0	0.0	1.0
			P-705	2.0	1.5	1.0
		K-711	P-702	2.0	0.0	0.0
			P-706	2.0	1.5	0.0

Bild 5.6. Ergebnis nach der ersten Unnest–Operationen

NF2GeoKörper''						
GeoName	FID	KID	GeoPunkt			
			PID	X	Y	Z
Quader77	F-701	K-701	P-701	4.0	0.0	0.0
			P-702	2.0	0.0	0.0
Quader77	F-701	K-702	P-702	2.0	0.0	0.0
			P-703	2.0	0.0	1.0
Quader77	F-701	K-703	P-703	2.0	0.0	1.0
			P-704	4.0	0.0	1.0
Quader77	F-701	K-704	P-701	4.0	0.0	0.0
			P-704	4.0	0.0	1.0
Quader77	F-702	K-704	P-701	4.0	0.0	0.0
			P-704	4.0	0.0	1.0
Quader77	F-702	K-708	P-707	4.0	1.5	1.0
			P-708	4.0	1.5	0.0
Quader77	F-702	K-710	P-704	4.0	0.0	1.0
			P-707	4.0	1.5	1.0
Quader77	F-702	K-712	P-701	4.0	0.0	0.0
			P-708	4.0	1.5	0.0
⋮						
Quader77	F-706	K-702	P-702	2.0	0.0	0.0
			P-703	2.0	0.0	1.0
Quader77	F-706	K-706	P-705	2.0	1.5	1.0
			P-706	2.0	1.5	0.0
Quader77	F-706	K-709	P-703	2.0	0.0	1.0
			P-705	2.0	1.5	1.0
Quader77	F-706	K-711	P-702	2.0	0.0	0.0
			P-706	2.0	1.5	0.0

Bild 5.7. Ergebnis nach der zweiten Unnest–Operationen

NF2GeoKörper'''						
GeoName	FID	KID	PID	X	Y	Z
Quader77	F-701	K-701	P-701	4.0	0.0	0.0
Quader77	F-701	K-701	P-702	2.0	0.0	0.0
Quader77	F-701	K-702	P-702	2.0	0.0	0.0
Quader77	F-701	K-702	P-703	2.0	0.0	1.0
Quader77	F-701	K-703	P-703	2.0	0.0	1.0
Quader77	F-701	K-703	P-704	4.0	0.0	1.0
Quader77	F-701	K-704	P-701	4.0	0.0	0.0
Quader77	F-701	K-704	P-704	4.0	0.0	1.0
Quader77	F-702	K-704	P-701	4.0	0.0	0.0
Quader77	F-702	K-704	P-704	4.0	0.0	1.0
Quader77	F-702	K-708	P-707	4.0	1.5	1.0
Quader77	F-702	K-708	P-708	4.0	1.5	0.0
Quader77	F-702	K-710	P-704	4.0	0.0	1.0
Quader77	F-702	K-710	P-707	4.0	1.5	1.0
Quader77	F-702	K-712	P-701	4.0	0.0	0.0
Quader77	F-702	K-712	P-708	4.0	1.5	0.0
		⋮				
Quader77	F-706	K-702	P-702	2.0	0.0	0.0
Quader77	F-706	K-702	P-703	2.0	0.0	1.0
Quader77	F-706	K-706	P-705	2.0	1.5	1.0
Quader77	F-706	K-706	P-706	2.0	1.5	0.0
Quader77	F-706	K-709	P-703	2.0	0.0	1.0
Quader77	F-706	K-709	P-705	2.0	1.5	1.0
Quader77	F-706	K-711	P-702	2.0	0.0	0.0
Quader77	F-706	K-711	P-706	2.0	1.5	0.0

Bild 5.8. Ergebnis nach der dritten Unnest–Operationen

Wir haben damit gleichzeitig gezeigt, daß der Informationsgehalt der vier Relationen GeoKörper, GeoFläche, GeoKante und GeoPunkt durch die Relation NF2GeoKörper vollständig abgedeckt ist.

Weiteres Beispiel: Wir interessieren uns für alle x–Koordinaten, die der Quader mit Namen 'Quader77' einnimmt. Dazu selektieren wir zunächst die Tupel, die Informationen zu diesem Quader enthalten. Dann werden Unnest–Operationen durchgeführt, bis die Koordinaten an die oberste Hierarchiestufe gelangt sind. Abschließend wird auf das Attribut X projiziert. In relationenalgebraischer Schreibweise:

$$\pi_X(\mu_{\text{GeoPunkt}}(\mu_{\text{GeoKante}}(\mu_{\text{GeoFläche}}(\sigma_{\text{GeoName='Quader77'}}(\text{NF2GeoKörper})))))$$

X
4.0
2.0

Bild 5.9. Ergebnis der Operationen zur Koordinatenauswahl

Bild 5.9 zeigt die Ergebnisrelation, die zwei Tupel enthält. Diese Anfrage zeigt, daß sich die früher eingeführten relationenalgebraischen Operationen prinzipiell ohne größere Probleme mit „neuen" Operationen kombinieren lassen. Zu deren Verwendung ist lediglich die Anwendung des Unnest–Operators notwendig, falls Hierarchien aus der Datenstrukturierung entfernt werden müssen, um die inneren Attribute „offenzulegen", d.h. für die klassischen Operationen zugänglich zu machen.

5.3.2 Nest–Operator

Mit Einführung des Unnest–Operators erhebt sich die Frage nach einer inversen Operation, also einem Nest–Operator, der für bestimmte Attributkombinationen geeignete Schachtelungen in einer bestehenden Relation erzeugt. Solch ein Operator kann insbesondere dazu dienen, geschachtelte Relationen überhaupt erst zu erzeugen.

Definition: Sei $R \in \mathcal{R}_m$, $X \in \mathcal{A}_R$ mit $X = (X_1, X_2, \ldots, X_k)$, und $Y = A_R \setminus \{X_1, \ldots, X_k\}$. $X\$ = X_1X_2\ldots X_k\$$ sei eine (Attribut–)Benennung, die nicht in A_R auftaucht.

Für jedes Tupel $g \in \pi_Y(R)$ definieren wir ein $(m-k+1)$–Tupel wg wie folgt: $\pi_Y(\{wg\}) = g$, und $\pi_{X\$}(\{wg\}) = \{\pi_X(\{r\}) \mid r \in R \land \pi_Y(\{r\}) = g\}$.

Dann ist die bezüglich X geschachtelte Relation $\nu_X(R) \in \mathcal{R}_{m-k+1}$ definiert durch $\nu_X(R) := \{wg \mid g \in \pi_Y(R)\}$.

Veranschaulichung: Anschaulich gesprochen wird bei $\nu_X(R)$ zunächst nach den Attributen $Y = A_R \setminus \{X_1, \ldots, X_k\}$ gruppiert, also nach den Attributen, die nicht in X enthalten sind. Für jeweils gleiche Werte in Y werden die jeweiligen Werte von X gesammelt. Diese werden konzentriert in die (neue) Spalte $X\$$ überführt und geschachtelt dargestellt. Die ursprüngliche Attributfolge X verschwindet dafür aus der Ergebnisrelation.

Beispiel: In umgekehrter Reihenfolge zur Vorgehensweise beim Unnest können wir die Relation NF2GeoKörper wie folgt aus NF2GeoKörper''' erzeugen (siehe Bild 5.5):

- NF2GeoKörper'' = $\nu_{\text{PID,X,Y,Z}}$(NF2GeoKörper'''). Man beachte, daß die *nicht* als Argument angegebene Attributmenge die Grundlage für die Gruppierung bildet. Als Kurzschreibweise für die Zusammenfassung der Schachtelattribute schreiben wir GeoPunkt, das die umständliche Benennung PIDXYZ$ ersetzt.
- NF2GeoKörper' = $\nu_{\text{KID,GeoPunkt}}$(NF2GeoKörper''). Abkürzend schreiben wir GeoKante für die Schachtelattribut–Benennung.
- NF2GeoKörper = $\nu_{\text{FID,GeoKante}}$(NF2GeoKörper'). Wieder kürzen wir die Schachtelattribut–Benennung ab, und zwar mit GeoFläche.

Weiteres Beispiel: Die vorgenommene Schachtelung gruppiert die Informationselemente in einer Weise, daß letztendlich geometrische Körper als Ganzes an der Hierarchiewurzel zu finden sind, mit den zugehörigen Flächen, Kanten und Punkten jeweils untergeordnet. Die entstandene Relation visualisiert damit „auf einen Blick“ die zu einem Objekt gehörenden geometrischen Teilelemente.

In manchen Fällen mag eine andere Gruppierung sinnvoll sein, um beispielsweise die Flächen und Kanten herauszusuchen, an denen bestimmte Einzelpunkte beteiligt sind. Dies führt zu einer Schachtelung, in der die Punkte an der Spitze der Schachtelungshierarchie stehen. Wir könnten etwa die folgende Operationsfolge ausführen:

$\nu_{\text{GeoName,FID,KID}}$(NF2GeoKörper''')

Das Ergebnis ist in Bild 5.10 gezeigt.

Weiteres Beispiel: Um die zum Quader mit Namen 'Quader77' gehörenden Einzelpunkte ohne jegliche Identifikatoren in einer geschachtelten Relation mit der folgenden Strukturierung

domain GeoName: Zeichen(20);
domain X, Y, Z: Gleitkommazahl;
domain GeoXYZ: $\mathcal{P}$(X × Y × Z);

relation NF2GeoKörperPunkte(GeoName, GeoXYZ);

aus der geschachtelten Relation NF2GeoKörper zu gewinnen, kann folgender Ausdruck verwendet werden:

GeoKFK			PID	X	Y	Z
GeoName	FID	KID				
Quader77	F-701	K-701	P-701	4.0	0.0	0.0
Quader77	F-701	K-704				
	⋮					
Quader77	F-701	K-701	P-702	2.0	0.0	0.0
Quader77	F-701	K-702				
	⋮					
Quader77	F-701	K-702	P-703	2.0	0.0	1.0
Quader77	F-701	K-703				
	⋮					
Quader77	F-701	K-703	P-704	4.0	0.0	1.0
Quader77	F-701	K-704				
	⋮					
Quader77	F-706	K-706	P-705	2.0	1.5	1.0
Quader77	F-706	K-709				
	⋮					
Quader77	F-706	K-706	P-706	2.0	1.5	0.0
Quader77	F-706	K-711				
	⋮					
Quader77	F-702	K-708	P-707	4.0	1.5	1.0
Quader77	F-702	K-710				
	⋮					
Quader77	F-702	K-708	P-708	4.0	1.5	0.0
Quader77	F-702	K-712				
	⋮					

Bild 5.10. Ergebnis der Nest–Operation

$\nu_{X,Y,Z}(\pi_{GeoName,X,Y,Z}($
$\mu_{GeoPunkt}(\mu_{GeoKante}(\mu_{GeoFläche}(\sigma_{GeoName='Quader77'}(NF2GeoKörper))))))$.

GeoName	GeoXYZ		
	X	Y	Z
Quader77	4.0	0.0	0.0
	2.0	0.0	0.0
	2.0	0.0	1.0
	4.0	0.0	1.0
	2.0	1.5	1.0
	2.0	1.5	0.0
	4.0	1.5	1.0
	4.0	1.5	0.0

Bild 5.11. Ergebnis der Nest–Operation

Die Vorgehensweise ist wie folgt. Die Selektionsoperation und die nachfolgenden Unnest–Operationen führen zu einer flachen Relation, die nur noch Elemente des interessierenden Quaders enthält. Die Projektion bewirkt, daß die Flächen- und Kanteninformationen entfernt werden. Um die in der Anfrage gewünschte Schachtelung zu erreichen, schließt eine geeignete Nest–Operation die Anweisungsfolge ab. Das Ergebnis kann man in Bild 5.11 ablesen.

5.3.3 Verwendung klassischer relationaler Operatoren

Für die von dem Arbeiten mit flachen Relationen bereits bekannten Operationen gilt, daß sie im allgemeinen auch im Zusammenhang mit NF²–Relationen definiert sind. Es ist lediglich zu beachten, daß sich bei Einbeziehung von Attributen komplexer Domänen einige Definitions- und Wertebereiche ändern. Wir verzichten auf eine (ermüdende) vollständige Retrospektive aller schon früher eingeführten relationenalgebraischen Operationen. Stattdessen begnügen wir uns mit einigen repräsentativen Beispielen.

Projektion: Die Projektion haben wir für die Beispiele im Zusammenhang mit Nest und Unnest bereits verwendet. Die Handhabung von Attributen mit komplexen Domänen entspricht der Handhabung von Attributen mit atomaren Domänen.

$\pi_{GeoName}(NF2GeoKörper)$ ist gestattet und führt zu dem in Bild 5.12 gezeigten Ergebnis.

Wie man sieht, entsteht in diesem Fall eine nicht geschachtelte Relation. Dies muß aber nicht immer so sein; beispielsweise könnten wir die Relation NF2GeoKörper auf das Attribut GeoFläche projizieren (das Ergebnis findet sich in Bild 5.13):

$\pi_{GeoFläche}(NF2GeoKörper)$.

GeoName
Quader77

Bild 5.12. Ergebnis der Projektionsoperation

GeoFläche					
FID	GeoKante				
	KID	GeoPunkt			
		PID	X	Y	Z
F-701	K-701	P-701	4.0	0.0	0.0
		P-702	2.0	0.0	0.0
	K-702	P-702	2.0	0.0	0.0
		P-703	2.0	0.0	1.0
	K-703	P-703	2.0	0.0	1.0
		P-704	4.0	0.0	1.0
	K-704	P-701	4.0	0.0	0.0
		P-704	4.0	0.0	1.0
F-702	K-704	P-701	4.0	0.0	0.0
		P-704	4.0	0.0	1.0
	K-708	P-707	4.0	1.5	1.0
		P-708	4.0	1.5	0.0
	K-710	P-704	4.0	0.0	1.0
		P-707	4.0	1.5	1.0
	K-712	P-701	4.0	0.0	0.0
		P-708	4.0	1.5	0.0
		⋮			
F-706	K-702	P-702	2.0	0.0	0.0
		P-703	2.0	0.0	1.0
	K-706	P-705	2.0	1.5	1.0
		P-706	2.0	1.5	0.0
	K-709	P-703	2.0	0.0	1.0
		P-705	2.0	1.5	1.0
	K-711	P-702	2.0	0.0	0.0
		P-706	2.0	1.5	0.0

Bild 5.13. Ergebnis der Projektionsoperation

Man beachte, daß eine Projektion nur auf Attribute der obersten Ebene möglich ist. Möchte man Projektionen auf Attribute in inneren Schachteln ausführen, so müssen vorher geeignete Unnest– und nachher geeignete Nest–Operationen ausgeführt werden.

So ist die Operation $\pi_{Y,Z}$(NF2GeoKörper) in dieser Form nicht erlaubt. Der Ermittlung der Werte für Y und Z müssen diverse Unnest–Operationen vorausgehen:

$\pi_{Y,Z}(\mu_{GeoPunkt}(\mu_{GeoKante}(\mu_{GeoFläche}(\text{NF2GeoKörper}))))$

Y	Z
0.0	0.0
0.0	1.0
1.5	1.0
1.5	0.0

Bild 5.14. Ergebnis der Unnest– und Projektionsoperationen

Bild 5.14 zeigt das Ergebnis.

Selektion: Bezüglich der Selektion wird die Menge der üblichen Vergleichsoperatoren *op* für Θ (meistens gilt $op \in \{=, \neq, <, \leq, >, \geq\}$) um Vergleiche von Mengen erweitert. Demnach gilt hier also zusätzlich $op \in \{\subset, \subseteq, \supset, \supseteq\}$.

Gesucht seien beispielsweise die Namen der geometrischen Körper, die den Punkt mit den Werten ('P-708', 4.0, 1.5, 0.0) enthalten:

$\pi_{GeoName}(\sigma_{GeoPunkt \supseteq \{('P\text{-}708',4.0,1.5,0.0)\}}(\mu_{GeoKante}(\mu_{GeoFläche}(\text{NF2GeoKörper}))))$

GeoName
Quader77

Bild 5.15. Ergebnis der Operationsfolge mit Mengenselektion

Das offensichtliche Ergebnis — es befindet sich nur ein Quader in der Relation, und dieser erfüllt die Anforderungen — ist in Bild 5.15 gezeigt.

Join: Auch hierfür macht die Erweiterung der Vergleichsoperatoren um Mengenvergleiche beim allgemeinen Theta–Join Sinn. Der Spezialfall des natürlichen Joins zwischen zwei Relationen ist etwa für komplexe Attribute $X\$$ wohldefiniert, falls „=“ als Vergleichsoperation angesehen wird, die auch auf Mengen anwendbar ist.

Wir könnten beispielsweise versucht sein, Überlappungen in der Struktur geometrischer Objekte zu ermitteln, etwa indem wir folgende Operationsfolge mit Join ausführen (der Natural Join wird implizit über das gemeinsame mengenwertige Attribut **GeoKante** ausgewertet):

$$\mu_{\text{GeoFläche}}(\pi_{\text{GeoFläche}}(\text{NF2GeoKörper})) \\ \bowtie \mu_{\text{GeoFläche}}(\pi_{\text{GeoFläche}}(\text{NF2GeoKörper}))_{\text{FID2}\leftarrow\text{FID}}$$

Hierbei sollen diejenigen Flächen des (einzigen in der Relation befindlichen) **Quader77** ermittelt werden, die über gleiche Kanten verfügen. Das Ergebnis zeigt Bild 5.16. Es ist jedoch nicht sonderlich gehaltvoll; nur gleiche Flächen besitzen exakt die gleichen Kanten.

FID	GeoKante					FID2
	KID	GeoPunkt				
		PID	X	Y	Z	
F-701	K-701	P-701	4.0	0.0	0.0	F-701
		P-702	2.0	0.0	0.0	
	K-702	P-702	2.0	0.0	0.0	
		P-703	2.0	0.0	1.0	
	K-703	P-703	2.0	0.0	1.0	
		P-704	4.0	0.0	1.0	
	K-704	P-701	4.0	0.0	0.0	
		P-704	4.0	0.0	1.0	
F-702	K-704	P-701	4.0	0.0	0.0	F-702
		P-704	4.0	0.0	1.0	
	K-708	P-707	4.0	1.5	1.0	
		P-708	4.0	1.5	0.0	
	K-710	P-704	4.0	0.0	1.0	
		P-707	4.0	1.5	1.0	
	K-712	P-701	4.0	0.0	0.0	
		P-708	4.0	1.5	0.0	
			⋮			
F-706	K-702	P-702	2.0	0.0	0.0	F-706
		P-703	2.0	0.0	1.0	
	K-706	P-705	2.0	1.5	1.0	
		P-706	2.0	1.5	0.0	
	K-709	P-703	2.0	0.0	1.0	
		P-705	2.0	1.5	1.0	
	K-711	P-702	2.0	0.0	0.0	
		P-706	2.0	1.5	0.0	

Bild 5.16. Ergebnis der Operationsfolge mit Join

5.3.4 Intersection Join

Im allgemeinen stimmen geometrische Körper nie vollständig miteinander überein; allenfalls gibt es gemeinsame Flächen, Kanten oder Eckpunkte. Um dafür Gemeinsamkeiten zu ermitteln, benötigt man einen Theta–Join, der die Schnittmenge der zu vergleichenden Attribute bildet, also diese Attribute auf gemeinsame Elemente prüft. Also: Für $R \bowtie_{R.X\$ \Theta S.X\$} S$ ist Θ der Vergleich auf $R.X\$ \cap S.X\$ \neq \emptyset$. Diese (nur) im Zusammenhang mit dem NF²-Modell definierte Operation bezeichnen wir als *Intersection Join* und schreiben kurz $R \bar{\bowtie} S$, wobei die zu vergleichenden Attribute jeweils wie beim Natural Join bestimmt werden (Namensgleichheit). Nur die bezüglich der Schnittmengenbildung gemeinsamen Elemente des Attributs $X\$$ von R und S werden in die Ergebnismenge aufgenommen.

Beispiel: Zur Abprüfung gemeinsamer Kanten der Flächen der geometrischen Körper in der Relation NF2GeoKörper können wir nun wie folgt formulieren:

$$\mu_{\text{GeoFläche}}(\pi_{\text{GeoFläche}}(\text{NF2GeoKörper})) \\ \bowtie \mu_{\text{GeoFläche}}(\pi_{\text{GeoFläche}}(\text{NF2GeoKörper}))_{\text{FID2} \leftarrow \text{FID}}$$

Das gemeinsame mengenwertige Attribut für diese Anfrage ist dabei GeoKante. Das Ergebnis der Operation zeigt Bild 5.17.

Für den Intersection Join besteht ein interessanter Zusammenhang zum Natural Join, den wir im folgenden Satz formulieren:

Satz: $R \bowtie S = \mu_{X\$}(\nu_X(R) \bar{\bowtie} \nu_X(S))$ mit $X = A_R \cap A_S$.

Bezüglich geschachtelter Relationen hat der Intersection Join also die gleiche Bedeutung wie für flache Relationen der Natural Join.

5.3.5 Zusammenhang zwischen Nest und Unnest

Wiederholtes Anwenden der Unnest-Operation auf eine (geschachtelte) NF²-Relation ergibt eine flache Relation; ein daraufhin folgendes Nest führt wieder zu einer geschachtelten Relation. Es erhebt sich die Frage, ob Kombinationen dieser Operationen immer verlustfrei sind, d.h. ob Nest invers zu Unnest ist und umgekehrt. Hierzu gibt es zwei wichtige Aussagen (R sei Relation, X sei Attributfolge).

Satz: Nest ist stets durch Unnest invertierbar: $\mu_{X\$}(\nu_X(R)) = R$.

Satz: Unnest kann durch Nest *nicht* immer rückgängig gemacht werden, aber immerhin für folgenden wichtigen Spezialfall: $\nu_X(\mu_{X\$}(R)) = R$, falls keines der in X enthaltenen Attribute einem Schlüssel von R angehört.

Beispiel: Es sei eine Relation NF2GeoKörper2 gegeben, die von den Domänen her der Relation NF2GeoKörper entspricht. Der Nutzer verwende die neue Relation nur in der Weise, daß er nicht wie bisher ein Tupel pro Quader mit sämtlichen Flächen dieses Quaders vorsieht, sondern ein eigenes Tupel für jede Fläche eines Quaders. Bild 5.18 zeigt eine Beispielausprägung von NF2GeoKörper2 für Quader77. NF2GeoKörper2 besitzt pro Quader also sechs Tupel mit jeweils gleichem Wert bezüglich GeoName.

Diese Semantik vorausgesetzt, besitzt NF2GeoKörper2 die Kombination (GeoName GeoFläche) als Schlüssel. Nun gilt aber:

FID	GeoKante					FID2
	KID	GeoPunkt				
		PID	X	Y	Z	
F-701	K-701	P-701	4.0	0.0	0.0	F-701
		P-702	2.0	0.0	0.0	
	K-702	P-702	2.0	0.0	0.0	
		P-703	2.0	0.0	1.0	
	K-703	P-703	2.0	0.0	1.0	
		P-704	4.0	0.0	1.0	
	K-704	P-701	4.0	0.0	0.0	
		P-704	4.0	0.0	1.0	
F-701	K-704	P-701	4.0	0.0	0.0	F-702
		P-704	4.0	0.0	1.0	
F-701	K-701	P-701	4.0	0.0	0.0	F-704
		P-702	2.0	0.0	0.0	
F-701	K-703	P-703	2.0	0.0	1.0	F-705
		P-704	4.0	0.0	1.0	
F-701	K-702	P-702	2.0	0.0	0.0	F-706
		P-703	2.0	0.0	1.0	
		⋮				
F-706	K-702	P-702	2.0	0.0	0.0	F-701
		P-703	2.0	0.0	1.0	
F-706	K-706	P-705	2.0	1.5	1.0	F-703
		P-706	2.0	1.5	0.0	
F-706	K-711	P-702	2.0	0.0	0.0	F-704
		P-706	2.0	1.5	0.0	
F-706	K-709	P-703	2.0	0.0	1.0	F-705
		P-705	2.0	1.5	1.0	
F-706	K-702	P-702	2.0	0.0	0.0	F-706
		P-703	2.0	0.0	1.0	
	K-706	P-705	2.0	1.5	1.0	
		P-706	2.0	1.5	0.0	
	K-709	P-703	2.0	0.0	1.0	
		P-705	2.0	1.5	1.0	
	K-711	P-702	2.0	0.0	0.0	
		P-706	2.0	1.5	0.0	

Bild 5.17. Ergebnis des Intersection Join

$\nu_{\text{GeoFläche}}(\mu_{\text{GeoFläche}}(\text{NF2GeoKörper2})) = \text{NF2GeoKörper}$
(und damit $\neq$ NF2GeoKörper2)

5.4 Grenzen des NF^2–Modells

Da das NF^2–Modell sich vor allem um die Behebung des Aggregierungsproblems bemüht, bleiben die anderen Problembereiche aus Abschnitt 4.9 erhalten. Aber auch das Aggregierungsproblem wird nicht ganz zufriedenstellend gelöst. Dies liegt an der bloßen Unterstützung reiner Hierarchien. Unser Vielflächner stellt aber gar keine reine Hierarchie dar. Demzufolge enthält seine Darstellung im NF^2–Modell *Redundanz*. Jeder Punkt des Quaders Quader77 in unserem Beispiel ist beispielsweise an je zwei Kanten dreier Flächen beteiligt und taucht als Element des komplexen Attributs GeoPunkt deshalb sechsmal auf. Man betrachte dazu an dieser Stelle noch einmal die schematische Darstellung der Hierarchie in Bild 3.3.

Diese Redundanz ist problematisch im Hinblick auf zwei Aspekte. Zum einen wird das Datenvolumen signifikant vergrößert und somit Speicherplatz verschwendet. Zum anderen: Falls sich die Position einzelner Punkte ändert, müssen an mehreren Stellen Änderungen vollzogen werden, um die Darstellung konsistent zu halten. Bei komplexen Modellierungen kann dies leicht zu Fehlern führen.

Andererseits bietet die mit der Schachtelung verbundene Gruppierung große Vorteile: Sie kann Join–Operationen ersparen. Beispielsweise kann man in der Relation in Bild 5.4 ohne weitere Umschweife auf die Flächen von Quader77 zugreifen und (nach einem einfachen Unnest) auf alle Kanten einer Fläche. Ähnlich erlaubt die Relation in Bild 5.10 den sofortigen Zugriff auf alle an einem Punkt beteiligten Objekte. Wenn man also um besonders häufige Join–Operationen weiß, kann man sozusagen „auf Vorrat“ eine entsprechende Gruppierung vornehmen und zudem noch die Objektstruktur in das Ergebnis „hinüberretten“.

Gesucht ist also eine Lösung, die Gruppierung mit der redundanzfreien Darstellung einer Heterarchie zu verbinden gestattet. Dies kann nur dadurch entstehen, daß man diese Elemente konzeptionell aus den Gruppen herauslöst und in den Gruppen durch Verweise (Referenzen) auf diese Elemente ersetzt. Allerdings hat eine solche Entscheidung drastische Folgen: Verweise kann man nicht mehr mit Mengenoperationen behandeln, man kann ihnen nur noch von der Quelle zum Ziel folgen („Navigation“). Diese Ziele sind dann auch nur noch Einzelelemente.

Einer Lösung, die dieser Idee folgt, gehen wir im folgenden Kapitel nach.

NF2GeoKörper2						
GeoName	GeoFläche					
	FID	GeoKante				
		KID	GeoPunkt			
			PID	X	Y	Z
Quader77	F-701	K-701	P-701	4.0	0.0	0.0
			P-702	2.0	0.0	0.0
		K-702	P-702	2.0	0.0	0.0
			P-703	2.0	0.0	1.0
		K-703	P-703	2.0	0.0	1.0
			P-704	4.0	0.0	1.0
		K-704	P-701	4.0	0.0	0.0
			P-704	4.0	0.0	1.0
Quader77	F-702	K-704	P-701	4.0	0.0	0.0
			P-704	4.0	0.0	1.0
		K-708	P-707	4.0	1.5	1.0
			P-708	4.0	1.5	0.0
		K-710	P-704	4.0	0.0	1.0
			P-707	4.0	1.5	1.0
		K-712	P-701	4.0	0.0	0.0
			P-708	4.0	1.5	0.0
Quader77	F-703	K-705	P-706	2.0	1.5	0.0
			P-708	4.0	1.5	0.0
		K-706	P-705	2.0	1.5	1.0
			P-706	2.0	1.5	0.0
		K-707	P-705	2.0	1.5	1.0
			P-707	4.0	1.5	1.0
		K-708	P-707	4.0	1.5	1.0
			P-708	4.0	1.5	0.0
⋮						
Quader77	F-706	K-702	P-702	2.0	0.0	0.0
			P-703	2.0	0.0	1.0
		K-706	P-705	2.0	1.5	1.0
			P-706	2.0	1.5	0.0
		K-709	P-703	2.0	0.0	1.0
			P-705	2.0	1.5	1.0
		K-711	P-702	2.0	0.0	0.0
			P-706	2.0	1.5	0.0

Bild 5.18. Veränderte Extension für die Relation NF2GeoKörper

5.5 Literatur

Unsere Darstellung des NF^2–Modells geht vor allem auf die Literaturstellen [JS81], [SP82] und [DKS+88] zurück, die den Forschungszweig als Ganzes stark beeinflußt haben. An Lehrbüchern geht vor allem [Vos94] auf das NF^2–Modell ein.

6. Das Netzwerkmodell

6.1 Charakterisierung

Das Netzwerkmodell basiert auf Arbeiten der Data Base Task Group (DBTG) des CODASYL (**CO**nference on **DA**ta **SY**stems **L**anguages) Komitees und wird daher oft auch mit der Bezeichnung CODASYL–Modell belegt. Ausgehend von einem ersten Vorschlag im Jahre 1971 stabilisierte sich das Modell zunehmend, so daß schließlich 1981 ein international anerkannter Quasi–Standard vorlag.

Von der Mächtigkeit her erscheint das Netzwerkmodell dem relationalen Modell zunächst sehr ähnlich (Bild 6.1). Eine erste Strukturierungsregel sieht als Informationseinheiten *Records* (Sätze) vor, die aus mehreren atomaren Komponenten zusammengesetzt sind und ähnliche Eigenschaften wie die Tupel im relationalen Modell aufweisen. Eine weitere Strukturierungsregel erlaubt es, Zusammengehörigkeiten zwischen den Records zu manifestieren. Zu diesem Zweck werden zusammengehörende Records miteinander *verkettet*; sie bilden dann gemeinsam einen sogenannten *Set* (Sammlung). Sie unterscheiden sich jedoch auch über die Verkettung hinaus drastisch von Relationen: Da jeder Record gleichzeitig unterschiedliche Beziehungen unterhalten kann, werden die Records auf vielfältige Weise miteinander verbunden, so daß im allgemeinen eine dichte Vernetzung der Daten (entsprechend der Überlappung der Sets) entsteht. Diese Eigenschaft ist für die Namensgebung des Datenmodells verantwortlich.

Bild 6.1. Mächtigkeit und Orthogonalität im Netzwerkmodell

Die Verknüpfbarkeit wird durch das Navigationsprinzip, das Entlangschreiten entlang der Verkettung, beherrscht: Innerhalb eines Set wird von einem Record ausgehend ein weiterer Record erreicht. Da man jetzt also Records (Sätze) nur noch einzeln anspricht, spricht man von einem *satzorientierten* Datenmodell. Dies erleichtert dann aber auch den schrittweisen Aufbau von Sets aus Records. Daher sind im Netzwerkmodell Operatoren zum Einbringen, Löschen und Verändern von Records vorgesehen. Zusammenfassend stellt sich damit die Verknüpfbarkeit gemäß Bild 6.2 dar.

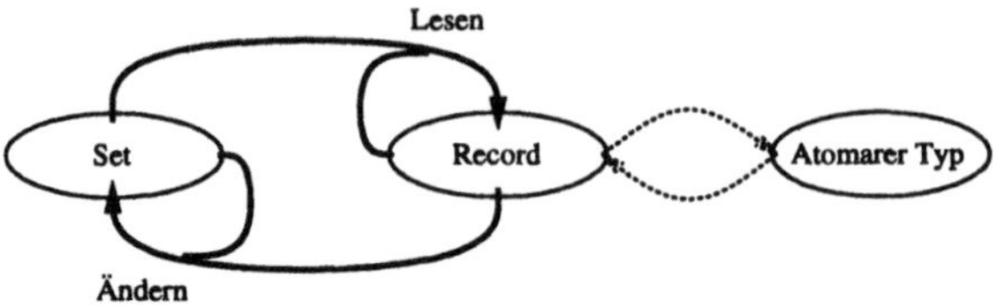

Bild 6.2. Verknüpfbarkeit im Netzwerkmodell

Auch das Netzwerkmodell verfolgt hinsichtlich der Generizität eine strikte Philosophie der Polymorphie.

Die folgende Darrstellung wird sich stärker als bisher programmiersprachlich orientieren. Ein Grund hierfür ist, daß die Mengenorientierung durch Behandlung einzelner Elemente und das Navigationsprinzip ersetzt ist und dies mit programmiersprachlichen Mitteln („Navigationsanweisungen") gut zum Ausdruck gebracht werden kann. Ein anderer Grund liegt darin, daß der oben erwähnte Bericht des CODASYL–Komitees durchwegs mit (programmiersprachlichen) Klauseln operiert und den mit dem Standard Betrauten von vornherein eine enge Anbindung an Programmiersprachen — damals vor allem COBOL — vorschwebte.

6.2 Struktur der Daten

6.2.1 Records und Record–Typen

Definition: Ein *Record–Typ* (Satztyp) T_R ist ein Tupel $(A_{R_1}, \ldots, A_{R_n})$, wobei $A_{R_1}, \ldots, A_{R_n}$ paarweise verschiedene Attributnamen sind und zu jedem A_{R_i} eine Menge D_i, die Domäne von A_{R_i}, gegeben ist.

Ein n–stelliger *Record* (Satz) vom Typ T_R ist ein Element des kartesischen Produkts $D_1 \times \ldots \times D_n$, also ein Tupel $(d_1, \ldots d_n)$ mit Komponenten $d_i \in D_i$ für $1 \leq i \leq n$.

Analogie: Man beachte die Ähnlichkeit, die zu den Basisdefinitionen des „flachen" relationalen Modells besteht: Der Begriff der Domäne ist derselbe (wir werden ebenfalls atomare Domänen unterstellen), und die Record–Typen entsprechen den Relationstypen. Jeder Record kann als Tupel aufgefaßt werden. Da (anders als bei Relationen) die Menge der Ausprägungen eines Record–Typs T_R nicht explizit existiert, führen wir sie gedanklich ein und bezeichnen sie mit $\Im(T_R)$. Jeder Record $r \in \Im(T_R)$ füllt die von T_R vorgegebenen Komponenten $A_1, \ldots, A_n$ mit Werten aus den zugehörigen Domänen.

Notation: Für die Beschreibung der Daten im Netzwerkmodell hat sich eine gegenüber dem relationalen Modell etwas andere Schreibweise eingebürgert, die ursächlich mit der veränderten Verknüpfbarkeit zusammenhängt. Zur Illustration greifen wir auf unsere Lagerverwaltungswelt zurück und definieren zunächst zwei Record–Typen:

```
record name is ArtikelArt                   // Record–Typ
  item ANr type is Zeichen 8                // Record–Komponente
  item AName type is Zeichen 25             // ...
  item Menge type is Ganzzahl               // ...
  item Lieferant type is Zeichen 25         // ...
  item Gewicht type is Gleitkommazahl       // ...

record name is Lagereinheit                 // Record–Typ
  item LeNr type is Zeichen 8               // Record–Komponente
  item LeaNr type is Zeichen 8              // ...
  item ANr type is Zeichen 8                // ...
  item Stückzahl type is Ganzzahl           // ...
  item Gewicht type is Gleitkommazahl       // ...
  item LhNr type is Zeichen 8               // ...
```

Nach Angabe des Namens für den Record–Typ folgt über **item**–Klauseln die Definition der Attribute zusammen mit der jeweiligen (atomaren) Domäne. Für den Record–Typ ArtikelArt sind dies beispielweise Artikelnummer, Artikelname, Menge der Lieferung, Lieferant und das Gewicht. Lagereinheiten (Typ Lagereinheit) sind durch eine Nummer, die Lagereinheitart, die Art und Stückzahl der aufgenommenen Artikel, das Gewicht und das Lagerhilfsmittel, auf dem sie sich befinden, charakterisiert.

Zusatzklauseln: Die Ausdrucksmittel des Netzwerkmodells gestatten es, neben der Spezifikation der Komponenten weitere Informationen verfügbar zu machen und im Schema zu verankern:

- *Record–Identifikation*: Jeder Record–Typ kann mit einer **unique**–Klausel und nachfolgender Angabe von Attributen ausgestattet werden. Dadurch wird sichergestellt, daß zwei Records des gleichen Record–Typs sich (mindestens) in den Datenwerten der spezifizierten Komponenten unterscheiden. Damit wird hier — im Gegensatz zum relationalen Modell — die Schlüsseleigenschaft bereits im Datenmodell durchgesetzt. Diese Eigenschaft wird beim Einfügen und Ändern von Sätzen dieses Typs — unmittelbaren Operatoren des Datenmodells — überwacht; davon abweichende Angaben werden zurückgewiesen.

  Da beispielsweise keine zwei Artikelarten mit der gleichen Nummer ANr in der Netzwerk–Datenbasis existieren sollen, kann man den Typ als **unique** bezüglich dieser Komponente definieren. Gleiches gilt für den Record–Typ Lagereinheit und seine Komponente LeNr. Eine entsprechende Ergänzung der Typdefinitionen ist weiter unten ausgeführt.

Hier sei gleich eine weitere Abweichung vom Relationenmodell erwähnt: Die Records eines Typs werden nicht als Menge, sondern als Vielfachmenge betrachtet. Es kann also durchaus mehrere Records eines Typs geben, die in allen Werten ihrer Komponenten übereinstimmen. Die einzige Möglichkeit, paarweise Verschiedenheit von Records desselben Typs durchzusetzen, ist die Anwendung der **unique**–Klausel.

– *Wertebeschränkung*: Die Beschreibung jedes Attributs kann um eine **check**–Klausel erweitert werden, die Bedingungen für die erlaubten Werte unter diesem Attribut spezifiziert. Dabei dürfen logische Ausdrücke mit Vergleichen enthalten sein, die sich auf Komponenten innerhalb des Records beziehen. Das Datenbanksystem hat dann die Einhaltung dieser Bedingungen bei allen Operationen zu überwachen.

  In unserem Beispiel macht eine derartige Einschränkung für Mengen– und Gewichtsangaben Sinn: Mengen und Stückzahlen werden mindestens als 1 definiert; Gewichte müssen größer oder gleich 0.00 sein.

– *Standardbelegung*: Eine **default**–Klausel erlaubt es schließlich, für einzelne Komponenten initiale Wertebelegungen vorzugeben.

  Falls z.B. beim Einfügen eines neuen Records vom Typ ArtikelArt keine Angaben für die Komponente Menge gemacht werden, könnte 1 als Default angenommen werden. Dies gilt ebenso für die Komponente Stückzahl des Record–Typs Lagereinheit.

– *Gebietsdefinition*: Um Records rascher auffinden zu können, kann man eine Datenbasis in sogenannte Gebiete (Areas) unterteilen. Dazu spezifiziert man für jeden Record–Typ, in welche Area seine Records fallen.

  Wir werden uns in den Beispielen auf eine einzige Area beschränken, die wir Lagerverwaltung nennen wollen.

Entsprechend der Zusatzklauseln werden die einzelnen Typdefinitionen wie folgt ergänzt:

```
record name is ArtikelArt
  within Lagerverwaltung               // Area–Angabe
  unique ANr                           // Record–Identifikation
  item ANr type is Zeichen 8
  item AName type is Zeichen 25
  item Menge type is Ganzzahl
    default is 1                       // Standardbelegung des Feldes
    check is (Menge ≥ 1)               // Wertebeschränkung
  item Lieferant type is Zeichen 25
  item Gewicht type is Gleitkommazahl
    check is (Gewicht > 0.00)          // Wertebeschränkung

record name is Lagereinheit
  within Lagerverwaltung               // Area–Angabe
  unique LeNr                          // Record–Identifikation
```

```
item LeNr type is Zeichen 8
item LeaNr type is Zeichen 8
item ANr type is Zeichen 8
item Stückzahl type is Ganzzahl
   default is 1                    // Standardbelegung des Feldes
   check is (Stückzahl ≥ 1)        // Wertebeschränkung
item Gewicht type is Gleitkommazahl
   check is (Gewicht > 0.00)       // Wertebeschränkung
item LhNr type is Zeichen 8
```

Bild 6.3 zeigt einige Ausprägungen für die beiden eingeführten Record–Typen graphisch. Jeder Record wird durch ein Kästchen repräsentiert, dessen Benennung durch den Wert seiner **unique**–Komponenten gegeben ist. Die Werte der anderen Komponenten werden aus Übersichtlichkeitsgründen weggelassen.

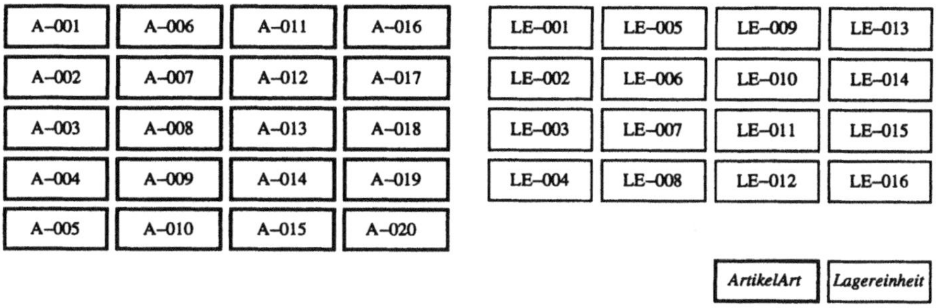

Bild 6.3. Beispiel–Records für die Lagerverwaltung

6.2.2 Sets und Set–Typen

Die Records der einzelnen Typen stehen zunächst einmal für sich und sind isoliert voneinander; allenfalls ist in Bild 6.3 eine Gruppierung von Records zu ihrem jeweiligen Record–Typ erkennbar. Es gilt nun, die zwischen diesen Daten bestehenden, zum Teil vielfältig ausgeprägten Beziehungen zu repräsentieren. Hierzu bedarf es eines weiteren Modellierungskonstrukts. Zu diesem Zweck führen wir auf der Ausprägungsebene zunächst den Begriff des *Sets* (Sammlung) ein. Die Grundidee der Set–Konstruktion besteht darin, zusammengehörige Records geordnet zusammenzufassen, indem sie einfach miteinander verkettet werden. Ein Set umfaßt dabei stets zwei Arten von Records:

– eine (möglicherweise leere) Menge von untereinander gleichberechtigten *Member–Records* (Gliedsätzen),

– und genau einen *Owner-Record* (Ankersatz), dem die Member-Records zugeordnet sind, der also sozusagen das Kriterium für die Gruppierung bildet.

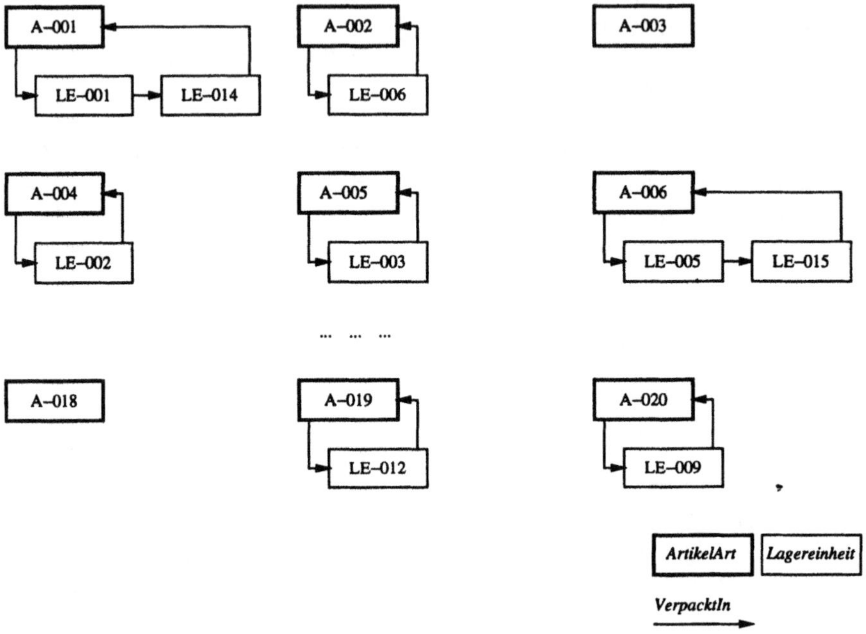

Bild 6.4. Beispiel-Sets für die Lagerverwaltung

Beispiel: Bild 6.4 zeigt mehrere Sets für Records der Typen ArtikelArt und Lagereinheit. Jeder Set enthält einen (einzigen) ArtikelArt-Record als Owner. Die Lagereinheiten, in denen Artikel dieser Art gelagert sind, sind diesem als Member-Records zugeordnet. Somit stellt jeder Set die Ausprägung einer $1{:}n$-Beziehung dar. In der graphischen Darstellung wird die Verkettung durch Pfeile visualisiert, die für jeden Set einen geschlossenen Ring bilden. Man beachte, daß es ArtikelArt-Records geben kann, die an keinem Set teilnehmen. Artikel dieser Art werden also derzeit nicht gelagert. Hingegen gibt es keine Lagereinheit-Records ohne zugeordneten ArtikelArt-Record. Wir beachten also leere Lagereinheiten für dieses Beispiel nicht.

Die Verkettungen stellen jeweils Ausprägungen der gleichen Beziehung dar, die wir beispielsweise VerpacktIn nennen könnten. Jeder Set dieser Beziehung verkettet einen ArtikelArt-Record mit diversen Lagereinheit-Records. Es ist also naheliegend, jeweils gleich strukturierte Beziehungen zwischen Records bereits auf der Typebene zu beschreiben und hierfür ein eigenes Sprachkonstrukt einzuführen. Solch ein Konstrukt existiert im Netzwerkmodell tatsächlich; entsprechend der Kategorisierung von Sets handelt es sich um *Set-Typen*.

Definition: Seien T_{R_1} und T_{R_2} zwei Record–Typen mit $T_{R_1} \neq T_{R_2}$, und $\Im(T_{R_1})$ und $\Im(T_{R_2})$ seien die Mengen ihrer aktuellen Ausprägungen. Dann können wir einen *Set–Typ* (Sammlungstyp) T_S mit $T_S := T_{R_1} \times T_{R_2}$ definieren, der eine funktionale Beziehung $S : \Im(T_{R_2}) \rightarrow \Im(T_{R_1})$ beschreibt. T_{R_1} heißt Owner–Typ, und T_{R_2} heißt Member–Typ.

Die funktionale Beziehung ist nicht notwendigerweise total oder surjektiv. Für die Definitionsmenge von S gilt: $Def(S) = Def(T_S) \subseteq \Im(T_{R_2})$, und für die Bildmenge von S gilt: $Bild(S) = Bild(T_S) \subseteq \Im(T_{R_1})$.

Die Ausprägungen, die durch einen Set–Typ T_S definiert sind, können folgendermaßen beschrieben werden: Für jedes $r_1 \in Bild(T_S)$ existiert ein Set s mit $s = \{r_1\} \cup \{r_2 \mid r_2 \in \Im(T_{R_2}) \wedge S(r_2) = r_1\}$. Dies bedeutet, daß man die Menge aller Records des Member–Typs, die einem Owner zugeordnet werden können (für die also ein Funktionswert als Bild existiert), so in disjunkte Gruppen zerlegt, daß alle Records dieser Gruppe dem gleichen Owner–Record r_1 zugeordnet sind. Dieser Owner bildet zusammen mit seiner Gruppe einen Set.

Folgerung: Sei $T_S = T_{R_1} \times T_{R_2}$. Dann ist zu jedem Zeitpunkt jeder Record $r_1 \in \Im(T_{R_1})$ in höchstens einem Set des Typs T_S Owner, und jeder Record $r_2 \in \Im(T_{R_2})$ kann in höchstens einem Set desselben Typs T_S Member sein. Da in unserer Definition des Set–Typs außerdem die Eigenschaft $T_{R_1} \neq T_{R_2}$ gefordert wurde, folgt unmittelbar, daß die Sets jedes Typs T_S disjunkt sind und somit jeder Set durch jeden daran beteiligten Record eindeutig bestimmt werden kann.[1] Weiterhin ist es aufgrund der Typinformation trotz der Vereinigungsbildung für jeden Set möglich, klar zwischen dem Owner– und den Member–Records zu unterscheiden.

Beispiel: Die Folgerung impliziert für den Set–Typ VerpacktIn in der gegebenen Form, daß eine Lagereinheit nur Artikel einer Art aufnehmen kann.

Notation: Die Definition von Set–Typen wird im Netzwerkmodell textuell in einer den Record–Typen ähnlichen Weise notiert. Es erfolgt die Angabe des Typnamens sowie zwingend die des Owner– und Member–Typs. Beispielsweise könnte der Set–Typ VerpacktIn wie folgt dargestellt werden:

```
set name is VerpacktIn
  owner is ArtikelArt
  member is Lagereinheit
```

Zusatzklauseln: Ähnlich wie zur Definition von Record–Typen stehen für die Definition von Set–Typen Klauseln zur Verfügung, die Aussagen bezüglich der Handhabung der Sets zur Laufzeit machen. Während für Record–Typen

[1] Die Einschränkung $T_{R_1} \neq T_{R_2}$ stammt aus dem CODASYL–Vorschlag des Jahres 1973 und ist in späteren Versionen aufgehoben worden. Wir behalten sie bei, da praktisch alle heute verfügbaren Netzwerk–Datenbasen auf den Vorschlag von 1973 zurückgehen.

typischerweise Angaben zu den einzelnen Attributen — also zur Datendarstellung an sich — gemacht wurden, ist für Set–Typen der Auf- bzw. Abbau von Beziehungen zwischen den einzelnen Records interessant:

Die **insertion**–Klausel spezifiziert, ob und auf welche Weise ein Record des Member–Typs in einen Set des Set–Typs eingefügt und damit einem Owner–Record zugeordnet wird:

- **automatic**: Beim Abspeichern des Records wird vom System automatisch ein Set ausgewählt, in den der Record aufgenommen wird. Man hat deshalb die Garantie, daß sich jeder Record bezüglich des hier betrachteten Set–Typs in einem Set befindet. Welchen Kriterien dieser Automatismus folgt, wird noch zu diskutieren sein.
- **manual**: Beim Abspeichern wird der Record nicht automatisch in einen Set aufgenommen. Es liegt in der Verantwortung des Benutzers, ihn manuell einzufügen.

Die **retention**–Klausel legt fest, ob und unter welchen Voraussetzungen ein Member–Record einen Set verlassen kann:

- **fixed**: Ein einmal in einen Set aufgenommener Record kann diesen Set nicht mehr verlassen, es sei denn, er wird vollständig aus der Datenbasis gelöscht.
- **mandatory**: Ein Member–Record muß, wenn er einmal in einen Set eingefügt wurde, zu jedem Zeitpunkt irgendeinem Set des entsprechenden Set–Typs angehören. Er darf allerdings zwischen einzelnen Sets wechseln.
- **optional**: Ein Member–Record darf beliebig aus einem Set entfernt werden, in den er einmal aufgenommen wurde. Er braucht auch nicht in einen anderen Set des entsprechenden Set–Typs aufgenommen zu werden, kann aber später durchaus wieder in einen solchen eingekettet werden.

Schließlich existiert noch die **order**–Klausel. Sie gibt an, an welcher Stelle ein Member–Record beim Einfügen in einen Set eingehängt wird:

- **first**: Ein neuer Member–Record wird generell an den Anfang des Sets gestellt, also vor alle bereits vorhandenen Member–Records.
- **last**: Ein neue Member–Record wird generell an das Ende des Sets gestellt, also hinter alle bereits vorhandenen Member–Records.
- **sorted**: Der Set ist nach einem Sortierkriterium geordnet. Jeder neue Member–Record wird so in den Set eingehängt, daß diese Ordnung gewährleistet bleibt.
- **next**: Jeder neue Member–Record wird an eine Position im Set gestellt, die der vom System geführten „aktuellen“ Position innerhalb des Sets nachfolgt.

– **prior**: Jeder neue Member–Record wird an eine Position im Set gestellt, die der vom System geführten „aktuellen“ Position innerhalb des Sets vorausgeht.

Wir vervollständigen die Definition des Set–Typs **VerpacktIn** in bezug auf diese Klauseln:

set name is VerpacktIn
owner is ArtikelArt
member is Lagereinheit
insertion is automatic
retention is fixed
order is last

Da wir, wie bereits erwähnt, keine leeren Lagereinheiten betrachten wollen, erzwingen wir für die in die Datenbasis eingebrachten **Lagereinheit**–Records mittels der **insertion**–Klausel die Verkettung mit einem **ArtikelArt**–Record. Das allein genügt jedoch noch nicht: Wir müssen durch die **retention**–Klausel festlegen, daß eine Lagereinheit einen einmal betretenen **VerpacktIn**–Set auch nicht mehr verlassen kann. Dies erscheint sinnvoll, wenn man unterstellt, daß eine einmal mit Artikeln einer Art gefüllte Lagereinheit nicht mehr umgepackt werden kann, sondern gegebenenfalls entleert werden müßte. Die Lagereinheit würde dann gemäß der Wirkung der **fixed**–Einstellung der **retention**–Klausel aus der Datenbasis verschwinden.

Die **order**–Klausel haben wir mit **last** spezifiziert; das heißt, daß für jede Artikelart neue Lagereinheiten an das Ende des jeweiligen Set gestellt werden.

System–Owned–Sets: In Abschnitt 6.2.1 hatten wir festgestellt, daß die Menge der Ausprägungen eines Record–Typs nicht automatisch explizit geführt wird. Mit Hilfe des Set–Konstrukts kann dies jedoch fallweise geschehen. Damit kann man dann auf alle Records eines bestimmten Record–Typs zugreifen, etwa um Übersichten zu erhalten. Man könnte beispielsweise an der Menge aller Lagereinheiten — unabhängig von dem jeweils zugeordneten Artikelart — interessiert sein, oder man könnte eine Übersicht über alle Artikelarten erhalten wollen.

Nun existiert jedoch kein geeigneter Owner, an den alle Records eines Typs als Member angebunden sind. Dieses Manko läßt sich durch Einführung eines speziellen Set–Typs T_{S_R} für jeden Record–Typ T_R überwinden, wobei T_R dessen Member–Typ ist und als Owner–Typ ein systembekannter, fiktiver (Record–)Typ namens **System** verwendet wird. Der sich daraus ergebende Set–Typ wird als *System–Owned–Set–Typ* bezeichnet. **System** soll aus Minimalitätsgründen nur über eine einzige — ebenfalls fiktive — Ausprägung verfügen. Da sich die Ausprägungen eines Set–Typs in ihrem Owner unterscheiden müssen, gibt es folgerichtig auch nur eine Ausprägung eines System–Owned–Set–Typs. Demgemäß kann man auch von einem *singulären Set–Typ* sprechen.

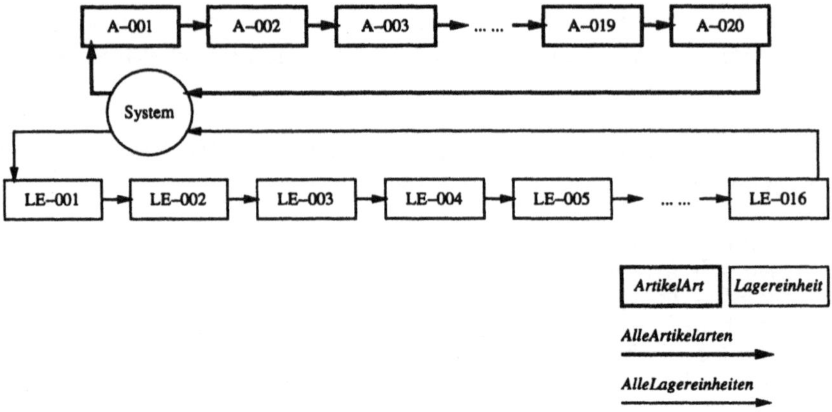

Bild 6.5. System-Owned-Sets für die Lagerverwaltung

Beispiel: Bild 6.5 zeigt die Ausprägungen der Record-Typen ArtikelArt und Lagereinheit, die in den System-Owned-Sets AlleArtikelarten und AlleLagereinheiten zusammengefaßt sind. Es existiert jeweils nur ein Record des Typs System, der — so bezeichnet — als Kreis in der Darstellung enthalten ist.

6.2.3 Bachman-Diagramme

Die Spezifikation von Record- und Set-Typen mittels der eingeführten Notationen ist aufgrund ihrer textuellen Form und ihres Detailreichtums für Übersichtszwecke wenig geeignet. Wir hatten deshalb auch bereits zu einer graphischen Darstellungsform gegriffen. In Ergänzung hierzu hat sich für das Netzwerkmodell eine Darstellung durchgesetzt, die von der Ausprägungsebene der Records und Sets abstrahiert und ausschließlich Record- und Set-Typen darstellt. Diese Graphiken sind als *Bachman-Diagramme* bekannt.

Darstellung von Record-Typen: Record-Typen werden als Rechtecke mit Typbenennung dargestellt, wobei die Attribute im allgemeinen unberücksichtigt bleiben. Fiktive Record-Typen, die als Owner von System-Owned-Sets fungieren, werden durch Kreise bezeichnet.

Darstellung von Set-Typen: Die funktionale Set-Beziehung zwischen zwei Record-Typen ist durch einen Pfeil dargestellt, der vom Owner-Typ ausgeht und am Member-Typ endet. Man beachte, daß der Pfeil also gerade entgegen der „Funktionsrichtung" verläuft. Jeder Pfeil ist durch die Angabe des Set-Typ-Namens ausgezeichnet. Ein Set-Typ wird damit insgesamt durch die drei Komponenten Owner-Typ-Rechteck, Member-Typ-Rechteck und den Beziehungspfeil verdeutlicht. Zusätzlich wird der Pfeil oft noch um die Angaben von **insertion**- bzw. **retention**-Klausel ergänzt. Die Notation erfolgt dabei in der Form $\langle I, R \rangle$ mit $I \in \{A, M\}$ (abkürzend für **automatic** und **manual**) und $R \in \{F, M, O\}$ (abkürzend für **fixed**, **mandatory** und

optional). Hingegen ist es nicht üblich, Informationen über etwa vorhandene **order**–Klauseln in das Diagramm aufzunehmen.

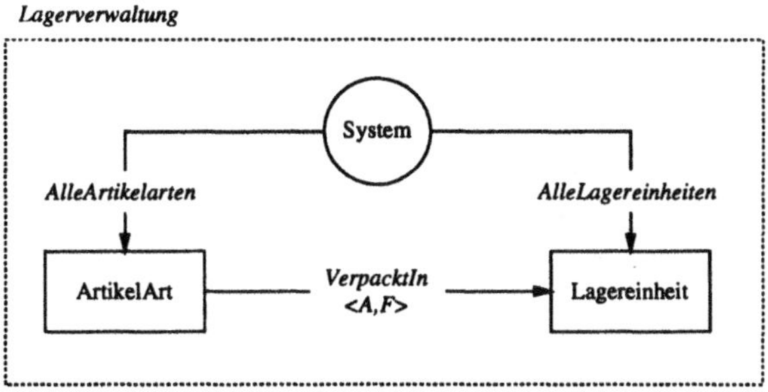

Bild 6.6. Bachman–Diagramm für die Lagerverwaltung

Beispiel: Bild 6.6 zeigt das zu den Record–Typen ArtikelArt und Lagereinheit gehörende Bachman–Diagramm, das die Set–Typen VerpacktIn, AlleArtikelarten und AlleLagereinheiten enthält.

6.2.4 Ein weiteres Beispiel

Die Diskurswelt „Lagerverwaltung“ leidet etwas unter ihrer Unanschaulichkeit, die durch das Überwiegen von Identifikationsnummern als Domänen bedingt ist. Wir wollen daher noch ein anschaulicheres Beispiel betrachten, unsere Diskurswelt „Kartographie“. Wir greifen dazu Städte und Gewässer heraus. Der Einfachheit halber unterstellen wir die metrischen Domänen Kreis, Polygon und Linienzug dabei als atomar:

```
record name is Stadt
   within Kartographie
   unique StadtName
   item StadtName type is Zeichen 25
   item Begrenzung type is Kreis

record name is See
   within Kartographie
   unique SeeName
   item SeeName type is Zeichen 25
   item Begrenzung type is Polygon

record name is Meer
   within Kartographie
   unique MeerName
   item MeerName type is Zeichen 25
   item Verlauf type is Linienzug

record name is Fluß
```

```
  within Kartographie
  unique FlußName
  item FlußName type is Zeichen 25
  item Verlauf type is Linienzug
```

Wenn wir für den Augenblick einmal unterstellen, daß eine Stadt an maximal einem Gewässer liegt[2], lassen sich zwischen den Städten und den Gewässern Set–Beziehungen aufstellen. Die Unterteilung der Gewässer führt dabei insgesamt auf drei Set–Beziehungen, wobei der jeweilige Gewässertyp stets Owner und Stadt stets Member ist:

```
set name is LiegtAnSee
  owner is See
  member is Stadt
  insertion is manual
  retention is fixed

set name is LiegtAnMeer
  owner is Meer
  member is Stadt
  insertion is manual
  retention is fixed

set name is LiegtAnFluß
  owner is Fluß
  member is Stadt
  insertion is manual
  retention is fixed
```

Das zugehörige Bachman–Diagramm zeigt Bild 6.7. Auch hier haben wir angenommen, daß für alle Record–Typen System–Owned–Sets existieren. Eine Beispielausprägung findet sich in Bild 6.8; hier sind der Übersichtlichkeit halber nur einige der bestehenden Records und Sets eingezeichnet.

6.3 Kettrecord–Typen

Das Netzwerkmodell macht bei seinen Strukturierungsregeln für Set–Typen eine Reihe von Einschränkungen, die bei praxisnahen Modellierungsanforderungen zu Problemen führen können. Nicht unmittelbar modellierbar sind etwa[3]

[2] Dies entspricht allerdings weder der Realität noch dem Zustand in unserer relationalen Datenbasis; man vergleiche dazu noch einmal die Darstellung der Tabelle LiegtAn in Bild 4.52.

[3] Die folgenden Einschränkungen stammen wieder aus dem CODASYL–Vorschlag des Jahres 1973. Sie sind in späteren Versionen teilweise abgeschwächt worden. Viele Datenbanksystem–Implementierungen beruhen jedoch auf der Version von 1973.

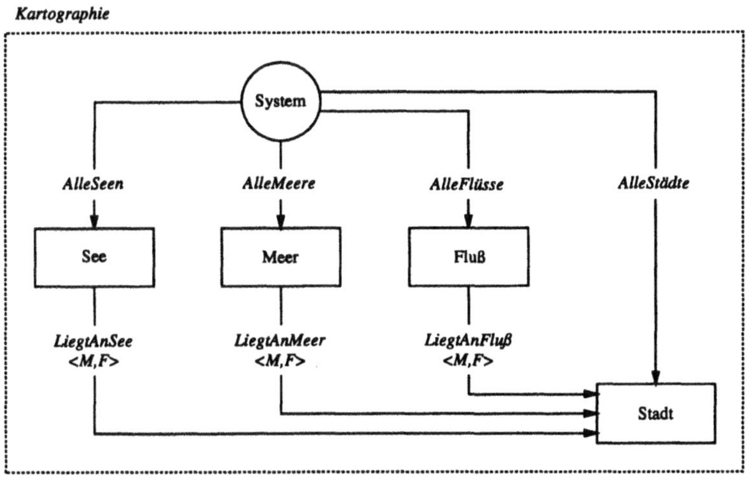

Bild 6.7. Bachman–Diagramm für die Kartographie

- nichtfunktionale Beziehungen, also Beziehungen, die keine strenge 1:n–Semantik besitzen,
- mehrstellige Beziehungen, an denen mehr als zwei Record–Typen beteiligt sind,
- „rekursive" Beziehungen, für die der gleiche Record–Typ Owner und Member sein müßte,
- attributierte Beziehungen.

Nun treten aber derlei Sachverhalte sehr häufig auf. Im relationalen Modell warfen sie auch keine Schwierigkeiten auf. Damit das Netzwerkmodell sozusagen „konkurrenzfähig" bleiben kann, muß man eine systematische Vorgehensweise zur Überwindung dieser Schwierigkeiten anbieten. Dies geschieht mit Hilfe sogenannter *Kettrecord–Typen.*

6.3.1 Nichtfunktionale und attributierte Beziehungen

Beispiel: Wir haben bereits erwähnt, daß die Annahme unrealistisch ist, eine Stadt könne nur an maximal einem Gewässer liegen. Betrachten wir beispielsweise den Set–Typ LiegtAnFluß. Wählen wir Fluß als Owner–Typ, so können zwar an einem Fluß mehrere Städte liegen, aber nicht dieselbe Stadt an zwei Flüssen (Gegenbeispiele in unserer Datenbasis: Koblenz und Mainz). Wählen wir hingegen Stadt als Owner–Typ, so kann nun zwar die gleiche Stadt an mehreren Flüssen liegen. Jeder Fluß könnte jedoch nur durch maximal eine Stadt fließen — auch wieder eine unrealistische Annahme. Ähnliche Überlegungen lassen sich für den Set–Typ LiegtAnSee anstellen.

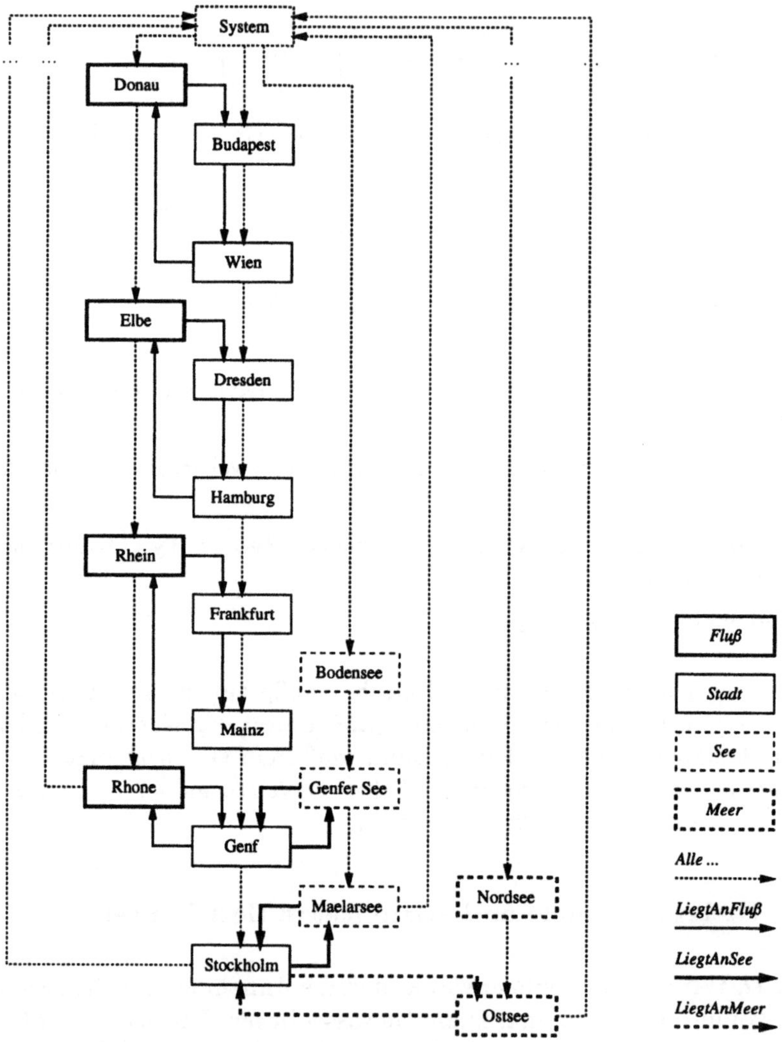

Bild 6.8. Beispiel–Records für die Kartographie

Die mit dem Netzwerkmodell konforme Vorgehensweise zur Darstellung dieser sogenannten $m{:}n$–Beziehung zwischen **Fluß** und **Stadt** besteht in der Einführung eines neuen, eigenen Record–Typs für die Beziehungsinstanzen und dessen Einbringen in neue Set–Typen. Entsprechend ihrer verbindenden Funktion bezeichnet man die auf diese Weise synthetisch in die Datenbasis eingeführten Records als *Kettrecords*.

Einführung von Kettrecord–Typen: Für die Repräsentation einer nicht direkt als Set–Typ darstellbaren Beziehung K zwischen den Record–Typen $T_{R_1}, T_{R_2}, \ldots, T_{R_n}$ wird ein neuer Record–Typ T_K als Kettrecord–Typ eingeführt. Zur vollständigen Nachbildung der Beziehung wird anschließend für jeden Typ T_{R_i} mit $1 \leq i \leq n$ ein Set–Typ T_{K_i} wie folgt eingeführt: $T_{K_i} = T_{R_i} \times T_K$, wobei T_{R_i} jeweils den Owner stellt.

Beispiel: Ausgehend von den Record–Typen **Stadt** und **Fluß** spezifizieren wir die auftretende Beziehung **LiegtAnFluß** also nun wie folgt als Kettrecord–Typ:

```
record name is LiegtAnFluß
   within Kartographie

set name is FlußStadt
   owner is Stadt
   member is LiegtAnFluß
   insertion is automatic
   retention is fixed

set name is AnliegenderFluß
   owner is Fluß
   member is LiegtAnFluß
   insertion is automatic
   retention is fixed
```

Nach gleichem Schema führen wir den Record–Typ **LiegtAnSee** und die Set–Typen **SeeStadt** und **AnliegenderSee** ein. Die Beziehung zwischen Städten und Meeren läßt sich dagegen unmittelbar durch den Set–Typ **LiegtAnMeer** modellieren. Bild 6.9 zeigt die resultierende graphische Repräsentation im Bachman–Diagramm, wobei wir jetzt und im folgenden auf eine Darstellung der System–Owned–Sets verzichten. Einfügen der Kettrecords haben wir hier übrigens als automatisch angenommen, da sie ohne ihren Owner keinerlei Existenzberechtigung haben. Damit wird ja auch keineswegs erzwungen, daß eine Stadt an einem See oder an einem Fluß liegt — man kann ja auf die Erzeugung des Kettrecords verzichten.

Attributierung von Kettrecord–Typen: Kettrecord–Typen sind zunächst attributlos. Es mag aber im Einzelfall durchaus sinnvoll sein, ihnen auch Attribute zu geben. Betrachten wir dazu die Beziehung **FließtDurch** zwischen Flüssen und Staaten. Nehmen wir an, daß wir ergänzend auch noch erfassen wollen, auf welcher Länge sich ein Fluß innerhalb eines Staates befindet. Dann läßt sich ein solches Attribut **Länge** weder dem Fluß (der durch mehrere Staaten

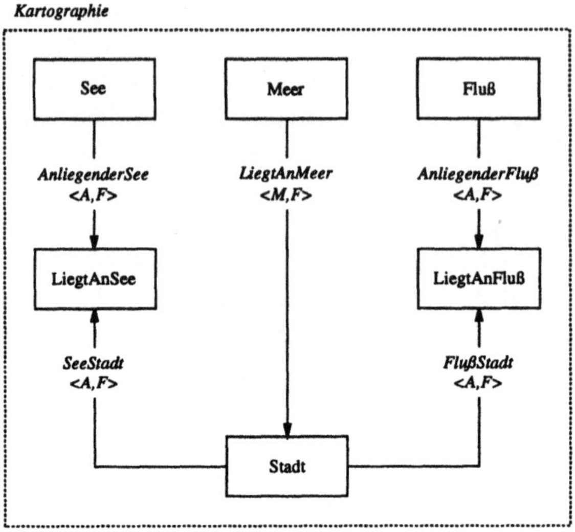

Bild 6.9. Bachman–Diagramm zur Darstellung von m:n–Beziehungen

fließen kann) noch dem Staat (den mehrere Flüsse durchfließen können) zuordnen. Daher muß wiederum ein — jetzt attributierter — Kettrecord–Typ eingeführt werden. Die Vereinbarungen könnten folgendermaßen lauten:

```
record name is Fluß
   within Kartographie
   unique FlußName
   item FlußName type is Zeichen 25
   item Verlauf type is Linienzug

record name is Staat
   within Kartographie
   unique StaatName
   item StaatName type is Zeichen 25
   item Begrenzung type is Polygon

record name is FließtDurch
   within Kartographie
   item Länge type is Ganzzahl

set name is FließtDurchStaat
   owner is Fluß
   member is FließtDurch
   insertion is automatic
   retention is fixed

set name is WirdDurchflossenVon
   owner is Staat
   member is FließtDurch
   insertion is automatic
   retention is fixed
```

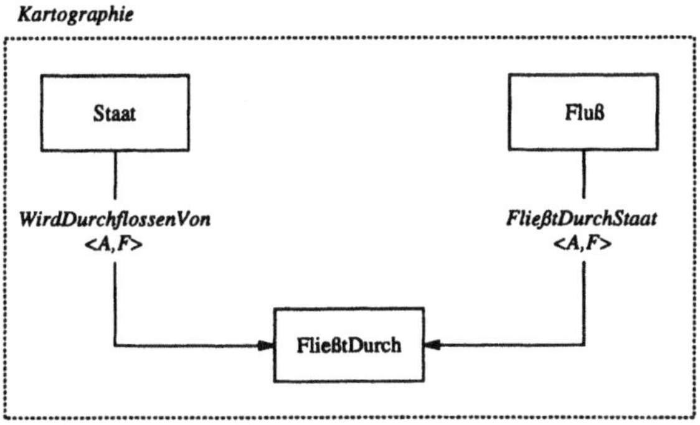

Bild 6.10. Bachman–Diagramm zur Darstellung einer attributierten Beziehung

Das Bachman–Diagramm in Bild 6.10 zeigt den Sachverhalt graphisch.

Man könnte einwenden, daß Attributierung auch bei 1:n–Beziehungen vorkommen und daher auch dort die Einführung von Kettrecord–Typen veranlassen könne. In einem solchen Fall ließe sich das Attribut aber jederzeit auch dem Member–Typ zuschlagen.

6.3.2 Mehrstellige Beziehungen

Beispiel: Eine dreistellige Beziehung ergibt sich, wenn man Fährverbindungen zwischen zwei Städten über einen Fluß erfassen will. Weil an einer solchen Fährverbindung–Beziehung drei Record–Typen beteiligt sind, ist man auch hier zur Einführung eines Kettrecord–Typs gezwungen:

```
record name is Fährverbindung
   within Kartographie

set name is FährverbindungStadt1
   owner is Stadt
   member is Fährverbindung
   insertion is automatic
   retention is fixed

set name is FährverbindungStadt2
   owner is Stadt
   member is Fährverbindung
   insertion is automatic
   retention is fixed

set name is FährverbindungFluß
   owner is Fluß
   member is Fährverbindung
   insertion is automatic
   retention is fixed
```

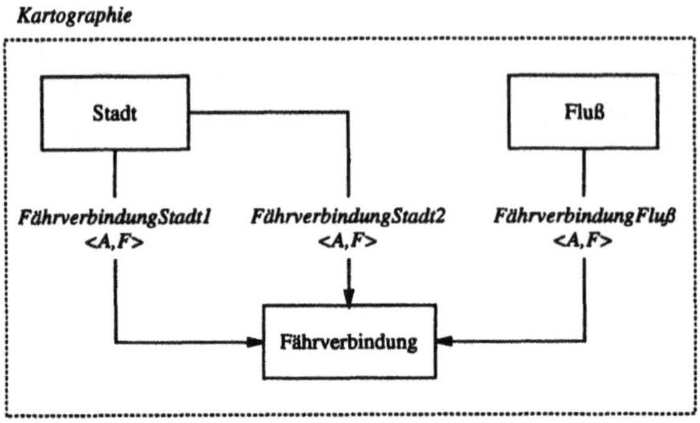

Bild 6.11. Bachman–Diagramm zur Darstellung einer dreistelligen Beziehung

Das Bachman–Diagramm für diesen Sachverhalt ist in Bild 6.11 dargestellt. Man beachte, daß es die Strukturierungsregeln für Sets nicht ausschließen, mehrere unterschiedliche Set–Typen zwischen den gleichen Record–Typen zu etablieren.

6.3.3 Rekursive Beziehungen

Beispiel: Flüsse münden häufig in Meere, ein Sachverhalt, der sich ohne weiteres durch einen normalen Set–Typ darstellen läßt. Flüsse können jedoch auch in andere Flüsse einmünden; wir hatten diese Möglichkeit schon in Abschnitt 4.8.2 erwähnt. Dies ist eine rekursive Beziehung. Zu ihrer Darstellung ist auch hier ein eigener Kettrecord–Typ einzuführen, den wir MündetInFluß nennen wollen:

```
record name is MündetInFluß
   within Kartographie

set name is Einmündend
   owner is Fluß
   member is MündetInFluß
   insertion is automatic
   retention is fixed

set name is Aufnehmend
   owner is Fluß
   member is MündetInFluß
   insertion is automatic
   retention is fixed
```

Bild 6.12 zeigt das entsprechende Bachman–Diagramm.

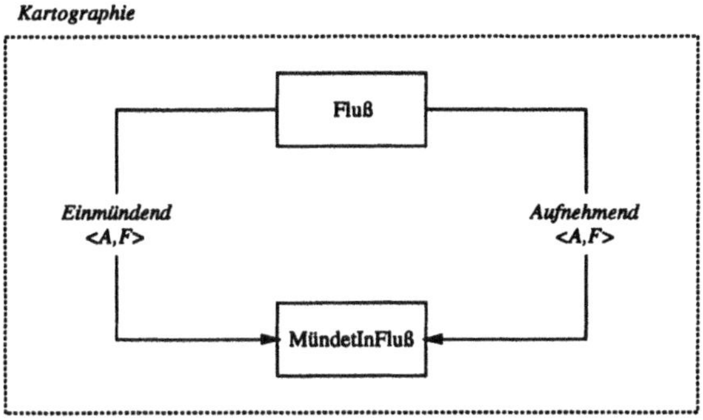

Bild 6.12. Bachman–Diagramm zur Darstellung einer rekursiven Beziehung

6.3.4 Informationsverlust

Alle vorgestellten Arten von Beschränkungen im Netzwerkmodell werden nach dem gleichen Verfahren umgangen, nämlich mittels der Einführung von Kettrecord–Typen. Damit werden möglicherweise mehrere solcher Einschränkungen gleichzeitig umgangen. Unter Umständen verliert man aber auch solche, die eigentlich beibehaltenswert sind. So geht beispielsweise mit Darstellung unserer rekursiven MündetInFluß–Beziehung als Kettrecord–Typ auch die gleichzeitig bestehende funktionale Beziehung verloren, die besagt, daß ein Fluß nur in (höchstens) einen einzigen anderen Fluß münden kann.

Auch ein anderer Punkt ist nennenswert. Wir hatten bereits erwähnt, daß Kettrecords nicht ownerlos bleiben dürfen. Dies hat jedoch nichts mit der Art der zugrundegelegten Beziehung zu tun: Ob diese zustandekommt oder nicht, hängt ausschließlich vom Erzeugen und Löschen des Kettrecords ab. Damit werden aber sämtliche an sich gewünschten **insertion**– und **retention**–Optionen völlig unterschiedslos behandelt.

6.4 Abfrage und Manipulation von Daten

6.4.1 Auswirkungen der Strukturierung

Im Relationenmodell haben wir Sätze gleichen Typs in einer Relation zusammengefaßt; Beziehungen waren nicht explizit in der Datenbasis gespeichert, sondern mußten durch Operationen über bestimmte Wert–Zusammenhänge korrespondierender Attribute ermittelt und ausgewertet werden. Das Netzwerkmodell unterscheidet hingegen von vornherein zwischen Record–Typen zur Darstellung der eigentlich interessierenden Daten und Set–Typen zur Manifestation von nutzbaren Zusammenhängen zwischen diesen Daten. Der explizite Charakter der Beziehungen macht sich insofern vorteilhaft bemerkbar, als auf der Schemaebene Konsistenzregeln zur Teilnahme von Records an Beziehungen mit Hilfe von **insertion**– und **retention**–Klauseln getroffen werden können. Weiterhin trägt solche (erzwungene) Zusatzinformation zur Vervollständigung der Datenbasis–Dokumentation bei.

Durch die strukturell manifestierte Verkettung der einzelnen Records ist es nun aber nicht mehr möglich, mit dem entstehenden Informationsnetzwerk mengenorientiert und damit gegebenenfalls auch deskriptiv wie im Relationenmodell zu arbeiten. Vielmehr geht man zu einer Handhabungsweise über, die sich durch zwei Charakteristika auszeichnet:

- Zu jedem Zeitpunkt wird immer nur ein Record und keine ganze Menge betrachtet. Dieses Prinzip nennt man auch *Record*– oder *Satzorientierung*. Operationsfolgen werden gegebenenfalls für jeden zu betrachtenden Record wiederholt.
- Um von einem Record zum nächsten zu gelangen, bedient man sich des Prinzips der *Navigation*. Dies bedeutet das „Entlanghangeln" von Record zu Record über die im Netzwerk vorhandenen Strukturen, d.h. die einzelnen Verkettungen innerhalb der Sets. Fortgesetzt angewandt kann der Anwender auf diese Weise jedes Datenelement in der Datenbasis aufsuchen, das mit dem Ausgangselement direkt oder indirekt in Beziehung steht.

Diese Satzorientierung steht bei Anfragen einer deklarativen Vorgehensweise entgegen. Man muß sich das gewünschte Ergebnis nämlich aus den aufgefundenen Sätzen zusammenstellen, indem man die auszuführenden Navigationsschritte explizit vorgibt. Das kann bereits bei einfachen Datenbasen für erheblichen Schreibaufwand bei der Realisierung bestimmter Anfragen sorgen, wenn ständig alle möglichen Navigationsparameter angegeben werden müssen. Eine gewisse Unterstützung bietet das Netzwerkmodell durch *Currency–Indikatoren* (Aktualitätszeiger). Diese kennzeichnen den „Standort", an dem man sich gerade innerhalb des Daten–Netzwerks befindet. Sie ermöglichen außerdem eine Markierung bestimmter Stellen in der Datenbasis, auf die später wieder aufgesetzt werden kann, obwohl man mittels Navigation inzwischen an ganz anderer Stelle angelangt ist. Wegen dieser zentralen Bedeutung soll zunächst auf die Currency–Indikatoren eingegangen werden, bevor die eigentlichen Operatoren zur Realisierung von Anfragen und die Datenmanipulations–Operationen vorgestellt werden.

6.4.2 Currency–Indikatoren

Definition: Ein Currency–Indikator ist ein systeminterner Zeiger, der zu jedem Zeitpunkt auf genau einen Record der Datenbasis zeigt. Jeder Indikator wird vom Netzwerk–Datenbanksystem verwaltet und bei Anfrage– oder Manipulationsoperationen entsprechend vordefinierter Regeln automatisch angepaßt.

Die Currency–Indikatoren stellen somit praktisch Seiteneffekte der angebotenen Operatoren dar, auf die der Anwender (indirekt) nutzbringend lesend zugreifen kann. In begrenztem Umfang ist auch eine Einflußnahme des Anwenders auf diese Indikatoren möglich.

Indikatortypen: Für jede Netzwerkdatenbasis steht eine Reihe von Currency–Indikatoren zur Verfügung, die für jedes Anwendungsprogramm lokal sind. Im einzelnen sind dies:

- *Current of Run Unit*: Dieser Indikator verweist immer auf den gerade aktuellen Record des Anwendungsprogramms. Er kann somit zu verschiedenen Zeitpunkten Records unterschiedlicher Typen referenzieren.

  Notation: CRU
- *Current of Record*: Für jeden Record–Typ T_R existiert ein solcher Indikator. Er zeigt stets auf den zuletzt referenzierten Record vom Typ T_R.

  Notation: C_R(T_R)
- *Current of Set*: Für jeden Set–Typ T_S existiert ein solcher Indikator, der je nach der zuletzt ausgeführten Operation auf Records des Owner– oder des Member–Typs von T_S verweist. Da jeder Record nur einer einzigen Ausprägung eines Set–Typs angehören kann, bestimmt der referenzierte Record eindeutig den Set.

  Notation: C_S(T_S)
- *Current of Area*: Für jede Area A in der Datenbasis existiert ein eigener Area–Indikator. Dieser ist ähnlich wie der CRU typunabhängig und zeigt auf den zuletzt betrachteten Record, der innerhalb der Area A liegt.

  Notation: C_A(A)

Beispiel: Wir legen das in Bild 6.13 gezeigte Bachman–Diagramm für die Kartographie als Ausgangsbasis zugrunde. Die LiegtAn...–Beziehungen wurden aus Gründen der Überschaubarkeit nicht gemäß Bild 6.9, sondern nur in der vereinfachten Form von Bild 6.7 aufgenommen, und die System–Owned Sets wurden weggelassen. Die **insertion**– und **retention**–Angaben bedürfen noch einer kurzen Erläuterung, zumal sie sich mit den bisher eingeführten Angaben nicht immer decken:

- Ein Fluß mündet entweder in einen Fluß oder ins Meer, also kann er nicht automatisch einem Fluß oder Meer zugeordnet werden. Demnach muß für den (bislang nicht eingeführten) Set–Typ MündetInMeer **manual** für **insertion** gewählt werden. Ist er allerdings einmal zugeordnet, so bleibt dieses Verhältnis fest. Bei Mündung in Flüsse ist von dieser Überlegung aber kein Set–Typ betroffen, sondern der Kettrecord–Typ MündetInFluß. Hier macht sich jedoch der Informationsverlust gemäß Abschnitt 6.3.4 bemerkbar.

– In der heutigen Zeit scheinen Staaten rasch zu entstehen oder zu verschwinden. Eine Stadt gehört zwingend einem Staat an; daher gilt **automatic** für die **insertion**–Klausel. Diese Zugehörigkeit kann aber wechseln, daher **retention** als **mandatory**. Auch die FließtDurch–Beziehung ist vom Entstehen oder Verschwinden von Staaten betroffen. Ähnlich wie zuvor greift aber auch hier wieder das Argument aus Abschnitt 6.3.4.

Currency–Indikatoren im Beispiel: Es sind nun die folgenden Currency–Indikatoren verfügbar:

- CRU,
- C_A(Kartographie),
- C_R(See), C_R(Meer), C_R(Fluß), C_R(MündetInFluß), C_R(Stadt), C_R(Staat), C_R(FließtDurch),
- C_S(LiegtAnSee), C_S(LiegtAnMeer), C_S(LiegtAnFluß), C_S(MündetInMeer), C_S(Einmündend), C_S(Aufnehmend), C_S(LiegtIn), C_S(FließtDurchStaat), C_S(WirdDurchflossenVon).

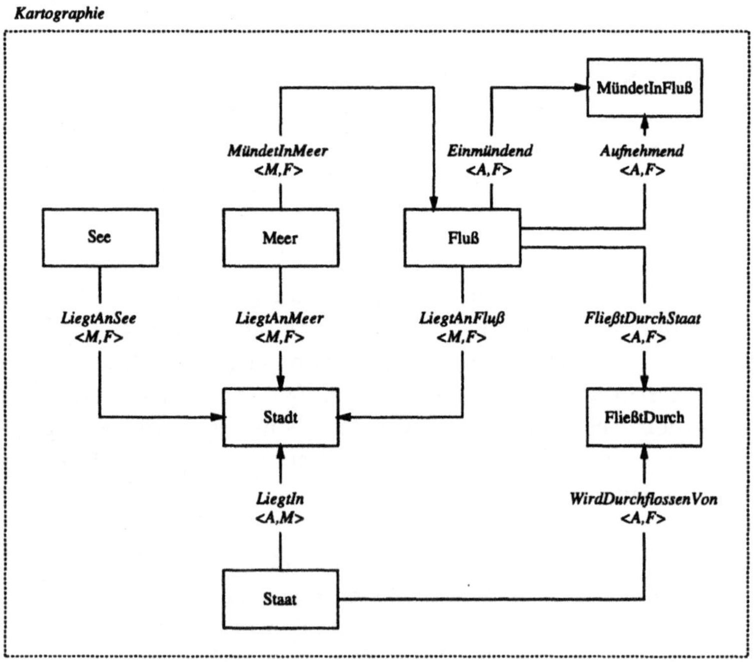

Bild 6.13. Bachman–Diagramm als Ausgangsbasis für Netzwerk–Operationen

Die einzelnen Currency–Indikatoren sind für den Anwender nur indirekt sichtbar. Ihre Existenz äußert sich — wie bereits angedeutet — in der Wirkung der Anfrage– und Manipulationsoperationen, die sich stets auf die Currency–Indikatoren (und dabei insbesondere auf den CRU) beziehen und als Seiteneffekte diesen Indikatoren aktualisierte Record–Positionen zuweisen.

Die für das prinzipielle Verständnis der Arbeitsweise im Netzwerkmodell wichtigen Operationen werden in den nächsten Abschnitten vorgestellt. Wir betrachten dabei zunächst die Retrieval–Operationen, die nur selektierend tätig werden, und in einem zweiten Schritt einige Update–Operatoren, die den Zustand der Datenbasis beeinflussen.

6.4.3 Retrieval–Operationen

Funktion: Zentraler Operator zum Navigieren in einer Netzwerkdatenbasis ist der **find**–Befehl. Mit seiner Hilfe kann ein auf verschiedene Weise spezifizierter Record aufgefunden und zum aktuellen Record erklärt werden.

Anpassung von Currency-Indikatoren: Sei r der aufgefundene Record; er sei vom Typ T_R. Der **find**–Befehl verändert dann (im Erfolgsfall) die Currency–Indikatoren in der folgenden Weise:

- CRU: Der CRU wird auf r gesetzt.
- C_R(T_R): Der Current of Record für den Typ T_R wird auf r gesetzt, die anderen Current of Record bleiben unverändert.
- C_S(T_S): Für jeden Set–Typ T_S, an dem T_R als Owner– oder Member–Typ beteiligt ist, wird der Current of Set auf r gesetzt, vorausgesetzt, r ist in einem seiner Set-Ausprägungen enthalten.
- C_A(A): Der Current of Area für das Gebiet A, dem T_R zugeordnet ist, wird auf r gesetzt.

Der **find**–Befehl liegt in mehreren Grundvarianten vor. Generell wird auf eine intern durch die Datenbanksystemverwaltung aufrechterhaltene Vollordnung der Records innerhalb der Datenbasis zurückgegriffen, so daß einzelne Records aufgrund von absoluten und relativen Positionsangaben aufgefunden werden können. Programmtechnisch wird ein **find**–Befehl auf dieser Basis so spezifiziert:

find *position* T_R;

Es wird auf denjenigen Record des Typs T_R positioniert, der die Positionsbedingung *position* erfüllt. Erlaubte Positionsangaben sind dabei: **first**, **last**, i (mit $i \in \mathbb{N}$), **next**, **prior** oder **relative** i (mit $i \in \mathbb{N}$). Die Semantik wird an den folgenden Beispielen deutlich:

find first Fluß;
find next Fluß;

Zunächst wird derjenige Fluß–Record gefunden, der im Datenbanksystem aufgrund einer internen Ordnung als erster Record geführt wird. Bei Ausführung des zweiten Befehls wird dann der (gemäß der internen Ordnung) nächste Fluß zurückgeliefert, mit dem Bezugspunkt CRU, so daß die Kurzschreibweise

find next;

wiederum einen Fluß finden würde. Durch direkt hintereinandergeschaltete **find next**–Operationen könnten so nacheinander alle Ausprägungen von Fluß abgerufen werden.

Im Beispiel würden bei fortgesetzter Anwendung nacheinander alle Fluß–Records erscheinen. Ähnlich wie bei der Selektion von Tupeln aus Relationen ist man an einer solchen vollständigen Auflistung in der Praxis jedoch nicht immer interessiert. Die Suche von Records ist vielmehr an Bedingungen geknüpft. Diese ergeben sich zum einen durch bestimmte, für den Anwender interessante Werte von Record–Komponenten, zum anderen durch die Beteiligung von Records an bestimmten Beziehungen. Das allgemeine **find**–Schema lautet unter Beachtung dieser Suchwünsche:

find *position* T_R [**within** T_S] [**where** *ausdruck*];

Die **within**–Klausel spezifiziert einen Set–Typ T_S, in dem der Record–Typ T_R Member ist. Dadurch wird der **find**–Befehl auf diejenigen Records von T_R eingeschränkt, die Member im C_S(T_S) sind. Zur sinnvollen Nutzung dieser Variante ist also Voraussetzung, daß dieser Current of Set auf einen gültigen (Owner–)Record zeigt. Die **where**–Klausel beinhaltet in *ausdruck* einen logischen Ausdruck über Attribute des Record–Typs, der durch geeignete Vergleichsoperatoren gebildet werden kann. Dadurch wird auf diejenigen Records eingeschränkt, die sich aufgrund der Werte ihrer Attribute qualifizieren.

Eine Beispielfolge unter Ausnutzung der erweiterten Möglichkeiten ist etwa die Suche nach allen Flüssen, die in die Nordsee münden:

find first Meer **where** MeerName = 'Nordsee';
find first Fluß **within** MündetInMeer;
find next Fluß **within** MündetInMeer;
find next Fluß **within** MündetInMeer;
...

Der erste Befehl sucht den Meer–Record mit Namen 'Nordsee'. Als Seiteneffekt wird (unter anderem) der C_S(MündetInMeer) gesetzt, der nun auf diesen Meer–Record als einen gültigen Owner–Record zeigt. Dies wird vom zweiten

find–Befehl genutzt, der den ersten in dieses Meer mündenden Fluß zurückgibt. Die sich anschließenden Befehle bewirken eine Navigation durch alle Flußeinträge für die Nordsee, wobei ausgenutzt wird, daß der CRU und der C_S(MündetInMeer) jeweils auf den zuletzt gefundenen Fluß gesetzt werden. Damit ist es möglich, für einen bestimmten Owner–Record alle Member–Einträge aufzusuchen.

Der umgekehrte Vorgang ist mit den bisherigen Mitteln nicht möglich, aber genauso sinnvoll. Dafür existiert eine eigene **find**–Variante:

find owner within T_S;

Dieser Befehl macht den Owner–Record r des durch den Currency–Indikator C_S(T_S) ausgezeichneten aktuellen Sets von T_S zum aktuellen Record; dabei werden der CRU und der C_R(T_R) beeinflußt, wobei T_R der Record–Typ von r ist. Dabei ist es unerheblich, ob der C_S(T_S) auf einen Member oder schon auf den Owner eines Sets in T_S zeigt.

Eine letzte Variante des **find**–Befehls erscheint auf den ersten Blick überflüssig:

find current [T_R | **within** T_S | **within** A];

Der CRU wird auf den C_R(T_R) bzw. den C_R(T_S) bzw. den C_R(A) gesetzt, wobei T_R Record–Typ, T_S Set–Typ und A Area ist. Der Hintergrund ist die Notwendigkeit einer Anpassung des CRU in manchen Fällen, ohne daß damit echte Suchvorgänge in der Datenbasis verbunden sind. Beispiel hierfür ist das Aufsetzen auf einen früheren Navigationspunkt des Anwenders.

Beispiel: Zur nochmaligen Veranschaulichung der impliziten Beeinflussung von Currency–Indikatoren durch die einzelnen Befehle konstruieren wir eine etwas kompliziertere Anfrage: Gesucht sind alle Flüsse, die durch Deutschland fließen, mitsamt der Länge ihres Laufes in Deutschland. Die zur Formulierung der Anfrage erforderlichen Steuerstrukturen und Ausgabebefehle geben wir in einer an Programmiersprachen angelehnten Notation an. Als Beispieldatenbasis diene die in Bild 6.14 beschriebene Situation.

```
// ⟨0⟩
find first Staat where StaatName = 'Deutschland';
// ⟨1⟩
find first FließtDurch within WirdDurchflossenVon;
// ⟨2⟩
while not End-Of-Collection begin
   print FließtDurch.Länge;
   find owner within FließtDurchStaat;
   print Fluß.FlußName;
   // ⟨3⟩ ⟨5⟩ ...
   find next FließtDurch within WirdDurchflossenVon;
   // ⟨4⟩ ⟨6⟩ ...
end
```

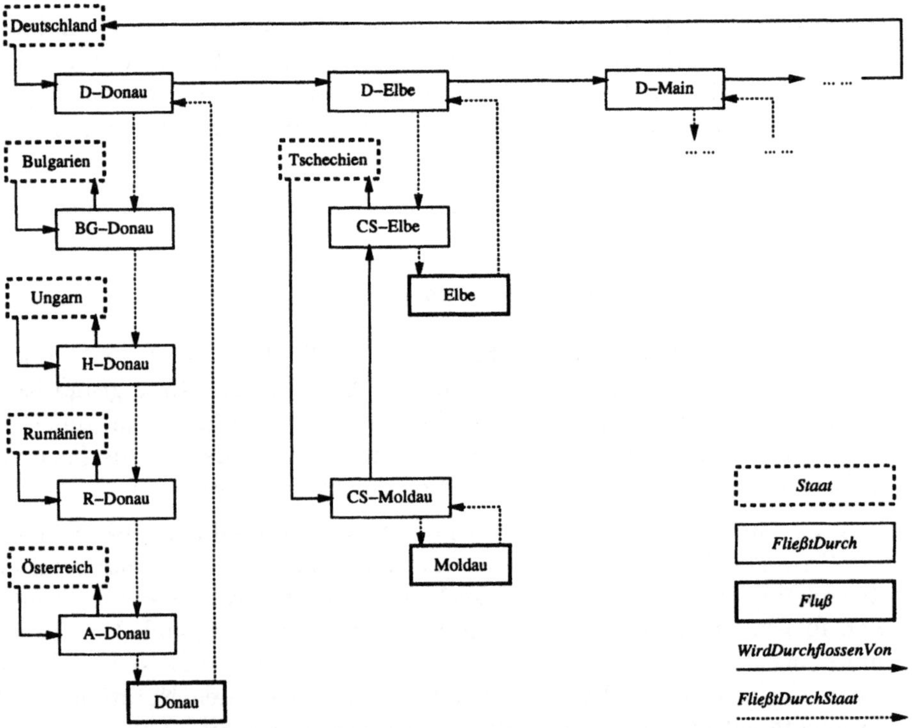

Bild 6.14. Datenbasis zur Veranschaulichung von Retrieval–Operationen

Die *End-Of-Collection*-Bedingung des Fragments bezieht sich auf den durchlaufenen Set. Die folgende Auflistung zeigt, wie die in dem Beispiel vorhandenen Currency-Indikatoren an den verschiedenen Ablaufpunkten (⟨0⟩, ⟨1⟩, ⟨2⟩, usw.) des Programmfragments positioniert sind:

- CRU: ⟨0⟩:*undefiniert*, ⟨1⟩:'Deutschland' ⟨2⟩:'D-Donau', ⟨3⟩:'Donau', ⟨4⟩:'D-Elbe', ⟨5⟩:'Elbe', ⟨6⟩:'D-Main'
- C_R(Staat): ⟨0⟩:*undefiniert*, ⟨1⟩:'Deutschland', ⟨2⟩:'Deutschland', ⟨3⟩:'Deutschland', ⟨4⟩:'Deutschland', ⟨5⟩:'Deutschland', ⟨6⟩:'Deutschland'
- C_R(FließtDurch): ⟨0⟩:*undefiniert*, ⟨1⟩:*undefiniert*, ⟨2⟩:'D-Donau', ⟨3⟩:'D-Donau', ⟨4⟩:'D-Elbe', ⟨5⟩:'D-Elbe', ⟨6⟩:'D-Main'
- C_R(Fluß): ⟨0⟩:*undefiniert*, ⟨1⟩:*undefiniert*, ⟨2⟩:*undefiniert*, ⟨3⟩:'Donau', ⟨4⟩:'Donau', ⟨5⟩:'Elbe', ⟨6⟩:'Elbe'
- C_S(WirdDurchflossenVon): ⟨0⟩:*undefiniert*, ⟨1⟩:'Deutschland', ⟨2⟩:'D-Donau', ⟨3⟩:'D-Donau', ⟨4⟩:'D-Elbe', ⟨5⟩:'D-Elbe', ⟨6⟩:'D-Main'
- C_S(FließtDurchStaat): ⟨0⟩:*undefiniert*, ⟨1⟩:*undefiniert*, ⟨2⟩:'D-Donau', ⟨3⟩:'Donau', ⟨4⟩:'D-Elbe', ⟨5⟩:'Elbe', ⟨6⟩:'D-Main'

Retaining-Klausel: Bei allen vorgestellten Varianten des **find**-Befehls kann der Anwender mit Hilfe einer sogenannten **retaining**-Klausel verhindern, daß Currency-Indikatoren automatisch angepaßt werden. Dies erlaubt dem Nutzer die Fixierung spezieller Aufsetzpunkte:

find ... **retaining** *indikatoren*

Dabei spezifiziert der Anwender für *indikatoren* eine Angabe aus einer Menge von möglichen Schlüsselworten, die auf die einzelnen Currency-Indikatoren Bezug nehmen. Lediglich der CRU kann durch die **retaining**-Klausel nicht beeinflußt werden.

Die Verwendung dieser Klausel ist beispielsweise notwendig, wenn wir die vorhergehende Anfrage dahingehend abändern, daß wir fragen, welche Staaten die durch Deutschland fließenden Flüsse berühren. Die Anfrage enthält gegenüber der gerade gestellten eine Ergänzung in Form einer inneren Schleife:

```
find first Staat where StaatName = 'Deutschland';
find first FließtDurch within WirdDurchflossenVon;
while not End-Of-Collection begin
   find owner within FließtDurchStaat;
   print Fluß.FlußName;
   find first FließtDurch within FließtDurchStaat retaining FließtDurch;
   while not End-Of-Collection begin
      find owner within WirdDurchflossenVon;
```

```
        print Staat.StaatName;
        find next FließtDurch within FließtDurchStaat retaining FließtDurch;
      end
      find current FließtDurch;
      find next FließtDurch within WirdDurchflossenVon;
    end
```

Ohne die **retaining**–Klauseln wird das gewünschte Ergebnis übrigens nicht erhalten. Als Faustregel kann man sich merken, daß diese Klauseln immer dann erforderlich sind, wenn in einer inneren Schleife eine Kante in umgekehrter Richtung als in einer äußeren Schleife durchlaufen wird.

Neben Operatoren zur Wiedergewinnung von Daten aus der Datenbasis müssen Operatoren angeboten werden, die den Zustand der Datenbasis ändern. Entsprechend der Unterteilung der Strukturen des Netzwerkmodells in Records und Sets, kann man solche Operatoren unterscheiden, die primär auf Records bezogen sind, und solche, die sich mit den durch die Sets ausgedrückten Beziehungen befassen. In den folgenden zwei Abschnitten werden die Operatoren beider Gruppen näher erläutert, wobei insbesondere gezeigt wird, in welcher Weise sie sich auf die Currency–Indikatoren abstützen.

6.4.4 Update–Operatoren für Records

Operatoren dieser Gruppe bieten die Möglichkeit, Komponenten der Records zu ändern, neue Records in die Datenbasis aufzunehmen oder Records aus dieser zu entfernen. Ein Datenbanksystem hat sich dabei um die Erfüllung der Konsistenzregeln zu kümmern, die bei Veränderung, Hinzufügen oder Löschen eines Records den Einfluß auf die Mitgliedschaft in bestimmten Sets festlegen. Die wichtigsten Vertreter der Record–Update–Operatoren stellen die drei Befehle **modify**, **store** und **erase** dar. Auf diese gehen wir im folgenden näher ein.

Modify–Befehl: Zunächst betrachten wir den Befehl zur Veränderung der in einem Record gespeicherten Werte:

modify $\{T_R \mid \mathit{item}$ **of** $T_R\}$;

modify bezieht sich stets auf den Record, der im CRU referenziert wird. Dieser muß vom Typ T_R sein. Die Angabe von T_R ist also eigentlich redundant und erfolgt sicherheitshalber, um mittels Typisierung die Gefahr ungewollter Record–Änderungen durch Fehlnavigationen einzuschränken. Verändert werden durch **modify** entweder gleich alle Komponenten (erste Befehlsvariante) oder aber nur eine einzige Komponente (zweite Variante), die dann als **item** explizit angegeben wird. Die neuen Werte für den Record werden entweder interaktiv vom System erfragt, oder sie liegen in einer speziellen, dem Datenbanksystem zugänglichen Variablen bereit.

Erase-Befehl: Zum Löschen von Records dient der **erase**–Befehl:

erase [**all**] T_R;

Dies löscht den Record, auf den der CRU augenblicklich zeigt. Um eine gewisse Kontrolle über ungewolltes Löschen auszuüben, muß auch hier der erwartete Record–Typ ausdrücklich ausgegeben werden.

Das Löschen kann eine Komplikation nach sich ziehen: Handelt es sich bei dem gelöschten Satz um einen Owner–Record, so sind seine Member–Records „herrenlos“ geworden. Daher ist in einem solchen Fall für die Member dieser Sets folgendermaßen zu verfahren:

- Member–Records, deren Set–Mitgliedschaft mit **fixed** festgelegt ist, werden aus der Datenbasis gelöscht. Sie sind ja zwingend an den gelöschten Owner gebunden.
- Für Member–Records, deren Set–Mitgliedschaft mit **mandatory** festgelegt ist, tritt ein Fehler auf. Sie gehören ja zwingend einem Set dieses Typs an, jedoch ist kein neuer Owner bekannt.
- Alle Member–Records, deren Set–Mitgliedschaft mit **optional** festgelegt ist, werden lediglich aus dem Set entfernt, nicht aber selbst gelöscht. Sie sind ja für sich allein überlebensfähig.

Die Wirkung eines einzigen **erase**–Befehls kann sich dabei durchaus über mehrere Hierarchiestufen in rekursiver Weise fortpflanzen. Tritt dabei ein Fehler auf, so bleibt der gesamte Befehl unwirksam.

Der optionale Zusatz **all** bewirkt, daß neben dem CRU ohne Rücksichtnahme auf eventuelle **retention**–Klauseln alle Records derjenigen Sets gelöscht werden, in denen der CRU Owner ist. Auch diese Variante des Befehls hat rekursive Wirkung.

Beispiel: Bild 6.15 zeigt den Zustand eines veralteten Datenbasisausschnitts, in dem noch der Staat 'CSFR' existiert. Auf diesen soll auch der CRU zeigen (fetter Pfeil im Bild). Danach wird der Befehl

erase Staat;

ausgeführt. Zur Erklärung der Vorgänge bietet sich noch einmal ein Blick auf das für diesen Textabschnitt gültige Bachman–Diagramm (Bild 6.13) an. Im einzelnen passiert folgendes:

- Die Typen Fluß und Staat binden den Member–Typ FließtDurch jeweils durch die Klausel–Werte **automatic** und **fixed** an. Der durch den CRU bezeichnete Staat–Record CSFR wird nun also entfernt. Dadurch verschwinden durch die Currency–Regelung auch die FließtDurch–Records CSFR–Elbe und CSFR–Moldau aus der Datenbasis, die zu diesem Staat gehören.

– Die daran hängenden Flüsse sind Owner für **FließtDurch** und werden daher nicht selbst beeinflußt. Beeinflußt wird der ihnen jeweils zugeordnete Set. In unserem Beispiel wird für **Elbe** die Zahl der Member–Records auf 1 reduziert. Für **Moldau** existieren sogar überhaupt keine Member–Records mehr; jener Set verschwindet aus der Datenbasis.

Das Ergebnis dieser Vorgänge ist in Bild 6.16 gezeigt.

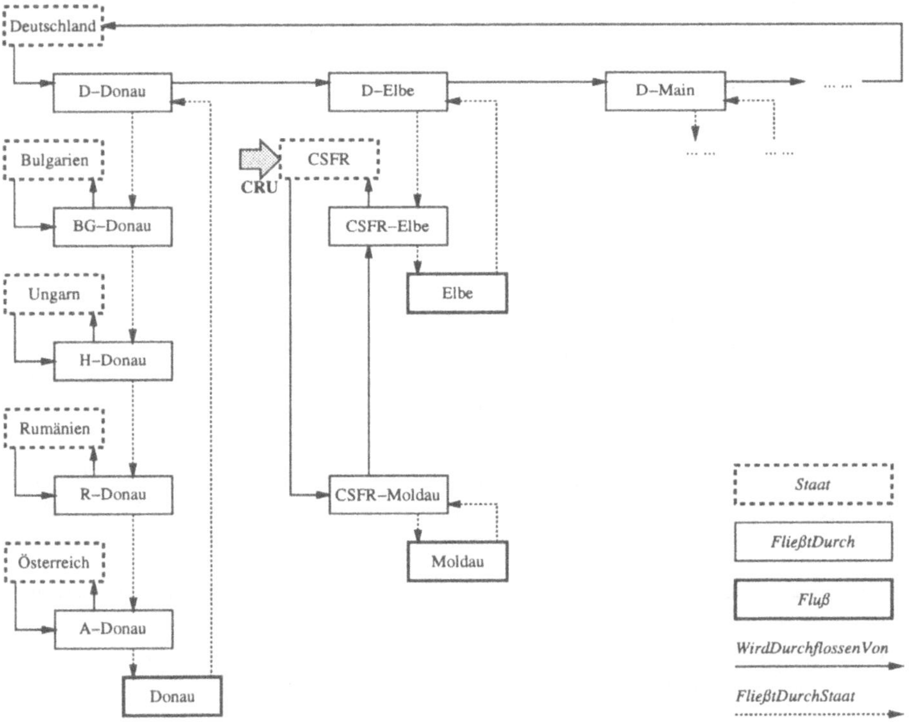

Bild 6.15. Datenbasis vor Ausführung des Erase–Befehls

Store–Befehl: Schließlich wird noch eine Möglichkeit benötigt, neue Records in die Datenbasis einzubringen. Das Netzwerkmodell bietet hierzu den **store**–Befehl an:

store T_R;

Hierdurch wird ein Record des Typs T_R in die Datenbasis eingebracht. Die Werte der einzelnen Komponenten müssen dabei wie beim **modify**–Befehl interaktiv erfragt werden bzw. in bestimmten Variablen vorliegen. Als Seiteneffekt wird der neue Record in Sets derjenigen Set–Typen eingefügt, in denen der Typ T_R als Member mit **insertion**–Klausel **automatic** vorgesehen

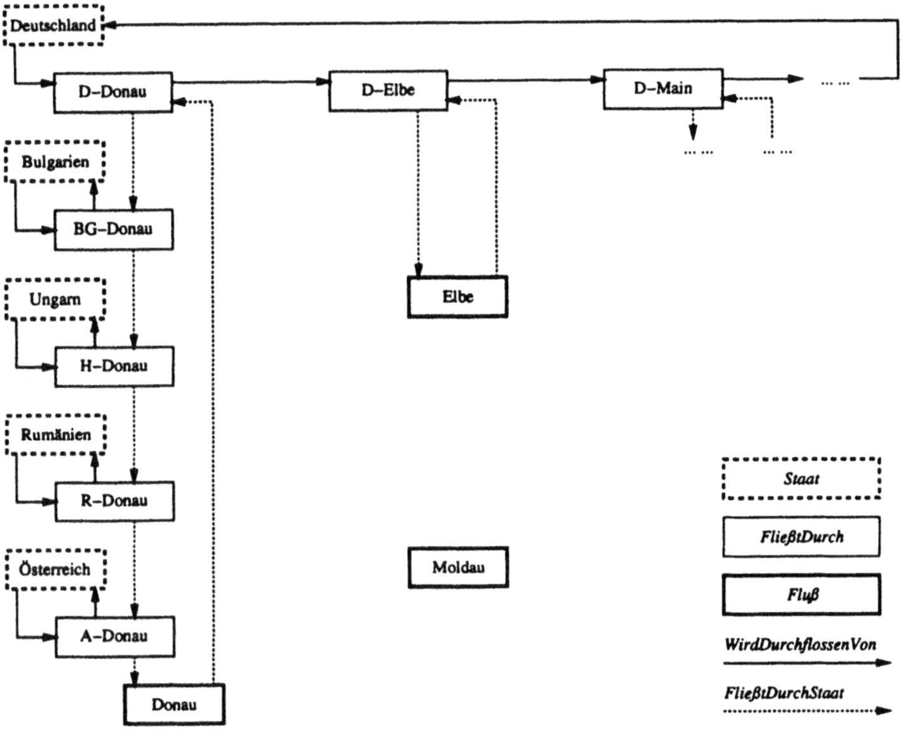

Bild 6.16. Datenbasis nach Ausführung des Erase–Befehls

ist. Für jeden betroffenen Set–Typ T_S wird der interessierende Set dabei durch die Stellung des Currency–Indikators C_S(T_S) bestimmt.

Beispiel: Ausgehend von der Situation in Bild 6.17 soll (nach Ersatz von CS-FR durch Tschechien und die Slowakei) in der Datenbasis festgehalten werden, daß die Elbe durch Tschechien fließt. Dazu ist der FließtDurch–Record CS–Elbe einzufügen. Die Current of Set für FließtDurchStaat und WirdDurchflossenVon verweisen bereits auf Records derjenigen Sets, für die die automatische Einbringung korrekt wird. In diesem Fall sind dies die beiden Owner–Records Tschechien und Elbe. Bild 6.18 zeigt die Situation nach dem Einfügeprozeß.

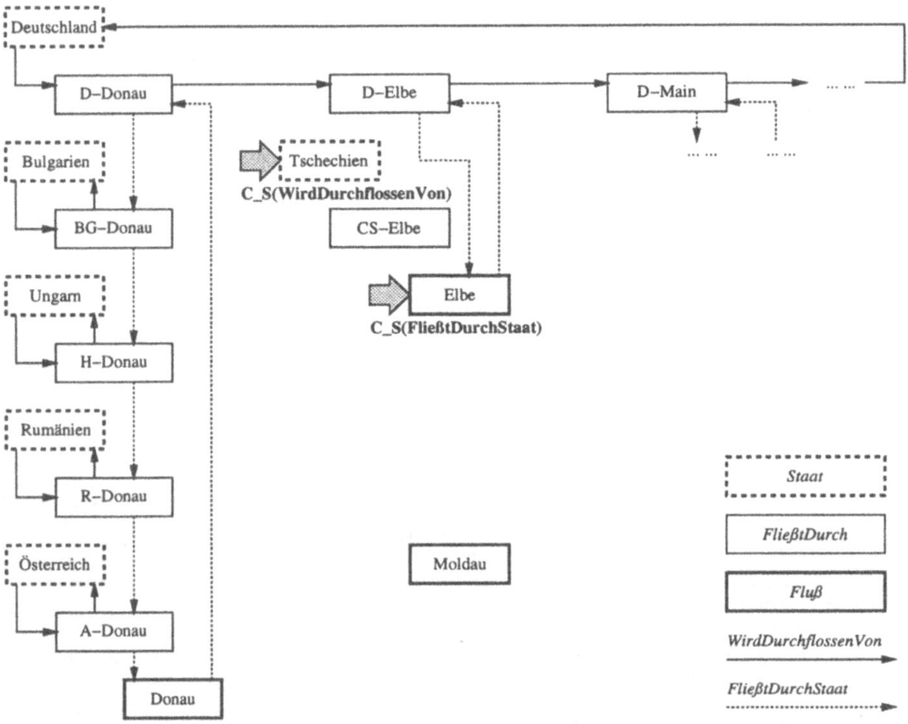

Bild 6.17. Datenbasis vor Ausführung des Store–Befehls

6.4.5 Update–Operatoren für Sets

Man vergegenwärtige sich nochmals, daß das primäre Ziel der im vorigen Abschnitt vorgestellten Operatoren die Manipulation von Records war. Als Seiteneffekt mußten zusätzlich bestimmte Sets angepaßt werden, um die durch die **insertion**– und **retention**–Klauseln aufgestellten Konsistenzregeln nicht zu verletzen. Mit den in diesem Abschnitt betrachteten Operatoren regelt

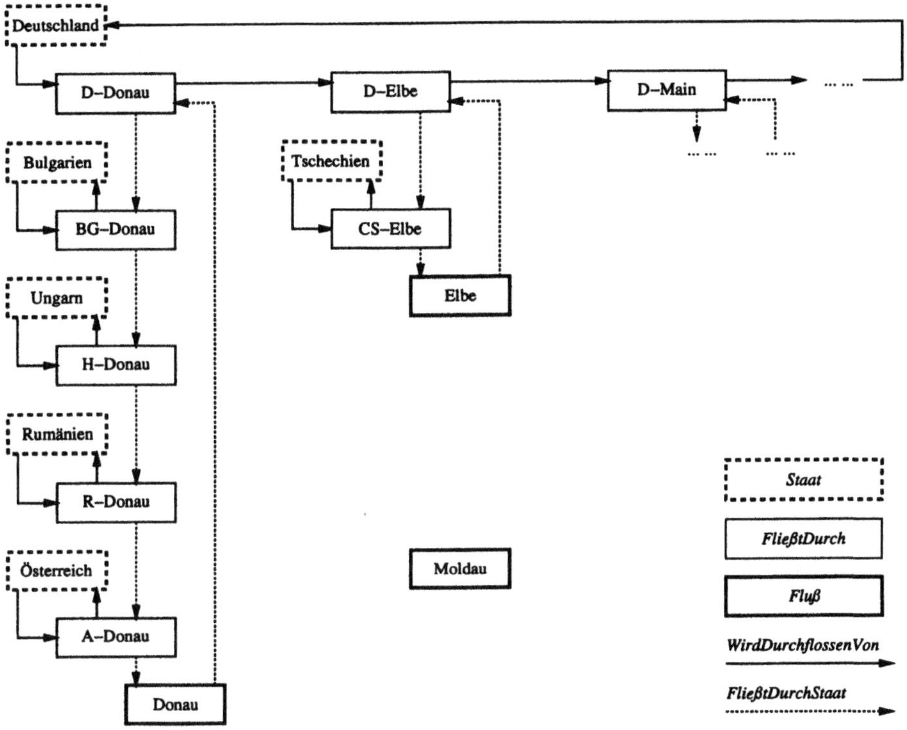

Bild 6.18. Datenbasis nach Ausführung des Store–Befehls

man die Mitgliedschaft von Member–Records in Sets, ohne allerdings die Records an sich zu beeinflussen.

Connect–Befehl: Betrachten wir die folgende Syntax:

connect to {**all** | *setliste*};

Dieser Befehl bindet den vom CRU referenzierten Record explizit als Member in bestimmte Sets ein. Die Currency–Indikatoren der als Parameter aufgezählten Set–Typen *setliste* legen dabei jeweils fest, um welche aktuellen Sets dieser Typen es sich handelt.[4]

Andernfalls (Variante **all**) bezieht sich der Befehl auf alle Set–Typen, in denen der Typ des referenzierten Records als Member aufgeführt ist und für die keine Ausprägung existiert, in der er bereits Member ist. Es wird dem Benutzer damit ermöglicht, Records in Sets von Typen T_S einzubinden, die in bezug auf T_S bisher „frei" in der Datenbasis existierten.

Man kann nun einen **store**–Befehl folgendermaßen interpretieren: Es wird automatisch ein **connect** für diejenigen Records ausgeführt, die Member in Sets sind, welche als **insertion**–Klausel den Wert **automatic** aufweisen. Ausdrücklich benötigt wird der **connect**–Befehl, wenn ein Member für einen Set–Typ T_S die **insertion**–Klausel **manual** besitzt oder falls die **retention**–Klausel **optional** spezifiziert ist und der Record zuvor aus einer T_S–Ausprägung entfernt wurde.

Beispiel: Für den Set–Typ WirdDurchflossenVon der Record–Typen Staat und FließtDurch sowie für den Set–Typ FließtDurchStaat zwischen Fluß und FließtDurch bietet sich die Anwendung von **connect** nicht an, da deren **insertion**–Klauseln die Einstellung **automatic** spezifizieren. Die Anbindung eines Flusses an ein Meer ist jedoch nach dem in Bild 6.13 gezeigten Schema manuell vorzunehmen. Wir gehen dabei von der Situation aus, die in Bild 6.19 gezeigt wird. Dann zeigt Bild 6.20 die Situation nach Ausführung von

connect to MündetInMeer;

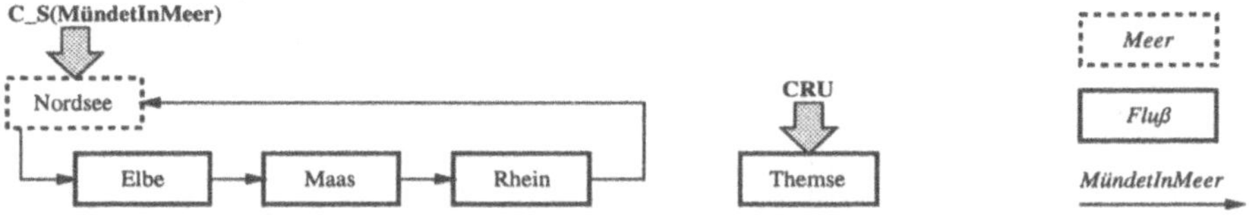

Bild 6.19. Datenbasis vor Ausführung des Connect–Befehls

[4] Diese Darstellung ist vereinfacht. Tatsächlich wird durch spezielle **set selection**–Klauseln festgelegt, nach welchem Schema die Einkettung erfolgt. Wir gehen darauf in Abschnitt 24.2.3 ein.

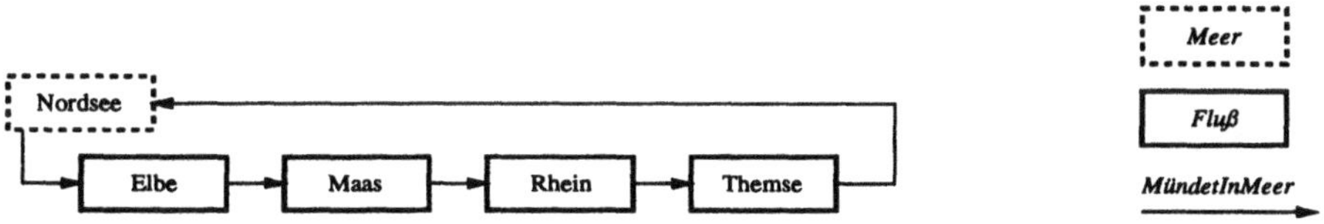

Bild 6.20. Datenbasis nach Ausführung des Connect–Befehls

Disconnect–Befehl: Die zum **connect**–Befehl inverse Operation realisiert der Befehl **disconnect**, mit Parametern in analoger Weise:

disconnect from {**all** | *setliste*};

Falls die **retention**–Klausel eines Members **optional** ist, kann der durch den CRU referenzierte aktuelle Member–Record aus einem Set oder mehreren Sets mittels **disconnect** entfernt werden und existiert danach „frei" in der Datenbasis, ohne dabei selbst gelöscht zu werden.

Reconnect–Befehl: Für Sets mit der **retention**–Spezifikation **mandatory** ist es für einen Member–Record notwendig, einem eventuellen **disconnect** quasi „in einem Zuge" (atomar) ein **connect** folgen zu lassen, um seine ständige Set–Mitgliedschaft zu sichern. Hierzu dient der **reconnect**–Befehl:

reconnect within {**all** | *setliste*};

setliste beschreibt wieder eine Menge von Set–Typen T_{S_i}. Der durch den CRU beschriebene aktuelle Record wird aus den T_{S_i}–Ausprägungen ausgefügt, denen er bisher angehörte. Man beachte, daß diese Ausprägungen durch den aktuellen Record identifiziert sind. Anschließend wird er sofort wieder in T_{S_i}–Ausprägungen eingefügt. Die neuen Sets werden dabei durch die Currency–Indikatoren C_S(T_{S_i}) bestimmt.[5]

Ein derartiger Set–Typ existiert in Bild 6.13 mit LiegtIn. Angenommen, der CRU verweise auf den Record Prag. Nach Ersatz der CSFR durch Tschechien und Slowakei und vor Löschen des CSFR–Records würde man nach entsprechender Vorbereitung der Currency–Indikatoren anweisen:

reconnect within LiegtIn;

[5] Auch dies ist eine vereinfachte Darstellung. Die **set selection**–Klauseln bestimmen, nach welchem Schema die Wiedereinkettung des Records in Sets erfolgt. Siehe dazu Abschnitt 24.2.3.

6.5 Weitere Modellierungen

6.5.1 Beispiel: Lagerverwaltung

Wir greifen nochmals kurz unser Lagerverwaltungsbeispiel auf, weil sich an ihm besonders schön der Zusammenhang zwischen Set–Typen und Fremdschlüsseln sowie referentieller Konsistenz zeigen läßt. Bild 6.21 zeigt eine Modellierung dieser Welt im Netzwerkmodell, wie sie durch formlose Überlegungen ähnlich denen in den Abschnitten 6.2 und 6.3 zustandekommen würde. Einziger Kettrecord–Typ ist **Verträglichkeit**, der eine $m{:}n$–Beziehung zwischen **ArtikelArt** und **Lagerort** widerspiegelt.

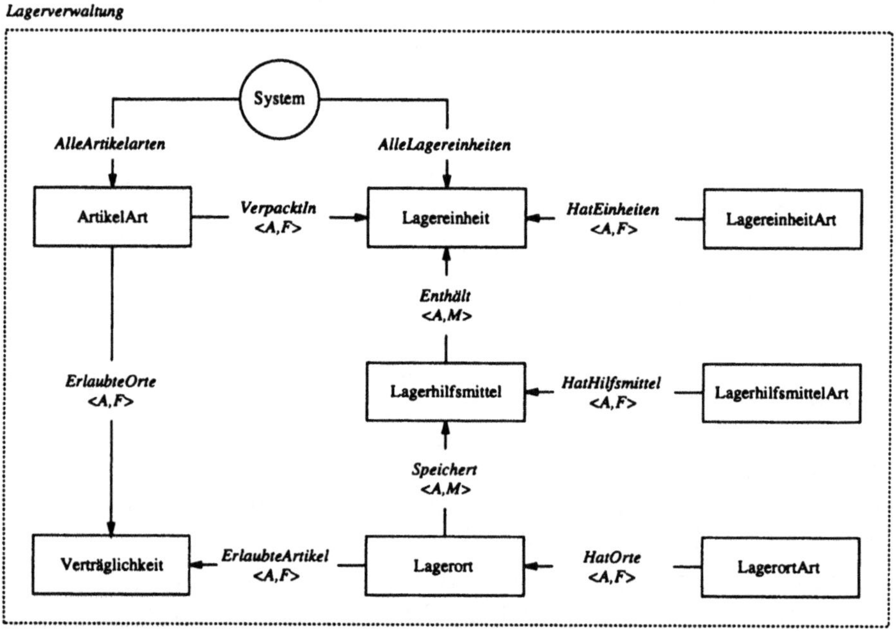

Bild 6.21. Bachman–Diagramm zur Modellierung der Lagerverwaltungswelt

Durch Vergleich mit Abschnitt 4.7 beobachten wir folgendes:

- Für jeden Set–Typ in Bild 6.21 läßt sich eine Fremdschlüsselbeziehung im relationalen Schema finden. Dabei entspricht der Relation mit dem Fremdschlüssel ein Member–Typ, der Relation mit dem Schlüssel ein Owner–Typ.
- Die **insertion/retention**–Klauseln $\langle A, M \rangle$ bzw. $\langle A, F \rangle$ decken sich von der Absicht her mit der (auf Schlüssel beschränkten) referentiellen Konsistenz. Umgekehrt sind die beiden Optionen $\langle A, M \rangle$ und $\langle A, F \rangle$ im Lichte der referentiellen Konsistenz nicht unterscheidbar; das Netzwerkmodell ist in dieser Hinsicht also mächtiger.

6.5.2 Beispiel: Geometrische Körper

Auf unsere dritte Beispielwelt, die geometrischen Körper, greifen wir zurück, um zu erkunden, ob sich das Aggregierungsproblem mit Hilfe der Set-Konstruktion tatsächlich besser lösen läßt als im relationalen oder im NF^2-Modell. Bild 6.22 zeigt ein Bachman-Diagramm, das alle in diesem Zusammenhang wichtigen Informationseinheiten wie Körper, Flächen, Kanten und Punkte berücksichtigt. Wir erläutern die Modellierung im folgenden sukzessive anhand der textuellen Definition der Record- und Set-Typen.

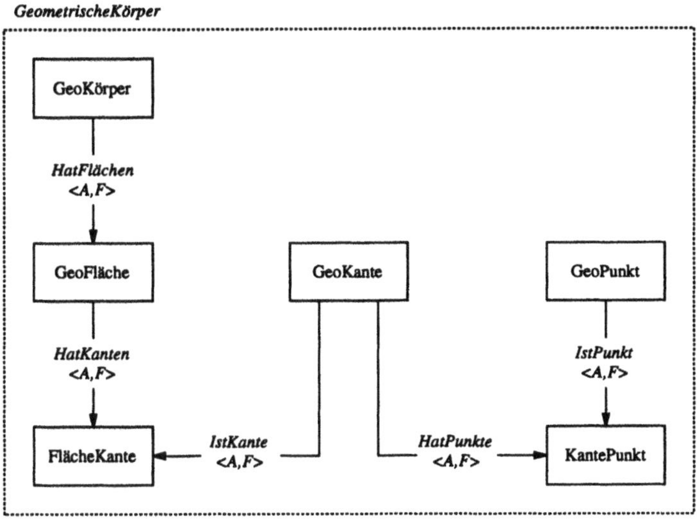

Bild 6.22. Bachman-Diagramm zur Modellierung geometrischer Körper

Zunächst einmal beschreiben wir einige Record-Typen, die geometrische Entsprechungen in Form von ganzen Körpern, Flächen, Kanten und Punkten besitzen:

```
record name is GeoKörper
  within GeometrischeKörper
  item GeoName type is Zeichen 20
  unique GeoName

record name is GeoFläche
  within GeometrischeKörper
  item FID type is Zeichen 8
  unique FID

record name is GeoKante
  within GeometrischeKörper
  item KID type is Zeichen 8
  unique KID
```

```
record name is GeoPunkt
  within GeometrischeKörper
  unique PID
  item PID type is Zeichen 8
  item X type is Gleitkommazahl
  item Y type is Gleitkommazahl
  item Z type is Gleitkommazahl
```

Die Definitionen dieser Elemente als Record–Typen ist notwendig, da die Typen attributiert sind, also jeweils **item**–Komponenten besitzen.

Die geometrischen Elemente sind noch unabhängig voneinander; es gilt nun, die zwischenliegenden Beziehungen zu beschreiben. Der nächste Schritt beinhaltet die Definition zweier Typen, deren Instanzen jeweils eine Fläche und eine Kante bzw. eine Kante und einen Punkt miteinander verbinden. Diese Beziehungen sind als Kettrecord–Typen und nicht etwa als Set–Typen modelliert, da jeweils $m{:}n$–Semantik vorliegt:

```
record name is FlächeKante
  within GeometrischeKörper

record name is KantePunkt
  within GeometrischeKörper
```

Schließlich erfolgt die Definition der Set–Typen, die die Verbindungen zwischen den Records herstellen:

```
set name is HatFlächen
  owner is GeoKörper
  member is GeoFläche
  insertion is automatic
  retention is fixed

set name is HatKanten
  owner is GeoFläche
  member is FlächeKante
  insertion is automatic
  retention is fixed

set name is IstKante
  owner is GeoKante
  member is FlächeKante
  insertion is automatic
  retention is fixed

set name is HatPunkte
  owner is GeoKante
  member is KantePunkt
  insertion is automatic
  retention is fixed
```

```
set name is IstPunkt
   owner is GeoPunkt
   member is KantePunkt
   insertion is automatic
   retention is fixed
```

Aufgrund der strukturierten Verkettung kann zwar die Zusammengehörigkeit eines Quaders manifestiert und daher auch effizient aus der Datenbasis rekonstruiert werden, doch wirken die vielfältigen Vernetzungen unübersichtlich. Insbesondere die Kettrecord–Typen tragen zu einer Aufblähung der Strukturen bei. Man sieht dies bei der Visualisierung von Datenbasen, die mit Hilfe dieser Typen angelegt wurden. Bild 6.23 zeigt dies anhand eines Ausschnitts für den Beispielquader Quader77. Hierbei fehlen aus Anschaulichkeitsgründen die Ausprägungen für die Record–Typen KantePunkt und GeoPunkt komplett, ebenso wie einige Records der Typen FlächeKante und GeoKante. Den FlächeKante–Records haben wir identifizierende Benennungen gegeben, obwohl der (Kett–)Record–Typ eigentlich attributlos definiert ist.

Genauso deutlich treten Schwierigkeiten bei der Formulierung von Anfragen zutage. Um alle Eckpunkte des Quaders Quader77 zu ermitteln, ist beispielsweise die folgende Operationsfolge erforderlich:

```
find first GeoKörper where GeoName = 'Quader77';
find first GeoFläche within HatFlächen;
while not End-Of-Collection begin
   find first FlächeKante within HatKanten;
   while not End-Of-Collection begin
      find owner within IstKante;
      find first KantePunkt within HatPunkte;
      while not End-Of-Collection begin
         find owner within IstPunkt;
         print GeoPunkt.X, GeoPunkt.Y, GeoPunkt.Z;
         find next KantePunkt within HatPunkte;
      end
      find next FlächeKante within HatKanten;
   end
   find next GeoFläche within HatFlächen;
end
```

Um einen bestimmten Punkt vom Record Quader77 aus zu erreichen, muß eine Vielzahl von Records und Zeigerstrukturen durchlaufen werden.

6.6 Grenzen des Netzwerkmodells

Für das Netzwerkmodell gilt dasselbe wie für das NF^2–Modell: Da es sich um die Behebung des Aggregierungsproblems bemüht, bleiben die anderen

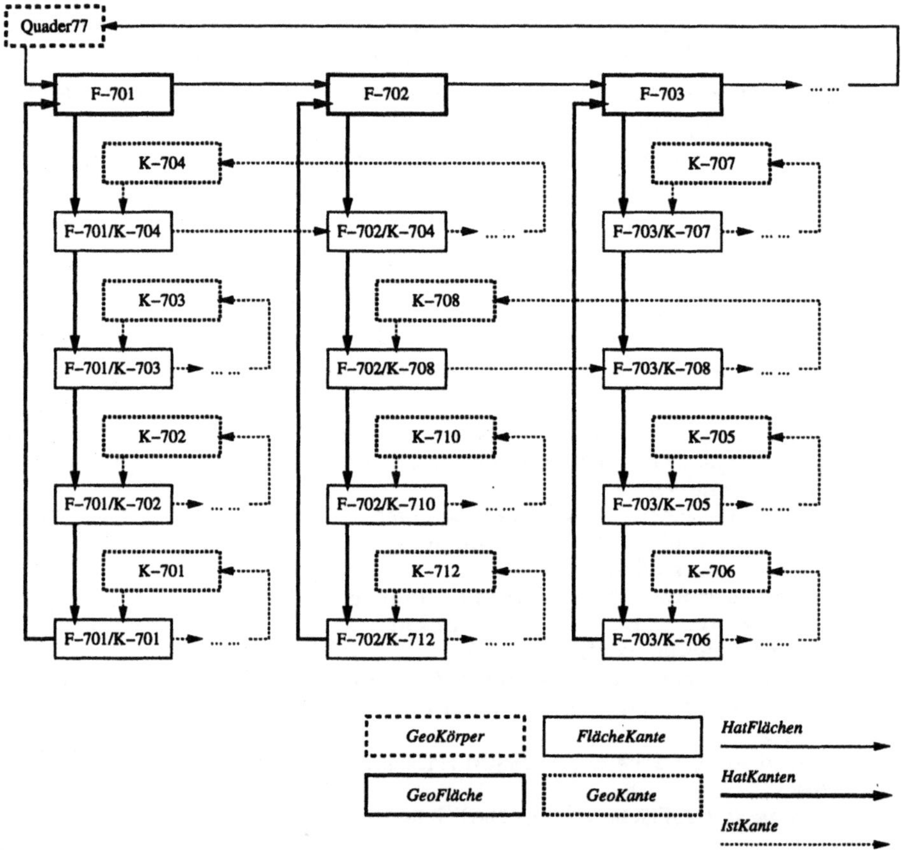

Bild 6.23. Einige Records und Sets zur Darstellung von Quader77

Problembereiche aus Abschnitt 4.9 unverändert enthalten. Die Lösung des Aggregierungsproblems erscheint noch nicht einmal sonderlich eindrucksvoll: Zwar konnte die Redundanz für $m{:}n$–Beziehungen durch die Einführung von Kettrecord–Typen beseitigt werden, doch um den Preis des Verzichts auf deskriptive und knappe Formulierungen von Anfragen. Stattdessen muß bei allen Anfragen zu einer imperativen Programmierung übergegangen werden, mit aller Aufmerksamkeit, die eine derartige Programmierung erfordert. Notwendig ist dazu die Einbettung des Netzwerkmodells in eine Programmiersprache als Wirtssprache.

Zudem führt die Aufblähung der Strukturen dazu, daß die Programme recht umfangreich ausfallen. Man führe sich dazu nur das letzte Navigationsbeispiel vor Augen. Die Punktermittlung für einen geometrischen Körper ist nun aber vom Anwendungsstandpunkt betrachtet eine relativ primitive Operation. Oft besitzen die auf den geometrischen Objekten und Teilelementen aufsetzenden Operationen und Anwendungen eine viel höhere Komplexität. Man kann abschätzen, welche Anstrengungen die Realisierung beispielsweise einer Rotationsfunktion für geometrische Körper erfordern würde.

Die Grenzen, auf die wir stoßen, haben sehr häufig damit zu tun, daß der Umgang mit den Daten in das Korsett polymorpher Operatoren gezwängt wird, die in einer recht engen und uniformen Weise vorgehen und auf die spezifischen Gegebenheiten der Typen keinerlei Rücksicht zu nehmen vermögen. Für Betrachtungen, die auf Topologien aufbauen, mag dies noch angehen. Numerische Operatoren lassen sich aber nun einmal nicht allgemeingültig vorgeben, da sie von Anwendung zu Anwendung variieren. Man vergleiche die Gewichtsüberprüfungen in der Lagerverwaltung mit den Flächen– und Linienüberschneidungen in der Kartographie. Günstiger wäre es in vielen Fällen, wenn das Verhalten für einzelne Typen mit Blick auf die spezifischen Erfordernisse und Funktionen der modellierten Elemente maßgeschneidert werden kann. Solche individualisierten Operationen sollten dann zusammen mit den Typen abgespeichert werden können, für die sie vorgesehen sind.

Unsere weitere Vorgehensweise wird also nun stärker von den Operationen als von den Strukturen her geprägt sein. Dabei werden wir ähnlich wie in den ersten drei Kapiteln vorgehen: Wir werden zunächst wieder nach funktionalen oder deskriptiven Ansätzen suchen. Anschließend werden wir zu Ansätzen übergehen, die eher in der imperativen Programmierung verankert sind. Dementsprechend beschäftigen wir uns in dieser Reihenfolge mit deduktiven und mit objektorientierten Modellen.

6.7 Literatur

[COD78] ist der Standardisierungsbericht des CODASYL–Komitees. Eine wesentlich ausführlichere Beschreibung mit Beispielen gibt [Oll78] (deutschsprachige Ausgabe: [Oll81]). Für den an einem raschen Überblick interessierten Anwender ist die Darstellung in [DR90] zu empfehlen.

7. Deduktive Modelle

7.1 Charakterisierung

Die Überlegung, die deduktiven Modellen zugrundeliegt, ist schnell skizziert. In einer Datenbasis steckt über die gespeicherten Daten hinaus viel an Wissen, das sich aus diesen Daten ableiten läßt. Beispielsweise steckt das Wissen über alle direkt und indirekt in die Nordsee mündenden Flüsse in der MündetIn–Relation; man muß nur um die Vorschrift wissen, nach der man sich dieses Wissen beschafft. Auch kann man sich beispielsweise die metrischen Maße einer Lagereinheit aus dem Wissen über ihre Art entnehmen.

Im ersten Fall müssen wir in der Lage sein, eine entsprechende rekursive Anfrage zu konstruieren. Im zweiten Fall gelingt die Extraktion des Wissens sogar mit einer relationenalgebraischen Anfrage. Unser weiteres Vorgehen ist nun von drei Anforderungen geprägt:

- Zum ersten wollen wir darauf verzichten können, bei der häufigen Verwendung solcher indirekten Sachverhalte jedesmal deren komplette Formulierung in eine Anfrage einbetten zu müssen; vielmehr wäre die Verwendung eines mit Parametern versehenen Funktionssymbols viel bequemer. Vor allem könnte man dann Wissen abrufen, ohne unterscheiden zu müssen, ob es originär gespeichert oder abgeleitet ist.
- Zum zweiten soll die Vereinbarung der Funktionen wieder möglichst deklarativ erfolgen können, also das gewünschte Ergebnis beschreiben aber den Weg dorthin ignorieren können.
- Dazu wird drittens ein Berechnungsmodell benötigt, das die Abarbeitung solcher deklarativ vereinbarten Rechenvorschriften einschließlich Rekursion übernehmen kann.

Es ist diese dritte Anforderung, die dem nun besprochenen Datenmodell seinen Namen gegeben hat. Wählt man nämlich als einen vielseitigen, mächtigen und vertrauten Deklarationsmechanismus die Prädikatenlogik erster Stufe (oder genauer: eine geeignete Einschränkung), so kann man sich für das Berechnungsmodell auf einen prädikatenlogischen Ableitungsmechanismus abstützen.

In einem deduktiven Datenmodell werden wir also nach direktem und indirektem (ableitbarem) Wissen unterscheiden. Dem entspricht ein Aufbau der Datenbasis aus zwei Kategorien.

- Die erste Kategorie bilden diejenigen Daten, die *Basisdaten* (Fakten) darstellen und deren exakte Ausprägung einem Datenbanksystem zur Speicherung unmittelbar bekannt sein muß. Die Daten der bisher betrachteten Diskurswelten sind dieser Kategorie zuzuordnen. Beispielsweise lassen sich die Angaben zu den Artikeln oder Lagereinheiten in der Lagerverwaltungswelt nicht durch Zuhilfenahme anderer Daten ermitteln, sondern müssen explizit vorgegeben sein.
- Zur zweiten Kategorie sind diejenigen Daten zu rechnen, die aus den Fakten durch *Vorschriften* (Regeln) abgeleitet werden können. Eine direkte Speicherung solcher Daten kann damit vermieden werden. Die Angabe solcher Vorschriften bedeutet eine kompakte Formulierung von Daten und vermeidet Redundanz.

Mächtigkeit und Orthogonalität spiegeln sich dementsprechend in einem besonders einfachen Diagramm wider (Bild 7.1). Es gibt also keinen strukturellen Zusammenhang zwischen Fakten und Regeln. Dieser wird erst durch den Ableitungsmechanismus hergestellt, der abgeleitete, nicht explizit zu speichernde Daten (im Trivialfall auch die Fakten selbst) zum Ergebnis hat; dies zeigt Bild 7.2. Ableitungsmechanismen sind von Natur aus polymorph. Diese Polymorphie geht sogar noch weiter als in den bisherigen Modellen. Aufgrund der fehlenden strukturellen Zusammenhänge und der Natur des Ableitungsmechanismus existiert im deduktiven Modell kein Typbegriff. Erst jüngere Ansätze versuchen, typisierte Kalküle in das Modell einzuführen.

Bild 7.1. Mächtigkeit und Orthogonalität des deduktiven Datenmodells

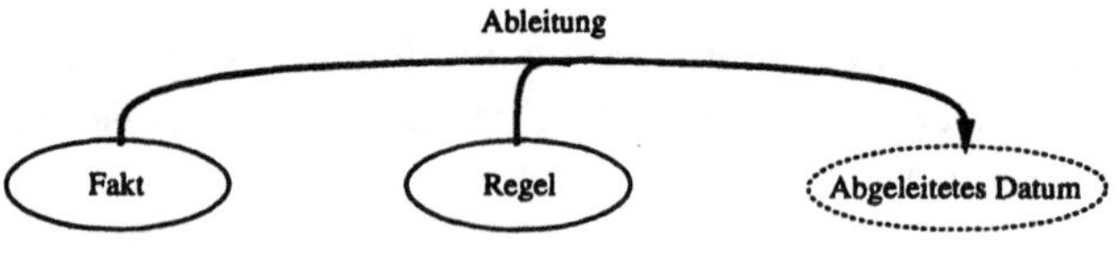

Bild 7.2. Verknüpfbarkeit im deduktiven Datenmodell

Bild 7.2 macht übrigens auch deutlich, daß es sich beim deduktiven Datenmodell um einen reinen Anfragemechanismus handelt. Wie Fakten und Regeln in die Datenbasis gelangen, ist nicht weiter erklärt und deshalb außerhalb des

Datenmodells zu erledigen. In dieser Hinsicht ähnelt das deduktive Datenmodell dem relationalen Modell. Das ist übrigens nicht die einzige Ähnlichkeit. Polymorphie zählt ebenso dazu wie die Möglichkeit, Tupel als atomare prädikatenlogische Formeln zu deuten. Dies ist auch der Grund dafür, warum üblicherweise das relationale Modell als Basis zur Beschreibung der Fakten in deduktiven Datenbanksystemen gewählt wird.

7.2 Beschreibung von Daten

7.2.1 Atome, Literale und Fakten

Deduktive Datenbasis: Eine deduktive Datenbasis DDB besteht aus einer Menge von Fakten und Regeln: $DDB := (DB, RULES)$.

Im folgenden gilt es, die beiden Komponenten näher zu charakterisieren. Dazu werden zunächst die Begriffe des Atoms und des Literals eingeführt, die als vereinheitlichende Grundelemente für Fakten und Regeln wirken.

Atome und Literale: Atome besitzen die Form $p(v_1, v_2, \ldots, v_n)$, wobei p der Name für ein n–stelliges Prädikat ist. Jedes v_i ist entweder Konstante oder Variable. Für jedes Atom A sind A und $\neg A$ Literale (positive bzw. negative Literale).

Fakten: Fakten sind Atome ohne Variablen.

Beispiel: Die Beispielwelt „Lagerverwaltung" könnte mit Hilfe von Fakten dargestellt werden. Die Notation ergibt sich mit der soeben eingeführten Schreibweise wie folgt:

```
// Fakten für Artikel
   Artikel('A-001', 'Anlasser', 1, 'Bosch', 2.00)
   Artikel('A-002', 'Kolben', 1, 'Mahle', 0.05)
   Artikel('A-003', 'Kolbenringe', 5, 'Mahle', 0.10)
   ...

// Fakten für Lagereinheiten
   Lagereinheit('LE-001', 'LEA-04', 'A-001', 2, 4.00, 'LH-001')
   Lagereinheit('LE-002', 'LEA-02', 'A-004', 20, 20.00, 'LH-002')
   Lagereinheit('LE-003', 'LEA-01', 'A-005', 42, 21.00, 'LH-002')
   ...

// Weitere Fakten für alle anderen Daten
   ...
```

Ebenso lassen sich natürlich Atome mit Variablen bilden; diese ähneln syntaktisch der Notation von Mitgliedschaftsbedingungen im Domänenkalkül (Abschnitt 4.5) und werden auch hier in diesem Sinne verwendet werden:

Artikel('A-001', 'Anlasser', 1, 'Bosch', Gewicht)
Lagereinheit(LeNr, LeaNr, ANr, Stückzahl, LeGewicht, LhNr)

Zusammenhang mit Relationen: Die Beispiele machen bereits deutlich, daß Tupel einer relationalen Datenbasis als Fakten gedeutet werden können. Ein relationales Datenbasisschema korrespondiert daher mit einer Vereinbarung von Prädikaten. Eine relationale Datenbasis bildet demzufolge den Teil der deduktiven Datenbasis mit den Grundfakten, also dem unmittelbar angebbaren Wissen. Dies präzisieren wir im folgenden.

Fakten: $DB = \cup_i R_i$. Die Faktendatenbasis DB besteht aus einer relationalen Datenbasis mit den Relationen R_i.

Jedes Tupel $r \in R$ wird in die Literalschreibweise $R(r_1, r_2, \ldots, r_m)$ gebracht, indem als Prädikatname der Relationsname R gewählt wird und die Attributwerte r_i des Tupels als Konstanten des Literals dargestellt werden. Dies ergibt letztendlich die in den obigen Beispielen bereits kennengelernte Schreibweise.

Extensionale Datenbasis. DB bezeichnet man als extensionale Datenbasis. Es handelt sich also um diejenigen Tupel, die als Grundfakten direkt in einer deduktiven Datenbasis enthalten sind.

7.2.2 Regeln

Grundlegende Annahmen. Nach der Einführung von Fakten wenden wir uns nun den Regeln zu, mit deren Hilfe aus bekannten Daten neue abgeleitet werden sollen. Jede solche Regel (auch als Datenbankklausel bezeichnet) hat die Form einer Implikation

$$A \leftarrow W$$

Hierbei ist A ein Atom und W eine Formel. A heißt *Regelkopf* (oder Klauselkopf) und W *Regelrumpf* (oder Klauselrumpf). W ist eine Konjunktion von Literalen L_i, demnach also:

$$A \leftarrow L_1 \wedge L_2 \wedge \ldots \wedge L_n$$

Jedes Literal hat seinerseits, wie schon eingeführt, die Form (eventuell negiert)

$$p(t_1, t_2, \ldots, t_n)$$

Hierbei ist jedes t_i ein Term, d.h. Konstante, Variable oder Funktionssymbol über Termen.

Da eine deduktive Datenbank in dieser allgemeinen Form nicht entscheidbar ist, sind folgende Beschränkungen üblich.

- *Closed World Assumption (CWA)*: Sofern ein Fakt A keine mittels der Regeln ableitbare Folgerung ist, wird automatisch $\neg A$ impliziert. Operationalisiert wird die CWA als sogenannte *Negation as Failure*–Regel, bei der man auf $\neg A$ schließt, wenn nach endlich vielen Schritten gezeigt werden kann, daß A nicht ableitbar ist.
- *Datalog$^\neg$-Programme* : Solche Programme sind endliche Mengen von Datalog$^\neg$–Regeln. Diese wiederum zeichnen sich dadurch aus, daß sie frei von Funktionssymbolen sind. Ein weiterer Spezialfall sind Datalog–Programme, deren Regeln darüber hinaus nur positive Literale besitzen dürfen.
- *Sicherheit*: Eine Datalog$^\neg$–Regel heißt sicher, wenn jede Variable in mindestens einem positiven Rumpfliteral auftritt. Ein Datalog$^\neg$–Programm ist genau dann sicher, wenn alle seine Regeln sicher sind. Insbesondere sind damit alle Datalog–Programme sicher.

  Die Bedeutung des Sicherheitsbegriffs liegt darin, daß die Endlichkeit der (erzeugten) Relationen für sichere Datalog$^\neg$–Programme garantiert werden kann.

Eine Regel $A \leftarrow W$ hat man sich nun wie folgt quantifiziert vorzustellen. Erstens sind alle nur im Rumpf auftretenden Variablen implizit existenzquantifiziert. Zweitens sind alle anderen Variablen implizit allquantifiziert.

Beispiel: Sei $p(x) \leftarrow q(x,y) \wedge r(x,y)$ Regel. Dann wird folgende Quantifizierung impliziert: $\forall x(p(x) \leftarrow \exists y(q(x,y) \wedge r(x,y)))$.

Relationale Deutung. Wir werden Regeln im folgenden syntaktisch etwas anders repräsentieren, nämlich im Stil der Programmiersprache Prolog.

Regeln: Jede Regel *rule* $\in$ *RULES* besitzt den folgenden Aufbau:

$$
\begin{array}{l}
p(v_1, v_2, \ldots, v_n) \text{ :-} \\
\quad q_1(v_{11}, v_{12}, \ldots, v_{1m_1}), \\
\quad q_2(v_{21}, v_{22}, \ldots, v_{2m_2}), \\
\quad \ldots \\
\quad q_r(v_{r1}, v_{r2}, \ldots, v_{rm_r}), \\
\quad \textit{bedingung}
\end{array}
$$

Das Symbol „:-“ steht für das Implikationszeichen „$\leftarrow$“, das Komma für „ $\wedge$ “. Für *bedingung* gelten natürlich ebenso die Beschränkungen aus dem vorigen Abschnitt. Abgesehen davon besitzt die obige Regel die Form einer Datalog–Regel. Wir werden nachfolgend aber auch negierte Terme zulassen, also auf Datalog$^\neg$ abheben. Darüber hinaus lockern wir die strikte Forderung nach Abwesenheit von Funktionssymbolen und gestatten bestimmte vordefinierte Symbole, beispielsweise die arithmetischen Operatoren.

Der Kopf p der Regel gilt dann als erfüllt, wenn der Rumpf der Regel, d.h. alle Literale q_{ij} sowie die Boolesche Bedingung *bedingung* für die Belegung der v_{kl} mit Konstanten und Variablen, zu *true* evaluiert.

Beispiel: Wir wollen das Wissen in der Datenbasis verankern, welche Lagereinheiten in bezug auf die Gewichtsbeschränkungen zulässig beladen sind. Dazu formulieren wir die Regel ZulässigeLagereinheit wie folgt:

```
ZulässigeLagereinheit(LeNr) :-
   Lagereinheit(LeNr, LeaNr, ANr, Stückzahl, _LeGewicht, _LhNr),
   LagereinheitArt(LeaNr, _LeaName, _Länge, _Breite, _Höhe, LeaMaxGewicht),
   ArtikelArt(ANr, _AName, _Menge, _Lieferant, AGewicht),
   LeaMaxGewicht ≥ Stückzahl * AGewicht
```

Eine Lagereinheit ist nur dann zulässig, wenn das Gewicht der darin gelagerten Artikel nicht das in in der zugehörigen Lagereinheitart festgelegte Maximum überschreitet. * ist vordefiniertes Funktionssymbol; wir haben hier die bei der Multiplikation übliche Infix–Notation gewählt.

In Anfragen kann das neue Prädikat nun wie jedes Basisprädikat (Prädikat für Fakten) Verwendung finden. Die Variable LeNr findet sich sowohl im Kopf als auch im Rumpf der Regel. Durch Ableitung entsteht anstelle des Kopfes sozusagen eine Relation mit solchen LeNr–Werten, die die im Regelrumpf formulierten Bedingungen erfüllen. Dort kommen weitere Variablen vor, für die aufgrund ihrer impliziten Existenzquantifizierung ebenfalls nach einer passenden Belegung gesucht wird. Für die Variablen mit Unterstrich „_" sind dabei die konkreten Ausprägungen uninteressant; im Domänenkalkül hätte man diese Variablen weggelassen.

Weiteres Beispiel: Im Beispiel mag auffallen, daß die Gewichtsinformation in den Lagereinheit–Fakten redundant ist, da sie sich aus Gewicht und Stückzahl der darin verstauten Artikel errechnen läßt. Wir könnten also dazu übergehen, auf die Mitführung dieser Information zu verzichten und stattdessen Fakten wie folgt vorzusehen:

```
// Fakten für Lagereinheiten ohne Gewicht
   Lagereinheit('LE-001', 'LEA-04', 'A-001', 2, 'LH-001')
   Lagereinheit('LE-002', 'LEA-02', 'A-004', 20, 'LH-002')
   Lagereinheit('LE-003', 'LEA-01', 'A-005', 42, 'LH-002')
   ...
```

Dann wäre die dem Benutzer vertraute Sicht auf Lagereinheiten durch folgende Regel wieder herstellbar:

```
Lagereinheit(LeNr, LeaNr, ANr, Stückzahl, LeGewicht, LhNr) :-
   Lagereinheit(LeNr, LeaNr, ANr, Stückzahl, LhNr),
   ArtikelArt(ANr, _AName, _Menge, _Lieferant, AGewicht)
   LeGewicht = Stückzahl * Gewicht
```

Hier fällt auf, daß sowohl das Kopfprädikat als auch eines der beiden beteiligten Rumpfprädikäte die Bezeichnung Lagereinheit trägt. Dies ist zulässig, solange die beiden Prädikate durch ihre Stelligkeit unterschieden werden können.

Weiteres Beispiel: Durch eine Lockerung der Überladungsvorschriften wollen wir festlegen, daß die Beladung einer Lagereinheit bis zu 250.00 kg keinesfalls ein Problem darstellt, unabhängig von eventuellen Maximalgewicht-Regelungen. Dann ist das Prädikat ZulässigeLagereinheit durch die Angabe im ersten Beispiel noch nicht vollständig beschrieben. Es ist eine Ergänzung in Form einer weiteren Regel erforderlich:

```
ZulässigeLagereinheit(LeNr) :-
   Lagereinheit(LeNr, _LeaNr, _ANr, _Stückzahl, LeGewicht, _LhNr),
   LeGewicht ≤ 250.00
```

Es existieren nun also zwei Regeln zur Beschreibung des Prädikats, wobei jede der beiden für sich alleine einen gültigen Sachverhalt beschreibt. Es handelt sich also um „Oder-Semantik", also um eine Disjunktion. Diese werden im deduktiven Modell stets durch die Angabe mehrerer getrennter Regeln mit identischem Regelkopf erfaßt.

Intensionale Datenbasis. Die intensionale Datenbasis besteht aus den Tupeln, die zwar nicht direkt durch Grundfakten in der Datenbasis repräsentiert sind, die aber über Regeln abgeleitet werden können.

Beispiel: Die nachfolgend aufgeführten Tupel über dem Prädikat ZulässigeLagereinheit sind in der intensionalen Datenbasis, jedoch nicht in der extensionalen Datenbasis enthalten:

```
ZulässigeLagereinheit('LE-001')
ZulässigeLagereinheit('LE-002')
ZulässigeLagereinheit('LE-003')
...
```

Die intensionale Datenbasis besteht prinzipiell aus der Menge aller ableitbaren Fakten, wobei diese Menge in der Praxis natürlich nie vollständig materialisiert wird. In diesem Zusammenhang muß allerdings bereits bei der Formulierung jeder einzelnen Regel darauf geachtet werden, daß keine unerwünscht großen (unendlichen) Mengen abgeleitet werden können, die beim (noch einzuführenden) Auswertungsmechanismus Schwierigkeiten verursachen könnten. Es ist also auf die Einhaltung der Sicherheit von Regeln gemäß Abschnitt 7.2.2 zu achten.

Gegenbeispiel: Betrachten wir das Prädikat Verträglichkeit, dessen Fakten gültige Kombinationen von Artikelnummern und Lagerortnummern repräsentieren (vergleiche dazu Bild 4.10):

```
// Fakten für Verträglichkeit
   Verträglichkeit('A-001', 'LO-002')
   Verträglichkeit('A-011', 'LO-002')
   Verträglichkeit('A-012', 'LO-002')
   ...
```

Um zusätzlich den Sachverhalt auszudrücken, daß Zündkerzen generell an beliebigen Orten gelagert werden können, könnte man versucht sein, folgendes zu formulieren:

```
Verträglichkeit(ANr, LoNr) :-
    ArtikelArt(ANr, 'Zündkerzen', _Menge, _Lieferant, _AGewicht)
```

Die Variable LoNr taucht im Kopf der Regel auf, ohne im Rumpf gebunden zu sein. Die Regel ist daher nicht sicher; zur Laufzeit entsteht auf diese Weise eine nur durch die Mächtigkeit der Domäne von LoNr beschränkte Zahl von Literalen. Werden hierfür Zeichenketten beliebiger Maximallänge zugelassen, würden unendlich viele Literale entstehen. Zur Herstellung der gewünschten Sicherheit würde es sich anbieten, die Nummern der Lagerorte auf die tatsächlich vorhandenen einzuschränken:

```
Verträglichkeit(ANr, LoNr) :-
    ArtikelArt(ANr, 'Zündkerzen', _Menge, _Lieferant, _AGewicht),
    Lagerort(LoNr, _LoaNr, _LoGewicht)
```

Man beachte hierbei den Zusammenhang mit der referentiellen Konsistenz.

7.3 Anfragen über deduktive Datenbasen

7.3.1 Anfragemodell

Wie eingangs gefordert, sollten in deduktiven Datenbasen neben den Fakten auch die implizit über Regeln abgelegten Daten in Anfragen einbezogen werden können. Gesucht ist daher ein Formalismus, mit dem man Fakten und Regeln in einheitlicher Weise handhaben kann und der außerdem die Spezifikation von Suchattributen zuläßt. Es zeigt sich, daß die Schreibweise der Literale auch hierfür geeignet ist und daß sich Anfragen in einer Form notieren lassen, die der Schreibweise für Regeln sehr ähnlich ist.

Anfrage: Anfragen werden als Regeln ohne Kopf notiert, denen zur besseren Hervorhebung das Zeichen „?-" vorangestellt wird. Die Rumpfliterale enthalten Konstanten (als Suchausdrücke) oder Variablen; die Semantik ist der im Domänenkalkül sehr ähnlich:

?-

$$\begin{array}{l} q_1(v_{11}, v_{12}, \ldots, v_{1m_1}), \\ q_2(v_{21}, v_{22}, \ldots, v_{2m_2}), \\ \ldots \\ q_r(v_{r1}, v_{r2}, \ldots, v_{rm_r}), \\ \mathit{bedingung} \end{array}$$

Die q_i können dabei Basisprädikate (also Prädikate mit Fakten) oder abgeleitete Prädikate sein. Konstruiert wird ähnlich wie bei der Herleitung abgeleiteter Prädikate eine Folge von Tupeln von Werten. Jede Position in einem solchen Tupel entspricht einer Variablen im Rumpf, jedes Tupel damit einer Belegung dieser Variablen mit Werten, die den Rumpf erfüllt.

In Verallgemeinerung bestehen dann Datalog$^{\neg}$–Programme aus Regeln und Anfragen. Auch die Anfragen unterliegen den Einschränkungen aus Abschnitt 7.2.2.

Beispiel: Gesucht sind die zulässigen Lagereinheiten, in denen sich Artikel befinden, die Lieferant 'Siemens' angeliefert hat. Ausgegeben werden sollen dabei Lagereinheitnummer, Artikelnummer und Artikelname. Die Formulierung der entsprechenden Anfrage gestaltet sich unter Verwendung des abgeleiteten Prädikats ZulässigeLagereinheit wie folgt:

```
?-
   ZulässigeLagereinheit(LeNr),
   Lagereinheit(LeNr, _LeaNr, ANr, _Stückzahl, _LeGewicht, _LhNr),
   ArtikelArt(ANr, AName, _Menge, 'Siemens', _AGewicht)
```

Das Prädikat Lagereinheit taucht in der Anfrage auf, weil ZulässigeLagereinheit alleine keine Möglichkeit bietet, Verbindungen zu Artikelnummern herzustellen. Für die Anfrage ergibt sich folgende Antwort:

```
LeNr = 'LE-007',   ANr = 'A-015',   AName = 'Zündspule'
LeNr = 'LE-016',   ANr = 'A-015',   AName = 'Zündspule'
```

7.3.2 Nachbildung relationenalgebraischer Operationen

Satz: Zu jedem Ausdruck der relationalen Algebra gibt es eine äquivalente sichere Datalog$^{\neg}$–Anfrage .

Für jede relationenalgebraische Operatorfolge (und damit auch für jeden Ausdruck im Tupel– bzw. Domänenkalkül) existiert also eine Anfrage im vorgestellten Anfragemodell, die das Gleiche leistet.

Als Beleg sollen uns einige aussagekräftige Beispiele genügen. Wir gehen dabei im folgenden davon aus, daß die gesamte relationale Datenbasis aus Abschnitt 4.2.2 in Form von Fakten zur Verfügung steht.

Vereinigung: Die Vereinigung erhält man, indem man eine Oder–Verknüpfung bezüglich der zu vereinigenden Literalmengen ausführt. Dies ist syntaktisch durch das Hinschreiben jedes beteiligten Prädikats in einer neuen (Vereinigungs–)Regel auszudrücken. Für die Frage nach allen in der Datenbasis verwalteten Artikelarten (vergleiche Abschnitt 4.3.2) sieht dies folgendermaßen aus:

```
AlleArtikelArten(ANr, AName, Menge, Lieferant, AGewicht) :-
```

```
ArtikelArt(ANr, AName, Menge, Lieferant, AGewicht)

AlleArtikelArten(ANr, AName, Menge, Lieferant, AGewicht) :-
  DurchlaufendeArtikelArt(ANr, AName, Menge, Lieferant, AGewicht)
```

Differenz: Zur Formulierung der Differenz für die Literalmengen zweier Prädikate wird die Negation herangezogen, die dem zweiten Prädikat vorangestellt wird. In beiden Prädikatspezifikationen sind die gleichen Variablen zu verwenden; damit ist die Regel gleichzeitig sicher. Die Entsprechung des relationenalgebraischen Ausdrucks ArtikelArt \ DurchlaufendeArtikelArt („alle zwingend zu lagernden Artikel", siehe Abschnitt 4.3.3) lautet also wie folgt:

```
ZwingendZuLagernderArtikel(ANr, AName, Menge, Lieferant, AGewicht) :-
  ArtikelArt(ANr, AName, Menge, Lieferant, AGewicht),
  ¬ DurchlaufendeArtikelArt(ANr, AName, Menge, Lieferant, AGewicht)
```

Durchschnitt: Durchschnittsbildung erfolgt in unserem deduktiven Modell durch eine Und–Verknüpfung innerhalb einer Regel, die syntaktisch durch einfaches Hintereinanderschreiben (mit Kommatrennung) beschrieben wird. Dabei müssen wie zuvor Variablen gleichen Namens verwendet werden. Die Artikelarten, die man nicht zwingend lagern muß, aber kann (siehe Abschnitt 4.3.4), werden demgemäß gesucht mittels

```
FreizügigeArtikelArt(ANr, AName, Menge, Lieferant, AGewicht) :-
  ArtikelArt(ANr, AName, Menge, Lieferant, AGewicht),
  DurchlaufendeArtikelArt(ANr, AName, Menge, Lieferant, AGewicht)
```

Projektion: Die Projektion auf bestimmte Variablen erfolgt durch ein Prädikat mit den Argumenten, auf die projiziert werden soll. Für das ArtikelArt–Beispiel und die Projektion auf die Nummer und den Namen sieht dies so aus (siehe Abschnitt 4.3.5):

```
ArtikelArt(ANr, AName) :-
      ArtikelArt(ANr, AName, _Menge, _Lieferant, _AGewicht)
```

Restriktion/Selektion: Zum Vergleich von Variablen mit Konstanten bzw. untereinander wird die Bedingung ***bedingung*** im Anfragerumpf verwendet. Die folgende Anfrage sucht diejenigen Lagerortarten heraus, deren Höhe ihre Breite überschreitet und deren Tragfähigkeit weniger als 600.00 kg beträgt (siehe Abschnitt 4.3.6):

```
SchlankeLagerortArt(LoaNr, Länge, Breite, Höhe, MaxGewicht) :-
  LagerortArt(LoaNr, Länge, Breite, Höhe, MaxGewicht),
  Höhe > Breite,
  MaxGewicht < 600.00
```

Kartesisches Produkt: Das kartesische Produkt über zwei Prädikaten wird durch deren Spezifikation in einer einzigen Regel realisiert, wobei ausschließlich paarweise verschiedene Variablen als Argumente zum Einsatz kommen.

Eine Bedingung wird nicht benötigt. Das kartesische Produkt über ArtikelArt und Lagereinheit (Abschnitt 4.3.7) wird demgemäß so formuliert:

```
KartesischesProdukt(ANr1, AName, Menge, Lieferant, AGewicht,
      LeNr, LeaNr, ANr2, Stückzahl, LeGewicht, LhNr) :-
   ArtikelArt(ANr1, AName, Menge, Lieferant, AGewicht),
   Lagereinheit(LeNr, LeaNr, ANr2, Stückzahl, LeGewicht, LhNr)
```

Join: Zur Formulierung des Join werden Variablen in den zu verbindenden Prädikaten herangezogen, die in der Bedingung miteinander verglichen werden. Der Equi–Join kann auch abgekürzt unter Verwendung der gleichen Variablen und unter Weglassen der Bedingung spezifiziert werden. Gesucht seien beispielsweise Nummern und Namen aller Artikelarten zusammen mit den Nummern der Lagereinheiten, in die sie verpackt sind (siehe Abschnitt 4.3.8):

```
ArtikelVerpackung(ANr, AName, LeNr) :-
   ArtikelArt(ANr, AName, _Menge, _Lieferant, _AGewicht),
   Lagereinheit(LeNr, _LeaNr, ANr, _Stückzahl, _LeGewicht, _LhNr)
```

Als Beispiel für den allgemeineren Theta–Join dient die Anfrage nach allen falsch beladenen Lagerorten in der Version aus Abschnitt 4.3.8:

```
FalschBeladen(LoNr, Gewicht, MaxGewicht) :-
   Lagerort(LoNr, LoaNr, Gewicht),
   LagerortArt(LoaNr, _Länge, _Breite, _Höhe, MaxGewicht),
   Gewicht > MaxGewicht
```

In allen Anfragen hätten wir wieder den Kopf durch „?-" ersetzen können. Wir hätten dann allerdings in einigen Fällen unerwünschte Variablen ausgegeben, im letzten Beispiel etwa LoaNr.

7.3.3 Berechnung der transitiven Hülle

Die Übertragung der beschriebenen Mechanismen auf unsere Kartographiewelt sollte keinerlei Schwierigkeiten bereiten. Wir behandeln deshalb im folgenden einige Sonderfälle, die mit der Unterteilung von Gewässern und mit der transitiven Hülle zu tun haben. In Abschnitt 4.8.2 haben wir für diese Diskurswelt ein relationales Schema aufgestellt. Die dort aufgestellten Relationen entsprechen wieder unseren Basisprädikaten, und die einzelnen Tupel sind die Fakten der deduktiven Modellierung:

```
// Fakten für Flüsse
   Fluß('Donau', 'LZ-10')
   Fluß('Elbe', 'LZ-11')
   Fluß('Maas', 'LZ-12')
```

```
...

// Fakten für Meere
   Meer('Atlantik', 'LZ-01')
   Meer('Mittelmeer', 'LZ-02')
   Meer('Nordsee', 'LZ-03')
   ...

// Fakten für Städte
   Stadt('Berlin', 'KR-01')
   Stadt('Budapest', 'KR-02')
   Stadt('Bukarest', 'KR-03')
   ...

// Fakten für MündetIn
   MündetIn('Donau', 'Schwarzes Meer')
   MündetIn('Elbe', 'Nordsee')
   MündetIn('Main', 'Rhein')
   ...

// Fakten für FließtDurch
   FließtDurch('Donau', 'Bulgarien')
   FließtDurch('Donau', 'Deutschland')
   FließtDurch('Rhein', 'Deutschland')
   ...
```

Fragen wir wie in Abschnitt 4.8.2 nach deutschen Flüssen, die in die Nordsee fließen, so ist noch kein Vorteil ersichtlich:

```
?-
   FließtDurch(Fluß, 'Deutschland'),
   MündetIn(Fluß, 'Nordsee')
```

Mit der Anfrage nach allen Flüssen, die (direkt oder indirekt) in die Nordsee fließen, waren wir in Abschnitt 4.8.2 gescheitert, da die Mächtigkeit der relationalen Algebra (und damit die der Kalküle) nicht die Berechnung der transitiven Hülle umfaßt. Die größere Mächtigkeit unseres deduktiven Modells zeigt sich nun in der Leichtigkeit, mit der sich die Anfrage hier formulieren läßt:

```
Entleert(Fluß, Meer) :-
   MündetIn(Fluß, Meer)

Entleert(Fluß, Meer) :-
   MündetIn(Fluß, NächsterFluß),
   Entleert(NächsterFluß, Meer)

?-
   FließtDurch(Fluß, 'Deutschland'),
   Entleert(Fluß, 'Nordsee')
```

Als Antwort ergeben sich unter anderem 'Rhein' und 'Main'.

7.4 Grenzen deduktiver Modelle

Deduktive Datenmodelle leisten einen Beitrag zum Problembereich der freizügigen Einführung anwendungsspezifischer Funktionen (in Form geeigneter Prädikate) und zum Problembereich Rekursion. Allerdings hat diese Freizügigkeit ihre Grenzen, etwa bei den numerischen Operationen, denn diese wird man aus Effizienzgründen wohl kaum über Ableitungsregeln definieren wollen. Sie müßten deshalb unmittelbar in die Funktionalität das Datenmodells eingebracht werden. Damit stehen wir vor gleichen Problem wie für die bisher betrachteten Modelle. Dessen systematische Lösung wollen wir im nachfolgenden Kapitel erarbeiten.

Wo das deduktive Modell seine Stärken aufweist, ist die Eleganz, mit der sich neue, möglicherweise komplizierte Sachverhalte deskriptiv — und damit insbesondere auch spontan beschreiben lassen. Nur endet man dabei mit einem einigermaßen unstrukturierten Konglomerat von Fakten und Regeln, da kein natürliches Strukturierungsprinzip wie etwa die Typbildung zu Hilfe kommt.

Das deduktive Modell verspricht auf den ersten Blick auch mehr Möglichkeiten in bezug auf Polymorphie, als es tatsächlich zu leisten vermag. Alle vereinbarten abgeleiteten Prädikate sind nämlich sehr anwendungsspezifisch. Man könnte sich vorstellen, daß man das Konzept der transitiven Hülle ein für allemal allgemein, d.h. für beliebige Prädikate definiert. Dies scheitert aber ganz einfach daran, daß man damit über die Prädikatenlogik erster Stufe hinausgehen müßte.

Die Unstrukturiertheit der Datenbasis hat schließlich auch zur Folge, daß Aggregierung mit den Mitteln deduktiver Modelle nur schwer formulierbar ist.

7.5 Literatur

An Standardliteratur zu deduktiven Datenbanken empfiehlt sich [Min88], [Ull88] und [GV89]. Der an Grundlagen des logischen Programmierens näher Interessierte sollte sich mit [Llo87] und [CGH94] bechäftigen.

8. Objektorientierte Modelle

8.1 Charakterisierung

Mit NF^2–Modell, Netzwerkmodell und deduktivem Modell lassen sich nahezu alle der in Abschnitt 4.9 bemängelten Grenzen überwinden. Keines der Datenmodelle verbindet allerdings alle gleichzeitig. So löst das NF^2–Modell unter Wahrung aller sonstigen Vorteile des relationalen Modells das Aggregierungsproblem, ideal jedoch nur, sofern die Aggregierung einer Hierarchiebildung folgt. Das Netzwerkmodell umgeht die Beschränkung auf redundanzfreie Hierarchiebildung durch Zerlegung in eigenständige Bestandteile, allerdings um den Preis der Navigation und somit den Ersatz einer deklarativen durch eine imperative Vorgehensweise. Beide genannten Datenmodelle beharren allerdings noch auf der Polymorphie der Operatoren. Mit dem deduktiven Modell läßt sich erstmalig anwendungsspezifische Funktionalität einführen, ebenso Rekursion und übrigens auch Generalisierung, diese allerdings eben auch nur anwendungsspezifisch und nicht polymorph. Dies geschieht unter Wahrung einer deklarativen Vorgehensweise, jedoch unter Verzicht auf Typisierung. Darüber hinaus ist das deduktive Modell von seiner Intention her rein auf Anfragen ausgelegt.

Was könnte nun näher liegen also die Suche nach einem Datenmodell, das möglichst viele der genannten Eigenschaften in sich vereinigt und dazu auch noch anwendungsspezifisch zu vereinbarende Funktionen gestattet? Hier kommt der Datenbankwelt eine Entwicklung aus der Welt der Programmiersprachen zu Hilfe, die auf sogenannten objektorientierten Modellen aufbaut. Ihnen liegt Typisierung zugrunde, d.h. die anwendungsspezifischen Funktionen sind an Typen zu binden, also monomorph. Einbezogen ist auch die Generalisierung sowie die redundanzfreie Aggregierung.

Freie Vereinbarung von monomorphen Operatoren (die dann auch Rekursion mit einschließen können) und Navigation sind allerdings nur um den Preis einer imperativen Programmiersprache zu erlangen, die somit Datendefinition und –manipulation zu einer unauflöslichen Einheit verbindet. Dieses Kapitel wird sich daher — für einen nach Datenbankfunktionalität suchenden Leser ein wenig überraschend — mit Aspekten einer vollständigen Programmiersprache befassen müssen.

8.2 Grundlegende Eigenschaften

8.2.1 Objekte

Objekte: Ein Objekt ist eine Gesamtheit von Datenspeicher und Verhaltensrepertoire mit einer zustandsunabhängigen Identität. Man gibt hier also mit Absicht die übliche strikte Trennung zwischen Daten und Abläufen auf und handhabt sie als Einheit.

Objektstruktur. Jedes Objekt besitzt eine innere Struktur in Form von *Attributen*, die von außen nicht einsehbar sind. Die aktuelle Belegung dieser Attribute macht den *Objektzustand* aus. Neben atomaren Werten (Zahlen, Zeichenketten, etc.) können die Attribute eines Objekts Referenzen auf andere Objekte enthalten. Falls man diese als Unterobjekte des Objekts ansehen kann, spricht man auch von *Aggregierung*. Auf diese Weise können beliebig komplexe Objektnetze entstehen.

Beispiel: Bild 8.1 zeigt zwei verschiedene Quader, die (neben anderen Elementen) im folgenden als Objekte gehandhabt werden sollen.

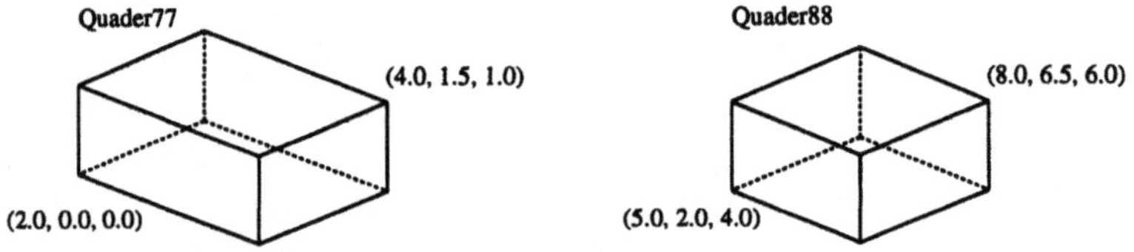

Bild 8.1. Zwei Quader als Beispielobjekte

Beispiel: Bild 8.2 zeigt den inneren Aufbau der beiden erwähnten Quader. Das Symbol „@“ bezeichnet Objektreferenzen. Man beachte, daß wir für sie eine unterschiedliche interne Strukturierung gewählt haben:

- Der auf der linken Seite gezeigte Quader ist entsprechend der uns bereits bekannten Begrenzungsflächendarstellung als allgemeiner Vielflächner aufgebaut. Er setzt sich also aus einer Reihe von Flächen zusammen, die durch Kanten beschrieben sind, welche wiederum die eigentliche Koordinateninformation enthalten.

  In der Zeichnung sind die einzelnen Elemente (d.h. der Quader selbst, Flächen, Kanten und Punkte) jeweils als eigene Objekte beschrieben. Auf diese Weise können beliebige Vielflächner mit einheitlicher Strukturierung beschrieben werden; stets entsteht eine vierstufige Objekthierarchie.
- Der Quader auf der rechten Seite ist durch die Angabe seiner acht Eckpunkte beschrieben. Das Quader–Objekt enthält somit (unter anderem) acht Attribute `p1, ..., p8`, die jeweils auf ein Punkt–Objekt verweisen.

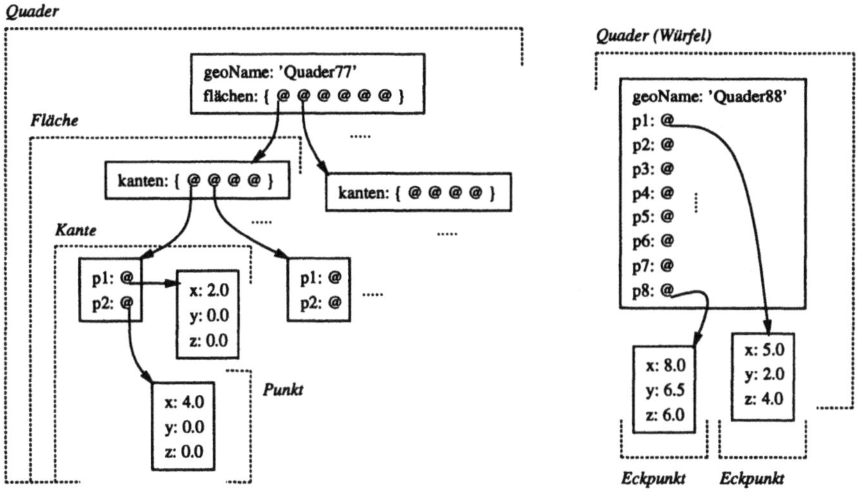

Bild 8.2. Interne Struktur der zwei Beispielquader

Weitere Strukturierungsmöglichkeiten sind denkbar. Schon die Punktdarstellung ist nur eindeutig, weil man um den geometrischen Aufbau von Quadern weiß und diese Zusatzinformation ausnutzt. Mit dieser Kenntnis wäre auch eine innere Strukturierung denkbar, die mit drei Eckpunkten auskommt.

Für die beiden eingezeichneten Fälle in der Abbildung ist die „Bedeutung" der einzelnen Objekte durch kursiv gestellte Benennungen unter Angabe der sie betreffenden Objekte angedeutet.

Objektverhalten. Jedes Objekt besitzt ein Verhaltensrepertoire, das dem Benutzer über eine wohldefinierte *Schnittstelle* (engl.: Interface) von Operatoren zugänglich gemacht wird.

Beispiel: Sinnvolle Operationen sind etwa (siehe Bild 8.3):

- für *Quader* als Ganzes die Volumenberechnung, die Translation, Skalierung und Rotation, und zwar unabhängig von der Darstellung als Vielflächner (linke Seite im Bild) oder mit Eckpunkten (rechte Seite im Bild),
- für *Flächen* (linke Seite im Bild) die Berechnung des Flächeninhalts,
- für *Kanten* (linke Seite im Bild) die Berechnung ihrer Länge,
- und für einzelne *Punkte* (linke und rechte Seite im Bild) bestimmte Vektoroperationen wie die Addition mit einem anderen Vektor oder der Abstand zum Nullpunkt. Punkte werden hierbei als Ortsvektoren betrachtet.

Kapselung: Kapselung bedeutet das Verbergen des inneren Zustands eines Objekts und der Implementierung seiner Operationen (Algorithmen, Hilfsdatenstrukturen, etc.) vor dem Benutzer („information hiding"). Kapselung

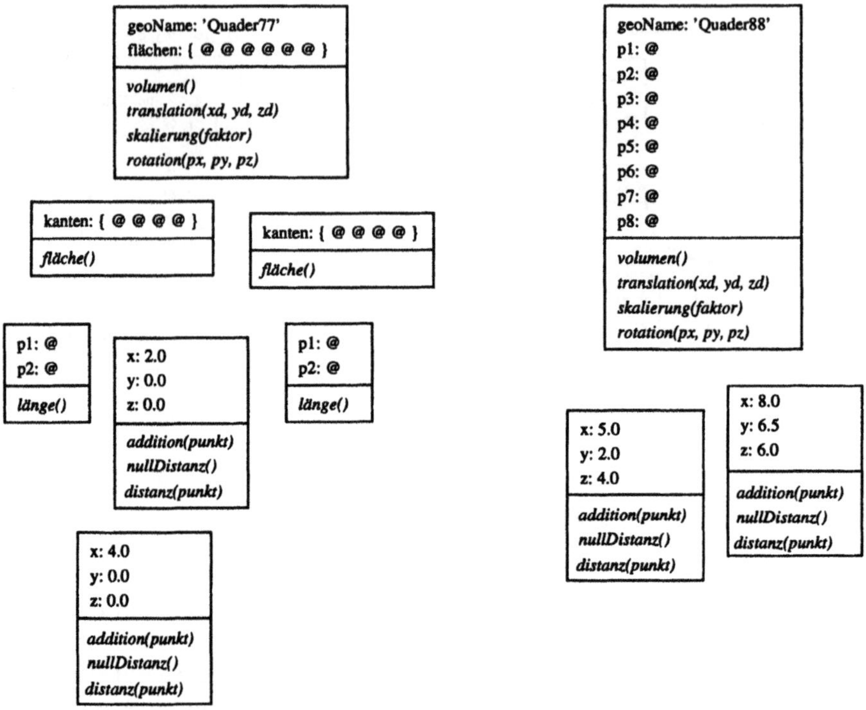

Bild 8.3. Einzelne Objekte und die ihnen zugeordneten Operationen

garantiert also, daß externe Nutzer eines Objekts nur über dessen Verhaltensrepertoire mit ihm interagieren können. Die direkte Manipulation interner Strukturen wird unterbunden; die Schnittstelle und die dahinterstehende Implementierung für das Verhalten sind voneinander entkoppelt, was Änderungen der Implementierung ohne Modifikation der Schnittstelle ermöglicht.

Beispiel: Für das eingeführte Beispiel bilden die erwähnten Operatoren die Schnittstelle zu den einzelnen Objekten. Bei nochmaliger Betrachtung der beiden Quaderobjekte in Bild 8.3 fällt auf, daß sich hinter ein und derselben Schnittstelle durchaus unterschiedliche Objektrepräsentationen verbergen und damit die Algorithmen zur Implementierung der Operationen verschieden ausfallen können. Für den Anwender ist jedoch einzig und allein die Schnittstelle interessant; er kann beide Quader einheitlich handhaben.

Schlußbemerkung: Der Schwerpunkt der objektorientierten Programmierung liegt auf dem Objektverhalten. Damit haben Objektschnittstelle und Kapselung eine zentrale Bedeutung. Dies erklärt auch die wachsende Bedeutung sogenannter Objektbibliotheken. Für den Datenbankeinsatz spielt hingegen auch die Struktur der Objekte eine wesentliche Rolle: Ohne Struktur kann es schlechterdings keine Implementierung der Operationen geben, und ohne diese sind die aufgestellten Schnittstellen ohne Wert. Während dem reinen (End–)Benutzer also die Kenntnis der Schnittstellen genügt, müssen sich Datenbankentwerfer und Systemverwalter sehr wohl mit der Objektstrukturierung befassen. Sie wird daher in den folgenden Abschnitten einen vergleichsweise großen Umfang einnehmen.

Objektidentität. Jedes Objekt besitzt eine eindeutige Identität. Die Identität eines Objekts ist während seiner Lebensdauer unveränderlich. Idealerweise gelten außerdem die folgenden Eigenschaften:

- Die Identität eines Objekts ist unabhängig vom Speicherungsort des Objekts und vom Objektzustand.
- Auch nach dem Löschen eines Objekts aus dem System wird es kein anderes Objekt geben, das jemals die gleiche Identität wie die des gelöschten Objekts aufweist.

Dieser Identitätsbegriff ist grundverschieden von den Identifikationskonzepten der Datenmodelle, die wir bereits kennengelernt haben. Die Identität ist hierbei erstmals eine Eigenschaft eines Informationselements, die zu dessen anderen Eigenschaften völlig orthogonal ist. Man betrachte zum Vergleich beispielsweise das relationale Modell, in dem ein Tupel eindeutig durch eine Teilmenge seiner Attributwerte identifiziert wird. Dieser Identitätsbegriff ist *wertbasiert*, da er einzelne Attributwerte bei der Identifikation eines Objekts (hier: Tupel) ins Kalkül zieht, und damit nicht unabhängig von den Eigenschaften des Tupels. Ähnliches gilt für die Identität der Informationselemente im NF^2–Modell und im Netzwerkmodell.

Beispiel: Die in Bild 8.4 in Teilen dargestellten vier Quader sind — obwohl über das Namensattribut gleich bezeichnet und die gleichen Eckpunkte besitzend — unterschiedliche Objekte. Sie besitzen demnach verschiedene Identifikatoren: q88a, ..., q88d. Auch die Eckpunkte sind vollwertige Objekte mit eigenen Identifikatoren. Lediglich Werte (in diesem Fall: Texte und Gleitkommazahlen) besitzen keine eigenen Identifikatoren.

Objektgleichheit. Eng verbunden mit der Frage der Identifizierung von Objekten ist die Frage nach Vergleichsmöglichkeiten für Objekte, also Objektgleichheit. Im Unterschied zu anderen Datenmodellen muß man in der Objektorientierung gleich eine ganze Reihe von Objektgleichheits–Begriffen unterscheiden. Der Grund hierfür liegt in der Tatsache, daß zur Definition der Gleichheit nun zwei Ausgangskonzepte zur Verfügung stehen: zum einen die Identifikatoren der Objekte, zum anderen die Werte der Objektattribute. Indem man die beiden Konzepte auf verschiedenen Ebenen miteinander kombiniert, kommt man zu einer Vielzahl von Betrachtungsmöglichkeiten für Objektgleichheit.

Wertegleichheit: Die Gleichheit von Werten (Zeichen bzw. Zeichenketten, Zahlen, etc.), die ja keine vom Zustand losgekoppelte Identität besitzen, ist genauso definiert wie in Programmiersprachen. Notation: $w_1 = w_2$.

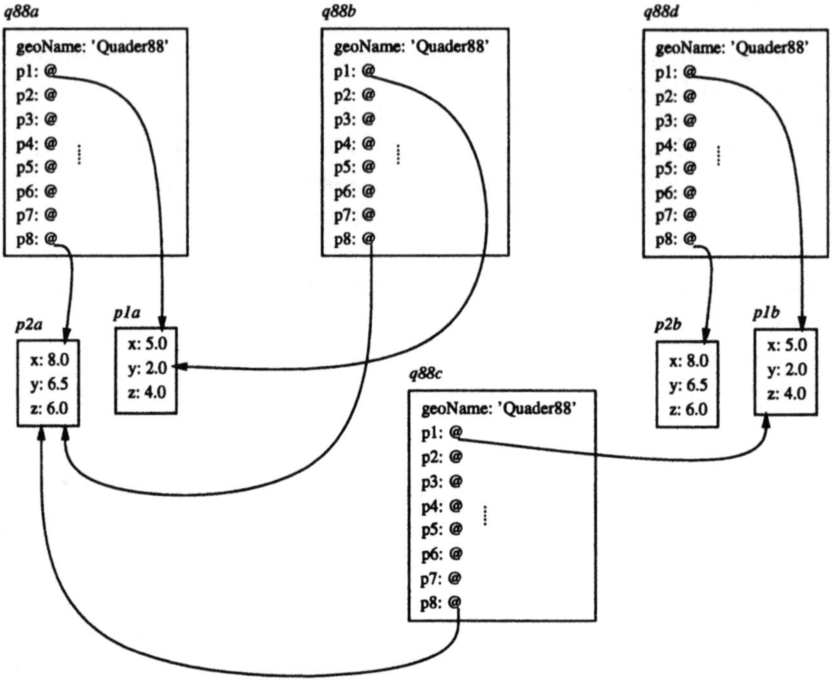

Bild 8.4. Zur Identität und Gleichheit von Objekten

Objektgleichheit: Zwei Objekte o_1 und o_2 sind genau dann (objekt–)gleich, wenn sie den gleichen Objektidentifikator besitzen. Es handelt sich dann um *dasselbe* Objekt. Notation: $o_1 == o_2$.

Objektzustandsgleichheit: Dieser Gleichheitsbegriff ist für verschiedene Stufen erklärt, wobei für jede Stufe die Betrachtung der vergleichenden Objekte auf einer weiteren Unterobjektebene erfolgt.

- *Objektzustandsgleichheit erster Stufe*: Für zwei Objekte o_1, o_2 gilt $o_1 =_1 o_2$ (*Shallow Equality*), wenn ihre Attribute übereinstimmen (*gleiche innere Strukturierung*) und für deren Werte bzw. Referenzen Werte- bzw. Objektgleichheit gilt (*gleiche Attributbelegung*).
- *Objektzustandsgleichheit n–ter Stufe*: Für zwei Objekte o_1, o_2 gilt $o_1 =_n o_2$ (*Limited deep equality*), wenn ihre Attribute übereinstimmen (*gleiche innere Strukturierung*) und für deren Werte bzw. Referenzen Wertegleichheit bzw. Objektzustandsgleichheit $n-1$–ter Stufe gilt (*Verlagerung der Gleichheit um eine Ebene nach unten*).

Als übergreifende Notation für Objektzustandsgleichheit gilt: $o_1 = o_2$, wobei die jeweils geltende Stufe dann aus dem jeweiligen (Programm–)Kontext ermittelt werden muß.

Beispiel: In Bild 8.4 ist folgende Situation gegeben:

- Trivialerweise gilt q88a == q88a und damit auch q88a = q88a (d.h. genauer q88a $=_n$ q88a für jedes n).
- Es gilt *nicht* q88a == q88b, immerhin aber q88a $=_1$ q88b.
- Es gilt *nicht* q88a == q88c und *auch nicht* q88a $=_1$ q88c. Es gilt jedoch q88a $=_2$ q88c, denn (unter anderem) p1a $=_1$ p1b.
- Genauso gilt q88a $=_2$ q88d.

8.2.2 Austausch von Informationen

Die Kapselung der Objekte spielt auch im Datenbankbereich insofern eine Rolle, als der direkte Zugriff eines Objekts auf den inneren Zustand eines anderen Objekts nicht möglich sein soll. Änderungen dieses Zustands oder Zugriff auf Zustandsinformationen oder daraus abgeleitete Informationen ist nur über die Operatoren des Objekts erreichbar. Es entsteht die Frage, wie Aufträge zur Operationsausführung formuliert werden. Das Paradigma für das Zusammenwirken zwischen Objekten bildet im objektorientierten Modell der Nachrichtenaustausch.

Nachrichtenaustausch: Ein Objekt („Klient") sendet einen Wunsch als Nachricht an ein anderes Objekt („Server"), um von diesem eine Dienstleistung anzufordern. Der Server bearbeitet die eingegangene Nachricht und führt eine zu der Nachricht passende interne Operationsfolge aus. Er gibt das Ergebnis seiner Leistung anschließend an den Klienten zurück.

Notation: Eine Nachricht ist im wesentlichen eine Benennung einer Operation aus dem Verhaltensrepertoire eines Objekts, also eine Zeichenkette, eventuell angereichert um Parameter. Das jeweilige Empfängerobjekt wird syntaktisch vor die eigentliche Nachricht gesetzt und von dieser durch einen Punkt getrennt. Das Senderobjekt wird hingegen üblicherweise nicht explizit genannt und geht nur aus dem Kontext hervor.

Beispiel: Folgende Nachrichten machen für den Quader q88a und die Punkte p1a und p1b Sinn:

```
q88a.skalierung(1.5);          // Skalierung ohne Ergebniszuweisung
v := q88a.volumen();           // Volumenberechnung mit Ergebniszuweisung
p := p1a.addition(p1b);        // Addition eines Ortsvektors gibt neuen Punkt
```

Informationsaustausch ist neben dem Senden und Empfangen von Nachrichten in objektorientierten Systemen in beschränktem Maße auch noch durch das Prinzip der *Variablenzuweisung* möglich, das wir im Beispiel eben verwendet haben, ohne es gesondert zu erklären. Die beiden letzten Nachrichten bewirken nämlich die Rückgabe jeweils eines Objekts, das in unserem Beispiel per Zuweisung in einer Variablen abgespeichert wird.

Zuweisung: Seien v_1, v_2 Variablen, d.h. benannte Referenzen für jeweils ein Objekt. Dann bewirkt die Zuweisung $v_1 := v_2$, daß v_1 auf dasjenige Objekt verweist, das bereits v_2 referenziert.

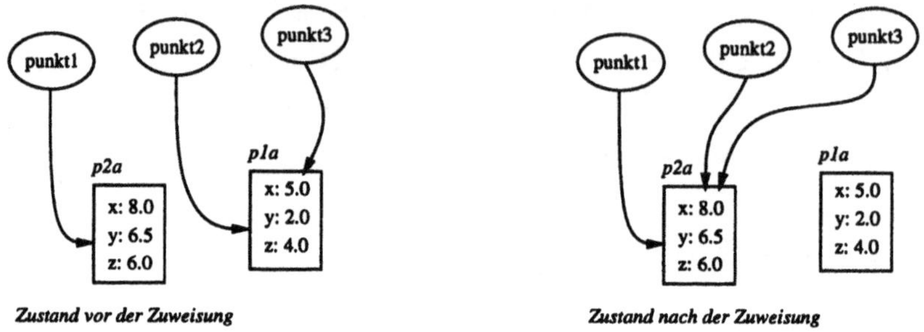

Bild 8.5. Zuweisungen an Variablen

Beispiel: Bild 8.5 zeigt auf der linken Seite eine Ausgangssituation, auf der rechten Seite den Zustand nach der Anweisungsfolge:

```
punkt2 := punkt1;
punkt3 := punkt2;
```

Die Variablen punkt1, punkt2 und punkt3 sind dabei ellipsenförmig dargestellt. Man beachte, daß das Kapselungsprinzip durch eine Zuweisung nicht verletzt wird, da auch nach einer erfolgten Zuweisung der direkte Zugriff auf den internen Zustand eines zugewiesenen Objekts nicht möglich ist.

Bemerkung: Auf das Objekt mit Identifikator p1a zeigt nach der Zuweisungsfolge keine Variable (und auch kein Attribut eines anderen Objekts) mehr; es ist ungenutzt. Dies führt zu der Fragestellung, was mit diesem Objekt passiert. Zwei prinzipielle Lösungen sind möglich:

- Objekte, auf die keine Verweise mehr bestehen, werden automatisch aus dem System entfernt, ohne daß sich der Anwender darum kümmern muß.
- Oder aber: Es bleibt dem Anwender überlassen, für die Freigabe von Speicher zu sorgen, der von Objekten belegt wird, die im folgenden nicht mehr benötigt werden.

Die zweite Vorgehensweise hat den Vorteil, daß der Anwender den Zeitpunkt der Speicherfreigabe genau kontrollieren kann. Der Nachteil besteht darin, daß Verlagerung der Speicherbereinigung auf den Benutzer nicht nur mehr Aufwand für diesen bedeutet, sondern auch fehleranfällig ist.

8.3 Objekttypen

8.3.1 Begriffsbildung

Ein an den Nutzerbedürfnissen ausgerichteter Typbegriff für Objekte sollte sich ausschließlich an der Schnittstelle orientieren. Aus dieser Sicht sollten also Quader77 und Quader88 aus Bild 8.3 vom gleichen Typ sein. Dieser „puristische“ Standpunkt hat sich jedoch nicht so recht durchsetzen können; vielmehr wird dem Typ auch die Realisierung der Operatoren und damit auch die Objektstruktur zugeschlagen. Damit sind die beiden Quader — für den Nutzer sehr lästig — bei gleicher Schnittstelle von unterschiedlichem Typ.

Objekttyp: Ein Objekttyp spezifiziert die *Struktur*, die *Schnittstelle* und das *Verhalten* von Objekten. Dabei wird die Struktur in Form von Attributen festgelegt; die Schnittstelle besteht aus der Deklaration von ausführbaren Operationen. Das Verhalten ist die Realisierung dieser Operationen mit programmiersprachlichen Mitteln.

Die Bedeutung des Objekttyps liegt neben seiner Funktion als „Objektschablone“ bei der Typprüfung, die bei Monomorphie auch für Datenbanksysteme eine gewichtige Rolle spielt. Mit Typprüfung ist gemeint, daß man entweder zur Übersetzungszeit oder zur Laufzeit die Typkonsistenz von Ausdrücken des Programms (also die Verträglichkeit der im Ausdruck vorkommenden Objekte) *sicherstellt*. Dabei nimmt der Übersetzer die Rolle eines Benutzers ein und beachtet bei der Sicherstellung der Typkonsistenz nur die Schnittstellen.

Angemerkt sei, daß im Gegensatz dazu bei den früher betrachteten Datenmodellen die Typen dazu dienten, die Ausführung polymorpher Operatoren zur Laufzeit zu *bestimmen*.

8.3.2 Formen der Typisierung

Dem Zeitpunkt zur Feststellung der Typisierung und zur Sicherstellung der Typkonsistenz entsprechend unterscheidet man:

- *Schwache Typisierung*: Ein einzelnes Objekt gehört während seiner Lebensdauer stets ein und demselben Typ an; Variablen und Objektattribute können jedoch zu unterschiedlichen Zeitpunkten uneingeschränkt Objekte unterschiedlichen Typs referenzieren. Die Typkonsistenz von Ausdrücken eines Programms ist daher erst zur Laufzeit unmittelbar vor der Auswertung feststellbar.
- *Strenge Typisierung*: Auch hier gehört ein einzelnes Objekt immer dem gleichen Typ an; Variablen und Objektattribute können immer noch zu unterschiedlichen Zeitpunkten Objekte unterschiedlichen Typs referenzieren. Diese wechselnde Referenzierbarkeit wird jedoch derart eingeschränkt,

daß man bereits zur Übersetzungszeit die Typkonsistenz sicherstellen kann. Die tatsächliche Typisierung wird allerdings erst zur Laufzeit festgestellt.

- *Strikte Typisierung*: Diese Typisierung gehorcht der Forderung, daß die tatsächlichen Typen aller Objekte bereits zur Übersetzungszeit ermittelt werden können. Die Typisierung ist also bei Objekten, Attributen und Variablen zu allen Zeitpunkten dieselbe.

Vorteile zunehmenden Typisierungsgrades sind:

- *Effizienzzunahme*: Eine Typüberprüfung muß nur einmal, nämlich zur Übersetzungszeit, stattfinden.
- *Sicherheit*: Laufzeitfehler durch fehlerhafte Typisierung werden vermieden. Dies ist besonders in Datenbanksystemen wichtig, da viele Benutzer und viele unterschiedliche Anwendungen auf einem einzigen, integrierten Datenbestand arbeiten.
- *Optimierungsbasis*: Die Bekanntmachung der Typisierungsinformation liefert dem System Informationen zur Optimierung des Leistungsverhaltens. Auch dies ist ein für Datenbanksysteme wichtiger Gesichtspunkt.
- *Dokumentation*: Die Semantik von Datenbankelementen wird durch die Zuordnung von Typen explizit ausgedrückt.

Zu den möglichen *Nachteilen* zählen eine gewisse Starrheit und Verringerung der Flexibilität in der Programmierung durch die Einschränkungen des Typsystems. Im folgenden folgen wir den Prinzipien strenger Typisierung.

8.3.3 Objekttyp–Deklaration

Atomare Typen: Atomare Typen entsprechen in ihrer Strukturierung den Domänen aus Abschnitt 4.2.1. Die Ausprägungen atomarer Typen sind Werte. Werte stellen sich selbst beschreibende Daten ohne Identifikator oder andere Zusatzangaben dar, die nicht verändert werden können. Sie können nicht eigenständig in einer Datenbasis existieren.

Beispiel: Wir wollen die folgenden Typen als atomar auffassen: **Boolean**, **Integer**, **Float**, **Char**, **String**, **Date**.

Komplexe Typen: Ausprägungen komplexer Typen können als Objekte mit eigener Identität eigenständig in Datenbasen existieren oder als unselbständiger Bestandteil (komplexer Wert) der Struktur eines Objekts auftreten. Ihr Aufbau geschieht mit Hilfe der folgenden drei Typkonstruktoren:

- *Tupeltypen* $[A_1 : t_1, \ldots, A_n : t_n]$: Jede Ausprägung eines Tupeltyps ist ein Tupel mit den spezifizierten Attributen und einer Belegung dieser Attribute. Die Belegung eines Attributs A_i ist auf einen Wert oder ein Objekt des Typs t_i eingeschränkt.

- *Mengentypen* $\{t\}$: Eine Ausprägung dieses Typs ist eine Menge von Objekten des Typs t.
- *Listentypen* $\langle t \rangle$: Eine Ausprägung dieses Typs ist eine Liste von Objekten des Typs t, d.h. hier besteht eine Ordnung auf den Elementen.

Weiterhin unterscheiden wir drei Arten typgebundener Operationen:

- *Konstruktoren*: Operationen, die neue Ausprägungen eines komplexen Typs generieren. Ein Beispiel ist die systemspezifische **create()**–Operation.
- *Beobachter*: Operationen, die den Zustand eines Objekts abfragen (Leseoperationen). Ein Beispiel ist die Volumenberechnung von Quadern.
- *Mutatoren*: Operationen, die den Zustand von Objekten verändern. Beispiele sind Operationen wie die Rotation, Translation und Skalierung geometrischer Objekte.

Typdefinitionsrahmen: Die syntaktische Formulierung von Typen erfolgt nach einem durch einen Typdefinitionsrahmen vorgegebenen Muster. Dieser umfaßt die strukturellen wie operationalen Gesichtspunkte für einen bestimmten Objekttyp und sieht für die folgenden Betrachtungen schematisch wie folgt aus:

```
define type Typ-Name is
  [ structure Typ-Struktur; ]
  [ interface
     Operationen-Signatur_1;
       ...
     Operationen-Signatur_n; ]
  [ implementation
     Operationen-Implementierung_1;
       ...
     Operationen-Implementierung_m; ]
end type Typ-Name;
```

Die **structure**–Klausel definiert die Struktur des Typs (Tupel–, Mengen– bzw. Listentyp). Im Falle des Tupeltyps werden außerdem die Attribute mit ihren Typen festgelegt. Im Falle des Mengen– oder Listentyps muß der Typ definiert werden, dem die Mitglieder der Menge oder Liste angehören. Die **interface**–Klausel enthält die abstrakten Signaturen der Operationen des Typs. Den Benutzern des Typs muß nur diese Klausel bekannt sein; sie macht die Schnittstelle aus. Die **implementation**–Klausel enthält den Code der Operationen, die in der **interface**–Klausel deklariert sind. Bei deren Formulierung bedienen wir uns im folgenden einer Syntax, die mit C++ verwandt ist.

Beispiel: Im folgenden definieren wir den Objekttyp Punkt:

```
define type Punkt is
  structure
```

```
    [ x, y, z: Float ];                  // Tupeltyp mit atomaren Attributen
  interface
    declare Float x(void);               // Leseoperation für Koordinate x
    declare Float y(void);               // Leseoperation für Koordinate y
    declare Float z(void);               // Leseoperation für Koordinate z
    declare void x:(Float wx);           // Schreiboperation für Koordinate x
    declare void y:(Float wy);           // Schreiboperation für Koordinate y
    declare void z:(Float wz);           // Schreiboperation für Koordinate z
    declare Punkt addition(Punkt p);     // Additionsoperation für Punkte
    declare void translation(Punkt p);   // Translation eines Punkts
    declare Float distanz(Punkt p);      // Abstand zu einem zweiten Punkt
    declare Float nullDistanz(void);     // Abstand zum Nullpunkt
  implementation
    define x is
      return x;
    end define x;
    define x: is
      x := wx;
      return;
    end define x;
    ...                                  // Weitere Lese- und Schreiboperationen
    define addition is
      Punkt newP := Punkt.create();
      newP.x:(x + p.x());
      newP.y:(y + p.y());
      newP.z:(z + p.z());
      return newP;
    end define addition;
    define translation is
      x := x + p.x();
      y := y + p.y();
      z := z + p.z();
      return;
    end define translation;
    define distanz is
      Float dx, dy, dz;
      dx := x - p.x();
      dy := y - p.y();
      dz := z - p.z();
      return sqrt(dx * dx + dy * dy + dz * dz);
    end define distanz;
    define nullDistanz is
      Punkt nullP := Punkt.create();
      nullP.x:(0.0);
      nullP.y:(0.0);
      nullP.z:(0.0);
      return self.distanz(nullP);
    end define nullDistanz;
end type Punkt;
```

Temporäre Variablen: Bereits in der Implementierung der Operation addition() wird eine temporäre Variable benötigt; sie wird mit dem Objekttyp Punkt deklariert und per Zuweisung „:=“ sofort mit einem neuen Objekt (dieses Typs) initialisiert. Zum Erzeugen neuer Objekte bedient man sich der Pseudo–Nachricht **create()**, an den jeweiligen Typ „geschickt", von dem eine neue Ausprägung erzeugt werden soll.[1]

Lese– und Schreiboperationen für Attribute: Die Attribute *a* des eine Nachricht empfangenden Objekts können von diesem gelesen und geschrieben werden, indem man *a* einfach benennt (Lesen) oder *a* einen Wert zuweist (Schreiben). Auf die Attribute anderer Objekte kann hingegen wegen des Kapselungsprinzips nicht einfach zugegriffen werden. Ist ein solcher Zugriff nötig, muß dieser ausdrücklich durch die Vereinbarung von Operationen zum Lesen und Schreiben dieser Attribute gestattet werden. In unserem Beispiel ist dies der Fall; entsprechend existieren also x(), y(), und z() als Leseoperationen und x:(), y:() und z:() als Schreiboperationen.

Infix– und Präfixnotation: Für Werte führen wir die üblichen Infix– und Präfixnotationen ein. Im Beispiel haben wir sie für Zahlen verwendet: dx * dx + ...

Die Pseudovariable **self**: Eine letzte Bemerkung gilt der Implementierung der Operation nullDistanz(). Diese ist so realisiert, daß in einer temporären Variable der Nullpunkt erzeugt wird, um anschließend die Operation distanz() aufrufen zu können. Dazu ist es notwendig, die Nachricht distanz() an das Objekt zu senden, das die Operationsaufforderung nullDistanz() erhalten hat. Das ist aber gerade das aktuelle Objekt. Um es zu referenzieren, wird das Konstrukt **self** angeboten. Dieses kann als Pseudo–Variable aufgefaßt werden, die innerhalb jeder Operationsimplementierung implizit vordefiniert und stets mit dem Empfänger der aktuell abgearbeiteten Nachricht belegt ist. Bei Zugriffen auf eigene Attribute wird wie zuvor erwähnt auf **self** verzichtet.

Weiteres Beispiel: Unter Weglassen der einzelnen Operationsimplementierungen definieren wir nun der Vollständigkeit halber noch den Typ Quader (in der Punktdarstellung), und, um auch einmal einen Mengentyp zu demonstrieren, den Typ Quaderbaukasten als Menge von Quadern:

```
define type Quader is
  structure
    [ p1, p2, p3, p4, p5, p6, p7, p8: Punkt ];
  interface
    declare Float volumen(void);
    declare void translation(Punkt p);
    declare void skalierung(Float factor);
    declare void rotation(Punkt px, py, pz);
end type Quader;

define type Quaderbaukasten is
  structure
    { Quader };
end type Quaderbaukasten;
```

[1] Dies ist dann eine echte Nachricht, wenn Typen selbst als vollwertige Objekte mit ausgebautem Verhaltensrepertoire behandelt werden.

Quader ist übrigens ein Beispiel dafür, daß ein Typ nicht unbedingt Lese- und Schreiboperationen für seine Attribute deklarieren muß. Dem Nutzer ist es mit den gegebenen Deklarationen nun andererseits aber auch verwehrt, direkt die Belegung der Punkt-Attribute zu ermitteln oder hierauf Einfluß zu nehmen. Der Zugriff auf Quader erfolgt ausschließlich mit den in der **interface**-Klausel deklarierten Operationen. Daß die Menge der im Beispiel vereinbarten Operationen natürlich noch nicht ausreichen würde, um wirklich praxisnah mit Quadern umgehen zu können, soll für die Zwecke dieses Buchs nicht weiter stören.

8.3.4 Überladung von Operationen

Überladung: Man versteht darunter das Zulassen verschiedener namensgleicher Operationen innerhalb eines Namensraums. Welche der namensgleichen Operationen bei einem Aufruf jeweils gemeint ist, wird über die Anzahl, die Reihenfolge und die Typen der Parameter herausgefunden.

Beispiel: Ist der Namensraum die Menge aller Definitionen im System, so ist in unserem Beispiel die Operation translation() überladen, da sie für Punkte und für Quader gleichermaßen (aber natürlich mit jeweils unterschiedlicher Semantik und unterschiedlicher Signatur) definiert ist.

Weiteres Beispiel: Interessanter ist der Fall, daß als Namensraum der jeweilige Typ gilt. Beispielsweise könnte die Nachricht rotation() statt dreier Vektoren diese Information in Form von neun Drehwerten oder (bei Vorhandensein eines entsprechenden Typs) in Form einer Matrix erhalten. Man erhält somit drei Deklarationen:

```
define type Quader is
  structure
    [ p1, p2, p3, p4, p5, p6, p7, p8: Punkt ];
  interface
    ...
    overload void rotation(Punkt px, py, pz);
    overload void rotation(Float x1, y1, z1, x2, y2, z2, x3, y3, z3);
    overload void rotation(Matrix rotmatrix);
end type Quader;
```

Ein Anwenderprogramm kann nun die ihm gemäße Variante wählen, ohne durch Beachtung einer unverständlichen Namensgebung unter der Existenz weiterer Definitionen leiden zu müssen. Die **define**-Angabe in der **implementation**-Klausel erfordert aufgrund der Erweiterung übrigens eine geringfügig angepaßte Notation, auf die wir hier nicht weiter eingehen wollen.

8.3.5 Ein weiteres Beispiel: Kartographie

Auch für unser Kartographiebeispiel bietet sich eine Objektmodellierung an. Wir erinnern uns an die Einführung der Domänen Punkt, Kreis, Polygon und Linienzug in Abschnitt 4.8.2 und das Fehlen numerischer Operationen, die das Berühren oder Überdecken der entsprechenden Strukturen feststellte. Diese ließen sich nunmehr wie folgt deklarieren:

```
define type Punkt2D is
   structure
      [ x, y: Float ];
   interface
      ...
      declare Punkt2D addition(Punkt2D p);
      declare void translation(Punkt2D p);
      declare Float nullDistanz(void);
      declare Boolean liegtAuf(Linienzug l);
      overload Boolean liegtIn(Kreis k);
      overload Boolean liegtIn(Polygon pg);
end type Punkt2D;
```

Man beachte, daß wir den kartographischen, zweidimensionalen Punkt hier als Punkt2D bezeichnen, um Namenskollisionen mit dem Geometrie–Beispiel aus dem Weg zu gehen. Die weiteren Deklarationen lauten wie folgt:

```
define type Kreis is
   structure
      [ m: Punkt2D; radius: Float ];
   interface
      ...
      declare Kreis skalierung(Float faktor);
      declare void translation(Punkt2D p);
      declare Float fläche(void);
      overload Boolean schneidet(Kreis k);
      overload Boolean schneidet(Linienzug l);
      overload Boolean schneidet(Polygon pg);
      overload Boolean berührt(Kreis k);
      overload Boolean berührt(Linienzug l);
      overload Boolean berührt(Polygon pg);
end type Kreis;

define type Linienzug is
   structure
      ⟨ Punkt2D ⟩;
   interface
      ...
      declare Linienzug erweiterung(Punkt2D p);
      declare Float länge(void);
      overload Boolean schneidet(Linienzug l);
      overload Boolean schneidet(Polygon pg);
      overload Boolean schneidet(Kreis k);
```

```
        overload Boolean berührt(Linienzug l);
        overload Boolean berührt(Polygon pg);
        overload Boolean berührt(Kreis k);
end type Linienzug;

define type Polygon is
    structure
        ⟨ Punkt2D ⟩;
    interface
        ...
        declare Polygon erweiterung(Punkt2D p);
        declare Float länge(void);
        overload Boolean schneidet(Linienzug l);
        overload Boolean schneidet(Polygon pg);
        overload Boolean schneidet(Kreis k);
        overload Boolean berührt(Linienzug l);
        overload Boolean berührt(Polygon pg);
        overload Boolean berührt(Kreis k);
end type Polygon;
```

Es fällt auf, daß die Operationen schneidet() und berührt() sowohl bei Kreis als auch bei Linienzug und Polygon vorkommen, obwohl man eine Symmetrie dahingehend unterstellen müßte, daß in identischer Weise festgestellt wird, ob beispielsweise ein Kreis einen Linienzug oder ein Linienzug einen Kreis schneidet. Die Wiederholung ist darin begründet, daß wir nicht voraussehen können, für welches der beiden jeweils beteiligten Objekte die entsprechende Nachricht aufgerufen wird.

8.4 Vererbung, Subtypisierung und Verfeinerung

8.4.1 Schwächen der bisherigen Typisierung

So recht befriedigt das Kartographie–Beispiel nicht. Aus Symmetriegründen mußten wir die Operatoren berührt() und schneidet() in drei Objekttypen wiederholen, und dies wegen der Verwendung von **overloading** sogar mehrfach. Hätten wir die **implementation**–Klausel mit aufgeführt, so wäre uns zudem aufgefallen, daß wir den gleichen Code wiederholt hätten. Zugleich hätten wir entdeckt, daß das Schneiden bzw. Berühren bei Linienzügen und Polygonen gleichartig gehandhabt wird, da beide Typen auf derselben Struktur — einer Liste von Punkten — aufbauen (bei Kreis wäre die Struktur hingegen anders).

Eine Lösung unseres Problems könnte darin bestehen, daß man gemeinsame Eigenschaften verschiedener Typen in einem neuen Typ zusammenfaßt (man sagt, die ursprünglichen Typen zu einem neuen Typ „generalisiert“) oder umgekehrt aus einem gegebenen Typ einen neuen dadurch schafft, daß man von dem bereits vorhandenen Typ dessen Struktur- und Operationsdefinitionen übernimmt („erbt“) und passend erweitert.

Die in Abschnitt 8.3.2 geforderte Einschränkung der Referenzierbarkeit für die strenge Typisierung gegenüber schwacher Typisierung besteht nun in folgender Regelung: Objekte des neuen (erweiterten) Typs können an Stellen verwendet werden, an denen bisher nur Objekte des alten Typs gefordert wurden. Wir erinnern uns dabei nochmals, daß für die Typisierung nur der nach außen sichtbare Teil der Typvereinbarung, d.h. die **interface**-Klausel, maßgeblich ist.

8.4.2 Grundidee von Generalisierung und Vererbung

Generalisierung und Vererbung: Objekttypen lassen sich in einem gerichteten azyklischen Graphen anordnen. Ein Typ erbt von seinen Obertypen deren strukturelle und verhaltensmäßige Eigenschaften. Ein Objekttyp vererbt an alle seine Untertypen alle auf ihm definierten strukturellen und verhaltensmäßigen Eigenschaften. Umgekehrt gesehen werden die Untertypen zu einem Obertypen verallgemeinert (generalisiert).

Beispiel: Wir lösen unser vorstehendes Problem, indem wir die Typen Linienzug und Polygon als Untertypen eines neu einzuführenden Typs Punktverbindung vereinbaren, der Linienzüge und Polygone generalisiert:

```
define type Punktverbindung is
  structure
    ⟨ Punkt2D ⟩;
  interface
    overload Boolean schneidet(Punktverbindung pv);
    overload Boolean schneidet(Kreis k);
    overload Boolean berührt(Punktverbindung pv);
    overload Boolean berührt(Kreis k);
end type Punktverbindung;

define type Linienzug supertype Punktverbindung is
  interface
    declare Linienzug erweiterung(Punkt2D p);
    declare Float length(void);
end type Linienzug;

define type Polygon supertype Punktverbindung is
  interface
    declare Polygon erweiterung(Punkt2D p);
    declare Float Fläche(void);
end type Polygon;
```

Linienzug erbt die Struktur und die Operationen (einschließlich der hier nicht gezeigten Implementierungen) von seinem Obertyp Punktverbindung; syntaktisch wird dies durch Verwendung der **supertype**-Klausel ausgedrückt. Wäre

Punktverbindung schon irgendwann früher vereinbart worden, so bliebe diese Definition unverändert und von der Einführung von Untertypen unberührt. Die Vererbung stellt sicher, daß allen Ausprägungen des Typs Linienzug die Struktur einer Punkteliste sowie die darauf arbeitenden Operationen schneidet() und berührt() zur Verfügung gestellt werden.

Es fällt auf, daß erweiterung() nicht dem Obertypen Punktverbindung zugeschlagen wurde. Tatsächlich muß die Implementierung denn auch für Linienzug und Polygon unterschiedlich ausfallen: Bei letzterem Typ ist auf Geschlossenheit der Punkteliste zu achten.[2]

Als zweites Beispiel betrachten wir eine Hierarchie aus der Welt der geometrischen Körper, wobei wir dieses Mal die Vereinbarungen vollständig, d.h. unter Einschluß der **implementation**–Klausel, aufführen:

```
define type GeoKörper is
  structure
    [ bezeichnung, farbe: String; material: Material ];
  interface
    declare Float dichte(void);
  implementation
    define dichte is
      return material.dichte;
    end define dichte;
end type GeoKörper;

define type Zylinder supertype GeoKörper is
  structure
    [ radius: Float; mittelpunkt1, mittelpunkt2: Punkt ];
  interface
    declare Float länge(void);
    declare Float volumen(void);
    declare Float masse(void);
    declare void translation(Punkt p);
  implementation
    define länge is
      return mittelpunkt1.distanz(mittelpunkt2);
    end define länge;
    define volumen is
      return radius * radius * 3.14 * self.länge();
    end define volumen;
    define masse is
      return self.volumen() * self.dichte();
    end define masse;
    define translation is
      mittelpunkt1.translation(p);
      mittelpunkt2.translation(p);
      return;
```

[2] Würde man bei Polygon nicht auf dieser Forderung beharren und stattdessen die Schlußkante als Verbindung zwischen dem ersten und letzten Punkt implizieren, so wären die anderen Operatoren unterschiedlich zu implementieren.

```
        end define translation;
    end type Zylinder;
```

Hier erbt der Typ Zylinder von seinem Obertyp GeoKörper dessen Attribute bezeichnung, farbe und material (und damit auch die Möglichkeiten zum Lesen und Schreiben dieser Attribute), die er dann noch um die Attribute radius, mittelpunkt1 und mittelpunkt2 ergänzt.

Die Vereinbarung des Objekttyps Punkt unterstellen wir gemäß der Definition in Abschnitt 8.3.3. Ein weiterer, aber noch nicht bekannter Typ ist Material. Dieser steht weder in Ober– oder Untertypbeziehung zu GeoKörper noch zu Zylinder. Er könnte folgendermaßen realisiert sein:

```
define type Material is
  structure
    [ name: String; dichte: Float ];
end type Material;
```

8.4.3 Einfachvererbung

Bezüglich des Typgraphen erlassen wir zunächst die Beschränkung, daß jeder Typ höchstens *einen* direkten Obertyp besitzen darf. Dieses Prinzip nennt man auch *Einfachvererbung* oder *single inheritance.* Mit dieser Bildungsregel entsteht eine Typhierarchie. Diese Hierarchie kann mehrstufig sein; ein Typ kann somit mehrere (indirekte) Obertypen besitzen. Wurzel der Typhierarchie ist ein vordefinierter Typ, z.B. Any. Damit gilt natürlich, daß jedes Objekt insbesondere vom Typ Any ist. Bild 8.6 zeigt die Hierarchie für die bisher in diesem Kapitel eingeführten Beispieltypen.

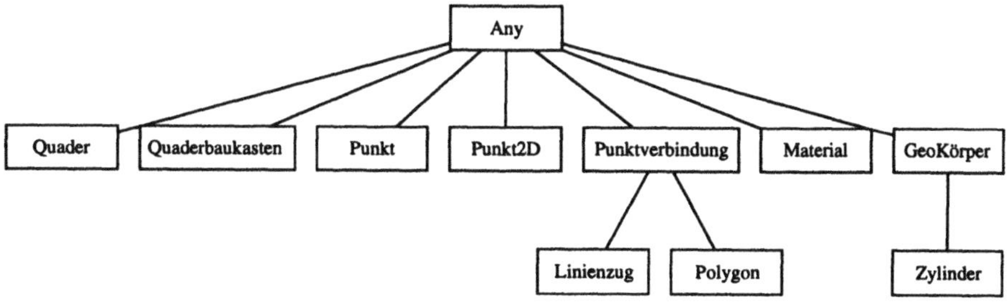

Bild 8.6. Beispiel für eine Typhierarchie

8.4.4 Typisierung unter Vererbung

Ordnung auf Typen: Wir gehen jetzt etwas formaler vor und definieren für die Objekttypen $t_1, \ldots, t_n$ eine Ordnung $\leq_t$. Dabei bezeichnet $t_i \leq_t t_k$ die

Tatsache, daß t_i Untertyp von t_k ist. Mathematische Charakteristika dieser Ordnung sind:

- *Reflexivität*: $t_i \leq_t t_i$.
- *Transitivität*: Wenn $t_i \leq_t t_k$ und $t_k \leq_t t_m$, so gilt auch $t_i \leq_t t_m$.
- *Antisymmetrie*: Wenn $t_i \leq_t t_k$ und $t_k \leq_t t_i$, so gilt $t_i = t_k$.
- *Keine Linearität*: Für Typen t_i und t_k kann gelten, daß weder $t_i \leq_t t_k$ noch $t_k \leq_t t_i$.

Die Ordnung $\leq_t$ definiert damit eine partielle Ordnung, darstellbar durch einen azyklischen Graphen. Die bereits vorgestellte Beispielhierarchie in Bild 8.6 repräsentiert einen solchen Graphen.

Beispiel: Es gilt etwa: Zylinder $\leq_t$ GeoKörper.

Im folgenden unterscheiden wir für Objektreferenzen (d.h. Verweise auf Objekte in einer Variablen oder in einem Attribut eines Objekts) deren statischen und dynamischen Typ und bilden damit die Grundlage für ein Typisierungssystem, für das der Übersetzungs– und Laufzeittyp einer Referenz unterschiedlich sein kann:

- *Statischer Typ einer Referenz*: Der Typ, mit dem die Referenz deklariert wurde, d.h. der Typ, den der Übersetzer für diese Referenz annimmt.
- *Dynamischer Typ einer Referenz*: Der tatsächliche Typ des Objekts, auf das die Referenz in einem Programmlauf verweist. Dieser Typ kann sich während des Programmlaufes dann ändern, wenn zugelassen wird, daß bei Neuzuweisung an eine Variable Objekte unterschiedlicher Untertypen angegeben werden können.

Beispiel: Folgendes Programmfragment wird ausgeführt:

```
GeoKörper geo;
Zylinder zy;

zy := Zylinder.create();
geo := zy;
```

Der statische Typ von geo ist GeoKörper, und der dynamische Typ von geo ist (nach Ausführung der zweiten Anweisung) Zylinder. Hingegen ist für zy der statische wie dynamische Typ Zylinder.

Im weiteren Verlauf betrachten wir, wie bei unterschiedlichem statischem und dynamischem Typ die strenge Typisierung eingehalten werden kann.

8.4.5 Substituierbarkeitsprinzip

Zuweisungsregel: Variablen dürfen Referenzen auf Untertypen des für die Variable deklarierten Typs besitzen. Aber: Variablen dürfen *keine* Referenzen auf Obertypen des für die Variable deklarierten Typs besitzen.

Beispiel: Ein Beispiel für den ersten Teil der Regel haben wir gerade zuvor gegeben. Wir zeigen nun, daß der zweite Teil der Regel zu Recht besteht. Dazu betrachten wir folgendes Programmfragment:

```
Punkt p;
GeoKörper geo;
Zylinder zy;

p := Punkt.create();
geo := GeoKörper.create();
zy := geo;
zy.translation(p);
```

Die Zuweisungen, die die create()–Nachrichten enthalten, sind sicher korrekt. Nehmen wir nun an, die Zuweisung zy := geo sei auch gestattet. Dann wäre GeoKörper der dynamische Typ von zy. Die Ausführung von zy.translation(p) führt nun aber zum Laufzeitfehler, denn die Operation translation() ist für GeoKörper nicht definiert, sondern wird ja erst im Typ Zylinder eingeführt.

Die Zuweisungsregel ist Spezialfall einer allgemeineren Regel, des *Substituierbarkeitsprinzips*. Nach ihm können Ausprägungen eines Untertyps für Ausprägungen des Obertyps substituiert werden. Beispielsweise können Punktverbindungen beliebiger Art geschnitten werden. Unter Berücksichtigung der Vererbung sind etwa folgende Operationen definiert:

```
Punktverbindung pv, pv2;
Polygon pg;
Linienzug lz;
Boolean b;

b := pv.schneidet(pv2);     // einfacher Fall
b := pv.schneidet(pg);      // Argument ist auch Punktverbindung
b := pv.schneidet(lz);      // Argument ist auch Punktverbindung
b := lz.schneidet(pg);      // dito für Empfänger und Argument
```

8.4.6 Verfeinerung ererbter Eigenschaften

Für die abstrakte Typdefinition

```
define type t' supertype t is
  structure
    ...
  interface
    ...
end type t';
```

gilt, daß Typ t' alle Eigenschaften, also Attribute und Operationen, von seinem Obertyp t erbt. Nun kommt es in manchen Fällen vor, daß die Semantik der ererbten Eigenschaften nicht genau auf die Eigenschaften des Untertyps paßt. Ererbte Eigenschaften müssen daher im Untertyp modifiziert werden können. Dies bezeichnet man auch als *Verfeinerung* ererbter Eigenschaften. Wir befassen uns im folgenden zunächst mit der Verfeinerung von Operationen und danach mit der Problematik der Attributverfeinerung.

Verfeinerung von Operationen. *Notation der Operationsdeklaration*: Für die folgenden Betrachtungen ist es sinnvoll, die Deklaration von Operationen in der Form $t_{n+1} \leftarrow t_0.op(t_1, \ldots, t_n)$ zu notieren. Dabei gilt: op ist der Name der Operation, und t_0 ist der Empfängertyp, d.h. derjenige Typ, innerhalb dessen Definitionsrahmen die Operation deklariert wird. $t_1, \ldots, t_n$ sind die Typen der Operationsparameter, wobei der Fall $n = 0$ eingeschlossen ist. Die Namen der Parameter sind für unsere Betrachtungen ohne Belang. t_{n+1} ist der Typ des Ergebnisses der Operation.

Für die Typsicherheit ist nun das Prinzip der kontravarianten Operationsverfeinerung wichtig.

Kontravariante Operationsverfeinerung: Die Verfeinerung einer von Typ t_0 an Typ t'_0, $t'_0 \leq_t t_0$, vererbten Operation op ist wie folgt definiert. Seien t_i und t'_i Typen für $1 \leq i \leq n+1$, und es sei $t_{n+1} \leftarrow t_0.op(t_1, \ldots, t_n)$ eine Operationsdeklaration. Dann ist $t'_{n+1} \leftarrow t'_0.op(t'_1, \ldots, t'_n)$ genau dann eine gültige Verfeinerung von op, wenn gilt:

- $t_i \leq_t t'_i$ für $1 \leq i \leq n$. Die Argumenttypen der verfeinerten Operation müssen also stets *Ober*typen sein.
- $t'_{n+1} \leq_t t_{n+1}$. Der neue Ergebnistyp muß auf jeden Fall *Unter*typ sein.

Wegen der Verfeinerungsmöglichkeit werden Operationen prinzipiell dynamisch gebunden. *Dynamisches Binden* bedeutet, daß zu einem Operationsaufruf zur Laufzeit eine Implementierung (unter mehreren, die zur Verfügung stehen) ausgewählt wird. Ein Aufruf $o.op()$ einer verfeinerten typ–assoziierten Operation $op()$ wird an die Implementierung gebunden, die zu dem direkten Typ des Empfängerobjekts o gehört.

Beispiel zu Argumenttypen: Wir führen den Typ Rohr als Untertyp von Zylinder ein:

```
define type Rohr supertype Zylinder is
  structure
    [ innererRadius: Float ];
  interface
    refine Float volumen(void);
```

```
  implementation
    define volumen is
      return(super.volumen() -
        innererRadius * innererRadius * 3.14 * self.länge());
    end define volumen;
end type Rohr;
```

In Rohr wird das Attribut innererRadius definiert. Weiterhin gilt ja, daß die Attribute radius, mittelpunkt1 und mittelpunkt2 von Zylinder geerbt werden. Sie verbleiben unverändert. Die Operation volumen() — bereits für Zylinder definiert — ist verfeinert worden, und zwar den aufgestellten Typisierungsregeln folgend, denn weder Argument- noch Ergebnistyp wurden geändert. Unter Nutzung der im Obertyp definierten Operation (Senden der Nachricht an den Pseudoempfänger **super**, das ist das aktuelle Objekt betrachtet durch die Brille seines Obertyps, hier Zylinder) erfolgt eine Anpassung an die spezielle Gegebenheit: Das Volumen des Zylinders muß um den Anteil des Hohlraumes verringert werden.

Gegenbeispiel zu Argumenttypen: Wir wollen nun noch zulassen, daß ein gegebener Zylinder mit (beliebigen) Zylindern verbunden werden kann (etwa verschweißt, sofern die Radien gleich sind), ein Rohr aber nur mit Rohren (bei gleichen Außen- und Innenradien). Dann wären für die beiden Typen Zylinder und Rohr Vereinbarungen naheliegend, die die zusätzliche Operation verbindung() enthalten. Es ergibt sich (ohne Implementierung):

```
define type Zylinder supertype GeoKörper is
  structure
    [ radius: Float, mittelpunkt1, mittelpunkt2: Punkt ];
  interface
    declare Float länge(void);
    declare Float volumen(void);
    declare Float masse(void);
    declare void translation(Punkt p);
    declare void verbindung(Zylinder z);
end type Zylinder;

define type Rohr supertype Zylinder is
  structure
    [ innererRadius: Float ];
  interface
    refine Float volumen(void);
    refine Float masse(void);
    refine void verbindung(Rohr r);
end type Rohr;
```

Betrachten wir nun die Nachrichtenfolge

```
Zylinder zy1, zy2;
Rohr ro;
```

```
zy1 := Zylinder.create();
ro := Rohr.create();
zy2 := ro;
zy2.verbindung(zy1);
```

Gegen dieses Programmstück ist statisch betrachtet nichts einzuwenden. Insbesondere betrachtet der Übersetzer die letzte Zeile als gültig, weil zy1 und zy2 als Zylinder deklariert sind und die verbindung()–Definition in Zylinder für diese Argument–/Ergebnistypkombination geeignet ist. Tatsächlich ist zur Laufzeit Rohr der dynamische Typ von zy2. Da zy1 aber kein Rohr ist, ergibt sich bei der Programmausführung ein Fehler, da die Typdeklaration der Operation verbindung() in Rohr nicht erfüllt ist.

Beispiel zum Ergebnistyp: Wir wollen die beiden Vereinbarungen nochmals erweitern, und zwar um eine Operation trennung(), mit der (zusammengefügte) Zylinder bzw. Rohre (an einer beliebigen und für das Beispiel uninteressanten Stelle) getrennt werden können. Dazu fügen wir in der Vereinbarung von Typ Zylinder hinzu:

```
declare Zylinder trennung(void);
```

Der Typ Rohr wird um die folgende Vereinbarung erweitert:

```
refine Rohr trennung(void);
```

Die Operationen sind dahingehend zu verstehen, daß als Ergebnis der abgetrennte Teil des Gesamtstücks entsteht. Sie sind gemäß den Typisierungsregeln gestattet, nach denen der Ergebnistyp einer Operation bei Verfeinerung ein Untertyp gegenüber dem Typ der Ursprungsdefinition sein muß.

Gegenbeispiel zum Ergebnistyp: Nehmen wir an, der Entwerfer des Typs Rohr sei auf den eigenartigen Einfall gekommen,

```
refine GeoKörper trennung(void);
```

zu vereinbaren, um auszudrücken, daß der abgetrennte Teil auf jeden Fall einen geometrischen Körper darstellt. Wir betrachten dann die Ausführung des folgenden Programmfragmentes:

```
Zylinder zy1, zy2;
Rohr ro;

ro := Rohr.create();
zy1 := ro;
zy2 := zy1.trennung();
```

Statisch sind die Anweisungen völlig in Ordnung. Dynamisch wird das Rohr ro zunächst in korrekter Weise an eine Zylinder–Variable zugewiesen, deren dynamischer Typ ab sofort Rohr ist. Der folgende Aufruf von trennung() aktiviert demgemäß auch die Implementierung in Rohr. Deren Ergebnistyp ist nun aber GeoKörper, so daß sich herausstellt, daß die Zuweisung des Ergebnisses an zy2 nicht gestattet ist. Daher entsteht ein Laufzeitfehler.

Verfeinerung von Attributen. *Attributverfeinerung*: Unter Attributverfeinerung verstehen wir die Retypisierung von Attributen, also etwa in der folgenden Form:

```
define type t is
  structure
    [ ... a: t_a ... ];
end type t;

define type t' supertype t is
  structure
    [ ... a: t'_a ... ];
end type t';
```

Es stellt sich die Frage, welche Folgen solch eine Retypisierung hat. Zur Beantwortung nutzen wir die Tatsache, daß wir jedem Attribut a ein Paar von Operationen a() und a:() zum Lesen und Setzen des Attributwerts zugeordnet hatten. Diese beiden Operationen kann man nun mit der Schreibweise in Verbindung bringen, die wir bei der Behandlung von Operationsverfeinerungen verwendet haben:

- für das Lesen des Attributs a also: $t_a \leftarrow t.a()$ bzw. $t'_a \leftarrow t'.a()$;
- für das Setzen des Attributs a also: **void** $\leftarrow t.a{:}(t_a)$ bzw. **void** $\leftarrow t'.a{:}(t'_a)$.

Definition: Die Verfeinerung eines Attributes ist gleichbedeutend mit der Verfeinerung der beiden Zugriffsfunktionen des Attributes.

Satz: Aus der Verfeinerungsbedingung folgt unmittelbar: Es ist nicht möglich, *beide* Zugriffsfunktionen des gleichen Attributes zu verfeinern.

Abstrakte Beweisskizze: Wir führen einen Widerspruchsbeweis. Sei $t' \leq_t t$, und seien für t die Operationen $t_a \leftarrow a()$ und **void** $\leftarrow a{:}(t_a)$ definiert, und für t' die Operationen $t'_a \leftarrow a()$ und **void** $\leftarrow a{:}(t'_a)$. Nun gilt folgendes:

- Annahme: t'_a ist Untertyp von t_a ($t'_a \leq_t t_a$). In diesem Fall ist **void** $\leftarrow a{:}(t'_a)$ keine legale Verfeinerung von **void** $\leftarrow a{:}(t_a)$; das Argument der verfeinerten Operation müßte dazu nämlich Obertyp sein.
- Annahme: t'_a ist Obertyp von t_a ($t_a \leq_t t'_a$). In diesem Fall ist $t'_a \leftarrow t'.a()$ keine legale Verfeinerung von $t_a \leftarrow t.a()$; der Ergebnistyp der verfeinerten Operation müßte dazu nämlich Untertyp sein.

Es folgt insgesamt, daß t'_a weder echter Untertyp noch echter Obertyp von t_a sein darf. Mithin ist Attributverfeinerung unter Aufrechterhaltung strenger Typisierung generell nicht möglich.

Gegenbeispiel zur Attributverfeinerung: Versuchen wir eine Retypisierung des Attributs material für den Typ Zylinder. Dieses Attribut wurde bereits im Typ GeoKörper als Material definiert und soll nun auf Metall (mit Metall $<_t$ Material) eingeschränkt werden:

```
define type Zylinder supertype GeoKörper is
  structure
    [ material: Metall, radius: Float, mittelpunkt1, mittelpunkt2: Punkt ];
  ...
end type Zylinder;
```

Die Implementierungen aller Operationen werden unverändert von GeoKörper übernommen. Dann wollen wir folgendes Programmfragment betrachten:

```
GeoKörper geo1, geo2;
Zylinder zy;

geo1 := GeoKörper.create();
zy := Zylinder.create();
geo2 := zy;
...
geo2.material := geo1.material;
```

Das Programmfragment ist für sich allein genommen statisch typkorrekt. Insbesondere ist GeoKörper der statische Typ sowohl von geo1 als auch von geo2. Die letzte Anweisung kann zur Laufzeit trotzdem zu einem Fehler führen, falls das an geo1.material gebundene Material ein Nichtmetall ist.

Subtypisierung von Mengentypen. *Mengentypen*: Wenn t_i ein Typ ist, soll $\{ t_i \}$ der Mengentyp zu t_i sein in dem Sinne, daß jedes Objekt dieses Typs eine Menge von Elementen aus t_i ist.

Intuitiv besteht die Versuchung, $\{ t' \} \leq_t \{ t \}$ als gültig zuzulassen, wenn $t' \leq_t t$ gilt. Dies erweist sich unter strenger Typisierung jedoch als falsch.

Satz: Bei der Subtypisierung von Mengentypen darf der Elementtyp nicht verändert werden. Oder umgekehrt ausgedrückt: Für zwei Typen t und t' mit $t' \leq_t t$ gilt *nicht* $\{ t' \} \leq_t \{ t \}$.

Abstrakte Beweisskizze: Wie für die Attributverfeinerung skizzieren wir nun einen Widerspruchsbeweis. Man betrachte dazu folgende Typdefinitionen, die jeweils Minimalprogramme für Struktur und Operationen von Mengentypen darstellen:

```
define type set_t is
  structure
```

```
        { t };
    interface
        declare Boolean istLeer(void);
        declare void einfügen(t elem);
        declare t löschen(void);
end type set_t;

define type set_t' is
    structure
        { t' };
    interface
        declare Boolean istLeer(void);
        declare void einfügen(t' elem);
        declare t' löschen(void);
end type set_t';
```

- Annahme: *set_t'* ist Untertyp von *set_t* ($set\_t' \leq_t set\_t$). In diesem Fall erfüllt die Operation einfügen() nicht die Verfeinerungsbedingung; dazu müßte nämlich $t' \geq t$ gelten.
- Annahme: *set_t'* ist Obertyp von *set_t* ($set\_t \leq_t set\_t'$). In diesem Fall erfüllt die Operation löschen() nicht die Verfeinerungsbedingung; dazu müßte $t' \leq t$ gelten.

Insgesamt folgt, daß *set_t'* weder echter Untertyp noch echter Obertyp von *set_t* sein darf.

Gegenbeispiel zur Mengentyp-Verfeinerung: Wir führen folgende Typdefinitionen ein:

```
define type Zylindermenge is
    structure
        { Zylinder };
    interface
        void einfügen(Zylinder zy);
        ...
end type Zylindermenge;

define type Rohrmenge supertype Zylindermenge is
    structure
        { Rohr };
end type Rohrmenge;
```

Nun versuchen wir das folgende Programmfragment auszuführen:

```
Zylindermenge zm;
Rohrmenge rm;
Zylinder zy;
...
rm := Rohrmenge.create();
zm := rm;
zy := Zylinder.create();
...
zm.einfügen(zy);
```

Die Zuweisungen gehorchen, abgesehen von der obengenannten Bedingung, dem Gesetz der Substituierbarkeit und sind korrekt ausführbar. Die einfügen()-Anweisung ist ebenfalls statisch korrekt, denn zm besitzt den statischen Typ Zylindermenge. Es kommt jedoch zu einem Typisierungsfehler zur Laufzeit, da diese Anweisung einen (allgemeinen) Zylinder in eine Menge von Rohren einfügt.

Die gleichen Überlegungen lassen sich auf Listentypen $\langle t \rangle$ anwenden. Auf Beispiele sei hier verzichtet.

8.4.7 isa–Semantik

In Abschnitt 8.3.3 hatten wir gefordert, daß ein Objekt stets ein- und demselben Typ angehört. Unter dieser Annahme ist die Vererbung ein rein syntaktischer Mechanismus, mit dem die Wiederverwendung von Schnittstellen und — soweit keine Neuimplementierung vorgenommen wird — von ausprogrammierten Operationen erreicht wird.

Es gibt zahlreiche Anwendungen, in denen die Menge der Ausprägungen eines Untertyps ganz natürlich in der Menge der Ausprägungen des Obertyps enthalten ist. Die Ausprägungen des Untertyps bilden dann eine Teilmenge der Ausprägungen des Obertyps, und man sagt, der Untertyp „ist ein“ (*isa*) Obertyp. So ist ein Linienzug zugleich eine Punktverbindung, und ein Zylinder ist zugleich ein geometrischer Körper. In einem solchen Fall muß man zulassen, daß eine Ausprägung des Untertyps fallweise auch als Ausprägung des Obertyps betrachtet werden kann. Die Forderung aus Abschnitt 8.3.3 wäre also dahingehend abzuändern, daß ein Objekt als seinen Typ sowohl seinen direkten Typ als auch einen seiner Obertypen bezeichnen darf, wenn man es von Zeit zu Zeit in einer seiner allgemeineren Eigenschaften (man sagt auch: in einer seiner *Rollen*) als Ausprägung eines seiner Obertypen betrachten will.

Eine Berücksichtigung der isa–Semantik würde allerdings Unsicherheiten in die Typprüfung einschleppen, da man ja den Typ eines Objekts nicht mehr statisch vorhersagen könnte. Im Beispiel der Verbindung aus Abschnitt 8.4.6 könnte ja jetzt das Rohr zy2 in seiner Rolle als Zylinder gesehen und damit dessen Verbindungsoperation ausgeführt werden.

Da nun aber ein Rohr gerade kein Zylinder sein soll, die isa–Semantik also nicht generell unterstellt werden kann, belassen wir auch weiterhin die Vererbung als rein syntaktischen Mechanismus.

8.5 Mehrfachvererbung

Nun stellt sich heraus, daß auch bei Verzicht auf die isa–Semantik ein Zylinder mit einem Rohr verbunden werden kann. Bild 8.7 gibt auf der linken Seite unsere Subtypisierung in Abschnitt 8.4.6 ausgehend von GeoKörper wieder. Aufgrund der Substituierbarkeit können wir nicht ausschließen, daß ein kompakter Zylinder über den verbindung()–Operator in Zylinder mit einem Rohr verbunden wird.

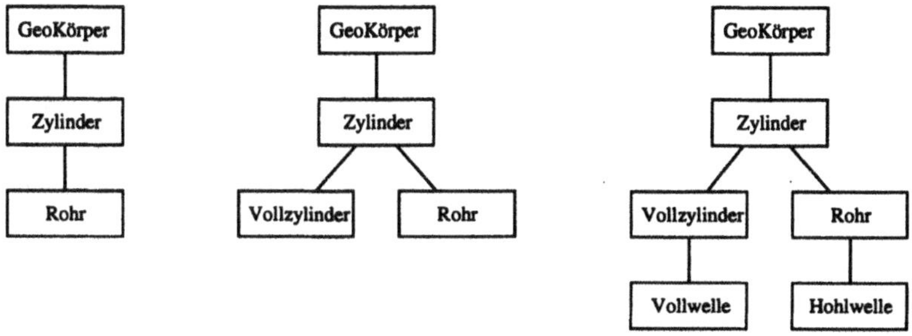

Bild 8.7. Modifikation der Typhierarchie unter Nutzung von Einfachvererbung

Sachgerechter wäre eine Modellierung gemäß Bild 8.7 Mitte. In diesem Fall würde Zylinder die Operation verbindung() gar nicht erst deklarieren. Die Deklaration

```
void verbindung(Vollzylinder vz);
```

in Vollzylinder und das entsprechende Pendant

```
void verbindung(Rohr ro);
```

in Rohr würden zu keinerlei Verfeinerungskonflikten führen, da die beiden Typen nicht in Ober–/Untertypbeziehung zueinander stehen.

Nun lassen sich in der industriellen Praxis sowohl Vollzylinder als auch Rohre (Hohlzylinder) als Antriebswellen nutzen. Antriebswellen ließen sich daher als entsprechende Spezialfälle auffassen. Besteht man auf Einfachvererbung, so bietet sich bei Einbringung von Wellen in den Typgraphen eine Anordnung gemäß der rechten Darstellung von Bild 8.7 an. Dabei wird unterhalb des Typs Vollzylinder der Typ Vollwelle eingeführt; analog dazu führt man Hohlwelle als Untertyp von Rohr ein. Für beide Wellen–Typen gilt, daß die bereits für Vollzylinder bzw. Rohr gültigen Eigenschaften wegen der Vererbung automatisch zur Verfügung stehen und nicht dupliziert werden müssen. Ärgerlich ist in dieser Modellierung allerdings die Tatsache, daß die Eigenschaften einer Antriebswelle zweimal gehalten werden. Um dies zu vermeiden, wäre ein Modellierungskonzept notwendig, das einem Typ die Eigenschaften mehrerer unterschiedlicher Obertypen zubilligt. Daher greifen wir auf das Prinzip der *Mehrfachvererbung* oder ***multiple inheritance*** zurück:

Mehrfachvererbung: Jeder Typ darf mehrere direkte Obertypen besitzen, so daß sich eine Typheterarchie (nicht mehr nur –hierarchie) ausbilden kann. Ein Typ erbt dabei die Attribute und Operationen *aller* seiner Obertypen. Die in Abschnitt 8.4.4 aufgestellten Eigenschaften der Ordnung $\leq_t$ auf Typen sollen allerdings weiterhin gelten. Daraus kann man aufgrund der Antisymmetrie insbesondere ableiten, daß nach wie vor keine Zyklen im Vererbungsgraph zugelassen sein sollen.

Beispiel: Die Mehrfachvererbung gestattet eine gegenüber Einfachvererbung redundanzvermindernde Modellierung für die Darstellung von Antriebswellen. Man betrachte hierzu Bild 8.8. Unterhalb von Zylinder sind zwei Typen Vollzylinder und Rohr angeordnet, die die spezifischen Attribute und Operationen zur Beschreibung von Vollzylindern und Rohren enthalten. Darüber hinaus ist ein Typ Antriebswelle mit den Angaben zur Dynamik hinzugekommen. Vollwellen und Hohlwellen erhält man dann als Ausprägungen der Typen Vollwelle und Hohlwelle, die gleichzeitig von Vollzylinder und Antriebswelle bzw. Rohr und Antriebswelle erben, mithin jeweils die Eigenschaften von Vollzylindern und Antriebswellen bzw. Rohren und Antriebswellen vereinigen.

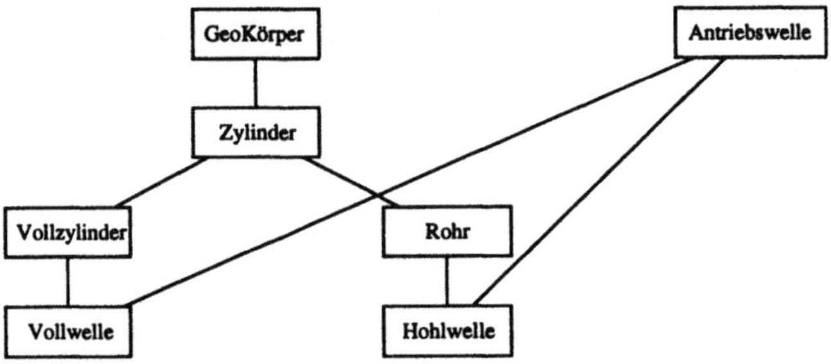

Bild 8.8. Antriebswellen in einer Typheterarchie

Typdefinitionsrahmen: Die (minimale) syntaktische Erweiterung des Definitionsrahmens gegenüber der bisherigen Notation besteht darin, daß in der **supertype**–Klausel nun mehr als ein (Ober–)Typ spezifiziert werden kann.

Beispiel: Im folgenden modellieren wir die soeben betrachteten Typen. Da für die Betrachtungen uninteressant, verzichten wir auf die **implementation**–Klauseln. Zunächst geben wir die Definitionen von Zylinder, Antriebswelle, Vollzylinder und Rohr, die jeweils noch unter Nutzung von Einfachvererbung beschrieben werden können:

```
define type Zylinder supertype GeoKörper is
  structure
```

```
    [ radius: Float, mittelpunkt1, mittelpunkt2: Punkt ];
  interface
    declare Float länge(void);
    declare void translation(Punkt p);
end type Zylinder;

define type Vollzylinder supertype Zylinder is
  interface
    declare Float volumen(void);
    declare Float masse(void);
    declare void verbindung(Vollzylinder vz);
end type Vollzylinder;

define type Rohr supertype Zylinder is
  structure
    [ innererRadius: Float ];
  interface
    declare Float volumen(void);
    declare Float masse(void);
    declare void verbindung(Rohr r);
end type Rohr;

define type Antriebswelle is
  structure
    [ maxDrehmoment: Float, lagerpunkt1, lagerpunkt2: Punkt ];
  interface
    declare void translation(Punkt p);
end type Antriebswelle;
```

Im wesentlichen entspricht die Darstellung der Typen den Sachverhalten, die bereits früher in diesem Kapitel eingeführt worden sind. Eine Ausnahme betrifft die Operationen volumen() und verbindung(), die nun auf Vollzylinder und Rohre aufgeteilt sind. verbindung() lieferte ja die Motivation für die Trennung. volumen() und masse() können ebenfalls nicht bei Zylinder belassen werden, da unklar ist, was sie zu beschreiben hätten. Damit ändert sich auch die Implementierung dieser beiden Operatoren in Rohr: Es kann nicht mehr auf die entsprechenden Operatoren des Obertyps zurückgegriffen werden. Der Typ Antriebswelle ist von diesen Typen unabhängig definiert.

Die Typen Vollwelle und Hohlwelle können nun unter Zuhilfenahme der Mehrfachvererbung folgendermaßen spezifiziert werden:

```
define type Vollwelle supertype Vollzylinder, Antriebswelle is
  interface
    declare Float durchbiegung(void);
end type Vollwelle;

define type Hohlwelle supertype Rohr, Antriebswelle is
  interface
    declare Float durchbiegung(void);
end type Hohlwelle;
```

Der Typ Vollwelle verfügt nun über alle Attribute, die in in Vollzylinder samt Oberttypen sowie in Antriebswelle und deren Obertypen definiert sind. Das gleiche gilt analog für den Typ Hohlwelle. In beiden Fällen ist zusätzlich eine Operation hinzugekommen, die aber jeweils unterschiedlich zu implementieren ist.

Konfliktsituationen: Konflikte treten im Zusammenhang mit Mehrfachvererbung dann auf, wenn ein neu eingeführter Typ *t* von Heterarchieästen erbt, in denen unabhängig voneinander ein Attribut oder eine Operation mit dem gleichen Namen definiert ist. In unserem Beispiel trifft dies für die Typen Vollwelle und Hohlwelle bezüglich der Operation translation() zu, wenn translation() sowohl in Zylinder als auch in Antriebswelle definiert ist. In einem solchen Fall muß eine Konfliktauflösung erfolgen, d.h. es muß Eindeutigkeit hergestellt werden bezüglich der Frage, welche der möglichen Varianten nun tatsächlich an *t* vererbt wird. Prinzipiell mögliche Auflösungsstrategien sind:

- *Ausschlußstrategie*: Der Konflikt wird per Definition ausgeschlossen. Das heißt, das System verbietet für neu zu definierende Typen *t* von vornherein, daß Attribute oder Operationen gleichen Namens in Obertypen von *t* auftauchen, die untereinander nicht in Ober–/Untertypbeziehung stehen.
- *Defaultstrategie*: Bestimmten vordefinierten Regeln folgend wird bei Konflikten eine der verfügbaren Alternativen gewählt.
- *Qualifikationsstrategie*: Bei Konflikten wird der gewünschten Alternative der Bezeichner des Typs vorangestellt, von dem geerbt werden soll.

8.6 Virtuelle Typen

Wir kehren zu unserem Dilemma aus Abschnitt 8.3.1 zurück, nach dem Quader77 und Quader88 für den Nutzer vom selben Typ sein sollten, wegen unterschiedlicher Implementierung jedoch unterschiedlichen Typen angehören.

Wir werden nun zeigen, wie man den Bedürfnissen des Nutzers doch entgegenkommen kann. Dazu betrachten wir zunächst die beiden Typvereinbarungen des Beispiels: zum einen die Modellierung als Vielflächner mit weiteren Typen zur Darstellung von Flächen, Kanten und Eckpunkten, zum anderen die „direkte“ Modellierung unter Zuhilfenahme von acht Punkten. Die Typdefinitionen (ohne **implementation**–Klausel) entsprechen den Darstellungen der Bilder 8.2 und 8.3.

Beiden Darstellungen gemeinsam sind Punkte:

```
define type Punkt is
   structure
      [ x, y, z: Float ];
   interface
```

```
    declare Punkt addition(Punkt p);
    declare void translation(Punkt p);
    declare Float distanz(Punkt p);
end type Punkt;
```

Darauf aufsetzend kann **Quader** in Acht–Punkt–Darstellung folgendermaßen definiert werden:

```
define type Quader is
  structure
    [ p1, p2, p3, p4, p5, p6, p7, p8: Punkt ];
  interface
    declare Float volumen(void);
    declare void translation(Punkt p);
    declare void skalierung(Float factor);
    declare void rotation(Punkt px, py, pz);
end type Quader;
```

Die Darstellung des Typs **Vielflächner** ist etwas aufwendiger und erfordert die vorherige Einführung von **Kante** und **Fläche**:

```
define type Kante is
  structure
    [ p1, p2: Punkt ];
  interface
    declare Float länge(void);
end type Kante;

define type Fläche is
  structure
    [ kanten: { Kante } ];
  interface
    declare Float fläche(void);
end type Punkt;

define type Vielflächner is
  structure
    [ flächen: { Fläche } ];
  interface
    declare Float volumen(void);
    declare void translation(Punkt p);
    declare void skalierung(Float factor);
    declare void rotation(Punkt px, py, pz);
end type Vielflächner;
```

Vielflächner und **Quader** bieten als Spezialfälle geometrischer Körper Operationen gleichen Namens und gleicher Parametrisierung an. Wir könnten versucht sein zu garantieren, daß dem immer so ist. Unsere bisherige Vorgehensweise legt nahe, einen gemeinsamen Obertyp einzuführen. Der Typ **GeoKörper** könnte beispielsweise gemeinsamer Obertyp von **Vielflächner** und **Quader** werden. Es ist allerdings nicht möglich, echte Operations–Implementierungen dorthin auszulagern, da deren Realisierungen aufgrund der unterschiedlichen inneren Strukturierung von **Vielflächner** und **Quader** ganz verschieden ausfallen werden. Erreicht werden soll aber immerhin, daß geeignete Deklarationen anzeigen, welche Operationen in den einzelnen Untertypen realisiert werden müssen. Ein mit dieser Eigenschaft ausgestatteter Obertyp heißt virtueller Typ.

Virtueller Typ: Ein Typ, dem Operationen zugeordnet werden können, die erst in seinen Untertypen implementiert werden. Eigenschaften, die mehreren Typen gemeinsam sind, aber noch nicht vollständig spezifiziert werden können, können so in einem gemeinsamen Obertyp herausfaktorisiert werden.

Virtuelle Operation: Virtuelle Typen sind unvollständig in dem Sinne, daß die Deklaration einer ganzen Reihe von Operationen erfolgt, ohne daß diese auch implementiert würden. Diese Operationen heißen virtuelle Operationen. Da virtuelle Operationen verfeinert werden müssen, müssen sämtliche Implementierungen einer virtuellen Operation die gleiche Anzahl von Parametern besitzen; die Parameter- und Ergebnistypen müssen die Verfeinerungsbedingungen einhalten. Wegen ihrer Unvollständigkeit ist es auch nicht sinnvoll, direkt Ausprägungen von virtuellen Typen zu erzeugen, weswegen dies in den meisten konkreten objektorientierten Modellen ausdrücklich verboten ist. Die Eigenschaften virtueller Typen lassen sich somit ausschließlich mit dem Substituierbarkeitsprinzip nutzbringend einsetzen.

Typdefinitionsrahmen: Syntaktisch wird das Schlüsselwort **virtual** zur Spezifikation eines virtuellen Typs und der Deklaration nicht ausgeführter Operationen herangezogen.

Beispiel: Wir redefinieren den Typ **GeoKörper**, der die in **Vielflächner** und **Quader** definierten Operationen als virtuell deklariert:

```
define virtual type GeoKörper is
  structure
    [ bezeichnung, farbe: String; material: Material ];
  interface
    virtual declare Float volumen(void);
    virtual declare void translation(Punkt p);
    virtual declare void skalierung(Float factor);
    virtual declare void rotation(Punkt px, py, pz);
    declare Float dichte(void);
  implementation
    define dichte is
      return(material.dichte);
    end define dichte;
end type GeoKörper;
```

Da auch Quader GeoKörper sind, werden die virtuellen Operationen für Quader und dessen Untertypen unterstellt. Dort müssen dann aber die konkreten Vereinbarungen nachgeholt werden. Wir zeigen dies unter Auslassung der **implementation**-Details:

```
define type Quader supertype GeoKörper is
  structure
    [ p1, p2, p3, p4, p5, p6, p7, p8: Punkt ];
  interface
    declare Float volumen(void);
    declare void translation(Punkt p);
    declare void skalierung(Float factor);
    declare void rotation(Punkt px, py, pz);
end type Quader;
```

Hier wird bei den Operationen **declare** und nicht **refine** angegeben, weil **virtual declare** eine Vereinbarung verschob, die erst an dieser Stelle nachgeholt wurde.

8.7 Polymorphie

Virtuelle Typen sind ein Mittel, um gleich deklarierte Operationen unterschiedlichen (Unter–)Typen zuzuordnen. Solche Operationen bezeichnen wir auch als polymorph.

Polymorphe Operation: Eine Operation, die nicht nur auf einem einzigen Typ, sondern auf einer Menge von Typen definiert ist, heißt polymorphe Operation. Polymorphe Operationen existieren in zwei unterschiedlichen Varianten:

- *Inklusionspolymorphie*: Vererbung einer Operation an alle Untertypen eines Typs t. Die Inklusionspolymorphie verläuft also entlang der Typhierarchie.
- *Parametrisierte Polymorphie*: Eine Operation wird in verschiedenen Typen t zur Verfügung gestellt, die untereinander nicht in Ober–/Untertypbeziehung stehen.

Inklusionspolymorphie ist eine streng beschränkte Form der Polymorphie, die wir in Form der unterschiedlichen Vererbungsprinzipien bereits ausführlich kennengelernt haben.

Parametrisierte Polymorphie kennen wir von den früheren Datenmodellen. Dort waren die polymorphen Operatoren allerdings mit den Strukturierungsregeln verbunden. Hier sollen die Operatoren jedoch frei vereinbar sein. Dazu wird deren Implementierung als Schablone angegeben, in der Typvariablen — also Platzhalter für einen noch einzusetzenden Typ — enthalten sind, die dann für jeden Typ t geeignet instanziiert werden.

Beispiel: In Abschnitt 8.4.6 haben wir gezeigt, daß die Subtypisierung für Mengentypen (und analog dazu auch für Listentypen) auf der Basis der Subtypisierung für die Mengenelemente mit den Prinzipien strenger Typisierung nicht vereinbar und daher nicht gestattet ist. Dies hat zu Folge, daß Operationen wie istLeer(), einfügen() oder löschen() nicht wiederverwendbar realisiert werden können, da die Bildung eines gemeinsamen Obertyps für die Mengentypen verboten ist.

Auf der anderen Seite gibt es für die Implementierungen dieser Operationen stets ein gemeinsames Schema. Für den Mengentyp $\{ t \}$ über t gilt beispielsweise:

```
define type set_t is
  structure
    {t};
  interface
    declare Boolean istLeer(void);
    declare void einfügen(t elem);
    declare t löschen(void);
    declare t irgendeinElement(void);
  implementation
    ...
    define irgendeinElement is
      if self.istLeer() then
        return(nil);
      else begin
        t elem;
        elem := self.löschen();
        self.einfügen(elem);
        return(elem);
      end
    end define irgendeinElement;
end type set_t;
```

Die Realisierung der Operation irgendeinElement(), die ein beliebiges Element der Menge an den Aufrufer zurückgibt, ist dabei unter Verwendung der anderen Operationen explizit ausgeführt. Die Bedeutung des speziell ausgezeichneten Objekts nil ist die übliche.

Bezogen auf Polymorphie kann man für dieses Beispiel feststellen, daß die Deklarationen sowie die Realisierung von irgendeinElement() einem Schema folgen, deren einzige Variable die Typbezeichnung t ist. t heißt Typvariable.

Typvariable: Platzhalter für einen Typ. Der klaren Darstellung wegen werden wir Typvariablen t im Code durch einen vorgestellten Backslash ausdrücken: \T.

Notation: Polymorphe Operationen werden als **polymorph** frei (d.h. ungebunden von einer bestimmten Typdefinition) deklariert. Um trotzdem korrekten Zugriff auf Attribute und Operationen von Objekten garantieren zu können, lassen sich Einschränkungen an Typvariablen mittels einer speziellen **requires**–Klausel formulieren.

Beispiel: Die Operation irgendeinElement() soll polymorph für einen allgemeinen mengenwertigen Typ \MT definiert werden. Hierbei ist die Formulierung der Einschränkung notwendig, daß die im Operationsrumpf benutzten Operationen in \MT zur Verfügung stehen, sei dies durch direkte dortige Implementierung oder per Vererbung. Dann sieht die Definition wie folgt aus:

```
declare polymorph \T irgendeinElement(void) for \MT
  requires
    \T ≤t Any;
    \MT ≤t type
      structure
        { \T };
      interface
        declare Boolean istLeer(void);
        declare void einfügen(\T elem);
        declare \T löschen(void);
    end type;
  implementation
    define irgendeinElement is
      if self.istLeer() then
        return(nil);
      else begin
        \T elem := self.löschen();
        self.einfügen(elem);
        return(elem);
      end
    end define irgendeinElement;
end declare polymorph;
```

Während die **requires**–Klausel für den Typ \T keine Einschränkungen vorsieht, wird von dem durch \MT spezifizierten Typ gefordert, daß eine Mengenbildung über \T erfolgt und außerdem bereits bestimmte Operationen für \MT definiert sind. Anschließend kann unter Zuhilfenahme dieser Typvariablen die generische Definition der Operation irgendeinElement() gegeben werden.

Weiteres Beispiel: Die Operation masse() ist uns mehrfach begegnet. Sie ist sicherlich sehr allgemein und gleichermaßen für beliebige Körper einsetzbar. Sie könnte daher auch für jeden Tupeltyp \T unter der Voraussetzung der Existenz eines Attributes dichte sowie der Operation volume() wie folgt polymorph spezifiziert werden:

```
declare polymorph Float masse(void) for \T
  requires
    \T ≤t type
      structure
        [ dichte: Float ];
      interface
        declare Float volumen(void);
    end type;
  implementation
    define masse is
      return(dichte * self.volumen());
    end define masse;
end declare polymorph;
```

Ausgehend von polymorphen Einzeloperationen kommen wir abschließend noch einmal auf das Beispiel des Mengentyps zurück, der vollständig durch polymorphe Operationen spezifiziert werden kann, in deren Realisierungen eine einzige Typvariable auftauchen würde. Einen solchen Typ nennt man generischen Typ.

Generischer Typ: Ein Typ, dessen Definition durch die Nutzung von Typvariablen parametrisiert ist.

Beispiel: Der mehrfach angesprochene Mengentyp läßt sich syntaktisch wie folgt als generischer Typ spezifizieren:

```
define generic type Set is
  requires
    \T ≤_t Any;
  structure
    { \T };
  interface
    declare Boolean istLeer(void);
    declare void einfügen(\T elem);
    declare \T löschen(void);
    declare \T irgendeinElement(void);
  implementation
    ...
end type Set;
```

Benötigt man nun beispielsweise Variablen für eine Menge von Quadern, eine Menge von Zylindern und eine Menge von Rohren, so können die entsprechenden Deklarationen folgendermaßen aussehen:

```
Set(Quader) qMenge;
Set(Zylinder) zyMenge;
Set(Rohr) roMenge;
```

8.8 Persistenz und polymorphe Anfragen

In den früher betrachteten Datenmodellen war stillschweigend unterstellt worden, daß alle dem Schema gehorchenden Daten auch persistent sind. Dagegen spielt Persistenz in Programmiersprachen keine solch ausgezeichnete Rolle. Erst die Verwendung eines objektorientierten Programmiermodells als Datenmodell wirft die Frage der Persistenz auf. Generell gibt es heute (noch) keinen Standard, der die diese Fragestellung einheitlich beantworten würde. Wir skizzieren daher im folgenden die verschiedenen Vorgehensweisen.

Wir befassen uns zunächst mit den Elementen der Persistenz. Gegenüber den bisher betrachteten Datenmodellen führt die starke programmiersprachliche Anlehnung zu dem Problem, daß möglicherweise nicht alle gehandhabten Typen im persistenten Datenbankschema Eingang finden sollen. Selbst für Typen mit Persistenzeigenschaft mögen nicht alle erzeugten Objekte von dauerhafter Natur sein. Und selbst für solche Objekte entsteht im Unterschied zu den bisher betrachteten Modellen das Problem der Identifizierung, also der Wiederauffindung von Objekten nach dem Ablegen in der Datenbasis nach benutzerkontrollierbaren Kriterien, da dem Nutzer die strukturellen Merkmale und deren Belegungen ja verborgen sind. Schließlich besteht selbst bei Einführung geeigneter Auffindungsmechanismen das Problem, ob und wie ein objektorientiertes Programm abgeändert werden muß, weil nun etwa spezielle Suchoperationen explizit aufgerufen werden müssen.

8.8.1 Persistenz

Eine Lösung für das Persistenzproblem könnte darin bestehen, kurzerhand alle Typen (und Wertebereiche) sowie Objekte (und Werte) als stets persistent zu erklären. Dabei handelt es sich um nichts anderes als die konsequent auf das objektorientierte Modell angewandte Vorgehensweise der früher vorgestellten Modelle. Dieses bewährte Prinzip wirkt an dieser Stelle trotzdem deplaziert, weil es außer acht läßt, daß die starke programmiersprachliche Prägung keineswegs ein ausschließliches Arbeiten auf persistenten Datenbasiselementen fordern würde. Da die Verwaltung einer Datenbasis durch ein Datenbanksystem sicherlich mit einigem Aufwand verbunden ist, müßte das System bei dieser Lösung bei jedem Operationsaufruf eingeschaltet werden. Man kann sich leicht vorstellen, wie sich dies beispielsweise auf die Laufzeit einer CAD/CAM-Anwendung auswirken würde, die auf persistenten Objekten unserer Geometriewelt aufsetzt.

Eine differenzierte Vorgehensweise besteht darin, dem Datenbanksystem ausdrücklich anzuzeigen, welche Elemente eines objektorientierten Programms persistent sein sollen. Dies läßt sich durch ein spezielles Schlüsselwort für Variablenvereinbarungen oder durch die Verfügbarkeit spezieller Persistenzoperationen bewerkstelligen. Beide Ansätze haben Vor- und Nachteile. Wird beispielsweise die Variablenvereinbarung erweitert, etwa in der Form

```
persistent Zylinder zy;
...
// Beliebige Nutzung der Variable
```

so wird kein spezielles Objekt an sich, sondern eine Variable als persistent erklärt. Persistent ist dann stets das gerade an zy gebundene Objekt. Vorteilhaft hieran ist, daß man mit zy innerhalb des Programms stets eine Benennung für das aktuelle persistente Objekt hat. Nachteilig ist, daß zur Speicherung mehrerer Zylinder mehrere persistente Variablen benötigt werden. Um dieses Problem zu vermeiden, werden derartige Ansätze meistens genutzt, indem persistente Variablen mengenwertig vereinbart werden und dann als

Sammelbehälter für die persistenten Objekte eines bestimmten Typs im Anwendungsprogramm genutzt werden. Auch in diesem Fall benötigt man aber immer noch mindestens eine persistente Variable pro Anwendungstyp.

Ein anderer Nachteil ist die Tatsache, daß im Programm kein genauer Speicherungszeitpunkt für die persistenten Variablen angegeben ist. Da das System aber sicherlich den Aufwand vermeiden will, jede Änderung der persistenten Variablen direkt in der Datenbasis nachzuvollziehen, bleibt für eine automatisierte Lösung nur die Möglichkeit, dies bis auf das Ende des Variablen-Gültigkeitsbereichs aufzuschieben. Diese Starrheit wird durch die zweite Alternative vermieden, die jedoch den Aufwand des Anzeigens „günstiger" Speicherpunkte auf den Benutzer verlagert:

```
Zylinder zy;
...
// Beliebige Nutzung der Variable
...
zy.persistent();
```

Die Operation persistent() ist dabei entweder polymorph oder aber im obersten Typ Any der Typhierarchie deklariert und somit für jedes Objekt anwendbar. Zu beachten ist, daß sich die Operation im Beispiel nicht auf die Variable zy als solches, sondern auf das daran aktuell gebundene Objekt bezieht. Die Ablegung dieses Objekts in der Datenbasis erfolgt zum Zeitpunkt des Aufrufs. Würde zy im Verlauf des Programms ein anderes Objekt zugewiesen, so würde die nochmalige Anwendung der Operation zur Speicherung jenes zweiten Objekts führen. Dieses Szenario zeigt auch gleich den Nachteil, den wir uns mit der Flexibilität in bezug auf den Speicherungszeitpunkt erkauft haben: Das ursprünglich gebundene und auch abgelegte Zylinderobjekt ist an keine Ressource der Anwendung mehr gebunden — zy bindet ja nun den zweiten Zylinder — und kann nicht mehr ohne weiteres identifiziert werden. Was nun zusätzlich benötigt wird, ist ein Anfragemechanismus, wie ihn etwa das relationale Modell bot, in dem also Operatoren geboten werden, die sich stets auf die Menge aller persistenten Ausprägungen eines Objekttyps beziehen.

Die Persistenz von Objekten erfordert natürlich die Persistenz der entsprechenden Typvereinbarung sowie des Typgraphen, also eines Schemas. Dies könnte dynamisch und automatisch geschehen, etwa dadurch, daß bei der Nutzung persistenter Variablen oder der Operation persistent() der Typ der gespeicherten Objekte ins Schema übertragen wird, falls er dort noch nicht vorliegt. Die Lösung ist jedoch zumindest recht aufwendig: Wird beispielsweise ein Zylinder in der Datenbasis abgelegt, so muß das Schema über die Deklaration von Zylinder hinaus auch noch die Vereinbarungen für dessen Obertypen enthalten. Typgraphen müssen also stets „nach oben vollständig" transportiert werden. Gebräuchlicher ist daher eine Regelung, die persistente Typvereinbarungen durch Voranstellen des Schlüsselworts **persistent** als solche kennzeichnet.

8.8.2 Polymorphe Anfragemechanismen

Im Zuge des Speicherns persistenter Objekte mittels persistent() hat sich die Notwendigkeit ergeben, Suchvorgänge über allen persistenten Objekten eines Typs auszuführen. In seiner einfachsten Realisierung entspräche eine solche Suche einer Anwendung der Selektionsoperation in einer relationalen Datenbasis. Und wenn man schon einmal dabei ist, eine derartige Operation ins objektorientierte Modell zu übertragen, kann man im gleichen Zuge versuchen, Nachbildungen möglichst vieler der kennengelernten polymorphen Suchoperatoren der relationalen Algebra zu versuchen.

Einen möglichen Ansatz und dessen Randbedingungen wollen wir im folgenden kurz skizzieren. Im Hinblick auf einen Vergleich mit den Möglichkeiten im Relationenmodell lehnen wir uns zunächst an den Tupelkalkül aus Abschnitt 4.4 an. Wir wählen gerade diesen als Ausgangsbasis, weil zu vermuten steht, daß das Prinzip der Nutzung von Tupelvariablen recht leicht auf das von Typvariablen im objektorientierten Modell übertragen werden kann.

Wir passen die für den Tupelkalkül getroffenen Definitionen für unsere Zwecke nun wie folgt an: *Tupelvariablen* sind Variablen für beliebige Tupeltypen aus dem Typgraphen. Ist T Variable für den Typ t, so sind für alle in t vereinbarten Attribute $T.a$ gültige *Tupelkomponenten*. Weitere Tupelkomponenten werden durch $T.op(\ldots)$ mit op als in t vereinbarter Operation gebildet. *Bedingungen* werden wie bisher zwischen Komponenten formuliert. Die Vorschrift zur Konstruktion von *Formeln* gilt weiterhin.

Obwohl diese Voraussetzungen Mengen– und Listentypen zunächst einmal außer acht lassen, besitzt dieser Ansatz eine beachtliche Mächtigkeit zur Formulierung von Anfragen. Dazu geben wir nun einige Beispiele.

In Anlehnung an *Projektionsoperationen* ist die Einschränkung auf Tupelkomponenten möglich. Wollen wir beispielsweise dreidimensionale Punkte lediglich kartographisch — also zweidimensional — betrachten, bietet sich folgende Anfrage an:

```
P in Punkt;
P.x(), P.y()
```

Dieses kleine Beispiel macht schon zweierlei deutlich. Soll zum einen das Kapselungsprinzip weiterhin gelten, so dürfen in der Ergebnisliste — und dann genauso auch in der Bedingung — ausschließlich Operationen der Objekttyp–Schnittstelle Verwendung finden. Da dies die beabsichtigte Flexibilität der Suche stark beschränkt, wird gelegentlich vorgeschlagen, das Einkapselungsprinzip in Datenbankanfragen — und nur dann — aufzuheben und den Zugriff auf die Attribute eines Objekts zuzulassen. Natürlich können darüber hinaus alle auf den atomaren Typen definierten Operationen genutzt werden; zudem sind „=“ und „≠“ für alle Typen vorhanden.

Der zweite Aspekt hat mit Typisierung zu tun. Wird das Ergebnis der Anfrage nicht weiter im Anwendungsprogramm verwendet, ist sie vollständig spezifiziert. Bei einer Einbettung der Anfrage muß jedoch das Prinzip der Typzuordnung gewahrt bleiben, und es ergibt sich das Problem der Typisierung des Ergebnisses. Dieses kann man durch eine Erweiterung lösen, indem ein im Programm bekannter Typ herangezogen und das Ergebnis struktuell diesem Typ angeglichen wird. Um etwa das das Ergebnis unserer Anfrage als Ausprägungen von Punkt2D kenntlich zu machen, könnte folgende Formulierung genutzt werden:

```
P in Punkt;

Punkt2D(x: P.x(), y: P.y())
```

Die *Selektion* und den *Join* illustrieren wir anhand der Frage nach den Punkten, die gleichen Abstand vom Nullpunkt besitzen und die ausschließlich positive x–Koordinaten besitzen:

```
P in Punkt, Q in Punkt;

P.x(), P.y(), P.z(), Q.x(), Q.y(), Q.z()
where P.nullDistanz() = Q.nullDistanz()
∧ P.x() > 0.0
∧ Q.x() > 0.0
```

Es entsteht der Effekt einer Join–Operation. Diese Anfrage zeigt auch gleich die freizügige Nutzung von Operationen in solchen Anfragen. Die hier genutzten Operationen dürfen aus offensichtlichen Gründen keine Seiteneffekte haben.

Die Bildung komplizierterer Anfragen unter der Nutzung von Quantoren ist ebenfalls möglich; wir wollen allerdings nicht näher darauf eingehen, weil sich gegenüber dem für das Relationenmodell Gesagte keine neuen Erkenntnisse ergeben.

Die Herausforderung besteht also darin, einen polymorphen Anfragemechanismus mit den Prinzipien der Kapselung und Typisierung zu verbinden. Das Zusammenspiel beider ist jedoch eher eine Frage der Implementierung und sollte den Nutzer nicht unmittelbar interessieren müssen. Als Problem bleibt freilich, daß die Anfrage stets Objekte eines bereits definierten Typs zum Ergebnis haben sollte und bei Nichteinhaltung dieser Regel eine Weiterverarbeitung von aus der Datenbasis selektierten Daten im Programm nicht unbedingt möglich ist.

8.9 Weitere Modellierung: Beispielwelt Lagerverwaltung

Versuchen wir uns abschließend an einer objektorientierten Darstellung der Lagerverwaltung. Dabei stehen uns alle bislang eingeführten Modellierungsmöglichkeiten zur Verfügung. Wir befassen uns zunächst mit der Modellierung von Lagereinheitarten, Lagerhilfsmittelarten und Lagerortarten. Dabei ziehen wir Nutzen aus der Generalisierungsmöglichkeit, indem wir den Typ LagereinrichtungsArt einführen, von dem geeerbt werden kann. Die folgenden Typdeklarationen werden durch Bild 8.9 ergänzt, aus der die hierarchische Anordnung der Typen ersichtlich wird.

```
define type LagereinrichtungsArt is
  structure
    [ nr: String; länge, breite, höhe: Integer; maxGewicht: Float ];
  interface
    ...
end type LagereinrichtungsArt;

define type LagereinheitArt supertype LagereinrichtungsArt is
  structure
    [ name: String ];
  interface
    ...
end type LagereinheitArt;

define type LagerhilfsmittelArt supertype LagereinrichtungsArt is
  structure
    [ name: String ];
  interface
    ...
end type LagerhilfsmittelArt;

define type LagerortArt supertype LagereinrichtungsArt is
  interface
    ...
end type LagerortArt;
```

Analog zu diesen Typen, deren Ausprägungen Lagereinheitarten, Lagerhilfsmittelarten und Lagerortarten sind, müssen natürlich Typen existieren, deren Ausprägungen die eigentlichen Lagereinheiten, Lagerhilfsmittel und Lagerorte darstellen. Es ergibt sich unter Nutzung der Generalisierung folgende Typaufstellung:

```
define type Lagereinrichtung is
  structure
    [ nr: String;
    art: LagereinrichtungsArt;
    gewicht: Float ];
  interface
    ...
```

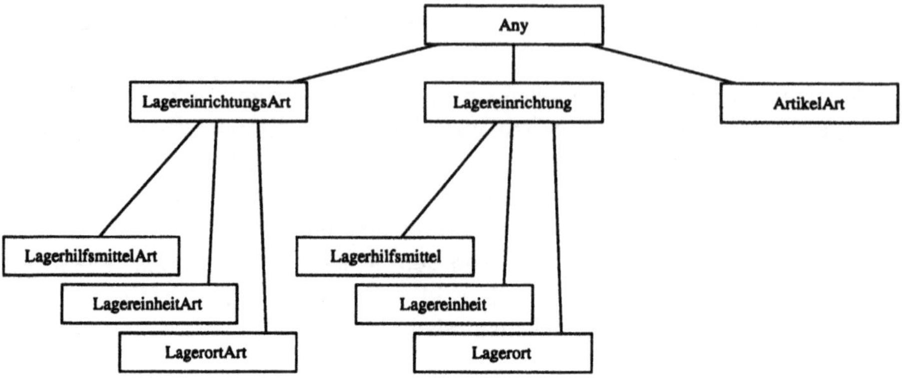

Bild 8.9. Typhierarchie für die Lagerverwaltung

```
end type Lagereinrichtung;

define type Lagereinheit supertype Lagereinrichtung is
  structure
    [ artikel: ArtikelArt;
    stückzahl: Integer;
    hilfsmittel: Lagerhilfsmittel ];
  interface
    declare ArtikelArt warenausgang(void);
    declare abstellen(Lagerhilfsmittel lh);
    declare Lagerhilfsmittel entnehmen(void);
    declare void speichern(Lagerort lo);
    declare Lagerort aufgreifen(void);
end type Lagereinheit;

define type Lagerhilfsmittel supertype Lagereinrichtung is
  structure
    [ ort: Lagerort ];
  interface
    declare void abstoßen(void);
    declare void abstellen(Lagereinheit le);
    declare void entnehmen(Lagereinheit le);
    declare void speichern(Lagerort lo);
    declare Lagerort aufgreifen(void);
end type Lagerhilfsmittel;

define type Lagerort supertype Lagereinrichtung is
  interface
    ...
end type Lagerort;
```

Komplettiert wird die Modellierung durch den Typ ArtikelArt, der ganz unkompliziert eingeführt werden kann:

```
define type ArtikelArt is
  structure
```

```
    [ nr, name: String; menge: Integer; lieferant: String; gewicht: Float ];
  interface
    ...
end type ArtikelArt;
```

Diejenigen Attribute, die in der relationalen Modellierung aus Abschnitt 4.7 als Fremdschlüssel ermittelt worden waren, sind in der vorliegenden Modellierung nicht als Nummern ausgeführt, sondern stellen Objektreferenzen dar. Im Vergleich zur relationalen Modellierung oder Netzwerkmodellierung besitzt diese Lösung allerdings eine Schwäche: Zwar kann jede Lagereinheit–Ausprägung über das Attribut artikel auf das zugehörige ArtikelArt–Objekt zugreifen, das beschreibt, welche Artikel in dieser Einheit verpackt sind; der umgekehrte Weg wie im relationalen Modell durch eine Join–Operation oder auch im Netzwerkmodell über Set–Navigation ist jedoch nicht möglich. Hier könnte ein mengenwertiges Attribut in ArtikelArt Abhilfe schaffen.

Für die Verträglichkeiten könnte ein eigener Typ Verträglichkeit definiert werden, dessen Ausprägungen Referenzen auf Artikelart/Lagerort–Paare wären:

```
define type Verträglichkeit is
  structure
    [ artikel: ArtikelArt; ort: Lagerort ];
  interface
    ...
end type Verträglichkeit;
```

Eine andere Möglichkeit wäre auch hier die Einführung von mengenwertige Attributen in den Typen ArtikelArt und Lagerort. Mit diesen Anmerkungen ergeben sich für Lagereinheit, Lagerhilfsmittel, Lagerort und ArtikelArt folgende Definitionen:

```
define type Lagereinrichtung is
  structure
    [ nr: String;
    art: LagereinrichtungsArt;
    gewicht: Float ];
  interface
    ...
end type Lagereinrichtung;

define type Lagereinheit supertype Lagereinrichtung is
  structure
    [ artikel: ArtikelArt;
    stückzahl: Integer;
    hilfsmittel: Lagerhilfsmittel ];
  interface
    declare ArtikelArt warenausgang(void);
    declare abstellen(Lagerhilfsmittel lh);
    declare Lagerhilfsmittel entnehmen(void);
    declare void speichern(Lagerort lo);
```

```
    declare Lagerort aufgreifen(void);
end type Lagereinheit;

define type Lagerhilfsmittel supertype Lagereinrichtung is
  structure
    [ ort: Lagerort;
    einheiten: { Lagereinheit } ];
  interface
    declare void abstoßen(void);
    declare void abstellen(Lagereinheit le);
    declare void entnehmen(Lagereinheit le);
    declare void speichern(Lagerort lo);
    declare Lagerort aufgreifen(void);
end type Lagerhilfsmittel;

define type Lagerort supertype Lagereinrichtung is
  structure
    [ hilfsmittel: { Lagerhilfsmittel };
    verträglicheArtikel: { ArtikelArt } ];
  interface
    ...
end type Lagerort;

define type ArtikelArt is
  structure
    [ nr, name: String; menge: Integer; lieferant: String; gewicht: Float;
    einheiten: { Lagereinheit };
    verträglicheOrte: { Lagerort } ];
  interface
    ...
end type ArtikelArt;
```

8.10 Grenzen objektorientierter Modelle

Wie eingangs angekündigt wurde, besitzt das objektorientierte Modell besondere Flexibilität: Es vermag mit nichthierarchischen Aggregierungsstrukturen umzugehen, behandelt die Vererbung in systematischer Weise, stellt mittels des imperativen Programmiermodells der Rekursivität keine Hindernisse in den Weg und gestattet es, anwendungsspezifische Funktionalität an Typen zu binden.

Freilich fordert es seinen Preis dafür. Zum einen ist jede auf Mengen ausgerichtete Operation auf einer Datenbasis — und das sind die meisten Anfragen — auszuprogrammieren. Der Umgang mit Aggregierungen wird auf das detailreiche und mühevolle Navigieren zurückgeführt. Schließlich herrscht Monomorphie vor, d.h. es besteht ein Mangel an allgemeiner Anwendbarkeit der Operationen. Dies ist in der Einführung dedizierter Typen für dedizierte Anforderungen begründet und läßt sich nur in Grenzen durch Konstrukte wie virtuelle Typen, polymorphe Operationen und generische Typen beheben. Das objektorientierte Modell eignet sich also eher als Grundlage für die Implementierung einer anwendungsspezifischen Funktionalität, in der die komplexen Strukturierungsmöglichkeiten des Modells ausgenutzt werden. Beispiele hierfür sind CAD–Werkzeuge oder die Erstellung von Landkarten unterschiedlichen Gehalts.

Wer vollständige Polymorphie bezüglich der Anfragekonzepte benötigt, ist hingegen mit einigen der anderen zuvor besprochenen Datenmodellen — insbesondere dem relationalen — besser bedient. Das gilt insbesondere dann, wenn Vererbung, Rekursivität, Aggregierung oder spezielle Funktionen keine größere Rolle spielen. Diese Überlegung erklärt denn auch die weite Akzeptanz des relationalen Datenmodells. Ein Beispiel hierfür mag die Diskurswelt „Lagerverwaltung“ sein, die sich hinsichtlich ihrer Strukturierungsanforderungen als äußerst genügsam erwiesen hat.

8.11 Literatur

Das objektorientierte Datenmodell wird in zahlreichen modernen Werken zur objektorientierten Programmierung behandelt. Stellvertretend seien etwa [Boo91], [Bud91], [Cla93], [KA90], [Mul89], [PW88], [PW90] und [Wit92] genannt. Auf objektorientierte Prinzipien vor allem im Rahmen von Fragestellungen moderner Softwarekonstruktion gehen [Mey88] und [MM92] ein. Der Wiederverwendbarkeitsgedanke objektorientierter Software, der sich ja auch in Datenbanken wiederfindet, ist Ausgangspunkt und Kerngegenstand der Betrachtungen in [Cox86]. Der an einer theoretisch fundierten Behandlung ausgewählter Probleme — insbesondere der Typproblematik — Interessierte sei auf [CW85], [DT88] oder [GM94] verwiesen. In objektorientierte Datenbanken führen Bücher wie [Ber93], [Cat91], [Heu93], [KM94], [Kho93] und [Kim90] ein. Allgemeine Forderungen an objektorientierte Datenbanksysteme werden in [ABD+89] formuliert. Mehrere moderne Sammelbände wie etwa [KL89], [Kim95] und [ZM89] liefern ergänzende Informationen.

9. Modelle für schwach strukturierte Daten

9.1 Charakterisierung

Bei der Definition von Datentypen haben wir uns bislang stets auf eine feste Menge vordefinierter, atomarer Typen gestützt (zur Beschreibung von Zeichen und Zeichenketten, numerischen Werten etc.) und neue Typen unter Verwendung von Typkonstruktoren und bestehenden Typen spezifiziert (einzige Ausnahme: deduktive Modelle). Ergebnis war ein *strukturierter* Typ, und dessen Instanzen (Tupel, Records oder Objekte) waren mithin ebenfalls strukturiert. Diese „tiefe" Strukturierung ist im Zuge der Einbeziehung fortgeschrittener Anwendungen nicht mehr immer gegeben. Vielmehr müssen Daten gespeichert und wiedergewonnen werden können, deren Inhalt sich nicht mehr mit Hilfe einer vorgegebenen Strukturierung deuten läßt. Die Interpretation hat stattdessen fallweise durch menschliche Beobachter zu erfolgen. Beispiele sind *lange Texte*, *graphische Daten*, *Bilder*, *Audioinformation* (Töne, Sprache, Musik, etc.) und eventuell sogar *Videosequenzen*.

Daten dieser Art können zur Realisierung fortgeschrittener Anwendungen zum Teil erheblich beitragen. So könnte man sich vorstellen, die Kartographiewelt um Eigenschaften eines Reiseführers zu erweitern:

- Mit Staaten ließen sich Kurzbeschreibungen zu Staatsform, politischen Einrichtungen, Topographie, Klima, Wirtschaft, Ausbildungswesen verbinden, mit Städten eine Beschreibung ihrer Sehenswürdigkeiten.
- Neben derartigen textuellen Beschreibungen könnte man Städten einen Stadtplan (Graphik), Bilder der wichtigsten Sehenswürdigkeiten und Videos über regelmäßige touristenträchtige Ereignisse wie Umzüge und Märkte zuordnen.

Aus Sicht eines Datenmodells bzw. des dieses Modell implementierenden Datenbanksystems zeichnen sich diese Daten durch mehrere Eigenschaften aus, die über das Maß dessen hinaus gehen, was wir bislang betrachtet haben. Die mögliche Zerlegung von langen Texten, Audiosequenzen oder Bildern in Einheiten vertretbarer Länge anhand syntaktischer Kriterien (Worte, Sätze, Pixel, etc.) führt zur Verwaltung von Einzelelementen, die für sich allein keinen Sinn machen; die Rekonstruktion dieser Einheiten zum ursprünglichen

Ganzen bereitet noch dazu erheblichen Aufwand. Eine tiefe Strukturierung ist also zwar durchaus möglich, aber es *mangelt* an einer *sinntragenden syntaktischen Struktur*.

Ein zweites gewichtiges Charakteristikum ist das ebenfalls schon angeklungene *erhebliche Datenvolumen*, das es zu verwalten gilt. Hierbei bereitet vor allem der *Umfang jedes einzelnen sinntragenden Datenelements* Probleme. Es wäre beispielsweise noch relativ einfach, kurze Textstücke in den herkömmlichen Attributen des Relationen- oder Netzwerkmodells abzulegen. Denkt man im Zusammenhang mit unserer Beispielwelt aber an Geschichtsabhandlungen für Staaten oder Bilder und Videos für Städte, so sind Schwierigkeiten abzusehen.

Weitere Probleme bereitet der *Mangel an geeigneter Funktionalität.* Legt man beispielsweise das relationale Modell zugrunde, so ist leicht ersichtlich, daß die polymorphen relationenalgebraischen Operationen keine Unterstützung für den Umgang mit längeren Zeichenketten bieten. Es fehlen fortgeschrittene Such- und Manipulationsfunktionen; genannt seien beispielhaft die Suche nach Teilworten oder die Beachtung phonemischer Ähnlichkeiten bei der Bearbeitung von Anfragen. Da für die Daten der unterschiedlichen Medien wie Text, Graphik, Audio oder Video auch *keine einheitliche Semantik* definiert ist, müssen die jeweils gewünschten Operatoren monomorph, d.h. spezifisch für jeden zu verwaltenden Medientyp, sein.

Den beschriebenen Problemen kann auf zweierlei Weise begegnet werden:

- Man überläßt die inhaltliche Deutung ausschließlich dem Nutzer. Dann ist es sinnvoll, ihm Mittel an die Hand zu geben, mit denen er auf die syntaktische Struktur Bezug nehmen und diese in einer für seine Deutungsabsichten geeigneten Weise manipulieren kann.
- Man charakterisiert den Inhalt der sinntragenden Datenelemente in einer Weise, die eine gezielte inhaltliche Auswertung bereits durch das Datenbanksystem gestattet.

Wir werden beide Ansätze kurz betrachten.

9.2 Strukturorientierte Datenbeschreibung

Da die syntaktische Strukturierung, wenn sie nur hinreichend fein gewählt ist, dem sehr ähnelt, was wir von den bisherigen Datenmodellen gewohnt sind, sollten eigentlich keine neuen Datenmodelle erforderlich sein. Wir skizzieren deshalb, wie sich hier objektorientierte und relationale Datenmodelle sinnvoll einsetzen lassen.

9.2.1 Nutzung objektorientierter Modelle

Vorgehensweise: Für jedes zu unterstützende Medium wird ein neuer, eigener Mediendatentyp bereitgestellt und objektorientiert modelliert. Dabei wird dem Anwender die interne Strukturierung des Typs verborgen. Die entsprechenden Objekte werden ausschließlich über die typbezogenen Operationen gehandhabt.

Beispiel: Zur Behandlung längerer Textdokumente wird der Datentyp Text eingeführt. Dabei werden dem Nutzer gegenüber im wesentlichen eine Reihe von Operationen deklariert, die zur Benutzung von Texten dienen. Es ergibt sich als öffentliche Schnittstelle etwa die folgende Typdefinition:

```
define type Text is
  interface
    declare Integer länge(void);              // Länge des Textes in Byte
    declare Integer worte(void);              // Zahl der Worte im Text
    declare Text wort(Integer wordno);        // Wort an bestimmter Position
    declare Integer textSuche(Text text);     // Suchen eines Teiltextes
                                              // mit Rückgabe der Position
    declare void wortEinfügen(Integer wordno, Text word);
                                              // Einfügen eines Worts
    declare void textEinfügen(Integer pos, Text text);
                                              // Einfügen eines längeren Textes
    ...
    declare void anzeigen(Device d);          // Anzeigen des Textes
    declare void teilAnzeigen(Device d, Float swordno, Float ewordno);
                                              // Anzeigen eines Teiltextes
end type Text;
```

Auf ähnliche Weise können die Typen Image, Audio und Video als Datentypen definiert werden; auszugsweise zeigen wir dies noch für den Typ Video:

```
define type Video is
  interface
    declare Integer länge(void);              // Zahl der Einzelbilder
    declare Integer laufzeit(void);           // Laufzeit des Videos
    declare Frame einzelbild(Integer frameno);
                                              // Frame an bestimmter Position
    declare void einzelbildEinfügen(Integer frameno, Frame frame);
                                              // Einfügen eines Einzelbildes
    ...
    declare void anzeigen(Device d);          // Anzeigen des Videos
    declare void teilAnzeigen(Device d, Float sframeno, Float eframeno);
                                              // Anzeigen eines Teilvideos
end type Video;
```

Intern sind diese Typdefinitionen natürlich vollständig spezifiziert und legen insbesondere die innere Strukturierung fest. Aus Sicht des Nutzers ist aber sowohl diese Strukturierung als auch die Problematik der effizienten Speicherung solch komplexer, umfangreicher Datenbestände uninteressant. Soweit ihn die innere Strukturierung interessiert, manifestiert sie sich in den Operatoren. Aus Sicht des Entwicklers stellt sich das natürlich ganz anders dar; auf diesen wollen wir aber im Rahmen des Datenbankeinsatzes, der sich mit der Nutzung von Datenmodellen befaßt, nicht näher eingehen.

9.2.2 Erweiterung des relationalen Modells

Das relationale Modell kennt keine benutzerdefinierten Datentypen mit typbezogenen Operationen, daher sind hier von vornherein Schwierigkeiten zu erwarten. Um die eingeführten Medientypen im relationalen Modell nutzen zu können, muß dieses objektorientierte Konzepte einbetten. Dazu wird jeder Mediendatentyp in Form einer neuen *Domäne* gleichen Namens im relationalen Datenmodell zur Verfügung gestellt. Damit erhält der Anwender Domänen wie Text, Image, Audio und Video zusätzlich zu den bekannten Domänen zur Verwendung in seinen Relationen.

Beispiel: Die Relation Stadt kann die oben angesprochenen Anforderungen nun wie folgt erfüllen:

```
domain StadtName: Zeichen(30);
domain Begrenzung: Kreis;
domain Sehenswürdigkeiten: Text;
domain Stadtplan: Image;
domain Ereignisse: Video;

relation Stadt(StadtName, Begrenzung,
  Sehenswürdigkeiten, Stadtplan, Ereignisse);
```

Nun seien die Namen der Städte gesucht, bei deren Sehenswürdigkeiten von einem „Brandenburger Tor" die Rede ist, außerdem die entsprechende Stelle im Text. Allein relationenalgebraisch ist diese Anfrage nicht formulierbar, da die Operation textSuche(), die an dieser Stelle wertvolle Hilfsdienste leisten würde, nicht unmittelbar eingesetzt werden kann. Es stellt sich also die Frage, wie die typspezifischen Operationen relationenalgebraisch verfügbar gemacht werden können. Eine mögliche Vorgehensweise bietet der folgende Ansatz.

Die Algebra wird um einen Apply–Operator $\alpha_{X \leftarrow A_{Rk}.op(W_1,\ldots,W_n)}()$ erweitert. Bei dessen Anwendung auf eine Relation R wird in den in R unter einem bestimmten Attribut A_{Rk} enthaltenen Werten jeweils eine gewisse Operation op aufgerufen. Als Parameter W_i können dabei Konstanten oder Werte des entsprechenden Tupels unter bestimmten Attributen (W_i ist dann der Attributname) dienen. Der Rückgabewert der Operation wird unter einem neuen Attribut X in den jeweiligen Tupeln abgelegt. Insgesamt handelt es sich hier also um eine Abbildung $\mathcal{R}_m \rightarrow \mathcal{R}_{m+1}$, die die Ursprungsrelation um eine zusätzliche Spalte mit Operationsergebnissen erweitert.

Definition: Sei $R \in \mathcal{R}_m$ eine Relation. D_i bezeichne jeweils die Domäne des Attributs A_{Ri}. Für eine Domäne D_k sei die Operation op erklärt als

$T_{n+1} \leftarrow D_k.op(T_1, \ldots, T_n)$ mit Parameter– bzw. Ergebnistypen T_i. X sei eine neue Attributbezeichnung mit Domäne T_{n+1}. Mit Attributbezeichnern oder Konstanten W_i gilt dann

$$\alpha_{A_{Rm+1} \leftarrow A_{Rk}.op(W_1,\ldots,W_n)}(R) := \{(r_1, \ldots, r_m, y) \mid (r_1, \ldots, r_m) \in R, y := r_k.op(w_1, \ldots, w_n)$$

$$\text{mit } w_i := \left\{ \begin{array}{ll} r_j, & \text{falls } W_i = A_{Rj} \text{ eine Attributbezeichnung und } D_j \leq_t T_i \\ c, & \text{falls } W_i = c \text{ eine Konstante} \end{array} \right\}\}$$

und $T_{\alpha_{\ldots}(R)} = (A_{R1}, \ldots, A_{Rm}, X)$.

Stadt				
StadtName	Begrenzung	Sehenswürdigkeiten	Stadtplan	Ereignisse
Berlin	KR-01	...	...	...
Budapest	KR-02	...	...	...
Bukarest	KR-03	...	...	...
Brüssel	KR-04	...	...	...
Dresden	KR-05	...	...	...
Frankfurt	KR-06	...	...	...
Genf	KR-07	...	...	...
Gibraltar	KR-08	...	...	...
Hamburg	KR-09	...	...	...
Koblenz	KR-10	...	...	...
Konstanz	KR-11	...	...	...
London	KR-12	...	...	...
Mainz	KR-13	...	...	...
Paris	KR-14	...	...	...
Pilsen	KR-15	...	...	...
Prag	KR-16	...	...	...
Rotterdam	KR-17	...	...	...
Sofia	KR-18	...	...	...
Stockholm	KR-19	...	...	...
Wien	KR-20	...	...	...

Bild 9.1. Erweiterte Beispielrelation Stadt

Beispiel: Der $\alpha()$–Operator soll nun verwendet werden, um die eingangs gestellte Anfrage als relationenalgebraischen Ausdruck zu formulieren. Bild 9.1 zeigt die Ausgangsrelation. Die Belegung aller Attribute außer StadtName und Begrenzung ist nicht gezeigt. Hier hätte man sich Objektidentifikatoren vorzustellen. Die Anfrage lautet nun folgendermaßen:

$$\pi_{\text{StadtName,Position}}(\alpha_{\text{Position} \leftarrow \text{Sehenswürdigkeiten.textSuche('Brandenburger Tor')}}(\text{Stadt})).$$

Bild 9.2 visualisiert das Ergebnis der Anfrage. Nur für die Stadt Berlin ergibt sich ein sinnvoller Zahlenwert, d.h. nur für diese ist die Zeichenkette im Text der Sehenswürdigkeiten enthalten. Für alle anderen Tupel evaluiert die Operation textSuche() zum undefinierten Objekt nil, das im relationalen Modell durch den Nullwert *NULL* repräsentiert wird.

StadtName	Position
Berlin	124730
Brüssel	*NULL*
Budapest	*NULL*
Bukarest	*NULL*
Dresden	*NULL*
Frankfurt	*NULL*
Genf	*NULL*
Gibraltar	*NULL*
Hamburg	*NULL*
Koblenz	*NULL*
Konstanz	*NULL*
London	*NULL*
Mainz	*NULL*
Paris	*NULL*
Pilsen	*NULL*
Prag	*NULL*
Rotterdam	*NULL*
Sofia	*NULL*
Stockholm	*NULL*
Wien	*NULL*

Bild 9.2. Ergebnis der Anfrage mit Apply–Operator (siehe Text)

9.3 Inhaltsorientierte Datenbeschreibung

9.3.1 Medienobjekte

Zu inhaltsbezogenen Operationen kann man kommen, wenn man schwach strukturierten Daten noch inhaltsbeschreibende Kennungen, sogenannte Schlagworte, hinzufügt. Bei Textdokumenten könnte man diese zwar aus dem Text gewinnen, aber schon dort gilt, daß die vom Anwender verwendeten Schlagworte gar nicht unbedingt im Dokumenttext selbst enthalten sein müssen. Bei anderen Medien müssen in jedem Fall eigenständige Schlagworte gefunden werden, etwa wenn man neben dem Medium Text auch Graphiken, Audio– oder Videosequenzen verwalten und dafür Recherchen zulassen will. Es bietet sich demnach an, zu jedem Dokument (beliebigen Mediums) eine Liste zugehöriger Schlagworte zu halten. In diesem Sinne unterscheiden wir zwei Aufgabenbereiche:

- *Deskribierung (auch Indexierung)*: Dies ist die Zuteilung von Schlagworten an Dokumente. Sie wird im allgemeinen für jedes zu verwaltende Dokument einmal durchgeführt.
- *Recherche*: Dieser Punkt betrifft die Zuordnung von Dokumenten aufgrund einer Anfrage, in der diverse Schlagworte genannt werden.

Um für Medien ganz allgemein die Schlagwortsuche zu ermöglichen, führen wir nun den Typ MedienObjekt ein, der eine Basisfunktionalität im Umgang mit Schlagworten bereitstellt:

```
define type MedienObjekt is
  interface
    declare void deskrEinfügen(s: String); // Hinzufügen eines Schlagworts
    declare void deskrLöschen(s: String);  // Entfernen eines Schlagworts
    declare Boolean deskrSuchen(s: String);
                                           // Suche nach einem Schlagwort
end type MedienObjekt;
```

Die beiden ersten Operationen dienen der Deskribierung, die dritte der Recherche.

Die Typen Text, Video usw. werden nunmehr als Untertypen von MedienObjekt definiert:

```
define type Text supertype MedienObjekt is
  // alles wie zuvor
  ...
end type Text;

define type Video supertype MedienObjekt is
  // alles wie zuvor
  ...
end type Video;
```

Sie umfassen damit nun sowohl strukturbezogene als auch inhaltsbezogene Operationen.

Beispiel: Gesucht seien nun die Namen der Städte, unter deren Sehenswürdigkeiten sowohl Schlösser als auch Kirchen zu finden sind. In unserem erweiterten relationalen Modell wäre zur Realisierung der Anfrage der Apply-Operator zweimalig anzuwenden:

$$\pi_{\text{StadtName}}(\sigma_{\text{A2=true}}(\alpha_{\text{A2}\leftarrow\text{Sehenswürdigkeiten.deskrSuchen('Schloß')}}(\sigma_{\text{A1=true}}(\alpha_{\text{A1}\leftarrow\text{Sehenswürdigkeiten.deskrSuchen('Kirche')}}(\text{Stadt})))))$$

9.3.2 Mengenverknüpfungen

Die eben beschriebene Vorgehensweise ist umständlich. Man denke nur daran, daß man Städte mit Schlössern, Kirchen, Museen und Parks aufsuchen möchte. Dies entspräche bereits einer vierfachen Schachtelung. Zudem wird man aber gar nicht immer alle Eigenschaften gleichzeitig erfüllt sehen wollen. So könnte man sich etwa Städte ansehen wollen, deren Besuch sich lohnt, weil sie entweder Kirchen oder Schlösser als Sehenswürdigkeiten anbieten. Oder man könnte sich auf Städte festlegen wollen, die Kirchen und Schlösser zu ihren Sehenswürdigkeiten zählen, aber gemieden werden sollen, wenn auch Parks dazu zählen.

Diese Forderungen lassen sich durch ein ganz einfaches Mengenmodell erfüllen. Die Daten sind dadurch charakterisiert, daß zu jedem Schlagwort die Menge aller derart deskribierten Dokumente geführt wird (Bild 9.3). Für die Recherche werden dann lediglich die klassischen Mengenoperatoren benötigt (Bild 9.4).

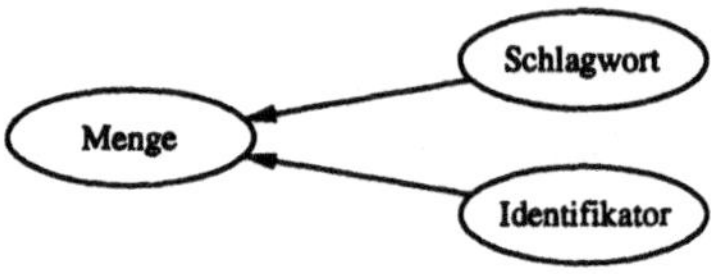

Bild 9.3. Mächtigkeit und Orthogonalität des Mengenmodells

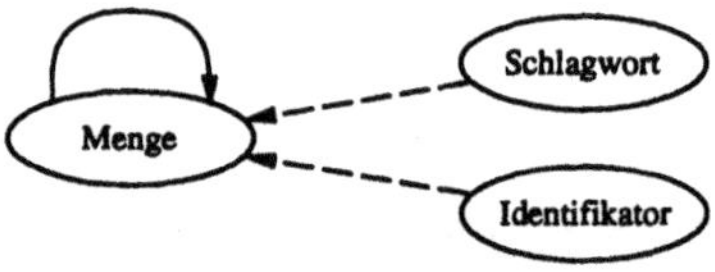

Bild 9.4. Verknüpfbarkeit im Mengenmodell

Wenn wir die Schlagworte zugleich für die Menge der Dokumente stehen lassen, lauten die zuvor aufgeführten Anfragen:

Schloß ∩ Kirche ∩ Museum ∩ Park
Schloß ∪ Kirche
(Schloß ∩ Kirche) \ Park

9.3.3 Thesaurus

Ein Nutzer mag nicht immer die Schlagworte kennen, die einem Dokument zugewiesen werden. Er wird daher dazu neigen, Schlagworte seiner eigenen Wahl in Anfragen zu verwenden. Damit er sogar dann noch brauchbare Ergebnisse erhält, wenn sich seine Schlagworte nicht mit denen für die Dokumente vergebenen decken, muß man Bezüge zwischen Schlagworten definieren, die dann im Laufe der Recherche (automatisch) ausgewertet werden. Zur Dokumentation dieser Bezüge dient ein Thesaurus.

Thesaurus: Menge von Relationen über einer Wortmenge.

Beispiel: Die in einem Thesaurus verwalteten Beziehungsarten zwischen Worten können etwa umfassen: Synonym– oder Homonymbeziehung, Ober– bzw.

Unterbegriffsbildung, Teil/Ganzes-Beziehung, Ursache/Wirkung-Beziehung, etc.

Die Funktionsweise eines Thesaurus läßt sich anschaulich mit den Mitteln des deduktiven Datenmodells beschreiben. Wir setzen voraus, daß zur Deskribierung die Wahl der Schlagworte auf sogenannte *Vorzugsbenennungen* (*Deskriptoren*) eingeschränkt ist. Diese werden dann wie folgt angegeben:

```
// Deskriptoren
Deskriptor('Sehenswürdigkeit')
Deskriptor('Kirche')
Deskriptor('Dom')
Deskriptor('Basilika')
Deskriptor('Schloß')
Deskriptor('Park')
```

Die Darstellung von Synonymen, Homonymen, Ober-/Unterbegriffen und der anderen Beziehungen zwischen Schlagworten erfolgt mit Hilfe von zweistelligen Prädikaten. Wir unterstellen im folgenden, daß Synonyme stets bezüglich eines Deskriptors definiert werden und daß der Deskriptor als erstes genannt wird. Dann ergibt sich für unser kleines Beispiel folgende Situation:

```
// Synonyme
Synonym('Dom', 'Münster')
Synonym('Schloß', 'Burg')
Synonym('Park', 'Anlage')
```

Für die Verwaltung von Ober-/Unterbegriffen wollen wir unterstellen, daß diese ausschließlich auf Deskriptoren definiert sind. Dann gelten die folgenden Fakten:

```
// Ober-/Unterbegriffe
Unterbegriff('Kirche', 'Sehenswürdigkeit')
Unterbegriff('Schloß', 'Sehenswürdigkeit')
Unterbegriff('Park', 'Sehenswürdigkeit')
Unterbegriff('Dom', 'Kirche')
Unterbegriff('Basilika', 'Kirche')
```

Links steht jeweils ein Deskriptor, der als Unterbegriff des rechten Deskriptors gilt. Zur Ermittlung indirekter Ober-/Unterbegriffbeziehungen bedient man sich einer Regel:

```
// Rekursionsregeln für Ober-/Unterbegriffe
Unterbegriff(DU, DO) :-
   Unterbegriff(DU, DX)
   Unterbegriff(DX, DO)
```

Die vom Anwender bei seinen Recherchen angegebenen Schlagworte werden nun vor der eigentlichen Abarbeitung mittels des Thesaurus vorbearbeitet;

Synonyme werden aufgelöst, und es werden geeignete Unterbegriffe aktiviert. Diese Vorbearbeitung kann man sich so vorstellen, daß ein spezielles Prädikat namens ErmittleDeskriptor wirkt, bei dessen Anwendung die zweite Variable ein gegebenes Schlagwort (als Suchbegriff) enthält und die erste Variable die vom System tatsächlich abarbeitbaren Deskriptoren ermittelt:

```
ErmittleDeskriptor(D, SW) :-
   Synonym(D, SW)

ErmittleDeskriptor(D, SW) :-
   Unterbegriff(D, SW)

ErmittleDeskriptor(D, SW) :-
   Synonym(S, SW),
   Unterbegriff(D, S)
```

Damit wird es möglich, in der oben formulierten Anfrage nach Städten mit bestimmten Sehenswürdigkeiten beispielsweise mit den Schlagworten 'Anlage' und 'Kirche' zu arbeiten. Nach Anwendung der Regeln ergeben sich als eigentliche Deskriptoren 'Park', 'Kirche', 'Dom' und 'Basilika'.

9.4 Literatur

Meyer–Wegener widmet Multimedia–Datenbanken ein eigenes Buch [Mey91], dem wir die Idee der Anbindung unstrukturierter Datenbestände an relationale Systeme entnommen haben. Architekturgesichtspunkte multimedialer Informationssysteme werden ausführlich in [Loc88] angesprochen. Eine ganz aktuelle Übersicht der Probleme und Lösungsansätze zur Verwaltung schwach strukturierter Daten in Datenbanken findet sich in [CK95]. Die im Text angesprochene inhaltsorientierte Darstellung von Medienobjekten, die Technik der Deskribierung und die darauf aufbauenden Mengenverknüpfungen sind Gegenstand des Forschungsbereichs „Information Retrieval“. Dieser wird beispielsweise in [SM83] und [Mea92] behandelt. Eine leicht verständliche Einführung zum Umgang mit Textdokumenten findet sich bei [Hen92].

10. Abbildungen in und zwischen Datenmodellen

10.1 Sichtenproblematik

In den einführenden Betrachtungen dieses Buches hatten wir motiviert, daß Datenbanken in einer vernetzten Welt ein wesentliches Mittel der Kooperation darstellen. Gemeinsam genutzte Datenbestände sollten für die Kopplung der kooperierenden Nutzer sorgen. Je nach Kopplung stellen sich die Gemeinsamkeiten unterschiedlich dar, was Struktur und Umfang der Datenbasen angeht. Man sagt auch, daß die kooperierenden Nutzer unterschiedliche Sichten auf die Datenbasen haben. Wir wollen im folgenden zunächst an Beispielen herausarbeiten, welche Probleme sich hierbei stellen.

10.1.1 Gemeinsames Datenmodell: Beispiele

Enge Kopplung geht von einer weitgehenden Überlappung der von den Beteiligten jeweils in Anspruch genommenen Datenbestände aus. In einem solchen Fall ist es sicherlich angebracht, wenn sich diese Beteiligten auf ein *gemeinsames Datenmodell* verständigen. Für das Schema können wir diese Gemeinsamkeit aber bereits nicht mehr unbedingt voraussetzen. Die verschiedenen Beteiligten werden nämlich häufig nur einen Ausschnitt der gesamten Datenbasis wahrnehmen wollen oder dürfen. Selbst einen identischen Ausschnitt könnten die Beteiligten unterschiedlich sehen wollen, d.h. unterschiedlich modellieren.

Orientieren wir uns für einen Moment am Lagerverwaltungsbeispiel in seiner relationalen Ausprägung aus Kapitel 4. Hierfür lassen sich folgende Benutzergruppen angeben.

Lagermanagement: Das Management des Lagers ist natürlich befugt (und interessiert), mit dem vollständigen Datenbestand zu arbeiten. Demnach besteht die Datenbasis dieses Nutzerkreises aus den in Kapitel 4 eingeführten und uns wohlbekannten Relationen:

```
relation ArtikelArt(ANr, AName, Menge, Lieferant, Gewicht);
relation Lagereinheit(LeNr, LeaNr, ANr, Stückzahl, Gewicht, LhNr);
relation LagereinheitArt(LeaNr, LeaName, Länge, Breite, Höhe, MaxGewicht);
```

relation Lagerhilfsmittel(LhNr, LhaNr, Gewicht, LoNr);
relation LagerhilfsmittelArt(LhaNr, LhaName,
Länge, Breite, Höhe, MaxGewicht);
relation Lagerort(LoNr, LoaNr, Gewicht);
relation LagerortArt(LoaNr, Länge, Breite, Höhe, MaxGewicht);
relation Verträglichkeit(ANr, LoNr);

Zulieferer: Diese liefern in Lagereinheiten verpackte Artikel an, die dann gelagert und später weiterverkauft werden. Das Management des Lagers kooperiert eng mit den Zulieferern, um die Zulieferung zu automatisieren. Jede Lieferfirma verfügt daher über eine Datenbasis, die beschreibt, welche ihrer Artikel in welchen Lagereinheiten verpackt noch im Lager befindlich sind. Bei Unterschreitung einer Mindestmenge kann dann sofort nachgeliefert werden. Andererseits wollen und dürfen die Zulieferer nichts über die Plazierung ihrer Sendungen innerhalb des Lagers wissen; ebensowenig haben sie Zugriff auf Informationen über gelieferte Artikel anderer Zulieferer.

Das relationale Schema des Lagermanagements vorausgesetzt, beziehen sich diese Anforderungen auf Daten, die in den Relationen ArtikelArt und Lagereinheit abgelegt sind. Allerdings soll kein Zulieferer gezwungen werden, seine „Sicht" auf die Daten in der Weise zu realisieren, daß die entsprechenden Tabellen der Lagermanagement–Datenbasis unverändert übernommen werden. Dies wäre im vorliegenden Fall auch gar nicht günstig: Beispielsweise enthält die Relation Lagereinheit per Identifikationsnummer Verweise auf Lagerhilfsmittel. Diese Verweise machen für den Zulieferer ohne Kenntnis des Inhalts der Relation Lagerhilfsmittel keinen Sinn; außerdem widerspräche die Kenntnis um die Lagerhilfsmittel der Forderung des Managements, daß Lagerinterna vor den Zulieferern geheimzuhalten seien.

Wir wollen im folgenden zwei Gruppen von Zulieferern betrachten. Die erste Gruppe wünscht sich den Zugriff auf die gewünschten Daten mit Hilfe des folgenden relationalen Schemas:

relation EigenerArtikel(ANr, AName, Menge, Gewicht);
relation Liefereinheit(LeNr, ANr, Stückzahl, Gewicht);

Ein anderer Teil der Zulieferer begnügt sich mit einer Darstellung in einem kompakteren Schema, das nur eine einzige Relation umfaßt:

relation VerpacktIn(AName, Menge, AGewicht, LeNr, Stückzahl, LeGewicht);

Beiden Gruppen gemeinsam ist die Tatsache, daß ihnen ein Ausschnitt einer Originaldatenbasis präsentiert wird. Bei gleichem Datenmodell sagt man, daß die Benutzer unterschiedliche *Sichten* auf diese Datenbasis haben. Um die mit Sichten zusammenhängenden Probleme zu untersuchen, bedarf es zunächst einer Präzisierung des Begriffs der Sicht:

Sicht: Gegeben sei ein Schema S und eine zugehörige Datenbasis DB. Jede Sicht hierauf ist durch ein weiteres Schema VS — das Sichtschema — und eine partielle (Sicht–)Abbildung v definiert, wobei v Datenelemente aus DB so abbildet, daß eine dem Schema VS gehorchende (Sicht–)Datenbasis VDB entsteht.

Für unsere Beispiele lauten dann die Abbildungen v wie folgt.

Sicht der ersten Zulierferergruppe: Die Originaldatenbasis sei die des Lagermanagements. Die erste Zulieferergruppe sei 'Siemens'. Dann ist deren Sicht, d.h. die Relationen EigenerArtikel und Liefereinheit, durch folgende relationenalgebraische Abbildungsvorschrift gegeben:

$$\text{EigenerArtikel} := \pi_{\text{ANr,AName,Menge,Gewicht}}(\sigma_{\text{Lieferant='Siemens'}}(\text{ArtikelArt}))$$
$$\text{Liefereinheit} :=$$
$$\pi_{\text{ANr}}(\sigma_{\text{Lieferant='Siemens'}}(\text{ArtikelArt})) \bowtie \pi_{\text{LeNr,ANr,Stückzahl,Gewicht}}(\text{Lagereinheit})$$

Sicht der zweiten Zulieferergruppe: Für die Sicht der zweiten Zulieferergruppe — ihr Name sei 'Bosch' — gilt folgende Abbildungsvorschrift:

$$\text{VerpacktIn} :=$$
$$\pi_{\text{AName,Menge,AGewicht,LeNr,Stückzahl,LeGewicht}}($$
$$\sigma_{\text{Lieferant='Bosch'}}(\text{ArtikelArt})_{\text{AGewicht}\leftarrow\text{Gewicht}} \bowtie \text{Lagereinheit}_{\text{LeGewicht}\leftarrow\text{Gewicht}})$$

Daß die Sichtenbildung keineswegs unproblematisch ist, kann man ersehen, wenn die zweite Zuliefergruppe ein neues Produkt in die Datenbasis einbringen will. Seien dies beispielsweise verbesserte Zündkerzen. Dann muß die Relation ArtikelArt um einen Artikel eines bereits vorhandenen Namens und einer neuen Artikelnummer ergänzt werden. Aber gerade die letztere — und sie ist der Schlüssel — ist in der Sicht nicht verfügbar.

Wir ziehen daher als Fazit, daß bereits bei Identität des Datenmodells für Original– und Sichtdatenbasis Schwierigkeiten zu erwarten sind, die eine systematische Untersuchung rechtfertigen.

10.1.2 Unterschiedliche Datenmodelle: Beispiele

Lose Kopplung geht einher mit einer erheblich geringeren Überlappung der Datenbestände und einem hohen Autonomiegrad der Beteiligten. Die Schemata werden aufgrund der unterschiedlichen Bedürfnisse und des Mangels an Absprachen sehr unterschiedlich ausfallen. Im allgemeinen ist sogar zu erwarten, daß die verwendeten Datenmodelle voneinander abweichen. Nur darum geht es uns im folgenden. Wir identifizieren dazu für unser Beispiel aus der Lagerverwaltungswelt zwei neue Benutzergruppen.

Unternehmensleitung: Die Unternehmensleitung benötige zur Wahrnehmung ihrer Aufgaben die gleiche umfassende Darstellung wie das Lagermanagement. Aus Gründen, die mit den zusätzlich über die anderen Geschäftsbereiche verwalteten Daten zu tun haben, betreibt man in der Unternehmenszentrale ein Netzwerkdatenbanksystem.

Bild 10.1 zeigt dann ein mögliches Netzwerkschema dieser Benutzergruppe für die Lagerverwaltungswelt, wie wir es bereits aus Abschnitt 6.5.1 kennen.

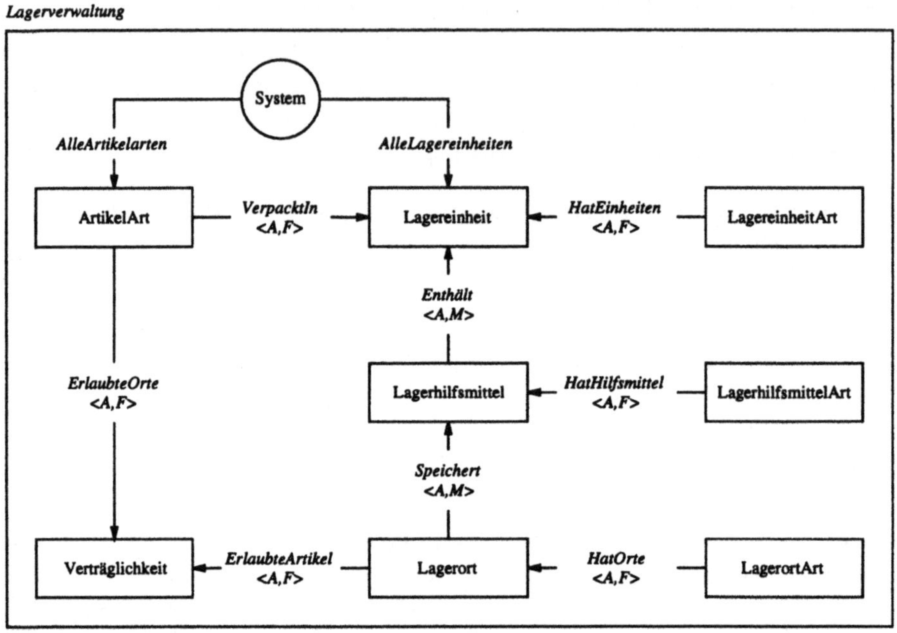

Bild 10.1. Netzwerkschema für die Lagerverwaltungswelt

Abnehmer: Dieser Benutzerkreis repräsentiert Kunden, die die gelagerten Artikel erwerben. Für die Abnehmer ist es nicht notwendig, über die Interna der Lagerung Kenntnis zu besitzen. Um rasch Information über die Lieferfähigkeit des Lagers zu erhalten, könnten sie jedoch Daten über Art und Menge der aktuell im Lager befindlichen Artikel halten. Weil die Daten, die das Lager betreffen, von den Abnehmern eigenständig weiterverarbeitet werden, lassen sich diese in der Wahl ihres Datenmodells nicht von der Entscheidung des Lagermanagements beeinflussen.

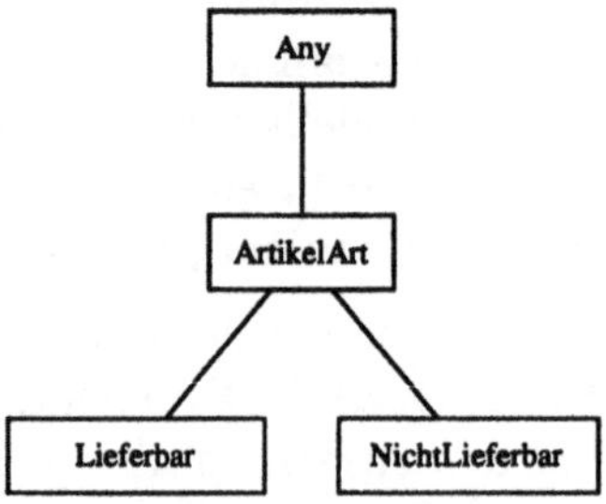

Bild 10.2. Objektorientiertes Schema für einen Ausschnitt der Lagerverwaltungswelt

Bild 10.2 zeigt ein für Abnehmer geeignetes objektorientiertes Schema, das einen passenden Ausschnitt der Lagerverwaltungswelt realisiert. Hierbei interessieren ausschließlich die lagerbaren Artikelarten, wobei explizit nach den lieferbaren und den gerade nicht lieferbaren Artikelarten aufgegliedert wird. Textuell ist das objektorientierte Schema wie folgt definiert (ohne Operationen):

```
define type ArtikelArt is
  structure
    [ anr, aname: String; menge: Integer; lieferant: String; gewicht: Float ];
end type ArtikelArt;

define type Lieferbar supertype ArtikelArt is
  structure
    [ stückzahl: Integer ];
end type Lieferbar;

define type NichtLieferbar supertype ArtikelArt is
  structure
    [ alternativen: { Lieferbar } ];
end type NichtLieferbar;
```

Unterhalb des systemdefinierten Typs Any stoßen wir zunächst auf ArtikelArt. Die dort definierten Attribute beschreiben Angaben, die für alle Artikelarten gleichermaßen gültig sind. Von ArtikelArt werden allerdings keine direkten Instanzen gebildet. Eine konkrete Artikelart ist entweder Instanz des Untertyps Lieferbar oder des Untertyps NichtLieferbar. Im ersten Fall wird zusätzlich eine Stückzahlangabe beigegeben. Im zweiten Fall führt der Anwender als Zusatzangabe eine Menge von (lieferbaren) Artikelarten, die als Ersatz der Originalartikelart dienen können, bis diese wieder lieferfähig ist.

Auch beim Einsatz unterschiedlicher Datenmodelle ist der im vorigen Abschnitt eingeführte Begriff der Sicht verwendbar. Die Schemata S und VS gehören dann unterschiedlichen Datenmodellen an. Es ist zu erwarten, daß dann die Abbildung v entsprechend komplizierter wird. Dazu stellen wir einige Überlegungen an.

Sicht der Unternehmensleitung: Da der Informationsgehalt der relationalen Datenbasis auch in der Netzwerkdatenbasis vollständig verfügbar sein soll, repräsentiert die Sicht eine Restrukturierung der Datenbasis und stellt somit eine vollständige Transformation dar. Die Abbildungsvorschrift müssen wir mangels geeigneter Formalismen verbal beschreiben. Sie ist entsprechend unhandlich; wir geben sie daher auch nur auszugsweise:

– Jede Relation der Lagermanagement–Datenbasis ist auf einen Record–Typ abgebildet worden, wobei die Attribute der Relationen in Attribute der Record–Typen übergehen. Zu den Relationen ArtikelArt, Lagereinheit, etc. ergeben sich in unserem Beispiel Record–Typen gleichen Namens im Netzwerkschema. Anschließend wird jedes Tupel einer Relation auf einen Record des entsprechenden Typs abgebildet.

- Gemäß unserer Beobachtungen in Abschnitt 6.5.1 wird für jede Schlüssel-Fremdschlüsselbeziehung in der relationalen Datenbasis (vergleiche Abschnitt 4.7) ein Set–Typ eingeführt. Der Member–Typ des Set–Typs ist dabei der Record–Typ zu derjenigen Relation, die den Fremdschlüssel enthielt. Beispielsweise enthält die Relation Lagereinheit das Attribut ANr als Fremdschlüssel von Artikel; damit ergibt sich ein Set–Typ zwischen ArtikelArt (als Owner–Typ) und Lagereinheit. Für die so gebildeten Set–Typen muß eine zusätzliche Namensgebung gefunden werden; in unserem Beispiel haben wir den Set–Typ VerpacktIn genannt. Für jeden über den Fremdschlüssel konstruierten Zusammenhang zwischen einem ArtikelArt–Tupel und den passenden Lagereinheit–Tupeln wird ein Set in VerpacktIn aufgenommen.

Abschnitt 6.5.1 deutet auch an, wie die im Netzwerkschema anzugebenden **insertion/retention**–Klauseln zustandekommen, daß diese Information aber nicht in eindeutiger Weise aus dem relationalen Schema gewonnen werden kann.

Sicht der Abnehmer: Die Sichtdefinition betrifft in der Originaldatenbasis zunächst nur ArtikelArt–Tupel. Jedes Tupel wird aufgrund seiner Lieferfähigkeit entweder auf ein Objekt des Typs Lieferbar oder auf ein Objekt des Typs NichtLieferbar abgebildet. Die Lieferfähigkeit zu ermitteln erfordert allerdings in der Originaldatenbasis den zusätzlichen Zugriff auf Lagereinheit:

- Jedes Tupel in $\text{ArtikelArt} \ltimes \text{Lagereinheit}_{\text{LeGewicht} \leftarrow \text{Gewicht}}$ wird auf ein Objekt des Typs Lieferbar abgebildet.

  Das in der objektorientierten Sicht zusätzlich vorhandene Attribut stückzahl muß für jede Artikelart durch geeignete Berechnungsoperationen auf der Relation Lagereinheit gefüllt werden. Wir wollen an dieser Stelle nur anmerken, daß dazu weder die relationale Algebra noch die beiden relationalen Kalküle eine Hilfe wären, obwohl die Rohdaten in der Originaldatenbasis vorlägen.

- Jedes Tupel in $\text{ArtikelArt} \setminus \text{ArtikelArt} \ltimes \text{Lagereinheit}_{\text{LeGewicht} \leftarrow \text{Gewicht}}$ wird auf ein Objekt des Typs NichtLieferbar abgebildet.

  Hier ist das mengenwertige Attribut alternativen im Objekttyp NichtLieferbar über die Ersetzbarkeit einer Artikelart durch eine andere der relationalen Datenbasis überhaupt nicht zu entnehmen. alternativen muß nach Bildung der Objekte daher vom Benutzer der Sicht manuell gefüllt werden. Damit haben wir ein Beispiel vor uns, das sich nicht mehr ausschließlich als Sicht, d.h. als Ausschnitt der Originaldatenbasis deuten läßt, sondern eine Kombination mit Privatdaten des Benutzers darstellt. Dies kann erhebliche Probleme bereiten: Wird das Eintreffen einer zeitweise nicht lieferbaren Artikelart in der relationalen Datenbasis durch das Einfügen von Lagereinheit–Tupeln repräsentiert, so wird in der objektorientierten Sicht das NichtLieferbar–Objekt zum Typwechsel gezwungen. Alternativ dazu muß ein Lieferbar–Objekt erzeugt und eine NichtLieferbar–Instanz aus der Datenbasis gelöscht werden. In jedem Fall geht aber die Alternativen–Information für die Artikelart verloren. Ist diese Artikelart dann später einmal wieder nicht lieferbar, so muß der Benutzer zur Eingabe der Alternativen abermals bemüht werden.

10.1.3 Problemstellung

Die Beispiele machten zwei Aspekte deutlich. Zum einen ist keineswegs sicher, daß der Ausschnitt aus der Originaldatenbasis und die Nutzersicht auf diese Datenbasis in ihrem Informationsgehalt übereinstimmen. Zum zweiten hatten wir unsere Abbildungsvorschriften v eher hemdsärmelig gewählt; ein methodisches Vorgehen wäre sicherlich wünschenswert. Beide Problembereiche stehen vermutlich in einem Zusammenhang. Der nachfolgende Abschnitt 10.2 führt in den ersten Problembereich ein, bevor die Abschnitte 10.3 und 10.4 sich mit dem zweiten auseinandersetzen.

10.2 Informationserhaltende Abbildungen

10.2.1 Ausgangslage

Datenmodelle unterscheiden sich in ihren Mächtigkeiten, Orthogonalitäten und Verknüpfbarkeiten. Man wird also davon ausgehen müssen, daß sich nicht nur gleiche Sachverhalte in unterschiedlichen Datenmodellen unterschiedlich darstellen lassen, sondern daß mancher Sachverhalt in einem Datenmodell formuliert werden kann, in einem zweiten aber nicht. Beispiele haben wir bereits kennengelernt: Die Verfeinerung einer referentiellen Konsistenzbedingung zu **retention fixed** oder **mandatory** im Netzwerkmodell, oder die stärkere Differenzierung von polymorphen hin zu monomorphen Operationen.

Wechselt man also von einem Datenmodell zu einem anderen, so wird man nicht unbedingt erwarten können, daß sich derselbe Sachverhalt im neuen Modell vollständig rekonstruieren läßt. Etwas mehr mag überraschen, daß diese Einschränkung sogar für unterschiedliche Formulierungen innerhalb desselben Datenmodells gilt. Indizien dafür haben wir schon angetroffen: Das eingeschränkte Rückgängigmachen von Unnest durch Nest im NF^2–Modell oder das Vernichten funktionaler Zusammenhänge bei der Einführung von Kettrecord–Typen im Netzwerkmodell sind Beispiele.

Wir benötigen nun offensichtlich eine Methode, mit der wir für Transformationen allgemein, also ohne Durchspielen von Beispielen, feststellen können, ob sich mit ihnen die Information rekonstruieren läßt oder nicht.

Für das weitere machen wir die folgende Annahme. Damit alle Beteiligten vom selben Informationsstand ausgehen, liegt physisch eine einzige Datenbasis *DB* — die Originaldatenbasis — mit einem Basisschema *S* vor. An diese werden unterschiedliche Sichten angelegt. Für die Situationen in Abschnitt 10.1.1 erscheint diese Annahme auch ganz natürlich. Für die Situation in Abschnitt 10.1.2 schiene dagegen die Führung eigener Datenbestände bei den Benutzergruppen durchaus sinnvoll. Dazu müßte aber bei Änderungen der Informationsstand überall im Gleichlauf angepaßt werden. Ob dies möglich wäre, ist ja aber gerade Gegenstand der Untersuchung auf Rekonstruierbarkeit der Information.

10.2.2 Änderungsoperationen

Die Situation läßt sich anschaulich anhand Bild 10.3 erläutern. Die Originaldatenbasis *DB* des Datenmodells *DM* macht sich dem Benutzer als Sichtdatenbasis $VDB := v(DB)$ bemerkbar. v ist durch das Sichtschema *VS* eines Datenmodells *VDM* definiert und beinhaltet sowohl Ausschnittsbildung als auch Strukturtransformation.

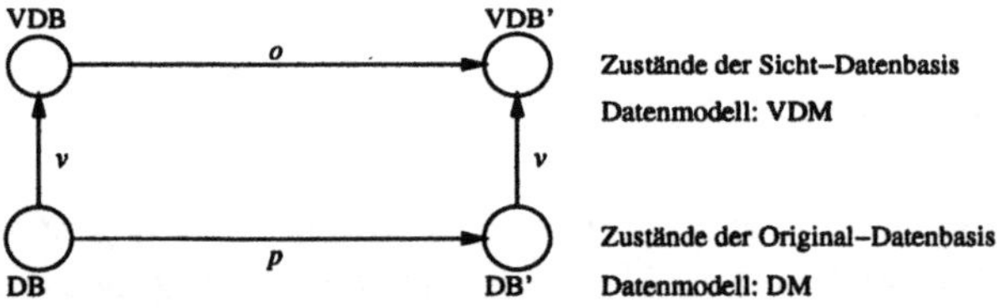

Bild 10.3. Zum Begriff der Informationserhaltung in Sichten

Ändert nun der Benutzer einige Daten seiner Sicht mittels einer Operation o, so erwartet er eine Wirkung $VDB' := o(VDB)$. Tatsächlich existiert die Datenbasis aber nur im Original, dort muß also auch die Änderung durchgeführt werden. Das Äquivalent von o ist dort im allgemeinen eine Folge von Operationen, also ein Programm p. Die Anwendung von p auf *DB* bewirkt dort einen Zustand $DB' := p(DB)$. Dabei ist natürlich angenommen, daß o Operator in *VDM* ist und p nur Operatoren in *DM* enthält.

Fest vorgegeben sind hier also das Originaldatenmodell *DM*, die Originaldatenbasis *DB*, ihr Basisschema *S*, das Sichtdatenmodell *VDM*, das Sichtschema *VS* und die Abbildung v. Der Begriff der Informationserhaltung ist dann auf den fallweise vorgegebenen Operationen o und p definiert.

Definition: Die Abbildung v heißt ***informationserhaltend***, wenn es für alle Zustände einer Datenbasis DB und jede im Sichtdatenmodell VDM definierte Operation o eines Benutzers auf $v(DB)$ stets eine Operationsfolge p des Originaldatenmodells DM gibt, so daß gilt: $o(v(DB)) = v(p(DB))$.

Bei Informationserhaltung entspricht also der vom Benutzer beobachtete neue Zustand stets dem erwarteten Zustand, und das für jede zugrundegelegte Datenbasis DB. Die Definition fordert im übrigen nicht, daß es für jedes o nur eine einzige Operationsfolge p mit der geforderten Eigenschaft gibt.

Definition: Sei p eine Operationsfolge, die die Informationserhaltung gewährleistet. Seien $d, e \in DB$ Datenelemente. $v(d)$ sei definiert, $v(e)$ undefiniert, d.h. d trage zur Sicht bei, e aber nicht. Beschreibe weiterhin $bez(d, e)$ einen in DB geltenden Zusammenhang zwischen d und e. Ist die Sichtenbildung v informationserhaltend, so heißt sie zusätzlich ***konsistenzerhaltend***, wenn gilt: Mit $bez(d, e) \in DB$ folgt $bez(p(d), e) \in p(DB)$.

Die Konsistenzerhaltung besagt, daß durch Aktionen in der Sicht die außerhalb der Sicht geltenden Zusammenhänge nicht zerstört werden.

Wir werden in Abschnitt 10.3 Abbildungen innerhalb der eingeführten Datenmodelle unter dem Gesichtspunkt der Informationserhaltung und Konsistenzerhaltung betrachten. Dabei beschränken wir uns auf die beiden Basisoperationen des Löschens und Einfügens von Datenelementen. Auf das Ändern einzelner Datenelemente wollen wir nicht eingehen; „schlimmstenfalls" kann man dies durch Kombination von Löschen und Einfügen nachbilden.

10.2.3 Leseoperationen

Beim Lesen wird zwar auf die Originaldatenbasis zugegriffen, um das Ergebnis zu konstruieren, sie wird jedoch nicht verändert. Daher existieren hinsichtlich der Durchführung jetzt zwei Möglichkeiten.

Zum einen kann der Nutzer der Sicht zunächst mittels v aus der Originaldatenbasis lesen und dann das Zwischenergebnis mit Leseoperatoren seines eigenen Datenmodells VDM weiter bearbeiten. Damit sind geforderte und tatsächlich beobachtete Wirkung trivial identisch: $o(v(DB))$, das Lesen ist also trivial informationserhaltend.

Zum anderen kann er aber auch mittels Operationsfolge p aus der Originaldatenbasis lesen und danach das so ermittelte Ergebnis mittels v in die Sicht abbilden. Nun behält Bild 10.3 seine Gültigkeit, wobei man sich für DB' und VDB' den durch das Lesen gebildeten Datenbasisausschnitt vorzustellen hätte. Eine derartige Situation erscheint zwar eher ungewöhnlich, mag aber etwa in einem Netz sinnvoll sein, wenn man das Übertragungsvolumen möglichst gering halten will.

10.2.4 Ort der Abbildung

In den Betrachtungen der beiden vorherigen Abschnitte wird nichts darüber ausgesagt, wer v realisiert. Diese Fragestellung wird dann von Bedeutung, wenn tatsächlich ein konkretes System konstruiert werden soll, daß dem Anwender Sichten zur Verfügung stellt.

Die Frage ist dann leicht zu beantworten, wenn es sich bei *DM* und *VDM* um das gleiche Datenmodell handelt. In diesem Fall ist v (ebenso wie auch o und p) eine Operationsfolge dieses Datenmodells, kann also wahlweise am Ort der Originaldatenbasis *DB* oder am Ort der Sicht realisiert werden. Die erste Lösung ist vorzuziehen, da sich dann das dort sowieso vorhandene Datenbanksystem nutzen läßt.

Handelt es sich hingegen um unterschiedliche Datenmodelle, entsteht ein Problem: Wird v auf der Originalebene, also von dem *DB* verwaltenden Datenbanksystem, ausgeführt, so muß dieses System neben dem Originaldatenmodell auch das Sichtdatenmodell beherrschen. Ebenso ist die Kenntnis beider Datenmodelle auch erforderlich, wenn v auf der Sichtebene ausgeführt werden soll. Halten wir uns an die Aussage aus Abschnitt 2.2.3, daß jedes Datenbanksystem typischerweise nur ein Datenmodell realisiert, so verbleibt nur noch die Möglichkeit, einen dritten — neutralen — Ort einzuführen, der beide Modelle kennt und v errechnen kann.

10.3 Sichten innerhalb von Datenmodellen

Die Frage informationserhaltender Abbildungen ist am ausführlichsten für das relationale Modell untersucht worden. Dies überrascht wohl kaum angesichts der formalen Fundierung dieses Modells. Wir werden aus diesem Grund Abbildungen innerhalb des relationalen Modells am eingehendsten behandeln und andere Datenmodelle nur kurz streifen.

10.3.1 Relationales Modell

Beispielsichten. Im relationalen Modell ist die Verknüpfbarkeit nur über Relationen definiert. Der Benutzer kann also in seiner Sicht ausschließlich auf Relationen operieren, ebenso wie die Originaldatenbasis ausschließlich Relationen enthält. v ist dann eine Abbildung der Form $v : \mathcal{P}(\mathcal{R}) \rightarrow \mathcal{P}(\mathcal{R})$, mit $\mathcal{R}$ als der Menge aller (beliebig–stelligen) Relationen.

Im folgenden vereinfachen wir die in den vorigen Abschnitten bezüglich der Zulieferer–Sichten gemachten Abbildungen v zum besseren Verständnis der Sachverhalte. v ist stets ein relationenalgebraischer Ausdruck. Wir stellen

ArtikelArt				
ANr	AName	Menge	Lieferant	Gewicht
A-001	Anlasser	1	Bosch	2.00
A-002	Kolben	1	Mahle	0.05
A-003	Kolbenringe	50	Mahle	0.10
A-004	Kurbelwelle	1	Mahle	1.00
A-005	Nockenwelle	1	Mahle	0.50
A-006	Ölwanne	1	Erzberg	1.50
A-007	Pleuel	1	Mahle	0.10
A-008	Ventile	20	Mahle	0.40
A-009	Ventile	20	Bosch	0.40
A-010	Ventilfedern	50	Pohlmann	0.50
A-011	Zündkerzen	20	Bosch	1.00
A-012	Zündkerzen	20	Osram	1.00
A-013	Zündkerzenkabel	10	Siemens	0.80
A-014	Zündkerzenstecker	10	Siemens	0.80
A-015	Zündspule	5	Siemens	2.50
A-016	Zündverteiler	5	Bosch	0.50
A-017	Zylinderdichtung	10	Erzberg	1.00
A-018	Zylinderdichtung	10	Pohlmann	1.00
A-019	Zylinderkopf	1	Mahle	3.00
A-020	Zylinderkurbelgehäuse	1	Erzberg	6.00

Bild 10.4. Extension der Relation ArtikelArt

Lagereinheit					
LeNr	LeaNr	ANr	Stückzahl	Gewicht	LhNr
LE-001	LEA-04	A-001	2	4.00	LH-001
LE-002	LEA-02	A-004	20	20.00	LH-002
LE-003	LEA-01	A-005	42	21.00	LH-002
LE-004	LEA-05	A-017	175	175.00	LH-006
LE-005	LEA-02	A-006	3	4.50	LH-004
LE-006	LEA-03	A-002	6	0.30	LH-007
LE-007	LEA-05	A-015	85	212.50	LH-006
LE-008	LEA-01	A-010	30	15.00	LH-003
LE-009	LEA-02	A-020	1	6.00	LH-003
LE-010	LEA-04	A-008	13	5.20	LH-007
LE-011	LEA-01	A-011	16	16.00	LH-005
LE-012	LEA-02	A-019	4	12.00	LH-003
LE-013	LEA-01	A-012	12	12.00	LH-005
LE-014	LEA-04	A-001	1	2.00	LH-001
LE-015	LEA-02	A-006	2	3.00	LH-004
LE-016	LEA-02	A-015	42	105.00	LH-005

Bild 10.5. Extension der Relation Lagereinheit

Lagerhilfsmittelart					
LhaNr	LhaName	Länge	Breite	Höhe	MaxGewicht
LHA-01	Holzpalette	1200	800	100	500.00
LHA-02	Holzpalette	1000	800	100	500.00
LHA-03	Leichte Holzpalette	800	600	115	350.00
LHA-04	Displaypalette	600	400	150	300.00
LHA-05	Displaypalette	600	400	150	200.00
LHA-06	Displaypalette	600	400	100	150.00

Bild 10.6. Extension der Relation LagerhilfsmittelArt

im folgenden wichtige Vertreter von Operatoren der relationalen Algebra jeweils separat heraus: die Projektionsoperation, die Selektionsoperation und die Join–Operation. Wir bedienen uns der bekannten Ausgangsrelationen ArtikelArt, Lagereinheit und LagerhilfsmittelArt, deren Extensionen wir in den Bildern 10.4, 10.5 und 10.6 nochmals zeigen.

Wir betrachten dazu Sichten, die aus den folgenden Operationsfolgen hervorgehen:

- $\pi_{\text{AName}}(\text{ArtikelArt})$ — siehe Bild 10.7,
- $\pi_{\text{ANr,AName}}(\text{ArtikelArt})$ — siehe Bild 10.8,
- $\sigma_{\text{Lieferant='Siemens'}}(\text{ArtikelArt})$ — siehe Bild 10.9,
- $\sigma_{\text{Gewicht}>100.0}(\text{Lagereinheit})$ — siehe Bild 10.10,
- $\text{ArtikelArt} \bowtie \text{Lagereinheit}_{\text{LeGewicht}\leftarrow\text{Gewicht}}$ — siehe Bild 10.11,
- $\text{Lagereinheit} \bowtie_{\text{Gewicht}\geq\text{MaxGewicht}} \text{LagerhilfsmittelArt}$ — siehe Bild 10.12.

Erklärungsbedürftig ist nur die letzte Operationsfolge. Diese ermittelt, welche Arten von Lagerhilfsmittelarten aus Gewichtsgründen prinzipiell von vornherein nicht in Betracht kommen, um die Lagereinheiten (isoliert) darauf abzustellen. Die so ermittelten Lagereinheit–LagerhilfsmittelArt–Paare bilden die Ergebnisrelation.

In den nachfolgenden Abschnitten 10.3.1 bis 10.3.1 werden wir uns auf den Gesichtspunkt der Informationserhaltung beschränken. Fragen der Konsistenzerhaltung gehen wir in Abschnitt 10.3.1 nach.

Löschoperationen auf einer Sicht. *Projektion*: Betrachten wir zunächst die Projektionssicht $v = \pi_{\text{AName}}(\text{ArtikelArt})$. Wir versuchen aus dieser Sicht das Tupel (ANAME) zu löschen. Löschen entspricht der relationenalgebraischen Differenz. Dann ergibt sich durch Einsetzen in die Regel zur Informationserhaltung die Forderung

$$\pi_{\text{AName}}(\text{ArtikelArt}) \setminus \{(\text{ANAME})\} = \pi_{\text{AName}}(p(\text{ArtikelArt}))$$

und somit

$$p(\text{ArtikelArt}) = \text{ArtikelArt} \setminus \{(w, \text{ANAME}, x, y, z)\}.$$

AName
Anlasser
Kolben
Kolbenringe
Kurbelwelle
Nockenwelle
Ölwanne
Pleuel
Ventile
Ventilfedern
Zündkerzen
Zündkerzenkabel
Zündkerzenstecker
Zündspule
Zündverteiler
Zylinderdichtung
Zylinderkopf
Zylinderkurbelgehäuse

Bild 10.7. Extension für $v = \pi_{\text{AName}}(\text{ArtikelArt})$

ANr	AName
A-001	Anlasser
A-002	Kolben
A-003	Kolbenringe
A-004	Kurbelwelle
A-005	Nockenwelle
A-006	Ölwanne
A-007	Pleuel
A-008	Ventile
A-009	Ventile
A-010	Ventilfedern
A-011	Zündkerzen
A-012	Zündkerzen
A-013	Zündkerzenkabel
A-014	Zündkerzenstecker
A-015	Zündspule
A-016	Zündverteiler
A-017	Zylinderdichtung
A-018	Zylinderdichtung
A-019	Zylinderkopf
A-020	Zylinderkurbelgehäuse

Bild 10.8. Extension für $v = \pi_{\text{ANr,AName}}(\text{ArtikelArt})$

ANr	AName	Menge	Lieferant	Gewicht
A-013	Zündkerzenkabel	10	Siemens	0.80
A-014	Zündkerzenstecker	10	Siemens	0.80
A-015	Zündspule	5	Siemens	2.50

Bild 10.9. Extension für $v = \sigma_{\text{Lieferant='Siemens'}}(\text{ArtikelArt})$

LeNr	LeaNr	ANr	Stückzahl	Gewicht	LhNr
LE-004	LEA-05	A-017	175	175.00	LH-006
LE-007	LEA-05	A-015	85	212.50	LH-006
LE-016	LEA-02	A-015	42	105.00	LH-005

Bild 10.10. Extension für $v = \sigma_{\text{Gewicht}>100.0}(\text{Lagereinheit})$

ANr	AName	...	LeNr	LeaNr	...
A-001	Anlasser	...	LE-001	LEA-04	...
A-001	Anlasser	...	LE-014	LEA-04	...
A-002	Kolben	...	LE-006	LEA-03	...
A-004	Kurbelwelle	...	LE-002	LEA-02	...
A-005	Nockenwelle	...	LE-003	LEA-01	...
A-006	Ölwanne	...	LE-005	LEA-02	...
A-006	Ölwanne	...	LE-015	LEA-02	...
A-008	Ventile	...	LE-010	LEA-04	...
A-010	Ventilfedern	...	LE-008	LEA-01	...
A-011	Zündkerzen	...	LE-011	LEA-01	...
A-012	Zündkerzen	...	LE-013	LEA-01	...
A-015	Zündspule	...	LE-007	LEA-05	...
A-015	Zündspule	...	LE-016	LEA-02	...
A-017	Zylinderdichtung	...	LE-004	LEA-05	...
A-019	Zylinderkopf	...	LE-012	LEA-02	...
A-020	Zylinderkurbelgehäuse	...	LE-009	LEA-02	...

Bild 10.11. Extension für $v = \text{ArtikelArt} \bowtie \text{Lagereinheit}_{\text{LeGewicht} \leftarrow \text{Gewicht}}$

LeNr	LeaNr	...	LhaNr	LhaName	...
LE-007	LEA-05	...	LHA-05	Displaypalette	...
LE-004	LEA-05	...	LHA-06	Displaypalette	...
LE-007	LEA-05	...	LHA-06	Displaypalette	...

Bild 10.12. Extension für $v = \text{Lagereinheit} \bowtie_{\text{Gewicht} \geq \text{MaxGewicht}} \text{LagerhilfsmittelArt}$

Es stellt sich die Frage, wie w, x, y und z richtig auszufüllen sind. Für ANAME = 'Zündkerzen' zeigt sich nun aber, daß in der Relation ArtikelArt gar kein eindeutiges Tupel bestimmt werden kann, das zu löschen wäre (siehe nochmals die Extension in Bild 10.4). Tatsächlich bleibt nichts anderes übrig, als *alle* Tupel mit ANAME = 'Zündkerzen' in der Originalrelation zu löschen. Ansonsten verschwände 'Zündkerzen' auch gar nicht aus der Sicht.

Versuchen wir stattdessen, das Tupel (ANR, ANAME) aus der Sicht mit Abbildung $v = \pi_{\text{ANr,AName}}(\text{ArtikelArt})$ zu entfernen. Nach der Regel über Informationserhaltung ergibt sich die Forderung nach p durch die Gleichung

$$\pi_{\text{ANr,AName}}(\text{ArtikelArt}) \setminus \{(\text{ANR}, \text{ANAME})\} = \pi_{\text{ANr,AName}}(p(\text{ArtikelArt})).$$

Für p ergibt sich

$$p(\text{ArtikelArt}) = \text{ArtikelArt} \setminus \{(\text{ANR}, \text{ANAME}, x, y, z)\}.$$

Das Ausfüllen stellt in diesem Fall kein Problem dar: Falls beispielsweise ANR = 'A-001', dann $x = 1$, $y = \text{'Bosch'}$, $z = 2.00$. Gelöscht wird also ein einziges Tupel in der Originalrelation. Der Grund liegt in der andersartigen Qualität der Attributfolge, auf die projiziert wird. Wir stellen insbesondere fest, daß im zweiten Beispiel das Schlüsselattribut der Originalrelation in der Sicht vorhanden ist, im ersten Beispiel hingegen nicht.

Selektion: Wir versuchen als erstes, für $v = \sigma_{\text{Lieferant='Siemens'}}(\text{ArtikelArt})$ das Tupel (ANR, ANAME, MENGE, LIEFERANT, GEWICHT) zu löschen. Dann resultiert aus der Forderung

$$\begin{aligned}&\sigma_{\text{Lieferant='Siemens'}}(\text{ArtikelArt})\\ &\setminus \{(\text{ANR}, \text{ANAME}, \text{MENGE}, \text{LIEFERANT}, \text{GEWICHT})\}\\ &\quad = \sigma_{\text{Lieferant='Siemens'}}(p(\text{ArtikelArt}))\end{aligned}$$

für p das Ergebnis

$$\begin{aligned}&p(\text{ArtikelArt})\\ &\quad = \text{ArtikelArt} \setminus \{(\text{ANR}, \text{ANAME}, \text{MENGE}, \text{LIEFERANT}, \text{GEWICHT})\},\end{aligned}$$

das keine Probleme aufwirft.

Auch der kompliziertere Vergleich für die zweite auf Selektion basierende Sicht mit $v = \sigma_{\text{Gewicht}>100.0}(\text{Lagereinheit})$ und einem zum Löschen angenommenen Tupel (LENR, LEANR, ANR, STÜCKZAHL, GEWICHT, LHNR) ergibt mit

$$\begin{aligned}&\sigma_{\text{Gewicht}>100.0}(\text{Lagereinheit})\\ &\setminus \{(\text{LENR}, \text{LEANR}, \text{ANR}, \text{STÜCKZAHL}, \text{GEWICHT}, \text{LHNR})\}\\ &\quad = \sigma_{\text{Gewicht}>100.0}(p(\text{Lagereinheit}))\end{aligned}$$

und der daraus folgerbaren Bedingung

$$\begin{aligned}&p(\text{Lagereinheit}) =\\ &\quad \text{Lagereinheit} \setminus \{(\text{LENR}, \text{LEANR}, \text{ANR}, \text{STÜCKZAHL}, \text{GEWICHT}, \text{LHNR})\},\end{aligned}$$

keinerlei Schwierigkeiten. Selektion scheint bei Löschoperationen ein für die Informationserhaltung unkritischer Operator zu sein.

Join: Betrachten wir zunächst v = ArtikelArt ⋈ Lagereinheit$_{\text{LeGewicht}\leftarrow\text{Gewicht}}$, aus der das Tupel (ANR, ..., LENR, ...) gelöscht werden soll. Die Schreibweise unter Verwendung der Auslassungen „..." dient hierbei Gründen der besseren Lesbarkeit; wie in den vorigen Beispielen sollen jedoch hier und im folgenden alle Werte des Tupels gegeben sein. Für die Informationserhaltung erhalten wir dann die Aussage

$$\begin{aligned}&\text{ArtikelArt} \bowtie \text{Lagereinheit}_{\text{LeGewicht}\leftarrow\text{Gewicht}} \setminus \{(\text{ANR},\ldots,\text{LENR},\ldots)\}\\&\quad = p_1(\text{ArtikelArt}) \bowtie p_2(\text{Lagereinheit})_{\text{LeGewicht}\leftarrow\text{Gewicht}}\end{aligned}$$

mit p also Folge aus p_1 und p_2. p_1 und p_2 ergeben sich scheinbar ganz natürlich in der folgenden Art und Weise:

$$p_1(\text{ArtikelArt}) = \text{ArtikelArt} \setminus \{(\text{ANR},\ldots)\}$$

$$p_2(\text{Lagereinheit}) = \text{Lagereinheit} \setminus \{(\text{LENR},\ldots,\text{ANR},\ldots)\}$$

ANr	AName	...	LeNr	LeaNr	...
A-002	Kolben	...	LE-006	LEA-03	...
A-004	Kurbelwelle	...	LE-002	LEA-02	...
A-005	Nockenwelle	...	LE-003	LEA-01	...
A-006	Ölwanne	...	LE-005	LEA-02	...
A-006	Ölwanne	...	LE-015	LEA-02	...
A-008	Ventile	...	LE-010	LEA-04	...
A-010	Ventilfedern	...	LE-008	LEA-01	...
A-011	Zündkerzen	...	LE-011	LEA-01	...
A-012	Zündkerzen	...	LE-013	LEA-01	...
A-015	Zündspule	...	LE-007	LEA-05	...
A-015	Zündspule	...	LE-016	LEA-02	...
A-017	Zylinderdichtung	...	LE-004	LEA-05	...
A-019	Zylinderkopf	...	LE-012	LEA-02	...
A-020	Zylinderkurbelgehäuse	...	LE-009	LEA-02	...

Bild 10.13. Aktualisierung v = ArtikelArt ⋈ Lagereinheit$_{\text{LeGewicht}\leftarrow\text{Gewicht}}$

In jeder der beiden Originalrelationen muß also ein Tupel gelöscht werden. Die Identifikation dieser beiden Tupel ist problemlos, weil alle Attributwerte und damit insbesondere die Werte der Schlüsselattribute der Originalrelationen bekannt sind. Dafür zeigt sich jedoch ein ganz anderes Problem. Entfernen wir beispielsweise im Zuge des Löschens von ('A-001', ..., 'LE-001', ...) das Tupel ('A-001', ...) aus ArtikelArt und ('LE-001', ...) aus Lagereinheit und wenden anschließend die Abbildung v auf den Originalen nochmals an. Dann kann zeigt der Vergleich des Ergebnisses in Bild 10.13 mit der ursprünglichen Extension (Bild 10.11), daß nicht ein, sondern zwei Tupel aus der Sicht verschwunden sind. Die Erklärung beruht auf der Tatsache, daß in unserer

Datenbasis mehrere Lagereinheit–Tupel mit jeweils gleicher Artikelnummer ANr existieren. Das Löschen des ArtikelArt–Tupels führt dazu, daß überhaupt keine Lagereinheit dieser Artikelart mehr in das Ergebnis des Natural Join aufgenommen wird. Übrigens hätte uns ein ähnliches Desaster getroffen, wenn wir (entgegen unseren bisherigen Annahmen) mehrere Artikelarten pro Lagereinheit zugelassen hätten — sie wären alle mit der Lagereinheit 'LE-001' verschwunden.

Das Problem läßt sich auf die referentielle Konsistenz von ANr in Lagereinheit bezüglich ArtikelArt zurückführen, die durch Anwendung von p verletzt wird. Bei der Konstruktion von p sind also die in der Originaldatenbasis gültigen Konsistenzbedingungen zu berücksichtigen. Hier sollte ArtikelArt bei der Konstruktion von p generell unverändert gelassen werden. Wir definieren p dann wie folgt:

$p_1(\text{ArtikelArt}) = \text{ArtikelArt}$

$p_2(\text{Lagereinheit}) = \text{Lagereinheit} \setminus \{(\text{LENR}, \ldots, \text{ANR}, \ldots)\}$

Wie man sich anhand der Extensionen in den Bildern 10.4, 10.5 und 10.11 selbst verdeutlichen kann, hat diese Operationsfolge den gewünschten Effekt.

Untersuchen wir mit $v = \text{Lagereinheit} \bowtie_{\text{Gewicht} \geq \text{MaxGewicht}} \text{LagerhilfsmittelArt}$ nun die zweite Join–Sicht. (LENR, ..., GEWICHT, ..., LHANR, ..., MAXGEWICHT) sei dabei das zu löschende Tupel.

Einsetzen in die Informationserhaltungs–Bedingung ergibt:

$$\begin{aligned}&\text{Lagereinheit} \bowtie_{\text{Gewicht} \geq \text{MaxGewicht}} \text{LagerhilfsmittelArt}\\ &\quad \setminus \{(\text{LENR}, \ldots, \text{GEWICHT}, \ldots, \text{LHANR}, \ldots, \text{MAXGEWICHT})\}\\ &\qquad = p_1(\text{Lagereinheit}) \bowtie_{\text{Gewicht} \geq \text{MaxGewicht}} p_2(\text{LagerhilfsmittelArt})\end{aligned}$$

Hier finden sich die Probleme aus dem vorigen Beispiel in verschärfter Weise wieder, wie wir mit Hilfe des in v enthaltenen Tupels ('LE-007', ..., 'LHA-06', ...) zeigen können. Versuchen wir zunächst die Definition von p als

$p_1(\text{Lagereinheit}) = \text{Lagereinheit} \setminus \{(\text{LENR}, \ldots, \text{GEWICHT}, \ldots)\}$

$p_2(\text{LagerhilfsmittelArt}) =$
$\quad \text{LagerhilfsmittelArt} \setminus \{(\text{LHANR}, \ldots, \text{MAXGEWICHT})\}.$

Löschen der Originaltupel ergibt nach Wiederauswertung von v fälschlicherweise die leere Extension (Bild 10.14).

LeNr	LeaNr	...	LhaNr	LhaName	...

Bild 10.14. Aktualisierung $v = \text{Lagereinheit} \bowtie_{\text{Gewicht} \geq \text{MaxGewicht}} \text{LagerhilfsmittelArt}$

Im Unterschied zum vorigen Beispiel kann man aber hier keine Konsistenzbedingung zu Rate ziehen, um Fingerzeige für die Definitionen von p_1 und p_2 zu erhalten. In der Tat trägt weder die Definition von p als

$p_1(\mathsf{Lagereinheit}) = \mathsf{Lagereinheit}$

$p_2(\mathsf{LagerhilfsmittelArt}) =$
$\mathsf{LagerhilfsmittelArt} \setminus \{(\mathsf{LHANR}, \ldots, \mathsf{MAXGEWICHT})\}.$

noch von p als

$p_1(\mathsf{Lagereinheit}) = \mathsf{Lagereinheit} \setminus \{(\mathsf{LENR}, \ldots, \mathsf{GEWICHT}, \ldots)\}$

$p_2(\mathsf{LagerhilfsmittelArt}) = \mathsf{LagerhilfsmittelArt}$

zur Beseitigung des Fehlers bei. Die Bilder 10.15 und 10.16 zeigen, daß in beiden Fällen jeweils ein Tupel zu viel verschwindet.

LeNr	LeaNr	...	LhaNr	LhaName	...
LE-007	LEA-05	...	LHA-05	Displaypalette	...

Bild 10.15. Aktualisierung $v = \mathsf{Lagereinheit} \bowtie_{\mathsf{Gewicht} \geq \mathsf{MaxGewicht}} \mathsf{LagerhilfsmittelArt}$

LeNr	LeaNr	...	LhaNr	LhaName	...
LE-004	LEA-05	...	LHA-06	Displaypalette	...

Bild 10.16. Aktualisierung $v = \mathsf{Lagereinheit} \bowtie_{\mathsf{Gewicht} \geq \mathsf{MaxGewicht}} \mathsf{LagerhilfsmittelArt}$

Nicht–Verstoß gegen Konsistenzbedingungen ist also keineswegs eine Garantie für Informationserhaltung. Ein genauerer Vergleich der beiden Sichten deutet aber auf eine andere Ursache hin. In der ersten Sicht ist das die referentielle Konsistenz bestimmende Schlüsselattribut zugleich Joinattribut. In der zweiten Sicht ist hingegen keines der Schlüsselattribute der beiden Relationen am Join beteiligt.

Systematische Betrachtungen hierzu verschieben wir auf Abschnitt 10.3.1. Zunächst betrachten wir noch Einfügeoperationen an unseren Beispielen.

Einfügeoperationen auf einer Sicht. *Projektion*: Eingefügt werden soll das Tupel (ANR, ANAME) in die Sicht $v = \pi_{\mathsf{ANr,AName}}(\mathsf{ArtikelArt})$. Es ergibt sich folgende Forderung nach p:

$\pi_{\mathsf{ANr,AName}}(\mathsf{ArtikelArt}) \cup \{(\mathsf{ANR}, \mathsf{ANAME})\} = \pi_{\mathsf{ANr,AName}}(p(\mathsf{ArtikelArt})).$

Für p ergibt sich dann

$p(\mathsf{ArtikelArt}) = \mathsf{ArtikelArt} \cup \{(\mathsf{ANR}, \mathsf{ANAME}, x, y, z)\},$

wobei x, y und z Unbekannte sind, für die allerdings im Unterschied zu den Betrachtungen bei Löschen konkrete Werte gesucht sind, da nun ein Tupel in die Originalrelation eingesetzt werden muß. Um allgemeine Anwendbarkeit zu sichern, bleibt nur übrig, die Unbekannten generell mit *NULL* zu belegen.

Sogar diese Regel ruft ernsthafte Probleme hervor, wenn eines der unbekannten Attribute Schlüsselattribut ist. Betrachten wir beispielsweise noch das andere Projektionsbeispiel, also $v = \pi_{\text{AName}}(\text{ArtikelArt})$, so ergibt sich für das entsprechende p die Forderung

$$p(\text{ArtikelArt}) = \text{ArtikelArt} \cup \{(w, \text{ANAME}, x, y, z)\}.$$

Setzen wir nun bei einer ersten Einfügeoperation *NULL* für w ein, so stellt dies zum einen eine recht ungewöhnliche Artikelnummer dar, denn w korrespondiert ja mit dem ArtikelArt–Attribut ANr. Schlimmer noch, eine zweite Einfügeoperation auf der Sicht führt zu einem Fehler, denn ANr ist Schlüssel der Originalrelation; somit darf unter diesem Attribut nicht zweimal der gleiche Wert auftauchen.

Selektion: In die erste Selektionssicht $v = \sigma_{\text{Lieferant='Siemens'}}(\text{ArtikelArt})$ sei das Tupel (ANR, ANAME, MENGE, LIEFERANT, GEWICHT) einzufügen. Dies bedeutet für die Informationserhaltung die Einhaltung der Bedingung

$$\begin{aligned}&\sigma_{\text{Lieferant='Siemens'}}(\text{ArtikelArt})\\ &\cup \{(\text{ANR}, \text{ANAME}, \text{MENGE}, \text{LIEFERANT}, \text{GEWICHT})\}\\ &\quad = \sigma_{\text{Lieferant='Siemens'}}(p(\text{ArtikelArt})).\end{aligned}$$

Für p naheliegend ist dann folgende Vermutung:

$$\begin{aligned}&p(\text{ArtikelArt}) =\\ &\quad \text{ArtikelArt} \cup \{(\text{ANR}, \text{ANAME}, \text{MENGE}, \text{LIEFERANT}, \text{GEWICHT})\}.\end{aligned}$$

Wir betrachten nun ein konkretes Beispiel: ('A-031', 'Schwungrad', 1, 'Mahle', 5.00) werde in die Sichtrelation eingefügt. Gemäß Vermutung wird es dazu der Relation ArtikelArt hinzugefügt. Die Bedingung für Informationserhaltung ist jedoch wegen folgender Anomalie nicht erfüllt: Das in die Sicht eingefügte Tupel erscheint selbst nicht darin, da es die Selektionsbedingung nicht erfüllt (der Lieferant ist nicht 'Siemens').

Die Betrachtung der zweiten Selektionssicht $v = \sigma_{\text{Gewicht}>100.0}(\text{Lagereinheit})$ ergibt keine neuen Erkenntnisse. Ist (LENR, LEANR, ANR, STÜCKZAHL, GEWICHT, LHNR) einzufügen, so kann man für p folgendes ermitteln:

$$\begin{aligned}&p(\text{Lagereinheit}) =\\ &\quad \text{Lagereinheit} \cup \{(\text{LENR}, \text{LEANR}, \text{ANR}, \text{STÜCKZAHL}, \text{GEWICHT}, \text{LHNR})\}.\end{aligned}$$

Auch hier kommt es zu Anomalien, wenn Tupel mit GEWICHT $\leq$ 100 in die Sicht eingefügt werden. Abgesehen davon ist die Selektion bezüglich der Informationserhaltung wie schon bei Löschoperationen ein unkritischer Operator. Dies kann man sich intuitiv erklären, daß die Selektion bei der Sichtenbildung im Gegensatz zu Projektion und Join die Struktur und damit die (Schlüssel–)Abhängigkeiten in der Tabelle erhält.

Für den Join sollten wir deshalb wieder interessantere Erkenntnisse erwarten.

Join: Zunächst sei v = ArtikelArt $\bowtie$ Lagereinheit$_{\text{LeGewicht}\leftarrow\text{Gewicht}}$, und das einzufügende Tupel sei (ANR, ..., LENR, ...). Dann ergibt sich im Sinne der Informationserhaltung für die p die Forderung

$$\text{ArtikelArt} \bowtie \text{Lagereinheit}_{\text{LeGewicht}\leftarrow\text{Gewicht}} \cup \{(\text{ANR}, \ldots, \text{LENR}, \ldots)\}$$
$$= p_1(\text{ArtikelArt}) \bowtie p_2(\text{Lagereinheit})_{\text{LeGewicht}\leftarrow\text{Gewicht}}$$

Versuchen wir erneut zunächst einmal, p ganz „naiv“ folgendermaßen zu definieren:

$$p_1(\text{ArtikelArt}) = \text{ArtikelArt} \cup \{(\text{ANR}, \ldots)\}$$

$$p_2(\text{Lagereinheit}) = \text{Lagereinheit} \cup \{(\text{LENR}, \ldots, \text{ANR}, \ldots)\}$$

Betrachten wir nun das in die Sicht einzufügende Tupel (ANR, ..., LENR, ...) nochmals etwas genauer. Falls in der Sicht bislang kein Tupel mit ANr = ANR existiert, gibt es auch in der Originalrelation ArtikelArt kein Tupel mit dieser Nummer. Der passende Teil des Einfügetupels für die Sicht kann dann problemlos in ArtikelArt eingefügt werden. Einfach zu behandeln ist auch der Fall, daß sich ein Tupel mit ANr = ANR bereits in ArtikelArt befindet, die Attributwerte aber alle mit den entsprechenden des Einfügetupels übereinstimmen. Dann wird aufgrund des Mengencharakters der Originalrelation und des Operators „∪“ nichts in ArtikelArt eingefügt. Probleme entstehen einzig dann, wenn sich zwar unter dem Schlüssel ANr im Original bereits ein Tupel befindet, der entsprechende Teil des Einfügetupels jedoch (teilweise) in seinen Werten von denen des Originals abweicht. Wir können auch nicht einfach die abweichenden Attributwerte mit den neuen aktualisieren, da dies einem Löschen des alten Tupels gleichkäme mit all den unbeabsichtigten Auswirkungen, die wir bereits in Abschnitt 10.3.1 kennenlernten.

Die gleiche Fallunterscheidung kann man auch für Lagereinheit und den korrespondierenden Teil des Einfügetupels treffen.

Für v = Lagereinheit $\bowtie_{\text{Gewicht}\geq\text{MaxGewicht}}$ LagerhilfsmittelArt, die zweite über den Join definierte Sicht, ergibt sich ein ähnliches Bild. Einzufügen sei das Tupel (LENR, ..., GEWICHT, ..., LHANR, ..., MAXGEWICHT). Wegen der Bedingung

$$\text{Lagereinheit} \bowtie_{\text{Gewicht}\geq\text{MaxGewicht}} \text{LagerhilfsmittelArt}$$
$$\cup \{(\text{LENR}, \ldots, \text{GEWICHT}, \ldots, \text{LHANR}, \ldots, \text{MAXGEWICHT})\}$$
$$= p_1(\text{Lagereinheit}) \bowtie_{\text{Gewicht}\geq\text{MaxGewicht}} p_2(\text{LagerhilfsmittelArt})$$

vermuten wir für p

$$p(\text{Lagereinheit}) = \text{Lagereinheit} \cup \{(\text{LENR}, \ldots, \text{GEWICHT}, \ldots)\}$$

$$p(\text{LagerhilfsmittelArt}) = \text{LagerhilfsmittelArt} \cup \{(\text{LHANR}, \ldots, \text{MAXGEWICHT})\}.$$

Wie der Leser sich leicht selbst verdeutlichen kann, taucht das im vorigen Beispiel genannte Problem mit dem Rückführen des Einfügens bei Schlüsselattributen für bestehende Werte im Original unverändert auf.

Hier ergibt sich sogar ein weiteres, von der Selektion her schon bekanntes Problem: Hat das in die Sicht einzufügende Tupel unter GEWICHT einen kleineren Wert als unter MAXGEWICHT, wird es zwar eingefügt, ist aber für die Abbildung v unsichtbar.

Ein systematischer Ansatz. Leseoperationen A auf einer relationalen Sicht stellen kein Problem dar. Die Abbildung v läßt sich als eine Leseoperation auffassen, so daß man beim Lesen einfach relationale Operationen hintereinanderschaltet, also $A(v(DB))$ bildet.

Änderungen hingegen bereiten gelegentlich Probleme, wie wir gesehen haben. Man spricht daher bei Sichten auch vom „View Update“–Problem. Freilich wäre es ungerechtfertigt, Änderungen an Sichten pauschal zu verbieten. Wir wollen daher im folgenden die Randbedingungen etwas genauer analysieren, unter denen Änderungen mit Hinblick auf die Informationserhaltung zulässig sind.

Wir skizzieren dazu einen Ansatz unter einigen vereinfachenden Annahmen. Die Einschränkungen liegen darin, daß wir Selektionsbedingungen ignorieren, nur einattributige Schlüssel sowie nur Equi–Joins — also Verbindungen mit Gleichheit — betrachten.

Der Ansatz beruht darauf, daß er Nutzen aus zweierlei Wissen ziehen kann:

- Er hat für die an der Sicht beteiligten Relationen Kenntnis über die Zusammenhänge zwischen den Attributen, insbesondere die *Schlüsselfunktion* (vergleiche Abschnitt 4.7).
- Für Join–Operationen ist Kenntnis über die zu verbindenden Attribute, die *Join–Attribute*, erforderlich.

Dieses Wissen wird umgesetzt, um einen Graphen in folgender Weise zu konstruieren.

Spurgraph: Seien $R_1, \ldots, R_n$ die Ausgangsrelationen und $V = v(R_1, \ldots, R_n)$ eine auf den R_i definierte Sichtrelation. Dann konstruieren wir den Spurgraphen $G(V)$ wie folgt:

- Für jedes Attribut der Relationen R_i wird ein $\circ$–Knoten eingeführt, und für jedes Attribut von V ein $\Box$–Knoten.
- Zwischen jedem Sichtattribut $V.A$ und seinem definierenden Attribut $R_i.B$ in einer der Basisrelationen wird eine bidirektionale Kante zwischen den beteiligten Knoten gezogen.
- Für jede (Equi–)Join–Bedingung $R_i.A = R_j.B$ wird eine bidirektionale Kante zwischen den beteiligten Knoten gezogen.
- Für jeden (einattributigen) Schlüssel $R_i.A$ werden gerichtete Kanten vom Schlüsselattribut $R_i.A$ zu allen anderen Attributen von R_i gezogen.

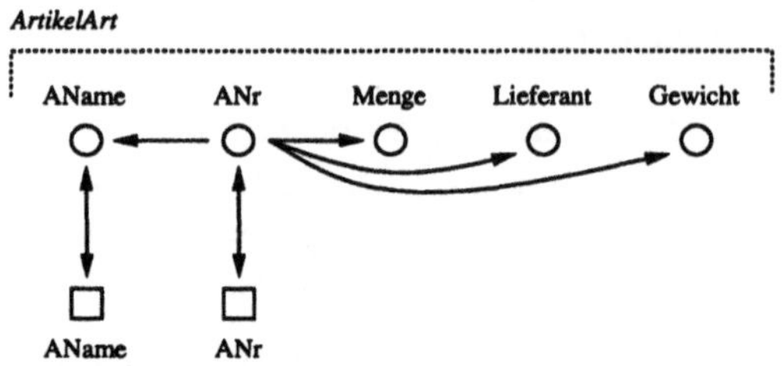

Bild 10.17. Spurgraph für $\pi_{\mathsf{ANr,AName}}(\mathsf{ArtikelArt})$

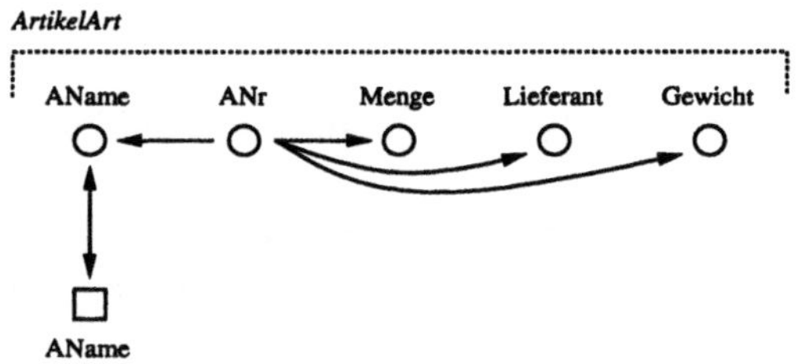

Bild 10.18. Spurgraph für $\pi_{\mathsf{AName}}(\mathsf{ArtikelArt})$

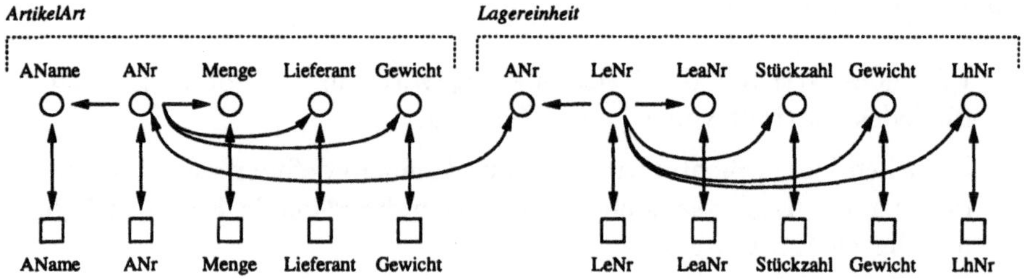

Bild 10.19. Spurgraph für $\mathsf{ArtikelArt} \bowtie \mathsf{Lagereinheit}_{\mathsf{LeGewicht} \leftarrow \mathsf{Gewicht}}$

Die Bilder 10.17, 10.18 und 10.19 illustrieren dies an denjenigen drei Beispielsichten aus Abschnitt 10.3.1, die den Einschränkungen gehorchen.

Wir können nun Pfade zwischen Knoten wie folgt rekursiv definieren.

Pfade im Spurgraph: Seien A und B Knoten in $G(V)$. Dann ist $A \xrightarrow{v} B$ Pfad in $G(V)$, falls eine Kante von A nach B existiert oder es einen Knoten C in $G(V)$ gibt, so daß eine Kante von A nach C verläuft und ein Pfad $C \xrightarrow{v} B$ gefunden werden kann.

Für eine Knotenmenge Z gilt $A \xrightarrow{v} Z$ als Pfad in $G(V)$, falls für jedes $C \in Z$ gilt: $A \xrightarrow{v} C$.

Sichtspur: Sei A □–Knoten und B ∘–Knoten in $G(V)$. A heißt Sichtspur von B, falls $A \xrightarrow{v} B$ und $B \xrightarrow{v} A$ (Kurzschreibweise: $A \overset{v}{\leftrightarrow} B$).

Mittels Spurgraphen, Pfaden und Sichtspuren sind wir nun in der Lage, Aussagen über Lösch– und Einfügeoperationen in Sichten zu machen.

Löschoperationen auf Sichten: Sei V Sichtrelation und X Attributfolge in V. **delete**(V, X) sei eine Löschoperation mit der Eigenschaft, daß für jedes Attribut in X ein Wert spezifiziert wird. Dann ist **delete**(V, X) informationserhaltend auf Löschoperationen in den Basisrelationen abbildbar, falls es genau eine Basisrelation R_i mit einem Schlüssel K_i so gibt, daß $K_i \xrightarrow{v} X$. Es werden dann ausschließlich Tupel aus diesem R_i entfernt.

Beispiele: Zur Illustration betrachten wir die Beispiele aus Abschnitt 10.3.1 und die Bilder 10.17, 10.18 und 10.19:

- Eine Löschoperation auf der ersten Projektion läßt sich interpretieren als **delete**(V, AName) mit AName = ANAME. ANr ist Schlüssel in ArtikelArt, und nach Bild 10.18 gilt ArtikelArt.ANr $\xrightarrow{v}$ V.AName. Die Löschoperation ist also durchführbar, und zwar, wie in Abschnitt 10.3.1 angedeutet, durch Entfernen *aller* einschlägigen Tupel.
- Das zweite Löschbeispiel läßt sich deuten als **delete**(V, (ANr, AName)) mit (ANr, AName) = (ANR, ANAME). Nach Bild 10.17 gilt ArtikelArt.ANr $\xrightarrow{v}$ (V.ANr, V.AName). Auch diese Löschoperation ist also gestattet.
- Wir betrachten noch das erste Join–Beispiel. Die einzigen überhaupt möglichen Schlüssel sind ANr in ArtikelArt und LeNr in Lagereinheit. Nach Bild 10.19 ergibt sich, daß nur für LeNr die Pfadbedingung erfüllt ist. Demnach findet das Löschen — wie in Abschnitt 10.3.1 verlangt — nur in der Originalrelation Lagereinheit statt.

Einfügeoperationen auf Sichten: Sei V Sichtrelation und t ein Tupel. Dann ist die Einfügeoperation **insert**(V, t) informationserhaltend auf Einfügeoperationen in den Basisrelationen abbildbar, falls gilt:

- *Konsistenz*: Seien D, D_1, D_2 und die D_i Attribute von V.

- Sind D_1, D_2 Sichtspuren desselben Attributs in einem R_i, dann gilt auch $\pi_{D_1}(\{t\}) = \pi_{D_2}(\{t\})$.
- Für jedes R_i muß (mindestens ein) Schlüssel K_i eine Sichtspur D besitzen, und $\pi_D(\{t\})$ darf nicht $NULL$ sein.
- Für jedes R_i mit Schlüssel K_i und weiterem Attribut A_i gilt: Falls D_K Sichtspur von K_i ist und D_A Sichtspur von A_i ist, dann gilt für alle $s \in V$: Mit $\pi_{D_K}(\{s\}) = \pi_{D_K}(\{t\})$ folgt $\pi_{D_A}(\{s\}) = \pi_{D_A}(\{t\})$.

- *Seiteneffektfreiheit*: Für alle D_i mit $\pi_{D_i}(\{t\}) \neq NULL$ existiert für jedes R_i ein Schlüssel K_i, so daß $K_i \xrightarrow{v} \{D_i\}$. Beachte: $\{D_i\}$ ist die Knotenmenge, die durch die D_i gebildet wird.
- *Eindeutigkeit*: Jedes Attribut in der Equijoin–Bedingung besitzt eine Sichtspur D_i, und $\pi_{D_i}(\{t\}) \neq NULL$.

Beispiele: Wir betrachten wieder unsere drei Beispiele.

- Im ersten wird das Tupel (ANR, ANAME) in die Sichtrelation eingefügt. Man sieht anhand von Bild 10.17, daß Konsistenz und Seiteneffektfreiheit sichergestellt sind. Die Eindeutigkeitsbedingung entfällt. Wir sehen jetzt auch sofort, daß die dritte Bedingung für Konsistenz ausschließt, daß ein Tupel mit bereits vorhandenem Schlüssel, aber ansonsten abweichenden Werten eingefügt wird.
- Im zweiten Fall wird versucht, das Tupel (ANAME) in die Sichtrelation einzufügen. Hierbei wird aber gemäß Bild 10.18 gegen die zweite Bedingung zur Konsistenz verstoßen: Der Schlüssel ANr der Ursprungsrelation besitzt keine Sichtspur.
- Im dritten Fall soll ein Tupel ohne $NULL$–Werte eingefügt werden. Gemäß Bild 10.19 ist Seiteneffektfreiheit aber nicht gesichert: Beispielsweise leistet für das Sichtattribut LeNr der (einzige) Schlüssel ANr der Ursprungsrelation ArtikelArt die Pfadbedingung ArtikelArt.ANr $\xrightarrow{v}$ V.LeNr nicht. Somit ist die Einfügeoperation nicht zwingend informationserhaltend.

Konsistenzerhaltung. Impliziter Bestandteil der Abbildung v der zuvor diskutierten Zulieferersicht ist der Wegfall aller Relationen der Originaldatenbasis bis auf ArtikelArt, Lagereinheit und LagerhilfsmittelArt. Der Fortfall gefährdet die Informationserhaltung nicht, da in der Sichtdatenbasis auf die Relationen keine Operationen ausführbar sind und daher auch keine entsprechenden Operationsfolgen in der Datenbasis definierbar sind.

In die Sicht übernommene Zusammenhänge wie referentielle Konsistenzen, etwa zwischen ArtikelArt und Lagereinheit, müssen auch in der Sicht durch entsprechende Folgen von Operatoren o erzwungen werden.

Die Datenelemente d und e unserer Definition der Konsistenzerhaltung aus Abschnitt 10.2.2 sind gemäß der Charakterisierung der Abbildung v aus Abschnitt 10.3.1 Tupelmengen. Undefinierte Abbildungen $v(e)$ können also nur durch Weglassen von Tupeln, im Extremfall also sogar ganzer Relationen, zustandekommen. Dieses Weglassen kann zu Verstößen gegen die Konsistenzerhaltung führen. Dazu sei beispielsweise nochmals das Löschen des Tupels ('A-001', ...) aus ArtikelArt in Abschnitt 10.3.1 betrachtet. Wird nun die Artikelnummer 'A-001' auch in der Relation Verträglichkeit geführt, so wird die referentielle Konsistenz dieser Relation gestört.

10.3.2 NF^2–Modell

Da das NF^2–Modell das relationale Modell als Sonderfall einschließt, folgern wir sofort, daß auch Abbildungen innerhalb des NF^2–Modells unter Ändern nicht zwingend informationserhaltend sind. Die Frage kann daher bestenfalls lauten, welche Einschränkungen noch hinzukommen, damit Informationserhaltung zugesichert werden kann.

Diese Einschränkungen können nur mit dem Auftreten von Unnest– und Nest–Operationen zusammenhängen. Besondere Schwierigkeiten macht die Tatsache, daß Unnest durch Nest im allgemeinen Fall nicht rückgängig gemacht werden kann — dies hatten wir bereits in Abschnitt 5.3.5 festgestellt. Genauere Untersuchungen zu dieser Fragestellung scheinen jedoch nicht allgemein verfügbar zu sein.

10.3.3 Netzwerkmodell

Wir gehen wieder von den für den Benutzer sichtbaren Teilen der Originaldatenbasis aus. Dabei sollte man annehmen, daß im Netzwerkmodell die Verhältnisse einfacher als im relationalen Modell liegen, denn alle Beziehungen zwischen den Datenelementen sind strukturell ausgedrückt und nicht wertbasiert.

Record–Typen. Wir unterscheiden sechs Fälle:

1. *Weglassen* eines Record–Typs: Wie zuvor beim relationalen Modell tangiert dies nicht die Informationserhaltung.
2. *Weglassen* von Attributen: Dies entspricht einer Projektion im relationalen Modell. Für die Informationserhaltung unter Lesen und Ändern können daher die bisherigen Ergebnisse unmittelbar übernommen werden. Zu bedenken ist nur, daß genauso wie in der Originaldatenbasis Duplikate erhalten bleiben.
3. *Aufspalten* eines Record–Typs entspricht zwei oder mehr Projektionen. Jeder Record–Typ auf der Nutzer–Ebene läßt sich also durch einen Projektionsausdruck modellieren, und es gilt für jeden das zuvor Gesagte.

4. *Verschmelzen* von zwei oder mehr Record–Typen zu einem einzigen Record–Typ läßt sich in ähnlicher Weise durch eine Verbindungsoperation modellieren. Auch hier können wir deshalb die bisherigen Ergebnisse übernehmen.
5. *Zerlegen* eines Record–Typs in zwei oder mehr gleichartige Record–Typen läßt sich mit einer Selektion gleichsetzen. Jeder der neuen Record–Typen auf der Nutzer–Ebene ist dann durch einen Selektionsausdruck modellierbar.
6. *Vereinigen* mehrerer gleichartiger Record–Typen zu einem einzigen entspricht einer Vereinigung im relationalen Modell.

Set–Typen. Die Betrachtung von Abbildungen zwischen Set–Typen gestaltet sich erheblich komplizierter, da eine Reihe von Eigenschaften mit berücksichtigt werden müssen: Funktionseigenschaft, Ordnung, **insertion**– und **retention**–Klauseln. Wir stellen im folgenden nur einige informelle Überlegungen an.

Wir studieren zunächst die *Zusammenfassung von Set–Typen.* Diese ist nur sinnvoll, wenn Ordnungskriterium, **insertion**– und **retention**–Klauseln übereinstimmen, da nur dann diese Eigenschaften auf der Nutzer–Ebene wohldefiniert sind. Weiterhin muß der Owner–Typ aller beteiligten Set–Typen identisch sein. Dann bestimmt er auch diesen Typ auf Nutzer–Ebene. Andernfalls müssen die Owner–Typen zu einem einzigen Record–Typ verschmolzen werden.

Damit bei Einfügen eines Member–Records bekannt ist, in welchen Set der Originaldatenbasis einzufügen ist, muß dieser Set noch erkennbar sein. Dies kann nur dadurch geschehen, daß die Member–Typen der beteiligten Set–Typen unterschiedlich sind. Dazu muß man allerdings zulassen, daß die Member–Records eines Sets unterschiedlichen Typs sein dürfen. Dies widerspricht der bei Einführung des Netzwerkmodells gegebenen Definition eines Set–Typs (Abschnitt 6.2.2). In späten Versionen des CODASYL–Vorschlags taucht eine derartige Erweiterung jedoch auf, wenn sie sich auch nicht durchgesetzt hat.

Beispiel: Wir betrachten auf der linken Seite von Bild 10.20 ein Teilschema der Kartographiewelt (vergleiche Bild 6.13). Auf Nutzer–Ebene sei die Sicht auf der rechten Seite von Bild 10.20 erwünscht. Diese Sicht ist nach dem Gesagten zulässig.

Gegenbeispiel: Aus Bild 6.13 ist auch das Teilschema auf der linken Seite von Bild 10.21 erhältlich, das ursprünglich auf die Auflösung einer rekursiven Beziehung zurückging. Hier liegt ein und derselbe Member–Typ vor. Und in der Tat, versuchte man eine Zusammenfassung, so fände man überhaupt keine sinnvolle Interpretation für diesen Set–Typ. Eine brauchbare Bezeichnung fiele nicht ein, und dieser Typ gehorchte auch keinem funktionalen Zusammenhang.

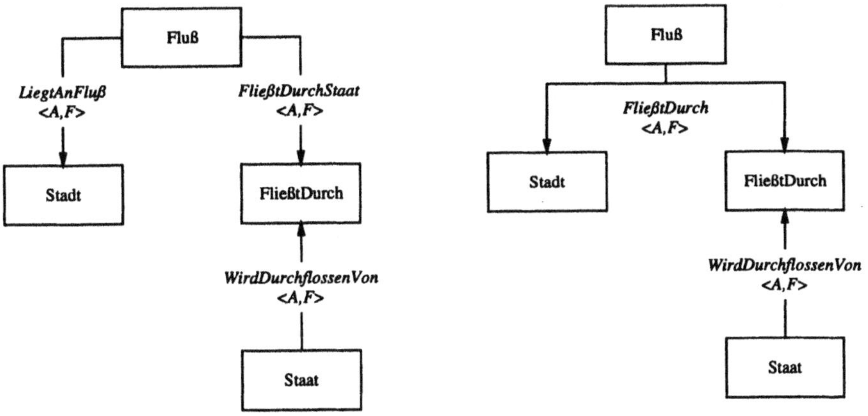

Bild 10.20. Netzwerkschema (links) und zugehörige Sicht (rechts)

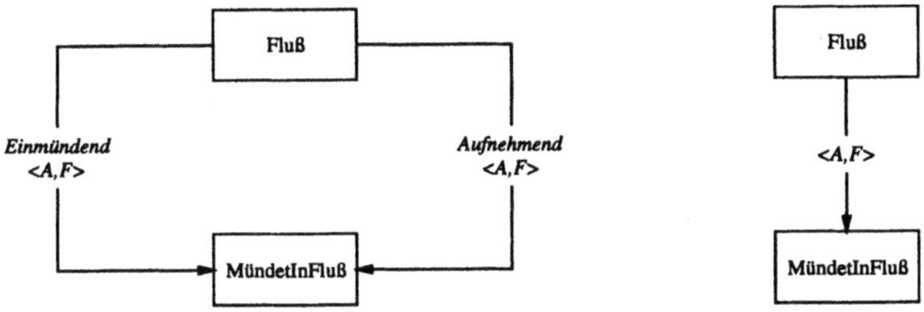

Bild 10.21. Netzwerkschema (links) und Versuch einer Sicht (rechts)

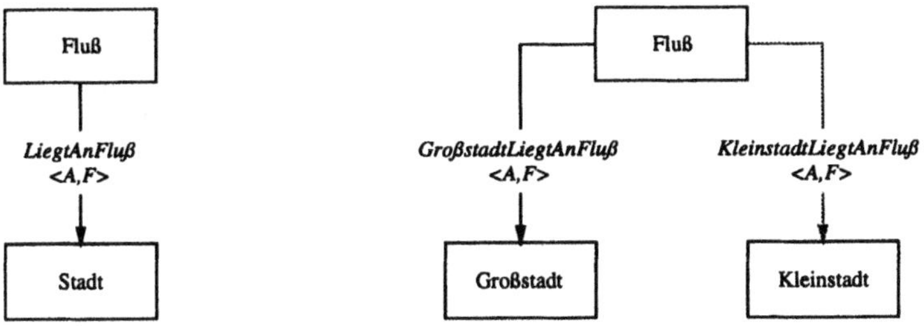

Bild 10.22. Netzwerkschema (links) und zugehörige Sicht (rechts)

Das *Aufspalten eines Set–Typs* ist einmal denkbar, wenn er über unterschiedliche Member–Typen verfügt. Man betrachte als Beispiel Bild 10.20, wobei nun die rechte Seite die Rolle des Originals und die linke Seite die Rolle des Nutzers einnimmt. Denkbar ist zum anderen, daß die Member–Typen zerlegt werden. Ein Beispiel findet sich in Bild 10.22. In beiden Fällen werden Ordnung, **insertion**– und **retention**–Klausel an die neuen Set–Typen weitergegeben. Auch an der funktionalen Eigenschaft ändert sich nichts.

Bild 10.23. Netzwerkschema (links) und zugehörige Sicht (rechts)

Durch das Verschmelzen von Record–Typen können auch Set–Typen verschwinden. Bild 10.23, aus der Sicht der Lagerverwaltung entnommen, gibt ein Beispiel. Hier werden die Attribute von LagereinheitArt den Lagereinheiten zugeschlagen. Damit wird Set–Typ HatEinheiten überflüssig. Eine Verschmelzung in umgekehrter Richtung wäre hingegen nicht erlaubt, da man dann gegen den Grundsatz atomarer Domänen verstoßen würde. Im übrigen lassen sich hierfür ähnliche Betrachtungen wie beim Join von Relationen anstellen.

Weglassen von Set–Typen: Ähnlich wie in Abschnitt 10.3.1 bereiten sichtbar gemachte Zusammenhänge keine Probleme. Zu Problemen kommt es hingegen, wenn man sie unsichtbar beläßt, d.h. einen **automatic/fixed**–Set–Typ wegläßt. Macht man dann beide beteiligten Record–Typen sichtbar, so bewirkt eine Löschoperation auf dem sichtbaren Owner eines unsichtbaren Sets bei **fixed** für die **retention**–Bedingung das unerwartete Löschen des sichtbaren Member–Records aus der Sicht. Damit liegt ein Verstoß gegen die Informationserhaltung vor. Läßt man darüber hinaus den Member–Typ weg, macht also allein den Owner sichtbar, so dürfen die Member–Records nicht aus der Originaldatenbasis gelöscht werden, da die Abbildung v und damit die Operationsfolge p für sie nicht definiert sind. Damit ist aber die Konsistenzerhaltung nicht mehr gegeben.

Fazit: Auch innerhalb des Netzwerkmodells müssen zahlreiche Einschränkungen beachtet werden, wenn die Abbildung informations– und konsistenzerhaltend bleiben soll.

10.3.4 Deduktive Modelle

Deduktive Modelle, so wie wir sie in Kapitel 7 eingeführt haben, gehen von einer relationalen Faktendatenbasis aus. Sie sind zudem reine Anfragemodelle, die Relationen zum Ergebnis haben. Eine Sicht in diesem Modell kann dann nur in einer Einschränkung der aus der Faktendatenbasis herleitbaren Relationen entstehen, also in einer Ausschnittbildung auf der Faktendatenbasis und/oder einer auf den Regeln basierenden Abbildung v.

Die Überlegungen zu Beginn von Abschnitt 10.3.1 lassen sich daher sofort übernehmen. Sie besagen, daß Operationen o — hier also Ableitungen — auf der Sicht einfach durch Kombination oder Regeln aus v und o informationserhaltend zustandekommen.

Änderungen im deduktiven Modell müssen stets unmittelbar in der relationalen Faktendatenbasis und mit Hilfe relationaler Operatoren erfolgen. Hier gelten dann die Überlegungen aus Abschnitt 10.3.1.

10.3.5 Objektorientierte Modelle

Beispiele für Sichtdefinitionen. Die Untersuchung, unter welchen Bedingungen Abbildungen innerhalb objektorientierter Modelle informationserhaltend sind, gestaltet sich von vornherein sehr schwierig. Zunächst einmal kann man die Betrachtung angesichts der Monomorphie nicht mehr auf einige wenige, dazu fest vorgegebene und vom Datenbanksystem unmittelbar zu kontrollierende Operatoren beschränken. Hält man das Kapselungsprinzip streng ein, dann steht auch die innere Struktur der Objekte für eine Untersuchung nicht zur Verfügung.

Wir wollen im folgenden typische Probleme, die in diesem Zusammenhang auftauchen, anhand einiger Situationen beleuchten.

Reduktion um Operatoren: Man betrachte das Beispiel aus Abschnitt 8.3.3 mit Punkten und Quadern, wobei wir annehmen wollen, daß die translation()-Operation in Quader mit Hilfe der translation()-Operation für Punkt implementiert sei. Der Nutzer interessiere sich nun nicht für die Verschiebung einzelner Punkte; Verschiebungen treten für ihn immer nur im Kontext ganzer Quader auf. Dann ist die Vereinbarung des Typs Punkt in seiner Sicht um die Deklaration der Operation translation() ärmer. Dies verursacht Probleme, wenn der Benutzer in seiner Sicht Translationen auf Quader ausübt, wobei ja die in Punkt definierte Operation genutzt werden soll, die nun in der Sicht fehlt.

Reduktion um Typen: Das zuvor Gesagte gilt in noch drastischerer Form, wenn der Nutzer beispielsweise ganz auf den Objekttyp Punkt verzichten will. Weniger klar ist, was geschehen soll, wenn Obertypen wegfallen. Man betrachte dazu das Beispiel aus Abschnitt 8.4.2 mit dem Typ Zylinder, der von seinem

Obertyp GeoKörper einige Attribute (und damit deren Zugriffsoperationen) sowie die Operation dichte() erbt. Fällt nun GeoKörper weg, so stellt sich die Frage, ob diese Eigenschaften in der Nutzersicht in die Vereinbarung von Zylinder propagiert werden sollen, d.h. ob zugelassen werden soll, daß die Vereinbarung von Zylinder — bei unverändertem Verhalten — in der Sicht anders gesehen wird.

Reduktion um Ausprägungen: Angenommen, der Benutzer habe nur Interesse an Zylindern mit einer bestimmten Mindestdichte. Dann fehlt in den Vereinbarungen in Abschnitt 8.4.2 der Typ Zylindermenge mit der Strukturierung {Zylinder} und einem Selektionsoperator, der eine entsprechende Auswahl gestattet. (Zur Erinnerung: Der Typ Zylindermenge kam erst in Abschnitt 8.4.6 hinzu.) Eine Lösung bestünde darin, in der Originaldatenbasis eine entsprechende Schemaerweiterung zu erzwingen, damit der Nutzer seine Sicht durchsetzen kann. Diese Forderung würde jedoch von unserer bisherigen Prämisse abweichen, nach der der Nutzer unabhängig und auf nicht weiter abgesprochene Weise auf andere Datenbasen im Netz zugreifen möchte.

Erweiterung um Typen: Das vorgenannte Problem könnte der Benutzer auf eigene Faust durch Einführung des Typs Zylindermenge bei sich lösen. Dies ist jedoch nicht ohne Probleme. Da der Typ Zylindermenge in der Originaldatenbasis nicht existiert, Mengen aber eigenständige Objekte darstellen, bleibt nichts anderes übrig, als beim Nutzer eigenständige, im Original nicht existente Objekte zu erzeugen. Dies wiederum widerspricht unserer Prämisse einer einzigen oder bestenfalls replizierten Datenbasis.

Erweiterung um Operatoren: Unsere Zylinder in Abschnitt 8.4.2 können nicht rotiert werden. Wenn wir annehmen, daß der Benutzer die Rotationsoperation doch benötigt, muß er sich dazu einen Operator rotation() definieren. Dazu benötigt er Zugang zur inneren Struktur von Zylinder. Dieser kann ihm aber durchaus verwehrt sein, wenn nämlich die mit den Attributen einhergehenden Operatoren nicht öffentlich zugänglich sind. Im allgemeinen Fall kann der Nutzer einen neuen Operator einem Typ also nur dann hinzufügen, wenn er ihn auf der Grundlage von ihm zugänglichen Operatoren implementieren kann.

Änderung von Operatoren: Werden Operatoren hinsichtlich Typen und Zahl ihrer Parameter geändert, so sind die Verfeinerungsbedingungen aus Abschnitt 8.4.6 zu beachten.

Handlungsmaximen. Die informationserhaltende Abbildung innerhalb objektorientierter Modelle ist heute noch Gegenstand der Forschung. Systematische Ergebnisse liegen kaum vor. Aus den vorangegangenen Beispielen kann man jedoch einige Handlungsmaximen gewinnen:

1. Das Basisschema muß unter allen Sichtdefinitionen unverändert bleiben.

2. Die Prämisse einer nicht eigenständigen Existenz der Sichtdatenbasis verbietet alle Sichten, die Objekte konstruieren, für die kein Pendant in der Originaldatenbasis vorliegt. Es verbietet sich also, die in Abschnitt 10.3.5 erwähnte Zylindermenge erst in der Sicht zu konstruieren. Daraus folgt wiederum, daß die Objektidentitäten in der Sicht aus der Originaldatenbasis übernommen werden können.

3. Es ist verboten, Typen der Originaldatenbasis in die Sichtdatenbasis zu übernehmen und dort um Attribute zu erweitern, denn die zusätzliche Information der Ausprägungen dieses Typs könnte in der Originaldatenbasis nicht abgelegt werden. Eine Sicht darf also keine Änderungen, Erweiterungen oder Reduktionen im **structure**–Abschnitt beinhalten. Sie darf ausschließlich Änderungen, Erweiterungen oder Reduktionen der Schnittstelle oder der Operationsimplementierungen unter Beachtung dieser Einschränkung vornehmen. Gefordert werden muß auch die Wertabgeschlossenheit der Operatoren: Kein Operator darf Parameter in einem Typ fordern oder einen Typ zum Ergebnis haben, der in der Sicht selbst nicht existiert.

4. Ein neuer Typ darf in ein Sichtschema nur in eine existierende Generalisierungskante eingefügt werden oder ein existierendes Blatt verfeinern. Ein Typ darf aus einer Hierarchie nur dann entfernt werden, wenn nach Anschluß seiner Untertypen an seinen Obertyp alle wünschenswerten Eigenschaften der Untertypen erhalten bleiben.

5. Die Reduktion um einen Operator aus einem Basistyp kann als Vereinbarung eines neuen Sichttyps gesehen werden, der den Basistyp ersetzt, der diesen Operator noch besaß. Das wiederum hat Auswirkungen auf die Untertypen, die den Operator ebenfalls verlieren. Weiterhin kann eine Reduktion auch durch Wegfall eines Obertyps zustande kommen.

   Ein Ersatz erfolgt auch bei Erweiterung des Basistyps um einen Operator. Dieser muß ausdrücklich im Sichtschema vereinbart sein und damit implementiert werden, und zwar ausschließlich auf der Grundlage der Operatoren des Basistyps oder der Obertypen im Sichtschema.

   Schließlich kommt es zu einem Ersatz des Basistyps beim Ersatz eines Operators durch einen neuen. Dabei sind die Verfeinerungsbedingungen aus Abschnitt 8.4.6 zu beachten, da der neue Operator ja real auf Ausprägungen des Basistyps angewendet wird.

6. Die Reduktion um Ausprägungen etwa durch eine Auswahlbedingung auf Attributen — sie erfordert Öffentlichkeit der Leseoperatoren auf diese Attribute — beläßt den Basistyp unverändert, kann ihm jedoch in der Sicht Untertypen hinzufügen. Für diesen letzten Fall stelle man sich die Unterteilung eines in die Sicht übernommenen Basistyps Zylinder in Untertypen KurzerZylinder und LangerZylinder vor. Nunmehr kann in der Sicht ein Objekt sogar seinen Typ quer zur Vererbungshierarchie wech-

seln, nämlich dann, wenn in der Sicht der Wert des Selektionsattributs auch verändert werden kann.

Typsicherheit. Ziel muß es sein, die Maximen aus dem vorigen Abschnitt in Regeln für die Typsicherheit innerhalb einer Sicht umzusetzen. Dabei bedeutet Typsicherheit innerhalb der Sicht, daß einer Variablen nur ein Objekt zugewiesen werden kann, auf das die Operatoren des Variablentyps angewendet werden können. Weiterhin muß Typsicherheit in der Originaldatenbasis gesichert bleiben. Das erreicht man, indem man die Operatoren der Sicht ausschließlich über die Operatoren der Originaldatenbasis implementiert.

Aus Maxime 2 folgt, daß sich jedes Objekt eines Sichttyps mit einem Objekt eines Basistyps deckt. Man sagt dann, dieser Sichttyp sei aus dem entsprechenden Basistyp abgeleitet. Um die Typsicherheit zu gewährleisten, kann man nun bei der Implementierung der Sichtoperatoren wie folgt vorgehen. Gegeben seien Basisschema und Sichtschema. Man konstruiere ein integriertes Ableitungsschema als eine Vereinigung der beiden Schemata mit der folgenden Eigenschaft: Zu jedem Typ im Sichtschema wird der Basistyp, von dem der Typ abgeleitet wurde, als zusätzlicher Obertyp eingetragen. Weiterhin werden dessen Obertypen übernommen. Jeder Operator in einem Sichttyp muß dann entweder von einem Obertyp im Sichtschema (gegebenenfalls unter Verfeinerung) *ererbt* oder mittels der Operatoren seiner Obertypen im Ableitungsschema *implementiert* sein.

Man beachte, daß die Subtypisierung in den beiden Fällen unterschiedliche Semantik besitzt: Diejenige aus dem Sichtschema ist wie bisher praktiziert rein syntaktisch, die zwischen Sichttypen und Basistypen besitzt hingegen zusätzlich die isa–Eigenschaft (Abschnitt 8.4.7).

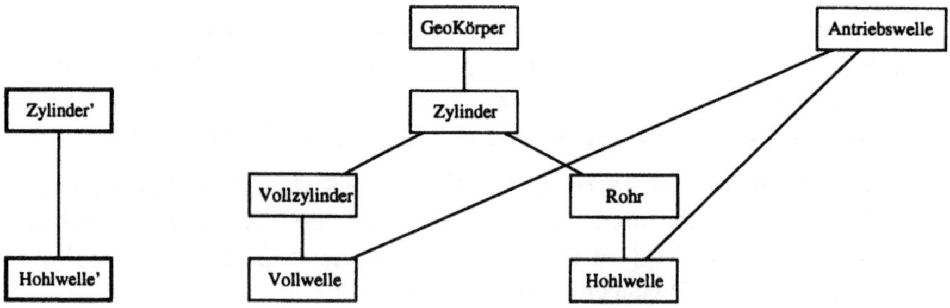

Bild 10.24. Sichtschema (links) und Basisschema (rechts)

Wir illustrieren dies am Beispiel. Gegeben sei als Basisschema die Typhierarchie gemäß Bild 10.24, die wir bereit in Abschnitt 8.5 kennengelernt haben. Sichttypen sind dabei hier und im folgenden fett umrandet, Basistypen dünn umrandet. Die auf der linken Seite dargestellte Sicht läßt sich wie folgt vereinbaren:

```
define view type Zylinder' is
  derived from Zylinder;
  structure
    [ radius: Float; mittelpunkt1, mittelpunkt2: Punkt ];
  interface
    declare Float länge(void);
    declare Float volumen(void);
    declare Float masse(void);
    declare void translation(Punkt p);
  implementation
    ...
end view type Zylinder';

define view type Hohlwelle' supertype Zylinder' is
  derived from Hohlwelle;
  structure
    [ innererRadius: Float ];
  interface
    refine Float volumen(void);
    refine Float masse(void);
    declare Float durchbiegung(void);
  implementation
    ...
end view type Hohlwelle';
```

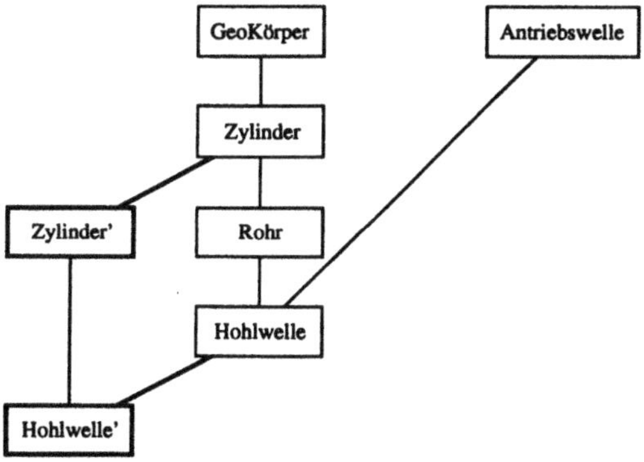

Bild 10.25. Ableitungsschema zur Überprüfung der Typsicherheit

Bild 10.25 zeigt das zugehörige Ableitungsschema zur Überprüfung der Typsicherheit. Dünne Linien kennzeichnen hierbei syntaktische Vererbung; dicke Linien implizieren isa–Semantik. Man veranschauliche sich in Verbindung mit den Typvereinbarungen in Abschnitt 8.5, daß die Typsicherheitsbedingungen in der Tat erfüllt sind. Insbesondere illustriert Bild 10.25 noch eine wichtige Regel: Der Basistyp jedes Obertyps in der Sicht muß ein Obertyp des Basistyps des betrachteten Sichttyps sein.

Neue Operatoren lassen sich in einem Sichttyp vereinbaren, solange sie sich mittels eines oder mehrerer Operatoren aus den Basistypen des Ableitungsschemas vereinbaren lassen.

So kann man beispielsweise für Hohlwelle' zusätzlich die Deklaration

```
declare Float xTranslation(Float x) is new;
```

einführen, der eine Translation ausschließlich in Richtung der x–Achse vorsieht und mit Hilfe des translation()–Operators aus dem Basistyp Zylinder implementiert werden kann.

Eine interessante Folge der isa–Semantik ist, daß die in der Sicht auftretenden Typen aufgrund von wertabhängigen Bedingungen unterteilt werden können. Unser Beispiel am Ende von Abschnitt 10.3.5 läßt sich formulieren durch:

```
define view type KurzerZylinder' supertype Zylinder' is
   derived from Zylinder;
   where länge() < 100.0;
end view type KurzerZylinder';

define view type LangerZylinder' supertype Zylinder' is
   derived from Zylinder;
   where länge() ≥ 100.0;
end view type LangerZylinder';
```

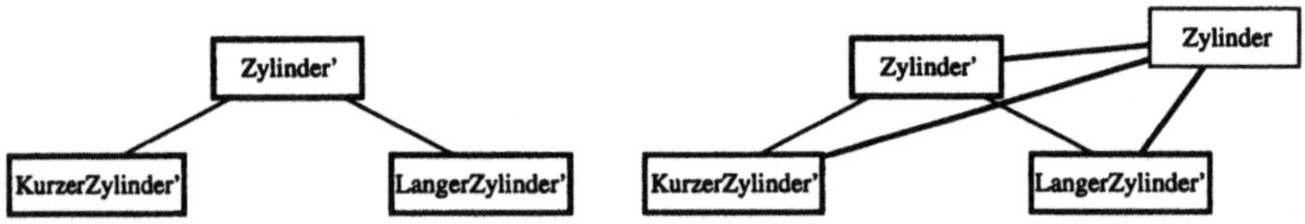

Bild 10.26. Sichtschema und Ableitungsschema für eine wertabhängige Untertypbildung

Die Hierarchie zeigt Bild 10.26. Die beiden Sichttypen sind aus dem Basistyp Zylinder abgeleitet — sogar unter Verwendung des dort definierten Operators länge(). Das Ableitungsschema zur Überprüfung der Typsicherheit zeigt ebenfalls Bild 10.26.

10.4 Sichten zwischen Datenmodellen

10.4.1 Netzwerksicht auf das relationale Modell

Wir betrachten zunächst die Situation, nach der ein Nutzer eine Netzwerksicht auf die relationale Datenbasis habe. Wir haben es dabei nun zum ersten

Mal mit zwei Datenmodellen unterschiedlicher „Kultur" zu tun: Das relationale Modell ist mengenorientiert und identifiziert seine Elemente ausschließlich aufgrund inhaltlicher Merkmale, das Netzwerkmodell ist satzorientiert und benutzt für den Zugriff auf seine Elemente neben inhaltlichen auch strukturelle Merkmale (Navigation). Das Mengenbildungskonstrukt des Set ist zudem anders charakterisiert als das der Relation.

Die Abbildung v setzt sich aus folgenden Bestandteilen zusammen:

- *Abbildung von Tupeln*: Ein Tupel wird auf einen Record abgebildet, und dementsprechend ein Relationstyp auf einen Record–Typ.
- *Abbildung von Relationen*: Jede Relation wird auf einen System–Owned–Set abgebildet, ihre Tupel werden zu den Member–Records dieses Sets, und für die **insertion**– und **retention**–Klauseln gelten **automatic** und **fixed**.
- *Abbildung von Schlüsseln*: Die Schlüsselbedingung aus Abschnitt 4.7 läßt sich über die **unique**–Klausel erfassen.
- *Abbildung von Fremdschlüsseln*: Eine reine Strukturbetrachtung ist noch verhältnismäßig einfach. Sei etwa X Schlüssel von R_1 und Attributfolge in R_2. Dann läßt sich einem Tupel aus R_2 höchstens ein Tupel aus R_1 mit identischem Wert unter X zuordnen. Die Fremdschlüsselbedingung läßt sich demzufolge als ein Set–Typ nachbilden mit R_1 als Owner–Typ und R_2 als Member–Typ sowie der **insertion/retention**–Kombination **manual/optional**. Gilt darüber hinaus referentielle Konsistenz, so ist diese Kombination zu ersetzen durch **automatic/mandatory**. Bei dieser Abbildung kann dann X aus dem Record–Typ für R_2 entfernt werden.

Beispiel: Wir veranschaulichen diese Regeln für die Lagerverwaltungswelt und gehen vom relationalen Schema aus Abschnitt 4.7 mit den Angaben über Schlüssel und Fremdschlüssel aus:

relation ArtikelArt(**ANr**, AName, Menge, Lieferant, Gewicht);
relation Lagereinheit(**LeNr**, *LeaNr*, *ANr*, Stückzahl, Gewicht, *LhNr*);
relation LagereinheitArt(**LeaNr**, LeaName, Länge, Breite, Höhe, MaxGewicht);
relation Lagerhilfsmittel(**LhNr**, *LhaNr*, Gewicht, *LoNr*);
relation LagerhilfsmittelArt(**LhaNr**, LhaName,
  Länge, Breite, Höhe, MaxGewicht);
relation Lagerort(**LoNr**, *LoaNr*, Gewicht);
relation LagerortArt(**LoaNr**, Länge, Breite, Höhe, MaxGewicht);
relation Verträglichkeit(***ANr***, ***LoNr***);

Unter Annahme referentieller Konsistenz leiten wir hieraus mittels der Abbildungsregeln das Netzwerkschema gemäß Bild 10.27 ab. Man vergleiche dieses Diagramm mit dem „manuell" erstellten aus Bild 10.1. Abweichungen sind bei den **retention**–Klauseln zu beobachten: Die Abbildung verfügt über zu wenige Informationen, um zwischen **fixed** und **mandatory** unterscheiden zu können.

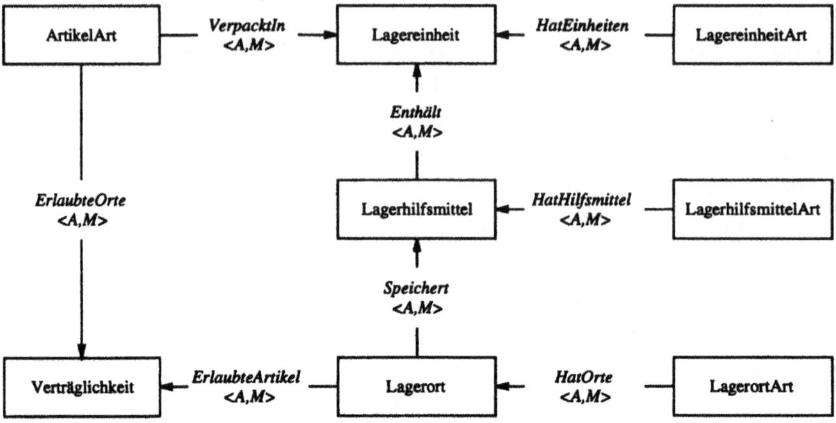

Bild 10.27. Generiertes Netzwerkschema für die Lagerverwaltungswelt

Fremdschlüsselbedingungen ohne Annahme einer referentiellen Konsistenz können im Hinblick auf die Informationserhaltung Probleme bereiten. Beispielsweise werde mittels **store** ein Record vom Typ R_2 erzeugt mit einem Wert unter X, der bereits in einem Record vom Typ R_1 existiert. Der neue Record geht als neues Tupel in die relationale Datenbasis ein. Durch die Abbildung v erscheint nunmehr der neue Record als Member–Record des entsprechenden **manual**–Set, ohne daß dem eine **connect**–Operation gegenüberstünde. Das heißt, daß in der Netzwerksicht eine Wirkung beobachtet wird, die durch keine Operation verursacht wurde. Spiegelbildliche Überlegungen lassen sich zu **disconnect** anstellen.

Kommt hingegen zur Fremdschlüsselbedingung referentielle Konsistenz hinzu, so ist die Wirkung wegen der Kombination **automatic/mandatory** die gewünschte. So wird bei **store** ein neues Tupel erzeugt und der dem System–Owned Set entsprechenden Relation hinzugefügt, nachdem die Schlüsselbedingung und die referentielle Konsistenz überprüft wurde. Bei **erase** wird das dem Record entsprechende Tupel aus der dem System–Owned Set entsprechenden Relation entfernt. Falls es sich um einen Owner–Record handelt, muß die in Abschnitt 6.4.4 beschriebene Wirkung entweder über die referentielle Konsistenz erzwungen oder durch eine Folge von Differenzoperationen nachgebildet werden.

find ist ein reiner Navigationsoperator ohne Wertausgabe und hat damit kein Äquivalent im relationalen Modell. Aber auch bei einer **find/get**–Kombination ist die Informationserhaltung im allgemeinen nicht gegeben, da sich Navigationsschritte entlang einer Ordnung oder entlang einer Set–Verbindung nicht durch relationale Operatoren nachbilden lassen.

Denkbar ist, daß die Sicht Records verwendet, die nicht mit Tupeln identisch sind. In einem solchen Fall kann man sich die Abbildung aus zwei Teilabbildungen zusammengesetzt denken: Einer ersten Abbildung innerhalb des relationalen Modells, die Tupel der gewünschten Form erzeugt, und einer zweiten vom relationalen zum Netzwerkmodell. Da die erste Teilabbildung gemäß Abschnitt 10.3.1 nur unter Einschränkungen informationserhaltend ist, ist also auch die Gesamtabbildung nur unter sehr drastischen Beschränkungen informationserhaltend.

10.4.2 Relationale Sicht auf das Netzwerkmodell

Nun habe umgekehrt der Nutzer eine relationale Sicht auf eine Netzwerkdatenbasis. Wir betrachten also die gegenüber Abschnitt 10.4.1 umgekehrte Richtung. Wie dort beginnen wir mit rein strukturellen Betrachtungen

Wir geben im folgenden einen Satz von (möglichen) Abbildungsschritten an.

1. Für jeden Record–Typ T_N wird ein Relationstyp T_R mit zugehöriger Relation R folgendermaßen definiert:
   a) T_R und T_N stimmen in ihren Attributen überein.
   b) Falls T_N über eine **unique**–Klausel verfügt, werden die dort angegebenen Attribute zu Schlüsselattributen (des Primärschlüssels) von T_R erklärt.
2. Für jeden Set–Typ (außer System–Owned Sets) mit Owner–Typ T_O und Member–Typ T_M und mit zu T_O und T_M gehörenden Relationstypen T_{R_O} und T_{R_M}:

   Falls T_{R_O} einen Schlüssel besitzt, ergänze T_{R_M} wie folgt:
   a) Das Schlüsselattribut von T_{R_O} wird entweder als Fremdschlüsselattribut zu T_{R_M} hinzugefügt oder, falls dort schon vorhanden, als ein solches Attribut gekennzeichnet.
   b) Falls die **insertion/retention**–Klausel des Set–Typs die Form $\langle A, F \rangle$ oder $\langle A, M \rangle$ besitzt, wird die Fremdschlüsselbedingung zur referentiellen Konsistenz verschärft.

   Man beachte, daß die Klauseln in den beiden Fällen $\langle A, F \rangle$, $\langle A, M \rangle$ sowie die vier Fälle $\langle M, F \rangle$, $\langle M, M \rangle$, $\langle A, O \rangle$ und $\langle M, O \rangle$ jeweils gleich behandelt werden und daher in der relationalen Sicht nicht unterscheidbar sind.
3. Für alle Relationen, für die noch kein Schlüssel erklärt wurde, bleibt folgendes zu tun:
   a) Falls ein Fremdschlüsselattribut existiert: Sofern es auf einen Set–Typ zurückgeht, auf dem eine Sortierordung definiert ist, bilde aus den Attributen für diese Ordnung und dem Fremdschlüsselattribut den Schlüssel.

b) Andernfalls wähle eine Relation und bilde für sie aus sämtlichen Attributen den Schlüssel.

Wiederhole anschließend Schritt 2.

Wir geben im folgenden ein Beispiel für die Abbildung, das alle Schritte bis auf 3(a) nutzt. Wir betrachten folgenden Auszug aus unserem Netzwerkschema für die Lagerverwaltung:

```
record name is ArtikelArt
   within Lagerverwaltung
   unique ANr
   item ANr type is Zeichen 8
   item AName type is Zeichen 25
   item Menge type is Ganzzahl
   item Lieferant type is Zeichen 25
   item Gewicht type is Gleitkommazahl

record name is Lagereinheit
   within Lagerverwaltung
   unique LeNr
   item LeaNr type is Zeichen 8
   item ANr type is Zeichen 8
   item Stückzahl type is Ganzzahl
   item Gewicht type is Gleitkommazahl
   item LhNr type is Zeichen 8

record name is Lagerort
   within Lagerverwaltung
   unique LoNr
   item LoNr type is Zeichen 8
   item LoaNr type is Zeichen 8
   item Gewicht type is Gleitkommazahl

record name is Verträglichkeit
   within Lagerverwaltung

set name is VerpacktIn
   owner is ArtikelArt
   member is Lagereinheit
   insertion is automatic
   retention is fixed

set name is ErlaubteOrte
   owner is ArtikelArt
   member is Verträglichkeit
   insertion is automatic
   retention is fixed

set name is ErlaubteArtikel
   owner is Lagerort
   member is Verträglichkeit
   insertion is automatic
   retention is fixed
```

Das entsprechende relationale Schema lautet dann:

relation ArtikelArt(**ANr**, AName, Menge, Lieferant, Gewicht);
relation Lagereinheit(**LeNr**, LeaNr, *ANr*, Stückzahl, Gewicht, LhNr);
relation Lagerort(**LoNr**, LoaNr, Gewicht);
relation Verträglichkeit(***ANr***, ***LoNr***);

In einem zweiten Schritt müssen wir noch die Informationserhaltung überprüfen. Wenn wir voraussetzen, daß die Einhaltung der Konsistenzbedingungen der relationalen Ebene durch die dortigen Änderungsoperationen durchgesetzt werden sollen, dann gilt insbesondere:

- *Einfügen eines Tupels*: Die Eindeutigkeitsbedingung muß erzwungen werden, indem auf Duplikatfreiheit geprüft wird. Ist die Bedingung auf eine **unique**–Klausel zurückzuführen, so garantiert die Netzwerkebene die Einhaltung der Bedingung. Geht sie auf die Konstruktion gemäß 3(a) zurück, so sichert die Netzwerkebene über die Eindeutigkeit des Sortierkriteriums in Verbindung mit der Set–Zugehörigkeit die Einhaltung zu. Bei Schlüsseln gemäß 3(b) kann die Eindeutigkeit jedoch nicht gewährleistet werden. Dies liegt daran, daß das Netzwerkmodell mit seiner Navigationsmöglichkeit eine Duplikatfreiheit nicht unbedingt fordert. Hingegen wirft das Erzwingen der referentiellen Konsistenz, nach der die Werte unter dem Fremdschlüsselattribut als Schlüssel in den entsprechenden Relationen vorhanden sein müssen, keine Probleme auf. Auf der Netzwerkebene wird dies nämlich mittels **insertion is automatic** zugesichert.
- *Entfernen eines Tupels*: Auf der relationalen Ebene hat dies nur Auswirkungen hinsichtlich der referentiellen Konsistenz. Entweder muß man mit dem Entfernen warten, bis in den betroffenen Relationen kein Tupel existiert, das auf das zu löschende verweist, oder es müssen zugleich alle derartigen Tupel mit entfernt werden. Die erstgenannte Lösung läßt sich auf der Netzwerkebene trivial nachbilden. Bei der zweiten aber spielt uns die fehlende Unterscheidbarkeit von $\langle A, F \rangle$ und $\langle A, M \rangle$ einen Streich: Gemäß der **erase**–Funktionalität (Abschnitt 6.4.4) ist die beabsichtigte Wirkung nur für $\langle A, F \rangle$ nachbildbar, bei $\langle A, M \rangle$ hingegen läßt sich das Tupel überhaupt nicht entfernen.
- *Ändern eines Tupels*: Auch hier wirft die mangelnde Unterscheidbarkeit Probleme auf, wenn der Wert unter Fremdschlüsselattributen abgeändert werden soll: Obwohl unter referentieller Konsistenz durchaus zulässig (vorausgesetzt die neuen Werte erfüllen wieder die Bedingung), muß die Operation unter **retention is fixed** ausgeschlossen werden.

Wir schließen demnach, daß auch in Richtung relationale Sicht auf das Netzwerkmodell eine Informationserhaltung nur unter Einschränkungen gegeben ist.

10.4.3 NF²–Sicht auf das relationale Modell

Wie wir bereits früher sahen, kann eine NF²–Sicht auf eine relationale Datenbasis dadurch motiviert sein, daß ein Nutzer auf diese Weise einfacher und natürlicher mit zusammengesetzten Objekten wie etwa geometrischen Körpern umzugehen vermag. Wir wissen auch aus Kapitel 5, daß der Übergang zwischen relationalem und NF²–Modell über die Nest– und Unnest–Operationen erfolgt. Um die Informationserhaltung zu untersuchen, betrachten wir einige Beispiele aus diesem Kapitel.

NF2GeoKörper'''						
GeoName	FID	KID	PID	X	Y	Z
Quader77	F-701	K-701	P-701	4.0	0.0	0.0
Quader77	F-701	K-701	P-702	2.0	0.0	0.0
Quader77	F-701	K-702	P-702	2.0	0.0	0.0
Quader77	F-701	K-702	P-703	2.0	0.0	1.0
Quader77	F-701	K-703	P-703	2.0	0.0	1.0
Quader77	F-701	K-703	P-704	4.0	0.0	1.0
Quader77	F-701	K-704	P-701	4.0	0.0	0.0
Quader77	F-701	K-704	P-704	4.0	0.0	1.0
Quader77	F-702	K-704	P-701	4.0	0.0	0.0
Quader77	F-702	K-704	P-704	4.0	0.0	1.0
Quader77	F-702	K-708	P-707	4.0	1.5	1.0
Quader77	F-702	K-708	P-708	4.0	1.5	0.0
Quader77	F-702	K-710	P-704	4.0	0.0	1.0
Quader77	F-702	K-710	P-707	4.0	1.5	1.0
Quader77	F-702	K-712	P-701	4.0	0.0	0.0
Quader77	F-702	K-712	P-708	4.0	1.5	0.0
			⋮			
Quader77	F-706	K-702	P-702	2.0	0.0	0.0
Quader77	F-706	K-702	P-703	2.0	0.0	1.0
Quader77	F-706	K-706	P-705	2.0	1.5	1.0
Quader77	F-706	K-706	P-706	2.0	1.5	0.0
Quader77	F-706	K-709	P-703	2.0	0.0	1.0
Quader77	F-706	K-709	P-705	2.0	1.5	1.0
Quader77	F-706	K-711	P-702	2.0	0.0	0.0
Quader77	F-706	K-711	P-706	2.0	1.5	0.0

Bild 10.28. Relation NF2GeoKörper'''

Gegeben sei eine relationale Datenbasis mit der Relation NF2GeoKörper''', die uns aus Abschnitt 5.3.1 bekannt ist (ohne Domänen):

relation NF2GeoKörper'''(GeoName, FID, KID, PID, X, Y, Z);

NF2GeoKörper						
GeoName	GeoFläche					
	FID	GeoKante				
		KID	GeoPunkt			
			PID	X	Y	Z
Quader77	F-701	K-701	P-701	4.0	0.0	0.0
			P-702	2.0	0.0	0.0
		K-702	P-702	2.0	0.0	0.0
			P-703	2.0	0.0	1.0
		K-703	P-703	2.0	0.0	1.0
			P-704	4.0	0.0	1.0
		K-704	P-701	4.0	0.0	0.0
			P-704	4.0	0.0	1.0
	F-702	K-704	P-701	4.0	0.0	0.0
			P-704	4.0	0.0	1.0
		K-708	P-707	4.0	1.5	1.0
			P-708	4.0	1.5	0.0
		K-710	P-704	4.0	0.0	1.0
			P-707	4.0	1.5	1.0
		K-712	P-701	4.0	0.0	0.0
			P-708	4.0	1.5	0.0
	⋮					
	F-706	K-702	P-702	2.0	0.0	0.0
			P-703	2.0	0.0	1.0
		K-706	P-705	2.0	1.5	1.0
			P-706	2.0	1.5	0.0
		K-709	P-703	2.0	0.0	1.0
			P-705	2.0	1.5	1.0
		K-711	P-702	2.0	0.0	0.0
			P-706	2.0	1.5	0.0

Bild 10.29. Relation NF2GeoKörper

Eine Beispielextension zeigen wir noch einmal in Bild 10.28.

Die NF^2–Sicht eines Nutzers sei durch eine Abbildung v gegeben, wodurch die NF^2–Relation NF2GeoKörper wie folgt entsteht:

$$\mathsf{NF2GeoK\ddot{o}rper} := \nu_{\mathsf{FID,GeoKante}}(\nu_{\mathsf{KID,GeoPunkt}}(\nu_{\mathsf{PID,X,Y,Z}}(\mathsf{NF2GeoK\ddot{o}rper'''})))$$

Dabei haben wir die Abkürzung der Schachtelattribut–Benennungen unterstellt. Die Extension ergibt sich dann gemäß Bild 10.29.

Beispiel 1: Wir wollen das geschachtelte Tupel (Quader88, {...}) in die Relation NF2GeoKörper einfügen. p ist dann definiert durch eine Folge von Unnest–Operationen auf dem einzufügenden Tupel, gefolgt von einer relationalen Vereinigung mit NF2GeoKörper'''. Die anschließende Verwendung von v liefert das erwartete Ergebnis. Auch andere Einfügeoperationen verhalten sich problemlos. Dies liegt daran, daß in der Relation NF2GeoKörper das von der Schachtelung nicht betroffene Attribut GeoName den Schlüssel darstellt und somit der Spezialfall gegeben ist, für den Unnest durch Nest rückgängig gemacht werden kann (siehe Abschnitt 5.3.5).

Die nachfolgenden Beispiele befassen sich mit dem Lesen. Unter der Ausgangslage aus Abschnitt 10.2.1 ist Informationserhaltung gewährleistet. Nun ist die vorliegende Situation einer der Fälle, in denen es aus Komplexitätsgründen sinnvoll ist, die Operatoren der Sicht mittels des Datenmodells der Originaldatenbasis nachzubilden. Dann liegt der Ausnahmefall aus Abschnitt 10.2.3 vor, den wir nachfolgend illustrieren wollen.

Beispiel 2: Man betrachte die einfache Projektion $\pi_{\mathsf{GeoName}}(\mathsf{NF2GeoK\ddot{o}rper})$, die auf ein Attribut der obersten Stufe wirkt und daher innerhalb des NF^2–Modells kein Unnest erfordert.

Entsprechend dem Vorgehen in Abschnitt 10.3.1 fragen wir, ob ein p existiert, so daß

$$\begin{aligned}&\pi_{\mathsf{GeoName}}(\nu_{\mathsf{FID,GeoKante}}(\nu_{\mathsf{KID,GeoPunkt}}(\nu_{\mathsf{PID,X,Y,Z}}(\mathsf{NF2GeoK\ddot{o}rper'''}))))\\ &\quad = \nu_{\mathsf{FID,GeoKante}}(\nu_{\mathsf{KID,GeoPunkt}}(\nu_{\mathsf{PID,X,Y,Z}}(p(\mathsf{NF2GeoK\ddot{o}rper'''}))))\end{aligned}$$

$p(\mathsf{NF2GeoK\ddot{o}rper'''}) = \pi_{\mathsf{GeoName}}(\mathsf{NF2GeoK\ddot{o}rper'''})$ ist hier möglich. Dabei wird vorausgesetzt, daß der Nest–Operator $\nu()$ die Argumentrelation unverändert läßt, wenn er auf nichtdefinierte Attribute angewendet wird; er liefert also in jedem Fall ein definiertes Ergebnis.

Beispiel 3: Als nächstes betrachten wir die Anfrage nach den Attributen Y und Z aus NF2GeoKörper, auf die die einfache Situation aus Beispiel 2 nicht mehr zutrifft. Nach Abschnitt 5.3.3 muß die Anfrage folgendermaßen lauten:

$$\pi_{\mathsf{Y,Z}}(\mu_{\mathsf{GeoPunkt}}(\mu_{\mathsf{GeoKante}}(\mu_{\mathsf{GeoFl\ddot{a}che}}(\mathsf{NF2GeoK\ddot{o}rper}))))$$

Also ergibt sich die Frage nach einem p, so daß gilt:

$$\pi_{\mathsf{Y,Z}}(\mu_{\mathsf{GeoPunkt}}(\mu_{\mathsf{GeoKante}}(\mu_{\mathsf{GeoFläche}}(\nu_{\mathsf{FID,GeoKante}}(\nu_{\mathsf{KID,GeoPunkt}}(\nu_{\mathsf{PID,X,Y,Z}}(\mathsf{NF2GeoKörper'''})))))))$$
$$= \nu_{\mathsf{FID,GeoKante}}(\nu_{\mathsf{KID,GeoPunkt}}(\nu_{\mathsf{PID,X,Y,Z}}(p(\mathsf{NF2GeoKörper'''}))))$$

$p(\mathsf{NF2GeoKörper'''}) = \pi_{\mathsf{Y,Z}}(\mathsf{NF2GeoKörper'''})$ erfüllt diese Forderung, denn nach Abschnitt 5.3.5 ist Nest stets durch Unnest umkehrbar (linke Seite der Gleichung), und $\nu()$ hat gemäß der Voraussetzung aus Beispiel 2 keine Wirkung (rechte Seite der Gleichung).

Beispiel 4: Wir suchen nach den geometrischen Körpern, die den Punkt ('P-708', 4.0, 1.5, 0.0) enthalten. Dann ist zu klären, ob p derart existiert, daß

$$\sigma_{\mathsf{GeoPunkt} \supseteq \{(\text{'P-708'},4.0,1.5,0.0)\}}(\mu_{\mathsf{GeoKante}}(\mu_{\mathsf{GeoFläche}}(\nu_{\mathsf{FID,GeoKante}}(\nu_{\mathsf{KID,GeoPunkt}}(\nu_{\mathsf{PID,X,Y,Z}}(\mathsf{NF2GeoKörper'''}))))))$$
$$= \nu_{\mathsf{FID,GeoKante}}(\nu_{\mathsf{KID,GeoPunkt}}(\nu_{\mathsf{PID,X,Y,Z}}(p(\mathsf{NF2GeoKörper'''}))))$$

Es läßt sich kein p finden. So erfüllt etwa p als

$$\sigma_{\mathsf{PID}=\text{'P-708'} \wedge \mathsf{X}=4.0 \wedge \mathsf{Y}=1.5 \wedge \mathsf{Z}=0.0}(\mathsf{NF2GeoKörper'''})$$

nicht die Forderung, da gemäß Bild 10.28 nur wenige Tupel statt sämtlicher Tupel ausgewählt werden. Der Grund liegt in der größeren Mächtigkeit der Operatoren des NF^2–Modells, deren Wirkung sich nicht mehr durch eine Folge relationenalgebraischer Operatoren nachbilden läßt, sondern eine Ergänzung der Algebra oder eine Einbettung in eine Programmiersprache erforderte. Informationserhaltung ist also nur gewährleistet, wenn die NF^2–Leseoperationen beim Nutzer auf die transformierten Daten angewendet werden.

10.4.4 Relationale Sicht auf NF^2–Daten

Wir kehren die Situation aus Abschnitt 10.4.3 und damit das Beispiel aus Bild 10.28 um. Der Nutzer sehe die NF^2–Relation NF2GeoKörper als flache Relation NF2GeoKörper''', also

$$\mathsf{NF2GeoKörper'''} := \mu_{\mathsf{GeoPunkt}}(\mu_{\mathsf{GeoKante}}(\mu_{\mathsf{GeoFläche}}(\mathsf{NF2GeoKörper})))$$

Der Grund für diese Vorgehensweise könnte darin liegen, daß zur Effizienzsteigerung zusammengesetzte Objekte in NF^2–Relationen abgelegt sind, der Nutzer aber noch alte Programme auf relationaler Basis betreibt. Der lesende Zugriff beschränkt dann das Unnest von NF^2–Tupeln zu einer flachen Relation auf die bereits ausgewählten Tupel.

Werden die relationalen Leseoperationen erst auf die Daten der Sicht angewendet, so ist gemäß Abschnitt 10.2.3 die Informationserhaltung gewährleistet. Wir betrachten daher hier ähnlich wie im vorhergehenden Abschnitt nur den Fall, daß die Originaldaten Gegenstand der Leseoperationen sind.

Beispiel 1: Wir bilden die Projektion $\pi_{\mathsf{GeoName}}(\mathsf{NF2GeoKörper'''})$. Wir suchen dann also ein p mit folgender Bedingung:

$$\pi_{\mathsf{GeoName}}(\mu_{\mathsf{GeoPunkt}}(\mu_{\mathsf{GeoKante}}(\mu_{\mathsf{GeoFläche}}(\mathsf{NF2GeoKörper})))) = \\ \mu_{\mathsf{GeoPunkt}}(\mu_{\mathsf{GeoKante}}(\mu_{\mathsf{GeoFläche}}(p(\mathsf{NF2GeoKörper}))))$$

Man überzeugt sich anhand von Bild 10.28, daß

$$p(\mathsf{NF2GeoKörper}) = \pi_{\mathsf{GeoName}}(\mathsf{NF2GeoKörper})$$

gilt. Vorausgesetzt wird dabei, daß Unnest bei Anwendung auf nicht definierte Attribute ein definiertes Ergebnis, nämlich die unveränderte Argumentrelation, liefert.

Beispiel 2: Nun sei $\pi_{\mathsf{Y,Z}}(\mathsf{NF2GeoKörper'''})$ die ausgeführte Projektion. Für p stellt sich folgende Forderung:

$$\pi_{\mathsf{Y,Z}}(\mu_{\mathsf{GeoPunkt}}(\mu_{\mathsf{GeoKante}}(\mu_{\mathsf{GeoFläche}}(\mathsf{NF2GeoKörper})))) = \\ \mu_{\mathsf{GeoPunkt}}(\mu_{\mathsf{GeoKante}}(\mu_{\mathsf{GeoFläche}}(p(\mathsf{NF2GeoKörper}))))$$

Es ergibt sich

$$p(\mathsf{NF2GeoKörper}) = \pi_{\mathsf{Y,Z}}(\mu_{\mathsf{GeoPunkt}}(\mu_{\mathsf{GeoKante}}(\mu_{\mathsf{GeoFläche}}(\mathsf{NF2GeoKörper})))),$$

das gemäß der Überlegungen der Abschnitte 5.3.3 und 10.4.3 und unter den Voraussetzungen wie im ersten Beispiel die Gleichung erfüllt.

Beispiel 3: Die Einfügeoperation

$$\mathsf{NF2GeoKörper'''} \cup \{(\mathsf{Quader88}, \ldots)\}$$

muß in der NF^2–Datenbasis die Wirkung

$$\mathsf{NF2GeoKörper} \cup \nu_{\mathsf{FID,GeoKante}}(\nu_{\mathsf{KID,GeoPunkt}}(\nu_{\mathsf{PID,X,Y,Z}}(\{(\mathsf{Quader88}, \ldots)\})))$$

auslösen. Auf dieses Ergebnis ist dann die Folge der Unnest–Operationen anzuwenden. Der Satz aus Abschnitt 5.3.5 sichert hierfür Informationserhaltung zu.

Wir schließen aus diesen informellen Überlegungen, daß relationale Sichten auf NF^2–Datenbasen informationserhaltend definiert sind. Dieser Schluß mag angesichts der wenigen Beispiele etwas verwegen erscheinen. Hier gilt jedoch: Das relationale Modell ist ausdrucksschwächer, und alle seine Operatoren sind im NF^2–Modell enthalten.

10.4.5 Objektorientierte Sicht auf relationales Modell

Abbildungsschritte. Der Nutzer wünsche nun, auf eine relationale Datenbasis eine objektorientierte Sicht anzulegen. Es ist von vornherein klar, daß sich diese Sicht ausschließlich auf strukturelle Merkmale beschränken muß. Typgebundene Operatoren existieren auf der relationalen Ebene nicht und lassen sich daher auch nicht ableiten, sondern können den Objekten bestenfalls nachträglich durch den Nutzer hinzugefügt werden. Informationserhaltung läßt sich also bestenfalls unter diesen Einschränkungen definieren.

Zu klären bleibt demnach, ob sich Objektidentität, Objektverweise (Navigation), Subtypisierung (Vererbung), Tupel-, Mengen- und Listenkonstruktion aus einem relationalen Schema gewinnen lassen.

Die Untersuchungen zur Gewinnung objektorientierter Sichten aus Relationen befindet sich noch sehr im Fluß. Im folgenden geben wir einen Ansatz wieder, der eher intuitiv als formal begründet ist.

Gegeben sei hierzu ein relationales Schema RS von n Relationstypen: $RS = \{T_{R_i}\}$, $1 \leq i \leq n$. Für jedes T_{R_i} sei K_{R_i} ein zugehöriger Schlüssel.

Schritt 1: Hauptobjekt-Relationstypen: $T_{R_H} \in RS$ ist Hauptobjekt-Relationstyp, wenn einer der drei folgenden Fälle gilt:

1. T_{R_H} nimmt weder als Ausgangs- noch als Zielpunkt an einer referentiellen Konsistenz teil. Der Relationstyp ist in diesem Fall also selbständig und von allen anderen Relationstypen des Schemas isoliert.
2. Oder aber es gelten folgende drei Bedingungen:
   - T_{R_H} ist Zielpunkt einer oder mehrerer referentieller Konsistenzen.
   - K_{R_H} enthält höchstens einen Fremdschlüssel.
   - Referentielle Konsistenzen, die sich auf T_{R_H} beziehen, beinhalten stets alle Attribute des Schlüssels K_{R_H}.
3. Oder aber es gelten folgende drei Bedingungen:
   - T_{R_H} ist Zielpunkt einer oder mehrerer referentieller Konsistenzen.
   - K_{R_H} enthält höchstens einen Fremdschlüssel.
   - T_{R_H0} mit Schlüssel K_{R_H0} ist schon als Hauptobjekt-Relationstyp ermittelt worden, und es gilt $\pi_K(T_{R_H}) \subseteq \pi_{K_{R_{H0}}}(T_{R_{H0}})$ mit $K \subset K_{R_H}$.

Schritt 2: Komponenten-Relationstypen: Sei T_{R_H} Hauptobjekt-Relationstyp. Dann ist $T_{R_C} \in RS$ Komponenten-Relationstyp von T_{R_H}, falls folgende drei Bedingungen erfüllt sind:

- T_{R_C} ist kein Zielpunkt einer referentiellen Konsistenz.
- K_{R_C} enthält höchstens einen Fremdschlüssel.
- Es existiert eine referentielle Konsistenz mit Ausgangspunkt T_{R_C} und Zielpunkt T_{R_H}, wobei (Teilmengen der) Schlüssel dieser Relationstypen beteiligt sind.

Schritt 3: Relationsbündelung zu Objekten: Eine Hauptrelation bildet gemeinsam mit ihren Komponentenrelationen (falls vorhanden) ein Relationenbündel und führt auf einen Objekttyp. Der Objekttyp kommt dann wie folgt zustande:

- Die Attribute der Hauptobjektrelation sowie gegebenenfalls die damit noch nicht erfaßten Attribute der Komponentenrelationen bilden eine Tupelstruktur.
- Sind in den beteiligten Relationen die Schlüssel nicht identisch, liegt dem Objekt eine Tupelmenge zugrunde. Gemäß Schritt 2 existieren dann Komponentenrelationen, die den Schlüssel der Hauptrelation als Attribute enthalten. Die restlichen Attribute dieser Relationen werden dann in einem einzigen Attribut zusammengefaßt, das eine Menge von Tupeln aus gerade diesen Attributen als Domäne besitzt.

Ein Objekt dieses Typs entsteht durch folgende Abbildung v:

- Bilde den Natural Join über alle Relationen des Bündels.
- Wende darauf den Nest–Operator auf die Attribute innerhalb des mengenwertigen Attributs an. Es fällt auf, daß man für Zwecke dieser Abbildung das relationale Modell um den Nest–Operator erweitern muß.
- Die dieserart beteiligten Relationen liefern sämtliche Ausprägungen eines Objekttyps.

Objekte mit einer Mengenstruktur kommen nur zusätzlich durch Abbildung kompletter Relationen oder Teilmengenbildung hieraus (durch einen Selektionsausdruck) zustande.

Man beachte: Da Relationen grundsätzlich ungeordnet sind, kann eine Listenkonstruktion nicht aus einer relationalen Datenbasis abgeleitet werden.

Schritt 4: Typhierarchie: Seien T_{R_1} und T_{R_2} Hauptobjekt–Relationstypen mit den Schlüsseln K_{R_1} und K_{R_2}. Dann ist der aus T_{R_1} konstruierte Objekttyp ein Untertyp des aus T_{R_2} konstruierten Objekttyps, falls die referentielle Konsistenz $\pi_{K_{R_1}}(T_{R_1}) \subseteq \pi_{K_{R_2}}(T_{R_2})$ gilt. Deutlich wird damit, daß der Typhierarchie eine isa–Semantik unterstellt wird.

Schritt 5: Beziehungs–Relationstypen: Alle in den ersten beiden Schritten nicht erfaßten Relationstypen bilden Beziehungs–Relationstypen und werden in jeweils einen Objekttyp überführt.

Schritt 6: Gewinnung von Objektidentitäten: Das relationale Modell kennt nur den wertbasierten Zugriff. Objektidentitäten lassen sich also nur aus den Werten in den Relationen konstruieren. Eine einfache Vorschrift könnte wie folgt aussehen:

- Besitze Objekttyp T_R keinen Obertyp. Besitze ein Objekt vom Typ T_R unter der Attributfolge K_R, die dem Schlüssel des zugrundeliegenden Haupt– oder Beziehungs–Relationstyps entspricht, den Wert k. Dann definiere als Objektidentifikator $oid := T_R.k$.

– Besitze T_R noch einen Obertyp. In diesem Fall ist ein Objekt vom Typ T_R auch ein Objekt des Obertyps, und man kann den Objektidentifikator aus dem Obertyp übernehmen.

Damit lassen sich in den Objekten durch entsprechende Anpassung von Werten ohne weiteres Objektverweise unterbringen.

Beispiele. *Lagerverwaltung*: Wir betrachten einmal mehr die Lagerverwaltungswelt. Im folgenden — wohlbekannten — Schema sind die für die Abbildung notwendigen referentiellen Konsistenzen zwischen gleichlautenden Fremdschlüsseln und Schlüsseln gegeben:

relation ArtikelArt(**ANr**, AName, Menge, Lieferant, Gewicht);
relation Lagereinheit(**LeNr**, *LeaNr*, *ANr*, Stückzahl, Gewicht, *LhNr*);
relation LagereinheitArt(**LeaNr**, LeaName, Länge, Breite, Höhe, MaxGewicht);
relation Lagerhilfsmittel(**LhNr**, *LhaNr*, Gewicht, *LoNr*);
relation LagerhilfsmittelArt(**LhaNr**, LhaName,
Länge, Breite, Höhe, MaxGewicht);
relation Lagerort(**LoNr**, *LoaNr*, Gewicht);
relation LagerortArt(**LoaNr**, Länge, Breite, Höhe, MaxGewicht);
relation Verträglichkeit(***ANr***, ***LoNr***);

Schritt 1 identifiziert alle Relationen (strenggenommen: Relationstypen) bis auf Lagereinheit und Verträglichkeit als Hauptobjekt–Relationen. Lagereinheit ist Ausgangspunkt dreier referentieller Konsistenzen, ergo ist Bedingung 1 nicht erfüllt; Bedingungen 2 und 3 sind nicht erfüllt, da die Relation andererseits auch kein Zielpunkt einer referentiellen Konsistenz ist. Aus diesem Grund kann Lagereinheit auch nicht Komponenten–Relationstyp sein. Verträglichkeit fällt wegen des Vorhandenseins zweier Fremdschlüssel im Schlüssel als Komponentenrelation aus (Schritt 2); die Relation ist also Beziehungsrelation. Mangels Komponentenrelationen entfällt Schritt 3. Auch Schritt 4 ist für dieses Beispiel nicht nutzbringend anwendbar; das objektorientierte Schema zieht demnach keinen Nutzen aus der Vererbung. Schritt 5 führt Lagereinheit und Verträglichkeit als Beziehungstypen wieder ein. Insgesamt ergibt sich also folgendes objektorientierte Schema:

```
define type ArtikelArt is
  structure
    [ ANr: String;
    AName: String;
    Menge: Integer;
    Lieferant: String;
    Gewicht: Float ];
end type ArtikelArt;

define type Lagereinheit is
  structure
    [ LeNr: String;
    LeaNr: LagereinheitArt;
```

```
            ANr: ArtikelArt;
            Stückzahl: Integer;
            Gewicht: Float;
            LhNr: Lagerhilfsmittel ];
end type Lagereinheit;

define type LagereinheitArt is
    structure
            [ LeaNr: String;
            LeaName: String;
            Länge: Integer;
            Breite: Integer;
            Höhe: Integer;
            MaxGewicht: Float ];
end type LagereinheitArt;

define type Lagerhilfsmittel is
    structure
            [ LhNr: String;
            LhaNr: LagerhilfsmittelArt;
            Gewicht: Float;
            LoNr: Lagerort ];
end type Lagerhilfsmittel;

define type LagerhilfsmittelArt is
    structure
            [ LhaNr: String;
            LhaName: String;
            Länge: Integer;
            Breite: Integer;
            Höhe: Integer;
            MaxGewicht: Float ];
end type LagerhilfsmittelArt;

define type Lagerort is
    structure
            [ LoNr: String;
            LoaNr: LagerortArt;
            Gewicht: Float ];
end type Lagerort;

define type LagerortArt is
    structure
            [ LoaNr: String;
            Länge: Integer;
            Breite: Integer;
            Höhe: Integer;
            MaxGewicht: Float ];
end type LagerortArt;

define type Verträglichkeit is
    structure
            [ ANr: ArtikelArt;
```

```
    LoNr: Lagerort ];
end type Verträglichkeit;
```

Man vergleiche das Schema mit dem manuellen Modellierungsergebnis aus Abschnitt 8.9. Abgesehen von Namenskonventionen entspricht die Realisierung der einzelnen Objekttypen in diesem Kapitel dem dortigen Entwurfsergebnis. Daß die Generalisierung nach Lagereinrichtungen und Lagereinrichtungsarten (siehe Bild 8.9) hier nicht entdeckt wurde, ist nicht weiter verwunderlich, denn dies ging aus Zusatzwissen hervor, das nicht im relationalen Schema verankert ist.

Geometrische Objekte: Für diese Beispielwelt dürfen wir auf interessantere Ergebnisse hoffen. Wir gehen von dem Schema aus Abschnitt 4.8.1 aus, das wir um Schlüssel- und Fremdschlüsselangaben ergänzen:

relation GeoKörper(**GeoName**, **FID**);
relation GeoFläche(**FID**, **KID**);
relation GeoKante(**KID**, ***PID***);
relation GeoPunkt(**PID**, X, Y, Z);

Nur PID ist Fremdschlüssel, denn KID und FID sind keine Schlüssel in den beteiligten Relationen. Über KID und FID kann man aber trotzdem referentielle Konsistenzen gewinnen. Weil sie jeweils in beide Richtungen gelten, gilt nicht „$\subseteq$", sondern sogar „=":

$$\pi_{\mathsf{FID}}(\mathsf{GeoK\ddot{o}rper}) = \pi_{\mathsf{FID}}(\mathsf{GeoFl\ddot{a}che})$$
$$\pi_{\mathsf{KID}}(\mathsf{GeoFl\ddot{a}che}) = \pi_{\mathsf{KID}}(\mathsf{GeoKante})$$

Schritt 1 ermittelt GeoPunkt als einzige Hauptobjekt–Relation, alle anderen Relationen scheitern an der dritten Bedingung des zweiten Falles. Damit ist auch Schritt 2 schnell erledigt: Der einzige Kandidat für eine Komponentenrelation ist GeoKante; diese Relation ist jedoch Zielpunkt einer referentiellen Konsistenz. Daher sind GeoKörper, GeoFläche und GeoKante Beziehungsrelationen.

Informationserhaltung. Informationserhaltung ist wegen der zusätzlichen monomorphen Operatoren nicht definierbar. Beschränkt man sich auf die Betrachtung solcher Operatoren, die ausschließlich generisch mit der Objektstruktur umgehen, so müssen wir bedenken, daß sich die Tupelkonstruktion auf die Konstruktion von NF^2–Sichten aus relationalen Datenbasen zurückführen läßt. Diese aber ist unter den in Abschnitt 10.4.3 genannten Einschränkungen informationserhaltend.

10.4.6 Relationale Sicht auf objektorientiertes Modell

Ein Nutzer wünsche eine objektorientierte Datenbasis relational zu interpretieren. Wie zuvor kann sich diese Sicht ausschließlich struktureller Merkmale bedienen. Diese müssen also sichtbar sein; das Kapselungsprinzip darf keine Anwendung finden. Man mag sich fragen, ob eine solche „verarmende" Sicht überhaupt sinnvoll ist. Man kann jedoch keineswegs ausschließen, daß ältere, auf Relationen basierende Programme im Netz auf objektorientierte Datenbasen zugreifen wollen.

Wir fragen uns nun, wie sich die reichhaltigeren Konzepte des objektorientierten Modells in einer relationalen Sicht widerspiegeln.

Objekttypen und Relationen: Objekttypen werden in Relationstypen überführt. Die Menge der Ausprägungen eines Objekttyps bildet dann die (einzige) Relation dieses Relationstyps.

Objektidentität und Schlüssel: Das objektorientierte Modell unterstellt die Existenz von Objektidentitäten. Da sie aber keine Werte darstellen, bleibt ihre Form unsichtbar, sie können deshalb auch nicht als Tupelkomponenten erscheinen. Da das objektorientierte Modell andererseits keinen Schlüsselbegriff kennt, lassen sich aus dem objektorientierten Modell auch nicht unmittelbar Tupelidentifikatoren herleiten. Damit entfallen aber auch die für die Verbindung von zwei oder mehr Relationen erforderlichen Fremdschlüssel. Ohne sie ist jedoch eine relationale Sicht sinnlos. Die Abbildung muß also ihrerseits künstliche Attribute und objektidentifizierende Werte erzeugen (in der relationalen Welt werden derartige Werte als „Surrogate" bezeichnet).

Objekt- und Tupelstruktur: Wir unterscheiden eine Reihe von Fällen.

1. **structure** als Tupelkonstruktion mit atomaren Attributen und ohne Objektverweise.

   Jedes Attribut wird neben dem gerade erwähnten Surrogatattribut dem Relationstyp als Attribut zugeschlagen.

2. **structure** als Menge oder Liste von Tupeln mit atomaren Attributen und ohne Objektverweise.

   Wie zuvor besteht der Relationstyp aus diesen Attributen zuzüglich des Surrogatattributs. Die zugehörige Relation hat man sich dergestalt vorzustellen, daß alle aus einem Objekt hervorgegangenen Tupel in ihrem Surrogatwert übereinstimmen. Im Unterschied zum vorhergehenden Fall kann das Surrogatattribut hier nicht allein den Schlüssel bilden.

3. **structure** als Tupelkonstruktion mit sowohl atomaren als auch mengen– oder listenwertigen Attributen, beide ohne Objektverweise.

   Die atomaren Attribute bilden gemeinsam einen Relationstyp T_R. Für jedes mengen– oder listenwertige Attribut wird ein eigener Relationstyp nach dem zuvor beschriebenen Verfahren angelegt. In jeder solchen Relation T_M ist das Surrogatattribut Fremdschlüssel, und es besteht eine referentielle Konsistenz dieses Surrogatattributs in T_M bezüglich des Surrogatattributs in T_R. Im wesentlichen würde hier also der Abbildungsschritt 3 aus Abschnitt 10.4.5 umgekehrt.

Eine andere Deutung der Abbildung ginge dahin, daß die Objektstruktur als NF^2–Relation aufgefaßt wird und auf sie Unnest–Operationen angewendet werden. Auf die entstehenden Relationen werden dann Zerlegungstechniken angewendet, die wir noch im Rahmen des Datenbankentwurfs in Kapitel 13 kennenlernen werden.

4. **structure** enthält ein Attribut mit Objektverweisen.

   Nach dem Gesagten ist die Umsetzung nun geradlinig: Das entsprechende relationale Attribut nimmt die Surrogate der Objekte auf, auf die verwiesen wird, besitzt also den Charakter eines Fremdschlüsselattributs. Damit wird deutlich, daß bei der Abbildung eine strikte Reihenfolge einzuhalten ist: Zunächst sind die Objekttypen abzubilden, die keine Objektverweise enthalten. Ein Problem verbleibt dann allerdings noch bei zyklischen Verweisketten.

Wir illustrieren die bisherigen Regeln am Beispiel der Lagerverwaltung und orientieren uns dabei an der objektorientierten Modellierung aus dem vorigen Abschnitt. Dann bilden folgende Definitionen die Ausgangssituation:

```
define type ArtikelArt is
  structure
    [ ANr: String;
    AName: String;
    Menge: Integer;
    Lieferant: String;
    Gewicht: Float ];
end type ArtikelArt;

define type Lagereinheit is
  structure
    [ LeNr: String;
    LeaNr: LagereinheitArt;
    ANr: ArtikelArt;
    Stückzahl: Integer;
    Gewicht: Float;
    LhNr: Lagerhilfsmittel ];
end type Lagereinheit;

define type LagereinheitArt is
  structure
    [ LeaNr: String;
    LeaName: String;
    Länge: Integer;
    Breite: Integer;
    Höhe: Integer;
    MaxGewicht: Float ];
end type LagereinheitArt;

define type Lagerhilfsmittel is
  structure
```

```
      [ LhNr: String;
      LhaNr: LagerhilfsmittelArt;
      Gewicht: Float;
      LoNr: Lagerort ];
end type Lagerhilfsmittel;

define type LagerhilfsmittelArt is
   structure
      [ LhaNr: String;
      LhaName: String;
      Länge: Integer;
      Breite: Integer;
      Höhe: Integer;
      MaxGewicht: Float ];
end type LagerhilfsmittelArt;

define type Lagerort is
   structure
      [ LoNr: String;
      LoaNr: LagerortArt;
      Gewicht: Float ];
end type Lagerort;

define type LagerortArt is
   structure
      [ LoaNr: String;
      Länge: Integer;
      Breite: Integer;
      Höhe: Integer;
      MaxGewicht: Float ];
end type LagerortArt;

define type Verträglichkeit is
   structure
      [ ANr: ArtikelArt;
      LoNr: Lagerort ];
end type Verträglichkeit;
```

Nach unserer Kenntnis über die Beispielwelt können wir in den zu bestimmenden Relationen die ...Nr–Attribute jeweils als Schlüssel verwenden; die Einführung eigener Surrogatattribute ist nicht notwendig.

Für ArtikelArt, LagereinheitArt, LagerhifsmittelArt und LagerortArt gilt bei der Umsetzung nun Fall 1, für die anderen Objekttypen Fall 4. Es ergibt sich ein uns wohlbekanntes relationales Schema:

relation ArtikelArt(**ANr**, AName, Menge, Lieferant, Gewicht);
relation Lagereinheit(**LeNr**, *LeaNr*, *ANr*, Stückzahl, Gewicht, *LhNr*);
relation LagereinheitArt(**LeaNr**, LeaName, Länge, Breite, Höhe, MaxGewicht);
relation Lagerhilfsmittel(**LhNr**, *LhaNr*, Gewicht, *LoNr*);
relation LagerhilfsmittelArt(**LhaNr**, LhaName,
Länge, Breite, Höhe, MaxGewicht);
relation Lagerort(**LoNr**, *LoaNr*, Gewicht);

relation LagerortArt(**LoaNr**, Länge, Breite, Höhe, MaxGewicht);
relation Verträglichkeit(***ANr***, ***LoNr***);

Subtypisierung: Dem Konzept der Subtypisierung entspricht kein relationales Konstrukt, so wie das relationale Modell auch keine Vererbung kennt. Das Erscheinungsbild der Subtypisierung kann sich also in der relationalen Sicht nur in gewissen Zusammenhängen innerhalb oder zwischen Relationen widerspiegeln. Dementsprechend lassen sich auch mehrere Abbildungsregeln angeben, die sich eben darin unterscheiden, wie sie die Subtypisierung wiedergeben.

Zur Illustration erweitern wir die Lagerverwaltungswelt um den Typen Lagereinrichtung (Abschnitt 8.9). Die uns interessierenden Definitionen lauten dann folgendermaßen:

```
define type Lagereinrichtung is
  structure
    [ Nr: String;
    Art: LagereinrichtungsArt;
    Gewicht: Float ];
end type Lagereinrichtung;

define type Lagereinheit supertype Lagereinrichtung is
  structure
    [ ANr: ArtikelArt;
    Stückzahl: Integer;
    LhNr: Lagerhilfsmittel ];
end type Lagereinheit;

define type Lagerhilfsmittel supertype Lagereinrichtung is
  structure
    [ LoNr: Lagerort ];
end type Lagerhilfsmittel;

define type Lagerort supertype Lagereinrichtung is
  structure
    [ ];
end type Lagerort;
```

Es entstehen mehrere Abbildungsmöglichkeiten, die sich in ihrer Anwendbarkeit dahingehend unterscheiden, ob isa–Semantik vorliegt oder nicht.

1. Jeder Objekttyp einer Typhierarchie bildet eine eigene Relation. Aus jedem Objekttyp werden die dort vereinbarten Attribute übernommen, jede Relation handelt also ihren eigenen Satz von Attributen ab. Identisch ist lediglich das Surrogatattribut, das in allen Relationen Schlüsselattribut ist.

   Für das Beispiel ergibt sich folgendes Relationenschema:

   relation Lagereinrichtung (**Nr**, Art, Gewicht);

relation Lagereinheit(**Nr**, ANr, Stückzahl, LhNr);
relation Lagerhilfsmittel(**Nr**, LoNr)
relation Lagerort(**Nr**)

Die Vererbung der Attribute ist nun nicht unmittelbar ersichtlich. Vielmehr muß der Nutzer darum wissen. Auf der relationalen Ebene kann er sie also nur nachbilden, indem er die Werte unter diesen Attributen aus verschiedenen Relationen zusammenträgt. Dazu muß nun aber jedes Objekt auf ein Tupel in der seinem Typ entsprechenden Relation und die dessen Obertypen entsprechenden Relationen abgebildet werden. Dies wiederum setzt für das zugrundeliegende objektorientierte Modell eine isa–Semantik voraus. Das Zusammentragen läßt sich durch natürliche Verbindung operational nachbilden. Das Ergebnis dieser Operation ist korrekt, wenn das objektorientierte Modell folgende referentiellen Konsistenzen impliziert:

$\pi_{Nr}(\text{Lagereinheit}) \subseteq \pi_{Nr}(\text{Lagereinrichtung})$
$\pi_{Nr}(\text{Lagerhilfsmittel}) \subseteq \pi_{Nr}(\text{Lagereinrichtung})$
$\pi_{Nr}(\text{Lagerort}) \subseteq \pi_{Nr}(\text{Lagereinrichtung})$

Auf die Relation **Lagerort** kann trotz der Abwesenheit von eigenen Attributen nicht verzichtet werden. Ansonsten hätte man keine Möglichkeit herauszufinden, welche Lagereinrichtungen Lagerorte darstellen.

2. Jeder Objekttyp einer Typhierarchie bildet eine eigene Relation. Jetzt werden jedoch mit einer Relation sämtliche, also auch die ererbten Attribute aufgenommen.

   Für das Beispiel folgt also:

   relation Lagereinrichtung (**Nr**, Art, Gewicht);
   relation Lagereinheit(**Nr**, Art, Gewicht, ANr, Stückzahl, LhNr);
   relation Lagerhilfsmittel(**Nr**, Art, Gewicht, LoNr)
   relation Lagerort(**Nr**, Art, Gewicht)

   In der zugehörigen Sicht wird wieder jedes Objekt in der Relation dupliziert, deren entsprechendem Objekttyp es angehört. Diese Lösung setzt keine isa–Semantik voraus. Liegt jedoch eine solche vor, so kommt es zu Redundanzen in den Relationen für die Untertypen.

3. Jeder Pfad von der Wurzel zu den Blättern der Hierarchie bildet eine eigene Relation. Zwangsläufig enthält jede Relation die entlang ihres Pfades beobachteten Attribute.

   In unserem Fall:

   relation Lagereinheit(**Nr**, Art, Gewicht, ANr, Stückzahl, LhNr);
   relation Lagerhilfsmittel(**Nr**, Art, Gewicht, LoNr)
   relation Lagerort(**Nr**, Art, Gewicht)

Diese Lösung fordert eine isa–Semantik in der verschärften Form der Überdeckung. Dies bedeutet, daß jede Ausprägung des Wurzeltyps auch Ausprägung einer der Untertypen sein muß, denn der Wurzeltyp als solcher findet ja nun gar keine eigene Entsprechung im Relationenschema mehr. Vorteilhaft ist, daß alle Attribute eines Objekts in je einem einzigen Tupel gehalten werden können und nicht über mehrere Relationen verstreut sind. Dafür ist andererseits die ursprüngliche Typhierarchie auch nicht mehr erkennbar.

4. Die gesamte Generalisierungshierarchie fällt in einer einzigen Relation für die Wurzel zusammen.

   Im Beispiel (die Attribute sind durch geeignete Umbenennung eindeutig gemacht):

   relation Lagereinrichtung(Einrichtungstyp,
   Nr, Art, Gewicht, LeANr, LeStückzahl, LeLhNr, LhLoNr);

   Zwangsläufig erscheinen alle Attribute gemeinsam. Allerdings sind je nach tatsächlichem Typ des Objekts nur bestimmte Attribute mit Werten belegt; die anderen enthalten *NULL*.

   Um nicht aus der Belegung auf die tatsächlichen Typen schließen zu müssen, haben wir der Relation das zusätzliche Attribut Einrichtungstyp beigegeben, das diesen Typ angibt.

   Die Lösung eignet sich ohne und mit isa–Semantik; im letzteren Fall gibt die Belegung von Einrichtungstyp den speziellsten Typ an. Im Vergleich zur zweiten Lösung ist der entstehende Relationstyp allerdings stark aufgebläht.

Informationserhaltung: Auch hier ist die Frage der Informationserhaltung nur insoweit sinnvoll, als sich relationale Operatoren durch geeignete Objektoperatoren nachbilden lassen. Wegen der Polymorphie der relationalen Operatoren kommen auf Objektebene hierfür nur polymorphe Operatoren in Frage.

Man könnte vermuten, daß sich die Aussagen aus Abschnitt 10.4.4 übernehmen ließen, da sich die Konstruktion der Relationen aus Objekttypen auf die Ermittlung konventioneller Relationen aus NF^2–Relationen mittels Unnest und gegebenenfalls nachfolgender Zerlegung zurückführen läßt. Jedoch sind im NF^2–Modell die Operatoren mengenorientiert, während sie hier beim objektorientierten Modell navigierend oder tupelorientiert vorgehen. Auch die Aussagen aus Abschnitt 10.4.2, der Relationen auf ein Datenmodell mit navigierenden Operatoren zurückführt, helfen nicht weiter, da dort die Schwierigkeiten vor allem mit dem Set–Konstrukt zusammenhängen.

Wir haben zudem die Subtypisierung zu betrachten. Liegt isa–Semantik vor, so müssen in den ersten beiden Abbildungen bei konsistentem Einfügen oder Löschen im allgemeinen mehrere Relationen gleichzeitig verändert werden. Sofern diese Änderungen als zusammenhängend gekennzeichnet werden, können die Operationen in der objektorientierten Originaldatenbasis durch Hinzufügen oder Entfernen eines einzelnen Objekts realisiert werden. Bei der dritten und vierten Abbildung ist auf Nutzer–Ebene eine einzige Relation und in der Originaldatenbasis ein einziges Objekt betroffen.

Die vorstehenden Ausführungen sind nicht mehr als einige formlose Überlegungen. Es existiert eine neuere Untersuchung [MYK+93], die für die relationale Sicht jedoch eine SQL–artige Abfragesprache (siehe Kapitel 22) unterstellt und deren Übersetzung studiert.

10.5 Literatur

Das Thema der Abbildung von Datenbeständen innerhalb und zwischen Datenbeständen ist bisher fast ausschließlich in der wissenschaftlichen Spezialliteratur anzutreffen, in Lehrbücher hat es noch kaum Eingang gefunden. Daher wird die Thematik auch kaum im Gesamtzusammenhang betrachtet, es dominieren Einzelaspekte. Für einzelne Abbildungsverfahren haben wir uns vor allem an folgenden Stellen orientiert: [YB77] zu Abschnitt 10.2, [DB78], [BS81], [Cod90] zu Abschnitt 10.3.1, [Sch93] zu Abschnitt 10.3.5, [TL82] zu den Abschnitten 10.4.1 und 10.4.2, [TL93] zu Abschnitt 10.4.5 und [MYK+93] zu Abschnitt 10.4.6. Einige allgemeine Überlegungen zur Thematik finden sich auch in [Vet86].

Teil II

Datenbankentwurf

11. Struktur des Entwurfsprozesses

11.1 Entwurfsphasen

Ein Datenmodell legt zwar die prinzipielle Funktionalität eines Datenbanksystems fest, es sagt aber noch nichts darüber aus, wie sich die Funktionalität auf eine vorgegebene Anwendung im einzelnen auswirkt oder wie eine Anwendung die Funktionalität möglichst gut nutzt. Diese Nutzung schlägt sich vor allem im Datenbankschema nieder. Ein wesentlicher Schritt der Einsatzvorbereitung für ein Datenbanksystem ist daher der *Datenbankentwurf.* Der Datenbankentwurf umfaßt die Abbildung eines Ausschnitts der realen Welt (der sogenannten Miniwelt) auf ein Datenbankschema. Auf einer mit diesem Schema ausgestatteten Datenbasis lassen sich dann Daten in adäquater Weise speichern, wiedergewinnen und manipulieren. Bild 11.1 veranschaulicht diesen Sachverhalt.

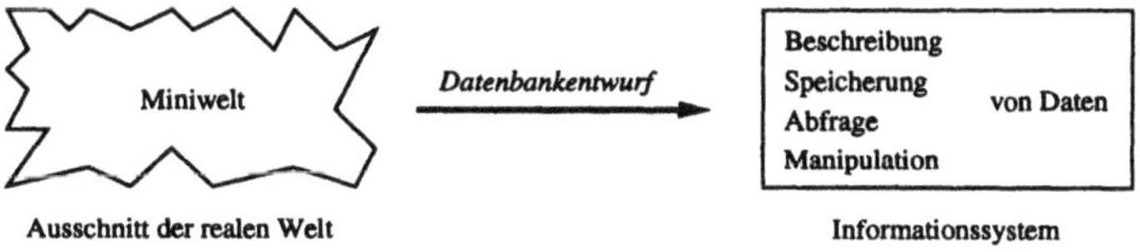

Bild 11.1. Charakterisierung des Datenbankentwurfs

Es muß sichergestellt werden, daß die entworfene Datenbasis über lange Zeit — manchmal über Jahrzehnte — den an sie gestellten Anforderungen genügt. Wie die Betrachtung unserer drei Beispielwelten bereits gezeigt hat, können die Anforderungen im einzelnen recht kompliziert sein. Dementsprechend komplex kann das Entwurfsergebnis ausfallen. Weiterhin kann man einen Datenbankentwurf als eine Investition mit weitreichenden Auswirkungen betrachten, die sorgfältig geplant und ausgeführt werden muß. Da diese Randbedingungen denen ähnlich sind, die beim Entwurf von Programmsystemen auftreten, bedient man sich an dieser Stelle der Erkenntnisse und Methodiken, die die Disziplin des Software Engineering hervorgebracht hat.

Beim Software–Entwurf geht man meist anhand eines festen Entwurfsmodells vor; in der Praxis hat sich beispielsweise in vielen Fällen das Phasenmodell

(Wasserfallmodell) bewährt. Dieses teilt den gesamten Entwurfsprozeß in die überschaubaren Phasen Anforderungsanalyse — Entwurf — Implementierung — Test — Wartung ein, die nacheinander durchlaufen werden. In jeder Phase werden aufgrund einer klar definierten Ausgangsbasis eine Reihe von Arbeitsergebnissen geschaffen, die als Eingabe für die nachfolgende Phase dienen. Die innerhalb einer bestimmten Phase zur Realisierung dieser Ergebnisse verwendeten Techniken sind freigestellt und werden im allgemeinen aus einer Menge von prinzipiellen Möglichkeiten ausgewählt. Beispielsweise wird für die Implementierungsphase der vollständige Satz an Entwurfsdokumenten einschließlich einer Systemspezifikation und einer Untermenge von Modulspezifikationen benötigt, und das Ergebnis ist eine Sammlung von Programm–Modulen. Werden innerhalb einer Organisation im Rahmen eines Vorgehensmodells bestimmte Methoden, Techniken und Werkzeuge wiederholt eingesetzt, so bezeichnet man dies als *Entwurfsmethodik.*

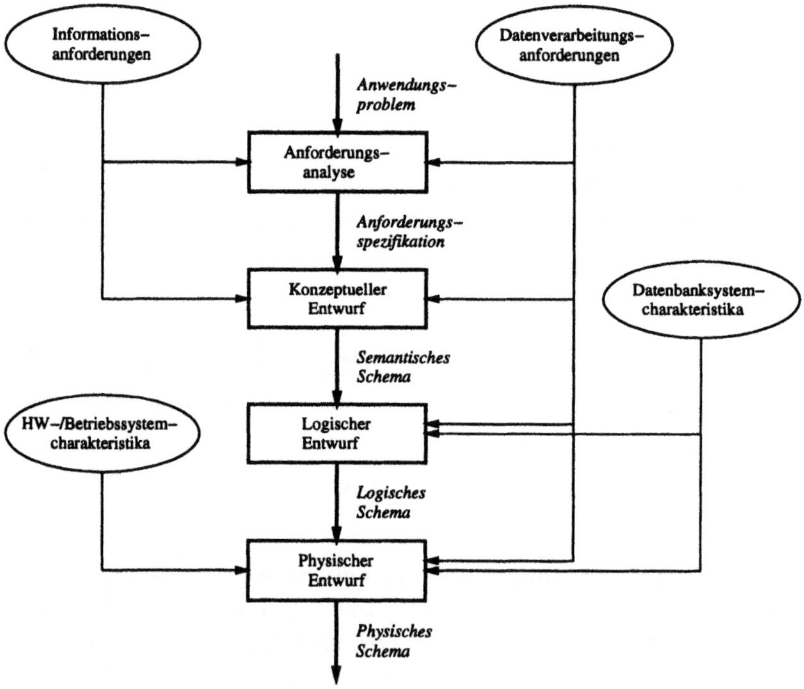

Bild 11.2. Schritte und Datenflüsse während des Datenbankentwurfs

In Anlehnung an den Software–Entwurf unterteilt man nun auch den Prozeß des Datenbankentwurfes in überschaubare Phasen. Bild 11.2 zeigt diese (in den Kästchen) sowie deren Voraussetzungen und Ergebnisse. Im folgenden geben wir jeweils eine Kurzbeschreibung und nennen die dabei zur Anwendung kommenden Entwurfstechniken.

Phase 1: Anforderungsanalyse. In dieser Phase erfolgt die Abgrenzung des Anwendungsbereichs. Die Ausgangsbasis wird ganz allgemein durch Situationen und Sachverhalte eines Ausschnitts der realen Welt gebildet. Die damit zunächst noch recht vagen Vorstellungen und Aussagen gilt es zunächst konkretisierend zu erfassen.

Dies ist ein typischer Vorgang der Systemanalyse mit der spezifischen Absicht, die Informationen zu bestimmen, die für die Abwicklung vorgegebener oder ebenfalls zu bestimmender Geschäfts–, Produktions– oder Dienstleistungsprozesse erforderlich oder wünschenswert sind. Hier kann auch bereits eine Abgrenzung zwischen rechnergeführten und anderen Prozessen erfolgen; Herkunft, Ziel und Volumen der Daten spielen eine Rolle.

Phase 2: Konzeptueller Entwurf. Der konzeptuelle Entwurf ist in etwa mit der Spezifikationsphase der Software–Entwicklung vergleichbar. Ausgehend von der Anforderungsanalyse, die in Form von Prosa sowie diversen Tabellen und Diagrammen vorliegt, müssen die für die Datenbankanwendung interessierenden Sachverhalte und Gesetzmäßigkeiten nun in eine formalere Gestalt überführt werden. Dazu bedient man sich der Beschreibungsmittel eines *semantischen Modells.* Ergebnis ist ein *semantisches* oder *konzeptuelles Schema.* Es definiert den interessierenden Welt–Ausschnitt durch Angabe aller Gegenstände, Beziehungen, Attribute und eventuell auch Operationen in einer standardisierten Weise. Ziel des konzeptuellen Entwurfs ist es also, die vorgegebenen Sachverhalte so vollständig und korrekt wie möglich innerhalb der festgelegten Strukturen des verwendeten Modells zu beschreiben. Angestrebt wird einerseits, daß auch nach vorgelegter konzeptueller Modellierung das Ergebnis prinzipiell noch unabhängig von einem speziellen Datenmodell eines Datenbanksystems ist. Diesen Sachverhalt nennt man Implementierungsunabhängigkeit. Andererseits ist abzusehen, daß das Entwurfsergebnis in der nachfolgenden Phase dann doch auf die Beschreibungsmittel eines logischen Datenmodells abgebildet wird und aus Gründen der Aufwands– und Redundanzvermeidung die Forderung erhoben wird, daß dieser Übergang möglichst einfach sein soll. Daraus kann man folgern, daß sich semantische Datenmodelle an den potentiellen Zielmodellen zumindest orientieren sollten. Daraus erwächst ein gewisser Zielkonflikt.

Phase 3: Implementierungsentwurf. Der Implementierungsentwurf (auch logischer Entwurf genannt) umfaßt die Übersetzung einer konkreten, konzeptuellen Modellierung in ein durch das logische Modell eines Datenbanksystems bestimmtes Datenbasisschema. Man kann davon sprechen, daß ausgehend von einer Spezifikation ein konkretes Schema generiert werden soll. Für die Übersetzung wird man fordern, daß ein bestimmter Gütegrad erreichbar ist. Sie kann teilweise automatisch geschehen, doch findet man auch manuelle Umsetzungen mit nachfolgenden Verifikationsschritten. Als Zielmodelle finden sich insbesondere diejenigen Datenmodelle wieder, die wir bereits in Teil I kennengelernt haben: das relationale Modell, das NF^2–Modell, das Netzwerkmodell, deduktive oder objektorientierte Modelle.

Phase 4: Physischer Entwurf. Man könnte annehmen, daß mit einem erfolgreich entworfenen Datenbasisschema der Datenbankentwurf abgeschlossen ist. Es bleiben jedoch noch bestimmte Fragestellungen offen, die mit Leistungsoptimierung hinsichtlich der speziellen Anwendung zu tun haben, für die das System entworfen wird. Dem Anwender werden daher Instrumente in Form von Parametereinstellungen oder Auswahl unter Implementierungstechniken angeboten, so etwa detaillierte Beschreibungen der physischen Datenorganisation, die Etablierung von Indexstrukturen oder die Formulierung von Clusterungsbedingungen, mit deren Hilfe er Einfluß auf die für die Anwendung bedeutsamen Leistungsfaktoren nehmen kann.

11.2 Verzahnung der Entwurfstätigkeiten

Die angesprochenen vier Phasen laufen natürlich nicht so streng sequentiell ab, wie das den Anschein haben mag. Stetiges Überprüfen und Hinterfragen der Ergebnisse in den Entwurfsphasen und der Vergleich mit den Anforderungen führt zu Rückverweisen und Iterationen. Um die Verzahnung der Phasen im Detail zu betrachten, führen wir ein zu Bild 11.2 duales Bild 11.3 ein, das die einzelnen Entwurfstätigkeiten als Zustandsübergänge zeigt. Die externen Einflußgrößen aus Bild 11.2 sind der besseren Übersichtlichkeit wegen weggelassen. Im folgenden zeigen wir, welche Rückverweise und Iterationsmöglichkeiten aufgrund der Bewertung der Phasenergebnisse verfolgt werden können.

Semantisches Schema: Wie bei der Softwareentwicklung sucht man Fehler in möglichst frühen Phasen aufzudecken. Ansetzen kann man zum ersten Mal beim semantischen Schema, da es die erste formale Manifestation des Anwendungsproblems darstellt. Es gibt an dieser Stelle zwei Ansatzpunkte:

- Das Schema sollte auf Korrektheit geprüft, also *verifiziert* werden, wobei Widersprüche und Redundanzen aufgedeckt werden. Dies geschieht heute — wenn überhaupt — noch weitgehend manuell, doch lassen sich auch teilautomatisierte Verfahren etwa auf der Basis des automatischen Beweisens vorstellen.
- Zum zweiten sollte das Schema *validiert* werden, d.h. es sollte geprüft werden, ob es als Spezifikation auch tatsächlich die Anforderungen korrekt und vollständig wiedergibt. Auch diese Tätigkeit läßt sich heute zunehmend automatisieren, etwa mit Hilfe von aus der Softwaretechnik bekannten Techniken des Rapid Prototyping.

Logisches Schema: Hier ist zunächst die Auswahl das logischen Modells erforderlich, auf das man abheben möchte. In manchem Fall mag das Modell

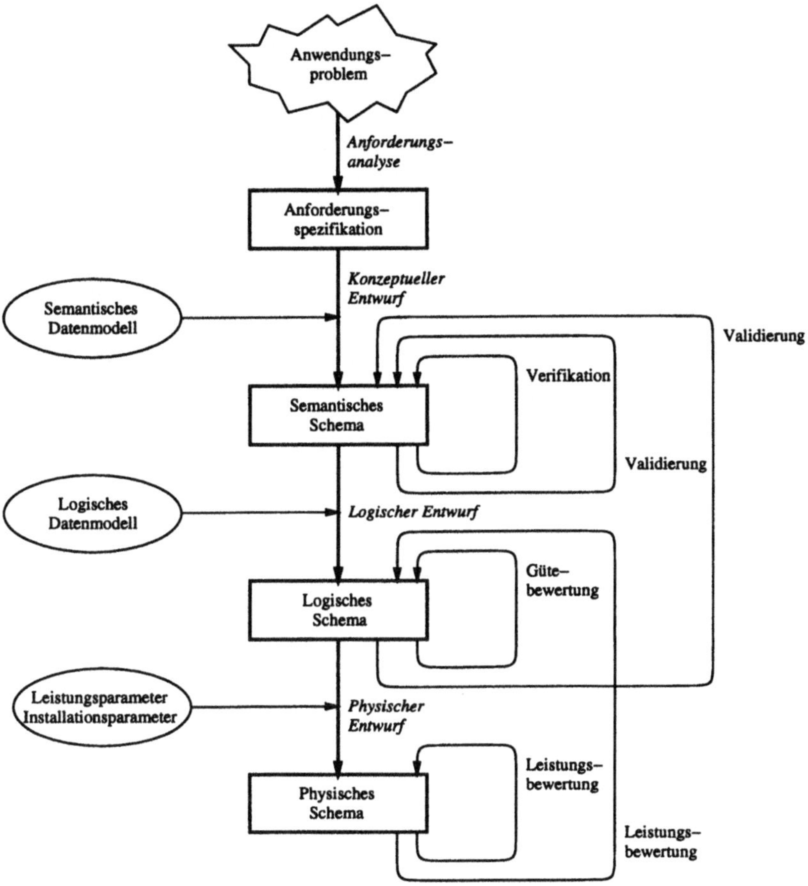

Bild 11.3. Zustandsübergänge und Tätigkeiten während des Datenbankentwurfs

vorherbestimmt sein, wenn beispielsweise die Verwendung eines bestimmten Datenbanksystems (und damit des logischen Modells dieses Systems) vorgegeben ist. In anderen Fällen hat man möglicherweise die Wahl, die dann von den Überlegungen geprägt sein kann, die wir in Teil I in den abschließenden Betrachtungen zu den einzelnen logischen Modellen angestellt hatten. Hat man sich schließlich für ein bestimmtes logisches Modell entschieden, kommt noch ein zweiter wichtiger Aspekt ins Spiel: Im allgemeinen läßt sich mehr als ein logisches Schema für das Ergebnis eines konzeptuellen Entwurfs angeben. Man muß daher Gütekriterien definieren, um dann ein möglichst günstiges logisches Schema aus der Menge der möglichen zu ermitteln. Diese Gütekriterien kann man von vornherein in die Übersetzung einbauen, eine Vorgehensweise, die sich besonders anbietet, wenn die Übersetzung mit Hilfe von Übersetzungs- und Optimierungsregeln automatisiert wird. Andernfalls nutzt man die Gütebewertung zu nachträglichen Änderungen am logischen Schema.

Neben der Gütebewertung läßt sich aus dem logischen Schema nochmals eine Validierung ableiten, die gegebenenfalls zu Änderungen am semantischen Schema führt. Validierung zu diesem Zeitpunkt bietet den Vorteil, sich auf verfügbare, dem verwendeten logischen Datenmodell entsprechende Datenbanksysteme abstützen zu können.

Physisches Schema: Das Ergebnis des physischen Entwurfs unterliegt vor allem Leistungsgesichtspunkten. Bei der Abstimmung des physischen Schemas lassen sich analytische Modelle, Simulationsmodelle oder auch einfach Faustregeln einsetzen. Deren Ergebnisse können zu Anpassungen des physischen Schemas führen, es kann sich aber auch erweisen, daß erst Änderungen des logischen Schemas eine durchgreifende Leistungsverbesserung versprechen. Diese Änderungen müssen aber weiterhin den Übersetzungsregeln gehorchen. Schließlich lassen sich auch Leistungsbewertungen anhand von Prototypen mit Hilfe sogenannter Benchmarks durchführen.

11.3 Weitere Vorgehensweise

Die nachfolgenden Kapitel dieses Teils II sind im wesentlichen von der getroffenen Phaseneinteilung geprägt:

- Mit der ersten Phase des Entwurfsprozesses, der Anforderungsanalyse, befassen wir uns in Kapitel 12.
- Die Kapitel 13 bis 16 sind den semantischen Modellen gewidmet, die in die Praxis des konzeptuellen Entwurfs Eingang gefunden haben. Deren Modellierungsmöglichkeiten, aber auch deren Grenzen werden vorgestellt und miteinander verglichen.

- Das sich anschließende Kapitel 17 befaßt sich speziell mit einer Problemstellung, die verstärkt beim Entwurf großer Schemata auftritt: Sind mehrere Entwerfer an der Modellierung von Teilaspekten der Diskurswelt beteiligt, müssen die Teilschemata, die hier entstehen, zusammengefaßt werden, so daß ein Gesamtschema entsteht. Dieser Vorgang wird als Konsolidierung bezeichnet.
- Das Vorhandensein eines (einzigen) konzeptuellen Gesamtschemas vorausgesetzt, klärt Kapitel 18 die Transformation in geeignete Schemata der unterschiedlichen logischen Modelle aus Teil I.
- Kapitel 19 widmet sich dem physischen Entwurf.
- Die abschließenden Kapitel 20 und 21 betrachten noch die Aspekte, die bei einer eventuellen verteilten Datenhaltung hinzukommen.

11.4 Literatur

Der Datenbankentwurfsprozeß wird in einer Vielzahl von Literaturstellen angesprochen. Bücher, in denen ihm erhöhte Aufmerksamkeit gewidmet wird, sind beispielsweise [Boo91], [BCN92], [Mac90], [RC92] und [Teo94]. Im Entwurfsprozeß einsetzbare systemanalytische Elemente kommen beispielsweise auch in den Büchern [LSTK83] und [Fai85] ausführlich zur Sprache.

12. Anforderungsanalyse

12.1 Übersicht

Wir werden auf die Anforderungsanalyse nur sehr kurz eingehen. Es handelt sich um einen typischen und häufig langwierigen Systemanalyseprozeß, in den alle Methoden und Techniken dieses Gebietes einfließen. Wir interessieren uns an dieser Stelle nur dafür, welche Form die Anforderungsspezifikation annehmen sollte, damit man beim konzeptuellen Entwurf maximalen Nutzen aus den Ergebnissen dieser Phase ziehen kann.

Da Datenbanken dem Zweck der Informationsablage und -gewinnung dienen, interessiert bei der Anforderungsanalyse vor allem der Informationsbedarf der künftigen Nutzer. Daher wird in dieser Phase oft auch von Informationsbedarfsanalyse gesprochen. Zur Niederschrift des Informationsbedarfs haben sich Verzeichnistechniken bewährt. Abhängig von dem jeweils betrachteten Sachverhalt lassen sich unterschiedliche Arten von Verzeichnissen definieren, so etwa

- *Datenverzeichnisse* zur Darstellung von Fakten,
- *Operationsverzeichnisse* zur Beschreibung der Verwendung der Daten,
- *Ereignisverzeichnisse* zur Beschreibung von Auslösebedingungen für Operatoren und somit indirekt zur Beschreibung von Abläufen.

Diese Verzeichnisse entstehen in einem Prozeß, der drei Teilschritte iterativ durchläuft:

- *Beschreibungsschritt*: Die benötigten Daten müssen erfaßt werden. Als Beschreibungsform kann man dabei unter verschiedenen Varianten wählen. Die Miniwelt läßt sich beispielsweise als eine Menge von Organisationseinheiten, als eine Menge von Objekten samt dazwischen bestehenden Beziehungen, als Menge von Operationen oder als Menge beobachtbarer Ereignisse beschreiben. Entscheidet man sich beispielsweise für die Operationsbeschreibung, so ergibt sich eine ablauforientierte Darstellung mit der Aufzählung der prinzipiell vorhandenen Informationsflüsse samt Informationsquellen und -senken sowie der Randbedingungen für die Anwendung der Operationen.

- *Filterungsschritt*: Ausgehend von den gesammelten Ergebnissen gilt es, die Präzision der Beschreibung zu erhöhen. Dazu zählen die Beseitigung von Synonymen und Homonymen zur Eliminierung störender Mehrfachnennungen und Doppeldeutigkeiten, die ausdrückliche Niederschrift von nur implizit vorhandenen Informationen, sowie generell die Beseitigung von Redundanzen.
- *Klassifikationsschritt*: Die niedergeschriebenen und präzisierten Beobachtungen werden semiformal abgebildet, z.B. einheitlich auf Daten, Tätigkeiten und Ereignisse.

Angesichts der Menge der anfallenden Informationen ist dabei Rechnerunterstützung wünschenswert oder sogar notwendig. Auf der anderen Seite ist die gesamte Phase einer formalen Durchdringung nur wenig zugänglich, so daß automatisierte Transformationsschritte auf die Beschreibungsformen der nachfolgenden Datenbankentwurfsphasen nicht anwendbar sind, zumindest nicht nach dem heutigen Stand der Technik.

Wir geben im folgenden kurz jeweils ein Beispiel für ein Datenverzeichnis, ein Operationsverzeichnis und ein Ereignisverzeichnis. Dabei bedienen wir uns einmal mehr der wohlbekannten Lagerverwaltungswelt.

12.2 Verzeichnisse

12.2.1 Datenverzeichnisse

Zur Dokumentation der auftretenden Daten wird ein *Datenverzeichnis* erstellt, in das die in der Diskurswelt interessierenden Strukturelemente aufgenommen werden. Neben einer Identifikation der Elemente, ihrer Klassifikation und einer vollständigen Datenbeschreibung sind hierbei auch Meta-Informationen von Interesse. Diese umfassen Angaben zu möglichen Synonymen, Abschätzungen über die Maximalzahl der Datenelemente (Kardinalität) sowie Oberbegriffe.

Beispiel: Bild 12.1 zeigt einen Ausschnitt aus dem Datenverzeichnis, das nach einer Anforderungsanalyse für die Lagerverwaltung entstanden sein könnte. Im Bild sehen wir das Verzeichnis zu einem Zeitpunkt, zu dem die Filterungs- und Klassifikationsschritte bereits abgeschlossen sind. Entsprechend gefüllt sind die Angaben zu den Synonymen und Oberbegriffen. Die interessierenden Strukturelemente sind die zu lagernden Artikel, die dazu verwendeten Lagereinheiten (Schachteln, Körbe, etc.), die Lagerhilfsmittel (Paletten, Container, etc.) und die Lagerorte. Aus den bereitgestellten Beschreibungen lassen sich neben den Feinstrukturen auch Bezüge zwischen den einzelnen Strukturelementen erkennen.

Id.Nr.	Bezeichnung	Beschreibung		Meta-Information	
D001	Artikel	Identifikation	Nummer	Synonyme	Einzelteil
		Klassifikation	Lagerobjektart		Fertigbestandteil
		Daten	Name	Kardinalität	10000
			Lieferant	Oberbegriff	Lagerobjekt
			Lieferumfang		
			Verpackung		
D002	Lagereinheit	Identifikation	Nummer	Synonyme	–
		Klassifikation	Lagereinheitart	Kardinalität	50
		Daten	Name	Oberbegriff	Lagereinrichtung
			Größe		
			Gewicht		
			Artikel		
			Lagerhilfsmittel		
D003	Lagerhilfsmittel	Identifikation	Nummer	Synonyme	–
		Klassifikation	Lagerhilfsmittelart	Kardinalität	20
		Daten	Name	Oberbegriff	Lagerhilfsgerät
			Größe		
			Gewicht		
			Lagerort		
D004	Lagerort	Identifikation	Nummer	Synonyme	Lagerfach
		Klassifikation	Lagerortart		Regal
		Daten	Größe	Kardinalität	10000
			MaxGewicht	Oberbegriff	Lagereinrichtung
			⋮		

Bild 12.1. Datenverzeichnis für die Lagerverwaltung

12.2.2 Operationsverzeichnisse

Operationsverzeichnisse enthalten einen Identifikator zur eindeutigen Bestimmung der Operation sowie eine Bezeichnung, die den Ablauf der Operation andeutet. Diese Angaben werden durch eine detaillierte Beschreibung der Ein- und Ausgaben ergänzt. Dazu kommen Angaben zur Häufigkeit der Operationen und Querverweise auf die Bezugsdaten.

Beispiel: Ein Ausschnitt aus dem Operationsverzeichnis für unsere Lagerverwaltungswelt ist in Bild 12.2 gezeigt. Dort erwartet zum Beispiel eine Operation Artikeleinlagerung als Eingabe den zu lagernden Artikel und gibt den ermittelten Lagerort, ein bestimmtes Lagerfach, aus. Häufigkeitsangaben werden in dieser Tabelle auf einer dreistufigen Skala angegeben. Die Operation Artikeleinlagerung ist dabei als „häufig" eingestuft, was dem höchsten Wert dieser Skala entspricht. Zur Durchführung der Operation und Berechnung der Ausgabe muß das System mit den Strukturelementen D001–D004 aus dem Datenverzeichnis arbeiten. Die Operation führt schließlich zum Einfügen von Datenelementen in die Datenbasis.

Die in den Daten- und Operationsverzeichnissen an verschiedener Stelle auftretenden Bezüge (von Daten untereinander, zwischen Daten bei Operationen etc.) geben erste Aufschlüsse über strukturelle Zusammenhänge, die beim nachfolgenden Datenbankentwurfsschritt — dem konzeptuellen Entwurf — von Bedeutung sein können. Insofern ist die sorgfältige Dokumentation solcher Beziehungen und Abhängigkeiten von großer Wichtigkeit.

Id.Nr.	Bezeichnung	Beschreibung		Meta-Information	
Op001	Artikeleinlagerung	Eingabe	Artikel	Häufigkeit	häufig
		Ausgabe	Lagerort	Bezugsdaten	D001
					D002
					D003
					D004
				DB-Auswirkung	Einfügen
Op002	Artikelentnahme	Eingabe	Artikel	Häufigkeit	häufig
		Ausgabe	Lagereinheit	Bezugsdaten	D001
					D002
					D003
				DB-Auswirkung	Löschen
Op003	Bestandsanfrage	Eingabe	Artikel	Häufigkeit	mittel
		Ausgabe	Stückzahl	Bezugsdaten	D001
			Gewicht		D002
				DB-Auswirkung	Suchen
Op004	Artikelumlagerung	Eingabe	Lagerort	Häufigkeit	selten
			Lagerort	Bezugsdaten	D003
		Ausgabe	„Erfolgsmeldung“		D004
				DB-Auswirkung	Ändern
		⋮			

Bild 12.2. Operationsverzeichnis für die Lagerverwaltung

12.2.3 Ereignisverzeichnisse

Auslösebedingungen von Operationen werden in *Ereignisverzeichnissen* dargestellt. Diese enthalten einen Identifikator, zur Beschreibung der Bedingung eine Bezeichnung und Angaben zu Syntax und Semantik, sowie zugehörige Operationsidentifikatoren. Eine Bedingung kann elementar oder beispielsweise eine Konjunktion von weiteren Bedingungen sein (denkbar sind alle logischen Verknüpfungen), was im Verzeichnis unter Bedingungssyntax ausgedrückt wird. Die Bedingungssemantik kann temporal („wenn ... dann ...“) oder konditional („falls ... dann ...“) sein.

Beispiel: Bild 12.3 zeigt den Ausschnitt eines Ereignisverzeichnisses für die Lagerverwaltung. Vorgesehen sind hierbei die Ereignisse Wareneingang, Warenausgang und Inventur. Deren Syntax ist in allen Fällen elementar, also (zumindest aus Sicht der Lagerverwaltung) nicht aus Teilbedingungen zusammengesetzt. Die Semantik ist hingegen unterschiedlicher Natur: Im Falle des Warenein- und -ausgangs handelt es sich um eine konditionale Auslösebedingung; im Falle der (meist einmal jährlich) stattfindenden Inventur ist die Bedingung zeitlich bestimmt. Letzteres Beispiel zeigt zugleich, daß im Zuge der einem Ereignis folgenden Aktionen durchaus auf mehrere Operationen Bezug genommen werden kann.

12.3 Grenzen der Anforderungsanalyse

Das Ergebnis der Anforderungsanalyse hat für das weitere Vorgehen zentrale Bedeutung, denn in dieser Phase — und nur in dieser — werden die zu modellierenden Datenelemente und Abläufe in der Anwendung bestimmt. Angesichts dessen mag es erstaunen, daß wir eine recht informelle Vorgehensweise

Id.Nr.	Bezeichnung	Bedingung		Bezug
E001	Wareneingang	Syntax Semantik	elementar konditional	Op001
E002	Warenausgang	Syntax Semantik	elementar konditional	Op002
E003	Inventur	Syntax Semantik	elementar temporal	Op003 Op004
		⋮		

Bild 12.3. Ereignisverzeichnis für die Lagerverwaltung

gewählt haben, die das systematische (und automatische) Aufdecken von Inkonsistenzen nur beschränkt gestattet. Dazu ist zu sagen, daß die hier präsentierte Methode der Verzeichniserstellung beileibe nicht die einzige Möglickeit ist, die Ergebnisse der Anforderungsanalyse niederzuschreiben; formalere Methoden sind denkbar. Es ist jedoch zu beachten, daß man in dieser Phase vor allem mit dem Endanwender kommuniziert und sich daher auf einer Ebene ausdrücken muß, die diesem noch verständlich ist. Unser Verzeichnismodell leistet dies sicherlich.

12.4 Literatur

Die Darstellung dieses Kapitels hat sich vor allem an [MDL87] orientiert. Die Problematik wird ferner in [BCN92] und [Mac90] behandelt.

13. Relationentheorie und Normalisierung

13.1 Charakterisierung

Da angestrebt werden sollte, die Übersetzung von einem semantischen zu einem logischen Schema weitgehend zu automatisieren, wären für beide, semantisches und logisches Datenmodell, strenge Formalisierungen sehr erwünscht. Nun existiert auf der logischen Ebene mit dem relationalen Datenmodell bereits ein solches Modell. Es wäre also zu überlegen, ob man das relationale Modell nicht einfach so erweitert, daß es sich für die Zwecke eines semantischen Datenmodells eignet. Gelänge dies, so verfügte man insbesondere über ein elegantes und automatisierbares Mittel für den Entwurf relationaler Datenbanken.

Das relationale Datenmodell ist also sowohl Ausgangs– als auch Zielmodell der Übersetzung. Ziel ist es, durch sukzessive Transformation der Ausgangsrelation(en) zu einem „optimalen“ logischen Relationenschema zu gelangen. Die Erweiterung auf semantischer Ebene besteht nun darin, daß Abhängigkeiten zwischen Attributen betrachtet werden. Die mit ihnen verbundenen Speicherredundanzen und Anomalien bei der Anwendung relationenalgebraischer Operationen werden dann für die Transformation als Gütekriterien herangezogen. Der Entwurfsansatz kann sowohl zur Optimierung bestehender Relationenschemata von bereits vorhandenen Applikationen als auch bei der Erstellung einer neuen Datenbank verwendet werden. Im zweiten Fall besteht die Vorgehensweise darin, zunächst die zur Beschreibung der Diskurswelt notwendigen Attribute in ganz einfacher Weise in einigen wenigen großen Relationen oder sogar in einer einzigen, sogenannten universellen Relation zu sammeln. Anschließend findet aufgrund von Attributabhängigkeiten eine Zerlegung der Relation statt. Sukzessive Abhängigkeitsbestimmung und darauffolgende Relationszerlegung führt zu Relationenschemata, die besser bezüglich der genannten Gütekriterien abschneiden.

Es ergeben sich für dieses Kapitel folgende Teilschritte. Nach der Einführung eines Beispiels und der Erläuterung der bestehenden Redundanzen und Anomalien werden die angesprochenen Abhängigkeiten zwischen Attributen formal definiert. Es handelt sich hierbei um sogenannte *funktionale und mehrwertige Abhängigkeiten*. Darauf aufbauend werden die *Normalformen* eingeführt, die standardisierte Gütemaße für Relationenschemata darstellen und erst damit deren objektive Bewertung erlauben. Wir beschäftigen uns insbesondere mit der Transformation von Relationenschemata in höhere Normalformen und diskutieren Vorgehensweise und Folgerungen.

An die Transformation läßt sich auch noch eine andere Sichtweise anlegen. Funktionale und mehrwertige Abhängigkeiten lassen sich, da sie nicht unmittelbarer Bestandteil des relationalen Datenmodells sind, als Konsistenzbedingungen deuten (Abschnitt 4.7). Die Transformation funktionaler Abhängigkeiten besteht dann darin, diese Konsistenzbedingungen sukzessive auf die heute standardmäßig im relationalen Modell vorhandenen Schemakonsistenzbedingungen — nämlich die Schlüsselbedingungen — abzubilden.

Aus all diesen Vorüberlegungen folgt, daß wir uns in diesem Kapitel gleichzeitig mit dem konzeptuellen und dem Implementierungsentwurf befassen, so daß hier Akquisition, Übersetzung und Gütebewertung eine Einheit bilden.

13.2 Redundanz und Anomalien in Relationen

Wir befassen uns einmal mehr mit unserer Welt der geometrischen Körper und wählen als Ausgangspunkt die „verflachte“ Relation NF2GeoKörper''' aus Abschnitt 5.3.1 (siehe insbesondere das dazugehörige Bild 5.8). Diese Relation soll hier KomplGeoKörper als Abkürzung für „komplexer geometrischer Körper“ benannt werden. Wir wollen sie gegenüber Abschnitt 5.3.1 noch um einige Attribute ergänzen; auf die Angabe der Domänen sei dabei verzichtet:

relation KomplGeoKörper(GeoName, Material, Dichte, Gewicht,
FID, Farbe, KID, PID, X, Y, Z)

GeoName bezeichnet einen geometrischen Körper, Material und Gewicht bestimmen seine weiteren Merkmale. Jedes Material zeichnet sich durch eine bestimmte Dichte aus. Jeder Körper besteht aus Flächen, die über FID identifiziert werden, und jede Fläche wird von Kanten berandet, die mittels KID identifiziert werden. Jede Kante hat ihrerseits (zwei) Eckpunkte mit den jeweiligen Koordinaten X, Y und Z. Jede Fläche besitzt eine (eigene) Farbe, so daß bunte Körper entstehen können.

Zur Veranschaulichung zeigt Bild 13.1 eine mit entsprechenden Attributen ausgestattete Relationsausprägung für KomplGeoKörper.

Die vorliegende Relation enthält ganz offensichtlich eine ganze Reihe von redundanten Daten, woraus sich Probleme beim Einfügen, Ändern und Löschen von Datenbeständen ergeben:

– Jeder Punkt PID hat feste Koordinaten, die unabhängig von allen anderen Angaben sind. Die Koordinaten–Informationen X, Y und Z sind jedoch in

KomplGeoKörper										
GeoName	Material	Dichte	Gewicht	FID	Farbe	KID	PID	X	Y	Z
Quader77	Eisen	5.62	72.58	F-701	rot	K-701	P-701	4.0	0.0	0.0
Quader77	Eisen	5.62	72.58	F-701	rot	K-701	P-702	2.0	0.0	0.0
Quader77	Eisen	5.62	72.58	F-701	rot	K-702	P-702	2.0	0.0	0.0
Quader77	Eisen	5.62	72.58	F-701	rot	K-702	P-703	2.0	0.0	1.0
Quader77	Eisen	5.62	72.58	F-701	rot	K-703	P-703	2.0	0.0	1.0
Quader77	Eisen	5.62	72.58	F-701	rot	K-703	P-704	4.0	0.0	1.0
Quader77	Eisen	5.62	72.58	F-701	rot	K-704	P-701	4.0	0.0	0.0
Quader77	Eisen	5.62	72.58	F-701	rot	K-704	P-704	4.0	0.0	1.0
Quader77	Eisen	5.62	72.58	F-702	blau	K-704	P-701	4.0	0.0	0.0
Quader77	Eisen	5.62	72.58	F-702	blau	K-704	P-704	4.0	0.0	1.0
Quader77	Eisen	5.62	72.58	F-702	blau	K-708	P-707	4.0	1.5	1.0
Quader77	Eisen	5.62	72.58	F-702	blau	K-708	P-708	4.0	1.5	0.0
Quader77	Eisen	5.62	72.58	F-702	blau	K-710	P-704	4.0	0.0	1.0
Quader77	Eisen	5.62	72.58	F-702	blau	K-710	P-707	4.0	1.5	1.0
Quader77	Eisen	5.62	72.58	F-702	blau	K-712	P-701	4.0	0.0	0.0
Quader77	Eisen	5.62	72.58	F-702	blau	K-712	P-708	4.0	1.5	0.0
Quader77	Eisen	5.62	72.58	F-703	gelb	K-705	P-706	2.0	1.5	0.0
Quader77	Eisen	5.62	72.58	F-703	gelb	K-705	P-708	4.0	1.5	0.0
Quader77	Eisen	5.62	72.58	F-703	gelb	K-706	P-705	2.0	1.5	1.0
Quader77	Eisen	5.62	72.58	F-703	gelb	K-706	P-706	2.0	1.5	0.0
Quader77	Eisen	5.62	72.58	F-703	gelb	K-707	P-705	2.0	1.5	1.0
Quader77	Eisen	5.62	72.58	F-703	gelb	K-707	P-707	4.0	1.5	1.0
Quader77	Eisen	5.62	72.58	F-703	gelb	K-708	P-707	4.0	1.5	1.0
Quader77	Eisen	5.62	72.58	F-703	gelb	K-708	P-708	4.0	1.5	0.0
Quader77	Eisen	5.62	72.58	F-704	grün	K-701	P-701	4.0	0.0	0.0
Quader77	Eisen	5.62	72.58	F-704	grün	K-701	P-702	2.0	0.0	0.0
Quader77	Eisen	5.62	72.58	F-704	grün	K-705	P-706	2.0	1.5	0.0
Quader77	Eisen	5.62	72.58	F-704	grün	K-705	P-708	4.0	1.5	0.0
Quader77	Eisen	5.62	72.58	F-704	grün	K-711	P-702	2.0	0.0	0.0
Quader77	Eisen	5.62	72.58	F-704	grün	K-711	P-706	2.0	1.5	0.0
Quader77	Eisen	5.62	72.58	F-704	grün	K-712	P-701	4.0	0.0	0.0
Quader77	Eisen	5.62	72.58	F-704	grün	K-712	P-708	4.0	1.5	0.0
Quader77	Eisen	5.62	72.58	F-705	schwarz	K-703	P-703	2.0	0.0	1.0
Quader77	Eisen	5.62	72.58	F-705	schwarz	K-703	P-704	4.0	0.0	1.0
Quader77	Eisen	5.62	72.58	F-705	schwarz	K-707	P-705	2.0	1.5	1.0
Quader77	Eisen	5.62	72.58	F-705	schwarz	K-707	P-707	4.0	1.5	1.0
Quader77	Eisen	5.62	72.58	F-705	schwarz	K-709	P-703	2.0	0.0	1.0
Quader77	Eisen	5.62	72.58	F-705	schwarz	K-709	P-705	2.0	1.5	1.0
Quader77	Eisen	5.62	72.58	F-705	schwarz	K-710	P-704	4.0	0.0	1.0
Quader77	Eisen	5.62	72.58	F-705	schwarz	K-710	P-707	4.0	1.5	1.0
Quader77	Eisen	5.62	72.58	F-706	weiß	K-702	P-702	2.0	0.0	0.0
Quader77	Eisen	5.62	72.58	F-706	weiß	K-702	P-703	2.0	0.0	1.0
Quader77	Eisen	5.62	72.58	F-706	weiß	K-706	P-705	2.0	1.5	1.0
Quader77	Eisen	5.62	72.58	F-706	weiß	K-706	P-706	2.0	1.5	0.0
⋮	⋮	⋮	⋮	⋮	⋮	⋮	⋮	⋮	⋮	⋮
⋮	⋮	⋮	⋮	⋮	⋮	⋮	⋮	⋮	⋮	⋮

Bild 13.1. Beispielrelation KomplGeoKörper (siehe Text)

jedem Tupel dem Punkt PID beigestellt. Bei Translation oder Rotation eines Körpers müssen demnach nicht nur ein, sondern gleich sechs Tupel pro Punkt geändert werden („Änderungsanomalie“).

Jeder Körper GeoName besitzt als Ganzes Material und Gewicht. Diese Daten tauchen jedoch vielfach in verschiedenen Tupeln auf. Dadurch ergeben sich die gleichen Änderungsprobleme — nur noch umfangreicher — wie für Punkte. Beim Einfügen eines neuen Körpers ist das Einbringen mehrerer Tupel mit den gleichen Körpermerkmalen erforderlich, weil der jeweils andere „Teil“ dieser Tupel mit Flächen–, Kanten– und Punktangaben aufgefüllt wird.

- Angenommen, KomplGeoKörper enthalte mehrere Quader, jedoch nur Quader77 bestehe aus Eisen. Löscht man nun sämtliche Tupel zu Quader77, so geht auch der von einzelnen Körpern unabhängige Zusammenhang zwischen Eisen und seiner Dichte verloren („Löschanomalie“).
- Wenn man *NULL*–Werte nicht zuläßt, kann man keinen Körper einführen, dessen geometrischen Aufbau man erst später in die Datenbasis einbringen will. Stets muß mit einem Körper zugleich (mindestens) eine Fläche, eine Kante und ein Punkt bestimmt werden („Einfügeanomalie“).

Wünschenswert sind natürlich ein möglichst geringes Maß an Redundanz und wenige Anomalien. Die strenge Berücksichtigung bestimmter *Datenabhängigkeiten* kann Redundanzen und Anomalien reduzieren, und wir befassen uns in den folgenden Abschnitten in einer formaleren Art und Weise damit.

13.3 Funktionale Abhängigkeiten

13.3.1 Definition funktionaler Abhängigkeiten

Definition: Sei $R \in \mathcal{R}_m$ eine m–stellige Relation vom Typ T_R, und seien $X, Y \subseteq A_R$ zwei Attributmengen über T_R, wobei $X \neq \emptyset$. Y heißt *funktional abhängig* von X in T_R, notiert als $X \rightarrow Y$, wenn es in jedem Zustand von R keine zwei Tupel gibt, die in ihren Werten unter X, aber nicht in ihrem Wert unter Y übereinstimmen. Für alle Paare von Tupeln $t_1, t_2 \in R$ gilt also: $\pi_X(\{t_1\}) = \pi_X(\{t_2\}) \succ \pi_Y(\{t_1\}) = \pi_Y(\{t_2\})$.

Mit $X \rightarrow Y$ besteht demnach ein *funktionaler* Zusammenhang der Werte unter Y von denen unter X, daher die Namensgebung für diese Art von Attributabhängigkeit. Zu beachten ist, daß die Definition von Attribut*mengen* X und Y ausgeht.

Man beachte, daß funktionale Abhängigkeiten für das Schema einer Relation definiert sind, nicht für eine konkrete Relations–Ausprägung zu einem bestimmten Zeitpunkt. Die Abhängigkeiten können daher nicht einfach aus einer gegebenen Relation abgeleitet werden; vielmehr ist a–priori–Wissen über die Bedeutung der Attribute erforderlich, das aus der Anforderungsanalyse herrühren muß.

Beispiel: Für die im vorigen Abschnitt eingeführte Relation KomplGeoKörper ergeben sich die folgenden funktionalen Abhängigkeiten:

GeoName → Material
GeoName → Gewicht

Material → Dichte

PID → X
PID → Y
PID → Z

FID → Farbe

Ein und dieselbe Fläche soll in unserer Modellierung nicht mehreren Körpern gleichzeitig zugeordnet werden können, daher gilt auch:

FID → GeoName

Wenn wir fordern, daß alle Flächen eines Körpers unterschiedlich eingefärbt sein müssen — dieser Sachverhalt ist in Bild 13.1 tatsächlich gegeben —, kann man aus dem Namen eines Körpers und der Farbe der Fläche deren Identifikator ermitteln. Es gilt also:

(GeoName Farbe) → FID

Da die Definition von Attributmengen ausgeht[1], könnte man hierzu selbstverständlich auch äquivalent (Farbe GeoName) → FID notieren.

Würde man nun in unserem Beispiel noch zusätzlich fordern, daß sich keine zwei Körper (in irgendeinem Punkt) gegenseitig berühren, so wäre durch die Kombination eines X–, eines Y– und eines Z–Werts der Identifikator eines Punkts eindeutig bestimmt. Dies ließe sich sich ausdrücken durch:

(X Y Z) → PID

Es gibt übrigens noch eine ganze Reihe von weiteren Abhängigkeiten, etwa KID → GeoName, PID → GeoName, etc., die wir jedoch fürs erste ignorieren werden.

[1] Insofern ist die Schreibweise mit runden Klammern anstatt der Verwendung von Mengenklammern unglücklich; nichtsdestotrotz hat sie sich in der Literatur weithin eingebürgert.

13.3.2 Armstrong–Axiome

Die zu einem Relationenschema gegebenen funktionalen Abhängigkeiten implizieren vielfach eine Menge anderer funktionaler Abhängigkeiten. Zur Bestimmung solcher abgeleiteter, impliziter Abhängigkeiten zieht man die *Armstrong–Axiome* heran. Für $X, Y, W, Z \subseteq A_R$ sind diese Axiome wie folgt definiert.

Reflexivität: Falls $Y \subseteq X$, dann $X \rightarrow Y$. X bestimmt jede Untermenge von sich selbst funktional. Als Spezialfall erhalten wir insbesondere die scheinbare Trivialität $X \rightarrow X$.

Beispiel: Da GeoName $\subseteq$ (GeoName Material Gewicht), gilt die funktionale Abhängigkeit (GeoName Material Gewicht) $\rightarrow$ GeoName.

Expansivität: Falls $X \rightarrow Y$, $Z \subseteq W$, dann $XW \rightarrow YZ$.[2] Hinzufügen von Attributmengen auf beiden Seiten ist also unter Aufrechterhaltung der Abhängigkeit erlaubt, falls auf der rechten Seite eine Untermenge der linken steht. Ein interessanter Spezialfall ist $XZ \rightarrow YZ$. Ein weiterer ist $XW \rightarrow Y$ (also $Z = \emptyset$), d.h., die Hinzunahme von Attributen auf der linken Seite ändert nichts an einer bestehenden funktionalen Abhängigkeit.

Beispiel: Aus FID $\rightarrow$ Farbe folgt mit GeoName $\subseteq$ (GeoName Material Gewicht) der Sachverhalt (GeoName Material Gewicht FID) $\rightarrow$ (GeoName Farbe). Dieses etwas unanschauliche Axiom ist vor allem für die Ableitung weiterer Regeln interessant.

Transitivität: Falls $X \rightarrow Y$ und $Y \rightarrow Z$, dann $X \rightarrow Z$. Funktionale Abhängigkeiten pflanzen sich also transitiv fort.

Beispiel: Aus GeoName $\rightarrow$ Material und Material $\rightarrow$ Dichte folgt GeoName $\rightarrow$ Dichte.

Das letzte Axiom kann dazu führen, daß Attribute transitiv voneinander abhängen können: Sei $R \in \mathcal{R}_m$ und $X, Y \subseteq A_R$. Y heißt *transitiv abhängig* von X, wenn gilt: $\exists Z \subseteq A_R, Y \not\subseteq Z : (X \rightarrow Z \wedge Z \rightarrow Y \wedge \neg(Z \rightarrow X))$.

Beispiel: GeoName $\rightarrow$ Dichte ist transitive Abhängigkeit in der Relation KomplGeoKörper.

13.3.3 Ableitung weiterer Regeln

Mit Hilfe der vorgestellten Axiome kann man eine ganze Reihe weiterer Regeln ableiten. Wir werden im folgenden einige dieser Ableitungen vorstellen.

Vereinigung: Falls $X \rightarrow Y$ und $X \rightarrow Z$, dann $X \rightarrow YZ$.

[2] Statt XW müßte eigentlich $X \cup W$ notiert werden; analoges für YZ. Wiederum ist die vereinfachende Schreibweise in der Literatur jedoch allgemein üblich.

Ableitung: $YX \rightarrow YZ$ aus $X \rightarrow Z$ über Expansivitäts–Spezialfall. Ebenso gilt $XX \rightarrow YX$ ausgehend von $X \rightarrow Y$. Aus der Transitivität folgt $XX \rightarrow YZ$. Da X Attributmenge ist, gilt $XX = X$ und somit das Gewünschte.

Beispiel: Aus GeoName → Material und GeoName → Gewicht folgt auch GeoName → (Material Gewicht). Mehrere Funktionale Abhängigkeiten mit gleicher linker Seite kann man also zu einer Abhängigkeitsbedingung zusammenfassen.

Dekomposition: Falls $X \rightarrow YZ$, dann $X \rightarrow Y$ und $X \rightarrow Z$.

Ableitung: $YZ \rightarrow Y$ und $YZ \rightarrow Z$ wegen Reflexivität. Unter Zuhilfenahme der Transitivitätseigenschaft kann die Dekompositions–Regel aus der Voraussetzung $X \rightarrow YZ$ nun sofort hergeleitet werden.

Beispiel: Hätten wir in unserem Beispiel lediglich den Zusammenhang GeoName → (Material Gewicht) aufgestellt, wären die Abhängigkeiten GeoName → Material und GeoName → Gewicht dennoch ableitbar gewesen.

Pseudotransitivität: Falls $X \rightarrow Y$ und $WY \rightarrow Z$, dann $XW \rightarrow Z$.

Ableitung: Aus $X \rightarrow Y$ ist wegen der Expansivität $XW \rightarrow YW$ ableitbar. Der Rest folgt mit der weiteren Voraussetzung $WY \rightarrow Z$ wieder aus der Transitivität (bedenke: $YW = WY$).

Beispiel: Es gilt FID → GeoName und (GeoName Farbe) → FID. Demnach gilt aufgrund der Pseudotransitivität auch die Eigenschaft (FID Farbe) → FID, ein Ergebnis, das auch unmittelbar aus der Reflexivität folgen würde.

Abschluß: Durch die Anwendung der Axiome auf eine Menge von funktionalen Abhängigkeiten F auf ein bestimmtes Schema ist es möglich, sämtliche funktionalen Abhängigkeiten zu bestimmen, die von F impliziert werden. Diese Menge der von F implizierten Abhängigkeiten wird *Abschluß* von F genannt und als F^+ notiert.

13.3.4 Hüllenbildung und kanonische Überdeckung

Hüllenbildung: Für eine gegebene Attributmenge A und eine ebenso gegebene Menge von funktionalen Abhängigkeiten F nennen wir die Menge der von A über funktionale Abhängigkeiten bestimmten Attribute die zugehörige (Attribut–)*Hülle* und notieren diese als A_F^+.

Algorithmus: Der Algorithmus zur Berechnung der Hülle lautet wie folgt:

```
// A ist Menge von Attributen
// F ist Menge funktionaler Abhängigkeiten
A_F^+ := A;
while A_F^+ noch wachsend do begin
  for each (X → Y) ∈ F do begin
    if X ⊆ A_F^+ then begin
      A_F^+ := A_F^+ ∪ Y;
```

```
        end
      end
    end
    // A⁺_F enthält nun das Ergebnis
```

Beispiel: Gegeben seien die folgenden bereits vorgestellten funktionalen Abhängigkeiten, denen wir an dieser Stelle benennende Kürzel beigeben:

⟨01⟩ GeoName → Material
⟨02⟩ GeoName → Gewicht
⟨03⟩ Material → Dichte
⟨04⟩ PID → X
⟨05⟩ PID → Y
⟨06⟩ PID → Z
⟨07⟩ FID → Farbe
⟨08⟩ FID → GeoName
⟨09⟩ (GeoName Farbe) → FID
⟨10⟩ (X Y Z) → PID

Nun kann man beispielsweise berechnen:

$\text{FID}_F^+ = (\text{FID GeoName Farbe Material Dichte Gewicht})$

Dies ergibt sich unter Verwendung von ⟨01⟩, ⟨02⟩, ⟨03⟩, ⟨07⟩, ⟨08⟩ und ⟨09⟩. Weiterhin ergibt sich:

$(\text{FID PID})_F^+ = (\text{FID PID GeoName Farbe Material Dichte Gewicht X Y Z})$

Hierbei werden zusätzlich die Abhängigkeiten ⟨04⟩, ⟨05⟩, ⟨06⟩ und ⟨10⟩ verwendet.

Kanonische Überdeckung: Um für eine gegebene Menge F funktionaler Abhängigkeiten diese zu strukturieren und deren Zahl zu minimieren, bestimmen wir zu F ihre *kanonische Überdeckung* F_c. Eigenschaften von F_c sind:

- Die Hülle für gegebenes A ist bei Verwendung von F wie F_c jeweils gleich: $A_F^+ = A_{F_c}^+$.
- Jedes $(X \rightarrow Y) \in F_c$ enthält keine überflüssigen Attribute auf der linken oder rechten Seite. Solche Attribute wären dann überflüssig, wenn die ableitbare Hülle vom Streichen dieser Attribute unbeeinflußt bliebe.
- Für $(X_1 \rightarrow Y_1) \in F_c$ und $(X_2 \rightarrow Y_2) \in F_c$ gilt mit $Y_1 \neq Y_2$ stets $X_1 \neq X_2$. Jede linke Seite ist demnach eindeutig.

Bei gleichem Informationsgehalt enthält F_c die minimal mögliche Zahl an Abhängigkeiten.

Beispiel: Gegeben seien wieder die obigen funktionalen Abhängigkeiten. Die kanonische Überdeckung hat dann folgendes Aussehen:

GeoName → (Material Gewicht)
Material → Dichte
FID → (GeoName Farbe)
PID → (X Y Z)
(GeoName Farbe) → FID
(X Y Z) → PID

13.3.5 Voll funktionale Abhängigkeiten

Definition: Y heißt *voll funktional abhängig* von X in T_R, notiert als $X \stackrel{\bullet}{\rightarrow} Y$, wenn $X \rightarrow Y$ und X minimal ist, d.h. es gibt keine Teilmenge von X, von der Y bereits funktional abhängt.

Ist X einelementig, so gilt für $X \rightarrow Y$ auch gleich $X \stackrel{\bullet}{\rightarrow} Y$, da X in diesem Fall trivialerweise minimal ist.

Beispiel: Für die im vorigen Abschnitt aufgestellten funktionalen Abhängigkeiten ergibt sich trotz der verschärften Bedingung keine Veränderung. Also gilt:

GeoName $\stackrel{\bullet}{\rightarrow}$ Material
GeoName $\stackrel{\bullet}{\rightarrow}$ Gewicht
Material $\stackrel{\bullet}{\rightarrow}$ Dichte
PID $\stackrel{\bullet}{\rightarrow}$ X
PID $\stackrel{\bullet}{\rightarrow}$ Y
PID $\stackrel{\bullet}{\rightarrow}$ Z
FID $\stackrel{\bullet}{\rightarrow}$ GeoName
FID $\stackrel{\bullet}{\rightarrow}$ Farbe
(GeoName Farbe) $\stackrel{\bullet}{\rightarrow}$ FID
(X Y Z) $\stackrel{\bullet}{\rightarrow}$ PID

Bis auf die letzten beiden Abhängigkeiten ist die linke Seite einelementig. Im Fall (GeoName Farbe) $\stackrel{\bullet}{\rightarrow}$ FID kann weder GeoName noch Farbe unter Aufrechterhaltung der Abhängigkeitsbedingung weggelassen werden: Ein Körper hat mehrere Flächen, und dieselbe Farbe kann in mehreren Körpern und damit bei mehreren Flächen auftauchen.

Dies sollte aber nicht zu der Annahme verleiten, daß funktionale Abhängigkeiten stets mit voll funktionalen Abhängigkeiten gleichzusetzen wären.

Gegenbeispiel: Betrachte die mit Hilfe des Armstrong–Axioms „Reflexivität" erstellte Abhängigkeit (GeoName Material Gewicht) → GeoName. Dies ist ganz offensichtlich keine voll funktionale Abhängigkeit, denn es gilt ja bereits GeoName → GeoName. Damit ergibt sich nebenbei folgende wichtige Feststellung:

Bemerkung: Die Armstrong–Axiome und deren abgeleitete Regeln gelten für funktionale, *nicht* aber notwendigerweise für voll funktionale Abhängigkeiten.

13.3.6 Graphische Darstellung funktionaler Abhängigkeiten

Die textuelle Aufstellung funktionaler Abhängigkeiten wird bei umfangreicheren Beispielen zunehmend unübersichtlich. Es bietet sich daher an, für funktionale Abhängigkeiten eine graphisch orientierte Darstellungsform zu wählen.

Graphische Darstellung: Gegeben sei eine Menge voll funktionaler Abhängigkeiten der Form $X \stackrel{\bullet}{\rightarrow} Y$. Dann kann man diese folgendermaßen als Graph darstellen: Jedes X und jedes Y wird mit einem Kästchen umgeben; diese werden mit einem Pfeil entlang der Abhängigkeitsrichtung miteinander verbunden.

Beispiel: Bild 13.2 zeigt für die Relation KomplGeoKörper das Diagramm der voll funktionalen Abhängigkeiten, wie wir sie im vorigen Abschnitt ermittelt hatten.

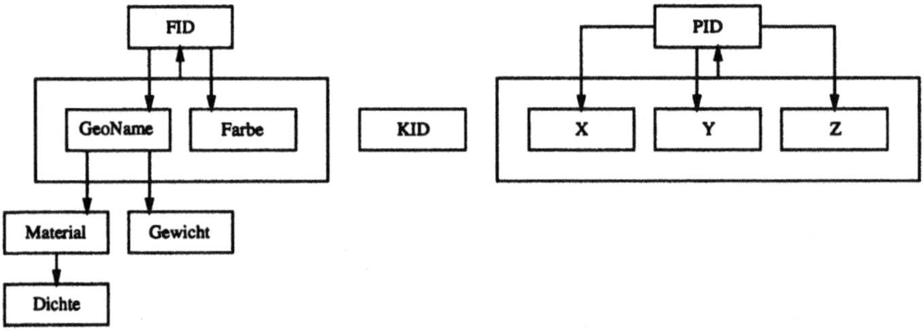

Bild 13.2. Voll funktionale Abhängigkeiten in der Relation KomplGeoKörper

13.4 Der Begriff des Schlüssels

In allen praktischen Fällen ist die Schlüsselbedingung im Relationenmodell als einzige Konsistenzregel verankert, die Beziehungen zwischen Attributen innerhalb einer Relation erfaßt. Genutzt wird sie zur Identifikation von Tupeln. Wir zeigen nun, daß die funktionalen Abhängigkeiten eine Möglichkeit bieten, systematisch die zur Identifikation des gesamten Tupels erforderlichen Attribute zu bestimmen. Dazu dienen die folgenden Definitionen.

Schlüsselkandidat: Sei $R \in \mathcal{R}_m$ eine m–stellige Relation vom Typ T_R, und es sei $X \subseteq A_R$ eine Attributmenge über R. X heißt *Schlüsselkandidat* von T_R, falls $X \stackrel{\bullet}{\rightarrow} A_R$, also $X \stackrel{\bullet}{\rightarrow} (A_{R1}, \ldots, A_{Rm})$.

Man beachte: Schlüsselkandidaten müssen die restliche Attributmenge nicht nur über funktionale Abhängigkeiten bestimmen, sondern auch die Minimalitätseigenschaft (wegen der geforderten voll funktionalen Abhängigkeit) besitzen.

Jeder Relationstyp T_R besitzt zumindest einen Schlüsselkandidaten. Im Extremfall ist die gesamte Attributmenge A_R der Schlüsselkandidat. Für T_R können durchaus mehrere Schlüsselkandidaten existieren. Ist dies der Fall, so wird einer unter ihnen als der *Primärschlüssel* ausgezeichnet.

Beispiel: Die Relation KomplGeoKörper besitzt (unter anderem) den Schlüsselkandidaten (FID KID PID). Mit Hilfe dieser Attributkombination kann die Menge aller anderen Attribute abgeleitet werden; ferner kann man keines der drei Attribute ohne Verlust dieser Eigenschaft weglassen.

Schlüsselattribut und Nichtschlüsselattribut: Sei $R \in \mathcal{R}_m$ vom Typ T_R, und es sei $X \subseteq A_R$ der Primärschlüssel von T_R. Dann heißt jedes $A \in X$ *Schlüsselattribut*, und jedes $A \in A_R \setminus X$ heißt *Nichtschlüsselattribut* von T_R.

Gelegentlich trifft man in der Literatur auch eine Definition an, die über die vorige hinausgeht, weil sie sich nicht nur auf den Primärschlüssel, sondern auf sämtliche Schlüsselkandidaten bezieht:

Sei $R \in \mathcal{R}_m$ vom Typ T_R, und es seien $X_1, \ldots, X_n \subseteq A_R$ die Schlüsselkandidaten von T_R. Wir definieren $X := \cup_{i=1}^{n} X_i$. Dann heißt jedes $A \in X$ *Schlüsselattribut*, und jedes $A \in A_R \setminus X$ heißt *Nichtschlüsselattribut* von T_R.

Schlüsselermittlung: Zur Schlüsselermittlung kann man sich zweier Methoden bedienen. Die erste Methode generiert den Schlüssel ausgehend von den funktionalen Abhängigkeiten, die zweite ist graphisch orientiert.

Schlüsselermittlung unter Nutzung der Hüllenbildung: Sei T_R ein Relationstyp und F eine Menge gegebener funktionaler Abhängigkeiten zu T_R. Für jede Teilmenge $A \subseteq A_R$ wird die Hülle A_F^+ unter Zuhilfenahme von F gebildet. Die minimalen A mit $A_F^+ = A_R$ sind dann die Schlüsselkandidaten für T_R. Minimalität bedeutet hier, daß für jedes $B \subset A$ gilt: $B_F^+ \neq A_R$. In unserem Beispiel:

(FID KID PID)$_F^+$
  = (FID KID PID GeoName Farbe Material Dichte Gewicht X Y Z)

Man vergleiche dazu die Berechnung von (FID PID)$_F^+$ in Abschnitt 13.3.4, die noch nicht A_R liefert. Ebensowenig würden (FID KID)$_F^+$ oder (PID KID)$_F^+$ A_R liefern, so daß erst (FID KID PID) tatsächlich gültiger Schlüsselkandidat ist.

Weitere Versuche mit anderen Attributkombinationen ergeben:

(FID KID X Y Z)$_F^+$
  = (FID KID X Y Z GeoName Farbe Material Dichte Gewicht PID)
(GeoName Farbe KID PID)$_F^+$
  = (GeoName Farbe KID PID Material Dichte Gewicht FID X Y Z)
(GeoName Farbe KID X Y Z)$_F^+$
  = (GeoName Farbe KID X Y Z Material Dichte Gewicht FID PID)

Es existieren also insgesamt vier Schlüsselkandidaten. Man beachte, daß die Kandidaten durchaus unterschiedliche Längen aufweisen dürfen. Man wird dann im allgemeinen unter diesen einen möglichst kurzen Primärschlüssel auswählen.

Graphische Methode zur Schlüsselermittlung: Man fertige ein Diagramm der funktionalen Abhängigkeiten wie das in Bild 13.2 dargestellte an. Anschließend wird die Menge der Kästchen ohne eingehende Kanten bestimmt. Beim Auftreten von Zyklen ist eines der daran beteiligten Kästchen dieser Menge hinzuzufügen, falls keines bereits darin enthalten ist. Die so entstandene Menge bildet einen gültigen Schlüsselkandidaten.

Die Anwendung dieser Vorschrift auf das Beispiel (siehe nochmals Bild 13.2) liefert vier Varianten, die alle in KID übereinstimmen, wobei für die beiden vorhandenen Zyklen jeweils ein Knoten ausgewählt wird:

```
(FID KID PID)
(FID KID X Y Z)
(GeoName Farbe KID PID)
(GeoName Farbe KID X Y Z)
```

13.5 Mehrwertige Abhängigkeiten

13.5.1 Definition mehrwertiger Abhängigkeiten

Es fällt auf, daß der Graph in Bild 13.2 in drei Teilgraphen zerfällt, daß also Flächen, Kanten und Punkte beziehungslos nebeneinanderstehen. Natürlich kann es auch zwischen ihnen Zusammenhänge geben, nur daß sie sich eben nicht als funktionale Abhängigkeiten ausdrücken lassen. Wir suchen dazu wieder — wie mit den funktionalen Abhängigkeiten — nach solchen Beziehungen, die sich lokal, also durch Betrachtung einiger weniger Attribute, erfassen lassen.

Definition: Sei $R \in \mathcal{R}_m$ m–stellige Relation vom Typ T_R, und es seien $X, Y \subseteq A_R$ zwei beliebige Attributmengen über T_R und $Z = A_R \setminus (X \cup Y)$. Y heißt *mehrwertig abhängig* von X in T_R, notiert als $X \twoheadrightarrow Y$, wenn in jedem Zustand von R der Zusammenhang zwischen X und Y ohne Kenntnis der Werte unter Z beschrieben werden kann.

Beispiel: Der Überschaubarkeit wegen beschränken wir die Relation KomplGeoKörper auf die topologischen Informationen:

```
relation Topologie(GeoName, FID, KID, PID);
```

Für das Flächenbegrenzungsmodell ist charakteristisch, daß der Zusammenhang zwischen einer Kante und den zugehörigen Punkten völlig unabhängig vom Namen des geometrischen Körpers oder der aktuell betrachteten Fläche ist. Demnach gilt:

KID $\twoheadrightarrow$ PID

Zum besseren Verständnis mehrwertiger Abhängigkeiten und zu ihrem leichteren Erkennen für gegebene Relationen präzisieren wir die oben doch etwas informelle Definition.

Alternative Definition: Für die Relation R und die Attributmengen X, Y und Z sollen die gleichen Ausgangsbedingungen wie oben gelten. Dann ist Y mehrwertig abhängig von X, wenn zu jedem Zeitpunkt gilt: Für alle Paare von Tupeln $t_1, t_2 \in R$ mit $\pi_X(\{t_1\}) = \pi_X(\{t_2\})$ existiert ein Tupel t_3 mit $\pi_X(\{t_3\}) = \pi_X(\{t_1\})$, $\pi_Y(\{t_3\}) = \pi_Y(\{t_1\})$ und $\pi_Z(\{t_3\}) = \pi_Z(\{t_2\})$.

Mehrwertige Abhängigkeiten kann man sich mit Hilfe dieser (Prüf–)Regel nun relativ einfach verdeutlichen. Hierzu dient das folgende Beispiel.

Beispiel: Betrachten wir die Beispiel–Ausprägung der Relation Topologie in Bild 13.3. Für jeweils zwei Tupel mit gleicher „linker“ Seite X muß es bei vermuteter mehrwertiger Abhängigkeit ein Tupel in der Relation geben, das sich aus X, der „rechten“ Attributmenge Y aus dem ersten und der verbleibenden Attributmenge Z aus dem zweiten Tupel zusammensetzt. Diese Regel funktioniert, weil Y und Z eben unabhängig voneinander sind, die einzelnen Tupel der Relation für sich aber jeweils vollständig sein müssen und das sich aus dem „Mix“ zweier Tupel mit gleicher linker Seite ergebende Tupel aus Vollständigkeitsgründen daher ebenfalls in der Relation vorhanden sein muß. Im vorliegenden Fall ist dies mit X = KID, Y = PID und Z = (GeoName FID) tatsächlich gegeben.

Das Auffinden mehrwertiger Abhängigkeiten in Relationen ist aufgrund der unanschaulichen Definition häufig mit Fehlern verbunden, die auf der intuitiven, aber falschen Verwendung der Assoziation „mehrerer Werte“ beruhen. Wir geben daher im folgenden einige Gegenbeispiele.

Gegenbeispiele: Für die Relation KomplGeoKörper, die wir in Bild 13.1 visualisiert hatten, könnte man die mehrwertige Abhängigkeit GeoName $\twoheadrightarrow$ Farbe vermuten. Idee wäre hierbei, daß allein die Tatsache des Vorhandenseins *mehrerer* Farben pro geometrischem Körper die Existenz von *mehr*wertigen Abhängigkeiten begründen. Dies ist jedoch nicht korrekt. GeoName $\twoheadrightarrow$ Farbe würde vielmehr bedeuten, daß jede in einem bestimmten Körper vorkommende Farbe von den Flächen unabhängig wäre, also auf jede Fläche zuträfe. Genau dies hatten wir aber ja bereits ausgeschlossen. Die Anwendung der Prüfregel auf Bild 13.1 bestätigt ebenfalls, daß der Sachverhalt mehrwertiger Abhängigkeiten hier nicht besteht.

Schwieriger zu erkennen ist, daß GeoName $\twoheadrightarrow$ FID nicht gilt, obwohl die Flächen eines (durch Namen gegebenen) geometrischen Körpers ohne Wissen um die zugehörigen Kanten oder Punkte gegeben sind. Der Grund liegt

Topologie			
GeoName	FID	KID	PID
Quader77	F-701	K-701	P-701
Quader77	F-701	K-701	P-702
Quader77	F-701	K-702	P-702
Quader77	F-701	K-702	P-703
Quader77	F-701	K-703	P-703
Quader77	F-701	K-703	P-704
Quader77	F-701	K-704	P-701
Quader77	F-701	K-704	P-704
Quader77	F-702	K-704	P-701
Quader77	F-702	K-704	P-704
Quader77	F-702	K-708	P-707
Quader77	F-702	K-708	P-708
Quader77	F-702	K-710	P-704
Quader77	F-702	K-710	P-707
Quader77	F-702	K-712	P-701
Quader77	F-702	K-712	P-708
Quader77	F-703	K-705	P-706
Quader77	F-703	K-705	P-708
Quader77	F-703	K-706	P-705
Quader77	F-703	K-706	P-706
Quader77	F-703	K-707	P-705
Quader77	F-703	K-707	P-707
Quader77	F-703	K-708	P-707
Quader77	F-703	K-708	P-708
Quader77	F-704	K-701	P-701
Quader77	F-704	K-701	P-702
Quader77	F-704	K-705	P-706
Quader77	F-704	K-705	P-708
Quader77	F-704	K-711	P-702
Quader77	F-704	K-711	P-706
Quader77	F-704	K-712	P-701
Quader77	F-704	K-712	P-708
Quader77	F-705	K-703	P-703
Quader77	F-705	K-703	P-704
Quader77	F-705	K-707	P-705
Quader77	F-705	K-707	P-707
Quader77	F-705	K-709	P-703
Quader77	F-705	K-709	P-705
Quader77	F-705	K-710	P-704
Quader77	F-705	K-710	P-707
Quader77	F-706	K-702	P-702
Quader77	F-706	K-702	P-703
Quader77	F-706	K-706	P-705
Quader77	F-706	K-706	P-706
⋮	⋮	⋮	⋮
⋮	⋮	⋮	⋮

Bild 13.3. Beispielrelation Topologie (siehe Text)

darin, daß Zusammenhänge zwischen FID und den Restattributen, beispielsweise PID bestehen. Ebensowenig gilt die Vermutung FID $\twoheadrightarrow$ KID, denn es besteht ja bereits ein (mehrwertiger) Zusammenhang zwischen KID und PID. Man überzeuge sich von diesen Aussagen unter Verwendung der Prüfregel an Bild 13.3 durch das Finden von Gegenbeispielen.

13.5.2 Axiome für mehrwertige Abhängigkeiten

Seien $X, Y, W, Z \in \mathcal{A}_R$. Es sind folgende sieben Axiome definiert.

Reflexivität: Falls $Y \subseteq X$, dann $X \twoheadrightarrow Y$. (Analog zum entsprechenden Armstrong–Axiom.)

Expansivität: Falls $X \twoheadrightarrow Y$, $Z \subseteq W$, dann $XW \twoheadrightarrow YZ$. (Analog zum entsprechenden Armstrong–Axiom.)

Transitivität: Falls $X \twoheadrightarrow Y$ und $Y \twoheadrightarrow Z$, dann $X \twoheadrightarrow Z \setminus Y$. (Änderung gegenüber dem entsprechenden Armstrong–Axiom.)

Komplement: Falls $X \twoheadrightarrow Y$, dann auch $X \twoheadrightarrow A_R \setminus Y$. (Keine Entsprechung.)

Vereinigung: Falls $X \twoheadrightarrow Y$ und $X \twoheadrightarrow Z$, dann $X \twoheadrightarrow YZ$. (Analog zum entsprechenden Armstrong–Axiom.)

Dekomposition: Falls $X \twoheadrightarrow YZ$, dann $X \twoheadrightarrow Y \cap Z$ und $X \twoheadrightarrow Y \setminus Z$ und $X \twoheadrightarrow Z \setminus Y$. (Änderung gegenüber dem entsprechenden Armstrong–Axiom.)

Pseudotransitivität: Falls $X \twoheadrightarrow Y$ und $WY \twoheadrightarrow Z$, dann $XW \twoheadrightarrow YZ$. (Änderung gegenüber dem entsprechenden Armstrong–Axiom.)

Schließlich gilt noch folgendes, bereits intuitiv vermutetes Axiom.

Replikation: Falls $X \rightarrow Y$, dann $X \twoheadrightarrow Y$. Die funktionale Abhängigkeit ist ein Spezialfall der mehrwertigen Abhängigkeit.

Beispiel: Wir greifen auf die Relation KomplGeoKörper (Bild 13.1) zurück. Hierfür hatten wir eine Reihe von funktionalen Abhängigkeiten aufgestellt, beispielsweise PID $\rightarrow$ X, PID $\rightarrow$ Y und PID $\rightarrow$ Z. Damit gelten auch PID $\twoheadrightarrow$ X, PID $\twoheadrightarrow$ Y und PID $\twoheadrightarrow$ Z. Die Prüfregel wird in diesem Fall stark vereinfacht, denn zwei Tupel mit gleichem X stimmen aufgrund von $X \rightarrow Y$ auch in ihrem Y überein.

13.6 Normalformentheorie

13.6.1 Universelle Relation

Definition: Die universelle Relation U ist diejenige Relation, deren Attribute alle Attribute einer Datenbasis so abdecken, daß jede Relation der Datenbasis als Projektionsoperation auf U dargestellt werden kann.

Beispiel: Kehren wir wieder zur Geometriemodellierung zurück. Die Relation

relation KomplGeoKörper(GeoName, Material, Dichte, Gewicht,
FID, Farbe, KID, PID, X, Y, Z)

stellt eine solche universelle Relation dar. Sie verfügt, wie in Abschnitt 13.4 ermittelt, über vier Schlüsselkandidaten. Von diesen wählen wir im folgenden die Attributkombination (FID KID PID) als den Primärschlüssel und drucken diese Attribute **fett**:

relation KomplGeoKörper(GeoName, Material, Dichte, Gewicht,
FID, Farbe, **KID**, **PID**, X, Y, Z)

Die für den Entwurfsvorgang relevante Idee hinter der universellen Relation besteht darin, alle zur Beschreibung der Diskurswelt relevanten Attribute zunächst in einer einzigen Relation zu sammeln, um anschließend die funktionalen und mehrwertigen Abhängigkeiten zu analysieren und die Relationen dann so zu zerlegen, daß Anomalien und Redundanzen verschwinden. Das Gütemaß der Anomalie- und Redundanzfreiheit führen wir dabei auf das der Normalformen zurück, für die jeweils bestimmte Forderungen an die Abhängigkeiten innerhalb der Relationen gestellt werden.

13.6.2 Erste Normalform

Definition: Eine Relation ist in *erster Normalform* (1NF) genau dann, wenn die Domänen aller Attribute elementar sind, d.h. sich nicht als Potenzmenge oder kartesisches Produkt aus einfacheren Wertevorräten darstellen lassen.

Das einfache Relationenmodell geht ausschließlich von Relationen in erster Normalform aus, die sich als Tabellen visualisieren lassen. Wir haben aber ja bereits das NF^2–Datenmodell kennengelernt, für das diese Bedingung nicht gilt.

Beispiel: Die Relation KomplGeoKörper ist in erster Normalform, denn deren Domänen sind atomar:

domain GeoName, Material, Farbe: Zeichen(20);
domain FID, KID, PID: Zeichen(8);
domain Dichte, Gewicht, X, Y, Z: Gleitkommazahl;

Gegenbeispiel: Die Relation NF2GeoKörper aus Abschnitt 5.2 ist aufgrund ihrer komplexen Domänen GeoPunkt, GeoKante und GeoFläche nicht in erster Normalform.

13.6.3 Zweite Normalform

Definition: Eine Relation ist in *zweiter Normalform* (2NF) genau dann, wenn sie in 1NF ist und jedes Nichtschlüsselattribut vom Primärschlüssel voll funktional abhängig ist.

Bemerkung: Dies ist eine echte Einschränkung. Die Schlüsseleigenschaft besagt lediglich, daß die Nichtschlüsselattributmenge *in ihrer Gesamtheit* voll funktional vom Schlüssel abhängt; diese volle funktionale Abhängigkeit muß aber nicht für jedes einzelne Nichtschlüsselattribut gelten. Erst mit Einführung der zweiten Normalform wird dies gefordert. Aus dem Gesagten geht aber der folgende Spezialfall hervor:

Spezialfall: Jede Relation mit einattributigem Primärschlüssel ist in 2NF.

Beispiel: Der in der Bemerkung angesprochene einfache Fall ist für die Relation KomplGeoKörper nicht gegeben. KomplGeoKörper ist nicht in 2NF, da diverse Nichtschlüsselattribute existieren, die nicht voll vom Schlüssel (FID KID PID) abhängig sind. Es gelten nämlich unter anderem bereits die folgenden voll funktionalen Abhängigkeiten mit nur einem Teil des Schlüssels als Quelle:

FID $\stackrel{\bullet}{\rightarrow}$ GeoName
FID $\stackrel{\bullet}{\rightarrow}$ Farbe
PID $\stackrel{\bullet}{\rightarrow}$ X
PID $\stackrel{\bullet}{\rightarrow}$ Y
PID $\stackrel{\bullet}{\rightarrow}$ Z

Zerlegung: Es stellt sich die Frage, inwieweit man Relationen, die in 1NF, nicht aber in 2NF sind, in letztere überführen kann. Der Lösungsansatz besteht darin, eine Zerlegung in mehrere, kleinere Relationen durchzuführen. Dabei wird der Tatsache Rechung getragen, daß einige Attribute bereits von einem Teil des Schlüssels abhängen. Wir zerlegen daher an dieser Stelle intuitiv in einer Weise, die diese Attribute voneinander trennt (Schlüssel sind wieder fett gedruckt):

relation GeoFläche(GeoName, Material, Dichte, Gewicht, **FID**, Farbe);
relation GeoPunkt(**PID**, X, Y, Z);

und fügen (ebenfalls intuitiv) als weitere Relation Topologie hinzu, die den durch die Aufteilung in 2NF–Relationen verlorengegangenen Zusammenhang zwischen FID und PID wiederherstellt und außerdem das „verlorengegangene" Attribut KID einbringt:

relation Topologie(**FID**, **KID**, **PID**);

Die Ausprägungen der drei so entstehenden Relationen sind in den Bildern 13.4 und 13.5 gezeigt (ausgehend von der Darstellung aus Bild 13.1).

GeoFläche					
GeoName	Material	Dichte	Gewicht	FID	Farbe
Quader77	Eisen	5.62	72.58	F-701	rot
Quader77	Eisen	5.62	72.58	F-702	blau
Quader77	Eisen	5.62	72.58	F-703	gelb
Quader77	Eisen	5.62	72.58	F-704	grün
Quader77	Eisen	5.62	72.58	F-705	schwarz
Quader77	Eisen	5.62	72.58	F-706	weiß

GeoPunkt			
PID	X	Y	Z
P-701	4.0	0.0	0.0
P-702	2.0	0.0	0.0
P-703	2.0	0.0	1.0
P-704	4.0	0.0	1.0
P-705	2.0	1.5	1.0
P-706	2.0	1.5	0.0
P-707	4.0	1.5	1.0
P-708	4.0	1.5	0.0

Bild 13.4. Relationen GeoFläche und GeoPunkt in 2NF

Man beachte neben der redundanzmindernden Darstellung die wesentlich kompaktere Speicherung.

Auch Relationen in 2NF können noch Anomalien aufweisen. In der Relation GeoFläche existieren beispielsweise die Attribute GeoName und Material, für die ein Zusammenhang besteht, der unabhängig vom Schlüssel FID der Relation ist. Für die verschiedenen Flächen ist bei gleichem Körper immer das gleiche Material und Gewicht angegeben. Dies bedeutet redundante Datenspeicherung, die vermieden werden sollte. Daher ist eine weitere Normalform definiert, die wir im folgenden einführen.

13.6.4 Dritte Normalform

Definition: Eine Relation ist in *dritter Normalform* (3NF) genau dann, wenn sie in 2NF ist und kein Nichtschlüsselattribut transitiv vom Primärschlüssel abhängt.

Beispiel: Die Relation GeoFläche ist nicht in 3NF, denn es gilt die transitive Abhängigkeit FID → Material, die aus FID → GeoName und GeoName → Material folgt. Eine zusätzliche transitive Abhängigkeit besteht mit GeoName → Dichte, denn es gelten GeoName → Material und Material → Dichte. GeoFläche muß daher geeignet zerlegt werden, um Flächen–, Körper– und Materialinformationen klar zu trennen.

Topologie		
FID	KID	PID
F-701	K-701	P-701
F-701	K-701	P-702
F-701	K-702	P-702
F-701	K-702	P-703
F-701	K-703	P-703
F-701	K-703	P-704
F-701	K-704	P-701
F-701	K-704	P-704
F-702	K-704	P-701
F-702	K-704	P-704
F-702	K-708	P-707
F-702	K-708	P-708
F-702	K-710	P-704
F-702	K-710	P-707
F-702	K-712	P-701
F-702	K-712	P-708
F-703	K-705	P-706
F-703	K-705	P-708
F-703	K-706	P-705
F-703	K-706	P-706
F-703	K-707	P-705
F-703	K-707	P-707
F-703	K-708	P-707
F-703	K-708	P-708
F-704	K-701	P-701
F-704	K-701	P-702
F-704	K-705	P-706
F-704	K-705	P-708
F-704	K-711	P-702
F-704	K-711	P-706
F-704	K-712	P-701
F-704	K-712	P-708
F-705	K-703	P-703
F-705	K-703	P-704
F-705	K-707	P-705
F-705	K-707	P-707
F-705	K-709	P-703
F-705	K-709	P-705
F-705	K-710	P-704
F-705	K-710	P-707
F-706	K-702	P-702
F-706	K-702	P-703
F-706	K-706	P-705
F-706	K-706	P-706
⋮	⋮	⋮
⋮	⋮	⋮

Bild 13.5. Relation Topologie in 2NF

In den Relationen GeoPunkt und Topologie bestehen hingegen keine transitiven Abhängigkeiten.

Zerlegung: Auch an dieser Stelle muß die Relation zerlegt werden, und zwar (informell gesprochen) in einer Weise, die die transitiven Abhängigkeiten aufbricht.

Beispiel: Damit entstehen die folgenden Relationen:

relation GeoKörper(**GeoName**, Material, Gewicht);
relation GeoMaterial(**Material**, Dichte);
relation GeoFläche(GeoName, **FID**, Farbe);
relation GeoPunkt(**PID**, X, Y, Z);
relation Topologie(**FID**, **KID**, **PID**);

GeoKörper		
GeoName	Material	Gewicht
Quader77	Eisen	72.58

GeoMaterial	
Material	Dichte
Eisen	5.62

GeoFläche		
GeoName	FID	Farbe
Quader77	F-701	rot
Quader77	F-702	blau
Quader77	F-703	gelb
Quader77	F-704	grün
Quader77	F-705	schwarz
Quader77	F-706	weiß

Bild 13.6. Relationen GeoKörper, GeoMaterial und GeoFläche in 3NF

Bild 13.6 zeigt die drei durch die Zerlegung neu entstandenen Relationen GeoKörper, GeoMaterial und GeoFläche mit ihren Ausprägungen.

13.6.5 Informationserhaltende Zerlegungen

Eigenschaften einer Zerlegung: Spätestens an dieser Stelle sollte die Frage gestellt werden, ob die im Zuge des Erreichens höherer Normalformen vorgenommenen sukzessiven Zerlegungen nicht zur Zerstörung der Zusammenhänge führen können, die den Daten innewohnen. Wir benötigen also Kriterien, die es uns erlauben, dieser Frage nachzugehen.

Die Zerlegung eines Relationstyps T_R in Relationstypen $T_{R_1}, \ldots, T_{R_m}$ ist *informationserhaltend* genau dann, wenn für die zugehörige Relation $R(A_R)$ und die Teilrelationen $R_1(A_{R_1}), \ldots, R_m(A_{R_m})$ die Zerlegung verlustfrei und abhängigkeitsbewahrend ist:

- Die beschriebene Zerlegung ist *verlustfrei* genau dann, wenn $R_1(A_{R_1}) \bowtie \ldots \bowtie R_m(A_{R_m}) = R(A_R)$. Mit anderen Worten, die ursprüngliche Relation kann aus den zerlegten Relationen durch Natural–Join–Operationen wieder rekonstruiert werden.

– Die beschriebene Zerlegung bezüglich einer Menge F in T_R gültiger funktionaler Abhängigkeiten und den für die $T_{R_i}(A_{R_i})$ geltenden Abhängigkeitsmengen F_i ist ***abhängigkeitsbewahrend*** genau dann, wenn $F^+ = (\cup_{i=1}^m F_i)^+$. Das heißt, nach einer Zerlegung können keine Zusammenhänge in die Datenbasis eingebracht werden, die zuvor ausgeschlossen waren.

Satz: Jede 1NF–Relation läßt sich verlustfrei und abhängigkeitsbewahrend in 3NF–Relationen zerlegen.

Algorithmus: Ausgehend von einer Menge funktionaler Abhängigkeiten in kanonischer Form kann ein verlustfreies und abhängigkeitsbewahrendes Relationenschema in 3NF wie folgt erzielt werden:

```
// Voraussetzungen:
// T_R ist Typ für eine (universelle) Relation
// F_c ist kanonische Menge funktionaler Abhängigkeiten

// Relationenkonstruktion: Relationstypen nach Abhängigkeiten bilden
i := 0;
for each (X → Y) ∈ F_c do begin
  if für jedes j mit 1 ≤ j ≤ i: (X ∪ Y) ⊄ T_Rj then begin
    i := i + 1;
    T_Ri := (X ∪ Y);
  end
end

// Abschlußschritt: Schlüsselrelationstyp bilden, falls noch nicht konstruiert
if für jedes j mit 1 ≤ j ≤ i: (Primärschlüssel von T_R) ⊄ T_Rj then begin
  i := i + 1;
  T_Ri := Primärschlüssel von T_R;
end

// T_R1, ..., T_Rn ist nun informationserhaltendes Schema in 3NF
```

Beispiel: Die Anwendung des Algorithmus auf die Menge der kanonischen funktionalen Abhängigkeiten

```
GeoName → (Material Gewicht)
Material → Dichte
FID → (GeoName Farbe)
PID → (X Y Z)
(GeoName Farbe) → FID
(X Y Z) → PID
```

ergibt in der Tat das Schema, das wir im vorigen Abschnitt abschließend erhalten haben.

```
relation GeoKörper(GeoName, Material, Gewicht);
relation GeoMaterial(Material, Dichte);
relation GeoFläche(GeoName, FID, Farbe);
```

relation GeoPunkt(PID, X, Y, Z);
relation Topologie(FID, KID, PID);

Der Algorithmus sagt nichts über die Schlüssel der gebildeten Relationen aus. Zu ihrer Bestimmung ist unabhängig das Verfahren aus Abschnitt 13.4 anzuwenden. Wo mehrere Kandidaten existieren, ist wiederum einer als Primärschlüssel zu wählen. Damit ergibt sich dann beispielsweise folgendes Schema (Primärschlüsselattribute sind fett hervorgehoben):

relation GeoKörper(**GeoName**, Material, Gewicht);
relation GeoMaterial(**Material**, Dichte);
relation GeoFläche(GeoName, **FID**, Farbe);
relation GeoPunkt(**PID**, X, Y, Z);
relation Topologie(**FID**, **KID**, **PID**);

13.6.6 Boyce–Codd–Normalform

Definition: Eine Relation ist in *Boyce–Codd–Normalform* (BCNF) genau dann, wenn für jede voll funktionale Abhängigkeit $X \xrightarrow{\bullet} Y$ in R gilt: X ist Primärschlüssel.

Nach dieser Definition sind die beiden Relationen GeoFläche und GeoPunkt nicht in BCNF, weil beide zwei Schlüsselkandidaten aufweisen, einer davon aber jeweils als Primärschlüssel gewählt werden muß.

Einen dadurch bedingten Schaden wird man spontan nicht erkennen können, da in die kanonischen funktionalen Abhängigkeiten jeweils alle Attribute eingehen. Er tritt jedoch dann ein, wenn das zugrundeliegende Datenbanksystem — wie häufig der Fall — ausschließlich die Primärschlüsseleigenschaft garantiert: Dann bleibt das Aufrechterhalten oder Überprüfen der restlichen funktionalen Abhängigkeiten dem Anwender überlassen.

13.6.7 Verfahrensvarianten

Wir werden uns noch kurz zwei Fragen zuwenden. Zum einen interessiert, wie kritisch bei mehreren Schlüsselkandidaten die Wahl des Primärschlüssels für die Normalisierung ist. Zum anderen hatten wir die Definition der Normalformen an den Primärschlüssel gebunden, so daß zu klären ist, welche Auswirkungen die Bindung an alle Schlüsselkandidaten hätte.

Um der ersten Frage nachzugehen, wiederholen wir unser Zerlegungsbeispiel für KomplGeoKörper mit (FID KID X Y Z) als Primärschlüssel. Der Zerlegungsalgorithmus liefert nun

relation GeoKörper(GeoName, Material, Gewicht);
relation GeoMaterial(Material, Dichte);

```
relation GeoFläche(GeoName, FID, Farbe);
relation GeoPunkt(PID, X, Y, Z);
relation Topologie(FID, KID, X, Y, Z);
```

Der Algorithmus erweist sich also als sehr robust gegenüber der Wahl des Primärschlüssels. Lediglich in seinem abschließenden Schritt — also bei der eventuell notwendigen Aufstellung der „Verbindungsrelation" (hier Topologie), die den Primärschlüssel der Ausgangsrelation darstellt — kann die unterschiedliche Wahl des Schlüssels zu einem unterschiedlichen Ergebnis führen.

Die zweite Frage stellt sich dann, wenn ein Datenbanksystem sämtliche mit allen Schlüsselkandidaten zusammenhängenden funktionalen Abhängigkeiten zusichert. Dann erscheint es sinnvoll, die alternative Definition von Schlüsselattribut und Nichtschlüsselattribut aus Abschnitt 13.4 zu benutzen. Die Definitionen der Normalformen sind entsprechend anzupassen:

Zweite Normalform (Alternative): Eine Relation ist in 2NF genau dann, wenn sie in 1NF ist und jedes Nichtschlüsselattribut von jedem Schlüsselkandidaten voll funktional abhängig ist.

Dritte Normalform (Alternative): Eine Relation ist in 3NF genau dann, wenn sie in 2NF ist und kein Nichtschlüsselattribut transitiv von einem Schlüsselkandidaten abhängt.

In diesem Sinn sind in unserem Beispiel für die Relation KomplGeoKörper die Attribute FID, KID, PID, GeoName, Farbe, X, Y, Z Schlüsselattribute. Nichtschlüsselattribute sind hingegen Material, Dichte und Gewicht. Die aus Abschnitt 13.6.3 zur Erreichung der zweiten Normalform stammende Zerlegung in die Relationen

```
relation GeoFläche(GeoName, Material, Dichte, Gewicht, FID, Farbe);
relation GeoPunkt(PID, X, Y, Z);
relation Topologie(FID, KID, PID);
```

erfüllt bezüglich der Relation GeoFläche die neue 2NF–Bedingung nicht. GeoFläche besitzt nämlich neben FID den Schlüsselkandidaten (Farbe GeoName). Die Nichtschlüsselattribute Material und Gewicht hängen von diesem zweiten Kandidaten jedoch nicht voll ab.

Diese Betrachtung illustriert, warum man von vornherein 3NF–Relationen anstreben sollte. Der Algorithmus aus Abschnitt 13.6.5 hat dementsprechend große praktische Bedeutung. Da er die Schlüsseleigenschaft nur in seinem Abschlußschritt betrachtet, ist er nun wie folgt zu modifizieren:

```
// Abschlußschritt
if für jedes j mit 1 ≤ j ≤ i (kein Schlüsselkandidat von T_R) ⊆ T_Rj then begin
   i := i + 1;
   T_Ri := (irgendein Schlüsselkandidat von T_R);
end
```

Schließlich ändert sich auch die Definition der Boyce–Codd–Normalform:

Boyce–Codd–Normalform (Alternative): Eine Relation ist BCNF genau dann, wenn für jede voll funktionale Abhängigkeit $X \xrightarrow{\bullet} Y$ in R gilt: X ist Schlüsselkandidat.

Bemerkung: Gilt $X \xrightarrow{\bullet} Y$ in R, so wird X auch als *Determinante* in R bezeichnet. Mit Hilfe dieser Bezeichnungskonvention kann man die Definition anders formulieren: Eine Relation ist in BCNF, wenn jede Determinante Schlüsselkandidat ist.

Nach dieser Definition sind nun — wie angestrebt — die abschließenden Relationen GeoFläche und GeoPunkt aus Abschnitt 13.6.5 in BCNF.

Abschließendes Beispiel: Wir wollen einen Fall konstruieren, der sich in keinem Fall zufriedenstellend lösen läßt. Dazu modifizieren wir die Einfärbung unseres geometrischen Körpers dahingehend, daß jede Fläche mehrfarbig sein darf. Aber auch weiterhin soll keine Farbe im Körper mehrfach auftreten. Dann entfällt in der Liste der funktionalen Abhängigkeiten die Abhängigkeit FID → Farbe. In der abschließenden Relation GeoFläche

relation GeoFläche(GeoName, FID, Farbe);

gelten dann nur noch (GeoName Farbe) → FID und FID → GeoName. Schlüsselkandidaten sind die Kombinationen (GeoName Farbe) und (FID Farbe). Die Relation ist unabhängig von der verwendeten BCNF–Definition nicht in Boyce–Codd–Normalform: Die den Primärschlüsselbegriff nutzende Definition scheitert wegen der Existenz zweier Schlüsselkandidaten; die alternative Definition versagt, da FID kein Schlüsselkandidat, aber Ausgangsattribut einer voll funktionalen Abhängigkeit ist. Wie schon für die vorherigen Normalformen muß nun auch hier zerlegt werden, wenn man die BCNF–Bedingung für die Relationen erhalten will.

Zerlegung: Die Relation R sei gegeben durch $R(X_1 \cup X_2 \cup Y \cup Z)$, (X_1X_2) sei Schlüssel von R. Sie befinde sich in 3NF, es gelte aber $Y \rightarrow X_1$. Dann wird R zerlegt in $R_1(X_1 \cup Y)$ und $R_2(X_2 \cup Y \cup Z)$. Schlüssel von R_1 ist Y, und Schlüssel von R_2 ist (X_2Y).

Eigenschaften der Zerlegung: Die Zerlegung ist *verlustlos*. Sie ist aber *nicht abhängigkeitsbewahrend*. Beispielsweise geht nach der oben angegebenen Konvention der Zusammenhang $(X_1X_2) \rightarrow Y$ verloren. Also gilt der Satz über Informationserhaltung aus Abschnitt 13.6.5 *nicht mehr* für BCNF.

Beispiel: Zerlegung der Relation GeoFläche gemäß der Regel ergibt die folgende Situation:

relation GeoFlächeKörper(GeoName, **FID**);
relation GeoFlächeFarbe(**FID**, **Farbe**);

GeoFlächeKörper	
GeoName	FID
Quader77	F-701
Quader77	F-702
Quader77	F-703
Quader77	F-704
Quader77	F-705
Quader77	F-706

GeoFlächeFarbe	
FID	Farbe
F-701	rot
F-702	blau
F-703	gelb
F-704	grün
F-705	schwarz
F-706	weiß

Bild 13.7. Relationen GeoFlächeKörper und GeoFlächeFarbe in BCNF

Bild 13.7 zeigt die beiden Relationen GeoFlächeKörper und GeoFlächeFarbe, die aus GeoFläche entstanden sind. Der Leser kann sich per „manuellem" Join von der Verlustlosigkeit der Zerlegung überzeugen. Der Zusammenhang (Farbe GeoName) → FID ist indes verlorengegangen.

13.6.8 Vierte Normalform

Definition: Eine Relation ist in *vierter Normalform* (4NF) genau dann, wenn jede mehrwertige Abhängigkeit eine funktionale Abhängigkeit von einem Schlüsselkandidaten ist. Mit anderen Worten, sie ist in 4NF, wenn sie in BCNF ist und außer funktionalen Abhängigkeiten keine mehrwertigen Abhängigkeiten enthält.

Beispiel: Für die bei der bisherigen Zerlegung entstandene Relation

relation Topologie(FID, KID, PID);

besteht unter anderem die mehrwertige Abhängigkeit KID $\twoheadrightarrow$ PID (vergleiche Untersuchungen in Abschnitt 13.5.1). Dies bedeutet Anomalieerscheinungen beim Einfügen und Löschen von Daten. Bei Teilung einer Fläche in zwei neue müssen beispielsweise nicht nur ein Tupel gelöscht und zwei neue eingefügt werden. Vielmehr wird man bei allen zu der geteilten Fläche gehörenden Kanten den Flächenidentifikator durch einen von zwei neuen ersetzen. Dann muß die teilende Kante zweimal — für jede neue Fläche einmal — hinzugefügt werden, und zwar wegen ihrer zwei Endpunkte mittels vier Tupeln. Zur Vermeidung dieser Redundanz muß wieder geeignet zerlegt werden.

Zerlegung: Für eine Relation R mit $X \twoheadrightarrow Y$ wird R in die Relationen $R_1(X \cup Y)$ und $R_2(X \cup (A_R \setminus Y))$ zerlegt.

Eigenschaften der Zerlegung: Da jede 4NF-Relation in BCNF ist, gilt, daß sich im allgemeinen eine Relation nicht gleichzeitig verlustfrei und abhängigkeitsbewahrend in 4NF-Relationen zerlegen läßt. Immerhin gilt jedoch, daß sich jede Relation verlustfrei in eine Menge von 4NF-Relationen zerlegen läßt.

Beispiel: Für die obige Relation und KID $\twoheadrightarrow$ PID ergibt sich durch Anwendung der Zerlegungsregel folgendes, auch intuitiv einsichtiges Relationenschema:

relation FlächeKante(FID, KID);
relation KantePunkt(KID, PID);

FlächeKante	
FID	KID
F-701	K-701
F-701	K-702
F-701	K-703
F-701	K-704
F-702	K-704
F-702	K-708
F-702	K-710
F-702	K-712
F-703	K-705
F-703	K-706
F-703	K-707
F-703	K-708
F-704	K-701
F-704	K-705
F-704	K-711
F-704	K-712
F-705	K-703
F-705	K-707
F-705	K-709
F-705	K-710
F-706	K-702
F-706	K-706
F-706	K-709
F-706	K-711

KantePunkt	
KID	PID
K-701	P-701
K-701	P-702
K-702	P-702
K-702	P-703
K-703	P-703
K-703	P-704
K-704	P-701
K-704	P-704
K-705	P-706
K-705	P-708
K-706	P-705
K-706	P-706
K-707	P-705
K-707	P-707
K-708	P-707
K-708	P-708
K-709	P-703
K-709	P-705
K-710	P-704
K-710	P-707
K-711	P-702
K-711	P-706
K-712	P-701
K-712	P-708

Bild 13.8. Relationen FlächeKante und KantePunkt in 4NF

Von den Extensionen in den Bildern 13.4 und 13.5 ausgehend ergibt sich mit der beschriebenen Zerlegung die in Bild 13.8 gezeigte Situation.

Diese zuletzt behandelte Zerlegungsregel motiviert sich aus dem Komplement-Axiom aus Abschnitt 13.5.2. Sie erklärt im übrigen auch unsere Zerlegungsregel zum Erreichen von BCNF (am Ende von Abschnitt 13.6.7). Wir erinnern uns an die Replikationsregel, die aussagt, daß die funktionale Abhängigkeit ein Spezialfall der mehrwertigen Abhängigkeit ist. Aus $Y \rightarrow X_1$ folgt daher $Y \twoheadrightarrow X_1$, und in der Tat wird R demnach in $R_1(X_1 \cup Y)$ und $R_2(X_2 \cup Y \cup Z)$ zerlegt.

13.6.9 Abschließende Gütebewertung

Bild 13.9 zeigt den Zusammenhang zwischen den verschiedenen Normalformen. Über die vierte Normalform hinaus existieren übrigens eine Reihe weiterer Normalformen mit immer restriktiveren Bedingungen, die jedoch eher akademischen Charakter haben und auf die deshalb an dieser Stelle nicht weiter eingegangen werden soll.

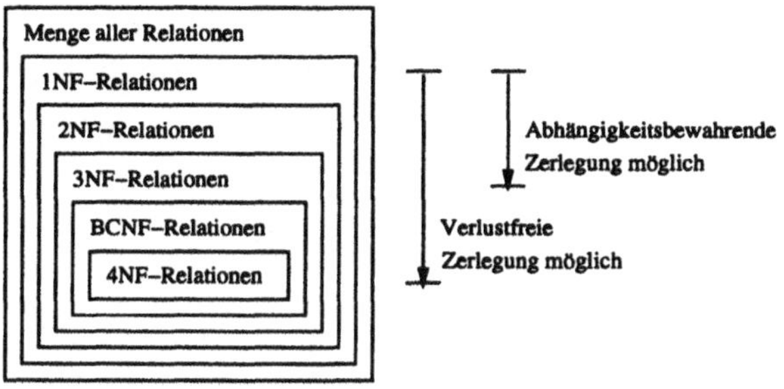

Bild 13.9. Normalformen und ihr Zusammenhang

- 1NF erzwingt keinerlei Einschränkungen.
- 2NF beschränkt funktionale Abhängigkeiten vom Primärschlüssel oder von den Schlüsselkandidaten auf voll funktionale Abhängigkeiten.
- 3NF verbietet darüber hinaus funktionale Abhängigkeiten in der Menge der Nichtschlüsselattribute.
- BCNF unterbindet zusätzlich funktionale Abhängigkeiten eines Schlüsselattributs von Attributen, die dem Schlüssel nicht angehören.
- 4NF verbietet darüber hinaus mehrwertige Abhängigkeiten.

Im Zusammenhang mit der Normalisierung sind die folgenden Betrachtungen für den praktischen Einsatz von Bedeutung. Höhere Normalformen führen zu verminderter Redundanz und der Vermeidung von Anomalien in den Relationen. Dies ist vor allem bei der Behandlung von Änderungsoperationen in der Datenbasis vorteilhaft. Andererseits führen höhere Normalformen im allgemeinen zu mehr Tabellen (mit jeweils weniger Attributen als die Ursprungsrelationen). Durch diese Aufteilung der Daten werden Lese–Operationen mit verringerter Effizienz ausgeführt, da zur Laufzeit eine Reihe von Joins auszuführen sind, die die Daten aus den einzelnen Tabellen wieder zum Ursprungsbild kombinieren. Wegen der Bedeutung von Leseoperationen in vielen praktischen Applikationen ist es darum nicht unbedingt erstrebenswert, ein gegebenes Relationenschema in möglichst hohe Normalformen zu transformieren. Die Gütekriterien, die in der Normalformenlehre für die Qualität von Relationen aufgestellt werden, sind eben nur auf bestimmte Aspekte hin ausgerichtet. Wie sich außerdem gezeigt hat, ist in höheren Normalformen (ab BCNF) beispielsweise die Abhängigkeitsbewahrung nicht mehr uneingeschränkt sichergestellt. Schließlich nimmt für den menschlichen Betrachter in Richtung höherer Normalformen die Übersichtlichkeit des Schemas zunächst zu, dann aber wieder ab.

Das Fazit dieser Betrachtungen lautet, daß für jede Applikation beim Entwurf des relationalen Schemas zunächst einmal die Kriterien klar festzulegen sind, nach denen das Schema anschließend optimiert wird. Als grobe Regel sei an dieser Stelle (mit aller gebotenen Vorsicht) erwähnt, daß es sich in der Praxis bewährt hat, ein relationales Schema in dritte Normalform zu bringen.

13.7 Grenzen der Relationentheorie

Trotz aller Eleganz der Vorgehensweise haften der Relationentheorie als semantischem Modell alle Begrenzungen des relationalen Modells an. Funktionale und mehrwertige Abhängigkeiten stellen nur sehr beschränkte zusätzliche Ausdrucksmittel dar. Die Relationentheorie wird also nur dort nützliche Dienste leisten, wo man sich der Brauchbarkeit des relationalen Modells als logischem Datenmodell schon sicher ist oder wo sich die Ergebnisse ziemlich unmittelbar übertragen lassen.

Umgekehrt wird man also schließen müssen, daß die Relationentheorie dem Anspruch, eine konzeptuelle Modellierung weitgehend unabhängig vom speziellen Datenmodell eines Datenbanksystems durchführen zu können, im Allgemeinfall nicht gerecht werden kann. Wir werden daher im folgenden eine Reihe weiterer semantischer Datenmodelle besprechen.

13.8 Literatur

Zu den Büchern, in denen Normalisierung breiten Raum einnimmt, zählen [BCN92], [Mac90] und [RC92]. Eine fundierte, theoretisch ausgerichtete Darstellung findet der Leser in [Mai83]. Eine knappe und dennoch leicht verständliche Einführung der Normalformen gibt [Ken83].

14. Entity–Relationship–Modellierung

14.1 Charakterisierung

Wir besprechen als nächstes einen Vertreter semantischer Datenmodelle, der ausschließlich für den konzeptuellen Entwurf Anwendung findet, also dann später im Implementierungsentwurf noch einer Übersetzung unterworfen werden muß. Damit haben wir zugleich einen Vertreter vor uns, der auf das logische Datenmodell nur noch wenig Rücksicht zu nehmen braucht, oder mit anderen Worten, der es gestattet, den konzeptuellen Entwurf weitgehend unabhängig vom logischen Datenmodell ablaufen zu lassen. Allerdings muß der Gerechtigkeit halber festgehalten werden, daß das hier zu besprechende Entity–Relationship–Modell (deutsch: Gegenstands–Beziehungs–Modell, kurz: E–R–Modell) vor knapp 20 Jahren entstand, als relationales und Netzwerkmodell die einzigen bedeutsamen Datenmodelle waren, und daß deshalb an die Mächtigkeit der semantischen Datenmodelle keine allzu hohen, weit über diese Datenmodelle hinausgehenden Ansprüche gestellt wurden.

Das E–R–Modell ist also kein übermäßig mächtiges semantisches Modell. Gerade deswegen hat es jedoch einen breiten Siegeszug in der Praxis angetreten und wird heute nicht nur für den Datenbankentwurf, sondern ganz allgemein für die Systemanalyse oder sogar für die Unternehmensmodellierung eingesetzt. Seine Attraktivität besitzt das E–R–Modell gerade in seiner eher intuitiv begründeten (a priori–) Semantik, die für viele Zwecke einen Verzicht auf Formalisierung rechtfertigt. Diese Semantik ist dem klassischen Systembegriff entlehnt, der sich auf eine Menge wohlunterscheidbarer Gegenstände abstützt, die über eine Menge wohldefinierter und damit das System nach außen abgrenzender Beziehungen in Zusammenhang stehen. Aus diesem Systembegriff rührt auch ein weiterer Vorzug für den Praktiker her: Die Anschaulichkeit und Lesbarkeit durch die Verwendung graphisch orientierter Verfahren zur konzeptuellen Modellierung.

14.2 Basiskonstrukte

14.2.1 Gegenstände und Gegenstandstypen

Definition: Ein *Gegenstand* (engl.: Entity) repräsentiert ein abstraktes oder physisches Objekt der realen Welt. Zur Beschreibung von Gegenständen sowie zu deren eindeutiger Identifizierung bedient man sich *Attributen*, die geeignet belegt werden. Gleichartige Gegenstände (d.h. Gegenstände mit gleicher „allgemeiner" Bedeutung und insbesondere gleichen Attributen) werden zu *Gegenstandstypen* (engl.: Entity Types) zusammengefaßt.

Notation: Die ausführliche Notation für einen n–stelligen Gegenstandstyp G mit den Attributen A_i und den Wertebereichen (Domänen) D_i lautet $G(A_1 : D_1, A_2 : D_2, \ldots, A_n : D_n)$. Eine (gedachte) Extension von G (Menge von Ausprägungen, Gegenstandsmenge) bezeichnen wir mit $\Im(G)$.

Jeder Gegenstand $g \in \Im(G)$ ist somit ein Tupel $(A_1 : d_1, A_2 : d_2, \ldots, A_n : d_n)$ mit $d_i \in D_i$ für $1 \leq i \leq n$. Hinsichtlich der Zulässigkeit von D_i werden im allgemeinen keine Einschränkungen erlassen. Sie müssen also nicht atomar sein, doch muß ihren Elementen die Eigenständigkeit von Objekten fehlen.

Beispiel: Für die Diskurswelt „Kartographie" kann man sich Staaten, Städte, Seen, Meere und Flüsse als Gegenstandstypen vorstellen:

```
Staat(StaatName: Zeichen(25), Begrenzung: Polygon);
Stadt(StadtName: Zeichen(25), Begrenzung: Kreis);
See(SeeName: Zeichen(25), Begrenzung: Polygon);
Meer(MeerName: Zeichen(25), Verlauf: Linienzug);
Fluß(FlußName: Zeichen(25), Verlauf: Linienzug);
```

Graphische Notation: Im sogenannten *Entity–Relationship–Diagramm* wird jeweils ein konzeptuelles (semantisches) Schema beschrieben, in dem Gegenstandstypen durch Rechtecke und deren Attribute durch Ellipsen symbolisiert werden, die durch (kurze) Linien miteinander verbunden sind.

Bild 14.1 zeigt das E–R–Diagramm für die aufgestellten Gegenstandstypen. Auf die Darstellung von einzelnen Gegenständen wird in E–R–Diagrammen generell verzichtet, da man sich in der Phase des konzeptuellen Entwurfs vor allem für die Eigenschaften auf Typebene interessiert, aber nicht für konkrete Ausprägungen, die erst bei der Population der Datenbasis zur Laufzeit Bedeutung erlangen.

Identifikation: Um einen Gegenstand eines bestimmten Typs eindeutig zu identifizieren, sind nicht immer die Werte für alle seine Attribute notwendig. Die für eine eindeutige Identifizierung ausreichenden Attributkombinationen bezeichnet man — analog zur Vorgehensweise im relationalen Modell — als Schlüsselkandidaten und zeichnet von diesen Kombinationen eine als Primärschlüssel aus. Im Diagramm (siehe hierzu nochmals Bild 14.1) werden

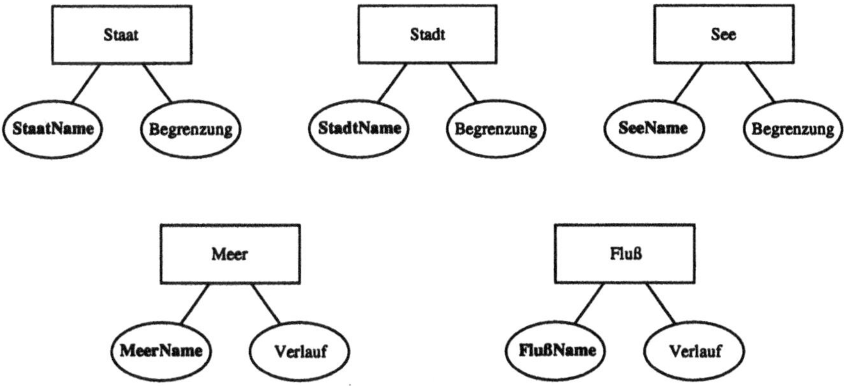

Bild 14.1. Gegenstandstypen der Kartographiewelt

die entsprechenden Attributnamen hervorgehoben. Beispielsweise bildet das Attribut StaatName den Schlüssel für den Gegenstandstyp Staat.

Bemerkung: Man beachte die Ähnlichkeit der vorgestellten Notation zu den Definitionen von Relationen und Relationstypen.

14.2.2 Beziehungen und Beziehungstypen

Definition: Eine *Beziehung* (Relationship) beschreibt einen Zusammenhang zwischen mehreren Gegenständen und reichert diesen gegebenenfalls durch Information an. Beziehungen gleicher Art, d.h. zwischen Gegenständen der gleichen Typen und mit gleichen Attributen werden zu *Beziehungstypen* (Relationship Types) zusammengefaßt.

Notation: Ein n–stelliger Beziehungstyp B kombiniert eine feste Menge von n Gegenstandstypen $G_1, G_2, \ldots, G_n$: $B = G_1 \times G_2 \times \ldots \times G_n$ mit $n \geq 2$. Die G_i müssen nicht paarweise verschieden sein; es kann durchaus Beziehungstypen geben, die zwischen dem gleichen Gegenstandstyp definiert sind. Beziehungstypen können wie Gegenstandstypen über Attribute verfügen. Es gibt allerdings vereinzelte E–R–„Dialekte", die dies verbieten.

Die zu einem Beziehungstyp gehörende Extension (Beziehungsmenge) $\Im(B)$ ist definiert als $\Im(B) \subseteq \Im(G_1) \times \Im(G_2) \times \ldots \times \Im(G_n)$.

Beispiel: Das Einmünden von Flüssen in Meere kann mit Hilfe eines Beziehungstyps MündetInMeer ausgedrückt werden: MündetInMeer := Fluß × Meer. Um die geographische Position der Einmündung zu charakterisieren, verfügt der Beziehungstyp MündetInMeer über ein Attribut Position.

Graphische Notation: Im E–R–Diagramm wird ein Beziehungstyp durch eine Raute dargestellt, die durch (kurze) Linien mit den zum Beziehungstyp gehörenden Gegenstandstypen verbunden ist. Eventuell vorhandene Attribu-

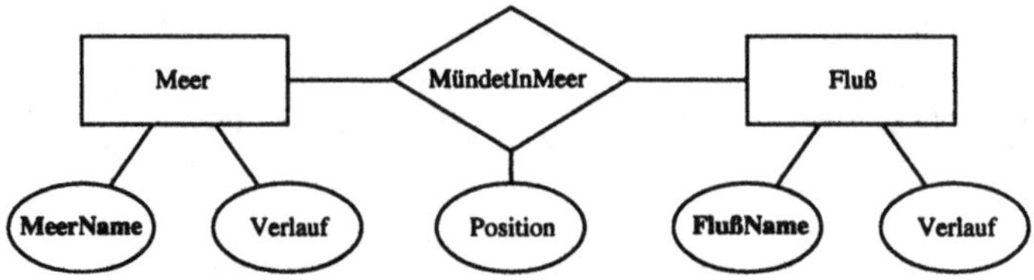

Bild 14.2. Beziehungstyp MündetInMeer der Kartographiewelt

te werden wieder durch Ellipsen dargestellt. Bild 14.2 zeigt den Sachverhalt für den Beziehungstyp MündetInMeer.

14.2.3 Rekursive und mehrstellige Beziehungen

Die Definition des Beziehungstyps läßt es ausdrücklich zu, daß zum einen Beziehungen zwischen Gegenständen des gleichen Typs etabliert werden können (rekursive Beziehungen), und daß zum anderen Beziehungen mit einer Stelligkeit > 2 aufgebaut werden dürfen. Für beide Fälle geben wir im folgenden ein Beispiel.

Rekursive Beziehungen: Flüsse müssen nicht unbedingt in Meeren enden, sie können auch in andere Flüsse münden. Ein Beziehungstyp MündetIn-Fluß drückt diesen Sachverhalt aus. Jede Ausprägung dieses Beziehungstyps verbindet zwei Ausprägungen des Gegenstandstyps Fluß. Zur detaillierteren Information wird wiederum die geographische Lage der Einmündungsstelle aufgeführt. Damit kommt es im E–R–Diagramm zu der Darstellung in Bild 14.3.

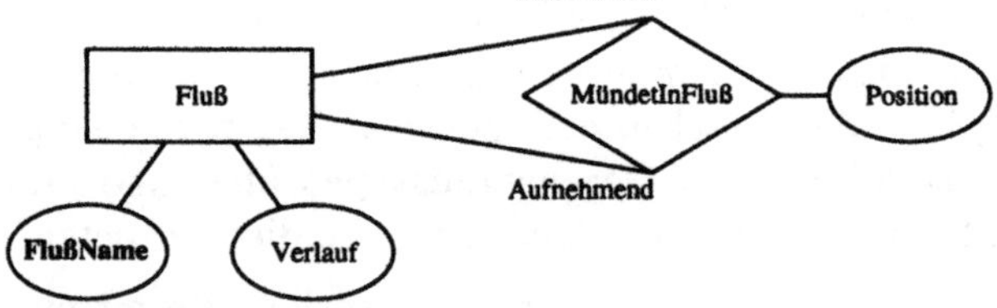

Bild 14.3. Rekursiver Beziehungstyp MündetInFluß

Rollen: Jede Verbindungslinie eines Gegenstandstyps muß bezüglich eines Beziehungstyps eindeutig identifiziert sein. Im allgemeinen kann dazu die Bezeichnung des Gegenstandstyps dienen. Für rekursive Beziehungen genügt diese Faustregel jedoch nicht. Daher stattet man in einem solchen Fall die davon betroffenen Verbindungslinien mit einer Zusatzangabe, einer *Rolle* aus, die deren Semantik näher charakterisiert. In Bild 14.3 wird dem durch die Angabe der Rollen Einmündend und Aufnehmend Rechnung getragen.

Mehrstellige Beziehungen: Wenn wir Fährverbindungen zwischen Städten ähnlich wie in Abschnitt 6.3.2 erfassen wollen, bietet sich eine Modellierung gemäß Bild 14.4 an. Es gilt: Fährverbindung := Stadt × Stadt × Fluß. Der attributlose Beziehungstyp ist nicht nur mehrstellig, sondern teilweise auch rekursiv. Da von den beteiligten Städten keine gegenüber der jeweils anderen eine Sonderrolle einnimmt, sind die Rollenbezeichnungen „künstlich".

Bild 14.4. Dreistelliger Beziehungstyp Fährverbindung

Weiteres Beispiel: Flüsse bilden häufig die Grenze zwischen zwei Staaten. Auch dieser Sachverhalt läßt sich durch eine dreistellige Beziehung ausdrücken, wobei an jeder Ausprägung zwei Staaten und ein Fluß beteiligt sind. Für diesen Beziehungstyp sind jedoch Attribute sinnvoll: Zwei Positionen begrenzen als Anfang und als Ende den gemeinsamen Flußverlauf. Bild 14.5 gibt eine graphische Darstellung.

Bild 14.5. Dreistelliger Beziehungstyp Grenze

14.3 Kardinalitäten

Definition: Zur genaueren Beschreibung komplexer Beziehungen wird für jede Verbindung zwischen einem Gegenstandstyp und einem Beziehungstyp eine *Kardinalität* eingeführt. Diese macht Aussagen über die Mindest- und Höchstzahl des Auftretens einer Ausprägung des Gegenstandstyps im Beziehungstyp. Wir geben für diesen Sachverhalt im folgenden zunächst eine genauere Definition.

Notation: Sei B ein Beziehungstyp mit $B = G_1 \times G_2 \times \ldots \times G_n$. $\Im(B)$ bezeichne eine beliebige Beziehungsmenge von B, und für jedes G_i sei $\Im(G_i)$ die zugehörige Gegenstandsmenge. Dann gilt:

- Die *Mindestkardinalität* von G_i in B ist die Mindestzahl von unterschiedlichen $b \in \Im(B)$, in denen ein bestimmtes $g \in \Im(G_i)$ auftreten muß.
- Die *Höchstkardinalität* von G_i in B ist die Höchstzahl von unterschiedlichen $b \in \Im(B)$, in denen ein bestimmtes $g \in \Im(G_i)$ auftreten darf.

Kardinalitätenpaare werden üblicherweise in der Form $\langle min, max \rangle$ notiert. Dabei bezeichnet *min* die Mindest– und *max* die Höchstkardinalität. Eine fehlende Obergrenze wird üblicherweise mit dem Symbol „∗" bezeichnet.

Wir betrachten nun der Reihe nach die in den vorigen Abschnitten eingeführten Beziehungstypen.

Beziehungstyp MündetInMeer: Flüsse münden bestenfalls in ein Meer (sie können ja auch in einen anderen Fluß münden), während ein Meer im allgemeinen mehrere Flüsse aufnimmt und ein Meer ohne einmündenden Fluß schlechterdings nicht vorstellbar ist. Es gelten die Kardinalitäten

- $\langle 0, 1 \rangle$ zwischen MündetInMeer und Fluß
- $\langle 1, * \rangle$ zwischen MündetInMeer und Meer.

Beziehungstyp MündetInFluß: Flüsse münden in maximal einen Fluß, während ein Fluß überhaupt keinen anderen Fluß aufzunehmen braucht, aber auch mehrere aufnehmen kann. Demnach gilt

- $\langle 0, 1 \rangle$ zwischen MündetInFluß und Fluß (Rolle Einmündend),
- $\langle 0, * \rangle$ zwischen MündetInFluß und Fluß (Rolle Aufnehmend).

Man beachte, daß Kardinalitäten keineswegs alle Gesetzmäßigkeiten auszudrücken gestatten. So kann ein Fluß nicht sowohl in einem anderen Fluß als auch in einem Meer aufgehen; da die Höchstkardinalität in den beiden Beziehungen MündetInMeer und MündetInFluß jeweils 1 ist und sich nicht formulieren läßt, daß die kombinierte Höchstkardinalität bei 1 liegen muß, läßt sich die Forderung nicht durchsetzen.

Beziehungstyp Fährverbindung: Ein Fluß kann für mehrere Fährverbindungen genutzt werden, muß aber nicht. Städte können mehrere Fährverbindungen besitzen, müssen aber nicht. Für die Kardinalitäten ergibt sich:

- $\langle 0, * \rangle$ zwischen Fährverbindung und Fluß,
- $\langle 0, * \rangle$ zwischen Fährverbindung und Stadt (Rolle Stadt1),
- $\langle 0, * \rangle$ zwischen Fährverbindung und Stadt (Rolle Stadt2).

Beziehungstyp Grenze: Ein Fluß kann die Grenze zwischen einem oder mehreren Paaren von Staaten bilden, muß dies aber nicht. Staaten können Flußgrenzen zu einem oder mehreren Staaten besitzen, müssen dies aber nicht. Also gilt

– ⟨0, *⟩ zwischen **Grenze** und **Fluß**,
– ⟨0, *⟩ zwischen **Grenze** und **Staat** (Rolle **Staat1**),
– ⟨0, *⟩ zwischen **Grenze** und **Staat** (Rolle **Staat2**).

Graphische Notation: Kardinalitäten werden an den Verbindungslinien zwischen Gegenstands– und Beziehungstypen in der bereits ein geführten Form $\langle min, max \rangle$ eingezeichnet. Bild 14.6 zeigt die soweit modellierte Kartographiewelt als Gesamtbild mit eingetragenen Kardinalitäten.

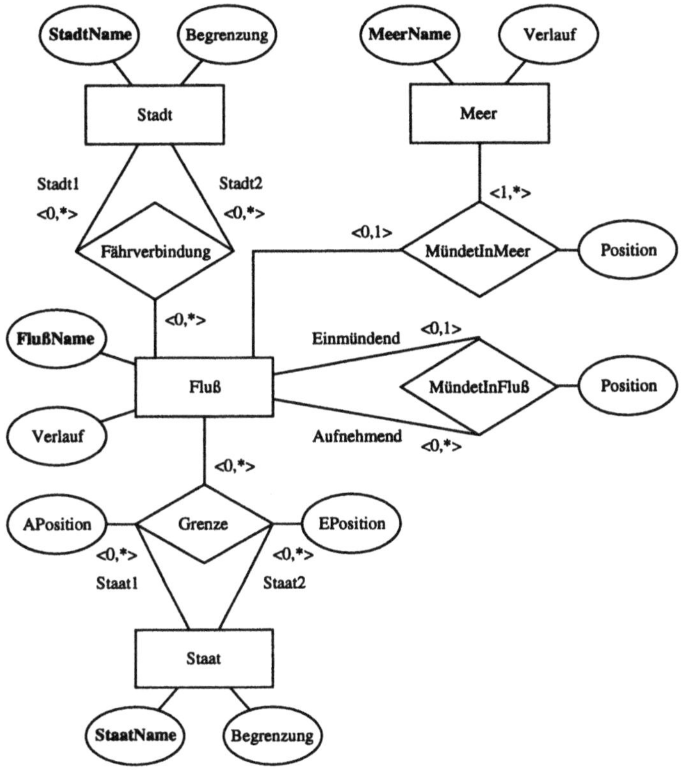

Bild 14.6. Kardinalitäten in der E–R–Modellierung der Kartographiewelt

14.4 Komplette Beispiele

Wir geben im folgenden eine vollständige semantische Modellierung für unsere drei Diskurswelten. Die Begründungen für die gewählten Gegenstands– und Beziehungstypen, soweit sie nicht in diesem Kapitel bereits gegeben wurden, lassen sich aus den früheren Kapiteln herleiten. Gleiches gilt für die Attribute, wobei wir auf die Auflistung ihrer Domänen verzichtet haben.

Diskurswelt „Lagerverwaltung": Bild 14.7 zeigt die Modellierung dieser Diskurswelt. Lagereinheiten verpacken Artikel je einer Art, wobei wir leere Lagereinheiten ausschließen. Artikel der gleichen Art können jedoch in unterschiedlichen Lagereinheiten verpackt sein. Jede Lagereinheit wird auf ein Lagerhilfsmittel gestellt. Ein und dasselbe Lagerhilfsmittel muß mindestens ein und kann mehrere Lagereinheiten enthalten. Jedes Lagerhilfsmittel wird an einem Lagerort abgestellt. Lagerorte können zeitweise leer sein, aber auch mehrere Lagerhilfsmittel speichern. Lagereinheiten, Lagerhilfsmittel und Lagerorte sind jeweils von (genau) einer bestimmten Art. Zu jeder Art können beliebige viele Exemplare existieren.

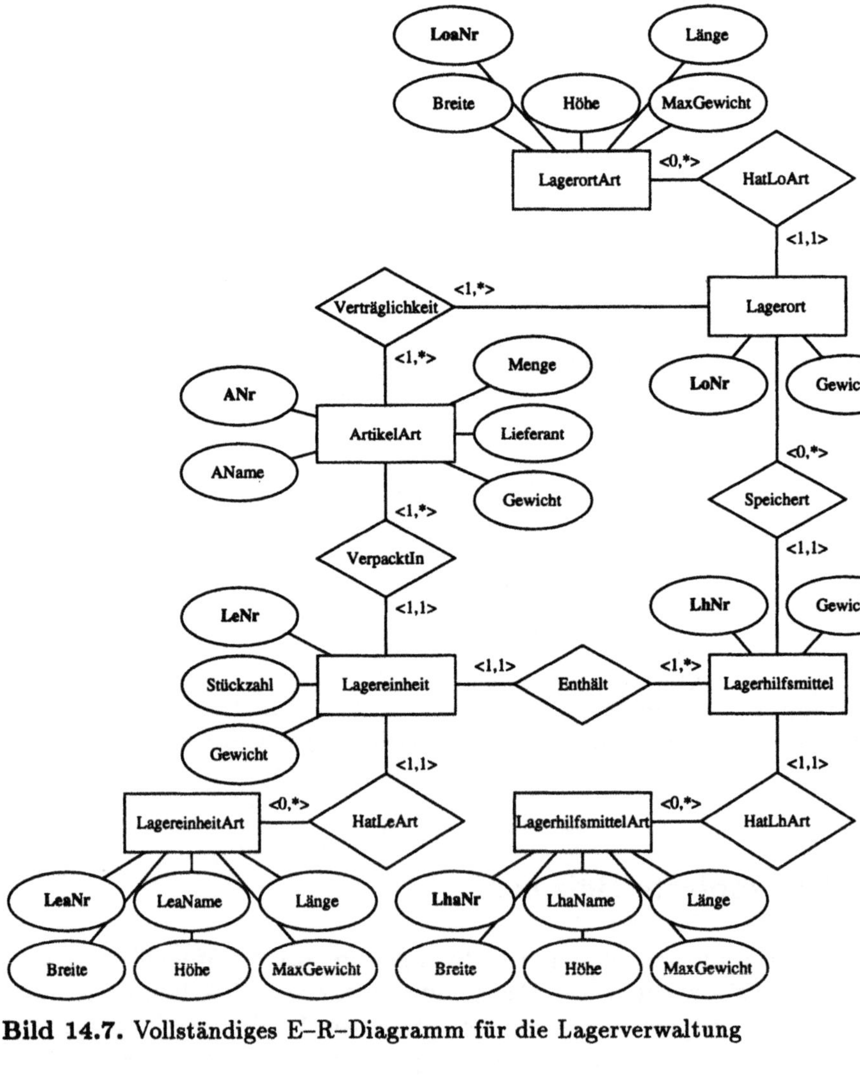

Bild 14.7. Vollständiges E–R–Diagramm für die Lagerverwaltung

Diskurswelt „Geometrische Objekte“: Bild 14.8 beschreibt das Flächenbegrenzungsmodell für allgemeine Polyeder. Im Mindestfall der Pyramide besitzt ein Polyeder 4 Begrenzungsflächen, während jede Fläche eindeutig einem Polyeder zugeordnet ist. Jede Fläche verfügt im Mindestfall des Dreiecks über 3 berandende Kanten. Hingegen trennt jede Kante genau 2 Flächen und ist durch genau 2 Eckpunkte definiert. Jeder Punkt ist in einem Polyeder Ausgangspunkt von mindestens 3 Randkanten.

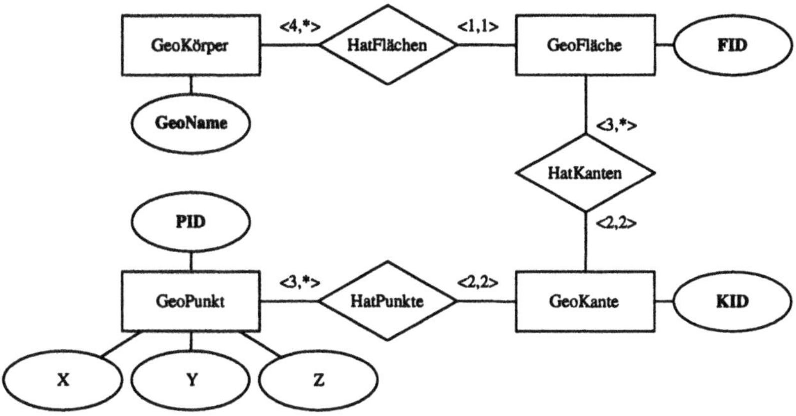

Bild 14.8. Vollständiges E–R–Diagramm für geometrische Objekte

Diskurswelt „Kartographie“: Auch die Kartographiewelt bedarf noch der Vervollständigung. Bild 14.9 geht aus Bild 14.6 hervor, wobei der Gegenstandstyp **See** eingeführt undfolgende zusätzliche Sachverhalte berücksichtigt wurden (in Form von Beziehungstypen modelliert):

- Städte können an Flüssen, Seen oder Meeren liegen. Bezüglich der Kardinalitäten besteht lediglich die Einschränkung, daß eine Stadt an maximal einem Meer liegen kann (also $\langle 0, 1\rangle$ zwischen Stadt und dem Beziehungstyp LiegtAnMeer). Ansonsten gilt $\langle 0, *\rangle$.
- Eine Stadt liegt definitiv in genau einem Staat, und ein Staat wird in jedem Fall Städte aufweisen.
- Ein Fluß durchfließt mindestens einen, möglicherweise aber auch mehrere Staaten, und ein Staat wird eventuell von keinem, meist aber von mehreren Flüssen durchflossen.
- Ein Fluß kann auf seinem Lauf durchaus mehrere Seen durchfließen, muß dies aber nicht. Durch einen See fließt (in unserer Beispielwelt) aber bestenfalls ein Fluß.

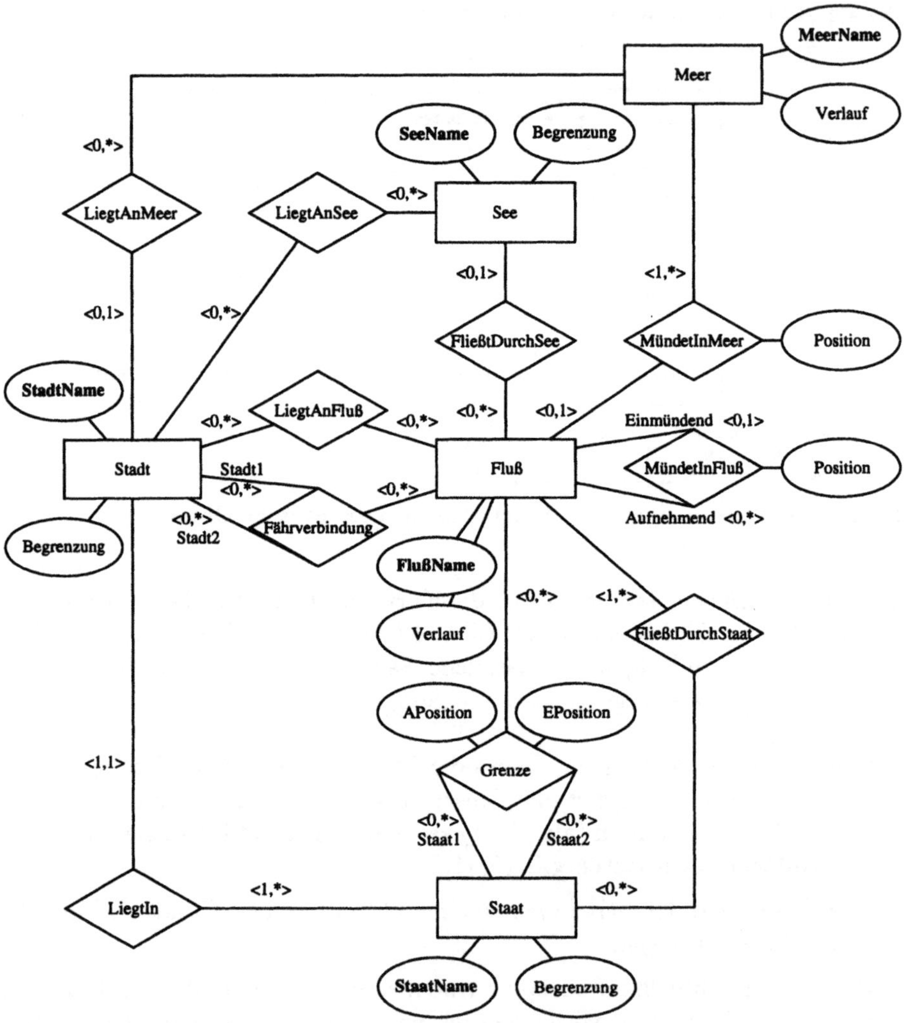

Bild 14.9. Vollständiges E–R–Diagramm für die Kartographie

14.5 Abstraktionsmechanismen des E–R–Modells

14.5.1 Aggregierung

Motivation: Ein Beziehungstyp kann nur einen abgeschlossenen Zusammenhang zwischen Gegenstandstypen regeln. Tatsächlich ist diese Abgeschlossenheit aber nicht immer gegeben. Wir erinnern uns an den Fall, daß ein Fluß nur entweder in ein Meer oder in einen Fluß münden kann.

Man könnte vermuten, daß beziehungsübergreifende Zusammenhänge dadurch erfaßt werden könnten, daß man Beziehungen zwischen Beziehungen aufstellt. Dazu bedarf es jedoch eines neuen Konstrukts, der Aggregierung.

Definition: Da im E–R–Modell Beziehungen keine Beziehungen eingehen können, wird ein Beziehungstyp mit seinen beteiligten Gegenstandstypen zu einem neuen Gegenstandstyp aggregiert (zusammengefaßt). Dieser Gegenstandstyp kann dann seinerseits Beziehungen eingehen.

Graphische Notation: Der mittels Aggregierung zusammengefaßte Beziehungstyp samt beteiligten Gegenstandstypen wird mit einem Kästchen umgeben. Beziehungen dürfen dann sowohl zum aggregierten Gesamtelement als auch zu jedem daran beteiligten Gegenstandstyp individuell existieren.

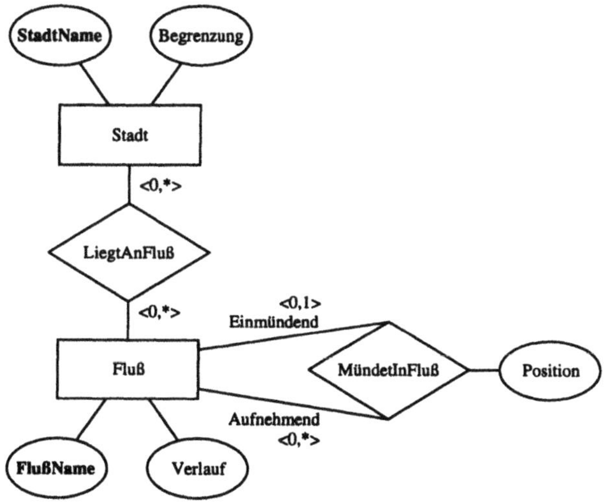

Bild 14.10. Modellierung von Städten an Flüssen

Beispiel: Bild 14.10 zeigt nochmals einen Ausschnitt aus Bild 14.9. Das Bild läßt zu, daß eine Stadt an beliebig vielen Flüssen liegen kann, ohne etwa zu fordern, daß diese in dieser Stadt auch ineinander fließen. Um ausdrücken zu können, daß eine Stadt an der Einmündung zweier Flüsse liegt, wäre eine Ergänzung gemäß Bild 14.11 erforderlich.

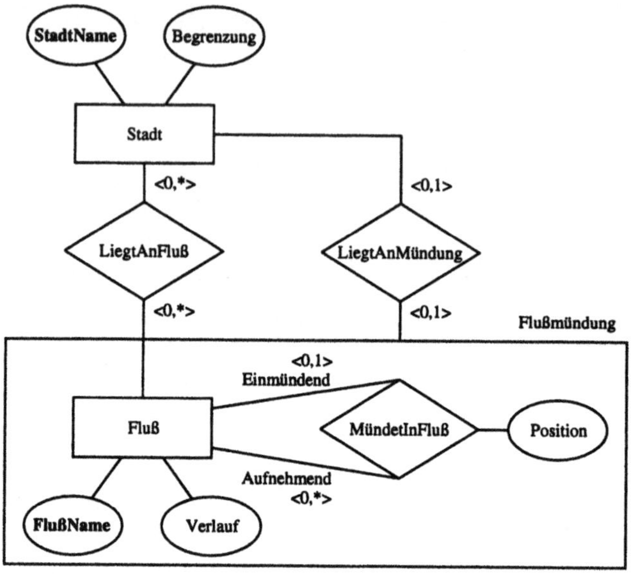

Bild 14.11. Ergänzende Modellierung von Städten an Flußmündungen mittels Aggregierung

14.5.2 Generalisierung

Die Aggregierung versagt leider, wenn man sie auf das eingangs genannte Problem der Mündung eines Flusses alternativ in ein Meer oder einen anderen Fluß anzuwenden versucht. Dies liegt daran, daß die beiden in Zusammenhang zu bringenden Beziehungen MündetInMeer und MündetInFluß den gemeinsamen Gegenstandstyp Fluß besitzen. Stattdessen könnte man daher versuchen, die beiden jeweils beteiligten Gegenstandstypen Meer und Fluß selbst in einen Zusammenhang zu bringen.

Definition: Generalisierung bedeutet die Zusammenfassung einer Menge von ähnlichen Elementen (hier: Gegenstandstypen) zu einem neuen, generischen Element. Hierbei wird von den individuellen Eigenschaften der einzelnen Elemente abstrahiert, d.h. der neu eingeführte Gegenstandstyp besitzt nur die gemeinsamen Attribute der so zusammengefaßten Gegenstandstypen.

Notation: Jede Generalisierung ist darstellbar als ein zweistelliger Beziehungstyp $ISA_{G_S,G_A} := G_S \times G_A$, wobei G_S den speziellen und G_A den allgemeinen Gegenstandstyp darstellt. Mit anderen Worten, G_A generalisiert G_S.

isa-Semantik: Es gilt $\Im(G_S) \subseteq \Im(G_A)$, d.h. jede Ausprägung von G_S ist zugleich Ausprägung von G_A.

Vererbung: Jedes $g_s \in \Im(G_S)$ verfügt neben den Attributen und Beziehungstypen von G_S auch über alle Attribute von G_A und über dessen Verbindungen zu Beziehungstypen. Nicht jeder Gegenstandstyp muß eine Generalisierung besitzen. Andererseits kann ein Gegenstandstyp — wie in objektorientierten

Modellen — zu einem Gegenstandstyp (Einfachvererbung) oder zu mehreren Gegenstandstypen (Mehrfachvererbung) verallgemeinert werden.

Zu einem Gegenstandstyp G als G_A können mehrere G_S existieren. G_A kann also zu mehreren G_S spezialisiert werden. Neuere Erweiterungen des E–R–Modells gestatten zudem das Herausheben einiger Spezialfälle.

Überdeckung: Mit $g \in \Im(G_A)$ gibt es einen G_A spezialisierenden Typ G_S mit $g \in \Im(G_S)$ und einen Beziehungstyp ISA_{G_S,G_A}.

Disjunktheit: Mit $g \in \Im(G_{S_1})$ und $ISA_{G_{S_1},G_A}$ gibt es kein G_{S_2} mit $ISA_{G_{S_2},G_A}$ und $g \in \Im(G_{S_2})$.

Partitionierung: Diese ist gegeben, falls die Überdeckungs– und die Disjunktheitseigenschaft gleichzeitig gelten.

Graphische Notation: Generalisierung wird üblicherweise durch einen Pfeil symbolisiert, der vom speziellen zum allgemeinen Gegenstandstyp verläuft. Die Spezialfälle kann man durch unterschiedliche Schraffierung der Pfeile oder durch Beschriftung hervorheben.

Beispiel: Mittels Generalisierung läßt sich nun das Problem regeln, daß ein Fluß nur entweder in einen weiteren Fluß oder in ein Meer mündet. Bild 14.12 zeigt die Lösung. Es handelt sich hierbei um den Spezialfall einer Partitionierung, denn ein Mündungsgewässer ist immer ein Fluß oder ein Meer (Überdeckungseigenschaft); außerdem ist die Disjunktheit gesichert. Unsere Lösung hat allerdings den Schönheitsfehler, daß ein Meer nun nicht mehr mindestens einen Fluß aufnehmen muß.

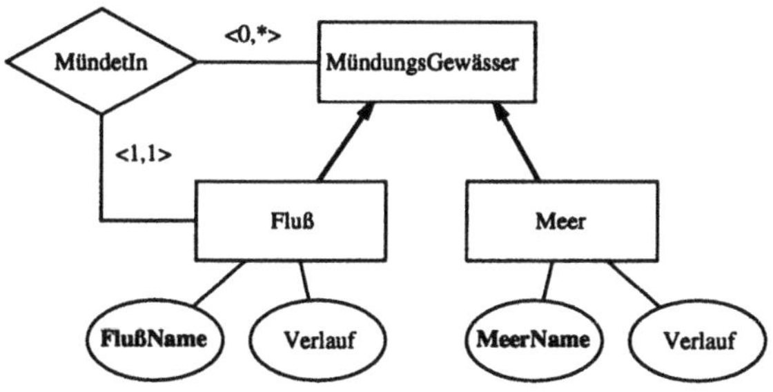

Bild 14.12. Generalisierung im E–R–Diagramm

Weiteres Beispiel: Wir können noch weitergehen und alle drei Gegenstandstypen Fluß, See und Meer zu Gewässer generalisieren. Vererbung kann dann wie folgt genutzt werden: Allen Gegenstandstypen gemeinsam ist eine Benennung, die deshalb in Form des Attributs GewässerName dem generalisierten Typ zugeschlagen wird. Folgerichtig verschwinden die ...Name–Attribute aus den spezialisierten Gegenstandstypen. Weiterhin wollen wir Gewässer ein Attribut MaxTiefe zuschlagen, das die maximale Tiefe des jeweiligen Gewässers enthält. Bild 14.13 zeigt den entsprechenden Ausschnitt.

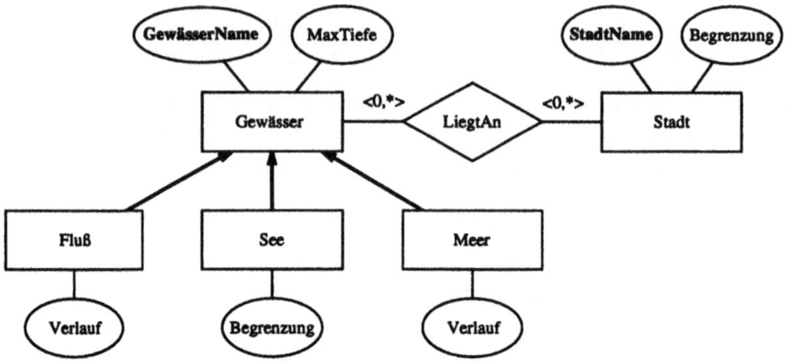

Bild 14.13. Weiteres Beispiel für Generalisierung

Im diesem Beispiel ist zudem der Beziehungstyp LiegtAn an die Stelle dreier spezieller Beziehungstypen getreten. Er wird damit ebenfalls an die spezialisierten Typen vererbt. Im Vergleich zu Bild 14.9 ist aber auch in Bild 14.13 weniger (Kardinalitäts-)Semantik enthalten. Will man diesen Verlust vermeiden, so müssen die Beziehungen unverändert unmittelbar mit den spezialisierten Typen verbunden bleiben.

14.5.3 Schwache Gegenstandstypen

Definition: Ein schwacher Gegenstandstyp (Weak Entity Type) ist ein Gegenstandstyp, dessen Ausprägungen nicht für sich alleine existenzberechtigt sind. Hierzu bedarf es (mindestens) eines an ihn geknüpften Beziehungstyps. Eine Ausprägung eines schwachen Gegenstandstyps existiert dann nur für den Fall, daß korrespondierende Ausprägungen der am Beziehungstyp beteiligten Gegenstandstypen vorhanden sind. Ein schwacher Gegenstandstyp wird also durch zwei Eigenschaften erfaßt: eine eindeutige Zuordnung zu einem Beziehungstyp ($\langle 1, 1\rangle$-Kardinalität) und die Existenzabhängigkeit seiner Ausprägungen.

Notation: Die Notation eines schwachen Gegenstandstyps G_W entspricht der für Gegenstandstypen generell eingeführten Notation. Für seine Bindung an einen Gegenstandstyp G_S über einen zweistelligen Beziehungstyp B gelten die folgenden Kardinalitätenpaare:

- $\langle 1, 1\rangle$ zwischen B und G_W,
- $\langle 0, *\rangle$ zwischen B und G_S.

Beispiel: Wir wollen unsere Kartographiewelt um Straßen erweitern und führen einen entsprechenden Gegenstandstyp ein. Eine Straße existiert allerdings nur als Teil einer Stadt: Wird die Stadt aus irgendeinem Grund aus der Datenbasis gelöscht, so müssen auch ihre Straßen entfernt werden.

Identifikation: Die (Mit–)Definition durch den Beziehungstyp B schlägt sich darin nieder, daß der Schlüssel des über B mit G_W verbundenen (starken) Gegenstandstyp G_S zusätzlich zur Identifikation herangezogen wird. Ein eventuell direkt bezeichneter Schlüssel im schwachen Gegenstandstyp ist somit nur als Teil des tatsächlichen Schlüssels zu verstehen.

Im vorliegenden Beispiel ist diese Regelung auch durchaus plausibel: Es ist nicht auszuschließen und sogar eher üblich, daß Straßen desselben Namens in verschiedenen Städten existieren.

Graphische Notation: Im E–R–Diagramm werden schwache Gegenstandstypen durch ein gestricheltes Rechteck gekennzeichnet. Für das Straßenbeispiel zeigt Bild 14.14 einen Ausschnitt aus dem entsprechend erweiterten Kartographie–Schema.

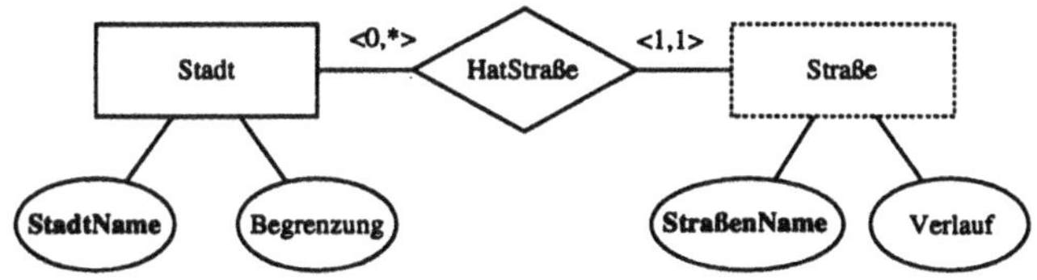

Bild 14.14. Schwacher Gegenstandstyp Straße im E–R–Diagramm

14.5.4 Materialisierung

Motivation: Es mag aufgefallen sein, daß wir in unserer Lagerverwaltungswelt mancherlei Eigenschaften für Lagereinheiten der zugehörigen Lagereinheitart entnommen haben; ähnliches galt auch für Lagerhilfsmittel und Lagerorte. Im ersten Anlauf könnte man hier auf Generalisierung vermuten; dies trifft aber nicht zu: LagereinheitArt ist ein Abstraktum, Lagereinheit eine physikalische Konkretisierung. Die Teilmengenbeziehung gilt nicht: ¬ (Lagereinheit *ISA* LagereinheitArt). Lagereinheiten müssen demnach über ein eigenes Identifikationsattribut verfügen, denn LeaNr identifiziert Lagereinheitarten, nicht einzelne Lagereinheiten. Auch wenn in diesem Fall Generalisierung nicht gegeben ist, könnte die Einführung einer Vererbungssemantik eine Überlegung wert sein.

Definition: Die getrennte Identifizierbarkeit im Sinne der Konkretisierung eines Abstraktums mit einer eingeschränkten Vererbungssemantik und ohne isa–Semantik wird neuerdings unter dem eigenen Begriff der *Materialisierung* vorgeschlagen.

Notation: Die graphische Darstellung erfolgt durch eine am Konkretum mit dem Sternchen „*“ abgeschlossene Kante. Nicht vererbbare Attribute sind unterlegt.

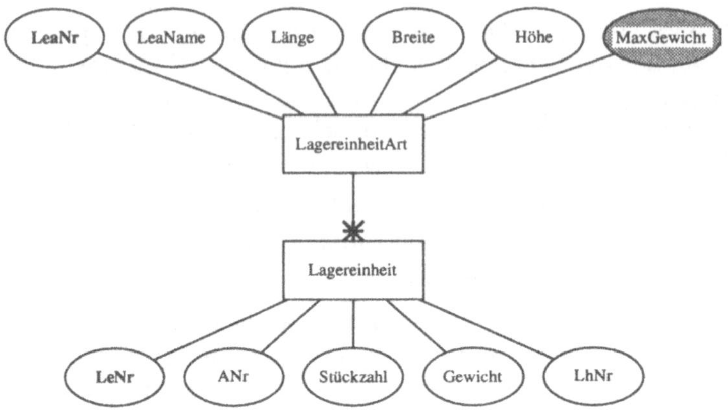

Bild 14.15. Materialisierung im E–R–Diagramm

Beispiel: Lagereinheit ist eine Konkretisierung des Abstraktums LagereinheitArt. Als solche Konkretisierung sollte es die Attribute LeaNr, LeaName, Länge, Breite und Höhe erben. MaxGewicht hingegen ist eine nichtmaterielle Eigenschaft, die man von der Vererbung ausschließen sollte, da sie nichts mit einer konkreten Lagereinheit mit seinem aktuellen Gewicht zu tun hat. Dann zeigt Bild 14.15 die Darstellung dieses Sachverhalts im E–R–Diagramm.

14.6 Grenzen des E–R–Modells

Die Stärke des E–R–Modells liegt in der Einfachheit seiner Konzeption, die mit den Grundkonstrukten des Gegenstands- und Beziehungstyps auskommt. Daher ist es auch schnell erlernbar. Dies sind wohl auch die Hauptgründe, warum es zu den in der Praxis am häufigsten eingesetzten Modelle für den konzeptuellen Entwurf zählt. Ein wenig beigetragen haben mag auch, daß seine Nutzung dem theoretisch wenig bewanderten Anwender erheblich leichter fällt als etwa der Normalisierungsansatz aus dem vorigen Kapitel.

Diese Stärke ist jedoch zugleich Schwäche, denn mangels formaler Fundierung können sich widersprüchliche Sachverhalte in ein E–R–Diagramm einschleichen. Kardinalitätsangaben sind hierfür besonders anfällig. Immerhin gibt es zahlreiche Versuche, für das E–R–Modell eine Formalisierung zu finden.

Ein weiterer Nachteil ist, daß objektiv ermittelbare Gütekriterien für die Qualität von E–R–Diagrammen kaum vorliegen. Auch die Minimalität der Konstrukte ist gelegentlich von Nachteil, wenn kompliziertere Verhältnisse beschrieben werden müssen — in der Kartographiewelt waren Städte, die an Flußmündungen liegen, ein solches Beispiel. Für dieses spezielle Modellierungsproblem hatten wir bereits die Erweiterung des Modells um das Aggregierungskonzept benötigt. Durch dieses Konzept können Komplikationen verhindert werden, die auf dem Auftreten von Zusammenhängen zwischen Beziehungstypen beruhen. Natürlich ist aber klar, daß nicht jeder neue Modellierungsfall zur Einführung weiterer Konzepte führen darf, weil die Minimalität sonst nämlich schnell verlorenginge. Verbleibt es bei den in diesem Kapitel vorgestellten Konstrukten, so müssen Modellierungen realistischer Komplexität oft von (prosaischer) Dokumentation über zusätzliche Bedingungen begleitet werden, die nicht unmittelbar im Modell beschreibbar sind.

Einen wichtigen Bereich macht hierbei übrigens die Beschreibung von Funktionalität und Dynamik aus; man denke etwa an die Operationen im objektorientierten Modell. Nichts davon findet sich im E–R–Diagramm wieder, und doch bilden diese Operationen einen wesentlichen Bestandteil der Modellierung. Für objektorientierte Modelle kann daher das E–R–Modell nur einen Startpunkt — nämlich bezüglich der Beschreibung der strukturellen Sachverhalte — bilden.

14.7 Literatur

Das E–R–Modell wird angesichts seiner Verbreitung in zahlreichen Lehrbüchern aus dem Bereich der Datenbanken, der Systemanalyse und der Unternehmensmodellierung behandelt. Historisch Interessierte seien auf [Che76] verwiesen. Neuere, das E–R–Modell abdeckende Lehrbücher aus dem Datenbankbereich sind etwa [BCN92], [Mac90], [RC92] und [Teo94]. Methodische Fragen werden in der Übersicht [TYF88] betrachtet. Das Konzept der Materialisierung aus Abschnitt 14.5.4 haben wir [GS94] entnommen. Einer sehr detaillierten und um Aspekte wie direkte Anfragemechanismen erweiterten Behandlung widmet sich [Gog94]. Für den an der Unternehmensmodellierung durch E–R–Techniken interessierten Leser sei [Sch94] empfohlen.

15. Semantische Netze

15.1 Charakterisierung

Das Entity–Relationship–Modell fällt in die Klasse der wegen ihrer graphischen Darstellbarkeit so bezeichneten semantischen Netze. Ihren Ursprung haben diese Netze in den Bedürfnissen nach Wissensrepräsentationsformalismen, wie sie im Zuge der Entwicklung der Künstlichen Intelligenz und von Expertensystemen Mitte der siebziger Jahre aufkamen. Ihr Ziel deckte sich daher weitgehend mit den semantischen Modellen für den Datenbankentwurf: einer formalen Erfassung von interessierenden und einschlägigen Aspekten der Miniwelt. Trotzdem sind semantische Netze und semantische Datenmodelle weitgehend unabhängig voneinander, wenn auch zeitgleich, entstanden.

Die Ziele der Wissensrepräsentation waren von vornherein ehrgeiziger gesteckt als die des Datenbankentwurfs. Insbesondere sind deren Formalismen mächtiger ausgefallen. Semantische Netze lassen sich daher als mächtige semantische Datenmodelle deuten. Wir illustrieren dies an KL–ONE, einem Formalismus, den man grob als eine geschlossen wirkende Anreicherung des Entity–Relationship–Modells bezeichnen kann. Demonstriert werden soll damit, daß es sich lohnt, gelegentlich in angrenzende Bereiche der wissensverarbeitenden Systeme zu blicken, wenn der Bedarf an semantischen Konstrukten über die Mächtigkeit, wie sie etwa das E–R–Modell bietet, hinausreicht.

15.2 Konzepte

15.2.1 Der Begriff des Konzepts

Das zentrale Konstrukt in KL–ONE ist das *Konzept* (engl.: Concept) in der Bedeutung eines strukturellen Objekts der Vorstellungswelt. Konzepte können generisch oder individuell sein. *Generische Konzepte* stehen für die gemeinsamen Eigenschaften vieler Individuen einer Miniwelt, während auf der gewählten Betrachtungsebene für *individuelle Konzepte* nur eine einzelne Ausprägung existiert. Ob ein Konzept generisch oder individuell ist, hängt von der Betrachtungsebene ab. Fluß läßt sich beispielsweise zum einen als generisches Konzept deuten, etwa in der Kartographie, wenn man es mit vielen für sich einzeln identifizierbaren Flüssen zu tun hat. Andererseits kann man es als individuelles Konzept aufzufassen, etwa, wenn man an den Entwurf von Turbinen für Flußkraftwerke denkt.

Generische und individuelle Konzepte lassen sich in einer Taxonomie anordnen, die auch als Subsumtionsbeziehung bezeichnet wird. Ein Konzept „subsumiert" ein anderes in dem Sinn, daß eine Ausprägung des einen Konzepts stets auch eine Ausprägung des anderen ist. Die Subsumtionsbeziehung deckt sich also mit der isa–Eigenschaft zwischen Gegenstandstypen des E–R–Modells. Die Beziehung besitzt auch Ähnlichkeit zur Vererbungshierarchie im objektorientierten Modell, sofern dort die Teilmengeneigenschaft unterstellt wird.

Von den individuellen Konzepten streng zu unterscheiden sind die *Individuen*, die mit generischen Konzepten eine Individualisierungsbeziehung eingehen. Diese entspricht der Zugehörigkeit eines Ausprägung zu einem Typ im objektorientierten Modell. Beispiele bilden die Individuen Rhein und Main, die dem Konzept Fluß zugeordnet sind.

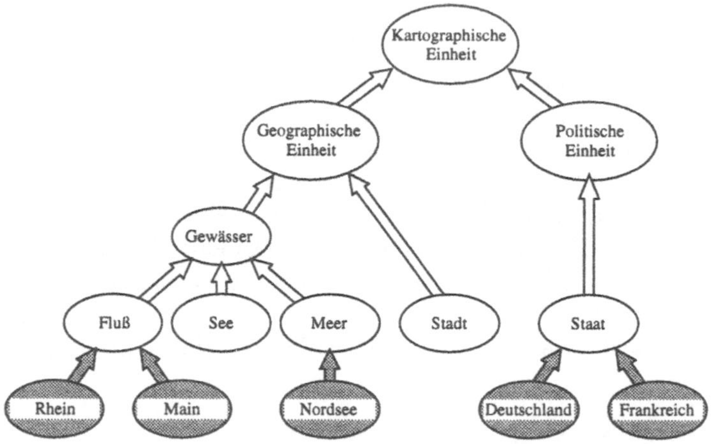

Bild 15.1. Konzepte mit Subsumtions– und Individualisierungsbeziehung

Bild 15.1 illustriert eine einfache Taxonomie von generischen Konzepten und ihre Verbindung zu einigen Individuen. Dabei dienen Ellipsen als graphische Notation für Konzepte. Individuen sind zusatzlich schattiert. Nichtschattierte Pfeile stehen für die Subsumtion; schattierte Pfeile stehen für die Individualisierung. In diesem Beispiel hat jedes Konzept nur höchstens ein Oberkonzept, doch ist dies keine generelle Forderung.

15.2.2 Konzeptstruktur

Die Struktur eines Konzepts setzt sich aus zwei Bestandteilen zusammen:

- *Rollen* zur Beschreibung der Beziehungen, die dieses Konzept zu anderen Konzepten eingeht;
- *Strukturbeschreibungen* zur Erfassung von Zusammenhängen zwischen Rollen.

Rollen entsprechen zweistelligen Beziehungen. Sie beschreiben potentielle Beziehungen zwischen den Individuen des Konzepts und anderen Individuen. Diese anderen Individuen spielen bezüglich eines Individuums des betrachteten Konzepts die angegebene Rolle. Da im allgemeinen gleichzeitig mehrere Individuen die Rolle einnehmen können, spricht man von ihnen als Rollenmenge.

Ein bestimmtes Individuum, das die Rolle spielt, wird als Rollenfüller bezeichnet. Um die Menge potentieller Rollenfüller einzugrenzen, wird mit jeder Rolle (genauer: Rollenmenge) eine Wertebeschränkung (engl.: value restriction, v/r) verbunden. Diese Beschränkung — sie ist mit der Angabe einer Domäne oder einer Typisierung der Rolle vergleichbar — erfolgt durch Vorgabe eines Konzepts, das die potentiellen Füller bestimmt. Eine Rollenmenge ist eine Menge von Rollenfüllern und damit eine Teilmenge des die Wertebeschränkung definierenden Konzepts. Die zulässigen Kardinalitäten der Rollenmenge können durch eine Kardinalitätsbeschränkung begrenzt werden.

Rollen erfüllen im Vergleich zum E–R–Modell gleich zwei Aufgaben: Sie decken sowohl Attribute als auch zweistellige — allerdings gerichtete — Beziehungstypen ab. Auf diese Weise werden Kardinalitäten auf Attribute ausgeweitet. Andererseits müssen auch Attributdomänen ausdrücklich als generische Konzepte eingeführt werden.

Mit der Individualisierung generischer Konzepte müssen auch Rollen individualisiert werden. Dies geschieht über die Erfüllungsbeziehung *satisfies*. Die Belegung einer individualisierten Rolle selbst wird mit *val* kenntlich gemacht.

Bild 15.2 illustriert die Verwendung von Rollen. In der graphischen Notation wird die Richtung der Rolle durch einen Pfeil ausgedrückt, der vom betrachteten Konzept zum wertebeschränkenden Konzept führt. Die Rolle wird darüber hinaus durch ein in einen Kreis eingeschriebenes Quadrat symbolisiert, an das der Rollenbezeichner und die Kardinalität (notiert in der Form $\langle min, max \rangle$) geschrieben wird. Das Bild zeigt auch, daß eine ungerichtete Beziehung in zwei gerichtete aufgelöst werden muß (Rollen MündetIn und NimmtAuf).

Strukturbeschreibungen dienen dazu, Zusammenhänge zwischen Rollen zu erfassen. Sie sind damit zumindest potentiell in der Lage, systematisch die im E–R–Modell fehlenden Bezüge zwischen Beziehungen auszudrücken. Wir

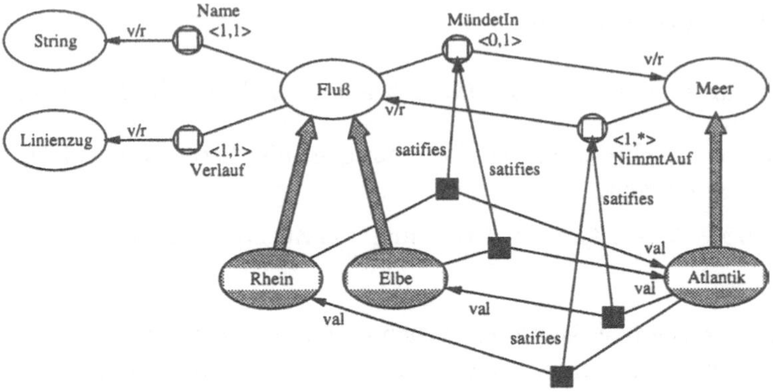

Bild 15.2. Rollen auf der Ebene generischer Konzepte und Individuen

werden uns an dieser Stelle auf einen Sonderfall von Strukturbeschreibungen beschränken, nämlich den der Rollenwertberechnungen (Role Value Maps, RVM). Ihre Aufgabe ist es, die Rollenfüllermenge aus einem größeren Kontext als dem eines einzelnen Konzepts zu ermitteln. Eine RVM ist daher eine Konstruktionsvorschrift für die Bestimmung einer Wertebeschränkung als Teilmenge der Individuen eines Konzepts. Die Rechenvorschrift selbst wird als Raute dargestellt, und die in die Berechnungen eingehenden Rollen werden über sogenannte Rollenpfade referenziert. Graphisch sind dies Pfeile, die von der Rechenvorschrift ausgehen und zur Rolle führen.

Wie bei der graphischen Formulierung von Rechenvorschriften nicht unüblich, ist die Semantik der RVMs kompliziert. Wir werden uns deshalb auf ein einfaches Beispiel beschränken. Die Bedingungen für unser Hafen–Beispiel aus Abschnitt 14.5.1 lassen sich mit Hilfe einer RVM ausdrücken. Eine Stadt ist Hafenstadt, wenn sie an einer Flußmündung liegt — also sowohl an einem Fluß als auch an einem Meer — und einen Hafen besitzt. Bild 15.3 zeigt die Lösung. Die Rechenvorschrift Hafenstadt für die Konstruktion einer Teilmenge von Städten besagt, daß es sich für die drei beteiligten Rollen um jeweils die gleiche Stadt handeln muß, oder anders ausgedrückt, daß eine derartige Stadt alle drei Rollen füllen muß. Im Vergleich zur E–R–Modellierung in Bild 14.11 wirkt die vorliegende Darstellung recht elegant. Allerdings kann man natürlich auch hier an Grenzen stoßen, wenn es sich um komplizierte Rechenvorschriften oder eine Vielzahl beteiligter Rollen handelt.

15.3 Vererbung

Die Hierarchie generischer Konzepte begründet — so wie wir dies von den objektorientierten Datenmodellen oder den Erweiterungen des E–R–Modells schon gewohnt sind — eine Vererbungssemantik.

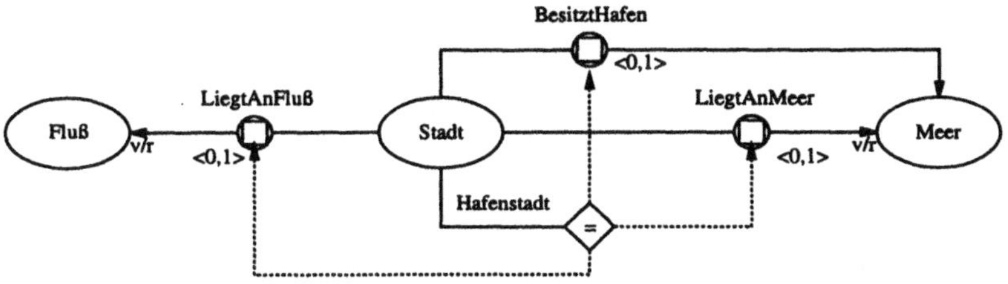

Bild 15.3. Strukturbeschreibung als RVM unter Nutzung von Rollenpfaden

Vererbung beinhaltete bisher zum einen die Übernahme der Eigenschaften der Obertypen in die Untertypen verbunden mit der Möglichkeit der Anreicherung des Untertyps um weitere Eigenschaften. Bei objektorientierten Datenmodellen wurden Attribute und Operatoren übernommen, und es konnten weitere Attribute und Operatoren hinzutreten. Bei den erweiterten E–R–Modellen wurden Attribute und Beziehungen übernommen, jedoch durften lediglich weitere Attribute hinzukommen.

Man kann nun die Vererbung mit ihrem Fortschreiten von Ober– zu Untertypen nicht nur als eine Anreicherung der Eigenschaften deuten, sondern, eine isa–Semantik vorausgesetzt, auch als eine Beschränkung der Ausprägungsmenge als Folge der Verschärfung von Eigenschaften. Beispielsweise mußten die Untertypen zusätzliche Attribute erfüllen, oder zusätzliche Operatoren mußten bei ihnen sinnvoll sein. Diese Überlegung läßt sich auf die Konzepte in KL–ONE übertragen. Nicht nur erbt in KL–ONE ein Unterkonzept von all seinen Oberkonzepten alle Rollen einschließlich ihrer Beschränkungen. Weil darüber hinaus Rollen in KL–ONE über eine Reihe von Eigenschaften verfügen — Wertebeschränkung, Kardinalitäten, Strukturbeschränkungen — lassen sich auch diese Eigenschaften entlang der Vererbungshierarchie weiter beschränken. Dazu dienen die folgenden Konstrukte.

Beschränkung der Rollenfüllermenge (restricts): Bei der Vererbung einer Rolle kann die Menge der Rollenfüller weiter eingeschränkt werden. Diese Einschränkung unterliegt ihrerseits einer Eingrenzung: Die neue Rollenmenge muß Unterkonzept der Rollenmenge des Obertyps sein. Wo diese Eingrenzung nicht sachgerecht erscheint, muß zu Strukturbeschränkungen gegriffen werden. Bild 15.4 gibt ein Beispiel: Flüsse münden nur in Flüsse oder Meere, nicht in Seen.

Beschränkung der Kardinalität (restricts): Sei $\langle min_o, max_o \rangle$ die Kardinalität der Rolle des Oberkonzepts und $\langle min_u, max_u \rangle$ die des Unterkonzepts, dann $min_o \leq min_u$ und $max_u \leq max_o$. Bild 15.4 enthält auch hierfür zwei Beispiele: Seen und Meere münden nicht in andere Gewässer.

Rollendifferenzierung (diffs): Dieses Konstrukt bietet für Rollen so etwas wie ein Pendant zur Spezialisierung eines Oberkonzepts in Unterkonzepte. Dazu wird bei der Vererbung eine Rolle in zwei oder mehr Rollen differenziert. Bild 15.5 illustriert dies für unser vorhergehendes Beispiel der Rolle Mündetln.

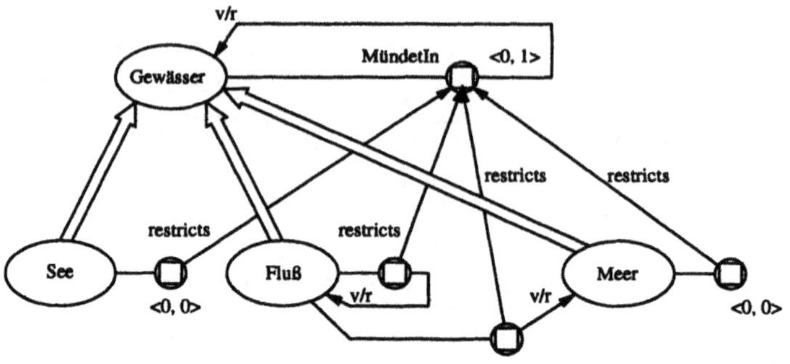

Bild 15.4. Beschränkung von Rollenfüllermengen und Kardinalitäten

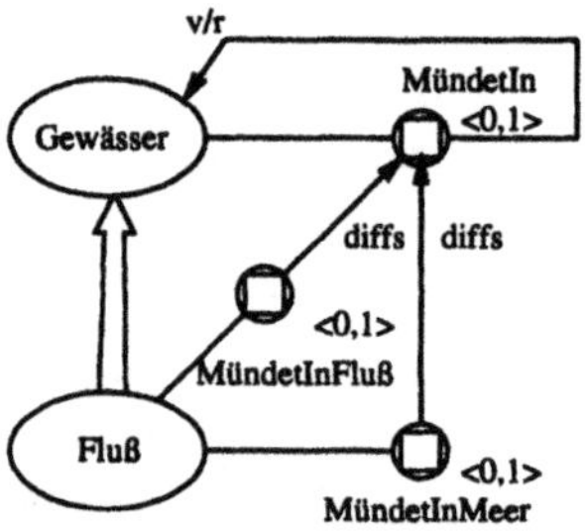

Bild 15.5. Beispiel zur Rollendifferenzierung

Alle drei Arten der Beschränkung können auch kombiniert vorkommen. So kombiniert beispielsweise strenggenommen Bild 15.4 bei der Rolle MündetIn von Fluß bereits die Beschränkung der Rollenfüllermenge und die Rollendifferenzierung.

Bild 15.5 bringt über die Kardinalität der „Ober“-Rolle MündetIn sogar zum Ausdruck, daß ein Fluß nur entweder in einen anderen Fluß oder in ein Meer münden kann. Aber auch hier gilt wie bei anderen semantischen Datenmodellen, daß stets Sachverhalte übrig bleiben, die sich mit den vorhandenen Modellierungskonstrukten nicht nachbilden lassen und spezieller Konsistenzbedingungen bedürfen. Dazu bietet KL-ONE eine Sprache, mit der sich über die eingeführten Konzepte und Rollen Zusicherungen (engl.: Assertions) formulieren lassen.

15.4 Grenzen semantischer Netze

In den semantischen Netzen haben wir ein mächtiges Ausdrucksmittel gefunden, das im strukturellen Bereich eine Vielzahl von Aspekten abdecken kann. Daher wird man mit semantischen Netzen im allgemeinen ein vollständigeres Bild einer Diskurswelt entwerfen können, als dies mit dem E-R-Modell möglich ist. Allerdings werden dann auch die Diagramme umfangreicher und entsprechend schwieriger zu verstehen sein. Einen wichtigen Aspekt lassen semantische Netze nun allerdings trotz der fortgeschrittenen Modellierungsmöglichkeiten außer acht: Das ist der Bereich der Dynamik, also der Zuordnung von Verhalten zu den Anwendungsobjekten sowie eine Skizzierung der in der Diskurswelt wesentlichen Abläufe. Die Forderung nach der Darstellbarkeit von Abläufen beim konzeptuellen Entwurf ist vor allem im Zuge der Popularität des objektorientierten Datenmodells laut geworden. Modelle, die Abläufe darstellen können, werden wir im folgenden Kapitel betrachten.

15.5 Literatur

Der „klassische" Übersichtsartikel zum Bereich semantischer Datenmodelle ist [HK87]. Vossen demonstriert in seinem Lehrbuch [Vos94] die Möglichkeiten semantischer Modelle anhand eines Generischen Semantischen Modells (GSM). Eine Beschreibung von KL–ONE findet der Leser in [BS85], und eine Anwendung der KL–ONE–Konzepte zum Entwurf eines größeren Anwendungssystems (für die Bearbeitung von Bildfolgen) in [Wal89]. Aufmerksamkeit hat auch das semantische Datenmodell SDM gewonnen, das in [HM78] und [HM81] vorgestellt wird.

16. Objektorientierter Entwurf

16.1 Charakterisierung

Relationentheorie, Entity–Relationship–Modellierung und semantische Netze beschäftigen sich ausschließlich mit strukturellen Merkmalen, nicht aber mit Verhaltensfragen, die sich in Operatoren oder gar in Ereignisabfolgen widerspiegeln könnten. Gerade aber die letzteren interessieren durchaus auch in Zusammenhang mit dem Datenbankentwurf, und dies aus mehreren Gründen.

Zwischen Datenstrukturen und den sie verarbeitenden Algorithmen bestehen enge Zusammenhänge. Im Algorithmenentwurf etwa sollte man beide gemeinsam konstruieren. Zwar liegt dem Datenbankeinsatz als Gedanke die Trennung zwischen Daten und den angesichts deren Langlebigkeit nie vollständig vorhersehbaren Anwendungsprogrammen zugrunde. Doch versucht man auch hier aus Gründen der Natürlichkeit der Datennutzung und der Leistungsoptimierung, Vorhersagen über die Anwendungen und die Abfolge der Programmaufrufe zu machen.

Während das Ergebnis einer derartigen Untersuchung bei rein strukturellen Datenmodellen wie dem relationalen, NF^2– oder Netzwerkmodell letztlich die Menge der Sortenregeln und eventuell die Konsistenzbedingungen bestimmt, kommt bei objektorientierten Modellen auch noch die Festlegung von Operatoren, die sich von vielen Anwendungen gemeinsam nutzen lassen, und deren Bindung an wohlunterscheidbare Objekttypen hinzu.

Objektorientierter konzeptueller Entwurf ist eine Methode, die Strukturierung und Nutzung der Daten gleichermaßen verfolgt. Sie widmet sich ganz allgemein der Analyse („Objektorientierte Analyse“, OOA) und der Planung („Objektorientierter Entwurf“, OOD) ganzer Informationssysteme. Der Datenbankentwurf paßt zweifelsohne in diesen Rahmen. Trotz der Ähnlichkeit der Bezeichnungen ist aber die Methode keinesfalls auf den Entwurf objektorientierter Datenbasisschemata spezialisiert. Daß jedoch ein derartiger Entwurf von dieser Methode besonders profitieren kann, erscheint naheliegend.

Der objektorientierte konzeptuelle Entwurf zerfällt in drei üblicherweise nacheinander ausgeführte Phasen, über die natürlich iteriert werden kann:

- *Strukturelle Modellierung*: Genaue Beschreibung aller für eine Anwendung relevanten Eigenschaften des die Anwendung betreffenden Umweltausschnitts.
- *Dynamikmodellierung*: Beschreibung der Objektzustände und der auf sie einwirkenden Ereignisse, die bei Vorliegen von Voraussetzungen eintreten und mit einer Aktivität verbunden sind.
- *Funktionsmodellierung*: Beschreibung der Aktivitäten als (eventuell zeitbehaftete) Ausführung von Operatoren.

In der neueren Literatur findet sich eine Reihe objektorientierter Analyse- und Entwurfsmethoden, die jedoch allesamt viele Ähnlichkeiten aufweisen. Wir lehnen uns im folgenden zunächst an die OMT-Methodik („Object Modelling Technique") von Rumbaugh et.al. an. Anschließend untersuchen wir den sprachlichen Ansatz TROLL. Als Beispiel dient uns in beiden Fällen die Lagerverwaltung, da in den beiden anderen Beispielwelten dynamische Aspekte eine untergeordnete Rolle spielen.

16.2 Modellierung mit OMT

16.2.1 Strukturelle Modellierung

Die Gegenstände des E-R-Modells oder die Konzepte aus KL-ONE kommen dem Objektbegriff aus Kapitel 8 schon recht nahe. Im Vergleich zu objektorientierten Modellen fehlen diesen Modellen noch Operatoren, dafür besitzen sie zusätzlich explizite Beziehungen. Es erscheint daher naheliegend, als Ausgangspunkt einer objektorientierten konzeptuellen Modellierung für die strukturelle Modellierung die wesentlichen Elemente aus den vorgenannten Ansätzen zu übernehmen. Genau dies geschieht in OMT. Zwar wird dort teilweise eine etwas veränderte graphische Darstellung gewählt. Die Modellierungskonzepte sind jedoch weitgehend bekannt, so daß ein kurzer Überblick genügen sollte.

Klassen. An die Stelle des Gegenstandstyps oder des generischen Konzepts tritt in OMT der Begriff der *Klasse*. Die Klassen mit ihren Attributen und Operatoren bilden die grundlegenden Elemente im strukturellen Modell. Im Diagramm werden zumindest die wichtigsten Attribute und Operatoren der Klassen explizit genannt. Dadurch kann in das graphische Modell schon sehr viel Information gepackt werden, was die Übersicht erleichtert.

Die Attribute können mit den zugehörigen Domänen und die Operatoren mit ihrer Signatur angegeben werden. Davon sollte jedoch im Diagramm nur sehr sparsamer Gebrauch gemacht werden, da sonst das Diagramm leicht überladen wird.

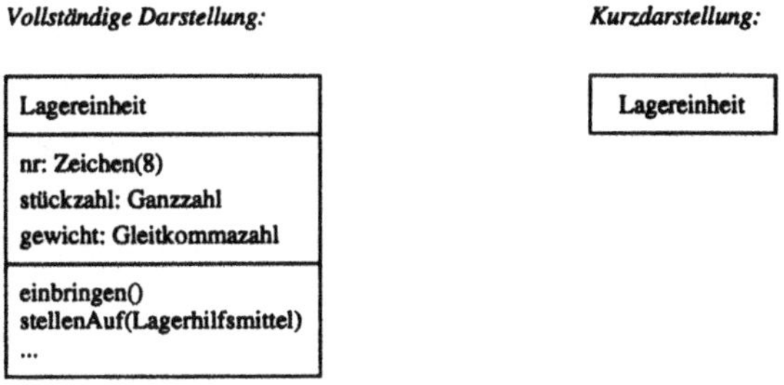

Bild 16.1. Graphische OMT–Repräsentation einer Klasse

Graphische Notation: In der graphischen Repräsentation (siehe Bild 16.1) werden Klassen als Rechtecke dargestellt, die in drei Teile unterteilt sind. Im obersten Teil steht der Klassenname, im darunterliegenden Teil stehen die Attribute, eventuell mit Angaben zur Domäne, und ganz unten die Operatornamen, eventuell mit Signatur.

Beziehungstypen. Allgemeine Beziehungstypen ohne eine besonders ausgezeichnete Semantik heißen in OMT *Assoziationen*. Auf Klassenebene werden nur Beziehungstypen definiert, denen dann Beziehungen (in OMT: *Links*) als Ausprägung dieser Typen entsprechen.

Die Erfahrung zeigt, daß die meisten Beziehungstypen zweistellig sind, d.h., daß eine Beziehung auf Ausprägungsebene zwischen genau zwei Objekten besteht. Deswegen wird dieser Beziehungstyp besonders einfach durch eine Linie mit dem Beziehungsnamen repräsentiert.

Notation: Beziehungsdarstellungen können mit Kardinalitäten versehen werden, wobei Darstellungen der Form $\langle min, max \rangle$ an jedem Ende einer Beziehung verwendet werden. Alternativ dazu existiert eine Schreibweise, die Symbole an das Ende der Beziehungslinien setzt. Diese Symbolik ist in Bild 16.2 erklärt.

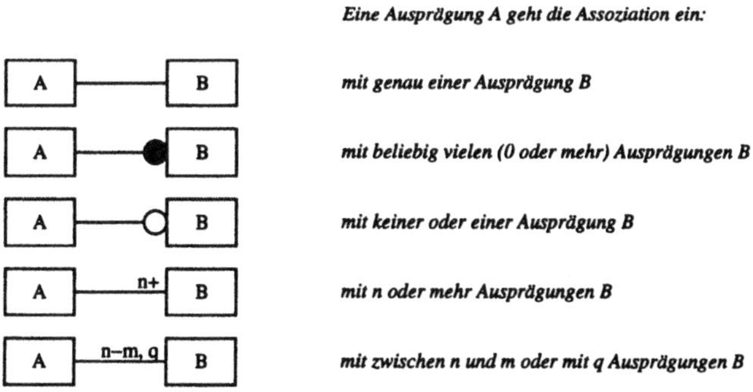

Bild 16.2. Kardinalitäten von Assoziationen

Bemerkung: Man beachte, daß die Kardinalitäten, verglichen mit den Konventionen aus dem E–R-Modell, auf der jeweils „anderen Seite“ notiert werden.

Beispiel: Bild 16.3 zeigt ein konkretes Beispiel anhand der Assoziation VerpacktIn. Lagereinheiten verpacken stets Artikel einer Art, während Artikel der gleichen Art in unterschiedlichen Lagereinheiten untergebracht sein können.

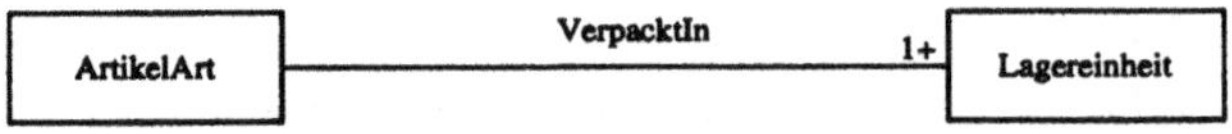

Bild 16.3. Assoziation VerpacktIn

Ein anderes Beispiel — die wohlbekannte Verträglichkeitsbeziehung zwischen Artikelarten und Lagerorten — wird in Bild 16.4 gezeigt.

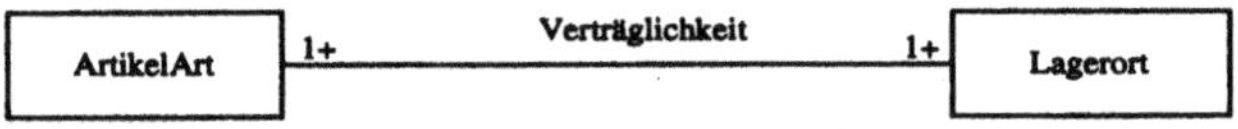

Bild 16.4. Assoziation Verträglichkeit

Höherstellige Assoziationen: Manche Sachverhalte lassen sich nur mit höherstelligen Beziehungen erfassen. Dann reichen einfache Linienverbindungen nicht aus. Stattdessen verwendet man Rauten, die die Assoziationen repräsentieren und mit dem Assoziationsnamen gekennzeichnet sind. Die Raute wird mit allen beteiligten Klassen verbunden und entsprechend der Konventionen aus Bild 16.2 mit Kardinalitäten versehen.

Beispiel: Nehmen wir an, Verträglichkeiten zwischen Artikelarten und Lagerorten wären gegenüber Bild 16.4 zusätzlich von der jeweiligen Lagereinheitart abhängig. Dann ergäbe sich eine dreistellige Assoziation, wie Bild 16.5 zeigt. In diesem Beispiel haben wir die Assoziation zudem attributiert; das Bild zeigt die entsprechende graphische Veranschaulichung.

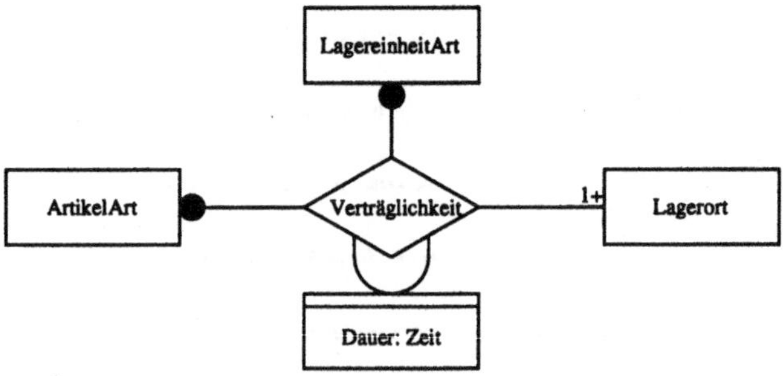

Bild 16.5. Verträglichkeit als dreistellige attributierte Assoziation

Einer Erläuterung bedarf vielleicht noch die Wahl der Kardinalitäten bei höherstelligen Beziehungen. Um hier die Kardinalität für eine beteiligte Klasse *c* zu ermitteln, stelle man sich eine Kombination von Ausprägungen der restlichen an der Assoziation beteiligten Klassen vor und überlege, auf wie viele Ausprägungen von *c* sich diese Kombination bezieht. Sei *c* beispielsweise Lagerort. Dann besagt Bild 16.5 daß jede Kombination aus ArtikelArt und LagereinheitArt mit mindestens einem Lagerort verträglich sein muß.

Rollennamen: Falls Beziehungen nicht so benannt werden können, daß die Rollen der beteiligten Klassen natürlich daraus hervorgehen, kann man die objektseitigen Teile von Beziehungslinien im Diagramm mit Rollennamen von Objekten bezeichnen. Rollen werden absolut notwendig für asymmetrische Beziehungen zwischen gleichen Klassen. Bild 16.6 zeigt ein Beispiel, in dem die Stapelbarkeit von Lagereinheiten gezeigt wird.

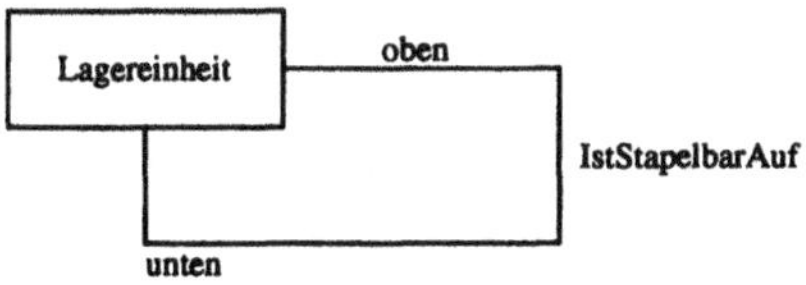

Bild 16.6. Assoziation IstStapelbarAuf mit Rollen

Aggregierung und Generalisierung. *Aggregierung*: OMT hebt die Ist–Bestandteil–von–Beziehung als Aggregierung besonders hervor. Sie wird als Beziehungstyp zwischen der Aggregatklasse und jeder einzelnen Komponentenklasse definiert. In der graphischen Darstellung wird die Sichtweise der Aggregation als speziellem Beziehungstyp ebenfalls deutlich gemacht, indem sie durch eine Linie mit einer Raute an der dem Aggregat zugewandten Seite dargestellt wird.

Beispiel: Bild 16.7 zeigt ein Beispiel, in dem ein Lagerhilfsmittel und die auf ihm stehenden Lagereinheiten begrifflich zu einer Transporteinheit zusammengefaßt werden. Das Beispiel nutzt die Tatsache aus, daß auch im Zusammenhang mit der Aggregierung Kardinalitäten verwendet werden können.

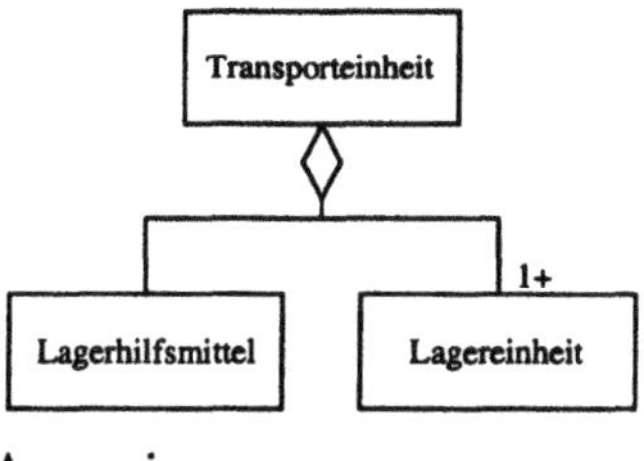

Bild 16.7. Beispiel einer Aggregierung

Generalisierung: Die Generalisierung führt auf eine Vererbungsbeziehung. Im Diagramm wird diese Beziehung durch ein Dreieck dargestellt, dessen Spitze mit der Oberklasse verbunden ist und dessen untere Seite Linienverbindungen zu den Unterklassen hat.

Beispiel: Bild 16.8 zeigt, daß Lagereinheiten, Lagerhilfsmittel und Lagerorte in allgemeinerer Form als Lagereinrichtungen dargestellt werden können.

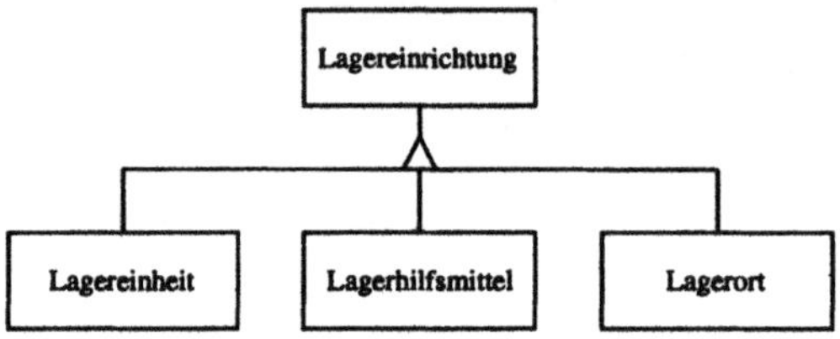

Bild 16.8. Beispiel einer Generalisierung

Im allgemeinen wird Disjunktheit der Unterklassen unterstellt. Dies gilt auch für das gerade genannte Beispiel. Sollen Überlappungen jedoch zugelassen werden, so wird das Dreieck schwarz ausgefüllt. Dieser Fall tritt insbesondere auf, wenn auf weiter unten liegenden Stufen mehrfache Vererbung zu beobachten ist.

Komplettes Beispiel. Bild 16.9 zeigt das vollständige Beispiel der Lagerverwaltungswelt, das die im vorigen Abschnitt eingeführten Teilmodellierungen berücksichtigt. Für die Verträglichkeiten halten wir uns dabei an die zweistellige Version aus Bild 16.4.

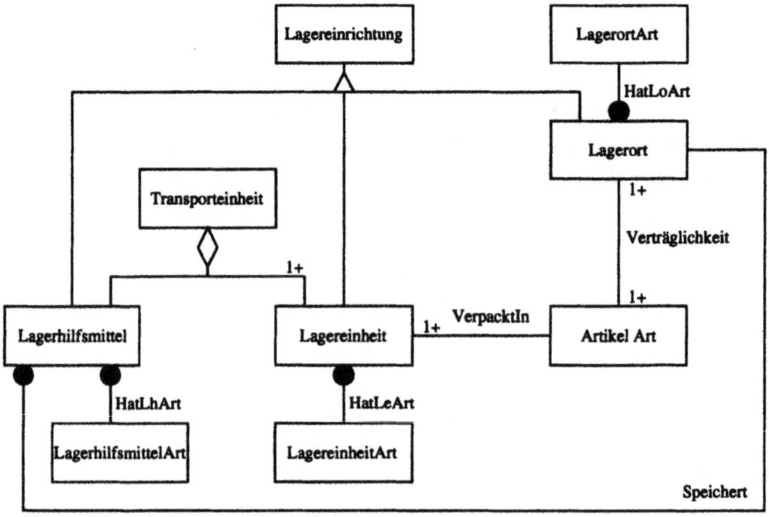

Bild 16.9. Vollständige OMT–Repräsentation der Lagerverwaltungswelt

16.2.2 Dynamikmodellierung

Grundkonzepte. Das Dynamikmodell beschreibt die zeitveränderlichen Aspekte eines Systems, also den Kontrollfluß zwischen den Objekten. Das Modell besteht aus *Zustandsübergangsdiagrammen*, in denen die zulässigen Zustände und die möglichen Übergänge einzelner Objekte beschrieben werden. Für jede Objektklasse gibt es ein Übergangsdiagramm, sofern das dynamische Verhalten der Ausprägungen nicht so trivial ist, daß auf die Modellierung verzichtet werden kann.

Weiterhin umfaßt das Modell *Ereignisszenarien*, die das Zusammenwirken mehrerer Objekte erfassen, indem sie die örtlichen und zeitlichen Aspekte des Ereignisaustauschs zwischen Objekten für exemplarische Abläufe beschreiben.

Zustände: Der Zustand eines Objekts ist die aktuelle Belegung seiner Charakteristiken (Attribute, Beziehungen) mit Merkmalsausprägungen. Da sich Zustandsübergangsdiagramme jedoch wieder mit ganzen Klassen beschäftigen, werden dort Zustände als Abstraktion zulässiger Attributwerte und Beziehungen eines Objekts behandelt. Den einzelnen Zuständen wird eine Zeitdauer unterstellt.

Beispiel: Für Lagereinheiten kann man die Zustände **beladen** (mit Artikeln), **abgestellt** (auf einem Lagerhilfsmittel) und **gespeichert** (an einem Lagerort) unterscheiden.

Ereignisse: Ein Ereignis ist ein Stimulus, der von einem Objekt auf ein anderes einwirkt. Ereignisse sind also unidirektionale Kommunikationsprimitive, die Informationen als Parameter übertragen können. Die Reaktion des Empfängers hängt vom Ereignis ab, sie kann dort Zustandsveränderungen auslösen und/oder zu neuen Ereignissen führen. Ereignisse können entsprechend ihrer Funktion und des Typs der übertragenen Information in Typen untergliedert werden. In Übergangsdiagrammen spricht man meist von Ereignissen, obwohl man eigentlich Ereignistypen meint. Sie gelten als zeitlich punktuelle Geschehnisse, haben also keine meßbare Dauer. Ereignisse können darüber hinaus Eigenschaften (Attribute) besitzen.

Beispiel: Eine Lagereinheit erreicht den Zustand **abgestellt** ausgehend von **beladen** dadurch, daß das Ereignis **abstellen(lhnr)** stattfindet. Dieses bedeutet die Aufforderung, die Lagereinheit auf dem Lagerhilfsmittel mit der Nummer lhnr abzustellen; lhnr ist insofern wesentliche Eigenschaft dieses Ereignisses. Hingegen ist das Ereignis **entnehmen**, das den Übergang der Lagereinheit in **beladen** ausgehend von **abgestellt** beschreibt, nicht attributiert; das Lagerhilfsmittel, von dem die Lagereinheit entnommen werden soll, ist ja nun bekannt.

Bedingte Zustandsübergänge: Zur feineren Beschreibung des Kontrollflusses können zusätzlich Bedingungen angegeben werden, die als Wächter bei Zustandsübergängen dienen, was bedeutet, daß diese Übergänge nur zustandekommen, falls die Bedingungen erfüllt sind.

Beispiel: Das Ereignis abstellen(lhnr) findet natürlich nur statt, wenn die bestehende Beladung des Lagerhilfsmittels eine zusätzliche Beladung mit der Lagereinheit noch zuläßt. Dies könnte durch die Bedingung Tragfähigkeit ok ausgedrückt werden.

Aktivität: Eine Aktivität ist eine mit einem Zustand assoziierte Ausführung eines Operators. Ihr wird eine zeitliche Ausdehnung unterstellt, die bei Eintritt in den Zustand beginnt und entweder von selbst oder durch Verlassen des Zustands terminiert.

Beispiel: Während des Verweilens im Zustand beladen ist das Ermitteln von Lagerhilfsmittel–Kandidaten eine geeignete Aktivität.

Aktion: Bei Aktionen handelt es sich um mit einem Ereignis assoziierte Operatorausführungen. Ihre Dauer ist daher aus Modellierungssicht nicht signifikant. Sie gelten also als zeitlich punktuelle Ermittlung eines Funktionsergebnisses (vom zeitlichen Aspekt der Berechnung wird abstrahiert).

Beispiel: Das Ereignis abstellen(lhnr) könnte von einer Aktion Lh–Statistik aktualisieren begleitet sein.

Zustandsübergangsdiagramme. Diese Diagramme integrieren die genannten Grundkonzepte in einer graphischen Darstellung, deren Nachdruck auf der Beschreibung sämtlicher möglichen Zustände von Ausprägungen einer Klasse mit sämtlichen möglichen Ereignissen und Übergängen liegt. Es beinhaltet also die erlaubten Veränderungen der Objektzustände im Modell und somit auch das ganze oder auch Teile des möglichen Verhaltens von Objekten einer Klasse. Die graphische Repräsentation ist sehr einfach:

- *Zustände* werden als Rechtecke mit abgerundeten Ecken dargestellt und mit einer Bezeichnung für den repräsentierten Zustand versehen. *Aktivitäten* werden innerhalb des zugehörigen Zustands durch das Schlüsselwort do: mit nachfolgendem Namen repräsentiert.
- *Übergänge* werden als Pfeile dargestellt und mit dem Namen des Ereignistyps beschriftet. Bei bedingten Übergängen folgt die *Bedingung*, in eckigen Klammern geschrieben. Eventuelle *Aktionen* werden ebenfalls an dieser Stelle notiert, zur Verdeutlichung nach einem Schrägstrich.

Beispiel: Bild 16.10 zeigt einen Zustandsübergang anhand der beiden Zustände beladen und abgestellt sowie des Ereignisses abstellen(lhnr).

Objekte mancher Klassen haben nur eine beschränkte Lebensdauer, d.h. sie werden erzeugt, durchlaufen Zustände und erreichen irgendeinen Zustand, den sie nicht mehr verlassen oder in dem sie zerstört werden. Die Erzeugung eines Objekts wird durch einen Übergang von einem ausgezeichneten *Initialzustand* dargestellt. Die Zustände, von denen aus keine weiteren Übergänge

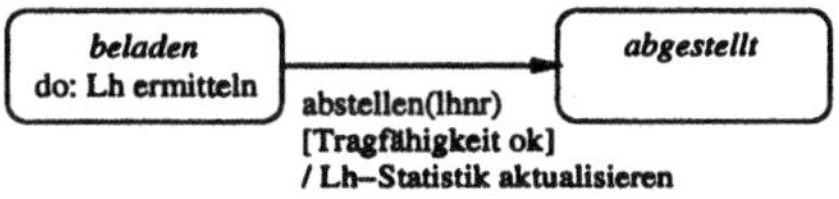

Bild 16.10. Zustandsübergang für die Klasse Lagereinheit

mehr möglich sind, werden ***Finalzustände*** genannt. Initialzustände werden als schwarze Kreise und Finalzustände als zwei konzentrische Kreise, von denen der innere schwarz ist, gezeichnet.

Bild 16.11 zeigt ein vollständiges Zustandsübergangsdiagramm für die Klasse Lagereinheit einschließlich Initial- und Endzustand. Auf die Darstellung von Aktivitäten, Bedingungen und Aktionen wurde jedoch verzichtet.

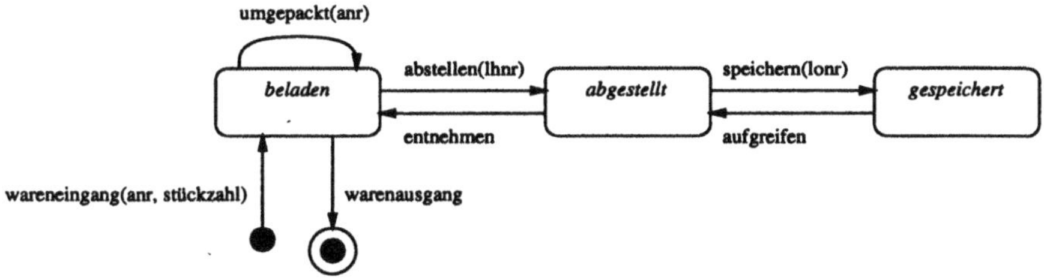

Bild 16.11. Vollständiges Zustandsübergangsdiagramm für die Klasse Lagereinheit

Ereignisszenarien. Die Beschreibung des Zusammenwirkens von Objekten für exemplarische Abläufe leisten Ereignisszenarien. Sie veranschaulichen die Kommunikationsstruktur und -abfolge zwischen den Objekten mit Hilfe von Ereignisdiagrammen.

Bild 16.12 zeigt ein Beispiel für ein Ereignisszenario, in dem eine Lagereinheit im Mittelpunkt steht. Die Lagereinheit wird nach Eingang von Artikeln einer Art auf einem Lagerhilfsmittel abgestellt und danach an einem Lagerort gespeichert. Anschließend wird beides rückgängig gemacht; die Artikel verlassen schließlich das Lager wieder. Wir haben für dieses Beispielszenario angenommen, daß während der entsprechenden Aktionen keine Fehler auftreten. Daher gibt es im Bild keine Ereignisse zur Behandlung von Ausnahmesituationen.

Es ist sinnvoll, die Dynamikmodellierung mit solchen Ereignisszenarien zu beginnen. Damit kann man sich einen Überblick über die Ereignisabfolgen in der Anwendung verschaffen und typische Anwendungsabläufe simulieren, aus denen man die beteiligten Ereignisse herausfiltern kann.

16.2.3 Funktionsmodellierung

Das Funktionsmodell legt zunächst ohne Berücksichtigung der zeitlichen Reihenfolge und der Objektstruktur fest, wie Werte berechnet werden. Es be-

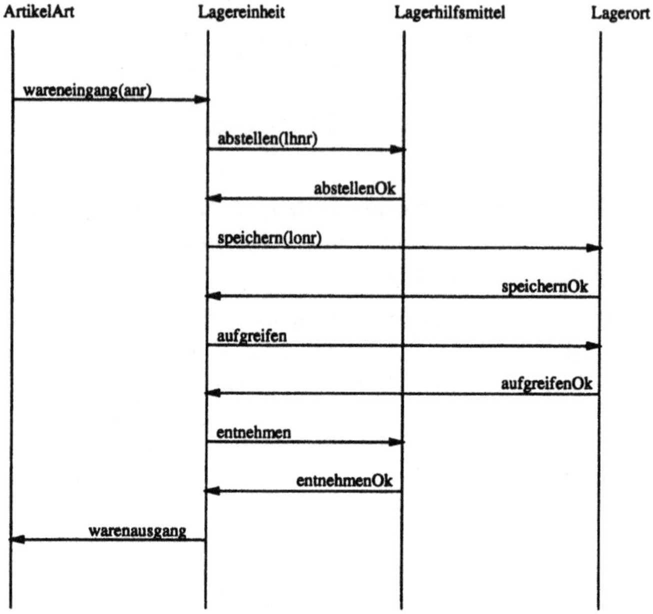

Bild 16.12. Ereignisszenario für das Übergangsdiagramm

dient sich dazu einer Menge von Datenflußdiagrammen. Diese beschreiben, wie extern vorgegebene Eingabewerte durch eine Menge von Prozessen in extern sichtbare Ausgabewerte transformiert werden. Dies geschieht nicht-prozedural: Das Funktionsmodell besagt also, „was" getan werden soll. Zum Vergleich: Das dynamische Modell bestimmt, „wie", d.h. in welcher Reihenfolge dazu die Prozesse ablaufen, und das strukturelle Modell legt fest, „wer" die Prozesse trägt, nämlich die Objekte.

Das Funktionsmodell basiert im Kern auf klassischen Datenflußdiagrammen. Es umfaßt die folgenden Konzepte.

Prozesse: Sie stellen die Einheiten der Datentransformation dar. Dargestellt werden sie als Ellipsen, die mit einer Beschreibung der Transformation — üblicherweise der Name — markiert sind. Jeder Prozeß hat eine feste Zahl einmündender und entspringender gerichteter Kanten. Jede Kante kann mit der Rolle markiert werden, die die über diese Kante fließenden Daten bei der Transformation einnehmen.

Bild 16.13. Prozeß in der funktionalen Modellierung

Beispiel: Bild 16.13 zeigt den Prozeß Ermittlung des Gewichts, der ausgehend von einer Stückzahl von Artikeln und deren Artikelnummer das Gewicht der Lieferung berechnet.

Datenspeicher: Ein Datenspeicher ist ein passives Element. Er reagiert ausschließlich auf Anforderungen zum Ablegen von und Zugreifen auf Daten. Damit wird im wesentlichen erreicht, daß auf Daten in einer anderen als der Erzeugungsreihenfolge zugegriffen werden kann.

Dargestellt wird ein Datenspeicher durch ein Paar paralleler Linien, zwischen denen der Name des Speichers erscheint. Entspringende Kanten deuten die Daten an, auf die zugegriffen wird, einmündende Kanten die abzulegenden Daten oder Operationen, die gespeicherte Daten abändern.

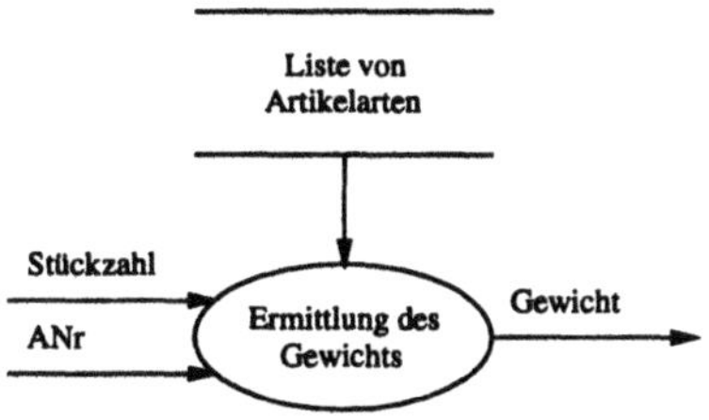

Bild 16.14. Datenspeicher in der funktionalen Modellierung

Beispiel: Die Ermittlung des Gewichts der Lieferung ist nur möglich, wenn für jede Artikelart das Einzelgewicht der Artikel bekannt ist. Es muß also auf die möglichen Artikelarten zugegriffen werden. Bild 16.14 zeigt, wie dies unter Zuhilfenahme des Datenspeichers Liste von Artikelarten in OMT ausgedrückt werden kann.

Aktoren: Ein Aktor ist ein aktives Element, das den Datenfluß antreibt, indem es Werte erzeugt oder verbraucht. Aktoren sind daher an den Rändern von Datenflußdiagrammen zu finden und entsprechen beispielsweise Benutzern oder Endgeräten. Gezeichnet werden sie in Form von Rechtecken.

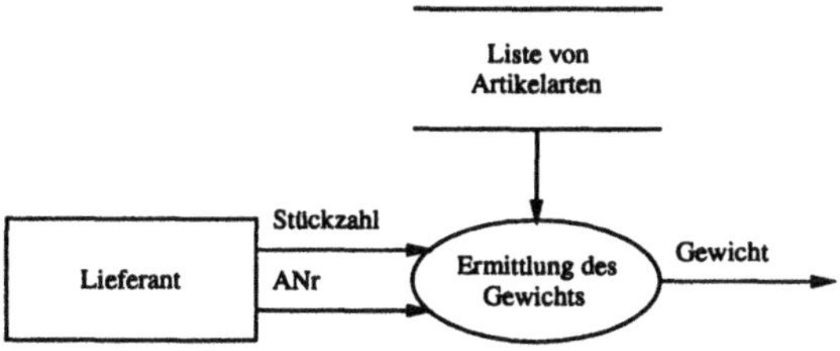

Bild 16.15. Aktoren in der funktionalen Modellierung

Beispiel: Lieferanten dienen in unserem Szenario als Aktoren, die ständig neue Werte erzeugen — nämlich Artikelnummern und Stückzahlen —, indem sie neue Waren anliefern. Bild 16.15 zeigt das um diesen Sachverhalt ergänzte Szenario.

Datenflüsse: Sie repräsentieren die Datenwerte, die zwischen den zuvor aufgezählten Modellierungseinheiten (Prozesse, Aktoren und Datenspeicher) ausgetauscht werden. Eine Änderung der Werte erfolgt während dieser Bewegung nicht.

Ein Datenfluß wird als gerichtete Kante vom Erzeuger zum Verbraucher dargestellt. Sie wird üblicherweise mit dem Namen oder dem Typ der Daten markiert. Derselbe Wert kann an mehrere Verbraucher gehen; dann verzweigt sich die Kante, ohne daß die entstehenden Kanten nochmals markiert würden. Ein Wert kann sich auf mehrere Komponenten aufteilen, die zudem an verschiedene Verbraucher gehen können. Dies wird graphisch ebenfalls durch eine Verzweigung erfaßt, in der nun aber die entstehenden Kanten getrennt markiert sind. Umgekehrt ist auch eine Zusammenführung mehrerer Komponenten zu einem aggregierten Wert möglich. Bild 16.16 zeigt die drei Fälle.

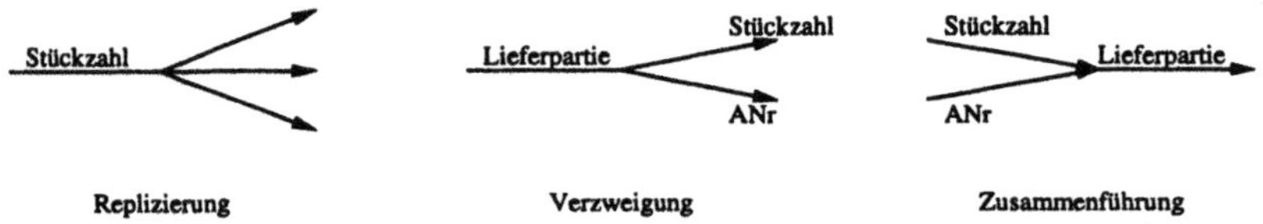

Bild 16.16. Replizierung, Verzweigung und Zusammenführung in Datenflüssen

Beispiel: Bild 16.17 gibt ein vollständiges Beispiel eines Datenflußdiagramms. Dort finden auch die gerade eingeführten Konstrukte und Darstellungsformen Verwendung.

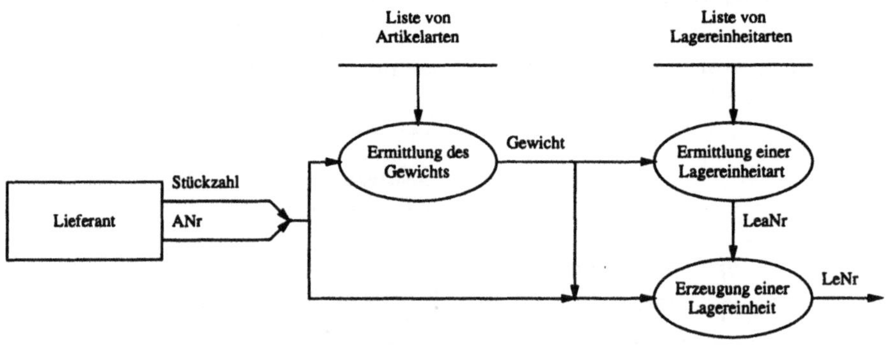

Bild 16.17. Detailliertes Datenflußdiagramm zur Lagereinheit–Ermittlung

Abstraktion und Verfeinerung: Wie in Datenflußdiagrammen üblich, läßt das Funktionsmodell eine mehrstufige Vorgehensweise zu, bei der Prozesse in

Oberdiagrammen zusammengefaßt bzw. in Unterdiagrammen verfeinert werden können.

Beispiel: Bild 16.17 zeigt sehr detailliert, wie zu einer Artikellieferung eine passende Lagereinheit ermittelt wird. Hierbei sind drei Prozesse beteiligt. Ein an den Einzelheiten nicht interessierter Betrachter faßt den Gesamtvorgang möglicherweise abstrakter auf und wünscht diesen mit einem einzigen Prozeß zu modellieren. Dann zeigt Bild 16.18 ein hierzu passendes Datenflußdiagramm.

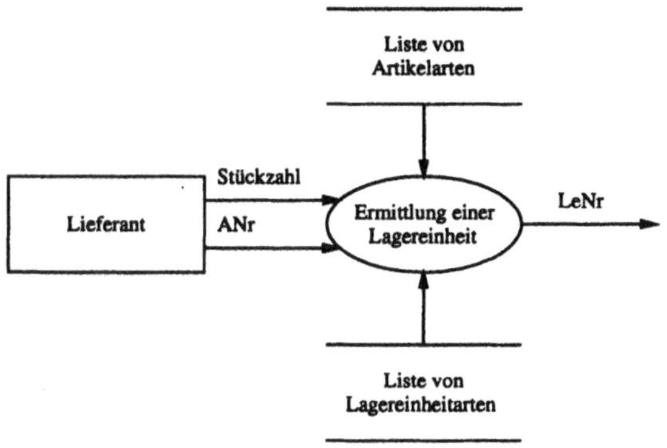

Bild 16.18. Abstraktes Datenflußdiagramm zur Lagereinheit–Ermittlung

16.2.4 Beziehungen zwischen den Teilmodellen

Die drei Arten der Modellierung sind letzten Endes nur sinnvoll, wenn sie sich gegenseitig beeinflussen und eine Iteration steuern, die so lange anhält, bis ein abgestimmtes Ergebnis erreicht ist und insbesondere das für den Datenbankentwurf allein bedeutsame strukturelle Modell abgesichert ist. Eine gegenseitige Beeinflussung liegt natürlich nur dann vor, wenn man Regeln zu formulieren vermag, die bestimmte Zusammenhänge zwischen den Modellen fordern. Wir geben im folgenden einige dieser Regeln an.

Strukturelles Modell und Dynamikmodell. Das strukturelle Modell und das Dynamikmodell ergänzen sich zu einer weitgehend vollständigen Beschreibung der Klassenebene. Folgende Bedingungen sollten zwischen ihren Elementen gelten:

- Nach Vervollständigung des Dynamikmodells sollte es für jede Klasse im strukturellen Modell ein Zustandsübergangsdiagramm geben. Triviale Zustandsübergangsdiagramme (z.B. von reinen Datenservern) können auch weggelassen werden.

- Zustände sind Abstraktionen von bestimmten Attributbelegungen. Zustandsdefinitionen sollten deswegen über solche Attribute definiert sein.
- Aktionen und Aktivitäten entsprechen Operatoren der Klassendefinitionen.
- Ein Ereignis ist ein Aufruf eines Operators oder die Rückgabe des Ergebnisses nach Ausführung eines Operators. Entsprechend dem vorher Gesagten kann ein Ereignis, insbesondere bei Verzweigungen, der Eintritt in einen funktionalen Teil eines Operators oder ein Verlassen eines Programmteils sein.

Strukturelles Modell und Funktionsmodell. Ziel ist es, Prozesse in den Datenflußdiagrammen mit Operatoren von Objekten zu identifizieren. Für jeden Operator im Funktionsmodell ist zu entscheiden, welcher der Eingabendatenflüsse das Objekt für diesen Operator bestimmt. Die restlichen Datenflüsse stellen dann die Parameter des Operators.

Folgende Regeln sollten noch beachtet werden:

- Datenspeicher sollten als Attribute oder Attributmengen in den Klassendefinitionen auftauchen, da sie wichtige (eventuell persistent gespeicherte) Daten halten.
- Sämtliche Operatoren, die ein Operator selbst benutzt, sollten in seinem Datenflußdiagramm auftauchen.
- Operatoraufrufe innerhalb eines Operators werden als Datenflüsse der Aufrufparameter modelliert. Rückgabewerte eines Operators fließen an die nächste funktionale Einheit oder in einen Datenspeicher.

Funktions– und Dynamikmodell. Das Funktions– und das Dynamikmodell ergänzen sich zu einer vollständigen konzeptuellen Beschreibung der Operatoren:

- Aktivitäten und Aktionen tauchen als Prozesse im Funktionsmodell auf.
- Bei sequentiellem Fortschreiten der Verarbeitung sollte jedem beteiligten Prozeß ein Zustand zugeordnet sein, der dem Stand der Verarbeitung entspricht.
- Ereignisse können als Datenflüsse zwischen Operatoren auftauchen.

16.3 Sprachliche Entwurfsansätze

Eigentlich läge es nahe, ähnlich dem Vorgehen aus Kapitel 13 auch für den objektorientierten Entwurf von einem vorhandenen logischen — hier objektorientierten — Datenmodell wie dem aus Kapitel 8 auszugehen. Durch Anreicherung des Modells um dynamische und funktionale Modellierungskonstrukte müßte sich dann aus diesem Modell ein vollwertiges semantisches Modell gewinnen lassen. Der Vorteil läge wieder darin, daß damit eine automatische Übersetzung erleichtert würde.

Die Unterschiede in der Zielrichtung müssen sich freilich in den sprachlichen Regelungen niederschlagen. Das Datenmodell hat letztlich die Manipulation der Datenbasis zum Gegenstand, daher spielen dort Implementierungsgesichtspunkte eine Rolle. Das semantische Modell führt dagegen auf eine Spezifikation, daher werden wir hier eher auf abstrakte Verhaltensbeschreibungen stoßen. Beide decken sich jedoch in der Notwendigkeit des Typbegriffs.

Wir illustrieren den sprachlichen Ansatz anhand von Konstrukten, die der Entwurfssprache TROLL entlehnt sind. Bei der Notation orientieren wir uns jedoch zum Teil an Kapitel 8.

16.3.1 Objektbeschreibungen

Die Spezifikation eines Objekttyps erfordert ein Eingehen auf die folgenden Punkte:

- Der Namensraum für die Objektbezeichner, über die jeweils auf ein Objekt zugegriffen werden kann.
- Die Struktur des Objekts, wobei ähnlich wie in Abschnitt 16.2 von einer Tupelstruktur ausgegangen wird.
- Die erlaubten Ausprägungen der beobachteten Attributentwicklungen durch Angabe von Konsistenzbedingungen.
- Die Schnittstelle des Objekts. Da sich Objekte passiv verhalten, also ausschließlich auf das Eintreffen einer Nachricht von außen reagieren, kann jedes solche Eintreffen als ein Ereignis gedeutet werden. Die Signatur eines Operators entspricht damit einem parametrisierten Ereignistyp.
- Der Effekt der Ereignisse auf die beobachteten Attribute. Diese Beschreibung ebenso wie die Vorgabe von Konsistenzbedingungen zwingt also zur Offenlegung der Attribute, selbst wenn diese auf der logischen Ebene verdeckt bleiben.
- Die erlaubten Lebensläufe des Objekts (der Objekt-„Prozeß"). Dies geschieht mittels zweier Formalismen:
  - Sicherheitsbedingungen beschränken das mögliche Eintreten von Ereignissen durch Angabe von zwingenden Vorbedingungen.
  - Verpflichtungen geben in Form von Ereignissen Ziele an, die von einem Objekt langfristig erfüllt werden müssen.

Die sprachliche Formulierung dieser Eigenschaften hat dann das folgende Aussehen:

object type *Typ-Name*
  identification *Namensraumfestlegung*;
  template
    attributes *Attributnamen und -domänen*;
    events *Ereignisnamen und -parameter*;
    constraints *Konsistenzbedingungen*;
    valuation *Attributänderungen durch Ereignisse*;
    behavior *Prozeßspezifikation*;
end object type *Typ-Name*;

Die einzelnen Klauseln besitzen hierbei folgende Bedeutung: **attributes** legt die Struktur der Ausprägungen des Objekttyps fest. Es wird von einer Tupelstruktur ausgegangen, so daß die Festlegung in Form von Attributen und zugeordneten Domänen erfolgt. Ebenfalls zur Struktur zählen die unter **identification** genannten Attribute, die der Objektidentifikation dienen. **events** gibt die Operatorsignaturen vor, **valuation** den Effekt der Operatoranwendungen. Die erlaubten Attributentwicklungen werden unter **constraints** niedergelegt, die erlaubten Lebensläufe des Objekts unter **behavior**.

Offensichtlich erfassen **identification**, **attributes** und **constraints** die strukturellen Aspekte, **events** und **valuation** die funktionalen Eigenschaften, und **behavior** die Objektdynamik.

16.3.2 Struktur- und Funktionsbeschreibung

Wir illustrieren die Modellierung für unser Lagerverwaltungsbeispiel am Objekttyp Lagereinheit. Dabei geben wir folgende Objektbeschreibung vor:

```
object type Lagereinheit
  identification
    LeNr: string;
  template
    attributes
      LeaNr: |Lagereinheitart|;
      ANr: |ArtikelArt|;
      Stückzahl: Ganzzahl;
      Gewicht: Gleitkommazahl;
      LhNr: |Lagerhilfsmittel|;
    events
      birth wareneingang(|ArtikelArt|, Ganzzahl);
      death warenausgang;
      abstellen(|Lagerhilfsmittel|);
      entnehmen;
      speichern(|Lagerort|);
      aufgreifen;
    valuation
      variables
        a: |ArtikelArt|, s: Ganzzahl, lh: |Lagerhilfsmittel|;
      [ wareneingang(a, s) ] ANr = a;
      [ wareneingang(a, s) ] Stückzahl = s;
```

```
    [ abstellen(lh) ] LhNr = lh;
end object type Lagereinheit;
```

Dieser Modellierung können wir folgende Besonderheiten von TROLL entnehmen:

- Für jeden Objekttyp t wird mit $|t|$ der Namensraum bezeichnet, dessen Werte Objekte des Typs t identifizieren.

  Für Objekte des Typs LagereinheitArt bezeichnet |LagereinheitArt| demnach den Namensraum.
- Für die Ereignisse werden nur Name und Typ festgelegt; es handelt sich also um eine Deklaration. Hinzu kommen bei Bedarf die Angaben, ob ein Ereignis ein neues Objekt erzeugt (**birth**) bzw. zerstört (**death**).

  Ereignisse von Objekten des Typs Lagereinheit sind wareneingang, warenausgang, abstellen und entnehmen (vergleiche hierzu Bild 16.11).
- Die Funktionsbeschreibung gibt den Effekt der Ereignisse auf die Attribute in Form von Auswertungsregeln nach dem Schlüsselwort **valuation** wieder. Sie bieten einen auf das explizite Setzen von Attributwerten beschränkten Mechanismus zur Spezifikation von Nachbedingungen für Ereignisse an.

  Direkt setzbare Attribute für das Ereignis wareneingang sind beispielsweise Artikelnummer und Stückzahl, da diese unmittelbar in der Lagereinheit vermerkt werden. Auch abstellen setzt ein Attribut. Die Ereignisse speichern und aufgreifen hingegen wirken nur indirekt auf die Lagereinheit selbst und bewirken eigentlich eine Verbringung des Lagerhilfsmittels, auf dem die Einheit steht. Insofern sind keine Attribute von Lagereinheit betroffen.

Auszugsweise folgen noch einige weitere Objekttypen, anhand derer wir weitere Klauseln der Objekttyp–Definition studieren können:

```
object type LagereinheitArt
  identification
    LeaNr: string;
  template
    attributes
      LeaName: String;
      Länge: Gleitkommazahl;
      Breite: Gleitkommazahl;
      Höhe: Gleitkommazahl;
      MaxGewicht: Gleitkommazahl;
    constraints
      Höhe < Länge + Breite;
  ...
end object type LagereinheitArt;
```

Diese Beschreibung der Lagereinheitarten enthält insbesondere eine Beschränkung der zulässigen Höhen, um die Stabilität der Lagereinheit sicherzustellen.

```
object type Lagerhilfsmittel
  identification
    LhNr: String;
  template
    attributes
      LhaNr: |LagerhilfsmittelArt|;
      Inhalt: { |Lagereinheit| };
      Gewicht: Fließkommazahl;
      LoNr: |LagerOrt|;
    events
      birth beschaffen(|lagerhilfsmittelArt|);
      death abstoßen;
      abstellen(|Lagereinheit|);
      entnehmen(|Lagereinheit|);
      speichern(|Lagerort|);
      aufgreifen;
    ...
end object type Lagerhilfsmittel;
```

Vergleicht man die Ereignisse mit den bei **Lagereinheit** definierten, so fällt folgendes auf:

- Die Ereignisse **abstellen** und **entnehmen** korrespondieren mit den gleichnamigen Ereignissen für Lagereinheiten. Wird eine Lagereinheit auf einem Hilfsmittel abgestellt, so sind von diesem Ereignis beide Gegenstände betroffen. Demgemäß ist der Sachverhalt korrekt modelliert.
- Auch **speichern** hatten wir als Ereignis bereits bei Lagereinheiten kennengelernt. Eine Lagereinheit an einem Lagerort abstellen bedeutete aber schon dort nichts anderes, als das Lagerhilfsmittel an den entsprechenden Ort zu bringen. Insofern handelt es sich um dieselben Ereignisse. Vergleichbares gilt für **aufgreifen**.

16.3.3 Dynamikbeschreibung

Ereigniszusammenhänge. Beziehungen zwischen Objekten sind stets dynamischer Natur. Sie müssen also auf Ereignisse zurückgeführt werden. Da Ereignisse jedoch lokal zu den Objekten sind, lassen sich die Beziehungen nur durch Ereigniszusammenhänge beschreiben. Die Vereinbarung derartiger Zusammenhänge wird durch das Schlüsselwort **interaction** eingeleitet.

Eine asymmetrische Kommunikation wird durch das Konzept des Ereignisaufrufs erfaßt. Dabei ruft ein Ereignis andere Ereignisse auf; falls es mehrere sind, werden diese konzeptionell synchron ausgeführt. Der Aufruf eines Ereignisses **Ereignis2** eines Objekts aus einem anderen Ereignis **Ereignis1** heraus wird formuliert durch

```
interaction
  Ereignis1 ≫ Ereignis2;
```

Diese Formulierung hängt mit dem Abstraktionsgrad der Spezifikation zusammen: Da über die Art oder Dauer der Ereignisausführung nichts bekannt ist, wird nur beobachtet, daß **Ereignis1** ein zweites Ereignis **Ereignis2** auslöst.

Wenn Ereignisse in verschiedenen Objekten stets synchron auszuführen sind, kann man dies eleganter dadurch erfassen, daß man die in diesen Objekten auftretenden Ereignisse als identisch erklärt (gemeinsame Ereignisse), formuliert bei zwei Ereignissen **Ereignis1** und **Ereignis2** durch

```
interaction
  Ereignis1 ≡ Ereignis2;
```

Beide Vereinbarungen lassen sich mit einer zusätzlichen Bedingung — einer Formel einer temporalen Logik — versehen:

```
interaction
  { Bedingung } ⇒ Ereignis1 ≡ Ereignis2;
  { Bedingung } ⇒ Ereignis3 ≫ Ereignis4;
```

Im vorigen Abschnitt haben wir Beispiele für Ereignisse kennengelernt, die Beziehungen zueinander entnehmen. Es sollte nicht schwerfallen, dies nun zu beschreiben:

```
variables
  le: |Lagereinheit|, lh: |Lagerhilfsmittel|, lo: |Lagerort|;
interaction
  le.abstellen(lh) ≡ lh.abstellen(le);
  le.entnehmen ≡ lh.entnehmen(le);
  le.speichern(lo) ≡ lh.speichern(lo);
  le.aufgreifen ≡ lh.aufgreifen;
  le.entnehmen ≫ le.warenausgang;
```

Die letzte Beziehung besagt, daß das Entnehmen einer Lagereinheit aus dem Lagerhilfsmittel zum Ausliefern der darin gelagerten Artikel („Warenausgang“) führt. Umpacken haben wir für dieses Beispiel also ausgeschlossen.

Prozeßbeschreibung. Wir müssen nun noch die Objekttypen um ihre Prozeßbeschreibung ergänzen. Eingeleitet wird sie durch das Schlüsselwort **behavior**. Es beginnt mit *Sicherheitsbedingungen* für das Eintreten von Ereignissen (**permissions**). Es handelt sich dabei um notwendige Vorbedingungen für Ereignisse und entsprechende Anwendbarkeitsbedingungen. Sie beziehen sich auf die aktuellen Attributwerte vor dem Eintreten des Ereignisses oder den internen Zustand des Objekts gegeben durch die Folge der bisherigen Ereignisse (Historie als Bedingung). Als Kalkül zur Formulierung der Folge wird wie zuvor eine temporale Logik benutzt. Der zweite Anteil der Prozeßbeschreibung formuliert *Verpflichtungen* (**obligations**). Sie entsprechen Forderungen nach zukünftig eintretenden Ereignissen.

Illustrieren wollen wir die Prozeßbeschreibung am Objekttyp Lagerhilfsmittel, dessen Beschreibung in Abschnitt 16.3.2 wir entsprechend ergänzen:

```
object type Lagerhilfsmittel
  identification
    LhNr: String;
  template
    attributes
      LhaNr: |LagerhilfsmittelArt|;
      Inhalt: { |Lagereinheit| };
      Gewicht: Fließkommazahl;
      LoNr: |LagerOrt|;
    events
      birth beschaffen(|lagerhilfsmittelArt|);
      death abstoßen;
      abstellen(|Lagereinheit|);
      entnehmen(|Lagereinheit|);
      speichern(|Lagerort|);
      aufgreifen;
    valuation
      ...
    behavior
      permissions
        variables
          le: |Lagereinheit|, lo: |Lagerort|;
        { sometime(after(self.abstellen(le))) } self.speichern(lo);
        { sometime(after(self.aufgreifen)) } self.entnehmen(le);
      obligations
        variables
          le, le2: |Lagereinheit|;
        { always (empty(Inhalt) after self.entnehmen(le)) }
          ⇒ (self.abstellen(le2) ∨ self.abstoßen);
end object type Lagerhilfsmittel;
```

Auf die hier verwendete Temporallogik soll im Detail nicht eingegangen werden. Eine Idee vermittelt das Beispiel. Die erste Sicherheitsbedingung (Schlüsselwort **permissions**) besagt, daß ein Lagerhilfsmittel nur an einem Lagerort gespeichert werden kann, nachdem (Schlüsselwort **after**) irgendwann (Schlüsselwort **sometime**) zuvor eine Lagereinheit darauf abgestellt wurde. Die zweite Sicherheitsbedingung betrachtet den umgekehrten Vorgang: Einige Zeit nach dem Aufgreifen eines Lagerhilfsmittels aus einem Lagerort wird notwendigerweise eine Lagereinheit entnommen werden.

Die Verpflichtung (Schlüsselwort **obligations**) fordert, daß jedes Lagerhilfsmittel nach Entnahme der letzten darauf abgestellten Lagereinheit weiterhin zum Abstellen von Lagereinheiten genutzt oder aber abgestoßen, d.h. verkauft wird. Oder anders formuliert und näher an den Sprachmitteln der Spezifikation orientiert: Immer (Schlüsselwort **always**) wenn der Inhalt eines Lagerhilfsmittels nach (Schlüsselwort **after**) Entnahme einer Lagereinheit leer ist, muß eine (andere) Lagereinheit darauf abgestellt oder aber das Lagerhilfsmittel abgestoßen werden.

16.3.4 Vererbung

Vererbung ist uns in der Vergangenheit auf zweierlei Art begegnet. Zum einen gibt es die syntaktische Vererbung, die die Wiederverwendung von Schnittstellen und ausprogrammierten Operatoren zum Ziel hat. Schnittstellendefinitionen werden hierbei in der Regel unverändert übernommen, während bei Operatoren eine Neuimplementierung stattfinden kann. Typsicherheit orientierte sich dort am Variablenbegriff: Der dynamische Typ einer Variablen durfte in Grenzen vom statischen Typ abweichen. Besaß dagegen die Vererbung eine isa–Semantik, so konnte ein Objekt selbst seinen Typ ändern. Eine Typhierarchie hat dann zusätzlich die Bedeutung, daß ein Untertyp eine Teilmenge der aktuellen Ausprägungen des Obertyps als aktuelle Ausprägung besitzt. Wir bezeichnen dieses Konzept als semantische Vererbung.

Auf der Ebene der semantischen Modellierung sind wir bisher stets auf letztere Art der Vererbung gestoßen. Sie gestattet sogar noch eine weitere Differenzierung in Rolle und Spezialisierung.

Rolle: Ein Objekt eines Obertyps spielt eine speziellere Rolle in einem Untertyp, wenn es zeitweilig in diesem Untertyp enthalten ist und dort ein verfeinertes Verhalten zeigt oder eine erweiterte Schnittstelle aufweist. Die Vereinbarung von Objekten in einer zeitweiligen Rolle umfaßt dabei

- die Deklaration des Übergangs in die Rolle durch Angabe von Geburtsereignissen für die Rolle,
- eine optionale Erweiterung der Objektsignatur bei der Rollendefinition,
- optionale Einschränkungen des Verhaltens bei der Rollendefinition.

Beispiel: Wir greifen auf den Objekttyp Lagerhilfsmittel zurück. Der folgende Typ modelliert gespeicherte Lagerhilfsmittel in Form eines eigenen Typs GespeichertesLagerhilfsmittel, also solche, die sich an einem Lagerort befinden.

```
object type GespeichertesLagerhilfsmittel
  role of
    Lagerhilfsmittel;
  template
```

```
    attributes
      SpeicherDauer: Ganzzahl;
    events
      birth Lagerhilfsmittel.speichern(|Lagerort|);
      death Lagerhilfsmittel.aufgreifen;
      dauer;
end object type GespeichertesLagerhilfsmittel;
```

Lagerhilfsmittel gehen in die Rolle GespeichertesLagerhilfsmittel über, wenn das Ereignis speichern() eintritt. Die Rolle wird beim Eintreffen des Ereignisses aufgreifen wieder verlassen. Gespeicherte Lagerhilfsmittel wissen um die Dauer ihrer Speicherung; diese wird in einem eigenen Attribut gehalten und ist nach außen über das Ereignis dauer zugänglich. Auf die Angabe weiterer Details haben wir verzichtet.

Spezialisierung: Eine Spezialisierung wird definiert durch die Angabe eines Basistyps und einer Spezialisierungsbedingung, die eine von Zeitbedingungen unabhängige Formel über Attributen des Basistyps ist. Ein Objekt wird nicht durch das Eintreffen bestimmter Ereignisse zur Ausprägung eines spezielleren Typs, sondern durch die Erfüllung der Spezialisierungsbedingung. Wie für Rollen können bei spezialisierten Typen Erweiterungen des Basistyps in Form von weiteren Ereignissen, Sicherheitsbedingungen oder Verpflichtungen angegeben werden.

Beispiel: Schwer beladene Lagerhilfsmittel mögen eine Mindestbelastung von 300.00 kg besitzen. Lagerhilfsmittel mit dieser Eigenschaft wollen wir in Form eines Spezialisierungstyps charakterisieren. Dann sieht eine Minimaldefinition folgendermaßen aus:

```
object type SchwerBeladenesLagerhilfsmittel
  specializing
    from Lagerhilfsmittel
    where Gewicht ≥ 300.00;
  template
    ...
end object type SchwerBeladenesLagerhilfsmittel;
```

16.4 Grenzen des objektorientierten Entwurfs

Zur Darstellung der unterschiedlichen Ansätze haben wir in diesem Kapitel gleich zwei Vertreter des objektorientierten Entwurfs angesprochen. Weitere Ansätze existieren; und hierin liegt auch gleich ein Problem beim Einsatz in der Praxis. Bislang hat sich für den objektorientierten Entwurf weder ein Standard noch ein eindeutiger Favorit herauskristallisiert. Insbesondere die Erfassung der Dynamik eines Diskursbereiches fällt in den einzelnen Ansätzen recht unterschiedlich aus: OMT wählt in der graphischen Dynamik–

und Funktionsmodellierung einfache und graphisch anschaulich darstellbare Konzepte und nimmt dafür den Nachteil einer nicht zwingend konsistenten Kopplung der Teilmodelle in Kauf. TROLL erlaubt eine vollständigere Spezifikation, deren Konsistenz vom System kontrollierbar ist. Dafür muß der Anwender die Spezifikation aber in einer Sprache formulieren, deren Darstellung im Vergleich zu OMT unhandlich wirkt. Auch bei anderen Ansätzen kommen neben einigen Vor- jeweils Nachteile ins Spiel. Generell kann man feststellen, daß zunehmende Mächtigkeit — wie in der Objektorientierung etwa die Hinzunahme dynamischer Aspekte — mit einer Abnahme der Anschaulichkeit einher geht. Entsprechend schwer ist es, Empfehlungen darüber abzugeben, wann ein strukturelles Entwurfsmodell wie etwa das E-R-Modell ausreichend ist und wann man zu einem Modell aus dem objektorientierten Bereich übergehen sollte.

16.5 Literatur

In den letzten Jahren ist für den Bereich des objektorientierten Entwurfs eine Vielzahl an Veröffentlichungen erschienen. Bekannt sind [Boo91], [KR94] und [RBP+91]; letzteres Buch führt ausführlich in die in diesem Kapitel behandelte Modellierungsmethodik OMT ein. In [Teo94] wird unter anderem gezeigt, daß die wesentlichen OMT-Konstrukte zur strukturellen Modellierung bereits im E-R-Modell vorhanden sind. Eine große Auswahl der heute verbreitetsten (informellen) Methoden für den objektorientierten Entwurf enthält [Gra94] in einer ausführlichen Übersicht. [CY91a], [CY91b], [EKW92], [SM92], [Was89] und [WB90] beschreiben jeweils ihren spezifischen Entwurfsansatz. Eine neuere Methodik, in der die Modellierung von Tätigkeiten einen breiten Raum einnimmt, wird in [Kri94] vorgestellt. Das TROLL-System wird unter anderem in [Saa93] und [JHSS91] beschrieben.

17. Sichtenerstellung und Sichtenkonsolidierung

17.1 Schrittweiser Entwurf und Integration

Die logischen und semantischen Schemata, die wir in diesem Buch bisher kennengelernt haben, zeichnen sich eher durch Einfachheit als durch Praxisnähe aus. Hauptsächlicher Gesichtspunkt war Übersichtlichkeit, um an ihnen methodische Grundsätze illustrieren zu können. Gerade diese Einfachheit ist aber irreführend. In praktischen Anwendungen kann die Zahl der Gegenstandstypen (im E–R–Modell) oder der Objektklassen (im objektorientierten Entwurf) rasch bis in die Größenordnung von mehreren 100 kommen. Entsprechend wächst die Zahl der Beziehungstypen, Ereignisse, usw. Bei dieser Größenordnung geht dem Entwerfer rasch der Überblick verloren: Es fällt ihm schwer, Redundanzen und Widersprüche aufzuspüren und sicherzustellen, daß der Entwurf die zu erfassenden Sachverhalte überhaupt noch korrekt wiedergibt.

Dieses Problem der Beherrschung von Entwurfskomplexität ist nichts Neues. Man kennt es von allen Bereichen, in denen komplexe Artefakte entstehen — sei es bei der Softwareerstellung, beim VLSI–Entwurf oder im Mechanik–CAD. Der bewährten Vorgehensweise folgend wird auch dem konzeptuellen Entwurf wieder ein strukturiertes, phasenorientiertes Vorgehen zugrundegelegt, bei dem eine Aufteilung der Gesamtarbeit auf übersichtliche und damit leichter beherrschbare Aufgaben erfolgt. Diesem Vorgehen kommt zudem die Tatsache entgegen, daß in den seltensten Fällen ein Entwerfer allein das gesamte in den konzeptuellen Entwurf eingehende Sachwissen beherrscht. Eher wird unterstellt, daß an einer Gesamtanwendung unterschiedliche Anwendergruppen interessiert sind. Auf eine Datenbasis bezogen heißt das, daß unterschiedliche Benutzer innerhalb der gleichen Anwendung unterschiedliche Arten von Daten bearbeiten und dabei unterschiedlichen Arbeitsabläufen folgen.

Eine Aufteilung der Arbeit kann aber schlichtweg auch dadurch zustandekommen, daß Datenbankanwendungen — und damit semantische und logische Schemata — schon bestehen, bevor die Zusammenhänge zwischen ihnen so eng werden, daß man sie zusammenführen („integrieren“) will. Jetzt hat man es sogar mit dem Zusammenführen von Sichten zu tun, die unkoordiniert entstanden.

In Anlehnung an die in Kapitel 10 beschriebene Aufgabenstellung kann man daher auch sagen, daß jede Anwendergruppe eine ihr gemäße Sicht auf die Datenbasis besitzt, die sich in einem entsprechend eingeschränkten semantischen Schema niederschlägt. Für die nachfolgende Diskussion wird sich der Begriff *Sicht* auf dieses eingeschränkte Schema (und nicht wie in Kapitel 10 auf eine zugehörige Datenbasis) beziehen. Unterschiedliche Anwendergruppen entwerfen also ihre eigenen Sichten. Diese sind dann zu einem Gesamtschema zusammenzuführen (zu *konsolidieren*). Es lassen sich also zwei Hauptphasen unterscheiden.

Entwurf lokaler Sichten: Man identifiziert die unterschiedlichen Benutzergruppen, die auf die zu entwerfende Datenbasis zugreifen werden. Jede dieser Gruppen arbeitet auf einem dafür typischen Datenbestand als Ausschnitt der Diskurswelt mit ebenso typischen Abläufen. Für jede Benutzergruppe wird dementsprechend eine eigene Sicht erstellt, die diesen Anforderungen gerecht wird.

Sichtenkonsolidierung: In einem zweiten Schritt werden die unterschiedlichen Sichten zu einem konzeptuellen Schema zusammengefaßt. Da sich die modellierten Teilbereiche der einzelnen Sichten im allgemeinen überschneiden, ist eine Zusammenführung dabei nicht einfach durch Überlagerung der Relationen, Abhängigkeiten, Diagramme, usw. erreichbar. Beispielsweise müssen Gegenstands- und Beziehungstypen mit identischer oder gegebenenfalls auch ähnlicher Semantik zusammengefaßt werden. Generalisierungen und Aggregierungen werden eingesetzt, wenn eine Benutzergruppe mit Gegenstandstypen arbeitet, die Spezialfälle oder Teile von anderen Typen sind. Homonyme und Synonyme in bezug auf die Benennungen müssen bereinigt werden.

Der Entwurf der lokalen Sichten ist in all den geschilderten Fällen ähnlich und folgt den Regeln der vorangegangenen Kapitel. Wir werden auf diese Phase daher auch nur im Rahmen von Beispielen eingehen. Das Kapitel wird sich stattdessen schwerpunktmäßig mit der Phase der Sichtenkonsolidierung beschäftigen. Wir werden dabei davon abstrahieren, zu welchem Zeitpunkt Sichten zusammengeführt werden und wie sie ursprünglich entstanden.

Allerdings ist die Konsolidierung mit ganz besonderen Schwierigkeiten verbunden, wenn den zu konsolidierenden Sichten unterschiedliche semantische Modelle zugrundeliegen. Konsolidierung kann nämlich nur im Rahmen eines einzigen semantischen Modells erfolgen. Mit jeweils anderen Modellen beschriebene Sichten müßten dann unter Verwendung der Erkenntnisse aus Kapitel 10 zunächst in das für die Konsolidierung verwendete Modell transformiert werden. Für die nachfolgenden Betrachtungen unterstellen wir von vornherein Einheitlichkeit bezüglich des verwendeten semantischen Modells, unterstellen also, daß eventuell notwendige Transformationen bereits stattfanden.

17.2 Der Prozeß der Sichtenkonsolidierung

17.2.1 Konfliktursachen

Bei Verwendung eines einheitlichen semantischen Modells wäre die Sichtenkonsolidierung eine sehr einfache Aufgabe, wenn man sich darauf verlassen könnte, daß jeder Entwerfer in den beteiligten Anwendergruppen denselben Sachverhalt auch auf die gleiche Weise modellieren würde. Angesichts der Spielräume, die selbst ein so einfaches Datenmodell wie das E–R–Modell bietet, kann man dies jedoch nicht erwarten. Die Konsolidierung ist dann der Zeitpunkt, zu dem Abweichungen entdeckt werden können. Man spricht hierbei von einem (Modellierungs–)*Konflikt*. Dabei lassen sich unterschiedliche Arten von Konflikten unterscheiden.

Namenskonflikte: Derselbe Sachverhalt wird zwar in den beteiligten Sichten mit demselben Konstrukt behandelt (z.B. in allen Fällen als Attribut oder als Gegenstandstyp), aber mit unterschiedlichen Bezeichnern belegt („Synonyme"). Ebenso kann nicht ausgeschlossen werden, daß zwei nach derselben Strukturierungsregel modellierte, aber unterschiedliche Sachverhalte (z.B. zwei Attribute oder zwei Gegenstandstypen unterschiedlicher Bedeutung) in den zwei Sichten gleich benannt werden („Homonyme").

Merkmalskonflikte: Derselbe Sachverhalt wird in den Sichten unterschiedlich gewertet und deshalb mit unterschiedlich vielen oder einem nur teilweise überlappenden Satz an Merkmalen (z.B. Attributen eines Gegenstandstyps) belegt.

Strukturkonflikte: Ebenso kann in verschiedenen Sichten derselbe Sachverhalt unter Einsatz unterschiedlicher Strukturierungsregeln erfaßt werden. So ist etwa im E–R–Modell besonders häufig der Fall zu beobachten, daß eine Eigenschaft eines Gegenstandstyps in einer Sicht durch ein Attribut/Domänen–Paar erfaßt wird, in einer zweiten aber durch einen mit ihm verbundenen Beziehungstyp und einen zweiten Gegenstandstyp. In jeder lokalen Sicht mag vieles für die jeweils gewählte Lösung sprechen, trotzdem kann nur eine der beiden Lösungen in das Gesamtschema eingehen, wenn man dort Redundanzen vermeiden will.

Bedingungskonflikte: Konsistenzbedingungen spielen in vielen Datenmodellen eine wichtige ergänzende Rolle, so etwa funktionale und mehrwertige Abhängigkeiten, Schlüsseleigenschaften oder Kardinalitäten. Ein Bedingungskonflikt liegt vor, wenn sich in zwei Sichten Konsistenzbedingungen widersprechen, wenn also etwa im E–R–Modell die Rolle desselben Gegenstandstyps gegenüber demselben Beziehungstyp unterschiedliche Kardinalitäten aufweist oder im relationalen Modell der Zusammenhang zwischen zwei Attributen in der einen Sicht funktional bestimmt, in der anderen aber offengelassen wird.

Abstraktionskonflikte: Derselbe Sachverhalt kann in unterschiedlichen Sichten unterschiedlich detailliert modelliert sein. Im objektorientierten Entwurf ist etwa denkbar, daß in einer ersten Sicht eine Klasse als Bestandteil einer Generalisierung Unterklasse einer Oberklasse ist, weil in dieser Sicht noch eine zweite Unterklasse existiert. In einer zweiten Sicht mag die zweite Unterklasse aber gar nicht erscheinen und deshalb auch die Notwendigkeit der Oberklasse entfallen. Ein anderes Beispiel wäre (im E–R–Modell) ein Beziehungstyp zwischen zwei Gegenstandstypen einer ersten Sicht, der in einer zweiten Sicht zu zwei Beziehungstypen und einem zwischengeschalteten weiteren Gegenstandstyp verfeinert ist.

Mit der Zunahme der Mächtigkeit, Verknüpfbarkeit und Orthogonalität steigt auch der Spielraum für einen Entwerfer bei der Modellierung von Sachverhalten seiner Miniwelt. Daher ist zu erwarten, daß semantische Modelle, die mehr Freiheitsgrade bieten, auch ein höheres Potential für Modellierungskonflikte aufweisen.

17.2.2 Zusammenführungsstrategie

Es liege nun eine Anzahl n von Sichten vor. Bild 17.1 zeigt einige Beispiele für die Reihenfolge, in der diese Sichten zusammengeführt werden können:

Im oberen Bildteil werden sämtliche Sichten in einem Zug zusammengefaßt. Gegen diese Vorgehensweise spricht, daß man sich die durch Aufteilung gewonnene Komplexitätsverringerung bei der Konsolidierung wieder zunichte macht. Man stelle sich dazu nur vor, wie es gelingen soll, durch gleichzeitige Betrachtung der Sichten alle Konflikte zu erkennen und diese dann so zu partitionieren, daß man nicht mit allen gleichzeitig umgehen muß. Daher wird man den Konsolidierungsprozeß in eine Anzahl von Schritten unterteilen, die jeweils einige Sichten gleichzeitig erfassen. Der mittlere Bildteil zeigt ein Beispiel. Aber auch hier lassen sich Einwände erheben, insbesondere der, daß hinter der Anordnung der Schritte keinerlei Systematik erkennbar ist. Eine solche Systematik wird im unteren Teil gezeigt, dem sogenannten „Leitermodell". Im ersten Schritt werden zwei Sichten zu einem Zwischenschema konsolidiert, in allen folgenden Schritten wird aus dem bisher erzeugten Zwischenschema und einer weiteren Sicht ein neues Zwischenschema konstruiert. Dieser Prozeß setzt sich solange fort, bis alle n Sichten erfaßt wurden.

Auch das Leitermodell ist nicht ohne Probleme: In welcher Reihenfolge greift man auf die Sichten zu? Wie wir noch sehen werden, läßt die Auflösung der Konflikte oft mehrere Lösungen zu, so daß schon für zwei Sichten der Konsolidierungsprozeß nichtdeterministisch abläuft. Daher steht zu erwarten, daß das Gesamtschema je nach Reihenfolge des Zugriffs auf die Sichten unterschiedlich aussehen wird. In der Literatur wird dazu vorgeschlagen, die Sichten in eine Rangreihenfolge zu bringen und entsprechend dieser Reihenfolge aufzugreifen. Die Reihenfolge kann dabei durch Faktoren wie Umfang der

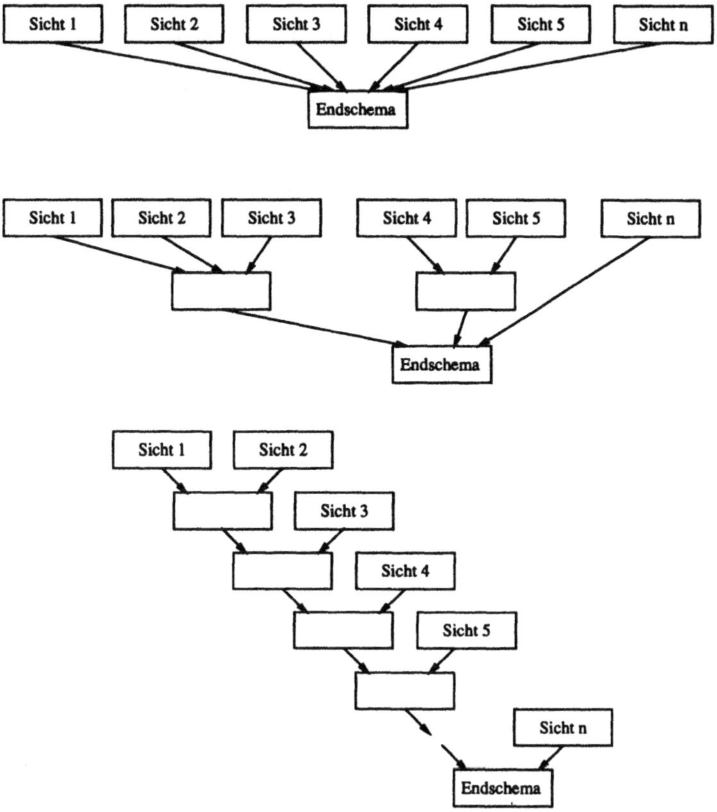

Bild 17.1. Strategien zur Zusammenführung von n Sichten

zugehörigen Datenbasis, Bedeutung der Anwendergruppe, Einfachheit und Korrektheit der Modellierung, Ausmaß an Validierung bestimmt sein.

17.2.3 Phasenmodell eines Konsolidierungsschritts

Das Leitermodell zerlegt den gesamten Konsolidierungsprozeß für n Sichten in eine Abfolge von $n - 1$ gleichartigen Konsolidierungsschritten. Mit dem Aufbau eines solchen Konsolidierungsschritts werden wir uns im verbleibenden Teil dieses Kapitels befassen. Auch dieser Schritt ist umfangreich genug, um in weitere Phasen zerlegt zu werden. Es bietet sich eine grobe Unterteilung in drei Phasen an (siehe Bild 17.2).

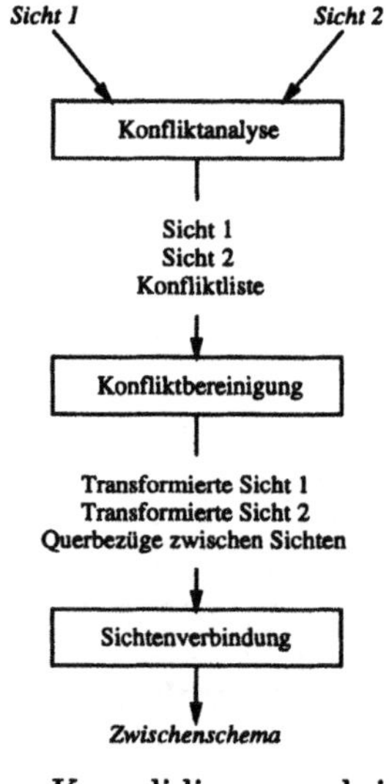

Bild 17.2. Grobphasen eines Konsolidierungsschritts

Konfliktanalyse: Hier werden die beiden Sichten miteinander verglichen, um die zwischen ihnen bestehenden Konflikte auszumachen.

Konfliktbereinigung: Die festgestellten Konflikte müssen aufgelöst werden. Dies kann dadurch geschehen, daß eine der beiden Sichten „nachgibt“. Dazu muß untersucht werden, ob sich durch eine Transformation der in Konflikt stehende Teil der einen Sicht mit dem entsprechenden Teil der anderen Sicht in Übereinstimmung bringen läßt. Aus diesem Grund ist beispielsweise bei Abstraktionskonflikten die „nachgebende“ Sicht diejenige mit der geringeren Detaillierung. Das „Nachgeben“ kann durchaus zwischen den Sichten wechseln.

Sichtenverbindung: Abschließend werden die beiden transformierten Sichten zu einem einzigen Schema zusammengeführt. Identische Teile werden nur einmal erfaßt. Bei Abstraktionskonflikten muß der weniger detaillierte Teil in den anderen „eingepaßt“ werden. Disjunkte Teile aus beiden Sichten werden sämtlich und unverändert in das neue Zwischenschema übernommen.

17.2.4 Verfeinerung des Phasenmodells

Das Phasenmodell aus dem vorigen Abschnitt läßt zwei Fragen offen:

- Wie wird man systematisch auf Konflikte geführt?
- Ist die Vorgehensweise sequentiell, oder kommt es zu Iterationen, weil durch die Bereinigung eines Konflikts neue Konflikte offenkundig werden?

Wir werden im folgenden eine methodische Vorgehensweise skizzieren, die sich der ersten Frage widmet und dabei die zweite Frage im Sinne einer Iteration beantwortet.

Grundgedanke ist das Aufdecken von *Thesen* (engl.: Assertions), mit denen die Bedeutungsgleichheit zweier Konstrukte in den beiden Sichten postuliert wird. Diese Thesen stellt ein menschlicher Betrachter („Integrator“) nach Inspektion der Sichten auf. Dabei beginnt er mit *Vermutungen*. So könnte er auf eine Ähnlichkeit zweier Gegenstandstypen in unterschiedlichen Sichten schließen, wenn sie in ihren Benennungen übereinstimmen. Ein andere Vermutung auf Ähnlichkeit könnte unterschiedliche Benennungen tolerieren, weil sich möglicherweise mehrere Attribute in Benennung und Domäne decken. Schließlich könnten stattdessen die Beziehungstypen samt Rollen herangezogen werden. Die Beispiele machen allerdings deutlich, daß sich Ähnlichkeiten nur aufdecken lassen, wenn wenigstens einige bedeutungsgleiche Konstrukte in beiden Sichten auch gleich benannt sind.

Für die Vermutungen muß der Integrator nun eine Bestätigung einholen — im allgemeinen bei den Entwicklern der Sichten —, bevor er sie als Thesen in die Konfliktbereinigung einbringen kann. Stimmen die als bedeutungsgleich eingestuften Teile nicht überein, d.h. besteht zwischen ihnen noch ein Konflikt, so könnte man den Teil in einer der beiden Sichten transformieren, um Übereinstimmung herzustellen. Der Vorteil dieser unmittelbaren Konfliktbereinigung wäre, daß man dann auf neue, zusätzliche Vermutungen geführt werden könnte. Es kommt so zu einer schrittweisen (iterativen) Aufstellung der Thesen. Mit der Liste der Thesen wird dann in die Phase der Sichtenverbindung übergewechselt.

Das Aufstellen von Vermutungen ist allerdings bei umfangreicheren Sichten eine schwierige Aufgabe, da die Übersicht schnell verloren geht. Wünschenswert wäre daher eine teilautomatisierte Unterstützung. Diese könnte man sich wie folgt vorstellen. Die beteiligten Sichten werden rechnergestützt verglichen, und aus dem Vergleich werden Vermutungen erzeugt. Diese Vermutungen werden dem Integrator vorgelegt, der sie als These akzeptieren oder

— hier sehr nützlich — als definitiv nicht zutreffend (Antithese) ablehnen kann. Mit den Thesen und Antithesen wird der Vorgang der Berechnung von Vermutungen wiederholt.

Diese Iteration wiederholt sich so lange, bis die Liste der Vermutungen leer ist. Es empfiehlt sich, pro Iterationszyklus jeweils nur eine Vermutung zu bestätigen oder zu verwerfen.

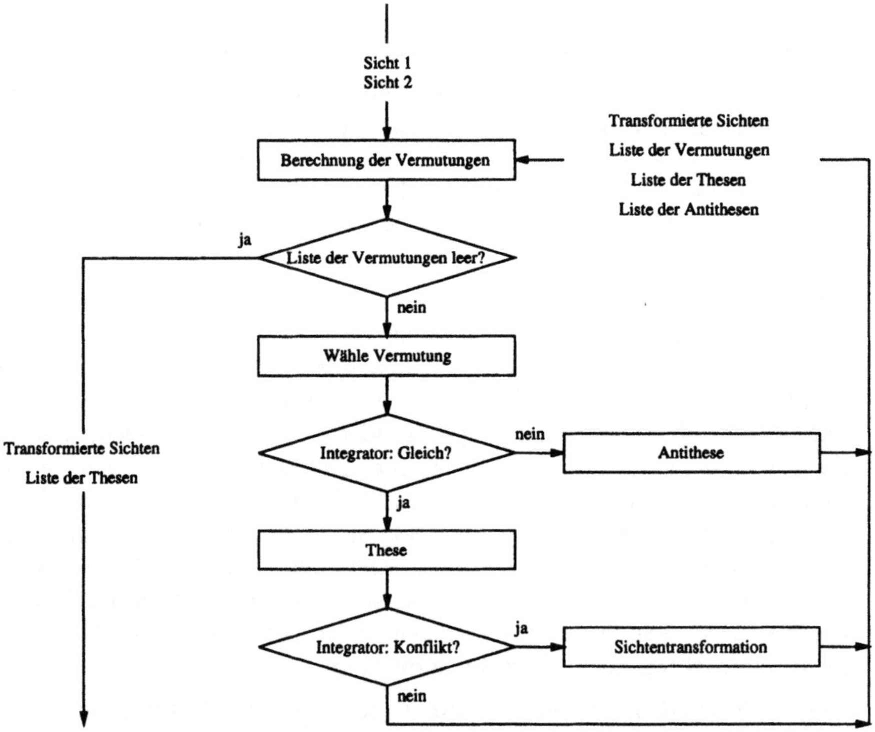

Bild 17.3. Verfeinertes Modell der Konfliktanalyse und -bereinigung

Nach dem letzten Zyklus liegen die transformierten Sichten sowie eine Liste der Thesen vor, so daß unmittelbar in die Phase der Sichtenverbindung übergewechselt werden kann. Bild 17.3 zeigt die verfeinerte Vorgehensweise.

17.3 E–R–Modell

17.3.1 Lokale Sichten

Wir illustrieren die zuvor beschriebene Vorgehensweise am um Kardinalitäten und Vererbung erweiterten E–R–Modell. Dessen Einfachheit sollte dabei hinreichende Übersichtlichkeit gewährleisten. Wir greifen dazu auf unsere drei

Beispielwelten zurück, ergänzen sie allerdings um eine Reihe von Aspekten, um mehr Gemeinsamkeiten zu erreichen. Im einzelnen unterscheiden wir vier Sichten:

- *Lagermanagement*: Diese bereits in Kapitel 10 besprochene Gruppe verwaltet (genau) ein Lager. Dazu verwendet sie das E–R–Diagramm in Bild 17.4, das eine Wiederholung der vollständig modellierten Lagerverwaltungswelt aus Abschnitt 14.4 darstellt.
- *Hersteller*: Jeder Hersteller besitzt die in Bild 17.5 gezeigte E–R–Sicht. Für die hergestellten Artikel liegt ein Schwerpunkt der Betrachtung auf dem geometrischen Aufbau, dessen Beschreibungsweise uns bereits wohlbekannt ist. Ein zweiter Schwerpunkt besteht darin, daß der Hersteller Lieferungen durchführt, die sich aus Liefereinheiten zusammensetzen. Bereits hier liegt der Verdacht nahe, daß diese Liefereinheiten und die Lagereinheiten aus der Lagerverwaltungswelt ein und denselben Sachverhalt beschreiben könnten.
- *Spedition (Buchhaltung)*: Speditionen transportieren Lieferpartien von einem Kunden zu einem anderen, wobei sich diese Kunden aus Herstellern, Lägern und Abnehmern rekrutieren. Bild 17.6 zeigt das E–R–Diagramm für die Angaben, die die Buchhaltung einer Spedition benötigt, um ordnungsgemäß arbeiten zu können. Im folgenden reden wir von dieser Sicht kurz als Buchhaltungssicht.
- *Spedition (Logistik)*: Neben der Buchhaltungssicht benötigt die Spedition natürlich eine Sicht, der man den Startort, Zielort und den aktuellen Ort einer Lieferpartie entnehmen kann. Weiterhin sind die möglichen Verkehrswege einer Lieferung darzustellen. Dies leistet das in Bild 17.7 gezeigte E–R–Diagramm, das eine Erweiterung der bereits bekannten Kartographiewelt darstellt.

17.3.2 Prädikate

Wir unterstellen für das Folgende, daß Vermutungen, Thesen und Antithesen als Prädikate ausgedrückt werden. Um diese Prädikate zu bestimmen, betrachten wir die Umgebungen von Gegenstandstypen (Bild 17.8) und von Beziehungstypen (Bild 17.9).

Seien A die Menge von Attributen, R die Menge von Rollen, GT die Menge von Gegenstandstypen, BT die Menge von Beziehungstypen, DOM die Menge von Domänen. Seien weiterhin A und B zwei Sichten. Dann stellen wir folgende Prädikate auf:

für Attribute:

These:	$GleichAtt \subseteq A_A \times A_B$
Antithese:	$VerschiedenAtt \subseteq A_A \times A_B$

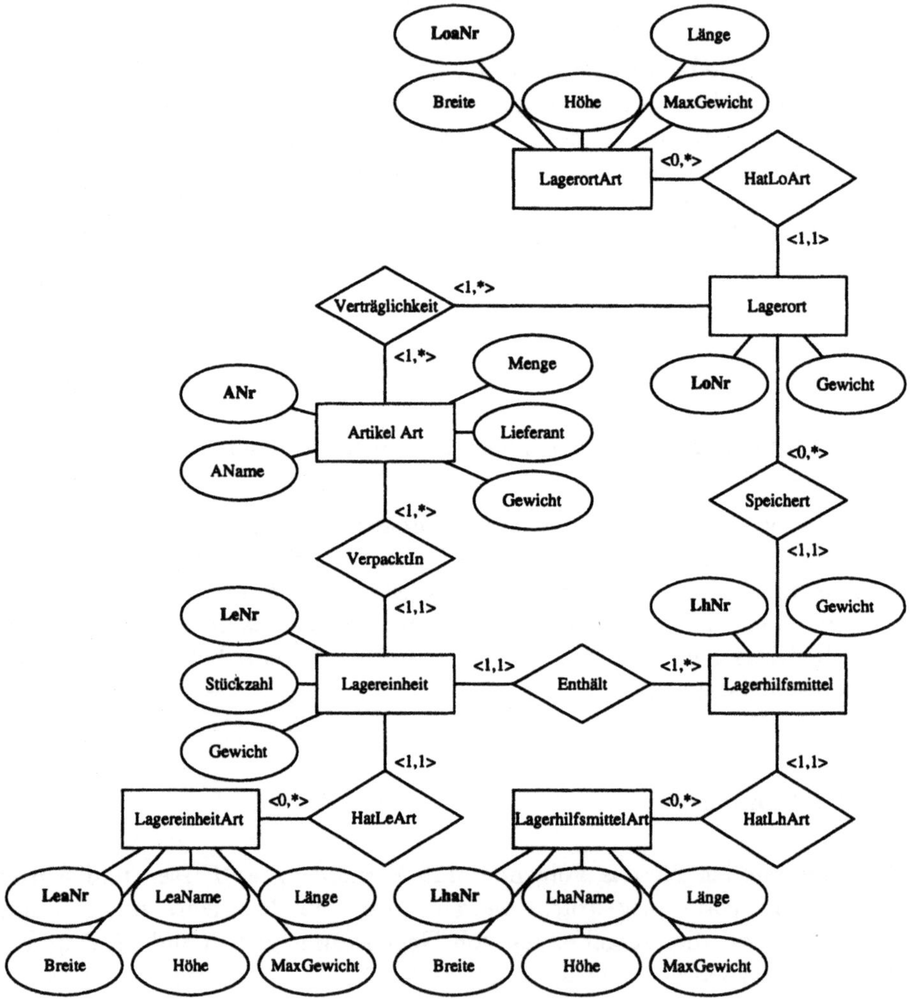

Bild 17.4. Lokale Sicht des Lagermanagements

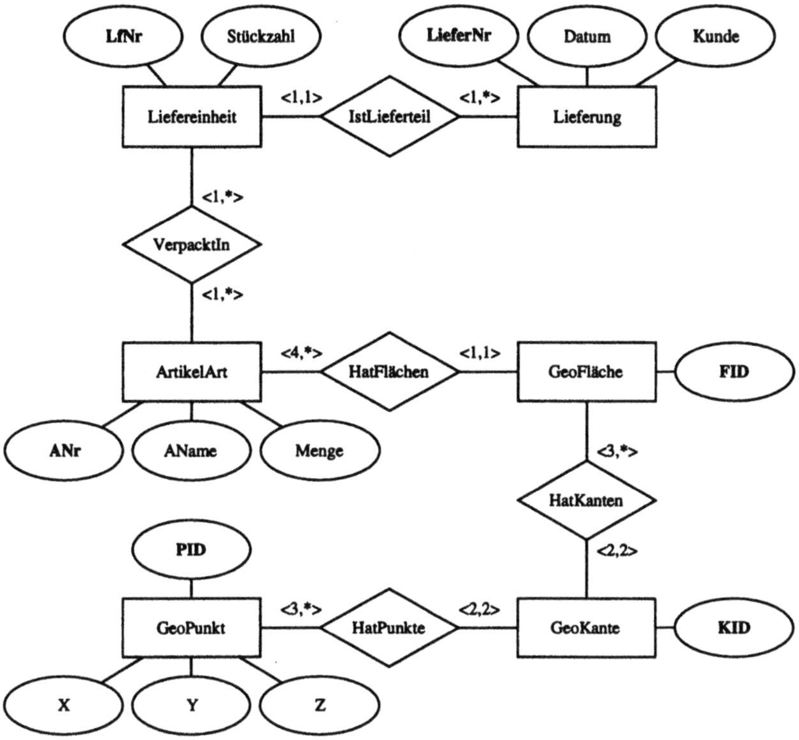

Bild 17.5. Lokale Sicht eines Herstellers

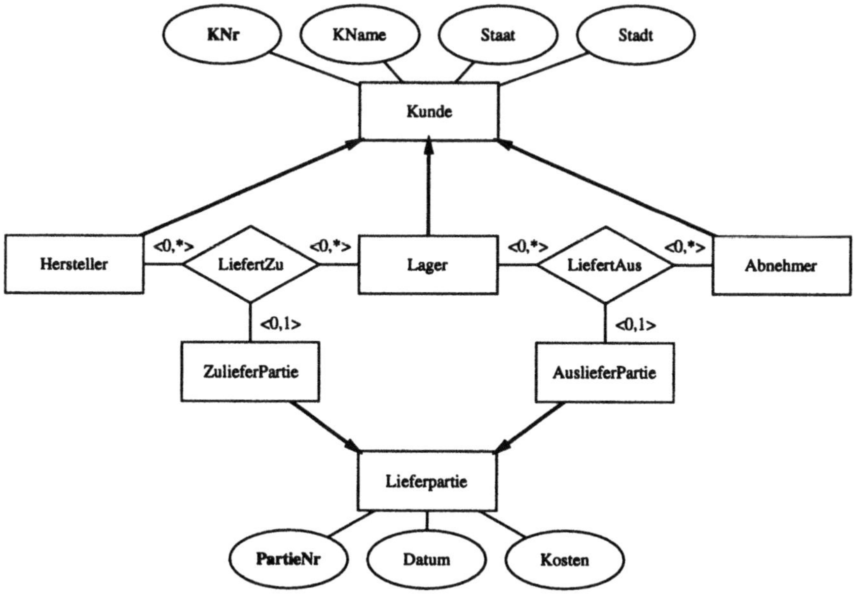

Bild 17.6. Lokale Sicht der Buchhaltung einer Spedition

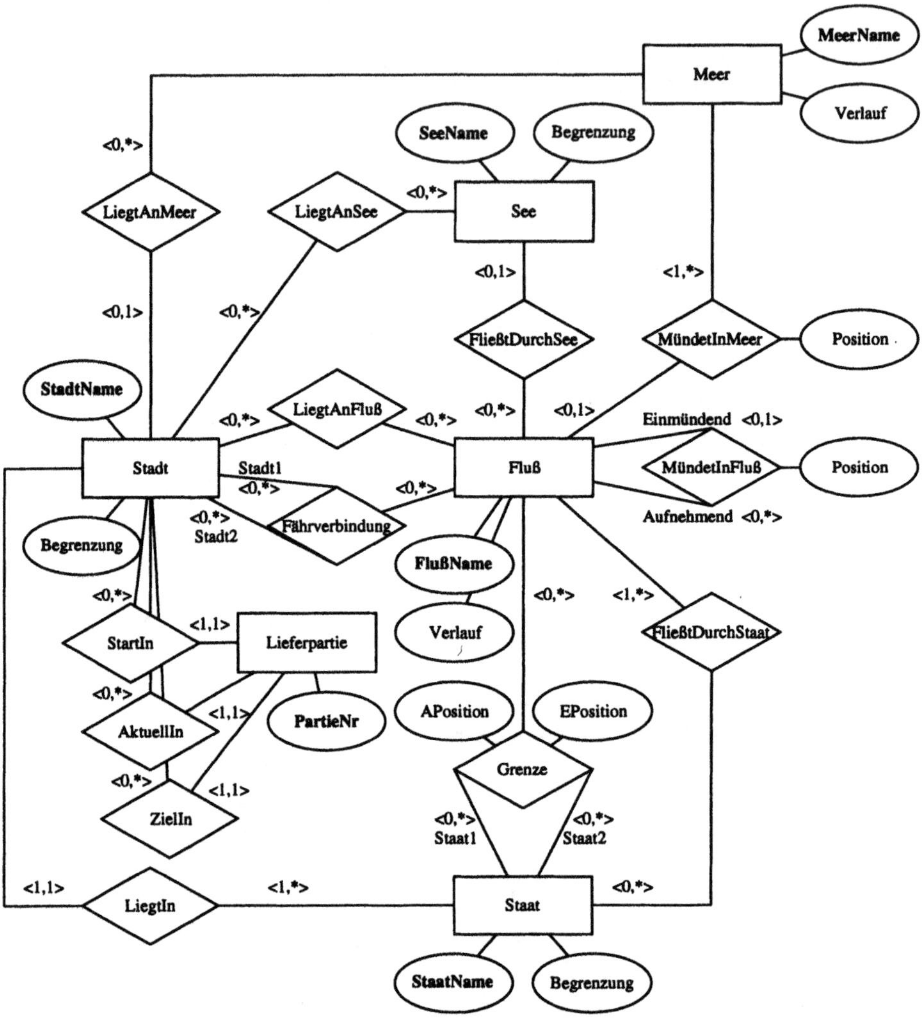

Bild 17.7. Lokale Sicht des Logistikbereichs einer Spedition

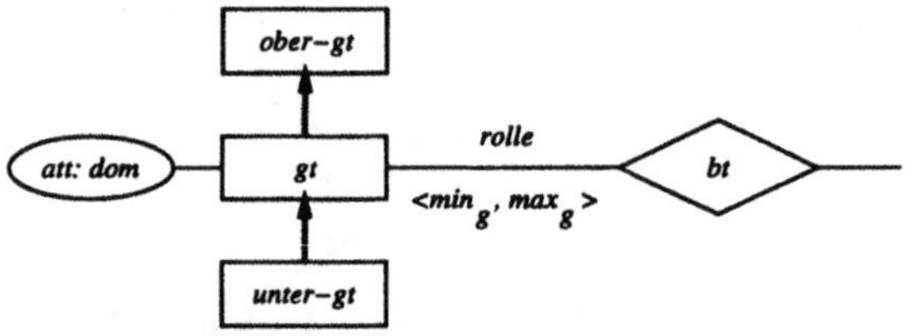

Bild 17.8. Umgebung eines Gegenstandstyps gt

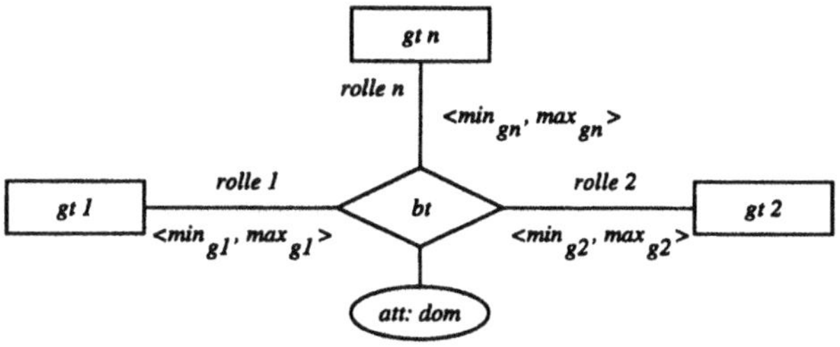

Bild 17.9. Umgebung eines Beziehungstyps bt

für Rollen:

These:	$GleichRolle \subseteq R_A \times R_B$
Antithese:	$VerschiedenRolle \subseteq R_A \times R_B$

für Beziehungstypen:

These:	$GleichBez \subseteq BT_A \times BT_B$
Antithese:	$VerschiedenBez \subseteq BT_A \times BT_B$

für Gegenstandstypen:

These:	$GleichGeg \subseteq GT_A \times GT_B$
	$TeilmengeGeg \subseteq GT_A \times GT_B$
	$DisjunktGeg \subseteq GT_A \times GT_B$
	$ÜberlappendGeg \subseteq GT_A \times GT_B$
Antithese:	$VerschiedenGeg \subseteq GT_A \times GT_B$

17.3.3 Vermutungen

Thesen und Antithesen sind Fakten, die durch Integratorentscheid aus Vermutungen hervorgehen. Vermutungen hingegen sollen sich aus den beobachteten Sichten ermitteln lassen. Wir müssen sie dazu auf der Grundlage von beobachtbaren Eigenschaften konstruieren können. Wir werden dazu eine deklarative Form auf der Basis verschiedener Prädikate wählen, diese aber nur formlos einführen. Vermutungen werden zu den Thesen oder Antithesen, die sie anregen sollen, durch ein vor den Bezeichner gestelltes Präfix „*V_*“ in Beziehung gesetzt.

Attribute: Seien t_A, t_B beides entweder Gegenstands– oder Beziehungstypen mit den zwei betrachteten Attributen att_A und att_B. Dann vermuten wir wie folgt:

$$
\begin{aligned}
&V\_GleichAtt(t_A.att_A, t_B.att_B) := \\
&\quad (name(att_A) = name(att_B) \\
&\quad \vee \exists dom \in DOM_A \cap DOM_B : \forall i \in \{A, B\} : (att_i : dom) \in schema(t_i)) \\
&\quad \wedge \neg(Verschieden(t_A, t_B) \\
&\qquad \vee GleichAtt(t_A.att_A, t_B.att_B) \\
&\qquad \vee VerschiedenAtt(t_A.att_A, t_B.att_B))
\end{aligned}
$$

Bei zwei Attributen wird also auf Gleichheit vermutet, wenn sie in ihren Namen oder in ihren Domänen übereinstimmen, dies jedoch nur, wenn für die Attributkombination nicht bereits früher eine These oder Antithese oder für die zugehörigen Gegenstands- oder Beziehungstypen eine Antithese aufgestellt wurde (wobei *Verschieden* natürlich entweder *VerschiedenGeg* oder *VerschiedenBez* ist).

Rollen: Seien bt_A, bt_B Beziehungstypen, $rolle_A$ und $rolle_B$ die zu vergleichenden Rollen und gt_A, gt_B die über sie angeschlossenen Gegenstandstypen.

$$
\begin{aligned}
&\mathit{V\_GleichRolle}(bt_A.rolle_A, bt_B.rolle_B) := \\
&\quad (name(rolle_A) = name(rolle_B) \\
&\quad \vee (\forall i \in \{A, B\} : (rolle_i, gt_i) \in schema(bt_i) \wedge \mathit{ÄhnlichGeg}(gt_A, gt_B))) \\
&\quad \wedge \neg(\mathit{VerschiedenBez}(bt_A, bt_B) \vee \mathit{GleichRolle}(bt_A.rolle_A, bt_B.rolle_B) \\
&\qquad \vee \mathit{VerschiedenRolle}(bt_A.rolle_A, bt_B.rolle_B))
\end{aligned}
$$

Bei zwei Rollen wird also auf Gleichheit vermutet, wenn sie in ihren Namen übereinstimmen oder ihre Gegenstandstypen ähnlich sind, jedoch nicht bereits die Antithese ihrer Beziehungstypen oder ihre eigene Gleichheit oder Verschiedenheit festgestellt wurde. Das Prädikat ÄhnlichGeg zur Ähnlichkeit von Gegenstandstypen ist dabei wie folgt definiert: ÄhnlichGeg := GleichGeg $\vee$ TeilmengeGeg $\vee$ DisjunktGeg $\vee$ ÜberlappendGeg.

Gegenstandstypen: Seien gt_A und gt_B die zu vergleichenden Gegenstandstypen. Wir konstruieren zunächst Hilfsmengen für gemeinsame Attribute und Rollen:

$$
\begin{aligned}
&\mathit{GemeinsamAtt}(gt_A, gt_B) := \\
&\quad \{(att_A, att_B) \mid \\
&\qquad \forall i \in \{A, B\} : att_i \in schema(gt_i) \\
&\qquad \wedge (\mathit{V\_GleichAtt}(gt_A.att_A, gt_B.att_B) \\
&\qquad\quad \vee \mathit{GleichAtt}(gt_A.att_A, gt_B.att_B))\}
\end{aligned}
$$

$$
\begin{aligned}
&\mathit{GemeinsamRolle}(gt_A, gt_B) := \\
&\quad \{(rolle_A, rolle_B) \mid \\
&\qquad \forall i \in \{A, B\} : \exists bt_i \in bt : (rolle_i, gt_i) \in schema(bt_i) \\
&\qquad \wedge (\mathit{V\_GleichRolle}(bt_A.rolle_A, bt_B.rolle_B) \\
&\qquad\quad \vee \mathit{GleichRolle}(bt_A.rolle_A, bt_B.rolle_B))\}
\end{aligned}
$$

Dann

$$
\begin{aligned}
&\mathit{V\_GleichGeg}(gt_A, gt_B) := \\
&\quad (name(gt_A) = name(gt_B) \\
&\quad \vee \mathit{GemeinsamAtt}(gt_A, gt_B) \neq \emptyset \\
&\quad \vee \mathit{GemeinsamRolle}(gt_A, gt_B) \neq \emptyset \\
&\quad \wedge \neg(\mathit{VerschiedenGeg}(gt_A, gt_B) \vee \mathit{ÄhnlichGeg}(gt_A, gt_B))
\end{aligned}
$$

Bei den Gegenstandstypen wird also auf Gleichheit vermutet, wenn sie in ihren Namen übereinstimmen oder Attribute oder Rollen (evtl. vermutet) gemeinsam haben und nicht bereits als verschieden oder ähnlich eingestuft werden.

Es liegt nun am Integrator, wie er eine solche Vermutung in eine These umwandelt. So muß er über Zusatzkenntnisse verfügen, um zu entscheiden, ob er auf *GleichGeg*, *DisjunktGeg* oder *ÜberlappendGeg* erkennt (falls er nicht überhaupt für eine Antithese plädiert). Weiterhin kann er aufgrund eines Vergleichs der Menge *GemeinsamAtt* mit den Attributen der beiden Gegenstandstypen untersuchen, ob er stattdessen *TeilmengeGeg* behaupten soll.

Beziehungstypen: Die Vorgehensweise ist ähnlich wie bei den Gegenstandstypen. Seien bt_A und bt_B die beiden Beziehungstypen. Wir konstruieren wieder die beiden Hilfsmengen

$$
\begin{aligned}
&GemeinsamAtt(bt_A, bt_B) := \\
&\quad \{(att_A, att_B) \mid \\
&\qquad \forall i \in \{A, B\} : att_i \in schema(bt_i) \\
&\qquad \wedge (V\_GleichAtt(gt_A.att_A, gt_B.att_B) \\
&\qquad\quad \vee GleichAtt(bt_A.att_A, bt_B.att_B))\}
\end{aligned}
$$

$$
\begin{aligned}
&GemeinsamRolle(bt_A, bt_B) := \\
&\quad \{(rolle_A, rolle_B) \mid \\
&\qquad \forall i \in \{A, B\} : rolle_i \in schema(bt_i) \\
&\qquad \wedge (V\_GleichRolle(bt_A.rolle_A, bt_B.rolle_B) \\
&\qquad\quad \vee GleichRolle(bt_A.rolle_A, bt_B.rolle_B))\}
\end{aligned}
$$

Dann

$$
\begin{aligned}
&V\_GleichBez(bt_A, bt_B) := \\
&\quad (name(bt_A) = name(bt_B) \\
&\quad \vee GemeinsamAtt(bt_A, bt_B) \neq \emptyset \\
&\quad \vee GemeinsamRolle(bt_A, bt_B) \neq \emptyset \\
&\quad \wedge \neg(VerschiedenBez(bt_A, bt_B) \vee GleichBez(bt_A, bt_B))
\end{aligned}
$$

17.3.4 Beispiele für Vermutungen

Wir wollen die schrittweise Erzeugung der Vermutungen nun an den Sichten aus Abschnitt 17.3.1 illustrieren. Entsprechend der Empfehlung aus Abschnitt 17.2.2 (Leitermodell) werden dabei jeweils zwei Sichten betrachtet.

Lagermanagement- und Herstellersicht: Zunächst sind die Attribute zu betrachten, wobei wir auf eine Berücksichtigung gleicher Domänen verzichten wollen. Dann ergeben sich über die Namensgleichheit folgende Vermutungen (L und H stehen für die beiden Sichten und qualifizieren die jeweiligen Typen und Attribute):

V_GleichAtt(L.ArtikelArt.ANr, H.ArtikelArt.ANr)
V_GleichAtt(L.ArtikelArt.AName, H.ArtikelArt.AName)
V_GleichAtt(L.ArtikelArt.Menge, H.ArtikelArt.Menge)
V_GleichAtt(L.Lagereinheit.Stückzahl, H.Liefereinheit.Stückzahl)

Die Rollen haben in unseren Diagrammen keine eigenen Bezeichnungen erhalten. Da über die Ähnlichkeit der beteiligten Gegenstands– und Beziehungstypen noch nichts bekannt ist, wenden wir uns zunächst diesen zu:

V_GleichGeg(L.ArtikelArt, H.ArtikelArt)
V_GleichGeg(L.Lagereinheit, H.Liefereinheit)

V_GleichBez(L.VerpacktIn, H.VerpacktIn)

Die erste Vermutung ergibt sich über Namensgleichheit und vermutete gleiche Attribute ANr und AName, die zweite Vermutung über das vermutete gleiche Attribut Stückzahl, und die dritte Vermutung (ausschließlich) über Namensgleichheit. Wäre uns die Diskurswelt nicht bereits vertraut, so würden wir insbesondere die zweite Vermutung als auf besonders schwachen Beinen stehend einstufen.

Für die Rollen ergibt sich nun:

V_GleichRolle(L.(ArtikelArt–VerpacktIn), H.(ArtikelArt–VerpacktIn))
V_GleichRolle(L.(Lagereinheit–VerpacktIn), H.(Liefereinheit–VerpacktIn))

In einem letzten Schritt wollen wir alle für die beiden Sichten getätigten Vermutungen als Thesen bestätigen.

GleichAtt(L.ArtikelArt.ANr, H.ArtikelArt.ANr)
GleichAtt(L.ArtikelArt.AName, H.ArtikelArt.AName)
GleichAtt(L.ArtikelArt.Menge, H.ArtikelArt.Menge)
GleichAtt(L.Lagereinheit.Stückzahl, H.Lagereinheit.Stückzahl)

GleichGeg(L.ArtikelArt, H.ArtikelArt)
GleichGeg(L.Lagereinheit, H.Liefereinheit)

GleichBez(L.VerpacktIn, H.VerpacktIn)

GleichRolle(L.(ArtikelArt–VerpacktIn), H.(ArtikelArt–VerpacktIn))
GleichRolle(L.(Lagereinheit–VerpacktIn), H.(Liefereinheit–VerpacktIn))

Hersteller– und Buchhaltungssicht: Die Vorgehensweise ist die gleiche wie für das vorige Beispiel. Die Ausbeute für Attribute ist hier jedoch minimal:

V_GleichAtt(H.Lieferung.Datum, B.Lieferpartie.Datum)

Die darauf basierende, automatisch ermittelte Vermutung

V_GleichGeg(H.Lieferung, B.Lieferpartie)

wirkt entsprechend gewagt. Mit unserem Zusatzwissen akzeptieren wir sie. Jedoch ist eine Modifikation erforderlich: Lieferungen des Herstellers sind für die Spedition lediglich Zulieferpartien, und auch dies nur zum Teil (es gibt ja mehrere Hersteller). Mithin gelten die folgenden Thesen:

GleichAtt(H.Lieferung.Datum, B.Lieferpartie.Datum)

TeilmengeGeg(H.Lieferung, B.Lieferpartie)
TeilmengeGeg(H.Lieferung, B.Zulieferpartie)

Buchhaltungs- und Logistiksicht: Wiederum wird nur eine Attributgleichheit, nämlich für PartieNr in Lieferpartie vermutet. Ebenso wird Lieferpartie als gleicher Gegenstandstyp vermutet. Nach Bestätigung beider Vermutungen ergibt sich:

GleichAtt(B.Lieferpartie.PartieNr, Log.Lieferpartie.PartieNr)

GleichGeg(B.Lieferpartie, Log.Lieferpartie)

17.3.5 Transformationen

Informationserhaltung. Es kann durchaus geschehen, daß für Konstrukte aus zwei Sichten die Gleichheit behauptet wird, daß sich diese Konstrukte aber noch in wesentlichen Eigenschaften voneinander unterscheiden, so daß sie nicht ohne weiteres konsolidiert werden können. Dann muß zunächst eines der beiden Konstrukte umgeformt werden. Diese Umformung kann natürlich nicht ganz willkürlich erfolgen, sondern muß Korrektheitskriterien gehorchen.

Das Korrektheitskriterium, das wir hier anstreben, geht von einer zusätzlichen Voraussetzung aus: Jede Benutzergruppe, die eine lokale Sicht beigesteuert hat, will auch später nur diese Sicht an die Datenbasis anlegen. Die lokale Sicht muß sich also aus der konsolidierten Sicht und deshalb zunächst aus der transformierten lokalen Sicht wiedergewinnen lassen.

Diese Forderung erinnert an die Informationserhaltung aus Abschnitt 10.2. Tatsächlich liegen hier jedoch andere Verhältnisse vor: Es existieren keine Operatoren zur Veränderung von Schemata und Datenbasen. Wir können also nur eine rein statische, an den Schemastrukturen orientierte Betrachtungsweise anlegen. Sie kommt dadurch zustande, daß an die Stelle der Realisierung p für o in Abschnitt 10.2 eine zu v Konverse T tritt. v wird im folgenden als rec^T bezeichnet.

Sei $\mathcal{S}$ die Menge aller Schemata und $D = \Im(\mathcal{S})$ die Menge aller Datenbasen. Sei $S_1 \in \mathcal{S}$ das ursprüngliche und $S_2 \in \mathcal{S}$ das umgeformte Schema. Dann verlangen wir, daß zu einer Datenbasis unter Schema S_1 eine Datenbasis unter S_2 existieren und diese eindeutig wieder in die ursprüngliche Datenbasis unter S_1 zurücktransformiert werden können soll.

$T = (T_S, T_D)$ mit $T_S : \mathcal{S} \to \mathcal{S}$ und $T_D : \mathcal{D} \to \mathcal{D}$ heißt Transformation eines Schemas $S_1 \in \mathcal{S}$ in ein Schema $S_2 \in \mathcal{S}$, falls

- $T_S(S_1) = S_2$
- $\forall D_1 \in \Im(S_1) : D_2 = T_D(D_1) \in \Im(S_2)$

Die Transformation T ist informationserhaltend, wenn eine Rekonstruktionsabbildung $rec^T = (rec_S^T, rec_D^T)$ mit $rec_S^T : \mathcal{S} \to \mathcal{S}$ und $rec_D^T : \mathcal{D} \to \mathcal{D}$ besteht, so daß

- $rec_S^T(S_2) = S_1$
- $\forall D_2 \in \Im(S_2) : rec_D^T(D_2) \in \Im(S_1)$
- $\forall D_1 \in \Im(S_1) : rec_D^T(T_D(D_1)) = D_1$

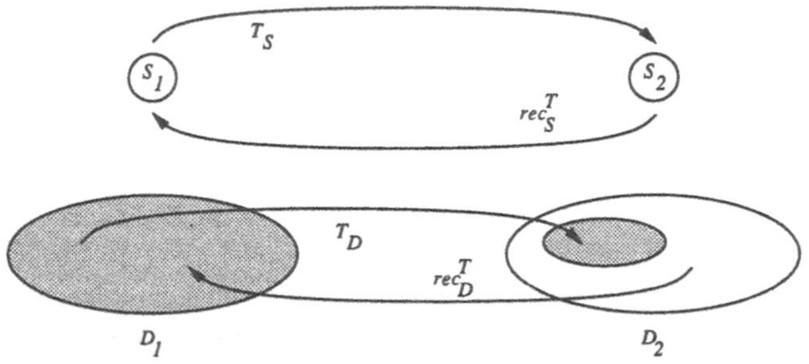

Bild 17.10. Informationserhaltende Schematransformation

Bild 17.10 veranschaulicht die Bedingung. Sie zeigt, daß unsere Definition von T nicht die Existenz zusätzlicher Zustände in D_2 ausschließt, die in D_1 nicht von den anderen unterschieden werden können.

Transformationsregeln. *Kardinalitäten*: Hier gilt:

- Eine Mindestkardinalität kann durch 0 ersetzt werden.
- Eine Höchstkardinalität kann durch $*$ ersetzt werden.

Man kann sich leicht davon überzeugen, daß diese Transformation informationserhaltend ist. Da sich durch die hier identische Transformation T_D die tatsächlichen Kardinalitäten nicht ändern, ist Rekonstruktion ohne weiteres möglich. Jedoch läßt das transformierte Schema weitere Zustände zu; deren korrekte Abbildung unter S_1 ist nicht möglich (aber eben auch nicht gefordert).

Beispiel: In der Herstellersicht besteht zwischen Liefereinheit und ArtikelArt die Kardinalität $\langle 1, * \rangle$, d.h. eine Liefereinheit kann Artikel mehrerer Arten umfassen. Für die Lagermanagementsicht hatten wir dies stets ausgeschlossen: Eine Lagereinheit kann nur Artikel einer Art aufnehmen (Kardinalität $\langle 1, 1 \rangle$). Im Zuge der Konsolidierung muß die schwächere Bedingung, also $\langle 1, * \rangle$, herangezogen werden.

Transformationen zwischen Attributen und Typen: Die folgende Regel ermöglicht es, Attribute zu eigenständigen Gegenstandstypen zu machen. Damit können Strukturierungskonflikte behoben werden, die darin bestehen, daß ein Sachverhalt in einer Sicht als eigenständig existierend (also als Gegenstandstyp) und in einer anderen Sicht ohne eigenständige Existenz, also als Attribut, modelliert ist. Eine graphische Veranschaulichung zeigt Bild 17.11.

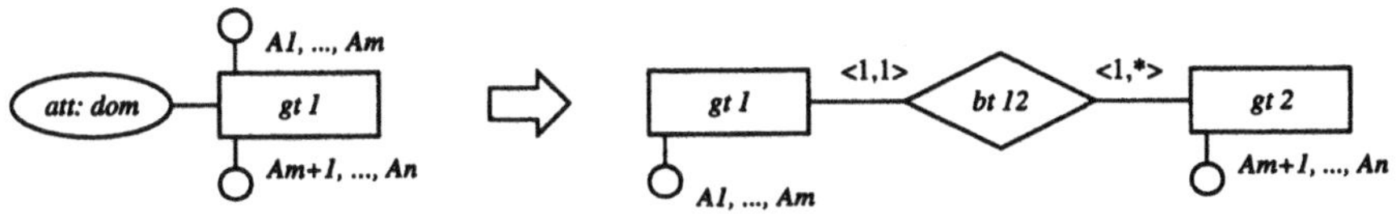

Bild 17.11. Transformation zwischen Attributen und Typen

Beispiel: In der Herstellersicht beschreibt das Attribut Kunde des Gegenstandstyps Lieferung einen Kunden; in der Buchhaltungssicht ist hierfür ein eigener Gegenstandstyp vorgesehen. Nach Transformation der Herstellersicht wird auch hier ein solcher Gegenstandstyp geführt; das Attribut Kunde verschwindet.

Gleiches gilt für die Attribute Staat und Stadt des Gegenstandstyps Kunde in der Buchhaltungssicht, die in der Logistiksicht als Gegenstandstypen ausgeführt sind.

Verlagerung von Attributen: Attribute können entlang einer allgemeinen Beziehung oder aufwärts in einer Generalisierungshierarchie verlagert werden. Dabei muß stets ein funktionaler Zusammenhang zwischen dem Typ, dem das Attribut vor der Verlagerung angehörte, und dem Typ, zu dem die Verlagerung erfolgt, gewahrt bleiben. Bei Verlagerung in einer Generalisierungshierarchie ist dies automatisch gewährleistet, bei Einbezug von Beziehungstypen müssen dazu die Kardinalitäten gewisse Bedingungen erfüllen.

Es gelten die in Bild 17.12 graphisch ausgeführten Regeln.

Beispiel: Man betrachte die Lagermanagementsicht, und hier den Beziehungstyp VerpacktIn, der ArtikelArt und Lagereinheit verbindet. Es wäre beispielsweise möglich, das Attribut Gewicht aus Lagereinheit dem Beziehungstyp VerpacktIn zuzuschlagen.

17.3.6 Verbindungsregeln

Der abschließende Prozeß der Sichtenverbindung läuft im wesentlichen in zwei Schritten ab:

– Diejenigen Teile der beiden Sichten, für die eine Gleichheits- oder Ähnlichkeitsthese besteht, werden jeweils zusammengeführt in einer Weise, die alle Redundanzen beseitigt.

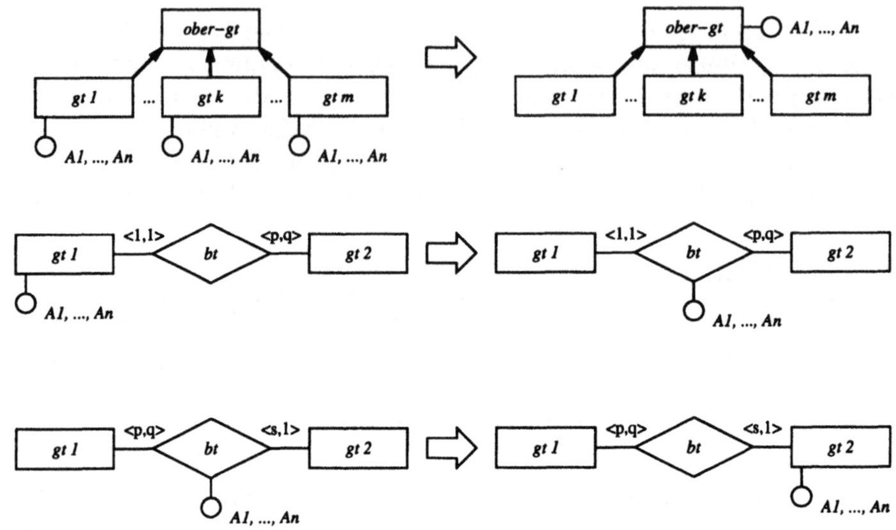

Bild 17.12. Verlagerung von Attributen

– Die restlichen Teile werden dann an den in den Sichten identifizierbaren Stellen angeschlossen.

Wir geben nachfolgend einige typische Verbindungsregeln an, die im ersten Schritt Verwendung finden.

Identitätsverbindung: Sind bis auf Benennungen ein Attribut oder ein Gegenstandstyp einschließlich seiner Attribute identisch, so wird das Konstrukt lediglich aus einer Sicht übernommen, gegebenenfalls unter Neubenennungen.

Attributzusammenführung: Unterscheiden sich die Attribute zweier gleicher Gegenstands- oder Beziehungstypen inklusiv, so wird nur derjenige der beiden Typen übernommen, der die volle Attributmenge aufweist. Unterscheiden sie sich überlappend oder sogar disjunkt, so werden die beiden Typen zu einem neuen Gegenstands- bzw. Beziehungstyp zusammengefaßt, dem beide Attributmengen zugeschlagen werden.

Generalisierungskonsolidierung: Zielt die These auf ein Untertyp–Verhältnis, so werden die beiden beteiligten Gegenstandstypen in das neue Schema übernommen und dort die Generalisierungsbeziehung ausgedrückt. Lautet die These für zwei Gegenstandstypen auf Disjunktheit oder Überlappung, so wird dieser Sachverhalt ebenfalls in eine Generalisierung überführt. Dazu wird ein neuer Gegenstandstyp eingeführt, dem die beiden ursprünglichen Gegenstandstypen untergeordnet werden. Die den beiden Typen gemeinsamen Attribute werden dem Obertyp zugeschlagen, die restlichen verbleiben bei ihren jeweiligen Gegenstandstypen.

Zusammenfassung von Beziehungstypen: Lautet die These auf Gleichheit bei Beziehungstypen und stimmen diese in ihrer Stelligkeit, ihren Attributen,

Kardinalitäten, Rollen und beteiligten Gegenstandstypen überein, so wird lediglich einer der beiden, gegebenenfalls unter Umbenennung, übernommen. Weichen lediglich die Attribute voneinander ab, so erfolgt die oben beschriebene Attributzusammenführung.

Alle anderen Situationen müssen von Fall zu Fall vom Integrator entschieden werden. Wir geben einige Beispiele.

- Die als gleich angenommenen Beziehungstypen stimmen in ihrer Stelligkeit, nicht aber in einem der angeschlossenen Gegenstandstypen überein. Denkbar wäre hier die Einrichtung eines neuen Beziehungstyps mit einer um eins erhöhten Stelligkeit, der dann die Gegenstandstypen aus beiden Sichten zueinander in Bezug setzt. Stattdessen wäre auch denkbar, bei der alten Stelligkeit zu bleiben und zwischen den als verschieden eingestuften Gegenstandstypen den Zusammenhang auf irgendeine Weise zusätzlich auszudrücken.
- Die beiden Beziehungstypen haben unterschiedliche Stelligkeit, decken sich aber in ihren Eigenschaften hinsichtlich der gemeinsamen Rollen. Hier liegt die Übernahme des höherstelligen Beziehungstyps nahe. Jedoch ist durchaus denkbar, daß der Typ niedrigerer Stelligkeit eine Generalisierung des anderen darstellt. Im (erweiterten) E–R–Modell ist diese Art der Generalisierung nicht formulierbar; es gibt jedoch neuere Erweiterungen (ähnlich den in Kapitel 15 beschriebenen), die aus gerade diesem Grunde auch die Generalisierung von Beziehungstypen vorsehen.
- Die Beziehungstypen stimmen in allen bis auf einen ihrer Gegenstandstypen überein. Die unterschiedlichen Gegenstandstypen stehen jedoch in einer Generalisierungsbeziehung. Hier wäre vermutlich ebenfalls eine Generalisierung der Beziehungstypen angebracht. In deren Ermangelung muß entweder der Beziehungstyp die Verbindung zum Obertypen übernehmen, so daß er an den Untertyp vererbt wird, oder es müssen beide Beziehungstypen in das neue Schema eingebracht werden.

Beispiel: Bild 17.13 zeigt den „kritischen“ Teil, d.h. die Überlappungsstellen einer konsolidierten Sicht, die aus den drei Sichten des Lagermanagements, des Herstellers sowie der Buchhaltung hervorgegangen sein könnte (für die drei aufgestellten Sichten siehe Abschnitt 17.3.1).

Das Bild spiegelt zum einen die in Abschnitt 17.3.5 besprochene Anpassung der Kardinalitäten, die Transformation des Attributs Kunde zum Gegenstandstypen und die Verlagerung des Attributs Gewicht zu VerpacktIn wider. Zum zweiten lassen sich auf der Basis dieser Transformationen verschiedene Verbindungsregeln verfolgen. Der Leser möge nachvollziehen, daß bei Lagereinheit eine Identitätsverbindung vorliegt, bei Kunde eine Attributzusammenführung und bei VerpacktIn eine Zusammenführung von Beziehungstypen.

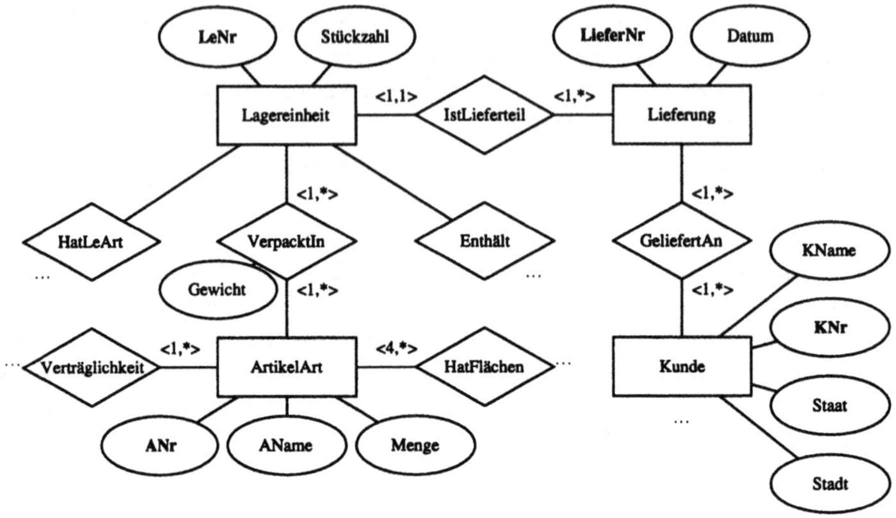

Bild 17.13. Überlappungsstellen der konolidierten Sichten

17.4 Relationales Modell

Wie wir in Kapitel 13 gesehen haben, eignet sich auch das — um Konsistenzbedingungen erweiterte — relationale Modell für die semantische Modellierung. Es erscheint daher sinnvoll, auch für dieses Modell kurz den Prozeß der Sichtenkonsolidierung zu untersuchen. Dabei macht man allerdings die Entdeckung, daß zu diesem Thema erstaunlich wenig Material existiert. Dies dürfte seinen Grund darin haben, daß relationale Schemata heute fast ausschließlich ihren Ausgang von E–R–Schemata nehmen, einem Vorgang, den wir in Kapitel 18 näher beleuchten werden. Bedenkt man zudem, daß die strukturelle Mächtigkeit des relationalen Modells hinter der des E–R–Modells zurückbleibt und daß andererseits das relationale Modell über ein formales Instrumentarium verfügt, so wird man erwarten können, daß das Phasenmodell aus Abschnitt 17.2 nur in vereinfachter Form praktiziert wird. Wir werden uns im folgenden mit einem Ansatz beschäftigen, der direkt dem Diagramm in Bild 17.2 folgt, also insbesondere auf die Generierung von Vermutungen und somit auf die Iterationen aus Bild 17.3 verzichtet.

17.4.1 Prädikate

Wir beschränken unsere Betrachtungen wieder auf die Zusammenführung zweier relationaler Sichten. Wir unterstellen, daß diese Sichten als Ergebnis eines hier nicht näher interessierenden Entwurfsverfahrens in BCNF vorliegen.

Als Beispiel wählen wir die relationale Formulierung eines Ausschnitts aus der Lagermanagement– und der Herstellersicht aus Abschnitt 17.3.1. Die beiden Relationenschemata seien „intuitiv" erstellt worden und sehen folgendermaßen aus:

```
// Lagermanagementsicht
relation ArtikelArt(ANr, AName, Menge, Lieferant, Gewicht);
relation Lagereinheit(LeNr, LeaNr, ANr, Stückzahl, Gewicht, LhNr);
relation LagereinheitArt(LeaNr, LeaName, Länge, Breite, Höhe, MaxGewicht);
relation Lagerhilfsmittel(LhNr, LhaNr, Gewicht, LoNr);
relation LagerhilfsmittelArt(LhaNr, LhaName,
    Länge, Breite, Höhe, MaxGewicht);
relation Lagerort(LoNr, LoaNr, Gewicht);
relation LagerortArt(LoaNr, Länge, Breite, Höhe, MaxGewicht);
relation Verträglichkeit(ANr, LoNr);

// Herstellersicht
relation ArtikelArt(ANr, AName, Menge);
relation Liefereinheit(LfNr, ANr, Stückzahl, LieferNr);
relation Lieferung(LieferNr, Datum, Kunde);
relation GeoFläche(FID, KID, ANr);
relation GeoKante(KID, PID);
relation GeoPunkt(PID, X, Y, Z);
```

Als Prädikate werden wir Konsistenzbedingungen nutzen. Dabei werden wir uns auf die beiden uns bekannten, funktionale Abhängigkeiten und referentielle Konsistenzen, beschränken. Während letztere bereits relationenüberspannend definiert sind, besitzen erstere relationenlokalen Charakter. Sie bedürfen daher einer Erweiterung, um sie für den vorliegenden Zweck einsetzen zu können.

Wir beginnen mit den referentiellen Konsistenzen, die in diesem Zusammenhang auch als Inklusionsabhängigkeiten bezeichnet werden. Wir wiederholen die Definition unter Nennung des neuen Begriffs:

Inklusionsabhängigkeit: Seien T_R und T_S Relationstypen mit den zugehörigen Relationen R und S sowie den Attributmengen A_R und A_S. Sei $X = \{A_{Rf_1}, \ldots, A_{Rf_p}\} \subseteq A_R$, $Y = \{A_{Sg_1}, \ldots, A_{Sg_p}\} \subseteq A_S$. Dann besteht eine Inklusionsabhängigkeit von Y in T_S bezüglich X in T_R, wenn zu *jedem* Zeitpunkt gilt: $\pi_{(A_{Sg_1},\ldots,A_{Sg_p})}(S) \subseteq \pi_{(A_{Rf_1},\ldots,A_{Rf_p})}(R)$.

Die funktionalen Abhängigkeiten werden im weiteren zu den vereinten funktionalen Abhängigkeiten erweitert:

Vereinte funktionale Abhängigkeit: Seien T_{R_i}, $1 \leq i \leq m$ Relationstypen, und für jeden Typ T_{R_i} seien X_i, Y_i zwei Attributfolgen. Dann heißt die Menge $\{X_1 \rightarrow Y_1, \ldots, X_m \rightarrow Y_m\}$ eine vereinte funktionale Abhängigkeit, wenn folgende Eigenschaften gelten:

– Für $1 \leq i, j, \leq m$ gilt gilt $|X_i| = |X_j|$ und $|Y_i| = |Y_j|$.

– Seien R_i und R_j die zu den Typen T_{R_i} und T_{R_j} gehörenden Relationen. Dann muß für diese Relationen zu jedem Zeitpunkt gelten: Mit $r_i \in R_i$ und $r_j \in R_j$ und $\pi_{X_i}(\{r_i\}) = \pi_{X_j}(\{r_j\})$ folgt $\pi_{Y_i}(\{r_i\}) = \pi_{Y_j}(\{r_j\})$.

Diese Abhängigkeiten kann man als Prädikate auffassen, die Zusammengehörigkeit von Sachverhalten (Inklusionsabhängigkeit) und Synonymität von Attributen (vereinte funktionale Abhängigkeit) erfassen. Inklusionsabhängigkeiten sind natürlich auch schon zwischen den Relationen innerhalb einer Sicht sinnvoll definiert. So gilt in unseren beiden Beispielsichten:

// Lagermanagementsicht
π_{ANr}(Lagereinheit) $\subseteq$ π_{ANr}(ArtikelArt)
π_{LeaNr}(Lagereinheit) $\subseteq$ π_{LeaNr}(LagereinheitArt)
...

// Herstellersicht
π_{ANr}(Liefereinheit) $\subseteq$ π_{ANr}(ArtikelArt)
π_{LieferNr}(Liefereinheit) $\subseteq$ π_{LieferNr}(Lieferung)
...

Für die Konsolidierung interessanter sind jedoch die Abhängigkeiten zwischen Relationen aus verschiedenen Sichten. Hier liegt es am Integrator, entsprechende Thesen aufzustellen, etwa die folgenden (L und H stehen für die beiden Sichten):

// Inklusionsabhängigkeiten
π_{ANr}(H.ArtikelArt) $\subseteq$ π_{ANr}(L.ArtikelArt)
π_{ANr}(L.ArtikelArt) $\subseteq$ π_{ANr}(H.ArtikelArt)
π_{LfNr}(H.Liefereinheit) $\subseteq$ π_{LeNr}(L.Lagereinheit)
π_{LeNr}(L.Lagereinheit) $\subseteq$ π_{LfNr}(H.Liefereinheit)

Die Abhängigkeiten sind nicht selbstverständlich. Sie besagen, daß der Hersteller ausschließlich das Lager beliefert, das durch die Lagermanagementsicht beschrieben wird. Umgekehrt wird das Lager ausschließlich vom genannten Hersteller beliefert. Diese Sachverhalte würden beispielsweise dann Sinn machen, wenn es sich beim Lager um ein Herstellerlager handelte. Dann wird auch klar, daß Lagereinheiten Liefereinheiten darstellen und umgekehrt (dritte und vierte Inklusionsabhängigkeit).

An vereinten funktionalen Abhängigkeiten können wir identifizieren (Sicht und Relationsname den Attributen vorangestellt):

// Vereinte funktionale Abhängigkeiten
{ L.ArtikelArt.ANr → L.ArtikelArt.AName,
  H.ArtikelArt.ANr → H.ArtikelArt.AName }
{ L.ArtikelArt.ANr → L.ArtikelArt.Material,
  H.ArtikelArt.ANr → H.ArtikelArt.Material }
{ L.Lagereinheit.LeNr → L.Lagereinheit.ANr,
  H.Liefereinheit.LfNr → H.Liefereinheit.ANr }

{ L.Lagereinheit.LeNr → L.Lagereinheit.Stückzahl,
H.Liefereinheit.LfNr → H.Liefereinheit.Stückzahl }

17.4.2 Sichtenverbindung

Eine Sichtenverbindung auf der Grundlage der eingeführten Abhängigkeiten muß das Ziel verfolgen, alle Redundanzen zu beseitigen und Zusammenhängendes zusammenzufassen. Hinweise auf Redundanzen geben die vereinten funktionalen Abhängigkeiten, Hinweise auf Beschreibungsmerkmale für denselben Sachverhalt gewinnt man aus zirkulären Inklusionsabhängigkeiten über Schlüsseln, wie dies beispielsweise für die Relationen L.ArtikelArt und H.ArtikelArt gegeben ist.

Zwischen den verschiedenen Abhängigkeiten kann es zu komplizierten Wechselwirkungen kommen, so daß ein allgemeingültiges Verfahren zur Redundanzbeseitigung und Zusammenfassung nicht angegeben werden kann.

Für den folgenden Satz von Einschränkungen findet sich ein Verfahren in der Literatur:

- Die einzigen funktionalen Abhängigkeiten sind Schlüsselbedingungen, die Relationen sind also in BCNF, und es gibt nur einen Schlüssel pro Relation.
- Inklusionsabhängigkeiten zwischen Sichten sind auf Schlüssel beschränkt.
- In vereinten funktionalen Abhängigkeiten sind die X_i Schlüssel, und es ist $|Y_i| = 1$.
- Jedes Nichtschlüsselattribut einer Relation erscheint in höchstens einer vereinten funktionalen Abhängigkeit.

Unser Beispiel erfüllt diese Einschränkungen.

Das Verfahren geht grob in folgenden Schritten vor.

```
for each (Inklusionsabhängigkeit T_S[K_S] ⊆ T_R[K_R]) do begin
   for each (vereinte funktionale Abhängigkeit F
      mit K_R → X_R und K_S → X_S) do begin
      (lösche X_S aus A_S);
      (lösche K_S → X_S aus F);
      (falls |F| = 1, lösche F)
   end;
end;

for each (zirkuläre Inklusionsabhängigkeit T_S[K_S] = T_R[K_R]) do begin
   (erzeuge im konsolidierten Schema neue Relation N
      mit A_N = A_R ∪ A_S und K_N = K_R);
   (lösche Inklusionsabhängigkeit);
   (ersetze in allen verbleibenden vereinten funktionalen Abhängigkeiten
      K_R und K_S durch K_N);
   for each (zirkuläre Inklusionsabhängigkeit
```

```
      TP[KP] = TR[KR] oder TP[KP] = TS[KS]) do begin
      (AN = AN ∪ AP mit KN unverändert);
      (lösche Inklusionsabhängigkeit);
      (ersetze in allen verbleibenden vereinten funktionalen Abhängigkeiten
         KP durch KN)
    end;
  end;

  for each (vereinte funktionale Abhängigkeit F) do begin
    (betrachte erste Abhängigkeit KR → XR in F);
    (erzeuge im konsolidierten Schema neue Relation N
       mit AN = KR ∪ XR und Schlüssel KN = KR);
    (lösche F);
    (füge konsolidiertem Schema die Inklusionsabhängigkeit
       TR[KR] ⊆ TN[KN] hinzu);
    for each (vereinte funktionale Abhängigkeit G) do begin
      if KR → YR in G then begin
        (AN = AN ∪ YR);
        (lösche G)
      end
    end
  end;
```

Alle verbleibenden Relationen und Inklusionsabhängigkeiten sind in das konsolidierte Schema zu übernehmen.

Wir demonstrieren das Verfahren an unserem Beispiel. Seien V die Vereinigung der alten Sichten, S das konsolidierte Schema, K die Menge der sichtenüberspannenden Konsistenzbedingungen und I die Inklusionsabhängigkeiten zu S. Dann ist zu Beginn

$V = \{$
L.ArtikelArt(**ANr**, AName, Menge, Lieferant, Gewicht),
Lagereinheit(**LeNr**, LeaNr, ANr, Stückzahl, Gewicht, LhNr),
LagereinheitArt(**LeaNr**, LeaName, Länge, Breite, Höhe, MaxGewicht),
Lagerhilfsmittel(**LhNr**, LhaNr, Gewicht, LoNr),
LagerhilfsmittelArt(**LhaNr**, LhaName, Länge, Breite, Höhe, MaxGewicht),
Lagerort(**LoNr**, LoaNr, Gewicht),
LagerortArt(**LoaNr**, Länge, Breite, Höhe, MaxGewicht),
Verträglichkeit(**ANr**, **LoNr**),
H.ArtikelArt(**ANr**, Material, Gewicht),
Liefereinheit(**LfNr**, ANr, Stückzahl, LieferNr),
Lieferung(**LieferNr**, Datum, Kunde),
GeoFläche(**FID**, **KID**),
GeoKante(**KID**, **PID**),
GeoPunkt(**PID**, X, Y, Z)
$\}$

$S = \emptyset$

$K = \{$
$\pi_{\mathrm{ANr}}(\mathrm{H.ArtikelArt}) \subseteq \pi_{\mathrm{ANr}}(\mathrm{L.ArtikelArt})$,

π_{ANr}(L.ArtikelArt) $\subseteq$ π_{ANr}(H.ArtikelArt),
π_{LfNr}(H.Liefereinheit) $\subseteq$ π_{LeNr}(L.Lagereinheit),
π_{LeNr}(L.Lagereinheit) $\subseteq$ π_{LfNr}(H.Liefereinheit),
{L.ArtikelArt.ANr → L.ArtikelArt.AName,
H.ArtikelArt.ANr → H.ArtikelArt.AName},
{L.ArtikelArt.ANr → L.ArtikelArt.Material,
H.ArtikelArt.ANr → H.ArtikelArt.Material},
{Lagereinheit.LeNr → Lagereinheit.ANr,
Liefereinheit.LfNr → Liefereinheit.ANr},
{Lagereinheit.LeNr → Lagereinheit.Stückzahl,
Liefereinheit.LfNr → Liefereinheit.Stückzahl}
}

$I = \emptyset$

Nach dem ersten Schritt haben sich in V die zwei Relationen H.ArtikelArt und Liefereinheit vereinfacht:

H.ArtikelArt(**ANr**),
Liefereinheit(**LfNr**, LieferNr)

Weiterhin enthält K keine vereinten funktionalen Abhängigkeiten mehr, womit der dritte Schritt des Algorithmus gegenstandlos werden wird. Der zweite Schritt hingegen ist anwendbar und führt zu einer Verschmelzung der Relationen L.ArtikelArt und H.ArtikelArt sowie Lagereinheit und Liefereinheit. Das Endergebnis lautet:

$V = \emptyset$

$S = \{$
L.ArtikelArt(**ANr**, AName, Menge, Lieferant, Gewicht),
Lagereinheit(**LeNr**, LeaNr, ANr, Stückzahl, Gewicht, LhNr, LieferNr),
LagereinheitArt(**LeaNr**, LeaName, Länge, Breite, Höhe, MaxGewicht),
Lagerhilfsmittel(**LhNr**, LhaNr, Gewicht, LoNr),
LagerhilfsmittelArt(**LhaNr**, LhaName,
Länge, Breite, Höhe, MaxGewicht),
Lagerort(**LoNr**, LoaNr, Gewicht),
LagerortArt(**LoaNr**, Länge, Breite, Höhe, MaxGewicht),
Verträglichkeit(**ANr**, **LoNr**),
Lieferung(**LieferNr**, Datum, Kunde),
GeoFläche(**FID**, **KID**),
GeoKante(**KID**, **PID**),
GeoPunkt(**PID**, X, Y, Z)
}

$K = \emptyset$

$I = \{$
π_{ANr}(H.ArtikelArt) $\subseteq$ π_{ANr}(L.ArtikelArt),
π_{LfNr}(Liefereinheit) $\subseteq$ π_{LeaNr}(LagereinheitArt)
}

17.4.3 E–R–Transformation

Wir hatten eingangs erwähnt, daß relationale Schemata überwiegend aus E–R–Schemata hervorgehen. Es erscheint dann sinnvoll, die Sichtenkonsolidierung auch auf der E–R–Ebene vorzunehmen. Damit ließe sich ein sehr viel reichhaltigeres Instrumentarium — einschließlich rechnergestützter Entwurfswerkzeuge — nutzen als bei Konsolidierung auf der relationalen Ebene.

Nun ist jedoch denkbar, daß in eine derartige Konsolidierung relationale Schemata eingehen, die unmittelbar auf einem relationalen Entwurf gemäß Kapitel 13 beruhen oder für die ihr E–R–Schema nicht mehr zugänglich ist. In diesem Fall kann man eine Transformation des relationalen Schemas in ein E–R–Schema versuchen. Wir haben hier erneut den Fall einer Schemaabbildung auf der semantischen Ebene vor uns, im Gegensatz zu Abschnitt 17.3.5 allerdings nun zwischen unterschiedlichen Datenmodellen. Da auch jetzt ausschließlich strukturelle Aspekte ins Spiel kommen, gelten für die Informationserhaltung die Überlegungen aus Abschnitt 17.3.5.

Nachfolgend skizzieren wir einen Satz von Übersetzungsregeln. Wie bereits zuvor nehmen wir an, daß sich alle Relationen zumindest in 3NF befinden. Des weiteren beschränken wir uns auf die Betrachtung von Primärschlüsseln, ignorieren also Schlüsselkandidaten. Und wie zuvor spielen die referentiellen Konsistenzen (Inklusionsabhängigkeiten, hier eingeschränkt auf eine einzelne Sicht) eine zentrale Rolle. Als Beispiel dient uns erneut die Lagerverwaltungswelt mit den Relationen

relation ArtikelArt(**ANr**, AName, Menge, Lieferant, Gewicht);
relation Lagereinheit(**LeNr**, LeaNr, ANr, Stückzahl, Gewicht, LhNr);
relation LagereinheitArt(**LeaNr**, LeaName, Länge, Breite, Höhe, MaxGewicht);
relation Lagerhilfsmittel(**LhNr**, LhaNr, Gewicht, LoNr);
relation LagerhilfsmittelArt(**LhaNr**, LhaName,
  Länge, Breite, Höhe, MaxGewicht);
relation Lagerort(**LoNr**, LoaNr, Gewicht);
relation LagerortArt(**LoaNr**, Länge, Breite, Höhe, MaxGewicht);
relation Verträglichkeit(**ANr**, **LoNr**);

und mit den referentiellen Konsistenzen

$\pi_{\text{ANr}}(\text{Lagereinheit}) \subseteq \pi_{\text{ANr}}(\text{ArtikelArt})$
$\pi_{\text{LeaNr}}(\text{Lagereinheit}) \subseteq \pi_{\text{LeaNr}}(\text{LagereinheitArt})$
$\pi_{\text{LhaNr}}(\text{Lagerhilfsmittel}) \subseteq \pi_{\text{LhaNr}}(\text{LagerhilfsmittelArt})$
$\pi_{\text{LoNr}}(\text{Lagerhilfsmittel}) \subseteq \pi_{\text{LoNr}}(\text{Lagerort})$
$\pi_{\text{LoaNr}}(\text{Lagerort}) \subseteq \pi_{\text{LoaNr}}(\text{LagerortArt})$
$\pi_{\text{ANr}}(\text{Verträglichkeit}) \subseteq \pi_{\text{ANr}}(\text{ArtikelArt})$
$\pi_{\text{LoNr}}(\text{Verträglichkeit}) \subseteq \pi_{\text{LoNr}}(\text{Lagerort})$

Wir erinnern uns der einleitenden Bemerkung aus Abschnitt 16.2.1, daß die Gegenstände des E–R–Modells dem Objektbegriff sehr nahe kommen. Man könnte infolgedessen auf den Gedanken kommen, die Klassifizierungsschritte aus Abschnitt 10.4.5 zur Gewinnung objektorientierter Sichten auf das relationale Modell auf die Situation hier zu übertragen. Das ist jedoch deshalb nicht sinnvoll, weil dort die Bündelung eine zentrale Rolle spielte, das E–R–Modell aber gerade diese Bündelung nicht kennt. Wir gehen daher von einfacheren Klassifizierungsregeln aus:

Eine *Primärrelation* ist eine Relation, deren Schlüssel keinen Fremdschlüssel enthält. Der Schlüssel einer *schwachen Primärrelation* enthält genau einen Fremdschlüssel. Alle anderen Relationen (also solche, deren Schlüssel aus mehreren Fremdschlüsseln besteht) gelten als *Sekundärrelationen*. Angewendet auf unser Beispiel:

```
// Primärrelationen
relation ArtikelArt(ANr, AName, Menge, Lieferant, Gewicht);
relation Lagereinheit(LeNr, LeaNr, ANr, Stückzahl, Gewicht, LhNr);
relation LagereinheitArt(LeaNr, LeaName, Länge, Breite, Höhe, MaxGewicht);
relation Lagerhilfsmittel(LhNr, LhaNr, Gewicht, LoNr);
relation LagerhilfsmittelArt(LhaNr, LhaName,
   Länge, Breite, Höhe, MaxGewicht);
relation Lagerort(LoNr, LoaNr, Gewicht);
relation LagerortArt(LoaNr, Länge, Breite, Höhe, MaxGewicht);

// Sekundärrelationen
relation Verträglichkeit(ANr, LoNr);
```

(Schwache Primärrelationen existieren nicht.)

Die Abbildung geht nun in den folgenden Schritten vor:

1. *Vorbereitung durch Umbenennung*: Sicherzustellen ist — notfalls durch Umbenennung —, daß Attribute mit gleicher Bedeutung gleichbenannt sind, und daß gleichbenannte Attribute auch gleiche Bedeutung besitzen.
2. *Abbildung von Primärrelationen*: Primärrelationen werden direkt auf Gegenstandstypen abgebildet.
3. *Abbildung von schwachen Primärrelationen*: Sie werden direkt auf schwache Gegenstandstypen abgebildet.
4. *Generalisierung*: Dies ist ein rein intellektueller Schritt, bei dem der Integrator aufgrund Zusatzwissen die bisher erzeugten Gegenstandstypen oder ihre zugrundeliegenden Relationen auf Teilmengeneigenschaft untersucht und daraus die entsprechenden Generalisierungen herleitet.

5. *Abbildung von Sekundärrelationen*: Sekundärrelationen werden auf Beziehungstypen zwischen den Gegenstandstypen, deren Schlüssel als Fremdschlüssel in den Schlüssel der Sekundärrelation eingingen, abgebildet. Die Nichtschlüsselattribute werden dem Beziehungstyp zugeschlagen. Die Kardinalitäten lassen sich nicht automatisch herleiten, sie müssen daher vom Integrator aufgrund von Zusatzwissen bestimmt werden.
6. *Abbildung von referentiellen Konsistenzen von Nichtschlüsselattributen*: Seien T_R und T_S (evtl. schwache) Primärrelationstypen und bestehe eine referentielle Konsistenz von Nichtschlüsselattribut Y in T_S bezüglich X in T_R. Dann wird die referentielle Konsistenz auf einen binären und attributlosen Beziehungstyp abgebildet, wobei der zu T_S gehörige Gegenstandstyp die Kardinalität $\langle 1,1 \rangle$ oder bei Zulässigkeit von *NULL*–Werten $\langle 0,1 \rangle$ und der zu T_R gehörige Gegenstandstyp die Kardinalität $\langle 0,* \rangle$ oder $\langle 1,* \rangle$ (Integratorentscheid!) aufweist.

Die Ermessensentscheide des Integrators in den Schritten 4, 5 und 6 haben wieder mit der größeren Mächtigkeit des E–R–Modells zu tun.

Bild 17.14 zeigt das Ergebnis der Abbildungsschritte auf unser relationales Schema, wobei die Schritte 1, 3 und 4 entfallen können. Die Kardinalitäten am Beziehungstyp Verträglichkeit aus Schritt 5 wurde vom Integrator als $\langle 1,* \rangle$ gewählt. Dann ergibt sich volle Übereinstimmung mit der früheren E–R–Modellierung (Bild 14.7), doch sollte man daraus nicht auf Zwangsläufigkeit schließen.

17.5 Objektorientiertes Modell

Angesichts der Mächtigkeit des semantischen Modells für den objektorientierten Entwurf, wie wir es in Kapitel 16 kennengelernt haben, müssen wir erwarten, daß auch die Bestimmung der Thesen vielgestaltiger ist als für das E–R–Modell, ganz zu schweigen vom relationalen Modell. Liegt OMT zugrunde, so sollten sich die Thesen dabei mit allen drei Aspekten beschäftigen: Datenmodellierung der Klassen mit Attributen und Operatoren, der Beziehungstypen, der Generalisierung und der Aggregierung; Dynamikmodellierung mit Ereignissen und Ereignisszenarien; Funktionsmodellierung. Bei TROLL sollten Attribute, Operatoren (dort als Ereignisse eingeführt), Konsistenzbedingungen, Sicherheitsbedingungen und Verpflichtungen Berücksichtigung finden. In beiden Fällen müßte noch entschieden werden, ob man sich auf die Operatorsignaturen beschränken oder auch die Implementierung bzw. die Effektspezifikationen mit einbeziehen will.

Angesichts des noch jungen Entwicklungsstandes des objektorientierten Entwurfs wird es kaum verwundern, daß hier bisher die Sichtenkonsolidierung noch wenig in Erscheinung getreten ist und deshalb auch keinerlei Hinweise

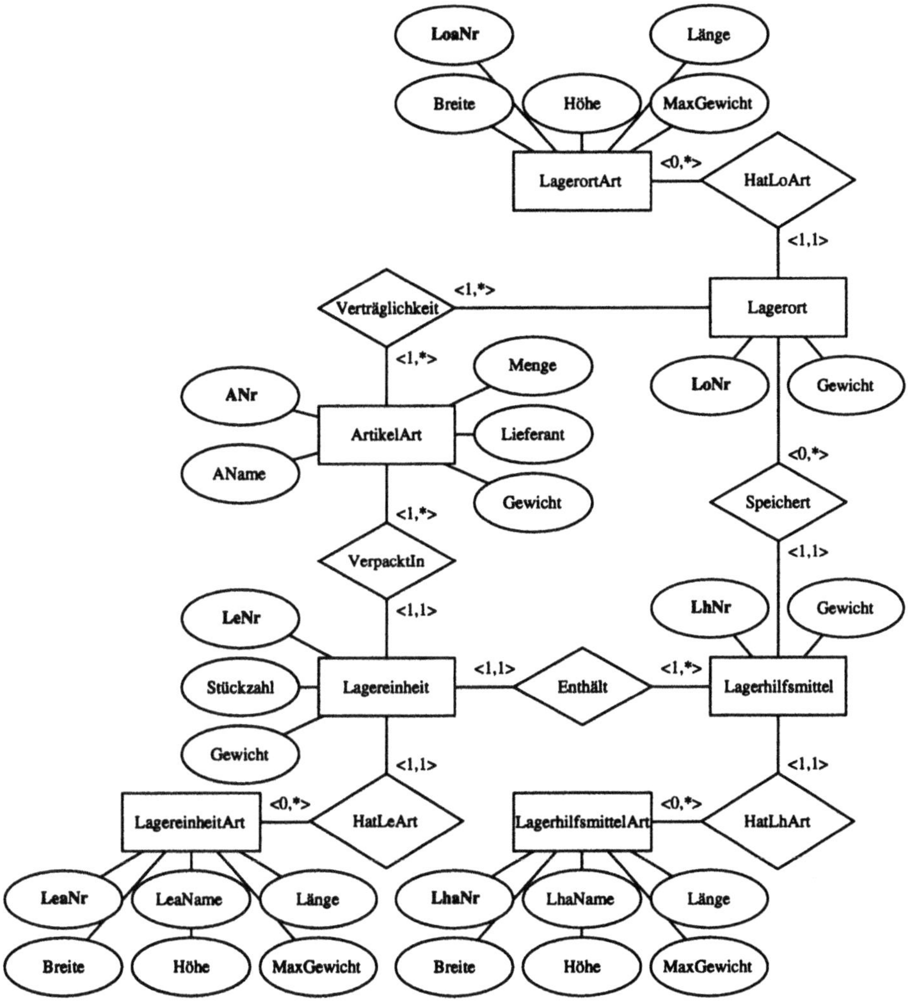

Bild 17.14. Ergebnis der E–R–Transformation der Lagerverwaltungsrelationen

auf ein methodisches Vorgehen vorliegen. Insbesondere fehlen jegliche Aussagen zur Dynamikmodellierung. Wir beschränken uns daher im folgenden auf einige kurze Hinweise.

17.5.1 Vermutungen über der Struktur

Wie in Kapitel 16 erwähnt, weist die Datenmodellierung in OMT viel Ähnlichkeit mit der E–R–Modellierung auf. Daher sollte sich für alle Strukturierungsregeln, die mit denen des (erweiterten) E–R–Modells übereinstimmen — also Klassen, Attributierung, Generalisierung, Beziehungstypen — die Verfahrensweise aus Abschnitt 17.3 übernehmen lassen. Einzig für die Aggregierung sind noch Prädikate hinzuzufügen.

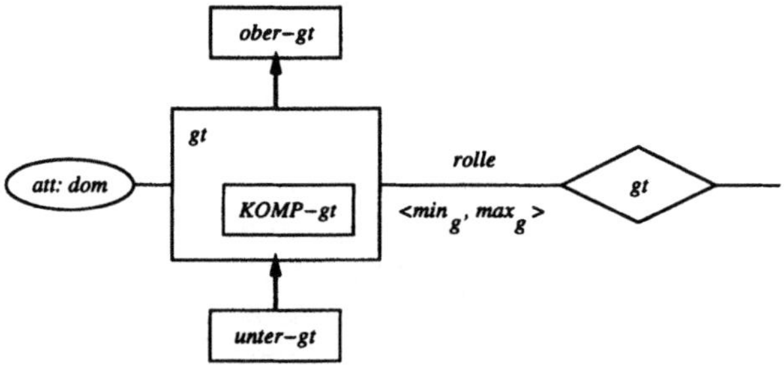

Bild 17.15. Umgebung für einen Gegenstandstyp mit Aggregierung

Wir greifen dazu noch einmal die Umgebung eines Gegenstandstyps aus Bild 17.8 auf und ergänzen es um die Aggregierung zu Bild 17.15. Ein Gegenstandstyp kann nunmehr noch zusätzlich Komponententyp eines anderen Gegenstandstyps sein. Dementsprechend kommen zu den Hilfsmengen in Abschnitt 17.3.3 noch solche für gemeinsame Komponententypen und für gemeinsame umfassende Gegenstandstypen hinzu:

$$\begin{aligned}&\mathit{GemeinsamKomp}(gt_A, gt_B) :=\\&\quad\{(kt_A, kt_B) \mid\\&\quad\quad \forall i \in \{A, B\} : kt_i \in \mathit{KompTyp}(gt_i)\\&\quad\quad \wedge (\mathit{V\_\ddot{A}hnlichGeg}(kt_A, kt_B) \vee \mathit{\ddot{A}hnlichGeg}(kt_A, kt_B))\}\end{aligned}$$

$$\begin{aligned}&\mathit{GemeinsamUmf}(gt_A, gt_B) :=\\&\quad\{(ut_A, ut_B) \mid\\&\quad\quad \forall i \in \{A, B\} : ut_i \in \mathit{UmfTyp}(ut_i)\\&\quad\quad \wedge (\mathit{V\_\ddot{A}hnlichGeg}(ut_A, ut_B) \vee \mathit{\ddot{A}hnlichGeg}(ut_A, ut_B))\}\end{aligned}$$

$\mathit{GemeinsamKomp}(gt_A, gt_B)$ ist also die Menge aller Paare (kt_A, kt_B) von Gegenstandstypen, die Komponententypen von gt_A bzw. gt_B sind und für die bereits eine Vermutung oder These $\mathit{\ddot{A}hnlichGeg}(kt_A, kt_B)$ aufgestellt wurde.

Ähnlich ist $GemeinsamUmf(gt_A, gt_B)$ die Menge aller Paare (ut_A, ut_B) von Gegenstandstypen, die gt_A bzw. gt_B enthalten und für die bereits eine Vermutung oder These $ÄhnlichGeg(ut_A, ut_B)$ aufgestellt wurde.

Mit ihnen erweitert sich das Prädikat *V_GleichGeg*:

$$
\begin{aligned}
&V\_GleichGeg(gt_A, gt_B) := \\
&\quad (name(gt_A) = name(gt_B) \\
&\quad \vee GemeinsamAtt(gt_A, gt_B) \neq \emptyset \\
&\quad \vee GemeinsamRolle(gt_A, gt_B) \neq \emptyset \\
&\quad \vee GemeinsamKomp(gt_A, gt_B) \neq \emptyset \\
&\quad \vee GemeinsamUmf(gt_A, gt_B) \neq \emptyset \\
&\quad \wedge \neg(VerschiedenGeg(gt_A, gt_B) \vee \ddot{A}hnlichGeg(gt_A, gt_B))
\end{aligned}
$$

17.5.2 Aufstellung von Thesen

Natürlich sind Vermutungen hier ein schwächeres Indiz für eine These als im E–R–Modell. Abweichungen können nämlich noch bei den Operatoren, ihrer Funktionsmodellierung oder bei ihrer Teilnahme an der Dynamikmodellierung zu beobachten sein. Andererseits liegt mit diesen Angaben sehr viel mehr an Information vor, die dem Integrator die Entscheidung über Thesen oder Antithesen erleichtert.

Man könnte sich zunächst vorstellen, daß man die Operatorsignaturen in Vermutungen mit einbeziehen kann, indem man formal definiert, wann eine Ähnlichkeit zweier Signaturen vorliegt. Diese könnte streng auf der Identität bis auf Operatorname und/oder Parameterbezeichner beruhen, sie könnte aber auch die Parameter– und Ergebnistypen entsprechend der Verfeinerungsregeln aus Abschnitt 8.4.6 differieren lasen. Des weiteren wären dann die Mengen ähnlicher Operatoren für die beiden zu untersuchenden Gegenstandstypen zu vergleichen, etwa ähnlich wie dies für die Attribute geschah. Formale Untersuchungen zu einem solchen Vorgehen scheinen aber noch am Anfang zu stehen.

Auch Ähnlichkeit der Signaturen ist nur ein Indiz. Sehr viel zuverlässigere Aussagen erhält man, wenn man auch die Effekte der Operatoren vergleicht. Erfolgt die Beschreibung der Effekte durch Datenflußdiagramme, so kann der Vergleich nur intellektuell geschehen. Aber auch für formale Beschreibungen, etwa in einer funktionalen Schreibweise oder mittels Vor– und Nachbedingungen, wird wegen der allgemeinen Unentscheidbarkeit ein mechanischer Vergleich nur selten in Frage kommen.

Zusammenfassend kann beim heutigen Stand der Technik dem Integrator also kaum mehr an mechanischer Hilfe geboten werden als bei der E–R–Modellierung. Bei der Überführung der Vermutungen in Thesen oder Antithesen und vermutlich auch bei den Transformationen wird er jedoch sehr viel stärker intellektuell gefordert.

17.6 Literatur

Das klassische Übersichtswerk zur Sichtenkonsolidierung ist [BLN86]. Die Verfeinerung der dort diskutierten Methoden in Abschnitt 17.3 haben wir [Got88] und [GLN92] entnommen. Die dort erwähnten Verbindungsregeln entstammen [TF82] und vor allem auch [NEL86]. [NSE84] gibt eine große Zahl von Beziehungstypen an, die wir in diesem Abschnitt aus einer Folge von Transformationsregel- und Verbindungsregelanwendung konstruieren würden. Zur Integration relationaler Schemata siehe [CV83]. Auch [BCN92] gibt einige Hinweise.

18. Übersetzung auf logische Datenmodelle

18.1 Charakterisierung

Der Implementierungs- oder logische Entwurf hat die Übersetzung des semantischen Schemas in ein logisches Datenbasisschema zum Gegenstand. Das semantische Schema ist dabei durch das verwendete semantische Datenmodell bestimmt, das logische Schema durch die Entscheidung für ein reales Datenbanksystem und damit dessen Datenmodell.

Bei den logischen Datenmodellen werden wir uns auf das relationale, Netzwerk- und objektorientierte Modell beschränken, bei den semantischen Datenmodellen auf relationales, E–R- und objektorientiertes (Entwurfs-)Modell. Nun gehören Übersetzungen innerhalb und zwischen Datenmodellen allmählich sozusagen zu unserem täglichen Brot, so daß wir von den Ergebnissen aus den Kapiteln 10 und 17 und insbesondere von den Anforderungen an die Informationserhaltung aus den Abschnitten 10.2 und 17.3.5 profitieren können sollten.

Das relationale Entwurfsmodell aus Kapitel 13 hat nur Bedeutung für die Vorbereitung oder Nachbereitung relationaler logischer Schemata erlangt. Die Normalisierung in Abschnitt 13.6 kann somit als Übersetzung semantischer in logische Schemata gedeutet werden. Wir können daher im vorliegenden Kapitel auf eine erneute Betrachtung des relationalen Modells als Quelldatenmodell der Übersetzung verzichten.

Betrachten werden wir hingegen das E–R–Modell als wichtigstes Quelldatenmodell für die diversen logischen Datenmodelle. Am Ende werden wir noch kurz den objektorientierten Entwurf streifen, dessen volle Mächtigkeit allerdings nur zum Tragen kommt, wenn auch das Zieldatenmodell objektorientiert ist.

Wir werden in allen Fällen wieder Übersetzungsregeln angeben und dabei auch andeuten, welche Übersetzungsschritte automatisierbar sind und welche zusätzlicher Entscheidungen seitens der Benutzer bedürfen.

18.2 E–R–Schema in relationales Schema

18.2.1 Abbildung von Domänen

Abbildung atomarer Domänen: Jede im E–R–Schema auftauchende Domäne D_{ER} wird auf eine geeignete Domäne D_R des relationalen Modells abgebildet.

Damit bleiben die im E–R–Modell als Werte beschriebenen Informationselemente auch im relationalen Modell atomar, und demgemäß ist durch den Abbildungsprozeß auf jeden Fall die erste Normalform für das Relationenschema gesichert.

Beispiel: Die Domäne Zeichen(25) des Attributs StaatName im E–R–Modell wird im Relationenmodell auf eine Domäne abgebildet, die ebenfalls eine Zeichenkette darstellt. Die Übernahme von Zeichen(25) ins relationale Modell ist der natürlichste Kandidat; ohne Informationsverlust möglich ist aber auch jede andere Domäne Zeichen(n) mit $n > 25$.

Abbildung nicht-atomarer Domänen: Wenn wir erste Normalform anstreben, können diese Domänen im Endergebnis so nicht erscheinen. Zwei Lösungsansätze sind denkbar. Zum einen kann man die Domänen unmittelbar abbilden, so daß zunächst NF^2–Relationen entstehen, die dann im Zuge einer Nachbereitung einer Unnest–Operation unterworfen werden. Zum anderen lassen sich diese Attribute bereits auf der E–R–Ebene einer Transformation unterwerfen, damit dann für die Abbildung nur noch atomare Attribute zu betrachten sind. Für derartige Transformationen muß dann natürlich die Informationserhaltung gemäß Abschnitt 17.3.5 gegeben sein.

Wir wählen das letztere Vorgehen. Dann gilt:

- Sei C tupelwertige Domäne von Gegenstandstyp *gt1*. Es bestehen zwei Alternativen. Die erste „verflacht“ das Tupel um eine Stufe, indem sie für jede Tupelkomponente von C für *gt1* ein eigenes Attribut vorsieht und dafür C eliminiert. Die zweite führt einen neuen schwachen Gegenstandstyp *gt2* ein, der die aus der beschriebenen Verflachung hervorgegangenen Attribute (samt ihrer Domänen) erhält. Als dessen Schlüsselattribute sind die Schlüsselattribute von *gt1* impliziert. Zwischen *gt1* und *gt2* wird ein neuer Beziehungstyp vereinbart, bezüglich dessen *gt1* Kardinalität $\langle 0,1 \rangle$ oder $\langle 1,1 \rangle$ (Benutzerentscheid!) und *gt2* Kardinalität $\langle 1,1 \rangle$ besitzt.
- Sei C mengenwertige Domäne von Gegenstandstyp *gt1*, so wird ein neuer schwacher Gegenstandstyp *gt2* eingeführt. Er erhält ein neues Attribut mit dem Komponententyp von C als Domäne, sofern C atomar ist, oder eine Menge von Attributen gemäß der gerade geschilderten Verflachung, falls C tupelwertig ist. Ein oder mehrere dieser Attribute bilden gemeinsam mit den Schlüsselattributen von *gt1* den Schlüssel. Zwischen *gt1* und *gt2* wird ein neuer Beziehungstyp vereinbart, bezüglich dessen *gt1* Kardinalität $\langle 0,* \rangle$ oder $\langle 1,* \rangle$ (Benutzerentscheid!) und *gt2* Kardinalität $\langle 1,1 \rangle$ besitzt.

Bild 18.1 veranschaulicht die Transformationen.

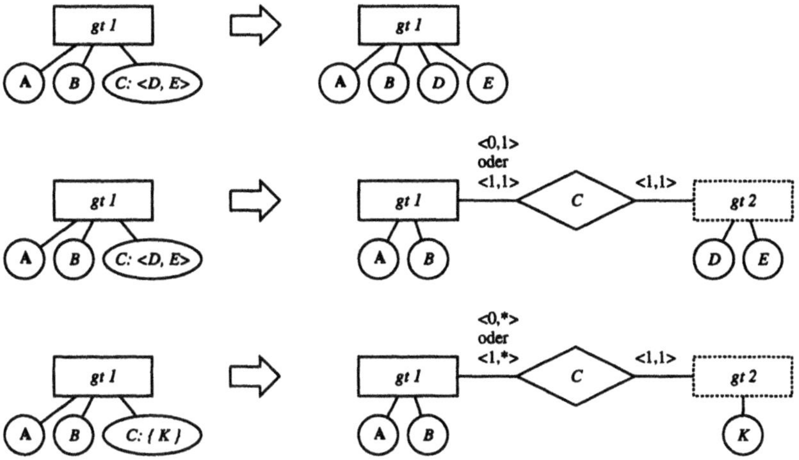

Bild 18.1. Transformationen zur Beseitigung nicht–atomarer Domänen

Beispiel: Die E–R–Domänen Linienzug und Polygon aus Abschnitt 14.2.1 bestehen aus einer Reihenfolge von Punkten. Verzichteten wir auf eine Transformation, so müßte man ihnen im relationalen Modell (sehr lange) Zeichenketten als Domänen zuordnen. Attribute solcher Domänen sind allerdings relationenalgebraisch atomar, d.h. man kann „innerhalb" der Attribute keine Operationen ausführen. Um die Struktur von Linienzügen und Polygonen für den Anwender sichtbar zu machen, empfiehlt sich daher die Transformation.

Sowohl Linienzug als auch Polygon sind Mengen von Tupeln bestehend aus Punkt und Reihenfolgeposition (Abschnitt 4.8.2). Es findet also zunächst die dritte Transformation aus Bild 18.1 Anwendung. Auf den entstehenden schwachen Gegenstandstyp ist dann noch die erste Transformation anzuwenden, womit sich die Attribute Punkt und Reihenfolge ergeben. Da Punkte selbst wieder Tupel sind, folgt noch eine Transformation nach Bild 18.1 Mitte. Bild 18.2 zeigt das Ergebnis.

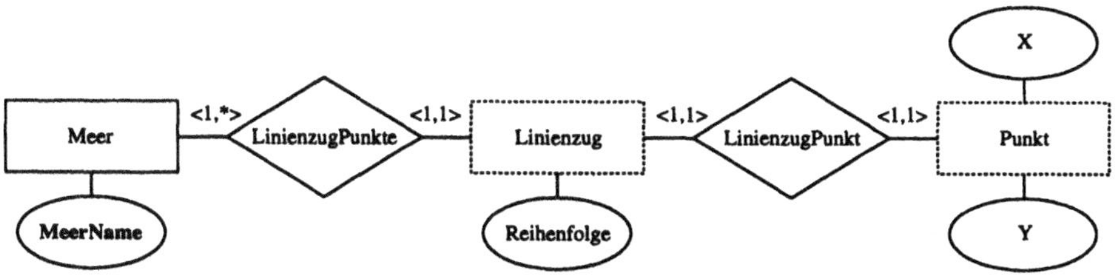

Bild 18.2. Transformation der Domäne Linienzug

Wir zeigen nun, daß sich die Transformationen aus Abschnitt 17.3.5 auch sehr gut für eine weitere Nachbearbeitung einsetzen lassen, bevor man mit der eigentlichen Abbildung beginnt. Man kann nämlich den Gegenstandstyp Linienelement beseitigen und die beiden Beziehungstypen LinienzugPunkte und LinienzugPunkt zusammenfassen, indem man das Attribut Reihenfolge gemäß Bild 17.12 Mitte in einen der Beziehungstypen propagiert, da dann Linienelement attributlos ist und die Beziehungstypen über $\langle 1,1 \rangle$–Kardinalitäten zusammenhängen. Des weiteren empfielht es sich, Linienzug und Polygon gemeinsam für Meer und Fluß bzw. See und Staat zu nutzen.

Daher machen wir in einem allerersten Schritt Linienzug und Polygon zu eigenständigen (starken) Gegenstandstypen, indem wir die Transformation nach Bild 17.11 anwenden. Aus ähnlichen Überlegungen heraus empfiehlt es sich auch, Punkt zu einem eigenständigen und damit starken Gegenstandstyp zu machen. Das Ergebnis nach abschließender Anpassung der Kardinalitäten zeigt Bild 18.3.

Da die Abbildung der Domänen durch diese Regeln ein für allemal definiert ist, werden wir beim weiteren Vorgehen die (atomaren) Domänen der Attribute nicht mehr angeben.

18.2.2 Abbildung von Gegenstandstypen

Jedem Gegenstandstyp $G(A_1, A_2, \ldots, A_n)$ werden ein Relationstyp T_{RG} mit korrespondierenden Attributen $(A_1, A_2, \ldots, A_n)$ sowie eine zu T_{RG} gehörende Relation R_G zugeordnet. Der Primärschlüssel $K_{T_{RG}}$ von T_{RG} korrespondiert mit dem Primärschlüssel K_G von G und ist eine Folge von Attributen aus T_{RG}.

Abbildung schwacher Gegenstandstypen: Für jeden schwachen Gegenstandstyp G_W mit (Teil–)Schlüssel K_{G_W} und zugehörigem starken Gegenstandstyp G_S wird ein Relationstyp T_{RG_W} eingeführt. Dieser besitzt die Attribute von G_W sowie den Schlüssel K_{G_S} von G_S. Der Primärschlüssel von G_W korrespondiert mit $K_{G_S} \cup K_{G_W}$.

Beispiel: Bild 18.4 zeigt die Modellierung der Kartographiewelt in einem E–R–Diagramm, das bis auf weiteres als Ausgangsdiagramm dienen soll. Hier existieren die Gegenstandstypen Staat, Stadt, See, Meer und Fluß. Es ergeben sich dafür die folgenden Relationen mit fett gedruckten Schlüsselattributen:

```
// Ehemalige Gegenstandstypen
relation Staat(StaatName, Begrenzung);
relation Stadt(StadtName, Begrenzung);
relation See(SeeName, Begrenzung);
relation Meer(MeerName, Verlauf);
relation Fluß(FlußName, Verlauf);
```

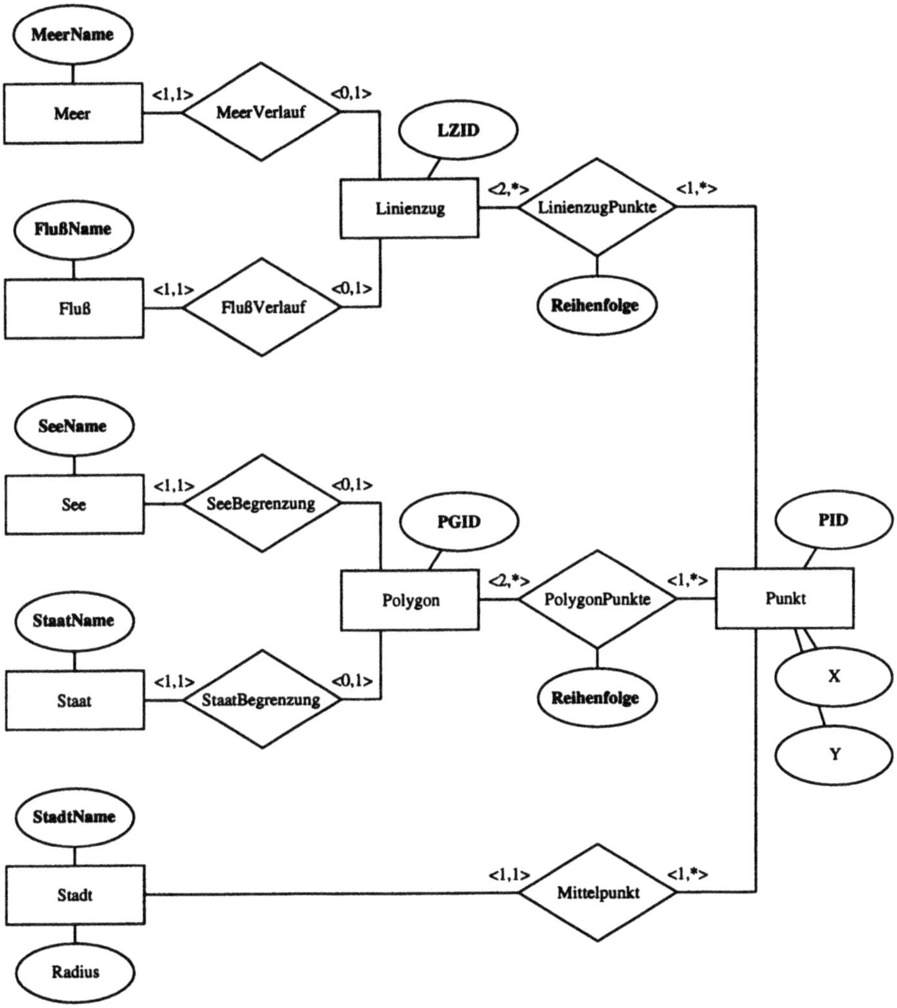

Bild 18.3. Beseitigung nicht–atomarer Domänen im Kartographiebeispiel

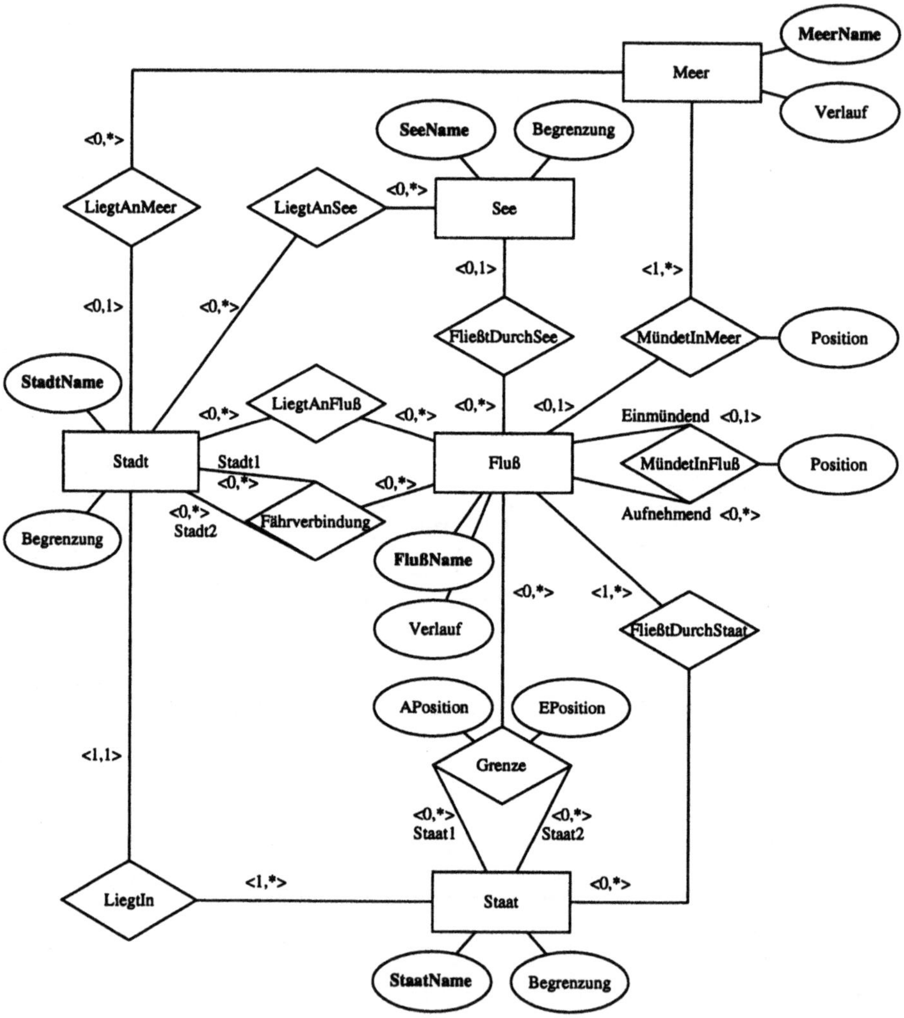

Bild 18.4. E–R–Diagramm als Ausgangsbasis für die relationale Umsetzung

Soweit entspricht die Darstellung der intuitiven Modellierung, die wir bei der Einführung des Kartographiebeispiels in Abschnitt 4.8.2 gegeben haben.

18.2.3 Abbildung von Beziehungstypen

Abbildung von Kardinalitäten. Das Konzept der Kardinalität existiert im relationalen Modell nicht. Jedoch spiegelt das Auftreten einer $\langle 0,1\rangle$– oder einer $\langle 1,1\rangle$–Kardinalität einen funktionalen Zusammenhang wider, und von diesem wissen wir aus Kapitel 13, daß er sich durch eine Schlüsselbedingung erzwingen läßt. Die folgenden Kardinalitäten seien stets zwischen einem Gegenstandstyp G und einem Beziehungstyp B gegeben; ferner seien noch n andere Gegenstandstypen $G_1, \ldots, G_n$ an B beteiligt:

- *Kardinalität* $\langle 0,1\rangle$: Jede Ausprägung $g \in \Im(G)$ geht in diesem Fall höchstens einmal in B ein. Beispielsweise besteht zwischen dem Gegenstandstyp Fluß und dem Beziehungstyp MündetInMeer die Kardinalität $\langle 0,1\rangle$, was besagt, daß jeder Fluß in höchstens ein Meer mündet. Das bedeutet aber, daß für g die über B zugehörigen Ausprägungen $g_i \in \Im(G_i)$ für alle beteiligten G_i eindeutig bekannt sind. Wir können also direkt in der Ausprägung g die zugehörigen g_i zu referenzieren. Dies wird im Relationenschema realisiert, indem die Schlüssel von G_i als zusätzliche Attribute von T_{RG} vorgesehen werden. Sie bilden dann die Fremdschlüssel in T_{RG}. Eventuelle Attribute von B werden ebenfalls T_{RG} zugeschlagen. Der bisherige Schlüssel von T_{RG} bleibt bei dieser Abbildung als Schlüssel erhalten.

  Man beachte, daß die Mindestkardinalität 0 nicht fordert, daß für die Fremdschlüsselattribute Werte vorliegen. Des weiteren ist vorstellbar, daß neben G noch weitere G_i mit derselben Kardinalitätseigenschaft existieren. Dann obliegt es dem Benutzer, zwischen diesen Kandidaten genau einen für die gerade geschilderte Behandlung auszuwählen. Als Folge davon kann für alle anderen die Einhaltung der Kardinalität nicht mehr garantiert werden.
- *Kardinalität* $\langle 1,1\rangle$: Beispielsweise besteht zwischen dem Gegenstandstyp Stadt und dem Beziehungstyp LiegtIn diese Kardinalität, was besagt, daß jede Stadt in genau einem Staat liegt. Dieser Kardinalitätsfall ist wie der vorhergehende zu behandeln. Die Zusatzeinschränkung, daß jedes $g \in \Im(G)$ an B teilnehmen muß, läßt sich allerdings nur durchsetzen, wenn man Nullwerte für die Fremdschlüssel verbietet oder referentielle Konsistenzen auszudrücken vermag, in diesem Fall also die referentielle Konsistenz aller Fremdschlüssel in T_{RG} bezüglich ihrer entsprechenden T_{RG_i}.
- *Kardinalität* $\langle 0,*\rangle$: Diese Situation ist die allgemeinste, es gibt daher nichts zu erzwingen.
- *Kardinalität* $\langle 1,*\rangle$: Dieser Fall besagt, daß jede Ausprägung von G mindestens einmal die Beziehung B eingeht. Und eben diese Mindestanforderung

kann im relationalen Modell mit den bisher vorgestellten Beschreibungsmitteln nicht garantiert werden.

Allgemeine Beziehungstypen. Wenn keine zu erzwingenden Kardinalitäten vorliegen, wird jedem Beziehungstyp $B = G_1 \times G_2 \times \ldots \times G_n$ ein eigener Relationstyp T_{RB} folgendermaßen zugeordnet: $T_{RB}(K_{T_{RG_1}} \cup K_{T_{RG_2}} \cup \ldots \cup K_{T_{RG_n}})$, mit $K_{T_{RG_i}}$ Schlüssel der Relation zu G_i. Bei Doppelbelegungen von Attributnamen sind geeignete Attributumbenennungen vorzusehen. Die so gebildete Attributmenge trägt gleichzeitig zum Schlüssel $K_{T_{RB}}$ für T_{RB} bei. Verfügt B über eigene Attribute, so werden diese T_{RB} beigegeben. Abhängig von der Semantik der Beziehung müssen ein, mehrere oder auch keines dieser Attribute dem Schlüssel von T_{RB} zugeschlagen werden. Man beachte, daß diese Semantik nicht im E–R–Schema ausgewiesen ist; dort ist im allgemeinen nicht erkennbar, ob die $K_{T_{RG_i}}$ gemeinsam (oder sogar eine Teilmenge hiervon) bereits die Eindeutigkeit sichern.

Sofern alle Schlüsselkandidaten einer Relation als solche ausgezeichnet werden können, ist die direkte Abbildung eines Beziehungstyps auch sinnvoll, wenn an ihm mehr als ein Gegenstandstyp mit Kardinalität $\langle 0,1\rangle$ oder $\langle 1,1\rangle$ beteiligt ist. Dann bildet nämlich jeder der importierten Fremdschlüssel $K_{T_{RG_i}}$ einen Schlüsselkandidaten in T_{RB}.

Ähnlich wie wir in Abschnitt 18.2.1 die Nützlichkeit vorbereitender Transformationen im E–R–Modell demonstrierten, kann sich auch eine Nachbereitung durch Transformationen im relationalen Modell lohnen. Angenommen, wir bildeten zunächst blindlings zu jedem Beziehungstyp eine eigene Relation. Liegt nun Kardinalität $\langle 0,1\rangle$ oder $\langle 1,1\rangle$ vor, so gilt für alle Attribute $A \in A_{R_B}$ die Eigenschaft $K_{T_{RG}} \rightarrow A$. Ebenso gilt für alle Attribute $A \in A_G$ die Eigenschaft $K_{T_{RG}} \rightarrow A$. Durch Anwendung der Armstrong–Axiome — insbesondere der Vereinigung — können diese Attribute damit nach T_{RG} gezogen werden, und T_{RB} entfällt.

Beispiel: Nach diesen Regeln sieht das Relationenschema für das E–R–Schema Bild 18.4 wie folgt aus:

```
// Ehemalige Gegenstandstypen und Teile der Beziehungstypen
relation Staat(StaatName, Begrenzung);
relation Stadt(StadtName, Begrenzung, StaatName, MeerName);
relation See(SeeName, Begrenzung, FlußName);
relation Meer(MeerName, Verlauf);
relation Fluß(FlußName, Verlauf,
   Aufnehmend, InFlußPosition, MeerName, InMeerPosition);

// Teile der Beziehungstypen
relation LiegtAnFluß(StadtName, FlußName);
relation LiegtAnSee(StadtName, SeeName);
relation FließtDurchStaat(FlußName, StaatName);
relation Grenze(Staat1, Staat2, FlußName, APosition, EPosition);
relation Fährverbindung(Stadt1, Stadt2, FlußName);
```

Vergleicht man dieses Schema mit dem aus Abschnitt 4.8.2, so fallen — neben den verändertern Bezeichnern — ganz erhebliche Unterschiede bei der Darstellung der topologischen Sachverhalte auf. Die Relation **LiegtAn** aus Abschnitt 4.8.2 entspricht hier den zwei Relationen **LiegtAnFluß** und **LiegtAnSee** sowie dem nach **Stadt** gebrachten Sachverhalts des Am–Meer–Liegens, weil die entsprechenden Beziehungstypen bereits im E–R–Diagramm nach den Gewässerarten differenziert waren. Ebenso wird die in Abschnitt 4.8.2 enthaltene Relation **FließtDurch** aufgespalten; dabei ergibt sich hier nur **FließtDurchStaat** als eigene Relation, da das Fließen eines Flusses durch einen See aufgrund der gegebenen Kardinalitäten in der Relation **See** beschrieben werden kann.

18.2.4 Umsetzung der Abstraktionsmechanismen

Abbildung von Aggregierungen. Sei eine Aggregierung eines Beziehungstyps $B = G_1 \times \ldots \times G_n$ zu einem Gegenstandstyp G gegeben, wobei die G_i auf Relationstypen T_{RG_i} abgebildet sind. Dann wird G ein eigener Relationstyp T_{RG} folgendermaßen zugeordnet: $T_{RG}(K_{T_{RG_1}} \cup K_{T_{RG_2}} \cup \ldots \cup K_{T_{RG_n}})$, mit den $K_{T_{RG_i}}$ als jeweilige Schlüsselattribute.

Entspricht T_{RG} einem bereits existierenden Relationstyp, so kann dieser wieder entfernt werden. Dieser Fall ist in der Praxis gegeben, wenn die Aggregierung auf einem einzigen Beziehungstyp beruht.

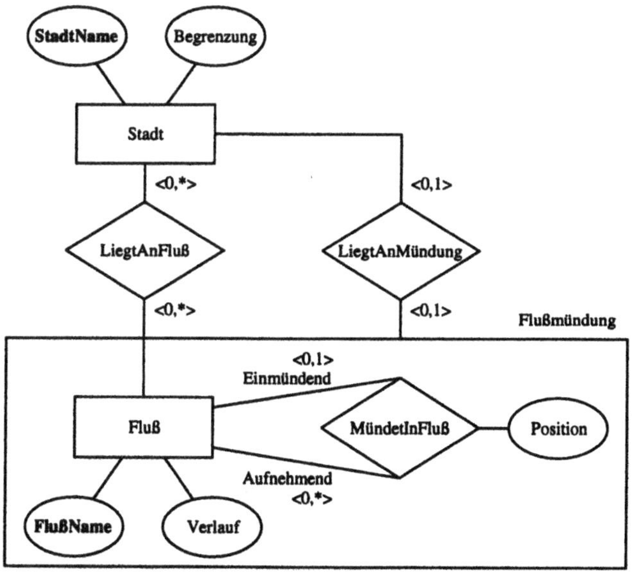

Bild 18.5. E–R–Diagramm mit Aggregierung als Ausgangsbasis für die relationale Umsetzung

Beispiel: Bild 18.5 zeigt (unter anderem) das Aggregat Flußmündung. Dieses und der Beziehungstyp LiegtAnMündung werden dann zunächst folgendermaßen ins Relationenmodell umgesetzt:

relation Flußmündung(**EinmündenderFluß**, AufnehmenderFluß);
relation LiegtAnMündung(**StadtName**, EinmündenderFluß);

Da die Daten von Flußmündung bereits in der Relation Fluß enthalten sind, kann Flußmündung als eigenständige Relation weggelassen werden. Dies gilt jedoch nicht für LiegtAnMündung bezüglich LiegtAnFluß, wie ein kurzer Blick auf die beteiligten Kardinalitäten sofort zeigt (man vergleiche dazu auch die Erläuterungen zu diesem Beispiel in Abschnitt 14.5.1).

Abbildung von Generalisierungen. Für die Generalisierung gibt es im relationalen Datenmodell keine unmittelbare Entsprechung. Auf die damit einhergehenden Probleme waren wir bereits in Abschnitt 10.4.6 gestoßen. Wir übernehmen von dort die Lösung. Seien Gegenstandstyp G_S und sein generalisierter Typ G_A gegeben. Dann bestehen folgende Möglichkeiten:

1. G_S und G_A führen jeweils auf eigene Relationen T_{RG_S} und T_{RG_A} mit den lokal vereinbarten Attributen. Lediglich das Schlüsselattribut wird von G_A nach G_S übernommen. Daß die anderen Attribute der allgemeineren Relation vererbt werden, ist dem relationalen Schema nicht zu entnehmen. Vielmehr muß der Benutzer darum wissen und sich die Gesamtinformation gegebenenfalls durch eine Join–Operation nachbilden. Diese Lösung setzt voraus, daß jede Ausprägung des speziellen Gegenstandstyps in beiden Relationen erfaßt werden wird und unterstellt damit eine isa–Semantik. Diese liegt ja auch üblicherweise bei einer semantischen Modellierung vor.
2. G_S und G_A führen wieder jeweils auf eigene Relationen T_{RG_S} und T_{RG_A}, jedoch nimmt T_{RG_S} neben den Attributen von G_S zusätzlich die Attribute von G_A auf. Die Lösung ist auch ohne isa–Semantik brauchbar. Bei Bestehen der isa–Semantik hat sie den Nachteil, daß die Werte unter den vererbten Attributen für denselben Gegenstand in beiden Relationen identisch gehalten werden (Redundanz).
3. Es werden nur für die Blattknoten einer Generalisierungshierarchie Relationen erzeugt. Diese nehmen alle entlang des Pfades von der Wurzel zum Knoten anfallenden Attribute auf. Es gäbe also in unserem einfachen Fall nur eine Relation T_{RG_S}, die die Attribute von G_A mit einschließt. Die Lösung unterstellt wieder die isa–Semantik, und zwar in der verschärften Form der Überdeckung, nach der jeder Gegenstand eine Ausprägung sowohl des Wurzeltyps als auch eines Blattknotentyps ist.
4. Die Generalisierungshierarchie fällt zu einer einzigen Relation zusammen. Dazu müssen sämtliche Attribute entlang sämtlicher Pfade aufgesammelt

werden. In unserem einfachen Fall gäbe es jetzt also nur eine Relation T_{RG_A}, die die Attribute von G_S mit einschließt. Die Lösung ist mit oder ohne isa–Semantik einsetzbar. Ohne diese Semantik muß ein zusätzliches Attribut Aufschluß darüber geben, von welchem Typ der in der Relation geführte Gegenstand denn nun ist. Mit dieser Semantik gibt dieses Attribut am besten an, von welchem spezialisiertesten Typ der Gegenstand ist. In jedem Fall muß man $NULL$–Werte in großer Zahl in Kauf nehmen.

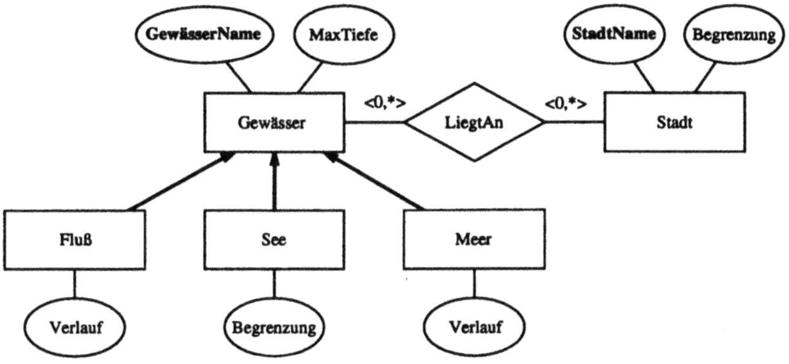

Bild 18.6. E–R–Diagramm mit Generalisierung als Ausgangsbasis für die relationale Umsetzung

Beispiel: Bild 18.6 zeigt die Generalisierung von Flüssen, Seen und Meeren zu Gewässern im E–R–Diagramm. Hier trifft die isa–Semantik zu, sogar in der speziellen Form der Überdeckung. Für eine redundanzfreie Lösung kommen deshalb die erste, dritte und vierte Variante in Frage. Die entsprechenden Abbildungen (ohne Modellierung von LiegtAn und Stadt) haben gemäß Variante 1 folgendes Aussehen:

relation Gewässer(**GewässerName**, MaxTiefe);
relation Fluß(**GewässerName**, Verlauf);
relation See(**GewässerName**, Begrenzung);
relation Meer(**GewässerName**, Verlauf);

Nach Variante 3 ergibt sich:

relation Fluß(**GewässerName**, MaxTiefe, Verlauf);
relation See(**GewässerName**, MaxTiefe, Begrenzung);
relation Meer(**GewässerName**, MaxTiefe, Verlauf);

Anwendung von Variante 4 ergibt:

relation Gewässer(**GewässerName**,
MaxTiefe, Verlauf, Begrenzung, GewässerTyp);

Variante 3 ist hier wenig attraktiv, da dann die Anbindung von Städten an Gewässer nicht mehr unmittelbar ausgedrückt werden kann. Für Variante 4 kann man sich leicht als nachteilig vorstellen, daß jedesmal der Wert des Attributs Gewässertyp zu Rate gezogen werden muß, bevor man ein Tupel im Sinne eines Flusses, eines Sees oder eines Meeres weiterverwenden kann. Insofern scheint Variante 1 für die Weiterverwendung am angebrachtesten.

18.2.5 Informationserhaltung

Da das E–R–Modell keine Operatoren kennt, kann sich der Nachweis der Informationserhaltung ausschließlich an strukturellen Merkmalen orientieren. Er muß also den Forderungen aus Abschnitt 17.3.5 nachkommen. Damit gilt: T_S entspricht der gerade vorgestellten Abbildung, und rec_S^T entspricht einer Umkehrabbildung von relationalen zu E–R–Schemata. Letztere kennen wir ja auch bereits aus Abschnitt 17.4.3. Es ist unschwer zu erkennen, daß die Abbildung weitgehend informationserhaltend ist. Schwierigkeiten bereiten lediglich die Mindestkardinalitäten, da nicht immer eindeutig zu rekonstruieren ist, ob diese 0 oder 1 betrugen. Der Grad der Informationserhaltung nimmt allerdings drastisch ab, wenn wir für die Kardinalitäten von 0, 1 oder „*“ abweichende Angaben zulassen.

18.3 E–R–Schema in Netzwerkschema

18.3.1 Abbildung von Domänen

Abbildung atomarer Domänen: Jede im E–R–Schema auftauchende Domäne D_{ER} wird auf eine geeignete Domäne D_N des Netzwerkmodells abgebildet.

Beispiel: Die Domäne Zeichen(25) des Attributs StaatName aus dem Gegenstandstyp Staat wird analog zum relationalen Modell auf eine gleichlautende Domäne des Netzwerkmodells abgebildet.

Abbildung nicht–atomarer Domänen: In Kapitel 6 unterstellten wir für das Netzwerkmodell genauso wie für das relationale Datenmodell atomare Domänen. Für diesen Fall können wir die Vorgehensweise einer Vorabtransformation im E–R–Modell aus Abschnitt 18.2.1 übernehmen. Nun sind aber für kommerziell verfügbare Datenbanksysteme nach dem Netzwerkmodell nicht–atomare Domänen zulässig. Für alle praktischen Fälle kann man sich daher die erwähnte Transformation ersparen und auch die nicht–atomaren E–R–Domänen unmittelbar auf tupel- oder mengenwertige Attribute und Kombinationen hiervon abbilden.

18.3.2 Abbildung von Gegenstandstypen

Jedem Gegenstandstyp $G(A_1, A_2, \ldots, A_n)$ wird ein Record–Typ T_{RG} in der folgenden Weise zugeordnet: $T_{RG}(A_1, A_2, \ldots, A_n)$. Jedes Attribut des Gegenstandstyps wird als ein Attribut des Record–Typs repräsentiert. Die Record–Identifikation korrespondiert mit dem Primärschlüssel K_G von G.

Abbildung schwacher Gegenstandstypen: Für jeden schwachen Gegenstandstyp G_W mit (Teil–)Schlüssel K_{G_W} und einem zugehörigen starken Gegenstandstyp G_S wird ein Record–Typ T_{RG_W} eingeführt. Dieser besitzt die Attribute von G_W. Als Schlüssel fungiert $K_{G_S} \cup K_{G_W}$.

Beispiel: Wir beziehen uns wieder auf die E–R–Modellierung der Kartographiewelt Bild 18.4. Für die Gegenstandstypen Staat, Stadt, See, Meer und Fluß ergeben sich die folgenden Record–Typen:

```
record name is Staat
   unique StaatName
   item StaatName type is Zeichen 25
   item Begrenzung type is Polygon

record name is Stadt
   unique StadtName
   item StadtName type is Zeichen 25
   item Begrenzung type is Kreis

record name is See
   unique SeeName
   item SeeName type is Zeichen 25
   item Begrenzung type is Polygon

record name is Meer
   unique MeerName
   item MeerName type is Zeichen 25
   item Verlauf type is Linienzug

record name is Fluß
   unique FlußName
   item FlußName type is Zeichen 25
   item Verlauf type is Linienzug
```

Da wir annehmen, daß alle getätigten (und noch folgenden) Definitionen die gleiche Area Kartographie ansprechen, haben wir auf die Angabe der **within**–Klausel verzichtet. Ebenso spezifizieren wir weder Standardbelegungen noch Wertebeschränkungen, obwohl letztere die Möglichkeit bieten, bei den zu E–R–Domänen nicht exakt korrespondierenden atomaren Typen durch Zusatzdefinitionen ein hinreichendes Maß an Äquivalenz zu erreichen.

18.3.3 Abbildung von Beziehungstypen

Im Gegensatz zum relationalen Modell existieren im Netzwerkmodell von der Mächtigkeit her zwei Konstrukte, Records und Sets, die jede für sich Gegenstand von Operationen sind. Man würde deshalb erwarten, daß Gegenstandstyp und Beziehungstyp im Netzwerkmodell jeweils eigene Entsprechungen besitzen. Wir werden im folgenden demonstrieren, daß dies nur in Grenzen der Fall ist.

Beziehungstypen spezieller Kardinalitäten. Das Konzept der Kardinalität existiert auch im Netzwerkmodell nicht. Jedoch spiegelt das Auftreten einer Kardinalität $\langle 0,1\rangle$ oder $\langle 1,1\rangle$ einen funktionalen Zusammenhang wider, und von diesem wissen wir aus Kapitel 6, daß er sich durch eine Set–Konstruktion erzwingen läßt.

Sei $B = G_1 \times G_2$ zweistelliger, attributloser Beziehungstyp mit den Eigenschaften $G_1 \neq G_2$ und B funktional: $B : G_2 \rightarrow G_1$. Dann läßt sich B durch einen Set–Typ T_{SB} erfassen: $T_{SB} = T_{RG_1} \times T_{RG_2}$, wobei T_{RG_1} der Owner-Typ ist. Die Funktionalität ist dabei dahingehend zu deuten, daß zwischen G_2 und B die Kardinalitätsangabe entweder $\langle 0,1\rangle$ oder $\langle 1,1\rangle$ ist. Entsprechend unterscheiden wir hinsichtlich der Zusatzklauseln zwei Fälle:

- *Kardinalität* $\langle 0,1\rangle$: Der Set–Typ T_{SB} wird mit einer der drei Kombinationen **insertion**–Klausel **manual** und **retention**–Klausel **optional**, **insertion**–Klausel **automatic** und **retention**–Klausel **optional** oder **insertion**–Klausel **manual** und **retention**–Klausel **fixed** versehen. Da das E–R–Modell die mit diesen Klauseln erfaßte Dynamik nicht wiederzugeben vermag, muß hier der Entwerfer die Entscheidung treffen. Er hat auch zu bestimmen, ob gegebenenfalls an die Stelle von **fixed mandatory** treten sollte.
- *Kardinalität* $\langle 1,1\rangle$: Der Set–Typ T_{SB} wird mit **insertion**–Klausel **automatic** und **retention**–Klausel **fixed** versehen. Abhängig von der Semantik des modellierten Problems kann der Entwerfer sich auch für die Klausel **mandatory** in der **retention**–Klausel entscheiden.

Alle anderen Kardinalitäten lassen sich nicht unmittelbar durch eine Set–Konstruktion erfassen.

Beispiel: In Bild 18.4 erfüllen die Beziehungstypen LiegtAnMeer, FließtDurchSee und LiegtIn die obengenannten Bedingungen. Nach Anwendung der Abbildungsregel entstehen folgende Set–Typen:

```
set name is LiegtAnMeer
  owner is Meer
  member is Stadt
  insertion is manual
  retention is fixed
```

set name is FließtDurchSee
  owner is Fluß
  member is See
  insertion is manual
  retention is fixed

set name is LiegtIn
  owner is Staat
  member is Stadt
  insertion is automatic
  retention is mandatory

Das Abbildungsverfahren ignoriert die Kardinalität des Gegenstandstyps, der den Owner–Record–Typ liefert. Das ist besonders ärgerlich, wenn es sich dabei ebenfalls um eine Kardinalität $\langle 0,1 \rangle$ oder $\langle 1,1 \rangle$ handelt. Da in diese Situation zudem jeder der beiden Gegenstandstypen als Owner in Frage kommt, liegt es nahe, beide Gegenstandstypen zu einem einzigen Record–Typ zusammenzufassen. Sind beide Kardinalitäten $\langle 1,1 \rangle$, so reicht einer der beiden Schlüssel als Schlüssel des Record–Typs aus. Unterscheiden sich die Kardinalitäten, so liefert der Gegenstandstyp mit Kardinalität $\langle 1,1 \rangle$ den Schlüssel, zudem müssen unter den aus dem anderen Gegenstandstyp herrührenden Attributen $NULL$-Werte zugelassen werden. Sind beide Kardinalitäten $\langle 0,1 \rangle$, so ist eine Zusammenfassung nicht mehr offensichtlich.

Das beschriebene optimierte Abbildungsverfahren läßt sich übrigens auch auf zweistellige attributbehaftete Beziehungstypen anzuwenden, da sich die Beziehungsattribute eindeutig dem Member–Typ zuordnen lassen. Allerdings haben derart verschobene Attribute den Nachteil, bei alleiniger Betrachtung des Member–Records, also ohne Berücksichtigung des Set–Typs, nicht immer verständlich zu sein. Die Entscheidung über eine Verschiebung solcher Attribute sollte daher von Fall zu Fall vom Entwerfer getroffen werden.

Ein Beispiel stellt der Beziehungstyp MündetInMeer dar. Dessen Attribut Position wäre in den Record–Typ Fluß zu verschieben. Aus dem Beziehungstyp entstünde dann der Set–Typ MündetInMeer = Meer × Fluß.

Allgemeine Beziehungstypen. Ist der abzubildende Beziehungstyp drei- oder mehrstellig, im Besitz von nicht sinnvoll verschiebbaren Attributen oder die Beziehung nicht funktional, so muß eine Umsetzung des Beziehungstyps in einen Record–Typ erfolgen.[1] Dann wird der Beziehungstyp $B = G_1 \times G_2 \times \ldots \times G_n$ durch einen Record–Typ T_{RB} repräsentiert, dem — soweit vorhanden — die Attribute von B zugeschlagen werden. Für jedes Vorkommen eines G_i in B wird ein Set–Typ $T_{SG_i,B}$ in der folgenden Weise gebildet: $T_{SG_i,B} = T_{RG_i} \times T_{RB}$, wobei jeweils T_{RG_i} der Owner–Typ ist. Die **insertion/retention**-Klauseln lauten jeweils **automatic/mandatory**. Man beachte, daß bei mehrfachem Auftreten des gleichen Gegenstandstyps G_i in B

[1] Die Beschränkungen für eine direkte Nachbildung einer Beziehung durch einen Set–Typ beziehen sich wieder auf den CODASYL–Standard des Jahres 1973.

mehrere Set–Typen $Ts_{G_i,B}$ vorgesehen werden müssen, für die dann noch Namenseindeutigkeit herzustellen ist.

Bei dieser allgemeingültigen Vorgehensweise wird aus den Kardinalitäten zwischen B und den G_i kein Nutzen gezogen. Kommen also die Kardinalitäten $\langle 0,1\rangle$ oder $\langle 1,1\rangle$ vor, so können diese nicht mehr erzwungen werden. Ebenso läßt sich im Netzwerkschema die Unterscheidung zwischen den Kardinalitäten $\langle 0,*\rangle$ und $\langle 1,*\rangle$ nicht mehr aufrechterhalten.

Dem aufmerksamen Leser wird aufgefallen sein, daß die eben geschilderte Abbildung eines allgemeinen Beziehungstyps auf einen Record–Typ dem entspricht, was wir in Abschnitt 6.3 mit Kettrecord–Typen umschrieben hatten.

Beispiel: Das Schema in Bild 18.4 enthält (unter anderem) den dreistelligen Beziehungstyp Grenze, auf den die allgemeine Regelung zutrifft. Hierfür ergeben sich bei der Abbildung die folgenden Definitionen:

```
record name is Grenze
   item APosition type is Punkt
   item EPosition type is Punkt

set name is Staat1
   owner is Staat
   member is Grenze
   insertion is automatic
   retention is mandatory

set name is Staat2
   owner is Staat
   member is Grenze
   insertion is automatic
   retention is mandatory

set name is Grenzfluß
   owner is Fluß
   member is Grenze
   insertion is automatic
   retention is mandatory
```

Schließlich verbietet das Netzwerkmodell Rekursivität der Set–Typen. Obwohl also ansonsten für den Beziehungstyp MündetInFluß die Argumentation aus Abschnitt 18.3.3 für MündetInMeer übernommen werden könnte, muß für MündetInFluß ein eigener Record–Typ eingeführt werden — dies um den Preis, den funktionalen Zusammenhang nicht erzwingen zu können.

18.3.4 Umsetzung der Abstraktionsmechanismen

Abbildung von Aggregierungen. Aggregierungen werden wie allgemeine Beziehungstypen behandelt. Sei ein zu einem Gegenstandstyp G zu aggregierender Beziehungstyp $B = G_1 \times \ldots \times G_n$ gegeben, wobei die G_i auf

Record–Typen T_{RG_i} abgebildet sind. Dann wird G ein eigener Record–Typ T_{RG} zugeordnet. Für jeden Gegenstandstyp G_i in G wird ein Set–Typ $T_{SG_i,G}$ in der folgenden Weise gebildet: $T_{SG_i,G} = T_{RG_i} \times T_{RG}$, wobei jeweils T_{RG_i} der Owner–Typ ist. Die **insertion/retention**–Klauseln lauten jeweils **automatic/mandatory**.

Entspricht T_{RG} einem bereits existierenden Record–Typ, so kann dieser wieder entfernt werden. Dieser Fall ist in der Praxis gegeben, wenn die Aggregierung auf einem einzigen Beziehungstyp beruht.

Beispiel: Bild 18.5 zeigt (unter anderem) das Aggregat Flußmündung. Dieses und der Beziehungstyp LiegtAnMündung werden dann zunächst folgendermaßen ins Netzwerkmodell umgesetzt:

```
record name is Flußmündung

set name is Aufnehmend
   owner is Fluß
   member is Flußmündung
   insertion is automatic
   retention is mandatory

set name is Einmündend
   owner is Fluß
   member is Flußmündung
   insertion is automatic
   retention is mandatory
```

Ein Flußmündung entsprechender Record–Typ existiert noch nicht. Übrigens sieht man hier auch sehr schön den Unterschied zu einer Abbildung ohne Aggregierung: Man hätte einen einzelnen Set–Typ MündetInFluß konstruiert, doch fände sich dann eben kein Member (oder hier auch Owner) für den weiteren Set–Typ LiegtAnMündung.

Abbildung von Generalisierungen. Für die Generalisierung gibt es auch im Netzwerkmodell keine unmittelbare Entsprechung. Seien Gegenstandstyp G_S und sein generalisierter Typ G_A gegeben. Dann können im Grundsatz die vier Möglichkeiten aus Abschnitt 18.2.4 übernommen werden, wobei man sich lediglich anstelle eines Relationstyps einen Record–Typ vorzustellen hat.

Eine zusätzliche Möglichkeit besteht darin, Generalisierungen als spezielle Beziehungstypen aufzufassen. Da sie — zumindest bei Einfachvererbung — einen funktionalen Zusammenhang wiedergeben, lassen sie sich unmittelbar in einen Set–Typ umsetzen. Die Interpretation als Generalisierung obliegt wie auch in den anderen Fällen dem Benutzer.

Auf Einzelheiten wollen wir an dieser Stelle nicht näher eingehen, sie folgen auch sofort aus den früheren Überlegungen in diesem Kapitel.

18.3.5 Informationserhaltung

Wie auch schon zuvor, muß sich der Nachweis der Informationserhaltung ausschließlich an strukturellen Merkmalen orientieren, also den Forderungen aus Abschnitt 17.3.5 nachkommen. Damit gilt: T_S entspricht der im vorliegenden Abschnitt 18.3 entwickelten Abbildung, rec_S^T einer Umkehrabbildung von Netzwerk– zu E–R–Schemata. Es ist unschwer zu erkennen, daß die Abbildung nur dann informationserhaltend ist, wenn man auf eine eindeutige Rekonstruktion der Kardinalitäten verzichtet.

18.4 E–R–Schema in objektorientiertes Schema

Da das E–R–Modell ausschließlich mit strukturellen Merkmalen umzugehen vermag, kann man aus einem E–R–Schema auch nur die Struktur eines Objektschemas herleiten. Das Ergänzen um die Operatoren bedarf einer Nachbereitung durch den Entwerfer. Auf der anderen Seite hatten wir ja dem E–R–Modell eine Reihe von Objekteigenschaften zugesprochen, so daß manche der zuvor beobachteten Abbildungsprobleme sich nun auf natürliche Weise auflösen sollten. Einzig durch den Fortfall des Beziehungskonzepts in objektorientierten Modellen dürften wir Schwierigkeiten zu erwarten haben.

18.4.1 Abbildung von Domänen

Abbildung atomarer Domänen: Jede im E–R–Schema auftauchende Domäne D_{ER} wird auf eine geeignete Domäne D_N des objektorientierten Modells abgebildet.

Abbildung nicht–atomarer Domänen: Domänen, die nicht atomar sind, sind im objektorientierten Modell ohne weiteres zulässig. Die Konstruktion erfolgt rekursiv aus den atomaren Domänen.

Beispiel: Die Domäne Linienzug wird auf eine Domäne des objektorientierten Modells abgebildet. Sinnvoll geschehen kann dies allerdings nur, wenn man man um die Bedeutung der Reihenfolge weiß. Mengenbildung reicht also nicht; folglich muß man zur Konstruktion einer Liste greifen. Eine mögliche Strukturierung bestünde dann in $\langle$ [X, Y : Float] $\rangle$.

18.4.2 Abbildung von Gegenstandstypen

Jedem Gegenstandstyp $G(A_1, A_2, \ldots, A_n)$ wird ein Objekttyp T_{OG} in der folgenden Weise zugeordnet: $T_{OG}(A_1, A_2, \ldots, A_n)$. Jedes Attribut des Gegenstandstyps wird als ein Attribut des Objekttyps repräsentiert. Da Objekte keinen Schlüsselbegriff kennen, geht die Information über den Schlüssel K_G von G verloren.

Abbildung schwacher Gegenstandstypen: Für jeden schwachen Gegenstandstyp G_W mit (Teil–)Schlüssel K_{G_W} und zugehörigem starken Gegenstandstyp G_S wird ein Objekttyp T_{OG_W} eingeführt. Dieser besitzt als Attribute die Attribute von G_W und zusätzlich den Schlüssel K_{G_S} von G_S. Wie zuvor kann der Schlüsselbegriff aber nicht in das objektorientierte Modell übernommen werden.

Beispiel: Für die Gegenstandstypen Staat, Stadt, See, Meer und Fluß in der E–R–Modellierung der Kartographiewelt Bild 18.4 ergeben sich (zunächst) die folgenden Objekttypen:

```
define type Staat
  structure
    [ staatName: String;
    begrenzung: ⟨ [x,y : Float] ⟩ ];
end type Staat;

define type Stadt
  structure
    [ stadtName: String;
    begrenzung: [x, y, radius: Float] ];
end type Stadt;

define type See
  structure
    [ seeName: String;
    begrenzung: ⟨ [x,y : Float] ⟩ ];
end type See;

define type Meer
  structure
    [ meerName: String;
    verlauf: ⟨ [x,y : Float] ⟩ ];
end type Meer;

define type Fluß
  structure
    [ flußName: String;
    verlauf: ⟨ [x,y : Float] ⟩ ];
end type Fluß;
```

18.4.3 Abbildung von Beziehungstypen

Allgemeine Beziehungstypen. Objekte des objektorientierten Modells sind in sich abgeschlossene Einheiten, zwischen denen Bezüge nur statisch durch (zunächst semantiklose) Objektreferenzen oder dynamisch durch Nachrichtenaustausch hergestellt werden können. Für die Schemaabbildung von

Beziehungstypen kommen nur statische Eigenschaften in Betracht. Nun liegt es aber in der Natur von Objektreferenzen, daß sie gerichtet sind, also von einem Objekt auf ein anderes verweisen und daher auch nur vom ersten Objekt ausgehend durchlaufen werden können. Darin besteht ein Unterschied zum relationalen Modell, bei dem Werteübereinstimmung für Symmetrie sorgt, oder zum Netzwerkmodell, das ein Navigieren vom Owner zum Member und vom Member zum Owner im Set zuläßt. Man muß also bei der Abbildung eine Entscheidung darüber treffen, in welcher Richtung die Beziehung durchlaufen werden soll. Falls beide Richtungen gewünscht werden, muß in beiden beteiligten Objekten eine Referenz auf das jeweils andere untergebracht werden.

Sei $B = G_1 \times G_2 \times \ldots \times G_n$ Beziehungstyp. Für seine Abbildung stehen im wesentlichen zwei Möglichkeiten offen.

- B wird im Höchstfall dadurch repräsentiert, daß in jedem der T_{OG_i} eine Objektreferenz auf jedes T_{OG_j}, $i \neq j$, vorgesehen wird. Weiß man etwas über die Durchlaufrichtungen, so kann man einige der Objektreferenzen weglassen. Diese Art der Abbildung ist sinnvoll, wenn der Beziehungstyp über keine eigenen Attribute verfügt. Auch ist sie häufig nur bei zweistelligen Beziehungen verständlich interpretierbar.
- B wird durch einen eigenen Objekttyp T_{OB} repräsentiert, dem — soweit vorhanden — die Attribute von B zugeschlagen werden. Für jedes Vorkommen eines G_i in B wird in T_{OB} ein Referenzattribut eingeführt, und ebenso in jedem T_{OG_i} ein Referenzattribut auf T_{OB}. Wie zuvor können je nach Durchlaufrichtung einige dieser Attribute hinfällig werden.

Beispiel: Nach diesen Regeln sind zahlreiche Varianten für ein objektorientiertes Schema zum E–R–Schema Bild 18.4 vorstellbar. Für eine Variante geben wir im folgenden einen Ausschnitt an.

```
define type Staat
  structure
    [ staatName: String;
    begrenzung: ⟨ [x,y : Float] ⟩;
    flüsse: { Fluß };
    städte: { Stadt } ];
end type Staat;

define type Stadt
  structure
    [ stadtName: String;
    begrenzung: [x, y, radius: Float];
    liegtAnMeer: Meer;
    liegtAnSee: { See };
    liegtAnFluß: { Fluß };
    liegtIn: Staat ];
end type Stadt;
```

```
define type See
  structure
    [ seeName: String;
    begrenzung: ⟨ [x,y : Float] ⟩ ];
end type See;

define type Meer
  structure
    [ meerName: String;
    verlauf: ⟨ [x,y : Float] ⟩ ];
end type Meer;

define type Fluß
  structure
    [ flußName: String;
    verlauf: ⟨ [x,y : Float] ⟩;
    städte: { Stadt };
    seen: { See };
    meer: Meer ];
end type Fluß;

define type Grenzfluß
  structure
    [ fluß: Fluß;
    grenze: { [
      aPosition, ePosition: [ x, y: Float ];
      staaten: { Staat } ] } ];
end type Grenzfluß;

define type Zusammenfluß
  structure
    [ fluß: Fluß;
    einmündungen: { [
      position: [ x, y: Float ];
      fluß: Fluß ] } ];
end type Zusammenfluß;
```

Nach der ersten Möglichkeit wurden dabei die Beziehungstypen LiegtIn und LiegtAnFluß (beide Durchlaufrichtungen) sowie FließtDurchStaat, FließtDurchSee, LiegtAnMeer, LiegtAnSee und MündetInMeer (nur eine Durchlaufrichtung) umgesetzt, nach der zweiten Möglichkeit die Beziehungstypen Grenze und MündetInFluß.

Abbildung von Kardinalitäten. Das Konzept der Kardinalität existiert im objektorientierten Modell nicht. Das Beispiel aus Abschnitt 18.4.3 macht jedoch deutlich, daß man sie zum Teil mit strukturellen Mitteln erfassen kann: Ein atomares Attribut entspricht einer Kardinalität $\langle 0, 1\rangle$ oder $\langle 1, 1\rangle$, ein mengenwertiges einer Kardinalität $\langle 0, *\rangle$ oder $\langle 1, *\rangle$. Im übrigen kann durch Einführung und geeignete Implementierung von Operatoren in den Objekten jede gewünschte Kardinalität prozedural zugesichert werden.

18.4.4 Umsetzung der Abstraktionsmechanismen

Abbildung von Aggregierungen: Sei G eine Aggregierung von $B = G_1 \times \ldots \times G_n$, wobei die G_i auf Objekttypen T_{OG_i} abgebildet sind. Dann wird G ein eigener Objekttyp T_{OG} mit Referenzattributen auf die T_{OG_i} zugeordnet.

Entspricht T_{OG} einem bereits existierenden Objekttyp, so kann er wieder entfernt werden.

Abbildung von Generalisierungen: Für die Generalisierung gibt es im objektorientierten Datenmodell eine unmittelbare Entsprechung. Sie läßt sich daher direkt umsetzen.

18.4.5 Informationserhaltung

Erneut muß sich der Nachweis der Informationserhaltung an den Forderungen aus Abschnitt 17.3.5 orientieren. Damit gilt: T_S entspricht der im vorliegenden Abschnitt 18.4 entwickelten Abbildung, für rec_S^T hätte man eine Umkehrabbildung von objektorientierten zu E–R–Schemata anzugeben. Nun haben wir bereits festgestellt, daß sich die Kardinalitäten bestenfalls prozedural nachbilden lassen, und daß je nach Entscheidung des Entwerfers auch die Bidirektionalität der Beziehungen verloren gehen kann. Allein auf Basis der strukturellen Merkmale, also ohne Analyse der Operatorimplementierungen, läßt sich demzufolge das E–R–Schema zu einem objektorientierten Schema nicht mehr eindeutig rekonstruieren.

18.5 Objektorientierter Entwurf in relationales Schema

18.5.1 Abbildung von OMT–Schemata

Für eine Abbildung auf relationale Schemata kommen nur strukturelle Aspekte in Betracht. Diese sind in OMT durch die Datenmodellierung (ohne Operatoren) gegeben. Diese wiederum weicht nur geringfügig von den Konstrukten des E–R–Modells ab. Infolgedessen können für die Abbildung von OMT-Diagrammen in Relationen die Abbildungsregeln aus Abschnitt 18.2 weitgehend übernommen werden.

18.5.2 Abbildung von TROLL–ähnlichen Schemata

Auch hier sind es ausschließlich die strukturellen Aspekte, die für eine Abbildung auf relationale Schemata in Betracht zu ziehen sind. Sie sind durch die **identification**–, **attributes**–, **constraints**– und **events**–Klauseln repräsentiert. Die zuletzt genannte muß nicht weiter beachtet werden, da monomorphe Operatoren im relationalen Modell fehlen, und auch die **constraints**–Klausel ist nur so weit von Interesse als sie funktionale Zusammenhänge zwischen den Attributen beschreibt. Referentielle Konsistenzen, die ebenfalls von Bedeutung sind, lassen sich auf der objektorientierten Ebene, wenn überhaupt, nur umständlich über Interaktionen ausdrücken und dann dort auch nur schwer herausdestillieren.

Die Umsetzung der Objekttypen ist denkbar einfach: Jedem Objekttyp T_{OG} wird ein Relationstyp T_{RG} zugeordnet. Jedes Attribut des Objekttyps einschließlich der Identifikationsattribute wird zu einem Attribut des Relationstyps. Die Identifikationsattribute bilden den Schlüssel K_{R_G} von T_{RG}.

In Abschnitt 16.3.1 wurden zweierlei Domänen unterschieden: Einfache Domänen mit atomaren Werten oder als Objektnamensräume, und mengenwertige Domänen. Atomare Domänen lassen sich unmittelbar umsetzen. Ein Objektnamensraum entspricht den Identifikatoren des angesprochenen Objekttyps und ist daher in die Domäne zu überführen, in die die Domäne der Identifikation übersetzt wurde. Namensräume führen also auf Fremdschlüssel. Für mengenwertige Attribute konstruiert man am besten zunächst eine NF^2–Relation, wendet dann auf sie eine Unnest–Operation an und schließt mit einem Normalisierungsschritt.

Die Abbildung solcher objektorientierter Schemata auf relationale Schemata hat viel Ähnlichkeit mit der Entwicklung relationaler Sichten auf objektorientierte Datenbasen. Viele Detailfragen können daher aus Abschnitt 10.4.6 übernommen werden. Ebenso kann man sich an den dortigen Beispielen orientieren.

Die Vererbung ist in Abschnitt 16.3.4 über eine isa–Semantik erklärt und beschränkt sich dort im wesentlichen auf das Rollenkonzept. Mittels dieses Konzepts kann ein Objekt durch Migration entlang der Typhierarchie einen weiteren Typ annehmen oder wieder aufgeben. Dieses dynamische Typverhalten muß man durch Einfügen eines Tupels in eine Relation oder durch sein Entfernen nachbilden. Von den in Abschnitt 18.2.4 diskutierten Varianten bereiten die ersten beiden dieses Verhalten am besten vor.

18.6 Objektorientierter Entwurf in objektorientiertes Schema

Sowohl der objektorientierte Entwurf als auch objektorientierte Datenbanksysteme stellen verhältnismäßig junge Entwicklungen dar. Zudem sind beide fast völlig unabhängig voneinander entstanden, so daß sich bisher nur wenige Berührungspunkte zwischen ihnen herausbilden konnten. Die aktuelle Literatur sagt daher auch kaum etwas zur Abbildung objektorientierter Entwürfe in objektorientierte Schemata aus. Wir werden es deshalb an dieser Stelle bei einigen eher oberflächlichen Bemerkungen belassen.

Abbildung von OMT–Schemata: Die Datenmodellierung gibt Hinweise auf die Objekttypen, deren Struktur und Operatoren. Da die Datenmodellierung nur geringfügig von den Konstrukten des E–R–Modells abweicht, können für die Abbildung von OMT–Diagrammen in Objekttypen einschließlich deren Struktur die Abbildungsregeln aus Abschnitt 18.4 weitgehend übernommen werden. Aus dem OMT–Schema lassen sich dann für die Schnittstellendefinition die Operatoren übertragen. Die Implementierung der Operatoren hingegen kann nur manuell erfolgen, indem man die Funktionsmodellierung zur Vorlage nimmt. Inwieweit die Dynamikmodellierung methodisch in die Implementierung eingeht, ist eine bisher kaum untersuchte Frage.

Abbildung von TROLL–ähnlichen Schemata: Man würde vermuten, daß angesichts der Ähnlichkeit der zugrundeliegenden Konstrukte und der beiderseitigen Verwendung formalsprachlicher Mittel die Abbildung eine geradlinige Angelegenheit sein sollte. Geradlinig ist zweifelsohne die Zuordnung von Objekttypen, Struktur einschließlich Domänen und Operatorenschnittstelle. Ebenso wie zuvor fehlt aber die Umsetzung der Funktionsmodellierung oder gar der Dynamikmodellierung in Operatorimplementierungen. Des formalsprachlichen Ansatzes wegen sollte sich diese Umsetzung mechanisch oder doch zumindest halbautomatisch bewerkstelligen lassen. Derartige Übersetzungen sind bisher aber noch Gegenstand aktueller Forschungen.

18.7 Literatur

Angesichts der weiten Verbreitung des E–R–Modells dominiert die Abbildung von E–R–Schemata auf die Standard–Datenmodelle auch in den Lehrüchern, siehe etwa [BCN92], [Mac90], [RC92] und [TYF88]. Die Abbildung von E–R–Schemata auf objektorientierte Schemata wird demgegenüber eher am Rande behandelt. Dies liegt vermutlich an der größeren Mächtigkeit objektorientierter Modelle, so daß man anstrebt, beim Übergang vom Entwurf auf objektorientierte Datenbankfunktionalität innerhalb der objektorientierten Welt zu bleiben [Gra94]

19. Physischer Entwurf

19.1 Leistungsoptimierung und –vorhersage

Zu den Qualitätsforderungen an Datenbanksysteme in Abschnitt 2.1 zählten Realisierungsunabhängigkeit und technische Leistung. Mit technischer Leistung war das Erzielen einer anwendungsgemäßen Antwortzeit aus der Sicht des einzelnen Nutzers und eines anwendungsgemäßen Durchsatzes aus der Sicht einer ganzen Gemeinschaft von Nutzern gemeint. Mit Realisierungsunabhängigkeit (oder enger: Datenunabhängigkeit) wurde umschrieben, daß sich die Nutzer nicht darum kümmern mußten, wie die Datenbasis im einzelnen organisiert ist, sondern es stattdessen dem System überlassen konnten, durch geeignete Realisierungsmaßnahmen das geforderte Leistungsverhalten zu erbringen oder durch Veränderungen an der Realisierung das Leistungsverhalten zu verbessern.

Das Spektrum der Realisierungstechniken füllt selbst Bände. Wie alle technischen Lösungen ist auch jede dieser Techniken auf bestimmte Anwendungsprofile und spezifische Geräteplattformen abgestimmt, erbringt also seine Höchstleistung nur unter recht eng gefaßten Randbedingungen — oder negativ formuliert: in den meisten Fällen stiften diese Techniken eher Schaden denn Nutzen. Daher überrascht es auch nicht, wenn Anbieter von Datenbanksystemen solche Speziallösungen scheuen und eher zu Breitbandtechniken neigen, die in einer Vielzahl von Anwendungsfällen eine brauchbare, aber eben keine Spitzenleistung erbringen. Nun kann man in solche Breitbandlösungen aber durchaus Spielräume einbauen, die man unter Kenntnis eines Anwendungsprofils in der einen oder anderen Richtung ausnutzen kann. Diese Spielräume kann man den Nutzern in Form sogenannter *Einstellparameter* zugänglich zu machen, Mit diesen kann eine Nutzergruppe aus der Technik ein anwendungsgemäßes Höchstmaß an Leistung herausholen (*Leistungsoptimierung*).

Das Dilemma des Nutzers besteht darin, die Werte der Einstellparameter festlegen zu müssen, ohne von der Systemrealisierung viel zu verstehen oder gar ein Systemspezialist zu sein. Daher muß das Angebot der Systemanbieter darin bestehen, eine Formulierung der Parameter mit Begriffen der Anwendungswelt zuzulassen und aus ihnen auf die internen Optimierungsmaßnahmen zu schließen. Allerdings kann der Nutzer durchaus daran interessiert sein, die Auswirkungen der Parameterwahl auf das Leistungsverhalten abzuschätzen (*Leistungsvorhersage*). Dazu kann man ihm mit den Einstellparametern parametrisierte Rechenmodelle oder Experimentierumgebungen (sogenannte Benchmarks) an die Hand geben.

Angesichts des Umfangs der Materie kann dieses Kapitel nur eine kurze Einführung in die Grundsätze des physischen Entwurfs geben und das Verständnis für Ziele und Aufgaben der zahlreichen Maßnahmen zur Leistungsoptimierung und –vorhersage wecken.

19.2 Leistungsoptimierung

19.2.1 Vorausberechnung, Materialisierung und Plazierung

Ein herausragender Leistungsengpaß ist auch heute noch bei Datenbanksystemen der Zugriff auf die Hintergrundspeicher. Der Minimierung der Anzahl dieser Zugriffe dienen daher alle Maßnahmen der Leistungsoptimierung. Seien $k(d_i)$ die Kosten für einen Zugriff auf Datenelement $d_i \in D$ (D ist die Datenbasis) und näherungsweise gleich der Anzahl der damit verbundenen Hintergrundspeicherzugriffe (E/A–Operationen). Dann ist das Ziel, diese Kosten auf nahe Null zu drücken. Nun läßt sich diese Forderung aber sicherlich nicht für alle Datenelemente gleichermaßen durchsetzen. Man muß daher anhand eines Anwendungsprofils bestimmen, wie hoch die Wahrscheinlichkeit $p(d_i)$ des Zugriffs auf jedes d_i ist, und dann versuchen,

$$\sum_{d_i} p(d_i)k(d_i)$$

zu minimieren. Vorstellbar ist auch, daß man auf mehrere Datenelemente zugleich zugreifen möchte. Im einfachsten Fall, also den Zugriff auf zwei Elemente, ist dann das Minimum für

$$\sum_{d_i,d_j} p(d_i, d_j)(k(d_i) + k(d_j))$$

gesucht, wobei $p(d_i, d_j)$ die Wahrscheinlichkeit für den gemeinsamen Zugriff auf d_i und d_j ist. All dies gilt freilich nur, wenn jeder Zugriff auf ein d_i unabhängig von früheren Zugriffen auf dasselbe oder andere Datenelemente erfolgt (*isolierter Zugriff*). Häufig ist jedoch eine Abhängigkeit von früheren Zugriffen auf derartige Elemente gegeben (*navigierender Zugriff*). Sei $p(d_i|d_j)$ die Wahrscheinlichkeit des Zugriffs auf d_i, nachdem auf d_j zugegriffen wurde. Dann ist nunmehr

$$\sum_{d_i, d_j} p(d_i | d_j) k(d_i)$$

zu minimieren.

Die bedeutsamsten Maßnahmen für das Minimieren hat man sich wie folgt vorzustellen. Sei F eine Ortsfunktion derart, daß $F(d_i)$ den physischen Speicherort von d_i bestimmt. Wir sprechen von einer *Vorausberechnung* von F, wenn die Funktionsergebnisse von F bereits vor dem Zugriff auf die d_i ermittelt werden. Die Darstellung der Ergebnisse kann auf zweierlei Weise geschehen. Zum einen sind dies zur Datenbasis hinzutretende Datenstrukturen, so etwa eine Tabelle von Einträgen, die ein d_i identifizierendes Element (Identifikator) und seinen physischen Ort loc_i enthalten. Wir sprechen von derartigen Zusatzdaten als einer *Materialisierung* von F. Zum anderen bleibt der Inhalt der Datenbasis unverändert, man sorgt lediglich für eine Ablage von d_i an einem Ort loc_i, den man mit minimalem Aufwand erreicht. Diese Vorgehensweise nennt man *Plazierung*. In beiden Fällen ist dann beim aktuellen Zugriff auf d_i die verbleibende Berechnung von F trivialisiert. Die dabei noch auftretende Zahl der E/A–Operationen bestimmt somit die Kosten $k(d_i)$. Man halte sich dazu nur vor Augen, daß man ohne derartige Maßnahmen schlimmstenfalls die gesamte Datenbasis systematisch nach d_i durchsuchen muß.

Das Prinzip der Vorausberechnung läßt sich auf allgemeine Funktionen erweitern. So kann man beispielsweise das Ergebnis von Objektoperationen oder von relationenalgebraischen Operationen vorhalten. Da die Ergebnisse nicht originäre Daten der Datenbasis sind, handelt es sich hierbei stets um eine Materialisierung.

Datenbanksysteme bieten heute eine beschränkte Zahl von Techniken der Vorausberechnung an, auf die der Nutzer Einfluß nehmen kann. Die von diesen Systemen in dieser Hinsicht angebotenen Parameter enthalten Angaben darüber, auf welche Datenelemente welche Art der Vorausberechnung Anwendung finden soll. Diese Techniken werden wir im folgenden kurz skizzieren.

19.2.2 Isolierter Zugriff

Zugriffspfade. Materialisierungen von Ortsfunktionen werden auch als *(physische) Zugriffspfade* bezeichnet. Ein Zugriffspfad wird üblicherweise an ein Attribut oder eine Attributfolge gebunden. Zu unterscheiden ist, ob (eindeutig) auf ein einzelnes Datenelement oder (mehrdeutig) auf eine Menge von Datenelementen zugegriffen werden soll. Im ersten Fall dient ein Schlüsselattribut oder (als implizites Attribut) der Objektidentifikator als das Auswahlmerkmal. Im zweiten Fall wählt man als Merkmal ein nicht identifizierendes Attribut.

Den Zugriffspfad kann man sich immer als eine Tabelle vorstellen, deren Einträge jeweils den Merkmalswert und im eindeutigen Fall eine einzelne Ortsangabe, im mehrdeutigen Fall eine Menge von Ortsangaben enthalten. Eine solche (gedankliche) Tabelle nennt man einen *Index*, und man spricht bei Eindeutigkeit von *Primärindex* und bei Mehrdeutigkeit von *Sekundärindex*. Die tatsächliche Realisierung ist in den seltensten Fällen eine Tabelle, sondern etwa eine Baumstruktur, die mit weniger E/A–Operationen auskommt. Die verwendete Technik sollte den Nutzer aber nicht näher interessieren. Allenfalls kann er auf die Zahl der E/A–Operationen noch dadurch Einfluß nehmen, daß er den gewünschten Füllgrad angibt und/oder eine Kompression der Merkmalswerte verlangt. Hoher Füllgrad oder eine Kompression reduzieren einerseits die Kosten für den lesenden Zugriff, erhöhen andererseits aber die Kosten für den ändernden Zugriff.

Plazierung. Für eine Plazierung bei eindeutigem Zugriff hat man sich folgendes Berechnungsverfahren vorzustellen: $F(d_i) = H(id(d_i))$, d.h. der Ort loc_i der Ablage von d_i wird mittels einer sogenannten *Hash–Funktion* H aus dem Identifikator von d_i berechnet. Wird d_i neu in die Datenbasis eingebracht, so wird es am berechneten Ort abgelegt. Um d_i wiederaufzufinden, wird H erneut angewendet. Datenbanksysteme geben meist eine bestimmte Hash–Funktion vor, gestatten aber dem Nutzer darüber hinaus eine eigene Wahl aufgrund besonderer Charakteristika der Identifikatoren.

Mehrdeutiger Zugriff führt zu einer Plazierung, die man als *Ballung (Clustering)* bezeichnet und deren Ziel es ist, gemeinsam benötigte Datenelemente in derselben physikalischen Umgebung unterzubringen, so daß mit einer oder zumindest wenigen E/A–Operationen alle Elemente erhältlich sind. Was hier „Umgebung" heißt, hängt von der Zahl und der Granularität der Elemente ab. Bei grober Granularität und einer größeren Zahl von Elementen — etwa bei einer Menge von Relationen einschließlich ihrer Zugriffspfade oder bei einer Menge von Record–Typen — legt man Speicherbereiche an, die sich über zahlreiche benachbarte Zylinder eines Magnetplattenspeichers erstrecken. Bei einer etwas feineren Granularität — man denke an eine einzelne Relation oder einen Set — wird man die Datenelemente geschlossen auf eine Menge benachbarter Speicherseiten packen. Eine solche Packung bietet besondere Vorteile bei den einstelligen relationenalgebraischen Operatoren, aber auch bestimmte Join–Implementierungen können hiervon profitieren.

Eine andere Plazierungstechnik, die *Verschränkung*, legt zwei Datenelemente mittlerer Granularität gemeinsam derart ab, daß auf eine Komponente des einen Elements physikalisch, z.B. auf einer Speicherseite, mehrere irgendwie dazu gehörige Komponenten des zweiten Elements folgen. Man denke dazu etwa an einen Set–Typ, der jede Ausprägung als Folge aus Owner–Record und seinen Member–Records anordnet. Join–Implementierungen mit einem Fremdschlüssel als Join–Attribut bauen ebenfalls auf dieser Plazierungstechnik auf.

Ähnlich wie im Fall der Zugriffspfade kann man eine größere Packungsdichte und damit eine weitere Verringerung der E/A–Intensität durch Kompression erreichen. Beispielsweise können führende Nullen bei Zahlwerten und abschließende Zwischenräume bei Texten beseitigt werden.

Da Plazierung den Inhalt der Datenbasis nicht verändert, sondern nur physisch neu verteilt, kann dasselbe Datenelement höchstens einmal einer gezielten Plazierung unterworfen werden. Im Gegensatz dazu kann dasselbe Element Gegenstand beliebig vieler Materialisierungen sein.

Vorausberechnung allgemeiner Funktionen. Zur Materialisierung skalarwertiger Funktionen, wie sie im objektorientierten Datenmodell auftreten können, kann man sich die Indextechnik erweitert vorstellen. Einträge müssen dann die Parameterwerte und den Funktionswert aufweisen.

Bedeutung hat auch die Vorausberechnung relationenalgebraischer Operationen. Beispielsweise führt die Vorausberechnung einer Projektion zu einer neuen Relation. Diese kann man getrennt führen; man gelangt dann zu einer Materialisierung. Man kann stattdessen aber auch eine Plazierung anstreben, wenn die Projektion den Schlüssel enthält und anstelle der originären Relation eine zweite Relation mit dem Schlüssel und den restlichen Attributen erzeugt wird. Aus ihnen läßt sich nämlich durch den natürlichen Join die Originalrelation rekonstruieren. Eine ähnliche Vorgehensweise kennt man für das Netzwerkmodell, wo die Unterteilung eines Record–Typs den unterschiedlichen Zugriffshäufigkeiten auf seine Attribute folgen kann.

Auch die oben erwähnte fremdschlüsselbasierte verschränkte Anordnung zweier Relationen läßt sich als Vorausberechnung einer Join–Operation in Form einer Plazierung deuten. Dasselbe gilt, wenn zwei in ihren Schlüsseln übereinstimmende Relationen oder Record–Typen physisch zusammengeführt werden, da sich die Originaldaten durch Projektionen wieder rekonstruieren lassen.

Auch Selektionen, die auf dem Gleichheitsprädikat beruhen, lassen sich vorausberechnen. Dazu gruppiert man die Tupel nach identischen Werten unter dem Selektionsattribut und ballt die Tupel in jeder Gruppe. Wird diese Ballung aus einem geeigneten Sekundärindex abgeleitet, so spricht man von diesem als *Ballungsindex*.

19.2.3 Navigierender Zugriff

Zugriffspfade. Bei navigierendem Zugriff muß man versuchen, die Abfolge der Zugriffe, wie sie durch hohe Abhängigkeitswahrscheinlichkeiten bestimmt sind, mit einem Minimum an E/A–Operationen zu bewerkstelligen. Die Abfolge läßt sich wieder durch einen Zugriffspfad erfassen, etwa in Form einer eigenen Tabelle (diese Option wird häufig mit *Pointer–Array* bezeichnet). Stattdessen läßt sich die Abfolge auch dadurch beschreiben, daß man jedem

Datenelement Angaben zu seinem oder seinen Nachfolgerelementen mitgibt (Option *Chain*). In beiden Fällen erfolgt die Angabe der Datenelemente mittels der Identifikatoren id_i (dann ist ein weiterer Zugriffspfad einzuschalten) oder mittels unmittelbarer Ortsangabe loc_i.

Plazierung. Existiert zu jedem Datenelement nur ein Nachfolgerelement oder will man unter mehreren eines bevorzugen, so bietet sich wieder eine Ballung durch dichtes Packen der Datenelemente an, wobei die Abfolge der Elemente die physikalische Nachbarschaft bestimmt (Option *List*).

Die Anordnung ist durch äußere oder innere Faktoren bestimmt. Zu den äußeren Faktoren gehört die Eingangsreihenfolge der Datenelemente, wobei der Nutzer meist noch die Einfügestelle in der Ordnung vorgeben kann. Zu den inneren Faktoren zählen vor allem Sortierordnungen, die das Datenbanksystem aus der Vorgabe eines Sortierattributs selbständig konstruieren kann. Die Sortierordnung kann auch nachträglich aus einem Primärindex als Ballungsindex abgeleitet werden.

Zu ihrer Bearbeitung müssen Datenelemente in einen Hauptspeicherbereich, den *Puffer*, verbracht werden. Befinden sie sich erst einmal dort, so fallen keine wesentlichen Zusatzkosten mehr an. Da Verarbeitung und Hintergrundspeicherzugriffe nebenläufig erfolgen können, lassen sich insbesondere die als nächste benötigten Datenelemente bereits vorsorglich in den Puffer einlagern. Bei Ballung geschieht dies schon weitgehend automatisch, da man etwa mit dem Einlagern einer Speicherseite mehrere der nacheinander benötigten Datenelemente erhält. Als Einstellparameter steht deshalb häufig die Größe der Speicherseite zur Disposition.

Der Puffer spielt aber auch eine Rolle, wenn die Wahrscheinlichkeit $p(d_i|d_i)$ vergleichsweise hoch ist, also auf dasselbe Datenelement innerhalb eines gewissen Zeitintervalls mehrfach zugegriffen wird. Dann wünscht man sich, daß dieses Element über diesen Zeitraum auch im Puffer verbleibt. Für das Leistungsverhalten eines Datenbanksystems ist daher auch die Puffergröße ein wichtiger Einstellparameter.

Existieren zu einem Datenelement mehrere gleichrangige Nachfolger, so ist das Ballungskriterium nicht mehr offensichtlich. Dieser Fall ist vor allem bei objektorientierten Modellen zu beobachten. Zwar sind auch für diesen Fall eine Reihe von Ballungsalgorithmen bekannt, doch kann der Nutzer bestenfalls durch Vorgabe von Anwendungsprofilen auf sie Einfluß nehmen.

19.3 Relationales Modell

Beim physischen Entwurf relationaler Datenbanksysteme kann ein Nutzer im wesentlichen auf die folgenden Systemparameter Einfluß nehmen.

- Festlegung von Speicherbereichen und deren Zuordnung zu Hintergrundspeichern. Durch Wahl von Hintergrundspeichern unterschiedlicher Qualität kann man zwischen Speicherbereichen die Kosten für den Zugriff variieren.
- Vereinbarung von sogenannten Tabellenbereichen zur Aufnahme vorzugsweise einer Relation (mehrere sind aber auch möglich, sofern man sie gleichartig zu behandeln gedenkt). Anzugeben sind unter anderem der zugehörige Speicherbereich, die Anfangsgröße und die erwartete Wachstumsrate sowie die Seitengröße.
- Zuordnung einer Relation zu einem Tabellenbereich.
- Manche Systeme gestatten die Vereinbarung von Ballungsräumen für die Verschränkung zweier Relationen. Anzugeben sind die beiden Relationen und das der Verschränkung zugrundezulegende gemeinsame Attribut.
- Erzeugung eines Index unter Angabe der Bezugsrelation und des Bezugsattributs. Anzufügen ist die Rolle als Primär- oder Sekundärindex und gegebenenfalls als Ballungsindex sowie ein eventueller Wunsch nach Kompression. Manche Systeme ordnen den Index automatisch dem Tabellenbereich der Bezugsrelation zu, andere verlangen die Angabe eines Speicherbereichs und legen dort automatisch einen eigenen Indexbereich an.

Beispiel: In unserer relationalen Lagerverwaltungsdatenbasis

relation ArtikelArt(**ANr**, AName, Menge, Lieferant, Gewicht);
relation Lagereinheit(**LeNr**, *LeaNr*, *ANr*, Stückzahl, Gewicht, *LhNr*);
relation LagereinheitArt(**LeaNr**, LeaName, Länge, Breite, Höhe, MaxGewicht);
relation Lagerhilfsmittel(**LhNr**, *LhaNr*, Gewicht, *LoNr*);
relation LagerhilfsmittelArt(**LhaNr**, LhaName,
Länge, Breite, Höhe, MaxGewicht);
relation Lagerort(**LoNr**, *LoaNr*, Gewicht);
relation LagerortArt(**LoaNr**, Länge, Breite, Höhe, MaxGewicht);
relation Verträglichkeit(***ANr***, ***LoNr***);

könnten wir beispielsweise zwei Speicherbereiche anlegen, einen für Relation Verträglichkeit und einen weiteren für alle anderen Relationen, da letztere überwiegend gemeinsam genutzt werden, während erstere nur in einigen wenigen kritischen Fällen benötigt wird. Für die Schlüssel sämtlicher Relationen des zweiten Speicherbereichs sehen wir jeweils einen Primärindex vor. Da bei Anfragen häufig die Information über die Arten in die Information über die zu verwaltenden Gegenstände eingeht, verschränken wir außerdem die Relationen Lagereinheit und LagereinheitArt über LeaNr, Lagerhilfsmittel und LagerhilfsmittelArt über LhaNr sowie Lagerort und LagerortArt über LoaNr.

19.4 Netzwerkmodell

Während bei relationalen Systemen die Einstellparameter zu einem erheblichen Teil in das Belieben des Systemanbieters gestellt sind, hat man beim Netzwerkmodell frühzeitig versucht, im Rahmen der Datendefinitionssprache und später über eine eigenständige Speicherstruktursprache Nutzervorgaben zu ermöglichen. Wir verzichten aber auf eine detaillierte Darstellung und fassen auch hier die Einflußmöglichkeiten nur kurz zusammen.

- Festlegung von Speicherbereichen unter Angabe von Anfangsgröße, Wachstumsrate und Seitengröße.
- Vereinbarung von Speicherrecord–Typen. Alle Strukturen des Netzwerkmodells — Mengen von Records desselben Typs und Sets — werden auf Speicherrecords zurückgeführt. Dementsprechend umfangreich fallen auch die Angaben aus, die zu Speicherrecord–Typen zu machen sind: Seitenintervall zur Plazierung im gewählten Speicherbereich; Packungsdichte von Records dieses Typs pro Seite; wahlweise Plazierung gemäß Hash–Funktion, geballt nach Sortierkriterium oder verschränkt mit einem Owner–Record innerhalb des angegebenen Set–Typs; Record–Struktur; Verweise gemäß der Chain–Option als Member innerhalb eines gegebenen Set–Typs auf Vorgänger, Nachfolger und/oder Owner, die Verweise wahlweise ausgeprägt als Identifikator oder als physikalischer Ort; Verweise nach den gleichen Optionen auf weitere Speicherrecords.
- Erzeugung eines Index. Der Strukturierung des Netzwerkmodells entsprechend fallen Indexe in zwei Kategorien: Solche, die sich auf die Menge der Ausprägungen eines Record–Typs beziehen, und solche, die einer Set–Ausprägung zugeordnet sind. Demzufolge sind auch hier eine ganze Reihe von Angaben vonnöten: Nutzungsabsicht als Index für einen Record–Typ oder für einen Set zur Unterstützung isolierter Zugriffe auf die Member–Records gemäß deren Schlüssel oder für einen Set als Pointer–Array anstelle der Chain–Option; Seitenintervall zur Plazierung im gewählten Speicherbereich; systemdefinierte, hashbasierte oder bei Set–Zuordnung auch mit dem Owner verschränkte Plazierung innerhalb des Speicherbereichs; Aufbau der Indexeinträge.

Beispiel: Wir betrachten unsere Kartographiewelt aus Bild 6.13 und die Definitionen der Record–Typen aus Abschnitt 6.2.4. Die Speicherrecord–Typen können von den dortigen Record–Typen beispielsweise dadurch abweichen, daß sie einzelne Felder komprimieren und Verweise enthalten, daß sie also untereinander und über die Zeit in ihren Längen variieren können. Über Städte werden wir unabhängig von ihrer sonstigen Einbindung sprechen wollen; weil dies isoliert geschehen soll, sehen wir eine Plazierung von Stadt gemäß Hash–Funktion vor. Für die Schlüssel der Record–Typen Staat, Meer, See und Fluß werden wir Indexe anlegen. Des weiteren ist Stadt Member–Record–Typ in nicht weniger als vier Set–Typen. Lassen wir ihn in LiegtIn mit Vorgänger- und Owner–Verweisen eingehen, in LiegtAnSee und LiegtAnMeer wegen der geringen Setgröße nur mit Vorgänger und in LiegtAnFluß mit Pointer–Array.

19.5 Leistungsvorhersage

Für die folgenden kurzen Überlegungen beziehen wir uns auf das Modell in Bild 19.1. Seien $a_1, \ldots, a_m$ Merkmale, anhand derer das Leistungsverhalten des interessierenden Systems bewertet wird. Der Nutzer kann seinerseits das Leistungsverhalten (ausschließlich) über die Einstellparameter $e_1, \ldots, e_n$ beeinflussen. Benötigt wird daher eine Menge S von Funktionen $S_{a_i}(e_1, \ldots, e_n)$ zur Ermittlung der a_i. Zur Bestimmung einer geeigneten Menge muß zusätzliches, von anderer Seite bereitzustellendes Wissen über alle für das Leistungsverhalten wesentlichen Systemfaktoren (systemimmanente Kenngrößen) einbezogen werden. Im folgenden diskutieren wir, auf welche Weise man zu den Funktionen S gelangen kann.

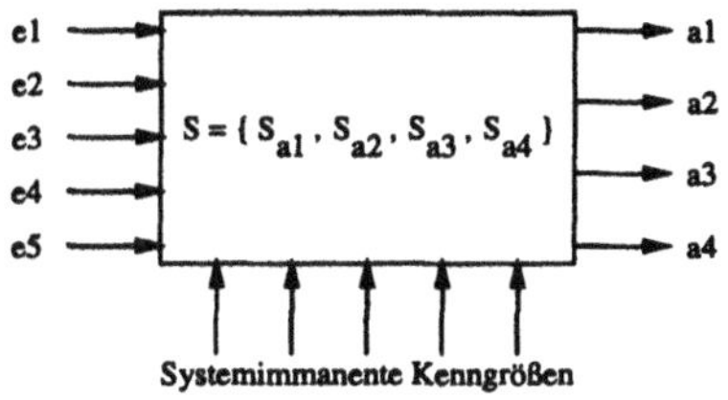

Bild 19.1. Modell der Leistungsvorhersage

19.5.1 Analytische Modelle

Analytische Modelle beschreiben den Zusammenhang zwischen einem Leistungsmerkmal und den Einstellparametern auf der Grundlage einschlägiger Systemfaktoren mit Hilfe von Formeln. Vertretbarer Rechenaufwand einmal vorausgesetzt, lassen sich mit ihnen in kurzer Zeit eine Vielzahl von Situationen durchspielen und — etwa durch graphische Darstellungen — auch veranschaulichen. Sie sind daher ein ideales Mittel zur Unterstützung kurzfristiger Entscheidungen.

Natürlich haften analytischen Modellen auch eine Reihe von Nachteilen an. Der gravierendste ist, daß man die Zusammenhänge zwischen allen Größen bereits kennen muß, um sie auch mittels Formeln erfassen zu können. Man sollte also stets erst einmal kritisch überprüfen, wie sicher man sich der Kenntnis über die Zusammenhänge denn nun ist. Als nächster Nachteil tritt dann hinzu, daß vertretbarer Rechenaufwand und ganz allgemein die formelmäßige Erfassung des Systems meist zu einer drastischen Vereinfachung der Zusammenhänge zwingen, ohne daß immer ersichtlich ist, daß die damit einhergehende Abstraktion von den realen Verhältnissen die Ergebnisse nicht unzulässig verfälscht. Und schließlich vermögen sie nicht unmittelbar mit den für Datenbanksystemen so wichtigen dynamischen Aspekten, wie sie durch das Eintreffen und nebenläufige Bearbeiten von Transaktionen zustandekommen, umzugehen. Mittelbar gelingt dies bestenfalls dadurch, sie über Wahrscheinlichkeiten zu „entdynamisieren".

Analytische Modelle beweisen also ihre Stärke genau dort, wo diese Nachteile nicht zu Buche schlagen. Wir finden daher in der Literatur solche Modelle vorzugsweise bei der Ermittlung der erforderlichen Hintergrundspeicherkapazität und des Speicheraufwands für Tupelmengen, Recordmengen und Indexe; bei der Untersuchung der Auswirkungen von Kompressionsverfahren; bei der Bestimmung von Zugriffs– und Übertragungszeiten zwischen Haupt– und Hintergrundspeicher bei gegebenen Datenverteilungen und der Lese– und Änderungszeiten unter verschiedenen Zugriffspfad–, Plazierungs– und Ballungstechniken für isolierten und navigierenden Zugriff, all dies jedoch nur unter der Annahme einer nicht durch konkurrierende Aufträge gestörten Auftragsabwicklung.

Der Nutzer eines Datenbanksystems wird natürlich nicht diese Modelle selbst entwickeln wollen. Vielmehr sollten sie von den Systemanbietern oder anderen neutralen Einrichtungen zur Verfügung gestellt werden mit Hinweisen darauf, unter welchen Randbedingungen sie verläßliche Ergebnisse liefern.

19.5.2 Simulationsmodelle

Bei Simulationsmodellen tritt an die Stelle einer statischen Lösung mittels einer formelmäßigen Beschreibung eine dynamische Lösung mittels einer ausführbaren abstrakten Maschine. Die Maschine heißt abstrakt, weil auch sie von als unwesentlich erachteten Details einer realen Maschine abstrahiert, also nur die für eine Leistungsbeurteilung bedeutsamen Elemente einer realen Maschine enthält. Unter realer Maschine wird dabei ein kombiniertes Hardware–/Software–System bestehend aus der interessierenden Geräteplattform, einem Betriebssystem und dem einzuschätzenden Datenbanksystem verstanden.

Diese Maschine bildet eine Experimentierumgebung. Auf sie wird eine Last in Form einer Auftragsfolge (*Auftragslast*) aufgebracht, und es wird durch systematische Veränderung der Einstellparameter das Verhalten der Leistungsmerkmale beobachtet. Das Verhalten des realen Systems wird also simuliert. Wie jedes Experiment bedarf auch die Simulation einer gründlichen Vorbereitung, um zu signifikanten Aussagen zu gelangen. Dabei spielt das Experimentierziel eine zentrale Rolle. Ein Systemanbieter wird das Experiment so gestalten, daß es ihm Aufschlüsse über die kritischen systemimmanenten Kenngrößen und Hinweise auf Schwachstellen und technische Verbesserungsmaßnahmen liefert. Den Nutzer interessiert hingegen, wie sich das System unter den Bedingungen seiner geplanten Einsatzumgebung verhält. Die Auftragslast wird dementsprechend auch in den beiden Fällen unterschiedliches Aussehen besitzen. Der Nutzer wird bestrebt sein, eine Auftragslast vorzugeben, die dem späteren Auftragsverhalten möglichst nahe kommt, also das erwartete Anwendungsprofil (*Lastprofil*) widerspiegelt. Wir werden uns diesem Thema im nachfolgenden Abschnitt noch ausführlicher widmen.

Simulation ist so etwas wie der Gegenpol zu analytischen Modellen. Ihre Stärke besteht darin, daß sie sozusagen noch völlig unvoreingenommen die reale Maschine beschreibt und keine oder nur wenige Vermutungen über die Zusammenhänge zwischen Einstellparametern und Leistungsmerkmalen anstellt. Die Bestimmung solcher Zusammenhänge kann vielmehr das Ergebnis der Experimentauswertungen sein. Simulationen können also auch eine Vorstufe zur Gewinnung analytischer Modelle bilden. Noch wichtiger ist, daß sich mittels Simulation das dynamische Verhalten von Datenbanksystemen, insbesondere unter variierenden Transaktionsraten und daher unterschiedlichen Nebenläufigkeitsgraden, beurteilen läßt.

Nachteilig ist der hohe Aufwand bei der Erstellung von Simulationsmodellen, beim Beschaffen geeigneter Lastprofile und Auftragslasten, bei der Auswahl und Gewichtung der als relevant erachteten Parameter und schließlich bei der Auswertung der Simulationsläufe selbst. Die Planung der Experimente in Form systematischer Variation der Einstellparameter, die leider häufig keineswegs unabhängig voneinander erfolgen kann, erfordert hohe Sorgfalt. Schließlich sind Zahl und Dauer der Simulationsläufe nicht zu unterschätzen.

Ähnlich wie zuvor muß daher gelten, daß der Nutzer eines Datenbanksystems die Simulationsmodelle kaum selbst entwickeln will. Ihr Einsatz ist also nur dann zu empfehlen, wenn geeignete Modelle von anderer Seite bezogen werden können.

19.5.3 Benchmark–Verfahren

Als Nutzer mag man sich fragen, wozu denn überhaupt der Aufwand für die Erstellung von Simulationsmodellen getrieben werden soll, wenn es für die Experimente die reale Systemumgebung genauso gut oder besser täte. Dann hätte man sich ausschließlich auf die Bestimmung der Lastprofile und die Konstruktion der Auftragslasten zu konzentrieren. Und in der Tat, diese Vorgehensweise gewinnt zunehmend an Bedeutung mit dem Ergebnis, daß für Zwecke der Vergleichbarkeit unterschiedlicher Datenbanksysteme die Auftragslasten und die Experimente (gemeinsam als *Benchmarks* bezeichnet) gewissen Regularien und Standards unterworfen werden. Nachfolgend werden wir aus der großen Zahl von Benchmarks beispielhaft einige typische Vertreter herausgreifen.

Benchmark–Verfahren funktionieren für den Nutzer allerdings nur unter der Voraussetzung, daß ihm unter vertretbaren Kosten die spätere Systemumgebung und alle in Betracht kommenden Datenbanksysteme für einen Vergleich zur Verfügung stehen oder daß es neutrale Stellen gibt, die die Benchmarks für ihn durchführen. Zudem ist ein Benchmark zunächst auch nur eine Vorschrift, die es noch durch Implementierungsarbeiten auszufüllen gilt.

Benchmarks. Von einem Benchmark wird gefordert, daß er aussagekräftig für das erwartete Lastprofil ist. Da Lastprofile sich von Anwendungsfeld zu Anwendungsfeld unterscheiden — man stelle nur eine Bankanwendung einer CAD–Anwendung gegenüber —, wird ein einzelner Benchmark sicherlich nicht allen Bedürfnissen genügen. Vielmehr wird nach domänenspezifischen Standards verlangt. Innerhalb eines gegebenen Anwendungsfeldes sollte der Benchmark dann aber portabel, also auf unterschiedliche Systemplattformen übertragbar sein. Und schließlich muß er skalierbar sein, d.h. er muß in gleicher Weise auf Plattformen unterschiedlichster Kapazität und auf Datenbestände unterschiedlichsten Umfangs anwendbar sein.

Wesentliche Merkmale eines Benchmarks sind die folgenden:

- Lastprofil (qualitative Ausrichtung der Auftragslast)
- Lastvolumen (quantitative Ausrichtung der Auftragslast)
- Struktur der Datenbasis
- Datenbasisvolumen
- Systemplattformen
- Skalierbarkeit von Systemplattform, Lastvolumen und Datenbasis
- Annahmen über die Systemeigenschaften
- Zu messende Systemeigenschaften
- Meßgrößen
- Experimentanordnung
- Experimentdauer

TPC–A. TPC–A ist ein typischer Vertreter eines Benchmarks für Datenbankanwendungen aus dem betriebswirtschaftlichen, verwaltungstechnischen oder Buchungsbereich, die sich durch hohe Raten an Transaktionen kurzer Dauer unter Manipulation eines geringen Datenvolumens auszeichnen (derartige Anwendungen werden kurz als Debit/Credit–Anwendungen bezeichnet).[1] Der Nachdruck liegt auf der Beurteilung des Transaktionsverhaltens (Online

[1] Eine ausführliche Besprechung von Transaktionen findet sich in Kapitel 28.

Transaction Processing, OLTP). Die wesentlichen Merkmale dieses Benchmarks lassen sich wie folgt charakterisieren:

- Das Lastprofil besteht aus einer einzigen — datenmodellunabhängig formulierten — Transaktion einer Bank, in der eine Kontenbewegung stattfindet, die Bewegung in einem Journal vermerkt wird und die Bilanzen für Bedienplatz und Bankfiliale fortgeschrieben werden.
- Für das Lastvolumen werden 10 Bedienplätze und Zwischenankunftszeiten von mindestens 10 ms angesetzt.
- Die Struktur der Datenbasis ist in datenmodellunabhängiger Weise als E–R–Diagramm vorgegeben. Zusammen mit der neutralen Transaktionsspezifikation eignet sich daher der Benchmark für beliebige Datenbanksysteme.
- Das Datenbasisvolumen wird als Zahl der Datenelemente zur Erfassung der Konten, Bedienplätze und Filialen sowie der Journaleinträge vorgegeben.
- Mehrere Systemkonfigurationen werden betrachtet: Zentrale Server–Systeme mit angeschlossenen Endgeräten, Client/Server–Systeme mit Endgeräteanschluß am Klienten und Server–Systeme mit angeschlossenen Arbeitsstationen. Für die Verbindungen werden unterschiedliche Netze angenommen.
- Die Skalierbarkeit wird durch Vorschriften zu den einzuhaltenden Verhältnissen zwischen den quantitativen Größen vorgegeben.
- Die wichtigste Annahme bezüglich der Systemeigenschaften ist die ACID–Eigenschaft der Transaktionen. Dies sind Atomizität, Konsistenzwahrung, Isolation und Dauerhaftigkeit; genauere Erläuterungen hierzu gibt Abschnitt 28.3.1.
- Gemessen wird an den Endgeräten bzw. Arbeitsstationen. Meßgröße ist die Antwortzeit. Gültig sind nur Meßreihen, in denen 90% aller Transaktionen in unter 2 Sekunden beantwortet werden konnten.
- Zur Experimentanordnung werden detaillierte Vorgaben zur Auslegung der Systemplattformen gemacht.
- Die Dauer des Experiments liegt zwischen 15 und 60 Minuten im eingeschwungenen Betrieb.

Diese recht engen Randbedingungen werden in einer Reihe weiterer Benchmarks auf unterschiedliche Weise gelockert.

Wisconsin–Benchmark. Der Nachdruck dieses Benchmarks liegt anwendungsfeldneutral bei der Beurteilung des Systemverhaltens unter unterschiedlich komplexen Anfragen. Er konzentriert sich auf ein einziges, das relationale Datenmodell, er legt (unrealistisch) einen Einbenutzer–Betrieb zugrunde, und er ignoriert die in der Praxis bedeutsame Massendateneingabe. Seine Merkmale im einzelnen sind:

- Das Lastprofil — insgesamt 32 Anfragen — bezieht alle relationenalgebraischen sowie Aggregierungsoperationen ein, ebenso Änderungsoperationen. Besonders geachtet wird auf die Variation der Anfrageselektivitäten.
- Da nur das Verhalten unter jeweils einer einzelnen Anfrage beobachtet werden soll, braucht kein Lastvolumen spezifiziert zu werden.
- Die Struktur der Datenbasis besteht aus drei Relationen identischen Aufbaus, aber unterschiedlichen Umfangs. Es sind jeweils Schlüssel vorgegeben, außerdem müssen die Attributdomänen gewissen Vorschriften gehorchen.
- Das Datenbasisvolumen liegt standardmäßig bei 1000 Tupeln für die eine und jeweils 10000 Tupeln für die beiden anderen Relationen. Die Werte für die Tupel werden nach vorgegebenen Verteilungen (zur Steuerung der Anfrageselektivitäten) unter Beachtung der Vorgaben für die Domänen generiert.
- Systemplattform ist der Rechner, auf dem das System installiert ist. Gemessen wird unmittelbar an ihm.
- Demgemäß muß nur die Datenbasis skaliert werden können. Dabei sind jedoch die Vorschriften zur Generierung der Tupelwerte anzupassen. Angestrebt wird ein festes Verhältnis der Relationengrößen zur Puffergröße.
- Gemessen werden die Antwortzeiten. Dabei kann eine Auswahl unter drei nach Plazierung und Indexen unterschiedlichen Speicherorganisationen für jede der Relationen getroffen werden.

Objektorientierte Benchmarks. Der hier beschriebene Benchmark, OO1, ist wieder aus einem spezifischen Anwendungsfeld heraus motiviert, den konstruktiven Ingenieuranwendungen wie etwa CAD. Er macht keine besonderen Annahmen über das verwendete Datenmodell, wenngleich das vorgegebene Lastprofil wohl am besten durch objektorientierte Datenbanksysteme abgedeckt wird. Auf komplexe Anfragen wird verzichtet, da sie im betrachteten Anwendungsfeld nur eine untergeordnete Rolle spielen. Ebenso wird kein Transaktionsverhalten untersucht, da Ingenieure weitgehend auf Daten arbeiten, um die sich andere Ingenieure nicht gleichzeitig bewerben. Es folgt wieder eine kurze Charakterisierung.

- Das Lastprofil besteht aus dem Einfügen und Aufsuchen von mehreren Objekten und mehrerer Formen des Navigierens entlang Objektverweisen. Es wird zugegeben, daß dieses Profil für Systemvergleiche brauchbar ist, absolute Aussagen zum Verhalten im Anwendungsfeld aber fragwürdig bleiben.
- Da auch hier nur das Verhalten unter einer einzelnen Anfrage beobachtet werden soll, wird kein Lastvolumen spezifiziert.
- Die Datenbasis baut auf zwei Tupelkonstruktionen (wahlweise als Tupeltyp, Record–Typ oder Struktur eines Objekttyps interpretierbar) auf, einer

ohne Verweise („Teile“) und einer zweiten, die die Objektverweise aufnimmt („Verbindungen“).

- Ähnlich wie beim Wisconsin-Benchmark werden Vorschriften zur Generierung von Ausprägungen der genannten Typen erlassen. Das Datenbasisvolumen liegt skalierbar zwischen 4 und 40 Megabyte und erfordert die Generierung einer entsprechenden Zahl von Ausprägungen (mindestens 20000 Teile und 60000 Verbindungen).
- Es werden zweierlei Systemplattformen untersucht: Anschluß der Datenbasis am untersuchten Rechner und — auf Arbeitsstationen zugeschnitten — eine Client/Server-Architektur mit Zugriff des untersuchten Klienten auf eine entfernte Datenbasis.
- Eine wichtige Annahme zu den Systemeigenschaften ist die Verfügbarkeit eines hinreichend großen Hauptspeichers (des sogenannte Cache), in dem die zu bearbeitenden Objekte über längere Zeit Platz finden.
- Einstellparameter und damit zu beurteilende Einflußgrößen sind Cachegröße, Einrichtung von Indexen, Wahl von Plazierungsverfahren.
- Meßgröße ist die Antwortzeit unter Einbenutzerbedingungen. Um zu einer allgemeineren Leistungsaussage zu kommen, kann man eine Menge von Anfragen ablaufen lassen, wobei die Zahl der Anfragen der verschiedenen Typen aus dem Lastprofil in einem sinnvollen Verhältnis zueinander stehen sollten.
- Bei der Experimentanordnung ist darauf zu achten, daß die Transaktionseigenschaften des untersuchten Systems und die im genutzten Netz eingesetzten Protokolle repräsentativ sind. Um Verfälschungen der Ergebnisse zu vermeiden, sollte die Netzlast gering sein.
- Von der Dauer her sollte die Anfragefolge zehnmal wiederholt werden, um den Effekt des Cache zuverlässig zu erfassen.

In jüngster Zeit ist als spezieller Benchmark zur Bewertung des Verhaltens objektorientierter Datenbanksysteme der OO7-Benchmark hinzugekommen. Er vermeidet einige, aber beileibe nicht alle Schwächen des OO1-Benchmarks, sieht eine aufwendigere Datenbasisstruktur vor, die sich an einer Entwurfsbibliothek orientiert, und weist ein reichhaltigeres Lastprofil an Objektsuchen und an lesenden oder ändernden Operationen auf, die die Verweisketten entlang von Objekten traversieren.

19.6 Literatur

Dem physischen Entwurf werden in [Mac90] und [TF82] jeweils eigene Kapitel eingeräumt. Ein eigenständiges Werk stellt [Sha92] dar. [Gra93] ist praktisch die Benchmark-„Bibel“. Physische Aspekte des Netzwerkmodells finden sich in [COD78]. Der OO7-Benchmark wird in [CDN93] beschrieben.

20. Verteilte Datenbanken

20.1 Charakterisierung

In all unseren Betrachtungen in diesem Buch hatten wir nie etwas darüber ausgesagt, wo sich die Datenbasis denn nun physisch befindet. In der Tat ist dies auch ein Thema, für das sich ein Benutzer nicht zu interessieren haben sollte. Er fordert ganz einfach, daß ihm die gewünschte Datenbankfunktionalität an seinem Arbeitsplatz zur Verfügung steht. Aus seiner Sicht ist die Datenbank Teil seiner unmittelbaren Arbeitsumgebung.

Tatsächlich ist die physische Existenz der Datenbasis unmittelbar in dieser Umgebung eher die Ausnahme — sie trifft allenfalls auf kleinere private Datenbasen zu. Der Regelfall ist eher eine zentrale, vielen geographisch verstreuten Nutzern gleichermaßen zugängliche Datenbasis. Solche Datenbanksysteme sind heute zunehmend nach einer Client/Server–Architektur organisiert und von den Klienten über lokale Netze oder — wenn es sich um ein überregional operierendes Unternehmen oder um überregional angebotene Dienstleistungen handelt — Weitverkehrsnetze zugänglich. Bis auf gelegentliche, durch die Datenübertragung bedingte Verzögerungen sollte sich diese Architektur aber nicht von einer Lösung mit einer ausschließlich lokalen Datenbasis unterscheiden.

Nun gehen aber mit einer solch zentralisierten Architektur eine Reihe von Nachteilen einher. Zum einen wird die zentrale Datenbasis sehr schnell zum Leistungsengpaß, wenn sie großen Umfang annimmt und die Zahl der gleichzeitig zu bearbeitenden Anfragen bis in die Hunderte geht. Zum zweiten fallen Datenübertragungen zur Zentrale an, die (heute noch) vergleichsweise langsam ablaufen. Zum dritten sind zentrale Systeme besonders störanfällig, da von einem Ausfall der Zentrale alle Anwendungen betroffen sind. Schließlich ist für viele Anwendungen (die sogenannten *verteilten Anwendungen*) die zentralisierte Architektur noch nicht einmal die natürliche, wenn sie nämlich aus Organisationen hervorgehen, deren Arbeitseinheiten räumlich verteilt und lokal weitgehend unabhängig arbeiten — man denke etwa an die Arbeitsämter eines Bundeslandes — oder wenn sie dadurch zustandekommen, daß Anwendungen zunächst für eigene lokale Zwecke entwickelt und erst später integriert werden.

In vielen dieser Fälle kann man ein lokales Zugriffsverhalten beobachten: Jedes Datum wird überwiegend nur von einer oder wenigen Arbeitseinheiten genutzt, nur selten wird von einer anderen Arbeitseinheit darauf zugegriffen. Es liegt daher nahe, die dieserart mit einer Arbeitseinheit „lokalisierbaren" Daten auch physisch bei dieser Arbeitseinheit zu belassen und nur fallweise über Netz den anderen Arbeitseinheiten zugänglich zu machen. Es werden also eine Anzahl lokaler Datenbasen geführt, die durch Vernetzung eine globale Datenbasis bilden. Wie bisher soll aber für den einzelnen Benutzer der Anschein einer einzigen Datenbasis aufrecht erhalten bleiben, er soll sich also nicht damit beschäftigen müssen, ob seine Anwendung nur rein lokal oder global operiert.

Wir können die Überlegungen zusammenfassen: Eine *verteilte Datenbasis* ist eine Sammlung von Daten,

- die physisch über mehrere, autonom agierende, über ein Netzwerk verbundene Rechner verteilt sind;
- die durch die überwiegende Zahl von Anwendungen rechnerlokal bearbeitet werden;
- die logisch derart zusammenhängen, daß globale Anwendungen bestehen, die auf Daten auf mehreren Rechnern zugreifen;
- auf die in ihrer Gesamtheit von jedem Rechner des Netzwerks aus zugegriffen werden kann;
- die so verwaltet werden, daß jedes beliebige Anwendungsprogramm den Eindruck hat, die Daten würden an einer Stelle in einem Datenbanksystem und auf dem Rechner gehalten, auf dem das jeweilige Anwendungsprogramm abläuft.

Für den Datenbankentwurf hat diese logisch zentralisierte Sicht zunächst zur Folge, daß alle bisher entwickelten Methoden und Techniken einfach übernommen werden können. Zusätzlich fällt die Aufgabe an, zu entscheiden oder dem Datenbanksystem mitzuteilen, nach welchen Kriterien die Verteilung der Daten auf die einzelnen Knoten im Netz erfolgen soll. Da diese Kriterien durch die Nutzerorganisation und das Spektrum der Anwendungen diktiert werden, sind sie Bestandteil des konzeptionellen und logischen und nicht erst des physischen Entwurfs. Mit dieser Aufgabe beschäftigt sich das vorliegende Kapitel.

20.2 Entwurfsgrundsätze

20.2.1 Transparenzen

Die Definition und Eigenschaften einer verteilten Datenbasis lassen sich in einen Satz von Handlungsmaximen übersetzen. Sie werden mit dem Begriff der Transparenzen belegt, um auszudrücken, daß ein Benutzer bestimmte Aspekte der Verteilung oder Realisierung nicht über die Systemfunktionalität wahrnehmen kann.

Datenunabhängigkeit: Dies ist die grundlegendste Form der Transparenz innerhalb eines DBMS überhaupt und trifft bereits auf ein zentrales DBMS zu. Logische Datenunabhängigkeit bezeichnet die Immunität von Anwendungen gegenüber Änderungen in der logischen Struktur der Datenbasis und verbirgt durch Ausschnittsbildung mittels Sichten alle Änderungen, die nicht den Ausschnitt betreffen. Physische Datenunabhängigkeit schirmt die Anwendungen von der Wahl der Speicherstrukturen und Zugriffspfade ab.

Verteilungstransparenz: Verteilungstransparenz (auch als Netztransparenz bezeichnet) besagt, daß Anwendungen die Existenz des Netzes nicht wahrnehmen. Dies schlägt sich im wesentlichen in zwei Eigenschaften nieder. Ortstransparenz stellt eine Anwendung von der Kenntnis des Ortes der Speicherung frei, macht also Anwendungsprogramme ortsunabhängig. Das Datenbanksystem übernimmt die Lenkung der Zugriffe an den zuständigen Knoten. Namenstransparenz sorgt für eine netzwerkweit eindeutige Namensgebung für alle Datenelemente, ohne diese Namensgebung auch der Anwendung abzuverlangen. Diese kann sich bei der Namensgebung auf ihren lokalen Ausschnitt der Datenbasis beschränken.

Replizierungstransparenz: Wenn aus Gründen überlappender Lokalität oder aus sonstigen Leistungs- oder Sicherheitsgesichtspunkten eine Replizierung von Daten an verschiedenen Knoten erforderlich wird, sollte dies den Anwendungen verborgen bleiben, d.h. sie sollten nicht mit dem Zusatzaufwand mehrfacher Änderungen oder der Wahl der günstigsten Kopie bei Leseoperationen belastet werden.

Fragmentierungstransparenz: Größere Dateneinheiten wie etwa Objektmengen oder Relationen können für globale Anwendungen in ihrer Gesamtheit, für lokale Anwendungen aber nur in Teilen von Interesse sein. Sie können dann in sogenannte Fragmente zerlegt und die Fragmente auf unterschiedliche Knoten gelegt werden. Einer globalen Anwendung sollte es bei Anfragen verborgen bleiben, von wo die Fragmente beschafft, wo und wie sie miteinander verbunden werden.

Wir können nun unsere Entwurfsaufgabe dahingehend deuten, daß wir von den früheren Kapiteln die Verfahren für den Entwurf der dem Benutzer sichtbaren globalen und Sichtschemata übernehmen und hier zusätzlich den Entwurf der für den Benutzer durch Transparenz verdeckten Verteilungseigenschaften durchführen. Da verteilte Datenbasen heute noch überwiegend dem relationalen Datenmodell folgen, werden wir die folgenden Ausführungen auf dieses Modell beschränken.

20.2.2 Entwurfsphasen

Der Entwurf von verteilten Datenbasen umfaßt drei Aufgaben:

1. *Entwurf des globalen (relationalen) Schemas*: Dieser spielt sich nach den früheren Regeln des Datenbankentwurfs ab und soll deshalb hier nicht weiter betrachtet werden.
2. *Entwurf der Fragmentierung*: Ergebnis ist ein sogenanntes Fragmentierungsschema.
3. *Ortszuweisung einschließlich Replizierung*: Ergebnis ist ein sogenanntes Zuweisungsschema.

Die erste Aufgabe geht den beiden anderen voran. Die beiden restlichen Aufgaben beeinflussen sich gegenseitig, sollten aber trotzdem klar voneinander abgegrenzt werden. Nach Abschluß der drei Aufgaben verbleibt dann noch der Entwurf der lokalen Datenbasen, der wiederum den früher besprochenen Regeln folgt.

20.2.3 Ein Beispiel

Zur Illustration soll uns wieder unser Lagerverwaltungsbeispiel dienen. Wir erinnern uns des globalen Schemas (ohne Domänen):

```
relation ArtikelArt(ANr, AName, Menge, Lieferant, Gewicht);
relation Lagereinheit(LeNr, LeaNr, ANr, Stückzahl, Gewicht, LhNr);
relation LagereinheitArt(LeaNr, LeaName, Länge, Breite, Höhe, MaxGewicht);
relation Lagerhilfsmittel(LhNr, LhaNr, Gewicht, LoNr);
relation LagerhilfsmittelArt(LhaNr, LhaName,
   Länge, Breite, Höhe, MaxGewicht);
relation Lagerort(LoNr, LoaNr, Gewicht);
relation LagerortArt(LoaNr, Länge, Breite, Höhe, MaxGewicht);
relation Verträglichkeit(ANr, LoNr);
```

Die Artikel sollen aus Gründen des Aufwands für die technischen Einrichtungen in drei (Teil–)Lägern gehalten werden:

- Lager 1 führt nur sperrige Lagereinheiten.
- Lager 2 führt ausschließlich leichte und nichtsperrige Güter.
- Lager 3 führt alle nichtsperrigen Lagereinheiten.

An jedem einzelnen Lager befindet sich eine Datenbasis mit den lokal erforderlichen Angaben. Jede benötigt sämtliche Relationen. Was die Ausprägungen angeht, so werden in den Relationen allerdings nur Tupel geführt, die den Eigenschaften der geführten Artikel entsprechen. So findet man beispielsweise bei Lager 1 nur Lagereinheitarten, deren Länge, Breite oder Höhe vorgebene Werte übersteigt, und natürlich auch nur Lagereinheiten dieser Art. Ähnliches gilt für die Lagerhilfsmittel und Lagerorte.

Zusätzlich existiert eine zentrale Datenbasis mit den Daten zu den Artikelarten. Diese Verwaltungsdatenbasis benötigt also nur eine einzige Relation, ArtikelArt, und kann zudem noch auf die Gewichtsangaben verzichten. Im Gegenzug könnte man die lokalen ArtikelArt-Relationen auf die Attribute ANr und Gewicht beschränken.

20.3 Entwurf der Fragmentierung

20.3.1 Formen der Fragmentierung

Das Ziel der Fragmentierung ist die Unterteilung einer Relation in eine Menge kleinerer Relationen derart, daß möglichst viele Anwendungen nur jeweils eines der Fragmente benötigen. Die Fragmente können dann am Ort der jeweiligen Anwendung gespeichert werden. Eine Fragmentierung ist grundsätzlich durch einen parametrisierten relationalen Ausdruck (Qualifikation) spezifiziert, der angewendet auf eine Relation (die sogenannte *globale Relation*) die Fragmente erzeugt.

Für die Fragmentierung bestehen offensichtlich zwei Alternativen. Die *horizontale Fragmentierung* zerlegt eine Relation in Teilmengen von Tupeln. Die Fragmente behalten also das Schema der globalen Relation bei. Die Qualifikation wird durch einen (relationenalgebraischen) Selektionsausdruck gebildet. Die *vertikale Fragmentierung* zerlegt eine globale Relation durch Partitionierung der Menge der Attribute. Jedes Fragment entspricht dann der Projektion auf eine Partition.

Bei der *einfachen horizontalen Fragmentierung* bezieht sich die Qualifikation ausschließlich auf Attribute der zu fragmentierenden Relation. Sei $F = \{F_1, F_2, \ldots, F_n\}$ eine Menge von Selektionsformeln. Dann erhält man für eine Relation R die Fragmente R_i, $1 \leq i \leq n$ durch $R_i := \sigma_{F_i}(R)$.

In unserem Beispiel:

LagereinheitArt1 =
$\sigma_{(\text{Länge} \geq 700) \wedge (\text{Breite} \geq 500) \wedge (\text{Höhe} \geq 400)}(\text{LagereinheitArt})$
LagereinheitArt2 =
$\sigma_{[(\text{Länge} < 700) \vee (\text{Breite} < 500) \vee (\text{Höhe} < 400)] \wedge (\text{MaxGewicht} < 300.00)}(\text{LagereinheitArt})$
LagereinheitArt3 =
$\sigma_{(\text{Länge} < 700) \vee (\text{Breite} < 500) \vee (\text{Höhe} < 400)}(\text{LagereinheitArt})$

Entsprechendes gilt für LagerhilfsmittelArt und LagerortArt. Für eine konkrete Ausprägung des Schemas gemäß Kapitel 4 läßt sich die Auswirkung an Bild 20.1 (für die drei Lagereinheitart–Relationen) veranschaulichen.

LagereinheitArt1

LeaNr	LeaName	Länge	Breite	Höhe	MaxGewicht
LEA-02	Stapelkasten	760	580	425	300.00
LEA-05	Stapelkorb	760	580	530	200.00

LagereinheitArt2

LeaNr	LeaName	Länge	Breite	Höhe	MaxGewicht
LEA-03	Drehstapelkasten	580	395	105	250.00
LEA-04	Drehstapelkasten	580	395	356	250.00
LEA-06	Lagerkorb	795	495	460	200.00

LagereinheitArt3

LeaNr	LeaName	Länge	Breite	Höhe	MaxGewicht
LEA-01	Stapelkasten	580	380	300	300.00
LEA-03	Drehstapelkasten	580	395	105	250.00
LEA-04	Drehstapelkasten	580	395	356	250.00
LEA-06	Lagerkorb	795	495	460	200.00

Bild 20.1. Horizontale Beispielfragmente für LagereinheitArt

Die *abgeleitete horizontale Fragmentierung* geht von einer referentiellen Konsistenz einer Relation S bezüglich einer Relation R aus und nimmt an, daß R bereits fragmentiert sei. Die Unterteilung von Relation R solle nun die Fragmentierung von S bestimmen. So kommen für die drei Läger jeweils nur solche Lagereinheiten in Frage, deren Art die zuvor genannten Bedingungen erfüllt. Der Zusammenhang zwischen beiden kommt über das gemeinsame Attribut LeaNr zustande, das nach Abschnitt 4.7 eine referentielle Konsistenz bedingt. Selektionen auf eine Relation auf der Grundlage von Werten einer zweiten Relation aber werden durch den Semi–Join erfaßt. Wir können also formulieren:

$$\text{Lagereinheit1} := \text{Lagereinheit} \ltimes \text{LagereinheitArt1}$$
$$\text{Lagereinheit2} := \text{Lagereinheit} \ltimes \text{LagereinheitArt2}$$
$$\text{Lagereinheit3} := \text{Lagereinheit} \ltimes \text{LagereinheitArt3}$$

Bild 20.2 veranschaulicht die Auswirkung.

Die vertikale Fragmentierung läßt sich, wie erwähnt, auf die Projektion zurückführen. In unserem Beispiel ergäbe sich:

$$\text{ArtikelArt1} = \text{ArtikelArt2} = \text{ArtikelArt3} := \pi_{\text{ANr,Gewicht}}(\text{ArtikelArt})$$
$$\text{ArtikelArtVerwaltung} := \pi_{\text{ANr,Name,Menge,Lieferant}}(\text{ArtikelArt})$$

Lagereinheit1					
LeNr	LeaNr	ANr	Stückzahl	Gewicht	LhNr
LE-002	LEA-02	A-004	20	20.00	LH-002
LE-004	LEA-05	A-017	175	175.00	LH-006
LE-005	LEA-02	A-006	3	4.50	LH-004
LE-007	LEA-05	A-015	85	212.50	LH-006
LE-009	LEA-02	A-020	1	6.00	LH-003
LE-012	LEA-02	A-019	4	12.00	LH-003
LE-015	LEA-02	A-006	2	3.00	LH-004
LE-016	LEA-02	A-015	42	105.00	LH-005

Lagereinheit2					
LeNr	LeaNr	ANr	Stückzahl	Gewicht	LhNr
LE-001	LEA-04	A-001	2	4.00	LH-001
LE-006	LEA-03	A-002	6	0.30	LH-007
LE-010	LEA-04	A-008	13	5.20	LH-007
LE-014	LEA-04	A-001	1	2.00	LH-001

Lagereinheit3					
LeNr	LeaNr	ANr	Stückzahl	Gewicht	LhNr
LE-001	LEA-04	A-001	2	4.00	LH-001
LE-003	LEA-01	A-005	42	21.00	LH-002
LE-006	LEA-03	A-002	6	0.30	LH-007
LE-008	LEA-01	A-010	30	15.00	LH-003
LE-010	LEA-04	A-008	13	5.20	LH-007
LE-011	LEA-01	A-011	16	16.00	LH-005
LE-013	LEA-01	A-012	12	12.00	LH-005
LE-014	LEA-04	A-001	1	2.00	LH-001

Bild 20.2. Abgeleitete horizontale Beispielfragmente für Lagereinheit

Der Prozeß der Fragmentierung läßt sich natürlich rekursiv fortsetzen. Dabei lassen sich auch die verschiedenen Arten der Fragmentierung mischen (man spricht dann von *gemischter* oder *hybrider Fragmentierung*). So könnte man zunächst über zwei Stufen ausgehend von der horizontalen Fragmentierung von LagereinheitArt und Lagereinheit zu abgeleiteten horizontalen Fragmenten ArtikelArt1, ArtikelArt2 und ArtikelArt3 gelangen, die für die jeweiligen Läger die in Frage kommenden Artikelarten enthalten. Abschließend kann man zu der zuvor besprochenen vertikalen Partitionierung übergehen.

20.3.2 Korrektheit der Fragmentierung

Für die Fragmentierung läßt sich Korrektheit definieren. Wenn man davon ausgeht, daß die Verteilung den Anwendungen verdeckt bleiben soll, so haben die Anwendungen die Sicht einer globalen Relation auf eine verteilte Relation. Damit muß sich aber die Korrektheit auf die Informationserhaltung aus Abschnitt 10.2 zurückführen lassen. v stellt dann eine Vorschrift zur Rekonstruktion der globalen Relation aus den Fragmenten dar, o die Anwendung auf der globalen Relation und p die entsprechende Operationenmenge auf den Fragmenten.

Die Abbildung v muß die Fragmentierungsoperationen aus Abschnitt 20.3.1 rückgängig machen. Bei der horizontalen Fragmentierung geschieht dies durch (algebraische) Vereinigung der Fragmente. Dabei ist Disjunktheit der Fragmente von besonderem Vorteil, weil dann die Vereinigungsoperation besonders einfach ausfällt und sich wegen des Wegfalls aller Redundanzen die Änderung eines Tupels der globalen Relation auf genau ein Fragment beschränkt. Es wird schon aufgefallen sein, daß dieser Vorteil in unserer Fragmentierung von LagereinheitArt nicht gegeben ist, da LagereinheitArt2 in LagereinheitArt3 enthalten ist. Bei der vertikalen Fragmentierung wird die globale Relation aus den Fragmenten durch eine natürliche Verbindung rekonstruiert.

Zum Nachweis der Korrektheit der Fragmentierung lassen sich die Überlegungen aus Abschnitt 10.3 übernehmen oder fortsetzen. Sie führen auf die folgenden zwei Forderungen.

Vollständigkeit: Jeder Bestandteil jedes Tupels der globalen Relation muß in einem Fragment auftreten. Diese Forderung ist erfüllt, wenn die Menge der Selektionsprädikate die Tupelmenge überdeckt. Bei der abgeleiteten horizontalen Fragmentierung ist darauf zu achten, daß sämtliche der Selektionsbedingung unterworfenen Werte der globalen Relation auch in der bereits fragmentierten Relation vorkommen. Bei Vorliegen einer referentiellen Konsistenz ist diese Forderung erfüllt. Bei der vertikalen Fragmentierung müssen die Attributpartitionierungen die gesamte Attributmenge überdecken.

Rekonstruierbarkeit: v muß tatsächlich die globale Relation rekonstruieren. Dazu muß bei der horizontalen Fragmentierung die relationenalgebraische Vereinigung der Fragmente die globale Relation ergeben. Diese Forderung ist bei Vollständigkeit natürlich erfüllt. Im Fall der vertikalen Fragmentierung muß sich die globale Relation durch natürliche Verbindung der Fragmente bilden lassen. Diese Forderung ist identisch mit der aus der Normalisierung bekannten Forderung nach verlustfreier Zerlegung. (Sie ließe sich auch nach Abschnitt 10.3.1 herleiten.) Sie ist trivial erfüllt, wenn man den Primärschlüssel in alle Projektionen einschließt.

Beispiele: Die Fragmentierung von LagereinheitArt ist vollständig, da sich die Selektionsprädikate für LagereinheitArt1 und LagereinheitArt3 entsprechend ergänzen. Damit ist LagereinheitArt rekonstruierbar. Ebenso ist die Fragmentierung von ArtikelArt vollständig, da sie alle Attribute umfaßt. Sie ist außerdem rekonstruierbar, da beide Fragmente den Primärschlüssel ANr enthalten.

Auch die Fragmentierung von Lagereinheit ist vollständig und damit rekonstruierbar. An ihr läßt sich aber ein interessantes Phänomen studieren. Ginge man von der physischen Existenz einer globalen Relation Lagereinheit aus und würde man auf sie die Fragmentierung anwenden, so bedingte die Überlappung von LagereinheitArt2 und LagereinheitArt3 auch eine Überlappung von Lagereinheit2 und Lagereinheit3. Nun ist aber jede Lagereinheit physisch nur in einem Lager vorhanden und sollte daher auch nur in einer einzigen lokalen Datenbasis vertreten sein. Da ausschließlich die Fragmente physisch existieren, müßte es genügen, wenn man das Tupel für eine Lagereinheit ausschließlich in die Datenbasis seines Lagers einträgt. Tatsächlich liegt auch weiterhin Vollständigkeit vor, lediglich die Fragmentierungsvorschrift und damit die Operationenmenge p wären anzupassen.

20.3.3 Entwurfsverfahren

Um die in einer gegebenen Situation bestmögliche Fragmentierung zu bestimmen, muß man die wesentlichen Einflußfaktoren kennen. Für die einfache horizontale Fragmentierung werden die Einflußfaktoren überwiegend durch Analyse der Anwendungsprofile gewonnen. Den Profilen entnimmt man dann ihre Selektionsprädikate. Auf der Menge dieser Prädikate konstruiert man unter Hinzuziehen der Anfragewahrscheinlichkeiten und der Prädikatselektivitäten eine Menge sogenannter *Minterme*, das sind Konjunktionen von einfachen Prädikaten der Form (*Attribut Vergleich Wert*) oder ihrer Negation. Die Aufgabe besteht allgemein darin, aus der Menge der Minterme diejenigen zu bestimmen, die für eine statistisch homogene Auslastung der Tupel innerhalb jedes Mintermfragments und für die Existenz unterschiedlicher Anwendungen für zwei verschiedene Fragmente sorgen. Eine Relation wird schließlich derart in Fragmente zerlegt, daß jedes unter ihnen einen ausgewählten Minterm erfüllt.

In unserem LagereinheitArt–Beispiel existieren eine große Zahl von Mintermen, unter anderem für die in Abschnitt 20.3.1 genutzten Attribute die folgenden:

a) (Länge < 700) ∧ (Breite < 500) ∧ (Höhe < 400) ∧ (MaxGewicht < 300.00)
b) (Länge < 700) ∧ (Breite < 500) ∧ (Höhe < 400) ∧ (MaxGewicht ≥ 300.00)
c) (Länge < 700) ∧ (Breite < 500) ∧ (Höhe ≥ 400) ∧ (MaxGewicht < 300.00)
d) (Länge < 700) ∧ (Breite < 500) ∧ (Höhe ≥ 400) ∧ (MaxGewicht ≥ 300.00)
e) (Länge < 700) ∧ (Breite ≥ 500) ∧ (Höhe < 400) ∧ (MaxGewicht < 300.00)
f) (Länge < 700) ∧ (Breite ≥ 500) ∧ (Höhe < 400) ∧ (MaxGewicht ≥ 300.00)
g) (Länge < 700) ∧ (Breite ≥ 500) ∧ (Höhe ≥ 400) ∧ (MaxGewicht < 300.00)
h) (Länge < 700) ∧ (Breite ≥ 500) ∧ (Höhe ≥ 400) ∧ (MaxGewicht ≥ 300.00)
i) (Länge ≥ 700) ∧ (Breite < 500) ∧ (Höhe < 400) ∧ (MaxGewicht < 300.00)
j) (Länge ≥ 700) ∧ (Breite < 500) ∧ (Höhe < 400) ∧ (MaxGewicht ≥ 300.00)
k) (Länge ≥ 700) ∧ (Breite < 500) ∧ (Höhe ≥ 400) ∧ (MaxGewicht < 300.00)
l) (Länge ≥ 700) ∧ (Breite < 500) ∧ (Höhe ≥ 400) ∧ (MaxGewicht ≥ 300.00)
m) (Länge ≥ 700) ∧ (Breite ≥ 500) ∧ (Höhe < 400) ∧ (MaxGewicht < 300.00)
n) (Länge ≥ 700) ∧ (Breite ≥ 500) ∧ (Höhe < 400) ∧ (MaxGewicht ≥ 300.00)
o) (Länge ≥ 700) ∧ (Breite ≥ 500) ∧ (Höhe ≥ 400) ∧ (MaxGewicht < 300.00)
p) (Länge ≥ 700) ∧ (Breite ≥ 500) ∧ (Höhe ≥ 400) ∧ (MaxGewicht ≥ 300.00)

Diese Minterme führen auf die Fragmente F_a bis F_p. Dann gilt für unsere lokalen Relationen:

- LagereinheitArt1 $:= F_o \cup F_p$,
- LagereinheitArt2 $:= F_a \cup F_c \cup F_e \cup F_g \cup F_i \cup F_k \cup F_m$,
- LagereinheitArt3 $:= F_a \cup \ldots \cup F_n$.

Die wesentliche Motivation für die abgeleitete horizontale Fragmentierung ist die Unterstützung von verteilten Verbindungsoperationen derart, daß für zwei globale Relationen R und S nicht jedes Fragment von R mit jedem Fragment von S verglichen werden muß. Dazu ermittelt man im globalen Schema die referentiellen Konsistenzen. Durch Analyse der Anfragen kann man aus ihnen die Paare von Relationen bestimmen, die in Verbindungsanfragen eingehen. Für eine bereits fragmentierte Relation R sucht man nun nach einem Paar (R, S) und prüft, ob eine abgeleitete Fragmentierung von S dazu führt, daß jedes Fragment von R nur mit genau einem Fragment von S zu verbinden ist und umgekehrt. Das wäre etwa für das Paar (LagereinheitArt, Lagereinheit) der Fall, wenn man Lagereinheit wie am Ende von Abschnitt 20.3.2 diskutiert behandelte.

Für die vertikale Fragmentierung betrachten wir nur den Fall der Disjunktheit der Attributteilmengen bis auf den Primärschlüssel. Das sogenannte Spalten beginnt mit der gesamten globalen Relation und faßt dann solche Attribute zu einem Fragment zusammen, auf die ausschließlich oder überwiegend gemeinsam zugegriffen wird. Dazu ermittelt man vorab für jede Anfrage ihre Ausführungswahrscheinlichkeit sowie die Attribute, von denen sie Gebrauch macht. Hieraus konstruiert man eine Affinitätsmatrix, die man üblichen Clusteranalysen unterwirft. Grob gesagt erhält man dann durch Unterteilen der Matrix entlang der Cluster die Fragmente.

20.4 Ortszuweisung

20.4.1 Ziele

Aufgabe der Ortszuweisung ist die Festlegung, an welchen Knoten welche Fragmente gespeichert werden sollen. Dabei wird man sich gegebenenfalls dafür entscheiden müssen, einzelne Fragmente zu replizieren, um dasselbe Fragment an mehr als einem Knoten unterzubringen.

Mit der Ortszuweisung werden verschiedene, gelegentlich zueinander in Konflikt stehende Ziele verfolgt:

- *Hohe Verarbeitungslokalität*: Damit ist gemeint, die Daten an der Stelle zu plazieren, an der sich die Anwendung befindet, die sie benötigt. Da wir jedoch eingangs globale Anwendungen und daher logische Abhängigkeiten zwischen den Daten unterstellt hatten, gibt es im allgemeinen mehr als eine solche Stelle. Der Konflikt ist nur durch Gewichtung der Anwendungen oder durch Replizierung — wie bei Fragment F_a in Abschnitt 20.3.3 — aufzulösen.
- *Hohe Verfügbarkeit und Zuverlässigkeit*: Je höher die Wahrscheinlichkeit von Knotenausfällen oder Leitungsunterbrechungen einzuschätzen ist, umso mehr Fragmente sollten auf verschiedenen Knoten repliziert werden, damit eine gleichmäßige Verfügbarkeit der Daten gewährleistet bleibt.
- *Gleichmäßige Auslastung der Rechnerknoten*: Ein wesentlicher Beweggrund für verteilte Systeme allgemein ist die gleichmäßige Auslastung aller Rechnerknoten, um lokale Engpässe solange als möglich zu umgehen.

Diese Ziele machen deutlich, daß die Ortszuweisung Züge des physischen Entwurfs trägt, während die Fragmentierung eher dem logischen Entwurf zuzurechnen ist.

20.4.2 Zuweisungsverfahren

Geht man vom Ziel hoher Verarbeitungslokalität aus, dann stellt sich das Zuweisungsproblem wie folgt dar. Sei $F = \{F_1, F_2, \ldots, F_n\}$ eine Menge von Fragmenten und $S = \{S_1, S_2, \ldots, S_m\}$ eine Menge von Knoten eines Netzes, auf denen eine Menge von Anwendungen $Q = \{q_1, q_2, \ldots, q_p\}$ läuft. Zu bestimmen ist eine Verteilung von F über S derart, daß ein sinnvoller Ausgleich zwischen folgenden Bedingungen gefunden wird:

- *Minimale Kosten*: Die Kostenfunktion setzt sich zusammen aus den Kosten für die Anfragebearbeitung und den Kosten für die Speicherung. Um die ersteren zu bestimmen, sind für jede Anfrage q_k die Kosten für das Lesen von Fragment F_i an Knoten S_j, die Kosten für das Fortschreiben von Fragment F_i an allen Orten, an denen es geführt wird, und die Kosten der Datenübertragung zwischen diesen Knoten und dem Heimatknoten der Anfrage zu ermitteln. Die Speicherkosten bestehen aus den Kosten für das Führen jedes Fragments F_i (einschließlich eventueller Fragmente) an den Orten aus S.

- *Beste Performanz*: Darunter versteht man üblicherweise die Minimierung der Antwortzeiten und die Maximierung des Durchsatzes an jedem Ort.

Eingabeparameter für das Optimierungsproblem sind die Wahrscheinlichkeit der Aktivierung einer Anfrage q_k an einem Knoten S_j; die Selektivität von Fragment F_i bezüglich Anfrage q_k (von q_k benötigte Zahl der Tupel von F_i); die Zahl der lesenden und schreibenden Zugriffe von q_k auf F_i; die Fragmentgrößen; und die Übertragungskosten für ein Datenpaket sowie dessen Größe. Berücksichtigen muß man hier zudem die Speicherkapazität jedes Knotens, denn diese kann an den verschiedenen Knoten unterschiedlich sein, insbesondere kann es auf die Speicherung spezialisierte Knoten geben, während andere Knoten überhaupt keinen Massenspeicher unterstützen.

Die heuristischen Lösungen für das Optimierungsproblem sind von zweierlei Art.

1. Es werden alle Rechnerknoten bestimmt, an denen der Nutzen der Zuordnung eines Fragments die Kosten übersteigt; jedem dieser Knoten wird eine Kopie des Fragments zugeordnet. Diese Vorgehensweise erfordert, um erfolgreich zu sein, sehr genaue Kostenfunktionen.
2. Zunächst wird das Problem der redundanzfreien Zuweisung gelöst, bei dem ein Fragment nur an einen Ort zu liegen kommt; ausgewählt wird jeweils der Ort, an dem der Nutzen der Zuordnung am größten ist. Anschließend wird jedes Fragment repliziert und für das Replikat das Zuweisungsverfahren wiederholt, sofern der Nutzen noch die Kosten übersteigt. Dieser Schritt wird mit weiteren Replikaten so lange fortgesetzt, bis kein Gewinn mehr zu erzielen ist.

   Ergebnis ist im allgemeinen eine partiell redundante Zuweisung, bei der einige oder alle Fragmente eventuell mehrfach repliziert sind.

20.5 Literatur

Das Standardwerk für den Bereich verteilter Datenbanken bildet [ÖV91]. Eine gestraffte Zusammenstellung der wesentlichen Aspekte findet sich in [GMH95] und [LKK93]. Etwas ausführlichere Einführungen geben [BG92] und [Lam94].

21. Föderierte Datenbanken

21.1 Charakterisierung

In Kapitel 20 hatten wir stillschweigend unterstellt, daß die lokalen Datenbasen dem gleichen einheitlichen Zweck dienen — in unserem Beispiel der Lagerverwaltung —, so daß bei aller Lokalität der Anwendungen doch in nicht unerheblichem Umfang globale Anfragen gestellt werden. Als Folge davon postulierten wir, daß so etwas wie ein einheitliches globales Schema existiert, daß die lokalen Datenbanksysteme dem gleichen Datenmodell folgen, und daß der Entwurf der lokalen Schemata sowie der Betrieb der lokalen Datenbasen mit denen anderer, soweit schon vorhanden, abgestimmt ist. Verteilte Datenbanken sind demzufolge gemäß Abschnitt 1.4.2 ein typischer Vertreter einer auf Integration bedachten Kooperation.

Nun waren aber die meisten Anwendungsszenarien in Abschnitt 1.3 eher von der Bauart, daß die lokalen Datenbanksysteme völlig unabhängig voneinander bestanden, einem völlig eigenständigen Zweck dienten, ihre Daten auch keineswegs einer ungehemmten Kooperation preisgeben wollten, und ausschließlich unter der Kontrolle des lokalen Besitzers bleiben sollten. Derartige Komponenten eines Informationssystems werden als autonom bezeichnet. Sie wirken nur von Fall zu Fall und in einer nur von ihnen selbst bestimmten Weise zusammen — eine Kooperationsform, die wir in Abschnitt 1.4.2 als Koordination bezeichneten. Von autonomen Systemen kann man natürlich dann auch nicht mehr erwarten, daß sie demselben Datenmodell folgen oder ihre Schemata in irgendeiner Weise untereinander abgesprochen haben — beide folgen vielmehr lokalen Bedürfnissen oder Historien.

In vorliegenden Kapitel befassen wir uns nun damit, welche Arten von Vorbereitung an einem Knoten lokal notwendig sind, um in solchen heterogenen, verteilten und lokal autonomen Informationssystemen Koordination betreiben zu können.

21.2 Multidatenbanken

Die Kopplungsmöglichkeiten zwischen den lokalen Datenbanksystemen in einem Netz können ganz erheblich variieren. Am einen Ende stehen solche Kopplungen, bei denen die globalen Anwendungen Vorrang vor den lokalen Anwendungen genießen oder zumindest die beiden unterschiedslos behandeln. Verbunden damit ist ein massiver Eingriff in die Autonomie der lokalen Systeme und häufig ein Verlust an Effizienz bei der Bearbeitung der lokalen Anwendungen. Am anderen Ende stehen Kopplungen, die den lokalen Systemen nicht nur völlige Autonomie belassen, sondern sie auch jeder Abstimmung mit den anderen Systemen im Netz entheben. Andere Kopplungen stehen zwischen diesen beiden Extremen.

Die unterschiedlichen Kopplungsgrade führen auf eine Reihe unterschiedlicher Koordinierungsformen. Dabei werden wir danach klassifizieren, ob die Kopplung im Grundsatz mit oder ohne globale Schemata auskommt.

21.2.1 Kopplung mittels globaler Schemata

Verteilte Datenbanken: Hervorstechendes Merkmal dieser Systeme ist, daß infolge der Ortstransparenz ein Nutzer alle Anfragen unterschiedslos an das System stellt. Es bleibt dem System überlassen, zu entscheiden, ob es die Anfrage lokal oder global unter Einschalten weiterer Netzknoten bearbeitet. Aus Nutzersicht existiert also nur ein Datenbanksystem und nur eine Datenbasis, damit also auch nur ein globales Schema und nur ein Datenmodell. Natürlich muß sich — für den Benutzer unsichtbar — die Globalität in zusätzlichen Komponenten des lokalen Datenbanksystems niederschlagen, die dann für ein optimale Behandlung aller Anfragen gleichermaßen sorgen. Lokale Systeme in verteilten Datenbanken besitzen also von vornherein wenig Autonomie oder müssen diese, wenn sie nachträglich eingebracht werden, aufgeben. Eine leichte Lockerung der Kopplung könnte man sich dahingehend vorstellen, daß ein strikt lokaler Mechanismus eingeschaltet wird, wenn sich ein Benutzer sicher ist, daß die Anfrage ausschließlich lokale Auswirkung hat. Dies würde allerdings der Forderung nach Ortstransparenz entgegenstehen.

Singuläre Föderationen: Die lokalen Datenbanksysteme dürfen heterogen sein, also unterschiedlichen Datenmodellen gehorchen und deshalb auch über ihre eigenen lokalen Schemata verfügen. Sie unterwerfen diese Schemata jedoch den Vorgaben eines globalen Schemas, müssen sich also bezüglich dieses Schemas mit allen anderen Systemen im Netz abstimmen. Lokale Anfragen gehen von den lokalen Schemata aus, globale Anfragen beziehen sich hingegen auf das globale Schema. Da auch diese Anfragen letztlich in Anfragen an lokale Datenbanksysteme umgesetzt werden müssen, kommen Abbildungen zwischen globalem Schema und lokalem Schema ins Spiel. Derartige Multidatenbanken erlauben es bereits, lokale Systeme ohne weitere Eingriffe zu integrieren, lediglich ein Übersetzer für globale Anfragen ist hinzuzufügen.

Multiple Föderationen: Diese Datenbanken unterstellen, daß nicht jeder Knoten im Netz mit jedem anderen zusammenzuwirken wünscht und daß darüber hinaus viele Daten von rein lokaler Bedeutung oder Nutzungserlaubnis sind. Daher kann es kein globales Schema mehr geben, und es muß auch genügen, wenn sich zwei zu koordinierende Knoten wechselseitig über ein gemeinsames Schema absprechen. Genauer gesagt unterhält jeder Knoten zwei Arten von Schemata. Ein sogenanntes Exportschema teilt allen Knoten im Netz mit, welche seiner Daten das lokale System netzweit zur Verfügung stellt. Ein Importschema ist eines der erwähnten gemeinsamen Schemata, bezieht sich also auf einen bestimmten entfernten Netzknoten. Auch diese Datenbanken erlauben es, lokale Systeme ohne weitere Eingriffe zu integrieren, jetzt ist jedoch ein Anfrageübersetzer für jedes gemeinsame Schema hinzuzufügen.

21.2.2 Rein sprachliche Kopplung

Sprachlich gekoppelte Multidatenbanken: Solange gemeinsame Schemata existieren, können die lokalen Systeme — etwa mittels Einrichtung von Übersetzern — vorbereitende Arbeiten für den späteren Betrieb leisten. Fallen diese Schemata weg, so können sämtliche mit Anfragen verbundenen Tätigkeiten auch erst zum Anfragezeitpunkt übernommen werden. Die Anfragen müssen also auch alle für eine Koordinierung erforderlichen Angaben mitführen — daher die Bezeichnung „rein sprachliche Kopplung“. Im wesentlichen müssen sich die Anfragen an der Schnittstelle und damit dem lokalen Schema des angesprochenen Knotens orientieren. Es ist also Angelegenheit des anfragenden Datenbanksystems, seine Bedürfnisse fallweise mit den Begriffen des Schemas des Empfängers auszudrücken. Wiederum werden alle lokalen Systeme ohne weitere Eingriffe ins Netz integriert.

Offensichtlich stellen sprachlich gekoppelte Multidatenbanken die härtesten Ansprüche an das Kommunikationsvermögen der lokalen Datenbanksysteme; sie existieren in Reinform daher bisher nicht. Wir werden uns deshalb nur mit den Föderationen — dies unter der Bezeichnung *föderierte Datenbanken* — beschäftigen. Da es bei beiden im Grundsatz um die Herstellung und Nutzung gemeinsamer (sogenannter föderierter) Schemata geht, werden wir sie einheitlich behandeln.

21.3 Referenzarchitektur

Eine Referenzarchitektur bildet einen Rahmen, mit dem sich verschiedenartige Systeme in einheitlicher Weise beschreiben und somit vergleichen lassen, die den gleichen Zweck verfolgen. Eine solche Architektur kann zugleich als Vorgabe für zukünftige Systementwicklungen dienen. Wir übernehmen im folgenden von Sheth und Larson die Referenzarchitektur für Föderationen in einer etwas vereinfachten Form. Diese Architektur trennt nach den auftretenden Schemata und den auf ihnen operierenden Prozessoren. Da die letzteren für das Verständnis der Rolle der Schemata wichtig sind, werden wir sie im Anschluß an die Einführung der Schemata noch kurz vorstellen.

21.3.1 Schemaklassen

Lokales Schema: Damit wird das Schema der Datenbasis an einem der Netzknoten bezeichnet. Es wird ohne Berücksichtigung der Netzeinbindung, also in voller Autonomie, erstellt und nutzt das Datenmodell des lokalen Datenbanksystems. Da wir von Heterogenität ausgehen, können sich netzweit betrachtet viele der lokalen Schemata in ihrem zugrundeliegenden Datenmodell unterscheiden.

Komponentenschema: Es repräsentiert das lokale Schema in einer für die Koordinierung aufbereiteten Form, etwa dadurch, daß es ein netzweit vereinbartes gemeinsames Datenmodell verwendet. Verbunden damit ist die Notwendigkeit einer Übersetzung des lokalen Schemas nach den Regeln der Abbildung zwischen Datenmodellen, sofern das Datenmodell des lokalen Schemas von dem des Komponentenschemas abweicht. Das Komponentenschema kann zusätzlich Angaben aufnehmen, die zwar im lokalen Schema nicht vorhanden sind, aber eine Koordination erleichtern. Dazu gehören etwa Angaben, die üblicherweise in getrennten Entwurfsdokumenten (etwa den Verzeichnissen aus Kapitel 12) geführt werden und die der Auflösung der weiter unten zu besprechenden Konflikte dienen können.

Exportschema: Um nicht alle Daten einer lokalen Datenbasis den Teilnehmern an einer Föderation zugänglich machen zu müssen, sieht man ein Exportschema vor, das nur den Ausschnitt des Komponentenschemas nach außen sichtbar macht, der die netzweit zugänglichen Daten beschreibt. Das Exportschema erinnert deshalb an Sichtschemata, so daß im Grundsatz die Überlegungen aus Kapitel 10 übernommen werden können, wobei Exportschema und Komponentenschema demselben Datenmodell gehorchen. Das Exportschema kann darüber hinaus noch Angaben zur Zugriffskontrolle der Netzteilnehmer enthalten.

Föderiertes Schema: Bei einer singulären Föderation integriert das föderierte Schema die Exportschemata aller lokalen Datenbanken. Bei einer multiplen Föderation werden die Exportschemata der in besonderem Maße zusammenwirkenden Netzknoten integriert. Es bilden sich also mehrere föderierte Schemata heraus. Häufig werden mit einem föderierten Schema noch weiter Informationen verbunden. Dazu gehören Hinweise zur Auflösung von Modellierungskonflikten, statistische Daten zur Optimierung der Anfragebearbeitung und — insbesondere bei einer singulären Föderation — Angaben zur Datenverteilung ähnlich dem Fragmentierungs- und Zuweisungsschema aus Abschnitt 20.2.

Angestrebt wird, wie bisher auch unterstellt, daß in einer Föderation für Komponenten-, Export- und föderierte Schemata dasselbe Datenmodell Verwendung findet. Dies gilt sogar für eine multiple Föderation, da damit das spontane Anbahnen neuer Kooperationen erleichtert wird. Da sich die physische Datenspeicherung selbst an den Datenmodellen für die lokalen Schemata orientiert, ist man in der Wahl des globalen oder *kanonischen Datenmodells* weitgehend frei. Insbesondere kann man also eines wählen, das in seiner Mächtigkeit die Fähigkeiten aller in den lokalen Datenbanksystemen verwendeten Datenmodelle einschließt. Für kanonische Datenmodelle haben daher unter anderem semantische Datenmodelle eine über reine Entwurfsaufgaben hinausgehende Bedeutung erlangt. Für die Koordination müssen dann diese Datenmodelle allerdings noch um eine geeignete Abfragesprache — und damit um Operatoren — erweitert werden.

21.3.2 Prozessoren

Transformationsprozessoren: Ihre Aufgabe besteht in der Umsetzung von Anfragen und Daten von einer Quellsprache bzw. einem Quellformat in eine Zielsprache bzw. ein Zielformat. Diese Aufgabe fällt vornehmlich beim Wechsel zwischen Schemata an. Setzt man wie in Abschnitt 21.3.1 voraus, daß Komponenten—, Export— und föderierte Schemata sich nur in den Ausschnitten unterscheiden, so fällt der hauptsächliche Transformationsaufwand beim Übergang zwischen Komponenten- und lokalen Schemata an. Dabei kann es insbesondere auch zu einem Wechsel des Datenmodells kommen. Aus dem Übersetzungsvorgang für die Schemata lassen sich zugleich die Vorschriften für die Laufzeitabbildung der Datenelemente und für die Anfragen gewinnen. Für alle diese Abbildungsaufgaben lassen sich viele der Überlegungen aus den Kapiteln 10, 17 und 18 übernehmen.

Filterprozessoren: Diese Prozessoren werden anderen Prozessoren vorgeschaltet, um sicherzustellen, daß jene nur zulässige Anfragen empfangen. Sie werden gesteuert durch Zwangsbedingungen, die auf Anfragen und Daten definiert sind. Typische Beispiele sind Syntaxprüfungen oder das Prüfen und Erzwingen von Konsistenzbedingungen. Mit Filterprozessoren wird zumeist auch die Zugriffskontrolle verbunden, die über die Zulässigkeit einer Anfrage aus dem Netz entscheidet. Filterprozessoren spielen daher die Hauptrolle bei der Abbildung von Anfragen auf dem Exportschema auf Anfragen über dem Komponentenschema.

Konstruktionsprozessoren: Diese Prozessoren beziehen ihre Aufgabe im wesentlichen aus Verteilungsaspekten. Bei einer Anfrage aus dem Knoten an das Netz entscheidet der Prozessor — ähnlich wie wir dies bereits von verteilten Datenbanken her kennen — über die Knoten, denen die Anfragen zugeleitet werden müssen. Er repliziert gegebenenfalls die Anfrage und die mit ihr einhergehenden Daten. Umgekehrt müssen die Prozessoren Ergebnisse von diesen Knoten zu einem einzigen Ergebnis zusammenstellen. Vor der Erfüllung dieser Aufgaben muß ein Konstruktionsprozessor die Integration der Exportschemata in ein föderiertes Schema übernehmen. Konstruktionsprozessoren sind also grob gesehen zwischen einem föderiertem und mehreren Exportschemata (nämlich denen aller beteiligten Knoten) anzusiedeln.

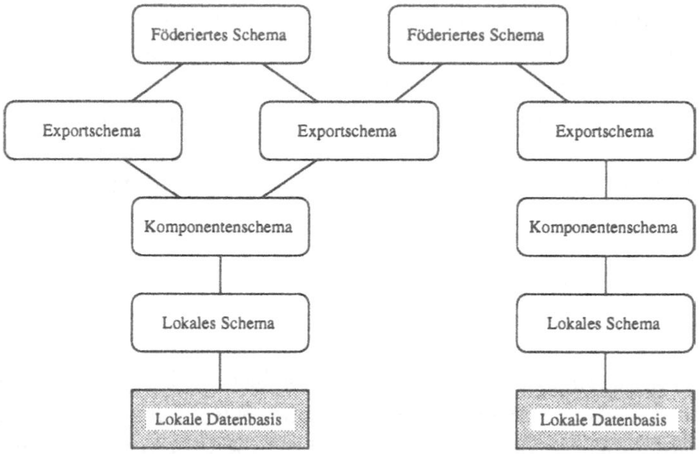

Bild 21.1. Schemata in einer föderierten Datenbank

Bild 21.1 zeigt den Zusammenhang zwischen den verschiedenen Schemata, Bild 21.2 eine Referenzarchitektur, die Bild 21.1 um die Prozessoren ergänzt. Es handelt sich dabei um eine „Maximalarchitektur", d.h. in einem konkreten System kann durchaus die eine oder andere Komponente entfallen.

21.4 Konflikte

Bei jedem Zusammenschluß bisher unabhängiger Partner kommt es zunächst zu Konflikten, zu deren Auflösung es gewisser Kompromisse bedarf, die sich an dem gemeinsam zu erreichenden Ziel orientieren werden. Dies gilt auch im Fall föderierter Datenbanken, deren zentrales Anliegen ja darin besteht, daß jedes lokale Datenbanksystem die volle Verfügung über seine lokalen Daten und deren Verwaltung behält.

Jedes lokale Datenbanksystem entscheidet völlig autonom, welche Daten es mit der Föderation teilen will, welche globale Anfragen es bearbeitet, wann es der Föderation beitritt und wann es sie wieder verläßt. Das Datenbanksystem wird bei Beitritt nicht verändert, und auch spätere Änderungen in der

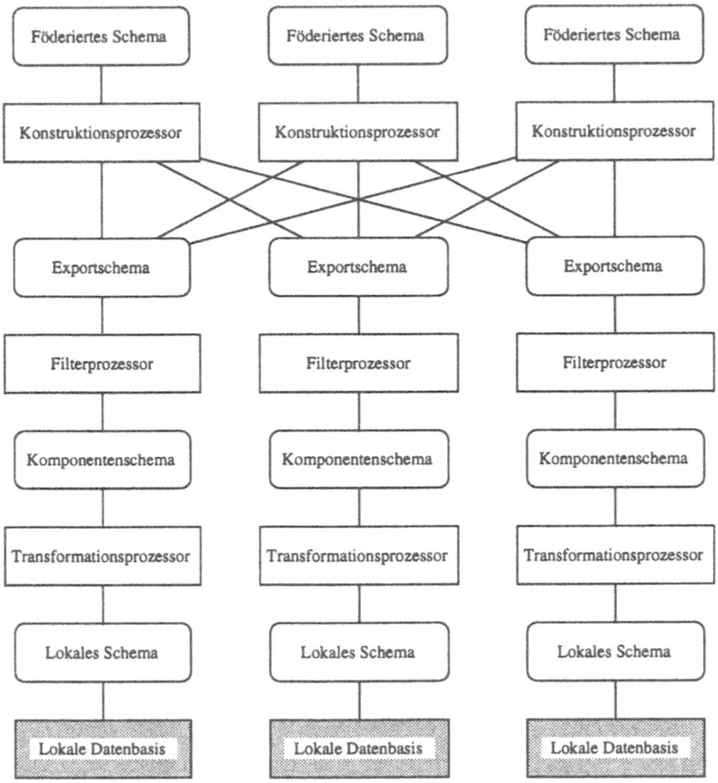

Bild 21.2. Referenzarchitektur einer föderierten Datenbank

Föderation wie das Hinzutreten oder Entfernen von Knoten haben keinerlei Auswirkungen.

Andererseits muß man verlangen, daß ein Datenbanksystem bei Beitritt seine Bereitschaft zur Unterstützung globaler Funktionen erklärt. Das geht nicht ohne Zusatzfunktionalität des Knotens ab. Da wir Eingriffe in das lokale Datenbanksystem ausgeschlossen haben, muß diese Zusatzfunktionalität auf das Datenbanksystem aufgesetzt werden. Die Referenzarchitektur in Bild 21.2 demonstriert, wie das durch die Komponenten außerhalb des lokalen Schemas geschehen kann. Diese Zusatzfunktionalität kann man als eine globale Systemverwaltung deuten. Diese wird ihrerseits globale Optimierungen etwa bezüglich der globalen Datenstrukturen, der Datenverteilung und der Anfragebearbeitung anstreben. Geraten sie in Widerspruch zu den lokalen Optimierungszielen, wird sich ein Knoten gegen die gewünschte Zusatzfunktionalität zur Wehr setzen. Andererseits kann auch Zusatzfunktionalität erforderlich werden, um das Fehlen lokaler Funktionen oder Daten zu kompensieren.

Die Erstellung eines föderierten Schemas hat große Ähnlichkeit mit der in Kapitel 17 beschriebenen Sichtenkonsolidierung. Die auftretenden Konflikte betreffen zum einen die Strukturierung des Schemas, also das Erfassen desselben Sachverhalts durch unterschiedliche Nutzung der Modellierungskonstrukte des Datenmodells. Zu ihrer Auflösung und Zusammenführung kann man sich der in Kapitel 17 beschriebenen Verfahren bedienen. Darüber hinaus sind in einer Föderation die sogenannten Datenkonflikte besonders wahrscheinlich. Zu ihnen zählen Namenskonflikte, Formatunterschiede wie unterschiedliche Domänen, Skalierungen, Genauigkeiten, Gruppierungen; oder Implizieren unterschiedlicher Maßeinheiten.

Wenn wir uns daran erinnern, daß sich nicht alle Konsistenzregeln in Schemakonsistenz niederschlagen, so müssen wir erwarten, daß die lokalen Datenbanksysteme über das Schema hinaus noch Konsistenzbedingungen beachten. Konflikte können also auch hinsichtlich der Konsistenzbedingungen auftreten. Darüber hinaus werden Querbezüge zwischen verschiedenen Datenbasen überhaupt erst ersichtlich, wenn diese in einem Netz zusammentreffen. Diese müssen dann durch zusätzliche globale Konsistenzbedingungen, z.B. Interdatenbasis–Abhängigkeiten, erfaßt werden. Sie fügen dem globalen Schema Information hinzu, die so in keinem der lokalen Systeme enthalten ist. Sie zu erzwingen bleibt nicht ohne Auswirkung auf die lokalen Datenbasen.

Schließlich garantieren selbst identische Schemata noch keine Konfliktfreiheit. Unterstellen wir einmal zwei autonome Lagerverwaltungen, beide mit dem relationalen Schema aus Kapitel 4. Die Betreiber der beiden Datenbasen vereinbaren, daß sie bei Nichtlieferbarkeit aus dem eigenen Lager Bestellungen beim jeweils anderen Lager absetzen können. Der eine Betreiber führe nun in der Relation Lagereinheit Lagereinheiten solange, bis sie das Lager verlassen, der andere jedoch nur so lange, bis sie einer Bestellung zugeordnet sind. Beide assoziieren mit dem Begriff Lagereinheit also leicht unterschiedliche Dinge. Fragt nun der zweite Betreiber die Relation des ersten Betreibers gemäß seines eigenen Verständnisses von Lagereinheit ab, so erhält er eine für ihn irreführende Antwort. Die Koordination von Datenbanksystemen in einer Föderation muß also auch pragmatische Gesichtspunkte berücksichtigen. Diese können bestenfalls den Entwurfsdokumenten entnommen werden — ein Grund für die in Abschnitt 21.3.1 erwähnte Erweiterung des Komponentenschemas (und daraus folgend auch des Export- und föderierten Schemas).

21.5 Koordinationsmaßnahmen

21.5.1 Abbildungen auf das kanonische Modell

Die Überführung lokaler, einem lokalen Datenmodell gehorchender Schemata in ein Komponentenschema, das einem globalen, kanonischen Datenmodell folgt, ist Aufgabe der Transformationsprozessoren. Wir hatten bereits früher die Wahl eines kanonischen Datenmodells verlangt, das in seiner Mächtigkeit die Fähigkeiten aller in den lokalen Datenbanksystemen verwendeten Datenmodelle einschließt. Da das kanonische Datenmodell keinen Bezug zur physischen Speicherung der Daten besitzt, liegt es nahe, dafür ein semantisches Datenmodell zu verwenden. Vorgeschlagen werden hierfür insbesondere das (gegebenenfalls erweiterte) E–R–Modell und objektorientierte Modelle. Letztere haben den Vorteil, daß sie wegen ihrer Implementierungsnähe auch unmittelbar für Zwecke des Datenaustauschs eingesetzt werden können.

Für die Abbildung zwischen den Datenmodellen können wir auf frühere Ergebnisse zurückgreifen. So behandelt Kapitel 18 die Abbildung von E–R–Schemata auf Schemata in diversen Zielmodellen, Abschnitt 17.4.3 die Umkehrabbildung für das relationale Datenmodell. Beim Netzwerkmodell bereiten das Erkennen von Kettrecords sowie die **insertion**– und **retention**–Klauseln Schwierigkeiten. Für die Abbildung zwischen relationalen und objektorientierten Schemata kann man auf die Ergebnisse aus den Abschnitten 10.4.5 und 10.4.6 zurückgreifen.

21.5.2 Schemaanreicherung

In Abschnitt 21.3.1 hatten wir angemerkt, daß es sich empfehlen kann, in das Komponentenschema zusätzlich Angaben aufzunehmen, die im lokalen Schema nicht vorkommen, aber sehr wohl durch Steuerung der weiteren Schematransformationen und -integration zu einer Verminderung von Konfliktfällen beitragen können.

Wir illustrieren das Vorgehen an einem kurzen Beispiel. Wir gehen davon aus, daß das lokale Datenmodell relational, das kanonische Datenmodell objektorientiert sei. Wir reichern daher bereits das relationale Schema um Objekttypen an, die die Zusatzinformationen aufnehmen.

An Zusatzinformationen interessieren gewisse, aus einer früheren semantischen Modellierung herrührenden Eigenschaften, so etwa, ob eine aus einem Beziehungstyp im E–R–Modell hervorgegangene Relation einer $m{:}n$–Bedingung oder $1{:}n$–Bedingung unterliegt und über welche Join–Konfigurationen mit einer zweiten Relation die Beziehung traversiert werden kann. Die dafür erforderlichen Objekttypen haben das folgende Aussehen.

```
object type RelationalDB
  structure
    Name: String;
    ConnectingAttributes: { TableRelationship };
    FctRelationships: { FctRelationship };
end object type RelationalDB;

object type Table
  structure
    Name: String;
    Attributes: { Attribute };
    Key: { Attribute };
  constraints
    self.Attributes contains self.Key;
end object type Table;

object type Attribute
  structure
    Name: String;
    Dom: Domain;
    DefinedIn: { Table };
end object type Attribute;

object type TableRelationship
  structure
    Table1, Table2: Table;
    JoinAttr1, JoinAttr2: ⟨ Attribute ⟩;
  constraints
    self.JoinAttr1.count = self.JoinAttr2.count;
end object type TableRelationship;

object type FctRelationship supertype TableRelationship
  constraints
    forall t1 in self.Table1 exists one t2 in self.Table2: |t1 ⋈ t2| = 1;
end object type FctRelationship;
```

Man spricht hier auch von Metamodellierung. Bild 21.3 zeigt die Ausprägung dieser Objektdatenbasis für das relationale Schema aus Kapitel 4, wobei aus Gründen der Anschaulichkeit eine tabellarische Darstellung gewählt ist.

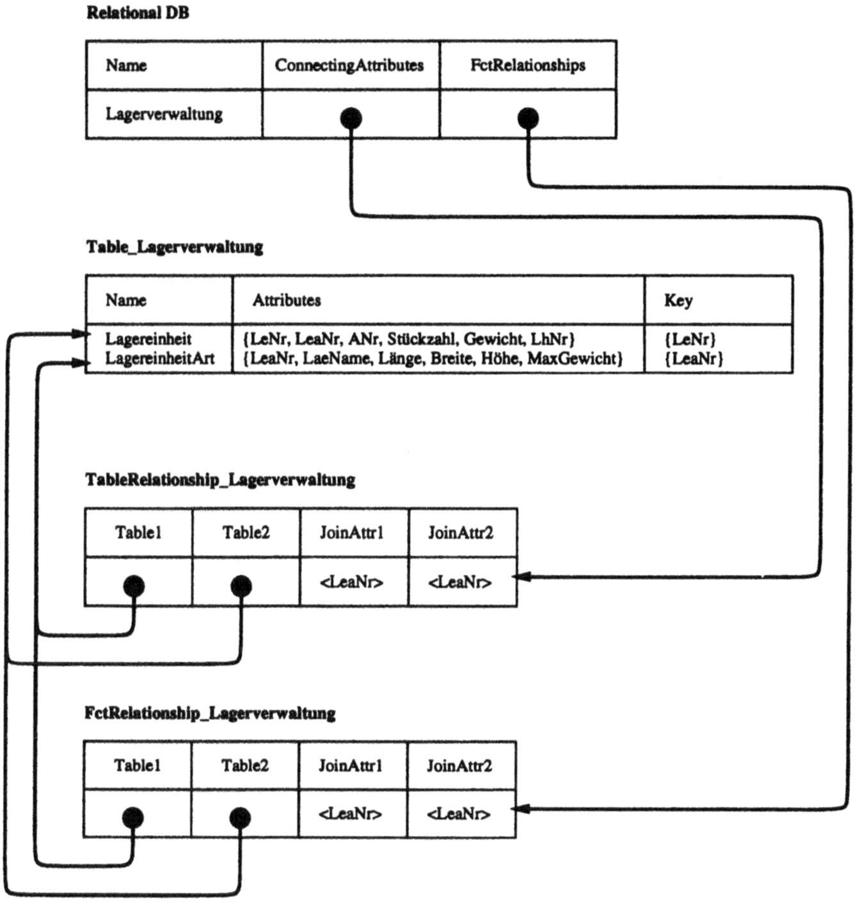

Bild 21.3. Ausprägungen der Objektdatenbasis für das relationale Schema

21.5.3 Interdatenbasis–Abhängigkeiten

Konsistenzbedingungen sind uns in der Vergangenheit mehrfach begegnet: Als Schlüsselbedingung und referentielle Konsistenz in Abschnitt 4.7, als funktionale und mehrwertige Abhängigkeiten in Kapitel 13 oder als Ergebnis der Übersetzung semantischer Schemata in Kapitel 18. Zwar hatten wir dort stillschweigend angenommen, daß die Bedingungen rein lokal geprüft und aufrechterhalten werden, doch kann man sich genauso gut vorstellen, daß ähnliche Bedingungen bei föderierten Datenbanken auch Daten aus unterschiedlichen Datenbasen überspannen können. Im Unterschied zum lokalen Fall lassen sich diese globalen Konsistenzbedingungen allerdings nicht mehr im vorhinein planen. Man muß sich vielmehr mit ihnen auseinandersetzen, wann immer eine neue Datenbasis der Föderation beitritt. Um ihre Einhaltung zu erzwingen, muß man die Autonomie der Datenbasen, die eingeschränkte Zugänglichkeit der Netzknoten und den Koordinationsaufwand bedenken. Wir skizzieren im folgenden einen Ansatz, der diesen Einschränkungen Rechnung trägt.

Grundgedanke ist es, für die globalen Konsistenzbedingungen, die sogenannten Interdatenbasis–Abhängigkeiten, ein eigenes *Schema der Interdatenbasis–Abhängigkeiten* einzuführen (gegebenenfalls als Bestandteil eines föderierten Schemas), das als solches leichter als die lokalen Schemata zu ändern ist. Diese Schema faßt eine Reihe von Datenabhängigkeitsdeskriptoren (DAD) zusammen. Ein $DAD := (Q, Z, K, P, W)$ besteht aus den folgenden fünf Komponenten:

- *Quelldatenelementmenge* Q: Diese Elemente geben die Werte vor, die in eine Konsistenzbedingung eingehen. Sie werden zu diesem Zweck gelesen.
- *Zieldatenelementmenge* Z: Dies sind die zu überprüfenden und gegebenenfalls in den Werten anzupassenden Datenelemente. Es muß in Q mindestens ein Element geben, das in einer anderen Datenbasis als Z liegt.
- *Abhängigkeitsprädikat* K: Es entspricht einer Konsistenzbedingung. Ist beispielsweise das globale Datenmodell relational, so besteht die Bedingung aus Vergleichen von Ausdrücken der relationalen Algebra (Abschnitt 4.3), letztere sinnvollerweise erweitert um den Aggregierungsoperator aus Abschnitt 9.2.2 und einen Operator für die Berechnung der transitiven Hülle (in Anlehnung an Abschnitt 7.3.3).
- *Anwendbarkeitsprädikat* P: Dieses Prädikat erfaßt die Rücksichtnahmen auf die speziellen Randbedingungen einer föderierten Datenbank, indem es zuläßt, daß die Abhängigkeiten zwischen Daten in verschiedenen Datenbasen in einem gewissen Rahmen auseinanderdriften dürfen. P gibt dazu zeitliche und/oder inhaltliche Kriterien vor, unter den die Konsistenz zu gewährleisten ist. P besteht daher aus einer mittels logischer Konnektoren verbundenen Folge von temporalen oder Zustandstermen. Temporale

Terme spezifizieren Zeitpunkte, zu denen die Konsistenz garantiert sein muß und daher gegebenenfalls wiederherzustellen ist. Zustandsterme bestimmen, inwieweit die Werte des Zielelements von den vorgeschriebenen abweichen dürfen, bevor Gegenmaßnahmen ergriffen werden müssen. Beispiele für derartige Toleranzen sind etwa der Prozentsatz der geänderten Quelldaten, maximale Abweichungen eines Quellwerts, Bedingungen über Aggregierungen wie Summen– oder Mittelwerte, Zahl der Änderungen an den Quelldaten.

- *Wiederherstellungsprozedur* W: Hiermit wird die Prozedur vorgegeben, mit der auf Konsistenzverletzungen reagiert wird, die bei einer aufgrund von P eingeleiteten Überprüfung von K beobachtet werden. W darf Elemente aus Q nur lesen und kann, muß aber nicht Z verändern. Mit der Ausführung von W lassen sich verschiedene Modi verbinden: „Gekoppelt“ besagt, daß die auslösende Operation bis zur Komplettierung von W zu warten hat, „lebensnotwendig“, daß bei Fehlschlag von W auch der Auslöser fehlschlägt. Entsprechend sind „nichtgekoppelt“ und „nicht lebensnotwendig“ definiert.

Wir illustrieren das Vorgehen an einigen einfachen Beispielen aus unserer relationalen Lagerverwaltungsdatenbasis mit einer Verteilung in Anlehnung an Abschnitt 10.1.2. Die Lagerverwaltungsdatenbasis L führe die Relation

relation ArtikelArt(ANr, AName, Menge, Lieferant, Gewicht),

die Abnehmerdatenbasis A die Relationen

relation Lieferbar(ANr, AName, Menge, Lieferant, Gewicht, Stückzahl)
relation NichtLieferbar(ANr, AName, Menge, Lieferant, Alternative),

und die Unternehmensleitungsdatenbasis U eine Kopie

relation ArtikelArtKopie(ANr, AName, Menge, Lieferant, Gewicht).

Angenommen, die Relation ArtikelArt müsse auf dem aktuellen Stand sein, während wir für deren Kopie eine Toleranz von bis zu einem Tag akzeptieren. Dann formulieren wir die folgenden *DAD*s:

Q: L.ArtikelArt
Z: U.ArtikelArtKopie
K: ArtikelArt = ArtikelArtKopie
P: **every** day **at** 17:00
W: Repliziere(ArtikelArt)

Q: U.ArtikelArtKopie
Z: L.ArtikelArt
K: ArtikelArt = ArtikelArtKopie
P: **after** 1 **update**
W: PropagiereÄnderungZu(ArtikelArt) **as** coupled vital

Der Abnehmer wird verlangen, daß seine Datenbasis nur Artikel enthält, die auch das Lager führt:

Q: A.Lieferbar
Z: L.ArtikelArt
K: $\pi_{\text{ANr}}(\text{Lieferbar}) \subseteq \pi_{\text{ANr}}(\text{ArtikelArt})$
P: **immediate**
W: BenachrichtigeBenutzer

Will der Abnehmer sicherstellen, daß er auf mindestens 50% der Lagerbelieferer zurückgreifen kann, so formuliert er:

Q: A.Lieferbar
Z: L.ArtikelArt
K: $\pi_{\text{Summe}}(\alpha_{\text{Summe} \leftarrow \text{Lieferant.sum}}(\text{Lieferbar}))$
$\geq 0.5 * \pi_{\text{Summe}}(\alpha_{\text{Summe} \leftarrow \text{Lieferant.sum}}(\text{ArtikelArt}))$
P: **after** 10 **update**
W: BenachrichtigeBenutzer

Bei $\alpha()$ handelt es sich um den in Abschnitt 9.2.2 eingeführten Apply–Operator, der die Anwendung allgemeiner (Rechen–)Operationen (hier: eine Summierung) erlaubt und das Ergebnis in Form neuer Spalten der Ergebnisrelation verfügbar macht.

21.6 Literatur

Multidatenbanken sind das Thema des Übersichtsartikels [MHP92]. Die in diesem Kapitel erläuterte Referenzarchitektur von Sheth und Larson wird in [SL90] beschrieben. Konliktauflösungsstrategien in Multidatenbanken werden in [KCGS95] angesprochen. Anfragetechniken sind Gegenstand der Abhandlung in [MY95]. Zu empfehlen ist ferner die Darstellung in [IEE91]. Dort ist insbesondere [RSK91] zum Thema Interdatenbasis–Abhängigkeiten herauszuheben. Ein neueres Lehrbuch zum Thema Multidatenbanken findet sich mit [Rah94], und für den Bereich interoperabler Multidatenbanken ist [LS94] eine aktuelle Referenz.

Teil III

Datenbankbetrieb

22. Relationale Sprachen

22.1 Übersicht

Wir kehren zu dem in Kapitel 4 eingeführten relationalen Datenmodell zurück, das wir in seinem Aufbau und seinen prinzipiellen Benutzungsmethoden ausführlich kennengelernt haben. Welche Sprachmittel ein Benutzer konkret verwenden kann, um in einem relationalen Datenbanksystem Schemata zu definieren, Anfragen an die Datenbasis zu stellen oder Einfügungen, Änderungen oder Löschungen vorzunehmen, hatten wir bislang ausgespart. Es ist an der Zeit, diese Punkte zu klären. Wir wollen dabei die *Sprache SQL* heranziehen, die mit dem Ziel konzipiert ist, in allen Bereichen des Betriebs einer relationalen Datenbank umfassende (Sprach–)Unterstützung zu gewährleisten. Wesentliche Charakteristika von SQL sind:

- Die Sprache bietet gleichermaßen Konstrukte zur Definition und Verwaltung von Datenbasisschemata wie auch zur Abfrage oder Änderung von Datenbeständen. Die aus Abschnitt 2.5 herrührende Trennung zwischen Datendefinitionssprache und Datenmanipulationssprache besteht also nicht; die einzelnen SQL–Konstrukte lassen sich jedoch dem jeweiligen Bereich problemlos zuordnen.
- SQL folgt dem deskriptiven Ansatz. Genauer gesagt ist SQL aus dem Tupelkalkül (Abschnitt 4.4) hervorgegangen. Es obliegt dem Datenbanksystem, aus der deskriptiven Beschreibung des Anfrageziels einen Anfrageplan zusammenzustellen, der das Ergebnis ermittelt. Dieser Anfrageplan ist im übrigen in der Relationenalgebra formuliert, und auf ihm können Optimierungen greifen, die mit algebraischen Gesetzen zusammenhängen. Weitere mögliche Optimierungen basieren auf den Strukturen, die wir in Kapitel 19 kennengelernt haben.
- SQL ist als interaktive Anfragesprache direkt vom Terminal aus nutzbar. Andererseits können SQL–Konstrukte auch in Programmiersprachen eingebettet und damit Datenbankanwendungen erstellt werden. Die nachfolgenden Abschnitte werden zunächst der interaktiven Benutzung gewidmet sein; Möglichkeiten und Probleme einer Programmierspracheneinbettung besprechen wir in Abschnitt 22.6.

Die weite Verbreitung von SQL und die damit einhergehende Implementierung in einer Vielzahl von Datenbanksystemen, zunächst mit jeweils leicht differierenden Sprachvarianten, führte zu der Forderung nach einer Standardisierung der Sprache. Diese Normierung erfolgte etappenweise:

- SQL–86 (1986): Dies ist ein erster Standardisierungsversuch, der eine Reihe von geläufigen Basiskonstrukten normierte, auf der anderen Seite jedoch eine Vielzahl relevanter Aspekte völlig ausließ. Beispielsweise fehlten jegliche Konstrukte zur Erzeugung oder Manipulation eines Schemas. Es wurden auch keine Mechanismen definiert, die das Stellen von Ad–hoc–Anfragen (also nicht von vornherein festgelegten Anfragen) aus Anwendungsprogrammen heraus unterstützt hätten (kein „dynamisches SQL"). Solche für die Erstellung von Anwendungsprogrammen schädlichen Lücken wurden demzufolge durch eigene, untereinander jedoch meist inkompatible Konventionen der Datenbanksysteme geschlossen. Die Folge war, daß die ursprüngliche Absicht des Standards unterlaufen wurde.
- SQL–89 (1989): Die Bemühungen, die Lücken des Standards von 1986 zu schließen, gipfelten in diesem Standard. Auch hier fehlten jedoch wichtige Punkte wie dynamisches SQL.
- SQL–2 (1992): Dies ist der aktuelle Standard, der fast vollständig zu SQL–89 kompatibel ist, jedoch eine Vielzahl von Erweiterungen beinhaltet. Beispiele sind die Definition benutzereigener Domänen, dynamisches SQL, die Standardisierung der Schemaverwaltung, Erweiterungen bezüglich der Mächtigkeit von Anfragen. In dem Bemühen, im dritten Anlauf keine wichtigen Lücken mehr offen zu lassen, ist ein umfangreiches Werk entstanden, dessen Forderungen erst in den nächsten Jahren von den Datenbankherstellern vollständig erfüllt werden können.
- SQL–3: Die Fortschreibung des Standards ist bereits in der Planung. Erweiterungen gegenüber SQL–2 finden sich im Hinblick auf objektorientierte Ansätze, beispielsweise Unterstützung benutzerdefinierter Datentypen, denen man neben Struktur auch Funktionen zuordnen kann, systemgarantierte (Objekt–)Identifikatoren und Generalisierungshierarchien.

Das vorliegende Kapitel wird vor allem auf SQL–2 eingehen. SQL steht dabei stets als Synonym für SQL–2, soweit nicht ausdrücklich anders erwähnt. Kapitel 23 befaßt sich anschließend mit den erweiterten Sprachkonstrukten von SQL–3, soweit eine hinreichend gesicherte Darstellung der ja noch im Fluß befindlichen Sprachgestaltung möglich ist.

22.2 Schemadefinition

22.2.1 Domänen

Vordefinierte Datentypen. SQL gibt eine Vielzahl atomarer Domänen vor, die unterschiedlichen Anforderungen in bezug auf die Aufnahme von Zahlen, Zeichen, etc. genügen, und dies mit unterschiedlichen Maximallängen und Genauigkeiten.

Zeichenketten: Zeichenketten können beliebige alphanumerische Zeichen aufnehmen. Sie können mit fester und variabler Länge definiert werden:

- **character** (oder äquivalent: **char**) definiert ein einzelnes Zeichen.
- **character**(n) (oder äquivalent: **char**(n)) dient zur Definition von Zeichenketten fester Länge n (mit $n \geq 1$). Intern wird von vornherein Platz für diese n Zeichen vorgesehen. Bei konkreter Belegung von derartig definierten Attributen mit konkreten Werten werden diese vom System stets auf die Maximallänge aufgefüllt, bei Zeichenketten beispielsweise mit Leerzeichen.
- **character varying** (n) (oder äquivalent: **char varying**(n)) dient zur Definition von Zeichenketten mit Maximallänge n, die intern jeweils nur den Platz belegen, der durch die Länge der aktuellen Wertebelegung festgelegt ist.

SQL gibt keine Richtlinien für ein maximal wählbares n vor; zumindest 32000 Zeichen scheinen aber heute allgemein üblich zu sein. Im Hinblick auf eine verstärkte Speicherung von Multimedia–Daten wie Graphiken, Audio– oder Videosequenzen (Kapitel 9) in vielen Anwendungen kommen zunehmend auch noch größere Werte in Betracht.

Ganzzahlen: Zur Definition von Ganzzahlen werden die beiden Domänen

- **integer** (oder äquivalent: **int**),
- **smallint**

verwendet. **integer** deckt einen Zahlenbereich ab, der mindestens den von **smallint** umfaßt, ansonsten aber beliebig sein kann. Üblich scheinen Zahlenbereiche zu sein, die intern mit 4 Bytes dargestellt werden können.

Festkommazahlen: Bei der Definition von Festkommazahlen wird die Zahl der numerischen Stellen und (optional) die Genauigkeit durch Angabe der Nachkommastellen festgelegt. Die möglichen Spezifikationen lauten:

- **numeric**(m, n),
- **decimal**(m, n) (oder äquivalent: **dec**(m, n))

Die Angabe von m (Zahl der numerischen Stellen) ist zwingend, die von n (Zahl der Nachkommastellen) optional. **decimal** und **numeric** unterscheiden sich in der internen Handhabung der Genauigkeit bei Berechnungen mit Werten dieser Typen, wobei wir auf Details in diesem Zusammenhang nicht eingehen wollen.

Fließkommazahlen: Auch dies sind Zahldarstellungen, die aber intern nur mit näherungsweiser Genauigkeit dargestellt werden können. Möglichkeiten zur Spezifikation sind:

- **real**,
- **double precision**,
- **float**(m)

Üblicherweise ist die Genauigkeit von **double precision** größer als die für **real**. **float** gestattet über den Parameter m die explizite Angabe des gewünschten Stellenbereichs der Zahlen.

Datums- und Zeitangaben: **date** speichert Datumswerte, **time** speichert Zeitangaben, und **timestamp** kombiniert diese beiden Angaben.

Benutzerdefinierte Domänen. In manchen Fällen sind die vordefinierten Typen (Domänen) für eine aussagekräftige Definition im Sinne des Anwenders noch nicht genügend selektiv. Im Bereich der Lagerverwaltung tauchten beispielsweise die Attribute Menge und Stückzahl mit ganzzahligen Domänen auf, deren Werte nie negativ wurden und deren Standardbelegung 1 war. Auch die Gewichtsangaben aus dieser Beispielwelt waren stets reelle Werte größer als 0.

SQL bietet zur Formulierung solcher Einschränkungen benutzereigene Domänen. Eine solche Domäne beinhaltet die Spezifikation einer bereits vordefinierten Domäne zusammen mit einer optionalen Standardbelegung und der Spezifikation bestimmter Konsistenzbedingungen („constraints"). Auf Details wollen wir in diesem Zusammenhang nicht eingehen; insbesondere behandeln wir die Formulierung von (allgemeinen) Konsistenzbedingungen erst in Abschnitt 22.5 ausführlich.

Beispiel: Für die Domänen MengenAngabe und GewichtsAngabe ergeben sich die folgenden Definitionen:

```
create domain MengenAngabe as integer
  default 1
  constraint MengenAngabeConstraint
    check (value >= 1 and value <= 10000);

create domain GewichtsAngabe as decimal(7,2)
  constraint GewichtsAngabeConstraint
    check (value > 0.0);
```

Man beachte, daß auch die erweiterte Definitionsmöglichkeit Domänen als atomar beschränkt. Zusammengesetzte Werte sind auf diese Weise nicht definierbar. Die Attribute der SQL-Tabellen werden also ausschließlich atomare Domänen besitzen, SQL-Tabellen mithin immer der Forderung nach erster Normalform entsprechen.

22.2.2 Tabellendefinition

Tabellen werden im Minimalfall mit ihren (eindeutigen) Namen sowie der Liste der zugehörigen Attribute samt Domänen nach folgendem Schema definiert:

```
create table relations-name (
  attribut-name domäne { , attribut-name domäne }*
);
```

Ausgefeiltere Möglichkeiten bei der Schemadefinition, zum Beispiel durch Einbezug von Konsistenzbedingungen, werden wir in Abschnitt 22.5 kennenlernen. Immerhin gestattet die gegebene Minimalsyntax bereits durchaus die Definition von gültigen SQL-Schemata, auf denen man dann arbeiten kann.

Beispiel: Wir ziehen die Lagerverwaltungswelt in ihrer ursprünglichen relationalen Form aus Abschnitt 4.2.2 heran. Unter Zuhilfenahme der im vorigen Abschnitt definierten Domänen ergibt sich:

```
create table ArtikelArt (
  ANr char(8),
  AName char(25),
  Menge MengenAngabe,
  Lieferant char(25),
  Gewicht GewichtsAngabe
);

create table Lagereinheit (
  LeNr char(8),
  LeaNr char(8),
  ANr char(8),
  Stückzahl MengenAngabe,
  Gewicht GewichtsAngabe,
  LhNr char(8)
);

create table LagereinheitArt (
  LeaNr char(8),
  LeaName char(25),
  Länge integer,
  Breite integer,
  Höhe integer,
  MaxGewicht GewichtsAngabe
```

```
);

create table Lagerhilfsmittel (
    LhNr char(8),
    LhaNr char(8),
    Gewicht GewichtsAngabe,
    LoNr char(8)
);

create table LagerhilfsmittelArt (
    LhaNr char(8),
    LhaName char(25),
    Länge integer,
    Breite integer,
    Höhe integer,
    MaxGewicht Gewichtsangabe
);

create table Lagerort (
    LoNr char(8),
    LoaNr char(8),
    Gewicht Gewichtsangabe
);

create table LagerortArt (
    LoaNr char(8),
    Länge integer,
    Breite integer,
    Höhe integer,
    MaxGewicht Gewichtsangabe
);

create table Verträglichkeit (
    ANr char(8),
    LoNr char(8)
);
```

22.3 Anfragen über der Datenbasis

22.3.1 Syntaktische Grundform des Anfragemodells

Wir führen die Struktur der SQL–Datenbankanfragen sukzessive ein und betrachten zunächst die folgende syntaktische Grundstruktur einer Datenbankanfrage, die mehrere Attribute A_i, Relationen R_i und eine Auswahlbedingung umfaßt:

select $A_1, A_2, \ldots, A_n$
from $R_1, R_2, \ldots, R_m$
where $bedingung_W$;

Die Abarbeitung des SQL–Befehls kann man sich dann modellhaft so vorstellen, daß die Klauseln wie folgt hintereinander — allerdings nicht in der vorgegebenen syntaktischen Reihenfolge — durchlaufen werden:

- **from**–Klausel: Diese Klausel *muß* spezifiziert werden, um die Relationen R_i zu bezeichnen, mit denen gearbeitet werden soll. In einem ersten Schritt wird hierbei das kartesische Produkt über den R_i gebildet.
- **where**–Klausel: Mit dieser *optionalen* Klausel erfolgt eine Einschränkung der Tupel des kartesischen Produkts im Sinne einer Selektion. $bedingung_W$ umfaßt dazu eine Boolesche Formel über Vergleichen von Attributen untereinander oder von Attributen mit Konstanten.
- **select**–Klausel: Die hierbei spezifizierten Attribute bewirken eine abschließende Projektion.[1] Die Angabe dieser Klausel ist *zwingend*. Will man die Attributmenge der Ergebnisrelation nicht einschränken, kann das Symbol „*" anstelle von Attributnamen angegeben werden.

Die (gedankliche) Ausführung entspricht also in etwa dem folgenden relationenalgebraischen Ausdruck:

$$\pi_{A_1,A_2,\ldots,A_n}(\sigma_{bedingung_W}(R_1 \times R_2 \times \ldots \times R_m))$$

Das Ergebnis der Anfrage ist selbst wieder eine gültige Relation, die allerdings nicht dauerhaft in der Datenbasis abgelegt wird, sondern nur temporär erzeugt und nach der Ergebnisverarbeitung wieder verworfen wird.

Daß die Ausführung nur „in etwa" dem Ausdruck folgt, liegt daran, daß SQL Relationen als *Vielfachmengen* und nicht als mathematisch strenge Mengen auffaßt. Duplikate sind also sowohl in den Quellrelationen R_i als auch in der Ergebnisrelation zugelassen und werden von den (meisten) SQL–Befehlen nicht automatisch beseitigt.

22.3.2 Projektion

Wir orientieren uns im folgenden in den meisten Fällen an den bereits bekannten Beispielanfragen für die Lagerverwaltungswelt (siehe Abschnitt 4.3 für die Algebra, Abschnitte 4.4 und 4.5 für die beiden Kalküle).

Projektionen werden, wie bereits angesprochen, durch die Spezifikation der gewünschten Attribute in der **select**–Klausel realisiert. Die Projektion der Relation ArtikelArt auf die Attribute ANr und AName wird beispielsweise folgendermaßen ausgedrückt:

```
select ANr, AName
from ArtikelArt;
```

[1] Die Benennung dieser Klausel ist historisch bedingt und aus Sicht der Relationenalgebra unglücklich, da ja gerade keine Selektion, sondern eine Projektion spezifiziert wird. Die Selektion erfolgt in der **where**–Klausel.

Das Ergebnis zeigt Bild 22.1. Es stimmt mit Bild 4.16 überein.

ANr	AName
A-001	Anlasser
A-002	Kolben
A-003	Kolbenringe
A-004	Kurbelwelle
A-005	Nockenwelle
A-006	Ölwanne
A-007	Pleuel
A-008	Ventile
A-009	Ventile
A-010	Ventilfedern
A-011	Zündkerzen
A-012	Zündkerzen
A-013	Zündkerzenkabel
A-014	Zündkerzenstecker
A-015	Zündspule
A-016	Zündverteiler
A-017	Zylinderdichtung
A-018	Zylinderdichtung
A-019	Zylinderkopf
A-020	Zylinderkurbelgehäuse

Bild 22.1. Ergebnis der Projektion

Eine solche Übereinstimmung ist angesichts der Auffassung von SQL–Relationen als Vielfachmengen jedoch nicht zwingend. Man betrachte folgende Projektion nach den Artikelnamen in ArtikelArt:

```
select AName
from ArtikelArt;
```

Das Ergebnis — Bild 22.2 stellt es dar — unterscheidet sich von Bild 4.17 durch das Auftreten von Duplikaten. Sind diese nicht erwünscht, müssen sie explizit mittels des Zusatzes **distinct** entfernt werden:

```
select distinct AName
from ArtikelArt;
```

22.3.3 Selektion

Die Spezifikation von Selektionen erfolgt, wie bereits erwähnt, in der **where**–Klausel. Bezüglich der Bedingung $bedingung_W$ sind Vergleiche mit den üblichen Operatoren, die logischen Verknüpfungen mit **and**, **or** und **not** sowie beliebige Klammerungen gestattet.

AName
Anlasser
Kolben
Kolbenringe
Kurbelwelle
Nockenwelle
Ölwanne
Pleuel
Ventile
Ventile
Ventilfedern
Zündkerzen
Zündkerzen
Zündkerzenkabel
Zündkerzenstecker
Zündspule
Zündverteiler
Zylinderdichtung
Zylinderdichtung
Zylinderkopf
Zylinderkurbelgehäuse

Bild 22.2. Ergebnis der zweiten Projektion

Das folgende einfache Beispiel selektiert die Lagerortarten, deren Höhe ihre Breite überschreitet:

```
select *
from LagerortArt
where Höhe > Breite;
```

Bild 22.3 zeigt das Ergebnis. Die Anfrage demonstriert ferner den Verzicht auf eine Projektion, ausgedrückt durch „*" in der **select**–Klausel.

LoaNr	Länge	Breite	Höhe	MaxGewicht
LOA-02	1200	800	1200	500.00
LOA-03	1200	1200	2000	1000.00

Bild 22.3. Ergebnis der Selektion

22.3.4 Kartesisches Produkt

Werden in der **where**–Klausel mehrere Relationen spezifiziert, so erfolgt die Berechnung des kartesischen Produkts. Im nachfolgenden Beispiel wird ein solches Produkt über den Relationen ArtikelArt und Lagereinheit gebildet:

```
select *
from ArtikelArt, Lagereinheit;
```

Das Ergebnis (Bild 22.4) demonstriert, daß SQL bezüglich der Ergebnisattribute keine Umbenennungen fordert — ANr taucht beispielsweise zweimal auf. Wir werden aber gleich sehen, daß bei Benutzung der Attribute innerhalb der **where**–Klausel deren eindeutige Identifikation notwendig ist und wie man diese sicherstellt.

ANr	AName	...	LeNr	LeaNr	ANr	...
A-001	Anlasser	...	LE-001	LEA-04	A-001	...
A-002	Kolben	...	LE-001	LEA-04	A-001	...
A-003	Kolbenringe	...	LE-001	LEA-04	A-001	...
A-004	Kurbelwelle	...	LE-001	LEA-04	A-001	...
A-005	Nockenwelle	...	LE-001	LEA-04	A-001	...
A-006	Ölwanne	...	LE-001	LEA-04	A-001	...
A-007	Pleuel	...	LE-001	LEA-04	A-001	...
A-008	Ventile	...	LE-001	LEA-04	A-001	...
A-009	Ventile	...	LE-001	LEA-04	A-001	...
A-010	Ventilfedern	...	LE-001	LEA-04	A-001	...
A-011	Zündkerzen	...	LE-001	LEA-04	A-001	...
A-012	Zündkerzen	...	LE-001	LEA-04	A-001	...
A-013	Zündkerzenkabel	...	LE-001	LEA-04	A-001	...
A-014	Zündkerzenstecker	...	LE-001	LEA-04	A-001	...
A-015	Zündspule	...	LE-001	LEA-04	A-001	...
A-016	Zündverteiler	...	LE-001	LEA-04	A-001	...
A-017	Zylinderdichtung	...	LE-001	LEA-04	A-001	...
A-018	Zylinderdichtung	...	LE-001	LEA-04	A-001	...
A-019	Zylinderkopf	...	LE-001	LEA-04	A-001	...
A-020	Zylinderkurbelgehäuse	...	LE-001	LEA-04	A-001	...
A-001	Anlasser	...	LE-002	LEA-02	A-004	...
A-002	Kolben	...	LE-002	LEA-02	A-004	...
A-003	Kolbenringe	...	LE-002	LEA-02	A-004	...
A-004	Kurbelwelle	...	LE-002	LEA-02	A-004	...
A-005	Nockenwelle	...	LE-002	LEA-02	A-004	...
A-006	Ölwanne	...	LE-002	LEA-02	A-004	...
A-007	Pleuel	...	LE-002	LEA-02	A-004	...
A-008	Ventile	...	LE-002	LEA-02	A-004	...
A-009	Ventile	...	LE-002	LEA-02	A-004	...
A-010	Ventilfedern	...	LE-002	LEA-02	A-004	...
A-011	Zündkerzen	...	LE-002	LEA-02	A-004	...
A-012	Zündkerzen	...	LE-002	LEA-02	A-004	...
A-013	Zündkerzenkabel	...	LE-002	LEA-02	A-004	...
A-014	Zündkerzenstecker	...	LE-002	LEA-02	A-004	...
A-015	Zündspule	...	LE-002	LEA-02	A-004	...
A-016	Zündverteiler	...	LE-002	LEA-02	A-004	...
A-017	Zylinderdichtung	...	LE-002	LEA-02	A-004	...
A-018	Zylinderdichtung	...	LE-002	LEA-02	A-004	...
A-019	Zylinderkopf	...	LE-002	LEA-02	A-004	...
A-020	Zylinderkurbelgehäuse	...	LE-002	LEA-02	A-004	...
A-001	Anlasser	...	LE-003	LEA-01	A-005	...
A-002	Kolben	...	LE-003	LEA-01	A-005	...
A-003	Kolbenringe	...	LE-003	LEA-01	A-005	...
A-004	Kurbelwelle	...	LE-003	LEA-01	A-005	...
:	:	:	:	:	:	:
:	:	:	:	:	:	:

Bild 22.4. Ergebnis der Bildung des kartesischen Produkts

22.3.5 Mengenoperationen

Vereinigungsoperator: Durch den **union**–Operator können einzelne **select**–Anfragen mit attributgleichen und typkompatiblen Ergebnissen miteinander verbunden werden.

So kann etwa die bereits bekannte Anfrage nach den kommissionierbaren Artikeln — dies war die Vereinigung der beiden Relationen ArtikelArt und DurchlaufendeArtikelArt — wie folgt formuliert werden:

```
select *
from ArtikelArt
union
select *
from DurchlaufendeArtikelArt;
```

ANr	AName	Menge	Lieferant	Gewicht
A-001	Anlasser	1	Bosch	2.00
A-002	Kolben	1	Mahle	0.05
A-003	Kolbenringe	50	Mahle	0.10
A-004	Kurbelwelle	1	Mahle	1.00
A-005	Nockenwelle	1	Mahle	0.50
A-006	Ölwanne	1	Erzberg	1.50
A-007	Pleuel	1	Mahle	0.10
A-008	Ventile	20	Mahle	0.40
A-009	Ventile	20	Bosch	0.40
A-010	Ventilfedern	50	Pohlmann	0.50
A-011	Zündkerzen	20	Bosch	1.00
A-012	Zündkerzen	20	Osram	1.00
A-013	Zündkerzenkabel	10	Siemens	0.80
A-014	Zündkerzenstecker	10	Siemens	0.80
A-015	Zündspule	5	Siemens	2.50
A-016	Zündverteiler	5	Bosch	0.50
A-017	Zylinderdichtung	10	Erzberg	1.00
A-018	Zylinderdichtung	10	Pohlmann	1.00
A-019	Zylinderkopf	1	Mahle	3.00
A-020	Zylinderkurbelgehäuse	1	Erzberg	6.00
A-030	Ölfilter	100	Erzberg	6.00
A-031	Schwungrad	1	Mahle	5.00

Bild 22.5. Ergebnis der Vereinigungsbildung

Das Ergebnis in Bild 22.5 überrascht, denn in dieser Anfrage sind die Duplikate entfernt worden. **union** folgt damit im Gegensatz zu den meisten anderen SQL-Konstrukten nicht dem Vielfachmengenansatz. Will man eventuelle Duplikate nicht beseitigen, so ist **union all** zu verwenden:

```
select *
from ArtikelArt
union all
select *
from DurchlaufendeArtikelArt;
```

Bild 22.6 zeigt hierfür das Ergebnis.

ANr	AName	Menge	Lieferant	Gewicht
A-001	Anlasser	1	Bosch	2.00
A-002	Kolben	1	Mahle	0.05
A-003	Kolbenringe	50	Mahle	0.10
A-004	Kurbelwelle	1	Mahle	1.00
A-005	Nockenwelle	1	Mahle	0.50
A-006	Ölwanne	1	Erzberg	1.50
A-007	Pleuel	1	Mahle	0.10
A-008	Ventile	20	Mahle	0.40
A-009	Ventile	20	Bosch	0.40
A-010	Ventilfedern	50	Pohlmann	0.50
A-011	Zündkerzen	20	Bosch	1.00
A-012	Zündkerzen	20	Osram	1.00
A-013	Zündkerzenkabel	10	Siemens	0.80
A-014	Zündkerzenstecker	10	Siemens	0.80
A-015	Zündspule	5	Siemens	2.50
A-016	Zündverteiler	5	Bosch	0.50
A-017	Zylinderdichtung	10	Erzberg	1.00
A-018	Zylinderdichtung	10	Pohlmann	1.00
A-019	Zylinderkopf	1	Mahle	3.00
A-020	Zylinderkurbelgehäuse	1	Erzberg	6.00
A-003	Kolbenringe	50	Mahle	0.10
A-008	Ventile	20	Mahle	0.40
A-009	Ventile	20	Bosch	0.40
A-010	Ventilfedern	50	Pohlmann	0.50
A-011	Zündkerzen	20	Bosch	1.00
A-012	Zündkerzen	20	Osram	1.00
A-013	Zündkerzenkabel	10	Siemens	0.80
A-014	Zündkerzenstecker	10	Siemens	0.80
A-030	Ölfilter	100	Erzberg	6.00
A-031	Schwungrad	1	Mahle	5.00

Bild 22.6. Ergebnis der Vereinigungsbildung mit Duplikaterhaltung

Durchschnitts- und Differenzenbildung: Die Operatoren sind **intersect** und **except**; die Benutzung entspricht im übrigen der von **union**.

22.3.6 Verbindungsoperationen

Theta–Join: Werden in der **where**–Klausel Attribute unterschiedlicher Relationen miteinander verglichen, entspricht dies einer Join–Operation. Da beliebige Vergleichsoperatoren verwendet werden können, entspricht diese Konstruktion einem allgemeinen Theta–Join.

Die folgende Anfrage ermittelt beispielsweise die Lagerorte, deren tatsächliches Gewicht das zulässige Gesamtgewicht überschreitet, die also falsch beladen sind:

```
select LoNr, Gewicht, MaxGewicht
from Lagerort Lo, LagerortArt Loa
where Lo.LoaNr = Loa.LoaNr
and Gewicht > MaxGewicht;
```

Es handelt sich um einen kombinierten Equi– und Theta–Join, dessen Ergebnis in Bild 22.7 dargestellt ist.

LoNr	Gewicht	MaxGewicht
LO-007	520.50	500.00

Bild 22.7. Ergebnis des kombinierten Equi– und Theta–Join

Das in beiden beteiligten Relationen vorkommende Attribut LoaNr wird durch Bindung an seine jeweilige Relation eindeutig qualifiziert. Die Qualifizierung kann durch den Relationsnamen selbst oder wie hier durch einen für den Relationsnamen vergebenen *Aliasnamen* erfolgen. Ein Aliasname wird durch seine Angabe direkt hinter einem Relationsnamen definiert. Im Beispiel ist Lo ein Aliasname für Lagerort, und Loa ist ein Aliasname für LagerortArt. Die Aliasnamen können in etwa den Tupelvariablen des Tupelkalküls gleichgestellt werden. Für eindeutig identifizierbare Attribute ist in SQL dagegen die Verwendung von Aliasnamen nicht zwingend; siehe etwa die Verwendung von LoNr, Gewicht und MaxGewicht. Derartige Attribute gelten implizit als durch die zugehörige Relation in der **from**–Klausel qualifiziert.

Schachtelung von Anfragen: Analog zur Vorgehensweise im Tupelkalkül können Anfragen geschachtelt werden. Hierzu werden die Existenzquantifizierungen mittels **exists** und die Negation **not exists** zur Verfügung gestellt, die anstelle eines Vergleichs jederzeit in der **where**–Klausel spezifiziert werden kann.

Beispielsweise hatten wir in Beispiel 6 aus Abschnitt 4.4 nach den Nummern und Arten der Artikelarten gefragt, die in mehr als einer Lagereinheit verpackt sind. Diese Anfrage kann wahlweise in der „flachen“ Form

```
select A.ANr, AName
from ArtikelArt A, Lagereinheit Le1, Lagereinheit Le2
where A.ANr = Le1.ANr
and A.ANr = Le2.ANr
and Le1.LeNr <> Le2.LeNr;
```

gestellt werden. Hier sind im übrigen die Aliasnamen für Lagereinheit zwingend, da derselbe Relationsname zweimal Verwendung findet und dann bei dessen Verwendung die Bezüge nicht mehr eindeutig wären.

Gleichwertig ist die Anfrage in der geschachtelten Form:

```
select ANr, AName
from ArtikelArt A
where exists (
   select *
   from Lagereinheit Le1
   where A.ANr = ANr
   and exists (
      select *
      from Lagereinheit Le2
      where A.ANr = ANr
      and Le1.ANr <> ANr));
```

Während auf die erste Form die Vorstellung des algebraisch orientierten Anfragemodells aus Abschnitt 22.3.1 zutrifft, ist dies bei der zweiten Form nicht mehr der Fall. Wann immer — wie hier — auf eine Relation einer äußeren Schachtel Bezug genommen wird, tritt an seine Stelle ein tupelorientiertes, eher prozedurales Anfragemodell. Die Abarbeitung hat man sich jetzt als verschachtelte Schleifen vorzustellen, wobei jedes Tupel der äußeren Schleife mit den Tupeln der inneren verglichen wird. Hier kommt die Begründung von SQL auf dem Tupelkalkül viel deutlicher zum Tragen.

Das Beispiel zeigt im übrigen eine weitere syntaktische Eigenheit. Bei jedem Vergleich in den inneren Schachteln kommen zwei gleichbenannte Attribute ANr vor, von denen das eine qualifiziert ist, das andere nicht. Für dieses letztere gilt die Regel der impliziten Qualifizierung wie zuvor, angewandt auf die lokale Schachtel. Beispielsweise lauten die entsprechenden Bedingungen implizit **where** A.ANr = Le1.ANr sowie **where** A.ANr = Le2.ANr **and** Le1.ANr <> Le2.ANr. Tatsächlich hätte man daher sogar auf den Aliasnamen Le2 verzichten können.

Das Ergebnis der „flachen“ und der geschachtelten Anfrage ist identisch und wird in Bild 22.8 gezeigt.

ANr	AName
A-001	Anlasser
A-006	Ölwanne
A-015	Zündspule

Bild 22.8. Ergebnis der zweiten Anfrage mit Join

Die Verwendung einer negierten **exists**–Klausel zeigt folgendes Beispiel. Gesucht sei die Nummer der Lagerortart mit der geringsten Tragfähigkeit. In SQL kann man dies folgendermaßen formulieren:

```
select LoaNr
from LagerortArt Loa1
where not exists (
   select *
   from LagerortArt
   where Loa1.MaxGewicht > MaxGewicht);
```

Auch hier zeigt sich die Ähnlichkeit von SQL mit dem Tupelkalkül (siehe dort Beispiel 7). Das Ergebnis der Anfrage zeigt Bild 22.9.

LoaNr
LOA-01

Bild 22.9. Ergebnis der dritten Anfrage mit Join

Semi–Join: Semi–Join–Operationen können unter Verwendung der bisher vorgestellten Sprachmittel auf unterschiedliche Weise dargestellt werden. Wir ziehen als Beispiel die Frage nach den Lagereinheitarten heran, für die (mindestens) eine Lagereinheit existiert. Eine „flache“ Formulierung ergibt:

```
select Lea.LeaNr, LeaName, Länge, Breite, Höhe, MaxGewicht
from LagereinheitArt Lea, Lagereinheit Le
where Lea.LeaNr = Le.LeaNr;
```

Schachtelung wäre natürlich ebenfalls möglich gewesen. Für die Ergebnisrelation siehe Bild 22.10. In dieser Anfrage tauchen alle Attribute von LagereinheitArt (und nur diese) auf. Zu deren Qualifikation hätte man die Anfrage auch in der Form

```
select Lea.*
from LagereinheitArt Lea, Lagereinheit Le
where Lea.LeaNr = Le.LeaNr;
```

LeaNr	LeaName	Länge	Breite	Höhe	MaxGewicht
LEA-01	Stapelkasten	580	380	300	300.00
LEA-02	Stapelkasten	760	580	425	300.00
LEA-03	Drehstapelkasten	580	395	105	250.00
LEA-04	Drehstapelkasten	580	395	356	250.00
LEA-05	Stapelkorb	760	580	530	200.00

Bild 22.10. Ergebnis des Semi–Join

abfassen können, wobei man von der expliziten Aufzählung der Attribute befreit worden wäre.

SQL bietet offensichtlich meist mehrere Möglichkeiten, denselben Sachverhalt auszudrücken. Dies gilt auch für die letzte Anfrage, für die es ebenfalls eine geschachtelte Variante gibt, die jetzt allerdings nicht mehr von **exists** oder **not exists** Gebrauch macht. Stattdessen nutzt sie den Vergleich eines Attributs mit einer einattributigen Menge, die als Ergebnis eines eigenen SQL–**select**–Ausdrucks entsteht:

```
select *
from LagereinheitArt
where LeaNr = any (
   select LeaNr
   from Lagereinheit);
```

Generell gilt, daß sich für das Konstrukt Θ **any** (mit Θ als Stellvertreter für jeden erlaubten Vergleich) jedes Tupel qualifiziert, für das der Vergleich mit *irgendeinem* Tupel der in der Schachtel berechneten Relation positiv ausfällt.

Als Abkürzung für = **any** (Gleichheit mit irgendeinem Element) kann übrigens **in** geschrieben werden; diese Möglichkeit wird in der Praxis häufig genutzt:

```
select *
from LagereinheitArt
where LeaNr in (
   select LeaNr
   from Lagereinheit);
```

Analog zu Θ **any** existiert das Konstrukt Θ **all**, für das der Vergleich nur dann positiv ausfällt, wenn die Bedingung für *alle* Tupel der Schachtelrelation gilt. Folgende SQL–Anfrage realisiert beispielsweise noch einmal die Nummer der Lagerortart mit der geringsten Tragfähigkeit:

```
select LoaNr
from LagerortArt
where LoaNr <= all (
   select LoaNr
   from LagerortArt);
```

Abkürzung für <> **all** ist **not in**. Es ermittelt also folgende Anfrage die Lagereinheitarten, für die (derzeit) keine Lagereinheiten existieren:

```
select *
from LagereinheitArt
where LeaNr not in (
  select LeaNr
  from Lagereinheit);
```

22.3.7 Konstanten und Ausdrücke in den Klauseln

Weder die Relationenalgebra noch die relationalen Kalküle sahen Operatoren vor, die Berechnungen über Tupelwerten zulassen. In SQL ist dies hingegen möglich. Wir schieben daher vor der Betrachtung weiterer Hilfskonstrukte zur Unterstützung von Join–Operationen einen kurzen Exkurs über die Verwendung von Ausdrücken in den einzelnen Klauseln ein. Ausdrücke beschreiben dabei Rechenoperationen, die auf sämtliche betrachteten Tupel angewendet werden und für jedes solche Tupel einen eigenen Wert liefern. Taucht der Ausdruck in einer **where**–Klausel auf, so wird er dort wie jeder originäre Tupelwert oder eine Konstante in den Vergleich einbezogen. Bei Verwendung in einer **select**–Klausel bilden sich möglicherweise sogar neue Spalten. Solche Spalten können mittels einer Umbenennungsklausel (Schlüsselwort **as**) wahlweise (um–)benannt werden oder erhalten bei Verzicht auf diese Option systemdefinierte Namen. Wir geben im folgenden Beispiele für die in der Praxis am häufigsten benötigten Möglichkeiten.

Konstanten: Konstante Ausdrücke bieten sich manchmal in der **select**–Klausel an, um Spalten mit bestimmten Werten zu erzeugen, mit denen dann weitere Berechnungen ausgeführt werden können. Beispielsweise ist folgende SQL–Anfrage gültig und führt zu dem in Bild 22.11 gezeigten Ergebnis.

```
select NULL as Nullwert, Lea.*
from LagereinheitArt Lea;
```

Wir werden in Abschnitt 22.3.8 sehen, wozu man eine derartige Konstruktion benötigen kann.

Berechnete Ausdrücke: Rechenoperatoren, in SQL vordefinierte Funktionen und Klammerungen können sowohl in der **select**– als auch in der **where**–Klausel angewendet werden. Die nachfolgende Anfrage selektiert alle Lagereinheitarten mit einer Mindeststellfläche von 400000 cm^2. Im Ergebnis soll die jeweilige Stellfläche als eigene Spalte erscheinen. Ferner soll die maximale Belastbarkeit (Attribut MaxGewicht) in Gramm und nicht in Kilogramm ausgegeben werden. All dies leistet die folgende SQL-Anfrage:

```
select LeaNr, LeaName, Länge, Breite, Höhe,
  MaxGewicht * 1000 as Gramm,
```

Nullwert	LeaNr	LeaName	Länge	Breite	Höhe	MaxGewicht
NULL	LEA-01	Stapelkasten	580	380	300	300.00
NULL	LEA-02	Stapelkasten	760	580	425	300.00
NULL	LEA-03	Drehstapelkasten	580	395	105	250.00
NULL	LEA-04	Drehstapelkasten	580	395	356	250.00
NULL	LEA-05	Stapelkorb	760	580	530	200.00
NULL	LEA-06	Lagerkorb	795	495	460	200.00

Bild 22.11. Ergebnis der Anfrage unter Verwendung einer Konstanten in der Projektion

```
    Länge * Breite as Stellfläche
from LagereinheitArt;
where Länge * Breite >= 400000;
```

Bild 22.12 zeigt die Ergebnisrelation.

LeaNr	LeaName	Länge	Breite	Höhe	Gramm	Stellfläche
LEA-02	Stapelkasten	760	580	425	300000.00	440800
LEA-05	Stapelkorb	760	580	530	200000.00	440800

Bild 22.12. Ergebnis der Anfrage unter Verwendung von Ausdrücken

case-*Konstrukt*: Dieses Konstrukt gestattet eine bedingte Auswertung. Innerhalb einer solchen Konstruktion stehen Unterklauseln der Form **when** ... **then** ... Bei Ausführung werden diese Unterklauseln der Reihe nach untersucht und auf die hinter **when** stehenden Bedingungen geprüft. Für die zuerst zutreffende Bedingung wird die hinter **then** stehende Berechnung durchgeführt und als Ergebnis übernommen. Ein optionales **else** kommt zum Zuge, falls keine der **when**–Bedingungen zutrifft. Fehlt **else**, wird im „schlimmsten“ Fall *NULL* als Ergebnis angenommen.

Das folgende Beispiel nutzt die bedingte Auswertung, um Lagereinheitarten als gering, mittel oder hoch belastbar einzustufen:

```
select LeaNr, LeaName,
   case
      when MaxGewicht >= 300.00 then 'hoch'
      when MaxGewicht >= 250.00 then 'mittel'
      else 'gering'
   end as Belastbarkeit
from LagereinheitArt;
```

Die Ergebnistabelle zeigt Bild 22.13.

LeaNr	LeaName	Belastbarkeit
LEA-01	Stapelkasten	hoch
LEA-02	Stapelkasten	hoch
LEA-03	Drehstapelkasten	mittel
LEA-04	Drehstapelkasten	mittel
LEA-05	Stapelkorb	gering
LEA-06	Lagerkorb	gering

Bild 22.13. Ergebnis der Anfrage unter Verwendung von **case**

22.3.8 Fortgeschrittene Verbindungsoperationen

Die in Abschnitt 22.3.6 erläuterten Möglichkeiten zur Verbindung von Relationen waren noch nicht vollständig befriedigend. Einfach zu formulierende Verbindungen wie ein Natural Join sind nicht als solche dokumentiert, sondern werden stets in der Form des kartesischen Produkts mit nachfolgender Selektion notiert. Weiterhin ist beispielsweise ein Outer Join nur sehr kompliziert formulierbar. Als Beispiel möge der relationenalgebraische Ausdruck Lagereinheit ⟗ LagereinheitArt aus Abschnitt 4.3.8 herangezogen werden. Dessen Umsetzung in SQL mit den uns bis jetzt bekannten Mitteln ergibt folgende Konstruktion:

```
select LeNr, Le.LeaNr, ANr, Stückzahl, Gewicht, LhNr,
    LeaName, Länge, Breite, Höhe, MaxGewicht
from Lagereinheit Le, LagereinheitArt Lea
where Le.LeaNr = Lea.LeaNr
union
select NULLas LeNr, NULL as LeaNr, NULL as ANr,
    NULL as Stückzahl, NULL as Gewicht, NULL as LhNr,
    LeaName, Länge, Breite, Höhe, MaxGewicht
from LagereinheitArt Lea
where not exists (
  select *
  from Lagereinheit
  where Lea.LeaNr = LeaNr);
```

Zur Veranschaulichung zeigt Bild 22.14 das Ergebnis. Die Anfrage selbst besteht aus zwei Teilen. Im ersten Teil werden die bestehenden Lagereinheit/Lagereinheitart–Kombinationen mit Hilfe eines Join ermittelt. Der zweite Teil ermittelt die Lagereinheitarten, für die keine Lagereinheiten existieren. Dabei werden für die Ergebnistupel dieser Teilanfrage geeignet benannte Spalten vorgesehen und mit *NULL* belegt, um die Hintereinanderschaltung mit **union** möglich zu machen.

Alternative SQL–Formulierungen sind übrigens möglich, sie sind aber keineswegs einfacher oder eleganter.

LeNr	LeaNr	ANr	...	LeaName	...
LE-003	LEA-01	A-005	...	Stapelkasten	...
LE-008	LEA-01	A-010	...	Stapelkasten	...
LE-013	LEA-01	A-012	...	Stapelkasten	...
LE-011	LEA-01	A-011	...	Stapelkasten	...
LE-002	LEA-02	A-004	...	Stapelkasten	...
LE-009	LEA-02	A-020	...	Stapelkasten	...
LE-005	LEA-02	A-006	...	Stapelkasten	...
LE-012	LEA-02	A-019	...	Stapelkasten	...
LE-016	LEA-02	A-015	...	Stapelkasten	...
LE-015	LEA-02	A-006	...	Stapelkasten	...
LE-006	LEA-03	A-002	...	Drehstapelkasten	...
LE-001	LEA-04	A-001	...	Drehstapelkasten	...
LE-010	LEA-04	A-008	...	Drehstapelkasten	...
LE-014	LEA-04	A-001	...	Drehstapelkasten	...
LE-004	LEA-05	A-017	...	Stapelkorb	...
LE-007	LEA-05	A-015	...	Stapelkorb	...
NULL	NULL	NULL	...	Lagerkorb	...

Bild 22.14. Ergebnis des Right Outer Join

SQL–2 hat diese Probleme aufgegriffen und aus Gründen der Übersichtlichkeit eine Reihe von Operatoren definiert, die die Formulierung vieler üblicher Verbindungsvarianten drastisch vereinfacht. Dazu wurde in die Syntax der **from**–Klausel eingegriffen. Hier ist alternativ zur bestehenden Konstruktion auch die Formulierung

from R_1 *op* R_2 *op* ... *op* R_n

möglich. *op* spezifiziert dabei einen relationenalgebraischen Verbindungsoperator, wobei die folgende Syntax eingehalten werden muß:

cross join
| [**natural**] { **left** | **right** | **full** } [**outer**] **join**
| [**natural**] { **inner** | **union** } **join**

Die einzelnen Klauseln und Optionen haben folgende Bedeutung:

- **cross join** dient zur Berechnung des kartesischen Produkts. Gegenüber der Trennung der beteiligten Relationen durch Kommata in der **from**–Klausel besitzt die vorliegende Spezifikation den Vorteil des selbsterklärenden Charakters.
- **left** [**outer**] **join**, **right** [**outer**] **join** und **full** [**outer**] **join** entsprechen den drei Varianten für Outer Joins. Es wird zur besseren Lesbarkeit empfohlen, das optionale Schlüsselwort **outer** dabei stets anzugeben.

  Wird in diesen Varianten **natural** spezifiziert, so wird eine natürliche Verbindung ausgeführt, d.h. die Verbindung wird auf den in beiden Relationen gleich benannten Attributen im Sinne einer (äußeren) Gleichverbindung ausgeführt. Dadurch kann in vielen Fällen auf eine **where**–Klausel verzichtet werden. Ist **natural** hingegen nicht spezifiziert, müssen die Verbindungsattribute wie gewohnt in der **where**–Klausel spezifiziert werden.

- **inner join** spezifiziert eine innere Verbindung, also einen „normalen" Theta–Join. Auch hier ist der Zusatz **natural** möglich, um eine natürliche Verbindung anzudeuten.
- **union join** entspricht einem Full Outer Join, bei dem von vornherein feststeht, daß keine Tupelkombination als gültig betrachtet werden wird. Die Ergebnisrelation enthält also die Tupel der „linken" Eingaberelation nach rechts aufgefüllt mit *NULL*–Werten und die Tupel der „rechten" Eingaberelation nach links aufgefüllt mit *NULL*–Werten. Die Zahl der Ergebnistupel entspricht der Summe der Tupel in den beiden Eingabrelationen. Auch **union join** kann man mit **natural** kombinieren, ohne daß dies irgendeinen Effekt hätte.

Die Assoziativität der neuen Operatoren gilt — beispielsweise für den Outer Join — nicht mehr ohne weiteres. Beim Hintereinanderschreiben mehrerer dieser Konstrukte wird generell von links nach rechts ausgewertet. Klammerungen sind möglich.

Unter Zuhilfenahme der neuen Konstrukte ergibt sich nun beispielsweise zur Nachbildung von Lagereinheit ⟖ LagereinheitArt eine knappe SQL–Entsprechung, die einen natürlichen Right Outer Join spezifiziert:

```
select *
from Lagereinheit natural right outer join LagereinheitArt;
```

Im Zusammenhang mit **natural** ergibt sich die Möglichkeit, mittels **using** den Join auf einen Teil der namensgleichen Attribute zu beschränken und damit auf Umbenennungen verzichten zu können. Zu ermitteln seien beispielsweise alle Artikel zusammen mit den Lagereinheiten, in die sie verpackt sind. Bei der relationenalgebraischen Formulierung dieser Anfrage von ArtikelArt und Lagereinheit mußten wir eine Umbenennung vornehmen, da nicht nur das (gewünschte) Join–Attribut ANr namensgleich ist, sondern auch Gewicht (siehe Abschnitt 4.3.8). Die entsprechende SQL–Anfrage nutzt hierfür **using**:

```
select ANr, AName, LeNr
from ArtikelArt natural join Lagereinheit using ( ANr );
```

Bild 22.15 zeigt das Ergebnis.

22.3.9 Division

Zur Existenzquantifizierung wird in SQL das **exists**–Konstrukt herangezogen. Eine Entsprechung für die Allquantifizierung wäre zur Formulierungen von relationenalgebraischen Divisionsoperationen sehr nützlich; in SQL fehlt es jedoch. Leitet man eine Division in SQL durch eine Formulierung im Tupelkalkül ab, müssen daher zunächst alle Allquantoren durch Existenzquantoren

ANr	AName	LeNr
A-001	Anlasser	LE-001
A-001	Anlasser	LE-014
A-002	Kolben	LE-006
A-004	Kurbelwelle	LE-002
A-005	Nockenwelle	LE-003
A-006	Ölwanne	LE-005
A-006	Ölwanne	LE-015
A-008	Ventile	LE-010
A-010	Ventilfedern	LE-008
A-011	Zündkerzen	LE-011
A-012	Zündkerzen	LE-013
A-015	Zündspule	LE-007
A-015	Zündspule	LE-016
A-017	Zylinderdichtung	LE-004
A-019	Zylinderkopf	LE-012
A-020	Zylinderkurbelgehäuse	LE-009

Bild 22.15. Ergebnis des Natural Join unter Verwendung von **using**

ersetzt werden; dies erreicht man für jeden vorkommenden Allquantor durch doppelte Negation.

Betrachten wir unser schon bekanntes Divisionsbeispiel, die Suche nach den Nummern derjenigen Artikelarten, die mit allen Lagerorten verträglich sind. Dann ergibt sich hierfür die folgende SQL–Formulierung:

```
select ANr
from Verträglichkeit V1
where not exists (
  select *
  from Lagerort Lo
  where not exists (
    select *
    from Verträglichkeit V2
    where V2.ANr = V1.ANr
    and V2.LoNr = Lo.LoNr));
```

Das Ergebnis ist in Bild 22.16 dargestellt. Auffallend ist das Vorhandensein von Duplikaten im Vergleich zu dem relationenalgebraisch erzielten Ergebnis (Bild 4.33). Einmal mehr sei darauf hingewiesen, daß in SQL–Anfragen Duplikate üblicherweise nicht entfernt werden. In Fällen, in denen ein Mehrfachvorkommen unerwünscht ist, muß der Zusatz **distinct** verwendet werden.

22.3.10 Einfache Verwendung von Aggregatfunktionen

Die Berechnungsmöglichkeiten über Tupelwerte beschränkten sich bislang auf einzelne Tupel (Abschnitt 22.3.7). Ebenso interessieren Operatoren, die

ANr
A-002
A-002
A-002
A-002
A-002
A-002
A-002
A-002
A-002
A-002
A-003
A-003
A-003
A-003
A-003
A-003
A-003
A-003
A-003
A-003
A-004
A-004
A-004
A-004
A-004
A-004
A-004
A-004
A-004
A-004
A-005
A-005
A-005
A-005
A-005
A-005
A-005
A-005
A-005
A-005
A-006
A-006
A-006
A-006
⋮
⋮

Bild 22.16. Ergebnis der Division

Berechnungen über Gruppen von Tupeln anstellen. Beispiele hierfür sind das Zählen von Tupeln einer Relation oder die Summen–, Durchschnitts–, Minimum– oder Maximumbildung der Werte von bestimmten Relationsspalten. Um Berechnungen über Gruppen von Spaltenwerten hinweg anzustellen, bietet SQL sogenannte Aggregatfunktionen an, die in der Projektionsklausel **select** anstelle oder im Zusammenhang mit (einzelnen) Attributen A verwendet werden dürfen.

Hierbei stehen folgende Funktionen zur Verfügung:

- **min**([**distinct**] A) zur Berechnung des Minimalwerts aller Tupel unter dem Attribut A (das optionale Schlüsselwort **distinct** ist hier bedeutungslos),
- **max**([**distinct**] A) zur Berechnung des Maximalwerts aller Tupel unter dem Attribut A (das optionale Schlüsselwort **distinct** ist hier bedeutungslos),
- **avg**([**distinct**] A) zur Berechnung des Durchschnittswerts aller Tupel unter dem Attribut A, wobei bei Angabe von **distinct** mehrfach gleiche Werte nur einmal in die Berechnung eingehen,
- **sum**([**distinct**] A) zur Berechnung der Summe aller Tupel unter dem Attribut A, wobei bei Angabe von **distinct** mehrfach gleiche Werte nur einmal in die Berechnung eingehen,
- **count**(*) zum Zählen der Tupel der betrachteten Relation,
- **count**([**distinct**] A) zum Zählen der Tupel der betrachteten Relation, wobei zunächst eine Duplikateliminierung bezogen auf Werte unter dem Attribut A stattfindet.

Wir geben im folgenden einige Beispiele.

Folgende SQL–Anfrage ermittelt die Zahl der Artikelarten:

```
select count(*) as Artikelzahl
from ArtikelArt;
```

Bild 22.17 zeigt das Ergebnis.

Artikelzahl
20

Bild 22.17. Zahl der Artikelarten

Wir hatten ja bereits gesehen, daß mehrere Artikelarten mit der gleichen Bezeichnung (aber unterschiedlichen Artikelnummern) existieren können, beispielsweise 'Ventile'. Solche gleichbenannten Artikelarten fassen wir zu je einer

Kategorie zusammen. Dann wird die Frage nach der Zahl der unterschiedlichen Artikelkategorien wie folgt beantwortet:

```
select count(distinct AName) as Kategoriezahl
from ArtikelArt;
```

Hierzu zeigt Bild 22.18 das Ergebnis.

Kategoriezahl
17

Bild 22.18. Zahl der Artikelkategorien

Zwei abschließende Beispiele sollen zeigen, daß durchaus mehrere Aggregatfunktionen in einer Projektionzsklausel vorkommen dürfen, daß darin in beschränktem Maße gerechnet werden darf und daß die **where**–Klausel dabei die Berechnungsgrundlage mittels Suchbedingungen einschränken darf.

Folgende Anfrage bestimmt zunächst das Gesamtgewicht der Lagereinheiten und die Gesamtstückzahl der darin gelagerten Artikel, die auf dem Lagerhilfsmittel mit der Nummer 'LH-001' stehen:

```
select sum(Gewicht) as Gesamtgewicht, sum(Stückzahl) as Gesamtzahl
from Lagereinheit
where LhNr = 'LH-001';
```

Gesamtgewicht	Gesamtzahl
6.00	3

Bild 22.19. Mehrfache Verwendung von Aggregatfunktionen

Das Ergebnis zeigt Bild 22.19. Nun hatten wir das Gesamtgewicht eines Lagerhilfsmittels ja bereits in der dortigen Relation als eigenes Attribut aufgenommen. Um die Differenz beider Werte zu bilden und auf das im Falle einer konsistenten Datenbasis erwartete 0 zu prüfen, könnte man versucht sein, folgendes zu formulieren:

```
select sum(Le.Gewicht) – Lh.Gewicht as Differenz
from Lagereinheit Le, Lagerhilfsmittel Lh
where Lh.LhNr = 'LH-001'
and Le.LhNr = Lh.LhNr;
```

Diese Anfrage wird von SQL als *nicht korrekt* zurückgewiesen. Dies liegt daran, daß unter Lh.Gewicht ein Wert pro Tupel der Verbindungsrelation existiert, **sum**(Le.Gewicht) jedoch für die Verbindungsrelation insgesamt nur einen einzigen Wert besitzt. Generell können in SQL Attributwerte, die aus einer Gruppierung entstammen, nicht mit nichtgruppierten Attributen kombiniert werden; dies gilt gleichermaßen für Berechnungen und Vergleiche (Selektionen und Join–Operationen).

Da wir im vorliegenden Fall wissen, daß auf der rechten Seite der Tupel der Verbindungsrelation immer das gleiche Lagerhilfsmittel — das mit der Nummer 'LH-001' — und somit auch immer das gleiche Gewicht steht, können wir die Anfrage jedoch trotzdem stellen, und zwar in einer etwas trickreichen Art und Weise:

```
select sum(Le.Gewicht) – max(Lh.Gewicht) as Gewichtsdifferenz
from Lagereinheit Le, Lagerhilfsmittel Lh
where Lh.LhNr = 'LH-001'
and Le.LhNr = Lh.LhNr;
```

Da nur ein Lagerhilfsmittel im Spiel ist, ist Lh.Gewicht natürlich immer gleich **max**(Lh.Gewicht); dementsprechend kann letzterer Ausdruck verwendet werden. Bild 22.20 zeigt das Ergebnis der Anfrage.

Differenz
0.00

Bild 22.20. Differenzenbildung mit Aggregatfunktionen

22.3.11 Gruppierung

Wenn die Mächtigkeit von SQL auch mit der Einführung von Aggregatfunktionen deutlich über die Möglichkeiten der Relationenalgebra (und somit auch des Tupel– und des Domänenkalküls) hinausgeht, so reicht dies in der Praxis oft trotzdem nicht aus. Es ist beispielsweise nicht möglich, die Gesamtgewichte der auf den Lagerhilfsmitteln stehenden Lagereinheiten innerhalb einer Anfrage für alle Lagerhilfsmittel zu ermitteln. Für jedes Hilfsmittel müßte eine separate Anfrage gestartet werden.

Offenbar benötigen wir zur Formulierung derartiger Anfragen ein Konstrukt, das es gestattet, Teilmengen einer (möglicherweise berechneten) Relation zu *Gruppen* zusammenzufassen und weitere Operationen auf diesen Gruppen auszuführen. Im vorigen Abschnitt existierte hingegen nur die gesamte Relation als eine einzige Gruppe, so daß die Anwendung der Aggregatfunktionen stets nur ein einziges Tupel zum Ergebnis hatte.

SQL bietet eine gegenüber dem vorigen Abschnitt allgemeinere Gruppierungsmöglichkeit, deren Funktionsweise der ähnelt, die wir in Form der Nest–

Operation aus der für geschachtelte Relationen erweiterten Relationenalgebra kennengelernt haben. SQL–Anfragen werden dabei um zwei Klauseln erweitert:

select $A_1, A_2, \ldots, A_n$
from $R_1, R_2, \ldots, R_m$
where *bedingung*$_W$
group by $B_1, B_2, \ldots, B_p$
having *bedingung*$_G$;

Das Abarbeitungsmodell kann man sich, auf Operatoren der (erweiterten) Relationenalgebra übertragen, in etwa so vorstellen:

$$\pi_{A_1,A_2,\ldots,A_n}(\sigma_{bedingung_G}(\nu_{\cup A_{R_i} \setminus \cup B_i}(\sigma_{bedingung_W}(R_1 \times R_2 \times \ldots \times R_m))))$$

Wie gehabt wird zunächst das kartesische Produkt der R_i gebildet, für das anschließend mittels der *bedingung*$_W$ Tupel ausgesondert werden. Dieses Zwischenergebnis wird bezüglich gleicher Werte für die B_i gruppiert. Auf den Gruppen finden optional Selektionen statt; hierzu wird die Bedingung *bedingung*$_G$ ausgewertet. Den Abschluß bildet wieder eine Projektion, wobei zu beachten ist, daß deren Attribute A_i in der **group by**–Klausel auftauchen müssen ($A_i \in \cup B_i$).

Hauptzweck der Gruppierungskonstruktion ist die gruppenweise Anwendung von Aggregatfunktionen. Dabei werden die Aggregatfunktionen auf die Menge jeder Gruppe einzeln angewendet. Sie können wie schon bisher üblich in der **select**–Klausel an die Stelle von A_i treten. Offensichtlich dürfen die als Argumente der Aggregatfunktionen verwendeten Attribute nicht in der **group by**–Klausel auftauchen.

Es ist nun möglich, die Frage nach den Gesamtgewichten (und Stückzahlen) der Lagereinheiten bezogen auf die Lagerhilfsmittel in SQL zu formulieren. Gegenüber den Anfragen aus dem vorigen Abschnitt geben wir neben dem Gesamtgewicht und der Gesamtzahl noch die Nummer des entsprechenden Hilfsmittels aus:

```
select LhNr, sum(Gewicht) as Gesamtgewicht, sum(Stückzahl) as Gesamtzahl
from Lagereinheit
group by LhNr;
```

Bild 22.21 zeigt das Ergebnis.

In einem nächsten Schritt sind die Nummern der Lagereinheitarten zu ermitteln, für die die Stückzahl der in den Lagereinheiten verpackten Artikel 35 oder mehr beträgt. Die Anfrage wird dann unter Verwendung der **having**–Klausel konstruiert:

```
select LhNr, sum(Gewicht) as Gesamtgewicht, sum(Stückzahl) as Gesamtzahl
from Lagereinheit
group by LhNr
having sum(Stückzahl) >= 35;
```

LhNr	Gesamtgewicht	Gesamtzahl
LH-001	6.00	3.00
LH-002	41.00	62.00
LH-003	33.00	35.00
LH-004	7.50	5.00
LH-005	133.00	70.00
LH-006	387.50	260.00
LH-007	5.50	19.00

Bild 22.21. Ergebnis einer Anfrage mit Gruppierung

Bild 22.22 zeigt das Ergebnis.

LhNr	Gesamtgewicht	Gesamtzahl
LH-002	41.00	62.00
LH-003	33.00	35.00
LH-005	133.00	70.00
LH-006	387.50	260.00

Bild 22.22. Ergebnis einer Anfrage mit Gruppierung und **having**-Klausel

Gesucht sei abschließend der nach Stückzahl am häufigsten gelagerte Artikel des Lieferanten 'Bosch'. Folgende Anfrage leistet dies:

```
select A.ANr, sum(Stückzahl) as Gesamtzahl
from ArtikelArt A, Lagereinheit Le
where A.ANr = Le.ANr
and Lieferant = 'Bosch'
group by A.ANr
having sum(Stückzahl) >= all (
   select sum(Stückzahl)
   from ArtikelArt A, Lagereinheit Le
   where A.ANr = Le.ANr
   and Lieferant = 'Bosch'
   group by A.ANr);
```

Das zugehörige Ergebnis ist in Bild 22.23 gezeigt.

ANr	Gesamtzahl
A-011	16.00

Bild 22.23. Ergebnis einer Anfrage mit Schachtelung in der **having**-Klausel

22.3.12 Sortierung

Während das relationale Modell nach Kapitel 4 streng mengentheoretisch fundiert ist, weicht SQL diese Forderung auf, wie sich bereits bei der Zulassung von Duplikaten gezeigt hat.[2] Sortierung hebt den Mengencharakter von SQL–Ergebnisrelationen nun noch weiter auf, ist aber ein für praktische Anwendungen unverzichtbares Leistungsmerkmal, wenn man an das Drucken von Listen als Ergebnis von SQL–Anfragen denkt.

Um in SQL Sortierung zu erreichen, wird das Anfragemodell um eine weitere Klausel erweitert, die **order by**–Klausel. Dabei ist sowohl aufsteigendes als auch absteigendes Sortieren möglich (Schlüsselworte **asc** und **desc**), und es können wahlweise ein oder mehrere Attribute als Sortierattribute spezifiziert werden.

Die folgende Anfrage etwa gibt die Artikelarten nach Lieferanten und — bei gleichem Lieferanten — dann nach Artikelnamen sortiert aus:

```
select *
from ArtikelArt
order by Lieferant, AName;
```

ANr	AName	Menge	Lieferant	Gewicht
A-001	Anlasser	1	Bosch	2.00
A-009	Ventile	20	Bosch	0.40
A-011	Zündkerzen	20	Bosch	1.00
A-016	Zündverteiler	5	Bosch	0.50
A-006	Ölwanne	1	Erzberg	1.50
A-017	Zylinderdichtung	10	Erzberg	1.00
A-020	Zylinderkurbelgehäuse	1	Erzberg	6.00
A-002	Kolben	1	Mahle	0.05
A-003	Kolbenringe	50	Mahle	0.10
A-004	Kurbelwelle	1	Mahle	1.00
A-005	Nockenwelle	1	Mahle	0.50
A-007	Pleuel	1	Mahle	0.10
A-008	Ventile	20	Mahle	0.40
A-019	Zylinderkopf	1	Mahle	3.00
A-012	Zündkerzen	20	Osram	1.00
A-010	Ventilfedern	50	Pohlmann	0.50
A-018	Zylinderdichtung	10	Pohlmann	1.00
A-013	Zündkerzenkabel	10	Siemens	0.80
A-014	Zündkerzenstecker	10	Siemens	0.80
A-015	Zündspule	5	Siemens	2.50

Bild 22.24. Ergebnis einer Anfrage mit Sortierung

[2] Der SQL–2–Standard spricht daher auch von Tabellen und nicht von Relationen; wir werden aber aus Gründen der Einheitlichkeit beim Relationenbegriff bleiben.

Bild 22.24 zeigt das Ergebnis. Da aufsteigendes Sortieren die Defaulteinstellung ist, braucht das Schlüsselwort **asc** in der **order**–Klausel nicht aufzutauchen. Die **order**–Klausel kann stets, also auch im Zusammenhang mit komplexen Suchbedingungen, Gruppierungen etc. in der äußersten Schachtel einer SQL–Anfrage verwendet werden.

22.4 Änderungen der Datenbasis

SQL zeichnet sich durch viele Varianten der Anfrage–Operatoren aus. Dagegen sind die Möglichkeiten zur Manipulation einer Datenbasis eher eingeschränkt. In allen Manipulationsbefehlen wird streng darauf geachtet, den Grundsatz der deskriptiven Beschreibung der Daten aufrechtzuerhalten. Wir demonstrieren im folgenden das Einfügen, Ändern und Löschen von Tupeln in SQL.

22.4.1 Einfügen von Tupeln

Zum Einfügen von Tupeln dient der SQL–Befehl **insert**, für den zwei Varianten gemäß folgendem Format existieren:

insert into *relations–name* [*attribut–namen–liste*]
{ **values** (*werte–liste*) | *select–anweisung* };

Jede Einfügeanweisung bezieht sich stets auf eine einzige Relation *relations–name*. Falls nicht alle Tupelwerte belegt werden sollen, können die zu belegenden über die optionale Attributliste angegeben werden. Die restlichen Werte werden auf *NULL* gesetzt.

Für das Einfügen existieren zwei Varianten:

- *Einfügen von Einzeltupeln*: Hinter der **values**–Klausel wird eine Folge von Werten (Parameter *werte–liste*) spezifiziert. Die **insert**–Anweisung fügt dann ein Tupel mit diesen Werten in die Relation ein. Tupelspezifisch setzt man *NULL*–Werte, indem man in der Werteliste den entsprechenden Wert wegläßt.
- *Einfügen von Tupelmengen*: Durch Angabe einer SQL–Anfrage (Parameter *select–anweisung*) kann eine Menge von Tupeln spezifiziert werden, deren Attribute typkompatibel zu den Einfüge–Attributen sein müssen.

Wir demonstrieren das Einfügen an Beispielen. Zunächst sei eine neue Artikelart in die Relation ArtikelArt einzufügen. Die Werte seien für sämtliche Attribute bekannt. Dann ergibt sich:

```
insert into ArtikelArt
   values ('A-030', 'Ölfilter', 100, 'Erzberg', 6.00);
```

Es fällt auf, daß die genannte Artikelart bereits in DurchlaufendeArtikelArt vorhanden ist. Wir hätten daher alternativ auch folgende SQL–Anweisung geben können:

```
insert into ArtikelArt
   select *
   from DurchlaufendeArtikelArt
   where ANr = 'A-030';
```

Wollen wir nun auch die Artikelart mit der Nummer 'A-031' in ArtikelArt überführen, dabei aber den Hersteller, die Menge und das Gewicht zunächst unberücksichtigt lassen (vielleicht weil der Artikel von nun an von einem anderen Hersteller geliefert wird und andere Produktspezifikationen besitzt), so bietet sich folgende Konstruktion an:

```
insert into ArtikelArt ( ANr, AName )
   select ANr, AName
   from DurchlaufendeArtikelArt
   where ANr = 'A-031';
```

22.4.2 Ändern von Tupeln

Das **update**–Kommando erlaubt die Änderung von Attributwerten bestehender Tupel. Das Schema des Befehls sieht wie folgt aus:

```
update relations-name
set attribut-name = ausdruck { , attribut-name = ausdruck }*
[ where bedingung ];
```

Abändern bezieht sich im Grundsatz stets auf Mengen von Tupeln einer Relation. Ist **where** samt einer Suchbedingung spezifiziert, bezieht sich die Änderung nur auf die dabei qualifizierten Tupel, ansonsten auf alle Tupel der Relation.

Wir vervollständigen die Information für das im vorigen Abschnitt in die Relation ArtikelArt überführte Tupel mit ANr = 'A-031':

```
update ArtikelArt
set Menge = 1, Hersteller = 'Mahle', Gewicht = 5.00
where ANr = 'A-031';
```

Abschließend zeigen wir eine SQL–Operation, die mehrere Tupel abändert sowie einen Ausdruck in der **set**–Klausel verwendet. Wir wollen dazu annehmen, daß sich die in einer Packung enthaltene Produktmenge für alle Artikel des Lieferanten 'Siemens' verdoppelt. Folgende Operation leistet das Gewünschte:

```
update ArtikelArt
set Menge = Menge * 2
where Lieferant = 'Siemens';
```

22.4.3 Löschen von Tupeln

Zum Löschen von Tupeln aus einer Relation bedient man sich des Befehls **delete**. Dieser besitzt folgenden Aufbau:

delete from *relations–name*
[**where** *bedingung*];

Wahlweise werden alle Tupel einer Relation gelöscht, oder aber bei Angabe von *bedingung* die durch die Suchbedingung selektierten Tupel.

Als Beispiel entfernen wir die in den vorigen Abschnitten eingebrachten Tupel mit den Artikelnummern 'A-030' und 'A-031' wieder aus der Relation ArtikelArt:

```
delete from ArtikelArt
where ANr = 'A-030'
or ANr = 'A-031';
```

Werden mittels **delete** alle Tupel einer Relation gelöscht, so enthält die Relation danach keine Tupel mehr, ist also leer; sie existiert damit jedoch weiterhin.

Schließlich vermindern wir unser Artikelsortiment um diejenigen Artikelarten, die derzeit nicht gelagert werden, d.h. für die keine Lagereinheiten existieren:

```
delete from ArtikelArt A
where not exists (
   select *
   from Lagereinheit
   where ANr = A.ANr);
```

Hierbei haben wir die Formulierung von Querbezügen zwischen Tupeln verschiedener Relationen durch eine Anfrageschachtelung in der **where**–Klausel ausgenutzt.

22.5 Konsistenzbedingungen

22.5.1 Syntaktische Einbettung

Die Formulierung von Konsistenzbedingungen hat zur (automatischen) Sicherstellung von korrekten Beziehungen der gespeicherten Daten untereinander große Bedeutung in praktischen Anwendungen. Bei Einführung des relationalen Modells in Abschnitt 4.7 haben wir beispielsweise Schlüssel und referentielle Konsistenzen als wünschenswerte Bedingungen kennengelernt. Dort haben wir auch gesehen, daß Konsistenzbedingungen in das Datenbasisschema aufgenommen werden sollten. Auch die Sprache SQL greift zur Formulierung von Konsistenzbedingungen in die Datendefinitionssprache ein und erweitert die **create table**–Anweisung gegenüber der Syntax aus Abschnitt 22.2.2 um optionale *constraints*–Klauseln:

create table *relations-name* (
  { *constraints* | *attribut-name domäne* [*constraints*] }
  { , *constraints* | *attribut-name domäne* [*constraints*] }*
);

constraints enthält jeweils eine oder mehrere Konsistenzbedingungen. Art und Funktion der Konsistenzbedingung werden durch verschiedene Schlüsselworte eingeleitet, von denen wir die wichtigsten im folgenden vorstellen.

22.5.2 Primärschlüssel und Schlüsselkandidaten

Mittels der Klausel **primary key** kann eine unter den Attributfolgen einer Relation als Primärschlüssel dieser Relation ausgezeichnet werden. Die Benutzung dieser Klausel ist natürlich nur einmal pro Relation gestattet. Das Datenbanksystem verhindert dann, daß unterschiedliche Tupel mit gleichem Schlüssel in die Relation eingebracht werden. Ist der Schlüssel einattributig, so wird die Klausel an die Attributvereinbarung gebunden; andernfalls erfolgt die Angabe durch eine alleinstehende (d.h. nicht an die Deklaration eines Attributs gebundene) Klausel in der Form **primary key** (*attribut-namen-liste*).

Beispiel: Wir beziehen uns auf die Schemadefinition der Lagerverwaltungswelt, wie sie in Abschnitt 22.2.2 eingeführt wurde. Um das Attribut ANr als Primärschlüssel der Relation ArtikelArt zu definieren, wird folgendermaßen formuliert:

```
create table ArtikelArt (
  ANr char(8) primary key,
  ...
);
```

Ein Beispiel für einen zusammengesetzten Primärschlüssel findet sich in der Definition der Relation Verträglichkeit:

```
create table Verträglichkeit (
  primary key (ANr, LoNr),
  ANr char(8),
  LoNr char(8)
);
```

Da in jeder Relation nur ein Primärschlüssel definiert werden kann, dort aber mehrere Schlüsselkandidaten existieren können, bietet SQL die Möglichkeit, die Werte eines Attributs mittels der **unique**–Klausel als in der Relation eindeutig zu definieren und das Attribut damit als Schlüsselkandidaten auszuzeichnen. Würden wir beispielsweise auf die Definition von ANr als Primärschlüssel verzichten, könnten wir für ANr in ArtikelArt folgende Deklaration angeben:

```
create table ArtikelArt (
    ANr char(8) unique,
    ...
);
```

22.5.3 Referentielle Konsistenz

Definition referentieller Konsistenzbedingungen. Die Klausel **references** mit nachfolgender Spezifikation eines Attributs einer anderen Tabelle identifiziert ein Attribut einer anderen Relation. Zwischen dem gerade deklarierten und dem referenzierten Attribut sichert das Datenbanksystem dann referentielle Konsistenz zu.

Beispiel: Die Relation Lagereinheit enthält die Art der in einer Lagereinheit verpackten Artikel im Attribut ANr. Für dieses Attribut gilt folgende Konsistenzbedingung:

```
create table Lagereinheit (
    ...
    ANr char(8) references ArtikelArt (ANr),
    ...
);
```

Das vorige Beispiel spezifizierte eigentlich bereits einen Spezialfall der referentiellen Konsistenz, nämlich eine Fremdschlüsselbedingung. Das referenzierte Attribut ANr ist nämlich in ArtikelArt Primärschlüssel man diesen Sachverhalt explizit ausdrücken, so kann man sich der **foreign key**–Klausel im Zusammenhang mit **references** bedienen. Eine derartige Konstruktion wird in der Tabellendefinition als eigenständige, nicht an eine Attributdefinition gebundene Konsistenzbedingung formuliert.

Beispiel: Wir wiederholen die Formulierung der referentiellen Konsistenz aus dem vorigen Abschnitt unter Verwendung von **foreign key**:

```
create table Lagereinheit (
    foreign key ANr references ArtikelArt (ANr),
    ...
    ANr char(8),
    ...
);
```

Referentielle Aktionen. Im Zusammenhang mit der Definition referentieller Konsistenz bietet sich eine Formulierung der gewünschten Aktionen an, falls in den Tupeln Werte geändert werden, für deren Attribute mittels **references** referentielle Konsistenz gefordert wird. Bestehe im folgenden eine referentielle Konsistenz von Y in T_S bezüglich X in T_R. Dann bietet SQL folgende Optionen, die stets bei der Deklaration von Y spezifiziert werden:

- **set null**: Wird ein Tupel aus R entfernt oder in seinem X–Wert geändert, das von einem Tupel aus S unter Y referenziert wird, wird der Y–Wert des referenzierenden Tupels auf $NULL$ gesetzt.
- **cascade**: Wird ein Tupel aus R in seinem X–Wert geändert, das von Tupeln aus S unter Y referenziert wird, wird der Y–Wert der referenzierenden Tupel auf den neuen X–Wert abgeändert.
- **delete**: Wird ein Tupel aus R entfernt oder in seinem X–Wert geändert, das von Tupeln aus S unter Y referenziert wird, werden diese S–Tupel gelöscht.
- **no action**: Das Datenbanksystem verhindert, daß ein Tupel aus R entfernt oder in seinem X–Wert geändert wird, wenn es von mindestens einem Tupel aus S unter Y referenziert wird.[3]

Da Handlungsbedarf im Zusammenhang mit referentieller Konsistenz nur für **update**– und **delete**–Anweisungen besteht, können solche Aktionen in SQL nur für diese Befehle spezifiziert werden; dazu bedient man sich der Klauseln **on update** bzw. **on delete**.

Beispiel: Wir erweitern die referentielle Konsistenz für die Artikelnummern in den Lagereinheiten um zwei referentielle Aktionen:

```
create table Lagereinheit (
  ...
  ANr char(8) references ArtikelArt (ANr)
    on update cascade
    on delete set null,
  ...
);
```

Die gewählten Optionen erklären sich wie folgt. Ändert sich die Numerierung der Artikelarten, sollen die Lagereinheit–Tupel entsprechend angepaßt werden. Wird eine bestimmte Artikelart nicht weiter geführt und das entsprechende Tupel daher aus ArtikelArt entfernt, so kann man die mit Artikeln dieser Art gefüllten Lagereinheiten nicht einfach löschen. Stattdessen soll der $NULL$–Wert für die Artikelnummer in Lagereinheit ausdrücken, daß eine Artikelnummer für die in der Einheit verpackten Artikel unbekannt ist.

[3] Es wird also keineswegs „nichts getan", wie man angesichts der unglücklichen Benennung dieser Option vielleicht glauben mag.

22.5.4 Nullwerte

Nullwerte als mögliche Belegung eines Attributs können durch die Angabe von **not null** ausgeschlossen werden.

Die Angabe von **primary key** impliziert ab SQL–2 für die entsprechenden Attribute die Bedingung **not null** automatisch, so daß diese nicht extra angegeben werden muß. Bei einem **unique**–Attribut wird die *NULL*–Belegung maximal eines Tupels hingegen toleriert. Ist dies unerwünscht, sollte man darauf achten, neben der **unique**–Klausel stets **not null** zu spezifizieren.

Beispiel: In der Lagerverwaltungswelt sollen für alle Gegenstände stets sinnvolle Benennungen auftauchen. Demzufolge sind für alle ...Name–Attribute **not null**–Bedingungen zu formulieren. Für die Relation ArtikelArt ergibt sich dann beispielsweise:

```
create table ArtikelArt (
    ...
    AName char(25) not null,
    ...
);
```

22.5.5 Standardbelegung

Mittels der **default**–Klausel kann für ein Attribut eine initiale Wertebelegung festgelegt werden. Erste Beispiele für den sinnvollen Einsatz der Klausel hatten wir bereits bei der Definition von SQL–Domänen in Abschnitt 22.2.1 kennengelernt.

Beispiel: Wir erweitern die Deklaration der Benennungsattribute um den Zusatz, daß bei Abhandensein eines benutzerdefinierten Werts '–unbekannt–' als Default angenommen wird:

```
create table ArtikelArt (
    ...
    AName char(25) not null default '–unbekannt–',
    ...
);
```

Man beachte, daß sich die Klausel **not null** durch den Default keineswegs erübrigt. Würde sie fehlen, könnte der Nutzer durch Änderungen von ArtikelArt–Tupeln mittels **update** doch Nullwerte für AName erzwingen.

22.5.6 Wertebeschränkung

Mit Hilfe der **check**–Klausel können Einschränkungen der Werte von Attributen erfolgen. Dies ist die am vielseitigsten nutzbare Klausel zur Definition von Konsistenzbedingungen, denn hier sind recht allgemein formulierbare Vergleiche erlaubt.

Beispiel: Als erstes Beispiel ziehen wir die einfache Bedingung heran, daß Längen–, Breiten– und Höhenangaben in den Lagerverwaltungsrelationen immer größer als 0 spezifiziert sein müssen. Ferner dürfen Breitenangaben maximal so groß wie Längenangaben sein. Dann ergibt sich etwa für die Relation LagereinheitArt:

```
create table LagereinheitArt (
   ...
   Länge integer check (Länge > 0),
   Breite integer check (Breite > 0 and Breite <= Länge),
   Höhe integer check (Höhe > 0),
   ...
);
```

Die Vielseitigkeit der **check**–Klausel zeigt sich bei komplizierten Sachverhalten. Beispielsweise ist die Einbettung von einer oder mehreren SQL–Suchanweisun erlaubt Dies kann vorteilhaft genutzt werden, um Maximum–, Minimum–, Summen– oder Durchschnittsberechnungen anzustellen und Vergleiche von Spaltenwerten mit den Ergebnissen durchzuführen, oder um Beziehungen auszunutzen, die Tupel unterschiedlicher Relationen betreffen.

Beispiel: Wir demonstrieren die Einbettung von SQL–Anfragen anhand der Konsistenzbedingung, daß das Gewicht eines Lagerhilfsmittels dem Gesamtgewicht der auf ihm stehenden Lagereinheiten entsprechen muß. Diese Bedingung hatten wir im letzten Beispiel des Abschnitts 22.3.10 per Anfrage für das Lagerhilfsmittel mit der Nummer 'LH-001' überprüft. Die folgende Verankerung als Konsistenzbedingung im Schema automatisiert diese Überprüfung:

```
create table Lagerhilfsmittel (
   LhNr char(8) primary key,
   ...
   Gewicht GewichtsAngabe check (
      Gewicht =
         select sum(Le.Gewicht)
         from Lagereinheit Le
         where LhNr = Le.LhNr),
   ...
);
```

Weiteres Beispiel: Lagerhilfsmittel müssen in ihren Abmessungen stets so gestaltet sein, daß mindestens ein Lagerort sie speichern kann. Zur Überprüfung scheint sich eine Konsistenzbedingung in der Relation LagerhilfsmittelArt anzubieten:

```
create table LagerhilfsmittelArt (
```

```
    ...
    Länge integer check (
       Länge <= any (
          select Länge
          from Lagerort)),
    Breite integer check (
       Breite <= any (
          select Breite
          from Lagerort)),
    ...
);
```

Natürlich hätten die beiden Bedingungen auch unter Nutzung der Aggregatfunktion **max**() in der **select**–Klausel formuliert werden können. In jedem Fall weisen die Definitionen jedoch einen Fehler auf, da keinesfalls sichergestellt, daß die für die Lagerhilfsmittelart ermittelten passenden Lagerorte im Falle der Längen– und Breitenprüfung identisch sein müssen. Die **check**–Klausel darf also innerhalb dieser Tabellendefinition nicht an ein spezielles Attribut gebunden werden. SQL–2 gestattet daher auch eine Bindung an die Tabelle.

Beispiel: Um die Abmessungsbedingung in der ursprünglich gewünschten Weise sicherzustellen, wird folgende Konsistenzbedingung formuliert:

```
create table LagerhilfsmittelArt (
    ...
    Länge integer,
    Breite integer,
    ...
    check (
       exists (
          select *
          from Lagerort Lo
          where Länge <= Lo.Länge
          and Breite <= Lo.Breite)),
    ...
);
```

Ein letzte Möglichkeit zur Anordnung von Konsistenzbedingungen mit **check** besteht darin, sie völlig von einer konkreten Tabellendefinition zu lösen. Solche Bedingungen werden durch die Schlüsselworte **create assertion** eingeleitet, mit nachfolgender Benennung der Konsistenzbedingung und anschließender Formulierung der Konsistenzregel.

Beispiel: Die Numerierung der Artikelarten sieht drei Zahlenstellen vor. Wir müssen daher fordern, daß stets weniger als 1000 Artikelarten definiert sind. Dabei müssen zwei Relationen — ArtikelArt und DurchlaufendeArtikelArt — beachtet werden. Hier bietet sich eine alleinstehende Formulierung der Konsistenzbedingung als **assertion** an:

```
create assertion ZahlDerArtikelArten check (
```

```
(select count(*)
from ArtikelArt
+
select count(*)
from DurchlaufendeArtikelArt)
< 1000 );
```

Daß in den beiden Relationen keine gleichen Artikelnummern auftauchen, hatten wir ja bereits zuvor zugesichert.

22.6 Anbindung an Programmiersprachen

Nach dem bisher Gesagten ist SQL eine reine Datendefinitions- und -manipulationssprache. Anwendungsprogramme lassen sich alleine mit den kennengelernten Sprachkonstrukten nicht erstellen, ebensowenig wie das in Kapitel 4 für die relationale Algebra oder die beiden Kalküle galt. SQL–2 kommt dem Wunsch über zwei prinzipielle Möglichkeiten nach:

- Die direkte Einbettung von SQL–Anweisungen in ein Anwendungsprogramm
- und die Kapselung von SQL–Anweisungen in Prozeduren, die von Programmiersprachen aus aufgerufen werden können.

Wir werden im folgenden auf beide Ansätze kurz eingehen.

22.6.1 Eingebettetes SQL

Grundsätzliche Einbettungsphilosophie. Wird SQL in bestehende Programmiersprachen eingebettet, spricht man von diesen als *Wirtssprachen.* Im folgenden erläutern wir die grundsätzliche Vorgehensweise bei einer solchen Einbindung am Beispiel der Programmiersprache C. Diese haben wir zwar in diesem Buch bislang nicht eingeführt — es handelt sich um eine imperative Programmiersprache ohne eingebaute Persistenz und damit um eine für die Absicht dieses Buches eher weniger interessante Sprache —, wir werden jedoch keine übermäßig komplizierten C–Konstrukte verwenden.

Grundlegende Philosophie bei der Einbettung von SQL in Programmiersprachen ist immer der *Präprozessoransatz.* Dieser sieht vor, daß den SQL–Anweisungen in einem Anwendungsprogramm stets bestimmte Schlüsselworte vorausgehen, und daß keine Programmzeilen existieren, in denen Wirtsprogramm und SQL–Anweisung gemischt auftreten. Für C lauten diese Schlüsselworte **exec sql**. Dahinter steht die Idee, ein durch SQL–Anweisungen erweitertes Anwendungsprogramm zunächst von einem Präprozessor verarbeiten zu lassen, der im wesentlichen nur die Programmzeilen beachten muß, die mit **exec sql** beginnen. Dieser Präprozessor ersetzt diese Zeilen durch C–Deklarationen und C–Prozeduraufrufe einer Laufzeitbibliothek, deren Funktionalität das Senden von SQL–Anweisungen an das relationale Datenbanksystem und die Verwaltung von Ergebnistabellen umfaßt. Das nach diesen Ersetzungen nur noch C–Code umfassende Programm kann anschließend in herkömmliche Weise von einem C–Übersetzer verarbeitet werden.

Diese Vorgehensweise hat den Vorteil, daß man sich das Schreiben eines eigenen C–Übersetzers erspart, der zusätzlich mit SQL umgehen kann. Als Nachteil bleibt festzuhalten, daß die Anbindung von SQL an C nicht so eng ist, als wenn man beispielsweise den Sprachumfang von C erweitert hätte.

Die meisten gängigen Programmiersprachen bieten keine oder nur wenig Unterstützung mengen– oder listenwertiger Typen. Es stellt sich die Frage, wie das Ergebnis einer **select**–Anweisung von einem Anwendungsprogramm verarbeitet werden kann. Hierzu existiert das Prinzip des *Cursors*. Ein Cursor wird immer bezogen auf eine bestimmte Relation definiert. Er zeigt zu jedem Zeitpunkt auf ein Tupel dieser Relation. Die Werte des so referenzierten aktuellen Tupels können ausgelesen bzw. verändert werden. Ein Cursor kann weiterhin um ein Tupel vor– bzw. zurückgesetzt werden. Die meisten Anwendungsprogramme nutzen diese Funktionalität in dem Sinne, daß jedes Tupel einer Ergebnisrelation erreicht wird, indem ein Cursor innerhalb einer Programmschleife benutzt wird.

Beispiel. Nachdem wir uns mit der prinzipiellen Vorgehensweise vertraut gemacht haben, wollen wir die verschiedenen Konstrukte anhand eines einfachen Anwendungsprogramms kennenlernen.

```
void main() {
  exec sql begin declare section;
    int artikelZahl;
    char[9] anr;
    char[26] aname;
    float gewicht;
  exec sql end declare section;

  exec sql declare ZählCursor cursor for
    select count(*)
    from ArtikelArt
    for read only;

  exec sql declare ArtikelCursor cursor for
    select ANr, Gewicht
    from ArtikelArt
    where AName = :aname
    for update of Gewicht;

  exec sql open ZählCursor;
  exec sql fetch ZählCursor into :artikelZahl;
```

```
    exec sql close ZählCursor;

    printf("ArtikelArt enthält %d Tupel.\n", artikelZahl);

    printf("Suche nach Artikeln mit Name = ");
    scanf("%s", aname);
    exec sql open ArtikelCursor;
    exec sql whenever not found goto CursorSchließen;

    while (1) {
      exec sql fetch next from ArtikelCursor into :anr, :gewicht;
      printf("Artikelnr: %s\n", anr);
      printf("Gewicht: %f\n", gewicht);

      printf("Neues Gewicht = ");
      scanf("%f", &gewicht);
      exec sql update ArtikelArt
        set Gewicht = :gewicht
        where current of ArtikelCursor;
    }

    CursorSchließen:
    exec sql close ArtikelCursor;

    return;
  }
```

Alle Programmvariablen, die im Zusammenhang mit SQL–Anweisungen verwendet werden, müssen vor ihrer Benutzung innerhalb spezieller **declare section**–Blöcke deklariert werden. Nur dann kann der Präprozessor die Deklaration dieser Variablen überprüfen. In unserem Beispiel werden die Variablen artikelZahl und anr als Ausgabevariablen für SQL–Spaltenwerte verwendet, aname als Eingabevariable, und gewicht dient sowohl als Eingabe- als auch als Ausgabevariable. Zu beachten ist, daß es sich um echte Variablen der Wirtssprache handelt; demgemäß sind auch die Datentypen dieser Variablen aus dem Typvorrat der Wirtssprache zu wählen. Für jede Programmiersprache existiert ein Regelwerk, das Auskunft über die Kompatibilität von SQL–Domänen und Datentypen der Wirtssprache gibt.

In einem zweiten Schritt erfolgt die Definition von zwei Cursorn. Hierbei werden neben einer Cursorbenennung eine SQL–Anfrage sowie der Benutzungsmodus — lesend oder (lesend und) schreibend — festgelegt. Dabei können zur Übersetzungszeit noch nicht bekannte Werte in Form von Parametern spezifiziert werden. Bei den Parametern handelt es sich um Variablen, die im **declare section**–Block vereinbart worden waren, wobei ihnen im Zusammenhang mit SQL–Anweisungen — und *nur* dort — aus syntaktischen Gründen ein Doppelpunkt vorangeht. ZählCursor wird als Cursor über einer Relation definiert, der die Zahl der Tupel in ArtikelArt liefert. Der Cursor ArtikelCursor soll eine Relation überstreichen und aus ihr die Nummern und Gewichte der Artikelarten mit einem bestimmten Namen beschaffen.

Als nächstes wird die Benutzung eines Cursors im Lesemodus demonstriert. Zum Öffnen des Cursors dient **open**; dies ist auch der Moment, in dem die an den Cursor gebundene Anfrage ausgewertet wird. Die Ergebnisrelation umfaßt im Falle des ZählCursor nur ein Tupel; dessen Spaltenwerte (hier: nur ein Wert) können mittels **fetch** in Programmvariablen übertragen werden. Anschließend wird der Cursor geschlossen (**close**). Fehlt eine solche Anweisung, wird der Cursor bei Programmende implizit geschlossen. Da die interne Verwaltung offener Cursor jedoch Systemressourcen — z.B. Hauptspeicher — benötigt, ist das explizite Schließen empfehlenswert. Die mit dem ZählCursor verbundene Programmphase endet mit der Ausgabe der Zahl von Artikelarten, die nun in der Variablen artikelZahl gespeichert ist.

Der zweite Teil des Programms ist ein wenig komplizierter. Die Funktionalität dieses Programmteils ist es, alle Artikelarten mit einem bestimmten Namen zu durchlaufen und die Veränderung von deren Gewichtsangaben zu veranlassen. Name und neue Gewichtsangaben der gesuchten Artikelarten sind benutzerspezifisch und sollen zur Laufzeit erfragt werden.

Zunächst wird der Variablen aname ein benutzerdefinierter Wert für die Artikelbenennung zugewiesen. Damit ist die an ArtikelCursor gebundene Anfrage vollständig; der Cursor kann daher geöffnet werden. Das folgende Programmstück besteht im wesentlichen aus einer Endlosschleife, gebildet durch die Konstruktion **while** (1) { ... }), in der der Cursor jeweils um ein Tupel der Ergebnisrelation vorwärtsbewegt wird und die gewünschten Tupelwerte in den aufgeführten Programmvariablen ablegt. Wird hierbei der Bereich der Ergebnisrelation verlassen, zeigt die Ausnahmebedingung **whenever not found** Wirkung, mit der das Programm angewiesen wird, im Fehlerfall die Ausführung hinter dem Label CursorSchließen fortzusetzen.

Innerhalb der Programmschleife werden Nummer und Gewicht jeder Artikelart ausgegeben und anschließend das neue Gewicht erfragt. Mittels der **update**–Anweisung wird schließlich der Gewicht–Wert desjenigen Tupels abgeändert, das von ArtikelCursor gerade referenziert wird (Klausel **where current of**).

Fortgeschrittene Möglichkeiten. Die im vorigen Abschnitt beispielhaft vorgestellten Konstrukte bilden eine Minimalmenge, mit deren Hilfe Anwendungsprogramme erstellt werden können. SQL–2 bietet im Zusammenhang mit der Einbettung in Programmiersprachen eine Reihe von weiteren Möglichkeiten, die die Mächtigkeit des Ansatzes erweitern oder die Benutzung vereinfachen. Die wichtigsten Charakteristika hierbei sind:

– Das im Beispiel gezeigte sogenannte positionierte Update kann auch zum Löschen von Tupeln eingesetzt werden. Abgesehen davon gibt es auch die von Cursordefinitionen unabhängige Möglichkeit, Änderungen oder Löschungen direkt durch SQL–Anweisungen mittels **exec sql update**...

bzw. **exec sql delete**... in der deskriptiven Form gemäß der Abschnitte 22.4.2 und 22.4.3 zu spezifizieren.

- Cursor können in einer Weise spezifiziert werden (Schlüsselwort **scroll**), daß nicht nur das Vorwärtsgehen mittels **next** möglich ist, sondern auch das Rückwärtsgehen, das Positionieren auf das erste oder letzte Tupel einer Relation, oder das Positionieren auf ein bestimmtes Tupel.
- In manchen Anwendungen ist die Definition von Cursorn in der gezeigten Art und Weise nicht flexibel genug. Der Präprozessor–Ansatz verlangt nämlich, daß die Struktur der Anfragen bereits bei der Programmerstellung festgelegt wird, da sich nur dann Aussagen über die Strukturierung der Ergebnisse machen lassen. Das verbietet, daß interessierende Relationen erst zur Laufzeit benannt werden, etwa wenn ein Cursor definiert werden soll, der einen Join zweier Relationen ausführt, deren Namen der Benutzer erst zur Laufzeit bekanntgibt. Auf der anderen Seite benötigt jeder Datenbankbrowser, der interaktiv eingegebene SQL–Anweisungen ausführt und das Ergebnis auf dem Bildschirm präsentiert, das Leistungsmerkmal dynamisch konstruierter SQL–Anfragen. Ab SQL–2 können solche Anfragen dann doch unter Zuhilfenahme spezieller Konstrukte in standardisierter Weise erstellt und abgearbeitet werden.

22.6.2 SQL–Prozeduren

SQL–Prozeduren bieten dem Anwender die Möglichkeit, parametrisierte SQL–Anweisungen hinter kurzen Benennungen zu verbergen. Die SQL–Deklaration solcher Prozeduren erinnert dabei an herkömmliche Programmiersprachen. In einem Anwendungsprogramm werden solche Prozeduren sichtbar gemacht, indem sie als extern deklariert werden. Sie können dann wie in der Programmsprache definierte Prozeduren aufgerufen werden. Die Verbindung wird durch den Binder erreicht.

Wir erläutern die Vorgehensweise am Beispiel zweier einfacher Prozeduren. Die erste ermittelt den Namen einer Artikelart, deren Nummer als Eingabeparameter zur Verfügung steht. Die zweite Prozedur ändert den Namen einer durch die Artikelnummer spezifizierten Artikelart.

```
procedure ErmittleArtikelName(:anr char(8), :aname char(25))
  select AName
  into :aname
  from ArtikelArt
  where ANr = :anr;

procedure ÄndereArtikelName(:anr char(8), :neuerAName char(25))
  updateArtikelArt
  set AName = :neuerAName
  where ANr = :anr;
```

Prozeduren werden stets durch das Schlüsselwort **procedure** eingeleitet, gefolgt von einer Benennung und eventuellen Parametern. Parameter werden durch die Vergabe eines Variablennamens (mit dem bereits bekanntem Doppelpunkt–Präfix) und einer Domänenangabe charakterisiert. Die Variablen dienen zur Überführung von Argumenten an die Prozedur bzw. zur Übergabe von Ergebnissen an den Aufrufer. Da sprachlich nicht kenntlich gemacht ist, welches die Eingabe– und welches die Ausgabeparameter sind, muß der Anwender Zusatzwissen über die richtige Benutzung der Prozedur besitzen. So sind anr in beiden Prozeduren und neuerAName in ÄndereArtikelName Eingabeparameter; aname in ErmittleArtikelName ist hingegen Ausgabevariable.

Der Rumpf einer Prozedur enthält schließlich mehr oder weniger komplizierte SQL–Anweisungen. Um Werte aus SQL–Ergebnisrelationen an solche Variablen zuweisen zu können, wird die **select**–Anweisung um die **into**–Klausel erweitert. Man beachte, daß diese Übergabe nur in den Fällen funktioniert, in denen die Ergebnisrelation (genau) ein Tupel enthält. Die Übergabe von ganzen Tupeln oder gar Mengen von Tupeln an oder aus einer Prozedur ist nicht vorgesehen. Daraus ist leicht folgerbar, daß sich der SQL–Prozeduransatz in seiner Einsetzbarkeit keinesfalls dem Präprozessoransatz gleichsetzen läßt. Viele Hersteller relationaler Datenbanksysteme haben den Ansatz daher mit Erweiterungen versehen, die dann untereinander zumeist auch nicht kompatibel sind. Wir werden allerdings in Kapitel 23 sehen, daß im Zuge der Weiterentwicklung von SQL der Prozeduransatz durch eine standardisierte Erweiterung um programmiersprachliche Konstrukte gegenwärtig eine Neubewertung erfährt.

22.7 Persistenz

In SQL gilt die Regel, daß jede mittels **create table** erstellte Tabelle ohne weiteres Zutun persistent ist. Alle Einfügungen, Änderungen oder Löschungen aus solchen Tabellen haben ebenfalls dauerhafte, gegebenenfalls die Lebenszeit des diese Befehle ausführenden Programms überdauernde Wirkung.[4]

Dieser Automatismus ist von Vorteil, weil er den Anwender von Handlungen befreit, Relationen oder die Effekte von SQL–Anweisungen explizit als dauerhaft zu spezifizieren. Er mag sich aber auch nachteilig auswirken. Beispielsweise hat eine Vielzahl von Anwendungsprogrammen Informationen in Form von Zwischenergebnissen zu berechnen und zu verarbeiten, die wie permanente Daten als Tabellen strukturiert sind, jedoch im Unterschied zu diesen nur kurze Zeit benötigt und dann wieder verworfen werden. Die häufige Tabellenstrukturierung dieser nur zeitweilig interessanten Daten ergibt sich aus der Tatsache, daß diese zumeist durch Anfragen über den persistenten

[4] Den diesen Grundsatz relativierenden Begriff der Transaktion und die damit verbundenen Eigenschaften und Probleme erläutern wir erst in Kapitel 28.

Relationen ermittelt werden. Hier würde sich die Einführung von Relationen anbieten, die eine benutzerdefinierte eingeschränkte Lebenszeit besitzen.

Dieser Anforderung trägt SQL-2 durch *temporäre Tabellen* Rechnung, die durch Angabe des Schlüsselworts **temporary** bei Ausführung von **create table** erzeugt werden können. Dieser Ansatz stellt gerade die Umkehrung der Idee aus Abschnitt 8.8 dar, in der für objektorientierte Datenmodelle vorgeschlagen wird, die persistenten (und nicht die temporären) Objekttypen und Objekte explizit zu benennen.

Wir befassen uns kurz mit den speziellen Eigenheiten temporärer Relationen. Dabei sind zwei Fälle zu unterscheiden, nämlich als **global** und als **local** definierte temporäre Relationen:

- Globale temporäre Relationen existieren in einer Kopie pro Anwendungssitzung. Hintereinander ausgeführte Prozeduren innerhalb dieser Anwendungssitzung greifen alle auf die gleiche temporäre Relation zu. Die temporäre Relation ist zu Beginn der Anwendungssitzung leer und wird abschließend auch wieder geleert.
- Lokale temporäre Relationen existieren hingegen sogar in einer Kopie pro Modul oder eingebettetem Programm pro Anwendungssitzung. Im Unterschied zu globalen temporären Relationen gibt es also keine Möglichkeit, die Inhalte der Tabelle innerhalb der Anwendungssitzung mehreren Anwendungsprogrammen zugänglich zu machen.

22.8 Bewertung

SQL ist eine mächtige Sprache, die einen Großteil der in Kapitel 2 aufgezählten Eigenschaften in sich vereinigt. Dazu gehörten sprachliche Konstrukte zur Schemadefinition und Datenmanipulation, zur Definition von Konsistenzbedingungen und zur Einbettung von SQL-Anweisungen in existierende Programmiersprachen. Bezüglich Schemadefinition und Datenmanipulation haben wir uns in diesem Kapitel auf die Vorstellung der Eigenschaften beschränkt, die in Kapitel 4 angesprochen wurden. Wie wir noch sehen werden, bietet SQL auch Möglichkeiten zur Verwaltung von Sichten (Kapitel 27), erlaubt das gleichzeitige Arbeiten mehrerer Benutzer durch die Definition des Beginns und Abschlusses sogenannter Transaktionen im Hinblick auf eine konsistente Sicht jedes einzelnen Nutzers (Kapitel 28), und stellt über Schutzmechanismen sicher, daß nicht jeder Benutzer alle Relationen sehen oder bearbeiten kann (Kapitel 32).

Trotz der Vielfalt der angebotenen Operationen machen sich gelegentlich Mängel des Standards in seiner augenblicklichen Form bemerkbar. Einige der wichtigsten greifen wir im folgenden heraus:

- Eine Vielzahl von Details — genannt seien beispielhaft die internen Stelligkeiten und Genauigkeiten von Zahlen — ist der konkreten SQL-Implementierung überlassen. Dies kann bei der Portierung von Datenbasen oder beim gleichzeitigen Betrieb teilweise redundanter Datenbasen unterschiedlicher Hersteller zu Problemen führen.
- Die Formulierung rekursiver Anfragen ist in SQL ebensowenig wie mit relationenalgebraischen Mitteln oder den Konstrukten der beiden Kalküle möglich. Ein Beispiel für eine solche Anfrage hatten wir bereits in Abschnitt 4.8.2 vorgestellt. Dort hatten wir auch bereits festgehalten, daß Anfragen dieser Art in einer ganzen Reihe von Anwendungen sinnvoll sein können. Systemanbieter lösen das Problem derzeit auf jeweils eigene, nichtstandardisierte Weise. Um Inkompatibilitäten engegenzuwirken, wird SQL-3 ein Konstrukt erhalten, mit dem rekursive Anfragen konstruierbar sind.
- Die gewachsene Entwicklung der Sprache bedingt mangelnde Konsistenz oder Orthogonalität der Konstrukte. Beispiele sind die Beseitigung von Duplikaten durch **union**, während Duplikate in SQL üblicherweise nicht entfernt werden, oder die Möglichkeit, die meisten Anfragen in mehreren gleichartigen, syntaktisch aber ganz unterschiedlichen Formen zu konstruieren, was sich beim Erlernen von SQL eher ungünstig bemerkbar macht. Nebenbei ist die Sprache inzwischen von einem erheblichen Umfang, mit offensichtlichen Auswirkungen auf die Einarbeitungszeit.

Abschließend sei bemerkt, daß SQL in den meisten heutigen kommerziellen Implementierungen noch nicht dem neuesten verabschiedeten Standard — also SQL-2 — gehorcht. Allgemein wird aber erwartet, daß die Hersteller in den nächsten Jahren konforme Implementierungen herausbringen.

22.9 Literatur

Die Originalreferenz für den SQL-2-Standard ist das Normungswerk [ISO92]. In lehrbuchhafter Form wird SQL in [MS93], [DD93] und [Lan93] ausführlich behandelt. Weitere empfehlenswerte SQL-Einführungen finden sich in [Dat92] und [KS91]. Kritikpunkte am Standard finden sich in verschiedenen Papieren, etwa [Cod88].

23. Erweiterte relationale Sprachen

Bei aller Mächtigkeit von SQL–2 werden natürlich die Einwände aus Kapitel 4 nicht gegenstandslos. Es gibt also genügend Gründe, zu einem anderen Datenmodell zu wechseln. Nun stehen hinter Datenmodellen ja aber auch kommerzielle Produkte und damit Märkte, so daß die diversen Datenmodelle eben auch in einem wirtschaftlichen Wettbewerb miteinander liegen. Dies gilt vor allem für das relationale und das objektorientierte Datenmodell. Demgegenüber befassen sich NF^2–Modell und deduktives Modell mit sehr speziellen Aspekten, die weniger eine Eigenständigkeit von Produkten als eine Ergänzung anderer Modelle nahelegen.

Marktdominierend und Standards setzend ist das relationale Modell. Es überrascht daher nicht, wenn sich die Anbieter relationaler Systeme darum bemühen, die modernen Trends aus anderen Datenmodellen in ihre Richtung zu lenken, indem sie die Funktionalität von SQL um Elemente aus anderen Modellen — vorzugsweise dem objektorientierten Modell und dem NF^2–Modell — passend zu erweitern versuchen. Es fehlt nicht an Versuchen von Anbietern und an Forschungsprototypen mit derartigen Erweiterungen. Um hier eine gewisse Ordnung und eine Verträglichkeit zwischen Systemen zu schaffen, befaßt sich inzwischen ein Normungsgremium mit einem SQL–3–Standard. Mit ihm wollen wir uns kurz befassen. Da er sich allerdings noch in einem sehr frühen Stadium befindet, lassen sich nur Stoßrichtungen verläßlich ausmachen.

Zu diesen Richtungen gehören neben der Unterstützung von NF^2–Relationen eine Vielzahl von Konzepten, wie sie uns aus Kapitel 8 wohlbekannt sind. Hierzu zählen benutzerdefinierte Datentypen, komplexe (d.h. mengen– oder listenwertige) Attribute, typgebundene benutzerdefinierte Operationen, Vererbung, Polymorphie, etc. Eine zusätzliche Anforderung besteht darin, die Rückwärtskompatibilität zu SQL–2 sicherzustellen, also etwa das Konzept der Relationen (SQL–Tabellen) beizubehalten. Im Zuge dieser Pläne ist erhebliche Arbeit zu leisten, wenn man beispielsweise bedenkt, daß zur Definition benutzerspezifischer typgebundener Operationen eine prozedurale (Teil–)Sprache mit Turing–Mächtigkeit vorgesehen werden muß, SQL–2 solche Sprachkonstrukte aber aufgrund seiner spezifisch deklarativen Philosophie und der selbst auferlegten Beschränkung auf eine Datendefinitions– und –manipulationssprache nicht besitzt.

Eine vollständige Darstellung von SQL–3 ist angesichts des aktuellen Normungsgeschehens nicht möglich. Die folgenden Abschnitte begnügen sich stattdessen mit einigen wichtigen Merkmalen, die vorwiegend anhand von Beispielen demonstriert werden.

23.1 Prozedurale Programmierung

SQL–3x löst sich im Hinblick auf die im Zusammenhang mit der Definition von Datentypen benutzerdefinierten Operationen von dem streng deskriptiven Ansatz, der in weiten Teilen von SQL–2 noch galt. Die Erweiterungen zeigen sich vor allem in bezug auf die Definition von SQL–Prozeduren, die wir in Abschnitt 22.6.2 eingeführt hatten. Diese erlangen durch Hinzunahme von (lokalen) Variablendeklarationen (**declare**), Blöcken (**begin** ... **end**), bedingten Anweisungen (**if**, **case**) und Schleifen (**while**, **loop**) die Mächtigkeit von Prozeduren, wie man sie in herkömmlichen prozeduralen Programmiersprachen erwartet. Neben der Prozedur wird das Konstrukt der Funktion (**function**) eingeführt, nach deren Aufruf der Anwender stets ein Funktionsergebnis erhält.

23.2 Benutzerdefinierte Datentypen

23.2.1 Typdefinitionsrahmen

Im Unterschied zu SQL–2 ist die Definierbarkeit benutzerspezifischer Datentypen nicht auf Domänen beschränkt. Vielmehr ist ein Datentyp im Sinne von Kapitel 8 aufzufassen; er umfaßt die Deklaration einer Strukturierung und die Deklaration und gegebenenfalls Definition von typspezifischen Operationen. Die Ausprägungen solcher SQL–Typen werden dann auch — wie allgemein üblich — als Objekte bezeichnet. Die Verbindung zum klassischen relationalen Modell wird dadurch hergestellt, daß jeder benutzerdefinierte Datentyp tupelwertig ist (und nicht, wie bei objektorientierten Modellen, auch listen– oder mengenwertig sein kann).

Ohne auf die genaue syntaktische Gestaltung des Typdefinitionsrahmens (vergleiche Abschnitt 8.3.3) in allen Einzelheiten besonderen Wert zu legen, studieren wir die Typdefinitionen von SQL–3 gleich am Beispiel. Hierzu ziehen wir die Welt der geometrischen Objekte heran, die sich bereits in Kapitel 8 als geeignetes Beispiel herausgestellt hat. Wir beginnen mit der Definition des Typs Punkt. Analog zur **create table**–Anweisung existiert ein **create**

type–Befehl, dem die Typbenennung und anschließend — in Klammern gesetzt — die Strukturdeklaration und Funktionsdefinitionen folgen:

```
create type Punkt (
  public X real,
  public Y real,
  public Z real,

  equals default,
  less than none,

  constructor function punkt(:x real, :y real, :z real) returns Punkt
    declare :neuerPunkt Punkt;
    begin
      :neuerPunkt.X := :x;
      :neuerPunkt.Y := :y;
      :neuerPunkt.Z := :z;
      return(:neuerPunkt);
    end
  end function

  public actor function addition(:p1 Punkt, :p2 Punkt) returns Punkt
    begin
      return(punkt(:p1.X + :p2.X, :p1.Y + :p2.Y, :p1.Z + :p2.Z));
    end
  end function

  public actor function translation(:p1 Punkt, :p2 Punkt) returns Punkt
    begin
      :p1.X := :p1.X + :p2.X;
      :p1.Y := :p1.Y + :p2.Y;
      :p1.Z := :p1.Z + :p2.Z;
      return(:p1);
    end
  end function

  public actor function distanz(:p1 Punkt, :p2 Punkt) returns real
    declare dx real;
    declare dy real;
    declare dz real;
    begin
      dx := :p1.X - :p2.X;
      dy := :p1.Y - :p2.Y;
      dz := :p1.Z - :p2.Z;
      return(sqrt(dx * dx + dy * dy + dz * dz));
    end
  end function

  public actor function nullDistanz(:p Punkt) returns real
    begin
      return(distanz(:p, punkt(0.0, 0.0, 0.0)));
    end
  end function
);
```

Im Beispiel enthält jedes Punkt–Objekt drei Attribute X, Y und Z. Diese sind als **public** deklariert und somit nach außen sichtbar. Dazu existieren implizit definierte Lese– und Schreibfunktionen.

Die **equals**–Klausel legt fest, daß die Gleichheitsoperation existiert und hierbei die Standarddefinition gewählt wird. Diese definiert Gleichheit als Gleichheit der Attributwerte des Tupels. Falls diese selber wieder von benutzerdefiniertem Typ sind, werden die dort definierten Gleichheitsoperationen rekursiv angewandt. Die nächste Klausel (**less than none**) legt fest, daß für Punkte keine linear abprüfbare Ordnung besteht.

Im zweiten Teil der Typdefinition werden Funktionen definiert. Neben den bereits bekannten Berechnungs– und Zugriffsfunktionen fällt vor allem die Funktion punkt() auf, deren Aufgabe die Erzeugung neuer Punkt–Objekte ist. Eine solche Konstruktorfunktion, die den gleichen Namen wie der Typ besitzt, wird als **constructor function** deklariert; alle anderen Funktionen hingegen als **actor function**. Zur letzteren Gruppe der Funktionen gehören addition(), translation(), distanz() und nullDistanz().

Alle genannten Funktionen sind außerhalb der Typdefinition sicht– und verwendbar. Für die mit **constructor**–Option deklarierten Funktionen gilt dies automatisch, alle anderen sind ausdrücklich als **public** zu deklarieren. Statt **public** wäre die Einschränkung des Gebrauchs von Funktionen auf Untertypen (**protected**) oder auf Aufrufe innerhalb des Typrahmens (**private**) möglich.

Die Implementierung der Funktionen selbst ist ohne Überraschungen. Im Vergleich mit Kapitel 8 fällt einzig auf, daß das Funktionskonzept in SQL–3 nicht nachrichtenorientiert ist. Es gibt also keinen Empfänger und mithin auch keinen zu deklarierenden Empfängertyp. Dieser muß vielmehr als einer der Parameter spezifiziert werden. Insofern besitzen die Funktionen gegenüber Abschnitt 8.3.3 jeweils ein Argument mehr.

23.2.2 Objektreferenzen und Identifikatoren

Wir wollen im folgenden den Typ Kante definieren. Jede Kante ist im wesentlichen über zwei Punkte definiert, so daß sich die folgende Definition anböte (ohne Operationen):

```
create type Kante (
   public P1 Punkt,
   public P2 Punkt,
   ...
);
```

Auf der Ausprägungsebene wird jedes Objekt des Typs Kante zwei Punkt-Objekte aggregieren. Dies entspricht der strukturellen Darstellung von Kanten gemäß Kapitel 5, in der wir jedoch bereits die Redundanz kritisiert haben, die mit dieser Repräsentation verbunden ist. Dies liegt bekanntermaßen daran, daß ein und derselbe Punkt bei der Darstellung eines Polyeders mehreren Kanten angehört und die Punktinformation daher repliziert werden muß. In objektorientierten Modellen sind wir diesem Problem entgangen, da Attribute mit Objektdomänen nicht Objekte selbst enthalten, sondern als Werte lediglich Referenzen auf solche Objekte besitzen.

In SQL–3 greift ein solcher Automatismus nicht; obige Darstellung aggregiert also in unerwünschter Weise jeweils zwei Punkt–Objekte fest und exklusiv an eine Kante, was in etwa dem Schachtelungsprinzip bei NF^2–Relationen aus Kapitel 5 entspricht. Wünscht man eine Belegung mit Objektreferenzen, so nutzt man, daß zu jedem (benutzerdefinierten) Typ die Konstruktion **ref**(t) existiert, die eine Referenz auf ein Objekt vom Typ t darstellt. Damit läßt sich nun die Kantenrepräsentation redundanzfrei gestalten:

```
create type Kante (
  public P1 ref(Punkt),
  public P2 ref(Punkt),
  ...
);
```

Bild 23.1 zeigt die beiden unterschiedlichen Darstellungsarten graphisch anhand zweier Kanten, die einen Punkt gemeinsam haben. Auf der linken Seite sind die Punkt–Objekte in die Kantenobjekte geschachtelt. Dies entspricht unserer ersten Definition des Typs Kante. Die in dieser Darstellung bestehende Redundanz wird in der alternativen Kante–Deklaration vermieden, deren Effekt auf die Ausprägungen sich auf der rechten Seite des Bildes findet.

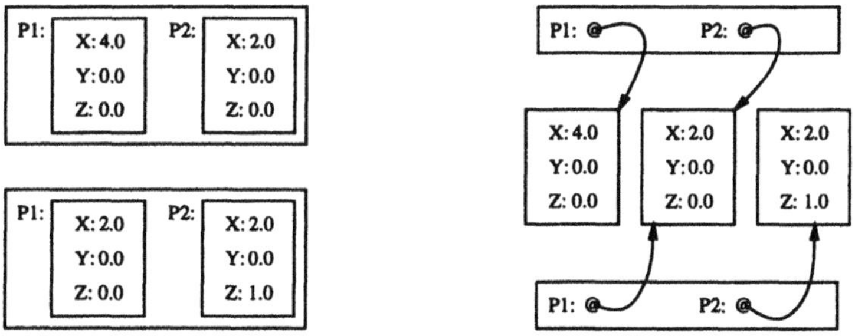

Bild 23.1. Objektdarstellung ohne und mit Referenzen

SQL–3 stellt sicher, daß von Benutzungsseite her keine Unterschiede zwischen echter Schachtelung und Referenzierung von Objekten zu sehen sind. Der Zugriff auf P1 und P2 würde in beiden Darstellungsarten Punkt–Objekte zum Ergebnis haben; es handelt sich also im Falle der Referenzen um *implizite*

Dereferenzierung. Dieses Prinzip funktioniert neben dem Lesen auch für das Ändern und Löschen von Objekten. Beim Einfügen muß jedoch ausdrücklich gesagt werden, welche Alternative man vorsieht. Die Vorgehensweise ist allerdings etwas umständlich. Ein neues Objekt bringt man (ausschließlich) isoliert oder im Zusammenhang mit einem ohne **ref** definierten Attribut ein. Existiert in unserem Beispiel ein gewünschter Punkt also noch nicht, so müßte dieser zunächst als Ausprägung des Typs Punkt oder im Zusammenhang mit einer gemäß der ersten Definition erzeugten Kante geschaffen werden. Existiert jedoch bereits der Punkt, so läßt sich die zweite Kante–Definition verwenden und der Identifikator des Punkts einem der Punkt–Attribute zuweisen.

Wir wollen uns im folgenden bei Typdefinitionen auf möglichst redundanzfreie Darstellungen beziehen. Für das Beispiel ziehen wir im weiteren also die zweite Kante–Definition heran. Es ist daher sicherzustellen, daß zumindest eine Typdefinition in der Datenbasis tatsächlich Punkt–Objekte und nicht nur Referenzen auf sie deklariert, damit die Koordinaten abgelegt werden können.

23.2.3 Mengen– und listenwertige Attribute

Innerhalb der Tupelkonstruktion eines Typs können Attribute mengen– oder listenwertig sein. Hierzu werden die Typkonstruktoren **set**, **multiset** und **list** zur Verfügung gestellt. Die ersten beiden dienen zur Mengenkonstruktion, wobei im Falle von **multiset** Vielfachmengen gemeint sind; **list** erzeugt Listen.

Eine Verwendung bietet sich beispielsweise bei der Definition der Typen Fläche und GeoKörper an:

```
create type Fläche (
  public Kanten set(ref(Kante)),
  ...
);

create type Vielflächner (
  public Flächen set(Fläche),
  ...
);
```

Wie bei der Definition von Punkt haben wir auch für Fläche eine redundanzfreie Darstellung unter Einbeziehung von Referenzen auf Kanten gewählt. Für Vielflächner ist Redundanzfreiheit auch ohne Verwendung von Referenzen gegeben, sofern wir diese — wie früher auch — als unabhängig manipulierbare Körper betrachten wollen.

23.2.4 Erzeugung von Relationen

Für die Erzeugung von Relationen in SQL–3 gibt es zwei Alternativen:

- Relationen können in der Art und Weise erzeugt werden, wie wir das von SQL–2 her bereits gewohnt sind. Dabei können Attribute sowohl mit Domänen als auch mit benutzerdefinierten Typen definiert werden.
- Eine weitere Möglichkeit besteht darin, eine Relation über einem bestehenden Typ zu definieren. Ist t dieser Typ, so kann man sich die resultierende Relation von der Strukturierung her als **set**(t) vorstellen.

Beide Alternativen kommen in der folgenden Definition von Tabellen für Punkte, Kanten, Flächen und geometrische Körper vor:

```
create table PunktTabelle
  of Punkt;

create table KantenTabelle
  of Kante;

create table GeoKörperTabelle (
  GeoName char(20),
  Flächen set(Fläche)
);
```

Nur die letzte Definition — die von GeoKörperTabelle — nutzt die erste Alternative, und zwar deshalb, weil sie auf einem Tupeltyp aufbaut und damit nicht unmittelbar auf den Mengentyp Vielflächner zurückgegriffen werden kann. Beachtenswert ist weiterhin, daß keine Tabelle über Flächen — etwa mit Namen FlächenTabelle — existiert. Dies liegt daran, daß in GeoKörperTabelle Flächen — und nicht nur Referenzen darauf — eingebunden werden.

23.3 Anfragen über der Datenbasis

23.3.1 Verwendung benutzerdefinierter Funktionen

Angesichts der Bedeutung von Funktionen vor allem im Zusammenhang mit benutzerdefinierten Datentypen gilt es zunächst zu klären, inwieweit Funktionen in SQL–Anfragen verwendet werden können. Hier gilt, daß diese an all den Stellen auftauchen dürfen, an denen bisher bereits SQL–Ausdrücke stehen konnten (Abschnitt 22.3.7).

Beispiel: Ein Beispiel für ihre mögliche Verwendung ist folgende Anfrage, die den Abstand aller gespeicherten Punkte voneinander berechnet, sofern dieser größer als 0 ist und keiner der beiden Punkte der Nullpunkt ist:

```
select distanz(P1, P2)
from PunktTabelle P1, PunktTabelle P2
where distanz(P1, P2) > 0.0
and nullDistanz(P1) <> 0.0
and nullDistanz(P2) <> 0.0;
```

23.3.2 Umgang mit mengen– und listenwertigen Attributen

Im Zuge der freien Verwendung von Typkonstruktoren, die zu Mengen und Listen führen, ist zu klären, inwieweit SQL–3 entsprechend strukturierte Tabellen in Anfragen bearbeiten bzw. als Ergebnis von Anfragen erzeugen kann. In SQL–3 ist (nach dem momentanen Normungsstand) allerdings weder eine Nest– noch eine Unnest–Operation explizit vorhanden.

Keiner dieser Operatoren braucht allerdings ins Spiel zu kommen, wenn man in der Projektionsklausel als Erweiterung gegenüber SQL–2 das Auftreten von SQL–Anweisungen gestattet, um Aggregierungen über die Tupel eines mengenwertigen Attributs vorzunehmen. Hierbei wird deutlich, daß ein mengenwertiges Attribut so etwas wie eine vorausberechnete Gruppierung darstellt.

Folgende Anfrage ermittelt in diesem Sinne beispielsweise die Namen der gespeicherten geometrischen Körper zusammen mit der jeweiligen Zahl ihrer Flächen:

```
select GeoName,
   select count(*)
   from Flächen
from GeoKörperTabelle;
```

Nach den derzeitigen Überlegungen läßt sich Schachteln und Entschachteln nur indirekt ausdrücken, indem geeignete anwenderdefinierte Funktionen bereitgestellt werden. Die relationenalgebraischen Operationen aus Abschnitt 5.3.1 sind also nicht ohne weiteres darstellbar.

Wir illustrieren die Verwendung anwenderdefinierter Funktionen mit der Anfrage nach jeder Fläche zusammen mit dem Namen des ihr zugehörigen geometrischen Körpers. Diese Anfrage entspräche einem einmaligen Unnest von GeoKörperTabelle bezüglich des Attributs GeoFläche (vergleiche Abschnitt 5.3.1). Im Gegensatz zur Vereinbarung in Abschnitt 23.2.4 muß nun die Tabelle GeoKörperTabelle über einem eigens einzuführenden Typ GeoKörper definiert werden. Diesem kann eine Funktion unnest() zugegeben werden, welche die eigentliche Entschachtelung durchführt. Weiterhin ist noch ein Typ NameUndFläche erforderlich, der die Strukturierung für die Tupel der Ergebnismenge der gerade erwähnten Unnest–Operation zur Verfügung stellt. Im einzelnen sind daher folgende Definitionen erforderlich:

```
create type GeoKörper (
```

```
    public GeoName char(20),
    public Flächen set(Fläche),

    public actor function unnest(:gk GeoKörper) returns ref(NameUndFläche)
      begin
        // Für jede Fläche in gk ein eigenes NameUndFläche-Objekt bilden
        // Diese Objekte in einer Menge sammeln und zurückgeben
      end
    end function
    ...
);

create table GeoKörperTabelle (
    of GeoKörper;

create type NameUndFläche (
    public GeoName char(20),
    public Fläche Fläche,
    ...
);
```

Es soll hier nicht stören, daß Attribut und Typ Fläche in NameUndFläche gleich benannt sind. SQL–3 läßt derartige Konstruktionen zu, weil aus dem Kontext stets entscheidbar ist, um was es sich handelt.

```
select unnest(GK)
from GeoKörperTabelle GK;
```

Diese einfache Notation verbirgt alle Details des Ablaufs. Der dahinterliegende Aufwand wurde dennoch vollständig auf den Anwender abgewälzt. Es bleibt zu hoffen, daß der SQL–3–Standard in diesem Bereich noch um einige nützliche Operationen — mindestens aber um Nest und Unnest — ergänzt wird.

23.4 Typhierarchie und Vererbung

SQL–3 erlaubt Typhierarchien und Einfachvererbung. Mittels der Klausel **under** definiert ein Typ einen Obertyp, von dem er in üblicher Weise Attribute und (als **public** und **protected** gekennzeichnete) Operationen erbt. Namenskonflikte können durch Umbenennung ausgeräumt werden.

Wir lehnen uns im folgenden an die Beispiele aus Abschnitt 8.4.2 an und definieren die Typen GeoKörper und Zylinder, wobei Zylinder Untertyp von GeoKörper sein soll:

```
create type GeoKörper (
    public Bezeichnung char(20),
```

```
    public Farbe char(20),
    public Material Material,

    equals default,
    less than none,

    public actor function dichte() returns real
      begin
        return(dichte(Material));
      end
    end function
);

create type Zylinder under GeoKörper (
    public Radius char(20),
    public Mittelpunkt1 Punkt,
    public Mittelpunkt2 Punkt,

    equals default,
    less than none,

    public actor function länge(:z Zylinder) returns real
      begin
        return(distanz(:z.Mittelpunkt1, :z.Mittelpunkt2));
      end
    end function

    public actor function volumen(:z Zylinder) returns real
      begin
        return(:z.Radius * :z.Radius * 3.14 * länge(:z));
      end
    end function

    public actor function masse(:z Zylinder) returns real
      begin
        return(volumen(:z) * dichte(:z));
      end
    end function

    public actor function translation(:z Zylinder, :p Punkt) returns Zylinder
      begin
        translation(:z.Mittelpunkt1, :p);
        translation(:z.Mittelpunkt2, :p);
        return(:z);
      end
    end function
);
```

Die Konstruktorfunktionen haben wir ausgelassen. Die Definition des Typs Material einschließlich der dafür definierten Funktion dichte() fehlt ebenfalls.

Für die Funktionen gilt das Substituierbarkeitsprinzip nach Abschnitt 8.4.5. Demnach kann die Funktion dichte alle geometrischen Körper als Argument verarbeiten, insbesondere auch Zylinder-Ausprägungen. Das Binden eventuell redefinierter Funktionen erfolgt dynamisch; somit wird sichergestellt, daß stets die speziellste zur Verfügung stehende Implementierung ausgewählt wird. Daß im Typ Zylinder eine Operation namens translation() definiert wird, die ja bereits für Punkte eingeführt wurde, zeugt schließlich davon, daß SQL-3 das Prinzip der Polymorphie unterstützt (Abschnitt 8.7).

Es ist nun noch zu klären, welche Auswirkungen die Einführung einer Typhierarchie auf die Erzeugung und Verwaltung von Relationen besitzt. Hierbei ist von Bedeutung, daß keine isa-Semantik unterstellt wird. Dies macht sich bemerkbar, wenn man mittels

```
create table GeoKörperTabelle
  of GeoKörper
```

eine Relation definiert, die man sich als Menge von Objekten vorzustellen hat, die genau die Attribute von GeoKörper besitzen. Falls man auch Zylinder speichern möchte, ist hierzu eine eigene Relation erforderlich, beispielsweise ZylinderTabelle:

```
create table ZylinderTabelle
  of Zylinder
```

Da wir Zylinder als Untertyp von GeoKörper definiert hatten, lassen sich auf die Tupel der Relation ZylinderTabelle neben den Funktionen in Zylinder auch die in GeoKörper anwenden.

Ein isa-Zusammenhang ist indes nicht vorhanden: Einfügen und Löschen in ZylinderTabelle hat keinerlei Auswirkungen auf die Tupel in GeoKörperTabelle. Soll Teilmengenbildung hergestellt werden, wird wieder das **under**-Konstrukt verwendet, dessen Semantik nun allerdings eine andere als im Falle von **create type** ist:[1]

```
create table ZylinderTabelle
  under GeoKörperTabelle
  of Zylinder
```

Die Deklaration führt zu einer Handhabung der Relationen gemäß Alternative 2 in Abschnitt 10.4.6: Wird ein Zylinderobjekt in ZylinderTabelle eingefügt bzw. daraus gelöscht, so wird auch ein um die entsprechenden Attribute verkleinertes Tupel in GeoKörperTabelle eingefügt oder gelöscht. Zusätzlich führt Löschen eines Tupels aus GeoKörperTabelle zum Löschen eines GeoKörperZyinder-Tupels, sofern es sich bei dem geometrischen Körper um

[1] Es sei daran erinnert, daß Abschnitt 8.4.6 verbietet, daß ZylinderTabelle Untertyp von GeoKörperTabelle ist, obwohl Zylinder Untertyp von GeoKörper ist (Verbot der Subtypisierung von Mengen). Insofern ist die Wahl des gleichen Schlüsselworts **under** für die unterschiedlichen Sachverhalte in SQL-3 unglücklich.

einen Zylinder handelt. Die Identifikation zusammengehöriger Tupel der verschiedenen Relationen erfolgt dabei über Identifikatoren, die dem Benutzer verborgen bleiben.

23.5 Weitere Eigenschaften von SQL–3

Neben der Einführung objektorientierter Konzepte und der damit verbundenen Ergänzung im Bereich der Anfragesprache wird SQL–3 um Funktionalität erweitert, die störende Einschränkungen beseitigt und die Benutzung vereinfacht. Dazu zählen die Einführung eines Operators, der die rekursiv vollständige Abarbeitung von Anfragen gestattet, oder neue Quantifizierungen, die den Existenzquantor ergänzen. Wir wollen uns an dieser Stelle auf die Erläuterung der sogenannten *recursive union* beschränken.

Dazu ziehen wir das Beispiel der Flüsse heran, die direkt oder indirekt in die Nordsee münden. Sei zunächst folgende Definition der Relation MündetIn gegeben:

```
create table MündetIn (
  primary key (Fluß, FlußOderMeer),
  Fluß char(25),
  FlußOderMeer char(25)
);
```

Dann kann man die gewünschte Anfrage wie folgt stellen:

```
select Fluß, FlußOderMeer
from MündetIn
where FlußOderMeer = 'Nordsee'
recursive union MündetIndirektIn(Fluß, FlußOderMeer)
select *
from MündetIn
where MündetIn.FlußOderMeer = MündetIndirektIn.Fluß;
```

Dem Konstrukt **recursive union** folgt die Beschreibung einer „ad–hoc“–Relation, die mit dem Ergebnis der dem Konstrukt vorausgehenden Anweisung initialisiert und dann gemäß der nachfolgenden **select**–Anweisung berechnet wird. Dies erfolgt in rekursiver Weise mit Fixpunktsemantik. Die Rekursion erfordert dazu die Nennung der so errechneten Relation (hier: MündetIndirektIn). Die in der **where**–Klausel vorhandene Bindung an die Relation MündetIn aus der ersten **select**–Anweisung stellt wegen deren Endlichkeit sicher, daß das Rekursionsverfahren nach endlich vielen Iterationsschritten abbricht. In SQL–3 kann man darüber hinaus spezifizieren, ob Tiefen– oder Breitensuche gewünscht wird. Ferner kann eine Maximalzahl von Iterationsschritten angegeben werden. Beide Möglichkeiten haben wir der Einfachheit des Beispiels halber nicht genutzt.

23.6 Literatur

Die aktuelle SQL–3–Arbeitsversion findet sich in [ISO93]. Pistor extrahiert in [Pis93] die wichtigsten Konzepte, auf die wir in diesem Kapitel auch eingegangen sind. Das theoretische Fundament für die Betrachtungen zum Schachteln von Relationen bildet die Literatur, die wir schon in Kapitel 5 erwähnten.

24. Netzwerksprachen

In Kapitel 6 haben wir die Grundzüge des Netzwerkmodells besprochen. Das vorliegende Kapitel befaßt sich mit der Umsetzung des Modells in sprachliche Mittel. Interessanterweise wurde — im Gegensatz zu den anderen Datenmodellen — die Entwicklung der Netzwerk–Datenbanksysteme schon von Anbeginn von Standardisierungsbemühungen begleitet, so daß die heute (noch) verfügbaren Produkte dem Nutzer ein recht einheitliches Erscheinungsbild bieten. Allerdings gipfelten all diese Bemühungen nie in der Verabschiedung eines verbindlichen internationalen Standards, und heute ist das Interesse daran angesichts der veralteten Technologie erloschen. Zudem sind die Sprachen wegen sehr vieler Details unhandlich und von der Notation her umständlich. Wir werden daher in diesem Kapitel zahlreiche Vereinfachungen vornehmen und uns auf wesentliche Sprachelemente beschränken.

24.1 Datendefinitionssprache

24.1.1 CODASYL–Vorschlag

Im Gegensatz zu den SQL–Festlegungen trennen die Netzwerksprachen fein säuberlich zwischen Datendefinition und Datenmanipulation. Der Grund folgt der Überlegung in Abschnitt 2.5, nach der ein Schema die gesamte Existenz der Datenbasis begleitet, so daß bei der Schemadefinition die potentiellen Nutzungen gar nicht alle vorausgesagt werden können. Zudem stammt das Netzwerkmodell aus einer Zeit, da die strikte Trennung von Daten und ihrer Verarbeitung als neueste Erkenntnis gefeiert wurde — immerhin hielt sich dieses Paradigma zwei Jahrzehnte bis zum Aufkommen der objektorientierten Modelle. Eine Folge dieser Trennung ist natürlich auch die Notwendigkeit, offen gegenüber den verschiedensten Sprachen zu sein, in denen die Verarbeitungsprogramme und damit auch die Manipulation der Daten formuliert werden würde. Daher wurde für die Datendefinitionssprache (DDL) eine eigenständige, von Programmiersprachen unabhängige Notation geschaffen.

Die DDL ist eine in einem Komitee geschaffene Sprache. Sie entstammt einer Arbeitsgruppe, dem Data Description Language Committee der CODASYL–

Vereinigung (The Conference on Data Systems Languages). Diese Vereinigung hat sich besondere Verdienste um die Standardisierung von COBOL erworben, und so dürfte die Ähnlichkeit der DDL mit dieser Programmiersprache kaum verblüffen. Die meisten verfügbaren Datenbanksysteme berufen sich auf das Journal of Development von 1973. Eine neue Version wurde 1978 veröffentlicht, die einige Vereinfachungen mit sich brachte und vor allem alle Elemente aus der DDL entfernte, die mit dem physischen Entwurf zu tun hatten. Wir werden uns deshalb in der folgenden Darstellung auf die Version von 1978 beziehen.

Der Beschreibung der Sprachelemente ist im übrigen ebenfalls anzumerken, daß die Arbeiten allesamt mehr als ein Jahrzehnt zurückliegen. Die CODASYL–Syntax liegt nämlich in den Dokumenten nicht in Backus–Naur–Form oder einer anderen modernen Sprachdarstellung vor, sondern in Form von Sprachklauseln. Wir wollen uns uns an diese Darstellung halten, um dem Leser das Lesen der Originalliteratur zu erleichtern.

Die Basis für diese Klauseln bilden fett gedruckte Schlüsselworte, wobei nur die unterstrichenen aufgeführt werden müssen; die anderen dienen lediglich der besseren Lesbarkeit. Weiterhin können die Klauseln Parameter enthalten, die dann kursiv gesetzt sind. Schließlich gelten mit gegebenen Sprachklauseln *a*, *b*, *c* folgende Gruppierungsregeln:

- [*a b c*] bedeutet das Auftreten von höchstens einer der Klauseln.
- {*a b c*} bedeutet das Auftreten von genau einer der Klauseln.
- ||*a b c*|| bedeutet das Auftreten von mindestens einer der Klauseln.
- [*a*]... bedeutet, daß *a* nicht auftreten muß und beliebig häufig wiederholt auftreten kann.
- {*a*}... bedeutet, daß *a* mindestens einmal auftreten muß und beliebig häufig wiederholt auftreten kann.

24.1.2 Sprachkonstrukte

Schema und Gebiete. Der grundlegende Aufbau eines Netzwerkschemas hat folgendes Aussehen.

Schema Entry
{ *Area Entry* }...
{ *Record Entry* }...
{ *Set Entry* }...

Schema Entry: Dieser Eintrag benennt im einfachsten Fall das Schema (und damit auch die Datenbasis):

schema name is *schema–name*

Weitere Klauseln erlauben eine Kontrolle der Änderungen am Schema durch Vergabe von Privilegien und durch Anstoßen von Prüfprozeduren.

Area Entry: Für jedes zu vereinbarende Gebiet muß ein solcher Eintrag aufgestellt werden. Ähnlich dem zuvor besprochenen Eintrag wird im einfachsten Fall das Gebiet benannt:

area name is *area-name*

Weitere Klauseln erlauben eine Kontrolle über das Öffnen — dies nach unterschiedlichen Gebrauchs- und Exklusivitätsmodi — und Schließen des Gebiets durch Vergabe von Privilegien und durch Anstoßen von Prüfprozeduren.

Record–Typen. Für jeden zu vereinbarenden Record–Typ wird ein derartiger Eintrag formuliert. Er besteht selbst wieder aus einem Haupteintrag, der Eigenschaften des Record–Typs als Ganzes erfaßt, und Nebeneinträgen — einem pro Attribut — zur Beschreibung der Record–Struktur. Dabei hat der Haupteintrag — abgesehen von Angaben zu Zugriffsprivilegien und Prüfprozeduren — folgendes Aussehen:

```
record name is record-name
        { { any area           }                           }
within  { { {area-name} ...    } [area-id is param-name]   }
        { area of owner of set-name                        }
[key key-name is { [ ascending  ] attribut-name } ...
                 { [ descending ]               }
      duplicates are { first          }
                     { last           }
                     { not allowed    }
                     { system-default }
      [frequency of || direct     || retrieval is high] ] ...
                    || sequential ||
```

Mit der **within**–Klausel wird festgelegt, in welches Gebiet neu erzeugte Ausprägungen des Record–Typs zu liegen kommen sollen. Ist die Angabe mehrdeutig — mit **any** kommen alle Gebiete in Frage, bei Angabe von mehr als einem *area–name* alle benannten Gebiete — so wird entweder nach einem systeminternen Verfahren oder bei Angabe von **area–id** durch Nutzervorgabe mittels einer mit *param–name* dem Datenbanksystem gegenüber benannten Programmvariablen das Gebiet bestimmt. Stattdessen kann auch als Member eines Set vom Typ *set–name* eine verschränkte Ablage im Gebiet des zugehörigen Owner–Record verlangt werden.

Eine **key**–Klausel erlaubt die Angabe eines möglicherweise aus mehreren Attributen zusammengesetzten Schlüssels. Wahlweise kann zudem den Ausprägungen dieses Record–Typs eine Sortierordnung nach steigenden oder fallenden Werten dieses Schlüssels aufgeprägt werden. Die Ordnung ist für jedes der Schlüsselattribute getrennt spezifizierbar und liefert dann Hauptordnung und Nebenordnungen. Mit **duplicates** wird festgelegt, ob der Schlüssel eindeutig ist oder nicht, im letzteren Fall besagt dann **first** bzw. **last**, daß das Einfügen vor dem ersten oder hinter dem letzten Record mit demselben Schlüssel erfolgen soll, während **system–default** dies offen läßt. Schließlich kann mit der **frequency**–Klausel im Vorgriff auf die spätere Nutzung angedeutet werden, ob ein Zugriff über diesen Schlüssel besonders häufig stattfindet und ob er überwiegend isoliert oder navigierend oder beides ist. Es sind mehrere **key**–Klauseln zulässig.

Dieser Haupteintrag macht bereits eine Eigenheit von Netzwerkschemata deutlich: Das Schema enthält neben rein strukturellen Elementen auch prozedurale Angaben, das sind solche, die die Ausführung der DML–Operatoren systemseitig steuern. Damit gehen Netzwerksprachen doch erheblich über die überwiegend strukturell orientierte Notation aus Kapitel 6 hinaus. Zudem ist die Information, die man sich auf der Ebene des logischen Modells erwartet, mit physischen Angaben vermischt.

Ähnliches gilt für einen Nebeneintrag. Die Angaben zu einem Attribut enthalten neben der Vereinbarung einer atomaren oder komplexen Domäne wiederum Steuerungsvorschriften sowie Angaben zu Zugriffsprivilegien und Prüfprozeduren. Wir bringen auch hier nur einen Auszug:

```
[ level-nummer ] attribut-name
  [         { fixed     }                           ]
  [ type is { float     } [ integer [, integer ]]   ]
  [         { character }                           ]
  [ occurs { integer        } times ]
  [        { attribut-name  }       ]
  [          || nonnull                                  || ]
  [ check is || procedure proc-name                      || ]
  [          || value [not] { wert [thru wert] } ...     || ]
  [ result of procedure proc-name on change to
     { { all data                        }                   }
     { { data { attribut-name } ...      } of this record    }
     {                                                       } ...
     { || all data ||                                        }
     { || tenancy  || of all members of set-name             }
  [ frequency of || retrieval || is high ]
                 || update    ||
```

Domänen können atomar oder komplex sein. Atomare Domänen werden über die **type**–Klausel eingeführt; wir wollen hier auf eine ausführliche Darstellung verzichten.

Komplexe Domänen lassen sich über eine Tupel– oder Mengenkonstruktion erzeugen. Mengenwertige Domänen aus atomaren Elementen erhält man, wenn der **type**–Klausel eine **occurs**–Klausel folgt: Sie gibt an, wieviele Werte sich in einer Record–Ausprägung unter dem beschriebenen Attribut befinden dürfen. Die *integer*-Angabe fixiert die Zahl der Werte, während sie sonst offen bleibt und dann zur Laufzeit für jeden Record dem Attribut *attributname* entnommen werden kann. Tupelwertige Domänen führt man ein, indem man zunächst die **type**-Klausel wegläßt und auf der nächsttieferen Ebene die (Unter-)Attribute aufzählt, wobei deren Domänen wieder in derselben Weise aufgebaut sind. Dazu müssen die Ebenen durch Stufennummern (*level-nummer*) gekennzeichnet werden. Mengenwertige Domänen aus Tupeln erhält man schließlich, indem man die Vorschrift über die tupelwertigen Domänen um die **occurs**-Klausel auf der oberen Ebene ergänzt.

Komplexe Domänen können beliebig verschachtelt aufgestellt werden. Daher dürfen alle Klauseln bis auf die **type**-Klausel unabhängig auf jeder Ebene erscheinen. Die **type**-Klausel selbst bestimmt dann die unterste Ebene.

Die **check**-Klausel schränkt die Domäne weiter ein, indem sie eine Prüfvorschrift erläßt, die in Aktion tritt, wann immer in der betreffenden Record-Ausprägung ein Wert unter dem spezifizierten Attribut hinzukommt oder verändert wird. Dabei beziehen sich **nonnull** und **value** auf atomare Werte, die entsprechende Prüfung ist also nur für atomare Domänen oder Mengen hiervon sinnvoll. Im Falle von **procedure** wird die benannte Prüfprozedur aufgerufen; sie kann sich selbstverständlich mit beliebigen Domänen auseinandersetzen.

Die **result**-Klausel befaßt sich ebenfalls mit einer Prüfvorschrift, bezieht diese aber jetzt auf die Wechselwirkung des Attributs und seines Werts mit anderen Werten der Record-Ausprägung. Die erste Option bewirkt einen Aufruf der angegebenen Prüfprozedur wann immer die Record-Ausprägung neu in die Datenbasis eingebracht wird, ein beliebiger Wert in ihr verändert wird (**all data**) oder Werte unter den aufgeführten Attributen neu eingebracht oder verändert werden (**data**). Die zweite Option setzt die Prüfprozedur in Gang, wenn die Record-Ausprägung als Owner einer Ausprägung vom angegebenen Set-Typ betroffen ist. Dabei bezieht sich **all data** auf jede beliebige Änderung in irgendeinem Member-Record, **tenancy** auf das Einfügen oder Entfernen eines Member-Record in bzw. aus der Set-Ausprägung.

Die **frequency**-Klausel gibt dem System Hinweise über die Häufigkeit der Verwendung des Attributs.

Set-Typen. Ähnlich wie für Record-Typen werden auch für jeden Set-Typ ein Haupteintrag formuliert, der Eigenschaften des Set-Typs als Ganzes erfaßt, sowie mehrere Nebeneinträge — einer pro Member-Record-Typ. Der CODASYL-Vorschlag erlaubt zwar mehrere Member-Record-Typen pro Set-Typ. Da wir allerdings in unseren bisherigen Beispielen nur von einem einzigen solchen Typ ausgegangen sind, haben wir in den bisher betrachteten Einträgen nur auf diese restriktive Situation abgehoben und werden dies auch in der Folge so beibehalten. Wir sehen also nur einen Nebeneintrag vor.

Der Haupteintrag hat — abgesehen von Angaben zu Zugriffsprivilegien und Prüfprozeduren — folgendes Aussehen:

```
set name is set-name
  owner is { record-name | system }
  insertion is { first
               | last
               | next
               | prior
               | system-default
               | sorted within record-type
                 [ duplicates are { first
                                  | last
                                  | system-default
                                  | not allowed } ] }
```

Die ersten beiden Klauseln sind selbsterklärend. Ansonsten fällt auch hier die prozedurale Orientierung auf. Während in Abschnitt 6.2.2 die Anordnung der Member–Records strukturell über eine **order**–Klausel erklärt war, geschieht dies hier prozedural unter Bezug auf die Einfügeoperationen: Die **insertion**–Klausel legt fest, an welcher Stelle der Set–Ausprägung ein neuer Member–Record Einzufügen ist oder wie bei Änderung von Werten in Member–Records die Reihenfolge in der Set–Ausprägung aufrechtzuhalten ist. Die ersten fünf Optionen regeln dabei die Reihenfolge nach dem Eingang der Member–Records: **first** und **last** setzen die Einfügeposition unmittelbar nach oder vor dem Owner–Record fest (man erinnere sich der ringförmigen Verkettung in Kapitel 6). **next** und **prior** bestimmen eine durch einen Currency–Indikator identifizierte Position in der Set–Ausprägung und fügen vor bzw. hinter dieser Position ein. **system–default** überläßt die Auswahl der Position dem System. Die **sorted**–Option erzwingt eine sortierte Anordung gemäß einem im Nebeneintrag angegebenen Sortierkriterium. Die Kontrolle von Ein– oder Mehrdeutigkeiten erfolgt im Grundsatz nach der für den Record–Entry beschriebenen Weise.

Wir schließen mit dem Nebeneintrag, den wir ebenfalls nur verkürzt (und ohne Zugriffsprivilegien) wiedergeben.

```
member is record-name
  insertion is { automatic | manual }
  retention is { fixed | mandatory | optional }
[duplicates are not allowed for {attribut-name}...]
[key is { ascending | descending } attribut-name
```

$$\left[, \left[\begin{array}{l}\underline{\textbf{ascending}}\\ \underline{\textbf{descending}}\end{array}\right] \textit{attribut-name}\right]\ldots$$

null is [not] allowed]

set selection is

$$\underline{\textbf{thru}}\ \textit{set-name}\ \textbf{owner identified by} \left\{\begin{array}{l}\underline{\textbf{system}}\\ \underline{\textbf{application}}\\ \underline{\textbf{key}}\ \textit{key-name}\end{array}\right\}$$

[then thru *set-name*
where owner identified by {*attribut-name*} ...] ...

Die **insertion/retention**–Klausel ist uns schon aus Kapitel 6 geläufig. Die **duplicates**–Klausel erlaubt es, mehrfaches Auftreten desselben Werts auch unter einem nicht als Schlüssel vereinbarten Attribut zu unterbinden. Falls für die Member–Records eine Sortierreihenfolge verlangt wurde, liefert die **key**–Klausel den möglicherweise zusammengesetzten Sortierschlüssel. Für Haupt– und Nebenordnungen gilt das für die Schlüssel im Record Entry Gesagte.

Wird ein Record des hier beschriebenen Member–Typs in die Datenbasis eingebracht und ist er als **automatic** Member gekennzeichnet, so muß die Ausprägung des hier vereinbarten Set–Typs bestimmt werden, in die er dann eingekettet werden soll. Unter anderem hierzu dient die **set selection**–Klausel.

Im einfachsten Fall ist der in der **set selection**–Klausel spezifizierte Set–Typ gleich dem vereinbarten Set–Typ. Dann gilt es nur, den Owner–Record der gewünschten Set–Ausprägung zu lokalisieren. Ist der Set–Typ singulär (**system**), so ist dies trivial. Ist **application** angegeben, so ist es Angelegenheit des Nutzers, den Current–Of–Set (*set-name*) korrekt zu setzen. Bei **key** dient der mit *key-name* bezeichnete Schlüssel aus dem Record Entry des Owner–Record–Typs zur Lokalisierung der Owner.

Andernfalls beschreiben die genannten Möglichkeiten einen Einstiegspunkt. In der so bestimmten Set–Ausprägung sucht man nun nach einem Member–Record, der selbst wieder Owner–Record ist und der unter der spezifizierten Attributfolge den identifizierenden Wert aufweist. Entweder hat man nun die gewünschte Set–Ausprägung erreicht, oder das Verfahren wiederholt sich in der zuletzt beschriebenen Weise. Damit wird auch deutlich, daß sich die **set selection**–Klausel als eine Spezifikation eines Algorithmus auffassen läßt.

24.1.3 Beispiel

Wir illustrieren die etwas unanschauliche Syntax an unserem Kartographie–Beispiel aus Abschnitt 18.3:

schema Kartographie–Schema

area Kartographie

record Staat

```
    within Kartographie
    key StaatSchlüssel ascending StaatName duplicates are not allowed
    01 StaatName type is character 25 check nonnull
    01 Begrenzung occurs Streckenzahl times
    02   x type is Float
    02   y type is float
    01 Streckenzahl type is decimal 3,0 check value 0 thru 1000

record Stadt
    within Kartographie
    key StadtSchlüssel ascending StadtName
    01 StadtName type is character 25 check nonnull
    01 Begrenzung
    02   Mittelpunkt
    03     x type is float
    03     y type is float
    02   Radius type is float check value 0.0 thru 100.0

record See
    within Kartographie
    key SeeSchlüssel ascending SeeName duplicates are not allowed
    01 StadtName type is character 25 check nonnull
    01 Begrenzung occurs Streckenzahl times
    02   x type is Float
    02   y type is float
    01 Streckenzahl type is decimal 3,0 check value 0 thru 1000

record Meer
    within Kartographie
    key MeerSchlüssel ascending MeerName duplicates are not allowed
    01 MeerName type is character 25 check nonnull
    01 Linienzug occurs Streckenzahl times
    02   x type is Float
    02   y type is float
    01 Streckenzahl type is decimal 3,0 check value 0 thru 1000

record Fluß
    within Kartographie
    key FlußSchlüssel ascending FlußName duplicates are not allowed
    01 FlußName type is character 25 check nonnull
    01 Linienzug occurs Streckenzahl times
    02   x type is Float
    02   y type is float
    01 Streckenzahl type is decimal 3,0 check value 0 thru 1000

set LiegtIn
    owner is Staat
        insertion is sorted within record type
            duplicates are not allowed
    member is Stadt
        insertion is automatic
        retention is mandatory
        key is ascending StadtName
```

```
    set selection is thru LiegtIn
      owner identified by key StaatSchlüssel

set LiegtAnMeer
  owner is Meer
    insertion is next
  member is Stadt
    insertion is automatic
    retention is fixed
    set selection is thru LiegtIn owner identified by key StaatSchlüssel
      then thru LiegtAnMeer where owner identified by StadtName

set MündetInMeer
  owner is Meer
    insertion is next
  member is Fluß
    insertion is automatic
    retention is fixed
    duplicates are not allowed for MeerName
    set selection is thru MündetInMeer
      owner identified by key MeerSchlüssel
```

24.2 Datenmanipulationssprache

24.2.1 Wirtssprachen

Wir haben in Kapitel 6 das Netzwerkmodell als einen der Vertreter der navigierenden (oder satzorientierten) Datenmodelle kennengelernt. Deren Kennzeichen ist es, daß sie den Umgang mit größeren Datenmengen nur prozedural beschreiben können, sich also im Gegensatz zu deskriptiven Sprachen wie SQL nicht nur um das „Was" der Weiterverarbeitung, sondern auch um das „Wie" zu kümmern haben. Dabei geht das Netzwerkmodell und insbesondere der CODASYL–Vorschlag den Weg der Einbettung in eine Wirtssprache. Angesichts der Langlebigkeit von Datenbasen überrascht dann auch nicht, wenn sich der Vorschlag nicht an eine einzige Wirtssprache binden will. Die Folge davon ist nicht nur eine neutrale DDL, sondern auch ein Satz von Empfehlungen zu den bereitzustellenden Operatoren für die Abfrage und Manipulation von Daten, der als neutrale, von spezifischen Programmiersprachen abstrahierende Spezifikation zu verstehen ist. Man kann die Einführung der Operatoren in Abschnitt 6.4 als eine solche Spezifikation ansehen.

Der Vorschlag erwartet, daß für unterschiedliche Programmiersprachen die Spezifikation in die jeweils gemäßen Sprachkonstrukte umgesetzt würde. Dies ist auch für einige Sprachen geschehen, jedoch hat nur eine Entwicklung unter ihnen Bedeutung erlangt und Eingang in Standardisierungsbemühungen gefunden. Dabei handelt es sich um eine Erweiterung von COBOL. Diese

Erweiterung werden wir daher im folgenden als Vertreter einer Netzwerk–DML betrachten. Dabei werden wir uns auf eine kurze Skizze der Syntax beschränken. Die Bedeutung der Sprachkonstrukte sollte weitgehend aus den Ausführungen in Abschnitt 6.4 hervorgehen, auch die Umsetzung der dortigen Beispiele sollte offensichtlich sein.

24.2.2 Ausführungsmodell

Für das Verständnis der Operationen im Netzwerkmodell kann sich der Nutzer des gedanklichen Ausführungsmodells aus Bild 24.1 bedienen. Das Anwendungsprogramm wickelt die gesamte Daten– und Parameterübergabe über einen Benutzerarbeitsbereich (User Work Area, UWA) ab. Dazu kommt noch ein hier nicht gezeigter Verständigungsbereich, in dem beispielsweise die Currency–Indikatoren geführt und Vollzugs– oder Fehlermeldungen abgelegt werden.

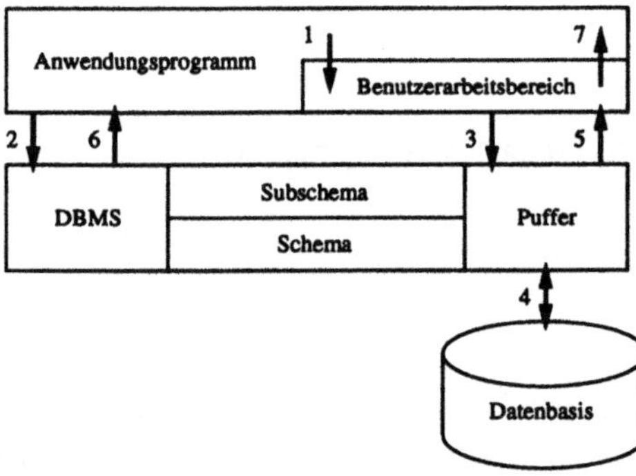

Bild 24.1. Das CODASYL–Ausführungsmodell

Den Arbeitsbereich hat man sich so vorzustellen, daß für jeden verwendeten Record–Typ eine typgleich aufgebaute Datenstruktur angelegt wird. Für den Record–Typ `Stadt` wäre dies also die in Abschnitt 24.1.3 aufgeführte Struktur. Zu jedem Zeitpunkt kann der Arbeitsbereich also höchstens eine Ausprägung dieses Typs aufnehmen. Jede Record–Komponente wird durch eine Variable angesprochen, die in ihrer Bezeichnung mit dem jeweiligen Attributbezeichner übereinstimmt. Im Beispiel wäre etwa `StadtName` eine solche Variable.

Der Arbeitsbereich übernimmt zwei Aufgaben. Zum einen wird dort ein abzulegender Record aufgebaut oder ein gelesener Record abgelegt. Zum zweiten erfolgt dort auch die Ablage von Aufrufparametern. Sucht man beispielsweise nach einem Record mit einem vorgegebenen Schlüssel, etwa einen `Stadt`–Record, so wird dieser Schlüsselwert vor dem Aufruf der Suchoperation der Variablen *attribut–name* (siehe Abschnitt 24.1.2), hier also `StadtName`, in dem dem Record–Typ entsprechenden Arbeitsbereich zugewiesen und anschließend die (parametrisierte) Suchoperation gestartet.

Die Daten der Datenbasis folgen dem mittels der oben beschriebenen DDL bestimmten Schema. Das Anwendungsprogramm kann jedoch die Daten in einer davon abweichenden, mittels eines Subschemas erfaßten Form sehen (mehr dazu in Abschnitt 27.3).

Der gedankliche Ablauf einer Operation sieht nun wie folgt aus:

1. Das Anwendungsprogramm initialisiert den strukturell bereits bestehenden Record im Arbeitsbereich durch Setzen der Aufrufparameterwerte.
2. Anschließend wird das Datenbanksystem mit der Operation aufgerufen.
3. Im Fall einer speichernden Operation transferiert das System dann den Record unter Anpassung vom Subschema zum Schema in einen Puffer, andernfalls liest es die Aufrufparameter.
4. Danach wird der Record vom Puffer in die Datenbasis geschrieben oder von dort in den Puffer geholt.
5. Im letzteren Fall wird der Record unter Anpassung vom Schema zum Subschema vom Puffer in den Arbeitsbereich übertragen.
6. In allen Fällen wird der Abschluß der Operation dem Anwendungsprogramm angezeigt.
7. Dieses kann dann im Falle des Lesens die Daten aus dem Arbeitsbereich entnehmen.

24.2.3 COBOL–Operatoren

Navigation. Die DML unterscheidet strikt zwischen dem Lokalisieren einer Record–Ausprägung in der Datenbasis (ausgedrückt durch den CRU) mittels Navigation und dem Manipulieren dieser Ausprägung. Der Navigation in der Datenbasis dient der **find**–Operator (Abschnitt 6.4.3). Er hat die Form

$$\underline{\textbf{find}}\ \textit{rse}\ [;\underline{\textbf{retaining}} \left\| \begin{array}{l} \underline{\textbf{realm}} \\ \left\{ \begin{array}{l} \underline{\textbf{sets}} \\ \{\textit{set-name}\}\ldots \end{array} \right\} \\ \underline{\textbf{record}} \end{array} \right\|$$

Gegenüber der Beschreibung der **retaining**–Option in Abschnitt 6.4.3 kann nur für alle Gebiete (hier mit **realm** bezeichnet) oder Record–Typen insgesamt die Fortschreibung der Currency–Indikatoren unterbunden werden. Bei den Set–Typen kann zwischen einer gleichartigen Regelung (**sets**) und einer auf angegebene Set–Typen beschränkten Regelung differenziert werden.

rse ist ein Auswahlausdruck (record selection expression). Eine seiner Formen ist die wertbasierte Suche, die gegenüber Abschnitt 6.4.3 eingeschränkter ist:

any *record-name*

lokalisiert eine Ausprägung des angegebenen Typs aufgrund seines im Record Entry angegebenen Schlüssels. Dazu muß der Suchwert zuvor dem Arbeitsbereich zugewiesen worden sein. Falls Mehrdeutigkeit zugelassen ist, wird die erste gemäß Ordnungsvorschrift vorgefundene Ausprägung identifiziert. Weitere findet man dann mit

duplicate *record-name*

Die Lokalisierung kann auf eine Set-Ausprägung beschränkt werden:

record-name **within** *set-name* [**current**] [**using** {*attribut-name*}...]

wählt einen Record aus einer Ausprägung des genannten Set-Typs. Ist **current** angegeben, so ist die Ausprägung durch C_S(*set-name*) bestimmt. Andernfalls greift die **set selection**-Klausel, wobei gegebenenfalls die von ihr benötigten Parameterwerte zuvor im Arbeitsbereich zu setzen sind. Fehlt die **using**-Option, so wird der erste Member-Record lokalisiert. Andernfalls richtet sich die Lokalisierung nach den Werten unter den angegebenen Arbeitsbereichsvariablen, deren Bezeichner mit dem Sortierschlüssel übereinstimmen können, aber nicht müssen. Falls es dabei zu Mehrdeutigkeiten kommt, lassen sich alle weiteren mit

duplicate **within** *set-name* **using** {*attribut-name*}...

schrittweise finden — übrigens ohne erneute Initialisierung der Variablenwerte im Arbeitsbereich.

Die sequentielle Navigation ist — im Gegensatz zu Abschnitt 6.4.3 — auf Gebiete und Sets beschränkt und wird ausgedrückt durch

$$\left\{\begin{array}{l}\underline{\textbf{next}}\\ \underline{\textbf{prior}}\\ \underline{\textbf{first}}\\ \underline{\textbf{last}}\end{array}\right\}\ \textit{record-name}\ \underline{\textbf{within}}\left\{\begin{array}{l}\textit{set-name}\\ \textit{realm-name}\end{array}\right\}$$

Bezugsposition ist der C_S(*set-name*) bzw. der C_A(*realm-name*). Lokalisiert wird der auf die Bezugsposition unmittelbar folgende oder der ihr unmittelbar vorangehende Record bzw. der erste oder letzte Record in der Folge. Die Reihenfolge bestimmt sich für eine Set-Ausprägung aus der **insertion**-Klausel im Haupteintrag ihres Typs, für ein Gebiet nach einem systeminternen Kriterium.

Der Owner-Record zu einer Set-Ausprägung C_S(*set-name*) wird mittels

owner **within** *set-name*

erreicht.

Navigation an eine frühere Stelle mit entsprechendem Setzen des CRU erfolgt durch

current *record-name* [**within** { *set-name* | *realm-name* }]

wobei bei Weglassen der **within**–Option der C_R gemeint ist, andernfalls der C_S oder C_A.

Retrieval und Update. Der Transfer des CRU oder aus ihm ausgewählter Attributwerte in den Arbeitsbereich geschieht mittels

get *record-name* [{*attribut-name*}...]

Alle anderen Operatoren kennen wir bereits aus Abschnitt 6.4.4 und 6.4.5. Wir geben hier ihre syntaktische Form wieder und erläutern sie nur, wo erforderlich.

Der Modify–Befehl und der Reconnect–Befehl werden hier zu einer einzigen Operation zusammengefaßt:

modify *record-name* [{*attribut-name*}...]
[**including** { **all** | {*set-name*}... } **membership**]

Fehlt die **including**–Option, so ist die Wirkung die des Modify–Befehls aus Abschnitt 6.4.4. Andernfalls tritt noch die Wirkung des Reconnect–Befehls hinzu. Die neuen Set–Ausprägungen werden durch die jeweiligen **set selection**–Klauseln bestimmt; man erinnere sich dazu, daß unter Umständen zuvor Werte im Arbeitsbereich zu initialisieren sind.

Löschen erfolgt gemäß

erase *record-name* [**permanent** | **all**]

Hierbei entspricht die **permanent**–Option der beschränkten Vorgehensweise aus Abschnitt 6.4.4 und **all** der dort unter **all** aufgeführten Verallgemeinerung. Wird keine der Optionen benannt, so darf der CRU auf keinen Owner–Record verweisen.

Ein neuer Satz wird hinzugefügt durch

store *record-name* [; **retaining** ‖ **realm** | { **sets** | {*set-name*}... } | **record** ‖

Dabei werden die Set–Ausprägungen, in die der Satz aufgrund der Klasse **automatic** einzubringen ist, durch die **set selection**–Klauseln der zugehörigen Typen bestimmt. Der einfachste, in Abschnitt 6.4.4 beschriebene Ablauf entspricht einer Identifikation durch **application**. Ansonsten muß gegebenenfalls der Arbeitsbereich geeignet initialisiert werden. Weiterhin greift für jede dieser Set–Ausprägungen deren **insertion**–Klausel im Haupteintrag der entsprechenden Set–Typ–Vereinbarungen.

Manuelles Einfügen des CRU in eine oder mehrere, jeweils durch ihren C_S gegebene Set–Ausprägungen geschieht durch

$$\underline{\text{connect}}\ \textit{record-name}\ \underline{\text{to}} \left\{ \begin{array}{l} \{\textit{set-name}\}\ldots \\ \underline{\text{all}} \end{array} \right\}$$

wobei mit **all** alle Set–Typen gemeint sind, in denen *record–name* Member–Record–Typ ist. Entsprechend erfolgt Ausfügen durch

$$\underline{\text{disconnect}}\ \textit{record-name}\ \underline{\text{from}} \left\{ \begin{array}{l} \{\textit{set-name}\}\ldots \\ \underline{\text{all}} \end{array} \right\}$$

Eröffnen und Schließen. Bevor auf Record–Ausprägungen zugegriffen werden kann, müssen ihre Gebiete geöffnet werden:

$$\underline{\text{ready}} \left[\left[\begin{array}{l} \textit{set-name} \\ \textit{realm-name} \end{array} \right] \ldots [\underline{\text{usage-mode}}\ \text{is} \left[\begin{array}{l} \underline{\text{exclusive}} \\ \underline{\text{protected}} \end{array} \right] \left\{ \begin{array}{l} \underline{\text{retrieval}} \\ \underline{\text{update}} \end{array} \right\}] \right] \ldots$$

Die beiden Modi **exclusive/protected** und **retrieval/update** haben etwas mit Transaktionen zu tun und werden deshalb erst in Abschnitt 28.4.2 besprochen. Es können mit einer Operation ein oder mehrere Gebiete nach denselben oder unterschiedlichen Modi eröffnet werden. Wird ein Set–Typ angegeben, so gilt die Operation für alle Gebiete, die Set–Ausprägungen dieses Typs aufgenommen haben. Schließen von Gebieten erfolgt in ähnlicher Weise:

$$\underline{\text{finish}} \left\{ \begin{array}{l} \textit{set-name} \\ \textit{realm-name} \end{array} \right\} \ldots$$

24.2.4 Beispiel

Wir veranschaulichen die verschiedenen Operatoren anhand des Schemas aus Abschnitt 24.1.3 und einer Fragestellung, die wir schon in Abschnitt 6.4.3 aufgeworfen hatten: Gesucht seien die Staaten, die die durch Deutschland fließenden Flüsse berühren. Hierbei zeigt sich, daß die navigierenden Operationen in Syntax und Wirkung denen aus Kapitel 6 im wesentlichen entsprechen. Lediglich die Initialisierungen für die Suche sind anders zu formulieren; und die Kontrollstrukturen und Ausgabeoperationen sind auszutauschen:

```
move 'Deutschland' to StaatName in Staat
find any Staat
find any FließtDurch within WirdDurchflossenVon
perform until database-status not equal zero
  find owner within FließtDurchStaat
  get FlußName
  display 'Fluß durch Deutschland: ' FlußName upon terminal
  find any FließtDurch within FließtDurchStaat
    retaining FließtDurch
  perform until database-status not equal zero
    find owner within WirdDurchflossenVon
    get StaatName
    display 'Berührender Staat: ' StaatName upon terminal
    find duplicate FließtDurch within FließtDurchStaat
      retaining FließtDurch
  end-perform
  find current FließtDurch
  find duplicate FließtDurch within WirdDurchflossenVon
end-perform
```

24.3 Literatur

Da in Zukunft relationale und objektorientierte Systeme beim Einsatz von Datenbanken in der industriellen Praxis dominieren werden, sind moderne Darstellungen der Netzwerksprache in der Literatur praktisch nicht aufzufinden. Die Darstellung in diesem Kapitel hat sich an [COD78], [Oll78] und [COD76] orientiert.

25. Objektorientierte Sprachen

Es existiert eine Vielzahl von Vertretern objektorientierter Sprachen, die entweder in Form kommerzieller Übersetzer erhältlich oder zumindest als Experimentiersysteme benutzbar sind. Hierbei sind vor allem Smalltalk, Eiffel, C++, Objective-C und LOOPS bekannt geworden. Die ersten beiden Sprachen sind eigenständige Entwicklungen, während die drei letztgenannten Sprachen Erweiterungen bestehender Programmiersprachen (nämlich C bzw. Lisp) darstellen.

Beide Ansätze machen Sinn. Während man bei Neuentwicklungen von Sprachen erwarten kann, daß sie keine unnötigen Einschränkungen und Kompromisse hinsichtlich der Durchsetzung der in Kapitel 8 genannten Eigenschaften eingehen, versprechen objektorientierte Erweiterungen bestehender Programmiersprachen Kompatibilitätsvorteile in bezug auf bestehende Anwendungen und gestatten dem Nutzer eine schrittweise Migration seiner Anwendungen.

Uns interessiert hier natürlich, inwieweit sich derartige Sprachen für objektorientierte Datenbanksysteme eignen. Dazu müssen sie im wesentlichen um Persistenzeigenschaften erweitert werden. Daß dies nicht ganz unproblematisch ist, hat bereits Abschnitt 8.8.1 gezeigt. Im folgenden betrachten wir dazu zwei Programmiersprachen, Smalltalk und C++, die für diese Datenbanksysteme besondere Bedeutung erlangt haben. Sie sind zugleich Vertreter der beiden genannten Sprachphilosophien.

Mögliche Persistenzkonzepte und Anfragemechanismen erläutern wir für diese beiden Sprachen anhand konkreter Datenbanksysteme. Im Falle von Smalltalk ziehen wir dabei das Datenbanksystem GemStone heran, im Falle von C++ stellen wir die Ansätze der Datenbanksysteme Objectstore und ONTOS vor.

25.1 Die Sprache Smalltalk

25.1.1 Historie

Smalltalk ist in seiner Version Smalltalk-80 der vorläufige sprachliche Endpunkt einer Entwicklung, die mit Forschungsaktivitäten des Xerox Palo Alto

Research Center (PARC) in den 70er Jahren begann. Forschungsschwerpunkt war dabei nicht primär die Entwicklung eines für die damalige Zeit neuen Programmierparadigmas. Die eingeschlagene Richtung — heute als Objektorientierung bezeichnet — war vielmehr nur Folge des Anspruchs, eine für gelegentliche Anwender geeignete Mensch/Maschine–Schnittstelle zu entwerfen. Das mit den Mitteln der Sprache entwickelte Benutzerführungs- und Programmentwicklungssystem hielt gehobenen Ansprüchen stand und initiierte Entwicklungen, die bis in die heutige Zeit reichen (Beispiel: Fenstertechnik). Im folgenden reden wir stets kurz von Smalltalk, obwohl strenggenommen nur der sprachliche Teil des Smalltalk-80-Systems gemeint ist.

Interessanterweise nahmen einige der frühen Entwicklungen objektorientierter Datenbanksysteme ihren Ausgang von Smalltalk. Da zudem eine derzeit wachsende Akzeptanz von Smalltalk zu beobachten ist, lohnt sich eine nähere Betrachtung der Sprache. Dazu gehen wir zunächst auf die wesentlichen Spracheigenschaften ein und schließen dann mit der Ergänzung um Persistenzeigenschaften.

25.1.2 Objekte und Nachrichten

Objekte: Smalltalk unterscheidet sich in seiner Begriffsgebung aufgrund seiner frühen Entstehung von den modernen Auffassungen. So wird aus Sicht des Benutzers nicht zwischen Objekten und Werten unterschieden. Vielmehr gibt es nur den einheitlichen Begriff des Objekts.

Intern sind in Smalltalk Ganzzahlen, einzelne Zeichen, `nil` und die beiden Booleschen Werte atomare Objekte. Fließkommazahlen und Zeichenketten sind bereits zusammengesetzt. Wir wollen im folgenden der Einfachheit halber alle diese als *Werte* handhaben.

Zusammengesetzte Objekte sind stets als (gekapselte) Tupel aufzufassen, die über eine bestimmte Zahl von *Instanzvariablen* — die Entsprechung des Attributbegriffs — verfügen und deren Belegungen Referenzen auf weitere Objekte darstellen. Instanzvariablen und ihre Belegungen sind privat; sie sind also nur innerhalb des Objekts selbst zugreifbar, dies aber freizügig, d.h. lesend und schreibend.

Im Unterschied zu den meisten anderen objektorientierten Sprachen existieren in Smalltalk zwei Arten von Instanzvariablen: ***Benannte Instanzvariablen*** tragen einen Bezeichner, ***unbenannte Instanzvariablen*** besitzen hingegen fortlaufende, mit 1 beginnende Nummern, sogenannte Indexe. Innerhalb eines Objekts kann auf die Belegung der benannten Variablen wie gewohnt zugegriffen werden, auf die Belegung der unbenannten Variablen durch das Senden der speziellen Nachricht `at:` an das Objekt selbst, mit dem Index als Argument.

Instanzvariablen referenzieren stets genau ein Objekt. Dies schließt die Möglichkeit aus, mit mengen- oder listenwertigen Instanzvariablen zu arbeiten, wie wir dies in Kapitel 8 des öfteren getan haben. Stattdessen bildet jede Menge oder Liste in Smalltalk selbst wieder ein eigenes Objekt. Wir werden in Abschnitt 25.1.5 genauer darauf eingehen.

Beispiel: Bild 25.1 zeigt den Quader 'Quader77' in der Begrenzungsflächendarstellung. Der Vergleich mit Bild 8.2 zeigt die spezielle Behandlung von Mengen als eigene Objekte, in denen unbenannte Instanzvariablen vorkommen. Abgesehen von dieser Eigenheit sind die Darstellungen identisch.

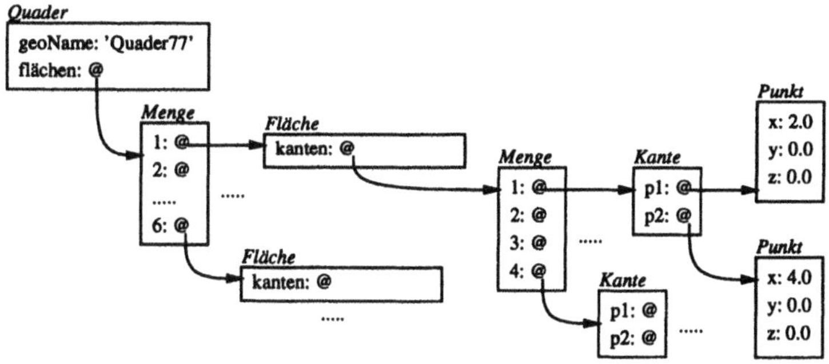

Bild 25.1. Smalltalk-Objekte zur Darstellung eines Quaders

Nachrichten: Nachrichten bestehen aus einem Empfänger, einem Selektor und eventuellen Argumenten. Argumente werden in Smalltalk nicht „gesammelt" in Klammern angegeben. Stattdessen wird der Selektor in Teilselektoren zerlegt, wobei jedem einzelnen Teil ein Argument folgt. Nachrichten besitzen in Smalltalk also jeweils eines der vier folgenden Formate:

empfänger selektor
empfänger selektorSonderZeichen argument
empfänger selektor: argument
empfänger $selektor_1$: $argument_1$ $selektor_2$: $argument_2$ ... $selektor_n$: $argument_n$

Das erste Format heißt auch *unäre Nachricht*, das zweite *binäre Nachricht*, und das dritte und vierte *Schlüsselwort-Nachricht*. Für das letzte Format ergibt die Aneinanderreihung aller Teile den Namen der Nachricht.

Beispiel: Folgendes Programmfragment beinhaltet vier Anweisungen aus der Welt der geometrischen Objekte:

```
einQuader skalierung: 1.5.
volumen := einQuader volumen.
einPunkt3 := einPunkt1 addition: einPunkt2.
einPunkt3 := einPunkt1 + einPunkt2.
```

Die erste und dritte Anweisung stellen Schlüsselwort–Nachrichten dar. Dabei sind **skalierung**: und **addition**: die Smalltalk–Adaptionen bereits bekannter Operationen und werden hier mit Doppelpunkten im Namen realisiert, da sie jeweils ein Argument erwarten. Die zweite Anweisung **volumen** ist im unären Format. Sie ist eine ebenfalls bereits bekannte Operation. Die letzte Nachricht, „+", ist ein Beispiel für eine binäre Nachricht. Sie zeichnet sich durch ein Sonderzeichen als Selektor aus und könnte im Beispiel den gleichen Effekt wie **addition**: haben.

Zuweisung: Zwei der vorigen Beispielzeilen haben bereits „:=" als Zuweisungsoperation verwendet. Diese arbeitet in bereits gewohnter Weise referenzenorientiert (Abschnitt 8.2.2, Bild 8.5). Variablen stellen somit nichts anderes dar als benannte Referenzen auf Objekte. Auf Objekte können in gewohnter Manier eine oder auch mehrere Referenzen verweisen. Das Entfernen von Objekten aus dem System, auf die keine Referenzen mehr zeigen, geschieht in Smalltalk automatisch (erste Alternative der Möglichkeiten aus Abschnitt 8.2.2) und wird *Garbage Collection* genannt.

Variablendeklaration: Variablen werden in Smalltalk zwischen senkrechten Strichten deklariert, voneinander durch Leerzeichen getrennt. Ein entscheidender Unterschied zum Vorgehen in Kapitel 8 ist jedoch, daß die Variablen nicht typisiert sind.[1] In obigem Beispiel hätte man vor der Verwendung der Variablen folgende Deklaration vorangestellt:

```
|einQuader einPunkt1 einPunkt2 einPunkt3|
```

Ausdrücke: Das Hintereinanderstellen oder Ineinanderschachteln von Nachrichten ist möglich und ergibt einen Smalltalk–Ausdruck. Voneinander unabhängige Ausdrücke heißen Anweisungen; sie werden syntaktisch durch Punkte voneinander getrennt. Dies haben wir bereits im obigen Beispiel ausgenutzt.

Jeder Ausdruck hat ein Smalltalk–Objekt zum Ergebnis. Die Abarbeitungsreihenfolge wertet unäre Nachrichten vor binären Nachrichten und diese wiederum vor Schlüsselwort–Nachrichten aus. Weiterhin wird generell von links nach rechts ausgewertet. Eine Abweichung von dieser Standard–Auswertungsreihenfolge ist durch Klammerungen möglich.

Blöcke: Ein Block ist eine Folge von Anweisungen, die in eckige Klammern eingefaßt sind. Die Idee der Blöcke ist es, Nachrichtenfolgen zu erzeugen, deren Ausführung nicht sofort erfolgt, sondern zunächst zurückgestellt wird. Blöcke sind zudem echte Smalltalk–Objekte, die beispielsweise Variablen zugewiesen werden können. Man kann ihnen somit auch Nachrichten senden. Die Ausführung der in einem Block vorhandenen Anweisungen wird angestoßen, indem man dem Block eine spezielle Nachricht schickt. Die Parame-

[1] Wir werden in Abschnitt 25.1.6 die Folgen diskutieren.

trisierung von Blöcken ist möglich; man gibt dann der Auswertungsaufforderung die nötigen Argumente mit.

Beispiel: Mittels der Anweisungsfolge

```
einBlock1 := [einQuader volumen].
einBlock2 := [:q | q volumen].
```

werden zwei Blöcke erzeugt. Wird der erste Block einBlock1 aktiviert, so wird das Volumen des über die Variable einQuader zugänglichen Quaderobjekts berechnet. Der Block einBlock2 gestattet aufgrund der Verwendung einer Parametervariablen (hier: q) sogar die Volumenberechung für beliebige Quader.

Kontrollstrukturen: Blöcke sind in Smalltalk eine wichtige Voraussetzung zur Formulierung von Kontrollstrukturen. Vorhanden sind sowohl die bedingte Auswertung als auch Schleifenkonstruktionen. Die Nachrichtenformate lauten wie folgt:

```
booleescherAusdruck ifTrue: wahrBlock.
booleescherAusdruck ifTrue: wahrBlock ifFalse: falschBlock.
booleescherBlock whileTrue: wahrBlock.
booleescherBlock whileFalse: falschBlock.
```

Wir erläutern die Benutzung anhand zweier einfacher Beispiele:

```
einQuader volumen < 100.0 ifTrue: [einQuader skalierung: 1.5].
[einQuader volumen < 100.0] whileTrue: [einQuader skalierung: 1.5].
```

Die erste Anweisung skaliert den Quader einQuader, wenn dessen Volumen kleiner als $100.0 \mathrm{cm}^3$ ist. Die zweite Anweisung ist eine Schleifenkonstruktion: Solange das Volumen des Quaders kleiner als $100.0 \mathrm{cm}^3$ ist, wird er um den Faktor 1.5 skaliert.

Man sieht, daß die Nutzung der Smalltalk–Kontrollstrukturen mit denen anderer Programmiersprachen identisch ist, wobei die Smalltalk–Syntax gewöhnungsbedürftiger ist, da Blöcke im Spiel sind. Das Ausführungsmodell der Kontrollstrukturen in Smalltalk verlangt deren Nutzung, denn ifTrue: und whileTrue: sind als vollwertige Operationen realisiert, die den im Wahrheitsfalle zu aktivierenden Code als Parameter erhalten. Dieser Code muß als Block übergeben werden, da er — wenn überhaupt — erst zu einem Zeitpunkt ausgeführt wird, der in der internen Implementierung von ifTrue: bzw. whileTrue: bestimmt wird.

Nach dieser kurzen Einführung verfügen wir über das syntaktische Rüstzeug, um uns der Definition von Smalltalk–Klassen zuzuwenden.

25.1.3 Klassendefinition

Klassen: Die Struktur und das Verhalten von Objekten werden in Smalltalk durch Klassen spezifiziert. Der Klassenbegriff ersetzt in Smalltalk den Typbegriff aus Abschnitt 8.3.1, bedeutet aber das gleiche, mit einer Ausnahme: In einer Klassendefinition werden Instanzvariablen spezifiziert und Operationsimplementierungen abgelegt, eine explizite Schnittstellenbeschreibung fehlt jedoch. Es gilt die Regel, daß jede in einer Klasse spezifizierte Operation automatisch öffentlich benutzbar ist. Deren Implementierung ist jedoch gekapselt, also von außen nicht einsehbar.

Eine Klassendefinition wird in Smalltalk durch eine Konstruktion der Form

oberklasse subclass: *unterklassen–name* instanceVariableNames: *instanzvariablen*

eingeleitet, in der der Name *unterklassen–name* der neuen Klasse festgelegt wird, eine Einordung der neuen Klasse in die bestehende Klassenhierarchie durch die Angabe der Oberklasse erfolgt sowie die benannten Instanzvariablen aufgeführt werden. Durch diese Konstruktion entsteht stets ein Tupeltyp.

Die Definition von Operationen folgt anschließend. Dabei geht benutzerdefinierten Konstruktor–Definitionen die Klausel

klasse methodsFor: 'instance creation'

voran. Fehlt sie, kann lediglich auf den vordefinierten Standardkonstruktor **new** zurückgegriffen werden, dem Smalltalk–Pendant zu create() aus Abschnitt 8.3.3, der für jede Klasse zur Verfügung steht und Ausprägungen erzeugt, deren Instanzvariablen allesamt mit nil belegt sind.

Andere Operationen, also Beobachter und Mutatoren gemäß Abschnitt 8.3.3, folgen nach einer Klausel

klasse methodsFor: *benutzerdefinierte–kategorie*

Hier stellt *benutzerdefinierte–kategorie* eine Kategorie–Benennung dar, die der Nutzer freizügig wählen kann. Eine Unterteilung nach mehreren Kategorien ist möglich.

Beispiel: Wir erläutern die Klassendefinition anhand der Klasse Punkt, wobei wir die in Abschnitt 8.3.3 gegebene Definition in die Smalltalk–Syntax übertragen.

```
Object subclass: #Punkt
   instanceVariableNames: 'x y z'

Punkt methodsFor: 'instance access'
```

```
x
   ↑x

x: xWert
   x := xWert.
   ↑self

y
   ↑y

y: yWert
   y := yWert.
   ↑self

z
   ↑z

z: zWert
   z := zWert.
   ↑self

addition: einPunkt
   |neuerPunkt|
   neuerPunkt := Punkt new.
   neuerPunkt x: x + einPunkt x.
   neuerPunkt y: y + einPunkt y.
   neuerPunkt z: z + einPunkt z.
   ↑neuerPunkt

translation: einPunkt
   x := x + einPunkt x.
   y := y + einPunkt y.
   z := z + einPunkt z.
   ↑self

distanz: einPunkt
   |dx dy dz|
   dx := x - einPunkt x.
   dy := y - einPunkt y.
   dz := z - einPunkt z.
   ↑(dx * dx + (dy * dy) + (dz * dz)) sqrt

nullDistanz
   |nullPunkt|
   nullPunkt := Punkt new.
   nullPunkt x: 0.0.
   nullPunkt y: 0.0.
   nullPunkt z: 0.0.
   ↑self distanz: nullPunkt
```

Zunächst wird Punkt als direkte Unterklasse von Object, der Wurzel der Smalltalk-Klassenhierarchie, definiert[2] und mit drei (nicht typisierten) Instanzvariablen ausgestattet.

Es folgt die Aufzählung von Nachrichten, die an Ausprägungen von Punkt gesendet werden können. Sie gehören alle der einzigen benutzerdefinierten Kategorie 'instance access' an. Einige hiervon sind uns bereits aus Abschnitt 8.3.3 bekannt. Wie dort sind die Nachrichten x, y, z zum Lesen und x:, y: sowie z: zum Schreiben der Instanzvariablen von Punkt-Objekten explizit zu definieren. Denn wie dort sind Instanzvariablen in Smalltalk nur innerhalb eines Objekts unmittelbar les- und schreibbar (und dann durch einfache Nennung der Variablen bzw. durch eine Zuweisung); dem Betrachter von außen ist der Zugriff aufgrund der Kapselungseigenschaften verwehrt.

Nebenbei wird anhand dieser sechs einfachen Operationen deutlich, daß die Smalltalk-Entsprechung des **return**-Konstrukts der Hochpfeil „↑" ist, während die Benennung **self** aus Abschnitt 8.3.3 unverändert übernommen wird.

Die nachfolgende Additionsoperation addition: generiert mittels **new** ein neues Punkt-Objekt und weist diesem die addierten Koordinaten zu. Abschließend erfolgt die Rückgabe des neuen Objekts.

Weitere Nachrichten sind translation:, distanz: und nullDistanz. translation: ändert die Koordinaten des Empfängerobjekts selbst ab und nutzt dabei die bereits erwähnte Eigenschaft, daß innerhalb eines Objekts freizügig auf dessen Instanzvariablen zugegriffen werden kann. In der Implementierung von distanz: mag die Klammerung auffallen, die in Smalltalk notwendig ist, um die Standardauswertungsreihenfolge von links nach rechts außer Kraft zu setzen, die nicht mit der hier gewünschten Punkt-vor-Strich-Auswertung übereinstimmen würde. nullDistanz nutzt schließlich noch einmal den vordefinierten Konstruktor **new**, um einen Nullpunkt zu generieren. Danach kann distanz: genutzt werden, um das Ergebnis zu berechnen.

Die bisherige Klassendefinition verzichtete auf einen benutzerdefinierten Konstruktor, verwendete also **new**. Will man zusätzlich die Erzeugung von Nullpunkten allgemein verfügbar machen, so ist dies in Form eines benutzerdefinierten Konstruktors realisierbar. Dieser würde in Smalltalk nach der Klausel methodsFor: 'instance creation' folgen:

```
Object subclass: #Punkt
  instanceVariableNames: 'x y z'

Punkt methodsFor: 'instance creation'

   neuerNullPunkt
     |nullPunkt|
     nullPunkt := self new.
```

[2] Zur Verwendung des Zeichens „#" siehe Abschnitt 25.1.7.

```
        nullPunkt x: 0.0.
        nullPunkt y: 0.0.
        nullPunkt z: 0.0.
        ↑nullPunkt
    ...
```

self hat im Zusammenhang mit 'instance creation'–Operationen eine andere Bedeutung als in den vorigen Fällen. Dieses Konstrukt bezieht sich hier auf eine — die aktuelle — Klasse als Empfänger der Konstruktor–Nachricht, nicht aber auf eine der Ausprägungen. Im Beispiel bezieht sich **self** demnach auf Punkt.

Der Zusammenhang der so definierten Operationen mit den Nachrichtenformaten aus Abschnitt 25.1.2 ist einfach dadurch gegeben, daß dem der Definition vorangehenden Kopf einfach das Empfängerobjekt (genauer: die darauf verweisende Variable) bzw. bei Konstruktoren der Klassenname vorangestellt wird.

Benötigt man in der Folge ein Punkt–Objekt mit Nullkoordinaten und setzt dann dessen x–Koordinate auf 1.0, so wird folgendermaßen notiert:

```
|nullPunkt|
nullPunkt := Punkt neuerNullPunkt.
nullPunkt x: 1.0.
```

25.1.4 Vererbung

Wie schon die syntaktische Form der Klassendefinition aus Abschnitt 25.1.3 mit der Angabe von nur einer Oberklasse andeutet, unterstützt Smalltalk lediglich die *Einfachvererbung*. Durch die Angabe der (direkten) Oberklasse wird die Position der neu zu definierenden Klasse in der Klassenhierarchie bestimmt. Bezüglich der Vererbung wird den Aussagen in Abschnitt 8.4.2 gefolgt. Die Oberklasse vererbt also ihre Instanzvariablen und ihre Operationen an die Unterklasse.

Beispiel: Um die Vererbung am Beispiel zu studieren, beziehen wir die Klassen GeoKörper und Zylinder in unsere Smalltalk–Darstellung ein. Übertragen wir die Definitionen aus Abschnitt 8.4.2 nach Smalltalk und ergänzen sie noch um die Lese– und Schreiboperationen für die Instanzvariablen, so ergibt sich folgendes Bild:

```
Object subclass: #GeoKörper
  instanceVariableNames: 'bezeichnung farbe material'

GeoKörper methodsFor: 'instance access'

  bezeichnung
    ↑bezeichnung
```

```
    bezeichnung: eineBezeichnung
        bezeichnung := eineBezeichnung.
        ↑self

    farbe
        ↑farbe

    farbe: eineFarbe
        farbe := eineFarbe.
        ↑self

    material
        ↑material

    material: einMaterial
        material := einMaterial.
        ↑self

    dichte
        ↑material dichte


GeoKörper subclass: #Zylinder
    instanceVariableNames: 'radius mittelpunkt1 mittelpunkt2'

Zylinder methodsFor: 'instance access'

    radius
        ↑radius

    radius: einRadius
        radius := einRadius.
        ↑self

    mittelpunkt1
        ↑mittelpunkt1

    mittelpunkt1: einPunkt
        mittelpunkt1 := einPunkt.
        ↑self

    mittelpunkt2
        ↑mittelpunkt2

    mittelpunkt2: einPunkt
        mittelpunkt2 := einPunkt.
        ↑self

    länge
        ↑mittelpunkt1 distanz: mittelpunkt2

    volumen
```

```
    ↑ radius * radius * 3.14 * self länge

masse
    ↑ self volumen * self dichte

translation: einPunkt
    mittelpunkt1 translation: einPunkt.
    mittelpunkt2 translation: einPunkt.
    ↑ self
```

GeoKörper und Zylinder werden als neue Smalltalk–Klassen eingeführt und unter Object bzw. unter GeoKörper in die Klassenhierarchie eingefügt. Auf die Definition eigener Konstruktoren wurde in beiden Fällen verzichtet, so daß nur das vordefinierte **new** zur Verfügung steht.

Neben den Operationen für die Instanzvariablen existieren die Berechnung der Dichte in GeoKörper sowie die Berechnung von Länge, Volumen, Masse und Translation in Zylinder. Die Vererbungsbeziehung macht man sich in der Operation masse zunutze, in der mittels **self** dichte die Dichteberechnung von GeoKörper aktiviert wird, da Zylinder keine eigene Implementierung hierfür vorsieht.

25.1.5 Mengen und Listen

Viele imperative Programmiersprachen besitzen eine Einschränkung in der Form, daß Mengen und Listen nicht von vornherein als Typkonstruktoren zur Verfügung stehen, sondern vom Nutzer nachgebildet werden müssen, beispielsweise über Felder. Dieses Manko tritt vor allem im Zuge der (persistenten) Verwaltung großer Mengen gleichförmig strukturierter Daten zutage, in der der Nutzer gerne über einen eingebauten Mengenkonstruktor verfügen würde.

Wie bereits erwähnt, trifft diese Einschränkung auch auf Smalltalk zu. Smalltalk–Objekte sind stets Tupel. Die Darstellung von Mengen und Listen erfolgt, indem verschiedene *Kollektionsklassen* eingeführt werden, deren Ausprägungen dann Mengen, Listen oder auch andere Arten von Kollektionen (z.B. Hashtabellen) repräsentieren. Die Kollektionsklassen sind in die Smalltalk–Klassenhierarchie eingegliedert. Sie können daher als vordefinierte, wiederverwendbare Anwendungsklassen betrachtet werden.

Beispiel: Die Entsprechung von Mengen findet sich mit der Smalltalk–Klasse Set, die von Vielfachmengen mit Bag, und die von Listen mit OrderedCollection. Jede dieser Klassen bringt einen Satz vordefinierter Operationen für ihre Ausprägungen mit.

So umfassen die Operationen zum Arbeiten mit Set–Objekten neben dem Hinzufügen und Löschen von Mengenelementen (add: und remove:) vor allem das Durchlaufen aller Elemente im Sinne von *Iterationen*. Wir beschränken uns im folgenden auf die wichtigsten Iterator–Operationen und erläutern diese anhand eines Programmauszugs:

```
|zylinderMenge kleineZylinder volumenMenge volumenSumme einPunkt|
zylinderMenge := Set new.
volumenSumme := 0.0.
einPunkt := Punkt neuerNullPunkt. einPunkt x: 1.0.
...
zylinderMenge do:
   [:zylinder | zylinder translation: einPunkt].
volumenSumme do:
   [:zylinder | volumenSumme := volumenSumme + zylinder volumen].
kleineZylinder := zylinderMenge select: [:zylinder | zylinder volumen < 100.0].
volumenMenge := zylinderMenge collect: [:zylinder | zylinder volumen].
```

Die ersten Anweisungen dienen lediglich zur Definition geeigneter Variablen und zur Initialisierung. Übersprungen haben wir das Füllen dieses Mengenobjekts mit Elementen (hier: Zylindern). Anschließend werden die Operationen mit den Iteratoren do:, select: und collect: ausgeführt:

- do: durchläuft in einer systemdefinierten Reihenfolge nacheinander alle Elemente des Empfängerobjekts. Für jedes dieser Elemente wird die innerhalb des Blocks gegebene Anweisungsfolge ausgeführt, wobei das aktuelle Element durch die „|" vorangestellte Variable benannt und dadurch im Block referenziert werden kann.

  Im Beispiel führt dies zum einen zu einer Translation aller in der Menge enthaltenen Zylinderobjekte. Zum zweiten wird das Gesamtvolumen der Zylinder berechnet und in volumenSumme abgelegt. Diese zweite Nutzung von do: zeigt gleichzeitig, daß die Iterator–Operation trotz ihres scheinbar deskriptiven Charakters prozedural und sequentiell abgearbeitet wird.

- select: durchläuft ebenfalls alle Elemente des Empfängerobjekts. Hier wird im Argument–Block jedoch eine Boolesche Bedingung formuliert. Für jede zutreffende Bedingung wird das aktuelle Element in eine Ergebnismenge überführt, deren Referenz zum Abschluß an den Aufrufer zurückgegeben wird. Da auch die aktuellen Elemente nur als Referenzen zugewiesen werden, bleibt die Originalmenge unangetastet.

  Die Beispielanweisung führt dazu, daß kleineZylinder nach dem Aufruf die Menge der Zylinderobjekte aus zylinderMenge enthält, deren Volumen kleiner als 100.0 cm^3 ist. zylinderMenge selbst ist nach dem Aufruf unverändert.

- collect: durchläuft alle Elemente des Empfängers und wertet die im Block aufgeführten Anweisungen aus. Wie für select: wird eine Ergebnismenge zusammengestellt. Diese besteht allerdings nicht notwendigerweise aus den Elementen der Eingabemenge, sondern aus im Block berechneten Elementen.

volumenMenge enthält nach Durchlaufen des Iterators die Menge der Volumenangaben für die Zylinder, die in zylinderMenge enthalten sind.

select:, collect: und weitere, hier nicht vorgestellte Iterator–Operationen lassen sich auf do: zurückführen.

Der Satz von Operationen für Listen — also Ausprägungen von OrderedCollection — umfaßt neben den für Mengen gültigen Operationen zusätzlich Nachrichten zum Einfügen oder Löschen an bestimmten Positionen.

Auf die interne Darstellung der Kollektionsobjekte wollen wir nicht näher eingehen, da wir uns zuvor mit einer Vielzahl von Smalltalk–Details vertraut machen müßten.

25.1.6 Typisierung

Der Leser mag sich angesichts des Fehlens von Typbenennungen bei Variablen– und Parameterdeklarationen bereits die Frage nach dem Typisierungskonzept von Smalltalk gestellt haben. Hierbei gilt, daß Smalltalk lediglich einer schwachen Typisierung folgt, zur Übersetzungszeit also nicht sichergestellt werden kann, daß Ausdrücke typkonsistent sind (Abschnitt 8.3.2). Beispielsweise wäre die Verwendung einer Variablen einZylinder in der folgenden Weise durchaus gestattet:

```
|einZylinder|
einZylinder := Zylinder new.
...
einZylinder := ArtikelArt new.
```

Zylinder und ArtikelArt sind hierbei als Klassen angenommen, die (natürlich) nicht in einer Ober–/Untertypbeziehung zueinander stehen. Abgesehen von der mangelnden Selbstdokumentierbarkeit — die Benennung der temporären Variablen würde vermuten lassen, daß Zylinder–Objekte referenziert werden — kann dem Anwender zur Übersetzungszeit die Typkonsistenz nicht garantiert werden. Daher kommt es etwa bei Ausführung von

```
...
einZylinder := ArtikelArt new.
einZylinder skalierung: einPunkt.
```

zu einem typbedingten Laufzeitfehler. Die schwache Typisierung in Smalltalk hat aber nicht nur Nachteile, sondern ist bezüglich Einfachheit, Eleganz und Flexibilität der Programmierbarkeit in manchen Fällen und für bestimmte Anwendungen durchaus vorteilhaft. So steht zu vermuten, daß in bestimmten Anwendungssituationen gelegentliche Mengen– oder Listenbildungen über Objekte ganz unterschiedlicher Klassen auftreten. Hierzu betrachte man beispielsweise folgende Smalltalk–Anweisungsfolge:

```
|eineMenge|
eineMenge := Set new.
eineMenge add: Zylinder new.
eineMenge add: Rohr new.
eineMenge add: ArtikelArt new.
eineMenge do: [:element | Transcript show: (element name)].
```

Zunächst wird das Mengenobjekt eineMenge erzeugt und anschließend mit frisch generierten Objekten unterschiedlicher Klassen gefüllt. Die letzte Anweisung iteriert nun über die in der Menge enthaltenen Objekte und fordert jedes einzelne (Pseudovariable element) dazu auf, seinen Namen zu nennen (Nachricht name) und auf dem Systemjournal Transcript auszugeben.

Die beim Aufruf von element name ausgenutzte Polymorphie — resultierend in der Gleichbehandlung aller Mengenmitglieder — geht weit über das Maß hinaus, das im Zuge strenger Typisierung möglich gewesen wäre. Dort hätte eineMenge nämlich typisiert werden müssen. Wegen der erwarteten Mitgliedschaft ganz allgemeiner Objekte hätte die Typdeklaration auf { Object } (mit Object als maximalem Obertyp in Smalltalk) lauten müssen, denn die Strukturierung { ArtikelArt } hätte geometrische Körper, { GeoKörper } hingegen Artikelarten ausgeschlossen. Würden die Mitgliedsobjekte nun aber als Object deklariert, hätte der Aufruf von name zu einem Übersetzungsfehler geführt, da die entsprechenden Operationen erst in Untertypen bereitgehalten werden.

Ist obige Konstruktion also flexibler als stark typisierte Alternativen, so birgt sie doch auch einige Gefahren. Man stelle sich nur vor, ein Programm erwarte in eineMenge ausschließlich geometrische Körper und fordere daher mittels der Nachricht element volumen zur Volumenberechung auf. Dann würde das Programm unter der gegebenen Belegung von eineMenge zu einem Laufzeitfehler führen. Man kann festhalten, daß die gewonnene Flexibilität mit einer erhöhten Aufmerksamkeit des Programmierers über die erwarteten Abläufe und Gegebenheiten einhergehen muß. Angesichts des erfolgreichen Einsatzes von Smalltalk in der Industrie — auch und gerade bei großen Projekten — scheint die zusätzlich geforderte Disziplin in der Praxis allerdings erzwingbar zu sein.

25.1.7 Metaklassen

In Abschnitt 25.1.3 hatten wir gesehen, daß für die Konstruktoren Klassen die Empfängerobjekte waren. Man kann also sagen, daß Konstruktoren eigentlich Operationen von Objekten sind, die Klassen entsprechen. In der Tat stellen Smalltalk-Klassen selbst ebenfalls vollwertige Objekte dar, sind also gekapselt, besitzen eine interne Strukturierung und verfügen über ein Verhaltensrepertoire.

Ein Unterschied gegenüber den bisher betrachteten Objekten besteht darin, daß Klassen stets über einen sichtbaren Identifikator — eben den Klassennamen — verfügen.[3] Um dann zwischen Klassenname und Klassenobjekt zu unterscheiden, wird der Name durch ein „#“ Zeichen eingeleitet. Für Punkte stellt also #Punkt den Namen einer Klasse dar, während Punkt diese Klasse selbst im Sinne eines Objekts referenziert. Zum Verhaltensrepertoire dieses Klassenobjekts zählen der vordefinierte Konstruktor **new** sowie der benutzerdefinierte Konstruktor neuerNullPunkt.

Folgerichtig müssen nun für Klassenobjekte selbst wieder Klassen, die sogenannten *Metaklassen* existieren, deren Definition man eigentlich den Konstruktor zuschlagen müßte. Smalltalk ist insofern in der Notation nicht ganz konsequent, als es die Konstruktordefinition in der Klassendefinition beläßt; immerhin ist hierfür jedoch die eigene Klausel methodsFor: 'instance creation' vorgesehen.

So ist beispielsweise der Konstruktor neuerNullPunkt seiner Metaklassendefinition, hier der von Punkt, zuzuschlagen. Damit wird auch deutlich, daß nicht nur eine einzige Metaklasse existieren kann, der alle Klassen als Ausprägungen angehören. Gäbe es nur eine Metaklasse, würden daraufhin alle Smalltalk–Klassen über den Konstruktor neuerNullPunkt verfügen, was natürlich nicht sinnvoll ist. Das Metaklassenproblem wird in Smalltalk daher anders gelöst.

Metaklassen: Zu jeder Smalltalk–Klasse *klasse* gibt es (genau) eine Metaklasse *klasse* class. *klasse* ist die einzige Ausprägung von *klasse* class.

Beispiel: Punkt class ist die Metaklasse von Punkt, GeoKörper class die von GeoKörper und Zylinder class die von Zylinder. Ist für GeoKörper nun ein benutzerdefinierter Konstruktor gegeben (und damit zwar in GeoKörper vereinbart, aber in GeoKörper class abgelegt), so ist dessen Anwendung auch aus Zylinder heraus sinnvoll. Dies wiederum verlangt, das Vererbungskonzept auf Metaklassen auszudehnen.

Metaklassenhierarchie: Es gibt auch für Metaklassen eine Hierarchie, die parallel zur Klassenhierarchie verläuft. Ist also *klasse1* direkte Unterklasse von *klasse2*, so ist *klasse1* class direkte Unterklasse von *klasse2* class.

Mit diesen Regelungen haben wir noch nicht alle Probleme gelöst. Natürlich stellt sich die Frage der Meta–Metaklassen, also etwa ob Punkt class ein Objekt darstellt und welcher Klasse es angehört, falls dem so ist. Die Antwort lautet, daß alle Metaklassen wiederum echte Smalltalk–Objekte sind. Diese sind allesamt Ausprägungen der Klasse Metaclass. Dort endet per Smalltalk–Definition auch die Meta–Beziehung: Metaclass class = Metaclass.

Bild 25.2 zeigt diesen Sachverhalt schematisch anhand einer Beispielhierarchie für die geometrischen Objekte. Das Bild läßt allerdings offen, welches die Oberklassen von Object class und Metaclass sind. Hierzu soll an dieser Stelle nur festgehalten werden, daß beide Klassen Unterklassen von Object

[3] Auch „normale“ Smalltalk–Objekte können solche Benennungen erhalten, die in speziellen Verzeichnissen abgelegt werden. Siehe dazu Abschnitt 25.1.8.

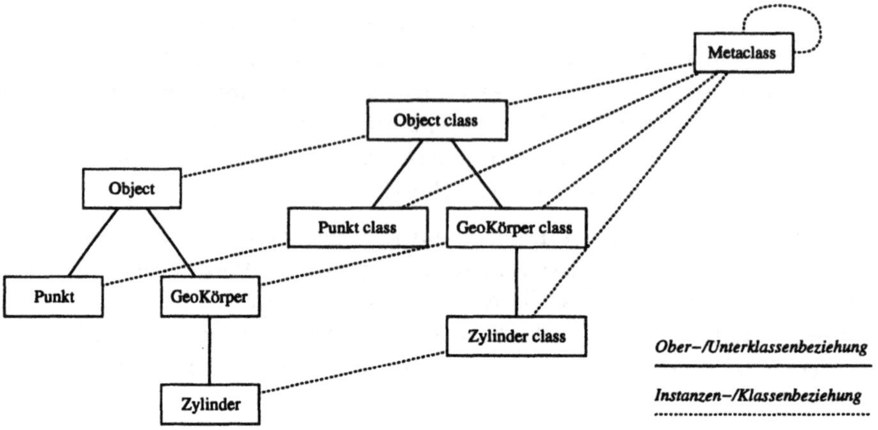

Bild 25.2. Parallel verlaufende Klassen- und Metaklassenhierarchie in Smalltalk

darstellen, so daß sich ein einheitliches Bild der Smalltalk–Klassen mit nur einer einzigen Klassenhierarchie ergibt. Auf Details wollen wir allerdings nicht näher eingehen.

25.1.8 Persistenz: Beispiel GemStone

Wir erläutern eine mögliche Variante der Handhabung persistenter Smalltalk–Objekte am Beispiel des Datenbanksystems GemStone, dessen Datenmodell auf dem von Smalltalk beruht.

Der GemStone–Ansatz beruht auf der Idee, streng zwischen einem Datenbankserver und mehreren, möglicherweise konkurrierenden Anwendungsprogrammen (den Klienten) zu trennen. Der Datenbankserver kontrolliert exklusiv die zentrale Datenbank mit den persistenten Objekten; Klienten können die Datenbasis nicht direkt manipulieren, sondern müssen sich stets an den Server wenden, um auf abgelegte Daten zuzugreifen. Für den Anwender ist das Verständnis dieser eher systemtechnisch anmutenden Details insofern wichtig, als die zentrale Datenbasis ausschließlich persistente Smalltalk–Objekte enthält und im (Smalltalk–)Datenraum jedes Anwendungsprogramms zunächst einmal nur nichtpersistente Objekte zu finden sind.

Aus Sicht des Nutzers können die in der Server–Datenbasis gespeicherten Objekte nun wie lokale Objekte genutzt werden, sofern sie einmal referenziert sind. Zur Bestimmung solcher persistenter Objekte dienen die in jedem Anwendungsprogramm sichtbaren Variablen Globals und UserGlobals, die Verzeichnisse darstellen. Als Schlüssel in diese Verzeichnisse dienen benutzerdefinierte Benennungen, als Rückgabewerte fungieren die *Einstiegsobjekte* persistenter Objektnetze. Dabei beinhaltet Globals Objektnetze, die für alle Benutzer sichtbar sind. UserGlobals ist hingegen eine Variable, die für jedes

Anwendungsprogramm existiert. Hier können persistente Objekte abgelegt werden, für die der Zugriff nur vom Anwendungsprogramm aus erlaubt ist.

Beispiel: Sei in der Variable zylinderMenge beispielsweise eine Menge von Zylindern enthalten, die persistent gespeichert werden sollen. Dann lassen diese sich mittels

```
UserGlobals at: #MeineZylinder put: zylinderMenge.
```

unter der Benennung #MeineZylinder in der Datenbasis ablegen. Dabei werden eventuelle Unterobjekte — das sind solche, die aus den Zylinderobjekten heraus referenziert werden — rekursiv mitgespeichert. Um später auf die kleineren Zylinder dieser persistenten Menge zuzugreifen, kann man die Zylindermenge über die Benennung #MeineZylinder aufsuchen, einem Einstiegspunkt zuweisen und dann von dort in Smalltalk-üblicher Weise mittels Nachrichten beschränken. Da der Einstiegspunkt im vorliegenden Fall eine Menge darstellt, können Iteratoren, etwa select:, verwendet werden, um die Menge nach bestimmten Elementen zu durchsuchen. Für die Suche nach Zylindern mit einem bestimmten Maximalvolumen ergibt sich dann etwa folgende Notation:

```
|einstiegsPunkt kleineZylinder|
einstiegsPunkt := UserGlobals at: #MeineZylinder.
kleineZylinder := einstiegsPunkt select: [:zylinder | zylinder volumen < 100.0].
```

Dieser Ansatz löst das in Abschnitt 8.8.1 angesprochene Problem der Benennung persistenter Objekte und Typen (hier: Klassen), ohne ein Schlüsselwort wie etwa persistent einführen zu müssen. Es gilt die Regel, daß alle im GemStone-Server gespeicherten Klassen persistent sind, das Datenbasisschema also durch die für den Server definierte Klassenhierarchie gegeben ist. Für die Ausprägungen gilt, daß alle in Globals und UserGlobals verzeichneten Objekte persistent sind. Der persistent()-Operation aus Abschnitt 8.8.1 entspricht also hier das Einfügen von Objekten in die beiden Verzeichnisse.

Bezogen auf polymorphe Anfragemechanismem gemäß Abschnitt 8.8.2 ist zu sagen, daß in GemStone die vordefinierten Iterator-Operationen herangezogen werden. In obigem Beispiel hatten wir dies bereits ausgenutzt, um bestimmte Zylinder zu finden. Kompliziertere Boolesche Suchausdrücke sowie die Schachtelung von select:-Konstrukten sind möglich. Das Äquivalent der Projektionsoperation ist indes nicht gegeben.

25.2 Die Sprache C++

25.2.1 Historie

Mit dem Siegeszug von Unix eng verbunden ist der Siegeszug von C als Programmiersprache. Aus C ist im Zuge der Objektorientierung die Sprache C++ hervorgegangen. Es verwundert daher nicht, wenn sich die Mehrzahl objektorientierter Datenbanksysteme an dieser Programmiersprache orientiert. Wir werden deshalb hier die Überlegungen aus Abschnitt 25.1 auf C++ übertragen. Dabei lassen sie die Eigenschaften von C++ — sie sind vor allem durch die enge Anlehnung an die Sprache C bedingt — wie folgt charakterisieren:

- C ist strikt typisiert. Alle Ausdrücke werden also bereits vom Übersetzer auf Typkonsistenz überprüft; Laufzeitfehler aufgrund mangelnder Typisierung sind daher nicht möglich.[4] Das im Zuge der Einführung objektorientierter Konzepte notwendige dynamische Binden (Abschnitt 8.4.6) erzwingt zwar in C++ eine Abschwächung dieser Eigenschaft zu starker Typisierung, eine weitere Abschwächung — also schwache Typisierung wie etwa in Smalltalk — wollten die Sprachentwerfer jedoch vermeiden.
- In C ist wie in Smalltalk weder ein Mengen– noch ein Listenkonstruktor vorhanden. Dieser Mangel ist auch in C++ nicht behoben worden. Lösungsmöglichkeiten für die resultierenden Probleme orientieren sich an der Smalltalk–Lösung, indem geeignete Kollektionklassen eingeführt werden.

25.2.2 Objekte und Nachrichten

Objekte: C++ unterscheidet zwischen Objekten atomarer Typen und zusammengesetzten Objekten.

Die atomaren Typen umfassen **char** zur Darstellung von Zeichen, **char**[n] für Zeichenketten sowie diverse Typen zur Darstellung von Ganz– und Fließkommazahlen (z.B. **int**, **float**). Die Ausprägungen atomarer Typen sind *Werte*. Zu ihrer Behandlung existiert ein Satz an vordefinierten Operationen, für **int** und **float** etwa „+", „*", etc.

Zusammengesetzte Objekte besitzen stets eine Tupelstruktur.

Typen und Referenzen: Ist t ein Typ, so bezeichnet $t*$ den *Zeigertyp* für t. Die Ausprägungen von $t*$ sind Referenzen auf Ausprägungen von t und werden in

[4] C erlaubt jedoch die explizite Typwandlung mittels des Cast–Operators. Dieser Operator darf freizügig verwendet werden und kann bei leichtfertiger Benutzung sehr wohl zu Laufzeitfehlern in Programmen führen. Die Ursache solcher Fehler kann allerdings nicht der Typisierung zugeschrieben werden.

C++ als *Zeiger* bezeichnet. Die Dereferenzierung von Zeigern muß in C++ explizit durchgeführt werden; auch hierbei bedient man sich des Symbols „*“ in der Form $*v$ (mit v Variable).

Variablen und Zuweisung: Variablen werden in C++ unter Nennung ihres Typs deklariert. Zuweisungen an Variablen (Symbol „=“) bewirken bei Zeigern die Zuweisung einer Referenz, bei Nicht–Zeigern die Zuweisung einer Kopie des referenzierten Objekts.

Beispiel: Sei Kante ein C++–Typ. Dann betrachten wir zunächst folgende Deklarationen:

```
Kante k1;
Kante k2;
Kante* kzeiger1;
Kante* kzeiger2;
```

Es sind nun unterschiedliche Zuweisungen möglich:

- k1 = k2 reicht die an k2 gebundene Kante in Form einer Kopie an k1 weiter.
- kzeiger1 = kzeiger2 bewirkt, daß kzeiger1 auf das gleiche Objekt wie kzeiger2 verweist.
- *kzeiger1 = *kzeiger2 bewirkt, daß das durch kzeiger1 referenzierte Kantenobjekt durch eine Kopie des Objekts ersetzt wird, auf das kzeiger2 zeigt.
- kzeiger1 = k2 ist ein ungültiges Konstrukt, da das in k2 enthaltene Kantenobjekt nicht direkt einer Zeigervariablen zugewiesen werden kann. Ebensowenig erlaubt ist eine Konstruktion der Form k1 = kzeiger2. Erlaubt sind jedoch *kzeiger1 = k2 und k1 = *kzeiger2.
- Eine sinnvolle Operation wäre allerdings, kzeiger1 auf das Objekt verweisen zu lassen, das sich in k1 befindet. Hierzu muß die (Speicher–)Adresse von k1 ermittelt werden, die dann an kzeiger1 zugewiesen werden könnte. Dazu dient das „&“–Konstrukt, hier folgendermaßen angewandt: kzeiger1 = &k1.

Zugriff auf Attribute von Tupelobjekten: Sei momentan eine eventuelle Kapselung von Objekten der C++–Typen außer acht gelassen. Dann ist der Zugriff auf Attribute eines Tupelobjekts mittels der bekannten Punkt–Notation möglich.

Beispiel: Der Typ Kante besitze zwei Attribute p1 und p2 vom Typ Punkt, die wiederum über (typisierte) Attribute x, y und z verfügen sollen. Ist k vom Typ Kante, so kann mittels k.p1.x auf die x–Koordinate des ersten Punkts dieser Kante zugegriffen werden. Bei Zeigern ist zuvor wieder explizite Dereferenzierung vonnöten: Für eine Zeigervariable kzeiger müßte zum Erreichen des gleichen Effekts (*kzeiger).p1.x notiert werden. Da Konstruktionen dieser Art oft vorkommen, kann statt $(*a).b$ kurz $a{-}{>}b$ geschrieben werden, für das Beispiel also (kzeiger->p1).x.

Lebensdauer von Objekten: In den bisherigen Beispielen haben wir Variablen in der gewohnten Form deklariert und genutzt, ohne besondere Gedanken an deren Lebensdauer zu verschwenden. Sofern keine Zeigertypen im Spiel sind, erwarten den Nutzer in C++ auch keine unliebsamen Überraschungen. Die Variablendeklaration

```
Kante k1;
```

führt zur automatischen Allokation von Speicher für ein Kantenobjekt und Benennung dieses Speicherblocks mit k1. Der hierdurch belegte Speicher wird automatisch wieder freigegeben, sobald das Programm an eine Stelle verzweigt, in der die Variable k1 definitionsgemäß nicht mehr sichtbar ist. Diese Semantik folgt der Tradition imperativer Programmiersprachen und ist einmal mehr der engen Anlehnung von C++ an C zuzuschreiben.

Schwieriger ist der Umgang mit Variablen, die als Zeiger definiert sind, also etwa

```
Kante* kzeiger1;
```

Das C++-Programm belegt in diesem Fall Speicher für einen Zeiger, nicht aber für ein Kanten-Objekt. Es wird auch kein Kanten-Objekt erzeugt. Wenn nun kzeiger1 eine Referenz auf ein neu zu schaffendes Objekt erhalten soll, so muß der Speicher für dieses Objekt manuell allokiert und später wieder ebenso „von Hand“ freigegeben werden (zweite Alternative der Möglichkeiten aus Abschnitt 8.2.2). Dazu stellt C++ die Operatoren **new** und **delete** zur Verfügung:

```
Kante* kzeiger1;
kzeiger1 = new Kante;
...
delete kzeiger1;
```

Neben dem Mehraufwand wirkt vor allem die Fehleranfälligkeit dieser Konstruktion störend. Wir geben einige Beispiele:

- Weist der Nutzer aufgrund einer fehlerhaften Typwandlung (bei Anwendung des Cast-Operators) versehentlich eine Referenz an kzeiger1 zu, die einen für Kanten zu kleinen Speicherblock bezeichnet, so können Speicherfehler auftreten, mit verheerenden Folgen für das Anwendungsprogramm.
- Wird **delete** nicht explizit aufgerufen, so bleibt der durch kzeiger1 referenzierte Speicherblock bis zum Ende des Programmlaufs belegt. Alle Lebensdauer-Überlegungen sind also dem Anwender überlassen und führen bei mangelnder Sorgfalt zur überflüssigen Belegung von Speicher und zur Blockierung von Systemressourcen.

– Unachtsamkeit bei der Nutzung von **delete** kann auch zu sogenannten *dangling references*, d.h. auf Undefiniertes verweisende Referenzen führen. Dieser Fall tritt etwa ein, wenn man vor der Aktivierung von **delete** eine Anweisung der Form kzeiger2 = kzeiger1 ausgeführt hätte. Dann würde kzeiger2 auf einen freigegebenen und vom C++–System daher freizügig verwendbaren Speicherblock zeigen, wenn **delete** kzeiger1 aufgerufen würde.

Anhand der bisherigen Ausführungen kann man erkennen, daß C++ generell der Philosophie folgt, möglichst wenig System–Aktionen implizit auszuführen. Der Umgang mit Referenzen und der Allokation und Deallokation von Speicher für Objekte belegt dies. Den Aufwand hat der Nutzer zu tragen, der andererseits eine bessere Kontrolle über Details des Systemverhaltens besitzt als etwa in Smalltalk.

25.2.3 Klassendefinition in C++

Klassen: C++ nutzt — wie Smalltalk — den Begriff der Klasse anstelle des Typbegriffs, obwohl letzteres gemeint ist. Die Definition einer Klasse umfaßt die Deklaration von Attributen, einer Operations–Schnittstelle sowie die Implementierung von öffentlich zugänglichen und privaten Operationen.

Eine Definition wird dabei durch das Schlüsselwort **class** eingeleitet, gefolgt vom Namen der neuen Klasse. Für alle nachfolgenden Deklarationen gilt, daß ihnen die Klauseln **private**, **public** oder **protected** vorausgehen können, um die Unsichtbarkeit von Attributen oder Operationen, den öffentlichen Zugang oder die Beschränkung der Sichtbarkeit auf Unterklassen zu spezifizieren.

Operationen für Ausprägungen und Konstruktoren können in beliebiger Reihenfolge deklariert werden. Die Konstruktoren kann man daran erkennen, daß sie wie die Klasse benannt sind. Trotzdem können mehrere Konstruktoren pro Klasse definiert werden, die sich dann allerdings in der Zahl ihrer Argumente oder bezüglich der Typen ihrer Argumente voneinander unterscheiden müssen (Überladen von Operationen gemäß Abschnitt 8.3.4). Konstruktoren lösen zunächst automatisch ein **new** aus, so daß der spezifizierte Programmcode nur noch für die notwendigen Initialisierungen zu sorgen hat.

Das Überladen von Operationen ist nicht auf Klassen beschränkt. Genauso können Operationen, die auf Ausprägungen wirken, überladen werden. Auch hier müssen Zahl und Typen der Argumente die Operation eindeutig bestimmen. Die Angabe eines speziellen Schlüsselworts wie etwa **overload** (Abschnitt 8.3.4) ist in C++ nicht notwendig.

Beispiel: Wir betrachten die syntaktischen Eigenschaften der Klassendefinition in C++ anhand unseres Punkt–Beispiels.

```
class Punkt {
  public:
```

```
        float x;
        float y;
        float z;

        Punkt(float wx, float wy, float wz) { x = wx; y = wy; z = wz; }
        Punkt* addition(Punkt);
        void translation(Punkt);
        float distanz(Punkt);
        float nullDistanz();
};

Punkt* Punkt::addition(Punkt p) {
    Punkt* npz = new Punkt;
    npz->x = x + p.x;
    npz->y = y + p.y;
    npz->z = z + p.z;
    return(npz);
}

void Punkt::translation(Punkt p) {
    x = x + p.x;
    y = y + p.y;
    z = z + p.z;
    return;
}

float Punkt::distanz(Punkt p) {
    float dx = x - p.x;
    float dy = y - p.y;
    float dz = z - p.z;
    return(sqrt(dx * dx + dy * dy + dz * dz));
}

float Punkt::nullDistanz() {
    Punkt nullPunkt(0.0, 0.0, 0.0);
    return(this->distanz(nullPunkt);
}
```

Die Klasse Punkt definiert für ihre Ausprägungen drei typisierte Attribute x, y und z.

Für die erste deklarierte Operation — der nach der Klasse benannte Konstruktor Punkt — sind im Beispiel Deklaration und Implementierung zusammengefaßt, eine sinnvolle Vorgehensweise, wenn der Operationsrumpf nur wenige, einfache Aktionen enthält. Für die nachfolgenden C++–Operationen sind dagegen Deklaration und Implementierungen getrennt.

Im Beispiel kann der Konstruktor — wie erwähnt — davon ausgehen, daß bereits implizit ein neues Punkt–Objekt zur Verfügung steht, und sich auf das Füllen der Attribute x, y und z mit den Werten beschränken, die als

Parameter spezifiziert sind. Die Benutzung des Konstruktors kann man sich anhand der folgenden Definition eines Beispielpunkts verdeutlichen:

```
Punkt beispielPunkt(1.0, 1.0, 1.0);
```

Bei den nachfolgend deklarierten Funktionen handelt es sich um Operationen für Punkt–Ausprägungen, die außerhalb von dessen Typrahmen definiert sind. Der Bezug auf Punkt muß daher explizit angegeben werden. Dies geschieht, indem die Klasse, der die Implementierung zugeschlagen werden soll, dem Operationsnamen vorangestellt wird. „::" dient zur syntaktischen Trennung.

Erläuterungsbedürftig ist vor allem die Implementierung der Operation addition(), da hier vorwiegend mit Zeigern umgegangen wird. Der Grund liegt darin, daß im Rumpf Speicher für ein neues Punkt–Objekt allokiert werden muß, das den Operationsaufruf überleben soll. Der Aufrufer muß sich bewußt sein, daß die Operation eine Referenz als Ergebnis liefert. Er hat weiterhin an anderer Stelle dafür zu sorgen, daß der durch die Operation belegte Speicher für das neue Objekt wieder freigegeben wird, wenn es nicht mehr benötigt wird. Auch hier wird wieder deutlich, daß der Umgang mit Zeigern (Referenzen), die explizite Dereferenzierung sowie die erforderliche manuelle Allokation und Deallokation von Speicher für Objekte gemessen an den Ausführungen in Abschnitt 8.3.3 ungewohnt detailreich wirkt.

Die übrigen Operationsimplementierungen nutzen keine Zeiger und sollten bis auf die zuletzt realisierte Operation nullDistanz() selbsterklärend sein. Diese definiert den Nullpunkt als lokale Variable nullPunkt und nutzt anschließend die Existenz von distanz(). Das in Abschnitt 8.3.3 erstmals als Benennung für den aktuellen Nachrichtenempfänger eingeführte **self** trägt in C++ die Bezeichnung **this**. Diese Pseudovariable bezeichnet jedoch nicht das aktuelle Objekt selbst, sondern stellt einen Zeiger auf dieses dar. Das aktuelle Objekt ergibt sich demnach durch ***this**. Die explizite Dereferenzierung zeigt sich auch beim Aufruf von distanz(), wobei dort die Pfeilnotation herangezogen wird.

25.2.4 Vererbung

C++ gestattet Klassenheterarchien, verbunden mit dem Konzept der *Mehrfachvererbung*. Unterklassenbildung erfolgt daher durch eine Erweiterung der **class**–Klausel, wobei eine oder mehrere direkte Oberklassen spezifiziert werden. Die Unterklasse erbt dabei alle Attribute und Operationen aller Oberklassen. Wir hatten bereits in Abschnitt 8.5 darauf hingewiesen, daß es im Zuge dieser Regelung zu unerwünschten Gleichbenennungen, also zu Namenskonflikten, kommen kann. Die in C++ geltende Auflösungsstrategie gestattet die Qualifizierung von Attributen bzw. Operationen unter Voranstellung des Klassennamens. Somit sind bei Bedarf die Deklarationen und Definitionen aller Oberklassen erreichbar.

Beispiel: Wir demonstrieren zunächst Einfachvererbung in C++ anhand des Beispiels aus Abschnitt 8.5, in dem Klassendefinitionen für Zylinder, Vollzylinder, Rohr und Antriebswelle gegeben werden. Für die in jenem Abschnitt ausgelassene Definition von GeoKörper folgen wir Abschnitt 8.4.2. Der Übersichtlichkeit halber beschränken wir uns auf die Deklarationen und lassen die Implementierungen der einzelnen Operationen aus.

```
class GeoKörper {
  public:
    char bezeichnung[20];
    char farbe[20];
    Material material;

    float dichte();
};


class Zylinder: public GeoKörper {
  public:
    float radius;
    Punkt mittelpunkt1;
    Punkt mittelpunkt2;

    float länge();
    void translation(Punkt);
};


class Vollzylinder: public Zylinder {
  public:
    float volumen();
    float masse();
    void verbindung(Vollzylinder);
};


class Rohr: public Zylinder {
  public:
    float volumen();
    float masse();
    void verbindung(Rohr);
};


class Antriebswelle {
  public:
    float maxDrehmoment;
    Punkt lagerpunkt1;
    Punkt lagerpunkt2;

    void translation(Punkt);
};
```

Beispielsweise wird **Zylinder** als Unterklasse von **GeoKörper** definiert. Das **GeoKörper** dabei unmittelbar vorangestellte **public** bedeutet, daß alle öffentlichen Attribute und Operationen von **GeoKörper** auch in **Zylinder** als öffentlich übernommen werden.

Führen wir nun wie in Abschnitt 8.5 die Klassen **Vollwelle** und **Hohlwelle** ein, so können wir aus dem Mehrfachvererbungskonzept von C++ Nutzen ziehen:

```
class Vollwelle: public Vollzylinder, public Antriebswelle {
  public:
    float durchbiegung();
};


class Hohlwelle: public Rohr, public Antriebswelle {
  public:
    float durchbiegung();
};
```

Es wurde bereits in Abschnitt 8.5 darauf hingewiesen, daß bezüglich **translation()** eine Konfliktsituation eintritt. Dann kann man die Qualifikationsstrategie von C++ zur Auflösung zu Hilfe nehmen. Nehmen wir dazu an, daß wir in **Vollwelle** ebenfalls eine Translationsoperation definieren wollten. Diese sei gegeben durch die Hintereinanderausführung der Operationsfolgen, die in **Zylinder** und **Antriebswelle** für die Translation vorgesehen sind. Dann könnte man in C++ folgendes formulieren:

```
void Vollwelle::translation(Punkt p) {
  this->Zylinder::translation(p);
  this->Antriebswelle::translation(p);
  return;
}
```

Nacheinander werden auf dem aktuelle Objekt **this** die Translationsoperationen von **Zylinder** und **Antriebswelle** ausgeführt. Der den beiden Operationen beigegebene Klassenname gestattet dabei jeweils deren eindeutige Identifizierung.

Die Qualifikationsstrategie erweist sich hier sogar als den anderen Auflösungsstrategien überlegen. Die Ausschlußstrategie hätte die für uns sehr nützliche Verwendung der geerbten Operationen schlichtweg verboten. Die Defaultstrategie hätte die Verwendung einer der beiden Operationen ausgeschlossen; im vorliegenden Fall haben wir jedoch beide benötigt.

25.2.5 Mengen und Listen

C++-Klassen definieren tupelwertige Objekte. Da wie in Smalltalk Mengen- und Listenkonstruktor fehlen, ergibt sich auch hier das Problem der Nachbildung von Kollektionsobjekten. C++ löst dies im Unterschied zu Smalltalk jedoch nicht in standardisierter Form als (Teil–)Klassenhierarchie. Natürlich ist es trotzdem möglich, derartige Klassen zu entwerfen und für eigene Zwecke wiederzuverwenden. Nachteilig an einer solchen Vorgehensweise ist jedoch, daß dies jeder Anwender für sich isoliert betreibt.

Im Hinblick auf die Verwaltung persistenter Objekte in C++ ergibt sich für ein Datenbanksystem also die Zusatzanforderung, Kollektionen in wiederverwendbarer Form zu unterstützen.

Die Typisierung verschärft das Problem des Fehlens (generischer) Typkonstruktoren zur Mengen– und Listenbildung übrigens noch. Fügt man nämlich entsprechende Operatoren einem Mengen– oder Listentyp hinzu, so sind sie nicht wiederverwendbar, denn uns ist aus Abschnitt 8.4.6 bekannt, daß Mengen– oder Listentypen nicht subtypisiert werden dürfen.

25.2.6 Persistenz: Beispiel Objectstore

Mengen und Listen. Mengen und Listen haben nun einmal ihre besondere Bedeutung im Zusammenhang mit der Verwaltung persistenter Daten. Jedes auf C++ aufsetzende Datenbanksystem sollte daher eine Lösung für das Mengenproblem anbieten. Wir illustrieren dies am Beispiel des Systems Objectstore.

Als Grundidee bietet es sich an, den Smalltalk–Ansatz zu übernehmen und Mengen in Form einer eigenen Klasse zur Verfügung zu stellen. Dies ist in C++ jedoch nicht ohne Probleme, denn die Sprache ist streng typisiert. Da die Untertypisierung von Mengentypen nicht gestattet ist, benötigt man für jede C++–Klasse einen eigenen Mengentyp, wenn nicht weitere Vorkehrungen getroffen werden.

Einen Ausweg haben wir in Abschnitt 8.7 unter dem Begriff der generischen Typen kennengelernt. Diesen Weg beschreitet auch Objectstore, indem es Mengen, Vielfachmengen, Listen sowie Felder in Form der generischen Klassen os_Set$< t >$, os_Bag$< t >$, os_List$< t >$ und os_Array$< t >$ zur Verfügung stellt. Hierbei ist t Typvariable, die bei der konkreten Nutzung dieser Klassen durch eine gültige C++–Klasse ersetzt werden muß.[5] Für alle drei generischen Klassen stehen geeignete Sätze an vordefinierten Operationen zur Verfügung.

Beispiel: Das folgende Programmfragment definiert 100 Zylinder–Objekte und faßt die Referenzen auf diese Objekte in einer Menge zusammen.

```
os_Set<Zylinder*> *zylinderMenge;

Zylinder* zylinder;
int i;
```

[5] Die Parametrisierung von Typen in der gezeigten Form wird übrigens aller Voraussicht nach in die nächste Version des C++–ANSI–Standards aufgenommen.

```
for (i = 0; i < 100; i++) {
   zylinder = new Zylinder;
   ...
   zylinderMenge->insert(zylinder);
}
```

Auf die Menge wird vom Programm aus selbst nur in Form einer Referenz, d.h. eines Zeigers, zugegriffen. Daher ist auch die Pfeilnotation bei Ausführung der Operation **insert** erforderlich.

Persistenz. Wir haben mehrfach betont, daß in C++ die Allokation und Deallokation von Speicher für Objekte explizit gehandhabt werden muß. Um Persistenz einzubringen, überträgt Objectstore diese Verfahrensweise auf die Behandlung persistenter Objekte. Eine Datenbasis wird als Speicherraum eingeführt, der dem Hauptspeicher in der Nutzung gleichgestellt ist, aber die zusätzliche Eigenschaft besitzt, einen Programmlauf zu überleben. Zur Nutzung dieses persistenten Speicherraums kann man sich der gleichen Operationen wie zur Nutzung des lokalen Speicherraums bedienen, nämlich **new** und **delete**, deren Syntax geringfügig erweitert wird; ein zusätzlicher Parameter bestimmt die vom Nutzer gewünschte Datenbasis.

Darüber hinaus sind noch Einstiegspunkte in der Datenbasis zu definieren, damit die Wurzeln abgespeicherter Objektnetze wieder aufgefunden werden können. Hierzu dient die Bezeichnung **persistent**, die einzelnen Variablendeklarationen vorangestellt werden kann.

Beispiel: Der folgende Programmauszug beinhaltet die wesentlichen Anweisungen, um die im vorigen Abschnitt eingeführte Zylindermenge einschließlich ihrer Elemente persistent in einer Objectstore–Datenbasis mit Namen "ZylinderDatenbasis" abzulegen.

```
os_database* db = os_database::create("ZylinderDatenbasis");
persistent<db> os_Set<Zylinder*> *zylinderMenge
   = new(db) os_Set<Zylinder*>;
Zylinder* zylinder;
int i;

for (i = 0; i < 100; i++) {
   zylinder = new(db) Zylinder;
   ...
   zylinderMenge->insert(zylinder);
}

db->close();
```

zylinderMenge ist mittels **persistent** als Einstiegspunkt in die Datenbasis definiert. Abgesehen von dieser Änderung wurde gegenüber dem vorigen Abschnitt lediglich die Verwendung von **new** den Objectstore–Konventionen angepaßt.

Bezüglich der Ausführungen zur Persistenz in Abschnitt 8.8 ist zu sagen, daß Objectstore — bis auf Einstiegsobjekte — ohne die Kennzeichnung persistenter Objekte oder Typen (hier: Klassen) auskommt. Jedes Objekt kann potentiell persistent sein; aktuell wird dies durch Verwendung der erweiterten **new**–Operation erreicht. Damit liegt zugleich der Zeitpunkt der persistenten Speicherung fest. Für das Einbringen der Schemainformation dieser Objekte wird implizit und automatisch gesorgt.

Anfragemechanismus. Objectstore bietet einen einfachen Anfragemechanismus, der in vielen Fällen eine manuelle Navigation durch die Datenbasis erspart. Dieser Mechanismus entspricht in etwa dem **select**:–Konstrukt in Smalltalk und ist ein Iterator, dem Vergleichsausdrücke beigegeben werden können. Seine Anwendung studieren wir anhand der Beispielanfrage, die alle Zylinder mit einem bestimmten Höchstvolumen selektiert:

```
os_database* db;
persistent<db> os_Set<Zylinder*> *zylinderMenge;
os_Set<Zylinder*> *kleineZylinder;

kleineZylinder = zylinderMenge[: this->volumen() < 100.0 :];
```

Ähnlich wie im GemStone–Fall ist die Verwendung komplizierterer Suchausdrücke möglich. Und wie dort ist ein Äquivalent der Projektionsoperation nicht vorgesehen: Die Ergebnisobjekte einer Anfrage gehören der gleichen C++–Klasse an wie die Ausgangsobjekte.

25.2.7 Persistenz: Beispiel ONTOS

Mengen und Listen. ONTOS muß wie Objectstore das Problem der Verwaltung verschiedener Kollektionen gleichartiger Objekte lösen. Auch hier werden entsprechende Klassen angeboten — OC_Set für Mengen, OC_List für Listen und OC_Array für Felder. Vielfachmengen werden nicht direkt unterstützt. Im Unterschied zum Objectstore–Ansatz sind diese Klassen jedoch nicht generisch, d.h. es gibt keine Typvariablen, die der Deklaration von Kollektionsobjekten durch einen konkreten Typ ersetzt würden. Die Typisierung von Kollektionen erfolgt in ONTOS erst zum Initialisierungszeitpunkt der Kollektionsvariablen. Wir demonstrieren diese Vorgehensweise am Beispiel.

Beispiel: Wiederum sollen 100 Zylinder–Objekte erzeugt und die Referenzen auf diese Objekte in einer Menge zusammengefaßt werden. Dies wird in ONTOS folgendermaßen ausgedrückt:

```
OC_Set* zylinderMenge;

Zylinder* zylinder;
int i;
```

```
zylinderMenge = new OC_Set((OC_Type*) OC_lookup("Zylinder"));
for (i = 0; i < 100; i++) {
  zylinder = new Zylinder;
  ...
  zylinderMenge->insert(zylinder);
}
```

Eine Folge der Verschiebung der Typisierung von ONTOS-Kollektionen, hier also von zylinderMenge, auf den Initialisierungszeitpunkt ist, daß die Typisierung schwach bleibt. Es ist durchaus erlaubt, die Variable zylinderMenge mittels

```
zylinderMenge = new OC_Set((OC_Type*) OC_lookup("ArtikelArt"));
```

als Menge von Artikelarten auszuzeichnen. Immerhin verbietet auch diese schwächere Form der Typisierung, daß Objekte in die Menge aufgenommen werden, die der gerade gültigen Typisierung nicht genügen. Somit ist es nicht möglich, im ersten Fall in die Menge von Zylindern auch Artikelarten aufzunehmen, im zweiten Fall etwas anderes als Artikelarten.

Persistenz. ONTOS besitzt ein Persistenzkonzept, das sich stark von dem in Objectstore verfolgten Ansatz unterscheidet: In ONTOS können nicht alle Objekte ohne weiteres Zutun persistent abgespeichert werden, sondern nur solche, die sogenannten persistenten Klassen angehören. Klassen erlangen diese Eigenschaft, indem sie in der Klassenhierarchie unterhalb der ONTOS-Systemklasse OC_Object angeordnet werden.

Diese scheinbar einfach zu erfüllende Anforderung — der Nutzer betrachte einfach OC_Object als Wurzel der Klassenhierarchie und definiere in der Folge seine Klassen wie gewohnt — führt zu größerem Aufwand, wenn Objekte die Persistenzeigenschaft erhalten sollen, die bereits bestehenden Klassen angehören. Hätten wir also bereits eine CAD/CAM-Anwendung vorliegen, die unter anderem die Klasse Zylinder enthielte, so kämen wir nicht umhin, eine zweite Zylinderklasse einzuführen, etwa OC_Zylinder, deren einziger Nutzen darin bestünde, daß sie unterhalb von OC_Object angeordnet wäre und somit die Persistenzforderung von ONTOS erfüllt. Dann würden außerdem lästige, weil keine zusätzliche Funktionalität ergebenden Zuweisungen zwischen Zylinder-Variablen und OC_Zylinder-Variablen anfallen.

Nach dem Aufwand im Zusammenhang mit der Forderung nach der speziellen Klassenanordnung könnte man vermuten, daß die Persistenz für Objekte dieser Klassen ohne weiteres Zutun automatisch sichergestellt ist. Das ist jedoch nicht der Fall. Objekte persistenter Klassen bleiben transient, bis ihnen die Nachricht putObject() gesandt wird, die das ONTOS-Äquivalent der Operation persistent() aus Abschnitt 8.8.1 darstellt. Damit erklärt sich auch die Forderung nach Klassenbildung unterhalb von OC_Object: Die Operation putObject() ist nämlich in OC_Object definiert und wird an die Unterklassen vererbt.

Beispiel: Unter der Annahme, daß Zylinder bereits unterhalb von OC_Object in die Hierarchie eingegliedert worden sei, wollen wir im folgenden die Menge von Zylindern in einer ONTOS-Datenbasis ablegen:

```
OC_Set* zylinderMenge;

Zylinder* zylinder;
int i;

zylinderMenge = new OC_Set((OC_Type*) OC_lookup("Zylinder"));
for (i = 0; i < 100; i++) {
   zylinder = new Zylinder;
   zylinder.putObject();
   ...
   zylinderMenge->insert(zylinder);
}
zylinderMenge.putObject();
```

In diesem Beispiel fällt zweierlei auf. Zum einen ist die Speicherungsoperation putObject() für jedes Objekt einzeln aufzurufen; die Speicherung der Menge zylinderMenge impliziert nicht automatisch die Speicherung der darin enthaltenen Zylinder. zylinderMenge wird dann nach der vollständigen Konstruktion, also erst nach Verlassen der Schleife, abgespeichert.

Damit werden die Unterschiede von ONTOS zu Objectstore deutlich. In ONTOS ist Persistenz auf Objekte bezogen, in Objectstore auf persistente Variablen. Somit ist es im Beispiel notwendig, zylinderMenge erst nach Verlassen der Schleife abzuspeichern. Wäre zylinderMenge.putObject() innerhalb der Schleife ausgeführt worden, hätte man 100 unterschiedliche Mengenobjekte abgespeichert, die erste mit einem Zylinder, die zweite mit zwei Zylindern, usw.

Anfragemechanismus. Im Zuge der fehlenden Bindung von Variablen an persistente Objekte und somit fehlender (benannter) Einstiegspunkte in die Datenbasis ergibt sich für ONTOS erst recht die Frage nach einem — möglichst deskriptiv orientierten — Anfragemechanismus, der es gestattet, einmal in der Datenbasis abgelegte Objekte wiederzufinden. Entsprechend ausgefeilt fällt die Lösung aus, die ONTOS präsentiert. Sie bietet viel von dem, was wir in Abschnitt 8.8.2 als wünschenswert herausgestellt hatten. Insbesondere sind zu Projektionen und Join-Operationen äquivalente Anfragen formulierbar.

Syntaktisch orientiert sich der Anfragemechanismus von ONTOS an SQL, schränkt jedoch die Formulierungsmöglichkeiten ein. Beispielsweise dürfen Anfragen keine Schachtelungen enthalten. Daß die Mächtigkeit des Konzepts trotzdem über die von Objectstore hinausgeht, mögen einige Beispiele belegen, die sich in ihrer Grundstruktur an den Anfragen in Abschnitt 8.8.2 anlehnen.

Die Anfrage nach den x– und y–Koordinaten der in der Datenbasis abgelegten Punkte wird wie folgt formuliert:

```
select x(), y()
from Punkt
```

Der Zugriff auf Attribute ist auch unmittelbar möglich; die Anfrage hätte ebenso in der Kurzform erfolgen können:

```
select x, y
from Punkt
```

Die Anwendung von Selektionen und Join–Operationen zeigt die Anfrage nach Punkten, die gleichen Abstand vom Nullpunkt besitzen und die ausschließlich über positive x–Koordinaten verfügen:

```
select P.x(), P.y(), P.z(), Q.x(), Q.y(), Q.z()
from Punkt P, Punkt Q
where P.nullDistanz() = Q.nullDistanz()
and P.x() > 0.0
and Q.x() > 0.0
```

Eine Kombination von Objekten verschiedener Klassen ist nicht nur in der **where**–Klausel, sondern auch in der **select**–Klausel gestattet. Als Beispiel modifizieren wir die vorige Anfrage dahingehend, daß als Ergebnis der Abstand der Punkte zurückgegeben wird, die die Suchbedingung erfüllen:

```
select P.distanz(Q)
from Punkt P, Punkt Q
where P.nullDistanz() = Q.nullDistanz()
and P.x() > 0.0
and Q.x() > 0.0
```

Während — wie erwähnt — die Schachtelung von Anfragen in der **where**–Klausel nicht erlaubt ist, existiert die Möglichkeit des Verschachtelns von Funktionen. Gesucht seien beispielsweise die x–Koordinaten der beiden Mittelpunkte der Zylinder (Attributzugriffe wieder in Kurzform):

```
select mittelpunkt1.x, mittelpunkt2.x
from Zylinder
```

Mit diesen Möglichkeiten erfüllt der ONTOS praktisch alle in Abschnitt 8.8.2 für Anfragemechanismen als wünschenswert erachteten Eigenschaften.

25.3 Literatur

Grundsätzliche Anforderungen an die Gestaltung von Programmiersprachen werden in [Weg87] in Form unterschiedlicher „Dimensionen" zusammengestellt. Darstellungen der beiden in diesem Kapitel vorgestellten Sprachvertreter — Smalltalk und C++ — sind in der Literatur zahlreich vorhanden. Für Smalltalk sind vor allem die Klassiker [GR83] und [Gol84] zu nennen. Moderne Darstellungen sind [BGL93] und [HH95]. Eine deutschsprachige Kurzübersicht findet sich in [BGHR87]. Das August-Heft der Zeitschrift Byte [Byt81] ist gänzlich Smalltalk gewidmet und enthält zahlreiche Aufsätze der Sprachentwerfer. Zur detaillierten Einarbeitung in C++ bieten sich beispielsweise [Str91] (deutsche Version: [Str92]), [ES90], [Hek93] und [Hit92] an. Objektorientierten Datenbanksystemen sind die Bücher [Heu93] und [KM94] gewidmet. Das Gemstone-System ist in [Ser88] und konzeptionell in [CM84] beschrieben. Die Objectstore-Referenz ist [Obj92]; bezüglich ONTOS haben wir uns an [ONT94a] und [ONT94b] orientiert. Erfahrungsberichte mit bestehenden kommerziellen objektorientierten Datenbanksystemen geben [Goo95] und [KDD95]; hier werden auch derzeitige Mängel solcher Systeme offengelegt und Verbesserungsvorschläge gemacht.

26. Deduktive Sprachen

26.1 Übersicht

Kapitel 7 führte in deduktive Datenmodelle ein und demonstrierte, daß relationale Datenbasen sich in besonders natürlicher Weise für die Sammlung der Grundfakten eignen. Daher sollte es nicht weiter erstaunen, wenn die meisten Versuche in Richtung deduktiver Datenbanksysteme auf relationalen Datenbanksystemen aufbauen. Diesen Weg werden wir auch in diesem Kapitel gehen. Erst in jüngster Zeit wurde Deduktion auch auf der Grundlage des objektorientierten Datenmodells eingehender untersucht.

Kapitel 7 hob auf eine Anfragesprache ab, die der Programmiersprache Prolog ähnelt. Dies war auch der erste Ansatzpunkt für die Kombination der logischen Programmierung mit Zugriffen auf eine Datenbasis. Wir werden kurz einige Ansätze in dieser Richtung streifen. Sie sind aber bestenfalls von Anbietern von Prolog–Systemen, nicht aber von Anbietern von Datenbanksystemen aufgegriffen worden. Stärker auf Konstrukte von Datenbankanfragesprachen zugeschnitten sind Ansätze, die auf Produktionsregeln aufbauen. Wir werden diese daher etwas eingehender besprechen. Zum Abschluß werden wir betrachten, wie sich all diese Ansätze in (nicht–standardisierten) SQL–Erweiterungen niederschlagen.

26.2 Prolog

Da sich Prolog vorrangig als Anfragesprache eignet und Änderungen effizienter über andere Wege gehandhabt werden, braucht die Sprache Persistenzeigenschaften nicht ausdrücklich zu berücksichtigen. Bei Aufsetzen auf ein Datenbanksystem muß lediglich die Verbindung zu einer Datenbasis hergestellt werden.

Die Verwendung von Prolog kann auf zweierlei Weise geschehen. Zum einen kann man gemäß Kapitel 7 Prolog als eine im Vergleich zu relationalen Sprachen mächtigere Anfragesprache auffassen. Da Relationen Mengen darstellen, sollte es genügen, in Prolog Prädikate einzuführen, die ganz allgemein mit

Mengen umzugehen vermögen. Wie bei relationalen Anfragesprachen wird man es dann dem Programmiersystem überlassen, zu entscheiden, ob es bei der Auswertung dieser Prädikate auf transiente Mengen (als Zwischenergebnisse oder Hilfsgrößen) oder dauerhafte Relationen zugreifen muß. Ein Ansatz in dieser Richtung findet sich in dem System NAIL! mit dem Prädikat findall, dessen Argumente sich als einfache Selektionsausdrücke interpretieren lassen, und mit Listenkonstruktoren, die die Ergebnisse der Auswertung dieses Prädikats sammeln.

Zum anderen kann man aber auch Prolog als Programmiersprache wählen und die Sprache dann um Datenbankzugriffe erweitern oder den Zugriff prozedural unter Angabe der Anfrage als Parameter vollziehen. Beide Lösungen sind erprobt worden.

Ein Beispiel für eine Erweiterung bietet Quintus–Prolog. Die Existenz einer Datenbasis wird dem Programmiersystem bekannt gemacht über das Prädikat **dbname**, also beispielsweise

dbname(Lagerverwaltung, *Datenbanksystem*, *Dateibaum*).

Jeder Typ des Datenbasisschemas wird als ein Fakt des Prädikats **db** eingebracht. Dabei definiert **db** zugleich Prädikate für die Relationen. Für ArtikelArt und Lagereinheit sind beispielsweise folgende Fakten erforderlich:

```
db(ArtikelArt, Lagerverwaltung,
   ArtikelArt('ANr': string, 'AName': string,
      'Menge': integer, 'Lieferant': string, 'Gewicht': real)).
db(Lagereinheit, Lagerverwaltung,
   Lagereinheit('LeNr': string, 'LeaNr': string, 'ANr': string,
      'Stückzahl': integer, 'Gewicht': real, 'LhNr': string)).
```

Um aus dem Programm heraus dann auch tatsächlich auf die Datenbasis zugreifen zu können, muß das Prädikat **db_connect** mit dem Namen der Datenbasis zugesichert werden, hier demnach

db_connect(Lagerverwaltung).

Die Verwendung in Anfragen folgt dann den Überlegungen aus Kapitel 7. Dort wurde insbesondere gezeigt, wie sich die relationenalgebraischen Operationen wiedergeben lassen. Hinzukommen die in Abschnitt 22.3.10 erwähnten Aggregatfunktionen.

Änderungen sind möglich über die Prädikate **db_assert** für das Einfügen, **db_retract_first** für das Löschen eines einzelnen Tupels und **db_retract_all** für das Löschen einer Tupelmenge.

Ein Beispiel für den prozeduralen Ansatz bietet eine andere Entwicklung, PRO–SQL. Hier wird ein einziges, spezielles Prädikat namens SQL in der Form

SQL(*SQL-Anweisung*),

eingeführt, dessen Anweisung dem Datenbanksystem als Zeichenkette übergeben und dort ausgeführt wird. Immerhin läßt sich auf diese Weise Rekursion recht elegant formulieren. Wir ziehen wieder das Beispiel heran, in dem die Flüsse zu ermitteln waren, die direkt oder indirekt in die Nordsee fließen. Die Lösung aus Abschnitt 7.3.3 wäre hier wie folgt zu formulieren:

```
Entleert(Fluß, Meer) :-
  SQL(
    'select Fluß, FlußOderMeer
    into Fluß, Meer
    from Mündetln')

Entleert(Fluß, Meer) :-
  Mündetln(Fluß, NächsterFluß),
  Entleert(NächsterFluß, Meer)
```

Die Abarbeitung von Entleert(Fluß, 'Nordsee') hat man sich nun so vorzustellen, daß die erste Anweisung für das Laden von Fakten in den Arbeitsbereich des Programms sorgt, wo sie dann sowohl unter dem Prädikat Entleert als auch Mündetln ansprechbar sind. Die zweite Anweisung arbeitet ausschließlich auf dem Arbeitsbereich. Man beachte im übrigen die Ähnlichkeit mit der SQL-3-Formulierung aus Abschnitt 23.5 und deren Abarbeitung.

26.3 Produktionsregeln für Datenbanksysteme

26.3.1 Produktionsregeln

Im Grundsatz sind Produktionsregeln von folgender Form:

Muster $\rightarrow$ *Aktion*.

Hierbei beschreibt *Muster* Bedingungen, die die Datenelemente im Kontrollbereich des Produktionssystems erfüllen müssen, damit die Regel angewendet werden kann. Positive Bedingungen sind erfüllt, wenn sie durch mindestens ein Element erfüllt sind. Negierte Bedingungen sind erfüllt, wen es kein Element gibt, das die nicht negierte Form erfüllt.

Ist die Regel anwendbar, so *triggert* sie die *Aktion*. Dabei handelt es sich um eine oder mehrere Operationen, die ausschließlich Datenelemente manipulieren, die die positiven Bedingungen im Muster erfüllten.

Produktionsregeln drücken genauso wie die zuvor betrachteten Ableitungsregeln Zusammenhänge aus. Da eine Aktion ihrerseits neue Muster gültig machen kann, setzt sich die Anwendung von Produktionsregeln fort, ähnlich wie eine Ableitung durch schrittweise Anwendung von Ableitungsregeln zustandekommt. Grob gesprochen handelt es sich also um gleichwertige Ausdrucksmittel. Lediglich das zugrundeliegende Verarbeitungsmodell ist unterschiedlich: Produktionsregeln haftet ein dynamischer Charakter an, Ableitungsregeln ein eher statischer.

Das Verarbeitungsmodell für Produktionsregeln besteht darin, das Erfülltsein von Mustern zu erkennen, um die Aktion auslösen zu können. Ein neues Muster kann nur gültig werden, wenn sich Datenelemente im Kontrollbereich ändern, neue hinzukommen (positive Bedingungen) oder alte wegfallen (negierte Bedingungen). Man spricht daher auch von einem *datengetriebenen Verarbeitungsmodell.*

Jede solche Veränderung des Kontrollbereichs kann man als ein *Ereignis* auffassen. Auf diesem Ereignisbegriff bauen nun die Produktionsregeln in Datenbanksystemen auf. Da die Datenbasis den Kontrollbereich stellt, handelt es sich also bei den Ereignissen um Veränderungen in der Datenbasis. Die Regeln besitzen dazu die Form

on *Ereignis*
if *Bedingung*
then *Aktion*

Gemäß der beteiligten Elemente (engl.: Event, Condition, Action) bezeichnet man diese Art der Regeln auch als ECA–Regeln. Das Verarbeitungsmodell unterscheidet sich von dem zuvor beschriebenen ein wenig. Eine Regel wird durch das Eintreten eines ausdrücklich spezifizierten Ereignisses getriggert (das kann eine Änderung der Datenbasis sein, aber im Grundsatz kommen auch Leseoperationen oder ganz andersartige Ereignisses wie Verstoß gegen eine Konsistenzbedingung oder ein Alarmsignal aus der Lagersteuerung in Frage). Als erstes wird dann die Bedingung auf der Datenbasis geprüft. Ist sie erfüllt, so wird die Aktion ausgelöst. Das Muster ist hier also in zwei Teile aufgespalten: Ein Ereignis, das sozusagen eine grobe Vorauswahl trifft, und eine Bedingung, die die Feinprüfung definiert.

Es ist vorstellbar, daß ein Ereignis mehr als eine Regel triggert. Dann bedarf es eines Mechanismus zur Konfliktauflösung, um die Regeln bezüglich ihrer Auswertung zu ordnen.

Regeln können für Verwaltungszwecke benannt werden. Dazu stellt man einer Regel noch eine Klausel voran, die beispielsweise folgendes Aussehen hat:

define rule *Regelname*

26.3.2 Beispiele

Produktionsregelsprachen, von denen es eine größere Zahl gibt, variieren sehr weit in der Mächtigkeit, mit der Ereignisse, Bedingungen und Aktionen spezifiziert werden können. Zum Beispiel gibt es allein schon für die Ereignisdefinition umfangreiche Ereignissprachen. Ebenso kann man bei den Bedingungen natürlich beliebig weit auf dem Wege zur Prädikatenlogik erster Stufe gehen. Bei den Aktionen kann man ebenso beliebig weit bis zur Turing–Mächtigkeit vollständiger Programmiersprachen schreiten. Da wir die grundsätzliche Anwendung nur an einfachen Zusammenhängen illustrieren wollen, genügen uns für das Folgende auch einfache Konstrukte.

Wir beziehen uns auf folgenden Ausschnitt unserer Lagerverwaltungsdatenbasis:

relation ArtikelArt(ANr, AName, Menge, Lieferant, Gewicht);
relation Lagereinheit(LeNr, LeaNr, ANr, Stückzahl, Gewicht, LhNr);
relation LagereinheitArt(LeaNr, LeaName, Länge, Breite, Höhe, MaxGewicht);

Das aktive Verarbeitungsmodell erlaubt es, Regeln zu erlassen, so daß eine zunächst nicht erfüllte Bedingung mittels der Aktion erfüllt wird. So kann man eine durch eine Löschoperation gestörte referentielle Konsistenz durch eine zweite Löschoperation wiederherstellen:

```
on delete to ArtikelArt
if true
then delete Lagereinheit
  where Lagereinheit.ANr = old.ANr
```

wobei die Aktion mittels **old** auf das gelöschte Tupel (und damit auf den Bildbereich ArtikelArt) bezugnimmt und die **where**–Bedingung die betroffenen Tupel von Lagereinheit näher umschreibt. Eine solche Regel ist wegen ihres Tupelbezugs sicherlich günstiger als eine auf die gesamte Relation bezogene, die das Gleiche leisten würde:

```
on delete to ArtikelArt
if true
then delete Lagereinheit
  where Lagereinheit.ANr not in (
    select ANr from ArtikelArt)
```

Die Bedingung ist als true ausgeführt, die Regel soll also bedingungslos ausgeführt werden.

Wir erinnern uns, daß in Abschnitt 22.5.3 dieselbe Wirkung über eine Konsistenzbedingung mit **delete**–Option verlangt werden konnte. Die anderen Optionen lassen sich ähnlich formulieren. Dies demonstriert die Mächtigkeit von Produktionsregeln, die nicht nur Ableitungen vornehmen, sondern auch deren Erfüllung durchzusetzen gestatten.

Wir erinnern uns des weiteren der Beispiele aus Abschnitt 7.2.2, nach denen das Gewicht von Lagereinheiten berechnet werden kann und zulässige Lagereinheiten durch die Einhaltung ihres Maximalgewichts gekennzeichnet waren. Wenn wir jetzt erreichen wollen, daß bei Überschreiten eine Meldung mit dem aktuellen Gewicht ausgegeben wird, können wir dies durch folgende Regel nachbilden (**new** bezieht sich auf das eingefügte Tupel):

```
on insert to Lagereinheit
if
   ( select MaxGewicht
   from LagereinheitArt
   where LeaNr = new.LeaNr )
   <
   ( select Gewicht
   from ArtikelArt
   where ANr = new.ANr ) * new.Stückzahl
then output
   ( select Gewicht
   from ArtikelArt
   where ANr = new.ANr ) * new.Stückzahl
```

Leseereignisse können ebenso Regeln triggern. So ist vorstellbar, daß aufgrund ungeklärter Gewährleistungsansprüche ab sofort für eine Lagereinheit mit einem bestimmten Artikel automatisch ein Ersatzartikel gleicher Bezeichnung angeboten werden soll (siehe Bilder 4.3 und 4.4):

```
on select from Lagereinheit
if current.ANr = 'A-011'
then
   select *
   from Lagereinheit
   where ANr in (
      select ANr
      from ArtikelArt
      where AName = (
         select AName
         from ArtikelArt
         where ANr = current.ANr))
```

current bezieht sich auf das mittels der triggernden Leseoperation aufgefundene Tupel.

Alle Beispiele kamen mit der Ausführung einer einzigen Regel aus. Damit lassen sich Ableitungen nur insoweit abbilden, als sie sich sich mit dem Bedingungs– und Aktionsteil einer einzigen Regel erfassen lassen. Will man Ableitungen nachbilden, die eine Abfolge von Ausführungen mehrerer Regeln bedingen, so benötigt man einen Mechanismus, der diese Abfolge konstruiert.

Dies kann etwa dadurch geschehen, daß in einer Aktion ein Ereignis ausgelöst wird, das in der **on**–Klausel einer weiteren Regel vorkommt. Es kann auch geschehen, daß sich das gewünschte Ereignis nicht mit einer Datenbasisänderung verbinden läßt. Dann muß man zur Vereinbarung neuer Ereignisse übergehen, denen man geeignete Parameter mitgibt, auf die sich die neue Regel beziehen kann.

26.4 SQL–Erweiterungen

Obwohl die Beispiele in Abschnitt 26.3.2 den Eindruck von Formulierungen in SQL erwecken mögen, sind sie doch nicht viel mehr als die Verwendung einer vertrauten Sprache zur Illustration einiger der Vorstellungen, die vielerorts in der einen oder anderen Weise mit Produktionsregeln verbunden sind. Was davon Chancen hat, größere Verbreitung zu finden, wollen wir anhand der Überlegungen betrachten, die für den SQL–3–Standard angestellt werden.

In SQL–3 sind Produktionsregeln unter der Bezeichnung Trigger im Gespräch. Als allgemeine Form wird vorgeschlagen:

create trigger *trigger–name*
  { **before** | **after** | **instead of** } *Datenbasis–Ereignis*
  referencing { **old** | **new** } **as** *Bezeichner*
  Aktion

Es gelten die folgenden Randbedingungen:

- *Datenbasis–Ereignis* ist eine Manipulationsoperation (einschließlich Lesen) auf der Datenbasis.
- Regeln können vor Beginn (Schlüsselwort **before**), nach Abschluß (Schlüsselwort **after**) oder anstatt (Schlüsselwort **instead**) der Manipulation getriggert werden.
- *Aktion* ist ein SQL–Ausdruck zur Manipulation der Datenbasis. Er soll über *Bezeichner* auf den alten Zustand (bei **update** oder **delete** als Datenbasis–Ereignis) oder auf den neuen Zustand (bei **update** oder **insert** als Datenbasis–Ereignis) zugreifen können.

Wir wiederholen zur Veranschaulichung der Syntax eines der Beispiele aus Abschnitt 26.3.2. Die Störung der referentiellen Konsistenz zwischen Artikelarten und Lagereinheiten würde man nun folgendermaßen beheben:

```
create trigger LöscheUndefinierteLagereinheiten
after delete on ArtikelArt
referencing old as A
delete Lagereinheit
   where Lagereinheit.ANr = A.ANr;
```

Zur Formulierung von Anfragen mit transitiver Hülle existiert in SQL–3 ebenfalls ein Vorschlag, den wir ja bereits aus Abschnitt 23.5 kennen. Wir wiederholen an dieser Stelle noch einmal die Anfrage nach den direkt oder indirekt in die Nordsee mündenden Flüsse:

```
select Fluß, FlußOderMeer
from MündetIn
where FlußOderMeer = 'Nordsee'
recursive union MündetIndirektIn(Fluß, FlußOderMeer)
select *
from MündetIn
where MündetIn.FlußOderMeer = MündetIndirektIn.Fluß;
```

Bedenkt man, daß SQL–3 neben den hier aufgeführten deduktiven Konzepten ja auch noch die Konzepte objektorientierter Modelle vereinnahmt (Kapitel 23), so ist zu erahnen, welch umfassende Ziele die Sprachgestalter im Auge haben. Wann für einen Sprachvorschlag mit derartigem Leistungsumfang nach dem Standardisierungsdatum erste Implementierungen vorliegen könnten und inwieweit er sich dann beim Anwender durchsetzen kann, bleibt abzuwarten.

26.5 Literatur

An ausführlichen Darstellungen sind [CGT90], [HW93] und [Sto92] zu nennen. Regelauswertungsmechanismen im Kontext unterschiedlicher aktiver Datenbanksysteme werden in [DHW95] vorgestellt.

27. Sichten

27.1 Charakterisierung

Sichten sind uns bereits zweimal begegnet. Einmal war dies in Kapitel 10, als in einem Netz von den Knoten aus auf entfernte Datenbasen zugegriffen und diese im Lichte des eigenen Schemas oder sogar eines eigenen Datenmodells gedeutet werden sollten. Zum anderen war dies in Kapitel 17, wo der konzeptuelle Entwurf von lokalen Betrachtungen der zu modellierenden Welt ausging, die es dann zu einem Schema zu integrieren galt. Gerade in diesem zweiten Fall sollte man erwarten, daß auch nach der Umsetzung in ein logisches Schema die einzelnen Nutzer wenig Interesse an der gesamten integrierten Datenbasis haben — oder es aus Sicherheitsgründen vielleicht auch gar nicht haben sollten — und es deshalb vorzögen, ausschließlich ihre konzeptuelle Sicht in einem entsprechenden logischen Teilschema wiederzufinden.

Die beiden Auffassungen unterscheiden sich eigentlich nur in einer einzigen Hinsicht, nämlich dem Zeitpunkt, zu dem Sichten in Planung und Betrieb auftauchen. Die Auffassung der Sicht in Kapitel 10 geht von einer nachträglichen Beschränkung und Umstrukturierung einer bereits bestehenden Datenbasis aus, die Auffassung der Sicht in Kapitel 17 von einer vorab gegebenen Beschränkung und gegebenenfalls eigenen Strukturierung, die es im Anschluß an den logischen Entwurf wieder zu rekonstruieren gilt. Die Überlegungen zur Informationserhaltung in Abschnitt 17.3.5 zielten auf diese hin. Gemeinsam ist ihnen also, daß Abbildungen zu definieren sind, die Daten aus einer vorhandenen, nach einem bestimmten Schema betriebenen Datenbasis dem spezifischen Blickwinkel eines Nutzers unterwerfen. Dafür müssen die logischen Datenmodelle sprachliche Mittel zur Verfügung stellen. Einige davon wollen wir in diesem Kapitel betrachten.

Die Beschränkung auf die Mittel eines einzelnen Datenmodells bedeutet in der Begriffswelt von Kapitel 10, daß wir es ausschließlich mit Abbildungen innerhalb von Datenmodellen zu tun haben. Die Überlegungen zu den Möglichkeiten dieser Abbildungen und ihrer Grenzen, was die Informationserhaltung angeht, können wir dazu ohne weiteres aus Abschnitt 10.3 übernehmen.

27.2 Relationales Datenmodell

27.2.1 Sichtrelationen

Der Grundgedanke von Sichten im relationalen Modell ist der der virtuellen Relation. Das ist eine Relation, deren Inhalt bei Gebrauch aus dem Zustand anderer Relationen errechnet wird. Eine derartige, also von anderen Relationen abhängige Relation heißt *Sichtrelation* (kurz *Sicht*, engl.: *view*). Die Relationen, die die Sicht definieren, können selbst wieder abhängig sein, also Sichten darstellen. Relationen, die nicht in diesem Sinn abhängig sind, bezeichnet man als *Basisrelationen*. Da man lediglich die Definition einer Sichtrelation registriert und erst bei Verweis auf sie ihre zugehörige Tupelmenge errechnet, folgt die Sicht jeder Änderung in den Basisrelationen automatisch. Bei Bezug auf die Sicht wird also stets die gerade aktuelle Tupelmenge geliefert. Daher darf man nur die Basisrelationen physisch als Tupelmengen in der Datenbasis speichern.

Damit deckt sich aber das Sichtenkonzept mit der Ausgangslage aus Abschnitt 10.3, denn auch dort unterstellten wir die Existenz einer relationalen Datenbasis und betrachteten Sichten als temporäres Ergebnis einer funktionalen Abbildung v.

27.2.2 Sichten in SQL–2

Die Vereinbarung einer Sicht in SQL–2 (also die Definition von v) hat die allgemeine Form

create view *view–name* [(*attributliste*)]
  as *sql–ausdruck*

Die Angabe einer Attributliste ist nur erforderlich, falls die Attribute aus mehreren Bezugsrelationen zusammengetragen werden, die Werte unter mindestens einem Attribut aus einer Aggregierung oder einem arithmetischen Ausdruck hervorgehen, oder man ganz einfach Umstellungen oder Umbenennungen wünscht. Als *sql–ausdruck* ist jeder Ausdruck zulässig, der eine temporäre Relation zum Ergebnis hat, also keine Änderung in der Datenbasis bewirkt.

Sichtrelationen können jederzeit mit

drop view *view–name*

wieder gelöscht werden.

Wir formulieren zunächst einige der einfachen Beispiele aus Abschnitt 10.3.1 als Sichten in SQL:

```
create view ArtikelÜbersicht as
  select Anr, AName
  from ArtikelArt;

create view SiemensArtikel as
  select *
  from ArtikelArt
  where Lieferant = 'Siemens';

create view SchwereLagereinheit as
  select *
  from Lagereinheit
  where Gewicht > 100.0;

create view GelagerterArtikel
  ( ANr, AName, Menge, Lieferant, Gewicht,
    LeNr, LeaNr, Stückzahl, LeGewicht, LhNr ) as
  select A.ANr, AName, Menge, Lieferant, A.Gewicht,
    LeNr, LeaNr, Stückzahl, Le.Gewicht, LhNr
  from Artikel A, Lagereinheit Le
  where A.ANr = Le.ANr;

create view UnzulässigeKombination as
  select *
  from Lagereinheit, LagerhilfsmittelArt
  where Gewicht ≥ MaxGewicht;
```

Sichten sind im relationalen Modell also ein sehr flexibles Instrument: Man kann „horizontale“ oder „vertikale“ Ausschnitte aus der Datenbasis bilden, es lassen sich Daten verdichten und völlig neue relationale Strukturen bilden. Beispielsweise könnten die Lieferanten des Lagers die Möglichkeit erhalten, den nach Stückzahl am häufigsten gelagerten Artikel zu ermitteln. Für den Lieferanten 'Bosch' haben wir eine derartige Anfrage bereits in Abschnitt 22.3.11 konstruiert. Wir benötigen offensichtlich für jeden Lieferanten mit Namen *'Lieferant'* eine eigene Sicht, die folgender Schablone folgt:

```
create view HäufigsterArtikelFürLieferant as
  select A.ANr, AName, sum(Stückzahl)
  from ArtikelArt A, Lagereinheit Le
  where A.ANr = Le.ANr
  and Lieferant = 'Lieferant'
  group by A.ANr
  having sum(Stückzahl) >= all (
    select sum(Stückzahl)
    from ArtikelArt A, Lagereinheit Le
    where A.ANr = Le.ANr
    and Lieferant = 'Lieferant'
    group by A.ANr);
```

Hier zeigt sich, daß parametrisierte Sichten in manchen Fällen nützlich wären. Diese sieht SQL–2 allerdings nicht vor.

Will man aus Datenschutzgründen für Nutzer den Datenbasis–Ausschnitt gezielt auf bestimmte Relationen beschränken, so erreicht man dies, indem sie nur über Sichtrelationen auf die Datenbasis zugreifen dürfen (siehe auch Abschnitt 32.2).

27.2.3 Informationserhaltung

In Abschnitt 10.2.3 stellten wir fest, daß das reine Lesen zu keiner Informationsverfälschung führt, sofern man sich an die Ausgangslage aus Abschnitt 10.2.1 hält. Genau diese Ausgangslage liegt hier vor. Probleme bei der Informationserhaltung treten also erst auf, wenn man durch die Brille der Sicht auch Veränderungen an den Basisrelationen vorzunehmen versuchte. Dabei kommt es im Vergleich zu Abschnitt 10.3 sicherlich zu weiteren Komplikationen, da wir nunmehr für v einen beliebigen SQL–Ausdruck zulassen, der gegenüber der Relationenalgebra einiges an Zusatzfunktionalität aufweisen kann — man denke nur an arithmetische Funktionen, Aggregierungen, Gruppierungen.

Die Frage, unter welchen Bedingungen Änderungen an Sichten informationserhaltend in Änderungen an Basisrelationen überführt werden können, nahm in Abschnitt 10.3 einen breiten Raum ein — sowohl in Form beispielhafter Untersuchungen als auch in Form eines allerdings sehr restriktiven systematischen Ansatzes. Es wird damit aber schon offensichtlich, daß man einem Nutzer kein formales Modell oder eine Unzahl differenzierter Regelungen an die Hand geben kann, mittels derer er zu prüfen hat, ob er eine Sichtenänderung wagen darf. Vielmehr sollte man sich auf wenige, klar verständliche und einleuchtende Regeln beschränken, auch wenn man einige an sich zulässige Fälle mit ausschaltet.

Die einfachste Regelung wäre natürlich die, Sichtenänderungen überhaupt zu verbieten, Änderungen also grundsätzlich nur an Basisrelationen zuzulassen. Abschnitt 10.3.1 macht aber deutlich, daß diese Regelung doch zu rigoros ist. Häufig wird folgender Satz von Regeln empfohlen:

- Die Sicht darf nur aus einer einzigen Basisrelation abgeleitet und nicht geschachtelt sein.
- Falls die Sicht aus einer anderen Sicht abgeleitet ist, muß diese andere Sicht änderbar sein.
- Die Sicht darf aus keiner Gruppierung hervorgegangen sein.
- Die Sicht darf nicht aus einer Duplikateliminierung (**distinct**) hervorgegangen sein.
- Kein Attribut darf auf einer Aggregierungsfunktion basieren.

– Modifizieren von Attributen, die aus einer arithmetischen Operation hervorgehen, und Löschen von Tupeln, die derartige Attribute enthalten, ist nicht erlaubt.

Daß damit auch zulässige Fälle ausgeschlossen werden, zeigt wieder ein Blick auf Abschnitt 10.3.1, der immerhin eine Bedingung nennt, die auch Sichten mit mehr als einer Basisrelation akzeptiert.

27.3 Netzwerkmodell

27.3.1 Subschemata

Wie wir in Abschnitt 24.2 sahen, erfolgt im Netzwerkmodell die Datenmanipulation grundsätzlich über DML–Operatoren aus einer Wirtssprache heraus. Bild 24.1 verdeutlichte darüber hinaus, daß ein Anwendungsprogramm das Datenbasisschema überhaupt nicht zu sehen bekommt, sondern die Datenbasis über ein Subschema interpretiert. Ein solches Subschema kann daher ohne weiteres als Sicht gedeutet werden. Von ihm würde man sich ähnlich wie für Sichtrelationen erhoffen, daß es Ausschnittsbildung und Umstrukturierungen gestattet.

27.3.2 Informationserhaltung

In Abschnitt 10.3.3 wurde deutlich, daß auch die Bildung von Subschemata allerlei Einschränkungen unterworfen werden muß, damit die Abbildung der Originaldatenbasis auf die Sichtdatenbasis informationserhaltend bleibt. Wir erinnern uns, daß beispielsweise das Weglassen von Set–Typen im allgemeinen nicht informationserhaltend erfolgen kann und daß das Aufspalten von Records, das Zerlegen einer Record–Menge, das Verschmelzen zweier Records oder das Zusammenfassen zweier Record–Mengen ebenfalls nur unter den für Projektion, Selektion, Join bzw. Vereinigung erlassenen strengen Auflagen informationserhaltend bleibt.

Ähnlich wie für das relationale Modell existieren daher von vornherein Faustregeln zur Bildung von Subschemata. Die gängigen stammen allerdings unglücklicherweise aus einer Zeit, zu der es noch keine systematischen Untersuchungen zu Sichten gab. Die nachfolgende Liste ergänzt sie daher soweit, daß Informationserhaltung zugesichert werden kann.

1. Alle Bezeichner können umbenannt werden.
2. Struktur eines Record–Typs:

- Innerhalb eines Record–Typs kann die Attributreihenfolge verändert werden, und den Attributen können veränderte Domänen zugeordnet werden. Dies gilt für atomare und komplexe Domänen gleichermaßen. Domänenwechsel ist jedoch nur zulässig, sofern eine Konversionsroutine angegeben werden kann.
- Des weiteren darf man Attribute weglassen. Die ursprünglichen Empfehlungen sagen nichts über Beschränkungen aus. Wie man sich aber anhand Abschnitt 10.3.1 überlegen kann, dürfen für den Record–Typ aufgeführte Schlüssel, auch die in seiner Eigenschaft als Member–Record–Typ, nicht wegfallen.
- Mehrere Attribute dürfen zu (neuen) komplexen Domänen zusammengefaßt werden.

3. Record–Typen in ihrer Gesamtheit:
   - Record–Typen können weggelassen werden.
   - Es dürfen neue Record–Typen als Zusammensetzung von Attributen mehrerer Schema–Record–Typen gebildet werden. Diese Aussage erscheint im Lichte heutiger Erkenntnisse leichtfertig. Sie müßte in jedem Fall auf die (komplizierte) Regelung aus Abschnitt 10.3.1 beschränkt werden.
4. Set–Typen:
   - Set–Typen können weggelassen werden. Auch diese Aussage erscheint leichtfertig. Nach Abschnitt 10.3.3 muß ein **mandatory**– oder **fixed**–Set–Typ sichtbar bleiben, wenn sein Owner–Typ sichtbar gemacht wird.
   - Sofern mehrere Member–Record–Typen zugelassen sind, können einige davon weggelassen werden.
   - **set selection**–Klauseln können ersetzt werden.
5. Gebiete:
   - Gebiete können weggelassen werden.

Die Abbildung v kann zum Teil automatisch durch Vergleich von Schema und Subschema gewonnen werden. In allen anderen Fällen — das gilt vor allem bei veränderten Domänen — müssen zusätzliche Konversionsroutinen bereitgestellt werden. Falls im Subschema eine eigene **set selection**–Klausel vorgegeben wird, ersetzt sie für die Sicht die im Schema angegebene.

27.3.3 Subschemata in COBOL

Da die Datenmanipulation aus einer Wirtssprache heraus erfolgt, muß sich auch das Subschema an den Eigenschaften der Wirtssprache orientieren. Für unsere DML aus Abschnitt 24.2 benötigen wir also noch eine Ergänzung in Form einer sogenannten COBOL Sub–Schema Language. Mit ihr baut sich dann ein Subschema wie folgt auf (zur syntaktischen Darstellung siehe Abschnitt 24.1.1):

title division
Schema Entry
[**mapping division**
alias section {*Alias Entry*} ...]
structure division
[**realm section** {*Realm Entry*} ...]
[**set section** {*Set Entry*} ...]
[**record section** {*Record Entry*} ...]

Schema Entry:

ss *subschema–name* **within** *schema–name*

Alias Entry: Sie dient der Umbenennung von Bezeichnern aus dem Schema *schema–name*. Die in diesem Eintrag nicht aufgeführten Bezeichner werden unverändert übernommen.

$$\underline{\textbf{ad}} = \textit{pseudo-text} = \underline{\textbf{becomes}} \left\{ \begin{array}{l} \textit{realm-name} \\ \textit{set-name} \\ \textit{record-name} \end{array} \right\}$$

pseudo–text ist dabei eine Zeichenfolge, die im Schema *schema–name* als Bezeichner vorkommen muß. Umbenannte Bezeichner müssen im weiteren Verlauf des Subschemas in der neuen Form verwendet werden.

Realm Entry:

$$\underline{\textbf{rd}} \left\{ \begin{array}{l} \underline{\textbf{all}} \\ \textit{realm-name} \end{array} \right\}$$

Set Entry:

$$\underline{\textbf{sd}} \left\{ \begin{array}{l} \underline{\textbf{all}} \\ \textit{realm-name} \end{array} \right\}$$

[set **selection** is

$$\textbf{via}\ \textit{set-name}\ \textbf{owner} \left\{ \begin{array}{l} \underline{\textbf{system}} \\ \underline{\textbf{current}} \\ \underline{\textbf{value}}\ \underline{\textbf{of}}\ \{\textit{attribut-name}\ \textbf{is}\ \textit{attribut-name}\} \ldots \end{array} \right\}$$

[**via** *set–name* **owner** **value of** *attribut–name* **is** *attribut–name*} ...] ...]

Wir erkennen hier, daß Umbenennungen (**is**) von Attributen nicht in der **alias section**, sondern erst im Rahmen der Klauseln erfolgen, in denen sie angesprochen werden.

Record Entry:

```
01 record-name [within {realm-name}...]
   [ Attributbeschreibungen ]
```

Auf die Attributbeschreibungen soll hier nicht näher eingegangen werden. Sie handeln im wesentlichen die Umbenennungen von Attributen und die Veränderungen von Domänen ab. Insbesondere schlagen sich in ihnen alle Besonderheiten von COBOL nieder.

Beispiel: Wir geben zum Abschluß noch ein einfaches Beispiel aus der Lagerverwaltung. Das Basisschema sei dabei durch die Netzwerkmodellierung in Abschnitt 6.5.1 gegeben. Es umfaßt vollständig die Artikelarten, Lagereinheiten und –arten, Lagerhilfsmittel und –arten, Lagerorte und –arten sowie Verträglichkeiten.

Das Lagermanagement wolle nun den Lieferanten einen Teil seiner Datenbasis in Form einer Sicht zugänglich machen, da es sich von dem aktuellen Zugriff der Lieferanten auf den Lagerbestand eine Automatisierung der Nachbestellungen erwartet. Dazu wird eine Lieferantensicht definiert, die Artikelarten und Lagereinheiten umfaßt:

```
title division.
   ss LieferantenSicht within Lagerverwaltung.
mapping division.
   ad record Lagereinheit becomes Liefereinheit.
structure division.
   set section.
      ss VerpacktIn.
   record section.
      01 ArtikelArt
         ...
      01 Liefereinheit
         ...
```

Die Record–Typen ArtikelArt und Liefereinheit — letzterer im Sinne des Lieferanten als Synonym für Lagereinheit — sind über den Set–Typ VerpacktIn miteinander verbunden. Die anderen Informationen aus der Originaldatenbasis sind dem Nutzer nicht zugänglich.

Die Grenzen dieses im wesentlichen auf das Umbenennen oder Verbergen von Record- oder Set–Typen beschränkten Ansatzes sind leicht erkennbar. Beispielsweise ist die verständliche Forderung des Managements nicht erfüllbar, daß jeder Lieferant (in seiner Sicht) nur die Liefereinheiten für die von ihm gelieferten Artikelarten einsehen sollte. Der Einsatz von Selektionen, wie etwa in Abschnitt 27.2.2 zur Darstellung der Sichten SiemensArtikel oder SchwereLagereinheit genutzt, ist in COBOL–Subschemata nicht möglich.

Schwerwiegender ist ein anderer Nachteil, der sich auf Konsistenzerhaltung bezieht. In unserem Beispiel etwa wurde die Existenz des Record–Typs Verträglichkeit in der Originaldatenbasis außer acht gelassen. Verträglichkeit ist nun aber Member–Typ des Set–Typs ErlaubteOrte, dem ArtikelArt als Owner angehört. Da **Verträglichkeit** über die **retention**-Option **fixed** in den Set-Typ eingebunden ist, kommt es zu bereits besprochenen Anomalien, falls der Nutzer eine Artikelart aus seiner Sicht löscht.

27.4 Objektorientiertes Modell

Objektorientierte Datenbanksysteme sind eine noch recht junge Entwicklung, für die das Sichtenkonzept zunächst eine eher nachrangige Aufgabe darstellt. Nun lehnen sie sich häufig jedoch wegen des Fehlens von Standards für ihre Sprachschnittstellen an eine bestehende objektorientierte Programmiersprache an, so wie wir dies beispielhaft in Kapitel 25 kennenlernten. Man könnte sich also fragen, ob das Sichtenkonzept nicht ähnlich wie die sonstigen objektorientierten Konzepte aus solchen Programmiersprachen „abfallen" könnte. Leider kennen jedoch diese Sprachen kein Sichtenkonzept. Wir können also an dieser Stelle auf keine abgesicherten Lösungen zurückgreifen, sondern bestenfalls die Richtung entsprechender Ansätze skizzieren. Wir greifen dazu auf die in Kapitel 8 verwendete Syntax zurück. Ein Sichtschema baut auf einem vorhandenen Schema auf, das entweder ein Schema der physischen Datenbasis (Basisschema) ist oder selbst ein Sichtschema sein kann:

view *Sicht-Name* **based on** *Bezugsschema-Name*
  Sichttyp-Definition$_1$;
  ...
  Sichttyp-Definition$_n$;
end view *Sicht-Name*;

In Anlehnung an Abschnitt 8.3.3 führen wir nun für die Sichttypen einen Definitionsrahmen ein. Bei unveränderter Übernahme eines Typs aus dem Bezugsschema in die Sicht vereinbart man

define view type *Sichttyp-Name* [**supertype** *Sichttyp-Name*] **is**
  Bezugstyp-Name;

Andernfalls:

define view type *Sichttyp-Name* [**supertype** *Sichttyp-Name*] **is**
  [**derived from** *Bezugstyp-Name*
    [**where** Bedingung;]]
  [**structure** *Sichttyp-Struktur*;]
  [**interface**
    Operationen-Signatur$_1$;
    ...
    Operationen-Signatur$_n$;]
  [**implementation**
    Operationen-Implementierung$_1$;
    ...

```
    Operationen-Implementierung_m; ]
  end view type Sichttyp-Name;
```

Hinter dem zuletzt aufgeführten Rahmen verbergen sich eine Reihe von Möglichkeiten, da er eine Übernahme unter Einschränkungen erlaubt. So läßt sich die Menge der Ausprägungen des Bezugstyps in der Sicht durch eine **where**–Bedingung beschränken (wir erinnern uns der isa–Semantik von Sichttypen bezüglich ihrer Bezugstypen, siehe Abschnitt 10.3.5). Weiterhin brauchen nicht alle Operatoren übernommen zu werden; die zu übernehmenden werden in der **interface**–Klausel aufgeführt. Außerdem können eigene Operatoren für den Sichttyp eingeführt werden; sie sind durch das Schlüsselwort **new** zu kennzeichnen, und ihre Implementierung muß dann in der **implementation**–Klausel folgen (wiederum zur Erinnerung: Die Implementierung muß sich stets auf Operatoren des Bezugstyps zurückführen lassen, siehe Abschnitt 10.3.5).

In beiden Fällen kann der neue Sichttyp in eine Hierarchie von Sichttypen eingebracht werden. Als dritter Fall ist sogar zulässig, Sichttypen unabhängig von Bezugstypen einzubringen; sie müssen dann zu anderen Sichttypen in der Hierarchie in Bezug gesetzt werden. Dies ist sinnvoll, wenn die Sicht zusätzliche Abstraktionen oder Spezialisierungen widerspiegeln soll.

Der Definitionsrahmen beläßt mehr Freiheiten, als der Informationserhaltung zuträglich ist. Es liegt also am Nutzer (oder einem Sprachübersetzer), die Bedingungen aus den Abschnitten 10.3.5 und 10.3.5 einzuhalten.

Wir schließen zur Illustration mit dem kurzen Beispiel aus Abschnitt 10.3.5.

```
define view type Zylinder is
   derived from Zylinder;
   structure
      [ radius: Float; mittelpunkt1, mittelpunkt2: Punkt ];
   interface
      declare Float länge(void);
      declare Float volumen(void);
      declare Float masse(void);
      declare void translation(Punkt p);
end view type Zylinder;

define view type KurzerZylinder supertype Zylinder is
   derived from Zylinder;
   where länge() < 100.0;
end view type KurzerZylinder;

define view type LangerZylinder supertype Zylinder is
   derived from Zylinder;
   where länge() ≥ 100.0;
end view type LangerZylinder;

define view type Hohlwelle supertype Zylinder is
   derived from Hohlwelle;
```

```
structure
  [ innererRadius: Float ];
interface
  refine Float volumen(void);
  refine Float masse(void);
  declare Float durchbiegung(void);
  declare Float xTranslation(Float x) is new;
implementation
  ... Implementierung von xTranslation() ...
end view type Hohlwelle;
```

27.5 Literatur

Zum CODASYL–Modell können [COD78] und [Oll78] herangezogen werden. Die SQL–Übersicht [MS93] behandelt auch die Möglichkeiten zum Umgang mit Sichten im relationalen Modell eingehend. [Cod90] bringt in Kapitel 17 eine ausführliche, pragmatisch orientierte Behandlung der Aktualisierungsfähigkeit von Sichten innerhalb des Relationenmodells. [Sch93] schließlich behandelt Sichten in objektorientierten Datenbanksystemen.

28. Transaktionen

28.1 Charakterisierung

Datenbasistransaktionen (oder kurz: Transaktionen) beschreiben das dynamische Geschehen in und um ein Datenbanksystem. Sie sind für Datenbanksysteme so etwas wie das Äquivalent zum Prozeßbegriff in Betriebssystemen. Sie repräsentieren den zeitlichen Ablauf der Durchführung einer Dienstfunktion samt der Steuerung des dabei anfallenden Betriebsmittelverbrauches mit der zusätzlichen Eigenschaft, zu jedem Zeitpunkt die Unverletzlichkeit der Datenbasis zuzusichern. Daraus resultieren als Forderungen, daß

- bei Abschluß der Ausführung der Dienstfunktion die in der Datenbasis hinterlassene Wirkung dauerhaft und der dabei erreichte Zustand der Datenbasis möglichst kongruent, in jedem Fall aber konsistent ist,
- bei Störungen ein Datenbasiszustand angestrebt wird, der mit einem möglichst geringen und schon gar nicht einem irreparablen Verlust an Daten verbunden ist und von dem aus ein kongruenter oder konsistenter Zustand erreicht werden kann.

Diese Forderungen belassen dem Nutzer noch erhebliche Freiräume für eine weitere Detaillierung, die auf die Besonderheiten seiner Anwendung eingehen oder ihm eine Einflußnahme auf die anfallenden Kosten einräumen. Das vorliegende Kapitel wird sich daher mit der Ausgestaltung dieser Freiräume und mit den damit einhergehenden Steuerungsmöglichkeiten beschäftigen. Wir nehmen dabei ausschließlich die Position eines Nutzers ein, fragen uns also was er über Transaktionen wissen muß, ohne sich deshalb mit deren (sehr aufwendiger und vielfältiger) Realisierung vertraut machen zu müssen.

28.2 Transaktionseigenschaften

28.2.1 Übersicht

Für eine systematische Behandlung der Steuerungsmöglichkeiten gliedert man die Forderungen und ihre Freiräume in einen Satz von vier *Transaktionseigenschaften*.

Konsistenz: Hier ist nach Zustandskonsistenz und Sichtkonsistenz zu unterscheiden.

- *Zustandskonsistenz*: Beim Abschluß einer Transaktion, erfolgreich oder nicht, liegt ein konsistenter Datenbasiszustand vor. Voraussetzung ist allerdings, daß die Transaktion auf einem konsistenten Datenbasiszustand aufsetzte. Bei erfolgreichem Abschluß wird man zumeist die Forderung zur Kongruenz hin verschärfen, natürlich sofern auch der Ausgangszustand kongruent war. Bei erfolglosem Abbruch wird man hingegen Kongruenz seltener verlangen können, da ja möglicherweise ein Vorgang der realen Welt nicht nachvollzogen werden konnte.
- *Sichtkonsistenz*: Davon scharf zu trennen ist die Konsistenz der Sicht, die der Nutzer während einer Transaktion auf die Datenbasis hat. Konsistenz besagt hier, daß der über die Transaktionslaufzeit beobachtete Ausschnitt die Forderung nach Konsistenz oder Kongruenz dort erfüllt, wo der Nutzer nicht selbst Änderungen vornimmt.

Bei diesen beiden Konsistenzen handelt es sich um durchaus verschiedene Eigenschaften. Zustandskonsistenz beobachtet die Datenbasis zu einem festen Zeitpunkt, Sichtkonsistenz über ein Zeitintervall. Eine konsistente Sicht impliziert daher auch nicht zwangsläufig eine konsistente Datenbasis und umgekehrt.

Koordination: Auf einer Datenbasis sind üblicherweise eine größere Anzahl von Transaktionen nebenläufig tätig. Dabei können sie insbesondere auch mit denselben Daten arbeiten. Sobald auch nur eine von ihnen an diesen Daten Änderungen vornimmt, kommt es zu Wechselwirkungen zwischen den Transaktionen. Diese können vor allem die Sichtkonsistenz und im Gefolge davon die Zustandskonsistenz beeinträchtigen. Der Grad an Wechselwirkung sollte daher steuerbar sein.

Atomizität: Trifft diese Eigenschaft zu, so hat die Transaktion nur als Einheit eine Wirkung nach außen. Bis zu ihrem erfolgreichen Abschluß hinterläßt sie überhaupt keine Wirkung, nach ihrem erfolgreichen Abschluß ist ihre Wirkung allgemein sichtbar. Wird also insbesondere die Transaktion gestört, so darf sie so solange keine Wirkung zeigen, bis sie die Folgen der Störung behoben hat. Atomizität abstrahiert demnach von der Zeitdauer einer Transaktion: Eine atomare Transaktion bewirkt sozusagen einen sprunghaften (d.h.

unmeßbar kurz dauernden) Übergang der Datenbasis von einem Zustand in einen neuen.

Dauerhaftigkeit: Die Wirkung einer erfolgreich abgeschlossenen Transaktion geht nicht mehr verloren, es sei denn sie wird durch eine weitere Transaktion ausdrücklich widerrufen. Die Wirkung muß also unter günstigen wie widrigen Umständen, insbesondere also auch bei katastrophalen Störungen, erhalten bleiben.

28.2.2 Konsistenz

Bezüglich der Zustandskonsistenz verlassen sich Datenbanksysteme im allgemeinen auf die Gutmütigkeit der Transaktionen. Es liegt also in der Verantwortung des Nutzers, die Transaktion so zu formulieren, daß sie die Konsistenz oder Kongruenz einhält, sofern sie von einem konsistenten bzw. kongruenten Anfangszustand ausgeht und nicht durch Wechselwirkung mit anderen Transaktionen beeinträchtigt wird. Wenn solche Wechselwirkungen ausgeschlossen werden sollen, muß der Nutzer eben zusätzlich vom System eine Garantie der Wechselwirkungsfreiheit verlangen.

Nun kann sich der Nutzer einer Transaktion immerhin schon einmal darauf verlassen, daß die Datenmanipulationsoperatoren die Schemakonsistenz wahren. Es bleibt also nur die Einhaltung einer darüber hinausgehenden Konsistenz seine Angelegenheit, und diese kann er, falls sie in Form von Konsistenzbedingungen niedergelegt ist, auch dem System übertragen. Bei Fertigmeldung des Nutzers übernimmt das Datenbanksystem zunächst eine Prüfung der einschlägigen Konsistenzbedingungen, z.B. von Schlüsselbedingungen oder referentiellen Konsistenzen. Wird ein Verstoß aufgedeckt, so kann das System entweder den Nutzer verständigen und um Korrektur bitten, bevor es die Transaktion abschließt, oder es kann den Verstoß als einen Störfall werten und entsprechend regeln. Wird kein Verstoß beobachtet, so schließt das System die Transaktion ordnungsgemäß ab.

Kongruenz hingegen ist keine formale Eigenschaft, manifestiert sich also in keinen Bedingungen, die sich das System zunutze machen könnte. Kongruenz muß also allein durch den Nutzer garantiert werden.

Sichtkonsistenz ist eine transaktionslokale Angelegenheit. Die Sichtkonsistenz bleibt gewahrt, wenn es zu keinen Wechselwirkungen mit anderen nebenläufigen Transaktionen kommt. Nun fordert Wechselwirkungsfreiheit ihren Tribut in Form verringerter Leistung, so daß man sich überlegen sollte, ob man nicht doch einen gewissen Grad an Wechselwirkung zulassen könnte. Die dann eventuell zu beobachtende Inkonsistenz der Sicht ist tolerierbar, wenn man aus ihr nicht irrige Schlüsse zur Änderung der Datenbasis oder für die Weiterverarbeitung zieht. Ein typisches Beispiel für Tolerierbarkeit sind statistische Analysen.

Zur Steuerung der gewünschten oder akzeptierten Sichtkonsistenz werden häufig vier Konsistenzebenen zur Auswahl angeboten:

- *Konsistenzebene 1*: Inkonsistente Sichten sind dadurch möglich, daß zu einem Zeitpunkt inkonsistente Zustände und/oder über ein Zeitintervall mehrere zu unterschiedlichen Zeitpunkten gehörende Zustände gelesen werden. Ein Beispiel für den ersten Fall wäre eine Lagereinheit, die auf eine noch nicht verbuchte Artikelart verweist, ein Beispiel für den zweiten Fall ein Lagerhilfsmittel, das an zwei verschiedenen Lagerorten beobachtet wird. Der zweite Fall wird auch nichtwiederholbares Lesen genannt.
- *Konsistenzebene 2*: Inkonsistente Sichten sind jetzt nur noch durch nichtwiederholbares Lesen möglich.
- *Konsistenzebene 3*: Sie beschränkt die Inkonsistenz von Sichten auf das sogenannte Phantom–Problem. Ein Phantom ist ein Datenelement, das zur Datenbasis erst nach dem Zeitpunkt hinzukommt, zu dem die Transaktion es eigentlich hätte lesen sollen, dessen Effekte gleichwohl aber von der Transaktion noch zu vertreten sind. Man stelle sich zur Illustration vor, daß man zu einem Lagerhilfsmittel sein Gewicht errechnet, um potentielle Lagerorte zu bestimmen. Toleriert man nun, daß nach der Berechnung eine weitere Lagereinheit auf das Lagerhilfsmittel gestellt wird, so ist denkbar, daß bei Ansteuerung des Lagerorts die völlig unverständliche Meldung abgesetzt wird, daß die Beladung die maximale Tragfähigkeit des Lagerorts übersteigt.
- *Konsistenzebene 4*: Sie gewährleistet volle Sichtkonsistenz. Im allgemeinen wird man diese Konsistenzebene anstreben.

Alle vier Konsistenzebenen unterstellen im übrigen Zustandskonsistenz; keine bringt sie in Gefahr.

28.2.3 Koordination

Isolation. Die klassische und zugleich restriktivste Form der Koordination ist die vollständige Wechselwirkungsfreiheit, auch als *Isolation* bezeichnet. Sie verhindert, daß eine Transaktion Datenbasiselemente nutzen kann, die eine nebenläufige Transaktion bereits sieht und noch zu manipulieren gedenkt, oder selbst Datenbasiselemente ändert, die bereits eine nebenläufige Transaktion nutzt. Derartige Situationen werden als *Zugriffskonflikt* bezeichnet. Eine Transaktionsverwaltung stellt die Isolation meist durch Zwangsserialisierung in Konflikt stehender Transaktionen sicher: Solange kein Konflikt beobachtet wird, laufen nebenläufige Transaktionen auch zeitgleich (oder zumindest quasi–zeitgleich) ab, erst wenn es zum Konflikt kommt, muß eine auf die andere warten.

Damit die Zwangsserialisierung nun aber auch tatsächlich Wechselwirkungsfreiheit garantiert, muß eine Transaktion gewisse Spielregeln einhalten. Die von praktisch allen Datenbanksystemen durchgesetzte Regelung geht dazu von Sperren aus, die an einem Datenelement angebracht werden, und legt ein sogenanntes *Zwei-Phasen-Sperrprotokoll* (abgekürzt: *2PL*) zugrunde:

1. Eine Transaktion muß ein Datenelement vor seiner ersten Benutzung mit einer Sperre belegen.
2. Eine Transaktion darf ein Datenelement nur genau einmal mit einer Sperre belegen.
3. Kein Datenelement darf mit unverträglichen Sperren belegt werden.
4. Eine Transaktion darf nach der ersten Freigabe einer Sperre keine neue Sperre setzen.
5. Am Ende der Transaktion müssen alle von ihr gehaltenen Sperren freigegeben sein.

Die meisten Nutzer werden es vorziehen, wenn sie sich um die Einhaltung des Protokolls nicht selbst zu kümmern haben. Völlig freigehalten werden kann der Nutzer zwar nicht, aber immerhin kann ein Datenbanksystem die Forderungen 1, 2, 3 und 5 durchsetzen und Forderung 4 wenigstens auf Einhaltung durch die Transaktion überwachen. Die Forderungen 1 und 2 werden erzwungen, indem die Sperren vom Datenbanksystem selbst gesetzt werden, Forderung 5 durch eine Aufräumaktion.

Eine Einschränkung muß jedoch gemacht werden. Sie hängt mit dem Durchsetzen von Forderung 3 zusammen. Wenn es so etwas wie Unverträglichkeit gibt, muß es auch Verträglichkeit geben, und das setzt wiederum eine Differenzierung der Sperren voraus. Die einfachste Differenzierung ist die nach S- und X-Sperren (für „share" und „exclusive"), wobei der Besitzer einer S-Sperre signalisiert, daß er das betreffende Datenelement nur lesen will, der Besitzer einer X-Sperre, daß er es auch zu ändern oder zu löschen gedenkt. Aus den Überlegungen zu Eingang dieses Abschnitts geht hervor, daß S-Sperren miteinander verträglich sind, alle anderen Kombinationen von Sperren nicht. Um nun in dieser Situation Forderung 3 durchzusetzen, muß das Datenbanksystem von der Transaktion erfahren können, welche Art von Sperre es anbringen soll. Wird die Differenzierung unterlassen, so wird die Nebenläufigkeit von Transaktionen unnötig unterbunden, da das System dann aus Sicherheitsgründen immer X-Sperren annehmen muß.

Forderung 4 ließe sich erzwingen, wenn man die Freigabe sämtlicher Sperren auf das Transaktionsende verschieben würde. Man spricht dann von einem *strengen Zwei-Phasen-Sperrprotokoll.*

Eine Leistungsverbesserung erzielt man natürlich, wenn man die Unverträglichkeiten weiter einschränkt, ohne deshalb die Isolation aufgeben zu müssen. Das ließe sich durch eine feinere Differenzierung der Sperren bewerkstelligen.

Für den Nutzer überschaubarer sind aber die sogenannten Versionsprotokolle. Sie gehen von der Überlegung aus, daß es sowieso reiner Zufall ist, in welcher Reihenfolge zwei in Konflikt stehende Transaktionen das betreffende Datenbasiselement aufsuchen. Man kann daher beruhigt einer lesenden Transaktion den alten Zustand des Datenbasiselements verfügbar machen, während eine schreibende Transaktion eine Kopie dieses Zustands führt, an der sie Änderungen vollzieht. Derartige Elemente existieren daher zeitweise in zwei Versionen.

Da der Aufwand für die Buchführung allerdings recht hoch ist, lohnt sich die Versionsprotokollierung nur für Client/Server–Konfigurationen, wo sie in einer vereinfachten Variante vor allem im Zusammenhang mit dem rechnergestützten Konstruieren aufgekommen ist. Ein Klient (meist eine Arbeitsstation) zieht mit einer *Checkout*–Operation eine Kopie von der Server–Datenbasis in seine private Datenbasis und liefert sie dann nach Überarbeitung mit einer *Checkin*–Operation an die Server–Datenbasis zurück. Im Zeitintervall zwischen diesen beiden Operationen können andere Arbeitsstationen, beschränkt auf reines Lesen, weitere Kopien ziehen.

Lockerung der Isolation. Das Zwei–Phasen–Sperrprotokoll liefert nun selbst überhaupt nur Konsistenzebene 3. Die Konsistenzebenen 1 und 2 aus Abschnitt 28.2.2 schwächen die Isolation weiter ab. Dem muß eine Lockerung des Protokolls entsprechen. Konsistenzebene 2 kommt zustande, indem man S–Sperren sofort nach Zugriff auf das Datenelement wieder freigibt, Konsistenzebene 1, indem man auf Sperren bei lesendem Zugriff überhaupt verzichtet. Andererseits läßt sich Konsistenzebene 4 nur erreichen, wenn man so große Einheiten sperrt, daß Phantomelemente gar nicht mehr eingebracht werden können, also beispielsweise eine ganze Relation, um Phantom–Tupel zu vermeiden.

Da man offensichtlich einem Nutzer derartige Feinheiten ersparen sollte, sollte es genügen, wenn er die gewünschte Konsistenzebene angibt. Das Datenbanksystem müßte dann automatisch die entsprechende Protokollmodifikation anwenden.

Kooperation. Kooperation zweier Partner — in unserem Fall zweier von ihnen ausgelöster Transaktionen — dient dazu, auf das gegenseitige Vorgehen Einfluß zu nehmen. Das läßt sich natürlich zwanglos durch Nachrichtenaustausch bewirken. Müssen sich die Partner dabei jedoch gegenseitig größere Datenbestände zugänglich machen, so ist ein gemeinsam bearbeiteter Datenbestand das geeignetere Mittel. Da Kooperation im allgemeinen mit länger dauernden Transaktionen verbunden ist, erhält nun jede der beiden Transaktionen Sicht auf einen inkonsistenten Zwischenzustand einer anderen Transaktion. Kooperation steht also im Gegensatz zur Isolation. Wenn aber trotz der bewußten Aufgabe der Sichtkonsistenz am Ende Zustandskonsistenz erreicht werden soll, kann auf eine Reglementierung nicht völlig verzichtet werden. Auch Kooperation muß also Spielregeln unterworfen werden.

Kooperationsprotokollen für Datenbanksystemen wird in den letzten Jahren vermehrt Aufmerksamkeit gewidmet. Aus der Vielzahl entworfener Transaktionsmodelle ist bisher aber noch keines als Sieger hervorgegangen. Am vielversprechendsten erscheinen Modelle, die in Anlehnung an die hierarchische Zerlegung komplexer Aufgaben eine hierarchische Anordnung isolierter Transaktionen vorschlagen.

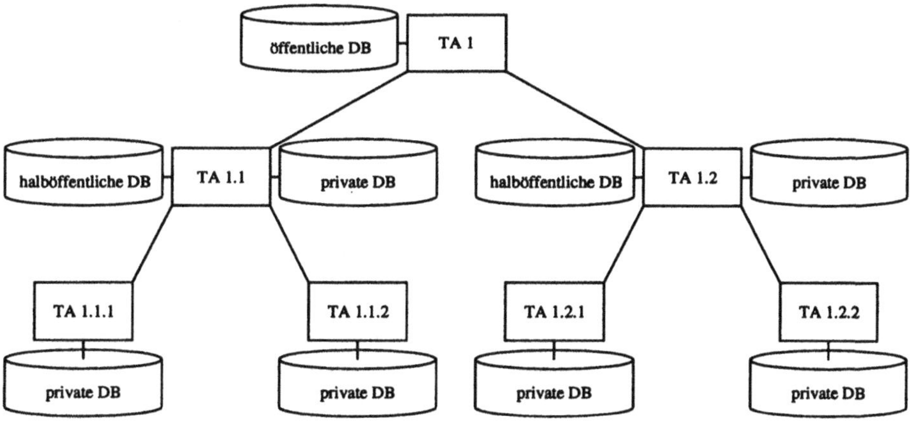

Bild 28.1. Ein Modell kooperierenderer Transaktionen

Ein mögliches Vorgehen zeigt Bild 28.1. Es basiert auf einer Verallgemeinerung des Versionsprotokolls aus Abschnitt 28.2.3 mit Checkout– und Checkin–Operatoren. Die Wurzel–Transaktion TA 1 stellt den Gesamtauftrag dar; sie hat lediglich die Aufgabe, diesen Auftrag auf mehrere Untertransaktionen aufzuteilen und deren Checkout–/Checkin–Anforderungen an die öffentliche Datenbasis zu erfüllen. Die Untertransaktionen arbeiten nun wie von der Versionsprotokollierung her gewohnt auf privaten Kopien. Sie können aber ihrerseits zur Erledigung von Teilaufgaben weitere Untertransaktionen ins Leben rufen, denen sie die Kooperationsdaten in einer halböffentlichen Datenbasis zur Verfügung stellen. Auch diese Untertransaktionen unterwerfen sich hinsichtlich der halböffentlichen Datenbasis dem Checkout–/Checkin–Regime. Die (augenblicklichen) Blatt–Transaktionen verfügen dann natürlich nur noch über eine private Datenbasis.

Eine Untertransaktion fordert nun aus der (halb–)öffentlichen Datenbasis ihrer unmittelbaren Obertransaktion Kooperationsdaten mittels Checkout an. Handelt es sich nicht um die Wurzeltransaktion, so ist denkbar, daß sie dort nicht vorhanden sind, und die Obertransaktion muß sie aus ihrer privaten Datenbasis in ihre halböffentliche Datenbasis überführen oder ihrerseits per

Checkout von ihrer Obertransaktion anfordern. Auf diese Weise wandern allmählich die Kooperationsdaten aus der öffentlichen Datenbasis nach unten. Andererseits reicht eine Untertransaktion ihre Daten per Checkin an die halböffentliche Datenbasis ihrer Obertransaktion zurück. Diese kann sich dafür entscheiden, die Daten in ihrer privaten Datenbasis weiterzubearbeiten, sie weiter nach oben zu reichen oder einfach in der halböffentlichen Datenbasis zu belassen. Im letzten Fall werden sie damit den anderen Untertransaktionen dieser Obertransaktion verfügbar. Kooperation zwischen verschiedenen, an sich isolierten Untertransaktionen derselben Obertransaktion erfolgt also mittelbar über die halböffentliche Datenbasis der Obertransaktion. Durch das fortgesetzte Checkin nach oben erreichen schließlich ausgesuchte Daten die öffentliche Datenbasis und bilden damit das Ergebnis der Wurzeltransaktion.

Die Attraktivität dieses Verfahrens liegt in der leichten Realisierbarkeit durch einen Nutzer, sofern ihm nur ein Checkout-/Checkin-Mechanismus zur Verfügung steht.

28.2.4 Atomizität

Störungsfreie Ausführung. Atomizität bedeutet im störungsfreien Fall, daß eine Transaktion bis zu ihrem erfolgreichen Abschluß überhaupt keine Wirkung hinterläßt, die von fremden Transaktionen beobachtbar wäre, nach ihrem erfolgreichen Abschluß aber ihre Wirkung allgemein sichtbar ist. Eine Transaktion darf also die Zustände der von ihr bearbeiteten Datenbasiselemente (die sogenannten Zwischenzustände der Transaktion) nicht anderen Transaktionen zugänglich machen. Täte sie dies, und würde sie dann ihre Ausführung abbrechen müssen, so hätten die anderen Transaktionen mit ungültigen Zuständen gearbeitet und müßten sich dann selbst ebenfalls als gestört betrachten.

Man könnte nun auf die Vermutung kommen, daß Isolation die Atomizität impliziert, da ja etwa durch die Sperren der Blick auf Zwischenzustände verwehrt wird. Das stimmt fast, aber nicht ganz. Das schwache Zwei-Phasen-Sperrprotokoll sichert nämlich Isolation zu, ohne gleichzeitig auch die Atomizität zu gewährleisten: Sperren dürfen dort ja schon vor Abschluß der Transaktionen freigegeben werden.

Soll also gleichzeitig Isolation und Atomizität zugesichert werden, so muß das strenge Zwei-Phasen-Sperrprotokoll verwendet werden. Man bedenke jedoch, daß man dafür einen Preis in Gestalt verringerten Nebenläufigkeitsgrades und damit verringerter Leistung zahlt. Strebt man stattdessen mittels des schwachen Zwei-Phasen-Sperrprotokolls ein Mehr an Leistung an, so liegt der Preis in einer möglichen Fortpflanzung von Störungen zu anderen Transaktionen, sogar solchen, die bereits abgeschlossen sind — es bildet sich eine Art Störungskaskade heraus. Bild 28.2 illustriert eine solche Kaskade.

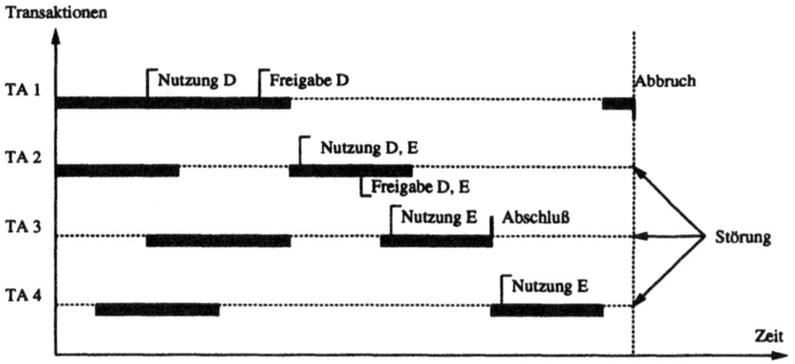

Bild 28.2. Störungskaskade in einer Menge von Transaktionen

Gestörte Ausführung. Störungen können zunächst mit der Transaktion selbst ursächlich zusammenhängen, etwa durch Nutzeraktionen wie fehlerhafte Eingaben, Korrekturwünsche aufgrund neuer Einsichten oder Unwilligkeit zur Fortsetzung, aber auch durch Programmierfehler in der Transaktionsprozedur oder Fehlschlag der Konsistenzprüfung zu Transaktionsende. Man spricht dann von einer *Selbstaufgabe* der Transaktion. Auch das System kann die Ursache für Störungen darstellen: Wie jede Systemsoftware wird die Datenbanksoftware nie frei von Programmfehlern sein; darüber hinaus kann auch die Hardware inkorrekt arbeiten bis hin zum Ausfall von Hintergrundsspeichern, Datenträgern oder dem Rechner selbst. Transaktionen können sich beim Wettbewerb um Daten und sonstige Betriebsmittel verklemmen, so daß eine unter ihnen abgebrochen werden muß, und beim schwachen Zwei–Phasen–Sperrprotokoll kann eine Transaktion von der Störung einer anderen betroffen sein. Derartige unverschuldete Störungen fallen in die Klasse der *systembedingten Störungen*.

Die Forderung lautet nun, bei Störungen einen Datenbasiszustand anzustreben, der mit einem möglichst geringen und schon gar nicht einem irreparablen Verlust an Daten verbunden ist und von dem aus ein kongruenter oder konsistenter Zustand erreicht werden kann.

Am radikalsten ist die Lösung, den Ausgangszustand der Transaktion wiederherzustellen, also sofort sämtliche Spuren der gestörten Transaktion zu tilgen. Man spricht dann vom *Rücksetzen* (engl.: *rollback* oder *undo*) der Transaktion. Dieses Verfahren macht durchaus Sinn, solange dadurch keine Daten verloren gehen oder kein hoher Zeiteinsatz zunichte gemacht wird.

Sind diese Bedingungen nicht gegeben, so muß ein sanfterer Weg eingeschlagen werden. Eine sehr einfache, durch den Nutzer selbst leicht zu steuernde Lösung besteht darin, im Laufe der Ausführung *Sicherungspunkte* (engl.: *savepoints*) zu setzen. Kommt es nun zu einer Störung, so muß zunächst der Nutzer benachrichtigt werden, und es liegt an ihm, den Sicherungspunkt zu nennen, bis zu dem die Transaktion zurückgesetzt und von dem aus sie eine möglicherweise veränderte Abarbeitung wieder aufnehmen soll. Läßt sich die Transaktion allerdings überhaupt nicht mehr retten, so muß auch hier auf den Ausgangszustand zurückgesetzt werden, um nach außen die Atomizität zu wahren.

Nun mag es Situationen geben, in denen es überhaupt nicht mehr möglich ist, auf einen kongruenten Zustand zurückzusetzen. Man denke an das Versenden einer Lagereinheit, die nicht mehr zurückgeholt werden kann und bei der es deshalb auch nichts bringt, auf einen Zustand zurückzusetzen, in dem die Einheit noch im Lager steht. Hier besteht die Lösung in der Durchführung einer *Kompensationstransaktion*, im Beispiel etwa einer, die die aufgetretene Störung irgendwie umgeht und die Lagereinheit aus der Datenbasis löscht. Eine unabweisbare Forderung ist, daß Kompensationstransaktionen stets erfolgreich abschließen müssen.

Kooperation. Wie wir in Abschnitt 28.2.3 gesehen haben, liegt es gerade in der Natur der Kooperation, den Grundsatz der Atomizität abzuschwächen. Das dort diskutierte Transaktionsmodell tut dies, indem es die aus der Gesamtsicht der Wurzeltransaktion geforderte globale Atomizität auf eine Reihe kürzerer Zeitabschnitte verteilt, während derer jeweils über die Untertransaktionen eine nur lokale Atomizität zugesichert wird und an deren Ende jeweils die Kooperation stattfindet.

28.2.5 Dauerhaftigkeit

Hinter der Dauerhaftigkeit steht die Forderung, daß die Wirkung einer erfolgreich abgeschlossenen Transaktion selbst unter den widrigsten Umständen nicht mehr verlorengeht, es sei denn sie wird durch eine weitere Transaktion ausdrücklich widerrufen.

Hinter dieser Forderung verbergen sich ein kurzfristiger und ein langfristiger Aspekt. Kurzfristig muß sichergestellt werden, daß die Wirkung der Transaktion in der Datenbasis *festgeschrieben* (engl.: *commit*) wird. Langfristig muß dafür Sorge getragen werden, daß selbst unter katastrophalen Einwirkungen wie Feuer, Wasser, Sabotage, aber auch einfach unter Bedienungsfehlern, keine Daten irreparabel verloren gehen — und das möglicherweise über Jahrzehnte hinweg.

Mit den langfristigen Aspekten befaßt sich das eigene Kapitel 31. Wir betrachten hier das Festschreiben, das heute allgemein dem *Zwei-Phasen-Commit-Protokoll* (kurz: 2PC) folgt. Seinen Namen hat es von den beiden klar unterscheidbaren Phasen, die ablaufen, nachdem die Transaktion ihren Abschluß signalisiert hat. Begründet sind die Phasen darin, daß ja auch das Festschreiben seine Zeit beansprucht, während der die Transaktion durch systembedingte Störungen bedroht bleibt, obwohl der Nutzer sich bereits in dem Glauben eines erfolgreichen Abschlusses wiegt. Die erste Phase dient daher auch der Sicherung der *Wiederholbarkeit*. An deren Ende hat das Datenbanksystem durch geeignete Maßnahmen sichergestellt, daß es bei einer nunmehr auftretenden Störung von sich aus die Wirkung der Transaktion wiederherstellen, also sozusagen die Transaktion wiederholen kann. In der zweiten Phase wird dann die Wirkung allgemein sichtbar gemacht, also die Atomizität beendet. Ob in dieser zweiten Phase die geänderten Daten auch tatsächlich in die Datenbasis verbracht werden, sollte dem Nutzer gleichgültig sein — er kann sich auf jeden Fall auf die Garantien des Systems verlassen.

Störungen in der ersten Phase — zu der auch noch das Überprüfen von Konsistenzbedingungen treten kann — werden wie in Abschnitt 28.2.4 beschrieben behandelt.

Für Rücksetzen und Festschreiben sind eine große Zahl von Realisierungstechniken bekannt. Sie existieren sowohl für zentrale wie für verteilte Datenbanken. Da sie zudem keineswegs unabhängig voneinander sind, faßt man sie häufig unter dem Begriff Recovery zusammen. Alle basieren jedoch darauf, daß die für die Rücksetzbarkeit und Wiederholbarkeit erforderlichen Informationen in eine sogenannte *Log-Datei* geschrieben werden.

28.3 Transaktionsklassen

28.3.1 ACID–Transaktionen

Der Transaktionsbegriff ist keine Erfindung der Informatik, vielmehr stammt er aus dem Bereich der Buchung. Buchungstransaktionen (in der Informatik heute unter dem Begriff Debit/Credit–Transaktionen gängig) zeichnen sich durch kurze Dauer und geringes Datenvolumen aus, und es fehlt ihnen jeder Kooperationscharakter. In unserer Lagerverwaltungswelt etwa fallen alle Transaktionen zu Lagerbewegungen in diese Klasse.

Für derartige Transaktionen kann man neben den sowieso unabdingbaren Forderungen nach Konsistenz — im allgemeinen zumindest gemäß Konsistenzebene 3 — und Dauerhaftigkeit auch strikte Isolation sowie Atomizität mit Rücksetzen auf den Anfangszustand im Störungsfall verlangen. Diese Eigenschaften faßt man unter dem Kürzel ACID, herrührend von Atomizität (atomicity), Konsistenz (consistency), Isolation (isolation) und Dauerhaftigkeit (durability), zusammen.

ACID–Transaktionen werden im allgemeinen interaktiv angestoßen, entstehen also spontan aufgrund von Umweltereignissen. Sie folgen allerdings zumeist gewissen Stereotypen, so daß die entsprechenden Transaktionsprozeduren bereits vorprogrammiert werden und dann nur ausgewählt werden müssen.

28.3.2 Konversationstransaktionen

Diese Transaktionen zeichnen sich durch längere Dauer mit langen Denkzeiten des Nutzers und häufig einer Verarbeitung umfangreicher Datenmengen aus, laufen aber isoliert ab. Typische Beispiele kommen aus dem rechnergestützten Konstruieren von einzelnen Bauteilen oder Schaltkreisen, der Planung (etwa eines Hochregallagers) oder auch der Buchung längerer Reisen unter Einbezug einer größeren Zahl eigenständiger Agenturen.

Wiederum sind Konsistenz und Dauerhaftigkeit unabdingbar. Isolation haben wir als weiteres Merkmal genannt, so daß auch Atomizität Gültigkeit besitzt. Angesichts der langen Belegungsdauer ist jetzt aber für die Isolation eine versionsbasierte Lösung mittels Checkout– und Checkin–Operatoren angebracht. Innerhalb der Atomizität unter Störung ist das Verwenden von Sicherungspunkten erforderlich. Diese müssen bis zum Ende der Lebensdauer der Transaktion überleben. Zieht sich diese über Tage oder Wochen hin, so erfordert dies eine persistente Zwischenspeicherung. Man spricht dann auch von persistenten Sicherungspunkten.

Konversationstransaktionen lassen sich nicht vorab planen, ihr Ablauf wird von fallweisen und individuellen Entscheidungen geprägt.

28.3.3 Entwurfstransaktionen

Diese Transaktionen spiegeln die Abwicklung einer Entwurfs– oder Entwicklungsaufgabe im Team wider, ihr Hauptkennzeichen ist das kooperative Zusammenwirken mehrerer Personen und damit Teiltransaktionen. Prototypischer Vertreter dieser Klasse von Transaktionen ist das Modell aus Bild 28.1. Die einzelnen Untertransaktionen können ihrerseits ACID–Transaktionen oder — häufiger — Konversationstransaktionen sein.

Sicherungspunkte vermögen nur die lokale Atomizität sicherzustellen. Für die globale Atomizität verbleibt dann nur noch das Mittel der Kompensationstransaktionen. Sie spielen daher für Entwurfstransaktionen eine besondere Rolle.

28.3.4 Stapeltransaktionen

Stapeltransaktionen werden zeitlich abgesetzt bearbeitet, etwa zu Zeiten geringer Systembelastung, und haben ihre Bedeutung vor allem bei der gleichartigen Behandlung großer Datenmengen, z.B. für die Lagerverwaltung beim Einfügen von Datensätzen aufgrund von Lieferungen oder bei Umschichtungen größeren Ausmaßes im Zuge einer Inventur.

Stapeltransaktionen sind also von langer Dauer und bewegen ein großes Datenvolumen. Da keine direkte Interaktion mit Personen erfolgt, entfallen auch

Gesichtspunkte der Kooperation, es ist also Isolation gefordert. Jedoch kann man die Atomizität lockern. Angesichts der langen Dauer erscheinen Sicherungspunkte angebracht, die jetzt aber vorab geplant werden müssen. Zudem ist durchaus denkbar, daß andere Transaktionen schon mit Zwischenzuständen der Stapeltransaktion weiterarbeiten können, wenn diese nur für die Isolation garantiert, daß sie die Zustände nicht mehr weiter beeinflußt. Es bietet sich dann an, auch für Stapeltransaktionen das Modell aus Bild 28.1 zu übernehmen, jedoch in der Tiefe zu beschränken.

28.4 Transaktionssteuerung

28.4.1 Ausführungsmodell

Gleichgültig wie kompliziert im Datenbanksystem die Durchführung einer Transaktion ablaufen mag, nach außen hat der Nutzer die einfache Vorstellung nach dem Zustandsübergangsdiagramm gemäß Bild 28.3. Ruhezustand NULL ist rein gedanklich zu sehen, er kann eine vorprogrammierte Transaktionsprozedur widerspiegeln oder auch die Vorstellungen eines Dialogbenutzers über die Transaktion, die er zu formulieren beabsichtigt. Mit dem Anordnen des Arbeitsbeginns geht die Transaktion in den aktiven Zustand über, in dem sie gemäß der Eigenheiten ihrer Klasse fortschreitet. Gegebenenfalls wird sie versuchen, mit Störungen fertig zu werden, etwa indem sie auf Sicherungspunkte zurückgeht oder Kompensationen in Gang setzt. Gelingt ihr dies nicht, so geht sie unter Zurücksetzen in den gescheiterten Zustand über, von wo aus sie dann nach Aufräumarbeiten aus dem System verschwindet. Bei erfolgreichem Abschluß schreibt die Transaktion ihre Wirkung fest und tritt damit in den dauerhaften Zustand ein. Die Transaktion — nicht aber ihre Wirkung — verschwindet dann auch hier nach denAufräumarbeiten des Systems.

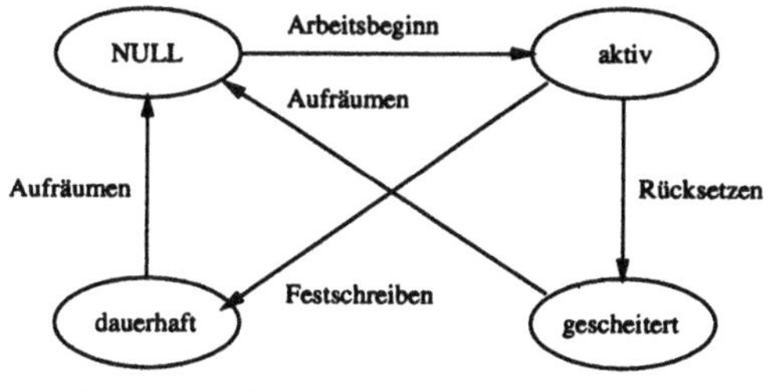

Bild 28.3. Zustandsübergang einer Transaktion aus Nutzersicht

Für Entwurfstransaktionen ist das Modell ein wenig zu einfach, hier müßte man noch Ergänzungen anbringen.

28.4.2 Programmierte Transaktionen

Programmierte Transaktionen sind solche, die in ihrem generellen Ablauf vorgeplant sind und festliegen, bei denen also nur der Zeitpunkt ihres Aufrufs und ihre Parameterversorgung offen bleiben. Sie werden daher als Prozeduren, den Transaktionsprozeduren, formuliert. Im Grundsatz verwenden diese Prozeduren die folgenden Befehle. Ihren Beginn leiten sie durch ein anfängliches **begin of transaction** (abgekürzt BOT) ein, das Ende zeigen sie mit **end of transaction** (abgekürzt EOT) an. Eine Selbstaufgabe wird mittels **abort transaction** mitgeteilt. Mit **save transaction** wird ein Sicherungspunkt gesetzt, und mit **rollback** *n* wird um *n* Sicherungspunkte zurückgegangen.

Ob alle dieser Befehle vorhanden sind und wie ihre genauen Bezeichnungen lauten, variiert von Sprache zu Sprache. Recht einfache Konstrukte bietet die COBOL-DML des Netzwerkmodells, die das Öffnen und Schließen von Gebieten mit der Einrichtung einer Transaktion verbindet. Wir erinnern uns der beiden Operatoren aus Abschnitt 24.2.3:

$$\underline{\textbf{ready}} \left[\left[\begin{array}{l} \textit{set-name} \\ \textit{realm-name} \end{array} \right] \ldots \left[\underline{\textbf{usage-mode}} \textbf{ is} \left[\begin{array}{l} \underline{\textbf{exclusive}} \\ \underline{\textbf{protected}} \end{array} \right] \left\{ \begin{array}{l} \underline{\textbf{retrieval}} \\ \underline{\textbf{update}} \end{array} \right\} \right] \right] \ldots$$

und

$$\underline{\textbf{finish}} \left\{ \begin{array}{l} \textit{set-name} \\ \textit{realm-name} \end{array} \right\} \ldots$$

Sperren können im Netzwerkmodell differenziert erworben werden, wobei die Art der Sperren aber nur global für sämtliche von der Transaktion bearbeiteten Datenelemente festgelegt werden kann: Mit **retrieval** sind alle Sperren S-Sperren, mit **update** X-Sperren. Eine Feineinstellung der gewünschten Konsistenzebene ist hingegen nicht möglich. **exclusive** schließt nebenläufigen Zugriff auf das Gebiet völlig aus, **protected** läßt ausschließlich nicht ändernde Zugriffe zu. Beide Optionen sichern also Ebene 4 zu. Fehlt hingegen eine Angabe, so wird seitens des Nutzers überhaupt auf eine Einschränkung der Nebenläufigkeit verzichtet; damit ist noch nicht einmal Zustandskonsistenz zu erreichen. Auch hier macht sich also wieder die veraltete Technologie bemerkbar.

Der Leser mag sich fragen, ob denn hier nicht redundant spezifiziert wird. Dies ist aber nicht der Fall, wie folgende Überlegung zeigt. Angenommen, ein Gebiet sei ausschließlich mit **update** geöffnet worden. Dann wird eine nachkommende **exclusive**- oder **protected**-Transaktion am Weiterkommen gehindert, weil sie ihre Forderung nicht mehr durchzusetzen vermag.

28.4.3 Transaktionen im Dialog

Für Dialogbenutzer ist charakteristisch, daß sie mit ihren eigenen Sachproblemen beschäftigt sind und sich über Transaktionen kaum Gedanken machen wollen. Will man trotzdem Transaktionseigenschaften zusichern und durchsetzen, so muß man dem Benutzer Angaben abverlangen, die ihm von seiner Arbeitsweise her völlig natürlich erscheinen. Dazu gehört sicherlich seine Eigenart, gelegentlich die bisher erzielten Ergebnisse sichern zu wollen. An dieser Stelle muß ihm nur klar gemacht werden, daß der erreichte Datenbasiszustand zunächst auf Konsistenz geprüft und dann dauerhaft gemacht wird. Er wird es auch als ebenso natürlich betrachten, gelegentlich die bisher geleistete Arbeit verwerfen zu wollen.

Da er also von Transaktionen selbst möglicherweise wenig wissen will, muß eine Zwangsregelung greifen. Sie besteht darin, daß zu Beginn des Dialogs automatisch eine Transaktion gestartet wird. Nach jedem Sichern oder Verwerfen wird die alte Transaktion abgeschlossen und automatisch eine neue gestartet.

Diese Philosophie liegt der Transaktionssteuerung in SQL zugrunde. Der geschilderte Automatismus ist natürlich nur denkbar, wenn man sich von vornherein eine bestimmte Transaktionsklasse fest vorgibt. Dies sind bei SQL ausschließlich ACID–Transaktionen.

Ein SQL–Dialog läuft damit nach folgendem Muster ab:

Erste SQL–Anfrage	Beginn der ersten Transaktion
Folge von SQL–Anfragen	
commit	Festschreiben
Nächste SQL–Anfrage	Beginn der nächsten Transaktion
Folge von SQL–Anfragen	
rollback	Rücksetzen zum vorhergehenden **commit**
Nächste SQL–Anfrage	Beginn der nächsten Transaktion
Folge von SQL–Anfragen	
commit	Festschreiben
...	

Was fehlt, aber aus Nutzersicht recht einfach zu ergänzen sein müßte, ist eine Differenzierung des Sicherns nach Sicherungspunkten und Festschreiben. Was auch noch fehlt, ist die Einstellbarkeit nach Konsistenzebenen und eine Differenzierung der Sperren. Beides kann im Rahmen einer **set transaction**–Anweisung geschehen, wobei wie zuvor die Art der Sperren nur global für sämtliche von der Transaktion bearbeiteten Datenelemente festgelegt werden kann:

set transaction *sperrenart, konsistenzebene*

Die Art der Sperren kann entweder **read only** oder **read write** sein. Alle vier in Abschnitt 28.2.2 aufgeführten Konsistenzebenen lassen sich einstellen:

Ebene 1 mit **read uncommitted**, Ebene 2 mit **read committed**, Ebene 3 mit **repeatable read** und Ebene 4 mit **serializable**.

Die unterschiedliche Nutzung dieser Optionen abhängig von den individuellen Bedürfnissen einzelner Nutzer erläutern wir anhand einer integrierten Lagerverwaltungs–, Geometrie– und Kartographiewelt für die in Abschnitt 17.3.1 identifizierten Nutzergruppen:

- *Lagermanagement*: Das Lagermanagement muß angesichts der Planung von verfügbaren Lagerorten und Lagerhilfsmitteln jederzeit über in sich konsistente Informationen verfügen. Wir nehmen weiterhin an, daß die Belegung bzw. Freiräumung von Lagerplätzen im Lager automatisch zu einer Änderung in unserer Datenbasis führt. Demnach wird nur lesender Zugriff benötigt. Zusammenfassend ergibt sich die Einstellung **set transaction read only, repeatable read**.
- *Hersteller*: Hersteller benötigen auf jeden Fall lesenden und schreibenden Zugriff auf die Datenbasis. Schreibzugriffe bestehen aus (eher seltenen) Abänderungen der Artikeleigenschaften durch Geometrieoperationen sowie aus (sehr häufigen) Einfügungen von Liefereinheiten und Lieferpartien. Geometriemanipulationen sollten aus Konsistenzgründen durch **set transaction read write, serializable** eingeleitet werden. Gleiches könnte man natürlich im Falle des Eintragens von Lieferdaten vorsehen. Hier gilt jedoch, daß kein Phantomproblem entstehen kann, wenn wir davon ausgehen, daß bei den Einfügungen nicht aus der Datenbasis gelesen werden muß. Beim Einbringen von Lieferdaten könnte man also die Einstellung **set transaction read write, repeatable read** als ausreichend erachten.
- *Spedition (Buchhaltung)*: Die Buchhaltung benötigt lesenden und schreibenden Zugriff auf die Datenbasis. Für diese Nutzergruppe sind in bezug auf die Forderung nach Konsistenz keinerlei Kompromisse erlaubt; als einzige Transaktionseinstellung ergibt sich somit **set transaction read write, serializable**.
- *Spedition (Logistik)*: Auch im Bereich der Logistik ist die stärkste Form der Konsistenz angeraten. Hier ist also ebenfalls die Kombination **set transaction read write, serializable** zu wählen.

Ein mögliches Beispiel für die Einstellung **set transaction read, read uncommitted** wäre mit der Nutzergruppe „Unternehmensführung“ gegeben. Zur Vorbereitung strategischer Entscheidungen wird nur lesender Zugriff auf die Datenbasis benötigt; es macht in diesem Fall auch nichts aus, wenn bestimmte Details inkonsistent sind, solange „im großen und ganzen“ ein stimmiges Bild der aktuellen Situation im Lager entsteht.

28.5 Literatur

Die grundlegenden Fragen der Transaktionsverwaltung werden in [LKK93] behandelt. Ausführliche Darstellungen zu Eigenschaften und theoretischer Fundierung finden sich bei [VG93], zur pragmatischen Handhabung im Rahmen von TP–Monitoren bei [Mey87] und zu den technischen Auswirkungen bei [GR93]. Neue Transaktionsansätze, die auch Aspekte der Kooperation berücksichtigen und insofern über das klassische ACID–Prinzip hinausgehen, werden in [KLMP84], [BKK85], [Kai95] und [KSUW85] behandelt. Für das speziell in Multidatenbanken erforderliche Transaktionsmanagement sei auf [Rah94] und [BGMS95] hingewiesen. Auf Maßnahmen zur Wahrung von Sicherheits– und Integritätsbedingungen wird in [Reu87] eingegangen.

29. Schemaevolution

29.1 Charakterisierung

Es liegt in der Natur von Datenbasen, daß sie in der Regel sehr langlebig sind. Die reale Umwelt, die sie modellieren, steht aber in dieser Zeit keineswegs still.

Neue, beim ersten Entwurf nicht vorhersehbare Anwendungen tauchen auf, etwa wenn in unserer Kartographiewelt angesichts der Integration der Verkehrsträger neben den Wasserstraßen auch die Schienenverbindungen und die Autobahnen mit aufzunehmen sind, oder wenn die Welt der geometrischen Körper im Zuge der Bestrebungen zu fertigungs- und montagegerechtem Entwickeln um Fertigungsangaben angereichert werden muß. Ebenso können alte Anwendungen verschwinden oder durch andere ersetzt werden. Man halte sich nur einmal vor Augen, wie sich die Lagerverwaltung in den letzten zehn Jahren infolge der Automatisierung verändert hat.

Einsatzumfelder werden sich mit großer Wahrscheinlichkeit verändern. Man denke nur an die heute besonders virulenten Unternehmenszusammenschlüsse auf der einen Seite und der Auftrennung großer Unternehmen in kleinere, eigenverantwortlich agierende Töchter auf der anderen Seite. Im ersten Fall müssen unabhängig entstandene Informationssysteme zusammengeführt werden, im zweiten muß eine gewachsene Informationsstruktur aufgespalten werden, damit die Selbständigkeit der Töchter mit der erforderlichen Autonomie der Informationsverarbeitung einhergeht.

Schließlich kann sich das Zugriffsverhalten der Nutzer verändern. Waren die diversen Maßnahmen des Datenbanksystems auf die Leistungsoptimierung des ursprünglichen Zugriffsprofils zugeschnitten, so wird allmählich ein deutlicher Leistungsabfall zu beobachten sein. Annahmen über das Zugriffsverhalten stecken aber nicht nur im physischen Entwurf, sondern auch in der konzeptuellen und logischen Modellierung. Man denke nur an die Möglichkeiten, bestimmte Navigationen im Netzwerkmodell über entsprechende Reihenfolgebeziehungen oder im objektorientierten Modell durch symmetrische Objektverweise zu bevorzugen, oder daran, ein angenommenes Verhältnis zwischen lesenden und ändernden Zugriffen im relationalen Modell mit einem entsprechenden Grad an Normalisierung zu beantworten.

Änderung einer Modellierung müssen sich immer als erstes in einer Änderung des Datenbasisschemas niederschlagen. Das Schema muß also einer *Schematransformation* unterworfen werden. Der durch eine Transformation bedingte Wechsel von einem alten Schema zu einem neuen wird als *Schemaevolution* bezeichnet.

Schemaevolution scheint auf den ersten Blick manches mit der Sichtenkonsolidierung gemeinsam zu haben. Und in der Tat wird man sich fragen müssen, welche der dort verwendeten Techniken sich auch für die Schemaevolution eignen. Aber es besteht doch ein tiefgreifender und folgenreicher Unterschied: Nach der Veränderung des Datenbasisschemas muß dann auch der bestehende Datenbestand an das neue Schema derart angepaßt werden, daß er die neuen Strukturvorgaben erfüllt. Gerne übersehen wird, daß abschließend die die Datenbasis nutzenden Softwaresysteme so abgeändert werden müssen, daß sie mit den neuen Datenstrukturen umzugehen vermögen (ein Prozeß, der häufig mit dem Begriff *Softwaremigration* belegt wird).

Bei der Schemaevolution handelt es sich um ein relativ junges Arbeitsgebiet der Datenbanktechnik, das sich interessanterweise nur in beschränktem Maße mit den klassischen Datenmodellen beschäftigte. Sehr viel größeres Interesse fand und findet die Evolution von Schemata und Daten in objektorientierten Datenbanksystemen. Hier bestehen wegen des größeren Reichtums an Strukturierungsmöglichkeiten und durch das Hinzutreten von Operationen ungleich kompliziertere Verhältnisse als in den klassischen Modellen. Da das Gebiet noch sehr im Fluß ist, wird sich das vorliegende Kapitel auf die Grundzüge der Schemaevolution beschränken.

29.2 Evolutionsprozesse

29.2.1 Schematransformationen

Aus der Charakterisierung geht bereits vor, daß man unterschiedliche Formen der Schematransformation beobachten kann:

- *Schemaerweiterung*: Die Bestandteile des alten Schemas bleiben unverändert erhalten; es treten lediglich neue Bestandteile hinzu. Diese sind dann allerdings nicht isoliert, vielmehr müssen sie in einen Zusammenhang mit dem alten Schema gebracht werden.
- *Schemareduktion*: Nicht mehr benötigte Bestandteile werden aus dem Schema entfernt.
- *Schemarestrukturierung*: Der Informationsgehalt des alten Schemas soll erhalten bleiben, aber in eine neue Struktur überführt werden, etwa um wie weiter oben geschildert zu einer Leistungsverbesserung zu gelangen.

– *Schemakonsolidierung*: Dies ist der allgemeinste Fall, bei dem neue Anwendungen mit einem Informationsbedarf hinzutreten, der sich zwar nicht völlig mit dem des alten Schemas deckt, wohl aber in weiten Teilen überlappt, dabei jedoch von der Strukturierung her Unterschiede aufweist.

29.2.2 Modellebenen

Transformation des semantischen Schemas. Der Transformation werden die semantischen Schemata zugrundegelegt. Schemaerweiterung, -reduktion und -konsolidierung (dies nach den Methoden aus Kapitel 17) werden an diesen Schemata durchgeführt. Anschließend wird das so gewonnene semantische Schema nach den Verfahren aus Kapitel 18 in ein logisches Schema übersetzt.

Das Vorgehen hat zwei Vorteile. Der eine ist dokumentarischer Art. Wenn man die Schemaevolution genauso wie den ursprünglichen Datenbankentwurf mit den Mitteln desselben semantischen Modells erfaßt, liegt eine über die gesamte Lebensdauer der Datenbasis einheitliche Entwurfsbeschreibung auf anwendungsnaher Ebene vor. Der zweite Vorteil liegt bei der Offenheit gegenüber einem Einbringen in eine föderierte Datenbank, da diese nach Kapitel 21 hinsichtlich der föderierten Schemata von der Existenz semantischer Modellierungen profitiert.

Ein Nachteil liegt bei der größeren Komplexität der Schemaübersetzung. Normalerweise gehört es nicht zu den Optimierungskriterien der Übersetzung, auf Kompatibilität mit einem bereits vorhandenen logischen Schema zu achten. Diese spielt hier aber eine Rolle, da der Datenbestand von Restrukturierungen umso weniger betroffen ist, je mehr vom alten Schema erhalten bleibt.

Das Verfahren ist nicht sinnvoll für die Schemarestrukturierung, da sie ja gar keine Änderung des Informationsgehalts bezweckt.

Transformation des logischen Schemas. Der Transformation werden die logischen Schemata zugrundegelegt. Das Verfahren eignet sich für alle Formen der Schematransformation. Es ist zudem bequem handhabbar, da viele Anbieter von Datenbanksystemen auch Hilfsmittel bereitstellen, z.B. Transformationsoperatoren, die speziell auf das zugehörige logische Datenmodell zugeschnitten sind.

Vorteile und Nachteile kehren sich gegenüber dem vorhergehenden Fall um. Vorteil ist nun die volle Kontrolle, die man über das logische Schema besitzt. Nachteile sind, daß sich die Änderungen nur schwer zu Anwendungsbedürfnissen in Bezug setzen lassen und daß man sich bei Einbinden der Datenbasis in eine Föderation schwerer tun mag.

29.2.3 Datentransformation

Mit der Schematransformation müssen auch Vorkehrungen getroffen werden, damit die Daten unter dem neuen Schema interpretiert werden können. Dazu muß jedoch die Datenbasis nicht zwingend angepaßt werden. Vielmehr unterscheidet man folgende Optionen:

- Mit der Schemaänderung wird auch sofort die Änderung der Datenbasis vollzogen (*Konversion*).
- Die Datenbasis folgt der Änderung nur verzögert. Dies kann entweder typbezogen oder ausprägungsbezogen geschehen. Im ersten Fall werden alle Ausprägungen eines Typs konvertiert, sobald auf die erste Ausprägung dieses Typs zugegriffen wird, im zweiten Fall beschränkt sich die Konvertierung auf einzelne Ausprägungen bei deren erstmaliger Benutzung.
- Es wird auf jede Änderung der Originaldaten verzichtet. Stattdessen wird für ein Datenelement bei jedem Zugriff eine Kopie gezogen und diese konvertiert (*Screening*).

Die Anpassung der Daten wird auch als *Propagieren* der Schemaänderung in die Datenbasis bezeichnet. Für das Propagieren würde man natürlich vollautomatische Verfahren vorziehen, jedoch sind aufgrund von Mehrdeutigkeiten manuelle Eingriffe häufig unvermeidlich.

29.2.4 Anwendungstransformation

Das Schema eines Datenbanksystems legt nicht nur die Struktur der zu verwaltenden Daten fest, sondern auch seine Schnittstelle zu den Anwendungsprogrammen hin. Änderungen an dieser Schnittstelle erfordern in der Regel Anpassungen in allen Programmen, die dieses Schema verwenden. Die Unterstützung des Zugriffs neuer oder umgestellter Programme auf noch nicht propagierte Daten wird häufig als *Rückwärtskompatibilität* bezeichnet, während die Fähigkeit vor der Änderung erstellter Anwendungsprogramme, auf propagierten oder neu erzeugten Ausprägungen arbeiten zu können, als *Vorwärtskompatibilität* bezeichnet wird.

Das Propagieren ist auf die wirtschaftliche Bedienung der neuen oder umgestellten Anwendungssoftware zugeschnitten. Bei der Konversion geschieht das Propagieren ohne Rücksicht auf die alte Anwendungssoftware, bei der verzögerten Änderung wird wenigstens die alte Anwendungssoftware so lange bevorzugt bedient, bis eine neue Anwendung ihren Anspruch anmeldet. Screening dagegen bevorzugt ausschließlich die alten Anwendungsprogramme und verlegt den Aufwand in die neuen Programme, ist also ein Mittel der Rückwärtskompatibilität. Nach Propagieren kann man dagegen Vorwärtskompatibilität und damit Zugriff auf ein Datenelement in der alten Form nur durch Führen einer Kopie des alten Zustands oder durch Screening (in der Gegenrichtung) unterstützen.

Bild 29.1 illustriert die Überlegungen an einem Zustand bei der Migration von Datenbasis und Anwendungssoftware. Hier koexistieren sowohl die Datenbasis (oder Teile hiervon) nach dem alten Schema als auch eine durch Umstellung und Einbringen neuer Daten entstandene Datenbasis nach dem neuen Schema. Ebenso koexistieren vollständig neue, bereits umgestellte sowie noch nicht umgestellte Programme. Alte und neue Systeme sind in der Abbildung ausgezeichnet. Es bedeuten M_i die Anwendungsmodule, UI_i and SI_i die Benutzungs- und Systemschnittstellen und GUI_i die (modernen) graphischen Benutzungsschnittstellen.

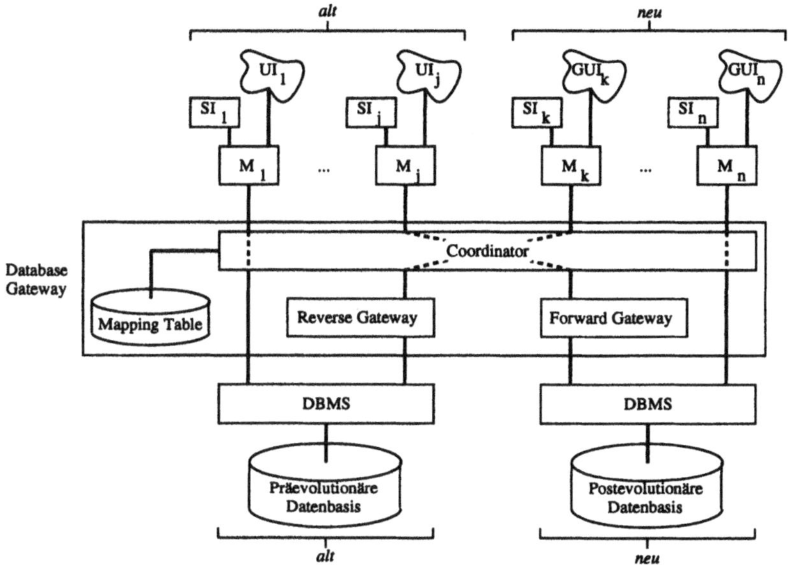

Bild 29.1. Architektur zur Migration einer Datenbasis samt Anwendungsprogrammen

Die Verbindung zwischen Datenbasen und Anwendungsprogrammen stellt ein sogenanntes Database Gateway her. Dieses Gateway besteht aus vier Teilen. Das Forward Gateway sorgt für die Vorwärtskompatibilität, das Reverse Gateway für die Rückwärtskompatibilität. Der Koordinator muß entscheiden, ob überhaupt eines dieser Gateways einzuschalten ist und gegebenenfalls welches, denn alte Programme können mühelos auf die alte Datenbasis und neue Programme mühelos auf die neue Datenbasis zugreifen. Zur Entscheidung bedient er sich zusätzlicher Informationen der Abbildungstabelle *Mapping Table*.

29.2.5 Informationserhaltung

Schemaevolution darf nicht mit einem Verlust von Daten einhergehen. Ein Datenbestand, der vor einer Änderung erzeugt wurde, muß also von nicht umgestellten Anwendungsprogrammen entsprechend dem bei ihrer Erzeugung gültigen Schema, von neuen oder migrierten Anwendungsprogrammen entsprechend dem neuen Schema interpretiert werden können. Umgekehrt sollten propagierte oder nach der Änderung neu hinzugekommene Daten sowohl nach dem neuen als auch nach dem alten Schema (letzteres, so lange noch nicht die gesamte Anwendungssoftware migrierte) zugänglich sein. Wir müssen also die Frage der Informationserhaltung differenzierter betrachten. Hinzu kommt noch, daß wir auch die Modellebene der Schematransformation berücksichtigen müssen. Man wird also je nach Ausgangssituation verschiedene Definitionen von Informationserhaltung anwenden müssen.

Wir betrachten als erstes die Transformation des semantischen Schemas. Nach den Überlegungen aus Abschnitt 17.3.5 und 18.2.5 kommen dort für die Informationserhaltung nur strukturelle Merkmale in Betracht.

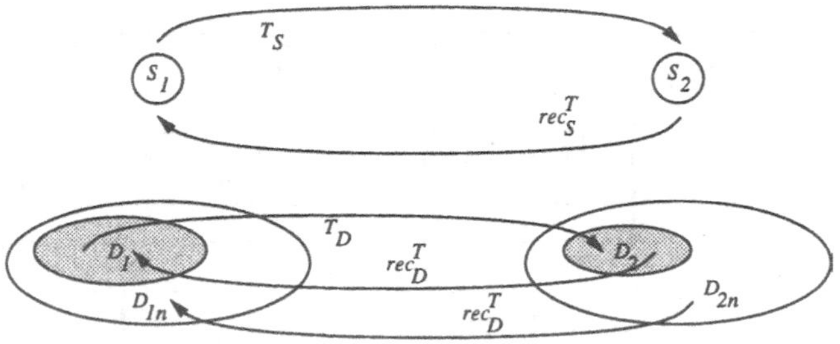

Bild 29.2. Zur Informationserhaltung bei Schemaevolution auf der semantischen Ebene

Bild 29.2 orientiert sich an der Darstellung aus Bild 17.10. Die Vorwärtskompatibilität entspricht dabei der Situation aus Abschnitt 17.3.5. S_1 ist nunmehr das alte, S_2 das neue Schema, D_1 die alte Datenbasis, die nach ihrer Transformation noch in dieser Form gesehen werden soll, D_2 die transformierte Datenbasis. Dann gilt zunächst gemäß Abschnitt 17.3.5:

- $T_S(S_1) = S_2$
- $\forall D_1 \in \Im(S_1) : D_2 = T_D(D_1) \in \Im(S_2)$
- $rec_S^T(S_2) = S_1$
- $\forall D_1 \in \Im(S_1) : rec_D^T(T_D(D_1)) = D_1$

Ergänzt wird das Bild um die Menge D_{2n} der (disjunkt) nach der Transformation hinzugekommenen Datenelemente, die unter S_1 interpretiert werden.

Hier scheint die folgende Definition der Informationserhaltung plausibel: Das Anwendungsprogramm soll D_{2n} unter S_1 genauso sehen, wie es nach der Umstellung D_{2n} unter S_2 sehen würde:

- $\forall D_{2n} \in \Im(S_2) : rec_D^T(D_{2n}) \in \Im(S_1)$
- $\forall D_{2n} \in \Im(S_2) : rec_D^T(D_2) \cap rec_D^T(D_{2n}) = \emptyset$

Die letzte Bedingung ist gegenüber Abschnitt 17.3.5 neu und mag nicht selbstverständlich erscheinen. Mit ihr wollen wir ausdrücken, daß Elemente, die in der neuen Datenbasis unterscheidbar neu hinzukommen, auch bei Interpretation unter S_1 von den alten Elementen unterscheidbar bleiben.

Bei Rückwärtskompatibilität sollen die alten Daten D_1 unter dem neuen Schema S_2 interpretierbar sein. Wir nehmen jedoch an, daß neue Daten nur der transformierten Datenbasis D_2 hinzugefügt werden. Dann gilt etwas einfacher:

- $T_S(S_1) = S_2$
- $\forall D_1 \in \Im(S_1) : D_2 = T_D(D_1) \in \Im(S_2)$
- $\forall D_{11}, D_{12} \in \Im(S_1) : D_{11} \cap D_{12} = \emptyset \succ T_D(D_{11}) \cap T_D(D_{12}) = \emptyset$

Die letzte Bedingung stellt sicher, daß unter S_1 unterschiedliche Elemente unter S_2 unterscheidbar bleiben. Sie kommt hier aus Gründen einer konsistenten Argumentation hinzu: Für die Vorwärtskompatibilität wird sie natürlich durch deren Bedingungen impliziert.

Bei Transformation des logischen Schemas haben wir es hingegen mit Datenmodellen zu tun, die Operatoren besitzen. Die Informationserhaltung richtet sich daher nach den Überlegungen aus Abschnitt 10.2. Wir wiederholen dazu Bild 10.3 als Bild 29.3. Man betrachte zunächst die linke Seite. Wie zuvor sind D_1 die alte Datenbasis und D_2 die transformierte Datenbasis. $v = v(S_1, S_2)$ ist die Transformationsfunktion auf der Datenbasis.

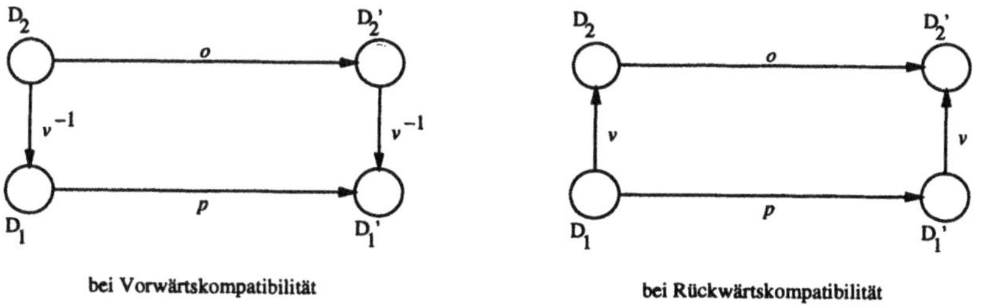

Bild 29.3. Zur Informationserhaltung bei Schemaevolution auf der logischen Ebene

Bei Vorwärtskompatibilität soll die alte Datenbasis D_1 nach ihrer Transformation noch in dieser Form gesehen werden, sie stellt also eine Sicht auf die transformierte Datenbasis dar. Mit v^{-1} als Konverse von v gilt daher:

$$o(v^{-1}(D_2)) = v^{-1}(p(D_2))$$

oder, wegen $D_2 = v(D_1)$:

$$o(v^{-1}(v(D_1))) = v^{-1}((p(v(D_1)))$$

Offensichtlich muß auch v^{-1} Funktion sein, damit Elemente, die in der neuen Datenbasis unterscheidbar neu hinzukommen, auch bei Interpretation unter S_1 von den alten Elementen unterscheidbar bleiben.

Rückwärtskompatibilität ist auch hier einfacher. Bild 10.3 kann nämlich (als rechte Seite von Bild 29.3) unmittelbar übernommen werden, so daß gilt:

$$o(v(D_1)) = v(p(D_1))$$

Wenn wir p auf reine Leseoperationen beschränken, sind die unterschiedlichen Ausgangslagen aus Abschnitt 10.2.3 zu berücksichtigen.

Abschließend merken wir noch an, daß alte Programme die alte Datenbasis trivialerweise informationserhaltend manipulieren und daß sich aus Sicht der Informationserhaltung der Zugriff neuer Programme auf alte, in die neue Datenbasis übernommene Elemente von der Rückwärtskompatibilität nicht unterscheidet.

29.3 Relationales Modell

SQL–2 erlaubt, wie bereits in Kapitel 22 geschildert, das Vereinbaren neuer Relationen mittels

create table *relation–name* (*attributliste*)

und das Entfernen von Relationen aus dem Schema mittels

drop table *relation–name*

Darüber hinaus kann die Attributliste einer bestehenden Relation abgeändert werden: Attribute dürfen hinzutreten, entfallen oder ihren Default–Wert ändern. Dies geschieht mit der Anweisung

alter table *relation–name änderung*

wobei *änderung* eine der drei Formen besitzt:

add column *attribut–name domäne*
drop column *attribut–name*
alter column *attribut–name default–aktion*

Gehen wir im folgenden von der Definition der Relation ArtikelArt gemäß Abschnitt 22.2.2 aus, der Einfachheit halber ohne Konsistenzbedingungen:

```
create table ArtikelArt (
   ANr char(8),
   AName char(25),
   Menge MengenAngabe,
   Lieferant char(25),
   Gewicht GewichtsAngabe
);
```

Dann könnte man die Abmessungen der Artikel nach Ausführung folgender Befehle zusätzlich aufnehmen:

```
alter table ArtikelArt add column Länge integer;
alter table ArtikelArt add column Breite integer;
alter table ArtikelArt add column Höhe integer;
```

Weder SQL–2 noch die Beschreibungen realer System äußern sich direkt zur Informationserhaltung. So kann man die Art und Weise, wie sie die Änderungen in die Datenbasis propagieren, nur noch nachträglich im Lichte der Informationserhaltung interpretieren.

SQL–2 macht überhaupt nur Aussagen zu **drop column**, wobei gesagt wird, daß damit auch die entsprechende Spalte aus der Relation gelöscht wird. Diese Transformation ist offensichtlich nicht vorwärtskompatibel. Manche Datenbanksysteme bieten daher überhaupt nur **add column** an, die Vorwärtskompatibilität trivial sichert und Rückwärtskompatibilität dann, wenn man *NULL*-Werte unter dem neuen Attribut zuläßt.

Einige Systeme handhaben **alter column** noch flexibler als in SQL–2 vorgeschlagen und lassen Änderungen der Domäne zu, sofern gewisse Kompatibilitäten eingehalten werden und die bereits gespeicherten Werte ihnen nicht entgegenstehen (z.B. bei Genauigkeiten von Zahlen oder Textlängen). Sowohl Vor- wie Rückwärtskompatibilität sind gegeben, sofern man wo erforderlich Auffüllen mit Nullen oder Zwischenräumen gestattet.

Der Zeitpunkt der Datentransformation wird allgemeinen offengelassen. Jedoch wird für reale Systeme, die auf hohe Leistung getrimmt sind, eine Propagierung per sofortiger Änderung in folgenden Schritten empfohlen:

- Sichern des Inhalts der betroffenen Relationen (**unload**),
- Löschen dieser Relationen (**drop table**),
- Wiedereinrichten der Relationen mit den geänderten Attributvereinbarungen (**create table**),
- Wiedereinspielen des Inhalts der Relationen im gewünschten Format (**load**).

29.4 Objektorientierte Modelle

29.4.1 Schematransformation

Änderungsoperatoren. Wie bereits in Abschnitt 29.1 erwähnt, ist der Evolution von Schemata und Daten vor allem in objektorientierten Datenbanksystemen besondere Aufmerksamkeit gewidmet worden. Dabei wird von der nachfolgenden Klassifikation für Operationen zur Durchführung von Schemaänderungen Gebrauch gemacht.

(1) Änderungen an einem Typ
  (1.1) Änderungen an einem Attribut
    (1.1.1) Neu hinzufügen
    (1.1.2) Löschen
    (1.1.3) Ändern des Namens
    (1.1.4) Ändern der Domäne
    (1.1.5) Ändern der Konfliktregelung bei Mehrfachvererbung
    (1.1.6) Ändern des Default-Werts
  (1.2) Änderungen an einer Operation
    (1.2.1) Neu hinzufügen
    (1.2.2) Löschen
    (1.2.3) Ändern des Namens
    (1.2.4) Ändern der Implementierung
    (1.2.5) Ändern der Konfliktregelung bei Mehrfachvererbung
(2) Änderungen an der Vererbungshierarchie
  (2.1) Einen Typ zum Obertyp eines anderen machen
  (2.2) Einen Typ aus der Liste der Obertypen eines anderen entfernen
  (2.3) Ändern der Vererbungspriorität unter den Obertypen eines Typs
(3) Änderungen an der Menge aller Typen
  (3.1) Hinzufügen eines neuen Typs
  (3.2) Löschen eines Typs
  (3.3) Ändern des Namens eines Typs

In objektorientierten Datenbanksystemen müssen natürlich nicht alle dieser Operatoren auch tatsächlich verfügbar sein. Manche bieten sie auch nicht unmittelbar an, sondern leiten sie aus deskriptiven Beschreibungen ab.

Beispiel: Legen wir zur Darstellung von Artikelarten den Objekttyp ArtikelArt in der in Abschnitt 8.9 eingeführten Form zugrunde:

```
define type ArtikelArt is
  structure
    [ nr, name: String; menge: Integer; lieferant: String; gewicht: Float ];
  interface
    ...
end type ArtikelArt;
```

Dann könnte in Analogie zu Abschnitt 29.3 die Anforderung bestehen, die Abmessungen der Artikel in die Datenbasis aufzunehmen. Hierbei kommt analog zu Abschnitt 29.3 zunächst eine Erweiterung um die Attribute **länge**, **breite** und **höhe** in Betracht (Klassifikation: dreimalige Anwendung von Fall 1.1.1). Zusätzlich sinnvoll wäre eine Operation, die das Volumen von Artikeln berechnet (Klassifikation: Fall 1.2.1). Wollen wir sogar herausstellen, daß eine Reihe der von uns gelagerten Artikelarten Ersatzteile sind, so böte sich die Einführung eines Typs **ErsatzteilArt** als Untertyp von **ArtikelArt** an (Klassifikation: Fall 3.1).

Diese Anforderungen könnte man — die Existenz geeigneter Operatoren vorausgesetzt — beispielsweise wie folgt formulieren:

```
add in ArtikelArt
  structure länge: Integer;
add in ArtikelArt
  structure breite: Integer;
add in ArtikelArt
  structure höhe: Integer;

add in ArtikelArt
  interface
    declare Float volumen(void);
  implementation
    define volumen is
      return länge * breite * höhe;
    end define volumen;

add define type ErsatzteilArt supertype ArtikelArt is
  ...
end type ErsatzteilArt;
```

Die Operatoren — hier **add** — haben zunächst nichts mit der Datenbasis zu tun, sondern manipulieren das Schema selbst, erlauben also sozusagen eine prozedurale Schematransformation. Hierfür muß es demnach über die Informationserhaltung aus Abschnitt 29.2.5 hinaus eigene Korrektheitsbedingungen geben. Diese fallen in zwei Kategorien.

Konsistente Schemata. Wenn man über einen (syntaktischen) Korrektheitsbegriff für Schemata verfügt, muß man sicherstellen, daß ein Schema nach Anwendung der Änderungsoperatoren diesen Begriff erfüllt. Formuliert man die Korrektheit in Form von Konsistenzregeln, so kann man sich die Änderungsoperatoren als Bestandteil eines Meta–Datenmodells vorstellen und ihnen soweit wie möglich die Einhaltung der Regeln übertragen (vergleiche dazu die Überlegungen aus Abschnitt 2.2).

Beispiele solcher Konsistenzregeln sind:

- Die Typen müssen einen Verband in Form eines gerichteten azyklischen Graphen mit genau einer Wurzel bilden.
- Alle Attribute und Operatoren eines Typs einschließlich der ererbten müssen unterscheidbar bezeichnet sein.

- Attribute und Operatoren sind eindeutig typisiert.
- Ein Typ erbt sämtliche Attribute und Operatoren seiner sämtlichen Obertypen (abgesehen von Konfliktregelungen bei Mehrfachvererbung).
- Die Verfeinerungsbedingungen aus Abschnitt 8.4.6 müssen eingehalten werden.

Aus diesen Konsistenzregeln lassen sich dann Rückschlüsse ziehen, wie Operatoren auszusehen haben, die den Typverband ändern, und wie Änderungen an einem Typ an die Untertypen weitergegeben werden müssen.

Typsicherheit. Wie in Kapitel 8 diskutiert, spielt in objektorientierten Modellen häufig die Frage der Typsicherheit eine zentrale Rolle. Gelingt es, die Typsicherheit in Form von Konsistenzregeln zu verankern, so kann man die Operatoren aus Abschnitt 29.4.1 mit der Einhaltung betrauen.

Typsicherheit muß des weiteren sowohl bei der Vorwärts– als auch der Rückwärtskompatibilität zugesichert werden können. Dazu kann man auf die Überlegungen aus Abschnitt 10.3.5 aufsetzen.

Beispiel: Betrachten wir zunächst die Untertypbildung im Zusammenhang mit der Einführung von ErsatzteilArt. Das Ableitungsschema sieht dann wie in Bild 29.4 gezeigt aus, wobei ArtikelArt' den neuen, abgeänderten ArtikelArt–Typ repräsentiert. Wenn wir die Erweiterungen dieses Typs einen Moment außer acht lassen, ist Typsicherheit für beide Kompatibilitätsrichtungen gewährleistet.

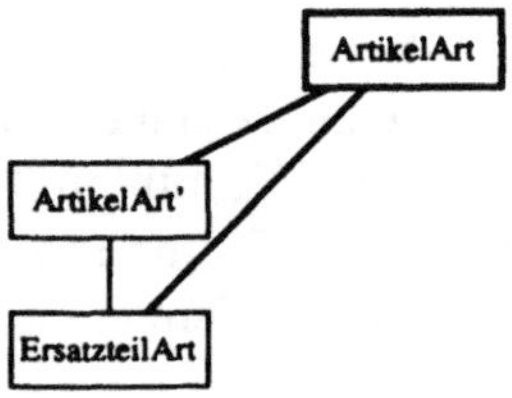

Bild 29.4. Ableitungsschema zur Prüfung der Typsicherheit für das Evolutionsbeispiel

Ziehen wir nun auch die Erweiterung des Typs ArtikelArt in Betracht, fällt ein Problem ins Auge. Die Überlegungen aus Abschnitt 10.3.5 verbieten, daß ein Sichttyp die Struktur des Basistyps erweitern darf. Das gilt zumindest dann, wenn sich die Werte der neuen Attribute nicht über die Attribute des Basistyps berechnen lassen. Daß die Anwendung derartiger Evolutionsoperationen nichtsdestotrotz sinnvoll sein mag, ist unmittelbar einsichtig.

Aus all diesen kurzen Betrachtungen wird bereits deutlich, daß bei Schemaevolution in objektorientierten Datenbanksystemen eine Vielzahl von Faktoren ins Kalkül zu ziehen ist. Sie ist heute noch Gegenstand der Forschung, und man wird abwarten müssen, inwieweit sich auch für den weniger geschulten Nutzer handhabbare Regelungen finden lassen.

29.4.2 Datentransformation

Für das Propagieren der Schemaänderungen in die Datenbasis gelten die Gesichtspunkte der Informationserhaltung aus Abschnitt 29.2.5. Da sich in den allermeisten Fällen keine ganz strikte Informationserhaltung durchsetzen läßt, ist man auf Ermessensentscheide angewiesen, auf welche Weise man mit den Abweichungen umzugehen gedenkt. Welche Spielräume dabei bestehen, soll an zwei Beispielen illustriert werden.

- *Löschen eines Attributs*: Eine Verfahrensvariante entfernt die entsprechende Komponente aus allen Objekten des Typs (Propagieren). Dann muß zur Vorwärtskompatibilität für die Komponente ein Default–Wert zurückgegeben werden, beispielsweise *NULL*, oder nil bei Verweisen. Eine zweite Variante beläßt die Objekte unverändert, maskiert jedoch für Zugriffe unter dem neuen Schema das Attribut (Rückwärtskompatibilität unter Screening). In beiden Fällen muß offensichtlich eine Art Anpassungsroutine (Gateway) bereitgestellt werden, und deren Verwaltung und Zwischenschalten mindert die Leistung des Systems.
- *Löschen eines Typs*: Liegt keine isa–Semantik zugrunde, so besteht die drastischste Lösung darin, das Löschen zu verbieten, solange noch Ausprägungen des Typs existieren. Eine andere Variante kann die Objekte in den Obertypen propagieren, wobei Attribute und Operatoren verloren gehen können. Eine Verschiebung zu den Untertypen würde dagegen gegen die Zuweisungsregel aus Abschnitt 8.4.5 verstoßen. Wird isa–Semantik unterstellt, so ist im allgemeinen nichts zu unternehmen: Die Ausprägungen des Typs sind sowieso auch Ausprägungen des Obertyps, und in dem Maß in dem sie auch Ausprägungen von Untertypen sind, bleiben sie dies unverändert weiter. Soweit letzteres nicht zutrifft, können allerdings Attribute verloren gehen. Trifft es aber zu, so müßte die Löschoperation für den Typ im Schema die bisherige automatische Vererbung der Attribute des Typs durch Propagieren der Attribute in den Untertypen auffangen.

Diese Beispiele machen bereits deutlich, daß allgemeine und damit automatisierbare Lösungen für die Datentransformation nicht immer möglich erscheinen. Stattdessen muß ein Nutzer mit der Schemaevolution in einer ganzen Reihe von Fällen auch Objektanpassungsprozeduren mitliefern. Einige Änderungen lassen sich hingegen eindeutig umsetzen:

- *Umbenennen eines Attributs*: Die Zuordnung zwischen altem und neuem Namen muß dazu getrennt geführt werden.

– *Hinzufügen eines Attributs*: Die entsprechende Komponente erhält in allen propagierten Objekten des Typs einen Default–Wert. Zur Vorwärtskompatibilität wird man zu Maskieren greifen.

Beispiel: Die Attribute länge, breite und höhe in ArtikelArt erhalten in den bereits bestehenden Ausprägungen die Belegung mit nil. Für Anwendungsprogramme, die auf der veralteten Typdefinition arbeiten, könnte dies auch ein anderer beliebiger Wert sein, denn diese Attribute sind diesen Programmen ja verborgen. Die Belegung mit dem „neutralen" nil bietet sich jedoch im Hinblick auf Programme an, die mit der neuen Definition arbeiten und die die (transformierten) alten und die neuen ArtikelArt–Objekte gleich behandeln.

29.4.3 Sichten

Die Überlegungen zur Informationserhaltung bei Rückwärtskompatibilität lehnten sich unmittelbar an die Informationserhaltung bei Sichten an. Das legt den Schluß nahe, daß man auf eine Datentransformation völlig verzichten könnte und das neue Schema einfach als Sicht auf das alte Schema aufsetzt. Man muß nur zuvor überprüft haben, daß Informationserhaltung gegeben ist, wobei jetzt natürlich im Gegensatz zu den Annahmen in Abschnitt 29.2.5 auch Änderungen in der alten Datenbasis vollzogen werden.

Entscheidet man sich für eine Datentransformation, so läßt sich umgekehrt die Frage nach der Notwendigkeit einer Anwendungstransformation stellen. Vereinbart man den Teil des alten Schemas, den ein altes Anwendungsprogramm für seine Zwecke nutzt, als Sicht auf das neue Schema, so kann man sich die Umstellung des Programms ersparen. Eine Entscheidung darüber bedarf der Überprüfung auf informationserhaltende Vorwärtskompatibilität gemäß Abschnitt 29.2.5.

Leider sind Sichten aber auch bei voller Informationserhaltung nicht ohne Probleme. Eine Sicht muß nämlich angepaßt und in ihren Eigenschaften neu überprüft werden, wenn sich das Schema, aus dem es abgeleitet wurde, ändert. Bei wiederholter Evolution ist daher eine Lösung elegant, die die Sichtenbildung einfach wiederholt, indem sie das bisher gültige Schema als neue Sicht auf dem veränderten Schema vereinbart. Die alte Sicht kann so unverändert bleiben; sie basiert nun eben nur auf einer (Zwischen–)Sicht. Sie wird also für den Nutzer auch durch wiederholte Evolution nicht tangiert.

Beispiel: Sind die neu eingeführten Typen ArtikelArt' und ErsatzteilArt durch Sichtdefinitionen auf dem alten Typ ArtikelArt gegeben und wird dieser Typ beispielsweise in Artikel umbenannt, so würde eine Sichtdefinition der Form

```
define view type ArtikelArt is
   derived from Artikel;
   where true
end view type ArtikelArt;
```

die Beibehaltung der Sichtdefinitionen für die Typen ArtikelArt' und ErsatzteilArt ermöglichen.

29.5 Literatur

Schemaevolution ist noch ein relativ junges Gebiet, so daß größtenteils auf Spezialliteratur zurückgegriffen werden muß. Für die Evolution relationaler Schemata sei auf [MS93] und [DD93] verwiesen. Die Anwendungstransformation ist [BS93] entnommen, die Diskussion der Informationserhaltung [Got88]. An Forschungsarbeiten zur Schemaevolution im objektorientierten Bereich sind [ALP91], [BKKK87], [NR89], [Osb89], [Sch93] und [Zic91] zu nennen.

30. Föderierte Datenbanksysteme

30.1 Charakterisierung

Föderierte Datenbanken hatten wir in Kapitel 21 kennengelernt. Dort war es unser Ziel, durch geeignete Entwurfsmaßnahmen einem Nutzer die Heterogenität der zu koordinierenden Datenbanksysteme, Datenmodelle und Datenbasisschemata, ja unter Umständen sogar den Ort der Auftragsbearbeitung zu verdecken. Dabei war allerdings ein nicht unerheblicher Aufwand zu treiben: Eine Reihe von Schemata — Komponentenschema, Exportschema und Föderiertes Schema — waren zu erstellen, und der Übergang zwischen diesen Schemata war durch Transformations-, Filter- und Konstruktionsprozessoren zu regeln. Sind aber alle diese Voraussetzungen erst einmal geschaffen, so kann der Betrieb weitgehend den Regeln folgen, wie wir sie in den vorangegangenen Kapiteln dieses Teils III kennenlernten.

Nur sind diese Voraussetzungen eben doch nicht immer gegeben, beispielsweise weil der geringe Umfang an Koordination den hohen Aufwand für die Erstellung der Schemata und Prozessoren nicht rechtfertigt, oder weil einige der Datenbanksysteme zu wenig an Unterstützung für die Erstellung bieten, oder schließlich weil sie in der Behandlung globaler Transaktionen zu weit auseinanderklaffen. Eine ähnliche Situation trafen wir auch schon in Abschnitt 21.3.2 mit den sprachlich gekoppelten Multidatenbanken an.

Wir werden in diesem Kapitel nun betrachten, welche — nunmehr auf einem relativ niedrigen, implementierungsnäheren Niveau liegenden - Mittel zur Verfügung stehen, um dennoch wenigstens eine rudimentäre Zusammenarbeit von Datenbanksystemen im Netz zu erreichen. Dabei werden wir uns zum einen mit statischen Aspekten — der Nutzung der Funktionalität der beteiligten Systeme — und zum anderem mit dynamischen Aspekten — der Abwicklung globaler Transaktionen - beschäftigen. Es erweist sich als sinnvoll, mit den dynamischen Aspekten zu beginnen.

30.2 Transaktionsverwaltung

30.2.1 TP–Monitore

Lastprofile. Wir hatten schon in Kapitel 28 beobachtet, daß Transaktionen ein altes Konzept sind. Die Datenbanktechnik hat dieses Konzept dann jedoch systematisch durchdrungen und methodisch und technisch zu einer Reife geführt, die die Übernahme des Konzepts in alle Bereiche der Koordination von Anwendungsprozessen nahelegt, auch solchen, in denen Datenverwaltung keine oder nur eine sehr untergeordnete Rolle spielt. Dieser Entwicklung wird durch eine Verselbständigung der Transaktionsverwaltung Rechnung getragen. Ergebnis sind die sogenannten Transaktionsverwaltungsmonitore (Transaction Processing Monitors, *TP–Monitore*).

TP–Monitore sind auf eine bestimmte Art von Lastprofilen zugeschnitten, die sich wie folgt charakterisieren lassen:

- Die Berechnungsvorgänge nutzen gemeinsame Daten.
- Die Auftragseingänge lassen sich nach Zeit, Ort und Art nicht vorhersagen, sie folgen bestenfalls einem statistischen Muster.
- Die Aufträge lassen sich jedoch in einige 10 bis zu 1000 Funktionsklassen, sogenannte Transaktionsklassen, einteilen, für die man entsprechende Transaktionsprozeduren vorhält.
- Die meisten dieser Klassen führen zu Transaktionen kurzer Dauer mit wenigen Hintergrundspeicherzugriffen (Online Transaction Processing, OLTP), einige von ihnen können aber auch von langer Dauer sein (Konversationstransaktionen, Stapeltransaktionen).
- Die Aufträge entstehen in einem Netz mit 1.000 bis 100.000 Klienten.
- Diese Klienten wechseln zunehmend von „dummen" Endgeräten zu „intelligenten" Arbeitsplatzrechnern, die einen großen Teil der Rechenleistung erbringen. Damit steigt zugleich der Grad ihrer Heterogenität.
- Das gesamte durch das Netz repräsentierte System erbringt hohe Leistung, etwa durch Lastausgleich zwischen den Klienten.
- Das System weist eine hohe Zuverlässigkeit auf, insbesondere indem es Konsistenz im Regelfall garantiert und im Störfall alle Maßnahmen ergreift, die die Wiederherstellung der Konsistenz unterstützen.

Die Eigenschaften folgen also weithin den in Abschnitt 28.2 aufgezählten. Es ist daher nur natürlich, wenn für das Zusammenwirken von Datenbanksystemen im Netz wo immer verfügbar TP–Monitore genutzt werden. Schwächen zeigen sie, wie die Liste zeigt, nur dort wo Kooperation verlangt wird.

Kontrollsphäre. Bild 30.1 gibt die Sicht eines Nutzers auf die Umgebung seiner Transaktion wieder. Es zeigt im Zentrum eine Transaktionsprozedur, die durch den Empfang einer Nachricht vom Klienten instanziiert wird. Trifft sie während der Ausführung auf DML–Anweisungen, so kommuniziert sie mit unter Umständen verschiedenen Datenbanksystemen und empfängt deren Ergebnis. Andere Aufrufe haben mit Diensten eines Servers zu tun, z.B. Drucken, umfangreiche Berechnungen, etc. Vor Abschluß wird Kontextinformation abgelegt, mit deren Hilfe sich aufeinanderfolgende zusammengehörige Transaktionen verständigen können. Schließlich wird das Ergebnis an den Klienten gesendet. Alle diese Kommunikationen zwischen den genannten Komponenten definieren die *Kontrollsphäre* des TP–Monitors.

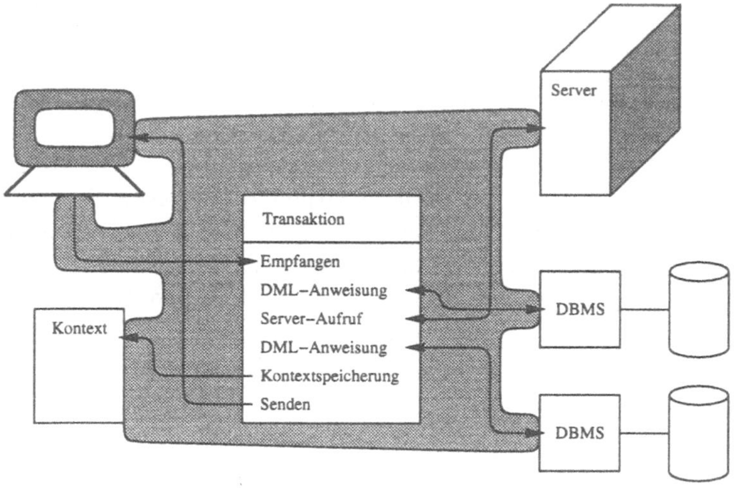

Bild 30.1. Kontrollsphäre

Mit diesem Konzept werden dem Nutzer eine Reihe von Garantien gegeben: Er braucht sich nicht darum zu kümmern, ob die gesamte Verarbeitung lokal auf seinem Rechner oder verteilt im Netz stattfindet, für die Verarbeitung wird ihm der volle Transaktionsschutz zugesichert, insbesondere kann er sich auf Isolation und Recovery verlassen, der Umgang mit Störungen jedweder Art und die Aufräumarbeiten sind Angelegenheit des Systems, die Dauerhaftigkeit des Kontexts ist gewährleistet und Datenschutzregelungen werden durchgesetzt.

Betriebsmittelverwalter. Moderne TP–Monitore bedienen sich zur Abwicklung ihrer Aufgaben sogenannter *Betriebsmittelverwalter* (engl.: *resource managers*). Diese fallen in drei Kategorien:

– *TP–Administratoren*: Dazu zählen Kontextverwaltung, Lokalisierungskataloge und die Präsentationsdienste, die den Anwendungsprogrammierer der detaillierten Kenntnis der Endgeräte entheben und zudem für die Übersetzung der Aufrufe gemäß der lokalen Konventionen sorgen.

- *Transaktionsunterstützung*: Zum einen gehören hierzu alle Dienste, die die Transaktionseigenschaften aus Abschnitt 28.2 auch im globalen Fall durchzusetzen gestatten. Zum anderen fallen in diese Kategorie die Telekommunikationsprozessoren (engl.: communication managers). Auf beide Arten von Diensten werden wir weiter unten noch etwas ausführlicher eingehen.
- *Anwendungsunterstützung*: Diese Kategorie schließt alle Verwalter ein, die der Unterstützung spezifischer Anwendungen dienen und nicht zu den ersten beiden Kategorien zählen. Sie ist daher völlig offen. Beispiele sind Verwalter komplizierter Transaktionen wie Entwurfstransaktionen, elektronische Post, Dateisysteme und — für uns hier am wichtigsten — Datenbanksysteme.

TP–Monitore haben dann im wesentlichen die Aufgabe, die eingehenden Aufträge unter Verfügbarkeits– und Lastverteilungsgesichtspunkten zu terminieren, sie auf die Betriebsmittelverwalter zu verteilen und dort koordiniert ablaufen zu lassen, sie geregelt zu Ende zu bringen und gegen Störungen abzusichern. Bild 30.2 illustriert das Zusammenspiel der Betriebsmittelverwalter (der Telekommunikationsprozessor kommt nur bei entferntem Zugriff ins Spiel). Die Übergänge sind zum Teil aus Kapitel 28 bekannt, andere werden weiter unten noch erklärt.

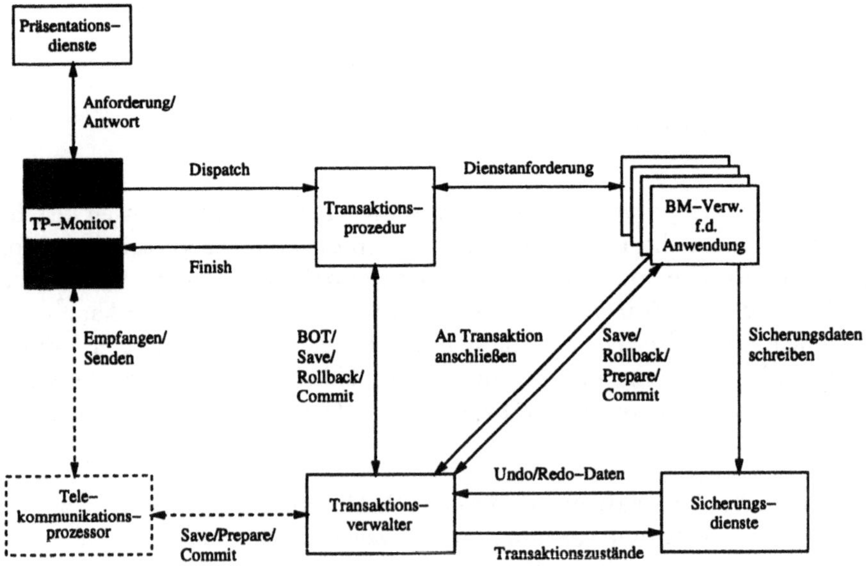

Bild 30.2. Zusammenspiel der Betriebsmittelverwalter

30.2.2 Durchsetzung der Transaktionseigenschaften

Forderungen an die Verwalter. Wir werden uns im folgenden auf ACID–Transaktionen beschränken, denn diese sind es, auf die TP–Monitore besonders zugeschnitten sind und denen auch Bild 30.2 gewidmet ist. Ein Nutzer startet eine solche Transaktion, indem er eine Transaktionsprozedur unter irgendeiner Kennung aufruft und sie mit den notwendigen Parametern versorgt. Die Präsentationsdienste sorgen dann zunächst für eine geeignete Umsetzung der Anfrage. Die Hauptlast bei der Durchsetzung der Transaktionseigenschaften trägt nach Bild 30.2 aber nicht der TP–Monitor, sondern der Transaktionsverwalter.

Bild 30.2 macht vor allem aber deutlich, daß der Transaktionsverwalter zur Koordinierung des Transaktionsablaufs mit den Betriebsmittelverwaltern zur Anwendungsunterstützung zusammenwirken muß. Diese müssen infolgedessen gewisse Eigenschaften besitzen, damit der Transaktionsverwalter seinen Verpflichtungen nachkommen kann.

Der Grundgedanke besteht nun darin, daß eine globale Transaktion bei jedem benötigten Betriebsmittelverwalter eine Teiltransaktion auslöst (Übergang „An Transaktion anschließen"). Damit lautet dann insbesondere für Datenbanksysteme zunächst die Forderung, daß sie lokal die Konsistenz, Isolation, Atomizität und Dauerhaftigkeit zu wahren vermögen. So können sie schon einmal mit ihren eigenen lokalen ACID–Transaktionen wie gefordert umgehen. Die Forderung müssen sie aber ebenfalls erfüllen, um die ACID–Eigenschaft auch für globale Transaktionen durchzusetzen, nur müssen dazu noch einige Eigenschaften hinzutreten, die in Bild 30.2 durch den Aufruf prepare angedeutet sind, sowie durch die Ablage globaler Sicherungsdaten beim Sicherungsdienst, von dem der Transaktionsverwalter im Störfall dann Gebrauch macht.

Lokale Isolation mittels des Zwei–Phasen–Sperrprotokolls (vorzugsweise in der strengen Fassung, um die Atomizität nicht zu gefährden) garantiert erfreulicherweise auch zugleich globale Isolation. Dies liegt an folgendem Satz:

Wird das Zwei–Phasen–Sperrprotokoll von einer Menge verteilter globaler Transaktionen befolgt, so wird diese Menge korrekt synchronisiert. Zerfällt insbesondere eine globale Transaktion in eine Menge lokaler Teiltransaktionen, so sind damit auch die Teiltransaktionen korrekt synchronisiert.

Damit ist auch, wie wir in Abschnitt 28.2.2 gesehen haben, zugleich Sichtkonsistenz — die einzige Konsistenz, auf die das System Einfluß nehmen kann — gewährleistet. Zustandskonsistenz bleibt wie zuvor in der Verantwortung der Transaktionsprozedur.

Zwei–Phasen–Commit. Wir wenden uns nun der Frage zu, wie sich die beiden verbleibenden Eigenschaften, Atomizität und Dauerhaftigkeit, durchsetzen lassen. Wir erinnern wir uns dazu des Abschnitts 28.2.5, in dem bei

Abschluß einer lokalen Transaktion ein Zwei–Phasen–Commit–Protokoll eingesetzt wird. Dabei sichert die erste Phase die Wiederholbarkeit der Transaktion, also die Atomizität im Erfolgsfall und die Dauerhaftigkeit, während die zweite im wesentlichen mit Aufräumarbeiten zu tun hat, zu denen insbesondere der Verzicht auf weitere Isolation zählt.

Der Grundgedanke dieses Protokolls wird nun auf den verteilten Fall übertragen. In der ersten Phase müssen sich alle Betriebsmittelverwalter mit dem Transaktionsverwalter darüber verständigen, ob die globale Transaktion tatsächlich erfolgreich zu Ende gebracht werden kann. Ist dies der Fall, so wird auf jede Teiltransaktion das lokale Zwei–Phasen–Commit angewendet und damit ihre Wiederholbarkeit gesichert. Gelingt dies in der Tat bei allen, so ist auch die Wiederholbarkeit der globalen Transaktion gesichert. Weigert sich hingegen auch nur ein Betriebsmittelverwalter, seine Teiltransaktion zu Ende zu führen, oder gelingt ihm dies nicht, so fordert umgekehrt der Transaktionsverwalter von allen Betriebsmittelverwaltern, daß sie ihre Transaktionen nach ihren lokalen Atomizitätsverfahren zurücksetzen. Damit ist dann auch die globale Transaktion zurückgesetzt und deren Atomizität im Störfall gewahrt.

Das Protokoll und damit die vom Datenbanksystem zusätzlich zu erbringende Funktionalität lassen sich am besten anhand von Zustandsübergangsdiagrammen erläutern. Die Bilder 30.3 und 30.4 zeigen diese Übergänge aus der Sicht der Transaktions- und Betriebsmittelverwaltung. Ovale an den Rändern stellen Schnittstellen dar. Die unten eingezeichneten Schnittstellen dienen dabei der Abstimmung.

Die Transaktionsprozedur fordere nun ein Commit an (Nachricht CommitReq). Der Transaktionsverwalter beginnt damit, alle Betriebsmittelverwalter zu einem prepareCommit aufzufordern, und wartet dann deren Antworten ab. Jeder Betriebsmittelverwalter prüft nach Erhalt dieser Aufforderung, ob aus seiner Sicht die Transaktion tatsächlich festgeschrieben werden kann. Wenn nicht, bricht er sie ab, indem er sie lokal zurücksetzt und dann eine voteAbort–Nachricht an den Transaktionsverwalter zurückschickt. Damit ist für ihn das Protokoll beendet, er braucht sich nicht weiter um die Transaktion zu kümmern. Andernfalls sendet er eine voteCommit–Nachricht. Aufgrund der einlaufenden Antworten kann der Transaktionsverwalter nun entscheiden, ob die globale Transaktion festgeschrieben werden kann oder zurückgesetzt werden muß. Entsprechend fordert er alle Betriebsmittelverwalter zu einem globalCommit oder globalAbort auf (in letzterem Fall braucht der verursachende Betriebsmittelverwalter nicht mehr berücksichtigt zu werden). Die Betriebsmittelverwalter schreiben lokal die Wirkung fest oder setzen zurück und melden die Erledigung dem Transaktionsverwalter, der dann das Verfahren mit einer positiven oder negativen Vollzugsmeldung an die Transaktionsprozedur abschließen kann.

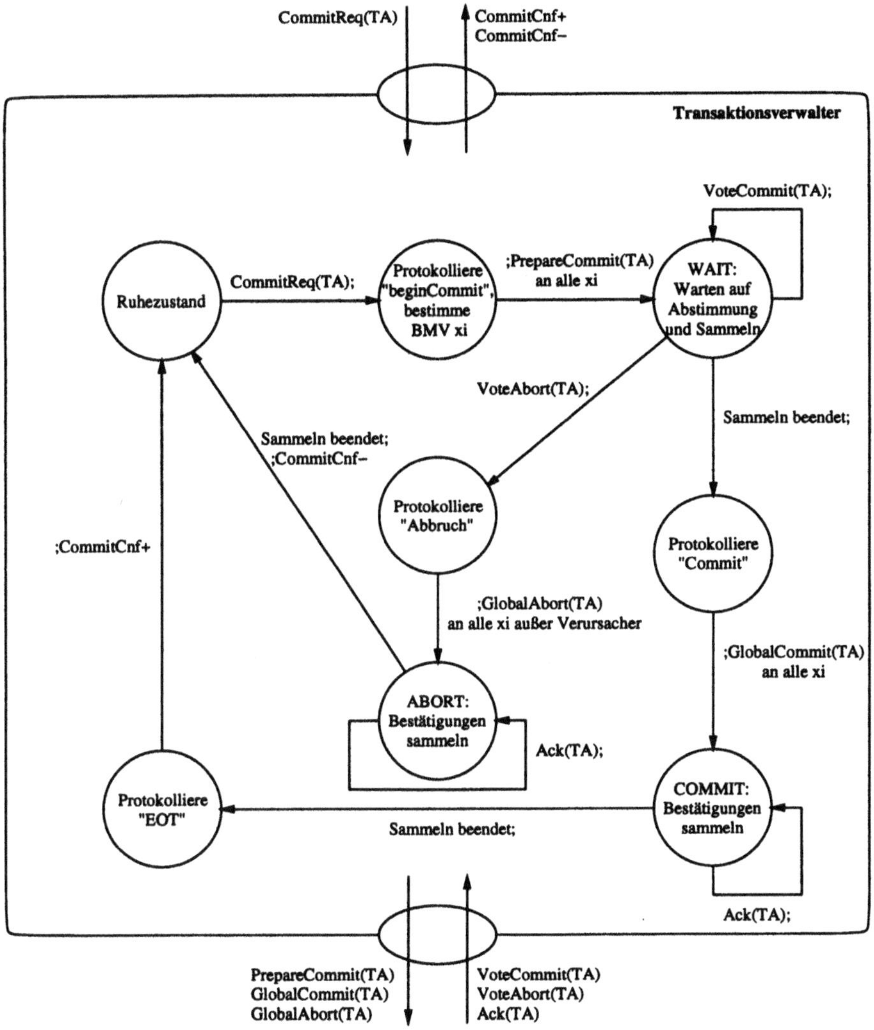

Bild 30.3. Zwei-Phasen-Commit-Protokoll — Transaktionsverwalterseite

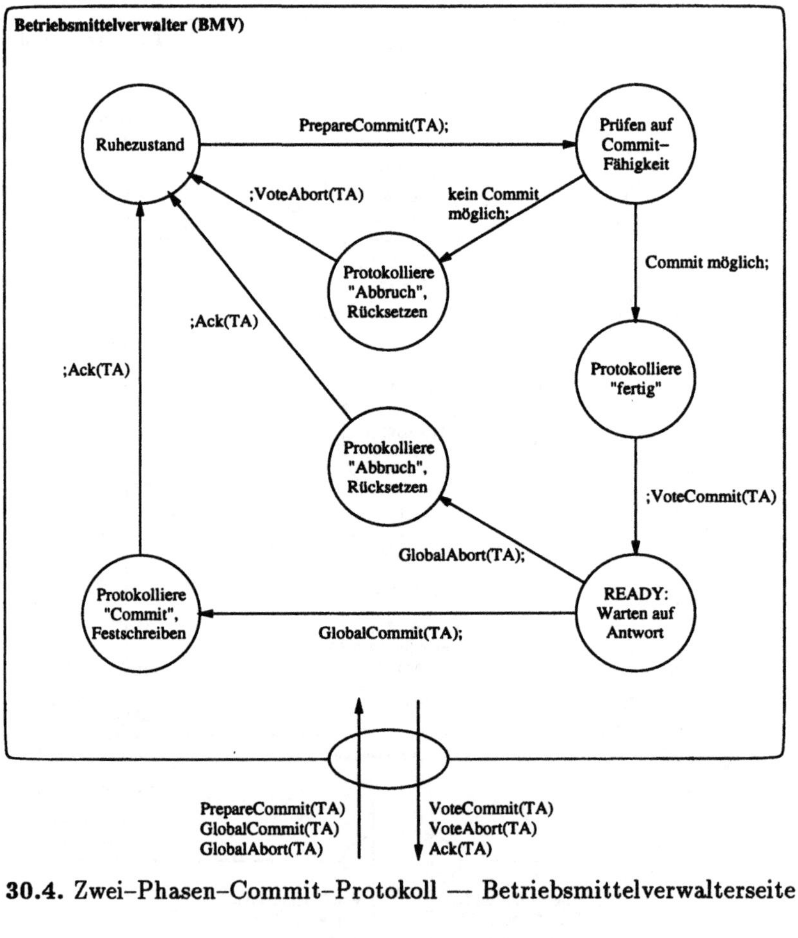

Bild 30.4. Zwei-Phasen-Commit-Protokoll — Betriebsmittelverwalterseite

Datenbanksysteme müssen also jetzt zusätzlich noch die Forderung nach Unterstützung des globalen Zwei–Phasen–Commit–Protokolls erfüllen. Sie müssen darüber hinaus ihr lokales Zwei–Phasen–Commit–Protokoll wie folgt anpassen:

- Am Ende der ersten Phase muß sich die Teiltransaktion sowohl festschreiben als auch zurücksetzen lassen.
- Bis zum Versenden der voteCommit–Nachricht kann das Datenbanksystem die Teiltransaktion jederzeit abbrechen, es darf aber ein einmal versandtes voteCommit–Votum nicht mehr nachträglich abändern.

Erfüllt das beim Nutzer vorhandene Datenbanksystem nicht all die Forderungen, so bleibt dem Nutzer nichts anderes übrig, als auf verteilte Anwendungen zu verzichten oder das Protokoll selbst zu implementieren und so gut als möglich auf dem System aufzusetzen.

Bild 30.2 deutet im übrigen auch noch an, welch weiterer Nachrichtenaustausch beim Setzen von Sicherungspunkten anfällt.

CCR. Auch ohne TP–Monitor muß der Nutzer eines lokalen Datenbanksystems noch nicht auf eine Föderation verzichten. Wir haben ja gerade gesehen, daß sich die globalen ACID–Eigenschaften mit Hilfe der lokalen ACID–Eigenschaften und des globalen Zwei–Phasen–Commit–Protokolls durchsetzen lassen. Letzteres kann man aber auch über das als ISO–Norm vorgeschlagene Telekommunikationsprotokoll CCR (Commitment, Concurrency and Recovery) beziehen.

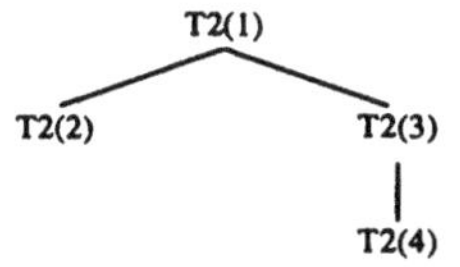

Bild 30.5. Hierarchisch verteilte Transaktion mit Transaktionsbaum

Wichtigster Unterschied ist, daß von einer hierarchischen Anordnung der Teiltransaktionen ausgegangen wird (Bild 30.5), einer Konstellation, die wir ja schon von der Kooperation (Abschnitt 28.2.3) her kennen. Eine globale Transaktion wird derart in Teiltransaktionen unterteilt, daß jeder Betriebsmittelverwalter seinerseits seine Teiltransaktion weiter unterteilt und insoweit selbst auch als Transaktionsverwalter fungiert. Für den fehlerfreien Fall läßt sich dann der Verlauf des Telekommunikationsprotokolls anhand des Weg–Zeit–Diagramms in Bild 30.6 illustrieren.

CCR verlangt, daß jeder Knoten seine verteilte (Teil–)Transaktion dem CCR–Dienst durch das Dienstprimitiv C–Begin anzeigt. Im übrigen verwendet CCR

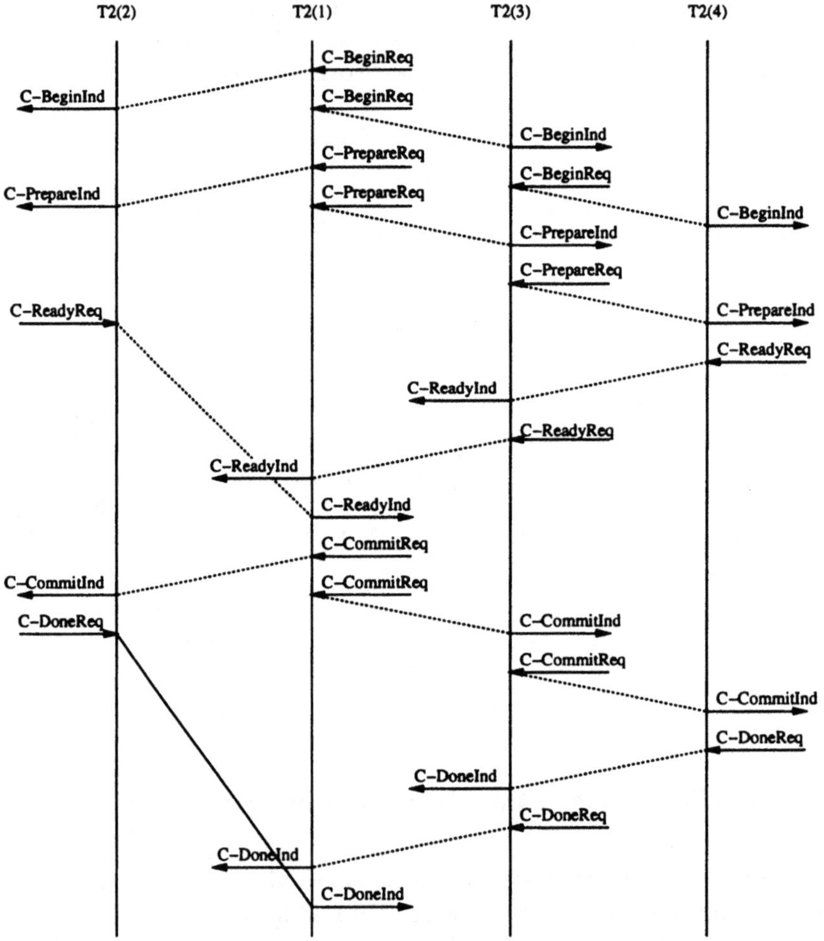

Bild 30.6. Weg-Zeit-Diagramm bei fehlerfreiem Ablauf eines CCR-Protokolls

andere Benennungen für die Dienstprimitive: C–Prepare anstelle prepareCommit, C–Ready anstelle voteCommit, C–Refuse anstelle voteAbort, C–Commit anstelle globalCommit, C–Done anstelle Ack und C–Rollback anstelle globalAbort. Jeder Knoten übernimmt die Verantwortung für die Beendigung seiner Teiltransaktionen und gibt das entsprechende Ergebnis — sofern er nicht der Wurzelknoten ist — an seinen Vorgängerknoten weiter.

Nachteilig an diesem Verfahren ist, daß nun auch die Transaktionsprozedur als Wurzelknoten die Koordinierungsfunktion mit übernehmen muß, während sie zuvor lediglich ihre Commit–Anforderung absetzte. Um sie auch ohne TP–Monitor in diesen einfachen Stand zu versetzen, gibt es einen weiteren ISO–Normvorschlag, TP–ASE (Transaction Processing Application Service Element), der die Koordinierung der Terminierung einer Transaktion in die alleinige Verantwortung des Telekommunikations–Dienstes legt. Dazu muß der Dienst auch die Reaktion auf diverse Netzfehler übernehmen. Bei CCR fällt diese ebenfalls in die Verantwortung des Nutzers, der zudem auch sonstige Eigenschaften des TP–Monitors wie Lastausgleich und Datenschutz selbst in die Hand nehmen muß.

30.3 Aufrufbearbeitung

Die in Kapitel 21 besprochenen Föderationen streben Ortstransparenz an. Ein Nutzer an einem Ort soll sich also vom Zugang her gar nicht bewußt werden, daß seine Anfrage möglicherweise andere Datenbanksysteme, die sich an entfernten Orten befinden und andere Eigenschaften aufweisen als das eigene, mit einbezieht. Er stellt einfach seine Anfrage in der ihm von seinem lokalen System her gewohnten Weise.

Wir betrachten hier nun den Fall, daß eine solche Orts– und damit Funktionstransparenz nicht mehr gegeben ist. Wir studieren, welche technischen Mittel der Nutzer dann bewußt einsetzen muß.

30.3.1 Fernaufrufe

Der klassische Mechanismus für alle Arten von Auftragserteilung ist der Prozeduraufruf. Zur Programmierung verteilter Anwendungsprogramme hat sich daher der Fernaufruf (engl.: *Remote Procedure Call*, *RPC*) herausgebildet, der einem Nutzer (Klienten) den Aufruf einer Prozedur bei einem Diensterbringer (Server) auf einem anderen, möglicherweise entfernten, nur über Netz erreichbaren Rechner gestattet. Generell wird angestrebt, den RPC syntaktisch und semantisch möglichst stark einem lokalen Prozeduraufruf anzugleichen, ihn also verteilungstransparent zu gestalten. Insbesondere werden daher Eingabe– und Ausgabeparameter wie lokal gewohnt übergeben. Es ist lediglich zu bedenken, daß Zeiger als Prozedurparameter nur für den Adreßraum einer bestimmten Maschine bedeutsam sind, so daß an ihrer Stelle die von ihnen referenzierten Datenstrukturen übertragen werden.

Bild 30.7 zeigt den Ablauf eines RPC in seiner synchronen Grundform. Bei Aufruf einer entfernten Prozedur durch ein Anwendungsprogramm wird der Klientenprozeß in den Wartezustand versetzt, und die Parameter werden zum Zielsystem in Form von Nachrichten übertragen. Dort wird die gewünschte Prozedur gestartet und abgearbeitet. Nach Beendigung werden die Ergebnisse über das Netz zum Klienten zurückgeschickt. Das Anwendungsprogramm fährt dann wie nach der Rückkehr eines lokalen Prozeduraufrufs mit der weiteren Ausführung fort.

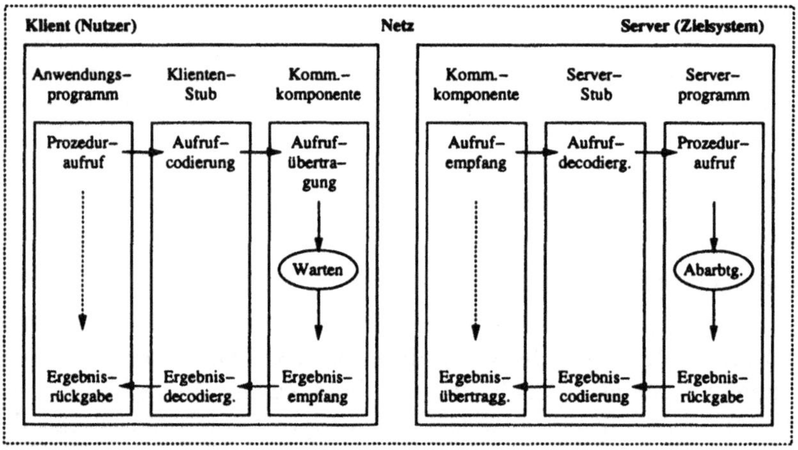

Bild 30.7. Ablauf eines fernen Prozeduraufrufs (RPC)

Tatsächlich müssen, wie Bild 30.7 zeigt, eine Reihe von Zusatzmaßnahmen ergriffen werden, die in die Zuständigkeit eines RPC-Systems fallen. Voraussetzung ist zunächst einmal, daß die Server ihre fernaufrufbaren Prozeduren den Klienten bekanntmachen („exportieren"). Dann muß als erstes das RPC-System ausgehend vom Prozedurnamen entscheiden, ob überhaupt ein RPC vorliegt. Trifft dies zu, so ist das Zielsystem mit Hilfe eines Verzeichnisses zu lokalisieren. Um dann einen Aufruf sowie die Parameter über das Netz übertragen und dem Zielsystem zugänglich machen zu können, muß ein sogenannter *Klienten-Stub* die entsprechenden Daten geeignet kodieren. Der Stub-Komponente muß hierzu Beschreibungsinformation zum Übertragungsformat und die Export-Schnittstelle zur Verfügung stehen. Die korrespondierende Aufrufdekodierung erfolgt auf seiten des Zielsystems durch eine *Server-Stub-Komponente.* In gleicher Form erfolgt umgekehrt die Kodierung und Dekodierung der Ergebnisse. Um die Stub-Komponenten von den speziellen Eigenschaften des zugrundeliegenden Übertragungssystems unabhängig zu machen, wird der gesamte Nachrichtenaustausch zur Abwicklung eines RPC von eigenen Kommunikationskomponenten abgewickelt.

Eine wichtige Eigenschaft ist, daß das RPC–System dem Nutzer bereits einige Zusicherungen darüber macht, wie mit Störungen umgegangen wird. Dazu werden vier Fehlersemantik–Klassen eingeführt.

- *Maybe–Semantik*: Es wird garantiert, daß die Prozedur höchstens einmal ausgeführt wurde. Jedoch ist dem Aufrufer nach Fehlerbenachrichtigung nicht bekannt, ob überhaupt oder wie weit sie auf der Zielmaschine ablief.
- *At–least–once–Semantik*: Der Nutzer kann davon ausgehen, daß Übertragungsfehler insoweit unschädlich sind als die Prozedur mindestens einmal ausgeführt wird. Allerdings muß dann gesichert sein, daß eine Mehrfachausführung (möglich bei Nachrichtenverdopplung) immer das gleiche Ergebnis erbringt. Dagegen ist bei Rechnerausfällen auch jetzt nicht bekannt, ob oder wie oft die Prozedur ablief.
- *At–most–once–Semantik*: Hier wird dem Nutzer die Atomizität der Prozedurausführung garantiert, d.h. die Prozedur wird entweder vollständig zu Ende gebracht — und dies genau einmal — oder hinterläßt außer einer Fehlermeldung keine Auswirkungen.
- *Exactly–once–Semantik*: Hier kommt zur Atomizität noch durch Einbezug konsistenter Rücksetzmaßnahmen ein Wiederanlauf im Fehlerfall hinzu.

Das aufrufende Programm muß über alle Fehlerfälle benachrichtigt werden, die nicht vom RPC–System selbst behoben wurden.

Der RPC ist in seiner Grundform nicht sehr gut zum Transfer großer Datenmengen geeignet. Dies liegt an der Notwendigkeit, Massendaten in Pakete zerlegen und dann stets auf Rückkehr warten zu müssen, bevor das nächste Paket abgesandt wird. Zudem ist bei Multidatenbanken denkbar, daß ein Nutzer mit mehreren entfernten Datenbanksystemen gleichzeitig in Verbindung treten will. Daher werden mehrere Operationsklassen vorgeschlagen:

1. Synchron, Rückmeldung im Erfolgs– und Fehlerfall
2. Asynchron, Rückmeldung im Erfolgs– und Fehlerfall
3. Asynchron, Rückmeldung nur im Fehlerfall
4. Asynchron, Rückmeldung nur im Erfolgsfall
5. Asynchron, keine Rückmeldung

Der RPC–Mechanismus ist Gegenstand von Normvorschlägen, etwa der OSF (Open Software Foundation) oder der ISO. So strebt man die Beschreibung der Schnittstellen von Server–Prozeduren in einer heterogenen Umgebung durch eine Interface Definition Language (IDL) an, aus denen dann Übersetzer die Stub–Komponenten für Klient und Server automatisch generieren können.

Fernaufrufe sind wie alle Prozeduraufrufe völlig unabhängig vom Transaktionskonzept. Da sie aber Zusicherungen machen, die denen von Transaktionen ähneln, sind sie bei Ausführung aus Transaktionsprozeduren heraus mit dem Transaktionsverwalter zu koordinieren. Dazu ergänzt der TP–Monitor, falls vorhanden, den Aufruf um eine Transaktionskennung und verständigt den Transaktionsverwalter über den aufgerufenen Betriebsmittelverwalter sowie später über aufgetretene Störungen.

Einen in der beschriebenen Weise erweiterten Fernaufruf, mit deren Hilfe also ein bestehender Transaktionskontext beachtet und fortgeschrieben werden kann, bezeichnet man auch als *Transactional Remote Procedure Call* oder kurz als *TRPC*.

30.3.2 Entfernter Datenbankzugriff

Der RPC–Mechanismus bietet ein sehr allgemeines Instrumentarium, das auf Besonderheiten einer Anwendung keine Rücksicht nimmt. Es ist daher naheliegend, ihn als Grundfunktionalität anzusehen, auf der sich speziellere Dienste zur Anwendungsunterstützung aufbauen lassen. Ein solcher Dienst ist der Fernzugriff auf Daten (engl.: Remote Database Access, *RDA*). RDA geht so weit, für den Zugriff aus einem Anwendungsprogramm heraus auf ein entferntes Datenbanksystem nicht nur an Datenbankstandards orientierte Abfrage– und Manipulationsdienste anzubieten, sondern darüber hinaus Dienste für die Transaktionssteuerung zur Verfügung zu stellen. Zur RDA–Dienstschnittstelle zählen daher:

- Netzverbindungsverwaltung: Auf– und Abbau sogenannter RDA–Anwendungsassoziationen (r–Associate, r–Release).
- Datenabfrage– und Datenmanipulations–Anweisungen: Es gibt mehrere Dienstprimitive für das Öffnen und Schließen einer Datenbasis (r–Open, r–Close), für das Speichern, Löschen und Ausführen vorbereiteter Anfragen (r–DefineDML, r–DropDML, r–InvokeDML) sowie für die Ausführung spontaner Anfragen (r–ExecuteDML).
- Transaktionsverwaltung. Hier stellt RDA unmittelbar die CCR–Dienstprimitive bereit, nutzt also CCR unverändert.

Den entfernten Datenbankzugriff hat man sich wie folgt vorzustellen. Datenbankanweisungen müssen in eine genormte Darstellung übersetzt werden. Mit ihr fordert das Anwendungsprogramm (Klient) das entfernte Datenbanksystem (Server) zur Ausführung der Anweisung auf. Das Zielsystem erzeugt einen lokalen Datenbankaufruf und gibt nach Ausführung das Ergebnis an den Dienstnehmer zurück. Bild 30.7 behält seine Gültigkeit, wenn man sich auch die zusätzliche RDA–Funktionalität in den Stub–Komponenten untergebracht denkt.

Die DML–Primitive sind zunächst als generische Standards definiert, bewegen sich also auf einer Ebene der Funktionalität, die allen potentiell beteiligten DBMS gemeinsam ist. So sind etwa r–ExecuteDML oder r–DefineDML unabhängig von einem spezifischen Datenbanksystem oder Datenmodell definiert, enthalten also neutrale Beschreibungen von Parametern beispielsweise für Ergebnistypen, Argumenttypen und Betriebsmittel–Bezeichner. Um nun auf ein konkretes Datenbanksystem zugreifen zu können, müssen diese Parameter konkreter beschrieben werden. Auch hier empfiehlt sich natürlich wieder eine Standardisierung. So wird etwa für den Zugriff auf relationale Datenbanken auf den ISO–Standard von SQL abgehoben. Bild 30.8 illustriert, wie zu diesem Zweck der generische Parameter *specificDMLStatement* von r–ExecuteDML durch alle in SQL erlaubten Operationen ersetzt werden kann.

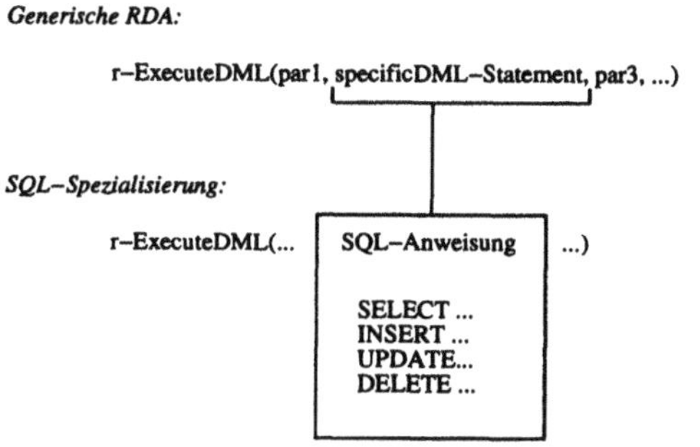

Bild 30.8. Spezialisierung eines generischen RDA–Dienstprimitivs

30.3.3 Object Request Broker

Eine andere Spezialisierung des RPC–Mechanismus ist auf die Besonderheiten objektorientierter Systemschnittstellen zugeschnitten. Sie löst das Problem der Heterogenität durch das Verpacken in objektorientierte Systemschnittstellen. Wir betrachten dazu einen Normvorschlag der Object Management Group (OMG).

Bild 30.9 zeigt die zugrundegelegte Architektur (Object Management Architecture, OMA). Sie regelt das Zusammenwirken heterogener Klienten und Server (Anwendungsobjekte) in einer verteilten Umgebung. Alle Anwendungsobjekte präsentieren sich nach außen über eine objektorientierte Schnittstelle. Im Vergleich zu Bild 30.7 sind Netz und Kommunikationskomponenten der Anwendungsobjekte zu einer logischen Einheit, dem Object Request Broker (ORB), verschmolzen. Der ORB stellt dabei ein hochwertiges logisches Übertragungsmedium dar, das gegenüber den Anwendungsobjekten die physikalischen Orte der Partnerobjekte, deren Implementierung,

Geräte– und Betriebssystemplattform und die realen Übertragungswege und –protokolle verdeckt. Die Objektdienste stellen zusätzliche Funktionalität zur Verfügung, die von hinreichend breitem Interesse für die Anwendungsobjekte sind. Dazu zählen beispielsweise Zugriffskontrolle für Objekte, Schemaverwaltung in Form globaler Typhierarchien und die Transaktionsverwaltung. Die Common Facilities umfassen weitere, objektunspezifische Funktionen wie elektronische Post oder Druckerdienste.

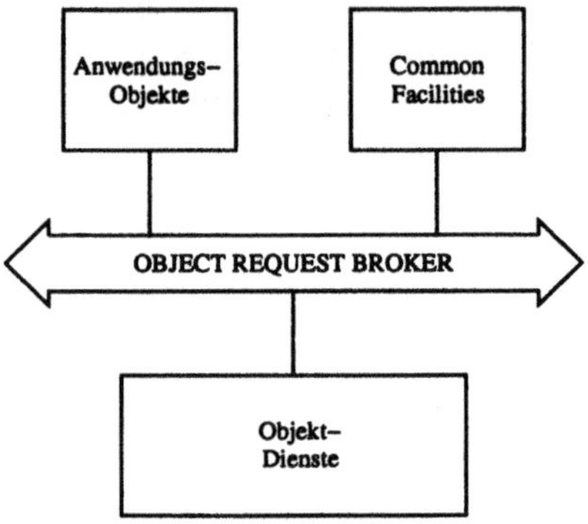

Bild 30.9. Object Management Architecture

Bild 30.10 illustriert, wie man sich einen Fernaufruf von einem Klienten zu einem Server vorzustellen hat. Da ein Objekt auf verschiedene Weise implementiert sein kann (beispielsweise können die Operatoren unmittelbar im Objekt, aber auch in einem Repräsentanten seines Typs realisiert sein), spricht OMA von der Objektimplementierung als dem Adressaten des Aufrufs. Wie auch schon beim RPC treffen wir wieder auf die Stubs (beim Zielsystem nun als Skelett bezeichnet), die aus den vom Nutzer in IDL definierten Prozedurschnittstellen automatisch generiert werden.

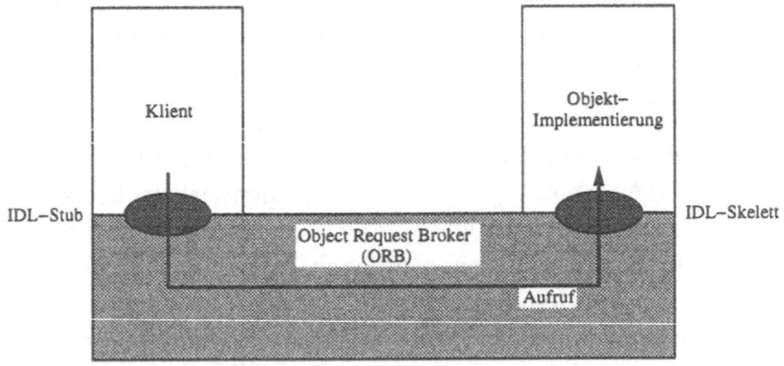

Bild 30.10. Fernaufruf über den Object Request Broker

Gelegentlich ist auch für Datenbanknutzer eine etwas detailliertere Architektur des ORB von Interesse. Bild 30.11 dokumentiert den Aufbau aus einem ORB–Kern, auf den die Stubs und Skelette aufsetzen. Verzeichnisse der Objektimplementierungen und ihrer Örtlichkeiten nimmt das Implementation Repository auf, die IDL–Spezifikationen werden im Interface Repository gesammelt, um die Funktion von Stubs dynamisch nachbilden zu können, wenn die entsprechenden Objekte zum Zeitpunkt der Generierung von Stubs beim Klienten noch nicht existierten. Anwendungsobjekte, die zusätzlich auch Funktionen des ORB nutzen wollen, können dies unmittelbar über die ORB–Schnittstelle tun. Schließlich schlagen Objekt–Adapter eine Brücke zwischen verschiedenen Objektwelten. Von besonderer Bedeutung ist dies für den Anschluß eines objektorientierten Datenbanksystems. Die Verwaltung von dessen unzähligen Objekten soll nämlich beim Datenbanksystem verbleiben, jedoch sollten sie einzeln über den ORB erreichbar sein. Ein Vorschlag der Object Database Management Group (ODMG) sieht dafür einen Object Database Adaptor (ODA) als speziellen Objektadapter vor.

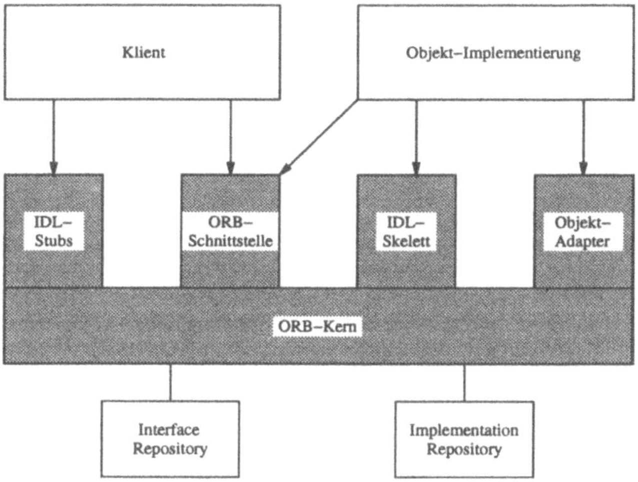

Bild 30.11. Common Object Request Broker Architecture

Zum Abschluß sei noch angemerkt, daß OMG derzeit Vorschläge für die Realisierung von TP–Monitoren als Objektdienste auf der Grundlage des ORB einholt.

30.4 Literatur

Föderierte Datenbanksysteme und insbesondere TP–Monitore, Fernaufrufe und entfernte Datenbankzugriffe werden eingehend in [Lam94] und [Rah94] sowie mit Nachdruck auf technische Details in [GR93] behandelt. Im Rahmen von Fragen des Software Engineering für verteilte Anwendungen geht auch [MS92] auf diese Themen kurz ein. Zu den OMG–Vorschlägen siehe die von der OMG herausgegebenen Dokumente [OMG91] und [OMG92]. Der ODMG–Standard wird in [Cat94] abgehandelt. Eine Zusammenfassung des OMG–Objektmodells gibt [SK95]. Die Ausführungen zum Zwei–Phasen–Commit sind [LKK93] entnommen.

31. Datensicherung

31.1 Charakterisierung

In Abschnitt 2.4.2 hatten wir für Datenbasen die Unverletzlichkeit gefordert. Nun mögen die Kapitel 28 und 30 den Eindruck erwecken, daß man nur dafür sorgen müßte, daß das Datenbanksystem Transaktionen unterstützt, um Unverletzlichkeit zu garantieren. Tatsächlich leisten Transaktionen das Gewünschte aber nur über den kurzen Zeitabschnitt ihrer Ausführung. Die Datenbasis existiert allerdings über den Abschluß von Transaktionen hinaus, und sie besitzt eine lange und potentiell unendliche Lebensdauer. Das erhöht die Wahrscheinlichkeit des Verlusts von Daten oder von nicht sofort erkennbaren Verfälschungen.

Störungen können zunächst durch Fehlverhalten der Nutzer selbst bedingt sein, etwa durch fehlerhafte Eingaben oder durch Programmierfehler. Auch das System selbst kann die Ursache für Störungen darstellen: Die Rechnerhardware kann inkorrekt arbeiten, und wie jede Systemsoftware wird die Datenbanksoftware nie frei von Programmfehlern sein. All diese Arten von Störungen treffen vorrangig Transaktionen, die doch die Unverletzlichkeit garantieren. Aber schon hier ist denkbar, daß sich die Störungen für die Transaktionen gar nicht bemerkbar machen und dann ihre Folgen in die Datenbasis gelangen, wo sie womöglich über längere Zeit unentdeckt bleiben. Noch offensichtlicher sind die Auswirkungen auf die Datenbasis durch Beschädigungen von Datenträgern bei Versagen von Hintergrundspeichern oder durch externe Ereignisse wie Feuer, Wasser, Klima, Alterung, die die physische Vernichtung der Datenbasis zur Folge haben können.

Die Forderung an die Unverletzlichkeit der Datenbasis bleibt freilich dieselbe wie im Falle der Transaktionen: Bei Störungen ist ein Datenbasiszustand anzustreben, der mit einem möglichst geringen und schon gar nicht einem irreparablen Verlust an Daten verbunden ist und von dem aus ein konsistenter Zustand erreicht werden kann. Dieses Kapitel befaßt sich mit der Frage, nach welchen Methoden und mit welchen Mitteln dieses Ziel erreicht werden kann.

31.2 Transaktionskonsistente Sicherung

31.2.1 Systembedingte Störungen

Störungen, die einzelne Transaktionen betreffen, werden durch das Datenbanksystem automatisch so geregelt, daß die Transaktionseigenschaften gewahrt bleiben. Der Nutzer hat also an dieser Stelle nicht zu intervenieren. Bei Systemzusammenbrüchen ist dagegen zunächst ein Eingriff des Datenbanksystems nicht mehr möglich. Aber auch hier sollte der Nutzer nicht mehr zu tun haben als das System neu zu starten. Das Datenbanksystem muß dann anschließend in der Lage sein, die Eigenschaften aller bis zum Zeitpunkt des Zusammenbruchs abgeschlossener oder noch laufender Transaktionen zu garantieren. Erstere sind, soweit ihre Wirkungen noch nicht in die Datenbasis verbracht waren, zu wiederholen, letztere sind wo erforderlich zurückzusetzen. Der Nutzer muß lediglich sicherstellen, daß beim Neustart die in Abschnitt 28.2.5 erwähnte Log–Datei auch tatsächlich in ihrem Zustand bei Systemzusammenbruch zur Verfügung steht.

31.2.2 Gestörte Datenträger

Grundlegendes Verfahren. Die transaktionskonsistente Sicherung, oder genauer: Wiederherstellung, hat nach Beseitigung der Störung einen Datenbasiszustand zum Ziel, der dem letzten konsistenten Zustand vor Eintritt der Störung entspricht. Diese Art der Sicherung verschärft also die Forderung von oben dahingehend, daß der Zielzustand konsistent *ist* und nicht nur, daß von ihm aus ein konsistenter Zustand erreicht werden soll. Da Zustandskonsistenz wiederum mit Transaktionen zusammenhängt, läßt sich transaktionskonsistente Wiederherstellung auch dahingehend interpretieren, daß der Zielzustand die Wirkungen aller bis zum Fehlerzeitpunkt abgeschlossenen Transaktionen enthalten muß und keine Auswirkungen unvollständiger Transaktionen aufweisen darf.

Der Ausdruck „Wiederherstellung" rührt von dem einzuschlagenden Verfahren her. Im Grundsatz muß zunächst von einer *Archiv–Datei* ein älterer Zustand des zerstörten Teils der Datenbank auf einen neuen Datenträger kopiert werden. Danach muß dieser Teil um alle ihn betreffenden, seit Erstellung der Kopie angefallenen Änderungen durch vollständige Transaktionen ergänzt werden. Es müssen also alle diese Änderungstransaktionen auf dem neuen Datenträger nachvollzogen werden. Dazu werden die Informationen, die die Wiederholbarkeit der Transaktionen sichern, in einer *Archivprotokoll–Datei* gesammelt. Diese ist zumeist eine Kopie der Log–Datei aus Abschnitt 28.2.5, allerdings mit einer Bereinigung um gescheiterte Transaktionen.

Bilder 31.1 veranschaulicht diese grundsätzliche Vorgehensweise. Zu gewissen Zeitpunkten werden vorsorglich Kopien der intakten Datenbasis gezogen. Im allgemeinen gibt es daher nicht nur eine Archiv–Datei, sondern eine ganze, zeitlich geordnete Abfolge, auch als Generationen bezeichnet. Bewahrt man mehrere Generationen auf, wird ein zusätzliches Element der Unverletzlichkeit eingebracht: Wenn die jüngste Generation n nicht mehr lesbar ist, wird die nächstältere Generation $n - 1$ herangezogen (in Bild 31.1 tritt sie an die Stelle von Generation n), usw. Allerdings muß dann die Archivprotokoll–Datei auch stets den gesamten Bereich vom aktuellen Zustand bis zur ältesten Archiv–Kopie abdecken. Das ist üblicherweise ein Zeitraum von mehreren Wochen oder Monaten.

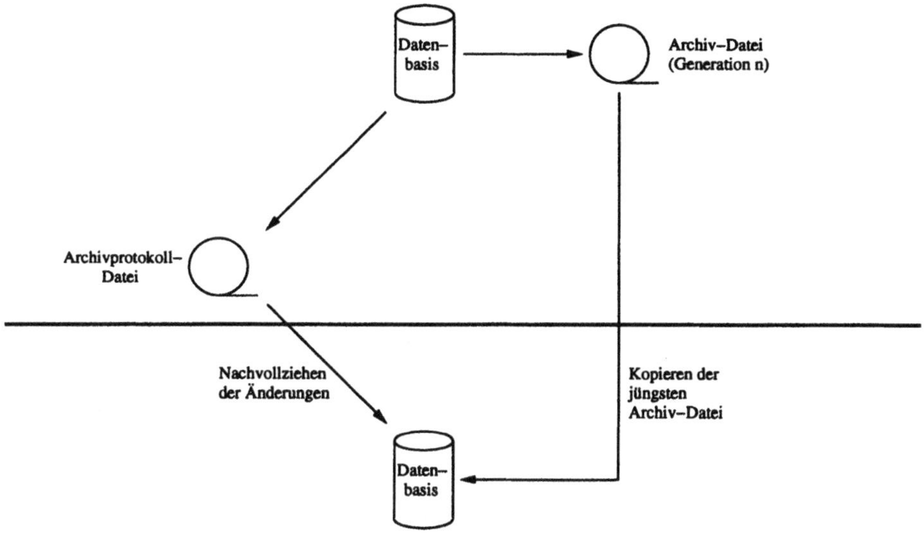

Bild 31.1. Datensicherung — Einstufige Archivierung

Deutlich wird damit auch, daß Archiv– und Archivprotokoll–Datei großen Umfang annehmen können und über lange Zeiträume verfügbar gehalten werden müssen. Da sie zudem physisch von den zu sichernden Datenträgern zu trennen sind, ist es üblich, sie auf Magnetbändern zu verwalten. Bedenkt man noch, daß es keine Möglichkeit der vollständigen Wiederherstellung der Datenbasis mehr gibt, wenn das beschriebene Verfahren versagt, so empfiehlt sich sogar noch eine Doppelführung der Dateien auf Bändern. Zukünftig wird man prüfen müssen, inwieweit platzsparendere und höherzuverlässige Datenträger wie optische Speicher für die Archivierung genutzt werden können.

Verfahrensvarianten. Sei nun ein zu sichernder Zustand der Datenbasis gegeben. Zur Erzeugung einer neuen Generation der Archiv–Datei und im Gefolge davon auch zur Wiederherstellung gibt es grundsätzlich die folgenden drei Möglichkeiten.

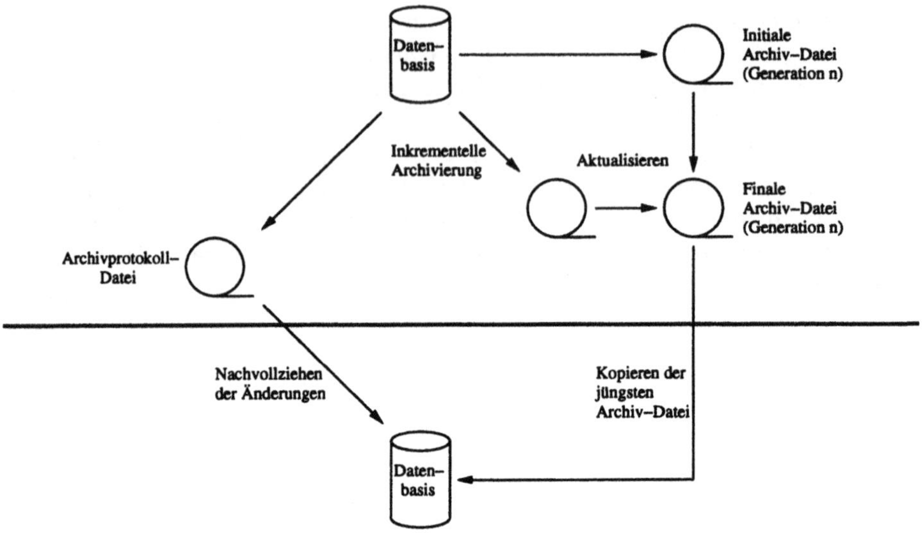

Bild 31.2. Datensicherung — Mehrstufige Archivierung

1. Der Änderungsbetrieb auf der Datenbasis wird angehalten, und es wird eine neue vollständige Kopie erzeugt (engl.: *dumping* oder *checkpointing*). Der Nachteil dieses Verfahrens ist die lange Totzeit des Systems und damit die stark verringerte Verfügbarkeit bei großen Datenbeständen und die Tatsache, daß hierbei auch Seiten mit kopiert werden, die seit der letzten Archiv-Generation nicht verändert wurden.
2. Man begegnet dem Übel der langen Totzeit, indem die Generation während des uneingeschränkt laufenden Betriebs erzeugt wird. Die so entstehende Kopie ist daher sozusagen „zeitlich verschmiert" und daher natürlich im allgemeinen nicht konsistent. Um schädliche Auswirkungen zu umgehen, verlangt dies nach einer besonders geeigneten Transaktionsaufzeichnung in der Archivprotokoll-Datei.
3. Dem Übel des unnötigen Mitkopierens hilft man ab, indem man in dem Intervall nach Erzeugen der letzten Archiv-Generation während des laufenden Betriebs die Einträge sammelt, die seitdem verändert wurden (engl.: *incremental dumping*). Mit deren Hilfe kann gelegentlich und unabhängig vom Datenbank-Betrieb eine neue aktuellere Archiv-Generation erzeugt werden.

Bild 31.1 spiegelt die ersten beiden Möglichkeiten der Sicherung sowie das darauf fußende Wiederherstellen wider, Bild 31.2 die dritte Möglichkeit. Da es für einen Nutzer gleichgültig sein kann, ob beim inkrementellen Kopieren die Änderungen selbst oder nur Informationen über die Änderungstransaktionen gesammelt werden, kann man im dritten Fall auch einfach eine Kopie der seit dem letzten Kopieren angefallenen Archivprotokoll-Daten ziehen und die dort vermerkten Transaktionen gegen die jüngste Archiv–Generation laufen lassen.

Das Anlegen einer Archiv–Datei ist ein aufwendiger Prozeß. Daher versucht man, die Zeitabstände zwischen dem Anlegen aufeinanderfolgender Generationen zu optimieren. Dazu sind eine Reihe von Modellen entwickelt worden, die auf unterschiedliche Randbedingungen, z.B. Störungshäufigkeit, Sicherungsverfahren, und damit Kostenfunktionen abheben. Um den Zeitaufwand für die Wiederherstellung zu begrenzen, sollte der Abstand zwischen dem aktuellen Datenbasiszustand und der jüngsten Archiv–Generation nicht zu groß werden.

Manche Systeme lassen zu, daß die Archivprotokoll–Datei streng synchron mit der Log–Datei mitläuft. Bei anderen muß des Aufwands wegen der Nutzer ausdrücklich das Kopieren neu hinzugekommener Einträge von der Log–Datei in die Archivprotokoll–Datei anordnen. Da dann zum Zeitpunkt der Störung nicht unbedingt alle vollständigen Transaktionen in der Archivprotokoll–Datei erfaßt sind, muß im letzten Schritt der Wiederherstellung auch noch die Log–Datei bemüht werden.

Angemerkt sei noch, daß auch das Wiederherstellen ein aufwendige Prozeß ist, der zudem stets mit einem Anhalten des regulären Betriebs verbunden ist.

Anweisungen. Um Sicherung und Wiederherstellung betreiben zu können, müssen dem Nutzer nach dem zuvor Gesagten folgende Funktionen zur Verfügung stehen:

- Neue Archiv–Generation erstellen (dump, checkpoint). Im allgemeinen wird ein Abzug der Datenbasis oder — bei relationalen Systemen — auch ausgewählter Relationen erstellt.
- Löschen älterer Archiv–Generationen.
- Zuschalten und Abschalten der Archivprotokollierung, bei relationalen Systemen auch relationsweise, sofern synchrone Archivierung durchsetzbar ist.
- Archivprotokoll–Datei ergänzen: Kopieren von der Log–Datei im Falle nicht–synchroner Archivierung.
- Wiederherstellen der Datenbasis oder — bei relationalen Systemen — einzelner Relationen. Dabei kann die Generation angegeben werden, und es kann wahlweise zwischen einem einfachen Zurückkopieren der Archiv–Datei und dem Wiederherstellen unter Heranziehen der Archivprotokoll–Datei gewählt werden.

31.3 Transaktionsinkonsistente Sicherung

In ihrer schwächeren Form verlangt Unverletzlichkeit der Datenbasis nur, daß ein Datenbasiszustand anzustreben ist, von dem aus ein konsistenter Zustand erreicht werden kann, der aber selbst diese Eigenschaft nicht unbedingt besitzt. Eine solche Situation läßt sich durchaus vorstellen. So kann man sich etwa bei langen Transaktionen nicht leisten, sie nur dann zu rekonstruieren, wenn sie völlig abgeschlossen waren; vielmehr wird man sich hier die Langzeit–Protokollierung der Sicherungspunkte zunutze machen wollen. Ähnlich wird bei Entwurfstransaktionen die Wiederherstellbarkeit auch nicht nur gewünscht werden, falls die Wurzeltransaktion abgeschlossen wurde. Auch werden Fehler häufig erst in der Form von Folgefehlern beobachtet, ohne daß man noch eindeutig auf die Fehlerursache und den Zeitpunkt ihres Auftretens zurückschließen könnte. Schließlich kann auch die Information auf der Archivprotokoll–Datei nicht mehr vollständig zugänglich zu sein.

Dann muß versucht werden, aus dem noch vorhandenen Inhalt der Datenbasis, der Archiv–Datei und/oder sonstigen Informationen einen brauchbaren Zustand zu rekonstruieren. Brauchbar heißt, daß er mit großer Wahrscheinlichkeit nicht völlig konsistent ist, aber doch eine Weiterarbeit mit dem System unter erhöhtem Risiko für den Benutzer erlaubt. Mindestforderung ist dabei allerdings, daß die Datenbasis keinen Zustand widerspiegelt, der so nur durch unvollständiges Ausführen von DML–Operatoren entstanden sein könnte. Über das methodische Vorgehen bei dieser sogenannten kompensatorischen Wiederherstellung ist allerdings noch wenig bekannt.

31.4 Doppelte Datenbanken

Auch dem Übel des langzeitigen Anhaltens des Betriebs bei der Wiederherstellung läßt sich beikommen. Dazu wird eine zweite Version der Datenbasis auf einem getrennten Rechnersystem geführt. Da eine vollständige Übereinstimmung zwischen beiden Kopien zu jedem Zeitpunkt nicht erforderlich ist, bestehen derartige Lösungen üblicherweise aus einem Primärrechner mit der Originaldatenbasis, über die die gesamte Verarbeitung abgewickelt wird, und einem Reserverechner, der ständig eine Kopie der Datenbasis auf dem annähernd neuesten Stand hält. Nachgeführt werden die Wirkungen erfolgreicher Änderungstransaktionen. Dies kann etwa dadurch geschehen, daß alle Änderungen in eine beiden Rechnern zugängliche Änderungsliste geschrieben und bei normalem Ende der jeweiligen Transaktion von der Nachführ–Routine in die zweite Version eingebracht werden. Dieses Verfahren ist für Anwendungen gedacht, die extrem hohe Verfügbarkeitsanforderungen haben, etwa derart, daß nach einem Fehler welcher Art auch immer das Datenbanksystem nach kürzester Zeit wieder betriebsbereit sein muß.

31.5 Literatur

Datensicherungsmaßnahmen wird in der Literatur im allgemeinen nur wenig Aufemrksamkeit gewidmet. Sie werden beispielsweise in [Reu87] diskutiert; an dieser Literaturstelle haben wir uns auch bei unserer Darstellung orientiert.

32. Datenschutz

32.1 Charakterisierung

Wo Gebrauch ist, da ist auch Mißbrauch nicht fern. Bequeme Anfragemöglichkeiten nutzen nicht nur dem legitimen Benutzer einer Datenbasis, sondern ebenso einem unberechtigten Eindringling, der sich dazu noch nicht einmal physisch an den Ort der Datenbasis begeben muß, sondern häufig unbeobachtet über ein Telekommunikationsnetz Zugang verschaffen kann. Ein solcher Eindringling könnte sich beispielsweise dafür interessieren, ob in einem Lager eine bestimmte Artikelart geführt wird, um zu entscheiden, ob es sich für ihn noch lohnt, mit dessen Lieferanten in ein Alleinvertretungsgespräch einzutreten. Bequem ist aber heutzutage auch das Ändern. So könnte der Eindringling zum Zweck der Sabotage die Datenbasis dahingehend verfälschen, daß er fiktive Liefereinheiten einer Artikelart einbringt und damit die Lagerverwaltung in dem Glauben läßt, noch lieferfähig zu sein, wenn dies nicht mehr der Fall ist. Auch Zeitdruck — oft ein Hindernis für Vergehen — ist angesichts der Langzeitspeicherung von Daten kein Problem: Es bleibt potentiellen Angreifern hinreichend Zeit für die Vorbereitung und Durchführung mißbräuchlicher Eingriffe.

Der Zusammenschluß von autonomen Datenbanken zu Föderationen kann den Appetit anderer Teilnehmer an der Föderation auf Zugang zu verbotenen Früchten der Partner wecken. Man denke nur an einen Automobilhersteller und eine Zulieferfirma, die sich zum Zweck gemeinsamer Entwicklungen Teile ihrer Datenbasen über geometrische Körper zugänglich machen. Sicherlich wüßte der eine nur zu gerne vom jeweils anderen, welche längerfristigen Entwicklungsvorhaben verfolgt werden oder welche technischen Neuerungen in der Schublade liegen.

Mit der Integration von Daten aus vielen Quellen kommen Querbezüge zum Tragen, die aus der einzelnen Quelle allein nicht ersichtlich sind. Damit eröffnen sich Möglichkeiten, neuartige Rückschlüsse zu ziehen. Dabei spielt insbesondere das Verdichten von Daten zu prägnanten Größen eine bedeutende Rolle. Angenommen, in unserer Lagerverwaltung werde nicht nur der aktuelle Bestand geführt, sondern es werden zusätzlich — möglicherweise in einer getrennten aber angeschlossenen Datenbank — alle Lagerbewegungen notiert.

Dann könnte ein Eindringling durch statistische Analysen Aufschluß darüber erhalten, was die „Renner“ eines Mitbewerbers sind, mit dem Ziel, in dessen Markt einzubrechen.

Ein Datenbanksystem darf also nicht nur den Gebrauch einer Datenbasis ermöglichen, es muß ihn auch reglementieren. Unter Datenschutz wollen wir hier die technischen (und nicht die juristischen oder organisatorischen) Maßnahmen eines Systems gegen unbeabsichtigte oder unberechtigte Einsichtnahme, Veränderung oder Zerstörung von Daten verstehen. Die Besitzer von Daten müssen dazu in die Lage versetzt werden, Datenschutzregelungen zu formulieren, und das zugehörige Datenbanksystem muß über Mittel verfügen, diese Regeln dann auch durchzusetzen. Allerdings sollte man stets bedenken, daß technische Maßnahmen nur Flankenschutz bieten, aber nicht Ersatz für gesetzgeberische und organisatorische Maßnahmen in der Umgebung des Systems sein können.

Das vorliegende Kapitel beschäftigt sich vor allem mit der Formulierung von Datenschutzregeln, denn diese sind es, die für den Nutzer sichtbar sind und über die er auf die Maßnahmen des Systems Einfluß nehmen kann. Hinter den Sprachen zur Formulierung der Regeln steckt natürlich als Semantik eine gewisse Modellvorstellung, ein Schutzmodell, zur Umsetzung der Regeln. Diese werden wir vorab betrachten — als Modell kann sie natürlich in verschiedenen Systemen technisch sehr unterschiedlich realisiert sein.

32.2 Schutzmodell

32.2.1 Sichten

Intuitiv scheinen Sichten — in den Kapiteln 10, 17 und 27 ausführlich behandelt — genau das Konzept zu sein, mit dem sich auch die Datenschutzregeln höchst natürlich erfassen lassen. Denn geht es nicht auch beim Datenschutz darum, verschiedenen Nutzern einer Datenbasis gerade den und nur den Ausschnitt, und diesen gegebenenfalls noch anders strukturiert, zugänglich zu machen, den sie für ihre Tätigkeit benötigen?

In der Tat kann man das Sichtenkonzept auch für Zwecke des Datenschutzes nutzen. Im Netzwerkmodell können Nutzer sowieso nur über ein Subschema auf die Datenbasis zugreifen, so daß als Aufgabe nur verbliebe, das Subschema geeignet festzulegen. Im relationalen Modell könnte man — wie auch schon in Abschnitt 27.2.2 angedeutet — Nutzer grundsätzlich den Zugang zu Basisrelationen verwehren und nur über Sichtrelationen freigeben.

So elegant diese Lösung auch erscheinen mag, in vielen Fällen machen sich doch ihre Grenzen unangenehm bemerkbar. Da ist zum einen die sehr begrenzte Möglichkeit, über Sichten Änderungen in die Datenbasis einzubringen. Auch stellen Sichten ein Datenbasisschema dar, so daß Änderungen der

Datenschutzregeln mit einer Schemaänderung gleichzusetzen sind und damit viele Probleme der Schemaevolution mit zu lösen wären. Schließlich differenzieren Sichten auch zu wenig: Innerhalb einer Sicht sind alle Operationen erlaubt, außerhalb keine, während es durchaus sinnvoll erschiene, gewissen Nutzern zwar eine Einsichtnahme zu ermöglichen, aber Änderungen zu verbieten. Man denke etwa daran, daß nach Freigabe des Entwurfs eines geometrischen Körpers die Fertigungsplanung den Zugang benötigt, Änderungen aber weiterhin ausschließlich dem Entwerfer — möglicherweise unter strengen Auflagen — vorbehalten bleiben.

Sichten bieten also nur unter eingeschränkten Randbedingungen eine volle Lösung des Datenschutzproblems. Im folgenden betrachten wir daher ein Schutzmodell, das eine stärkere Differenzierung gestattet.

32.2.2 Privilegien

Elemente von Privilegien. Die schärfste Form der Differenzierung ist das *Privileg*. Ein Privileg legt fest, welche Operationen („was") ein bestimmter Nutzer („wer") auf ein gegebenes Datenelement („womit") anwenden darf. Dabei sind selbst hier noch weitere Verfeinerungen möglich: Die Operationen können einzeln aufgezählt oder zu Gruppen zusammengefaßt sein, die Nutzer können individuell oder gruppenweise spezifiziert sein, und bei den Datenelementen darf die Granularität variieren.

Ein Privileg läßt sich daher als Tripel formulieren:

$p = (subjekt, objekt, recht)$

- *subjekt* ist ein Nutzer. Dies braucht übrigens kein menschlicher Benutzer zu sein; auch Transaktionsprozeduren oder sogar einzelne Transaktionen sind denkbar.
- *objekt* bezeichnet den zu schützenden rechnerinternen Gegenstand. Auch hier ist neben einem Datenelement eine Transaktionsprozedur vorstellbar.
- *recht* führt zugelassene Operationen auf: Lesen, Ändern oder Ausführen.

	O_1	O_2	O_3	O_4
S_1	*R, D*	*R*	*ALL*	
S_2	*R, U*	-	*R*	*R, D, U*
S_3	-	*ALL*	-	*R*
S_4	*R*	*R*	*R*	*R*
S_5	*D*	-	*R, U*	-

Bild 32.1. Zugriffsmatrix für Privilegien

Mit dieser Formulierung läßt sich die Modellvorstellung verbinden, daß rechnerintern die Privilegien in Form einer Matrix (Zugriffsmatrix) gesammelt werden, deren Zeilen und Spalten durch Subjekte und Objekte indiziert werden, während die Rechte die Matrixelemente bilden. Dies wird in Bild 32.1 gezeigt. Hierbei stellen die O_i die Objekte und die S_i die Subjekte dar. Weiterhin bedeuten R das Leserecht, U das Änderungsrecht, D das Löschrecht und ALL sämtliche Rechte.

Schutzsystem. Mit Privilegien fallen mehrere Aufgabenkomplexe an:

- *Autorisierung*: Festlegen der vom System zu beachtenden Schutzregeln durch Vergabe von Privilegien.
- *Identifikation und Authentisierung*: Erkennen eines Anfragenden, um über die Abweisung gänzlich unberechtigter und die Zulassung berechtigter Benutzer entscheiden zu können.
- *Zugriffsüberwachung*: Sicherstellung des Einhaltens der Privilegien während der Transaktionen.

Das Zusammenspiel dieser drei Komplexe hat man sich anhand des Modells in Bild 32.2 für ein Schutzsystem vorzustellen. Der erste Aufgabenkomplex dient der Vorbereitung der Überwachungssteuerung und muß daher in die Zuständigkeit der Nutzerorganisation fallen. Die beiden anderen Aufgabenkomplexe fallen im laufenden Betrieb an. Das Überwachungssystem wird aktiv, nachdem ein einzelner Nutzer identifiziert und authentisiert wurde, und prüft dann seine Zugriffswünsche anhand der Privilegien aus der Autorisierung. Der zweite Aufgabenkomplex wird als Teil — hoffentlich fortschrittlicher — Login–Prozeduren erledigt. Der dritte Aufgabenkomplexe fällt in die Verantwortung des Datenbanksystems als Teil seiner Realisierung des Schutzmodells.

Gelegentlich sieht man noch einen Nachbereitungskomplex vor, die Buchprüfung (engl.: *database audit*). Dazu wird jede Anfrage an das Datenbanksystem zusammen mit dem Verursacher und dem Zugangspunkt (Endgerät, Arbeitsstation) in einem Journal registriert. Durch Auswertung des Journals kann man dann versuchen, Verstöße oder Versuche zu Verstößen aufzudecken.

Autorisierung. Angesichts unseres rein nutzerorientierten Blickwinkels haben wir uns an dieser Stelle nur mit dem ersten Komplex, der Autorisierung, zu befassen. Sie zerfällt in zwei Teile. Zum einen muß bestimmt werden, welchen Teil der Datenbasis ein gegebener Nutzer für seine Tätigkeit auch tatsächlich benötigt. Dies können bestimmte Relationen, Sichten, Attribute oder Tupel innerhalb einer Relation, aggregierte Werte statt Einzelwerten (etwa für statistische Zwecke) oder gewisse Gruppierungen sein. Zum zweiten ist festzulegen, welche Operationen er jeweils auf diesen Elementen ausführen darf.

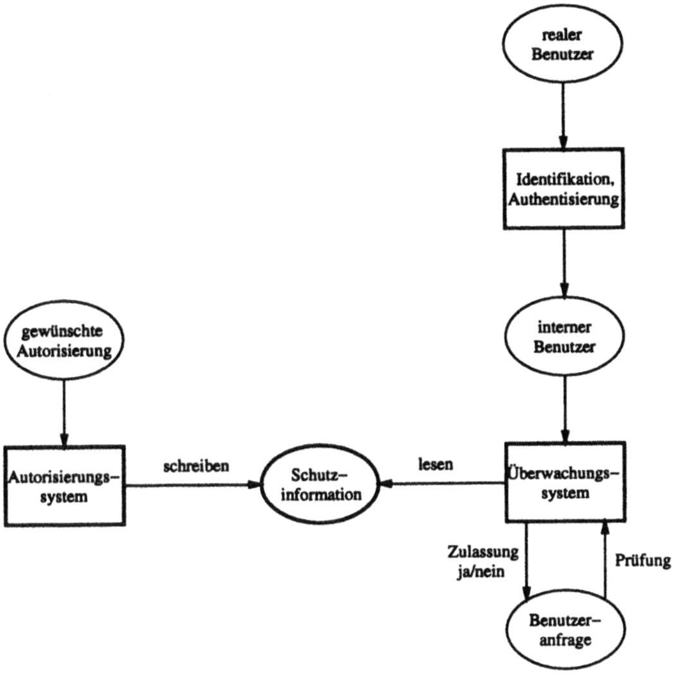

Bild 32.2. Modell eines Datenschutz-Systems

Nun fragt sich, ob und inwieweit ein Nutzer gewisse seiner Privilegien an andere Nutzer weitergeben können soll. Daß eine Weitergabe sinnvoll sein kann, läßt sich schnell belegen. Will der Entwerfer eines geometrischen Körpers einen Kollegen mit Spezialwissen zur Bearbeitung eines kritischen Teiles hinzuziehen, muß er ihm das Recht zum Lesen und Ändern übertragen, ohne es selbst aufzugeben. Nach Abschluß der Spezialarbeiten wird er das Recht dem Spezialisten wieder entziehen wollen. Bei Freigabe des Entwurfs gibt er das Leserecht an die Fertigungsplanung weiter. Denkbar ist sogar, daß ein Nutzer bei der Rechteweitergabe auf sein eigenes Privileg verzichtet, etwa wenn bei der Freigabe des Entwurfs das Änderungsrecht an einen Vorgesetzten geht, der angesichts der hohen Kosten einer späteren Änderung über eine solche befinden muß und bei Zustimmung dann das Privileg zeitlich begrenzt wieder dem Entwerfer zukommen läßt. Schließlich muß man sich fragen, ob Nutzer, die Privilegien durch Weitergabe erworben haben, die erworbenen Rechte ihrerseits weitergeben können sollten, wenn auch nur nach ausdrücklicher Ermächtigung. Auch hier lassen sich wieder gute Begründungen geben: So kann die Fertigungsplanung nach Abschluß ihrer Tätigkeit den Entwurf an die Arbeitsvorbereitung weiterreichen, möglicherweise sogar ohne je nochmals Einblick nehmen zu wollen.

Um den Überblick über die Zusammenhänge, die mit der Rechteweitergabe verbunden sind, zu wahren, reicht die Zugriffsmatrix nicht mehr aus. Man legt dazu einen Autorisierungsgraphen an, wie ihn Bild 32.3 zeigt. Wird nun ein Recht wieder entzogen, so kann die Rücknahme kaskadieren. Bild 32.3 illustriert den Zustand des Autorisierungsgraphen nach Rücknahme der Autorisierung von S_1 (S_5 behält seine Privilegien, da sie auch noch von S_2 erhalten wurden).

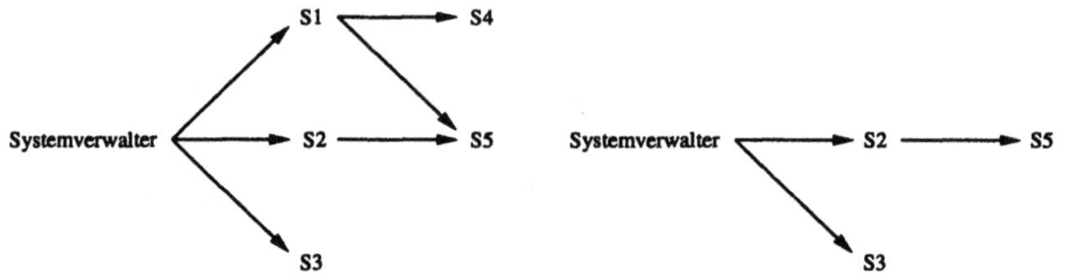

Bild 32.3. Autorisierungsgraph vor und nach Privilegrücknahme an Subjekt S_1

Schließlich bleibt die Frage, wo die initialen, also nicht durch Weitergabe erworbenen Rechte eines Subjekts herrühren. Üblicherweise wird unterstellt, daß die erstmalige Vergabe von Privilegien stets durch einen Systemverwalter erfolgt.

Von einem Datenbanksystem ist also zu fordern, daß es sprachliche Mittel bietet, mit denen einmal Privilegien, zum anderen aber auch deren Weitergabe und Rückforderung formuliert werden können. SQL–2 bietet derartige Mittel, so daß wir nachfolgend die dort vorgesehenen Sprachelemente vorstellen. Auf eine Diskussion der Privilegierungsmöglichkeiten im Netzwerkmodell sei hingegen verzichtet, da diese unmittelbar im Schema verankert werden müssen und damit die geforderte Dynamik vermissen lassen.

32.3 Beispiel: Relationales Modell

32.3.1 Vergabe und Entzug von Privilegien

Für die Vergabe von Privilegien sieht SQL–2 die **grant**–Anweisung vor:

grant *privilegien–liste*
on { *relation–name* | *sicht–name* }
to *nutzer–liste*
[**with grant option**]

Privilegien können wieder entzogen werden:

revoke [**grant option for**] *privilegien–liste*
on { *relation–name* | *sicht–name* }
from *nutzer–liste*

Die Liste der Privilegien kann aus den Elementen **select**, **delete**, **insert** und **update** aufgebaut sein oder einfach aus der Angabe **all privileges** bestehen. Während die **insert**– und **update**–Privilegien auf in einer Liste aufzuführende Attribute, also auf Spalten, beschränkt werden können, ist — etwas überraschend — die Beschränkung auf Zeilen, also eine wertabhängige Beschränkung, nicht vorgesehen. Als Motivation mag gelten, daß eine solche Möglichkeit wegen möglicher Änderungen von Werten durch verschiedene Nutzer unterschiedliche Zugriffe zu unterschiedlichen Zeiten bewirken könnte und damit zu Anomalien führen könnte, wie wir sie schon in Abschnitt 10.3.1 bei der Behandlung von Änderungen in Sichtrelationen kennengelernt haben.

An die Stelle einer Liste von Nutzern kann der Pseudo–Nutzer **public** treten, der alle registrierten Nutzer umfaßt. Mit **grant option** wird ein Weitergaberecht für die mit dem Befehl zugewiesenen Rechte verbunden. Allerdings läßt es die **grant**–Anweisung nicht wie oben gefordert zu, bei der Weitergabe selbst auf die Privilegien zu verzichten. Auch läßt sich die Reichweite der Weitergabe nicht begrenzen: Der Empfänger der Privilegien kann sie unter der **grant**–Option selbst wieder mit dieser Option weiterreichen.

Es fällt sofort auf, daß es keine Privilegien für das Aufbauen oder Abändern des Schemas, also für **create table**, **drop table**, **alter table**, **create view** und **drop view** gibt. In SQL–2 gilt folgende Regelung:

- Schemata haben einen Besitzer.
- Der Besitzer eines Schemas kann an ihm, und nur an ihm, Datendefinitionen vornehmen.
- Der Besitzer eines Schemas besitzt an allen Relationen dieses Schemas automatisch alle Privilegien.
- Die Privilegien an einer Sicht beschränken sich auf die Privilegien des Schemabesitzers an der (möglicherweise in einem anderen Schema vereinbarten) zugrundeliegenden Basis– oder Sichtrelation.

Mit dieser Regelung wird also die Frage der initialen Privilegien auf die Vergabe des Besitzrechts an einem Schema zurückgeführt.

32.3.2 Beispiel

Wir illustrieren den Gebrauch dieser Anweisung anhand unserer Datenbasis zu geometrischen Körpern in der Form aus Abschnitt 13.6.4, wobei wir uns auf Basisrelationen beschränken:

relation GeoKörper(GeoName, Material, Gewicht);
relation GeoMaterial(Material, Dichte);
relation GeoFläche(GeoName, FID, Farbe);
relation GeoPunkt(PID, X, Y, Z);
relation Topologie(FID, KID, PID);

Der Besitzer dieses Schemas sei der Systemverwalter. Wir stellen uns nun die in Abschnitt 32.2.2 genannten Benutzer mit den Kennungen Entwerfer, Spezialist, Entwicklungschef, Fertigungsplaner und Arbeitsplaner vor.

Zu Beginn erhält der Entwerfer vom Systemverwalter sämtliche Rechte an sämtlichen Relationen:

grant all privileges on GeoKörper **to** Entwerfer **with grant option**;
grant all privileges on GeoMaterial **to** Entwerfer **with grant option**;
grant all privileges on GeoFläche **to** Entwerfer **with grant option**;
grant all privileges on GeoPunkt **to** Entwerfer **with grant option**;
grant all privileges on Topologie **to** Entwerfer **with grant option**;

Um den Spezialisten hinzuziehen, muß ihm der Entwerfer Rechte zum Lesen und Ändern der Geometriedaten, allerdings ohne Weitergaberecht, übertragen:

grant select, **insert**(GeoName, FID), **update**(GeoName, FID)
  on GeoFläche **to** Spezialist;
grant select, **insert**, **update on** GeoPunkt **to** Spezialist;
grant select, **insert**, **update on** Topologie **to** Spezialist;

Nach Abschluß der Spezialarbeiten entzieht er ihm die Rechte wieder:

revoke select, **insert**, **update on** GeoFläche **from** Spezialist;
revoke select, **insert**, **update on** GeoPunkt **from** Spezialist;
revoke select, **insert**, **update on** Topologie **from** Spezialist;

Der nächste Schritt bei Freigabe des Entwurfs ist etwas komplizierter. Das Leserecht soll an die Fertigungsplanung gehen, das Änderungsrecht an den Vorgesetzten, dies alles unter Verzicht auf die eigenen Privilegien. Da der Entwerfer einen Verzicht von sich aus nicht aussprechen kann, muß er seine Privilegien vom Systemverwalter widerrufen lassen. Damit gehen aber auch alle weitergewährten Privilegien verloren, so daß zunächst der Systemverwalter die gewünschte Weitergabe übernehmen muß:

revoke all privileges on GeoKörper **from** Entwerfer;
revoke all privileges on GeoMaterial **from** Entwerfer;
revoke all privileges on GeoFläche **from** Entwerfer;
revoke all privileges on GeoPunkt **from** Entwerfer;
revoke all privileges on Topologie **from** Entwerfer;
grant all privileges on GeoKörper **to** Entwicklungschef **with grant option**;
grant all privileges on GeoMaterial **to** Entwicklungschef **with grant option**;
grant all privileges on GeoFläche **to** Entwicklungschef **with grant option**;
grant all privileges on GeoPunkt **to** Entwicklungschef **with grant option**;
grant all privileges on Topologie **to** Entwicklungschef **with grant option**;

während dann der Entwicklungschef die Weitergabe an die Fertigungsplanung übernimmt, um die Kontrolle über die Verwendung des Entwurfs zu wahren:

grant select on GeoKörper **to** Fertigungsplaner **with grant option**;
grant select on GeoFläche **to** Fertigungsplaner **with grant option**;
grant select on GeoPunkt **to** Fertigungsplaner **with grant option**;
grant select on Topologie **to** Fertigungsplaner **with grant option**;

Daß der Entwicklungschef sämtliche Rechte erhält, obwohl er selbst die Relationen gar nicht zu manipulieren gedenkt, liegt einzig und allein daran, daß er nach Prüfung späterer Änderungswünsche einen Änderungsauftrag an den Entwerfer geben können soll, beispielsweise mit

grant select, update on GeoFläche **to** Entwerfer;
grant select, update on GeoPunkt **to** Entwerfer;
grant select, update on Topologie **to** Entwerfer;

Die Fertigungsplanung reicht nach Abschluß ihrer Tätigkeit den Entwurf an die Arbeitsvorbereitung weiter, wobei sie natürlich nur ein Leserecht zu vergeben hat:

grant select on GeoKörper **to** Arbeitsplaner;
grant select on GeoFläche **to** Arbeitsplaner;
grant select on GeoPunkt **to** Arbeitsplaner;
grant select on Topologie **to** Arbeitsplaner;

Übrigens hätten hier die Privilegien auch durch **all privileges** benannt werden können, da sich die Menge der Privilegien auf diejenige bezieht, die der Aufrufer der Anweisung augenblicklich besitzt.

32.4 Verschlüsselung

Autorisierung mag nicht immer allen Schutzansprüchen genügen. Angreifer mögen das Schutzsystem überlisten — es gibt genügend Beispiele aus der jüngsten Vergangenheit, die belegen, daß vor allem der Zugang über Netz eine Schwachstelle bildet. Noch gravierender stellt sich das Problem bei föderierten Datenbanken dar, bei denen sich die Daten zeitweise außerhalb der Kontrolle der beteiligten Datenbanksysteme befinden — nämlich dann wenn sie über das Telekommunikationsnetz übertragen werden. Eine zusätzliche Maßnahme muß dann darin bestehen, zumindest die kritischeren Daten zu verschlüsseln. Dazu kodiert der Nutzer diese Daten mit Hilfe eines (häufig allgemein bekannten) Kodieralgorithmus, der mit einem *Chiffrierschlüssel* (oder kurz *Chiffre*) parametrisiert ist. Der Nutzer muß also nicht den Algorithmus, sondern nur den Schlüssel vorgeben. Entschlüsselt, also in verständliche Form zurückgeführt werden können die Daten nur von jemand, der im Besitz eines entsprechenden Schlüssels ist.

Nun ist bekannt, wie sehr Nutzer dazu neigen, das Angriffspotential von Eindringlingen auf die leichte Schulter zu nehmen. Nur Maßnahmen, die sozusagen beiläufig anfallen und keine große Mühe verursachen, haben eine Chance befolgt zu werden. Daher versucht man, Standards vorzugeben, die dann durch Zusatzhardware realisiert werden können. Allerdings haben diese Standards zunächst vorrangig die sichere Übertragung über Telekommunikationsnetze zum Gegenstand.

Bekannt ist der *Data Encryption Standard*, der Substitution und Permutation von Zeichen kombiniert. Die Schlüssel für Ver- und Entschlüsselung müssen identisch sein, so daß sich als schwierigstes Problem die Frage stellt, wie man den Schlüssel selbst auf sichere Weise dem Empfänger mitteilen kann. Das Verfahren erscheint aber durchaus recht sinnvoll in einer ausschließlich zentral genutzten Datenbank, in der ver- und entschlüsselnder Nutzer identisch sind.

Auf die Lösung des Schlüsselübertragungsproblems zugeschnitten ist ein anderes Verfahren, die Verschlüsselung mit öffentlichem Chiffre (*Public-Key Encryption*). Es nutzt zwei Schlüssel, einen öffentlichen und einen privaten. Sei jeder Nutzer U_i im Besitze von öffentlichem Schlüssel E_i („encode") und privatem Schlüssel D_i („decode"). Alle öffentlichen Schlüssel werden systemweit bekanntgemacht. Wenn nun beispielsweise Nutzer U_1 seine Daten mit Nutzer U_2 teilen will, etwa durch Nachrichtenübertragung, verschlüsselt er sie mittels E_2. Nutzer U_2 entschlüsselt sie dann unter Einsatz von D_2. Voraussetzung ist natürlich, daß auch mit hohem Rechenaufwand von der Kenntnis von E_i nicht auf D_i zurückgeschlossen werden kann.

Bei einer zentral genutzten Datenbank erfolgte die Ver- und Entschlüsselung mittels der Schlüssel E_1 und D_1 des einzigen Nutzers U_1, so daß das Verfahren nicht seine Stärke ausspielen könnte. Für den Zugang unterschiedlicher Nutzer ist das Verfahren wertlos, da man nicht für alle dieselben Daten unterschiedlich codiert vorhalten wird. Es bleibt also nur die Verwendung im Rahmen der Datenübertragung in föderierten Datenbanken.

32.5 Literatur

Allgemeine Darstellungen zum Datenschutz findet man in [Reu87], [EN89] und [KS91]. Die Möglichkeiten, die SQL in diesem Bereich bietet, werden in [MS93] dargestellt. Einen Überblick über die für objektorientierte Datenbanken derzeit verfolgten Ansätze gibt [Lun95]. Ein vollständig der Problematik der Zugriffskontrolle in Datenbanksystemen gewidmetes Werk ist [Ger93]. Kryptographieaspekte werden in [Den82] und [SP88] behandelt.

Literaturverzeichnis

[ABD+89] M. Atkinson, F. Bancilhon, D. DeWitt, K. Dittrich, D. Meier und S. Zdonik. The Object-Oriented Database System Manifesto. In W. Kim, J.-M. Nicolas und S. Nishio (Hrsg.), *Proc. 1st Intl. Conf. on Deductive and Object-Oriented Databases*, Seiten 40–57, Kyoto, Dezember 1989. Elsevier Science Publishers B.V.

[ALP91] J. Andany, M. Leonard und C. Palisser. Management of Schema Evolution in Databases. In *Proc. 17th Intl. Conf. on Very Large Databases*, Seiten 161–170, 1991.

[BCN92] C. Batini, S. Ceri und S.B. Navathe. *Conceptual Database Design — An Entity-Relationship Approach.* Benjamin/Cummings Publishing Company, 1992.

[Ber93] E. Bertino. *Object-Oriented Database Systems.* Addison-Wesley, 1993.

[BG92] D. Bell und J. Grimson. *Distributed Database Systems.* Addison-Wesley, 1992.

[BGHR87] H. Baumeister, H. Ganzinger, G. Heeg und M. Rüger. Smalltalk-80. *Informationstechnik it*, 29(4):241–251, August 1987.

[BGL93] M.C. Bücker, J. Geidel und M.F. Lachmann. *Objectworks Smalltalk für Anfänger.* Springer, 1993.

[BGMS95] Y. Breitbart, H. Garcia-Molina und A. Silberschatz. Transaction Management in Multidatabase Systems. In W. Kim (Hrsg.), *Modern Database Systems*, Kapitel 28, Seiten 573–591. ACM Press, 1995.

[BKK85] F. Bancilhon, W. Kim und H.F. Korth. A Model of CAD Transactions. In *Proc. 11th Intl. Conf. on Very Large Databases*, Seiten 25–33, Stockholm, 1985.

[BKKK87] J. Banerjee, W. Kim, H.-J. Kim und H.F. Korth. Semantics and Implementation of Schema Evolution in Object-Oriented Databases. In *Proc. ACM SIGMOD Intl. Conf. on Management of Data*, Seiten 311–322, San Francisco, Mai 1987.

[BLN86] C. Batini, M. Lenzerini und S.B. Navathe. A Comparative Analysis of Methodologies for Database Schema Integration. *ACM Computing Surveys*, 18(4):323–364, Dezember 1986.

[Boo91] G. Booch. *Object-Oriented Design With Applications.* Benjamin/Cummings Publishing Company, 1991.

[BS81] F. Bancilhon und N. Spyratos. Update Semantics of Relational Views. *ACM Transactions on Database Systems*, 6(4):557–575, 1981.

[BS85] R.J. Brachman und J.G. Schmolze. An Overview of the KL–ONE Representation System. *Cognitive Science*, 9:171–216, 1985.

[BS93] M.L. Brodie und M. Stonebraker. DARWIN: On the Incremental Migration of Legacy Information Systems. Technischer Bericht TR–0222–10–92–165, GTE Laboratories, Inc., März 1993.

[Bud91] T. Budd. *An Introduction to Object–Oriented Programming*. Addison–Wesley, 1991.

[Byt81] Byte, August 1981. Themenheft „Smalltalk“.

[Cat91] R.G.G. Cattell. *Object Data Management: Object–Oriented and Extended Relational Database Systems*. Addison–Wesley, 1991.

[Cat94] R.G.G. Cattell. *The Object Database Standard: ODMG–93*. Morgan–Kaufmann, 1994.

[CDN93] M.J. Carey, D.J. DeWitt und J.F. Naughton. The OO7 Benchmark. In *Proc. ACM SIGMOD Intl. Conf. on Management of Data*, Seiten 12–21, Washington D.C., 1993.

[CGH94] A.B. Cremers, U. Griefahn und R. Hinze. *Deduktive Datenbanken: Eine Einführung aus der Sicht der logischen Programmierung*. Vieweg, 1994.

[CGT90] S. Ceri, G. Gottlob und L. Tanca. *Logic Programming and Databases*. Springer, 1990.

[Che76] P.P.-S. Chen. The Entity–Relationship Model — Toward a Unified View of Data. *ACM Transactions on Database Systems*, 1(1):9–36, März 1976.

[CK95] S. Christodoulakis und L. Koveos. Multimedia Information Systems: Issues and Approaches. In W. Kim (Hrsg.), *Modern Database Systems*, Kapitel 16, Seiten 318–337. ACM Press, 1995.

[Cla93] U. Claussen. *Objektorientiertes Programmieren — Mit Beispielen und Übungen in C++*. Springer, 1993.

[CM84] G. Copeland und D. Maier. Making Smalltalk a Database System. In *Proc. ACM SIGMOD Intl. Conf. on Management of Data*, Seiten 316–325, 1984.

[Cod70] E.F. Codd. A Relational Model of Data For Large Shared Data Banks. *Communications of the ACM*, 13(6):377–387, Juni 1970.

[COD76] COBOL Journal of Development. *CODASYL Programming Language Committee*, 1976.

[COD78] CODASYL Standard. Data Description Language Committee Report. *Information Systems*, 3(4):247–320, 1978.

[Cod79] E.F. Codd. Extending the Relational Database Model to Capture More Meaning. *ACM Transactions on Database Systems*, 4(4):397–434, Dezember 1979.

[Cod88] E.F. Codd. Fatal Flaws in SQL. *Datamation*, Seiten 45–48, August 1988.

[Cod90] E.F. Codd. *The Relational Model for Database Management: Version 2.* Addison-Wesley, 1990.

[Cox86] B.J. Cox. *Object-Oriented Programming — An Evolutionary Approach.* Addison-Wesley, 1986.

[CV83] M.A. Casanova und V.M-P. Vidal. Towards a Sound View Integration Methodology. In *Proc. ACM SIGMOD Intl. Conf. on Management of Data*, Seiten 36–47, Atlanta, 1983.

[CW85] L. Cardelli und P. Wegner. On Understanding Types, Data Abstraction and Polymorphism. *ACM Computing Surveys*, 17(4):471–522, Dezember 1985.

[CY91a] P. Coad und E. Yourdon. *Object-Oriented Analysis.* Prentice-Hall, 2. Auflage, 1991.

[CY91b] P. Coad und E. Yourdon. *Object-Oriented Design.* Prentice-Hall, 2. Auflage, 1991.

[Dat81] C.J. Date. Referential Integrity. In *Proc. 7th Intl. Conf. on Very Large Databases*, Seiten 2–12, Cannes, September 1981.

[Dat92] C.J. Date. *An Introduction to Database Systems.* Addison-Wesley, 5. Auflage, 1992.

[DB78] U. Dayal und P.A. Bernstein. On the updatability of relational views. In *Proc. 4th Intl. Conf. on Very Large Databases*, Seiten 368–377, Berlin, 1978.

[DD93] C.J. Date und H. Darwen. *A Guide to the SQL Standard.* Addison-Wesley, 3. Auflage, 1993.

[Den82] D.E. Denning. *Cryptography and Data Security.* Addison-Wesley, 1982.

[DHW95] U. Dayal, E. Hanson und J. Widom. Active Database Systems. In W. Kim (Hrsg.), *Modern Database Systems*, Kapitel 21, Seiten 434–456. ACM Press, 1995.

[DKS+88] P. Dadam, K. Küspert, N. Südkamp, R. Erbe, V. Linnemann, P. Pistor und G. Walch. Managing Complex Objects in R^2D^2. In G. Krüger und G. Müller (Hrsg.), *Proc. Hector Congress Vol. 2*, Seiten 304–331, Karlsruhe, April 1988. Springer.

[DR90] M. Dürr und K. Radermacher. *Einsatz von Datenbanksystemen — Ein Leitfaden für die Praxis.* Springer, März 1990.

[DT88] S. Danforth und C. Tomlinson. Type Theories and Object-Orientied Programming. *ACM Computing Surveys*, 20(1):29–72, 1988.

[EKW92] D.W. Embley, B.D. Kurtz und S.N. Woodfield. *Object-Oriented Systems Analysis: A Model-Driven Approach.* Yourdon Press, Englewood Cliffs NJ, USA, 1992.

[EN89] R. Elmasri und S.B. Navathe. *Fundamentals of Database Systems.* Benjamin/Cummings Publishing Company, 1989.

[ES90] M. Ellis und B. Stroustrup. *The Annotated C++ Reference Manual.* Addison–Wesley, 1990.

[Fai85] R.E. Fairley. *Software Engineering Concepts.* McGraw–Hill, 1985.

[Ger93] W. Gerhardt. *Zugriffskontrolle bei Datenbanken.* Oldenbourg, 1993.

[GLN92] W. Gotthard, P.C. Lockemann und A. Neufeld. System–guided view integration for object–oriented databases. *IEEE Transactions on Knowledge and Data Engineering,* 4(1), Februar 1992.

[GM94] C.A. Gunter und J.C. Mitchell. *Theoretical Aspects of Object–Oriented Programming.* MIT Press, 1994.

[GMH95] H. Garcia-Molina und M. Hsu. Distributed Databases. In W. Kim (Hrsg.), *Modern Database Systems,* Kapitel 23, Seiten 477–493. ACM Press, 1995.

[Gog94] M. Gogolla. *An Extended Entity–Relationship Model — Fundamentals and Pragmatics.* Springer, 1994.

[Gol84] A. Goldberg. *Smalltalk–80: The Interactive Programming Environment.* Addison–Wesley, 1984.

[Goo95] N. Goodman. An Object–Oriented DBMS War Story: Developing a Genome Mapping Database in C++. In W. Kim (Hrsg.), *Modern Database Systems,* Kapitel 11, Seiten 216–237. ACM Press, 1995.

[Got88] W. Gotthard. *Datenbanksysteme für Software–Produktionsumgebungen.* Informatik–Fachberichte No. 193, Springer, 1988.

[GR83] A. Goldberg und D. Robson. *Smalltalk–80: The Language and its Implementation.* Addison–Wesley, 1983.

[GR93] J. Gray und A. Reuter. *Transaction Processing: Concepts and Techniques.* Morgan–Kaufmann, 1993.

[Gra93] J. Gray (Hrsg.). *The Benchmark Handbook for Database and Transaction Processing.* Morgan–Kaufmann, 2. Auflage, 1993.

[Gra94] I. Graham. *Object–Oriented Methods.* Addison–Wesley, 2. Auflage, 1994.

[GS94] R.C. Goldstein und V.C. Storey. Materialization. *IEEE Transactions on Knowledge and Data Engineering,* 6, 1994.

[GV89] G. Gardarin und P. Valduriez. *Relational Databases and Knowledge Bases.* Addison–Wesley, 1989.

[Hek93] S. Hekmatpour. *C++: Der Einstieg für den C–Programmierer.* Carl Hanser, 1993.

[Hen92] R.G. Henzler. *Information und Dokumentation: Sammeln, Speichern und Wiedergeben von Fachinformationen in Datenbanken.* Springer, 1992.

[Heu93] A. Heuer. *Objektorientierte Datenbanken: Konzepte, Modelle, Systeme.* Addison–Wesley, 1993.

[HH95] T. Hopkins und B. Horan. *Smalltalk-80 — An Introduction to Applications Development.* Prentice–Hall, 1995.

[Hit92] M. Hitz. *Grundlagen der C++ Programmierung.* Springer, 1992.

[HK87] R. Hull und R. King. Semantic Database Modeling: Survey, Applications, and Research Issues. *ACM Computing Surveys*, 19(3):201–260, September 1987.

[HM78] M. Hammer und D. McLeod. The Semantic Data Model: A Modeling Mechanism for Database Applications. In *Proc. ACM SIGMOD Intl. Conf. on Management of Data*, 1978.

[HM81] M. Hammer und D. McLeod. Database Description with SDM: A Semantic Database Model. *ACM Transactions on Database Systems*, 6:351–386, 1981.

[HW93] E.N. Hanson und J. Widom. An Overview of Production Rules in Database Systems. *Knowledge Engineering Review*, 8(2):121–143, 1993.

[IEE91] IEEE Computer: Heterogeneous Distributed Database Systems, Dezember 1991. Sonderheft.

[ISO92] ISO/IEC 9075. *Database Language SQL*, 1992. Entsprechende deutsche Norm: DIN 66315.

[ISO93] ISO/ANSI Working Draft. *Database Language SQL (SQL3)*, August 1993.

[JHSS91] R. Jungclaus, T. Hartmann, G. Saake und C. Sernadas. Introduction to TROLL — A Language for Object-Oriented Specification of Information Systems. In G. Saake und C. Sernadas (Hrsg.), *Information Systems — Correctness and Reusability. Informatik–Bericht 91–03.* Technische Universität Braunschweig, 1991.

[JS81] G. Jäschke und H.J. Schek. Remarks on the Algebra of Non First Normal Form Relations. In *Proc. ACM SIGMOD/SIGACT Conf. on Principles of Database Systems (PODS)*, Seiten 124–138, 1981.

[KA90] S. Khoshafian und R. Abnous. *Object–Orientation: Concepts, Languages, Databases, User Interfaces.* Wiley, 1990.

[Kai95] G.E. Kaiser. Cooperative Transactions for Multiuser Environments. In W. Kim (Hrsg.), *Modern Database Systems*, Kapitel 20, Seiten 409–433. ACM Press, 1995.

[KCGS95] W. Kim, I. Choi, S. Gala und M. Scheevel. On Resolving Schematic Heterogenity in Multidatabase Systems. In W. Kim (Hrsg.), *Modern Database Systems*, Kapitel 26, Seiten 521–550. ACM Press, 1995.

[KDD95] A. Kotz-Dittrich und K.R. Dittrich. Where Object–Oriented DBMSs Should Do Better: A Critique Based on Early Experiences. In W. Kim (Hrsg.), *Modern Database Systems*, Kapitel 12, Seiten 238–254. ACM Press, 1995.

[Ken83] W. Kent. A Simple Guide to Five Normal Forms in Relational Database Theory. *Communications of the ACM*, 26(2):120–125, Februar 1983.

[Kho93] S. Khoshafian. *Object–Oriented Databases.* Wiley, 1993.

[Kim90] W. Kim. *Introduction to Object-Oriented Databases.* MIT Press, 1990.

[Kim95] W. Kim (Hrsg.). *Modern Database Systems.* ACM Press, 1995.

[KL89] W. Kim und F.H. Lochovsky (Hrsg.). *Object-Oriented Concepts, Databases and Applications.* Addison-Wesley, 1989.

[KLMP84] W. Kim, R. Lorie, D. McNabb und W. Plouffe. A Transaction Mechanism for Engineering Design Databases. In *Proc. 10th Intl. Conf. on Very Large Databases*, Seiten 355–362, Singapur, August 1984.

[KM94] A. Kemper und G. Moerkotte. *Object-Oriented Database Management: Applications in Engineering and Computer Science.* Prentice-Hall, 1994.

[KR94] H. Kilov und J. Ross. *Information Modeling: An Object-Oriented Approach.* Prentice-Hall, 1994.

[Kri94] G. Kristen. *Object-Orientation: The KISS Method.* Addison-Wesley, 1994.

[KS91] H.F. Korth und A. Silberschatz. *Database System Concepts.* McGraw-Hill, 2. Auflage, 1991.

[KSUW85] P. Klahold, G. Schlageter, R. Unland und W. Wilkes. A Transaction Model Suppoerting Complex Applications in Integrated Information Systems. In *Proc. ACM SIGMOD Intl. Conf. on Management of Data*, Seiten 388–401, Austin, 1985.

[Lam94] W. Lamersdorf. *Datenbanken in verteilten Systemen: Konzepte, Lösungen, Standards.* Vieweg, 1994.

[Lan93] R.F. van der Lans. *An Introduction to SQL.* Addison-Wesley, 2. Auflage, 1993.

[LKK93] P.C. Lockemann, G. Krüger und H. Krumm. *Telekommunikation und Datenhaltung.* Carl Hanser, 1993.

[Llo87] J.W. Lloyd (Hrsg.). *Foundations of Logic Programming.* Springer, 2. Auflage, 1987.

[Loc88] P.C. Lockemann. Multimedia Databases: Paradigm, Architecture, Survey and Issues. Technischer Bericht Nr. 15/88, Fakultät für Informatik, Universität Karlsruhe, September 1988.

[LS94] W. Litwin und M.C. Shan. *Introduction to Interoperable Multidatabase Systems.* Prentice-Hall, 1994.

[LSTK83] P.C. Lockemann, A. Schreiner, H. Trauboth und M. Klopprogge. *Systemanalyse.* Springer, 1983.

[Lun95] T.F. Lunt. Authorization in Object-Oriented Databases. In W. Kim (Hrsg.), *Modern Database Systems*, Kapitel 7, Seiten 130–145. ACM Press, 1995.

[Mac90] L.A. Maciaszek. *Database Design and Implementation.* Prentice-Hall, 1990.

[Mai83] D. Maier. *The Theory of Relational Databases.* Computer Science Press, 1983.

[MDL87] H.C. Mayr, K.R. Dittrich und P.C. Lockemann. Datenbankentwurf. In P.C. Lockemann und J.W. Schmidt (Hrsg.), *Datenbankhandbuch*, Seiten 481–557. Springer, 1987.

[Mea92] C. Meadow. *Text Information Retrieval Systems*. Academic Press, 1992.

[Mey87] K. Meyer–Wegener. *Teilhaber–Systeme*. Teubner, 1987.

[Mey88] B. Meyer. *Object–Oriented Software Construction*. Prentice–Hall, 1988.

[Mey91] K. Meyer–Wegener. *Multimedia–Datenbanken*. Teubner, 1991.

[MHP92] M.W.Bright, A.R. Hurson und S.H. Pakzad. A Taxonomy and Current Issues in Multidatabase Systems. *IEEE Computer*, 25(3):50–59, März 1992.

[Min88] J. Minker (Hrsg.). *Foundations of Deductive Databases and Logic Programming*. Morgan–Kaufmann, 1988.

[MM92] B. Meyer und D. Mandrioli (Hrsg.). *Advances in Object–Oriented Software Engineering*. Prentice–Hall, 1992.

[MS92] M. Mühlhäuser und A. Schill. *Software Engineering für verteilte Anwendungen*. Springer, 1992.

[MS93] J. Melton und A.R. Simon. *Understanding The New SQL: A Complete Guide*. Morgan–Kaufmann, 1993.

[Mul89] M. Mullin. *Object–Oriented Program Design*. Addison–Wesley, 1989.

[MY95] W. Meng und C. Yu. Query Processing in Multidatabase Systems. In W. Kim (Hrsg.), *Modern Database Systems*, Kapitel 27, Seiten 551–572. ACM Press, 1995.

[MYK+93] W. Meng, C. Yu, W. Kim, G. Wang, T. Pham und S. Dao. Construction of a Relational Front–End for Object–Oriented Database Systems. In *Proc. 9th Intl. Conf. on Data Engineering*, Seiten 476–483, 1993.

[NEL86] S.B. Navathe, R. Elmasri und J. Larson. Integrating User Views in Database Design. *IEEE Computer*, 19(1):50–62, Januar 1986.

[NR89] G.T. Nguyen und D. Rieu. Schema Evolution in Object–Oriented Database Systems. *Data & Knowledge Engineering*, 4:43–67, 1989.

[NSE84] S.B. Navathe, T. Sashidhar und R. Elmasri. Relationship Merging in Schema Integration. In *Proc. 10th Intl. Conf. on Very Large Databases*, Seiten 78–89, 1984.

[Obj92] Object Design, Inc., Burlington MA, USA. *Objectstore Release 2.0 User Guide*, Oktober 1992.

[Oll78] T.W. Olle. *The CODASYL Approach to Data Bank Management*. J. Wiley & Sons, 1978.

[Oll81] T.W. Olle. *Das CODASYL–Datenbankmodell*. Springer, 1981.

[OMG91] Object Management Group Inc. *The Common Object Request Broker: Architecture and Specification*, 1991. Document No. 91.12.1, Revision 1.1.

[OMG92] Object Management Group Inc. *Object Management Architecture Guide*, 1992. Document No. 92.11.1, Revision 2.0.

[ONT94a] ONTOS, Inc., Burlington MA, USA. *ONTOS DB 3.0: First Time User's Guide*, Januar 1994.

[ONT94b] ONTOS, Inc., Burlington MA, USA. *ONTOS DB 3.0: Object SQL Guide*, Januar 1994.

[Osb89] S.L. Osborn. The Role of Polymorphism in Schema Evolution in an Object-Oriented Database. *IEEE Transactions on Knowledge and Data Engineering*, 1(3):310–317, 1989.

[ÖV91] M.T. Özsu und P. Valduriez. *Principles of Distributed Databases*. Prentice-Hall, 1991.

[Pis93] P. Pistor. Objektorientierung in SQL3: Stand und Entwicklungstendenzen. *Informatik Spektrum*, 16(2):89–94, 1993.

[PW88] L.J. Pinson und R.S. Weiner. *An Introduction to Object-Oriented Programming and C++*. Addison-Wesley, 1988.

[PW90] L.J. Pinson und R.S. Weiner (Hrsg.). *Applications of Object-Oriented Programming*. Addison-Wesley, 1990.

[Rah94] E. Rahm. *Mehrrechner-Datenbanksysteme*. Addison-Wesley, 1994.

[RBP+91] J. Rumbaugh, M. Blaha, W. Premerlani, F. Eddy und W. Lorensen. *Object-Oriented Modeling and Design*. Prentice-Hall, 1991.

[RC92] P. Rob und C. Coronel. *Database Systems — Design, Implementation and Management*. Wadsworth Publishing Company, 1992.

[Reu87] A. Reuter. Maßnahmen zur Wahrung von Sicherheits- und Integritätsbedingungen. In P.C. Lockemann und J.W. Schmidt (Hrsg.), *Datenbankhandbuch*, Seiten 337–449. Springer, 1987.

[RSK91] M. Rusinkiewicz, A. Sheth und G. Karabatis. Specifying Interdatabase Dependencies in a Multidatabase Environment. *IEEE Computer*, 24(12), Dezember 1991.

[Saa93] G. Saake. *Objektorientierte Spezifikation von Informationssystemen*. Teubner-Texte zur Informatik, Band 6, Teubner, 1993.

[Sch93] B. Schiefer. *Eine Umgebung zur Unterstützung von Schemaänderungen und Sichten in objektorientierten Datenbanken*. Dissertation, Universität Karlsruhe, 1993.

[Sch94] A.-W. Scheer. *Wirtschaftsinformatik — Referenzmodelle für industrielle Geschäftsprozesse*. Springer, 5. Auflage, 1994.

[Ser88] Servio Logic Corporation, Beaverton OR, USA. *OPAL Programming Environment Manual*, Mai 1988. Version 1.4.

[Sha92] D.E. Shasha. *Database Tuning: A Principled Approach.* Prentice–Hall, 1992.

[SK95] R.M. Soley und W. Kent. The OMG Data Model. In W. Kim (Hrsg.), *Modern Database Systems*, Kapitel 2, Seiten 18–41. ACM Press, 1995.

[SL90] A.P. Sheth und J.A. Larson. Federated Database Systems for Managing Distributed, Heterogeneous and Autonomous Databases. *ACM Computing Surveys*, 22(3):183–236, 1990.

[SM83] G. Salton und M.J. McGill. *Introduction to Modern Information Retrieval.* McGraw–Hill, 1983.

[SM92] S. Shlaer und S. J. Mellor. *Object Lifecycles: Modelling the World in States.* Prentice–Hall, Englewood Cliffs NJ, USA, 1992.

[SP82] H.J. Schek und P. Pistor. Data Structures for an Integrated Database Management and Information Retrieval System. In *Proc. 8th Intl. Conf. on Very Large Databases*, Seiten 197–207, Mexico City, September 1982.

[SP88] J. Seberry und J. Pieprzyk. *Cryptography — An Introduction to Computer Security.* Prentice–Hall, 1988.

[Sto92] M. Stonebraker. The Integration of Rule Systems and Database Systems. *IEEE Transactions on Knowledge and Data Engineering*, 4(5):415–423, 1992.

[Str91] B. Stroustrup. *The C++ Programming Language.* Addison–Wesley, 2. Auflage, 1991.

[Str92] B. Stroustrup. *Die C++ Programmiersprache.* Addison–Wesley, 1992.

[Teo94] T.J. Teorey. *Database Modeling and Design — The Fundamental Principles.* Morgan–Kaufmann, 2. Auflage, 1994.

[TF82] T.J. Teorey und J.P. Fry. *Design of Database Structures.* Prentice–Hall, 1982.

[TL82] D.C. Tsichritzis und F.H. Lochovsky. *Data Models.* Prentice–Hall, 1982.

[TL93] L.-L. Tan und T.-W. Ling. Translating Relational Schema With Constraints into OODB Schema. In D.K. Hsiao, E.J. Neuhold und R. Sacks-Davis (Hrsg.), *Interoperable Database Systems*, Seiten 69–85. Elsevier Science Publishers B.V., 1993.

[TYF88] T.J. Teorey, D. Yang und J.P. Fry. A Logical Design Methodology for Relational Databases Using the Extended Entity–Relationship Model. *ACM Computing Surveys*, 18(2):197–222, Juni 1988.

[Ull88] J.D. Ullman. *Principles of Database and Knowledge–Base Systems*, Band 1 & 2. Computer Science Press, 1988.

[Vet86] M. Vetter. *Aufbau betrieblicher Informationssysteme.* Teubner, 3. Auflage, 1986.

[VG93] G. Vossen und M. Groß–Hardt. *Grundlagen der Transaktionsverarbeitung.* Addison–Wesley, 1993.

[Vos94] G. Vossen. *Datenmodelle, Datenbanksprachen und Datenbank–Managementsysteme.* Addison–Wesley, 2. Auflage, 1994.

[Wal89] I. Walter. *Datenbankgestützte Repräsentation und Extraktion von Episodenbeschreibungen aus Bildfolgen.* Informatik–Fachberichte No. 213, Springer, 1989.

[Was89] A.I. Wasserman. The Object–Oriented Structured Design Notation for Software Design Representation. *IEEE Computer*, Seiten 50–62, März 1989.

[WB90] R.J. Wirfs-Brock. *Designing Object–Oriented Software.* Prentice–Hall, 1990.

[Weg87] P. Wegner. Dimensions of Object–Based Language Design. In *Proc. ACM Conf. on Object–Oriented Programming Systems and Languages (OOPSLA)*, Seiten 168–182, Orlando, Oktober 1987.

[Wit92] K.-U. Witt. *Einführung in die objektorientierte Programmierung.* Oldenbourg, 1992.

[YB77] R.T. Yeh und J.W. Baker. Toward a Design Methodology for DBMS: A Software Engineering Approach. In *Proc. 3rd Intl. Conf. on Very Large Databases*, Seiten 16–27, 1977.

[Zic91] R. Zicari. A Framework for Schema Updates in an Object–Oriented Database System. In *Proc. 7th Intl. Conf. on Data Engineering*, Seiten 2–13, Kobe, April 1991.

[ZM89] S. Zdonik und D. Maier (Hrsg.). *Readings in Object–Oriented Databases.* Morgan–Kaufmann, 1989.

Index

Springer-Verlag und Umwelt

Als internationaler wissenschaftlicher Verlag sind wir uns unserer besonderen Verpflichtung der Umwelt gegenüber bewußt und beziehen umweltorientierte Grundsätze in Unternehmensentscheidungen mit ein.

Von unseren Geschäftspartnern (Druckereien, Papierfabriken, Verpackungsherstellern usw.) verlangen wir, daß sie sowohl beim Herstellungsprozeß selbst als auch beim Einsatz der zur Verwendung kommenden Materialien ökologische Gesichtspunkte berücksichtigen.

Das für dieses Buch verwendete Papier ist aus chlorfrei bzw. chlorarm hergestelltem Zellstoff gefertigt und im pH-Wert neutral.

Druck u. Verarbeitung: Druckerei Triltsch, Würzburg

GPSR Compliance

The European Union's (EU) General Product Safety Regulation (GPSR) is a set of rules that requires consumer products to be safe and our obligations to ensure this.

If you have any concerns about our products, you can contact us on ProductSafety@springernature.com

In case Publisher is established outside the EU, the EU authorized representative is:

Springer Nature Customer Service Center GmbH
Europaplatz 3
69115 Heidelberg, Germany

Batch number: 10105479

Printed by Printforce, the Netherlands